冶 金 工 业
自动化仪表与控制装置安装
通 用 图 册

（上册）

(2000)YK01～(2000)YK07

中国冶金建设协会　编

北 京

冶 金 工 业 出 版 社

2016

内 容 简 介

本书是一套冶金工业自动化仪表和控制装置的通用安装图集。全套图册共15个部分，分上、下两册，内容包括温度、压力(差压)和流量仪表的安装及检测系统管路连接图，物位仪表安装及管路连接图，电动、气动仪表的检测和调节系统接线、接管图，变送器安装图，执行机构安装图，导压管、蝶阀的保温伴热安装图，常用的信号系统图，以及管架安装及制造图。本图册主要作为自动化仪表及控制装置安装的通用施工图，其中的接线、接管图则作为设计、施工的参考图。本图册可供从事冶金工业自动化仪表与控制装置设计、施工和生产使用单位的工程技术人员和技术工人使用，也可供大专院校师生参考。

图书在版编目(CIP)数据

冶金工业自动化仪表与控制装置安装通用图册（上下册）：2000 YK01～2000 YK15/中国冶金建设协会编．—北京：冶金工业出版社，2002.5（2016.3 重印）

ISBN 978-7-5024-2881-5

Ⅰ．冶…　Ⅱ．中…　Ⅲ．①冶金工业—自动化仪表—设备安装—图集　②冶金设备：控制设备—设备安装—图集　Ⅳ．TF305-64

中国版本图书馆 CIP 数据核字（2001）第 073346 号

出 版 人　谭学余

地　　址　北京市东城区嵩祝院北巷 39 号　邮编　100009　电话　(010)64027926

网　　址　www.cnmip.com.cn　电子信箱　yjcbs@cnmip.com.cn

责任编辑　戈　兰　美术编辑　李　新　责任校对　刘　倩　责任印制　李玉山

ISBN 978-7-5024-2881-5

冶金工业出版社出版发行；各地新华书店经销；北京印刷一厂印刷

2002 年 5 月第 1 版，2016 年 3 月第 5 次印刷

880mm×1230mm　1/16；60.5 印张；2018 千字；941 页

350.00 元（上下册）

冶金工业出版社　投稿电话　(010)64027932　投稿信箱　tougao@cnmip.com.cn

冶金工业出版社营销中心　电话　(010)64044283　传真　(010)64027893

冶金书店　地址　北京市东四西大街 46 号(100010)　电话　(010)65289081(兼传真)

冶金工业出版社天猫旗舰店　yjgycbs.tmall.com

（本书如有印装质量问题，本社营销中心负责退换）

编写单位及编写人员

图　号	图　名	编写单位	编写人员	审核人
(2000)YK01	温度仪表安装图	中冶集团北京钢铁设计研究总院	刘顺吉	卢满涛
(2000)YK02	压力仪表安装和管路连接图(焊接式)	鞍钢集团设计研究院	李居士	尤克强、毛东权
(2000)YK03	压力仪表安装和管路连接图(卡套式)	鞍钢集团设计研究院	毛东权	尤克强
(2000)YK04/05	流量测量仪表的管路连接图	中冶集团重庆钢铁设计研究总院	张　彤、韩　平	田彦绂
(2000)YK06	节流装置和流量测量仪表的安装图	中冶集团重庆钢铁设计研究总院	郑卫东	田彦绂
(2000)YK07	物位仪表安装图	中冶集团长沙冶金设计研究总院	谢　琦	周　人、廖三成
(2000)YK08	电动仪表检测系统接线图	中冶集团武汉钢铁设计研究总院	张敦仪、吕善成、李迎迎	姜弘仪、严皮英
(2000)YK09	电动仪表调节系统接线图	中冶集团武汉钢铁设计研究总院	姚家平、李迎迎	姜弘仪、何功晟
(2000)YK10	气动仪表检测、调节系统接管图	中冶集团鞍山焦化耐火材料设计研究总院	刘福臣	刘　冰
(2000)YK11	变送器安装图	中冶集团马鞍山钢铁设计研究总院	韦盛义	吴传金
(2000)YK12	执行机构安装图	中冶集团包头钢铁设计研究总院	贾淑梅	刘振嵩
(2000)YK13	导压管、蝶阀保温伴热安装图	中冶集团鞍山冶金设计研究总院	姚　丹	陈美俊、陶振兴
(2000)YK14	信号系统图	中冶集团北京钢铁设计研究总院	刘顺吉	卢满涛
(2000)YK15	管架安装及制造图	中冶集团长沙冶金设计研究总院	刘　军	周　人、廖三成

关于批准《冶金工业自动化仪表与控制装置安装通用图册》(2000版)的通知

国冶发综(2000)125号

有关单位:

为更好的贯彻ISO—9000标准和进一步加强冶金工业建设标准化工作,经中国冶金建设协会组织,由北京钢铁设计研究总院会同有关设计研究单位对1991年发行的《冶金工业自动化仪表与控制装置安装通用图册》[(90)YK01~(90)YK14]中部分过时标准和存在问题进行了修改,并补充了一些新的内容。经审查,同意将其作为《国家冶金工业局通用图》,编号为(2000)YK01~(2000)YK15,现予批准,自2001年7月1日起施行。

北京钢铁设计研究总院为本图册的管理单位。

特此通知。

国家冶金工业局规划发展司

2000年11月28日

前　言

(90) YK01～(90)YK14《冶金工业自动化仪表与控制装置安装通用图册》(以下简称《图册》)自 1994 年出版发行以来,深受有关设计、施工和生产单位的欢迎。它不仅规范了冶金工业自动化仪表与控制装置的工程安装,同时给设计、施工带来很大方便。

随着技术的不断发展,该《图册》也暴露了一些问题,特别是《图册》中使用的标准部分已过时,这不符合贯彻 ISO—9000 标准的要求。为此,在征得国家冶金局和冶金建设协会的同意后,按照 2000 年 4 月"冶金系统设计院自动化室主任会"大连会议纪要的要求,对原《图册》进行修改。

这次修改工作是在原《图册》的基础上进行的,编写的单位也完全是原来的 9 个设计院。根据大连会议的要求,各设计院仍按原图册的分工承担修改任务,完稿后将稿件交主编院——北京钢铁设计研究总院协调、汇总、审定。

本图册适用于冶金企业,包括矿山、选矿、烧结、焦化、耐火材料、炼铁、炼钢、轧钢以及有关公辅设施生产过程自动化仪表的安装。它包括常用的检测元件、就地显示仪表、变送器和执行器的安装图,以及常用检测和调节系统的管线连接图。它主要用作自动化仪表及控制装置安装的通用施工图,其中的接线、接管图则作为设计、施工的参考图。本图册主要是针对冶金工业常用自动化仪表安装的特点编制的,但它也具有通用性,因此除适用冶金企业外,也可用于其他有关部门。

对原《图册》来说,这次修改主要内容如下:

(1) 对原《图册》所用的一些过时标准进行了更替,统一采用现行的新标准。

(2) 随着自动化仪表的不断发展,工程中的仪表管线也大幅度增加,仪表管线也常用管架敷设,为给设计和施工提供方便,增加了第 15 分册——管架安装及制造图。

(3) 根据需要在原来的各部分中也补充了一些内容,包括铠装热电偶/热电阻的安装和金属保护管有机液玻璃温度计的安装;炉膛负压管路的连接图;铜管和 16MPa 的流量管路连接图;径距取压和法兰取压节流装置安装图,以及一些新型的插入式电磁流量计、管道式涡街流量计、气体质量流量计、托巴管流量计和匀速管流量计的安装;一些新型的阻旋式物位开关、超声波物位计、雷达物位计、投入式液位计和磁浮筒液位计的安装;钢/铁水温度测量系统(包括带定氧定碳的系统)、电磁流量计测量系统、无纸记录仪系统和称量仪表系统的接线图;配电子式执行器的温度调节系统接线图;现场供气系统图、分气包制造图和气动单元仪表接管方位图;保护箱内双变送器的安装图;电子式执行器与风机调节门和旋转烟道闸板的安装图;以及单点闪光报警器组成的信号系统和智能闪光报警器接线图等。

图册中根据现有情况推荐一些生产厂商及其产品,但随着技术的发展和市场的变化,他们是会变化的。因此在设计、施工选用本图册时要注意这种变化。

这次修改图册的编号从原来的(90)YK01～(90)YK14 改为(2000)YK01～(2000)YK15。

图册中如有疏漏和不足,恳请广大使用者给予批评指正。

主编单位——北京钢铁设计研究总院

2000 年 10 月

总　目　录

上　册

下　册

目　　录

（上 册）

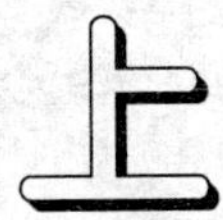

目 录

冶金仪控通用图	温度仪表安装图图纸目录	(2000)YK01-1	
		比例	页次 2/4

二、部件、零件图

说　明

1. 适用范围

本图册适用于冶金生产过程中测温仪表和元件的安装。

2. 编制依据

本图册是在原温度仪表安装图(90)YK01的基础上修改和补充编制成的。

3. 内容提要

本图册包括下列温度测量元件及直读式温度仪表的安装：

(1) 带金属保护套管的有机液玻璃温度计。

(2) 压力式温度计。

(3) 双金属温度计。

(4) 热电偶(包括装配式热电偶和铠装热电偶)。

(5) 热电阻(包括装配式热电阻和铠装热电阻)。

安装场所有：

(1) 钢管道和钢制设备。

(2) 铸铁管道。

(3) 含腐蚀性介质的管道或设备。

(4) 工业炉窑。

(5) 高炉及热风炉。

(6) 高炉和电炉基础。

(7) 空分设备、管道和设备基础。

安装固定方式有：

(1) 固定螺纹。

(2) 可动法兰和固定法兰。

(3) 定位管定位。

(4) 填料盒定位。

(5) 卡盘快速安装。

(6) 固定和活动卡套连接等。

本图册对安装温度仪表的管道、设备或容器内介质压力等级分为常压、*PN*0.25、*PN*0.6、*PN*1.6、*PN*2.5、*PN*4.0、*PN*6.4 和 *PN*10.0(压力单位为MPa)共8档。

4. 本图册增加了以下安装方式：

(1) 配JB系列标准保护管的铠装热电偶(阻)安装。

(2) 多点(支)铠装热电偶安装。

(3) 固定法兰热电偶(阻)倾斜45°角安装。

(4) 活动或固定卡套法兰连接铠装热电偶(阻)安装。

(5) 带金属保护套管有机液玻璃温度计安装。

5. 选用注意事项

(1) 本图册所选的测温仪表大部分为全国统一设计产品，少部分测温仪表是选用川仪十七厂的产品，如铠装热电偶(阻)用的JB系列标准保护管和多点测温热电偶系列等，其安装结构与尺寸分别示于表(2000)YK01-2-1～(2000)YK01-2-9。

(2) 测温元件在管道上安装时，其插入深度 l 的选定应保证其感温点处于管道中心，l 值可按下列公式计算：

垂直安装：$l' = H + D_0/2$

倾斜45°角安装：$l' = H + 0.7D_0$

式中　l'——测温元件插入深度的计算值，mm；

H——直形连接头高度，mm；

D_0——管道外径，mm。

测温元件插入深度 l 可根据计算插入深度 l' 和测温元件感温点位置圆整到相近产品规格长度。

测温元件感温点：1)热电偶的感温点是其热接点；2)热电阻的感温点是以线绕电阻棒的中心点，电阻棒长度：铂电阻为30～80mm，铜电阻为64mm；3)双金属温度计的感温点距前端50mm左右；4)压力式温度计的感温点是温包中心点。

对其他容器和工艺设备测温元件的插入深度应根据工艺要求确定，但其最小插入深度：热电偶（阻）应不小于其保护管外径（d 或 D）的 8～10 倍；双金属温度计应为：当保护管长不大于 300mm 时，浸没长度不小于 70mm，当保护管长大于 300mm 时，浸没长度不小于 100mm；压力式温度计不小于其温包的长度。

(3) 本图册所用法兰：除了与测温元件连接的固定法兰是按产品所提供的法兰规格制作外，其余法兰均是按 JB/T 81—1994 和 JB/T 82—1994 标准法兰设计的。

图中大部分直形固定螺纹连接头和扩大管为江苏镇江化工仪表电器（集团）公司（原扬中化工仪表配件厂）定型产品。个别直形连接头按本图册提供的图纸制作。

(4) 在腐蚀性介质管道上测温元件的安装图，仅指在冶金联合企业（包括焦化、耐火材料生产系统）中常见的几种腐蚀性介质，如稀硫酸、盐酸、胺和含有酸气的煤气等。对其他腐蚀性介质测温元件的安装可参考本图册相应图纸重新设计。

(5) 带角钢保护的热电偶（阻）安装结构适用于含尘量大的烟气或其他含有对热电偶（阻）保护管有磨损的测温场合。

(6) 热风炉炉顶和热风管道上热电偶安装，除保留原图册中的安装方式外，增加了一种用铠装热电偶配 JB 系列标准耐温耐压保护管的安装方案。这个方案的最大优点是在热电偶损坏时无须停产，即可方便地更换铠装热电偶。该方案也可以用于其他地方，如高炉炉顶温度测量等。所以在有的资料或样本上称其为“带钢保护管式铠装热电偶（阻）安装”。在使用此种安装方案时除了正确选用铠装热电偶（阻）（WRG□K 型）外，一定要根据介质温度压力选好保护管的材质，使保护管能耐温耐压可长时间使用。对 WRG□K 型铠装热电偶（阻）的选择，建议使用带弹簧压着式热电偶（阻），保证其热点与保护管壁紧密接触，测温准确。

(7) 高炉炉身和炉基热电偶安装，保留了原图册中的一般热电偶安装和单支铠装热电偶安装方案，增加了多点（支）铠装热电偶安装方案，多点（支）热电偶在炉基上安装有固定螺纹（M33×2）和固定法兰（DN20，PN4.0MPa）两种连接方式，不管选哪种安装方案，都必须在炉壁或基础壁预制带直形螺纹接头短管或法兰接管（见图（2000）YK01-69 和图（2000）YK01-70），以便于热电偶（阻）与炉基之间的连接固定。多点（支）铠装热电偶（阻）在基础上安装可以不用保护管直接将热电偶埋在基础中，也可以使用保护管（要委托工艺专业预埋）。设计时根据实际情况确定。采用直接砌埋安装方式热电偶（阻）损坏了无法更换。这是这种安装方式的一大缺点。对于需要长时间不间断监视测温点温度的地方不宜用此种方案。

(8) 本图册选用螺纹接头的高度（H）有 6 种，详见表（2000）YK01-2-7 所示。

(9) 凡在公称管径 DN 不大于 65mm 的管道上安装测温元件时，均需采用扩大管安装图，以保证测量的准确度。

(10) 本图册中的挠性连接管为非防爆型。当选用隔爆性热电偶、热电阻时，则挠性连接管也应选用隔爆型，型号为 BGE-20-700，连接螺纹为 M22×1.5/G3/4″（河北冀县李瓦电气软管厂产品）。

(11) 快速装卸的热电偶安装设计了两种方案，其一是在常压下使用，如（2000）YK01-59，（2000）YK01-60，（2000）YK01-62，另一种为有压管道和设备上安装，如（2000）YK01-61。

(12) 本图册中不同的安装方案和不同的连接件规格、材料分别使用不同符号加以区别，如安装方案用 A，B，C，…，规格用 a，b，c，…，材质用Ⅰ，Ⅱ表示。

(13) 热风炉炉顶温度检测，把 1991 年发明专利《贵金属热电偶安装结构》作为通用图列入。因为使用这种安装方法，可以将测量点移至拱脚处，所测温度经试验证明与拱顶所测一致。而用这种测温方法后拱顶处取消了传统的测温孔也就取消了影响炉顶寿命的一个薄弱环节，其效果是有利于延长拱顶砌体寿命，同时消除了换炉时沿拱顶测温孔串风现象，减少了热能损失。测温元件寿命经在济钢、湘钢、涟钢、鞍钢、莱钢、北台等多家钢厂应用证明平均可达 3～4 年以上。近年来，在热风管道上应用该安装方法亦收到相近效果，故推荐使用图（2000）YK01-57 所示的安装方法。

表(2000)YK01-2-1　热电偶的安装连接形式和结构尺寸表

连接形式	连接形式与外形图	用于保护管的直径 d	尺寸(mm) M	H	S	D_0	保护管材质	公称压力 PN (MPa)
固定螺纹	扳手 S，H，d，M，D_0	$\phi16$	M27×2	32	32	$\phi40$	20 钢或不锈钢 1Cr18Ni9Ti	1.0 或 10.0
		$\phi20$	M33×2	35	36	$\phi48$		
锥体固定螺纹	扳手 S=36，32，M33×2，$\phi48$	锥形	M33×2	32	36	$\phi48$	不锈钢 1Cr18Ni9Ti	15.0 或 30.0
			D_1	D_2	D_0	d_0		
活动法兰	d，3-$\phi6$，$\phi54$，$\phi70$	$\phi16$ 或 $\phi20$	$\phi70$	$\phi54$		$\phi6$	20 钢或不锈钢 1Cr18Ni9Ti	常压

续表(2000)YK01-2-1

连接形式	连接形式与外形图	用于保护管的直径 d	尺寸(mm) M	H	S	D_0	保护管材质	公称压力 PN (MPa)
固定法兰	d，$\phi16$ ($\phi20$)，D_0，D_2，D_1，4-ϕd_0，3，19	$\phi16$	$\phi95$	$\phi65$	$\phi48$	$\phi14$	20 钢或不锈钢 1Cr18Ni9Ti	1.0 或 6.4
		$\phi20$	$\phi105$	$\phi75$	$\phi55$	$\phi14$		

表(2000)YK01-2-2　热电阻安装连接形式和结构尺寸表

连接形式	连接形式与外形图	用于保护管的直径 d	尺寸(mm) M	H	S	D_0	保护管材质	公称压力 PN (MPa)
锥体固定螺纹	扳手 S=36，H=32，M33×2，D_0=$\phi48$	锥形	M33×2	32	36	$\phi46$	不锈钢 1Cr18Ni9Ti	15.0 或 30.0
固定螺纹	扳手 S=32，32，d，M27×2，D_0=$\phi40$	$\phi12$ 或 $\phi16$	M27×2	32	32	$\phi40$	20 钢或不锈钢 1Cr18Ni9Ti	1.0 或 10.0

冶金仪控通用图	温度仪表安装图说明	(2000)YK01-2	
		比例	页次 3/7

续表(2000)YK01-2-2

连接形式	连接形式与外形图	用于保护管的直径 d	尺寸(mm) M / D_0	H / D_1	S / D_2	D_0 / d_0	保护管材质	公称压力 PN (MPa)
活动法兰	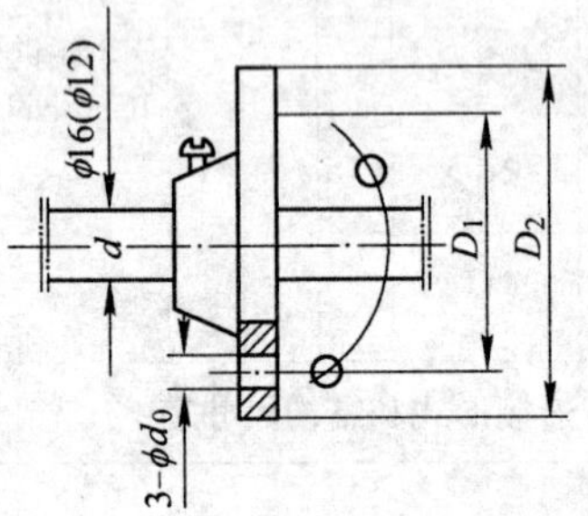 $\phi16(\phi12)$, d, D_1, D_2, $3-\phi d_0$	$\phi12$ 或 $\phi16$		$\phi54$	$\phi70$	$\phi6$	20钢或不锈钢 1Cr18Ni9Ti	常压
固定法兰	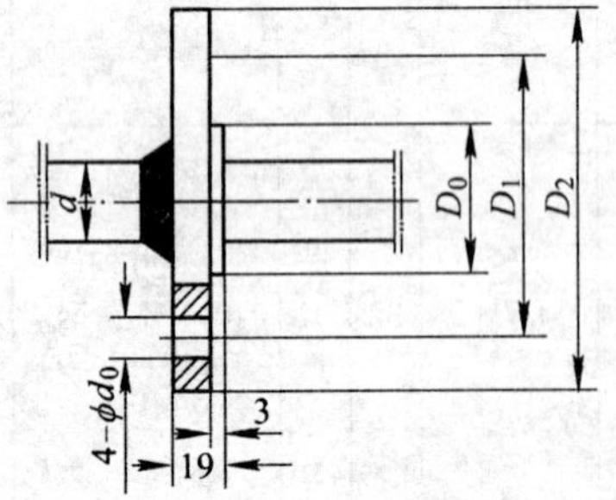 d, D_0, D_1, D_2, $4-\phi d_0$, 3, 19		$\phi45$(川仪17厂产品为$\phi55$)	$\phi65$(川仪17厂产品为$\phi75$)	$\phi95$	$\phi14$	20钢或不锈钢 1Cr18Ni9Ti	1.0 或 6.4

表(2000)YK01-2-3 铂铑-铂(镍铬-镍硅)热电偶安装外形尺寸表

热电偶外形图	钢套管外径 D_0	瓷保护管外径 D	被测介质压力
钢套管、瓷保护管、D、D_0、l、L	$\phi29(\phi20)$	$\phi16$	常压
	($\phi29$)	($\phi20$)	
	$\phi34$	$\phi25$	

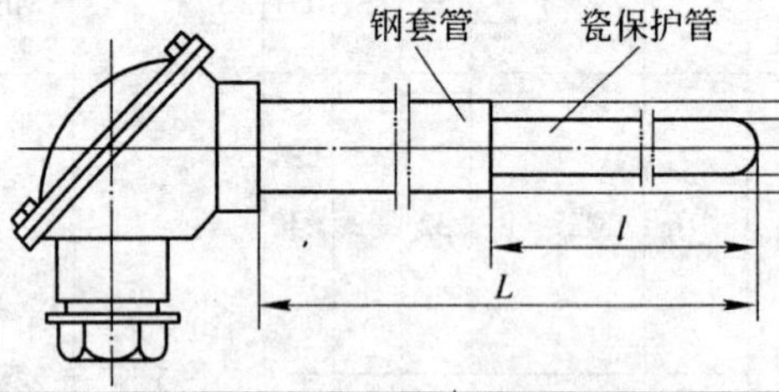

注:(1) 括号内的尺寸是镍铬-镍硅热电偶用的。
(2) l 为瓷保护管长度。

表(2000)YK01-2-4 铠装热电偶、热电阻卡套式安装结构尺寸表

形式	安装固定装置形式和标记	尺寸 \ d	8	6	5	4.5	4	3	公称压力(MPa)
卡套螺纹	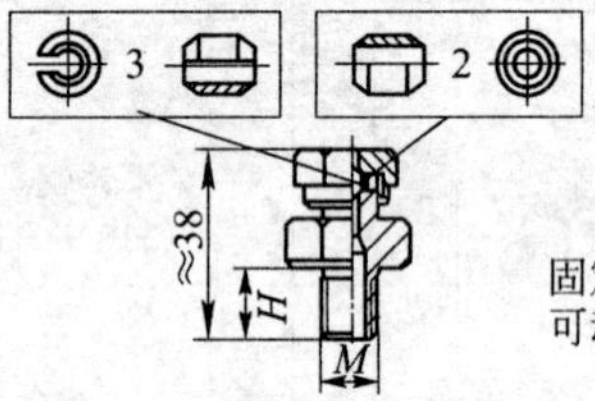 3, 2, ≈38, H, M;固定卡套:2 可动卡套:3	M	M16×1.5				M12×1.5		固定卡套:2.5 可动卡套:常压
		H	15				19		
		S	22				22		
卡套法兰	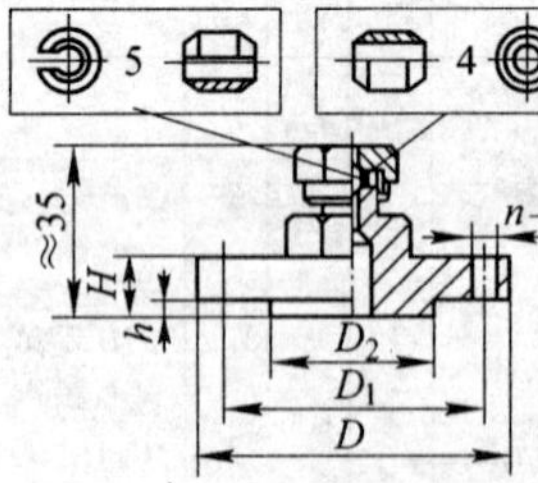 5, 4, ≈35, H, h, $n-d_0$, D_2, D_1, D;固定卡套:4 可动卡套:5	D	60(95)				50(95)		
		D_1	42(65)				36(65)		
		D_2	24(45)				20(45)		
		d_0	3-9(4-14)				3-7(4-14)		
		H	10(16)						
		h	2						
		S	22				19		

冶金仪控通用图	温度仪表安装图说明	(2000)YK01-2	
		比例	页次 4/7

表(2000)YK01-2-5 双金属温度计安装结构尺寸表

可动外螺纹外形图	固定螺纹 M	保护管尺寸 长度 L(mm)	保护管尺寸 直径 d
可动外螺纹扳手S=32；M；φ24；d；3；20；L；仪表	M16×1.5	75～300	φ6
		75～500	φ8
	M27×2	75～800	φ10
		800～2000	φ12

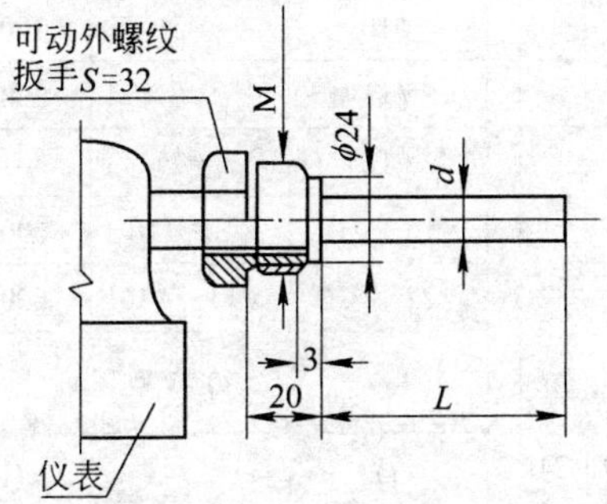

可动内螺纹外形图	固定螺纹 M	保护管尺寸 长度 L	保护管尺寸 直径 d
仪表；可动内螺纹扳手 S=32；φ24；M；d；3；24；28；L	M16×1.5	75～300	φ6
		75～500	φ8
	M27×2	75～800	φ10
		800～2000	φ12

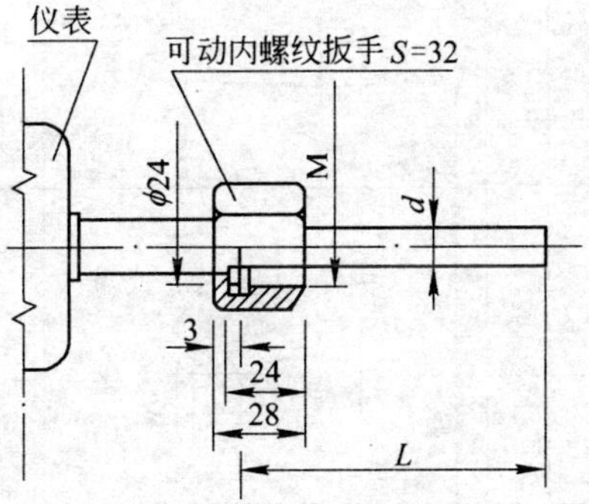

表(2000)YK01-2-6 压力式温度计测温包安装结构尺寸表

测温包外形图	测温包外径 d (mm)	连接螺纹 M	公称压力 PN (MPa)
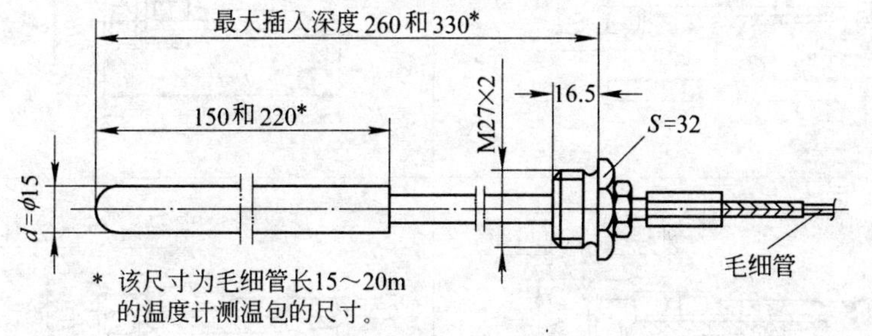 最大插入深度 260和330*；150和220*；M27×2；16.5；S=32；d=φ15；毛细管；* 该尺寸为毛细管长15～20m的温度计测温包的尺寸。	φ15	M27×2	1.6
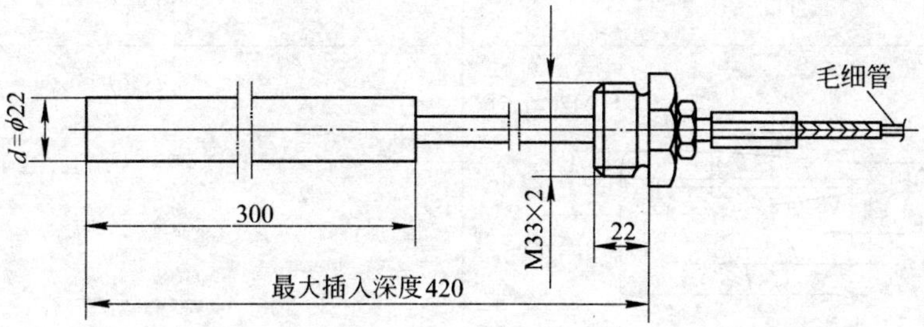 毛细管；d=φ22；300；M33×2；22；最大插入深度420	φ22	M33×2	6.4

表(2000)YK01-2-7 本图册选用的固定螺纹连接头高度 H 尺寸表

测温元件	热电偶、热电阻		双金属温度计	备注
安装方式	垂直安装	倾斜 45°安装		
不带保温层的管道和设备	80	90	60	
带保温层的管道和设备	140	150	120	

冶金仪控通用图	温度仪表安装图说明	(2000)YK01-2	
		比例	页次 5/7

表(2000)YK01-2-8　固定螺纹形保护管外形及标准尺寸

基本型式	形状 外螺纹:锥管螺纹	形状 外螺纹:普通螺纹	外螺纹直径及标记 标记	普通螺纹	标记	管螺纹	S	T	HEX	ϕ
JB01A 型	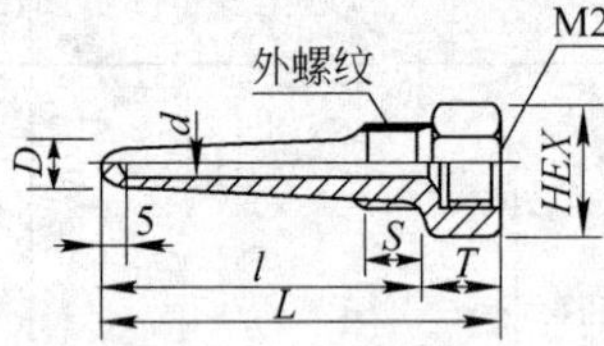	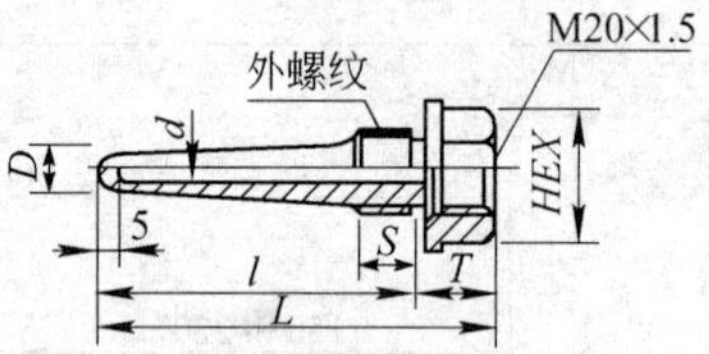	M1	M20×1.5	ZG1	ZG½″	16	20	27×31.2	
			M2	M27×2	ZG2	ZG¾″	20	20	32×36.9	
			M3	M33×2	ZG3	ZG1″	23	20	38×43.9	
JB01D 型	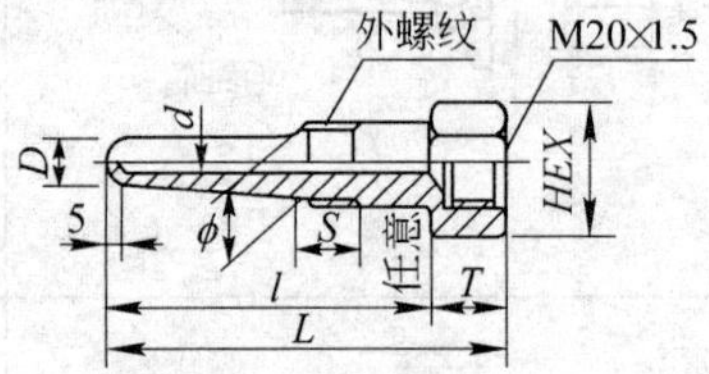	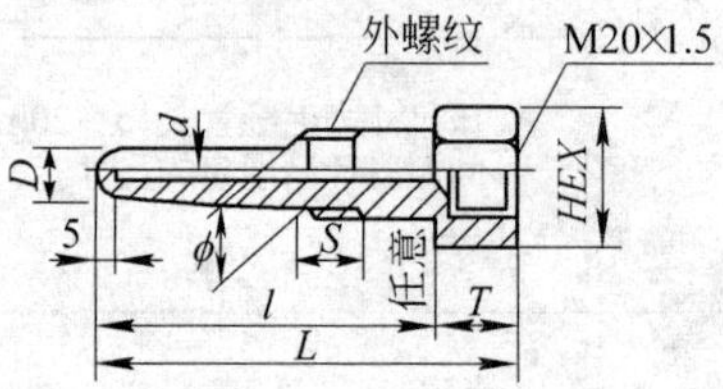	M1	M20×1.5	ZG1	ZG½″	16	20	27×31.2	18
			M2	M27×2	ZG2	ZG¾″	20	20	32×36.9	24
			M3	M33×2	ZG3	ZG1″	23	20	38×43.9	29
JB01E 型	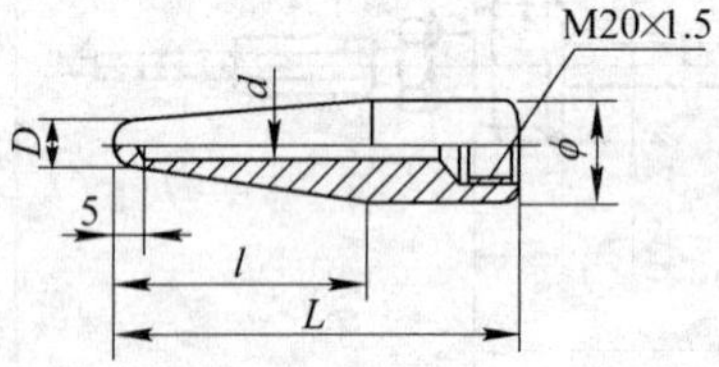									28
										34
JB03A 型	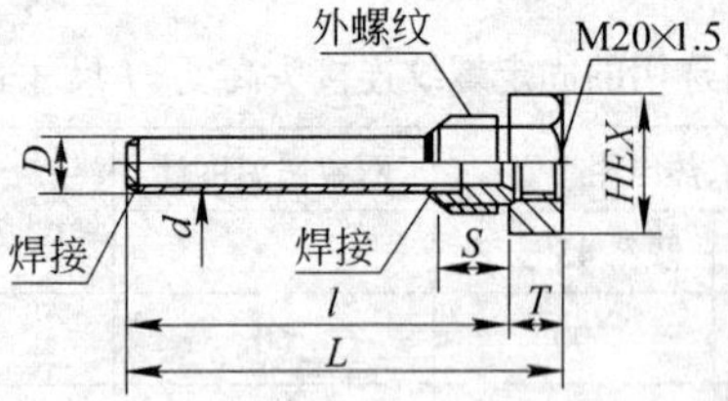	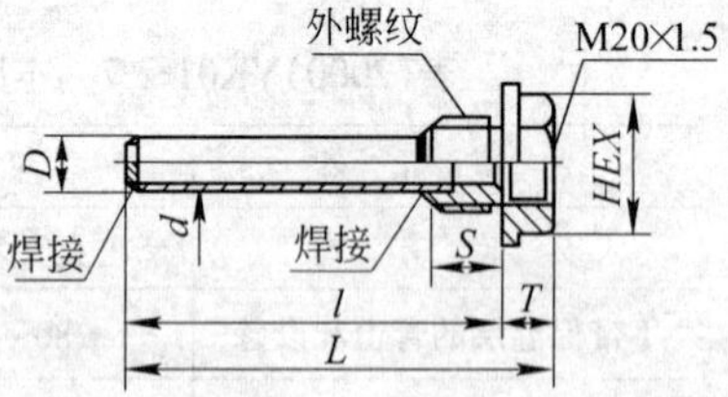	M1	M20×1.5	ZG1	ZG½″	16	20	27×31.2	
			M2	M27×2	ZG2	ZG¾″	20	20	32×36.9	
			M3	M33×2	ZG3	ZG1″	23	20	38×43.9	

JB01A、D、E、F 型

D	d	L(max)	l
$\phi 9$	$\phi 4$	80	按用户要求
$\phi 10$	$\phi 5$	100	
$\phi 11$	$\phi 6$	300	
$\phi 12$	$\phi 7$	400	
$\phi 15 \sim \phi 17$	$\phi 8 \sim \phi 10$	600	
$\phi 22 \sim \phi 26$	$\phi 11 \sim \phi 16$	600	

JB03A 型

D	d	l(max)
$\phi 12$	$\phi 9$	2000
$\phi 16$	$\phi 12$	
$\phi 20$	$\phi 15$	

锥式	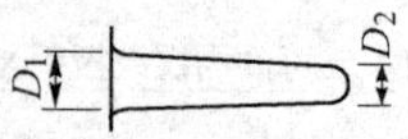 D_1/D_2
内孔二段阶梯孔式	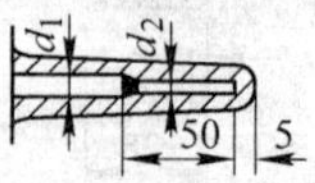 d_1/d_2

冶金仪控通用图	温度仪表安装图说明	(2000)YK01-2	
		比例	页次 6/7

表(2000)YK01-2-9　固定法兰形保护管外形及标准尺寸

基本型式	形　　状
JB02A	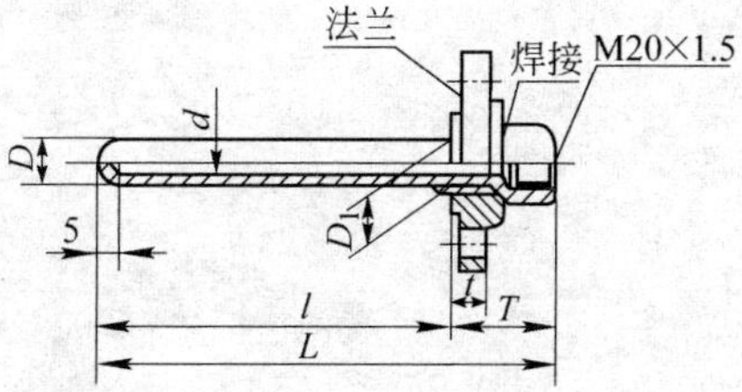 法兰　焊接　M20×1.5　d　D　D_1　5　t　T　l　L
JB02B	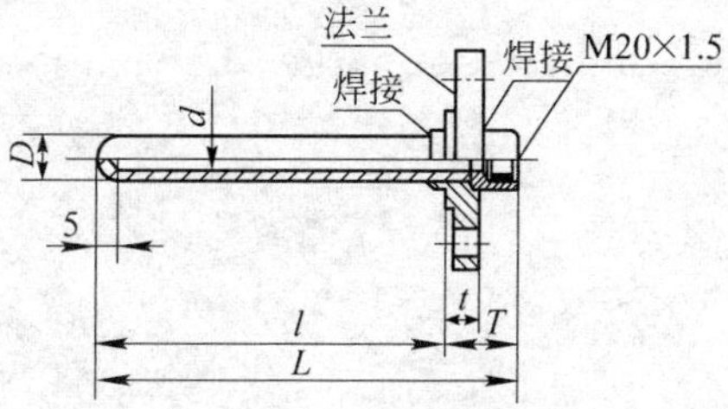 法兰　焊接　焊接　M20×1.5　d　D　5　t　T　l　L
JB04B	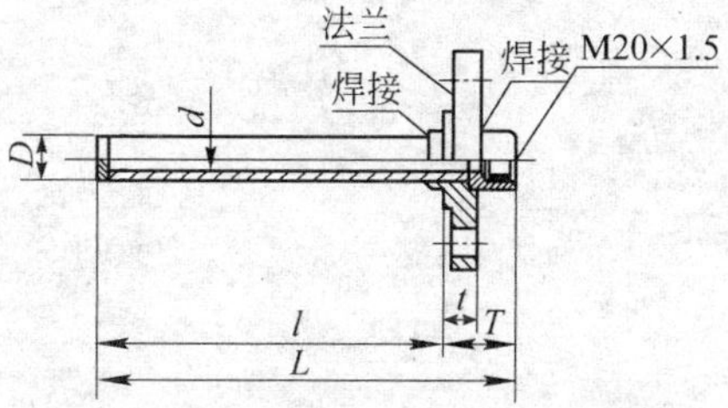 法兰　焊接　焊接　M20×1.5　d　D　t　T　l　L

JB02A、B 型

D	d	l(max)	T
ϕ9	ϕ 4	80	t≤15 时 $T=35$ t>15 时 $T=t+20$
ϕ10	ϕ 5	100	
ϕ11	ϕ6	300	
ϕ12	ϕ7	400	
ϕ15～ϕ17	ϕ8～ϕ10	600	
ϕ22～ϕ26	ϕ11～ϕ16	600	

JB04B 型

D	d	l(max)	T
ϕ12	ϕ9	2000	t≤15 时 $T=35$ t>15 时 $T=t+20$
ϕ16	ϕ12		
ϕ20	ϕ15		

型式	
锥式（D_1　D_2） 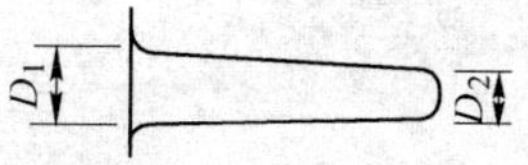	D_1/D_2
内孔二段阶梯孔式（d_1　d_2　50　5） 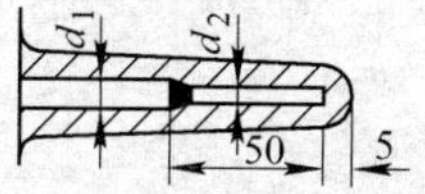	d_1/d_2

JB02A:法兰面只焊接一面为标准形式。若需两面焊接时应另加说明

冶金仪控通用图	温度仪表安装图说明	(2000)YK01-2	
		比例	页次 7/7

一、安装总图

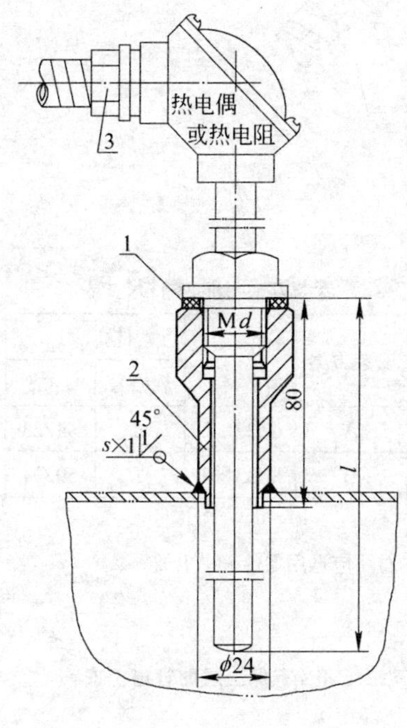

附注：

1. 插入深度 l 由工程设计确定。
2. 在 $PN<2.5$MPa 的管道安装时，零件的材质应选用零件表中Ⅰ类。
3. s 为焊接件厚度的 0.7 倍。
4. 安装方案如表所示。

安装方案与部、零件尺寸表

安装方案	件 2 Md	件 1	
		规格号	D/d
A	M27×2	d	44/28
B	M33×2	f	50/34

标记示例：连接螺纹为 M33×2 的热电偶，在 $PN2.5$MPa 的管道上安装，其标记如下：热电偶安装 BfⅡ，图号(2000)YK01-3。

件号	名称及规格	数量	材质 Ⅰ	材质 Ⅱ	质量(kg) 单重	质量(kg) 总重	图号或标准、规格号	备注
3	挠性连接管 M20×1.5/G¾″	1						FNG-20×700 型
2	直形连接头 Md(见表)，$H=80$	1	Q235	20			YZG11-1	
1	垫片 D/d(见表)，$b=2$	1	XB450	LF2			(2000)YK01-063	

部件、零件表

冶金仪控通用图	热电偶、热电阻 在钢管道或设备上垂直安装 M27×2(M 33×2)，$H80$，$PN6.4$MPa	(2000)YK01-3	
		比例	页次

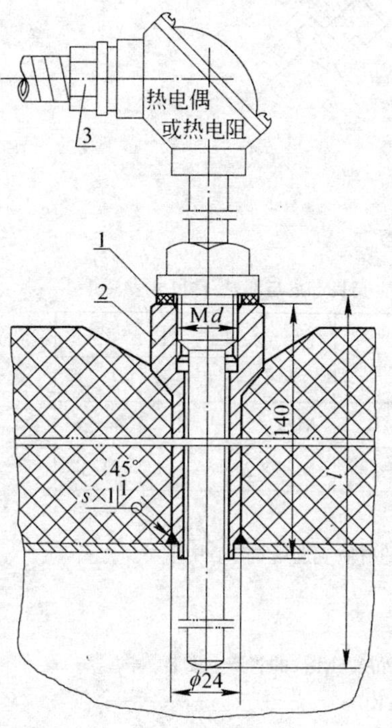

附注：

1. 插入深度 l 由工程设计确定。
2. 在 $PN<2.5$MPa 的管道上安装时，零件的材质应选用零件表中的Ⅰ类。
3. s 值为焊接件厚度的 0.7 倍。
4. 安装方案如表所示。

安装方案与部、零件尺寸表

安装方案	件 2 Md	件 1	
		规格号	D/d
A	M27×2	d	44/28
B	M33×2	f	50/34

标记示例：连接螺纹为 M27×2 的热电偶，在 $PN2.5$MPa 有保温层的管道上安装，其标记如下：热电偶安装 AdⅡ，图号(2000)YK01-4。

件号	名称及规格	数量	材质 Ⅰ	材质 Ⅱ	质量(kg) 单重	质量(kg) 总重	图号或标准、规格号	备注
3	挠性连接管 M20×1.5/G¾″	1						FNG-20×700 型
2	直形连接头 Md(见表)，$H=140$	1	Q235	20			YZG11-1	
1	垫片 D/d(见表)，$b=2$	1	XB450	LF2			(2000)YK01-063	

部件、零件表

冶金仪控通用图	热电偶、热电阻 在有保温层的钢管道或设备上垂直安装图 M27×2(M33×2)，$H140$，$PN6.4$MPa	(2000)YK01-4	
		比例	页次

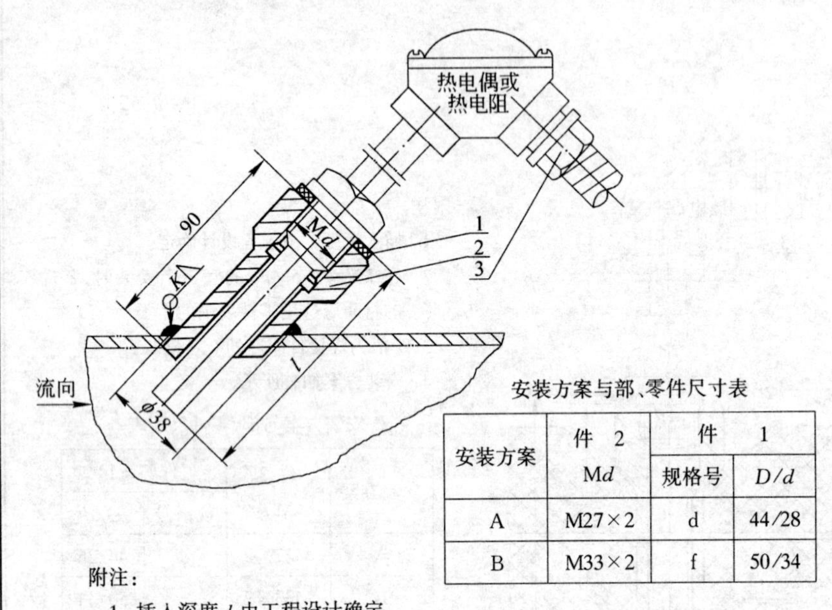

安装方案与部、零件尺寸表

安装方案	件 2	件 1	
	Md	规格号	D/d
A	M27×2	d	44/28
B	M33×2	f	50/34

附注：

1. 插入深度 l 由工程设计确定。
2. 在 PN<2.5MPa 的管道上安装时，零件的材质应选用零件表中Ⅰ类。
3. K 值与焊接件厚度相同。
4. 安装方案如表所示。

标记示例：连接螺纹为 M33×2 的热电阻，在 PN2.5MPa 的管道上安装，其标记如下：热电阻的安装 BfⅡ，图号(2000)YK01-5。

件号	名称及规格	数量	材质 Ⅰ	材质 Ⅱ	质量(kg) 单重	质量(kg) 总重	图号或标准、规格号	备注
3	挠性连接管 M20×1.5/G¾″	1						FNG-20×700 型
2	连接头 Md(见表)，H=90	1	Q235	20			YZG11-3	
1	垫片 D/d(见表)，b=2	1	XB450	LF2			(2000)YK01-063	

部件、零件表

冶金仪控通用图	热电偶、热电阻 在钢管道或设备上倾斜 45°角安装图 M27×2(M33×2)，H90，PN6.4MPa，DN80～900	(2000)YK01-5	
		比例	页次

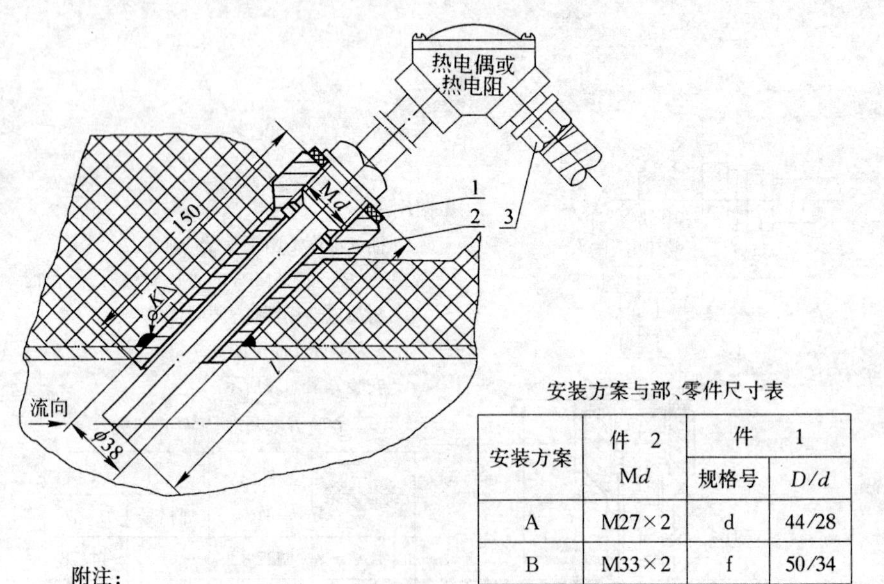

安装方案与部、零件尺寸表

安装方案	件 2	件 1	
	Md	规格号	D/d
A	M27×2	d	44/28
B	M33×2	f	50/34

附注：

1. 插入深度 l 由工程设计确定。
2. 在 PN<2.5MPa 的管道上安装时，零件的材质应选用零件表中Ⅰ类。
3. K 值与焊接件厚度相同。
4. 安装方案如表所示。

标记示例：连接螺纹为 M33×2 的热电偶，在 PN2.5MPa 有保温层的管道上安装，其标记如下：热电偶的安装 BfⅡ，图号(2000)YK01-6。

件号	名称及规格	数量	材质 Ⅰ	材质 Ⅱ	质量(kg) 单重	质量(kg) 总重	图号或标准、规格号	备注
3	挠性连接管 M20×1.5/G¾″	1						FNG-20×700 型
2	连接头 Md(见表)，H=150	1	Q235	20			YZG11-3	
1	垫片 D/d(见表)，b=2	1	XB450	LF2			(2000)YK01-063	

部件、零件表

冶金仪控通用图	热电偶、热电阻在有保温层 的钢管道或设备上倾斜 45°角安装图 M27×2(M33×2)，H150，PN6.4MPa，DN80～900	(2000)YK01-6	
		比例	页次

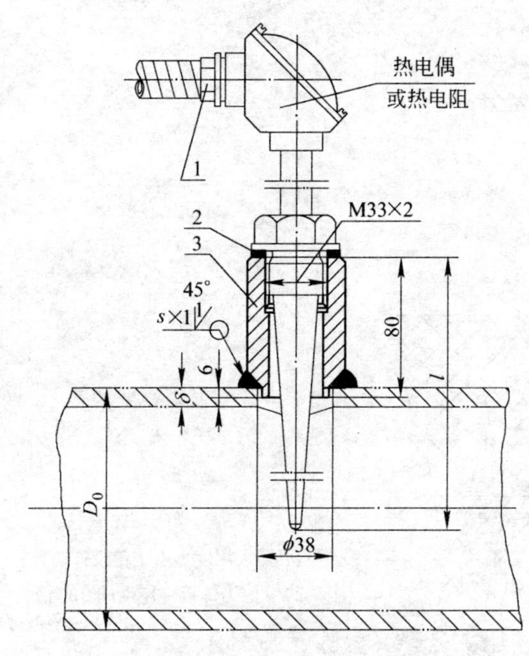

标记示例：热电偶在 *PN*10MPa 的管道上安装，介质温度为500℃，其标记如下：热电偶的安装Ⅱ，图号(2000)YK 01-7。

附注：

1. 插入深度 l 由工程设计确定。
2. 当介质温度为500～540℃时，件3的材质应选用材料表中Ⅱ类。
   当介质温度小于250℃时，件3的材质应选用材料表中Ⅰ类。
3. 当管壁厚度 $\delta \leqslant$ 10mm时，焊缝高度 $s=\delta$；当 $\delta >$ 10mm时，$s=$ 10mm。

件号	名称及规格	数量	材质 Ⅰ	材质 Ⅱ	质量(kg) 单重	质量(kg) 总重	图号或标准、规格号	备注
3	直形连接头a，M33×2，*H*80，*PN*10MPa	1	20	12Cr1MoV			(2000)YK01-01	
2	垫片f，*D*/*d*=50/34，*b*=2	1	T3				(2000)YK01-063	
1	挠性连接管 M20×1.5/G¾″	1	Q235					FNG-20×700型

部件、零件表

冶金仪控通用图	热电偶、热电阻在钢管道上安装图 M33×2，*H*80，*t*540℃，*PN*10.0MPa，$D_0$89～325	(2000)YK01-7	
		比例	页次

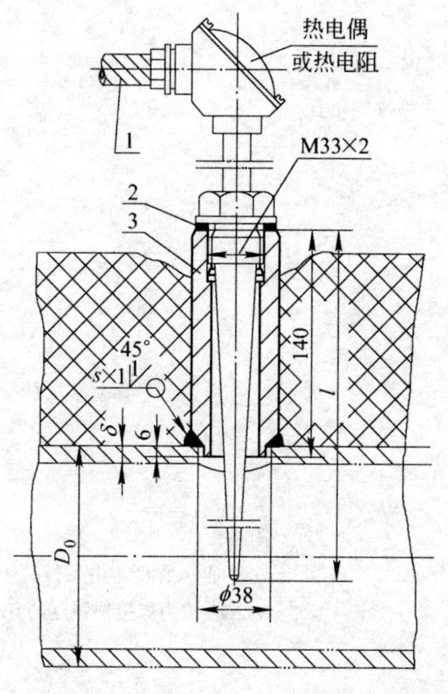

标记示例：热电阻在有保温层的管道上安装，介质温度为200℃，*PN*10MPa，其标记如下：热电阻的安装Ⅰ，图号(2000)YK 01-8。

附注：

1. 插入深度 l 由工程设计确定。
2. 当被测介质温度为500～540℃时，件3的材质应选用材料表中Ⅱ类。
   当被测介质温度小于250℃时，件3的材质应选用材料表中Ⅰ类。
3. 当管壁厚度 $\delta \leqslant$ 10mm时，焊缝高度 $s=\delta$；当 $\delta >$ 10mm时，$s=$ 10mm。

件号	名称及规格	数量	材质 Ⅰ	材质 Ⅱ	质量(kg) 单重	质量(kg) 总重	图号或标准、规格号	备注
3	直形连接头b，M33×2，*H*140，*PN*10.0MPa	1	20	12CrMoV			(2000)YK01-01	
2	垫片f，*D*/*d*=50/34，*b*=2	1	T3				(2000)YK01-063	
1	挠性连接管 M20×1.5/G¾″	1	Q235					FNG-20×700型

部件、零件表

冶金仪控通用图	热电偶、热电阻 在有保温层的钢管道上安装图 M33×2，*H*140，*PN*10.0MPa，*t*540℃，$D_0$89～325	(2000)YK01-8	
		比例	页次

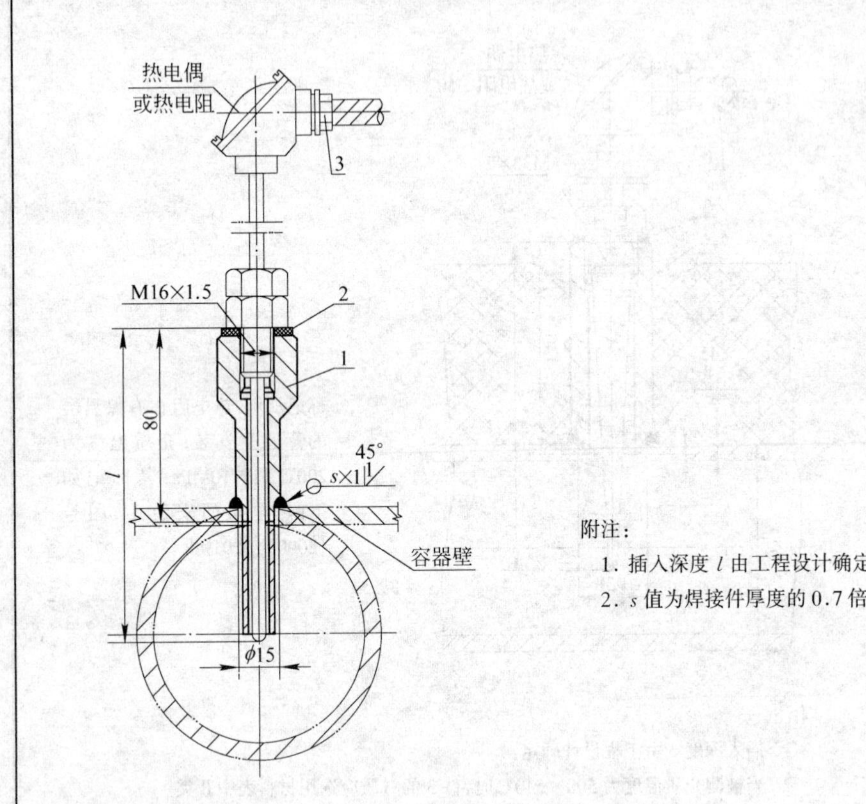

附注：

1. 插入深度 l 由工程设计确定。
2. s 值为焊接件厚度的 0.7 倍。

3	挠性连接管 M10×1.5/G¾″	1					FNG-20×700 型
2	垫片 c， $D/d=32/17,b=2$	1	XB450			(2000)YK01-063	
1	连接头组件 a， M16×1.5，$H=80$	1	Q235			(2000)YK01-02	
件号	名称及规格	数量	材　质	单重 质量(kg)	总重	图 号 或 标准、规格号	备　　注

部件、零件表

冶金仪控 通用图	固定卡套螺纹铠装热电偶、 热电阻在钢管道或容器上安装图 M16×1.5，H80，PN2.5MPa	(2000)YK01-9	
		比例	页次

热电偶
或热电阻
3
M16×1.5
2
1
140
l
45°
s×1
容器壁
ϕ15

附注：

1. 插入深度 l 由工程设计确定。
2. s 值为焊接件厚度的 0.7 倍。

3	挠性连接管 M16×1.5/G¾″	1					FNG-20×700 型
2	垫片 c， $D/d=32/17,b=2$	1	XB450			(2000)YK01-063	
1	连接头组件 b， M16×1.5，$H=140$	1	Q235			(2000)YK01-02	
件号	名称及规格	数量	材　质	单重 质量(kg)	总重	图 号 或 标准、规格号	备　　注

部件、零件表

冶金仪控 通用图	固定卡套螺纹铠装热电偶、 热电阻在有保温层的钢管道或容器上安装图 M16×1.5，H140，PN2.5MPa	(2000)YK01-10	
		比例	页次

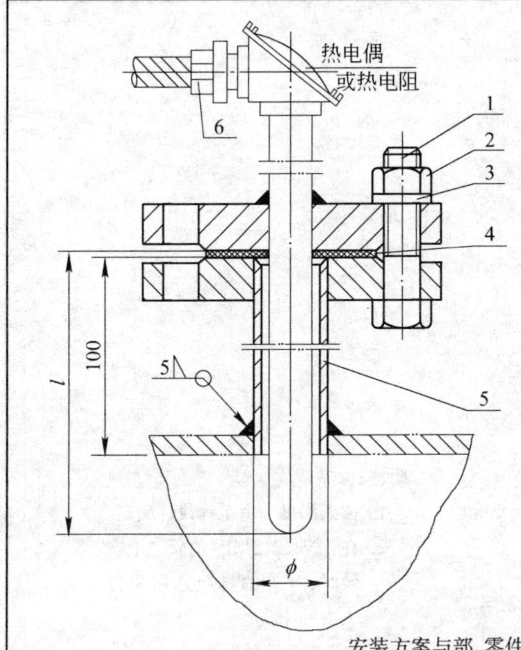

附注：

1. 插入深度 l 由工程设计确定。
2. 在 $PN<2.5\mathrm{MPa}$ 的管道上安装时，零件的材质选用零件表中Ⅰ类。
3. 安装方案如表所示。

标记示例：热电偶的外径为16mm，在 $PN3.0\mathrm{MPa}$ 的管道上安装，其标记如下：热电偶的安装 AaⅡ，图号(2000)YK01-11。

安装方案与部、零件尺寸表

安装方案	适用于热电偶(阻)外径 D	ϕ(mm)	件 4	件 5	
			D/d	规格号	d
A	12,16	27	43/18	a	20
B	20	32	63/25	b	25

件号	名称及规格	数量	材质 Ⅰ	材质 Ⅱ	质量(kg) 单重	质量(kg) 总重	图号或标准、规格号	备注
6	挠性连接管 M20×1.5/G¾″	1						FNG-20×700 型
5	法兰接管 d(见表)，$PN6.4\mathrm{MPa}$	1	Q235	20			(2000)YK01-010	
4	垫片 D/d(见表)，$b=1.5$	1	XB450	LF2			JB/T 87—1994	
3	垫圈 12	4	100HV				GB/T 95—1985	
2	螺母 M12	4	10				GB/T 41—1986	
1	螺栓 M12×50	4	10.9				GB/T 5780—1986	

部件、零件表

冶金仪控通用图	固定法兰热电偶、热电阻在钢管道或设备上安装图 D12,16 或 20，$PN6.4\mathrm{MPa}$	(2000)YK01-11	
		比例	页次

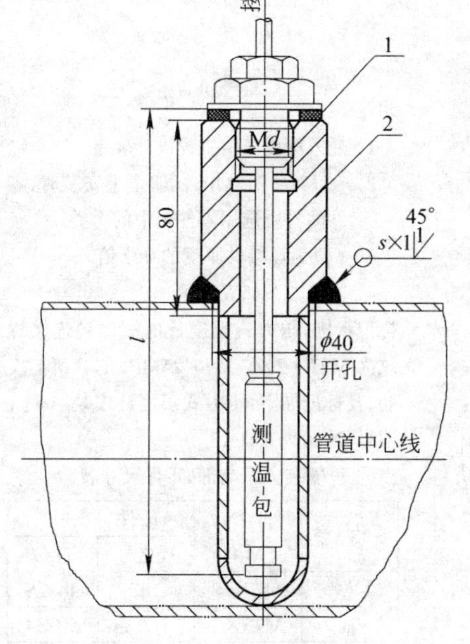

附注：

1. 插入深度 l 由工程设计确定。
2. 为了改善热传导性，在外保护管内充填下列物质：
   (1) 介质温度大于150℃时，充填铜屑。
   (2) 介质温度小于等于150℃时，充填变压器油。
3. 在 $PN<2.5\mathrm{MPa}$ 的管道上安装时，零件的材质选用零件表中的Ⅰ类。
4. s 值为焊接件厚度的0.7倍。
5. 安装方案如表所示。

标记示例：压力式温度计测温包连接螺纹为M27×2，在 $PN0.6\mathrm{MPa}$ 的管道上安装，其标记如下：测温包的安装 AdⅠ，图号(2000)YK01-12。

安装方案与部、零件尺寸表

安装方案	件 1		件 2
	规格号	D/d	Md
A	d	44/28	M27×2
B	f	50/34	M33×2

件号	名称及规格	数量	材质 Ⅰ	材质 Ⅱ	质量(kg) 单重	质量(kg) 总重	图号或标准、规格号	备注
2	套管连接头 Md(见表)，$H=80$	1	Q235	20			(2000)YK01-03	
1	垫片 D/d(见表)，$b=2$	1	XB450	LF2			(2000)YK01-063	

部件、零件表

冶金仪控通用图	压力式温度计测温包在钢管道或设备上安装图(封闭式套管) M27×2(M33×2)，H80，$PN6.4\mathrm{MPa}$	(2000)YK01-12	
		比例	页次

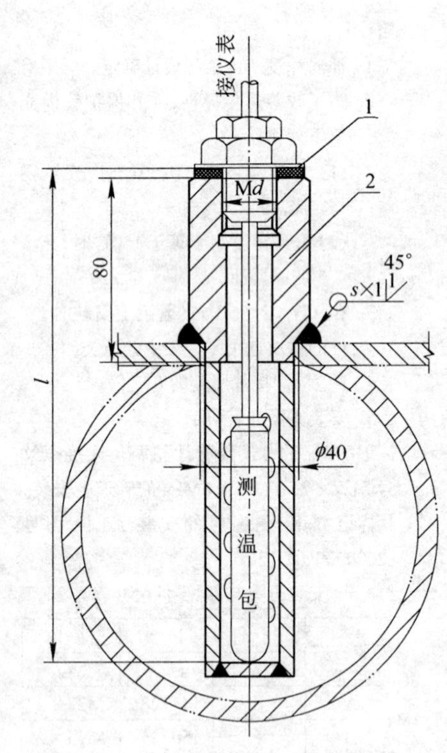

附注:

1. 插入深度 l 由工程设计确定。
2. 在 PN<2.5MPa 的管道上安装时,零件的材质选用零件表中的Ⅰ类。
3. s 值为焊接件厚度的 0.7 倍。
4. 安装方案如表所示。

标记示例:压力式温度计的测温包连接螺纹为 M27×2,在 PN0.25MPa 的管道上安装,其标记如下:压力式温度计安装 AdⅠ,图号(2000)YK01-13。

安装方案与部、零件尺寸表

安装方案	件 2	件 1	
	Md	规格号	D/d
A	M27×2	d	44/28
B	M33×2	f	50/34

件号	名称及规格	数量	材质 Ⅰ	材质 Ⅱ	质量(kg) 单重	质量(kg) 总重	图号或标准、规格号	备注
2	钻孔套管连接头	1	Q235	20			(2000)YK01-05	
1	垫片 D/d(见表),b=2	1	XB450	LF2			(2000)YK01-063	

部件、零件表

冶金仪控通用图	压力式温度计测温包 在钢管道或设备上安装图(钻孔式套管) M27×2(M33×2),H80,PN6.4MPa	(2000)YK01-13	
		比例	页次

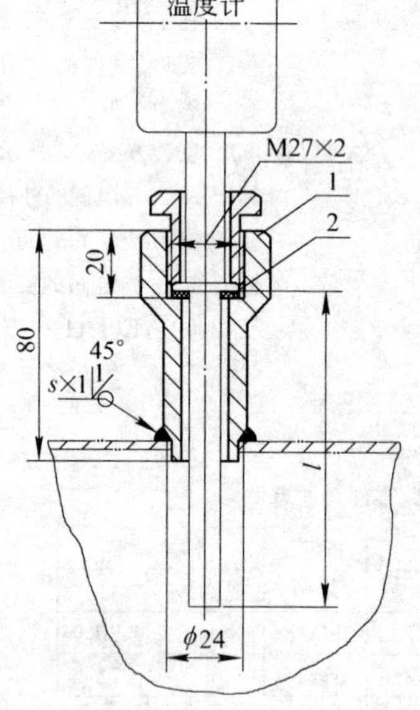

附注:

1. 插入深度 l 由工程设计确定。
2. 在 PN<2.5MPa 的管道上安装时,零件的材质选用零件表中的Ⅰ类。
3. s 值为焊接件厚度的 0.7 倍。

标记示例:双金属温度计在 PN6.4MPa 管道上安装,其标记如下:双金属温度计安装Ⅱ,图号(2000)YK01-14。

件号	名称及规格	数量	材质 Ⅰ	材质 Ⅱ	质量(kg) 单重	质量(kg) 总重	图号或标准、规格号	备注
2	垫片 b,D/d=24/17,b=2	1	XB450	LF2			(2000)YK01-063	
1	直形连接头 M27×2,H=80	1	Q235	20			YZG11-4	

部件、零件表

冶金仪控通用图	双金属温度计(外螺纹) 在钢管道或设备上安装图 M27×2,H80,PN6.4MPa	(2000)YK01-14	
		比例	页次

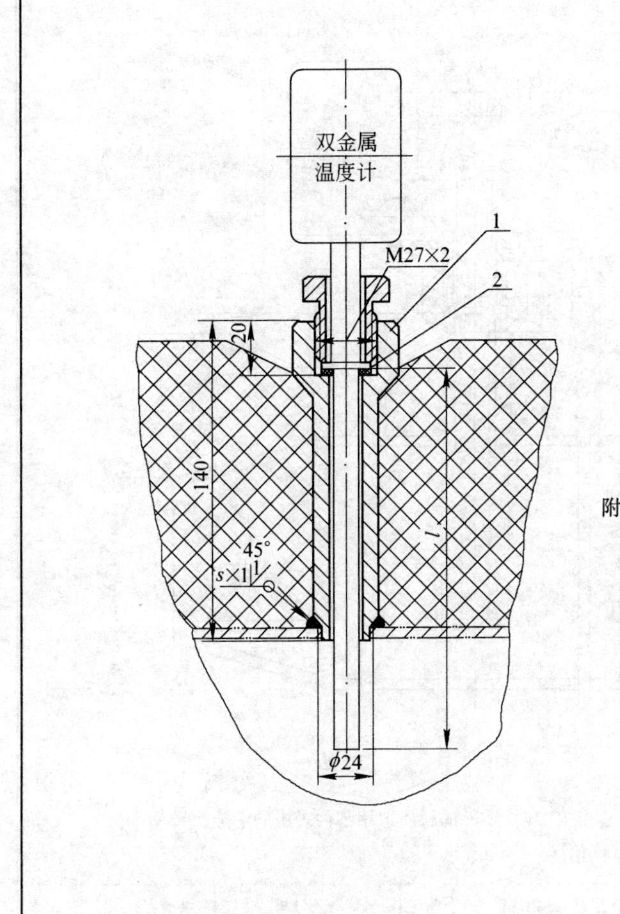

附注：

1. 插入深度 l 由工程设计确定。
2. 在 $PN<2.5$MPa 的管道上安装时，零件的材质选用零件表中Ⅰ类。
3. s 值为焊接件厚度的 0.7 倍。

2	垫片 b，$D/d=24/17, b=2$	1	XB450	LF2			(2000)YK01-063	
1	直形连接头 M27×2，$H=140$	1	Q235	20			YZG11-4	
件号	名称及规格	数量	Ⅰ	Ⅱ	单重	总重	图号或标准、规格号	备注
			材质		质量(kg)			

部件、零件表

冶金仪控通用图	双金属温度计(外螺纹) 在有保温层的钢管道或设备上安装图 M27×2，H140，PN6.4MPa	(2000)YK01-15	
		比例	页次

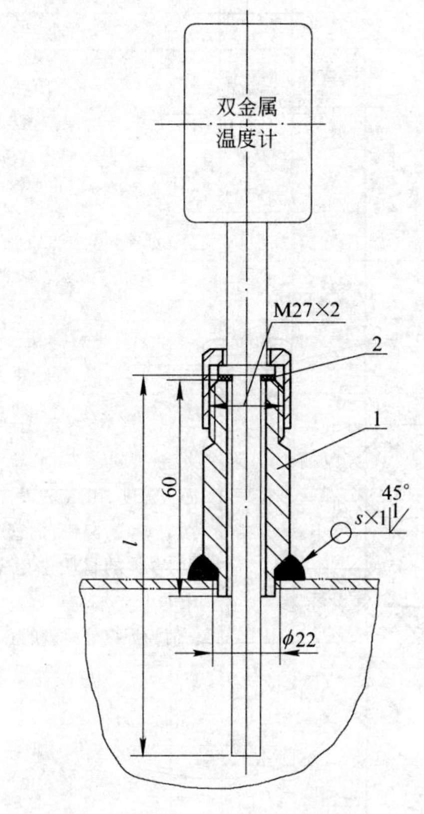

附注：

1. 插入深度 l 由工程设计确定。
2. 在 $PN<2.5$MPa 的管道上安装时。零件的材质选用零件表中的Ⅰ类。
3. s 值为焊接件厚度的 0.7 倍。

2	垫片 a，$D/d=24/14, b=2$	1	XB450	LF2			(2000)YK01-063	
1	直形连接头 M27×2，$H=60$	1	Q235	20			YZ10-20	
件号	名称及规格	数量	Ⅰ	Ⅱ	单重	总重	图号或标准、规格号	备注
			材质		质量(kg)			

部件、零件表

冶金仪控通用图	双金属温度计(内螺纹) 在钢管道或设备上安装图 M27×2，H60，PN6.4MPa	(2000)YK01-16	
		比例	页次

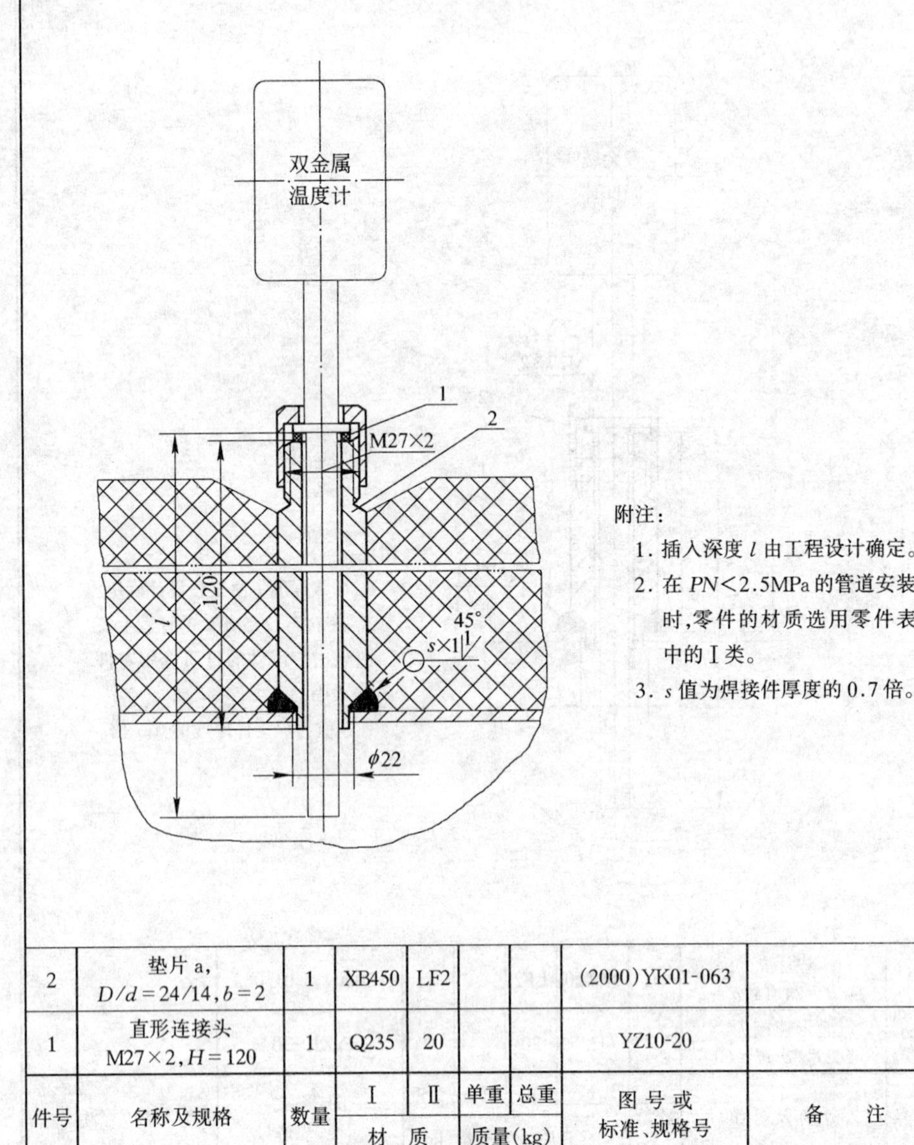

附注：

1. 插入深度 l 由工程设计确定。
2. 在 $PN<2.5$MPa 的管道安装时，零件的材质选用零件表中的Ⅰ类。
3. s 值为焊接件厚度的 0.7 倍。

件号	名称及规格	数量	材质 Ⅰ	材质 Ⅱ	质量(kg) 单重	质量(kg) 总重	图号或标准、规格号	备注
2	垫片 a，$D/d=24/14, b=2$	1	XB450	LF2			(2000)YK01-063	
1	直形连接头 M27×2，$H=120$	1	Q235	20			YZ10-20	

部件、零件表

冶金仪控通用图	双金属温度计(内螺纹)在有保温层的钢管道或设备上安装图 M27×2，H120，PN6.4MPa	(2000)YK01-17
		比例　页次

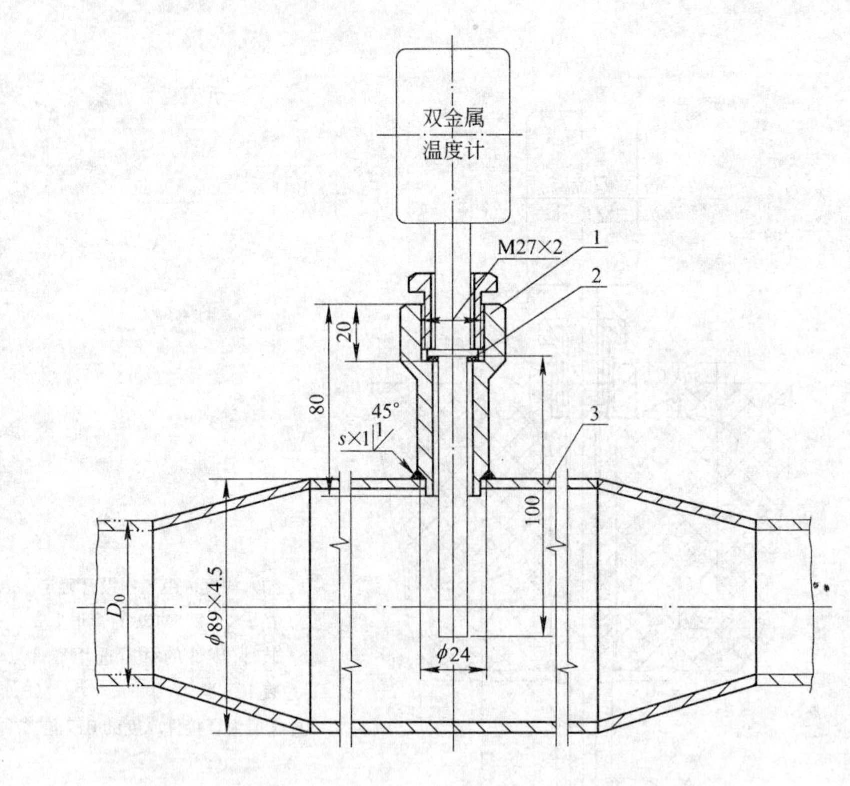

附注：

1. 在 $PN<2.5$MPa 的管道上安装时，零件的材质选用零件表中的Ⅰ类。
2. s 值为焊接件厚度的 0.7 倍。

件号	名称及规格	数量	材质 Ⅰ	材质 Ⅱ	质量(kg) 单重	质量(kg) 总重	图号或标准、规格号	备注
3	扩大管 φ89×4.5	1	Q235	20			YZF1-5	
2	垫片 b，$D/d=24/17, b=2$	1	XB450	LF2			(2000)YK01-063	
1	直形连接头 M27×2，$H=80$	1	Q235	20			YZG11-4	

部件、零件表

冶金仪控通用图	双金属温度计(外螺纹)在扩大管上安装图 M27×2，H80，PN6.4MPa，$D_0$19～79	(2000)YK01-18
		比例　页次

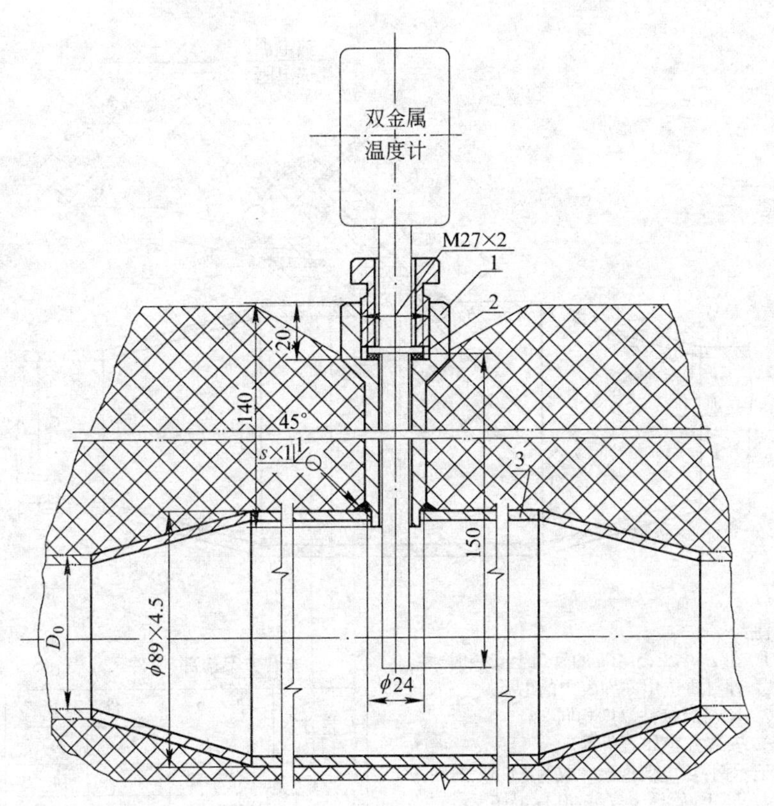

附注：

1. 在 $PN<2.5$MPa 的管道上安装时，零件的材质选用零件表中的Ⅰ类。
2. s 值为焊接件厚度的 0.7 倍。

3	扩大管 ϕ89×4.5	1	Q235	20			YZF1-5	
2	垫片 b, $D/d=24/17, b=2$	1	XB450	LF2			(2000)YK01-063	
1	直形连接头 M27×2, $H=140$	1	Q235	20			YZG11-4	
件号	名称及规格	数量	Ⅰ	Ⅱ	单重	总重	图号或标准、规格号	备注
			材质		质量(kg)			

部件、零件表

冶金仪控通用图	双金属温度计(外螺纹)在有保温层的扩大管上安装图 M27×2, H140, PN6.4MPa, $D_0$19～79	(2000)YK01-19	
		比例	页次

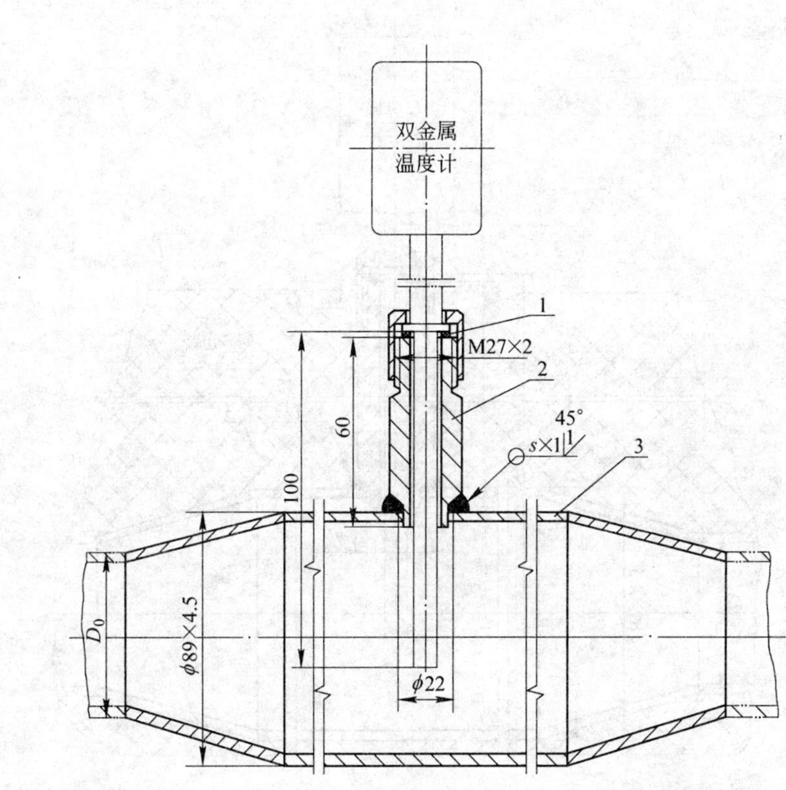

附注：

1. 在 $PN<2.5$MPa 的管道上安装时，零件的材质选用零件表中的Ⅰ类。
2. s 值为焊接件厚度的 0.7 倍。

3	扩大管 ϕ89×4.5	1	Q235	20			YZF1-5	
2	直形连接头 M27×2, $H=60$	2	Q235	20			YZ10-20	
1	垫片 a, $D/d=24/14, b=2$	1	XB450	LF2			(2000)YK01-063	
件号	名称及规格	数量	Ⅰ	Ⅱ	单重	总重	图号或标准、规格号	备注
			材质		质量(kg)			

部件、零件表

冶金仪控通用图	双金属温度计(内螺纹)在扩大管上安装图 M27×2, H60, PN6.4MPa, $D_0$19～79	(2000)YK01-20	
		比例	页次

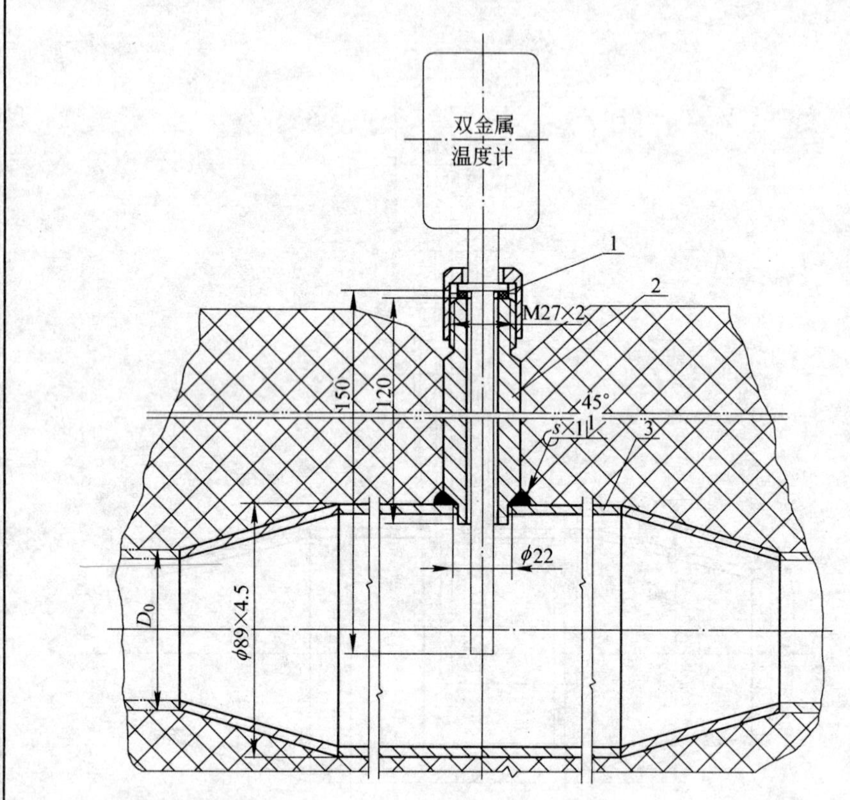

附注：

1. 在 $PN<2.5$MPa 的管道上安装时，零件的材质选用零件表中的Ⅰ类。
2. s 值为焊接件厚度的 0.7 倍。

件号	名称及规格	数量	材质 Ⅰ	材质 Ⅱ	单重 (kg)	总重 (kg)	图号或标准、规格号	备注
3	扩大管 φ89×4.5	1	Q235	20			YZF1-5	
2	直形连接头 M27×2，$H=120$	1	Q235	20			YZ10-20	
1	垫片 a，$D/d=24/17$，$b=2$	1	XB450	LF2			(2000)YK01-063	

部件、零件表

冶金仪控通用图	双金属温度计（内螺纹）在有保温层的扩大管上安装图 M27×2，H120，PN6.4MPa，$D_0$19～79	(2000)YK01-21	
		比例	页次

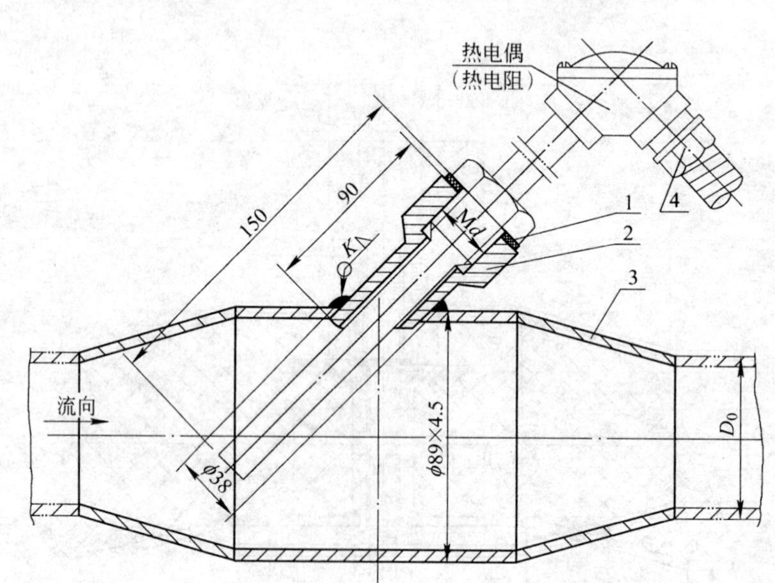

附注：

1. 在 $PN<2.5$MPa 的管道上安装时，零件材质选用零件表中的Ⅰ类。
2. K 与焊接件厚度相同。
3. 安装方案如表所示。

标记示例：热电偶连接螺纹为 M33×2，在 PN1.6MPa 管道上安装，其标记如下：热电偶的安装 BfⅠ，图号(2000)YK01-22。

安装方案与部、零件尺寸表

安装方案	件 2 Md	件 1 规格号	件 1 D/d
A	M27×2	d	44/28
B	M33×2	f	50/34

件号	名称及规格	数量	材质 Ⅰ	材质 Ⅱ	单重 (kg)	总重 (kg)	图号或标准、规格号	备注
4	挠性连接管 M20×1.5/G¾″	1						FNG-20×700 型
3	扩大管 φ89×4.5	1	Q235	20			YZF1-5	
2	连接头 Md（见表），$H=90$	1	Q235	20			YZG11-3	
1	垫片 D/d（见表），$b=2$	1	XB450	LF2			(2000)YK01-063	

部件、零件表

冶金仪控通用图	热电偶、热电阻在扩大管上倾斜 45°角安装图 M27×2(M33×2)，H90，PN6.4MPa，$D_0$19～79	(2000)YK01-22	
		比例	页次

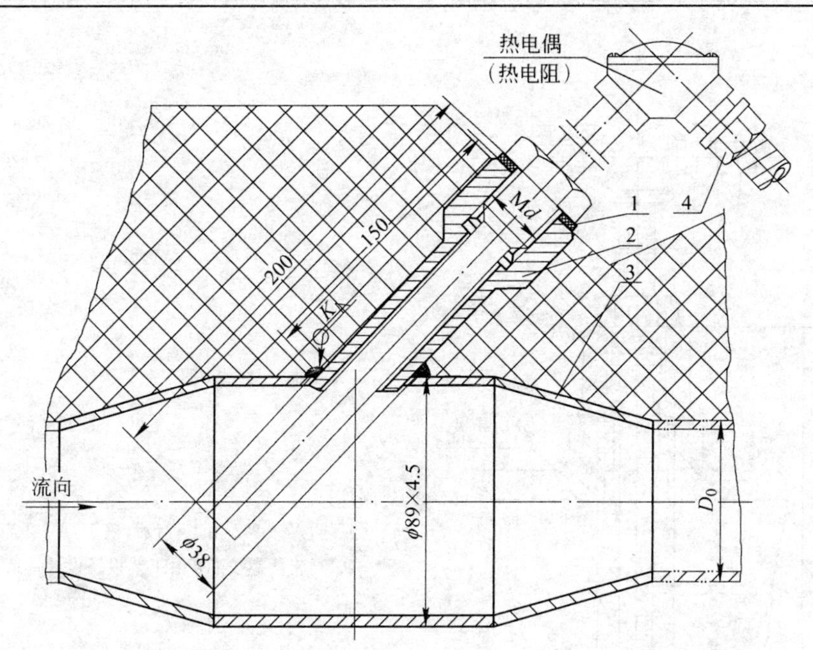

附注:

1. 在 $PN<2.5$MPa 的管道上安装时,零件的材质选用零件表中的Ⅰ类。
2. K 值与焊接件厚度相同。
3. 安装方案如表所示。

标记示例:热电阻连接螺纹为 M27×2,在 PN 1.6MPa 的管道上倾斜安装,其标记如下:热电偶的安装 AdⅠ,图号(2000)YK01-23。

安装方案与部、零件尺寸表

安装方案	件 2	件 1	
	Md	规格号	D/d
A	M27×2	d	44/28
B	M33×2	f	50/34

件号	名称及规格	数量	材质 Ⅰ	材质 Ⅱ	质量(kg) 单重	质量(kg) 总重	图号或标准、规格号	备注
4	挠性连接管 M20×1.5/G¾″	1						FNG-20×700 型
3	扩大管 ϕ89×4.5	1	Q235	20			YZF1-5	
2	连接头 Md(见表),$H=150$	1	Q235	20			YZG11-3	
1	垫片 D/d(见表),$b=2$	1	XB450	LF2			(2000)YK01-063	

部件、零件表

冶金仪控通用图	热电偶、热电阻 在有保温层的扩大管上倾斜 45°角安装图 M27×2(M33×2), $H150, PN6.4$MPa, $D_0$19~79	(2000)YK01-23	
		比例	页次

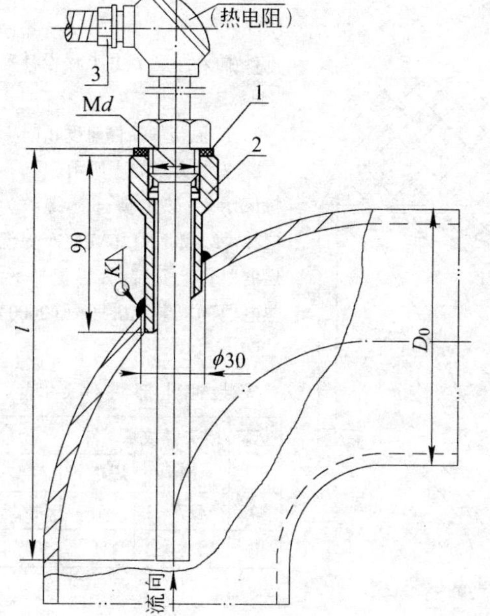

附注:

1. 插入深度 l 由工程设计确定。
2. K 值与焊件厚相同。
3. 安装方案如表所示。

标记示例:热电阻连接螺纹为 M27×2,在 $PN1.6$MPa 的管道上安装,其标记如下:热电阻的安装 Ad,图号(2000)YK01-24。

安装方案与部、零件尺寸表

安装方案	件 2	件 1	
	Md	规格号	D/d
A	M27×2	d	44/28
B	M33×2	f	50/34

件号	名称及规格	数量	材质	质量(kg) 单重	质量(kg) 总重	图号或标准、规格号	备注
3	挠性连接管 M20×1.5/G¾″	1					FNG-20×700 型
2	连接头 Md(见表),$H=90$	1	Q235			YZG11-3	
1	垫片 D/d(见表),$b=2$	1	XB350			(2000)YK01-063	

部件、零件表

冶金仪控通用图	热电偶、热电阻在肘管上安装图 M27×2(M33×2), $H90, PN1.6$MPa, $D_0$89~219	(2000)YK01-24	
		比例	页次

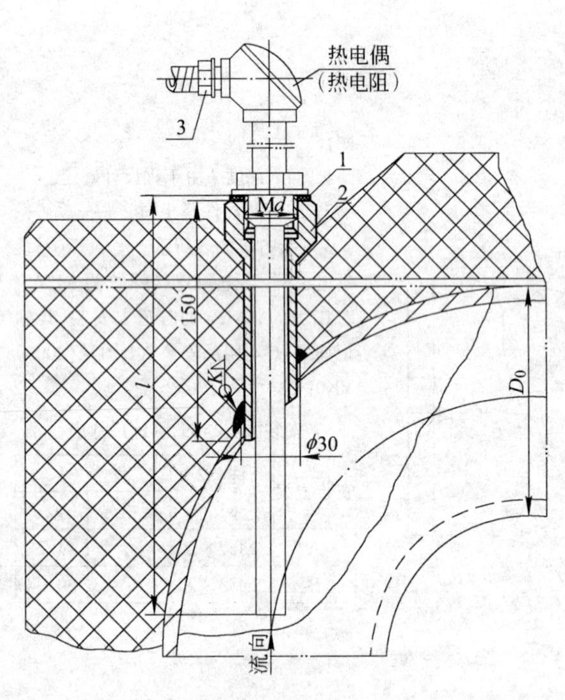

附注:

1. 插入深度 l 由工程设计确定。
2. K 值与焊接件厚度相同。
3. 安装方案如表所示。

标记示例:热电偶连接螺纹为M27×2,在 PN1.6MPa 有保温层的肘管上安装,其标记如下:热电偶的安装 Ad,图号(2000)YK01-25。

安装方案与部、零件尺寸表

安装方案	接头螺纹 Md	件 1 规格号	件 1 D/d
A	M27×2	d	44/28
B	M33×2	f	50/34

件号	名称及规格	数量	材 质	单重 质量(kg)	总重 质量(kg)	图 号 或 标准、规格号	备 注
3	挠性连接管 M20×1.5/G¾″	1					FNG-20×700 型
2	连接头 Md(见表),H=150	1	Q235			YZG11-3	
1	垫片 D/d(见表),b=2	1	XB350			(2000)YK01-063	

部件、零件表

冶金仪控通用图	热电偶、热电阻在有保温层的肘管上安装图 M27×2(M33×2), H150,PN1.6MPa,$D_0$89~219	(2000)YK01-25
		比例 页次

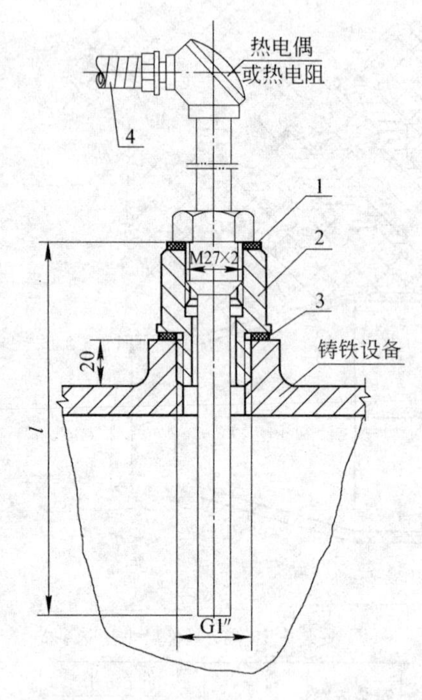

附注:

1. 插入深度 l 由工程设计确定。
2. 安装孔螺纹 G1″由工艺设备设计预留。

件号	名称及规格	数量	材 质	单重 质量(kg)	总重 质量(kg)	图 号 或 标准、规格号	备 注
4	挠性连接管 M20×1.5/G¾″	1					FNG-20×700 型
3	垫片 D/d=55/34,b=2	1	XB200			JB/T 87—1994	
2	异径接头 M27×2/G1″	1	Q235			YZG11-9	
1	垫片 D/d=44/28,b=2	1	XB200			(2000)YK01-063	

部件、零件表

冶金仪控通用图	热电偶、热电阻在铸铁设备上安装图 M27×2,PN0.6MPa	(2000)YK01-26
		比例 页次

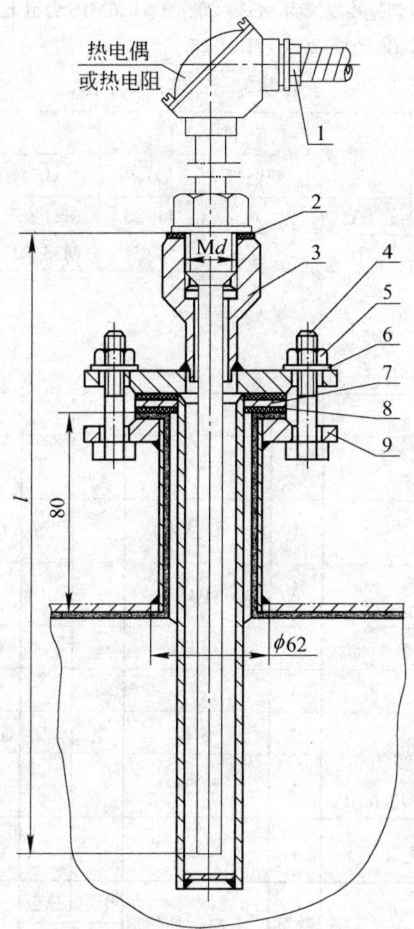

附注：

1. 插入深度 l 由工程设计确定。
2. 为改善热传导，在外保护管(件7)内填充下列物质：
   (1) 当介质温度≤150℃时，填充变压器油；
   (2) 当介质温度>150℃时，填充铜屑。
3. 安装方案如表所示。

标记示例：热电偶连接螺纹为 M27×2，在 *PN*0.6MPa 的管道上安装，其标记如下，热电偶安装 Ad，图号(2000)YK01-27。

安装方案与部、零件尺寸表

安装方案	件 2		件 3
	规格号	D/d	M/d
A	d	44/28	M27×2
B	f	50/34	M33×2

件号	名称及规格	数量	材 质	单重	总重	图号或标准、规格号	备 注
				质量(kg)			
9	法兰接管 *DN*50，*PN*0.6MPa	1	Q235			(2000)YK01-011	按图委托工艺设计
8	垫片 $D/d=96/60$，$b=2$	2	聚四氟乙烯板 SFT-2			JB/T 87—1994	
7	紫铜保护套管	1	T3			(2000)YK01-016	
6	垫圈 12	4	100HV			GB/T 95—1985	
5	螺母 M12	4	6			GB/T 41—1986	
4	螺栓 M12×42	4	6.8			GB/T 5780—1986	
3	法兰接头 Md(见表)，*DN*50，*PN*0.6MPa	1	Q235			(2000)YK01-07	
2	垫片 D/d(见表)，$b=2$	1	聚四氟乙烯板 SFT-2			(2000)YK01-063	
1	挠性连接管 M20×1.5/G¾″	1					FNG-20×700 型

部件、零件表

冶金仪控通用图	热电偶、热电阻在有腐蚀性介质的管道或设备上安装图(带紫铜衬套的) M27×2(M33×2)，*PN*0.6MPa	(2000)YK01-27	
		比例	页次

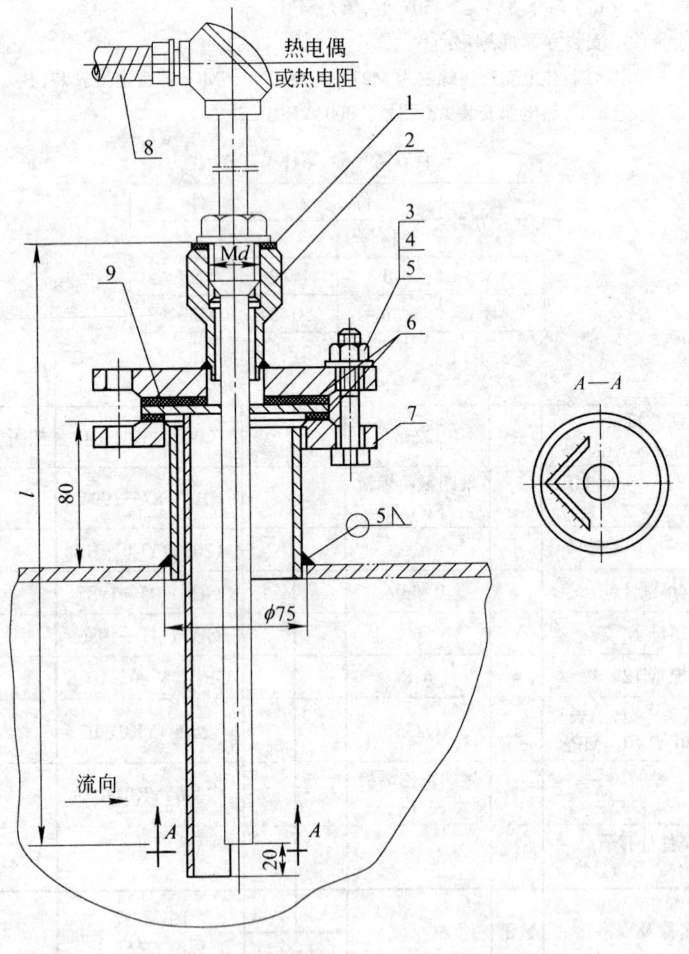

附注：

1. 插入深度 l 由工程设计确定。

2. 安装方案如表所示。

标记示例：热电偶连接螺纹为 M33×2，在 *PN*0.6MPa 管道上安装，其标记如下：热电偶安装 Bf，图号(2000)YK01-28。

安装方案与部、零件尺寸表

安装方案	件 1		件 2
	规格号	*D*/*d*	M*d*
A	d	44/28	M27×2
B	f	50/34	M33×2

件号	名称及规格	数量	材质	单重	总重	图号或标准、规格号	备注
				质量(kg)			
9	角钢保护件	1				(2000)YK01-017	
8	挠性连接管 M20×1.5/G¾″	1					FNG-20×700型
7	法兰接管 b，*DN*65，*PN*0.6MPa	1	Q235			(2000)YK01-011	
6	垫片 *D*/*d*=110/73，*b*=2	2	XB350			JB/T 87—1994	
5	垫圈 12	4	100HV			GB/T 95—1985	
4	螺母 M12	4	6			GB/T 41—1986	
3	螺栓 M12×48	4	6.8			GB/T 5780—1986	
2	法兰接头 M*d*(见表)，*DN*65，*PN*0.6MPa	1	Q235			(2000)YK01-08	
1	垫片 *D*/*d*(见表)，*b*=2	1	XB350			(2000)YK01-063	

部件、零件表

冶金仪控通用图	带角钢保护的 热电偶、热电阻在钢管道上安装图 M27×2(M33×2)，*PN*0.6MPa	(2000)YK01-28	
		比例	页次

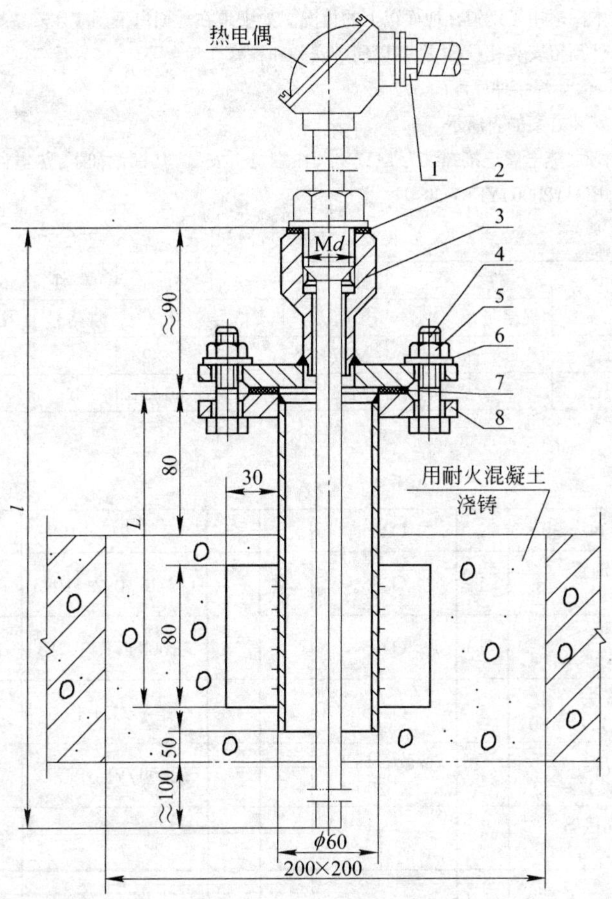

附注：

1. 插入深度 l 和法兰接管长度 L 由工程设计确定。
2. 本图适用于烟道在地面以上的情况。如烟道在地面以下，则应在安装电偶处留安装孔（或人孔），以便于安装和检修。
3. 安装方案如表所示。

标记示例：热电偶连接螺纹为 M33×2，在烟道上安装，其标记如下：热电偶安装 Bf，图号（2000）YK01-29。

安装方案与部、零件尺寸表

安装方案	件 2		件 3
	规格号	D/d	Md
A	d	44/28	M27×2
B	f	50/34	M33×2

件号	名称及规格	数量	材 质	单重 质量(kg)	总重 质量(kg)	图号或标准、规格号	备 注
8	有筋法兰接管 DN50，PN0.25MPa	1	Q235			（2000）YK01-014	
7	垫片 $D/d=96/57, b=1.5$	1	橡胶石棉板 XB200			JB/T 87—1994	
6	垫圈 12	4	100HV			GB/T 95—1985	
5	螺母 M12	4	5			GB/T 41—1986	
4	螺栓 M12×50	4	4.8			GB/T 5780—1986	
3	法兰接头 Md（见表），DN50，PN0.6MPa	1	Q235			（2000）YK01-07	
2	垫片 D/d（见表），$b=2$	1	橡胶石棉板 XB200			（2000）YK01-063	
1	挠性连接管 M20×1.5/G¾″	1					FNG-20×700 型

部件、零件表

冶金仪控通用图	热电偶在烟道上安装图（法兰接头固定）M27×2（M33×2），PN0.25MPa	（2000）YK01-29	
		比例	页次

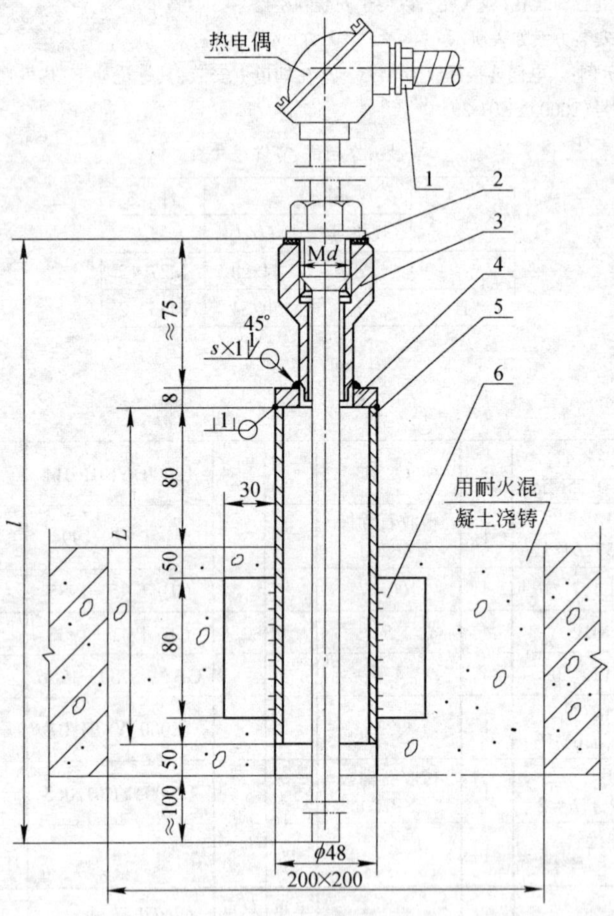

附注：

1. 插入深度 l 和保护管(件5)长度 L，由工程设计确定。
2. 本图适用于烟道在地面以上的情况。如烟道在地面以下则应在安装热电偶处预留安装孔(或人孔)，以便于安装和检修。
3. s 值为焊接件厚度的0.7倍。
4. 安装方案如表所示。

标记示例：热电偶连接螺纹为M27×2，在烟道上安装，其标记如下：热电偶安装Adba，图号(2000)YK01-30。

安装方案与部、零件尺寸表

安装方案	件 2		件 3	件 4		件 5	
	规格号	D/d	Md	规格号	ϕ_0/ϕ	规格号	DN
A	d	44/28	M27×2	b	48/23	a	40
B	f	50/34	M33×2	c	60/31	b	50

件号	名称及规格	数量	材质	单重 质量(kg)	总重 质量(kg)	图号或标准、规格号	备注
6	筋板薄钢板 80×30×3	2	Q235			GB/T 912—1989	
5	焊接钢管 DN(见表)，L(见注)	1	Q235			GB/T 3092—1993	
4	圈板 ϕ_0/ϕ(见表)，$b=8$	1	Q235			(2000)YK01-018	
3	连接头 Md(见表)，$H=80$	1	Q235			YZG11-1	
2	垫片 D/d(见表)，$b=2$	1	橡胶石棉板 XB200			(2000)YK01-063	
1	挠性连接管 M20×1.5/G¾″	1					FNG-20×700型

部件、零件表

冶金仪控通用图	热电偶在烟道上安装图(螺纹接头固定) M27×2(M33×2)，PN0.25MPa	(2000)YK01-30	
		比例	页次

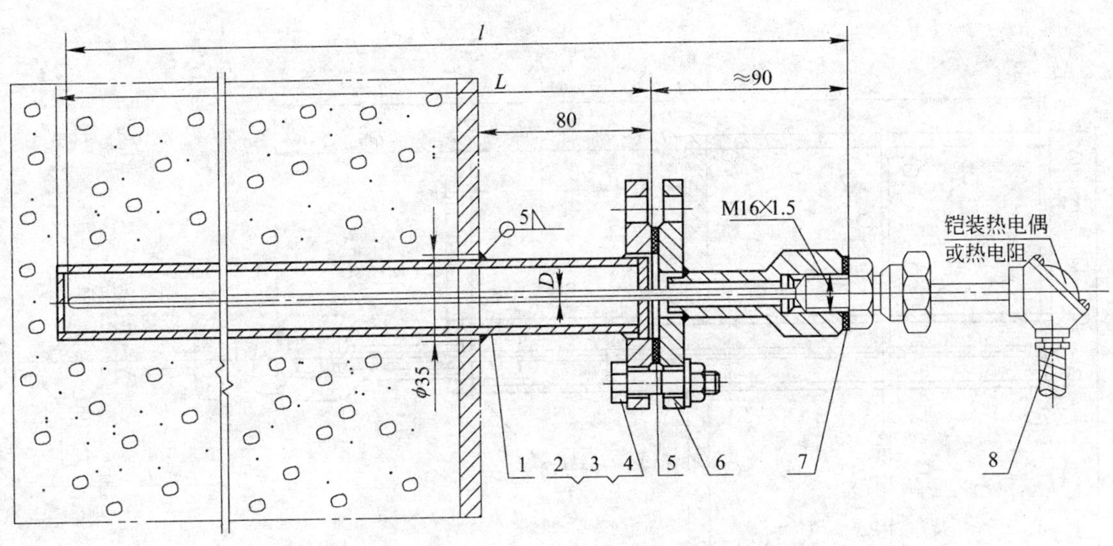

附注:

1. 插入深度 l 由工程设计确定。
2. 本图适用外径 D=4,5,6,8mm 的铠装热电偶。
3. 法兰套管(件 1)应委托工艺设计预埋,其长度 $L=l-85$。

件号	名称及规格	数量	材质	质量(kg) 单重	质量(kg) 总重	图号或标准、规格号	备注
8	挠性连接管 M16×1.5/G¾″						FNG-20×700 型
7	垫片 b, $D/d=24/17, b=2$	1	橡胶石棉板 XB200			(2000)YK01-063	
6	法兰接头 b, M16×1.5, PN0.6MPa, DN25	1	Q235			(2000)YK01-09	
5	垫片 $D/d=63/32, b=1.5$	1	橡胶石棉板 XB200			JB/T 87—1994	
4	垫圈 10	4	100HV			GB/T 95—1985	
3	螺母 M10	4	5			GB/T 41—1986	
2	螺栓 M10×40	4	4.8			GB/T 5780—1986	
1	法兰套管 DN25, PN0.25MPa	1	Q235			(2000)YK01-015	见附注 3

部件、零件表

冶金仪控通用图	固定/活动卡套铠装热电偶、热电阻在设备基础里安装图 M16×1.5(法兰接头固定)	(2000)YK01-31	
		比例	页次

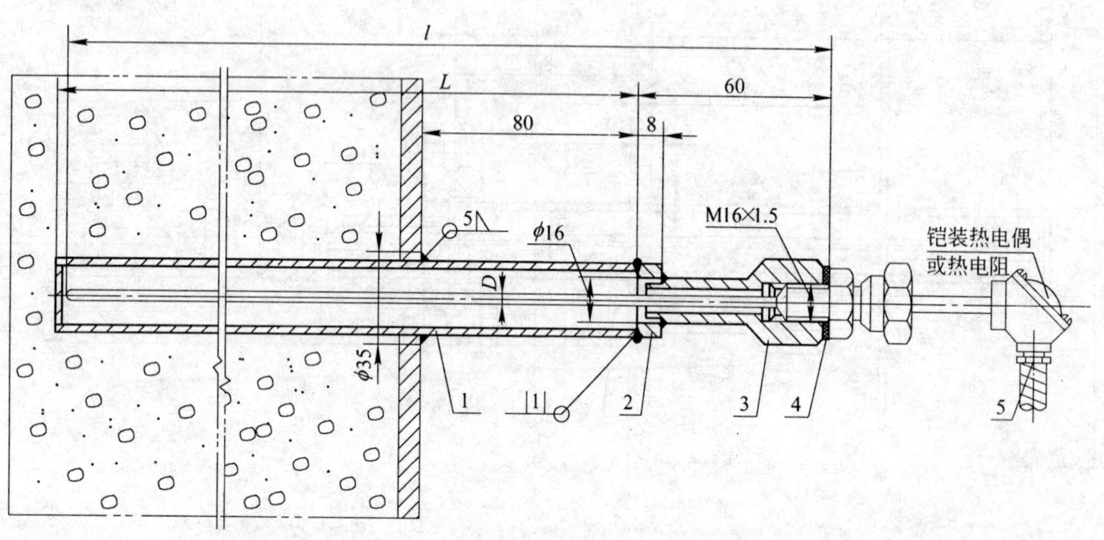

附注：

1. 插入深度 l 由工程设计确定。
2. 本图适用外径 D=4,5,6,8mm 的铠装热电偶。
3. 焊接钢管(件 1)应委托工艺设计预埋，其长度 $L=l-55$，其端头用 φ25 厚 4mm 的圆钢板封焊。

件号	名称及规格	数量	材　质	单重	总重	图 号 或 标准、规格号	备　　注
				质量(kg)			
5	挠性连接管 M16×1.5/G¾″	1					FNG-20×700 型
4	垫片 b, $D/d=24/17, b=2$	1	橡胶石棉板 XB200			(2000)YK01-063	
3	连接头 M16×1.5, $H=60$	1	Q235			YZG11-1	
2	圈板 a, φ34/φ15, $b=8$	1	Q235			(2000)YK01-018	
1	焊接钢管 $DN25$, L(见注)	1	Q235			GB/T 3092—1993	

部件、零件表

冶金仪控通用图	固定/活动卡套铠装热电偶、热电阻在设备基础里安装图(螺纹接头固定) M16×1.5	(2000)YK01-32	
		比例	页次

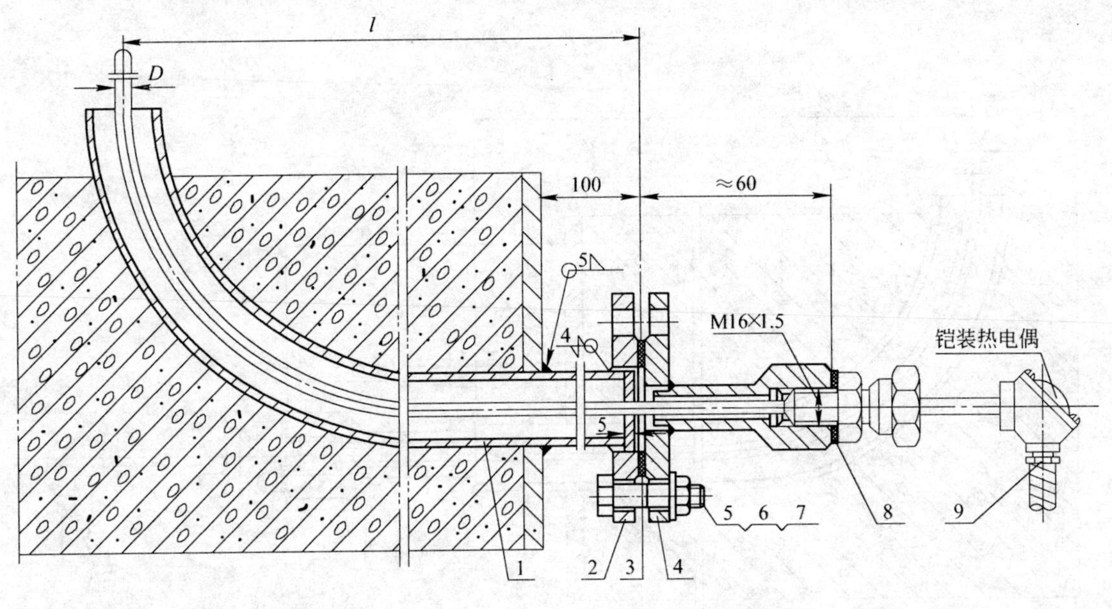

附注:

1. 热电偶的长度由工程设计确定。
2. 本图适用外径 $D=4,5,6,8$mm 的铠装热电偶。
3. l 值由工艺设计确定。

件号	名称及规格	数量	材质	单重	总重	图号或标准、规格号	备注
9	挠性连接管 M16×1.5/G¾″	1					FNG-20×700 型
8	垫片 b, $D/d=24/17,b=2$	1	橡胶石棉板 XB200			(2000)YK01-063	
7	垫圈 10	4	100HV			GB/T 95—1985	
6	螺母 M10	4	5			GB/T 41—1986	
5	螺栓 M10×40	4	4.8			GB/T 5780—1986	
4	法兰接头 b, M16×1.5,*DN*25,*PN*0.6MPa	1	Q235			(2000)YK01-09	
3	垫片 $D/d=63/32,b=1.5$	1	橡胶石棉板 XB200			JB/T 87—1994	
2	法兰 *DN*25,$d_0$33.5,*PN*0.25MPa	1	Q235			JB/T 81—1994	
1	焊接钢管 *DN*25	1	Q235			GB/T 3092—1993	委托工业炉专业预埋
件号	名称及规格	数量	材质	单重 质量(kg)	总重	图号或标准、规格号	备注

部件、零件表

冶金仪控通用图	罩式炉板垛温度测量固定卡套铠装热电偶安装图(法兰接头固定) M16×1.5,*PN*0.25MPa	(2000)YK01-33	
		比例	页次

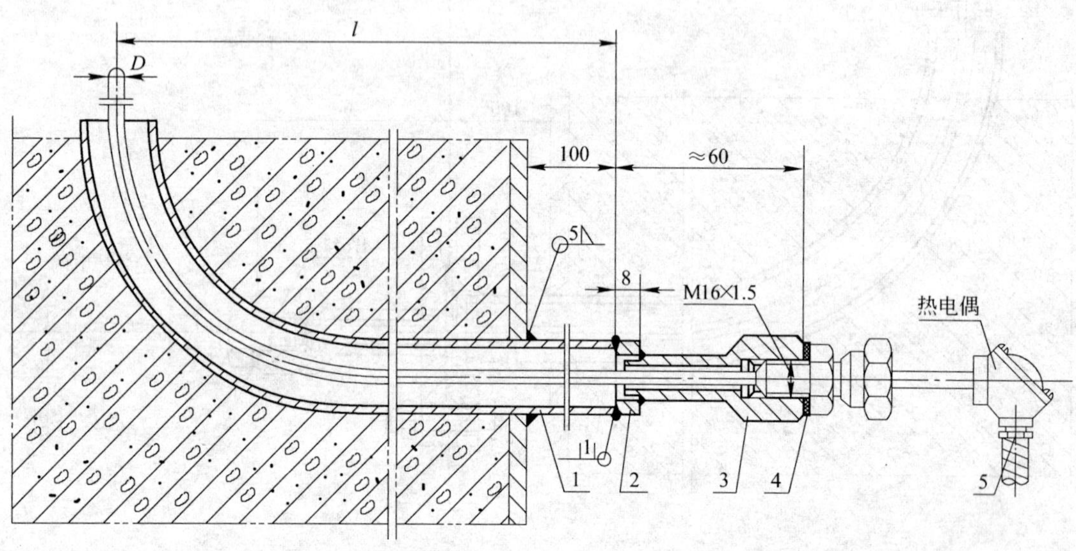

附注：

1. 热电偶的长度由工程设计确定。
2. 本图适用外径 $D=4,5,6,8$mm 的铠装热电偶。
3. l 值由工艺设计确定。

件号	名称及规格	数量	材 质	单重	总重	图 号 或 标准、规格号	备 注
5	挠性连接管 M16×1.5/G¾″	1					FNG-20×700 型
4	垫片 b, $D/d=24/17, b=2$	1	橡胶石棉板 XB200			(2000)YK01-063	
3	连接头 M16×1.5, $H=60$	1	Q235			YZG11-1	
2	圈板 a, $\phi34/\phi15, b=8$	1	Q235			(2000)YK01-018	
1	焊接钢管 $DN25$	1	Q235			GB/T 3092—1993	委托工业炉 专业预埋
				质量(kg)			

部件、零件表

冶金仪控 通用图	罩式炉板垛温度测量固定卡套 铠装热电偶安装图(螺纹接头固定) M16×1.5, PN0.25MPa	(2000)YK01-34	
		比例	页次

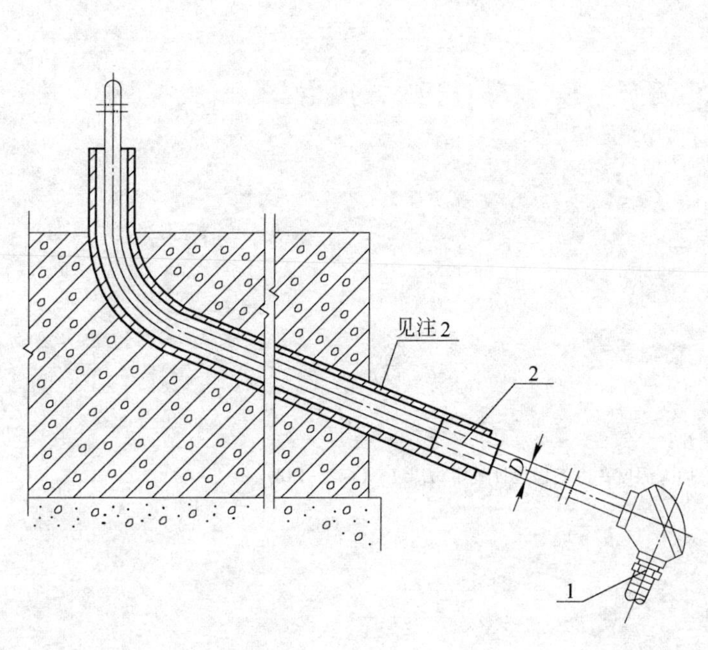

附注：

1. 热电偶的长度由工程设计确定。
2. 此护管用焊接钢管 $DN25$(GB/T 3092—1993)由工业炉专业设计预埋。
3. 铠装热电偶的直径 $D=4,5,6,8$mm 由工程设计选定。

件号	名称及规格	数量	材质	单重 质量(kg)	总重 质量(kg)	图号或标准、规格号	备注
2	塞子 $\phi27/D$, $l=50$	1	耐热橡胶				成品
1	挠性连接管 M16×1.5/G¾″	1					FNG-20×700 型

部件、零件表

冶金仪控通用图	罩式炉板垛温度测量铠装热电偶安装图（橡胶塞固定）	(2000)YK01-35
		比例 页次

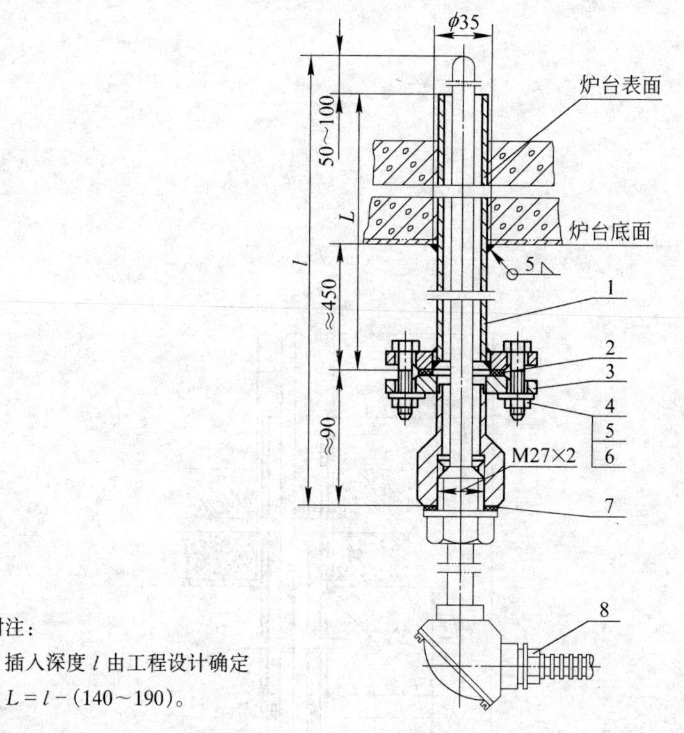

附注：

插入深度 l 由工程设计确定

$L=l-(140\sim190)$。

件号	名称及规格	数量	材质	单重 质量(kg)	总重 质量(kg)	图号或标准、规格号	备注
8	挠性连接管 M20×1.5/G¾″		Q235				FNG-20×700 型
7	垫片 d, $D/d=44/28$, $b=2$	1	橡胶石棉板 XB200			(2000)YK01-063	
6	垫圈 10	4	100HV			GB/T 95—1985	
5	螺母 M10	4	5			GB/T 41—1986	
4	螺栓 M10×40	4	4.8			GB/T 5780—1986	
3	法兰接头 b, M27×2, PN0.25MPa	1	Q235			(2000)YK01-09	
2	垫片 $D/d=63/32$, $b=1.5$	1	橡胶石棉板 XB200			JB/T 87—1994	
1	法兰接管 $DN25$, PN0.25MPa, $d_0$33.5	1	Q235			(2000)YK01-012	委托工业炉专业预埋

部件、零件表

冶金仪控通用图	罩式炉内罩热电偶安装图（法兰接头固定）M27×2, PN0.25MPa	(2000)YK01-36
		比例 页次

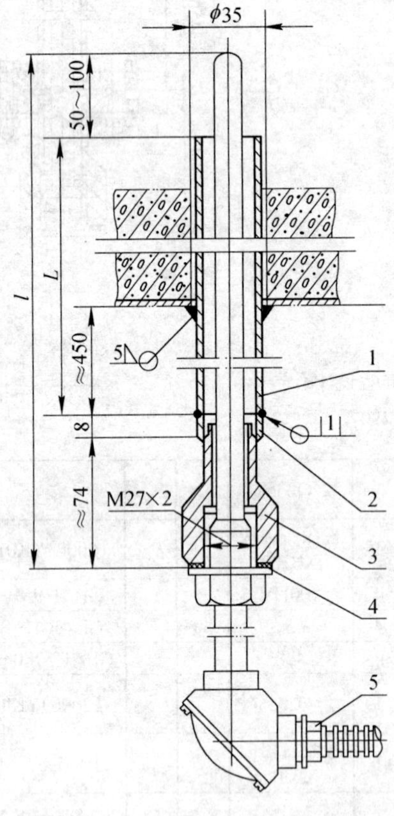

附注：

插入深度 l 由工程设计确定，$L=l-(132\sim182)$。

件号	名称及规格	数量	材　质	单重	总重	图 号 或 标准、规格号	备　　注
				质量(kg)			
5	挠性连接管 M20×1.5/G¾″	1					FNG-20×700 型
4	垫片 d， $D/d=44/28, b=2$	1	橡胶石棉板 XB200			(2000)YK01-063	
3	连接头 M27×2，$H=80$	1	Q235			YZG11-1	
2	圈板 b， $\phi_0 48/\phi 23, b=8$	1	Q235			(2000)YK01-018	
1	焊接钢管 $DN40$，L(见注)	1	Q235			GB/T 3092—1993	委托工业炉 专业预埋

部件、零件表

冶金仪控 通用图	罩式炉内罩热电偶安装图 (螺纹接头固定) M27×2，$PN0.25$MPa	(2000)YK01-37	
		比例	页次

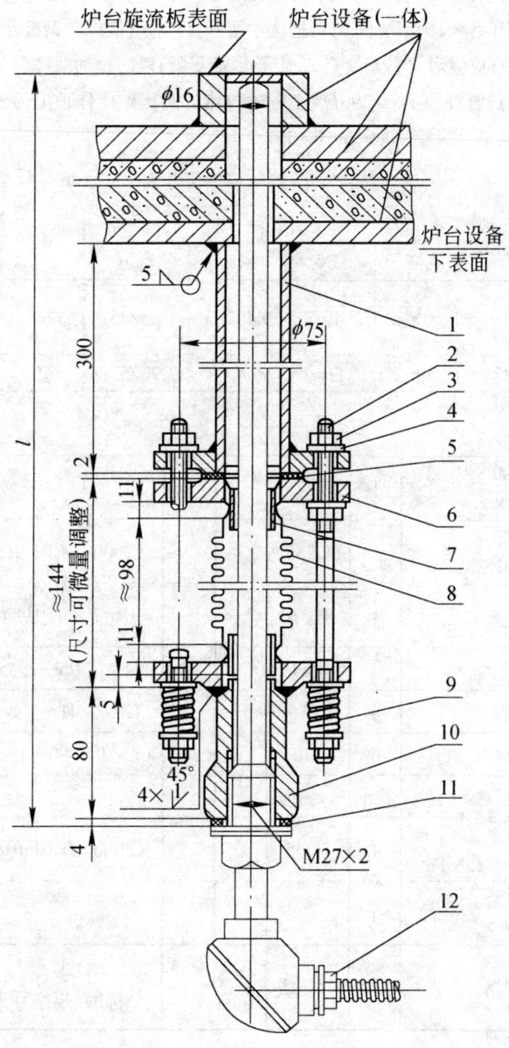

附注:

1. 所有焊接处均用连续焊缝。波纹管焊接地方用TB 18-8焊条,焊接完后,要用0.1MPa压力试压确保不漏气。
2. 安装时需垫好各密封垫片,以保证热电偶的密封。
3. 调整好螺母(件3)的位置及垫片(件11)的厚度,使弹簧压紧到适宜的程度,以保证热电偶压紧工艺炉台的底板。
4. 波纹管选用上海异型钢管厂的产品,型号为1-11-1A-ϕ31×0.2-15。
5. l 根据炉子的尺寸由设计者确定。
6. 各件之间的焊接基本型式和尺寸按国标GB/T 985—1988进行。

件号	名称及规格	数量	材 质	单重	总重	图 号 或 标准、规格号	备 注
				质量(kg)			
12	挠性连接管 M16×1.5/G¾″	1					FNG- 20×700型
11	垫片d, $D/d=44/28,b=2$	2	橡胶石棉板 XB350			(2000)YK01-063	
10	连接头 M27×2,PN2.5MPa,$H=80$	1	Q235			YZG11-1	
9	弹簧 $d=2/D_2=16/H_0=50$	4	65Mn			GB/T 2089—1994	
8	波纹管ϕ31×0.2-15	1	1Cr18Ni9Ti			1-11-1A	上海异型 钢管厂产品
7	无缝钢管 $\phi28\times1.6,L=25$	2	Q235			GB/T 8163—1987	
6	法兰 $DN25,d_0 30,PN0.25$MPa	2	Q235			JB/T 81—1994	
5	垫片 $D/d=63/32,b=2$	1	橡胶石棉板 XB350			JB/T 87—1994	
4	垫圈 10	16	100HV			GB/T 95—1985	
3	螺母 M10	12	5			GB/T 41—1986	
2	双头螺栓 M10×220,$L_0=60$	4	4.8			GB/T 901—1988	
1	法兰接管b, $DN25,PN0.25$MPa,$d_0 33.5$	1	Q235			(2000)YK01-012	

部件、零件表

冶金仪控 通用图	罩式炉炉底热电偶压紧式安装图 M27×2,PN0.25MPa	(2000)YK01-38	
		比例	页次

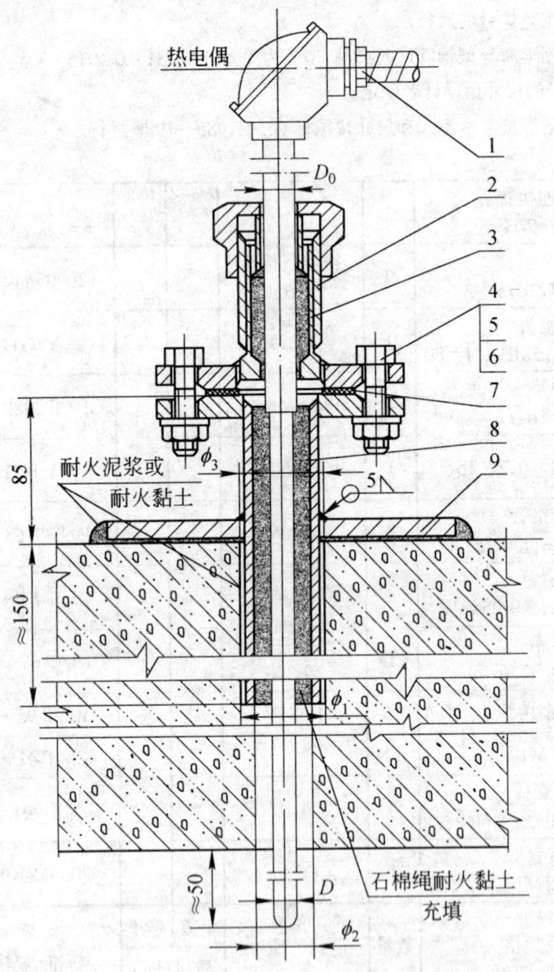

附注:

1. 施工时将钢板(件 9)用耐火泥浆牢固的安装在砌砖体顶上。然后插入填充好的热电偶安装部件,并将法兰接管(件 8)焊在钢板(件 9)上。
2. 如砌砖体外包有钢板,则不要件 9,可把法兰接管(件 8)直接焊在钢板外面。
3. 热电偶周围用石棉绳耐火黏土填充,一定要尽量塞紧,以防松动漏气。

标记示例:热电偶保护管外径 $D_0=29$,$D=20$mm 的热电偶在砌砖体顶上的安装,其标记如下:砌砖体顶上热电偶安装 Aa,图号(2000)YK01-39。

安装方案与部、零件尺寸表

安装方案	适用热电偶外径 D_0/D	件 8		件 2	件 7	ϕ_1	ϕ_2	ϕ_3
		规格号	DN	Md	ϕ/d			
A	20/16	a	40	M48×3	86/45	60	35	50
B	29/20							
C	34/25	b	50	M64×3	96/57	70	45	62

部件、零件表

件号	名称及规格	数量	材 质	单重	总重	图 号 或 标准、规格号	备 注
				质量(kg)			
9	钢板 200×200×10 中心孔 ϕ_3 见表	1	Q235				
8	法兰接管 DN(见表),PN0.25MPa	1	Q235			(2000)YK01-013	
7	垫片 D/d(见表),b=1.5	1	XB350			JB/T 87—1994	
6	垫圈 12	4	100HV			GB/T 95—1985	
5	螺母 M12	4	5			GB/T 41—1986	
4	螺栓 M12×40	4	4.8			GB/T 5780—1986	
3	填料	若干	石棉绳				
2	法兰填料盒 Md(见表),PN0.25MPa	1	Q235			(2000)YK01-019	
1	挠性连接管 M20×1.5/G¾″	1					FNG-20×700 型

冶金仪控通用图	砌砖体顶上热电偶安装图(填料盒定位)保护管外径 D16,20,25	(2000)YK01-39	
		比例	页次

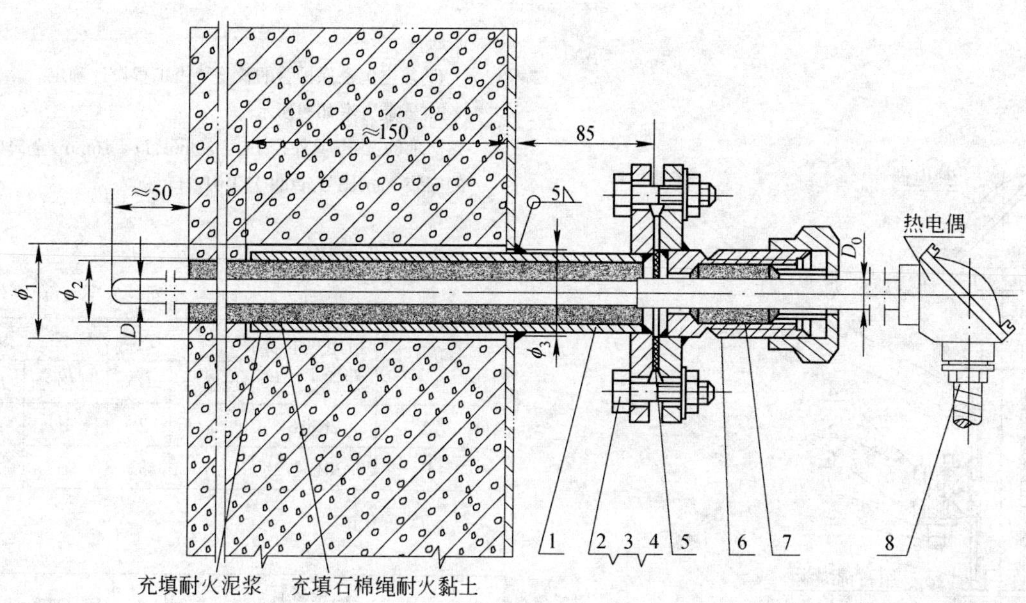

附注：

1. 用石棉绳耐火黏土填充，要尽可能塞紧，以防松动漏气。
2. 金属壁上开安装孔ϕ50(ϕ 62)。
3. 安装方案如表所示。

标记示例：热电偶外径 D_0 = 20mm，D = 16mm，在金属壁砌砖体侧墙上的安装，其标记如下：热电偶的安装 Aa，图号(2000)YK01-40。

安装方案与部、零件尺寸表

安装方案	适用热电偶外径 D_0/D	件1 规格号	件1 DN	件5 D/d	件6 Md	ϕ_1	ϕ_2	ϕ_3
A	20/16	a	40	86/45	M48×3	60	35	50
B	29/20							
C	34/25	b	50	96/57	M64×3	70	45	62

件号	名称及规格	数量	材质	单重 质量(kg)	总重 质量(kg)	图号或标准、规格号	备注
8	挠性连接管 M20×1.5/G¾″	1					FNG-20×700 型
7	填料	若干	石棉绳				
6	法兰填料盒 Md(见表)，PN0.25MPa	1	Q235			(2000)YK01-019	
5	垫片 D/d(见表)，b = 1.5	1	橡胶石棉板 XB350			JB/T 87—1994	
4	垫圈 12	4	100HV			GB/T 97—1985	
3	螺母 M12	4	5			GB/T 41—1986	
2	螺栓 M12×40	4	4.8			GB/T 5780—1986	
1	法兰接管 DN(见表)，PN0.25MPa	1	Q235			(2000)YK01-013	

部件、零件表

冶金仪控通用图	金属壁砌砖体侧墙上热电偶安装图 (法兰填料盒定位) 保护管外径 D16，20，25	(2000)YK01-40
		比例 / 页次

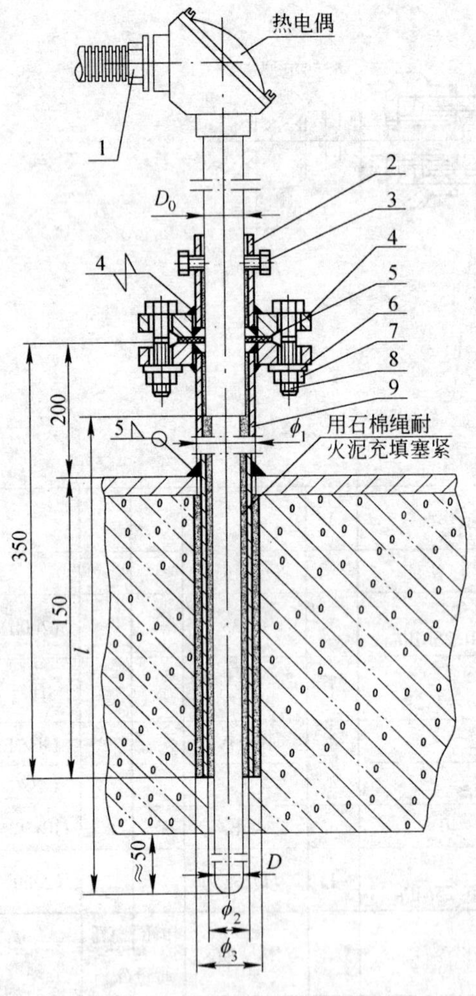

附注：

1. 热电偶瓷保护管的长度 l 由工程设计确定。
2. 安装方案如表所示。

标记示例：热电偶外径 $D_0=20$mm，$D=16$mm，金属壁砌砖体上安装，其标记如下：热电偶的安装 Aab，图号(2000)YK01-41。

安装方案与部、零件尺寸表

安装方案	适用热电偶外径 D_0/D	件 2		件 9		件 4	件 5	ϕ_1	ϕ_2	ϕ_3
		规格号	DN	规格号	DN	DN	D/d			
A	20/16	a	25	b	25	25	63/32	35	25	40
B	29/20(34/25)	b	32	c	32	32	76/38	45	35	55

件号	名称及规格	数量	材质	单重 质量(kg)	总重 质量(kg)	图号或标准、规格号	备注
9	法兰接管 DN(见表)，PN0.25MPa，$l=350$	1	Q235			(2000)YK01-012	
8	螺栓 M10×40	4	4.8			GB/T 5780—1986	
7	螺母 M10	4	5			GB/T 41—1986	
6	垫圈 10	4	100HV			GB/T 95—1985	
5	垫片 D/d(见表)，$b=1.5$	1	橡胶石棉板 XB350			JB/T 87—1994	
4	法兰 DN(见表)，PN0.25MPa	1	Q235			JB/T 81—1994	
3	紧定螺钉 M6×15	3	4.8			GB/T 5782—1986	
2	定位管 DN(见表)，$l=50$	1	Q235			(2000)YK01-023	
1	挠性连接管 M20×1.5/G¾″	1					FNG-20×100型

部件、零件表

冶金仪控通用图	金属壁砌砖体上热电偶安装图（紧定螺栓定位）保护管外径 D16,20,25	(2000)YK01-41	
		比例	页次

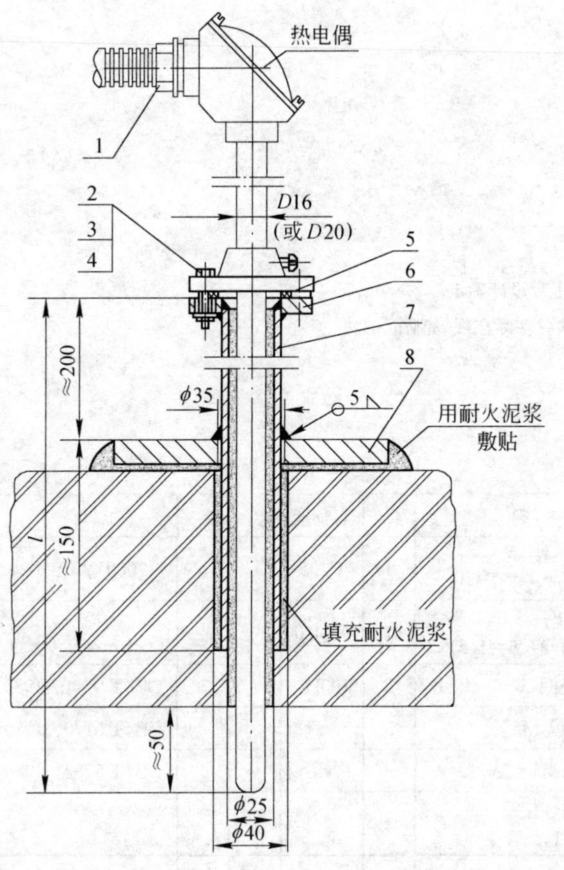

附注：

1. 插入深度 l 由工程设计确定。
2. 将钢板(件 8)与法兰接管(件 6)焊好后，再将它插入砌砖体内，用耐火泥浆密封。

件号	名称及规格	数量	材　质	单重 质量(kg)	总重 质量(kg)	图 号 或 标准、规格号	备　注
8	钢板 250×250×8 中心孔φ35	1	Q235				
7	填　料		石棉绳				
6	法兰接管 *DN*25，*PN*(常压)	1	Q235			(2000)YK01-024	
5	垫片 $D/d=48/27, b=1.5$	1	XB450				按法兰制作
4	垫圈 5	3	100HV			GB/T 97.1—1985	
3	螺母 M5	3	5			GB/T 6170—1986	
2	螺栓 M5×35	3	4.8			GB/T 5782—1986	
1	挠性连接管 M20×1.5/G¾″	1					FNG-20×700 型

部件、零件表

冶金仪控 通用图	砌砖体顶部可动法兰热电偶安装图 保护管外径 *D*16，20	(2000)YK01-42	
		比例	页次

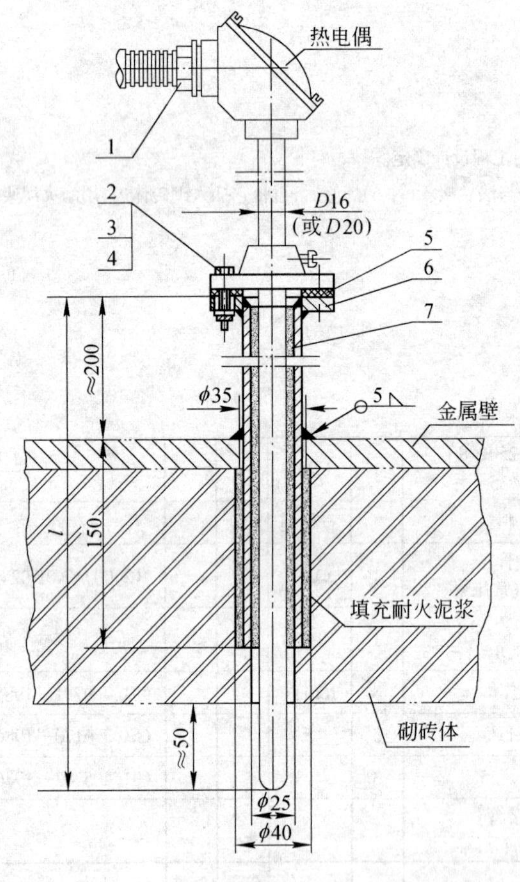

附注:

1. 插入深度 l 由工程设计确定。
2. 垫片(件 5)按法兰实际在现场制作。

件号	名称及规格	数量	材　质	单重	总重	图 号 或 标准、规格号	备　注
				质量(kg)			
7	填　料		石棉绳				
6	法兰接管 DN25,PN(常压)	1	Q235			(2000)YK01-024	
5	垫片 $D/d=48/27, b=1.5$	1	XB450				
4	垫圈 5	3	100HV			GB/T 97.1—1985	
3	螺母 M5	3	5			GB/T 6170—1986	
2	螺栓 M5×35	3	4.8			GB/T 5782—1986	
1	挠性连接管 M20×1.5/G¾″	1					FNG-20×700 型

部件、零件表

冶金仪控 通用图	金属壁砌砖体上可动法兰热电偶安装图 保护管外径 D16,20	(2000)YK01-43	
		比例	页次

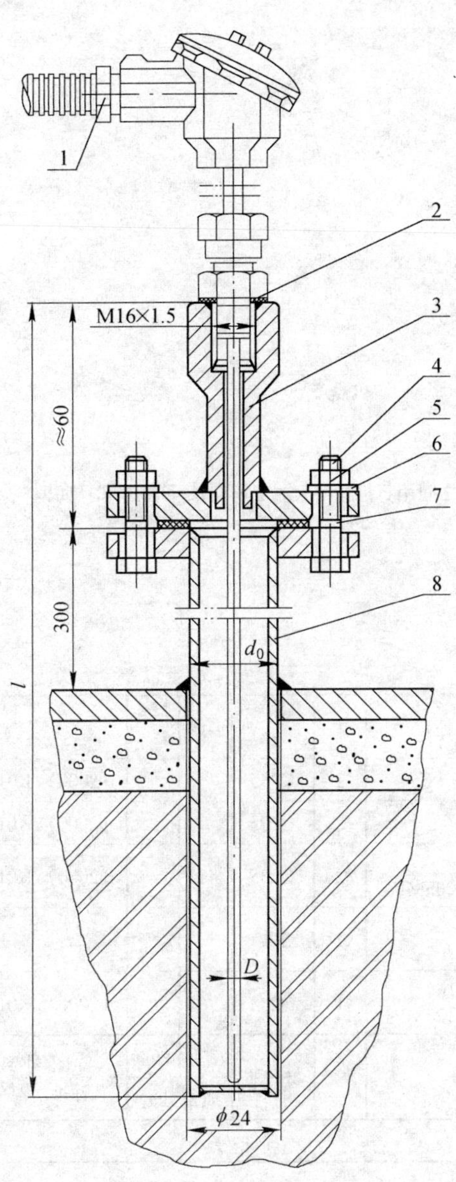

附注：

1. 插入深度 l 由工程设计确定。
2. 本图适用外径 D=4,5,6,8mm 的铠装热电偶。

件号	名称及规格	数量	材质	单重	总重	图号或标准、规格号	备注
8	法兰套管 a, *DN*25/*d*21.3, *PN*0.25MPa	1	Q235			(2000)YK01-015	
7	垫片 *D*/*d*=63/32, *b*=1.5	1	XB350			JB/T 87—1994	
6	垫圈 10	1	100HV			GB/T 95—1985	
5	螺母 M10	1	5			GB/T 41—1986	
4	螺栓 M10×40	1	4.8			GB/T 5780—1986	
3	法兰连接头 b, M16×1.5, *DN*25, *PN*0.6MPa	1	Q235			(2000)YK01-09	
2	垫片 b, *D*/*d*=24/17, *b*=2	1	XB350			(2000)YK01-063	
1	挠性连接管 M20×1.5/G¾″	1					FNG-20×700 型
件号	名称及规格	数量	材质	单重 质量(kg)	总重 质量(kg)	图号或标准、规格号	备注

部件、零件表

冶金仪控通用图	金属壁砌砖体上铠装热电偶安装图（法兰接头固定）M16×1.5	(2000)YK01-44	
		比例	页次

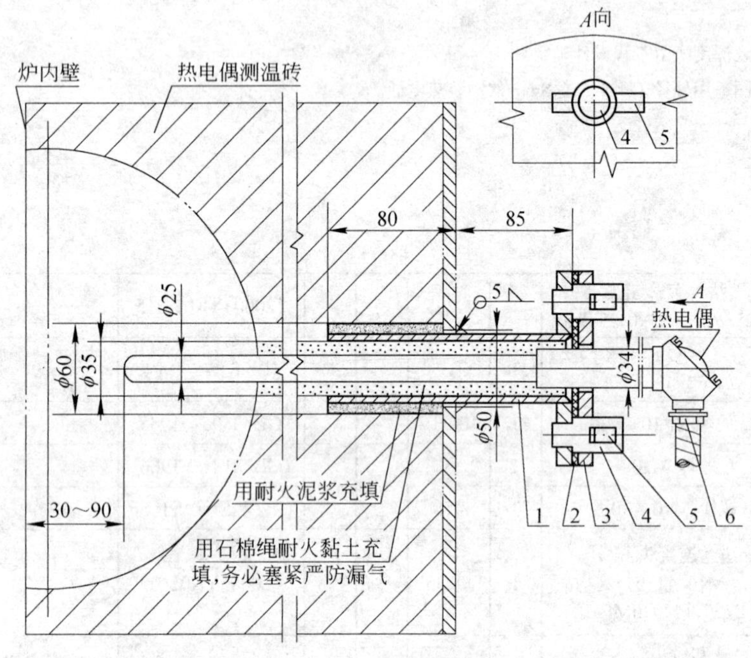

附注：

法兰接管与热电偶之间用石棉绳耐火黏土填充，尽可能塞紧严防漏气。

件号	名称及规格	数量	材 质	单重 质量(kg)	总重 质量(kg)	图 号 或 标准、规格号	备 注
6	挠性连接管 M20×1.5/G¾″	1					FNG-20×700 型
5	销子 a,60×20×8	2	Q235			(2000)YK01-029	
4	销子座 *a*	2	Q235			(2000)YK01-028	
3	快装法兰 *DN*40，$d_0$36，*PN*0.05MPa	2	Q235			(2000)YK01-027	
2	垫片 $D/d=140/36$，$b=2$	1	XB450				按法兰制作
1	快装法兰接管 *DN*40，$d_0$48，*PN*0.25MPa	1	Q235			(2000)YK01-025	

部件、零件表

冶金仪控通用图	均热炉炉膛热电偶安装图（快装法兰式）	(2000)YK01-45	
		比例	页次

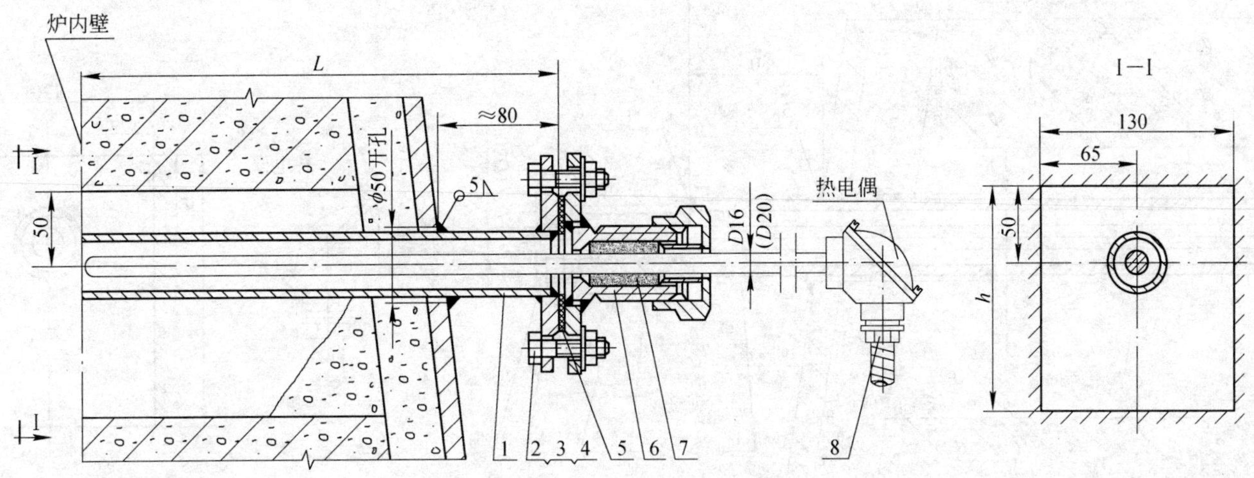

附注：

1. L 为法兰接管长度，由工程设计确定。法兰接管（件 1）由工艺设计预埋。
2. h 为砌砖体膨胀孔高度，由工艺专业确定。
3. 安装方案如表所示。

标记示例：热电偶外径 $D=20$mm，在高炉炉喉的安装，其标记如下：热电偶的安装 B，图号（2000）YK01-46。

安装方案与部、零件尺寸表

安装方案	适用于热电偶外径 D	件 6 Md
A	16	M48×3
B	20	

件号	名称及规格	数量	材质	单重	总重	图号或标准、规格号	备注
8	挠性连接管 M20×1.5/G¾″	1					FNG-20×700 型
7	填料	若干	石棉绳				
6	法兰填料盒 Md（见表），DN40	1	Q235			（2000）YK01-019	
5	垫片 $D/d=86/45$，$b=1.5$	1	橡胶石棉板 XB200			JB/T 87—1994	
4	垫圈 12	1	100HV			GB/T 97—1985	
3	螺母 M12	4	5			GB/T 41—1986	
2	螺栓 M12×40	4	4.8			GB/T 5780—1986	
1	法兰接管 a，DN40，L（见注）	1	Q235			（2000）YK01-013	
件号	名称及规格	数量	材质	质量（kg）		图号或标准、规格号	备注

部件、零件表

冶金仪控通用图	高炉炉喉热电偶安装图（法兰填料盒定位）保护管外径 D16，20	（2000）YK01-46	
		比例	页次

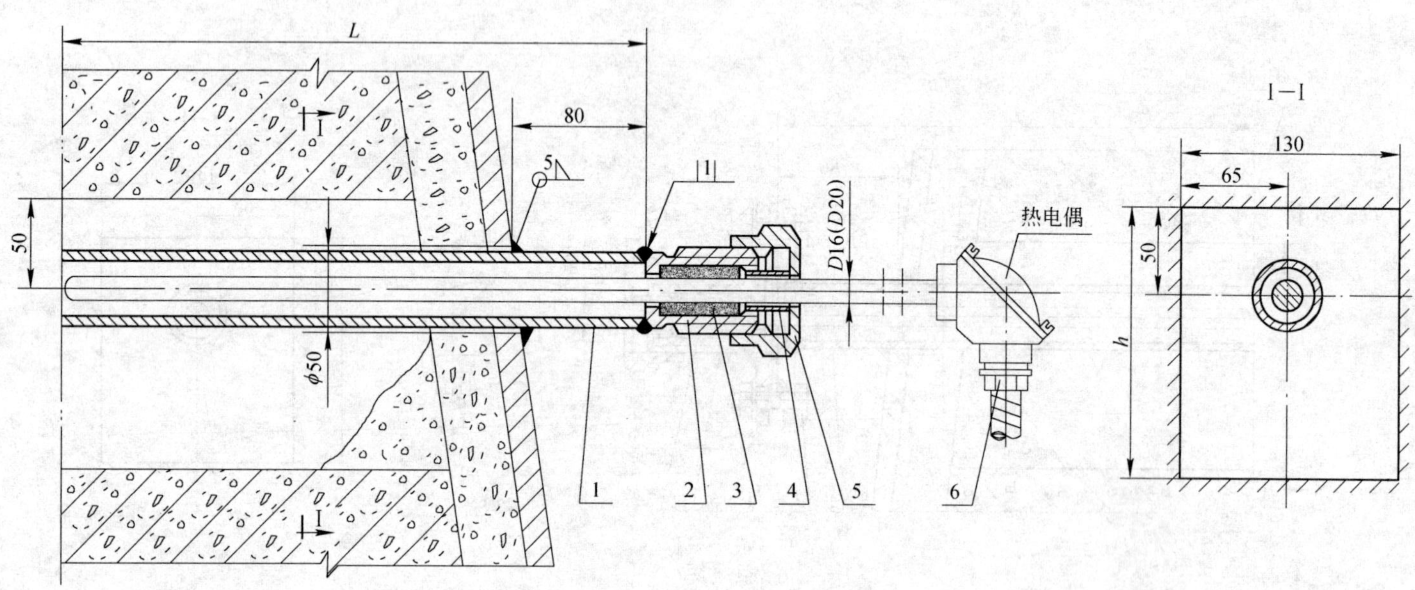

附注:

1. L 由工程设计确定。钢管(件 1)由工艺设计预埋。
2. h 为砌砖体膨胀孔高由工艺专业确定。
3. 安装方案如表所示。

标记示例:热电偶外径 D=16mm,在高炉炉喉上的安装,其标记如下:

热电偶的安装 Aa,图号(2000)YK01-47。

安装方案与部、零件尺寸表

安装方案	适用于热电偶外径 D	件 2 Md	件 4 规格号	件 4 φ	件 5 Md
A	16	M48×3	a	18	M48×3
B	20		b	22	

件号	名称及规格	数量	材质	单重 质量(kg)	总重 质量(kg)	图号或标准、规格号	备注
6	挠性连接管 M20×1.5/G¾″	1					FNG-20×700 型
5	压帽 Md(见表)	1	Q235			(2000)YK01-020	
4	填隙套管φ(见表)	1	Q235			(2000)YK01-021	
3	填　　料		石棉绳				
2	填料盒 Md(见表)	1	Q235			(2000)YK01-022	
1	焊接钢管 DN40,L(见注)	1	Q235			GB/T 3092—1993	

部件、零件表

冶金仪控通用图	高炉炉喉热电偶安装图(填料盒定位) 保护管外径 D16,20	(2000)YK01-47
		比例　　页次

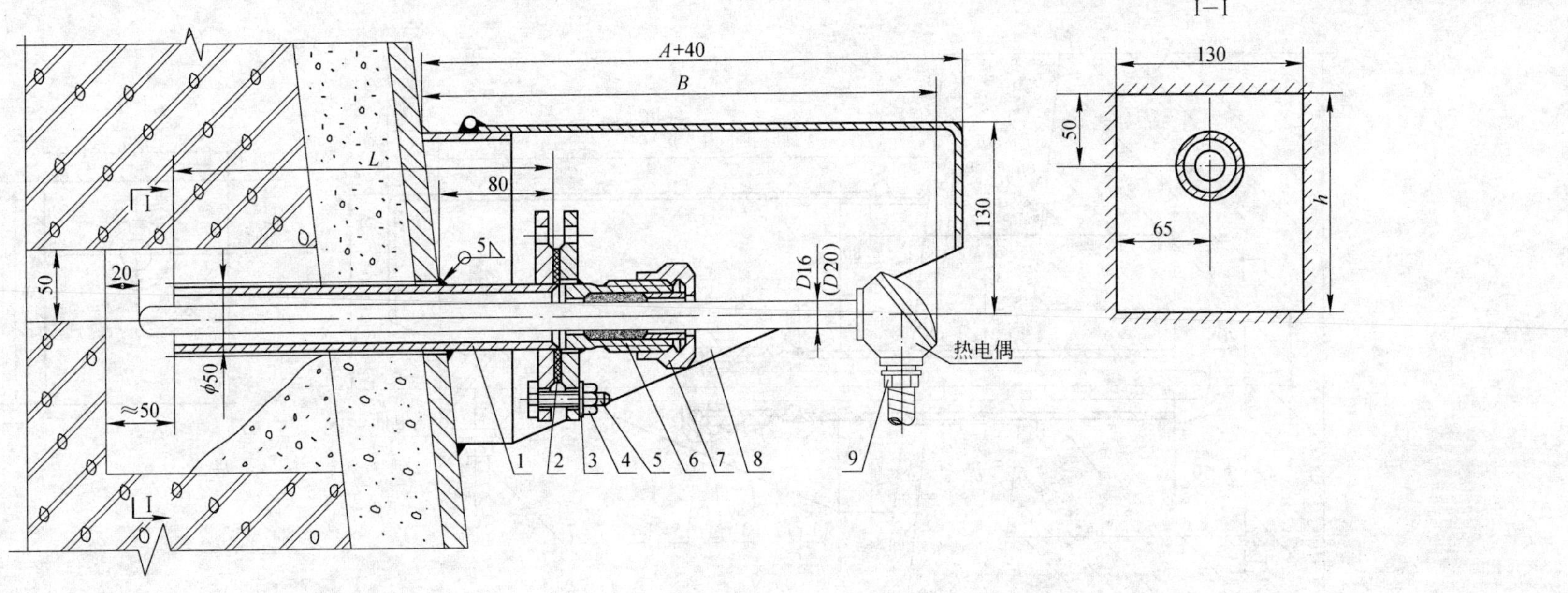

附注：

1. A 值按热电偶外露长度 B 确定，并参见防滴罩(件 8)图上附表。
2. B 和 L 由工程设计确定。法兰接管(件 1)由工艺设计预埋。
3. h 为膨胀孔高度由工艺专业确定。
4. 安装方案如表所示。

标记示例：热电偶外径 D=16mm，在高炉炉身上的安装，其标记如下：热电偶的安装 A，图号(2000)YK01-48。

安装方案与部、零件尺寸表

安装方案	适用热电偶外径 D	件 7 Md
A	16	M48×3
B	20	

件号	名称及规格	数量	材质	单重	总重	图号或标准、规格号	备注
9	挠性连接管 M20×1.5/G¾″	1					FNG-20×700 型
8	防滴罩	1	Q235			(2000)YK01-030	
7	法兰填料盒 Md(见表)，DN40	1	Q235			(2000)YK01-019	
6	填料	若干	石棉绳				
5	螺栓 M12×40	4	4.8			GB/T 5780—1986	
4	螺母 M12	4	5			GB/T 41—1986	
3	垫圈 12	4	100HV			GB/T 95—1985	
2	垫片 D/d=86/45，b=1.5	1	XB350			JB/T 87—1997	
1	法兰接管 a，DN40，L(见注)	1	Q235			(2000)YK01-013	
				质量(kg)			

部件、零件表

冶金仪控通用图	高炉炉身热电偶安装图(法兰填料盒定位) 保护管外径 D16，20	(2000)YK01-48	
		比例	页次

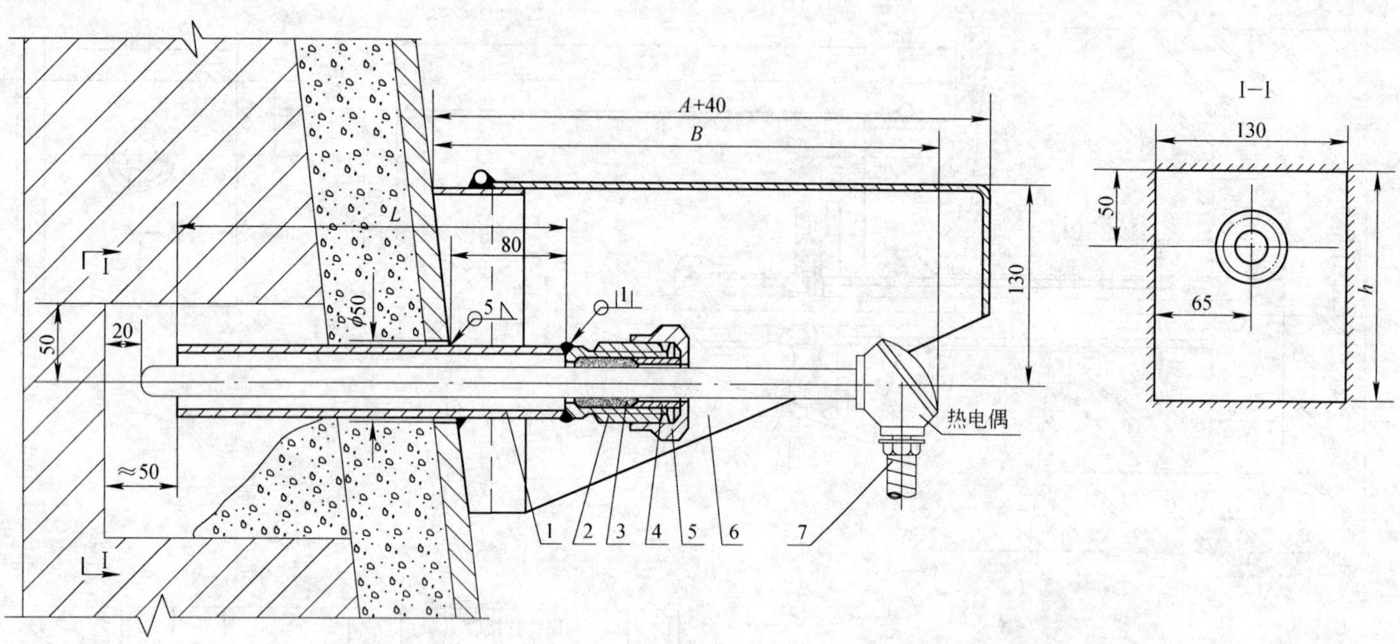

附注：

1. A 值按热电偶外露长度 B 确定，并参见防滴罩（件 6）图上附表。
2. B 和 L 由工程设计确定。钢管（件 1）由工艺设计预埋。
3. h 为膨胀孔高度，由工艺专业确定。
4. 安装方案如表所示。

标记示例：热电偶外径 D=16mm，在高炉炉身上的安装，其标记如下：
热电偶的安装 Aa，图号(2000)YK01-49。

安装方案与部、零件尺寸表

安装方案	适用热电偶外径 D	件 2	件 4		件 5
		Md	规格号	ϕ	Md
A	16	M48×3	a	18	M48×3
B	20		b	22	

件号	名称及规格	数量	材质	单重	总重	图号或标准、规格号	备注
7	挠性连接管 M20×15/G¾″	1					FNG-20×700 型
6	防滴罩	1	Q235			(2000)YK01-030	
5	压帽 Md（见表）	1	Q235			(2000)YK01-020	
4	填隙套管ϕ（见表）	1	Q235			(2000)YK01-021	
3	填　料		石棉绳				
2	填料盒 Md（见表）	1	Q235			(2000)YK01-022	
1	焊接钢管 DN40，L（见注 2）	1	Q235			GB/T 3092—1993	
				质量(kg)			

部件、零件表

冶金仪控通用图	高炉炉身热电偶安装图（填料盒定位）保护管外径 D16，20	(2000)YK01-49	
		比例	页次

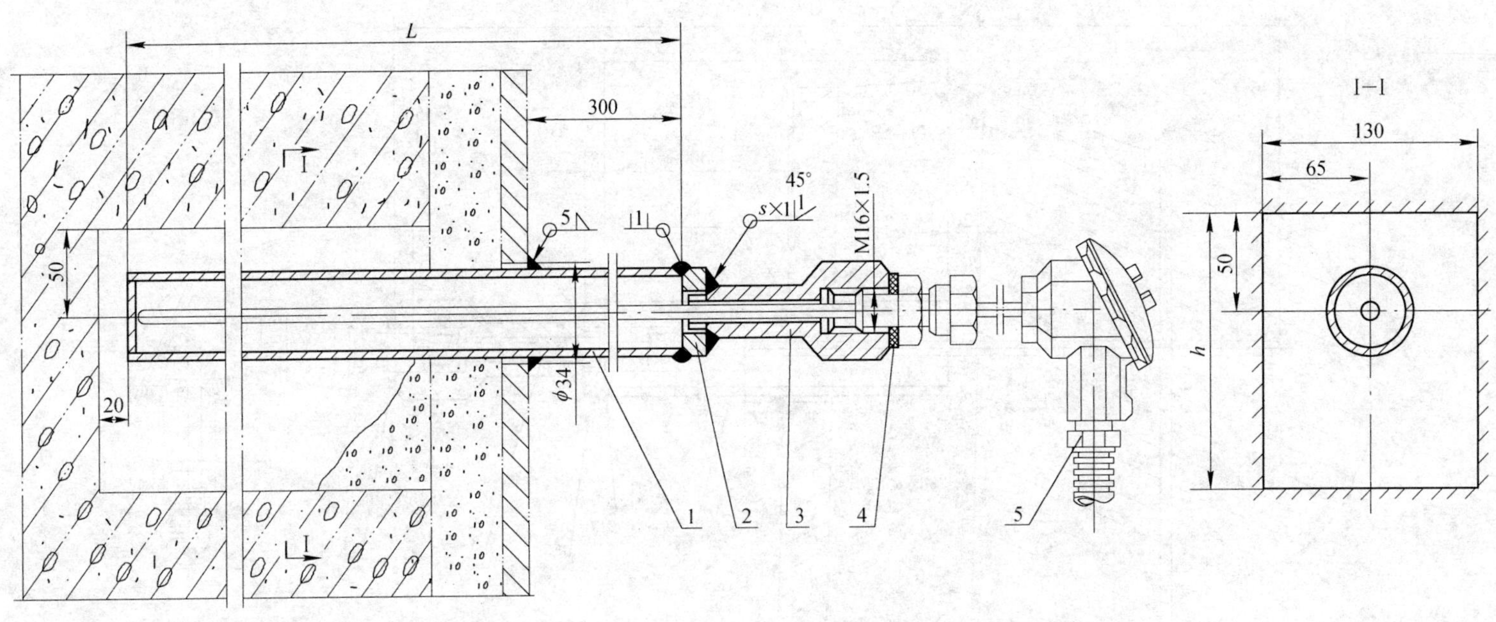

附注：

1. 本图适用于外径 D=4,5,6,8mm 的铠装热电偶。
2. 件 1 的长度 L 由工程设计确定，由工艺设计预埋，其端头用 φ 25mm，厚 3mm 的钢板封焊。
3. 膨胀孔的高度 h 由工艺专业设计确定。
4. s 值为焊接件厚度的 0.7 倍。

件号	名称及规格	数量	材质	单重 质量(kg)	总重 质量(kg)	图号或标准、规格号	备注
5	挠性连接管 M20×1.5/G¾″	1					FNG-20×700 型
4	垫片 b, D/d=24/17, b=2	1	XB200			(2000)YK01-063	
3	连接头 M16×1.5, H=80	1	Q235			YZG11-1	
2	圈板 a, φ34/φ15, b=8	1	Q235			(2000)YK01-018	
1	焊接钢管 DN25, L(见注)	1	Q235			GB/T 3092—1993	

部件、零件表

冶金仪控通用图	高炉炉身固定卡套铠装热电偶安装图（螺纹接头固定，预埋管式）M16×1.5	(2000)YK01-50	
		比例	页次

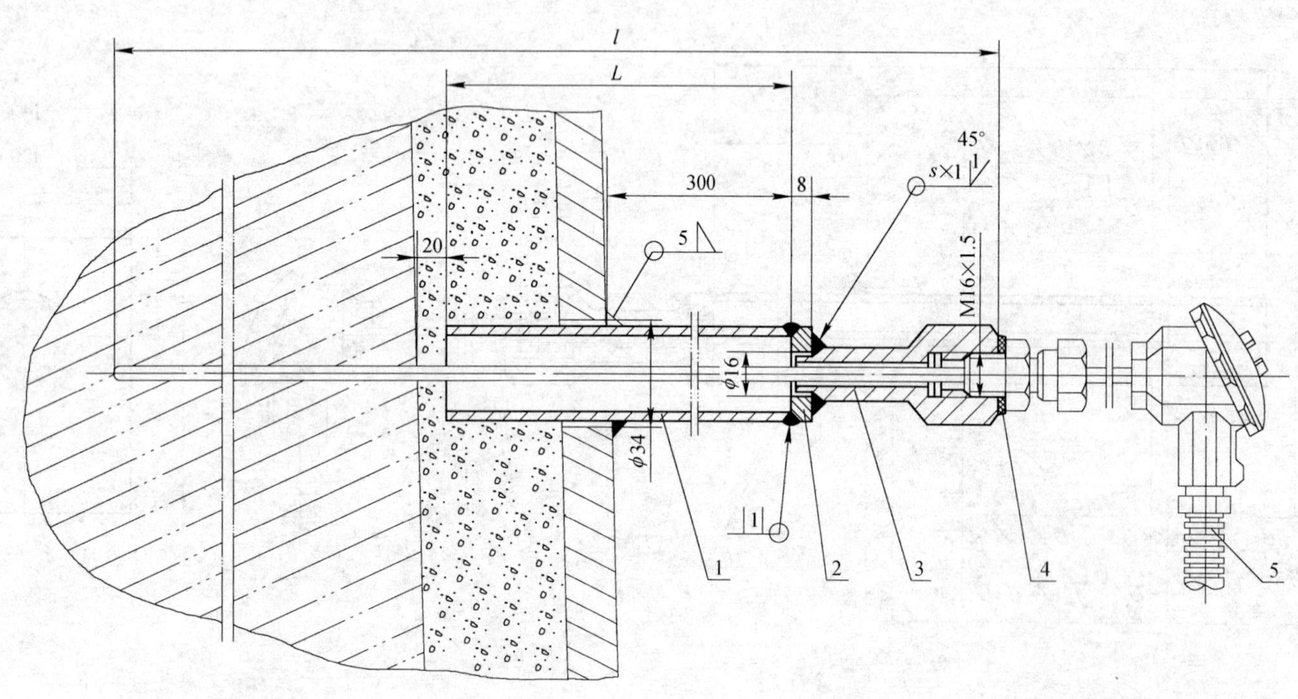

附注：

1. l,L 值由工程设计确定,钢管(件 1)由工艺设计预埋。
2. 本图仅适用外径 D=4,5,6,8mm 的铠装热电偶,其连接件为固定卡套螺纹。
3. s 值为焊接件厚度的 0.7 倍。

件号	名称及规格	数量	材 质	单重	总重	图 号 或 标准、规格号	备 注
5	挠性连接管 M16×1.5/G¾″	1					FNG-20×700 型
4	垫片 b, D/d=24/17,b=2	1	XB350			(2000)YK01-063	
3	连接头 M16×1.5,H=80	1	Q235			YZG11-1	
2	圈板 a, ϕ34/ϕ15,b=8	1	Q235			(2000)YK01-018	
1	焊接钢管 DN25,L(见注)	1	Q235			GB/T 3092—1993	
				质量(kg)			

部件、零件表

冶金仪控 通用图	高炉炉身固定卡套铠装热电偶安装图 (螺纹接头固定,砌入式) M16×1.5	(2000)YK01-51	
		比例	页次

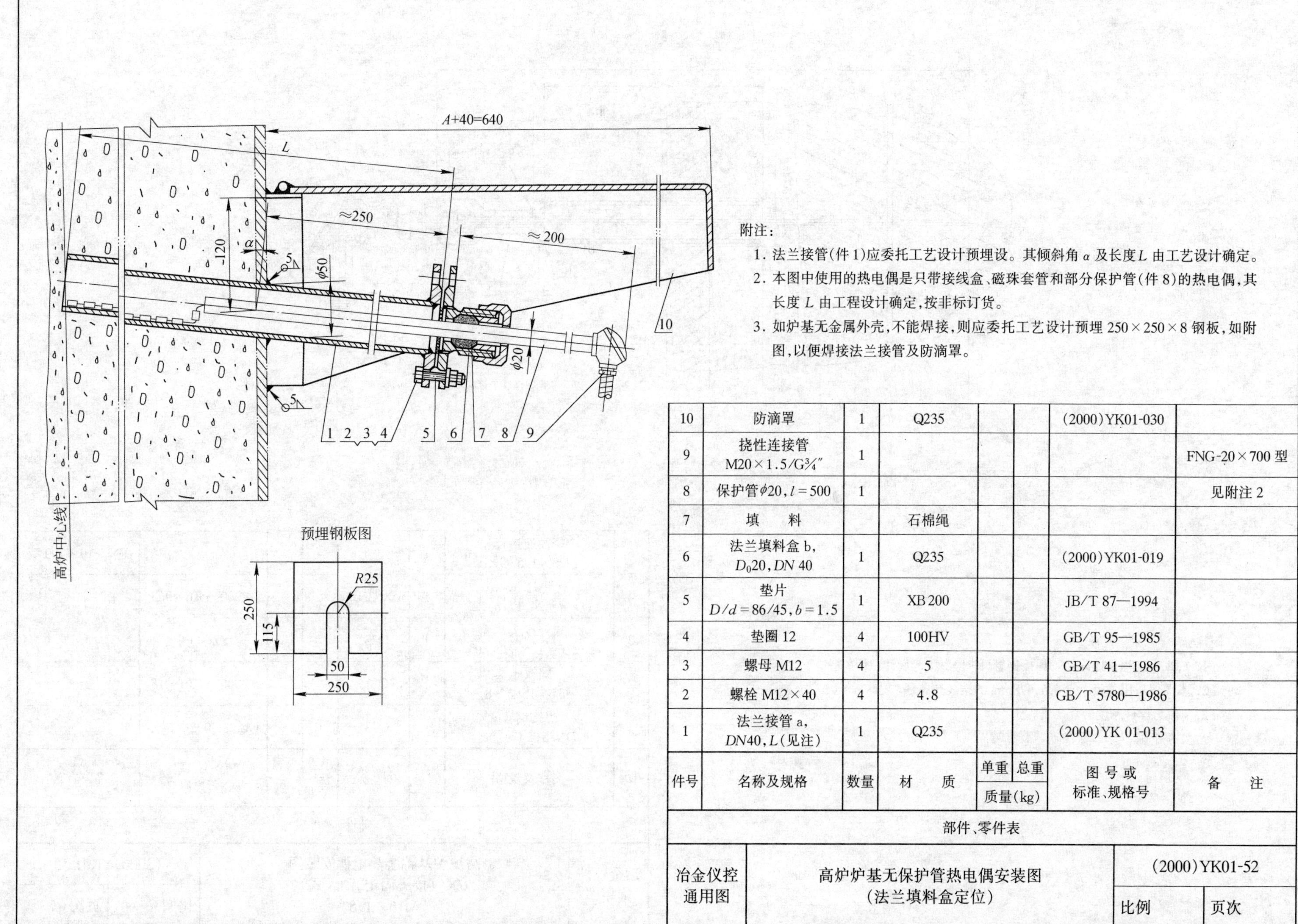

附注:

1. 法兰接管(件1)应委托工艺设计预埋设。其倾斜角 α 及长度 L 由工艺设计确定。
2. 本图中使用的热电偶是只带接线盒、磁珠套管和部分保护管(件8)的热电偶,其长度 L 由工程设计确定,按非标订货。
3. 如炉基无金属外壳,不能焊接,则应委托工艺设计预埋 250×250×8 钢板,如附图,以便焊接法兰接管及防滴罩。

件号	名称及规格	数量	材质	单重 质量(kg)	总重 质量(kg)	图号或标准、规格号	备注
10	防滴罩	1	Q235			(2000)YK01-030	
9	挠性连接管 M20×1.5/G¾″	1					FNG-20×700 型
8	保护管 ϕ20, l=500	1					见附注 2
7	填　料		石棉绳				
6	法兰填料盒 b, $D_0$20, DN 40	1	Q235			(2000)YK01-019	
5	垫片 D/d=86/45, b=1.5	1	XB 200			JB/T 87—1994	
4	垫圈 12	4	100HV			GB/T 95—1985	
3	螺母 M12	4	5			GB/T 41—1986	
2	螺栓 M12×40	4	4.8			GB/T 5780—1986	
1	法兰接管 a, DN40, L(见注)	1	Q235			(2000)YK 01-013	

部件、零件表

冶金仪控通用图	高炉炉基无保护管热电偶安装图(法兰填料盒定位)	(2000)YK01-52	
		比例	页次

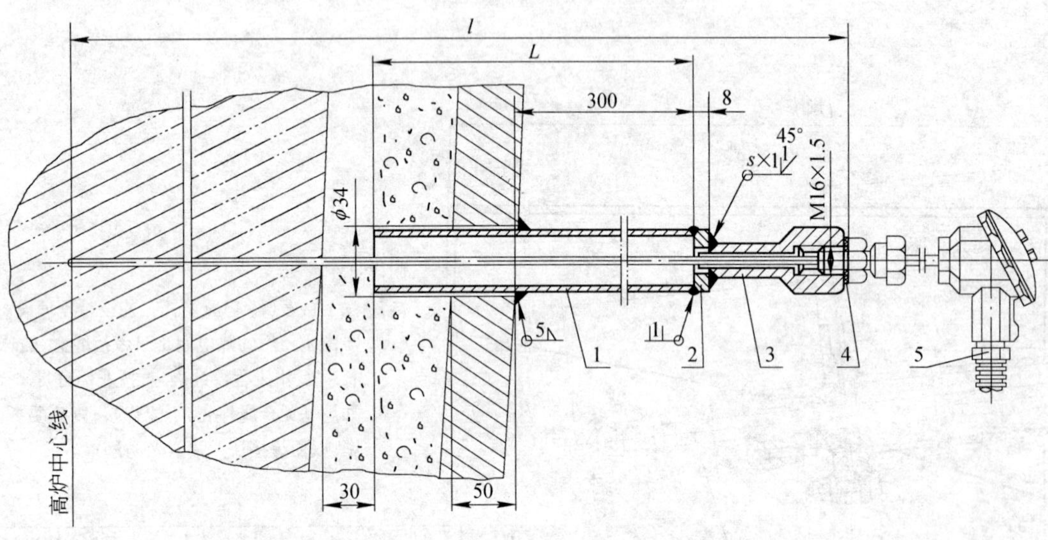

附注：

1. l，L 由工程设计确定。焊接钢管(件1)由工艺设计预埋。
2. 本图仅适用外径 $D=4,5,6,8$mm 的铠装热电偶。
3. s 值为焊件厚度的0.7倍。

件号	名称及规格	数量	材　质	质量(kg) 单重	质量(kg) 总重	图号或标准、规格号	备　注
5	挠性连接管 M20×1.5/G¾″	1					FNG-20×700 型
4	垫片 b，$D/d=24/17$，$b=2$	1	XB350			(2000)YK01-063	
3	连接头 M16×1.5，$H=80$	1	Q235			YZG11-1	
2	圈板 a，$\phi34/\phi15$，$b=8$	1	Q235			(2000)YK01-018	
1	焊接钢管 $DN25$，L(见注)	1	Q235			GB/T 3092—1993	

部件、零件表

冶金仪控通用图	高炉炉基铠装热电偶安装图（螺纹接头固定，砌入式）M16×1.5	(2000)YK01-53
		比例　页次

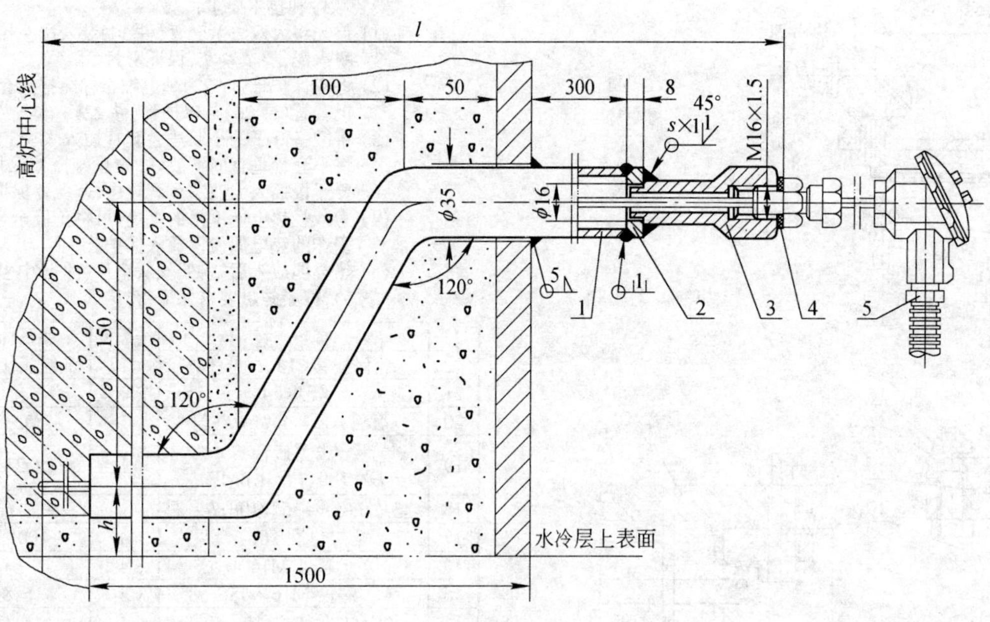

附注：

1. l 值由工程设计确定。焊接钢管(件 1)由工艺设计预埋。
2. h 值由工艺专业确定。
3. 本图仅适用外径 D=4,5,6,8mm 的铠装热电偶。
4. s 为焊件厚度的 0.7 倍。

件号	名称及规格	数量	材质	单重 质量(kg)	总重 质量(kg)	图号或标准、规格号	备注
5	挠性连接管 M20×1.5/G¾″	1					FNG-20×700 型
4	垫片 b, D/d=24/17, b=2	1	XB350			(2000)YK01-063	
3	连接头 M16×1.5, H=80	1	Q235			YZG11-1	
2	圈板 a, $\phi_0$34/ϕ15, b=8	1	Q235			(2000)YK01-018	
1	焊接钢管 DN25, L≈1700	1	Q235			GB/T 3092—1993	

部件、零件表

冶金仪控通用图	高炉炉基(水冷层上面) 铠装热电偶安装图(螺纹接头固定,砌入式) M16×1.5	(2000)YK01-54	
		比例	页次

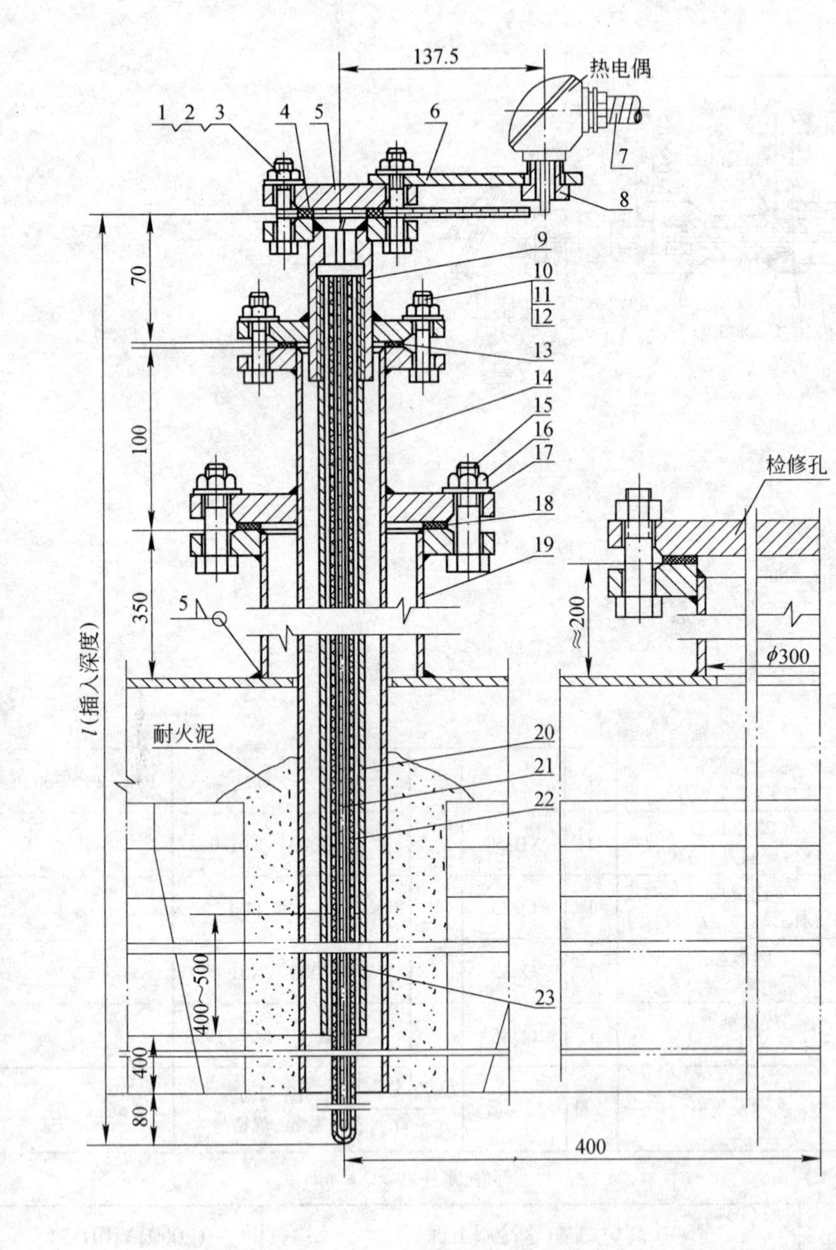

附注：

1. 套管(件20)和瓷保护管(件22)的长度 l 由工程设计确定。
2. 安装顺序和技术要求：
   (1) 首先将大双法兰套管(件14)装入法兰接管(件9)中把紧，然后从检修孔进行充填耐火泥，要填紧实，保证密封。
   (2) 将瓷保护管(件22)缠上细石棉绳拧入套管(件20)中，要拧紧，保证不脱落。然后把套管(件20)与保护管(件22)一起拧入小双法兰套管中。
   (3) 将准备好了的小双法兰套管插入大套管(件14)中，然后将法兰把紧。安装时要将小套管垂直向下放好，防止碰撞使保护管断裂。热装时，小双法兰套管(件9)要慢慢插入大双法兰套管中，避免瓷保护管突然受热而破坏。
   (4) 为减轻热电偶垂吊的重量，可将正极全长和负极的引出端一段套上瓷珠，将套好瓷珠的热电偶慢慢放入保护管。
   (5) 热电偶放入后，将偶丝从垫片(件4)中引出并接到接线盒上，最后盖上法兰盖(件5)，拧紧螺母要求保证密封。

件号	名称及规格	数量	材质	单重	总重	图号或标准、规格号	备注
				质量(kg)			
23	填　料	按需要	细石棉绳				
22	瓷保护管 $\phi16$, l(见注)	1	纯氧化铝				
21	瓷珠 $\phi4$	按需要	氧化铝				
20	套管 $\phi30\times4$, l(见注)	1	Q235			(2000)YK01-038	
19	法兰接管 DN 100, PN 0.6MPa	1	Q235			(2000)YK01-037	
18	垫片 $D/d=152/108, b=2$	1	浸铅油石棉绳				
17	垫圈 16	4	100HV			GB/T 95—1985	
16	螺母 M16	4	6			GB/T 41—1986	
15	螺栓 M16×45	4	6.8			GB/T 5780—1986	
14	大双法兰套管	1	Q235			(2000)YK01-036	
13	垫片 $D/d=96/57, b=2$	1	XB450			JB/T 87—1994	
12	垫圈 12	4	100HV			GB/T 95—1985	
11	螺母 M12	4	6			GB/T 41—1986	
10	螺栓 M12×40	4	6.8			GB/T 5780—1986	
9	小双法兰套管	1	Q235			(2000)YK01-034	
8	接线盒固定螺丝管 M20×1.5	1	Q235			(2000)YK01-033	
7	挠性连接管 M20×1.5/G¾″	1					FNG-20×700型
6	热电偶接线盒固定件	1	Q235			(2000)YK01-032	
5	法兰盖 DN 25, PN 0.6MPa	1	Q235			JB/T 86—1994	
4	垫片 $D/d=63/32, b=1.5$	2	XB450			JB/T 87—1994	
3	垫圈 10	4	100HV			GB/T 95—1985	
2	螺母 M10	4	6			GB/T 41—1986	
1	螺栓 M10×45	4	6.8			GB/T 5780—1986	

部件、零件表

冶金仪控通用图	热风炉炉顶热电偶安装图（双法兰接管式）	(2000)YK01-55	
		比例	页次

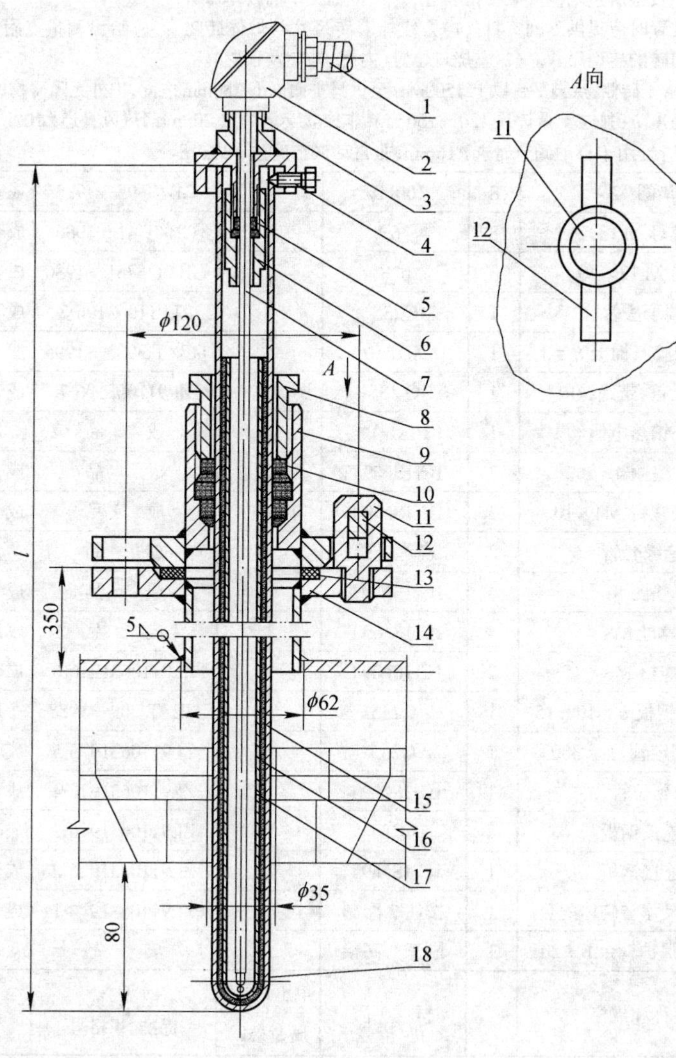

附注：

1. 热电偶安装顺序与要求如下：首先将瓷保护管（件17）外面缠上细石棉绳后拧入钢管（件15）中，钢管（件15）底部封口用氩弧焊，其次再将热偶丝穿上小瓷管后固定在密封套管（件6）和连接头组件（件3）中，并拧上接线盒（件2）接上热电偶引线，然后将其插入钢管（件15）中拧紧螺钉（件4）最后将经过上述步骤组装好的热电偶插入填料盒组装件（件9），并用浸过铅油的石棉绳（件10）塞紧，用压帽（件8）压紧，再用销子固定在法兰接管上。
2. 热电偶及接线盒、瓷保护管和双孔瓷套管以及保护管长度 l_0 和耐高温冷拔钢管长度 l 皆由工程设计确定和订货。

件号	名称及规格	数量	材质	单重	总重	图号或标准、规格号	备注
				质量(kg)			
18	热电偶丝	1					设备订货
17	保护管 $\phi16\times2$，l_0（按需要）	1	高氧化铝				成　品
16	填　料	1	浸铅油石棉绳				
15	耐高温冷拔钢管 $\phi30\times5$，l（见注）		GH-39				
14	快装法兰接管 $L=350$	1	Q235			(2000)YK01-047	
13	垫片 $D/d=90/60$，$b=2$	1	XB 450				
12	销子 b，24×70×9	1	Q235			(2000) YK01-029	
11	销子座 b	2	Q235			(2000)YK01-028	
10	填　料		浸铅油石棉绳				
9	填料盒组件（内螺纹）	1	Q235			(2000)YK01-044	
8	外螺纹压帽 M 48×3	1	Q235			(2000)YK01-043	
7	双孔瓷套管 $\phi8$，L（按需要）	1	陶瓷				成　品
6	密封套管	1	Q235			(2000)YK01-042	
5	填　料		石棉绳				
4	紧定螺钉 M 4×16	3	33H			GB/T 71—1985	
3	连接头组件	1	Q235			(2000)YK01-039	
2	热电偶接线盒	1					设备订货
1	挠性连接管 M 20×1.5/G¾″	1					FNG-20×700 型

部件、零件表

冶金仪控通用图	热风炉炉顶热电偶安装图（快装法兰式）	(2000)YK01-56	
		比例	页次

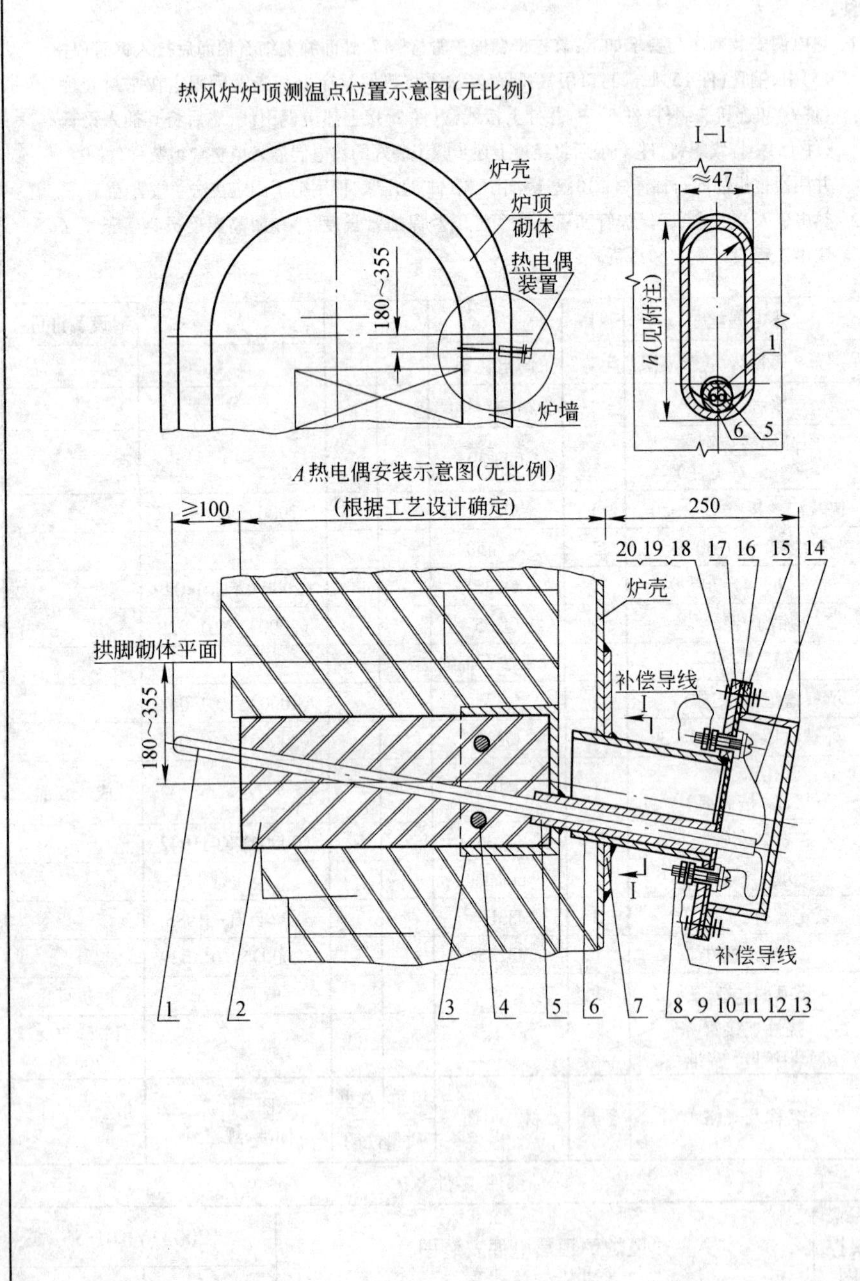

附注:

1. 本图根据1993年10月6日发明专利公告“贵金属热电偶安装结构”(专利号ZL-91106319.6)绘制。选用本图安装方法时,请与济南市历城区冶金仪表厂(电话0531—8981801)联系提供成套装置——贵金属热电偶安装结构装置,并承担施工中的技术服务。
2. 选用成套装置时应提供下列资料:(1)为使外套砖尺寸与炉体砖吻合,应给出测量点附近砌砖图及炉体用砖的砖型尺寸。(2)燃烧口位置(内燃、外燃及顶燃)。
3. 安装位置:格子砖侧,拱脚平台以上1500mm至拱脚平面以下180mm之间,炉外无障碍物的地方。
4. 炉壳开孔高度 h:独立支承炉顶120~150mm,非独立支承炉顶200mm,热风管道 ϕ100mm。
5. 保护管的选择:用于自动调节时选 ϕ16mm,非自动调节时选 ϕ25mm。

件号	名称和规格	数量	材质	单重 质量(kg)	总重 质量(kg)	图号或标准、规格号	备注
20	垫圈12	8	100HV			GB/T 95—1985	成套装置配套
19	螺母M12	8	6			GB/T 41—1986	成套装置配套
18	螺栓M12×60	8	6.8			GB/T 5781—1986	成套装置配套
17	端子法兰	1	Q235			ZL911063196-8	成套装置组件
16	垫片,橡胶石棉板 $b=3$	1	XB350			GB/T 3985—1995	成套装置配套
15	礼帽法兰盖,带绝缘内衬	1	Q235			ZL911063196-7	成套装置组件
14	铂铑-铂热电偶丝	1	PtRh-Pt			成品	装置配套
13	垫圈4	2	1Cr18Ni9Ti			成品	成套装置配套
12	半圆头螺钉M4×10	2	1Cr18Ni9Ti			成品	成套装置配套
11	绝缘套管	2	高铝			成品	装置配套
10	垫圈8	4	1Cr18Ni9Ti			成品	成套装置配套
9	螺母M8	4	1Cr18Ni9Ti			成品	成套装置配套
8	端子螺栓M8×45	2	1Cr18Ni9Ti			ZL91106319.6-6	成套装置组件
7	加强板,钢板 $b=10\sim15$	1	Q235			GB/T 709—1988	现场配制
6	法兰固定管,$L=300$	1	Q235			ZL91106319.6-5	成套装置组件
5	延长管	1	1Cr18Ni9Ti			ZL91106319.6-4	成套装置组件
4	连接钢板	2	Q235			ZL91106319.6-3	成套装置组件
3	连接钢板	1	1Cr18Ni9Ti			ZL91106319.6-2	成套装置组件
2	外套砖尺寸与砌体配套	1	按注2配制			ZL91106319.6-1	成套装置组件
1	热电偶保护管 $\phi16\sim20$	1	刚玉 高铝			成品	装置配套

部件、零件表

冶金仪控通用图	热风炉炉顶热电偶安装图(拱脚处安装)	(2000)YK01-57	
		比例	页次

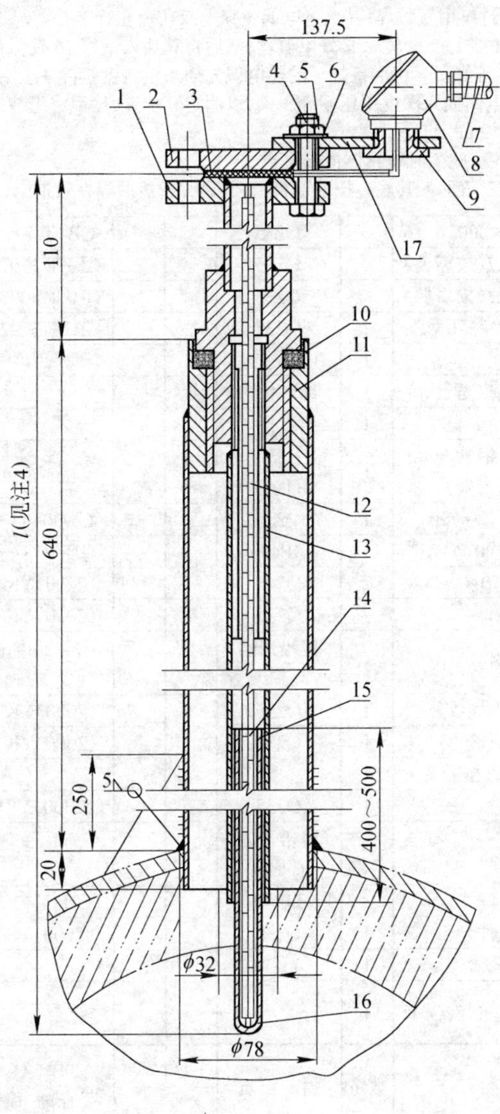

附注：

热电偶安装顺序与要求如下：

1. 将瓷保护管(件14)外缠上细石棉绳拧入内套管(件13)中，再将法兰接管接头拧到内套管上，此后将内套管装入外套管中。热装时要慢慢的把内套管装入外套管中，防止瓷保护管突然受热而破裂。
2. 将热电偶丝穿上瓷套管慢慢地装入内套管中，然后将偶丝从垫片(件3)中穿出并接到接线盒上，最后盖上法兰盖(件2)，用螺栓螺母(件4、5)紧固，要求保证密封。
3. 热电偶(件16)、接线盒(件8)和瓷保护管(件14)皆由工程设计中设备订货，并确定其长度 l，瓷珠应列入材料表。
4. 热电偶的插入深度 l 由工程设计确定。

件号	名称及规格	数量	材质	单重 质量(kg)	总重 质量(kg)	图号或标准、规格号	备注
17	热电偶接线盒固定件	1	Q235			(2000)YK01-032	
16	热电偶	1	铂铑				设备订货
15	填料		石棉绳				
14	瓷保护管 $\phi16\times2$，l(见注)	1	高氧化铝				成品
13	内套管	1	10			(2000)YK01-053	
12	瓷珠 $\phi4$		陶瓷				成品
11	外套管	1	10			(2000)YK01-051	
10	填料		石棉绳				
9	接线盒固定螺管 M20×1.5	1				(2000)YK01-033	
8	热电偶接线盒	1					设备订货
7	挠性连接管 M20×1.5/G¾″	1					FNG-20×700型
6	垫圈 10	4	100HV			GB/T 95—1985	
5	螺母 M10	4	6			GB/T 41—1986	
4	螺栓 M10×45	4	6.8			GB/T 5780—1986	
3	垫片 $D/d=53/25$，$b=1.5$	1	XB450			JB/T 87—1994	
2	法兰 $DN20$，$PN1.0$MPa	1	Q235			JB/T 86—1994	
1	法兰接管接头 DN 20/M42	1	Q235			(2000)YK01-049	

部件、零件表

冶金仪控通用图	高炉热风管道上热电偶安装图（法兰接管接头式）	(2000)YK01-58	
		比例	页次

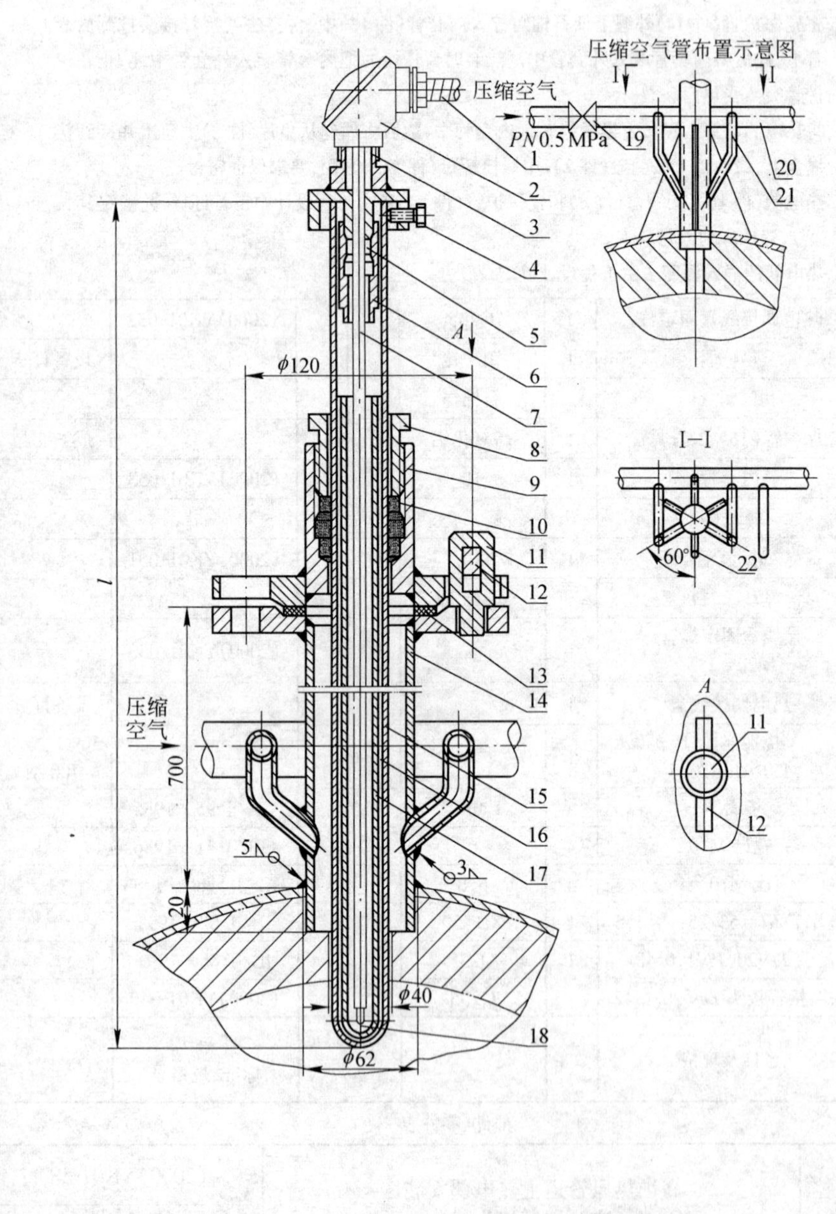

附注：

1. 热电偶安装应按下述顺序及要求进行：首先将瓷保护管 17 外面缠上细石棉绳拧入钢管 15 中，钢管 15 底部封口用氩弧焊；其次将电偶丝穿上双孔瓷套管 7 并固定于连接头组件 3 和密封套管 6 中，并拧上接线盒 2，接好电偶丝，然后将其插入钢管 15 及保护管 17 中，拧紧螺钉 4，热电偶即准备好了。将准备好了的热电偶先插入填料盒组件 9，用浸过铅油的石棉绳 10 填好，调整好电偶插入深度用压帽 8 压紧，以固定其位置，然后将组装好的电偶插入法兰接管 14，用销子 12 固定。
2. 压缩空气管的长度，施工时按具体情况决定。
3. 筋板为等边直角三角形。其底边按管道直径圆弧切割，然后焊在管道上，以加强接管支撑。

件号	名称及规格	数量	材质	单重	总重	图号或标准、规格号	备注
				质量(kg)			
22	筋板、钢板 Δ300×300，δ=6	3	Q235			GB/T 709—1988	
21	焊接钢管 DN 15，l（按需要）		Q235			GB/T 3092—1993	
20	焊接钢管 DN 25，l（按需要）		Q235			GB/T 3092—1993	
19	闸板阀 DN 25，PN 1.0MPa	1	Q235			GB/T 3092—1993	
18	热电偶丝	1	铂、铑				
17	保护管φ16×2，l（按工程设计）	1	纯氧化铝				设备订货
16	填　　料	1	细石棉绳				
15	耐高温冷拔钢管 φ30×5，l（按需要）	1	GH－39或 GH－40				
14	快装法兰接管 L=720	1	Q235			(2000)YK01-047	
13	垫片 D/d=90/60，b=2	1	XB450			JB/T 87—1994	
12	销子 b 24×70×9	2	Q235			(2000)YK 01-029	
11	销子座 b	2	Q235			(2000)YK 01-028	
10	填　　料		浸铅油的石棉绳				
9	填料盒组件（内螺纹）	1	Q235			(2000)YK 01-044	
8	外螺纹压帽 M48×3	1	Q235			(2000)YK 01-043	
7	双孔瓷套管φ8，L（按需要）	1					
6	密封套管	1	Q235			(2000)YK01-042	
5	填　　料		浸铅油的石棉绳				
4	紧定螺钉 M4×16	3	Q235			GB/T 71—1985	
3	连接头组件	1	Q235			(2000)YK01-039	
2	热电偶接线盒	1					设备订货
1	挠性连接管 M20×1.5/G¾″	1					FNG-20×700 型

部件、零件表

冶金仪控通用图	高炉热风管道上热电偶安装图（快装法兰式）	(2000)YK01-59	
		比例	页次

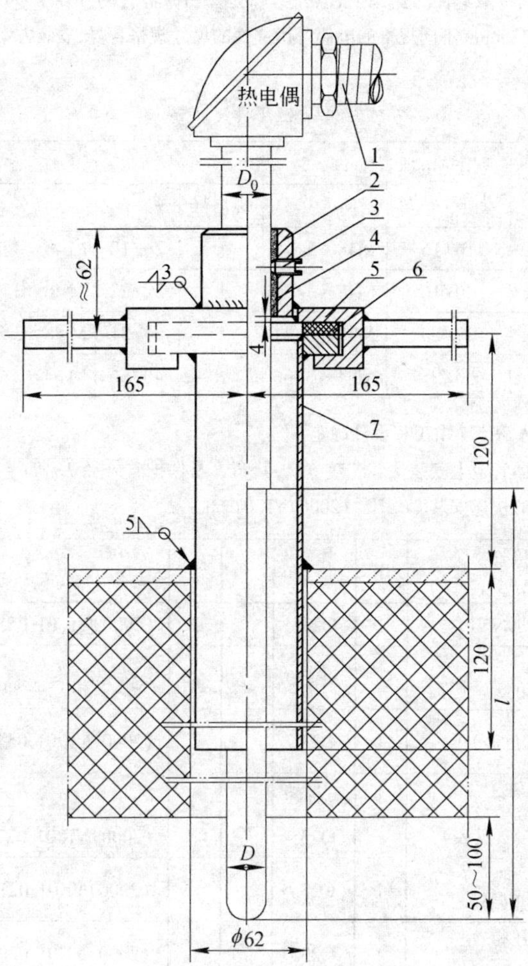

附注：

1. 本图适用于带钢套管的瓷保护管热电偶直立式的安装。
2. 热电偶与定位管(件2)之间要用石棉绳填紧，以防止漏气。
3. 本图可用于保护管外径 D_0=25,29 和 34 的热电偶(其 D=16,20 和 25)，不同的热电偶需用不同规格的定位管(件2)和卡盘(件5)安装方案如下表所示。

安装方案与部、零件尺寸表

安装方案	适用热电偶外径 D_0/D	件 2		件 5	
		规格号	ϕ_1/ϕ_2	规格号	ϕ
A	25/16	a	27/33.5	a	34
B	29/20 34/25	b	36/42.3	b	43

4. 热电偶的插入深度 l 由工程设计确定。

标记示例：在金属壁砌砖体上安装 D_0/D=29/20 的热电偶，其标记如下：热电偶的快速安装 Bb，图号(90)YK 01-59。

件号	名称及规格	数量	材　质	单重	总重	图号或标准、规格号	备　注
				质量(kg)			
7	卡盘接管 DN50	1	Q235			(2000)YK 01-055	
6	垫片 D/d=100/60, b=3.5	1	XB450				
5	大卡盘ϕ(见表)	1	Q235			(2000)YK 01-054	
4	填　料	1	细石棉绳				
3	紧定螺钉 M6×15	3	10			GB/T 71—1985	
2	定位管ϕ_1/ϕ_2(见表)	1	Q235			(2000)YK 01-023	
1	挠性连接管 M20×1.5/G¾″	1					FNG-20×700 型

部件、零件表

冶金仪控通用图	金属壁砌砖体上热电偶快速安装图 (紧定螺钉定位卡盘快装式，常压)	(2000)YK01-60	
		比例	页次

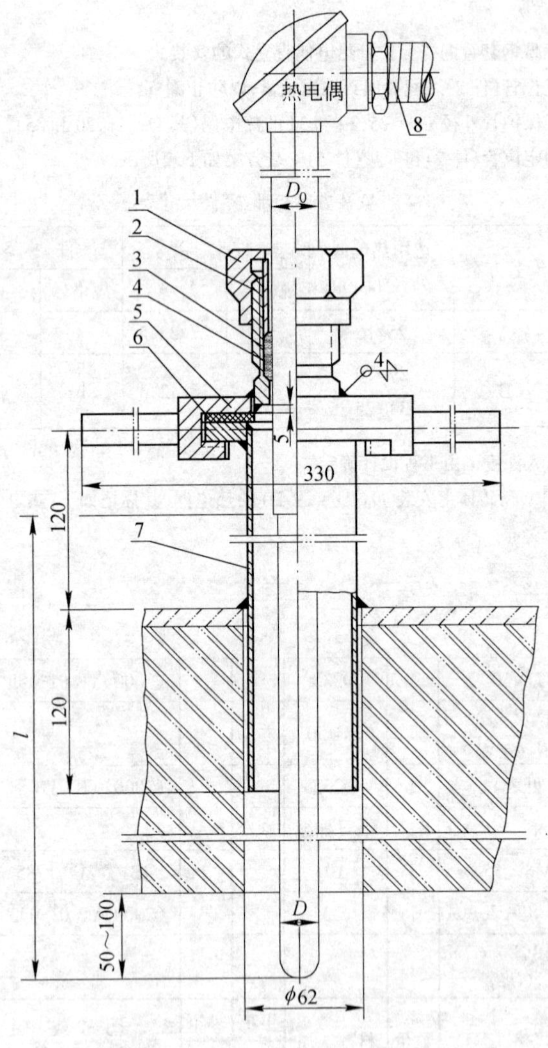

附注：

1. 本图适用安装带钢套管的瓷保护管热电偶，套管和保护管的外径 $D_0/D=20/16$，29/20 和 36/25mm，不同规格的电偶可用部件的尺寸规格各异，安装方案如下表所示。

安装方案与部、零件尺寸表

安装方案	适用热电偶外径 D_0/D	件 1	件 2		件 3
		Md/ϕ_2	规格号	ϕ_1/ϕ_2	Md/ϕ_2
A	16/16	M48×3/18	a	28/18	M 48×3/18
B	20/16	M48×3/22	b	32/22	M 48×3/22
C	29/20	M48×3/31	c	36/31	M 48×3/31
D	34/25	M64×3/36	d	48/36	M 64×3/36

2. 热电偶的插入深度 l 由工程设计确定。

标记示例：在砌砖体管道上安装快装式热电偶，其套管及保护管外径 $D_0/D=29/20$mm，标记如下：热电偶的快速安装 Cc，图号（2000）YK 01-60。

件号	名称及规格	数量	材质	单重	总重	图号或标准、规格号	备注
8	挠性连接管 M20×1.5/G¾″	1					FNG-20×700 型
7	卡盘接管 DN50	1	Q235			(2000)YK 01-055	
6	垫片 $D/d=100/60, b=3.5$	1	XB450				
5	大卡盘φ（见表）	1	Q235			(2000)YK 01-054	
4	填　料	1	石棉绳				
3	填料盒 Md/ϕ_2（见表）	1	Q235			(2000)YK 01-022	
2	填隙套管 ϕ_1/ϕ_2（见表）	1	Q235			(2000)YK01-021	
1	内螺纹压帽 $Md\times3/\phi_2$（见表）	1	Q235			(2000)YK01-020	
件号	名称及规格	数量	材　质	单重 质量(kg)	总重	图号或标准、规格号	备　注

部件、零件表

冶金仪控通用图	金属壁砌砖体上热电偶快速安装图（填料盒定位，卡盘快装式，常压）	(2000)YK01-61	
		比例	页次

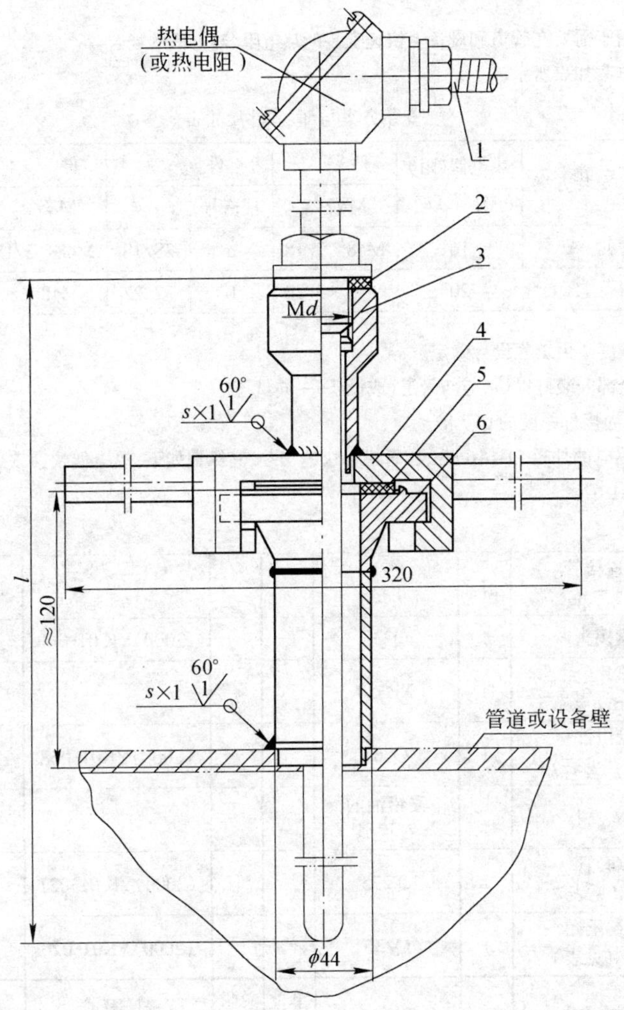

附注：

1. 本图用于需要在管道或设备上快速安装热电偶或热电阻的场合。
2. 安装方案如表所示。

安装方案与部、零件尺寸表

安装方案	热电偶(热电阻)连接螺丝	件 2 D/d	件 3 Md	件 4	
				规格号	ϕ
A	M27×2	44/28	M27×2	a	23
B	M33×2	50/34	M33×2	b	31

3. 插入深度 l 由工程设计确定。
4. 部件安装好后应与管道(或设备)一同试压。
5. s 值为焊接件厚度的 0.7 倍。

标记示例：管道上安装带固定螺纹为 M 27×2的热电偶，要求能快速安装，其标记如下：
热电偶的快速安装 Aa，图号(2000)YK 01-61。

件号	名称及规格	数量	材 质	单重	总重	图 号 或 标准、规格号	备 注
6	小卡盘接头 ϕ93/ϕ36，l=120	1	Q 235			(2000)YK 01-057	
5	垫片 D/d=66.5/36，b=3.5	1	XB450				
4	小卡盘 D 120/ϕ(见表)	1	Q235			(2000)YK01-056	
3	直形连接头 Md(见表)，H=80	1	Q235			YZG11-1	
2	垫片 D/d(见表)，b=2	1	XB450			(2000)YK 01-063	
1	挠性连接管 M20×1.5/G¾″	1					FNG-20×700 型
				质量(kg)			

部件、零件表

冶金仪控通用图	在管道或设备上热电偶或热电阻快速安装图 M 27×2(M 33×2)，PN 0.6MPa	(2000)YK01-62	
		比例	页次

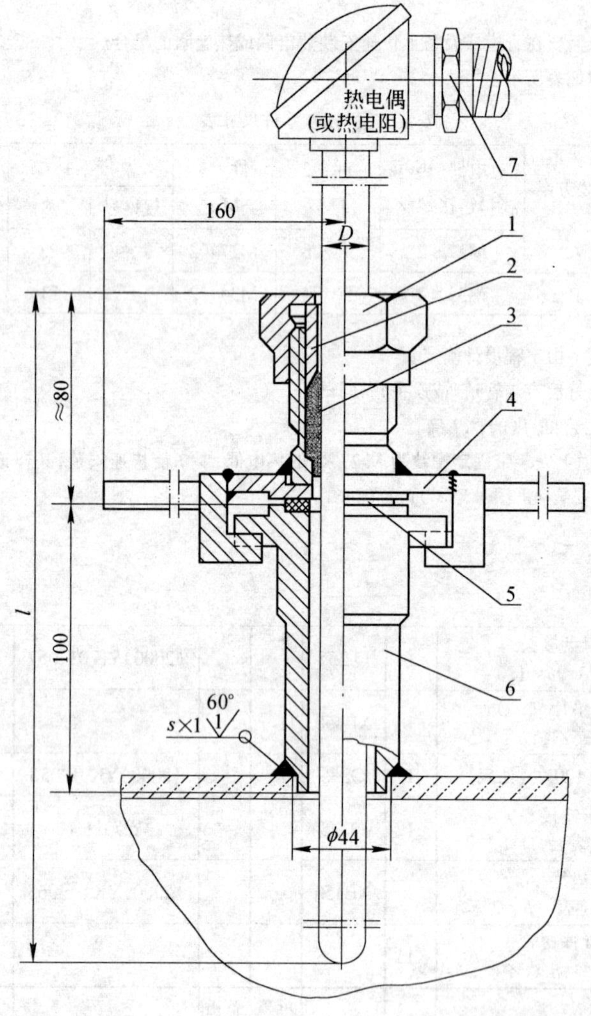

附注：

1. 本图用于需要在管道和设备上快速安装的热电阻、热电偶的场合。
2. 安装方案如表所示。

安装方案与部、零件尺寸表

安装方案	热电偶(阻)外径 D	件 1	件 2		件 4
		Md/ϕ_2	规格号	ϕ_1/ϕ_2	Md/ϕ_2
A	16	M48×3/18	a	28/18	M48×3/18
B	20	M48×3/22	b	32/22	M48/22

3. 插入深度 l 由工程设计确定。
4. 部件全部安装好以后，应与管道(或设备)一同试压。
5. s 值为焊接件厚度的 0.7 倍。

标记示例：热电偶外径 D=16mm，在管道上快速安装，其标记如下：热电偶快速安装 Aa，图号(2000)YK 01-62。

件号	名称及规格	数量	材质	单重 质量(kg)	总重 质量(kg)	图号或标准、规格号	备注
7	挠性连接管 M 20×1.5/G¾″	1					FNG-20×700型
6	卡盘接头	1	Q235			(2000)YK 01-060	
5	垫片 $\phi50/\phi26, b=3.5$	1	XB350				
4	卡盘组件 Md/ϕ_2(见表)	1	Q235			(2000)YK01-058	
3	填　料		浸铅油的石棉绳				
2	填隙套管 ϕ_1/ϕ_2(见表)	1	Q 235			(2000)YK 01-021	
1	内螺纹压帽 Md/ϕ_2(见表)	1	Q235			(2000)YK01-020	

部件、零件表

冶金仪控通用图	在管道或设备上热电偶、热电阻的快速安装图(填料盒式定位卡盘快装式)PN 常压	(2000)YK01-63
		比例　　页次

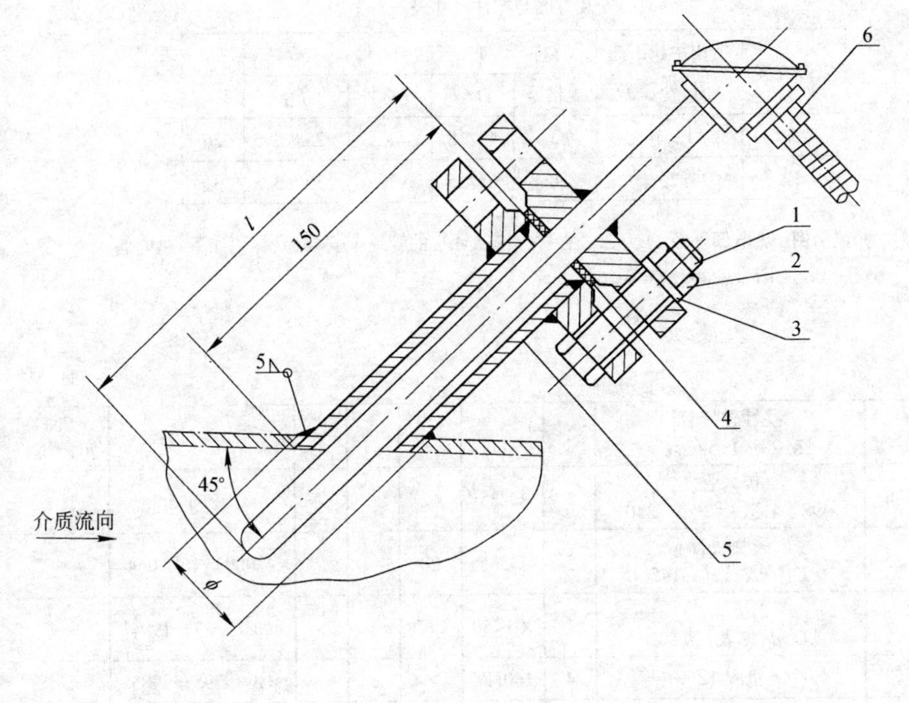

附注：

1. 插入深度 l 由工程设计确定。
2. 在 PN＜2.5MPa 的管道安装时，零件的材质选用零件表中Ⅰ类。
3. 安装方案与零件尺寸如表所示。

安装方案与零件尺寸表

安装方案	适用于热电偶(阻)外径 D	件 4		件 5		ϕ
		规格号	D/d	规格号	D_1	
A	12,16	a	43/18	a	ϕ 25×3.5	26
B	20	b	63/25	b	ϕ 30×3.5	31

标记示例：热电偶外径为ϕ 16mm，在 PN3.0MPa 的管道上安装，其标记如下：热电偶安装AaⅡ，图号(2000)YK 01-64。

件号	名称及规格	数量	材质 Ⅰ	材质 Ⅱ	质量(kg) 单重	质量(kg) 总重	图号或标准、规格号	备注
6	挠性连接管 M 20×1.5/G¾″	1						FNG-20×700 型
5	法兰接管 D_1(见表)，l＝145	1	Q235	20 钢			(2000)YK 01-064	
4	垫片 D/d(见表)，b＝2	1	XB 450	LF2			GB/T 87—1994	
3	垫圈 12	4	100HV				GB/T 95—1985	
2	螺母 M12	4	10				GB/T 41—1986	
1	螺栓 M 12×60	4	10.9				GB/T 5780—1986	

部件、零件表

冶金仪控通用图	固定法兰热电偶(阻)在钢管道上倾斜 45°角安装图 D12,16,20,PN6.4MPa	(2000)YK01-64	
		比例	页次

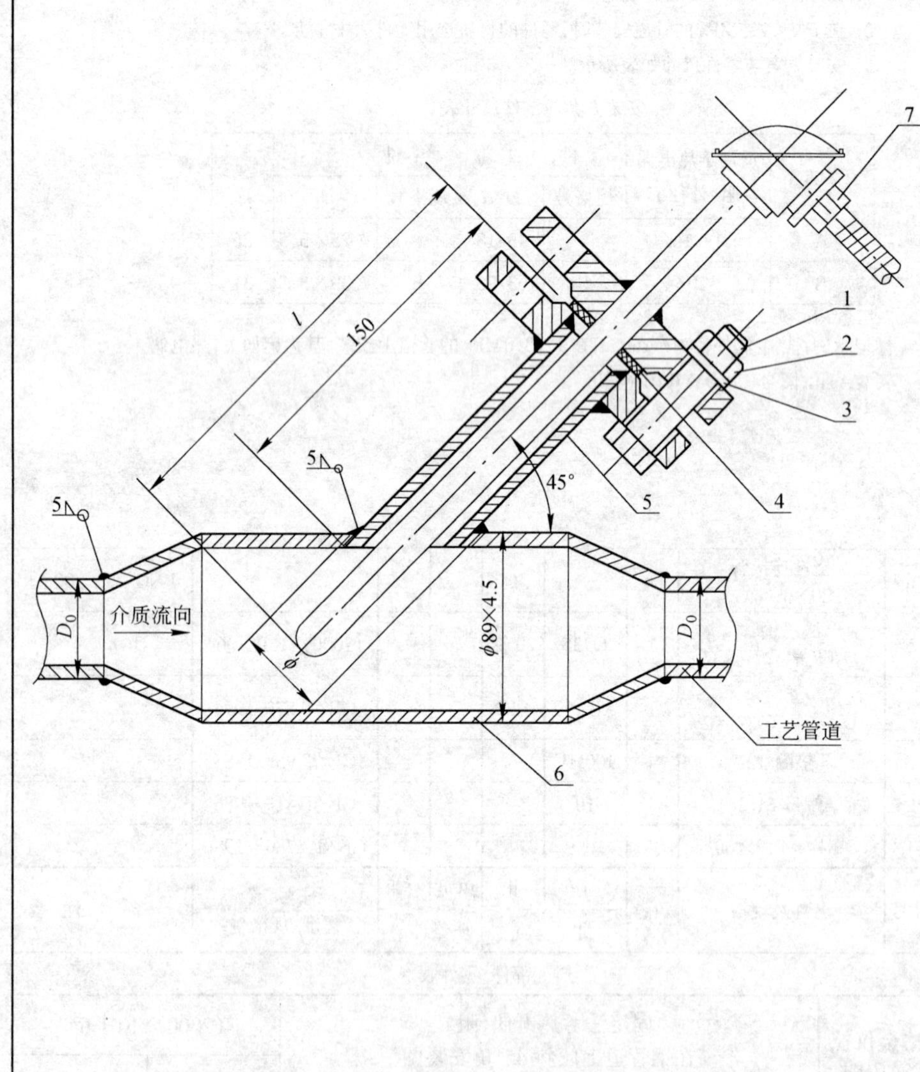

附注：

1. 插入深度 l 由工程设计确定。
2. 在 PN<2.5MPa 的管道安装时，零件的材质选用零件表中Ⅰ类。
3. 扩大管与工艺管道采用焊接连接。施工时请配合工艺专业进行。
4. 安装方案与零件尺寸如表所示。

安装方案与零件尺寸表

安装方案	适用于热电偶(阻)外径 D	件 4		件 5		ϕ
		规格号	D/d	规格号	D_1	
A	12,16	a	43/18	a	ϕ25×3.5	26
B	20	b	63/25	b	ϕ30×3.5	31

标记示例：热电偶外径 D 为 20，在 PN<2.5MPa 的管道上安装，其标记如下：热电偶安装 BbⅠ，图号(2000)YK 01-65。

件号	名称及规格	数量	材质 Ⅰ	材质 Ⅱ	质量(kg) 单重	质量(kg) 总重	图号或标准、规格号	备注
7	挠性连接管 M 20×1.5/G¾″	1						FNG-20×700 型
6	扩大管 ϕ98×4.5，l=250～340	1	Q235				YZF1-5	
5	法兰接管 D_1(见表)，l=145	1	Q235	20			(2000)YK01-064	
4	垫片 D/d(见表)，b=2	1	XB 450	LF2			GB/T 87—1994	
3	垫圈 12	4	100HV				GB/T 95—1985	
2	螺母 M 12	4	10				GB/T 41—1986	
1	螺栓 M 12×60	4	10.9				GB/T 5780—1986	

部件、零件表

冶金仪控通用图	固定法兰热电偶(阻) 在扩大管上倾斜 45°角安装图 D12,16,20，PN 6.4MPa，$D_0$13～73	(2000)YK01-65	
		比例	页次

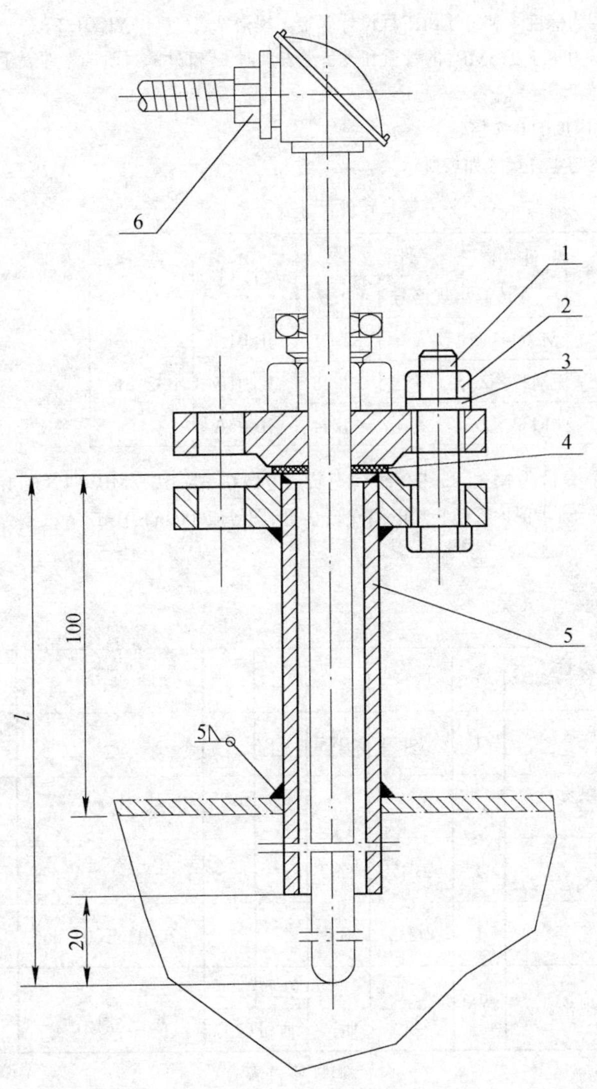

附注：

1. 插入深度 l 由设计者确定。
2. 插入流动介质管道内铠装热电偶(阻)，当热电偶(阻)进入管内的长度不小于20mm时，则法兰接管(件5)要相应加长，加长部分要插入管道内，如图所示，以防止铠装热电偶(阻)弯曲。加长的长度由工程设计确定。
3. 固定卡套法兰安装适用介质压力不大于2.5MPa；活动卡套法兰安装只能用于常压。

6	挠性连接管 M20×1.5/G¾″	1					FNG-20×700型
5	法兰接管 ϕ14×2，l=96	1	Q235			(2000)YK 01-065	
4	垫片 D/d=24/10，b=1.5	1	XB450			GB/T 87—1994	
3	垫圈 7	4	100HV			GB/T 95—1985	
2	螺母 M7	4	10			GB/T 41—1986	
1	螺栓 M7×50	4	10.9			GB/T 5780—1986	
件号	名称及规格	数量	材 质	单重	总重	图 号 或 标准、规格号	备 注
				质量(kg)			
部件、零件表							

冶金仪控 通用图	固定/活动卡套法兰铠装热电偶(阻) 在钢管道、设备或设备基础上安装图 PN2.5MPa/常压，D4.5，5，6，8	(2000)YK01-66	
		比例	页次

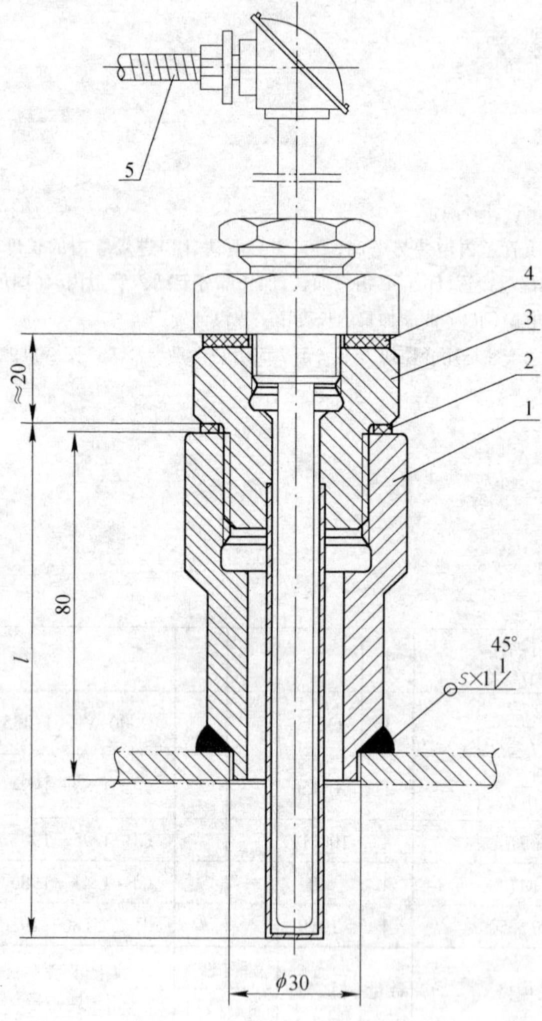

附注：

1. 保护管插入深度 l 和材质由工程设计确定。规格见表(2000)YK 01-2-8。
2. 在介质压力小于 2.5MPa 的管道和设备上安装时，零部件的材质选零件表Ⅰ类。
3. s 为焊件厚度的 0.7 倍。
4. 安装方案与零件尺寸如表所示。

安装方案与零件尺寸表

安装方案	件 1 Md	件 2 规格号	件 2 D/d	件 3	件 4 D/d
A	M20×1.5	a	32/21	JB 01A	32/21
B	M27×2	b	37/28	JB 01D	
C	M33×2	c	45/34	JB 03A	

标记示例：连接螺纹为 M 33×2带保护管铠装热电偶在 PN＞2.5MPa 的管道上安装，其标记如下：带保护管铠装热电偶安装 CcⅡ，图号(2000)YK01-67。

件号	名称及规格	数量	材质 Ⅰ	材质 Ⅱ	质量(kg) 单重	质量(kg) 总重	图号或标准、规格号	备注
5	挠性连接管 M20×1.5/G¾″	1						FNG-20×700 型
4	垫片 D/d(见表)，b=2	1	XB450	XB450				
3	带固定螺纹标准保护管	1					JB 型	见注
2	垫片 D/d(见表)，b=2	1	XB 450	LF2				
1	直形连接头 Md(见表)，H=80	1	Q235	20 钢			(2000)YK 01-066	

部件、零件表

冶金仪控通用图	配 JB 系列带固定螺纹标准保护管的铠装热电偶(WRG□K 型)在钢管道或设备上安装图 D10，12，16，20，PN6.4MPa	(2000)YK01-67	
		比例	页次

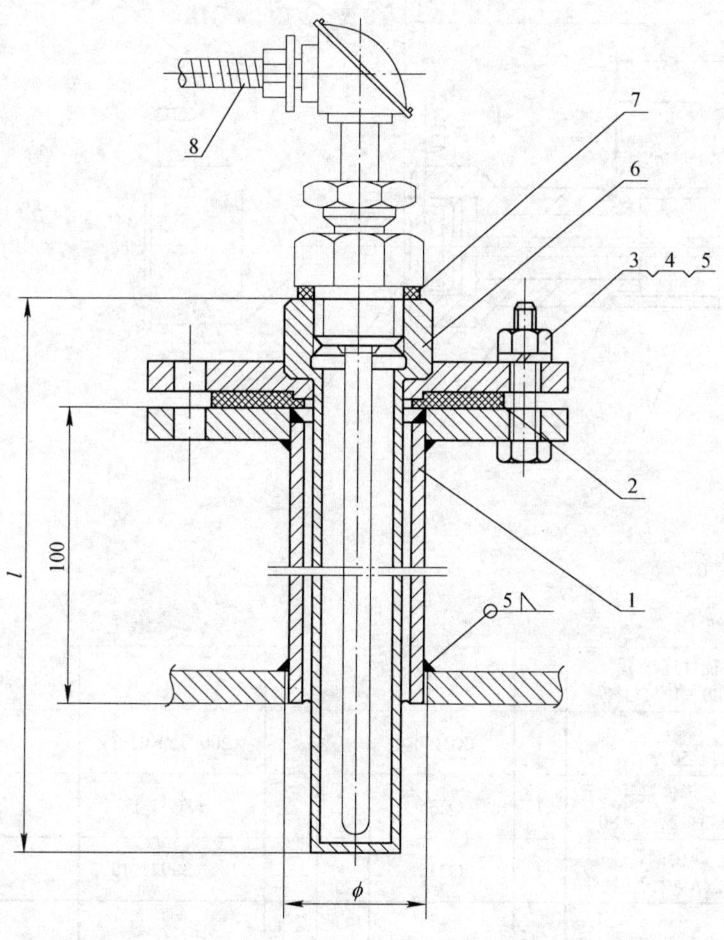

附注：

1. 保护管插入深度 l 和材质由工程设计确定。规格见表(2000)YK01-2-9。
2. 在介质压力小于 2.5MPa 的管道或设备上安装时，零件材质选择零件表中Ⅰ类。
3. 安装方案与零件尺寸如表所示。

安装方案与零件尺寸表

安装方案	适用于保护管外径 D(mm)	件 1		件 2		件 6	ϕ (mm)
		规格号	DN	规格号	D/d		
A	ϕ10,12,16	a	20	a	43/18	JB 02A JB 02B	26
B	ϕ20	b	25	b	63/25	JB 04B	30

标记示例：配标准保护管铠装热电偶在 PN 2.5MPa 管道上安装，保护管外径为ϕ12，其标记如下：带固定法兰保护管的铠装热电偶安装 BaⅡ，图号(2000)YK 01-68。

件号	名称及规格	数量	材质 Ⅰ	材质 Ⅱ	质量(kg) 单重	质量(kg) 总重	图号或标准、规格号	备注
8	挠性连接管 M20×1.5/G¾″	1						FNG-20×700 型
7	垫片 D/d=30/21, b=2	1	XB450					
6	带固定法兰标准保护管(见表)	1					JB 型	见附注 1
5	垫圈 12	4	100HV				GB/T95—1985	
4	螺母 M12	4	10				GB/T41—1986	
3	螺栓 M12×55	4	10.9				GB/T 5780—1986	
2	垫片 D/d(见表), b=2	1	XB450	LF2			JB/T 87—1994	
1	法兰接管 DN(见表), PN6.4MPa	1	Q235	20 钢			(2000)YK01-010	

部件、零件表

冶金仪控通用图	配 JB 系列带固定法兰标准保护管的铠装热电偶(WRG□K 型)在钢管道或设备上安装图 D10,12,16,20, PN6.4MPa	(2000)YK01-68	
		比例	页次

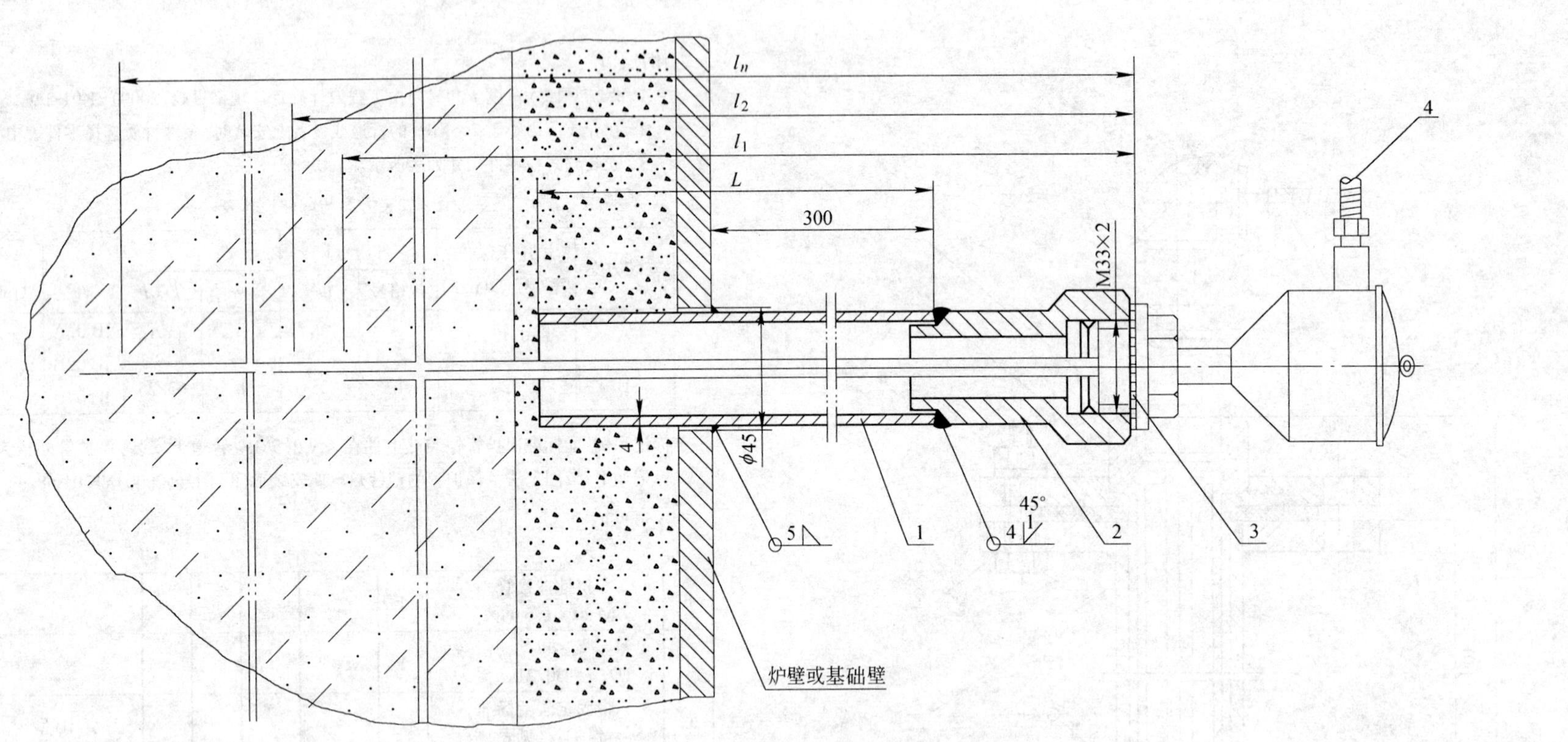

4	挠性连接管 M20×1.5/G¾″	1					FNG-20×700 型
3	垫片 f, $D/d=50/34$, $b=2$	1	XB450			(2000)YK01-63	
2	直形连接头 M33×2, $H=80$	1	Q235			YZG11-1	
1	焊接钢管 DN32, $b=3$, L(见注)	1	Q235			GB/T 3092—1993	
件号	名称及规格	数量	材　质	单重	总重	图 号 或 标准、规格号	备　注
				质量(kg)			
部件、零件表							

附注：

1. 多点热电偶的测温点数为 2~12 支，每支测点位置不同，有 $l_1 \sim l_{12}$(最多)个插入长度。设计时根据工程需要选择热电偶点数并确定插入长度 l。图中 $l_1, l_2, \cdots, l_n$ 表示有 n 支热电偶的插入长度。
2. L 由设计者确定，并请工艺人员预埋(制)。
3. 当热电偶需要加保护套管时(为了避免腐蚀或机械损伤)，请把焊接钢管(件号 1)加长到需要的长度，请工艺预留膨胀孔和预制钢管。

冶金仪控 通用图	多点型固定螺纹铠装热电偶在炉基上安装图 M33×2	(2000)YK01-69	
		比例	页次

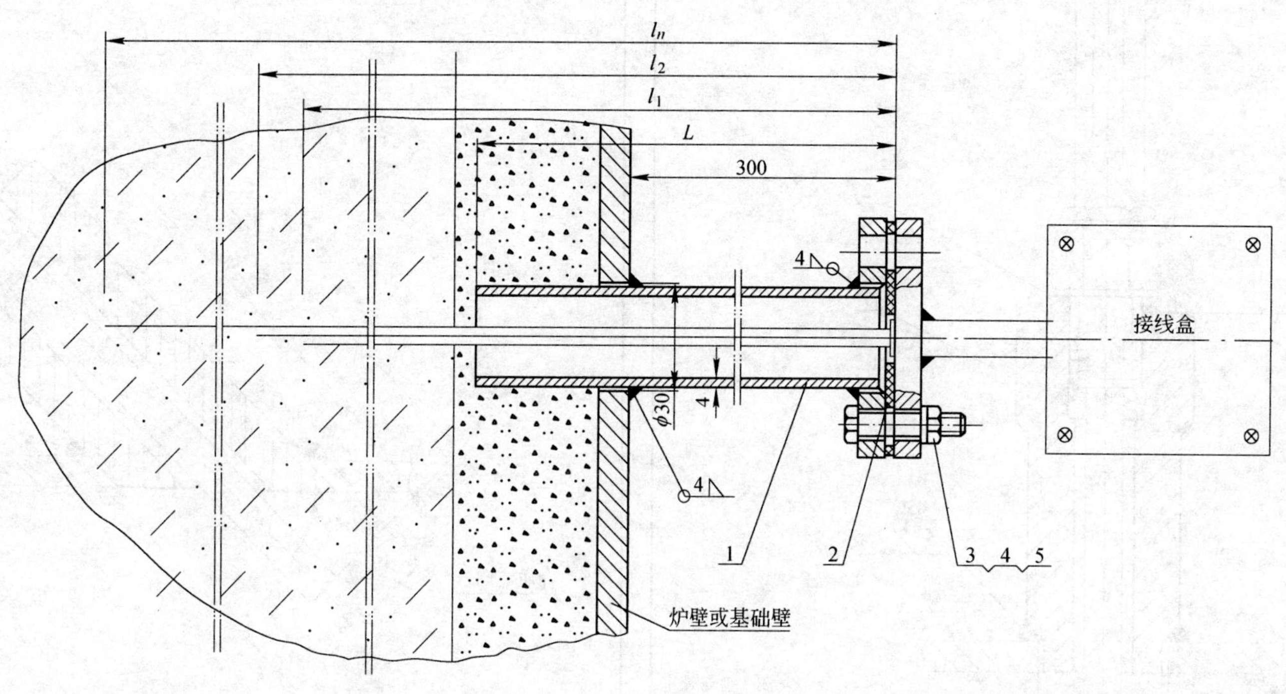

附注：

1. 多点热电偶测温点数为2～12(点)支。由于每支测温点位置不同，有 $l_1 \sim l_{12}$(最多)个插入长度。设计时根据工程的需要选择热电偶点数并确定插入长度 l。图中 $l_1, l_2, \cdots, l_n$ 表示 n 支热电偶插入长度。
2. 法兰接管长度 L 由设计者确定，并请工艺预埋(制)。其他按图(2000)YK01-010制作。
3. 当热电偶需要加保护套管时(为了避免腐蚀或机械损伤)，请把法兰接管 L 加长到需要的长度，请工艺预留膨胀孔和预制法兰接管(件1)。

件号	名称及规格	数量	材质	单重 质量(kg)	总重 质量(kg)	图号或标准、规格号	备注
5	垫圈 12	4	100HV			GB/T 95—1985	
4	螺母 M12	4	5			GB/T 41—1986	
3	螺栓 M12×50	4	4.8			GB/T 5780—1986	
2	垫片 $D/d=100/27, b=2$	1	XB450			JB/T 87—1994	
1	法兰接管 $DN20, b=3, L$(见注)	1	Q235			(2000)YK01-010	

部件、零件表

冶金仪控通用图	多点型固定法兰铠装热电偶在炉基上安装图 *DN*20	(2000)YK01-70
		比例	页次

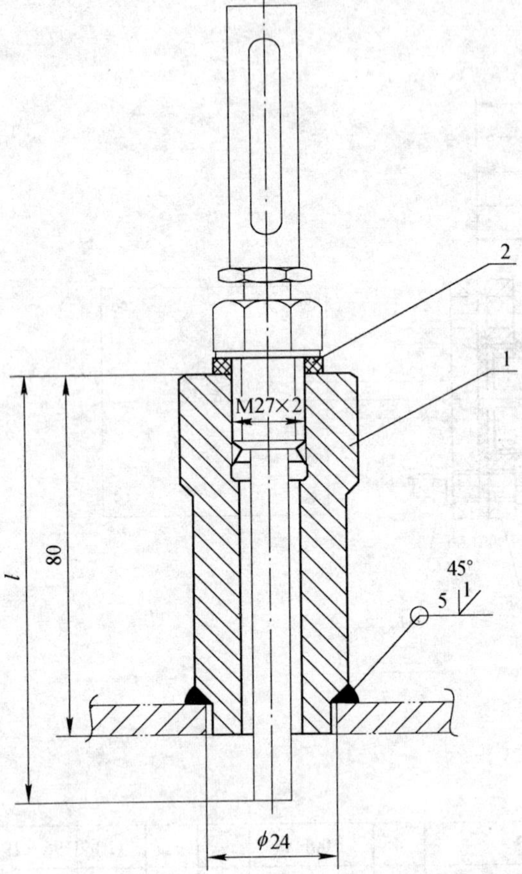

附注：

1. 插入深度 l 由工程设计确定。

件号	名称及规格	数量	材质	单重	总重	图号或标准、规格号	备注
				质量(kg)			
2	垫片 $D/d=44/28, b=2$	1	XB450			(2000)YK01-063	
1	直形连接头 M27×2	1	Q235			YZG11-1	

部件、零件表

冶金仪控通用图	带金属保护管的有机液玻璃温度计在水平钢管道或设备上安装图 $D16$, M27×2, $PN1.6$MPa	(2000)YK01-71	
		比例	页次

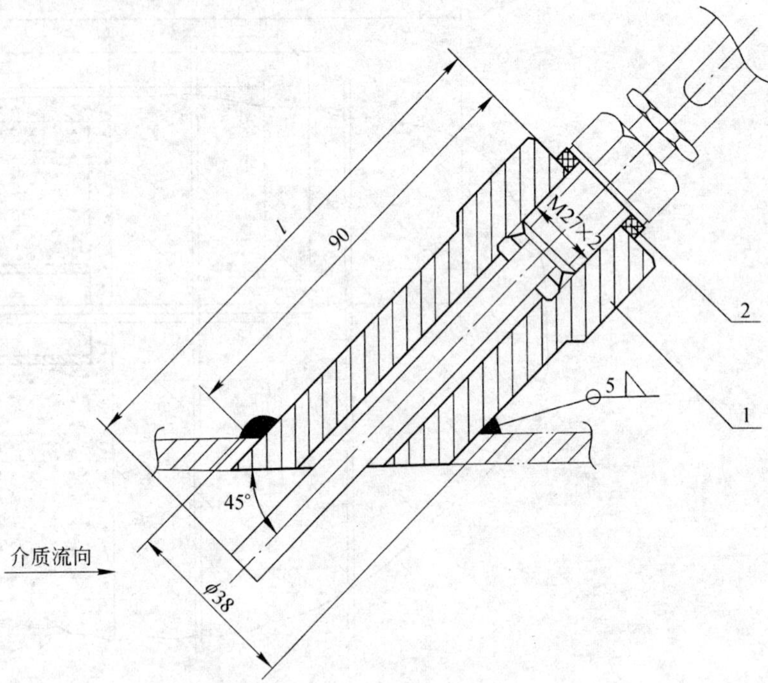

附注：

1. 插入深度 l 由工程设计确定。

件号	名称及规格	数量	材质	单重	总重	图号或标准、规格号	备注
				质量(kg)			
2	垫片 $D/d=44/28, b=2$	1	XB450			(2000)YK01-063	
1	45°角形连接头 M27×2	1	Q235			YZG11-3	

部件、零件表

冶金仪控通用图	带金属保护管的有机液玻璃温度计在水平钢管道或设备上倾斜45°角安装图 $D16$, M27×2, $PN1.6$MPa	(2000)YK01-72	
		比例	页次

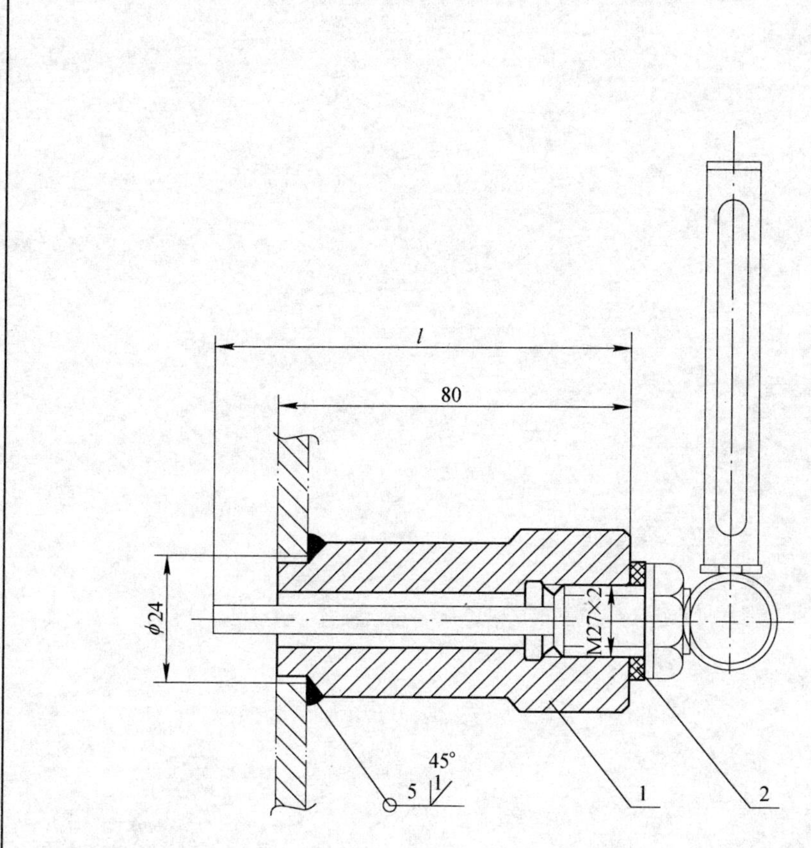

附注：

1. 插入深度 l 由工程设计确定。

2	垫片 $D/d=44/28, b=2$	1	XB450			(2000)YK01-063	
1	直形连接头 M27×2	1	Q235			YZG11-1	
件号	名称及规格	数量	材　质	单重	总重	图 号 或 标准、规格号	备　注
				质量(kg)			

部件、零件表

冶金仪控 通用图	带金属保护管的有机液 玻璃温度计在垂直钢管道或设备上安装图 $D16$, M27×2, $PN1.6$MPa	(2000)YK01-73	
		比例	页次

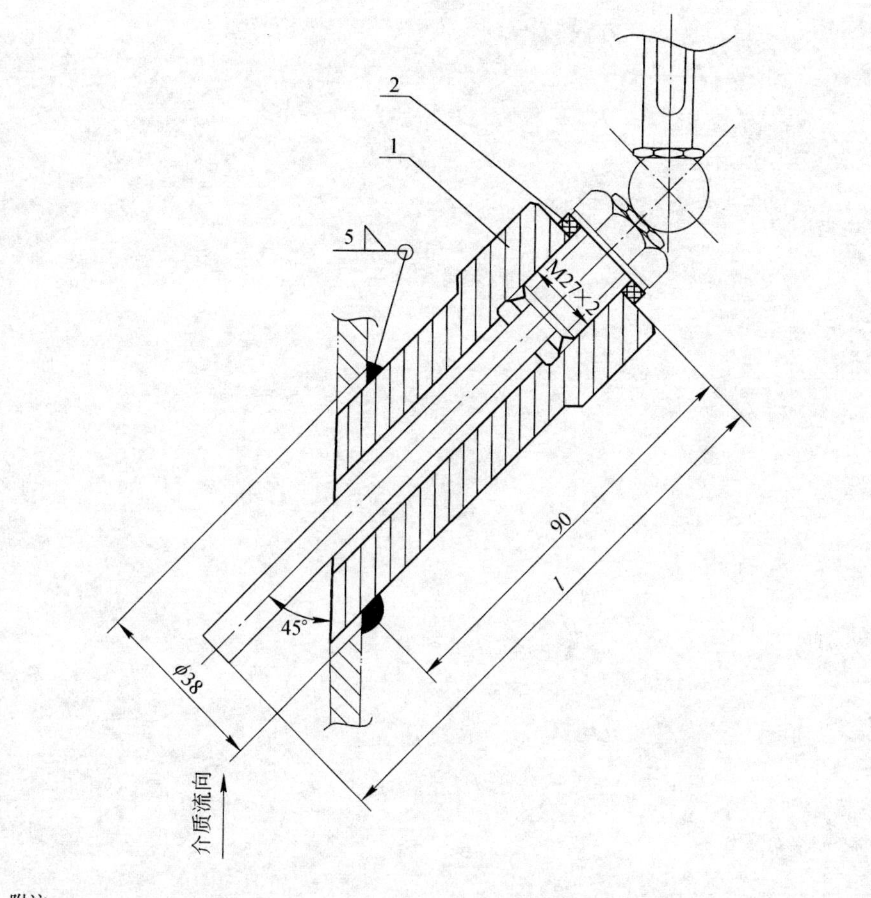

附注：

1. 插入深度 l 由工程设计确定。

2	垫片 $D/d=44/28, b=2$	1	XB450			(2000)YK01-063	
1	45°角形连接头 M27×2	1	Q235			YZG11-3	
件号	名称及规格	数量	材　质	单重	总重	图 号 或 标准、规格号	备　注
				质量(kg)			

部件、零件表

冶金仪控 通用图	带金属保护管的有机液玻璃温度计 在垂直钢管道或设备上倾斜 45°角安装图 $D16$, M27×2, $PN1.6$MPa	(2000)YK01-74	
		比例	页次

二、部件、零件图

其余 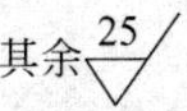

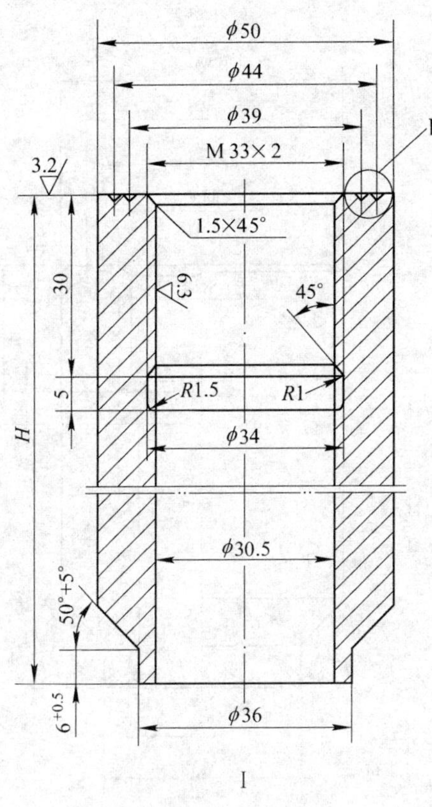

规格号与零件尺寸表

规格号	H(mm)
a	80
b	140

附注：

1. 所有锐角皆磨钝。
2. 当被测介质温度在 500～540℃时，材质应选 12Cr1MoV。
3. 未注明公差尺寸按 IT14 级公差(GB/T 1804—1992)加工。
4. 介质温度小于 450℃时，零件的材质选用 I 类。
5. 直形连接头规格号如表所示。

标记示例：热电偶、热电阻安装在有保温层管道上，介质温度 500℃，接头高度 H 为 140，标记如下：直形连接头 b Ⅱ，图号(2000)YK01-01。

冶金仪控通用图	直形连接头 M33×2, PN10.0MPa			(2000)YK01-01	
	材质 Ⅰ 20钢 Ⅱ 12Cr1MoV	质量 kg	比例	件号	装配图号

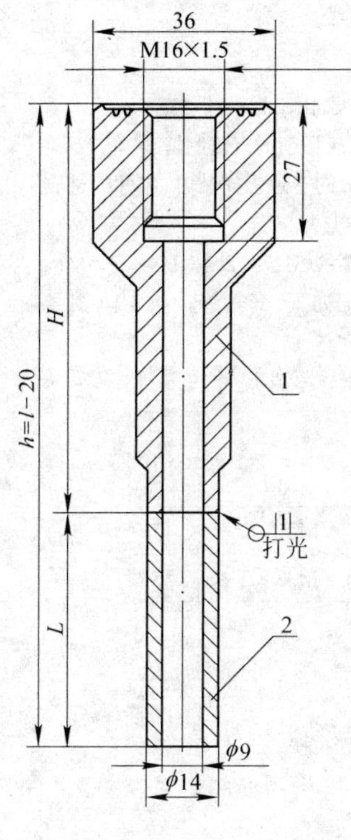

规格号与零件尺寸表

规格号	H(mm)
a	80
b	140

附注：

1. 尺寸 $h = l$(插入深度) − 20，H 按安装图确定 $L = h - H$。
2. 在 PN<2.5MPa 时，零件的材质选用 I 类。
3. 连接头组件规格号如表所示。

标记示例：铠装热电偶，热电阻在管道上安装，接头高度 H 为 80mm，标记如下：连接头组件 a，图号(2000)YK01-02。

件号	名称及规格	数量	材质 Ⅰ	材质 Ⅱ	质量(kg) 单重	质量(kg) 总重	图号或标准、规格号	备注
2	无缝钢管 φ14×2.5, L(见注)	1	Q235	20钢			GB/T 8162—1987	
1	直形连接头 M16×1.5, H(见表)	1	Q235	20钢			(2000)YK01-059	成品

部件、零件表

冶金仪控通用图	连接头组件 M16×1.5, H80(140), PN2.5MPa			(2000)YK01-02	
	材质 Q235	质量 kg	比例	件号	装配图号

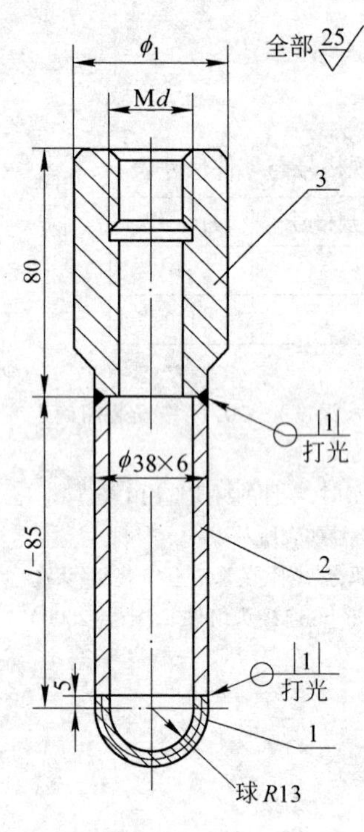

附注：

1. l 为温包插入深度，由工程设计确定。
2. 零件 1 可用冲压或切削的方法制造。
3. 在 $PN<2.5$MPa 的管道上安装时，零件的材质应选用零件表中Ⅰ类。

标记示例：温包接头螺纹 M27×2，在 $PN<2.5$MPa 的管道上安装，其标记如下：套管连接头 aⅠ，图号 (2000)YK01-03。

规格号与零件尺寸表

规格号	件 3 Md	ϕ_1
a	M27×2	47
b	M33×2	55

件号	名称及规格	数量	材质 Ⅰ	材质 Ⅱ	质量(kg) 单重	质量(kg) 总重	图号或标准、规格号	备注
3	直形连接头 Md(见表)，$H=80$	1	Q235	20 钢			(2000)YK01-04	
2	套管 $\phi38\times6$	1	Q235	20 钢			本图	无缝钢管
1	套管底	1	Q235	20 钢			本图	

部件、零件表

冶金仪控通用图	套管连接头 M27×2(M33×2)，H80，PN6.4MPa				(2000)YK01-03
	材质	质量 kg	比例	件号	装配图号

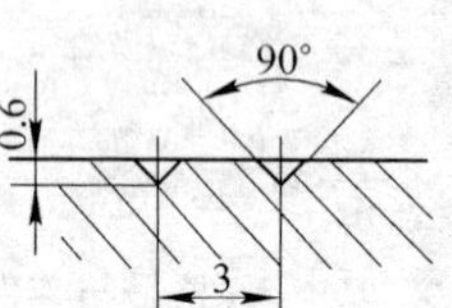

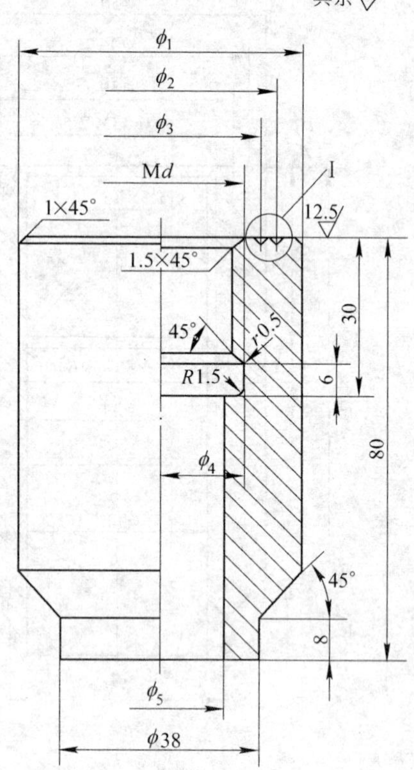

附注：

1. 在 $PN<2.5$MPa 时，零件的材质选用 Q235。
2. 未注明公差尺寸，按 IT4 级公差(GB/T 1804—1992)加工。
3. 锐角皆磨钝。

标记示例：热电偶、热电阻在 $PN<2.5$MPa 的管道上安装，接头螺纹为 M27×2，其标记如下：直形连接头 aⅠ，图号 (2000)YK01-04。

规格号与零件尺寸表

规格号	Md	ϕ_1	ϕ_2	ϕ_3	ϕ_4	ϕ_5
a	M27×2	47	40	34	27.4	20
b	M33×2	55	46	40	34	26

冶金仪控通用图	直形连接头 M27×2(M33×2)，H80，PN6.4MPa				(2000)YK01-04
	材质 Ⅰ Q235 / Ⅱ 20 钢	质量 kg	比例	件号	装配图号

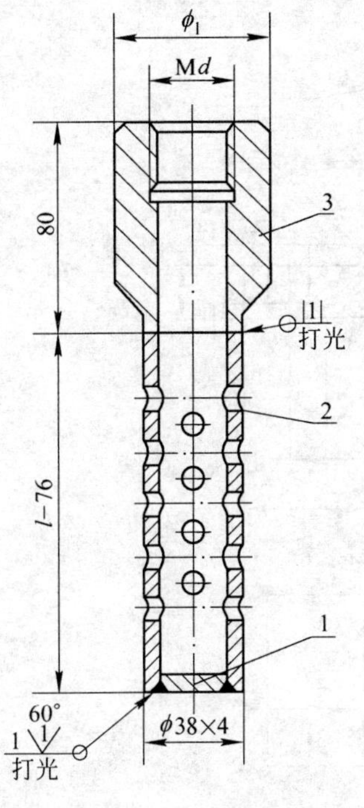

附注：

1. l 为测温包插入深度，由工程设计确定。
2. 在 $PN>2.5$MPa 时，零件的材质选用Ⅱ类。

标记示例：温包接头为 M27×2，在 $PN<2.5$MPa 的管道上安装，其标记如下：钻孔套管接头 aI，图号(2000)YK01-05。

规格号与零件尺寸表

规格号	件 3 Md	ϕ_1
a	M27×2	47
b	M33×2	55

件号	名称及规格	数量	材质 Ⅰ	材质 Ⅱ	质量(kg) 单重	质量(kg) 总重	图号或标准、规格号	备注
3	直形连接头 Md(见表)，H80	1	Q235	20 钢			(2000)YK01-04	
2	钻孔套管$\phi38\times4$	1	Q235	Q235			(2000)YK01-06	
1	钻孔套管底$\phi25$，$\delta=6$	1	Q235	Q235				

零件表

冶金仪控通用图	钻孔套管接头 M27×2(M33×2)，H80，PN6.4MPa				(2000)YK01-05
	材质	质量 kg	比例	件号	装配图号

全部 25

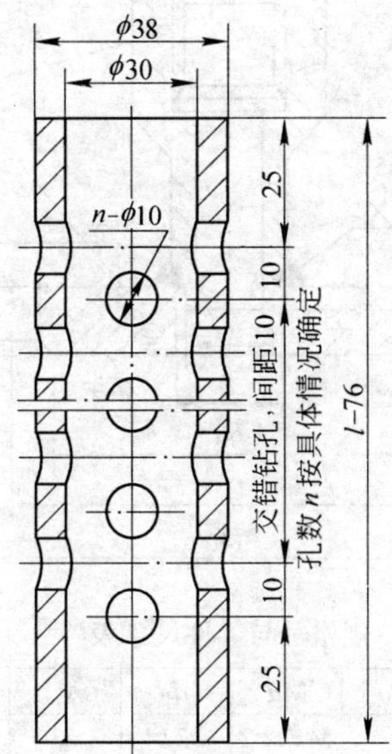

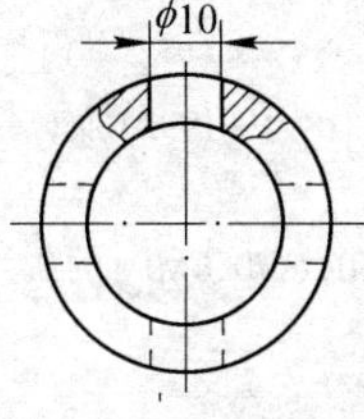

附注：

1. l 值由工程设计确定。
2. 套管钻孔数 n 按具体情况确定。

冶金仪控通用图	钻孔套管$\phi38\times4$				(2000)YK01-06
	材质 Q235	质量 kg	比例	件号	装配图号

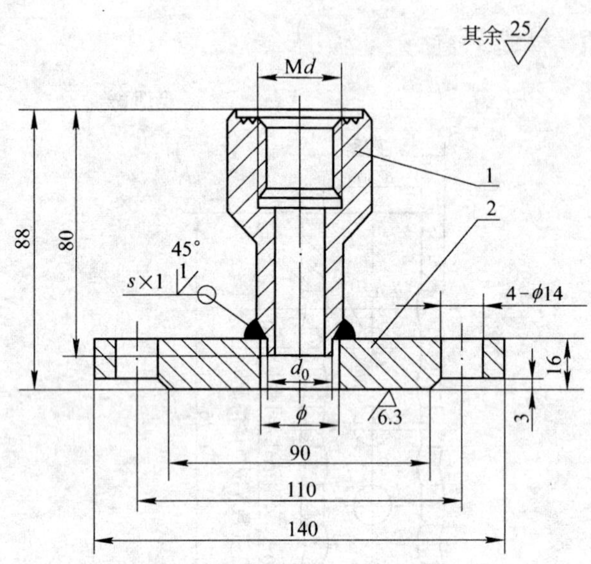

规格号与零件尺寸表

规格号	Md	d_0	ϕ
a	M27×2	22	23
b	M33×2	30	31

附注：

1. 未注明公差尺寸按 IT14 级公差(GB/T 1804—1992)加工。
2. 焊缝高 s 为焊接件厚度的 0.7 倍。

标记示例：连接螺纹为 M33×2，法兰为 $DN50$，$PN0.6$MPa 的法兰连接头，其标记如下：法兰连接头 b，图号(2000)YK01-07。

件号	名称及规格	数量	材质	质量(kg) 单重	质量(kg) 总重	图号或标准、规格号	备注
2	法兰 $DN50$，$PN0.6$MPa，d_0(见表)	1	Q235			JB/T 81—1994	按本图加工
1	直形连接头 Md(见表)，$H=80$	1	Q235			YZG 11-1	成品

零件表

冶金仪控通用图	法兰接头 M27×2(M33×2)，$DN50$，$PN0.6$MPa				(2000)YK01-07
	材质	质量 kg	比例	件号	装配图号

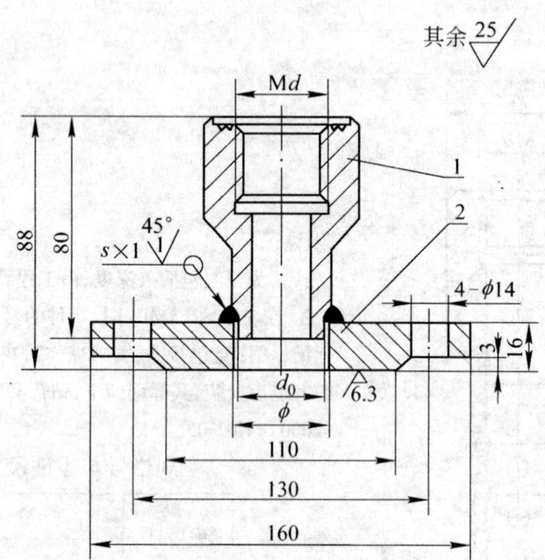

规格号与零件尺寸表

规格号	Md	d_0	ϕ
a	M27×2	22	23
b	M33×2	30	31

附注：

1. 未注明公差尺寸按 IT14 级公差(GB/T 1804—1992)加工。
2. 焊缝高 s 为焊件厚度的 0.7 倍。

标记示例：连接螺纹为 M27×2，法兰为 $DN65$，$PN0.6$MPa 的法兰连接头，其标记法如下：法兰连接头 a，图号(2000)YK01-08。

件号	名称及规格	数量	材质	质量(kg) 单重	质量(kg) 总重	图号或标准、规格号	备注
2	法兰 $DN65$，$PN0.6$MPa，d_0(见表)		Q235			JB/T 81—1994	按本图加工
1	直形连接头 Md(见表)，$H=80$		Q235			YZG 11-1	成品

零件表

冶金仪控通用图	法兰接头 M27×2(M33×2)，$DN65$，$PN0.6$MPa				(2000)YK01-08
	材质	质量 kg	比例	件号	装配图号

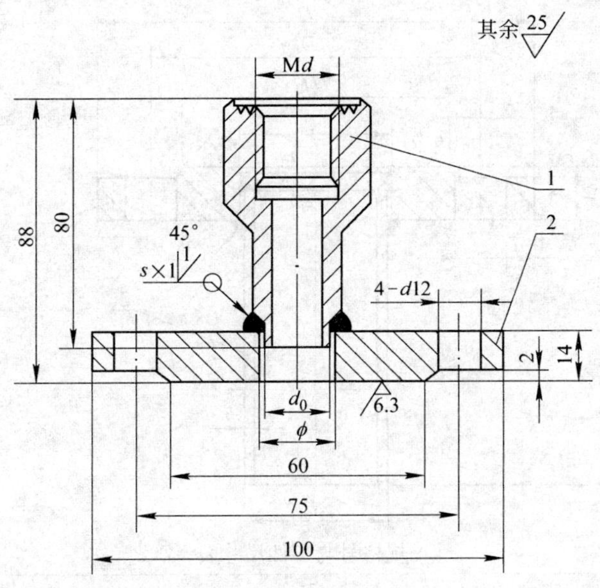

规格号与零件尺寸表

规格号	件 1		件 2
	Md	d_0	ϕ
a	M27×2	22	23
b	M16×1.5	14	15

附注：

1. 未注明公差尺寸按 IT14 级公差(GB/T 1804—1992)加工。锐角磨钝。
2. 焊缝高 s 为焊件厚度的 0.7 倍。

标记示例：连接螺纹为 M16×1.5，法兰为 DN25，PN0.6MPa 的法兰连接头，其标记如下：法兰连接头 b，图号(2000)YK01-09。

件号	名称及规格	数量	材质	单重	总重	图号或标准、规格号	备注
2	法兰 DN25，PN0.6MPa，d_0(见表)	1	Q235			JB/T 81—1994	按本图尺寸加工
1	直形连接头 Md(见表)，H=80	1	Q235			YZG 11-1	成品
件号	名称及规格	数量	材质	质量(kg)		图号或标准、规格号	备注

零件表

冶金仪控通用图	法兰接头 M27×2(M16×1.5)，DN25，PN0.6MPa	(2000)YK01-09	
		比例	页次

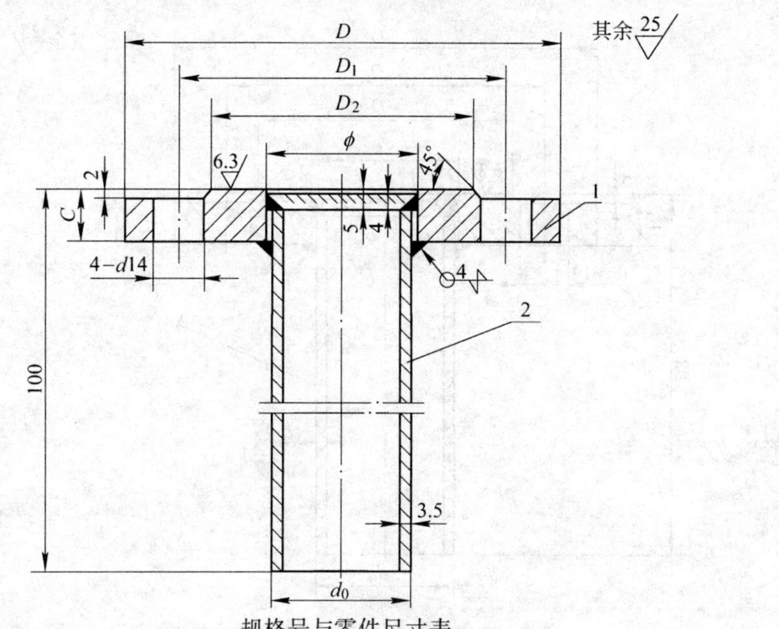

规格号与零件尺寸表

规格号	热电偶(阻)保护管外径 D	公称管径 DN	件 1					件2
			D	D_1	D_2	ϕ	C	d_0
a	12、16	15	95	65	46	25.5	14	25
b	20	20	105	75	56	30.5	16	30

附注：

1. 未注明公差尺寸按 IT14 级公差(GB/T 1804—1992)加工。
2. 锐角磨钝。
3. 当用于 $PN\leqslant1.0$MPa，材质选用 Q235，1.0MPa$<PN\leqslant6.4$MPa，用 20 号钢。

标记示例：用于安装保护管外径为ϕ20 的法兰接管，PN1.0MPa，其标记如下：法兰接管bⅠ，图号(2000)YK01-010。

件号	名称及规格	数量	材质 Ⅰ	材质 Ⅱ	单重	总重	图号或标准、规格号	备注
2	无缝钢管 d_0×3.5，l×96	1	Q235	20 钢			GB/T 8163—1987	
1	法兰 DN(见表)，PN4.0MPa	1	Q235	20 钢				按本图尺寸加工
件号	名称及规格	数量	材质		质量(kg)		图号或标准、规格号	备注

零件表

冶金仪控通用图	法兰接管 DN15，20，PN6.4MPa				(2000)YK01-010
	材质	质量 kg	比例	件号	装配图号

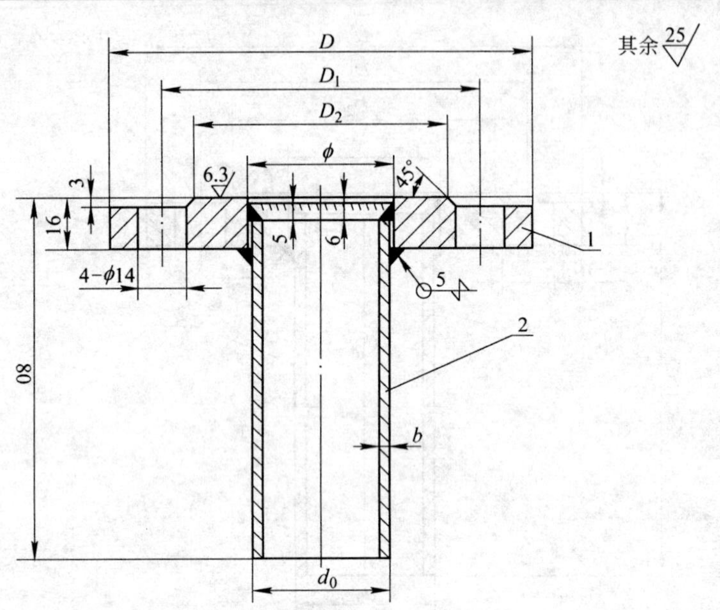

规格号与零件尺寸表

规格号	公称管径 DN	件 2 外径×壁厚 (d_0×b)	件 1			
			φ	D	D_1	D_2
a	50	57×3.5	57.5	140	110	90
b	65	73×4	73.5	160	130	110

附注：

1. 未注明公差尺寸按 IT14 级公差(GB/T 1804—1992)加工。
2. 锐角磨钝。

标记示例：公称管径为 50，公称压力为 0.6MPa 的法兰接管，其标记法如下：法兰接管 a，图号(2000)YK01-011。

件号	名称及规格	数量	材质	单重	总重	图号或标准、规格号	备注
2	无缝钢管 $d_0 \times b$(见表)，$l \approx 74$	1	Q235			GB/T 8163—1987	
1	法兰 DN(见表)，PN0.6MPa	1	Q235			JB/T 81—1994	
				质量(kg)			

零 件 表

冶金仪控通用图	法 兰 接 管 DN50,65,PN0.6MPa			(2000)YK01-011
材质	质量 kg	比例	件号	装配图号

规格号与零件尺寸表

规格号	公称管径 DN	件 2 (外径×壁厚) $d_0 \times b$	件 1				
			D	D_1	D_2	φ	d
a	20	26.8×2.75	90	65	50	27.5	11
b	25	33.5×3.25	100	75	60	34.0	
c	32	42.3×3.25	120	90	70	43.0	14

附注：

1. L 由工程设计确定。
2. 未注明公差尺寸按 IT14 级公差(GB/T 1804—1992)加工。
3. 锐角磨钝。

标记示例：公称管径 DN＝25，公称压力 PN＝0.25MPa，长度 L＝350mm 的法兰接管，标记如下：法兰接管 b，L350，图号(2000)YK01-012。

件号	名称及规格	数量	材质	单重	总重	图号或标准、规格号	备注
2	焊接钢管 $d_0 \times b$(见表)，L(见注)	1	Q235			GB/T 3092—1994	
1	法兰 DN(见表)，PN0.25MPa	1	Q235			JB/T 81—1993	
				质量(kg)			

零 件 表

冶金仪控通用图	法 兰 接 管 DN20,25,32,PN0.25MPa			(2000)YK01-012
材质	质量 kg	比例	件号	装配图号

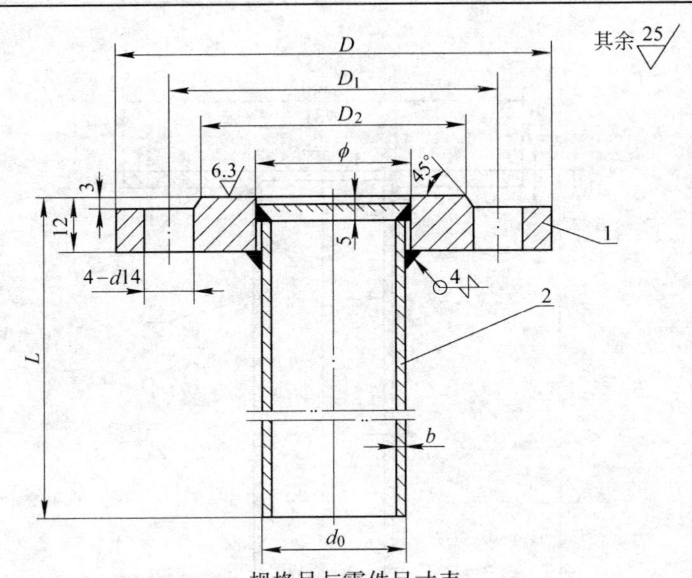

规格号与零件尺寸表

规格号	公称管径 DN	件 2 (外径×壁厚) $d_0\times b$	件 1			
			D	D_1	D_2	φ
a	40	48×3.5	130	100	80	49
b	50	60×3.5	140	110	90	61

附注：

1. L 见安装图，由工程设计确定。
2. 未注明公差尺寸按 IT14 级公差(GB/T 1804—1992)加工。
3. 锐角磨钝。

标记示例：公称管径为 40，公称压力为 0.25MPa，长度 L = 350mm 的法兰接管，其标记如下：

法兰接管 a，L350，图号(2000)YK01-013。

件号	名称及规格	数量	材质	单重 质量(kg)	总重 质量(kg)	图号或标准、规格号	备注
2	焊接钢管 $d_0\times b$(见表)，L(见注)	1	Q235			GB/T 3092—1993	
1	法兰 DN(见表)，PN0.25MPa	1	Q235			JB/T 81—1994	

零 件 表

冶金仪控通用图	法 兰 接 管 DN40，50，PN0.25MPa			(2000)YK01-013
材质	质量 kg	比例	件号	装配图号

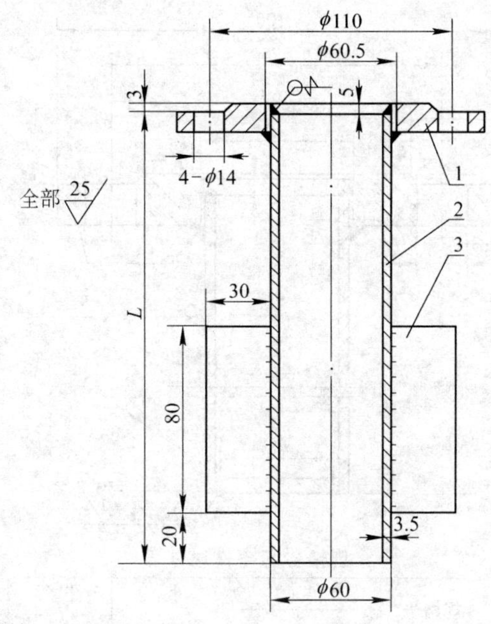

附注：

1. L 由工程设计确定。
2. 锐角磨钝。
3. 未注明公差的尺寸按 IT14 级公差(GB/T 1804—1992)加工。

件号	名称及规格	数量	材质	单重 质量(kg)	总重 质量(kg)	图号或标准、规格号	备注
3	筋板(薄钢板) 80×30×3	2	Q235			GB/T 912—1989	
2	焊接钢管 DN50，L(见注)	1	Q235			GB/T 3092—1993	
1	法兰 DN50，PN0.25MPa	1	Q235			JB/T 81—1994	

零 件 表

冶金仪控通用图	有筋法兰接管 DN50，PN0.25MPa	(2000)YK01-014	
		比例	页次

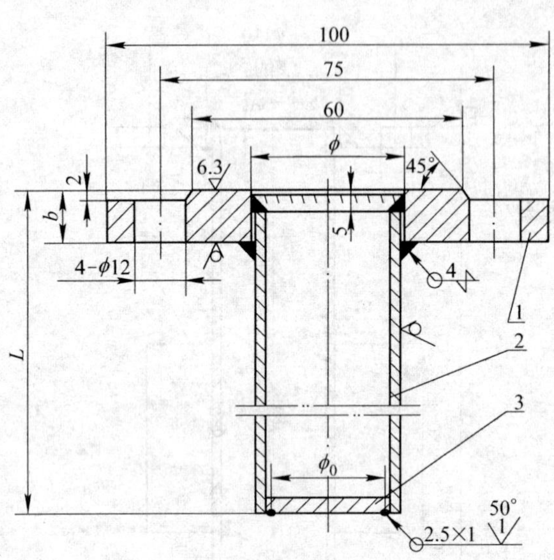

规格号与零件尺寸表

规格号	件 1		件 2	件 3
	ϕ	b	DN	ϕ_0
a	22	12	15	14
b	34	14	25	25

附注：

1．L 由工程设计确定。

2．未注明公差尺寸，按 IT14 级公差(GB/T 1804—1992)加工。

3．锐角皆磨钝。

标记示例：公称管径为 15，公称压力为 0.25MPa，$L=350$mm 的法兰接管，其标记如下：法兰接管 a，L350，图号(2000)YK01-015。

件号	名称及规格	数量	材质	单重	总重	图号或标准、规格号	备注
3	底板 ϕ_0(见表)，$\delta=3.5$	1	Q235			本图	
2	焊接钢管 DN(见表)，L(见注)	1	Q235			GB/T 3092—1993	
1	法兰 DN25，PN0.25MPa	1	Q235			JB/T 81—1994	
件号	名称及规格	数量	材质	单重 质量(kg)	总重 质量(kg)	图号或标准、规格号	备注

零件表

冶金仪控通用图	法兰套管 DN15，25，PN0.25MPa			(2000)YK01-015	
	材质 Q235	质量 kg	比例	件号	装配图号

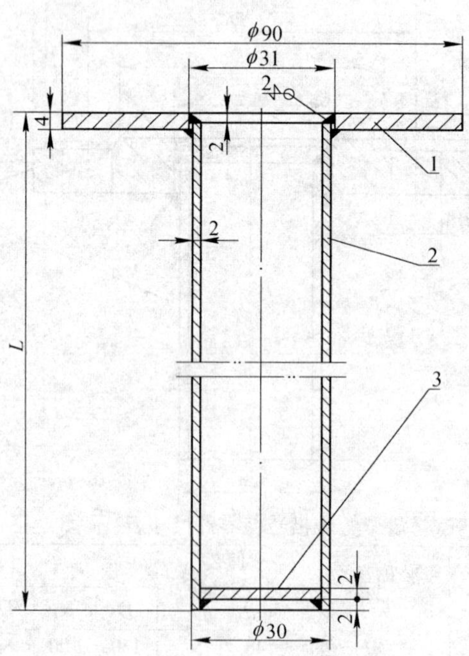

附注：

1．长度 L 由工程设计确定。

2．所有焊缝均为铜焊。

3．锐角磨钝。

标记示例：管径 $\phi=30$ 的紫铜保护套，$L=500$mm，其标记如下：铜保护套，ϕ30，L500，图号(2000)YK01-016。

件号	名称及规格	数量	材质	单重	总重	图号或标准、规格号	备注
3	底板、紫铜板 ϕ25.5，$b=2$	1	T_3			GB/T 2040—1989	
2	紫铜管 $\phi30\times2$，$l=L-2$	1	T_3			GB/T 1527—1997	
1	固定圈板、紫铜板 ϕ90/31，$b=4$	1	T_3			GB/T 2040—1989	
件号	名称及规格	数量	材质	单重 质量(kg)	总重 质量(kg)	图号或标准、规格号	备注

零件表

冶金仪控通用图	紫铜保护套			(2000)YK01-016	
	材质	质量 kg	比例	件号	装配图号

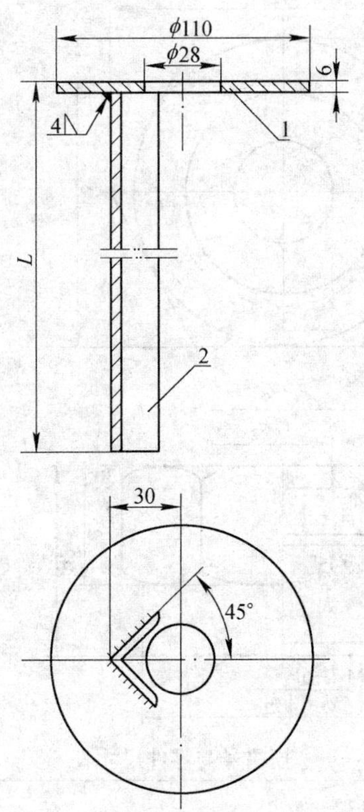

附注：

L 长度由工程设计确定。

件号	名称及规格	数量	材质	单重	总重	图号或标准、规格号	备注
2	角钢 ∟30×30×4，L(见注)	1	Q235			GB/T 9787—1988	
1	角钢固定板 φ110/φ28，b=6	1	Q235			本图	
件号	名称及规格	数量	材质	单重	总重	图号或标准、规格号	备注
				质量(kg)			

零件表

冶金仪控通用图	角钢保护件			(2000)YK01-017
	材质	质量 kg	比例	件号	装配图号

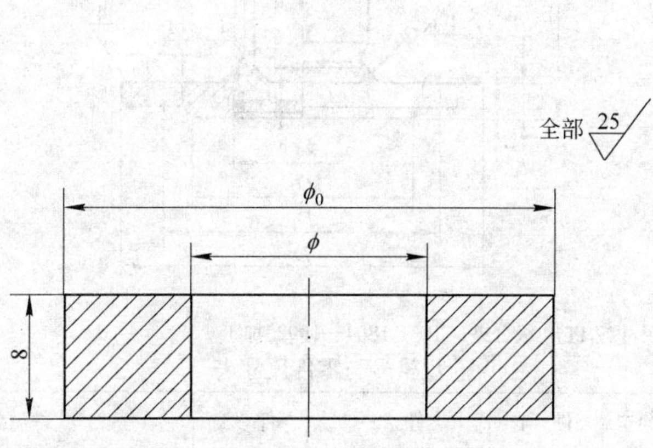

规格号与零件尺寸表

规格号	ϕ_0	ϕ
a	34	15
b	48	23
c	60	31

附注：

1. 制造圈板的材质由安装图确定，一般可用 Q235。
2. 锐角磨钝。
3. 未注明公差尺寸按 IT14 级公差(GB/T 1804—1992)加工。

标记示例：用于 *DN*25 管子上的圈板，其$\phi_0=34$，$\phi=15$mm，其标记如下：圈板 a，图号(2000)YK01-018。

冶金仪控通用图	圈板			(2000)YK01-018
	材质 Q235	质量 kg	比例	件号	装配图号

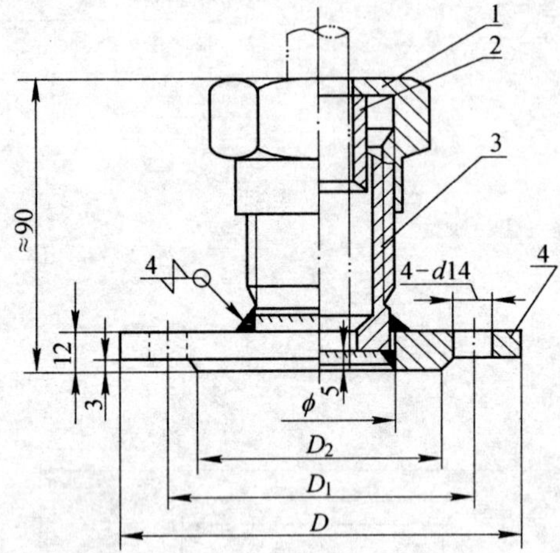

附注：

未注明公差尺寸按 IT14 级公差(GB/T 1804—1992)加工。

规格号与零件尺寸表

规格号	适用热电偶外径 D_0/D	件 1	件 2		件 3	件 4				
		M*d*	规格号	ϕ_1/ϕ_2	M*d*	*DN*	*D*	D_1	D_2	ϕ
a	16×16	M48×3	a	28/18	M48×3	40	130	100	80	46
b	20×16	M48×3	b	32/22	M48×3					
c	29×20	M48×3	c	36/31	M48×3					
d	34×25	M64×3	d	48/36	M64×3	50	140	110	90	61

标记示例：用于安装保护管 *D* 为 16mm 的热电偶的填料盒组件，其标记如下：填料盒组件 aa，图号(2000)YK01-019。

件号	名称	数量	材质	单重	总重	图号或标准、规格号	备注
4	法兰 *DN*(见表)，*PN*0.25MPa	1	Q235			JB/T 81—1994	
3	填料盒	1	Q235			(2000)YK01-022	
2	填隙套管	1	Q235			(2000)YK01-021	
1	压帽 M*d*(见表)	1	Q235			(2000)YK01-020	
件号	名称	数量	材质	质量(kg)		图号或标准、规格号	备注

零件表

冶金仪控通用图	法兰填料盒 M48×3(M64×3)，*DN*40，50			(2000)YK01-019
材质	质量 kg	比例	件号	装配图号

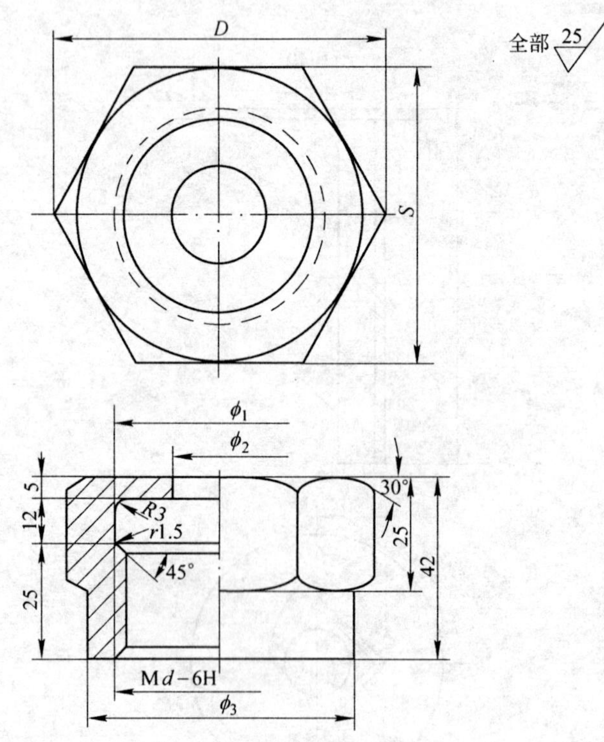

规格号与零件尺寸表

规格号	适用热电偶外径 D_0/D	M*d*	ϕ_1	ϕ_2	ϕ_3	*D*	*S*
a	16/16	M48×3	49	18	60	72	65
b	20/16			22			
c	29/20			31			
d	34/25	M64×3	68	36	78	94	83

附注：

1. 未注明公差尺寸皆按 IT14 级公差(GB/T 1804—1992)加工。
2. 锐角皆磨钝。

标记示例：用于安装保护管 *D* 为 16mm 的热电偶的压帽，其标记如下：压帽 a，图号(2000)YK01-020。

冶金仪控通用图	内螺纹压帽 M48×3(M64×3)			(2000)YK01-020
材质 Q235	质量 kg	比例	件号	装配图号

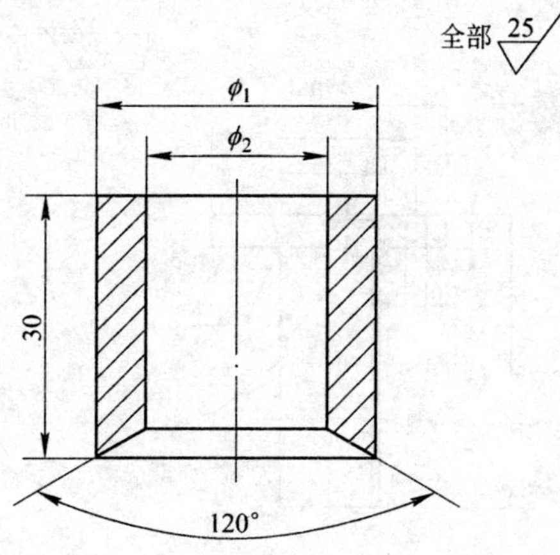

规格号与零件尺寸表

规格号	适用热电偶外径 D_0	ϕ_1	ϕ_2
a	16/16	28	18
b	20/16	32	22
c	29/20	36	31
d	34/25	48	36

附注：

1. 未注明公差尺寸皆按 IT14(GB/T 1804—1992)精确度加工。
2. 锐角皆磨钝。

标记示例：用于热电偶保护管 D 为 25mm 的填隙套管，其标记如下：填隙套管 d，图号(2000)YK01-021。

冶金仪控通用图	填 隙 套 管			(2000)YK01-021	
	材质 Q235	质量 kg	比例	件号	装配图号

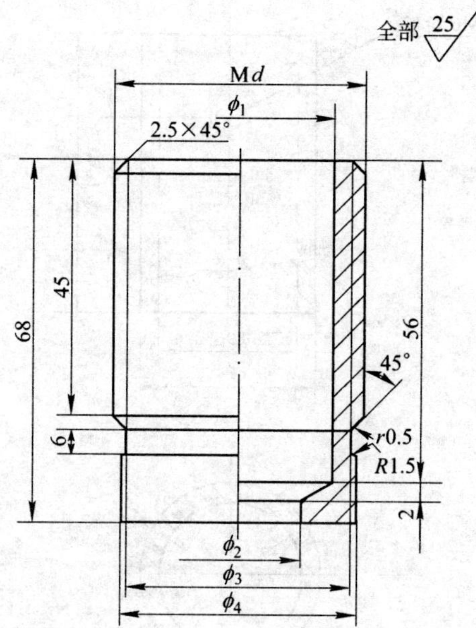

规格与零件尺寸表

安装方案	适用热电偶外径 D_0/D	Md	ϕ_1	ϕ_2	ϕ_3	ϕ_4
a	16/16	M48×3－6g	30	18	43.5	45
b	20/16		34	22		
c	29/20		38	31		
d	34/25	M64×3－6g	50	36	59.5	60

附注：

1. 未注明公差的尺寸按 IT14 级公差(GB/T 1804—1992)加工。
2. 锐角皆磨钝。

标记示例：用于热电偶保护管 D 为 20mm 的填料盒，其标记如下：填料盒 c，图号(2000)YK01-022。

冶金仪控通用图	填 料 盒			(2000)YK01-022	
	材质 Q235	质量 kg	比例	件号	装配图号

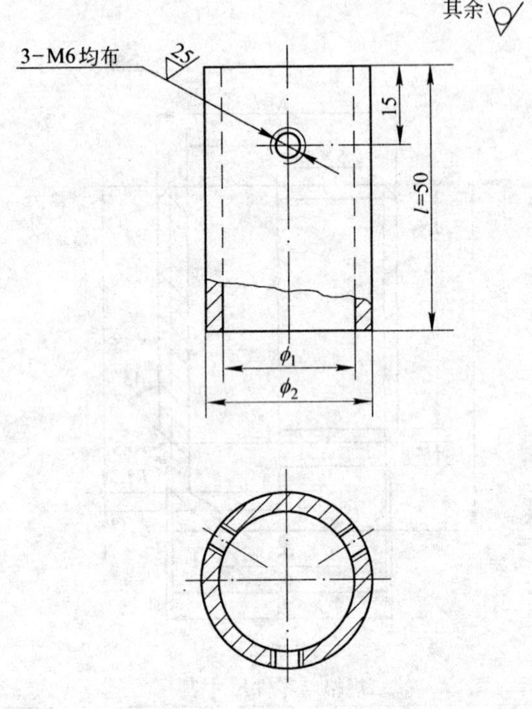

规格号与零件尺寸表

规格号	公称通径 DN	ϕ_1	ϕ_2
a	25	27	33.5
b	32	≈36	42.3

附注：

1. 定位管用焊接钢管(GB/T 3092—1993)制作。
2. 未注明公差尺寸按 IT14 级公差(GB/T 1804—1992)加工。
3. 锐角磨钝。

标记示例：安装热电偶的定位管公称直径为 *DN*25，其标记如下：定位管 a，图号(2000)YK01-023。

冶金仪控通用图	定 位 管 *DN*25，32				(2000)YK01-023
	材质 Q235	质量 kg	比例	件号	装配图号

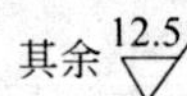

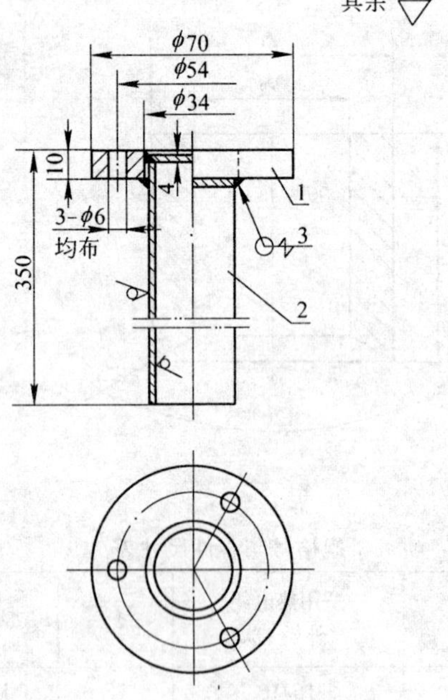

附注：

1. 未注明公差尺寸按 IT14 级公差(GB/T 1804—1992)加工。
2. 锐角皆磨钝。

件号	名称及规格	数量	材 质	单重	总重	图 号 或 标准、规格号	备 注
				质量(kg)			
2	焊接钢管 *DN*25，*l*=346	1	Q235			GB/T 3092—1993	
1	平法兰 *DN*25	1	Q235			本 图	

部 件、零 件 表

冶金仪控通用图	法 兰 接 管 *DN*25				(2000)YK01-024
	材质	质量 kg	比例	件号	装配图号

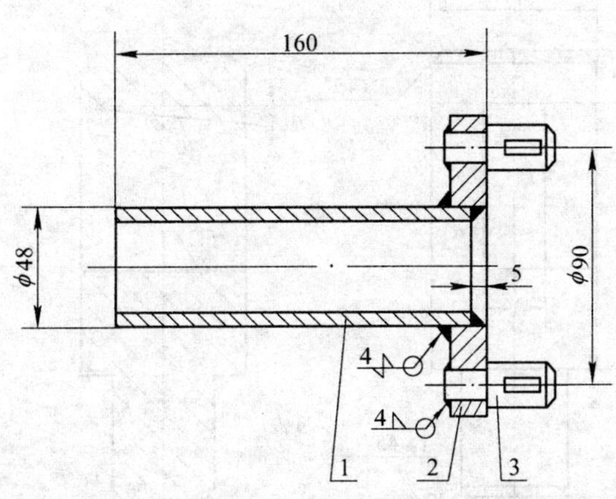

3	销子座 a	2	Q235			(2000)YK01-028	
2	平法兰 *DN*40	1	Q235			(2000)YK01-026	
1	焊接钢管 *DN*40, *l* = 155	1	Q235			GB/T 3092—1993	
件号	名称及规格	数量	材 质	单重	总重	图 号 或 标准、规格号	备 注
				质量(kg)			

零 件 表

冶金仪控 通用图	快装法兰接管 *DN*40/ϕ48				(2000)YK01-025	
	材质	质量 kg	比例	件号	装配图号	

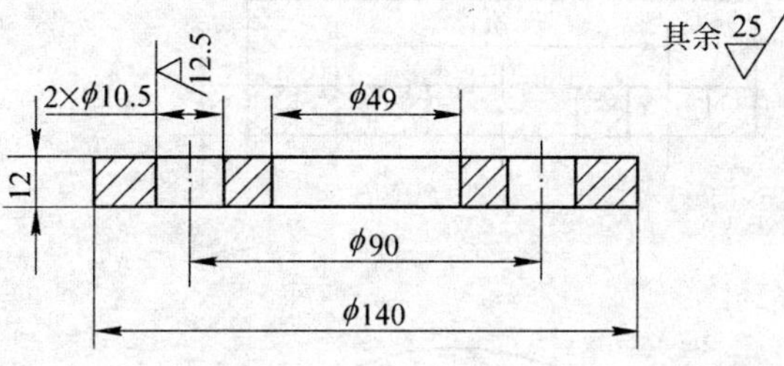

附注：

1. 未注明公差尺寸按 IT14 级公差(GB/T 1804—1992)加工。
2. 锐角皆磨钝。

冶金仪控 通用图	平 法 兰 *DN*40				(2000)YK01-026	
	材质 Q235	质量 kg	比例	件号	装配图号	

全部 25

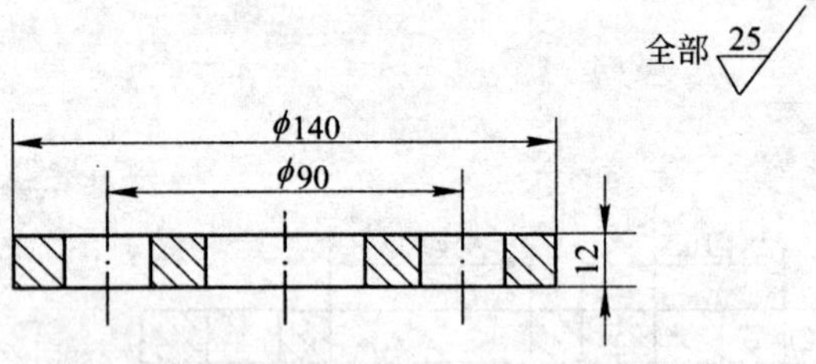

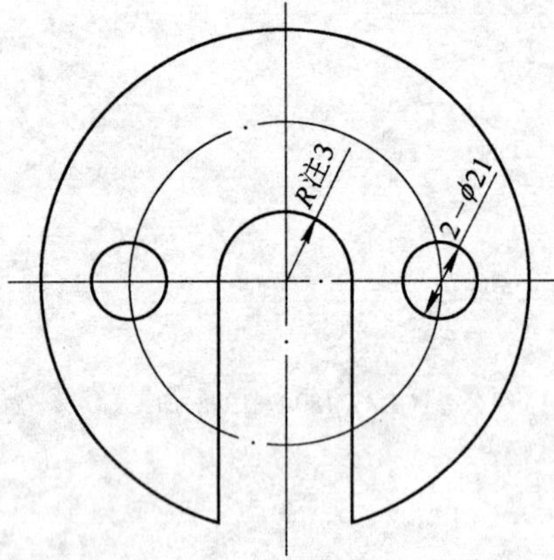

附注：

1. 未注明公差尺寸按 IT14 级公差(GB/T 1804—1992)加工。
2. 锐角皆磨钝。
3. R 的尺寸根据所选购热电偶金属保护管外径尺寸确定。

冶金仪控通用图	快 装 法 兰 DN40			(2000)YK01-027	
	材质 Q235	质量 kg	比例	件号	装配图号

其余 25

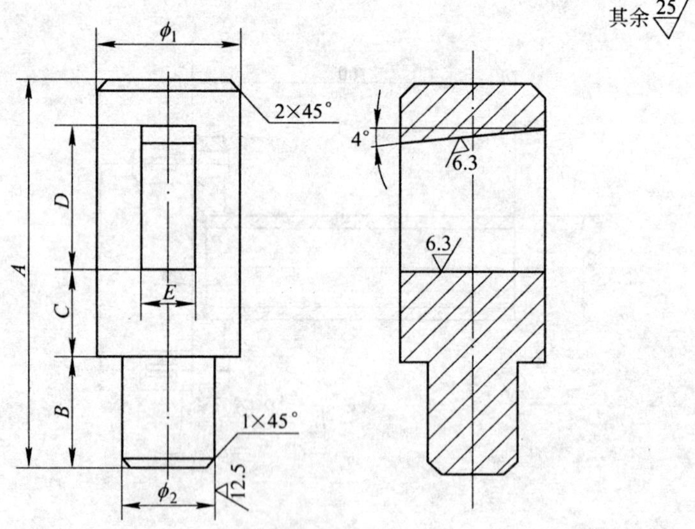

规格号与零件尺寸表

规格号	A	B	C	D	E	ϕ_1	ϕ_2
a	55	15	12	18	9	20	10
b	65	18	14	22	10	24	15

附注：

1. 未注明公差尺寸按 IT14 级公差(GB/T 1804—1992)加工。
2. 锐角皆磨钝。

标记示例：长 $A = 55$，直径 $\phi = 20$mm 的销子座，其标记如下：销子座 a，图号(2000)YK01-028。

冶金仪控通用图	销 子 座			(2000)YK01-028	
	材质 Q235	质量 kg	比例	件号	装配图号

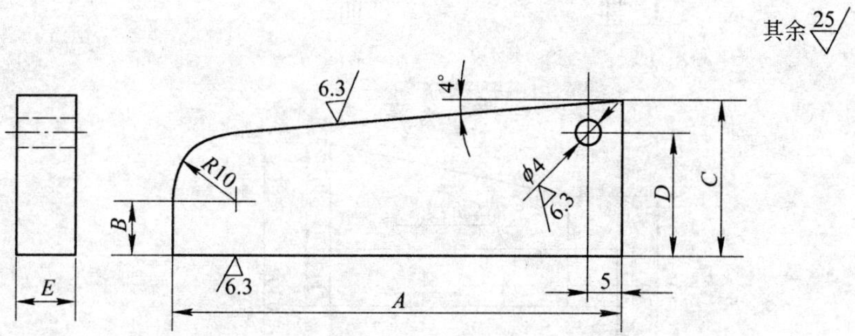

其余 25

6.3 4° R10 φ4 6.3 B D C 6.3 5 A E

附注：

1. 未注明公差尺寸按 IT14 级公差(GB/T 1804—1992)加工。
2. 锐角皆磨钝。

标记示例：长 $A=60$，宽 $C=20$，厚 $E=8$ 的销子，其标记如下：销子 a，图号 (2000)YK01-029。

规格号与零件尺寸表

规格号	*A*	*B*	*C*	*D*	*E*
a	60	3.5	20	15	8
b	70	4.2	24	20	9

冶金仪控通用图	销　　子				(2000)YK01-029	
	材质 Q275	质量　kg	比例	件号	装配图号	

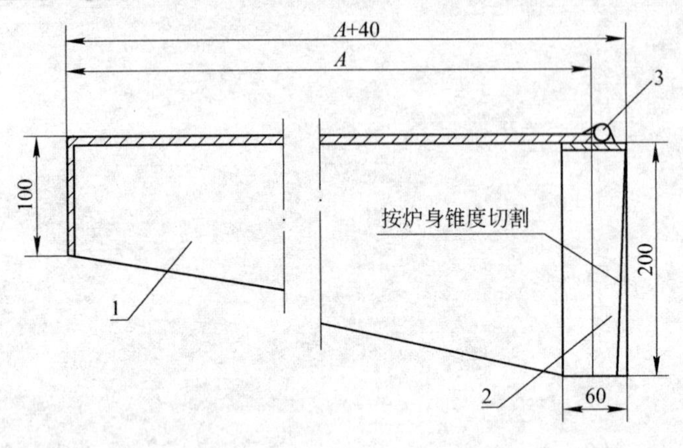

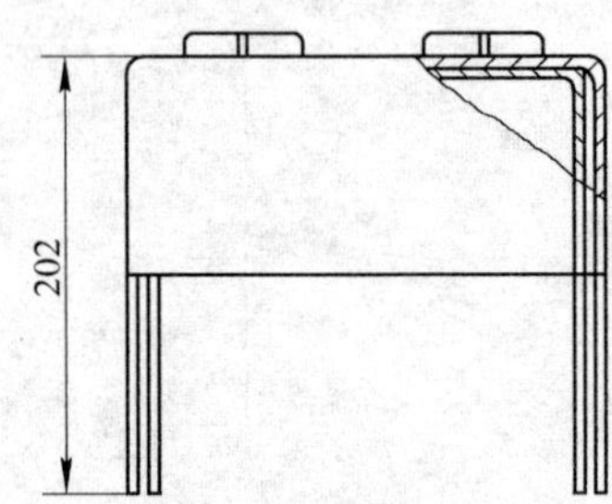

零件1钢板之展开图

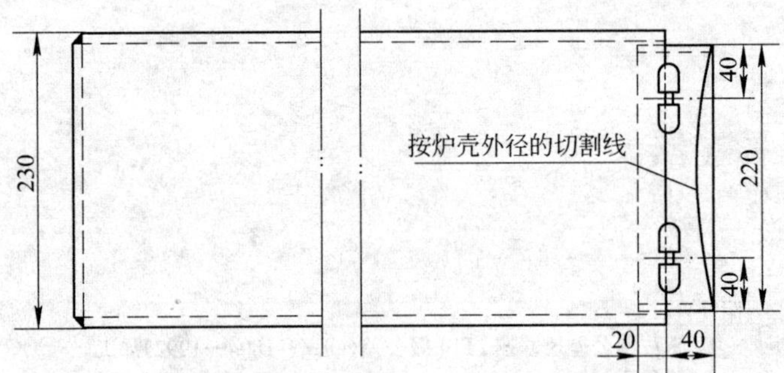

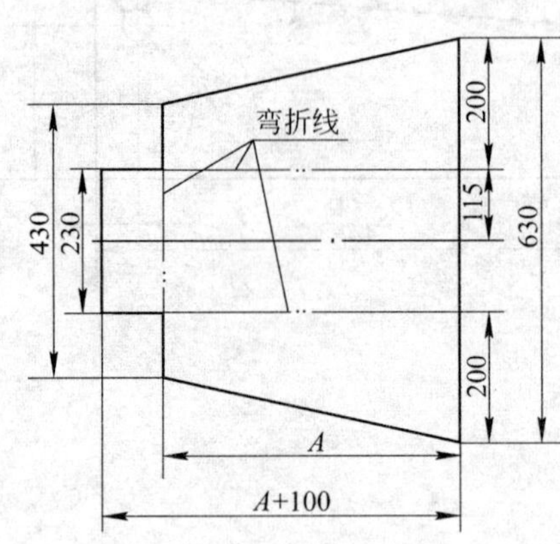

附 表

热电偶外面露出长度 B(mm)	A(mm)
360～450	600
260～350	500
≤250	400

件号	名称及规格	数量	材 质	单重	总重	图号或标准、规格号	备 注
3	折页	2	Q235	0.07	0.14	(2000)YK01-031	
2	固定架,钢板 6×620,$\delta=2$	1	Q235			GB/T 708—1988	
1	罩子,钢板 $(A+100)\times630,\delta=2$	1	Q235			GB/T 708—1988	
				质量(kg)			

部件、零件表

冶金仪控通用图	防 滴 罩	(2000)YK01-030	
		比例	页次

附注：

防滴罩长度 A 视热电偶露出外面的长度“B”而定,可参见附表。

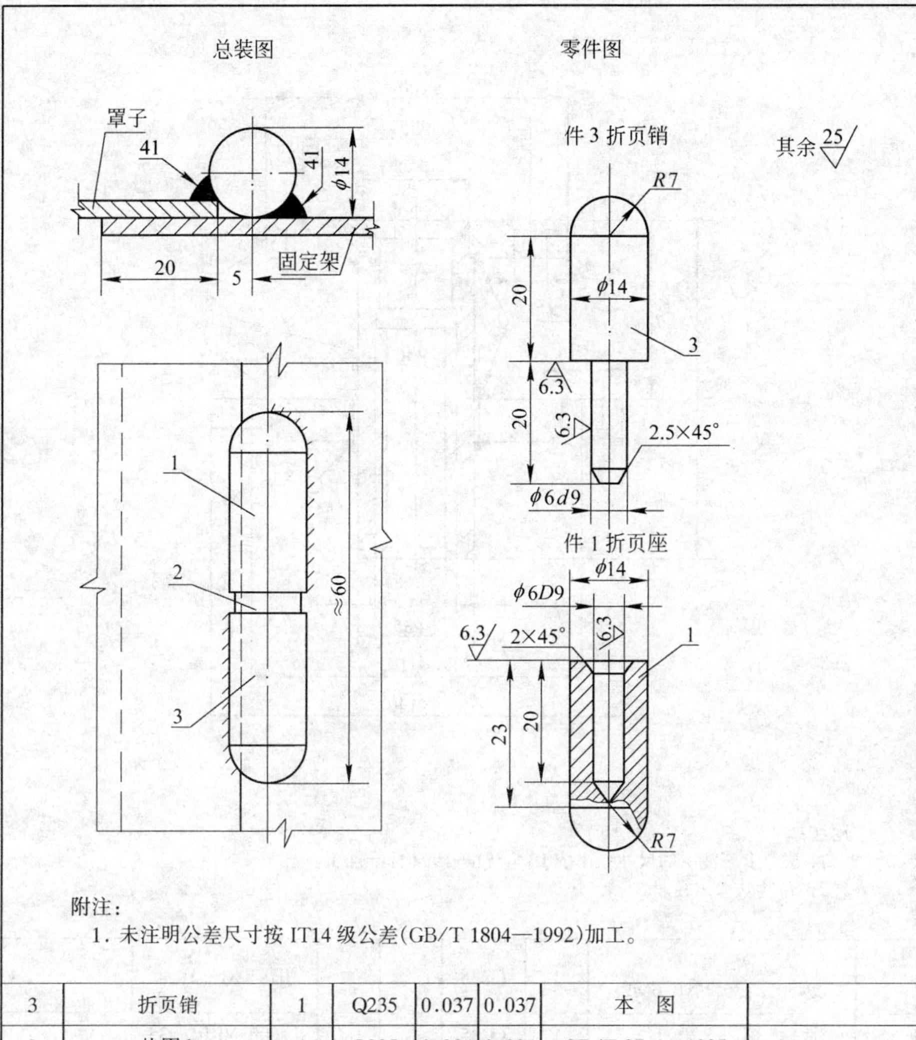

附注：

1. 未注明公差尺寸按 IT14 级公差(GB/T 1804—1992)加工。

件号	名称及规格	数量	材 质	单重 质量(kg)	总重 质量(kg)	图 号 或 标准、规格号	备 注
3	折页销	1	Q235	0.037	0.037	本 图	
2	垫圈 b	1	Q235	0.004	0.004	GB/T 97.1—1985	
1	折页座	1	Q235	0.032	0.032	本 图	

部 件、零 件 表

冶金仪控 通用图	折 页			(2000)YK01-031	
	材质 Q235	质量 kg	比例	件号	装配图号

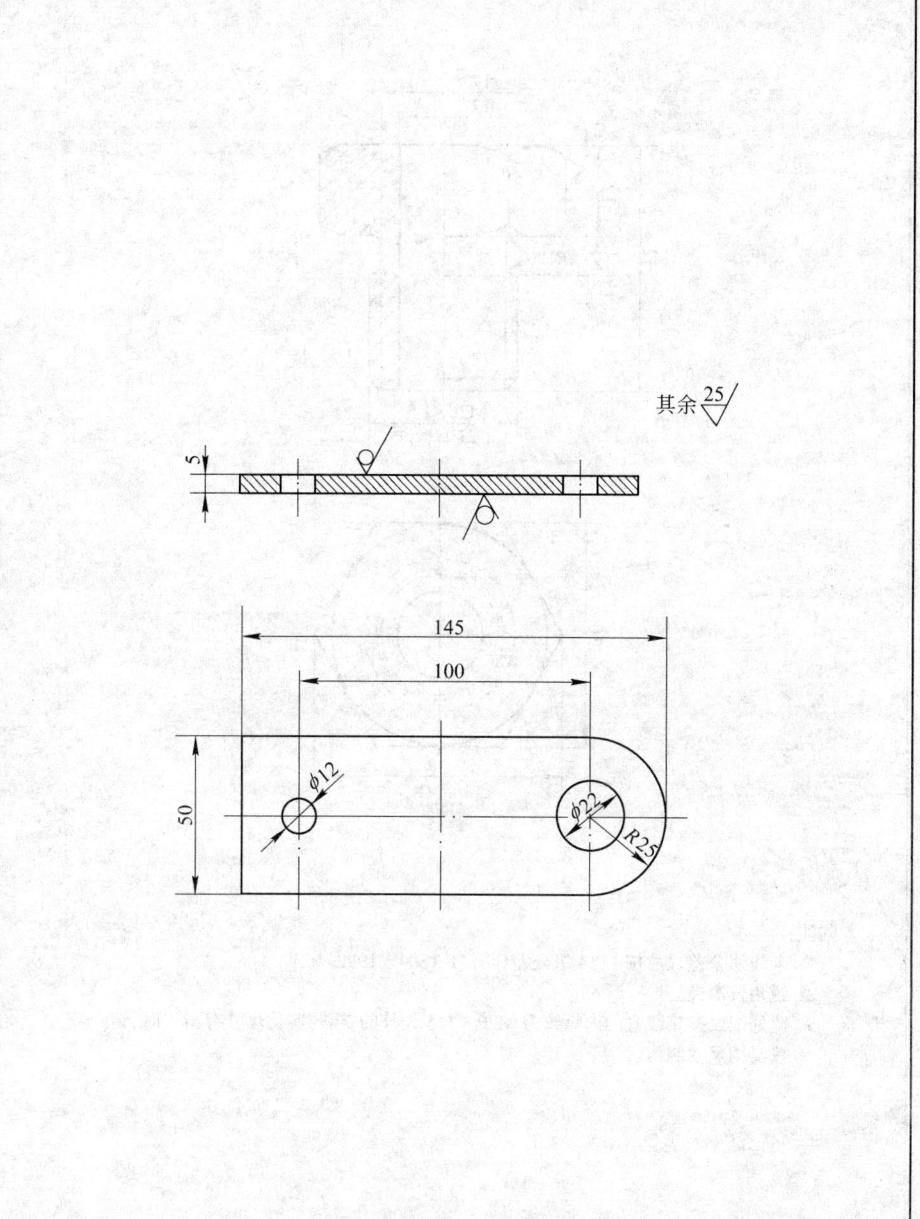

冶金仪控 通用图	热电偶接线盒固定件			(2000)YK01-032	
	材质 Q235	质量 kg	比例	件号	装配图号

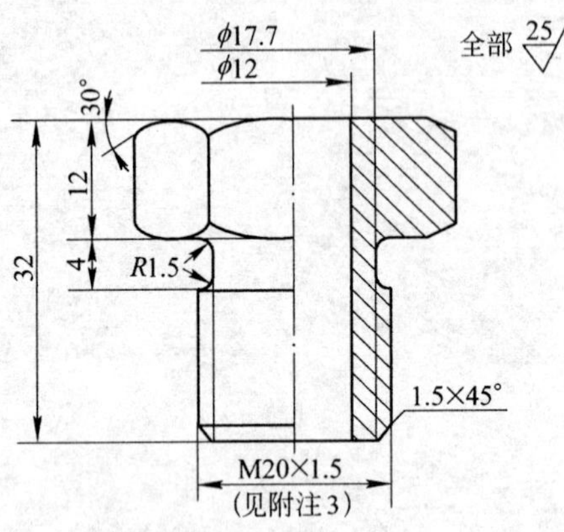

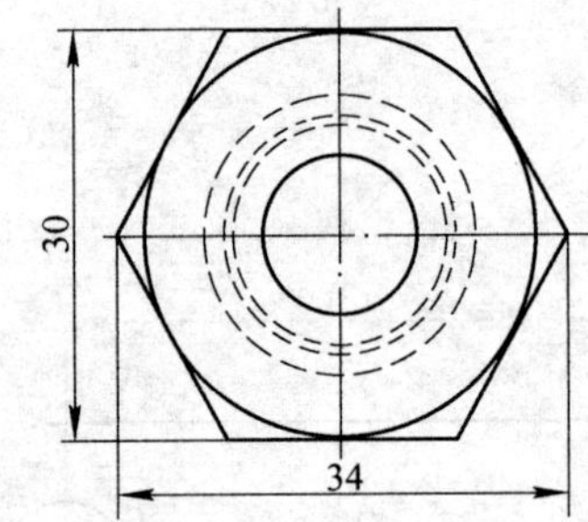

附注:

1. 未注明公差尺寸按 IT14 级公差(GB/T 1804—1992)加工。
2. 锐角皆磨钝。
3. 此处螺纹按接线盒的内螺纹为 M20×1.5 设计的,当与实物尺寸有出入时,请按实物尺寸制作。

冶金仪控通用图	热电偶接线盒固定螺管 M20×1.5			(2000)YK01-033
材质 Q235	质量 kg	比例	件号	装配图号

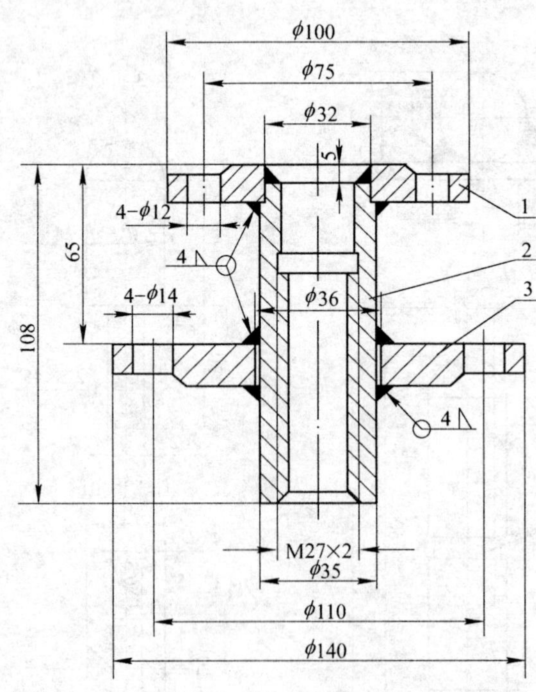

附注:

1. 法兰上未注明的尺寸一律按 JB/T 81—1994 标准加工。
2. d_0 为法兰内径。

件号	名称及规格	数量	材质	单重 质量(kg)	总重	图号或标准、规格号	备注
3	法兰 *DN*50,$d_0$36,*PN*0.6MPa	1	Q235			JB/T 81—1994	
2	短管	1	Q235			(2000)YK01-035	
1	法兰 *DN*25,*PN*0.6MPa	1	Q235			JB/T 81—1994	

部件、零件表

冶金仪控通用图	小双法兰套管			(2000)YK01-034
材质	质量 kg	比例	件号	装配图号

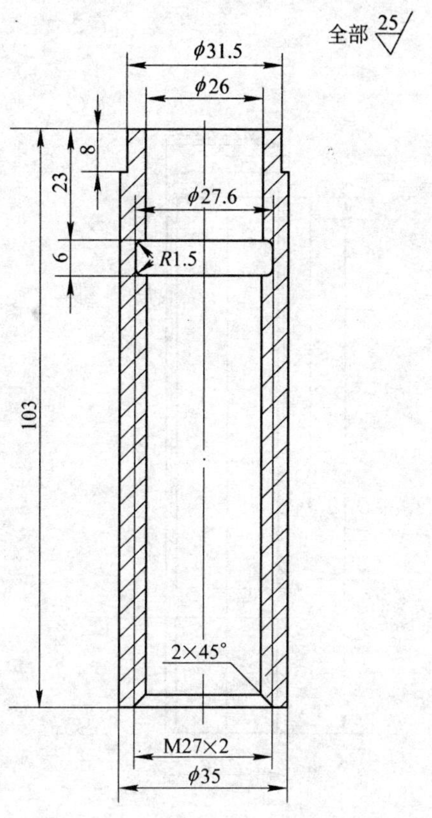

附注：

1. 未注明公差尺寸按 IT14 级公差(GB/T 1804—1992)加工。
2. 锐角皆磨钝。

冶金仪控通用图	短　管				(2000)YK01-035
	材质 20	质量　kg	比例	件号	装配图号

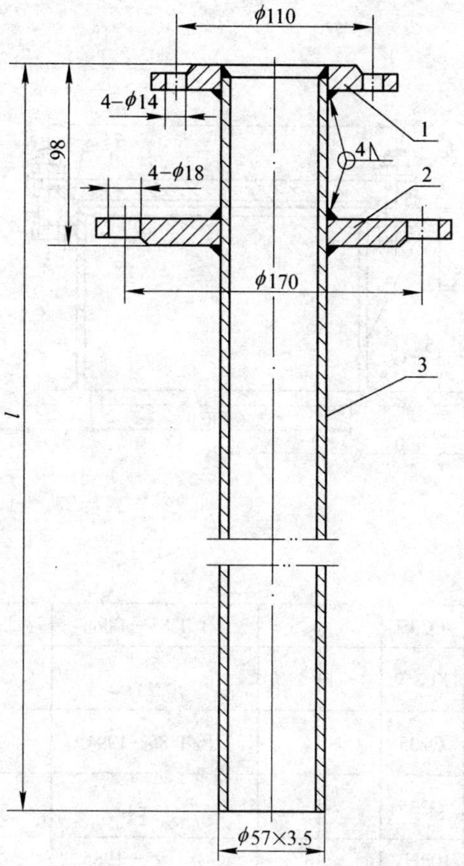

附注：

1. l 值由工程设计确定。
2. 法兰上未注明的尺寸一律按 JB/T 81—1994 加工。
3. d_0 为法兰内径。

件号	名称及规格	数量	材　质	单重	总重	图 号 或 标准、规格号	备　注
				质量(kg)			
3	无缝钢管 $\phi57\times3.5$，l(见注)	1	20			GB/T 8163—1987	
2	法兰 $DN100$，$d_0 58$，$PN0.6$MPa	1	Q235			JB/T 81—1994	
1	法兰 $DN50$，$PN0.6$MPa	1	Q235			JB/T 81—1994	

部 件、零 件 表

冶金仪控通用图	大双法兰套管				(2000)YK01-036
	材质	质量　kg	比例	件号	装配图号

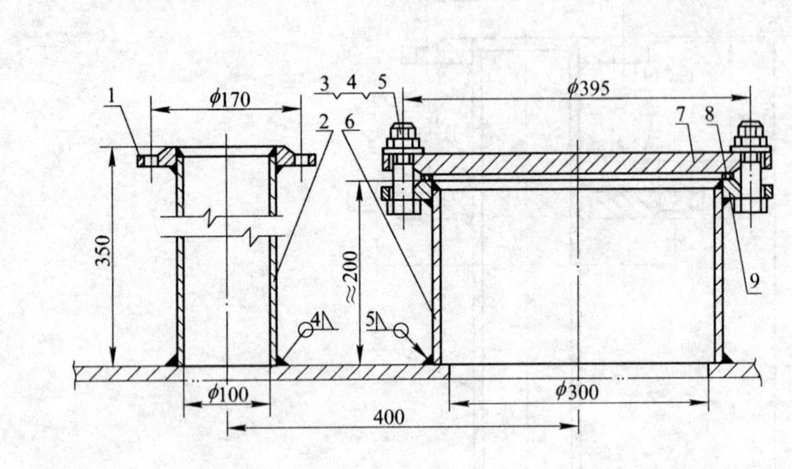

9	法兰 *DN*300,*PN*0.6MPa	1	Q235			JB/T 81—1994	
8	垫片 *D*/*d*=360/325,*b*=3	1	XB350				
7	法兰盖 *DN*300,*PN*0.6MPa	1	Q235			JB/T 86—1994	
6	螺旋缝电焊钢管 φ325×6,*l*=200	1	Q235				
5	垫圈 20	12	100HV			GB/T 95—1985	
4	螺母 M20	12	6			GB/T 41—1986	
3	螺栓 M20×70	12	6.8			GB/T 5780—1986	
2	直缝电焊钢管 φ108×4,*L*=344	1	Q235				
1	法兰 *DN*100,*PN*0.6MPa	1	Q235			JB/T 81—1994	
件号	名称及规格	数量	材质	单重	总重	图号或 标准、规格号	备注
				质量(kg)			

零件表

冶金仪控 通用图	法兰接管			(2000)YK01-037	
	材质	质量 kg	比例	件号	装配图号

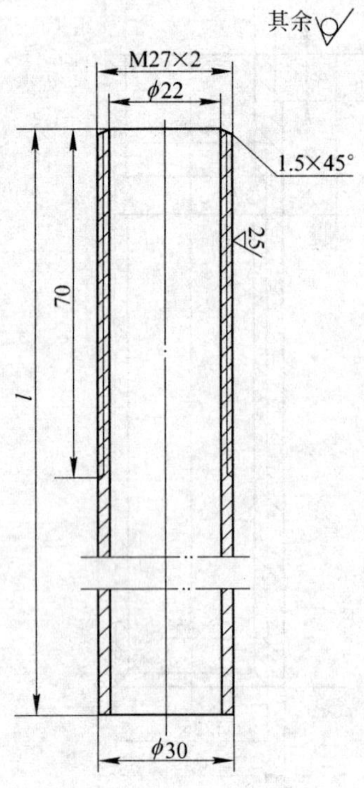

附注:

1. 用φ30×4 的无缝钢管制作。
2. *l* 由工程设计确定。
3. 锐角皆磨钝。

冶金仪控 通用图	套管			(2000)YK01-038	
	材质 Q235	质量 kg	比例	件号	装配图号

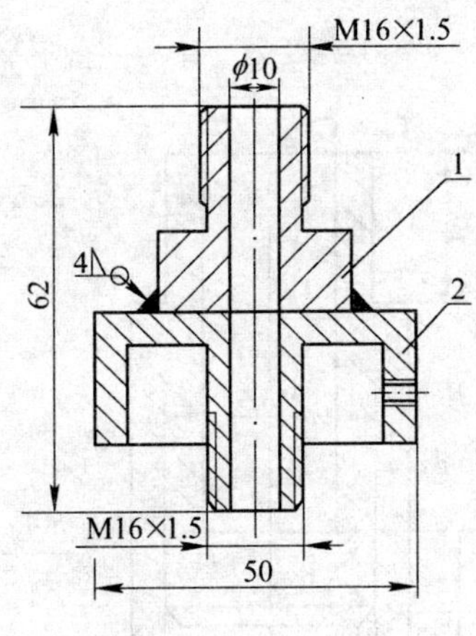

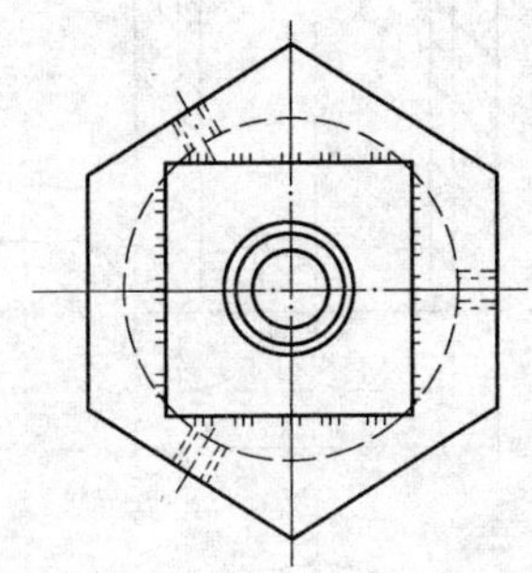

2	压紧螺丝	1	Q235			(2000)YK01-041	
1	连接头 M16×1.5	1	Q235			(2000)YK01-040	
件号	名称及规格	数量	材 质	单重	总重	图 号 或 标准、规格号	备 注
				质量(kg)			

零 件 表

冶金仪控 通用图	连接头组件 M16×1.5			(2000)YK01-039
	材质	质量 kg	比例	件号	装配图号

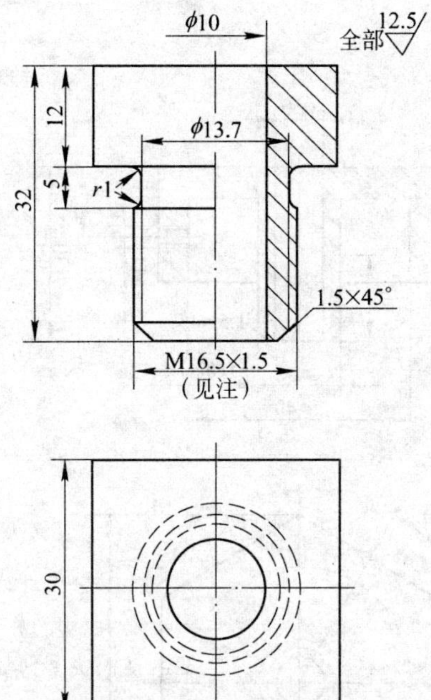

附注:

1. 本图只表示了适用于热电偶接线盒连接螺纹为 M16×1.5 的,如接线盒连接螺纹为其他尺寸时,则可按接线盒实际螺纹加工。
2. 未注明公差尺寸按 IT14 级公差(GB/T 1804—1992)加工。
3. 锐角皆磨钝。

冶金仪控 通用图	连 接 头 M16×1.5			(2000)YK01-040
	材质 Q235	质量 kg	比例	件号	装配图号

全部 25
φ10
5
20
12
30
20
3-M4
1.5×45°
M16×1.5
φ40
60°
57.7
60°
50

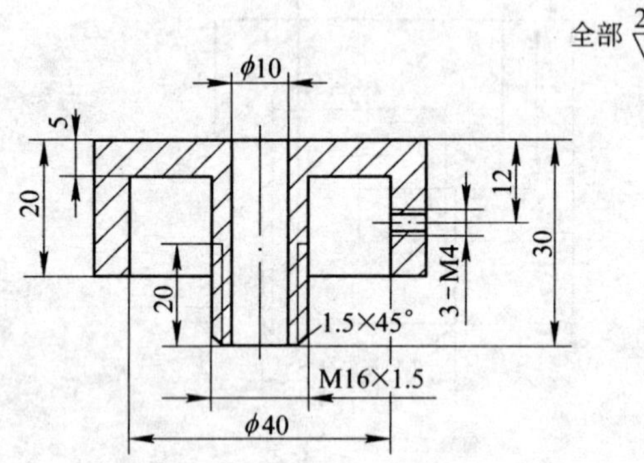

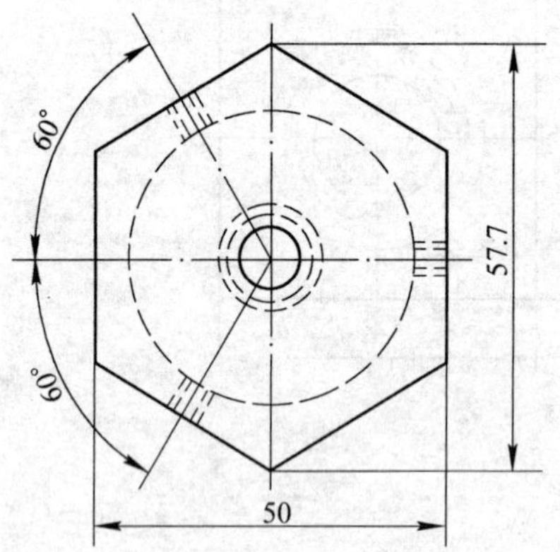

附注：

1. 未注明公差尺寸按 IT14 级公差(GB/T 1804—1992)加工。
2. 锐角皆磨钝。

冶金仪控通用图	压 紧 螺 丝 M16×1.5			(2000)YK01-041	
	材质 Q235	质量 kg	比例	件号	装配图号

全部 25
φ9
10
φ16.5
50
5
r1
20
45°
45°
1.5×45°
M16×1.5
φ20
14

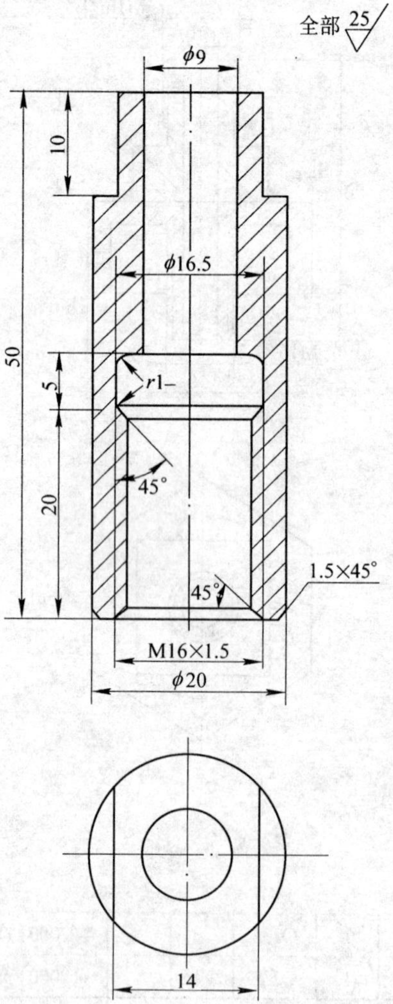

冶金仪控通用图	密 封 套 管			(2000)YK01-042	
	材质 Q235	质量 kg	比例	件号	装配图号

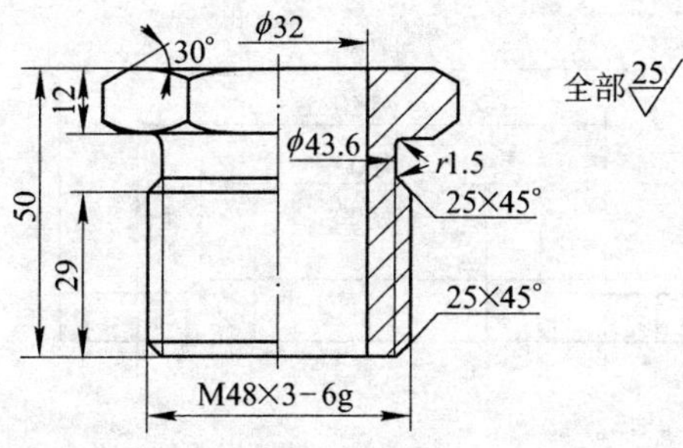

全部 25/▽

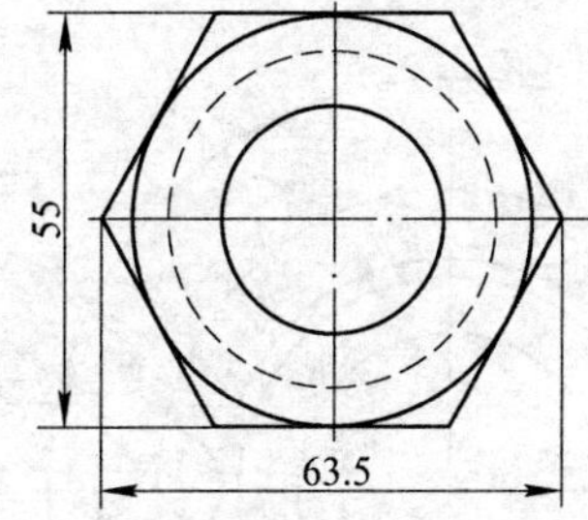

附注：

1. 未注明公差尺寸按 IT14 级公差(GB/T 1804—1992)加工。
2. 锐角皆磨钝。

冶金仪控 通用图	外 螺 纹 压 帽 M48×3				(2000)YK01-043	
	材质 Q235	质量 kg	比例	件号	装配图号	

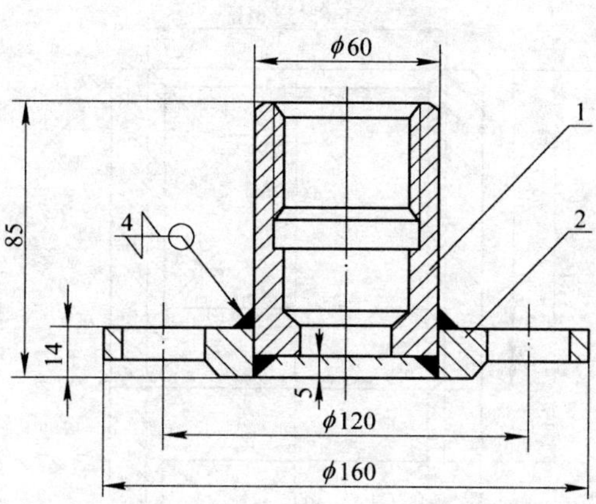

件号	名称及规格	数量	材 质	单重	总重	图 号 或 标准、规格号	备 注
2	快装法兰	1	Q235			(2000)YK01-046	
1	填 料 盒	1	Q235			(2000)YK01-045	
				质量(kg)			

零 件 表

冶金仪控 通用图	填料盒组装件(内螺纹)				(2000)YK01-044	
	材质	质量 kg	比例	件号	装配图号	

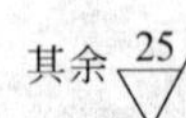

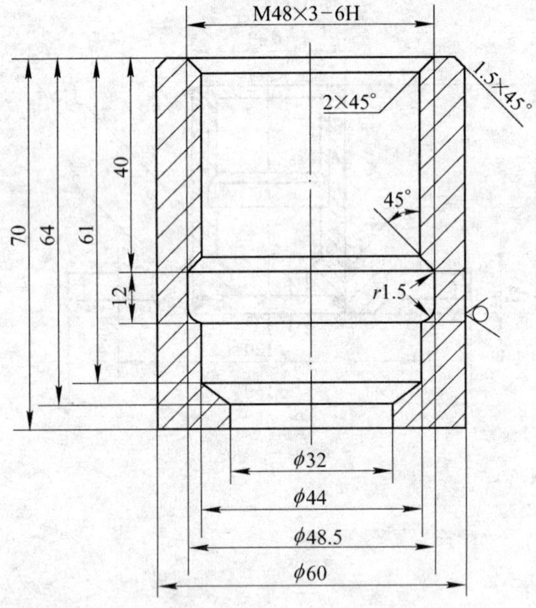

附注：

1. 未注明公差尺寸按 IT14 级公差(GB/T 1804—1992)加工。
2. 锐角皆磨钝。

冶金仪控通用图	内螺纹填料盒 M48×3			(2000)YK01-045	
	材质 Q235	质量 kg	比例	件号	装配图号

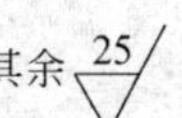

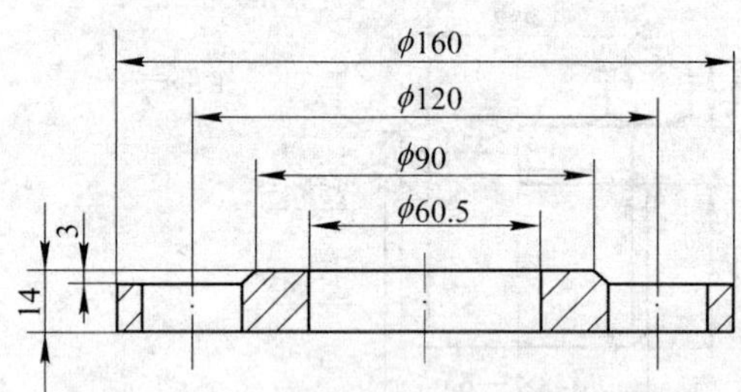

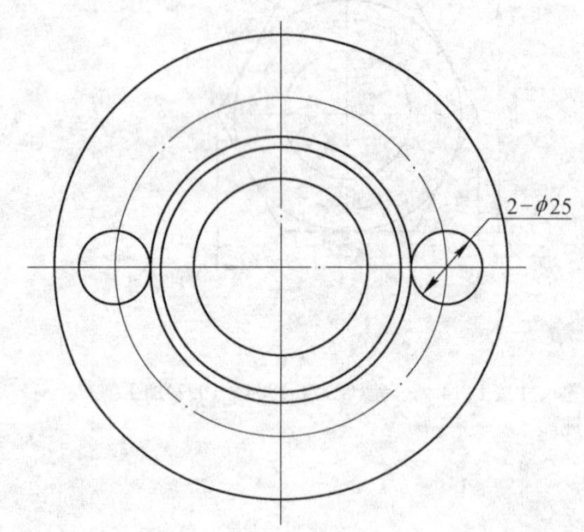

冶金仪控通用图	快装法兰			(2000)YK01-046	
	材质 Q235	质量 kg	比例	件号	装配图号

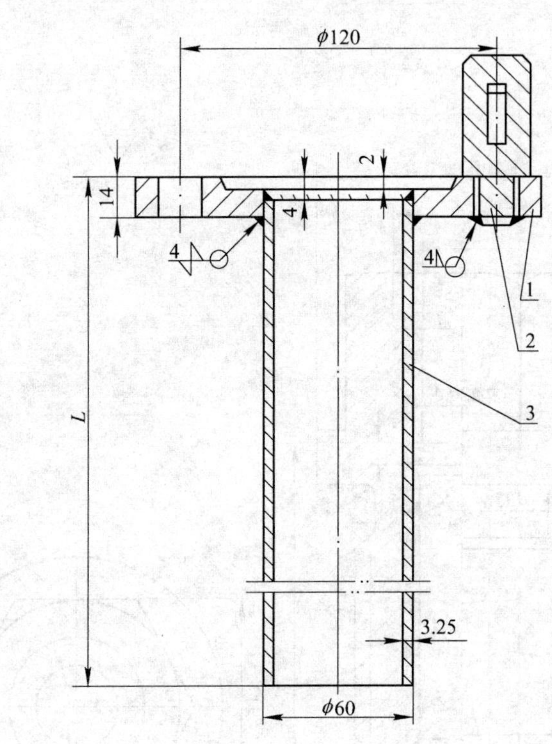

附注：

焊接钢管的长度 $l=L-6$，L 由安装图决定。

件号	名称及规格	数量	材质	单重	总重	图号或标准、规格号	备注
				质量(kg)			
3	焊接钢管 DN50，$l=L-6$(见注)	1	Q235			GB/T 3092—1993	
2	销子座 b	2	Q235			(2000)YK01-028	
1	凹法兰 PN0.6MPa	1	Q235			(2000)YK01-048	

零件表

冶金仪控通用图	快装法兰接管 DN50，PN0.6MPa			(2000)YK01-047
材质	质量 kg	比例	件号	装配图号

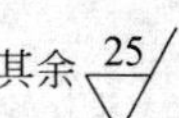

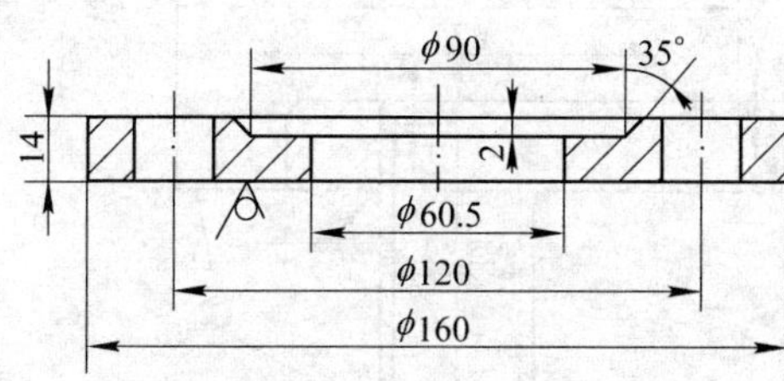

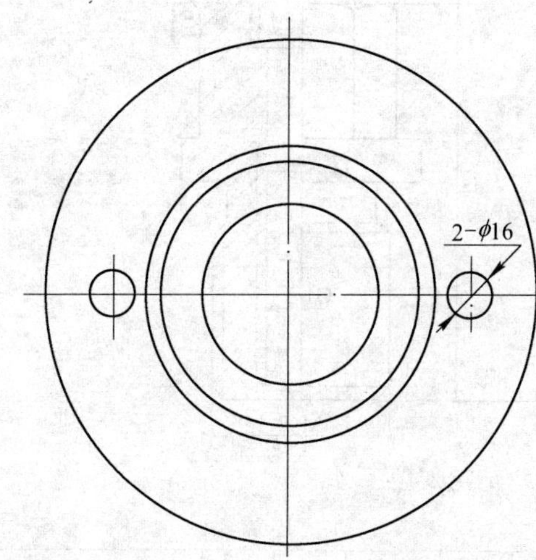

附注：

1. 未注明公差尺寸按 IT14 级公差(GB/T 1804—1992)加工。
2. 锐角皆磨钝。

冶金仪控通用图	凹法兰			(2000)YK01-048
材质 Q235	质量 kg	比例	件号	装配图号

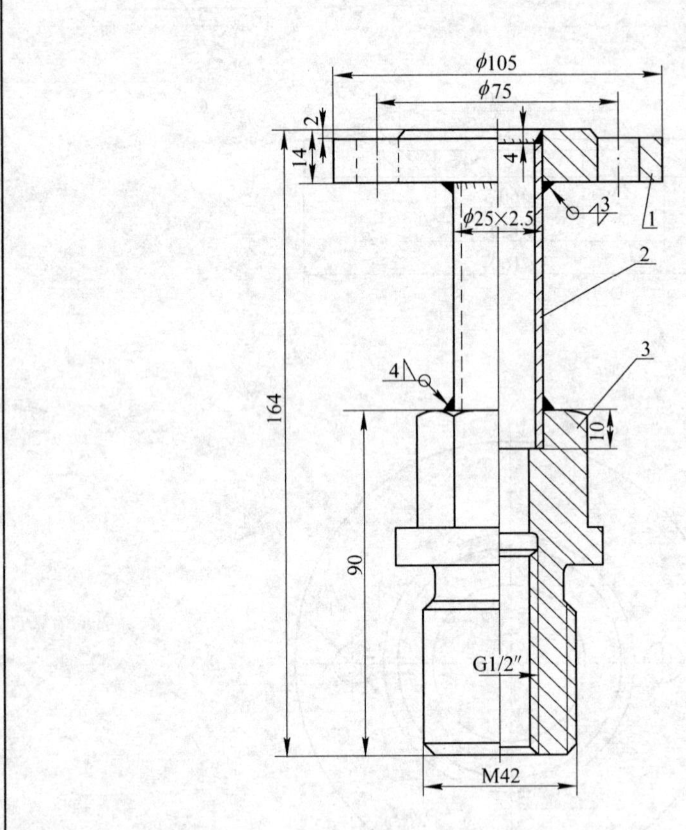

3	连接头φ26/M42	1	10			(2000)YK01-050	
2	无缝钢管 φ25×2.5, l=80	1	Q235			GB/T 8163—1987	
1	法兰 DN20, PN1.0MPa	1	Q235			JB/T 81—1994	
件号	名称及规格	数量	材质	单重	总重	图号或 标准、规格号	备注
				质量(kg)			

零件表

冶金仪控 通用图	法兰接管接头 DN20/M42				(2000)YK01-049	
	材质	质量 kg	比例	件号	装配图号	

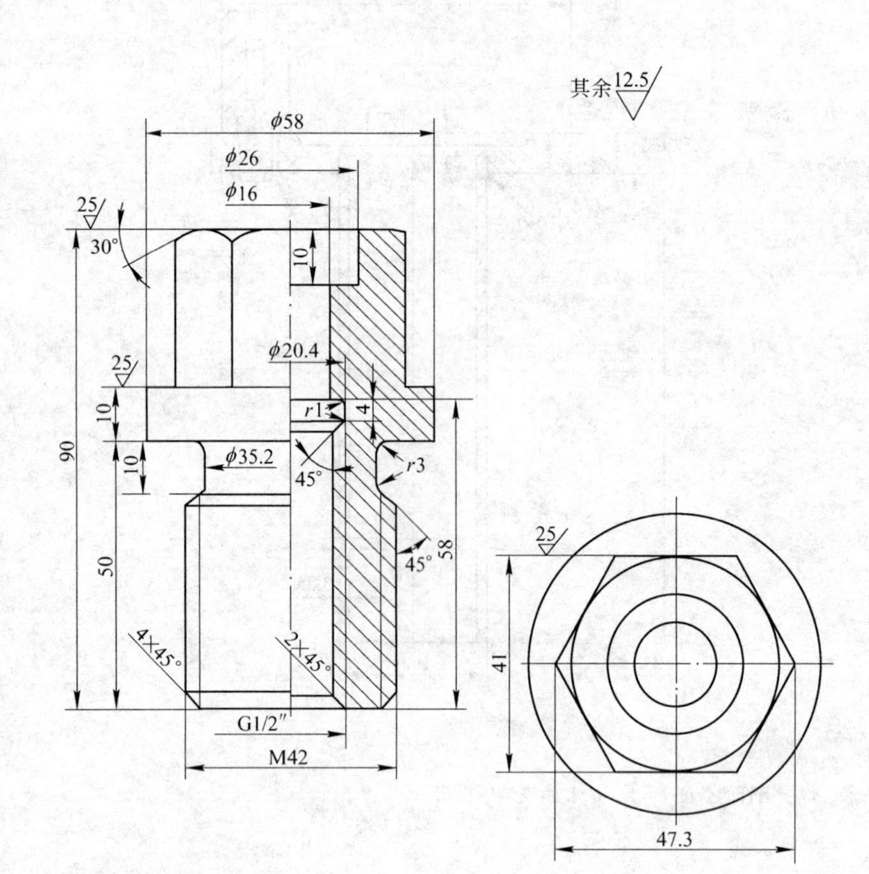

附注：

1. 未注明公差尺寸按 IT14 级公差(GB/T 1804—1992)加工。
2. 锐角磨钝。

冶金仪控 通用图	连接头φ26/M42				(2000)YK01-050	
	材质 10	质量 kg	比例	件号	装配图号	

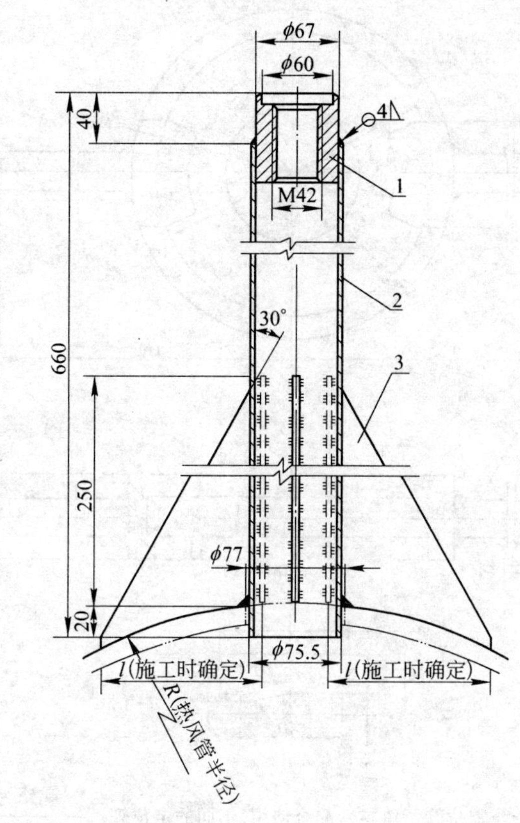

附注：

件 3 与管道焊接面的形状和尺寸施工时确定。

3	筋板 $\delta=6$	3	Q235			本 图	
2	无缝钢管 $\phi76\times4, L=620$	1	10			GB/T 8163—1987	
1	套座$\phi67$/M42	1	10			(2000)YK01-052	
件号	名称及规格	数量	材 质	单重	总重	图 号 或 标准、规格号	备 注
				质量(kg)			
零 件 表							

冶金仪控 通用图	外 套 管			(2000)YK01-051	
	材质	质量 kg	比例	件号	装配图号

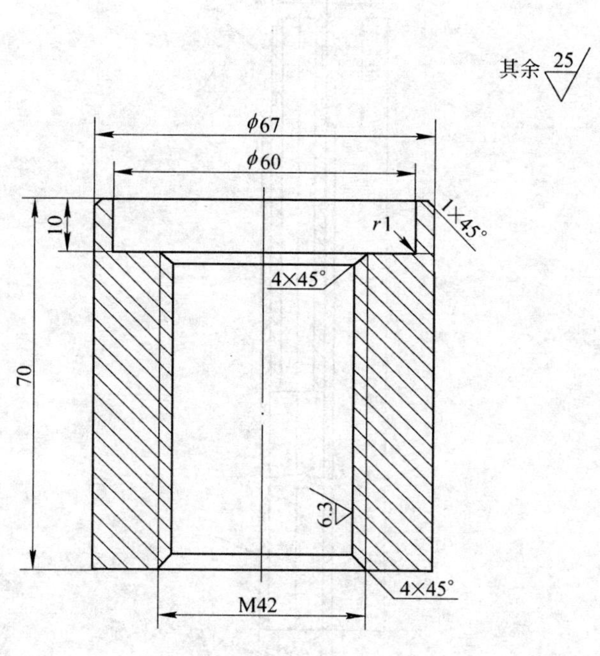

附注：

1. 未注明公差尺寸按 IT14 级公差(GB/T 1804—1992)加工。
2. 锐角磨钝。

冶金仪控 通用图	套 座			(2000)YK01-052	
	材质 10	质量 kg	比例	件号	装配图号

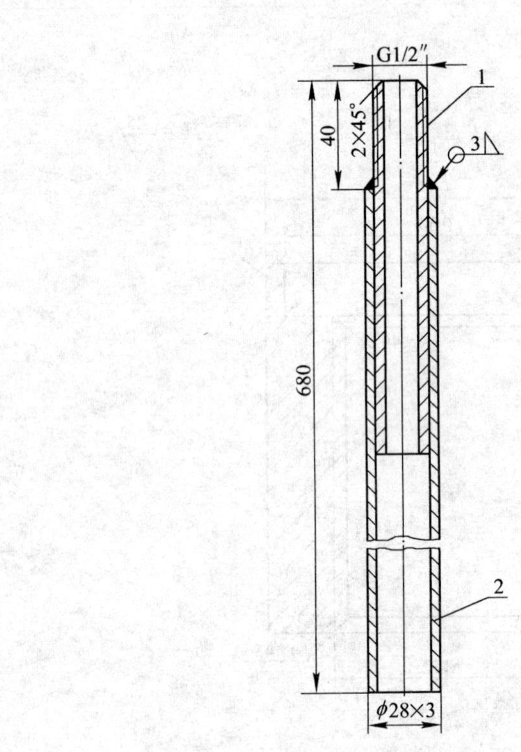

附注：

件1是用φ22×3.5无缝钢管按图中的尺寸加工而成。

件号	名称及规格	数量	材质	单重	总重	图号或标准、规格号	备注
2	无缝钢管 φ28×3, $L=640$	1	10			GB/T 8163—1987	
1	无缝钢管 φ22×3.5, $l=140$	1	10			GB/T 8163—1987	
件号	名称及规格	数量	材质	单重 质量(kg)	总重 质量(kg)	图号或标准、规格号	备注

零件表

冶金仪控通用图	内套管				(2000)YK01-053
	材质	质量 kg	比例	件号	装配图号

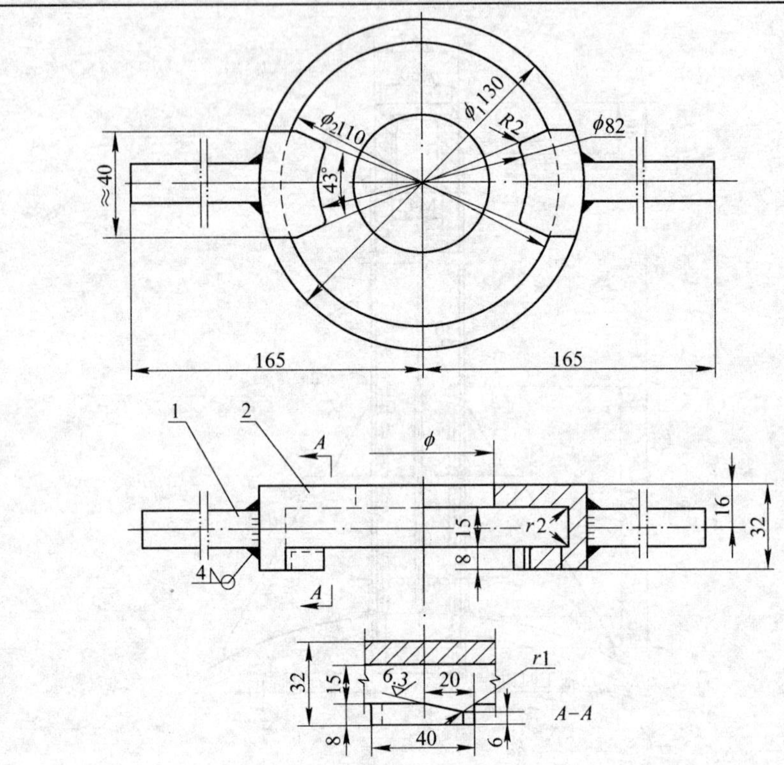

附注：

1. 本图卡盘适用于与定位管及填料盒配合使用，不同的定位管或填料盒的规格只需改变φ的尺寸即可，如表所示。
2. 未注明公差之尺寸按IT14级公差(GB/T 1804—1992)加工。
3. 锐角皆磨钝。

标记示例：当所用卡盘的φ＝61mm时，标记如下：大卡盘d，图号(2000)YK01-054。

规格号与零件尺寸表

规格号	φ
a	34
b	43
c	46
d	61

件号	名称及规格	数量	材质	单重	总重	图号或标准、规格号	备注
2	卡盘φ(见表)	1	Q235			本图	
1	手柄、圆钢 φ16, $L=100$	2	Q235			本图	
件号	名称及规格	数量	材质	单重 质量(kg)	总重 质量(kg)	图号或标准、规格号	备注

零件表

冶金仪控通用图	大卡盘				(2000)YK01-054
	材质	质量 kg	比例	件号	装配图号

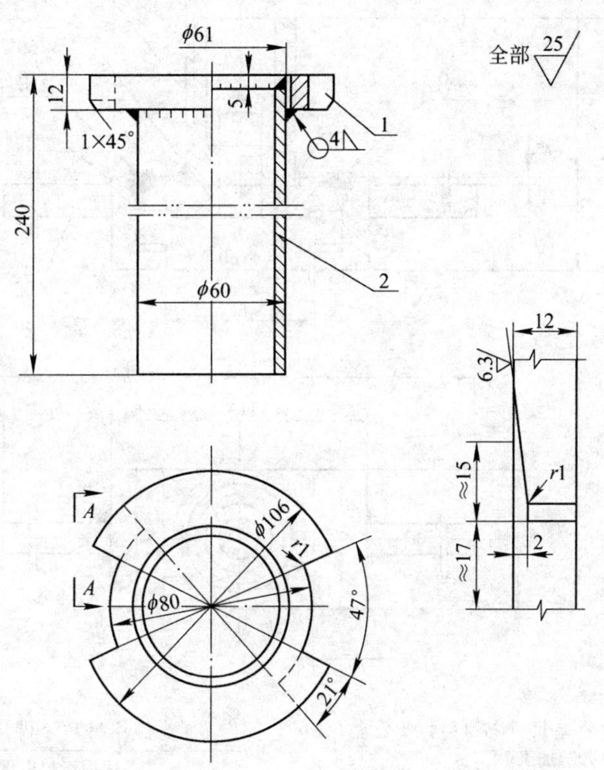

附注：

1. 未注明公差尺寸按 IT14 级公差(GB/T 1804—1992)加工。
2. 锐角皆磨钝。

2	焊接钢管 DN50，δ=3.5	1	Q235			GB/T 3092—1993	
1	固定卡盘	1	Q235			本 图	
件号	名称及规格	数量	材 质	单重	总重	图号或 标准、规格号	备 注
				质量(kg)			
零 件 表							

冶金仪控 通用图	卡 盘 接 管			(2000)YK01-055	
	材质	质量 kg	比例	件号	装配图号

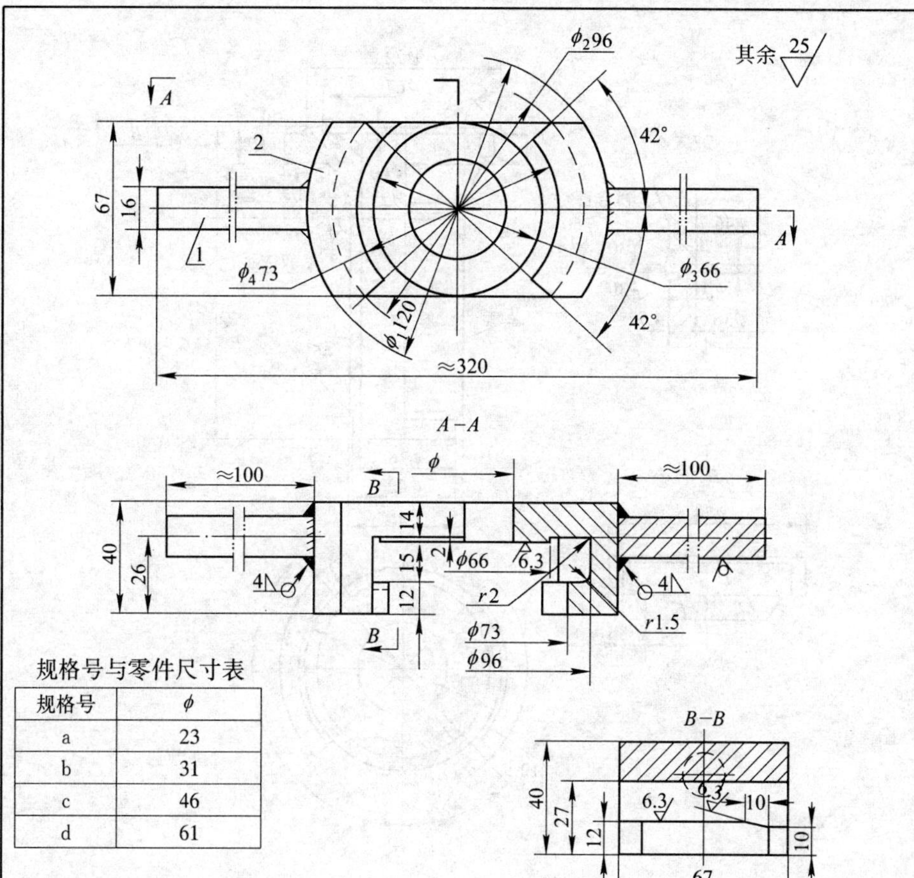

规格号与零件尺寸表

规格号	φ
a	23
b	31
c	46
d	61

附注：

1. 本图的卡盘只需改变φ的尺寸即可与接头、填料盒连接相连，规格号与尺寸如表所示。
2. 未注明公差尺寸皆按 IT14 级公差(GB/T 1804—1992)加工。
3. 锐角皆磨钝。

标记示例：用小卡盘，其φ=46mm，标记如下：小卡盘 c，图号(2000)YK01-056。

2	手柄、圆钢 φ16，l=100	2	Q235			本 图	
1	小卡盘φ(见表)	1	Q235			本 图	
件号	名称及规格	数量	材 质	单重	总重	图号或 标准、规格号	备 注
				质量(kg)			
部件、零件表							

冶金仪控 通用图	小 卡 盘			(2000)YK01-056	
	材质	质量 kg	比例	件号	装配图号

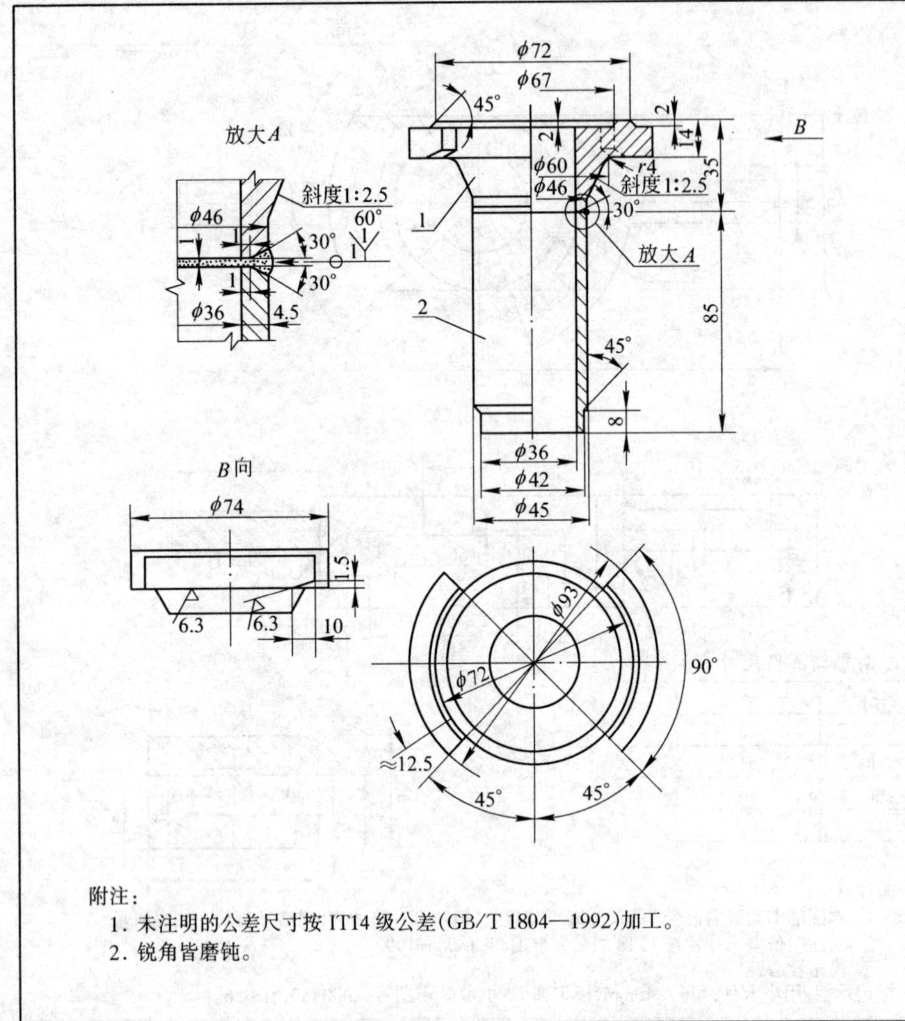

附注：

1. 未注明的公差尺寸按IT14级公差(GB/T 1804—1992)加工。
2. 锐角皆磨钝。

2	接管$\phi 45\times4.5, l=85$	1	Q235			本 图	
1	卡盘座$\phi 93/\phi 36$	1	Q235			本 图	
件号	名称及规格	数量	材 质	单重 质量(kg)	总重	图 号 或 标准、规格号	备 注

零 件 表

冶金仪控通用图	小卡盘接头 $\phi 93/\phi 36$				(2000)YK01-057
	材质	质量 kg	比例	件号	装配图号

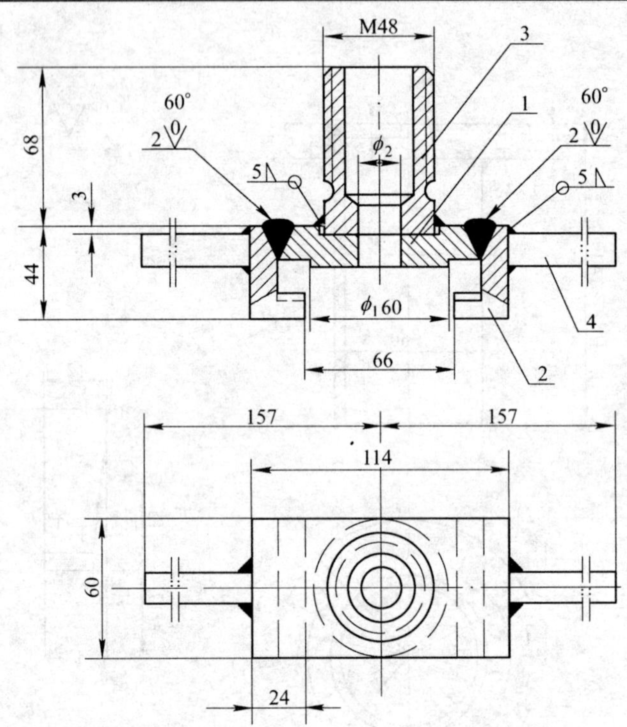

附注：

1. 未注明公差尺寸按 IT14 级公差(GB/T 1804—1992)加工。
2. 锐角皆磨钝。
3. 标记示例：用于热电偶外径 D=16mm 的卡盘组件，其标记如下：卡盘组件 a，图号(2000)YK01-058。

规格号与零件尺寸表

规格号	适用于热电偶外径 D	件3 Md/ϕ_2
a	16	M48×3/18
b	20	M48×3/22

4	手柄$\phi 16$ 圆钢，$l=100$	2	Q235				
3	填料盒	1	Q235			(2000)YK01-022	
2	卡钩	2	Q235			(2000)YK01-062	
1	卡盘	1	Q235			(2000)YK01-061	
件号	名称及规格	数量	材 质	单重 质量(kg)	总重	图 号 或 标准、规格号	备 注

零 件 表

冶金仪控通用图	卡 盘 组 件				(2000)YK01-058
	材质	质量 kg	比例	件号	装配图号

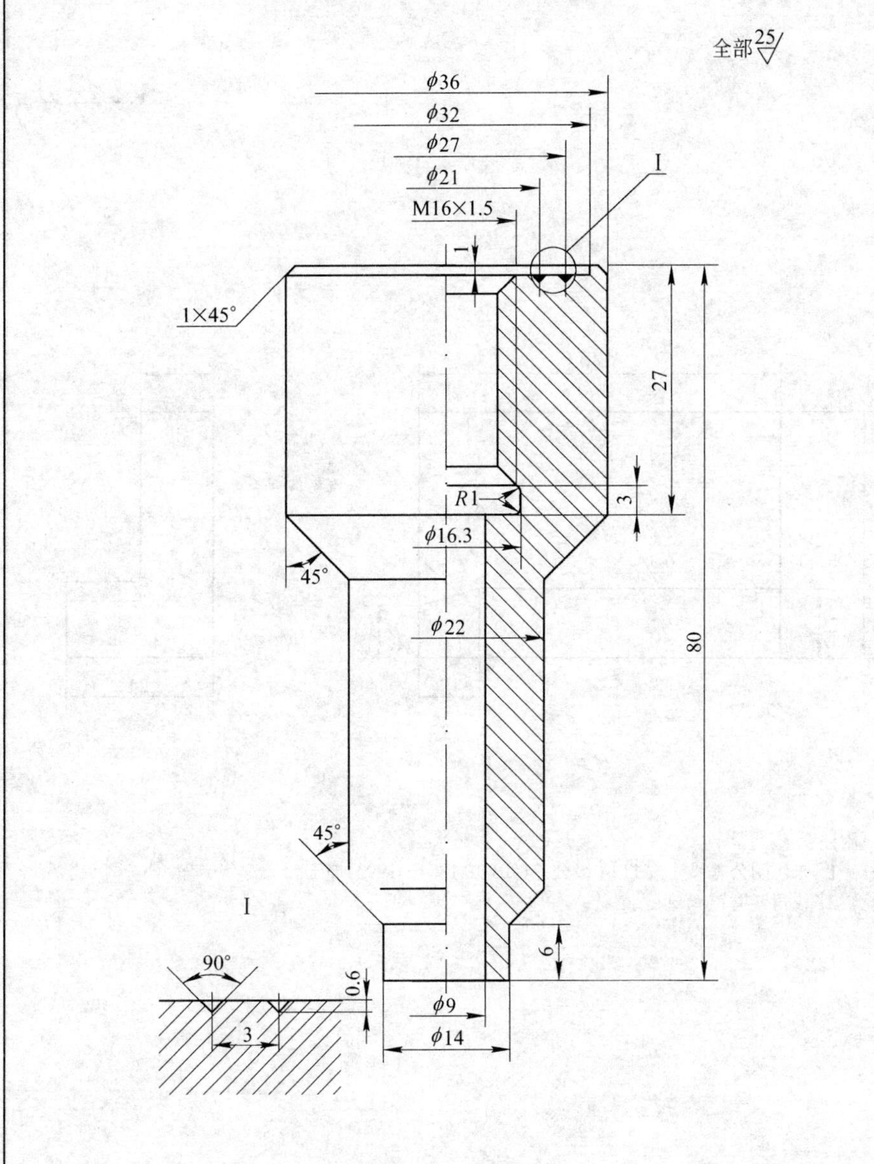

附注：

未注明公差尺寸按 IT14 级公差(GB/T 1804—1992)加工。

冶金仪控通用图	直形连接头 M16×1.5			(2000)YK01-059
	材质 Q235	质量 kg	比例	件号	装配图号

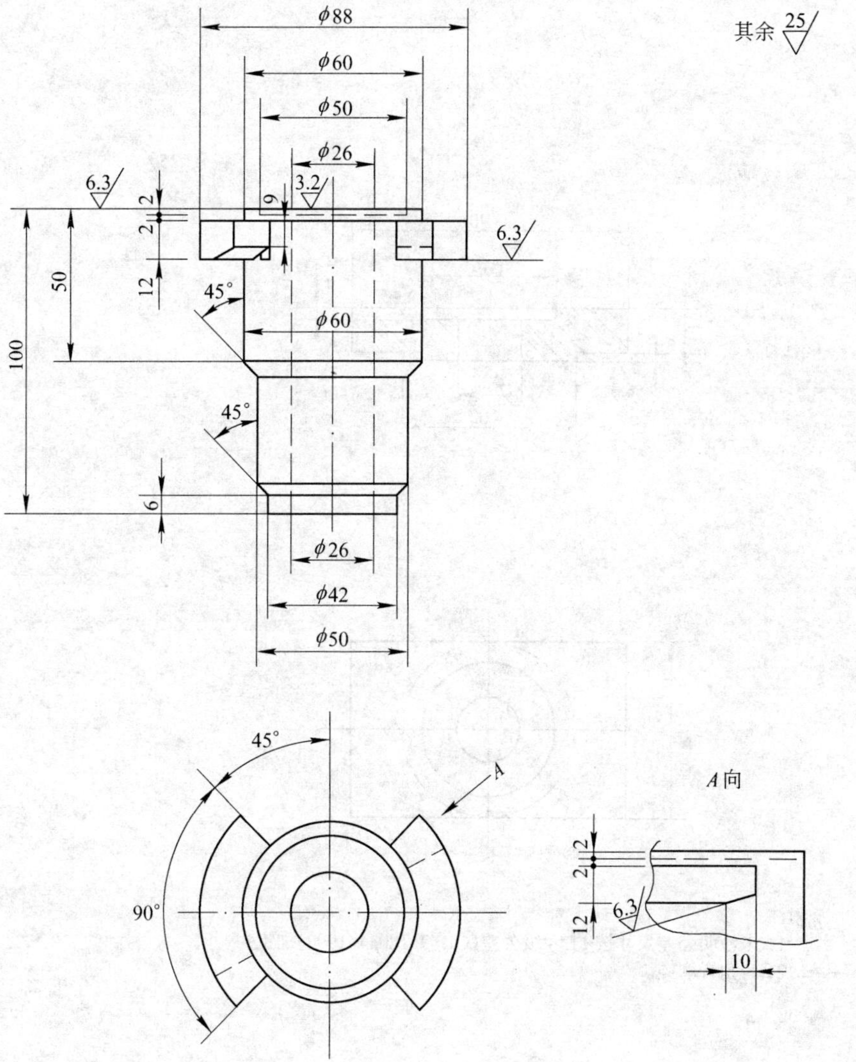

附注：

1. 未注明公差尺寸按 IT14 级公差(GB/T 1804—1992)加工。
2. 锐角皆磨钝。

冶金仪控通用图	卡　盘　接　头			(2000)YK01-060
	材质 Q235	质量 kg	比例	件号	装配图号

其余 25

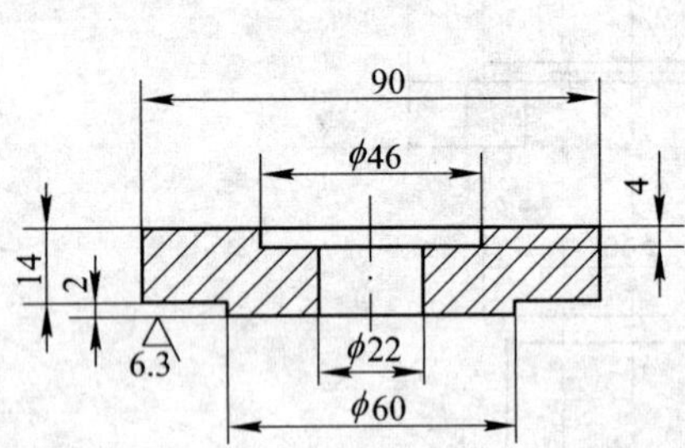

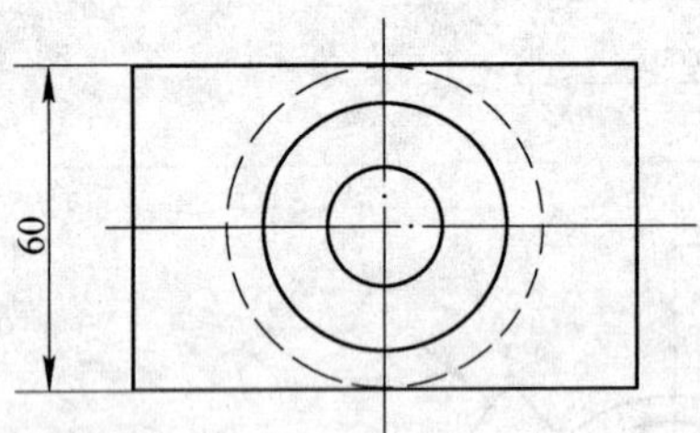

附注：

1. 未注明公差尺寸按 IT14 级公差(GB/T 1804—1992)加工。
2. 锐角皆磨钝。

冶金仪控通用图	卡　　盘				(2000)YK01-061
	材质 Q235	质量　kg	比例	件号	装配图号

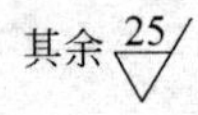

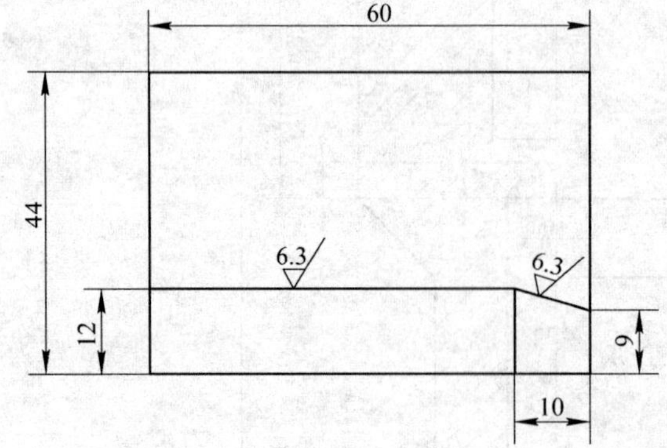

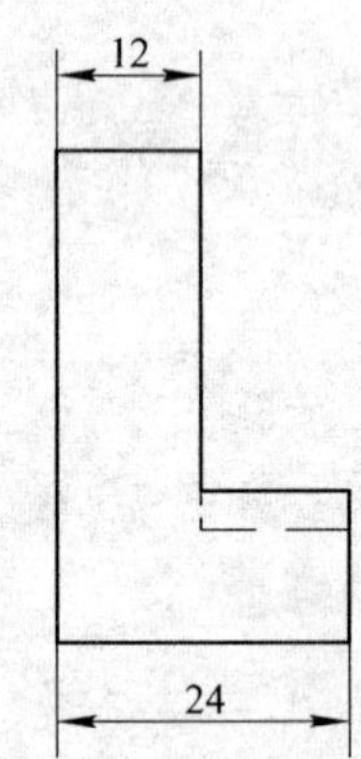

附注：

1. 未注明公差尺寸按 IT14 级公差(GB/T 1804—1992)加工。
2. 锐角皆磨钝。

冶金仪控通用图	卡　　钩				(2000)YK01-062
	材质 Q235	质量　kg	比例	件号	装配图号

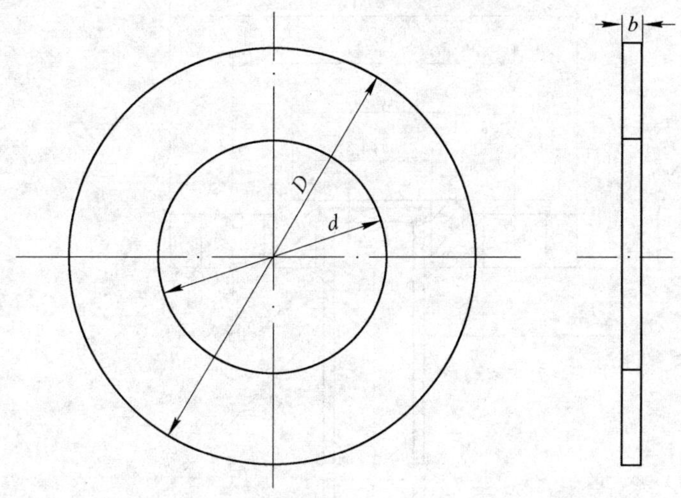

规格尺寸表(mm)

规格号	垫片尺寸		
	D	*d*	*b*
a	24	14	2
b	24	17	2
c	32	17	2
d	44	28	2
e	46	34	2
f	50	34	2

材质选择表

类号	材质	密封性能		
		介质	温度	压力(MPa)
Ⅰ1	橡胶石棉板 GB/T 3985—1995 XB450	水、饱和蒸汽、过热蒸汽、空气、煤气、氨、碱、惰性气体	450℃	≤5.88
Ⅰ2	XB350		350℃	≤3.92
Ⅰ3	XB200		200℃	≤1.47
Ⅱ1	聚四氟乙烯板 SFB-1	腐蚀性介质		
Ⅱ2	防锈铝 LF2 YS/T 213—1994	高压、高温气体、蒸汽	≥450℃	≥5.88
Ⅱ3	纯铜板 T3 GB/T 2040—1989			≤10.0

附注:

1. 垫片所用的材料依温度、压力和介质的不同而异,特列表供选择。表中类号分Ⅰ类用于一般介质,Ⅱ类用于腐蚀性介质和高温高压介质。
2. 尺寸的公差一律按 IT14 级(GB/T 1804—1992)加工。表面光洁度是为金属垫片用的。

标记示例:如选用垫片外径 $D=50$mm,内径 $d=34$mm,厚 $b=2$mm,材质为防锈铝,则标记为:垫片,fⅡ,图号(2000)YK01-063。也可以用:垫片 $D/d=50/34$,$b=2$,材质,LF2,图号(2000)YK01-063 的方式标记。

冶金仪控通用图	垫片 $D/d=24/14\sim50/34, b=2$	(2000)YK01-063	
		比例	页次

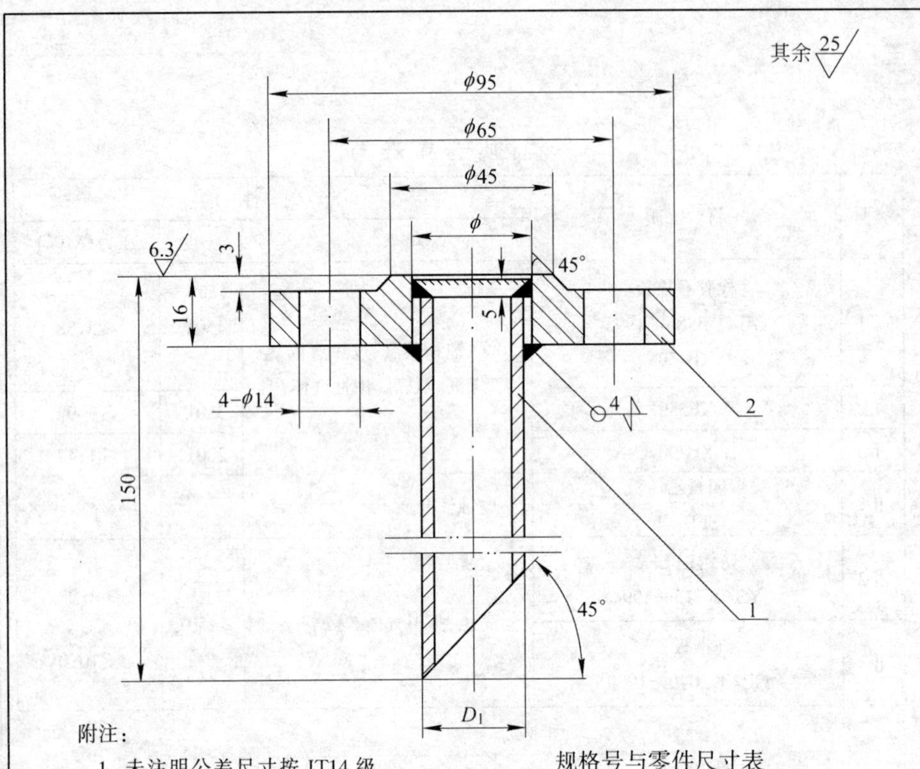

附注：

1. 未注明公差尺寸按 IT14 级公差(GB/T 1804—1992)加工。
2. 锐角磨钝。
3. 当管内介质压力不小于 2.5MPa 时，零件材质选零件表中Ⅱ类。

规格号与零件尺寸表

规格号	适用于热电偶(阻)D	件 1	件 2
		D_1	ϕ
a	12,16	$\phi25\times3.5$	25.5
b	20	$\phi30\times3.5$	30.5

件号	名称及规格	数量	材质 Ⅰ	材质 Ⅱ	质量(kg) 单重	质量(kg) 总重	图号或标准、规格号	备注
2	法兰 $PN1.0/6.4$，ϕ见表	1	Q235	20				按本图加工
1	无缝钢管 D_1见表，$l=145$	1	Q235	20			GB/T 8163—1987	按本图加工

零 件 表

冶金仪控通用图	法 兰 接 管 $PN6.4$MPa			(2000)YK01-064	
	材质见表	质量 kg	比例	件号	装配图号

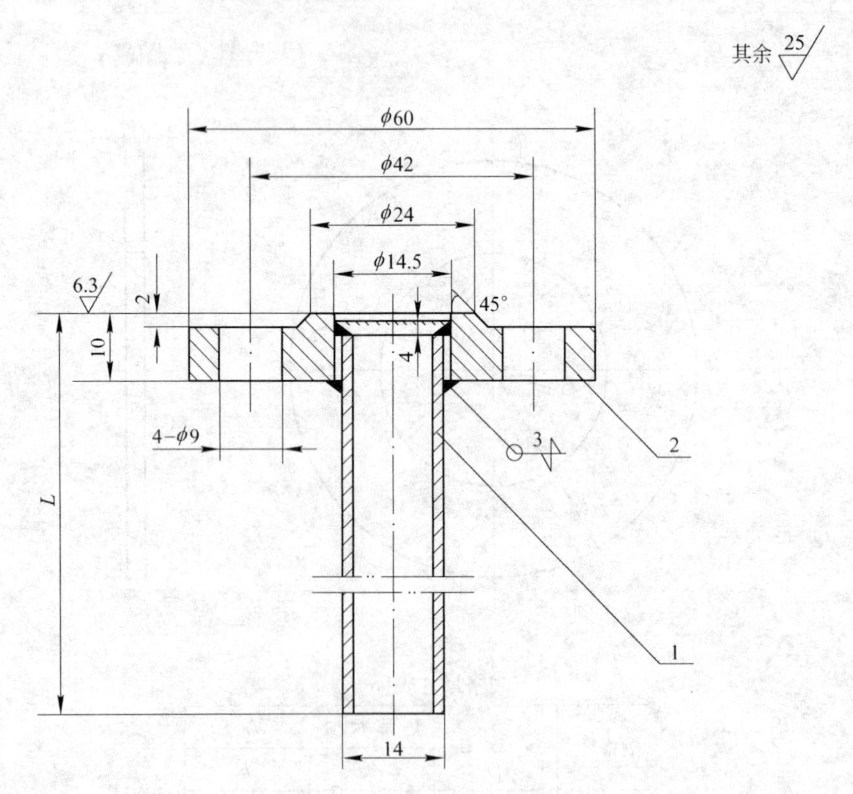

附注：

1. 未注明公差尺寸按 IT14 级公差(GB/T 1804—1992)加工。
2. 锐角磨钝。
3. L 值由工程设计确定，见(2000)YK01-066 说明。

件号	名称及规格	数量	材质	质量(kg) 单重	质量(kg) 总重	图号或标准、规格号	备注
2	法兰$\phi60/\phi14.5$	1	Q235				按本图加工
1	无缝钢管 $\phi14\times2$，$l=96$	1	Q235			GB/T 8163—1987	按本图加工

零 件 表

冶金仪控通用图	法 兰 接 管 $\phi14\times2$，$PN2.5$MPa			(2000)YK01-065	
	材质见表	质量 kg	比例	件号	装配图号

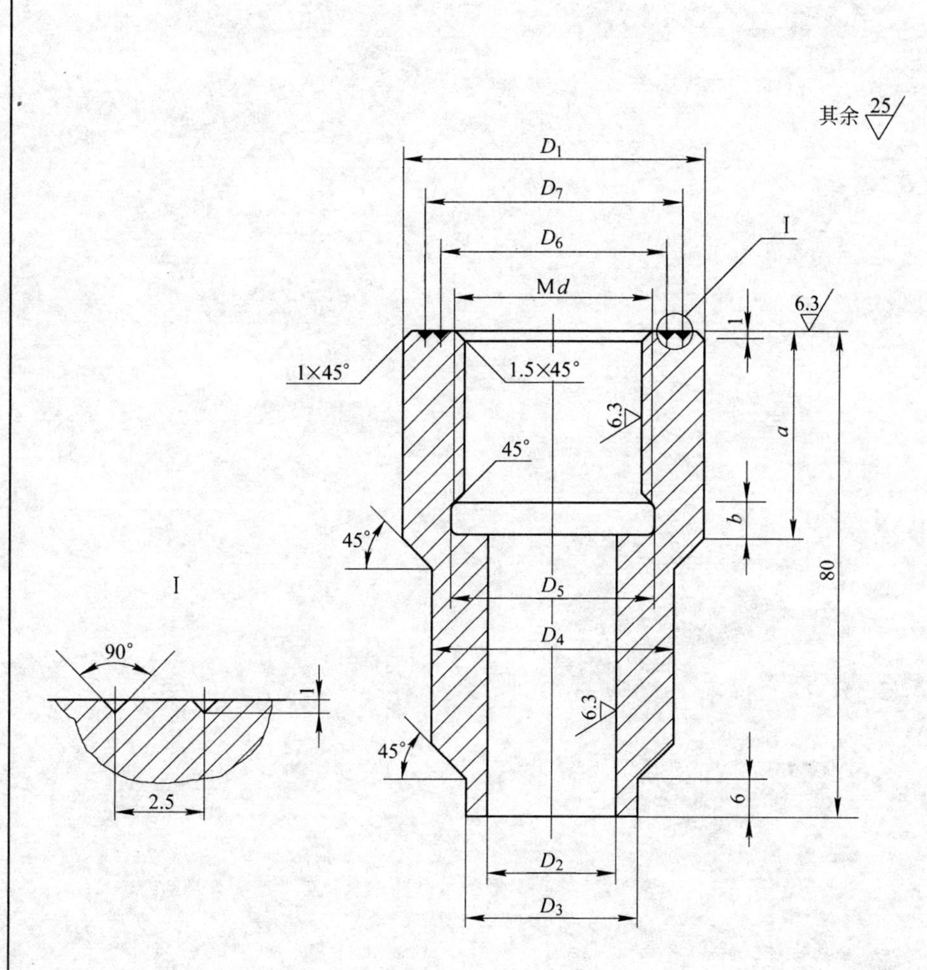

规格号与零件尺寸表

规格号	Md	D_1	D_2 保护管外径 D(mm) 10,12	16	20	D_3	D_4	D_5	D_6	D_7	a	b
a	20×1.5	ϕ40	ϕ14	ϕ18	ϕ22	ϕ28	ϕ32	ϕ21	25	30	22	4
b	27×2	ϕ45					ϕ40	ϕ28	32	37	28	4
c	33×2	ϕ50						ϕ34	38	43	34	6

附注：

1. 所有锐角皆磨钝。
2. 介质温度为 250℃以下选Ⅰ类材质；当介质温度大于 300℃时选Ⅱ类材质。
3. 未注明公差尺寸按 IT14 级公差(GB/T 1804—1992)加工。

冶金仪控通用图	直形连接头 PN6.4MPa					(2000)YK01-066
	材质	Ⅰ Q235 / Ⅱ 20	质量 kg	比例	件号	装配图号

上

目　录

一、安装总图

冶金仪控通用图	压力仪表安装和管路连接图(焊接式)图纸目录	(2000)YK02-1	
		比例	页次 1/3

二、安装部件、零件图

冶金仪控通用图	压力仪表安装和管路连接图(焊接式)图纸目录	(2000)YK02-1	
		比例	页次 2/3

冶金仪控通用图	压力仪表安装和管路连接图(焊接式)图纸目录	(2000)YK02-1	
		比例	页次 3/3

说　明

1. 适用范围

本图册适用于冶金生产过程中取压装置、压力表的安装及测压管路的连接,其连接方式为焊接式(或称压垫式)。

2. 编制依据

本图册是在原压力仪表安装和管路连接图((90)YK02)焊接式的基础上修改、补充编制而成的。

3. 内容提要

本图册包括:弹簧压力表的就近安装,一般液体、气体、煤气、蒸汽和氧气以及腐蚀性液体和气体的取压装置和测压管路连接图。

各类被测介质的公称压力(*PN*)的等级分为如下几种:

(1) 一般液体、气体:$PN \leqslant 1.0$　6.4MPa;

(2) 各种煤气、脏湿气体、低压、微压气体:$PN \leqslant 0.025$ 和 0.6MPa;

(3) 蒸汽:$PN \leqslant 2.5$MPa;$PN \leqslant 6.4$MPa,$t \leqslant 450$℃;$PN \leqslant 10.0$MPa,$t \leqslant$ 540℃;

(4) 氧气:$PN \leqslant 6.4$MPa 和 16.0MPa;

(5) 腐蚀性气体、液体:$PN \leqslant 6.4$MPa;

(6) 高压水(液体):$PN \leqslant 10.0$MPa。

其连接管路的特点是,各连接件皆为焊接式(或称压垫式)的,连接件皆用垫圈密封,便于多次装卸。

4. 几项规定

(1) 关于导压管选用的材料规定如下:

当介质 $PN \leqslant 1.0$MPa 时,导压管路选用焊接钢管(GB/T 3091—1993(镀锌钢管)和GB/T3092—1993(不镀锌钢管)),亦可采用无缝钢管;$PN > 1.0$ MPa 时,均采用无缝钢管(GB/T 8163—1987)。二次阀后至变送器的一段管路,为便于摵弯,一般都采用无缝紫铜管(GB/T 1527—1997)但有时现场为排管美观和节省有色金属及降低工程造价,也可选用ϕ 12×1.5 的无缝钢管;当用于腐蚀性介质时,可选用不锈无缝钢管(GB/T 14976—1994)。所选的导压管材料都应在工程设计中标明。

(2) 差压变送器所用的三阀组,一律随变送器附带,都应在工程设计的设备表中注明。

(3) 导压管路均应与工艺管道和设备同样试压。

5. 选用注意事项

(1) 取压。

1) 取压点的位置:在水平或倾斜的主管道上,取压点的径向方位可按图(2000)YK02-2-1 所示范围选定。在垂直管上取压点的径向方位可以按需要任意选取。

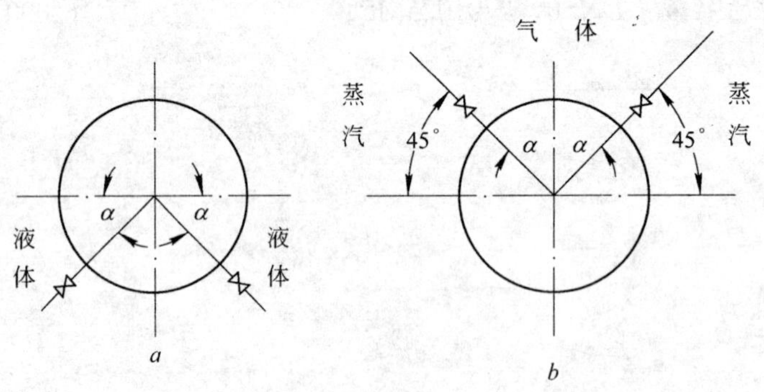

图(2000)YK02-2-1　在水平或倾斜管道上取压孔方位示意图

a—被测流体为液体时,$\alpha \leqslant 45°$;*b*—被测流体为气体时,$\alpha \leqslant 45°$

冶金仪控通用图	压力仪表安装和管路连接图(焊接式)说明	(2000)YK02-2	
		比例	页次 1/3

取压点的轴向位置，一般应选在直管段上，避开涡流和死角处，并考虑维修方便。通常取压点距90°弯头后方接口应不小于3D(D为工艺管道内径)。在其他较复杂的管件后，直管段长度应更多一些。

2) 取压管不得伸入工艺管道内壁，以避免涡流的影响。在与测温元件邻近安装时，取压管应装在测温元件之前。

3) 弹簧压力表必须安装在便于观察的地方。安装低压、微压压力计时，应尽量减少液柱高差对仪表测量的影响。

(2) 管路。

1) 取压点至仪表(或变送器)之间的管路应尽可能短。对低压或微压介质，最长不超过30m；其他压力介质最长应不超过50m。但是，至变送器的管路在不影响仪表工作和维护的前提下应尽量短。

2) 管路的敷设应尽量减少转弯和交叉，禁止转小于90°的弯。管子的弯曲半径一般为管子外径的5~8倍。管子弯曲后应无裂痕，管子上的凹坑深度不应大于管子外径的10%，椭圆度不大于20%。不同管径的管子对焊，二者之直径差一般不超过2mm，否则应加变径接头。

3)导压管水平敷设时，必须保持一定的坡度，一般情况下其坡度应在1∶10到1∶30之间，特殊情况可到1∶50。

4) 对液体介质应优先选用取压点高于压力计的方案，以利排气；对气体介质应优先选用取压点低于压力计的安装方式，以利冷凝水回流，从而可以不必装设分离容器。

(3) 辅助容器的安装。

1) 对腐蚀性介质的压力测量必须采用隔离容器，并在管路的最高和最低位置分别装设排、灌隔离液的设施。

灌注隔离液，一般要用压缩空气从管路的最低点(如排污阀处)将隔离液压入管路系统，直至灌满管路顶部的放气阀处为止，以利管道内气体的排除。

2) 对脏湿气体，当取压点高于压力计时，在管路的最低处装设分离容器，以利排污、排液；对有气体排出的液体介质，当取压点低于压力计时，在管路最高处装设分离容器，以利排气；对污浊液体，在管路最低处设置分离容器，以利排污；对集中安装的变送器或测量有毒介质的变送器，排污应汇总，并排放到合适的地方。

3) 当介质在环境温度影响下易冻、易凝固或易结晶时，导管需加伴热保温。具体装置方法见仪表及导压管路伴热和保温安装图(2000)YK13。

(4) 管件、阀门、导管及容器的选用皆列表如下：

表(2000)YK02-2-1　管接头选用表

序号	名　称	公称压力 PN(MPa)	材　质	标准、规格号	备　注
1	直通终端接头	≤4.0	碳素钢或耐酸钢	YZG5-1	
2	直通管接头	同　上	同　上	JB 970—1977	
3	隔壁直通管接头	同　上	同　上	JB 972—1977	
4	三通管接头	同　上	同　上	JB 974—1977	
5	短　节	同　上	同　上	YZG14-1	

表(2000)YK02-2-2　阀门选用表

序号	介质及条件	选用阀门名称	型　号	标准、规格号	备注
1	煤气、脏湿气体、低压、微压气体 PN≤0.6MPa	内螺纹球阀	Q11F-16		
2	一般气体、液体 PN≤1.0MPa	内螺纹球阀	Q11F-16		
3	一般气体、液体 PN≤2.5MPa	内螺纹球阀	Q11F-40,64		
4	水(或其他液体) PN10.0MPa	内螺纹截止阀	J11H-160C		

续表(2000)YK02-2-2

序号	介质及条件	选用阀门名称	型号	标准、规格号	备注
5	蒸汽 *PN*2.5MPa,*t*≤300℃	法兰式截止阀(一次阀) 内螺纹截止阀(二次阀) 内螺纹截止阀(排污阀)	J41H-64C J11H-160C J11H-160C		
6	蒸汽 *PN*6.4MPa,*t*≤450℃	法兰式截止阀(一次阀) 内螺纹截止阀(二次阀) 内螺纹截止阀(排污阀)	J41H-160C J11H-160C J11H-160C		
7	蒸汽 *PN*10.0MPa,*t*≤540℃	截止阀(一次阀) 内螺纹截止阀(二次阀) 内螺纹截止阀(排污阀)	J61Y-P_{56}170V J11H-320C J11H-320C		
8	氧气 *PN*≤6.4MPa	内螺纹截止阀	J11W-64P		
9	氧气 *PN*≤16.0MPa	内螺纹截止阀	J11W-160P		
10	腐蚀性气体、液体 *PN*≤6.4MPa	内螺纹球阀	Q11F-64P(C)		

表(2000)YK02-2-3 法兰及垫片选用表

序号	名称	公称压力 *PN*(MPa)	标准、规格号	备注
1	平焊钢法兰	0.25~2.5	JB/T 81—1994	
2	对焊钢法兰	0.25~10.0	JB/T 82—1994	
3	法兰软垫片	0.25~10.0	JB/T 87—1994	
4	法兰金属垫片	10.0~20.0	JB/T 88—1994	

表(2000)YK02-2-4 辅助容器选用表

序号	名称	公称压力 *PN*(MPa)	标准、规格号	备注
1	隔离容器	6.4	YZF 1-13	镇江化工仪表电器(集团)有限公司
2	分离容器	6.4	YZF 1-8	

表(2000)YK02-2-5 导压管选用表

序号	介质及条件	名称及规格	标准、规格号	备注
1	煤气、脏湿气体、低压、微压气体 *PN*≤0.6MPa	焊接钢管 *DN*15,*DN*20	GB/T 3091—1993(镀锌) GB/T 3092—1993(不镀)	亦可用ϕ14×2 ϕ18×3 无缝钢管代
2	一般气体、液体 *PN*≤1.0MPa	(同上)	(同上)	(同上)
3	一般气体、液体 *PN*1.6~10.0MPa	无缝钢管 ϕ14×2	GB/T 8163—1987	
4	蒸汽 *PN*1.0~10.0MPa	无缝钢管 ϕ14×2	GB/T 8163—1987	
5	氧气 *PN*6.4~16.0MPa	不锈无缝钢管ϕ14×2 或紫铜管ϕ12×2	GB/T 14976—1994 GB/T 1527—1997	
6	腐蚀性气体、液体 *PN*6.4MPa	不锈无缝钢管 ϕ14×2	GB/T 14976—1994	
7	所有二次阀后接表导管	紫铜管ϕ10×1 ϕ10×1.5 ϕ10×2	GB/T 1527—1997	

(5) 本图册采用的管件与仪表阀门,推荐选用化工部定点生产厂——镇江化工仪表电器(集团)有限公司产品,其标准规格号以字母 YZXX 表示,凡有国标、部标的管件,该厂也生产,但本图册中仍以国标和部标符号表示。

(6) 本图册中的焊接,一般皆按《手工电弧焊焊接接头的基本型式与尺寸》(GB 985—1988)进行。

(7) 高温高压蒸汽管路的有关焊接、焊接材料、焊后处理及质量检验标准等,应参照原能源部颁发《电力建设施工及验收技术规范(火力发电厂焊接篇)》(DLJ 007—1992)进行。

(8) 有关导压管与三阀组、三阀组与变送器之间的连接,因一般都由仪表附带连接件,本图册没有给出具体的连接方式与连接件,所以其连接可由施工单位按具体情况进行,或由工程设计者特殊给出。

(9) 部件、零件表中的材质耐酸钢应根据被测介质在工程设计中确定。

冶金仪控通用图	压力仪表安装和管路连接图(焊接式)说明	(2000)YK02-2	
		比例	页次 3/3

一、安装总图

水平管道上

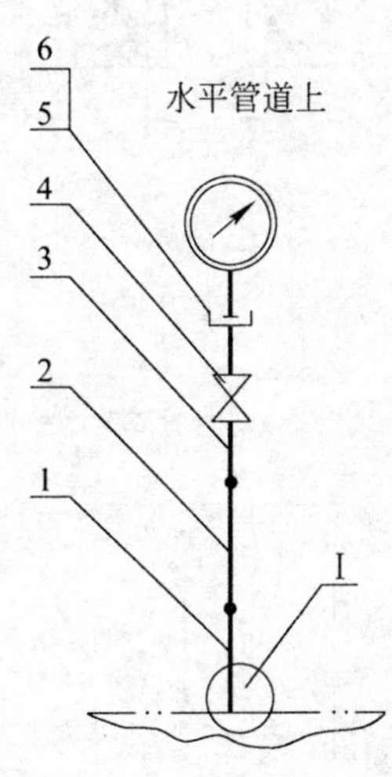

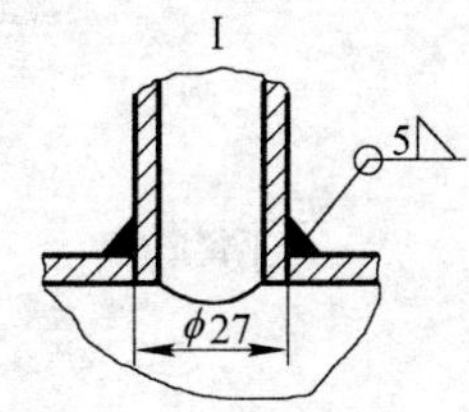

垂直管道上

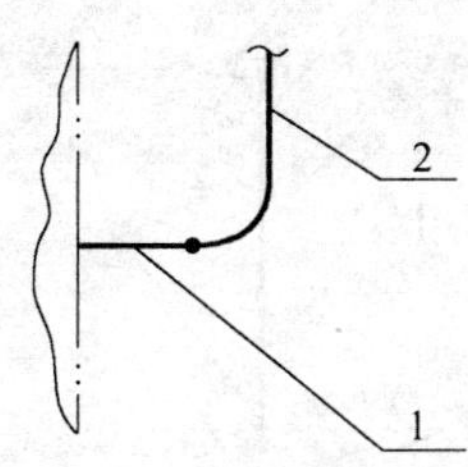

6	垫片　$D/d=21/12$	各 1	XB350				
5	压力表接头 M20×15/R½	1	Q235			(2000)YK02-01	
4	内螺纹球阀 *PN*1.6MPa, *DN*15, G½	1	碳素钢				Q11F-16
3	短节 R½	1	Q235			YZG14-1-R½	
2	无缝钢管 φ18×3	1	Q235			GB/T 8163—1987	长度见工程设计
1	无缝钢管 φ25×3, $l=45$	1	Q235			GB/T 8163—1987	
件号	名　称	件数	材　质	单重 质量(kg)	总重	图号或 标准、规格号	备　注

部件、零件表

冶金仪控 通用图	压力表安装图 *PN*1.0MPa	(2000)YK02-3	
		比例	页次

水平管道上

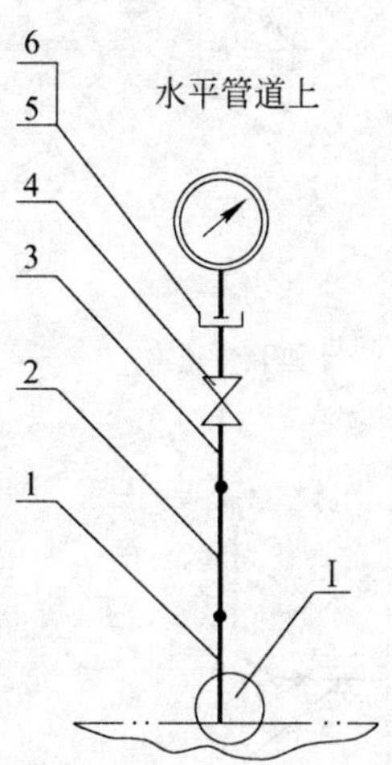

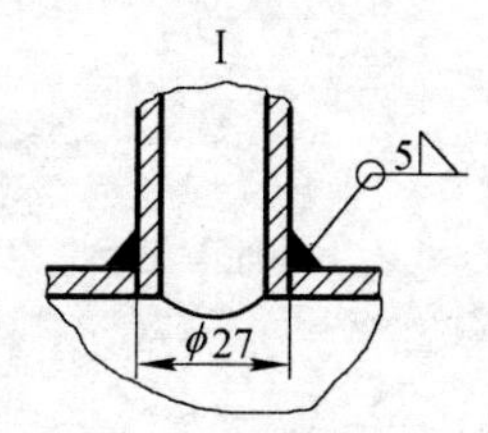

垂直管道上

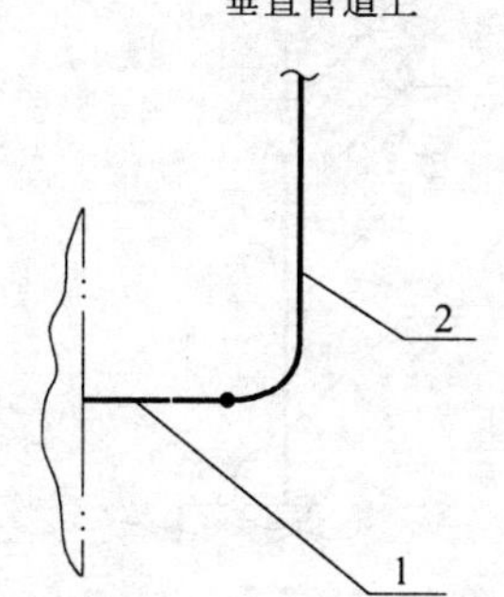

5	压力表接头 M20×15/φ14	1	Q235			YZG5-1	配 XB350 垫片
4	管式内螺纹球阀 *PN*6.4MPa, *DN*15, G½	1	碳素钢				Q11F-64
3	短节 R½	1	Q235			YZG14-1-R½	
2	无缝钢管 φ18×3	1	Q235			GB/T 8163—1987	长度见工程设计
1	无缝钢管 φ25×3, $l=45$	1	Q235			GB/T 8163—1987	
件号	名　称	件数	材　质	单重 质量(kg)	总重	图号或 标准、规格号	备　注

部件、零件表

冶金仪控 通用图	压力表安装图 *PN*6.4MPa	(2000)YK02-4	
		比例	页次

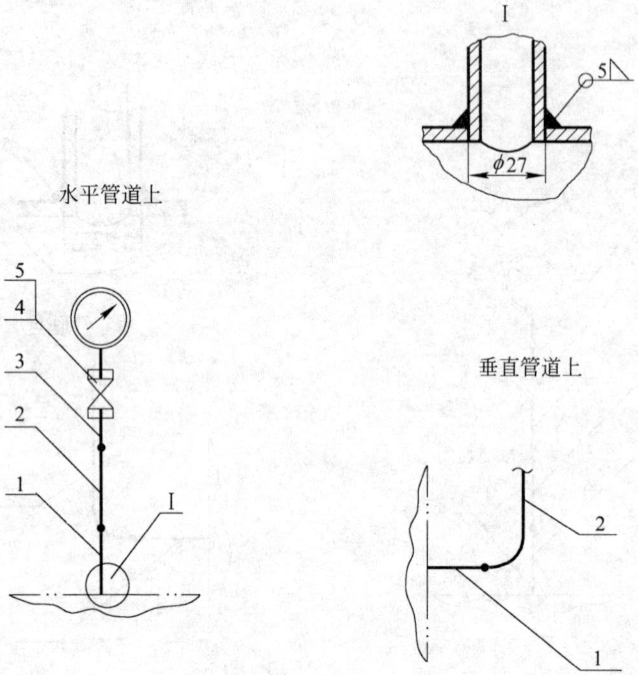

I

水平管道上

垂直管道上

附注：

件号 5 阀门的两端带反正扣可满足压力表对正的要求。

件号	名称	件数	材质	单重	总重	图号或标准、规格号	备注
5	压力表球阀 $PN2.5$MPa, $DN10$, M20×1.5	1	碳素钢			YZ9-2-1	QG.M1-1
4	垫片 $D/d=16/8, b=2$	2	XB350				
3	接表阀接头 M20×1.5/ϕ18	1	Q235			YZG12-1	
2	无缝钢管ϕ18×3	1	Q235			GB/T 8163—1987	长度见工程设计
1	无缝钢管ϕ25×3, $l=45$	1	Q235			GB/T 8163—1987	
				质量(kg)			

部件、零件表

冶金仪控通用图	压力表安装图(接表阀连接) $PN1.0$MPa	(2000)YK02-5	
		比例	页次

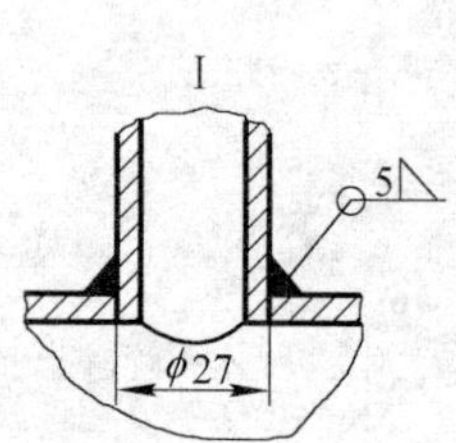

水平管道上

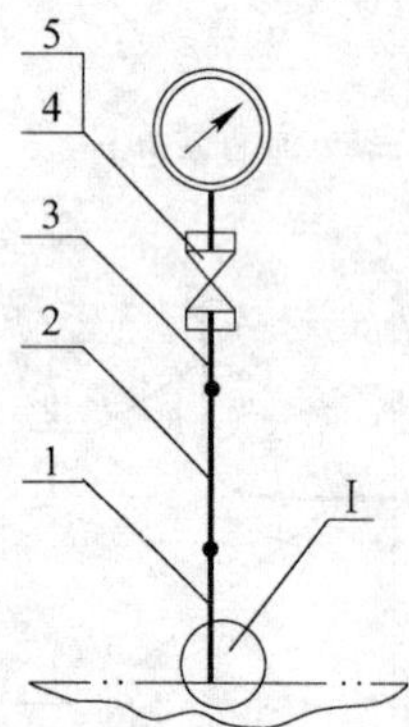

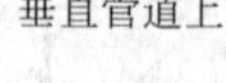

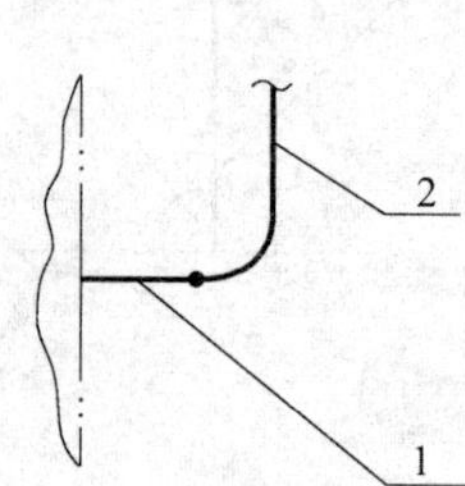

附注：

件号 5 阀门的两端带反正扣可满足压力表对正的要求。

件号	名称	件数	材质	单重	总重	图号或标准、规格号	备注
5	压力表球阀 $PN6.4$MPa, $DN10$, M20×1.5	1	碳素钢			YZ12-28-2	QJ.M1
4	垫片 $D/d=16/8, b=2.5$	2	XB350				
3	接表阀接头 M20×1.5/ϕ18	1	Q235			YZG12-1	
2	无缝钢管ϕ18×3	1	Q235			GB/T 8163—1987	长度见工程设计
1	无缝钢管ϕ25×3, $l=45$	1	Q235			GB/T 8163—1987	
				质量(kg)			

部件、零件表

冶金仪控通用图	压力表安装图(接表阀连接) $PN6.4$MPa	(2000)YK02-6	
		比例	页次

水平管道上

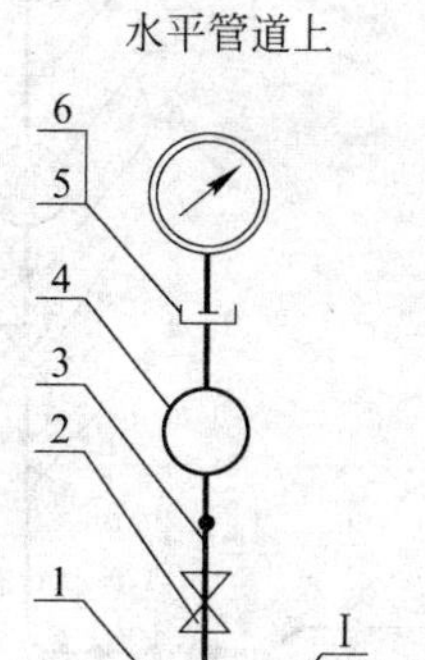

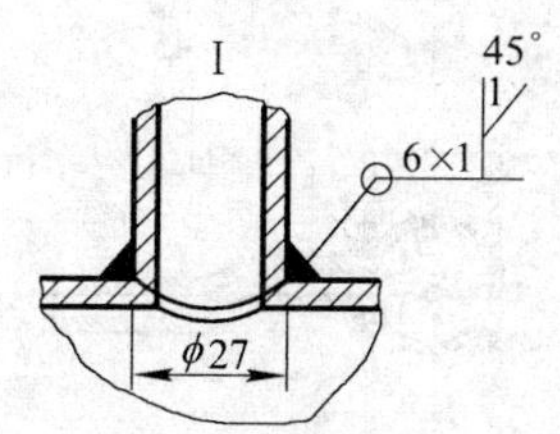

垂直管道上

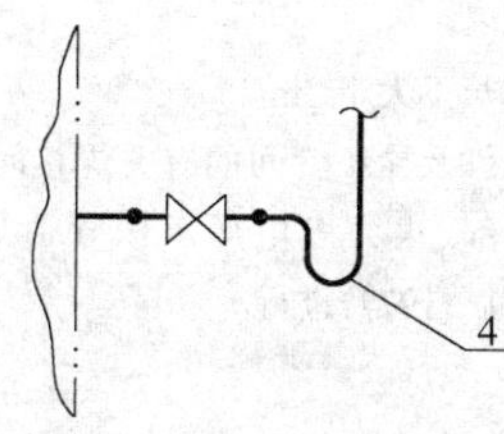

件号	名　　称	件数	材　质	单重	总重	图 号 或 标准、规格号	备　注
6	垫片　$D/d=21/12$	1	0Cr13				
5	压力表接头 M20×1.5/φ14	1	20			YZG5-20-M20×1.5-14	
	冷凝弯　φ14×2	1	20			YZF1-2-φ14×2	
4	冷凝圈　φ14×2	1	20			YZF1-1-φ14×2	
3	短节 R½	1	20			YZG14-1-R½	
2	内螺纹截止阀 *PN*16.0MPa, *DN*15, Rc½	1	碳素钢				J11H-160C
1	取压管	1	20			(2000)YK02-031	
				质量(kg)			

部 件、零 件 表

冶金仪控 通用图	压力表安装图 (带冷凝管，用于热水或其他液体) *PN*10.0MPa	(2000)YK02-7	
		比例	页次

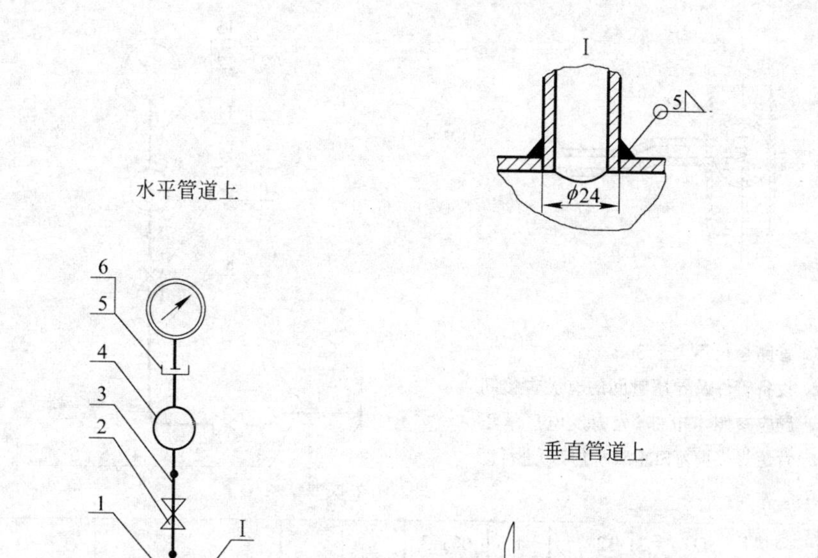

件号	名　　称	件数	材　质	单重	总重	图 号 或 标准、规格号	备　注
6	垫片　$D/d=21/12$	1	XB350				
5	压力表接头 M20×1.5/φ14	1	Q235			YZG5-20-M20×1.5-14	
	冷凝弯　φ14×2	1	20			YZF1-2-φ14×2	
4	冷凝圈　φ14×2	1	20			YZF1-1-φ14×2	
3	短节 R½	1	Q235			YZG14-1-R½	
2	内螺纹截止阀 *PN*6.4MPa, *DN*15, Rc½	1					J11H-64C
1	无缝钢管φ22×3, $l=45$	1	20			GB/T 8163—1987	
				质量(kg)			

部 件、零 件 表

冶金仪控 通用图	压力表安装图 (带冷凝管，用于热水或蒸汽) *PN*2.5MPa	(2000)YK02-8	
		比例	页次

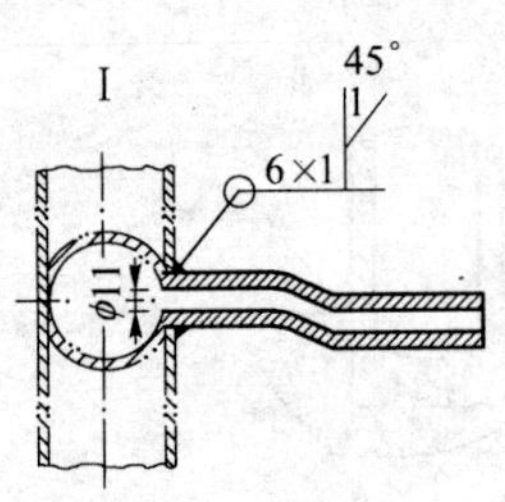

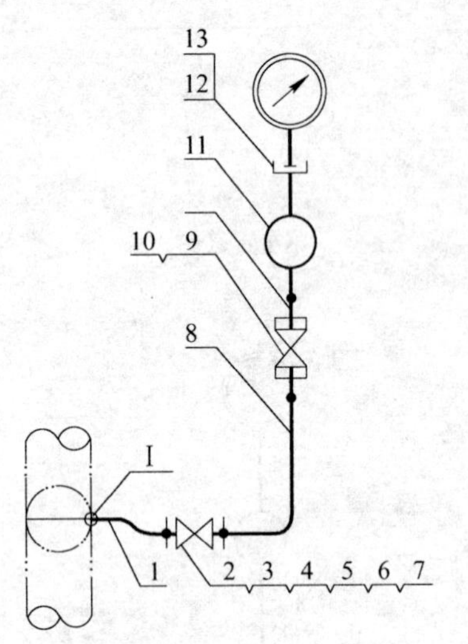

附注：

1. 管路总长不大于 3m。
2. 设备管件及导压管间的有关焊接问题应参照水电部《火力发电厂承压管道焊接篇》(SDJ 51—1977)进行。

件号	名称	件数	材质	单重	总重	图号或标准、规格号	备注
				质量(kg)			
13	垫片 $D/d=21/12$	1	0Cr13				
12	压力表接头 M20×15/ϕ14	1	35			YZG5-20-M20×1.5-14	
11	冷凝圈 ϕ14×2	1	20			YZF-1-ϕ14×2	
10	直通终端接头 R½/14	2	35			YZG5-2-R½-14	
9	内螺纹截止阀 *PN*16.0MPa, *DN*15, Rc½	1	碳素钢				J11H-160C
8	无缝钢管 ϕ 14×2	1	20			GB/T 8163—1987	长度见工程设计
7	法兰式截止阀 *PN*10.0MPa, *DN*10	1	碳素钢				J41H-100C
6	垫圈 16	16	25			GB/T 95—1985	
5	螺母 M16	16	30CrMoA			GB/T 41—1986	
4	螺栓 M16×70	8	30CrMoA			GB/T 901—1988	
3	垫片 *PN*16.0MPa, *DN*10	2	0Cr13			JB/T 88—1994	
2	法兰 A, *DN*10, *PN*100MPa	2	12CrMo			JB/T 82—1994	
1	取压管	1	20			(2000)YK02-02	

部件、零件表

冶金仪控通用图	压力表安装图 (带冷凝管，用于热水或蒸汽) *PN*6.4MPa, $t\leqslant$450℃	(2000)YK02-9	
		比例	页次

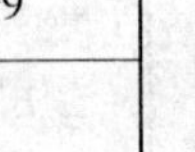

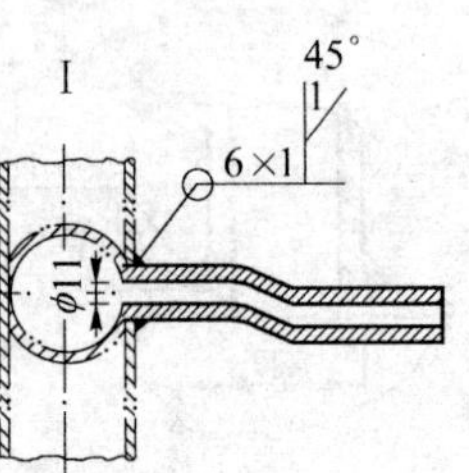

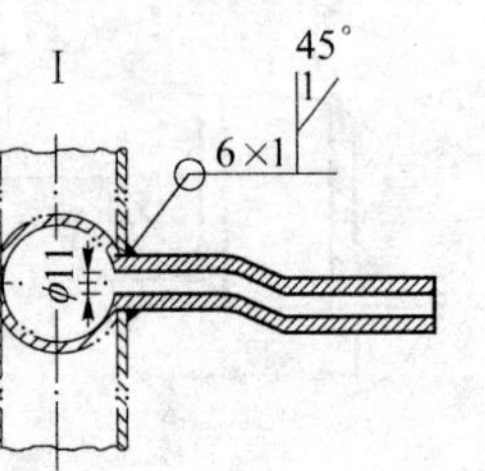

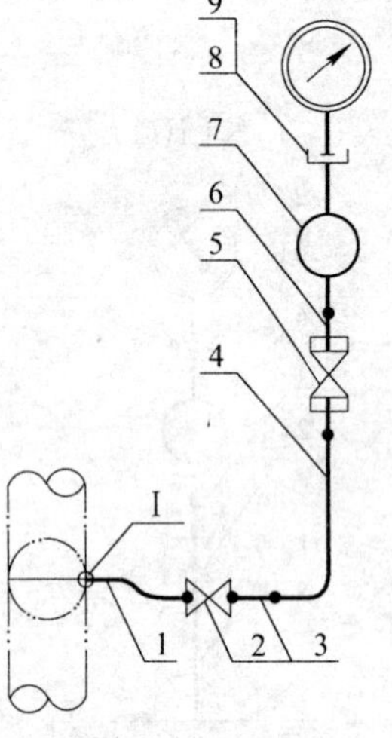

附注：

1. 管路总长不大于 3m。
2. 设备管件及导压管间的有关焊接问题应参照水电部《火力发电厂承压管道焊接篇》(SDJ 51—1977)进行。

件号	名称	件数	材质	单重	总重	图号或标准、规格号	备注
				质量(kg)			
9	垫片 $D/d=21/12$	1	0Cr13				
8	压力表接头 M20×15/ϕ14	1	35			YZG5-20-M20×1.5-14	
7	冷凝圈 ϕ14×2	1	20			YZF-1-ϕ14×2	
6	直通终端接头 R½/14	2	35			YZG5-2-R½-14	
5	内螺纹截止阀 *DN*15	1	NiCrTi			YZJ-3B-1	J11H-160C
4	无缝钢管 ϕ14×2	1	20			GB/T 8163—1987	长度见工程设计
3	焊接短管	1	12CrMoV			(2000)YK02-04	
2	截止阀 *DN*10	1	12CrMoV				J61Y-P_{56}170V
1	取压管	1	12CrMoV			(2000)YK02-02	

部件、零件表

冶金仪控通用图	压力表安装图 (带冷凝管，用于热水或蒸汽) *PN*10.0MPa, $t\leqslant$540℃	(2000)YK02-10	
		比例	页次

水平管道上

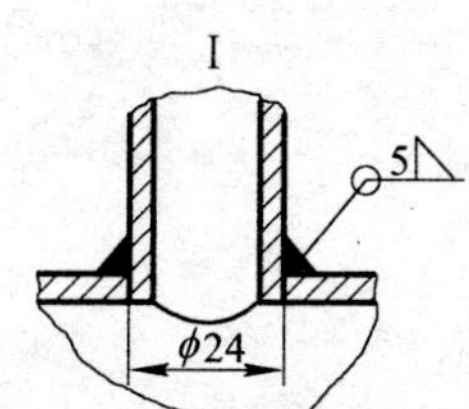

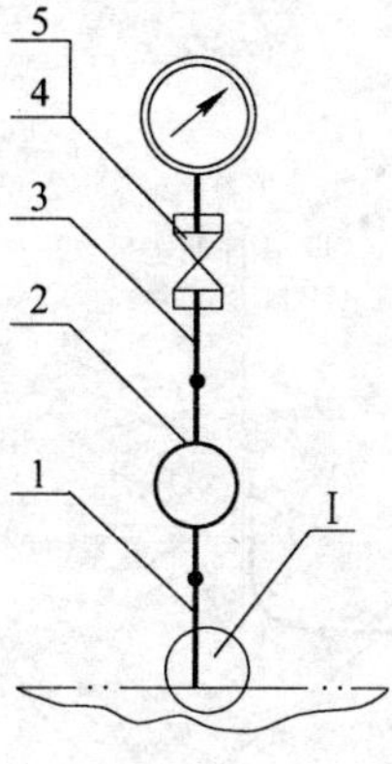

垂直管道上

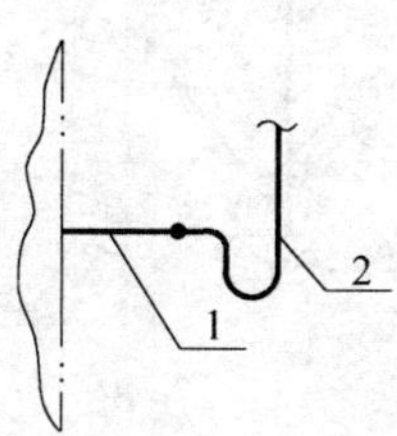

件号	名称	件数	材质	单重	总重	图号或标准、规格号	备注
5	压力表球阀 PN2.5MPa，t≤250℃，DN10，M20×1.5	1	碳素钢			YZ9-3	QG.M1
4	垫片 D/d=16/8，b=2.5	2	XB350				
3	接表阀接头 M20×1.5/φ18	1	Q235			YZG12-1	
	冷凝弯 φ14×2	1	20			YZF1-2-φ14×2	用于垂直管道
2	冷凝圈 φ14×2	1	20			YZF1-1-φ14×2	用于水平管道
1	无缝钢管φ22×3，l=45	1	Q235			GB/T 8163—1987	
				质量(kg)			

部件、零件表

冶金仪控通用图	压力表安装图 (带冷凝管接表阀连接用于热水或蒸汽) PN2.5MPa	(2000)YK02-11	
		比例	页次

水平管道上

垂直管道上

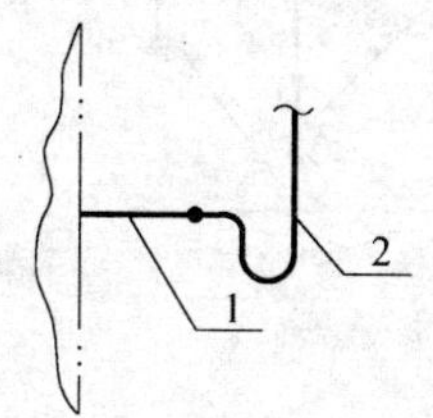

件号	名称	件数	材质	单重	总重	图号或标准、规格号	备注
5	压力表球阀 PN6.4MPa，t≤300℃，DN10，M20×1.5	1	碳素钢			YZ12-28	QJ.M1
4	垫片 D/d=16/8，b=2.5	2	XB350				
3	接表阀接头 M20×1.5/φ18	1	20			YZG12-1	
	冷凝弯 φ18×3	1	20			YZF1-2-φ18×3	用于垂直管道
2	冷凝圈 φ18×3	1	20			YZF1-1-φ18×3	用于水平管道
1	无缝钢管φ25×3，l=45	1	10			GB/T 8163—1987	
				质量(kg)			

部件、零件表

冶金仪控通用图	压力表安装图 (带冷凝管接表阀连接用于热水或蒸汽) PN6.4MPa，t<300℃	(2000)YK02-12	
		比例	页次

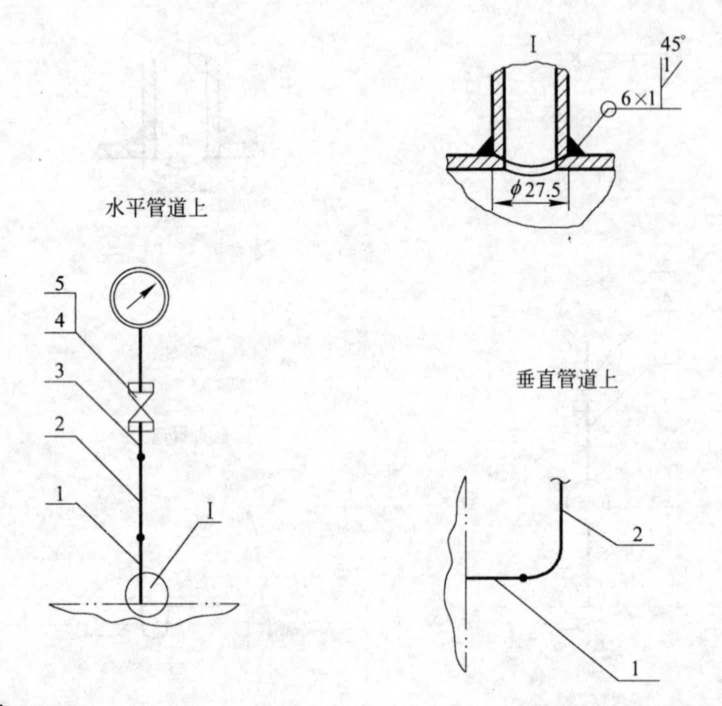

附注：

根据氧气规程，所有导管、管件及仪表均需脱脂处理，严禁带油，代用阀门应将浸油填料改为聚四氟乙烯。

件号	名称	件数	材质	质量(kg) 单重	质量(kg) 总重	图号或标准、规格号	备注
5	压力表截止阀 M20×1.5/M20×1.5左 *PN*20.0MPa, *DN*5	1	耐酸钢				J11W-200P
4	垫片 $D/d=16\times8, b=2.5$	2	0Cr13				
3	接表阀接头 M20×1.5/φ18	1	耐酸钢			YZG12-1	
2	无缝钢管φ18×4	1	耐酸钢			GB/T 14976—1994	长度见工程设计
1	取压管	1	耐酸钢			(2000)YK02-05	

部件、零件表

冶金仪控通用图	氧气压力表安装图 *PN*16.0MPa	(2000)YK02-13	
		比例	页次

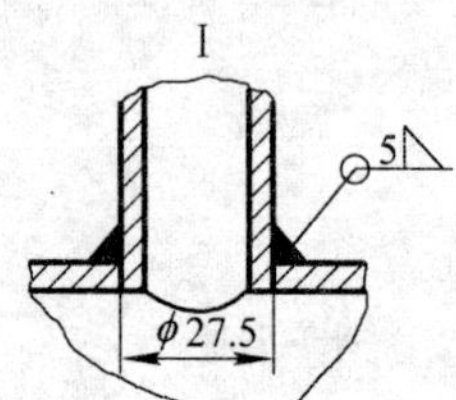

水平管道上

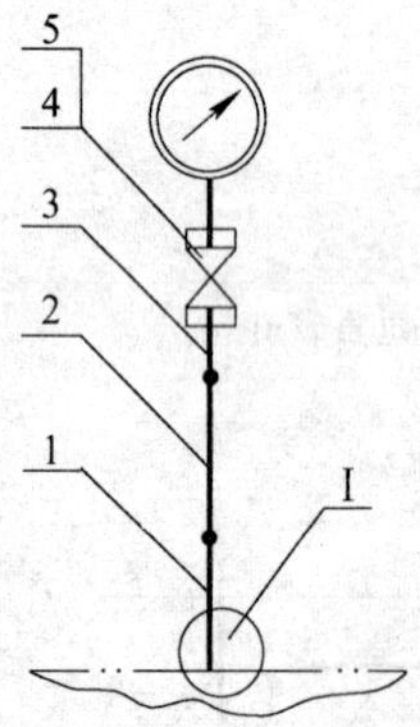

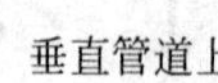

垂直管道上

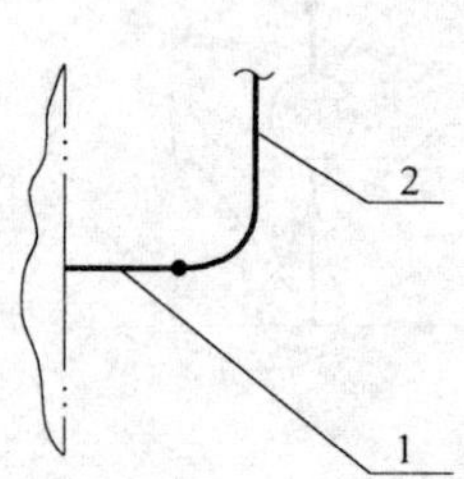

附注：

根据氧气规程，所有导管、管件及仪表均需脱脂处理，严禁带油，代用阀门应将浸油填料改为聚四氟乙烯。

件号	名称	件数	材质	质量(kg) 单重	质量(kg) 总重	图号或标准、规格号	备注
5	压力表球阀 *PN*6.4MPa, *DN*3, M20×1.5	1	耐酸钢			YZ12-28	QJ.M1
4	垫片 $D/d=16/8, b=2.5$	2	0Cr13				
3	接表阀接头 M20×1.5/φ18	1	耐酸钢			YZG12-1	
2	无缝钢管φ18×3	1	耐酸钢			GB/T 14976—1994	长度见工程设计
1	取压管	1	耐酸钢			(2000)YK02-05	

部件、零件表

冶金仪控通用图	氧气压力表安装图 *PN*6.4MPa	(2000)YK02-14	
		比例	页次

I

5

$\phi40$

水平管道上

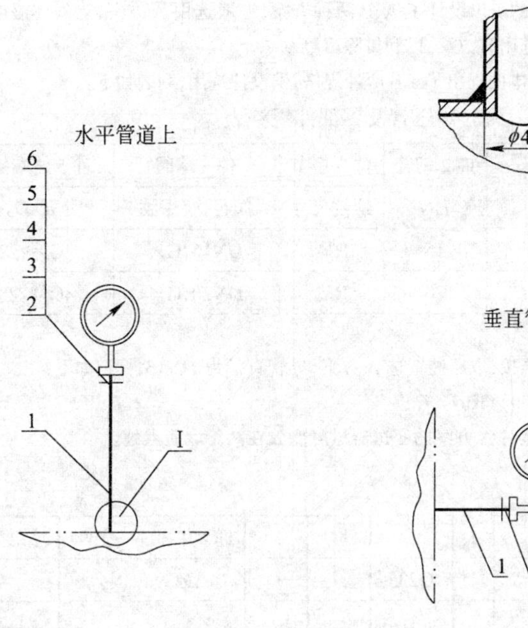

垂直管道上

1 2 3 4 5 6

附注：

本图供隔膜式压力表安装使用，适用于腐蚀性介质，由于该类介质在多数场合下易结晶，所以本图不使用阀门。

件号	名称	件数	材质	单重	总重	图号或标准、规格号	备注
6	垫圈 16	4	A140			GB/T 96—1985	
5	螺母 M16	4	A1-5			GB/T 41—1986	
4	螺栓 M16×60	4	A1-50			GB/T 5780—1986	
3	垫片 $D/d=82/38$, $b=1.6$	1	氟塑料			JB/T 87—1994	
2	法兰 A, $DN32$, $PN1.6$MPa	1	耐酸钢			JB/T 82—1994	
1	无缝钢管$\phi38\times4$, $l=150$	1	耐酸钢			GB/T 14976—1994	
				质量(kg)			

部件、零件表

冶金仪控通用图	隔膜式压力表安装图(法兰连接) $PN1.0$MPa	(2000)YK02-15	
		比例	页次

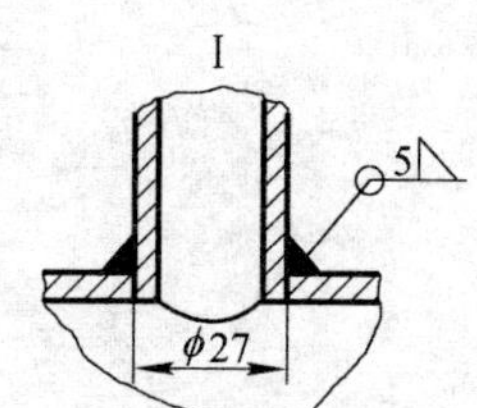

水平管道上

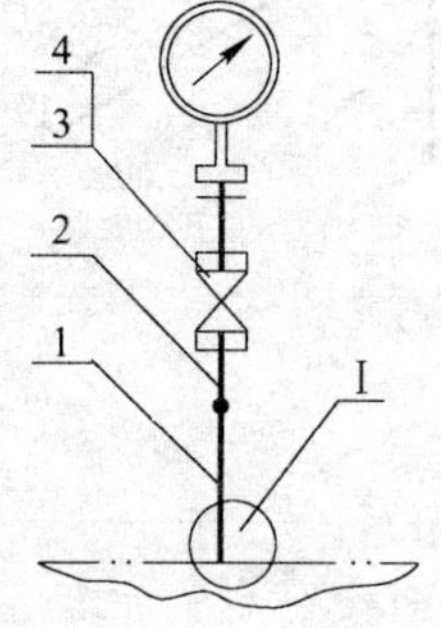

垂直管道上

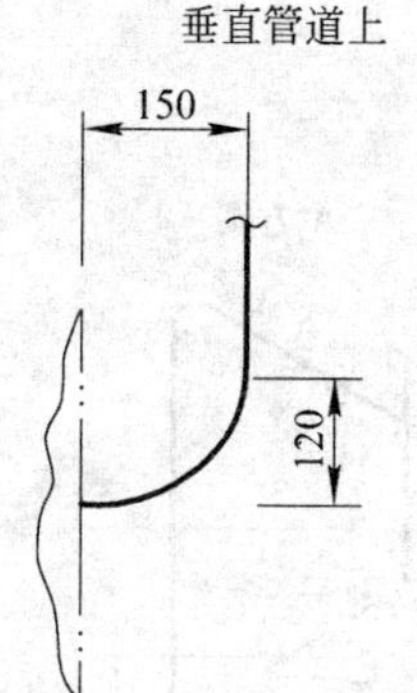

附注：

本图供隔膜式压力表安装使用，适用于不易结晶的腐蚀性介质。

件号	名称	件数	材质	单重	总重	图号或标准、规格号	备注
4	压力表球阀 $PN2.5$MPa, $DN3$, M20×1.5	1	耐酸钢			YZ12-28	QG.M1
3	垫片 $D/d=16/8$, $b=2.5$	2	氟塑料				
2	接表阀接头 M20×1.5/$\phi18$	1	耐酸钢			YZG12-1	
	无缝钢管$\phi25\times3$, $l\approx220$	1	耐酸钢			GB/T 14976—1994	水平管道上
1	无缝钢管$\phi25\times3$, $l=150$	1	耐酸钢			GB/T 14976—1994	水平管道上
				质量(kg)			

部件、零件表

冶金仪控通用图	隔膜式压力表安装图(螺纹连接) $PN1.0$MPa	(2000)YK02-16	
		比例	页次

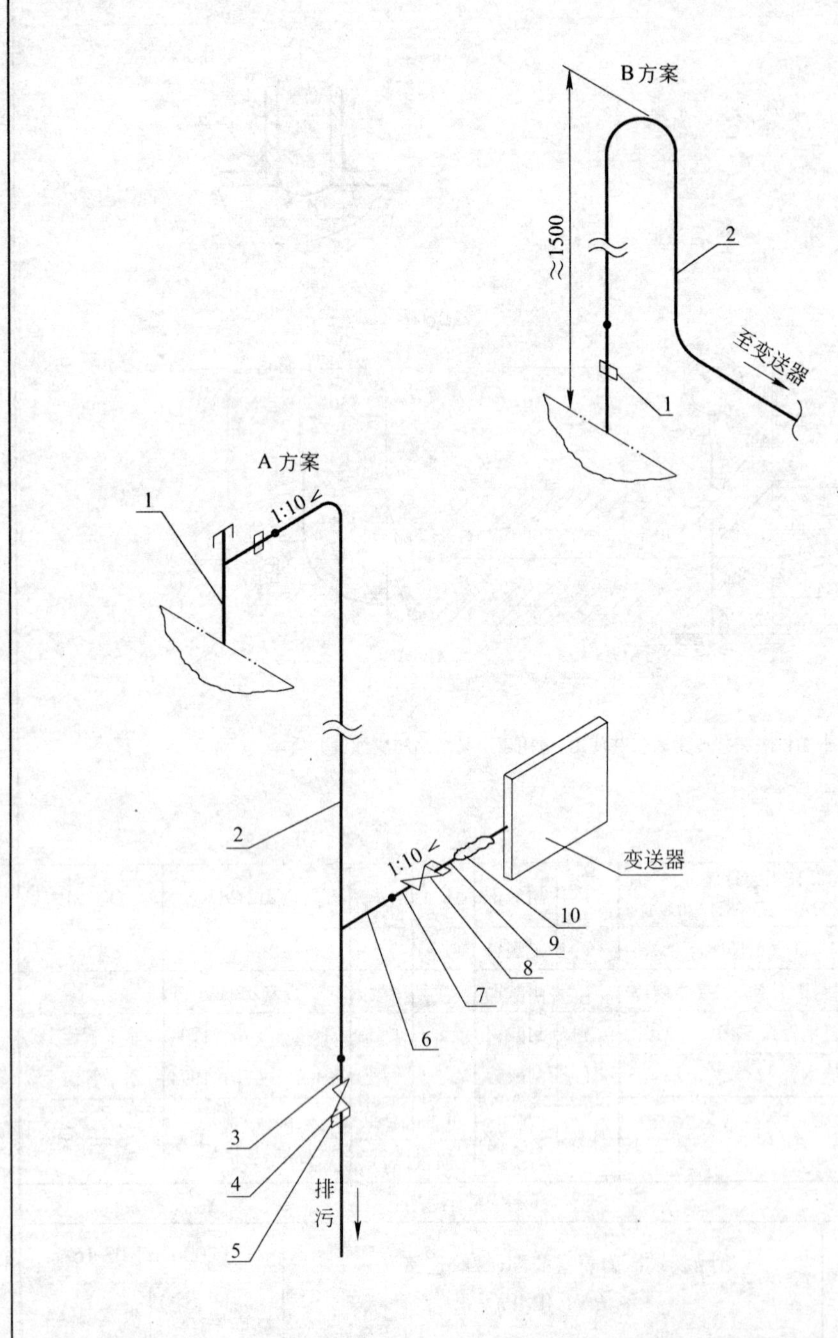

附注:

1. 本图的取压装置及导压管的引出设计了A、B两种方案,一般选用A方案,当气体湿度较大安装空间又许可,可选用B方案,以利排除冷凝水。
2. 关于导压管及相关零部件本图提出了a,b两种规格,供设计选用,列表如下:

导压管及零部件规格表

规格号	公称通径 DN	件2钢管	件3短节	件4球阀	件5终端接头
		DN	螺纹尺寸	阀径,管螺纹	d/D_0
a	15	15	R½	DN15,G½	G½/22
b	20	20	R¾	DN20,G¾	G¾/28

3. 标记示例:空气测压管路连接,取压装置选A方案,导管直径为DN15,标记如下:测压管路连接A,图号(2000)YK02-17。
4. 测气体负压,特别为湿气体时A方案的变送器尽可能放在高于取压点处。

件号	名称	件数	材质	单重	总重	图号或标准、规格号	备注
10	夹布胶管 $\phi 8\times 2$	1				HG/T 3039—1997	长度见工程设计
9	橡胶管接头 R½	1	Q235			YZG9-2-R½	
8	内螺纹球阀 PN1.6MPa,DN15,G½	1	碳素钢				Q11F-16C
7	短节 R½	1	Q235			YZG14-1-R½	
6	焊接钢管 DN(见表)	1	Q235			GB/T 3092—1993	
5	直通终端接头 d/D_0(见表)	1	Q235			YZG5-2	
4	内螺纹球阀 PN1.6MPa,DN(见表)	1	碳素钢				Q11F-16C
3	短节 DN(见表)	2	Q235			YZG14-1-R¾ YZG14-1-R½	
2	焊接钢管 DN(见表)	1	Q235			GB/T 3092—1993	长度见工程设计
	金属壁上无毒气体取压装置	1	Q235			(2000)YK02-08	B方案用
1	金属壁上无毒气体取压装置	1	Q235			(2000)YK02-06	A方案用
				质量(kg)			

部件、零件表

冶金仪控通用图	负压或微压无毒气体测压管路连接图 PN0.025MPa	(2000)YK02-17	
		比例	页次

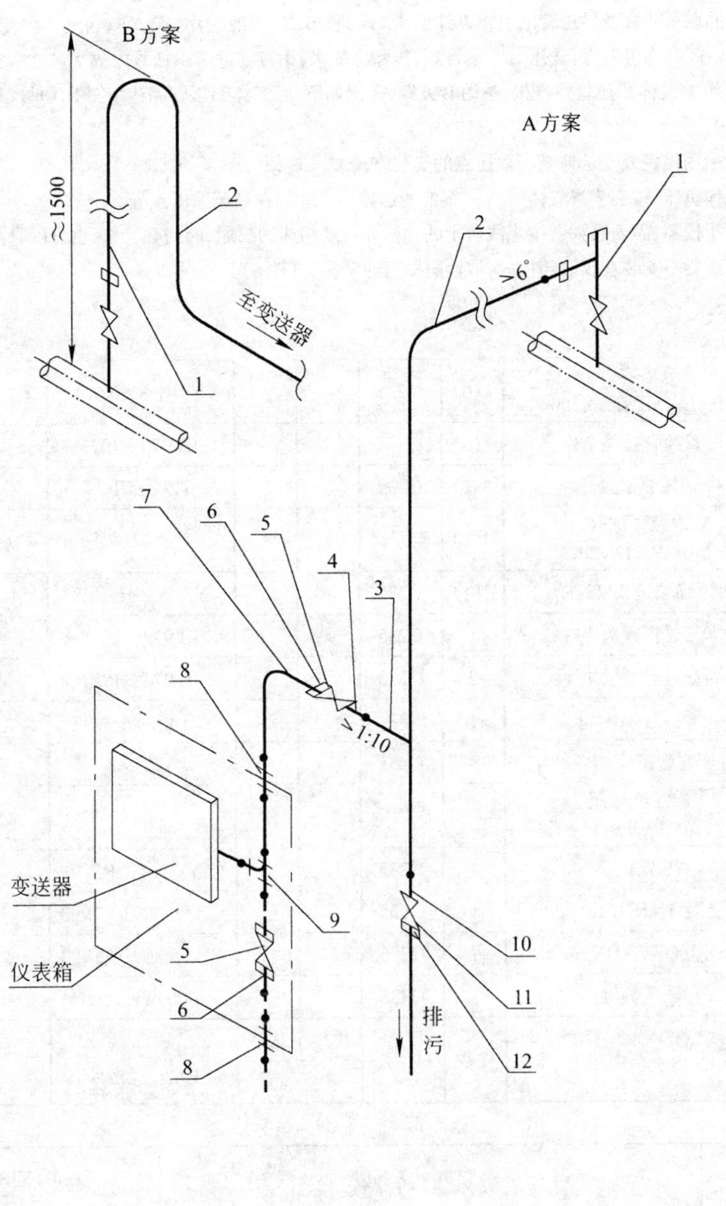

附注：

1. 本图的取压装置及导压管的引出设计了A,B两种方案，一般选用A方案，当气体湿度较大安装空间又许可，可选用B方案，以利排除冷凝水。
2. 关于导压管及相关零部件本图提出了a,b两种规格，供设计选用，列表如下：

导压管及零部件规格表

规格号	公称通径	件2钢管	件10短节	件11球阀	件12终端接头
	DN	DN	螺纹尺寸	阀径，管螺纹	d/D_0
a	15	15	R½	DN15,G½	G½/22
b	20	20	R¾	DN20,G¾	G¾/28

3. 标记示例：空气测压管路连接，取压装置选A方案，导管直径为DN15，标记如下：测压管路连接图Aa，图号(2000)YK02-18。
4. 测气体负压，特别为湿气体时A方案的变送器尽可能放在高于取压点处，如含水量多，需在件10前安装沉降器。
5. 为便于校零，需安装如图中虚线所示的一段导管及相连的三通，阀门和管件，也可以取消。
6. 如变送器不安装在仪表箱内时，取消隔壁直通管接头(件8)。

件号	名称	件数	材质	单重	总重	图号或标准、规格号	备注
12	直通终端接头 d/D_0(见表)	1	Q235			YZG5-2	
11	内螺纹球阀 PN1.6MPa,DN(见表),G(见表)	1	碳素钢				Q11F-16C
10	短节R(见表)	1	Q235			YZG14-1-R½ YZG14-1-R¾	
9	三通管接头14	1	Q235			JB972—1977	见附注(5)
8	隔壁直通管接头14	2	Q235			JB974—1977	见附注(6)
7	紫铜管$\phi10\times1$	1	T2			GB1527—1997	长度见工程设计
6	直通终端接头G½/14	3	Q235			YZG1-G½/14	
5	内螺纹球阀 PN1.6MPa,DN15,G½	2	碳素钢				Q11F-16C
4	短节R½	1	Q235			YZG14-1-R½	
3	焊接钢管DN15,$l\leqslant500$	1	Q235			GB/T 3092—1993	
2	焊接钢管DN(见表)	1	Q235			GB/T 3092—1993	长度见工程设计
	取压装置	1	Q235			(2000)YK02-010	B方案用
1	取压装置	1	Q235			(2000)YK02-09	A方案用
				质量(kg)			

部件、零件表

冶金仪控通用图	煤气或低压气体测压管路连接图 PN0.6MPa	(2000)YK02-18
		比例 | 页次

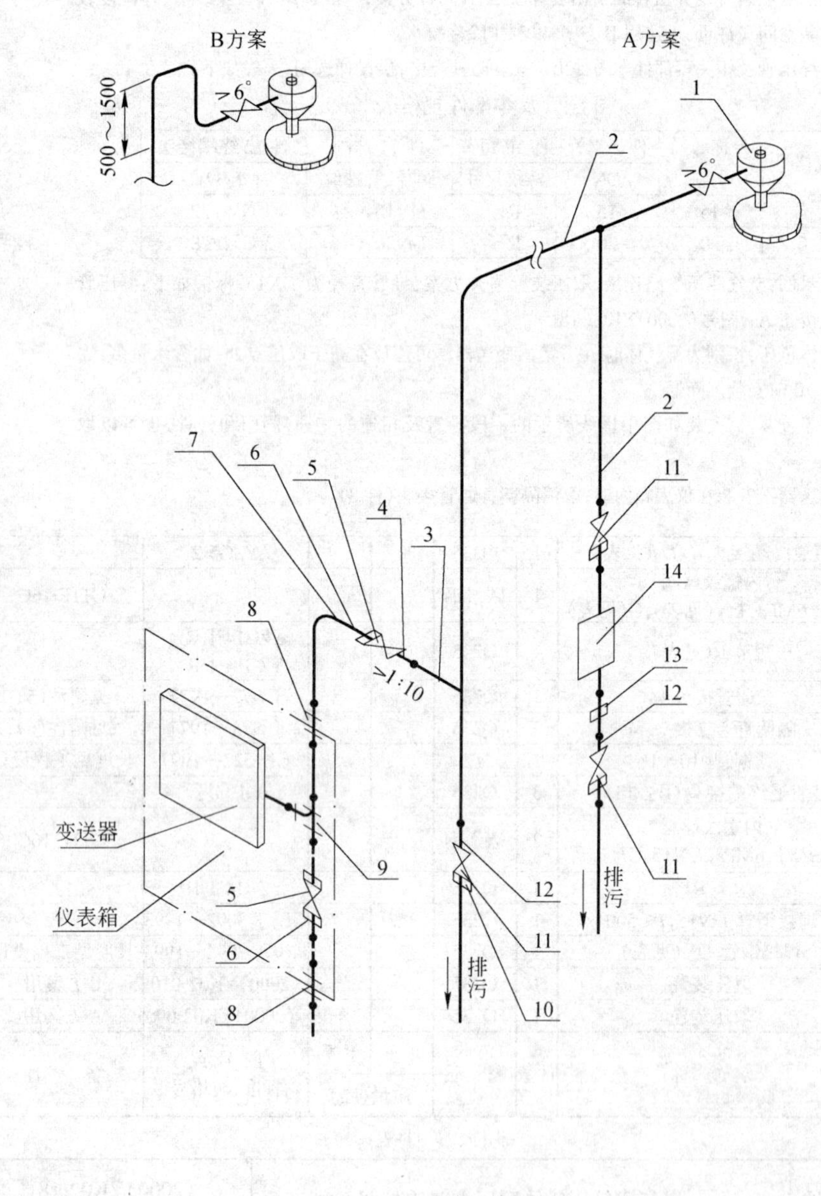

附注：

1. 本图的取压装置及导压管的引出设计了A，B两种方案，一般选用A方案，当气体湿度较大安装空间又许可时，可选用B方案，以利排除冷凝水，相应零件选用括号内数字。

标记示例：脏气体测压管路连接，选用B方案，标记如下：脏气体测压管路连接图B，图号(2000)YK02-19。

2. 推荐采用仪表或变送器高于取压点的安装方式。
3. 测气体负压，特别为湿气体时A方案的变送器尽可能放在高于取压点处。
4. 为便于校零，需安装如图中虚线所示的一段导管及相连的三通、阀门和管件，也可以取消。
5. 如变送器不安装在仪表箱内时，取消隔壁直通管接头(件8)。

件号	名称	件数	材质	质量(kg) 单重	质量(kg) 总重	图号或标准、规格号	备注
14	分离容器 *PN*6.4MPa，*DN*100	1(0)	Q235			YZF1-8-PN6.4	
13	直通管接头 28	1(0)	Q235			JB 970—1977	
12	短节 R¾	3(1)	Q235			YZG-14-R¾	
11	内螺纹球阀 *PN*1.0MPa，*DN*20，G¾	3(1)	碳素钢				Q11F-16C
10	直通终端接头 28/R¾	3(1)	Q235			YZG5-2-R¾-28	
9	三通管接头 14	1	Q235			JB 972—1977	见附注(4)
8	隔壁直通管接头 14	2	Q235			JB 974—1977	见附注(5)
7	紫铜管$\phi 10\times 1$	1	T2			GB 1527—1997	长度见工程设计
6	直通终端接头 G½/14	3	Q235			YZG5-2	
5	内螺纹球阀 *PN*1.6MPa，*DN*15，G½	2	碳素钢				Q11F-16C
4	短节 R½	1	Q235			YZG14-1-R½	
3	焊接钢管 *DN*15，$l\leqslant 500$	1	Q235			GB/T 3092—1993	
2	焊接钢管 *DN*20	1	Q235			GB/T 3092—1993	长度见工程设计
1	取压装置	1	Q235			(2000)YK02-016	

部件、零件表

冶金仪控通用图	低压脏气体测压管路连接图 *PN*0.6MPa	(2000)YK02-19	
		比例	页次

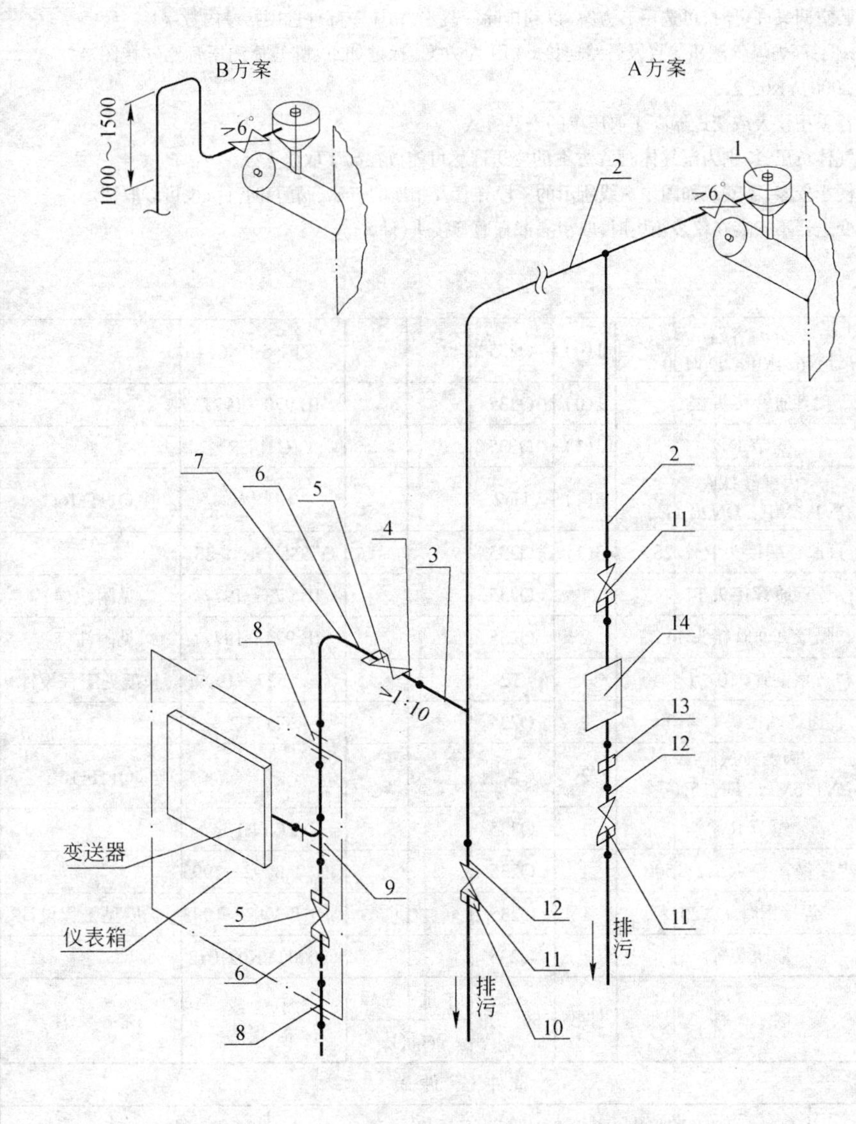

附注：

1. 本图的取压装置及导压管的引出设计了A,B两种方案，一般选用A方案，当气体湿度较大安装空间又许可时，可选用B方案，以利排除冷凝水，相应零部件选用括号内数字。

标记示例：高炉煤气清洗文氏管前测压装置及管路连接，选用B方案，标记如下：脏气体测压管路连接图B,图号(2000)YK02-20。

2. 推荐采用仪表或变送器高于取压点的安装方式。
3. 测气体负压，特别为湿气体时A方案的变送器尽可能放在高于取压点处。
4. 为便于校零，需安装如图中虚线所示的一段导管及相连的三通、阀门和管件，也可以取消。
5. 如变送器不安装在仪表箱内时，取消隔壁直通管接头(件8)。

件号	名称	件数	材质	质量(kg) 单重	质量(kg) 总重	图号或标准、规格号	备注
14	分离容器 *PN*6.4MPa, *DN*100	1(0)	Q235			YZF1-8-PN6.4	
13	直通管接头 28	1(0)	Q235			JB970—1977	
12	短节 R¾	3(1)	Q235			YZG-14-R¾	
11	内螺纹球阀 *PN*1.6MPa, *DN*20, G¾	3(1)	碳素钢				Q11F-16C
10	直通终端接头 28/R¾	3(1)	Q235			YZG5-2-R¾-28	
9	三通管接头 14	1	Q235			JB 972—1977	见附注(3)
8	隔壁直通管接头 14	2	Q235			JB 974—1977	见附注(3)
7	紫铜管$\phi 10\times 1$	1	T2			GB 1527—1997	长度见工程设计
6	直通终端接头 G½/14	3	Q235			YZG5-1	
5	内螺纹球阀 *PN*1.6MPa, *DN*15, G½	2	碳素钢				Q11F-16C
4	短节 R½	1	Q235			YZG14-1-R½	
3	焊接钢管 *DN*15, $l\leqslant 500$	1	Q235			GB/T 3092—1993	
2	焊接钢管 *DN*20	1	Q235			GB/T 3092—1993	长度见工程设计
1	取压装置	1	Q235			(2000)YK02-011	

部件、零件表

冶金仪控通用图	脏湿气体测压管路连接图 (用于垂直管道或容器) *PN*0.6MPa	(2000)YK02-20	
		比例	页次

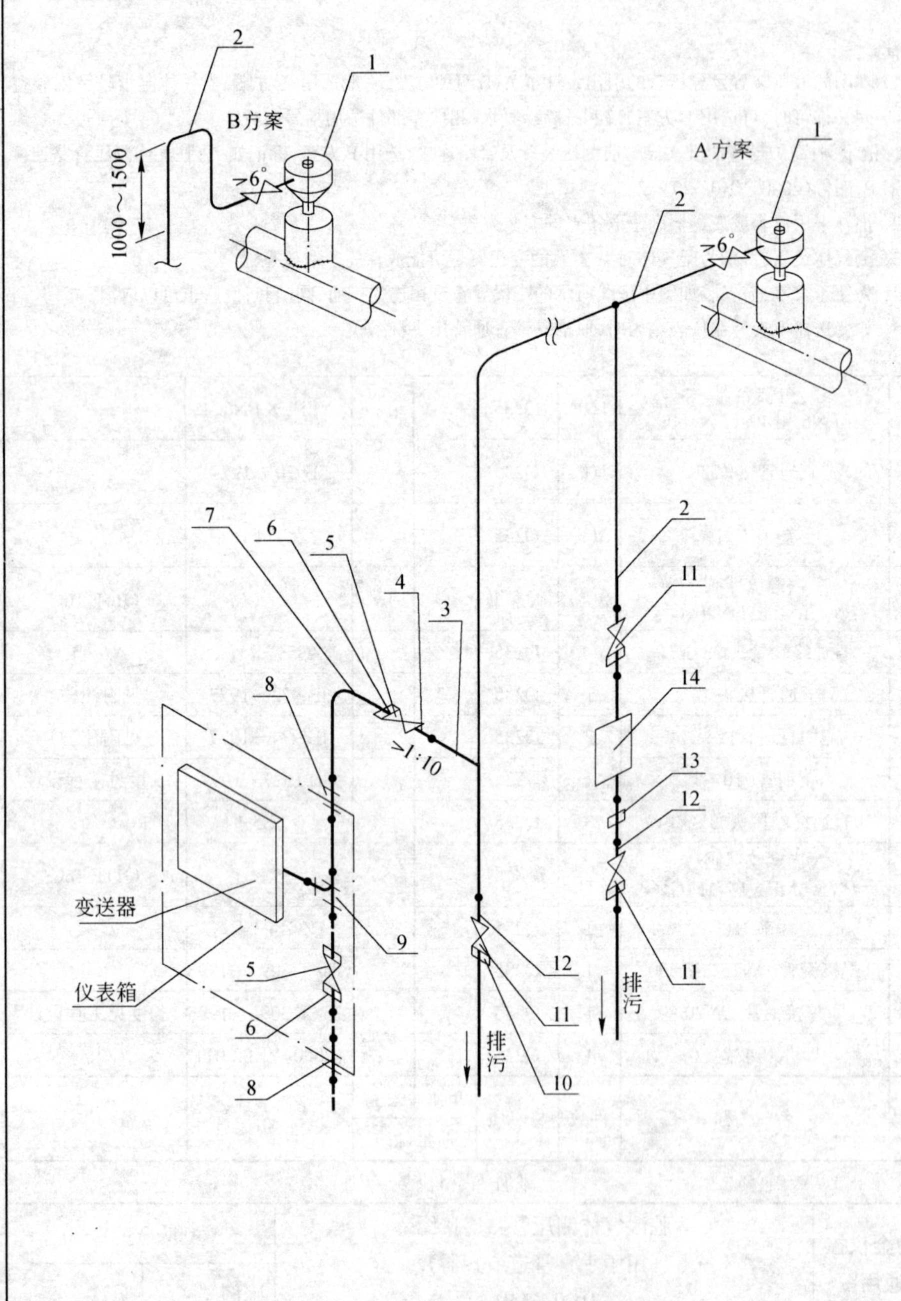

附注：

1. 本图的取压装置及导压管的引出设计了A、B两种方案，一般选用A方案，当气体湿度较大安装空间又许可时，可选用B方案，以利排除冷凝水，相应零部件选用括号内数字。

标记示例：高炉煤气测压装置及管路连接，选用A方案，标记如下：脏气体测压管路连接图A，图号(2000)YK02-21。

2. 推荐采用仪表或变送器高于取压点的安装方式。
3. 测气体负压，特别为湿气体时A方案的变送器尽可能放在高于取压点处。
4. 为便于校零，需安装如图中虚线所示的一段导管及相连的三通、阀门和管件，也可以取消。
5. 如变送器不安装在仪表箱内时，取消隔壁直通管接头(件8)。

件号	名称	件数	材质	单重	总重	图号或标准、规格号	备注
14	分离容器 *PN*6.4MPa, *DN*100	1(0)	Q235			YZF1-8-PN6.4	
13	直通管接头 28	1(0)	Q235			JB 970—1977	
12	短节 R¾	3(1)	Q235			YZG-14-R¾	
11	内螺纹球阀 *PN*1.6MPa, *DN*20, G¾	3(1)	H62				Q11F-16C
10	直通终端接头 R¾/28	3(1)	Q235			YZG5-2-R¾-28	
9	三通管接头 14	1	Q235			JB 972—1977	见附注(4)
8	隔壁直通管接头 14	2	Q235			JB 974—1977	见附注(5)
7	紫铜管$\phi 10\times 1$	1	T2			GB 1527—1997	长度见工程设计
6	直通终端接头 G½/14	3	Q235			YZG5-2	
5	内螺纹球阀 *PN*1.6MPa, *DN*15, G½	2	碳素钢				Q11F-16C
4	短节 R½	1	Q235			YZG14-1-R	
3	焊接钢管 *DN*15, $l\leqslant 500$	1	Q235			GB/T 3092—1993	
2	焊接钢管 *DN*20	1	Q235			GB/T 3092—1993	长度见工程设计
1	取压装置	1	Q235			(2000)YK02-012	
				质量(kg)			

部件、零件表

冶金仪控通用图	脏湿气体测压管路连接图 (用于水平管道或容器) *PN*0.6MPa	(2000)YK02-21	
		比例	页次

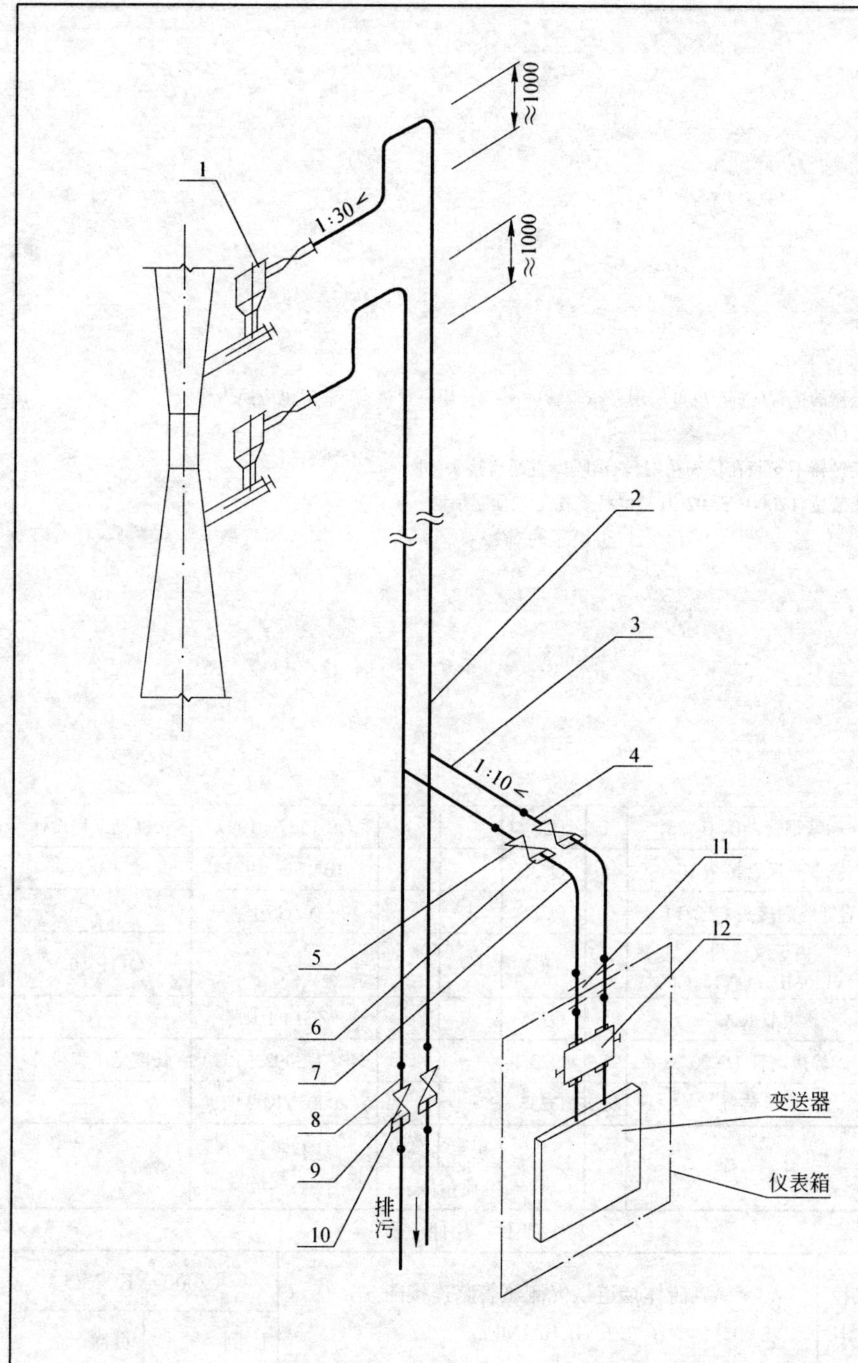

附注：

1. 本图适用于脏湿介质情况，导压管从取压装置引出后，应如图先上引再向下敷设。
2. 如变送器不安装在仪表箱内，取消隔壁直通管接头(件 11)。
3. 如导管内含水太多需在件 10 下面安装沉降器。

件号	名称	件数	材质	单重	总重	图号或标准、规格号	备注
				质量(kg)			
12	三阀组	1					与变送器成套带
11	隔壁直通管接头 10	2	Q235			JB 974—1977	
10	直通终端接头 28/R¾	2	Q235			YZG5-2-R¾-28	
9	内螺纹球阀 *PN*1.6MPa, *DN*20, G¾	2	碳素钢				Q11F-16C
8	短节 R¾	2	Q235			YZG-14-R¾	
7	紫铜管 $\phi10\times1$	2	T2			GB 1527—1997	长度见工程设计
6	直通终端接头 14/G½	2	Q235			YZG5-2	
5	内螺纹球阀 *PN*1.6MPa, *DN*15, G½	2	碳素钢				Q11F-16C
4	短节 R½	2	Q235			YZG14-1-R½	
3	焊接钢管 *DN*15, $l\leqslant500$	2	Q235			GB/T 3092—1993	
2	焊接钢管 *DN*20	2	Q235			GB/T 3092—1993	长度见工程设计
1	垂直管道脏煤气取压装置	2	Q235			(2000)YK02-011	

部件、零件表

冶金仪控通用图	煤气清洗文氏管及脏湿气体差压测量管路连接图 *PN*0.6MPa	(2000)YK02-22	
		比例	页次

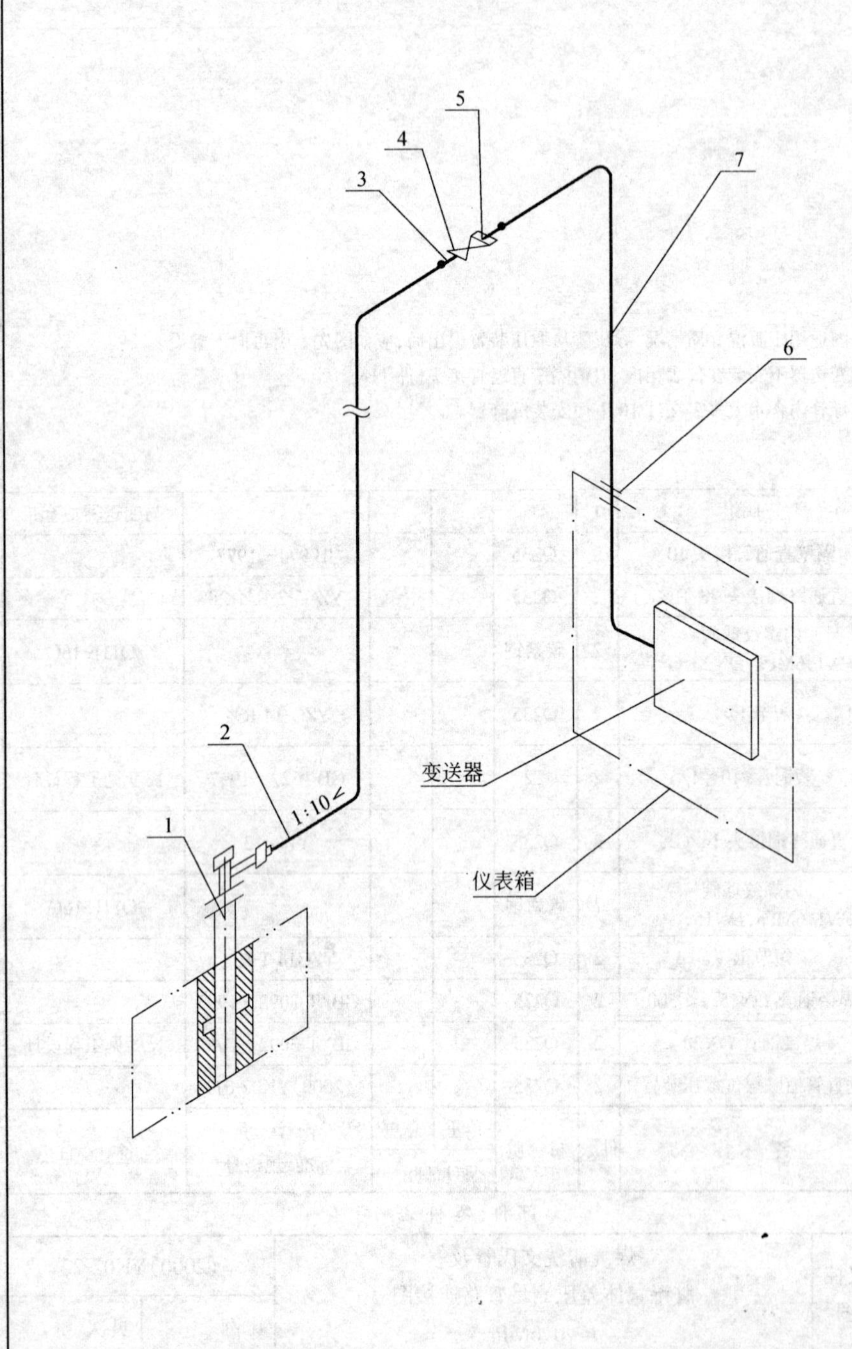

附注：

1. 变送器的接管(件 7)也可使用夹布胶管($\phi 8\times 2$)，相应管接头(件 5)也应换为橡胶管接头(R½)。
2. 如变送器不安装在仪表箱内，取消隔壁直通管接头(件 6)。
3. 取压装置((2000)YK02-017)也可委托工艺预制预埋。

件号	名　称	件数	材　质	单重	总重	图 号 或 标准、规格号	备　注
				质量(kg)			
7	紫铜管$\phi 10\times 1$	1	T2			GB 1527—1997	长度见工程设计
6	隔壁直通管接头 10	1	Q235			JB 974—1977	
5	直通终端接头 G½/14	1	Q235			YZG5-1	
4	内螺纹球阀 *PN*1.6MPa, *DN*15, G½	1	H62				Q11F-16C
3	短节 R½	1	Q235			YZG14-1-R½	
2	焊接钢管 *DN*20	1	Q235			GB/T 3092—1993	长度见工程设计
1	取压装置	1	Q235			(2000)YK02-017	

部 件、零 件 表

冶金仪控 通用图	砌砖体烟道烟气测压管路连接图 *PN*0.025MPa	(2000)YK02-23	
		比例	页次

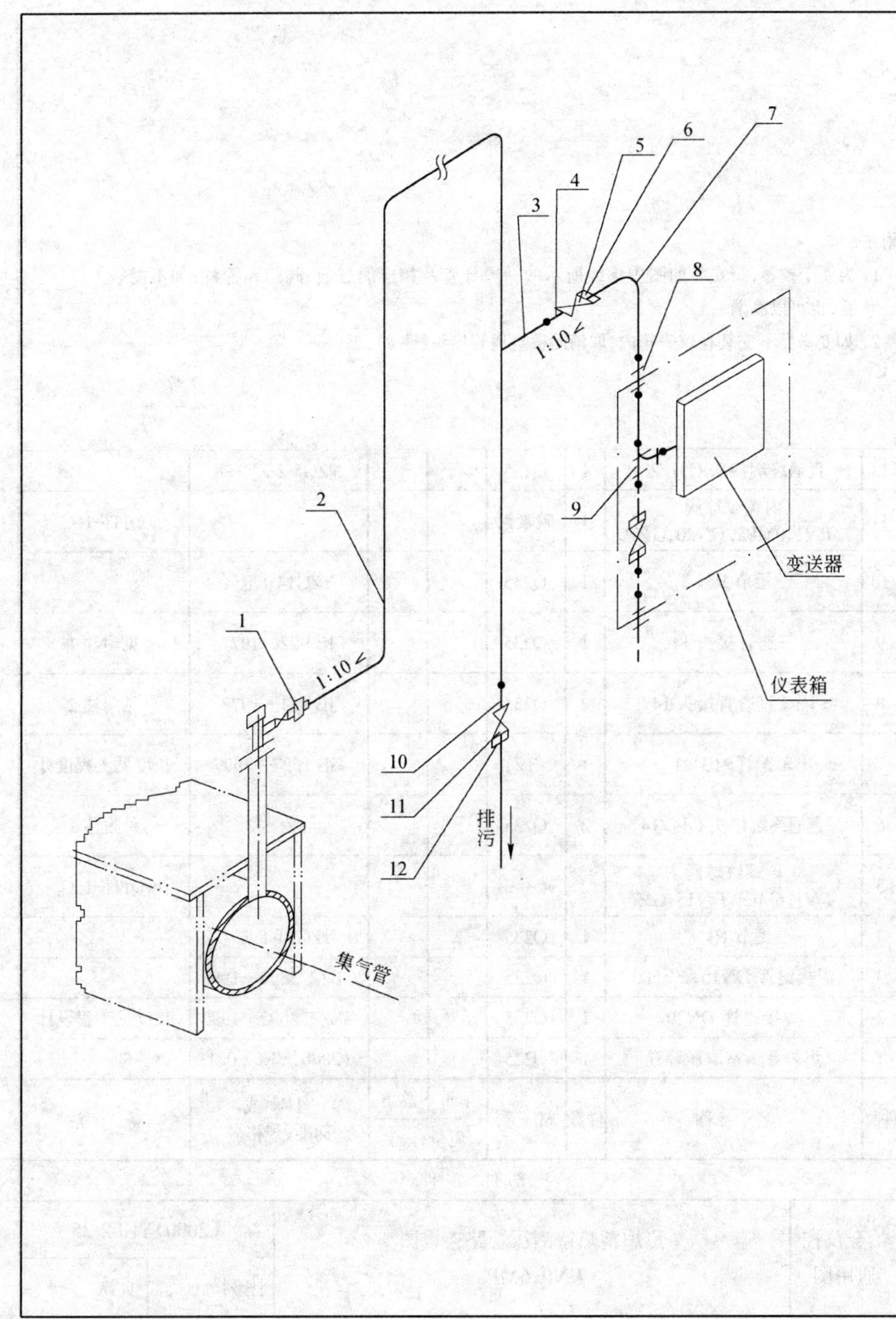

附注：

1. 为便于校零，需安装如图中虚线所示的一段导管及相连的三通、阀门和管件；如不需要，也可以取消。
2. 如变送器不安装在仪表箱内，取消隔壁直通管接头(件 8)。

件号	名称	件数	材质	单重	总重	图号或标准、规格号	备注
12	直通终端接头 G¾/28	1	Q235			YZG5-2-Z¾-28	
11	内螺纹球阀 *PN*1.6MPa, *DN*20, G¾	1	碳素钢				Q11F-16C
10	短节 R¾	1	Q235			YZG14-1-RG¾	
9	三通管接头 14	1	Q235			JB 972—1977	见附注 1
8	隔壁直通管接头 14	2	Q235			JB 974—1977	见附注 2
7	紫铜管 $\phi 10\times 1$	1	T2			GB 1527—1997	长度见工程设计
6	直通终端接头 G½/14	3	Q235			YZG5-2	见附注 1
5	内螺纹球阀 *PN*1.6MPa, *DN*15, G½	2	碳素钢				Q11F-16C
4	短节 R½	1	Q235			YZG14-1-R½	
3	焊接钢管 *DN*15, $l\leqslant 500$	1	Q235			GB/T 3092—1993	
2	焊接钢管 *DN*20	1	Q235			GB/T 3092—1993	长度见工程设计
1	焦炉集气管取压装置	1	Q235			(2000)YK02-020	
				质量(kg)			

部件、零件表

冶金仪控通用图	焦炉集气管测压管路连接图 *PN*0.6MPa	(2000)YK02-24	
		比例	页次

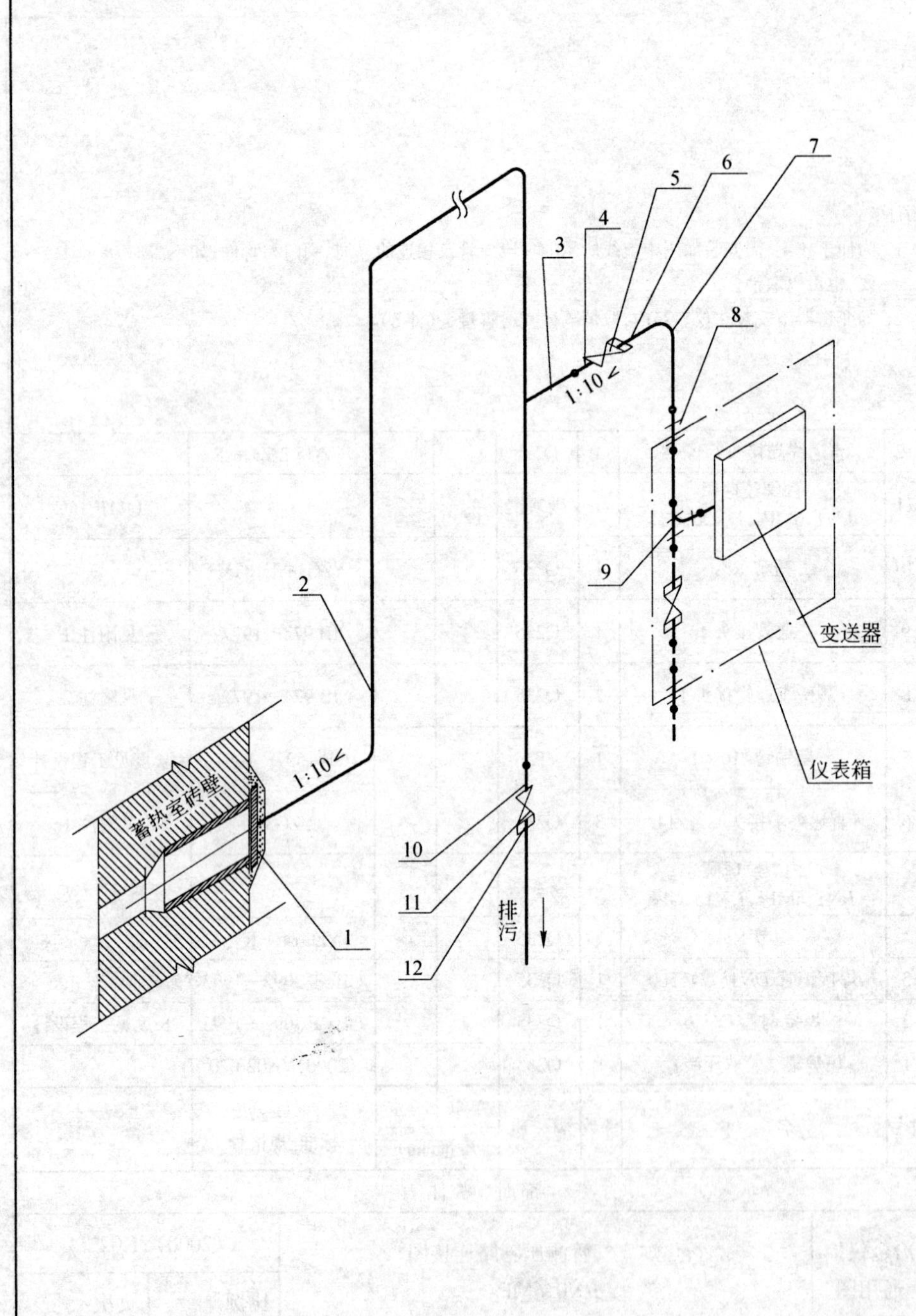

附注：

1. 为便于校零，需安装如图中虚线所示的一段导管及相连的三通、阀门和管件；如不需要，也可以取消。
2. 如变送器不安装在仪表箱内，取消隔壁直通管接头(件 8)。

件号	名　称	件数	材　质	单重	总重	图号或标准、规格号	备　注
12	直通终端接头 G¾/28	1	Q235			YZG5-2-Z¾-28	
11	内螺纹球阀 *PN*1.0MPa, *DN*20, G¾	1	碳素钢				Q11F-16C
10	短节 R¾	1	Q235			YZG14-1-R¾	
9	三通管接头 14	1	Q235			JB 972—1977	见附注 1
8	隔壁直通管接头 14	2	Q235			JB 974—1977	见附注 2
7	紫铜管 $\phi10\times1$	1	T2			GB 1527—1997	长度见工程设计
6	直通终端接头 G½/14	3	Q235			YZG5-2	见附注 1
5	内螺纹球阀 *PN*1.6MPa, *DN*15, G½	2	碳素钢				Q11F-16C
4	短节 R½	1	Q235			YZG14-1-R½	
3	焊接钢管 *DN*15, $l\leqslant500$	1	Q235			GB/T 3092—1993	
2	焊接钢管 *DN*20	1	Q235			GB/T 3092—1993	长度见工程设计
1	焦炉蓄热室取压装置	1	Q235			(2000)YK02-021	
件号	名　称	件数	材　质	单重 质量(kg)	总重 质量(kg)	图号或标准、规格号	备　注

部件、零件表

冶金仪控通用图	焦炉蓄热室测压管路连接图 *PN*0.6MPa	(2000)YK02-25	
		比例	页次

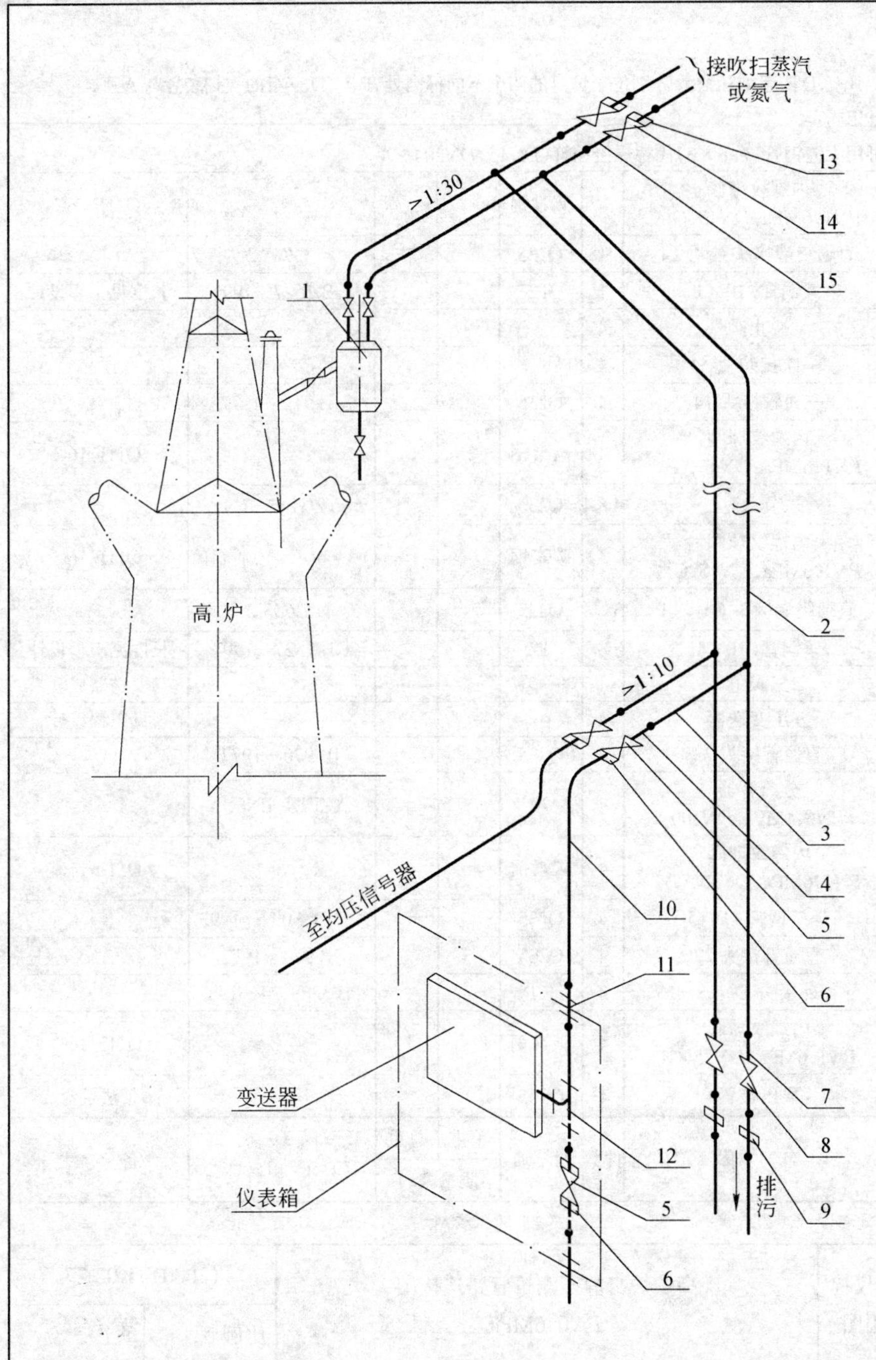

附注：

1. 高炉炉顶取压口距仪表室较远故可采用仪表箱将变送器安装在炉顶平台，若变送器室安装则取消件11。
2. 因介质脏湿应定期用蒸汽或氮气吹扫，其压力不超过0.6MPa。
3. 为便于校零，需安装如图中虚线所示的一段导管及相连的三通、阀门和管件，如不需要也可以取消。

件号	名 称	件数	材 质	单重	总重	图号或标准、规格号	备 注
				质量(kg)			
15	短节 R½	2	Q235			YZG14-R½	
14	内螺纹球阀 *PN*1.6MPa, *DN*15, G½	2	碳素钢				Q11F-16C
13	直通终端接头 R½/22	2	Q235			YZG5-2-R½-22	
12	三通管接头 14	1	Q235			JB 972—1977	
11	隔壁直通管接头 14	2	Q235			JB 974—1977	
10	紫铜管 $\phi10\times1$	1	T2			GB 1527—1997	长度见工程设计
9	直通管接头 50	2	Q235			JB970—1977	
8	内螺纹球阀 *PN*1.6MPa, *DN*40, G1½	2	碳素钢				Q11F-16C
7	短节 R1½	4	Q235			YZG-14-R1½	
6	直通终端接头 G½/14	4	Q235			YZG5-1	
5	内螺纹球阀 *PN*1.6MPa, *DN*15, G½	3	碳素钢				Q11F-16C
4	短节 R½	2	Q235			YZG14-1-R½	
3	焊接钢管 *DN*15, $l\leqslant500$	2	Q235			GB/T 3092—1993	
2	焊接钢管 *DN*40	2	Q235			GB/T 3092—1993	长度见工程设计
1	高炉大小钟间取压装置	1	Q235			(2000)YK02-022	

部件、零件表

冶金仪控通用图	高炉大小钟间测压管路连接图 *PN*0.6MPa	(2000)YK02-26	
		比例	页次

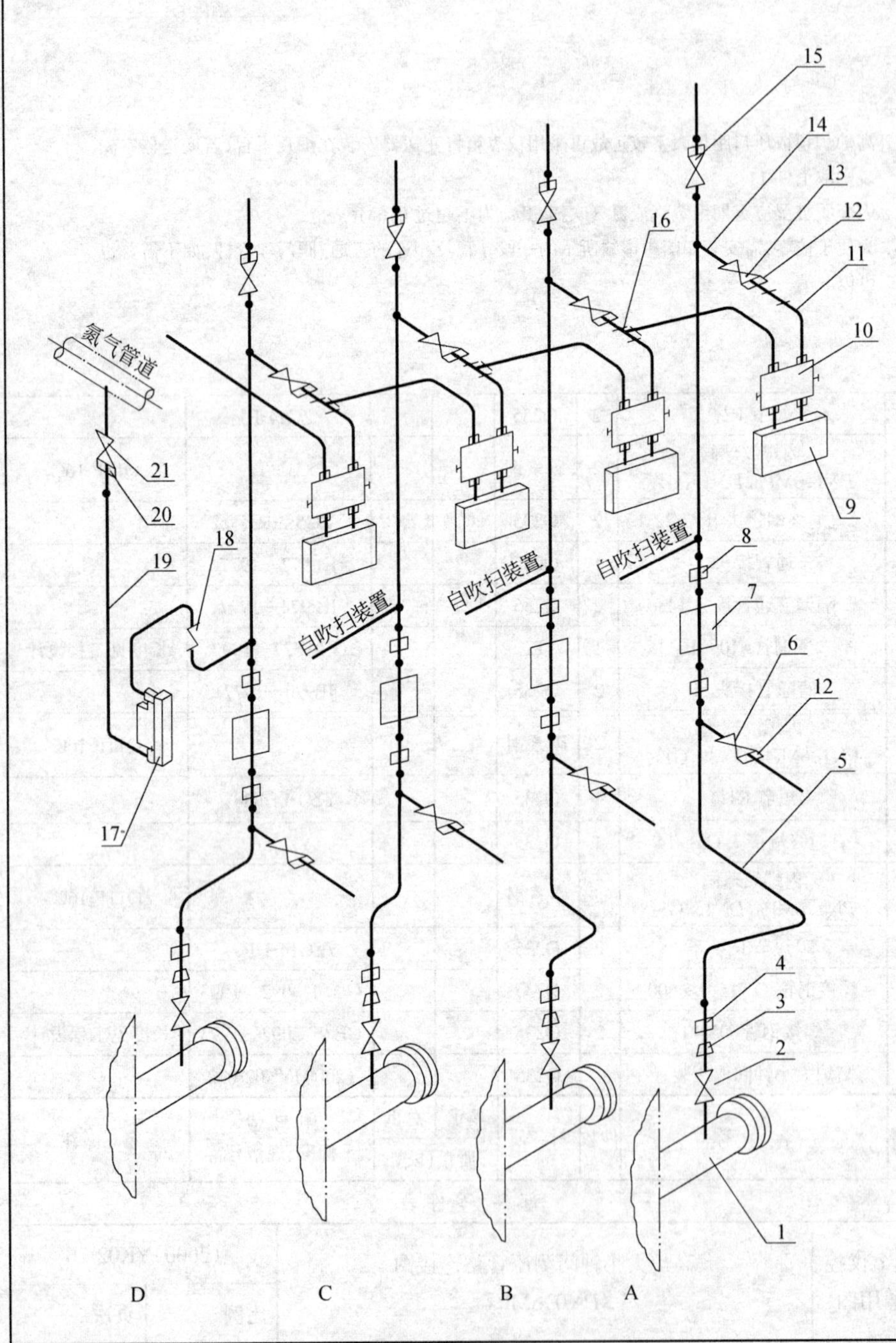

附注：

1. A,B,C,D四组取压装置分别位于炉身的四个不同标高处，B,C,D三组的吹扫装置与A组相同。
2. 可用无缝钢管($\phi 18\times 3$)代替焊接钢管(*DN*15,*DN*20)。

件号	名　称	件数	材　质	单重	总重	图号或标准、规格号	备　注
				质量(kg)			
21	内螺纹球阀 *PN*1.6MPa,*DN*15,G½	4	碳素钢				Q11F-16C
20	直通终端接头 G½/14	1	Q235			YZG5-2	
19	紫铜管$\phi 10\times 1$	1	T2			GB 1527—1997	长度见工程设计
18	逆止阀	4					
17	吹扫装置	4					成品
16	三通管接头 14	4	Q235			JB 972—1977	
15	内螺纹球阀 *PN*1.6MPa,*DN*15,G½	4	碳素钢				Q11F-16C
14	短节 R½″	4×4	Q235			YZG14-1-R½	
13	内螺纹球阀 *PN*1.6MPa,*DN*15,G½	4	碳素钢				Q11F-16C
12	直通终端接头 G½/14	3×4	Q235			YZG5-2	
11	紫铜管$\phi 10\times 1$	8	T2			GB 1527—1997	长度见工程设计
10	三阀组	4					与变送器成套带
9	差压变送器	4					见工程设计
8	直通管接头 22	8	Q235			JB 970—1977	
7	分离容器 *PN*6.4MPa,*DN*100	4	20			YZF1-8-PN6.4	
6	内螺纹球阀 *PN*1.6MPa,*DN*15,G½	4	碳素钢				Q11F-16C
5	焊接钢管 *DN*15	4	Q235			GB/T 3092—1993	
4	直通管接头 22	4	Q235			JB 970—1977	
3	异径外接头 *DN*25×15	4	KT			GB 3289.24—1982	
2	内螺纹球阀 *PN*1.6MPa,*DN*25,G1	4	碳素钢				Q11F-16C
1	取压装置	4	Q235				带法兰盘

部件、零件表

冶金仪控通用图	高炉炉身静压测量管路连接图 *PN*0.6MPa	(2000)YK02-27	
		比例	页次

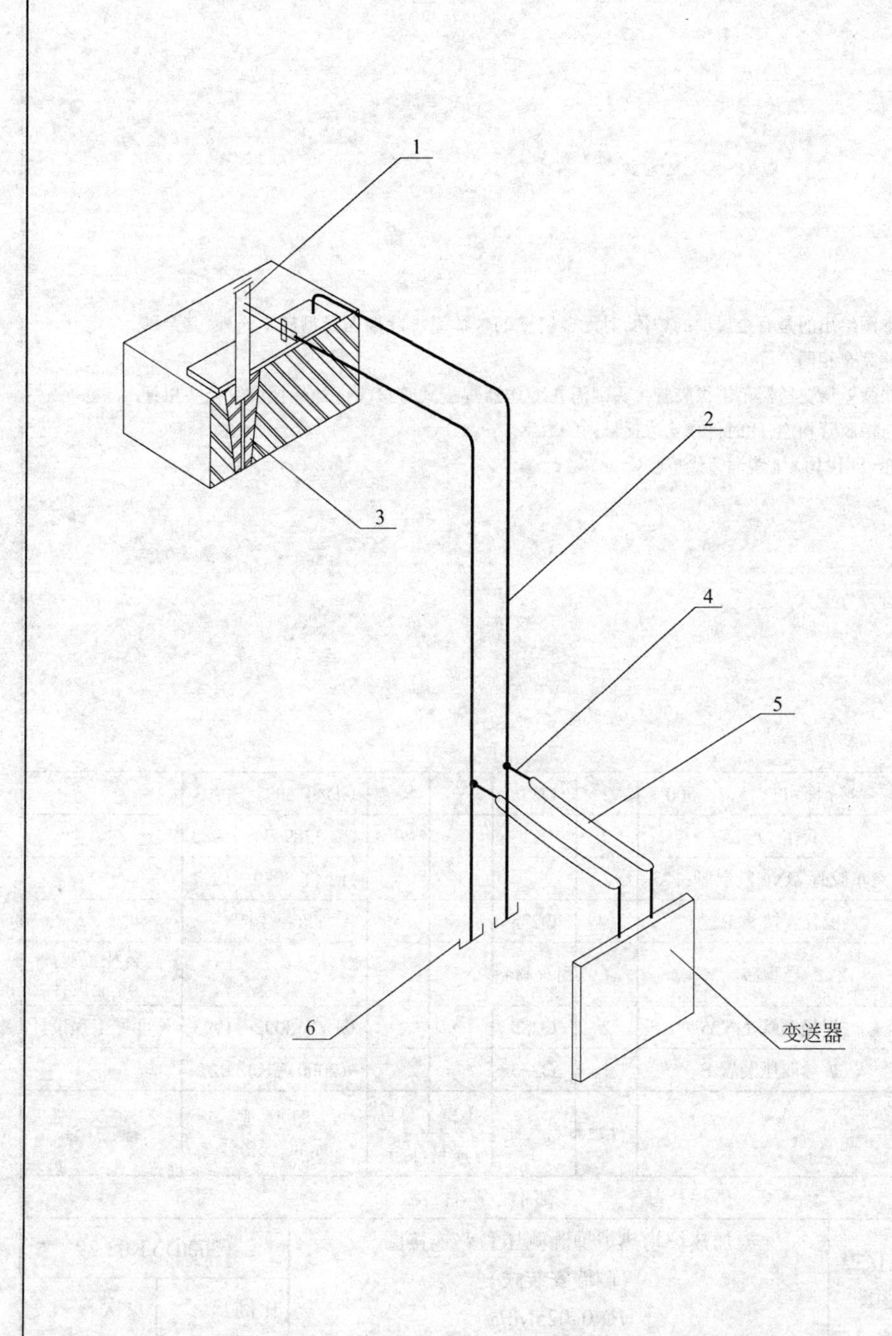

附注：

1. 如微差压变送器不带橡胶管接头则需在变送器焊接式管接头上加焊橡胶管接头以便与橡胶管相连，此时件号4取括号内的数字。
2. 亦可用$\phi 10\times 1$紫铜管代替胶管。

件号	名称	件数	材质	单重	总重	图号或标准、规格号	备注
6	管帽 *DN*25	2	KT			GB 3289.34—1982	
5	夹布胶管 *DN*6 胶层厚:1.5	2				HG/T 3039—1997	
4	橡胶管接头 R½	2(4)	Q235			YZG9-3-R½	
3	异型砖	1	耐火材料				委托工业炉专业设计
2	焊接钢管 *DN*25	2	Q235			GB/T 3092—1993	长度见工程设计
1	炉膛取压装置	1	Q235			(2000)YK02-027	
				质量(kg)			

部件、零件表

冶金仪控通用图	加热炉炉膛测压管路连接图(炉顶安装式) *PN*0.025MPa	(2000)YK02-28	
		比例	页次

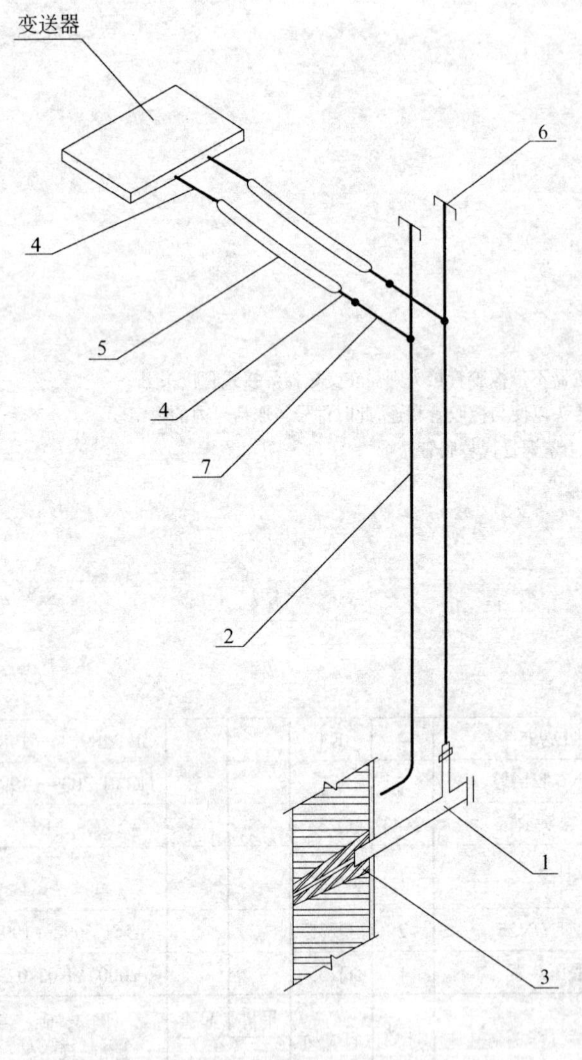

附注:

1. 本图给出的是有金属壁的炉体,对无金属壁的炉体系统除取压异型砖不同外,其余部件完全相同。
2. 如微差压变送器不带橡胶管接头则需在变送器焊接式管接头上加焊橡胶管接头以便与橡胶管相连,此时件号4取括号内的数字。
3. 亦可用$\phi10\times1$紫铜管代替胶管。

件号	名称	件数	材质	单重	总重	图号或标准、规格号	备注
7	焊接钢管 $DN15, l\leqslant500$	2	Q235			GB/T 3092—1993	
6	管帽 $DN25$	2	KT			GB 3289.34—1982	
5	夹布胶管 $DN6$ 胶层厚:1.5	2				HG/T 3039—1997	
4	橡胶管接头 R½	2(4)	Q235			YZG9-3-R½	
3	异型砖	1	耐火材料				委托工业炉专业设计
2	焊接钢管 $DN25$	2	Q235			GB/T 3092—1993	长度见工程设计
1	炉膛取压装置 B	1	Q235			(2000)YK02-027	
				质量(kg)			

部件、零件表

冶金仪控通用图	加热炉均热炉炉膛测压管路连接图 (侧墙安装式) $PN0.025$MPa	(2000)YK02-29	
		比例	页次

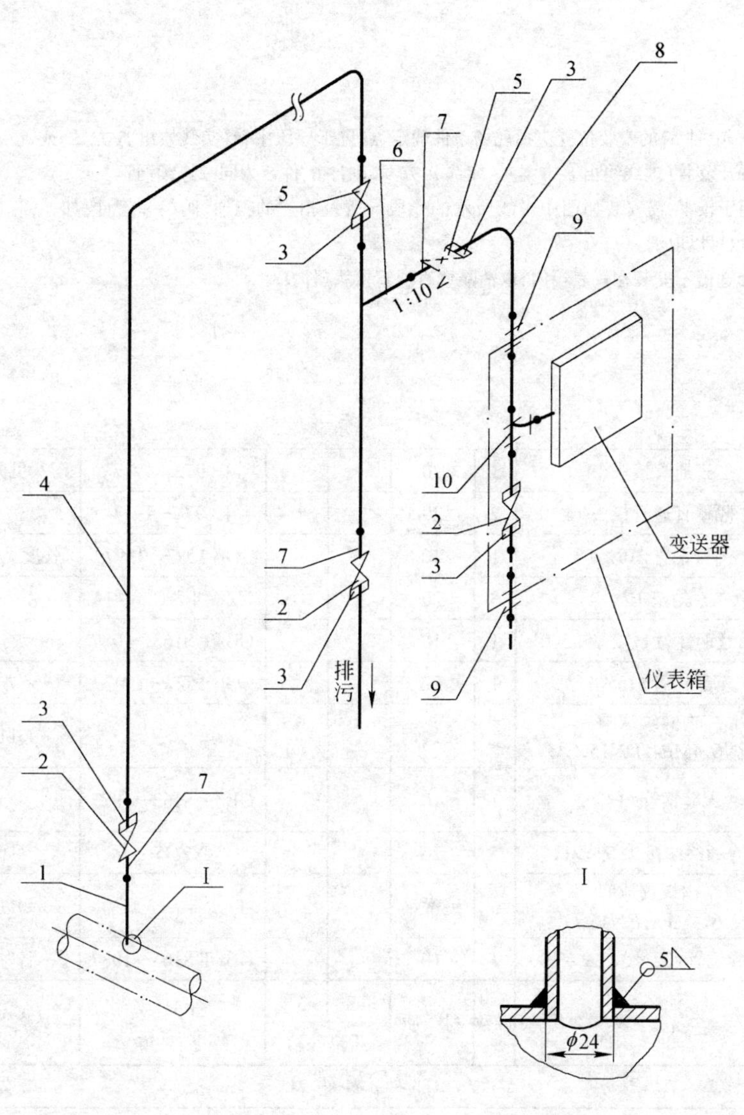

附注：

1. 二次阀(件5)的安装位置应视现场条件确定，或置于导压主管(实线绘出A方案)或置于导压支管(虚线绘出B方案)，如选A方案，则件6、件8为同一连续铜管。
2. 为便于校零，需安装如图中虚线所示的一段导管及相连的三通、阀门和管件；如不需要，也可以取消。
3. 如变送器不安装在仪表箱内，取消隔壁直通管接头(件9)。
4. 可用无缝钢管($\phi14\times2$)代替焊接钢管($DN15$)。

件号	名称	件数	材质	质量(kg) 单重	质量(kg) 总重	图号或标准、规格号	备注
10	三通管接头 14	1	Q235			JB 972—1977	见附注1
9	隔壁直通管接头 14	2	Q235			JB 974—1977	
8	紫铜管$\phi10\times1$	1	T2			GB 1527—1997	长度见工程设计
7	短节 R½	3	Q235			YZG14-1-R½	
	焊接钢管 $DN15, l\leqslant500$	1	Q235			GB/T 3092—1993	方案B
6	紫铜管$\phi10\times1$	1	T2			GB 1527—1997	方案A
5	内螺纹球阀 $PN1.6$MPa, $DN15$, G½	1	碳素钢				Q11F-16C
4	焊接钢管 $DN15, l\leqslant500$	1	Q235			GB/T 3092—1993	见附注4
3	直通终端接头 R½/22	5	Q235			YZG5-2	见附注1
2	内螺纹球阀 $PN1.6$MPa, $DN15$, G½	3	碳素钢				Q11F-16C
1	无缝钢管$\phi22\times3.5, l=100$	1	Q235			GB/T 8163—1987	一端为R½螺纹

部件、零件表

冶金仪控通用图	气体测压管路连接图 (取压点低于压力计) $PN1.0$MPa	(2000)YK02-30	
		比例	页次

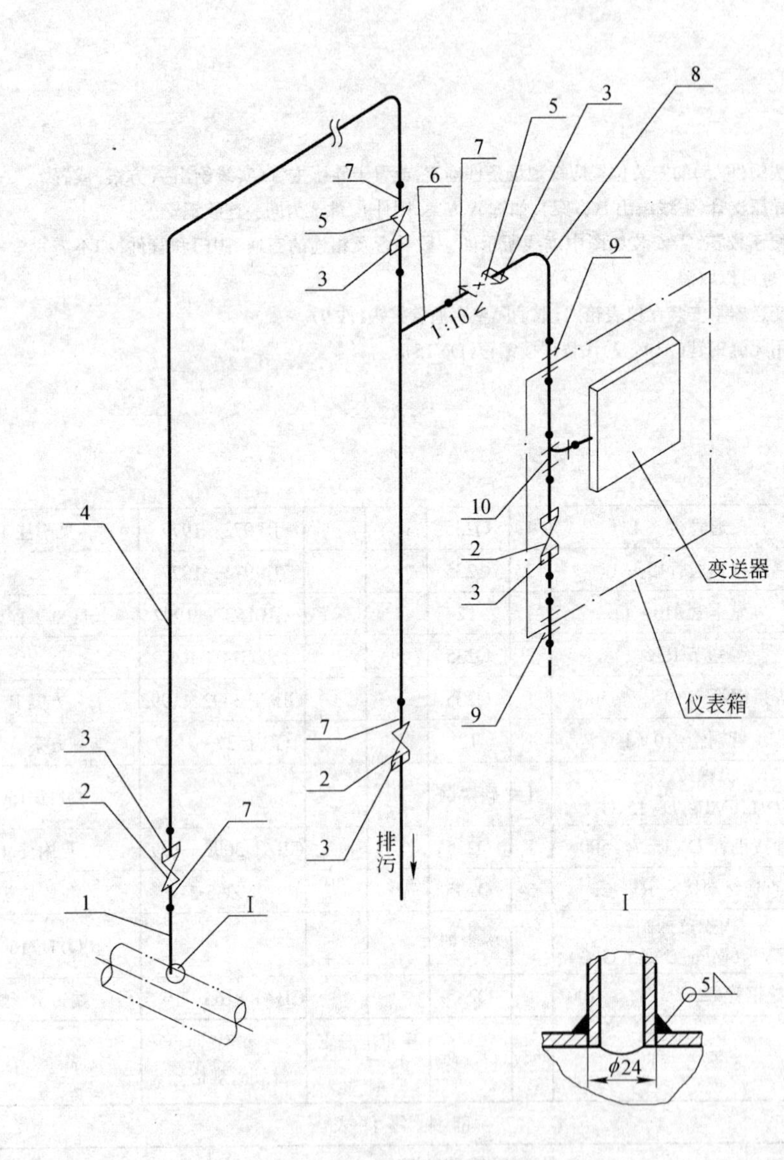

附注：

1. 二次阀(件5)的安装位置应视现场条件确定，或置于导压主管(实线绘出A方案)或置于导压支管(虚线绘出B方案)。如选A方案，则件6、件8为同一连续铜管。
2. 为便于校零，需安装如图中虚线所示的一段导管及相连的三通、阀门和管件；如不需要，也可以取消。
3. 如变送器不安装在仪表箱内，取消隔壁直通管接头(件9)。

件号	名称	件数	材质	单重	总重	图号或标准、规格号	备注
10	三通管接头14	1	20			JB 972—1977	见附注1
9	隔壁直通管接头14	2	20			JB 974—1977	
8	紫铜管$\phi 10\times 1$	1	T2			GB 1527—1997	长度见工程设计
7	短节R½	3	20			YZG14-3-R½-$\phi 14$	
	无缝钢管$\phi 14\times 2$, $l\leqslant 500$	1	10			GB/T 8163—1987	方案B
6	紫铜管$\phi 10\times 1$	1	T2			GB 1527—1997	方案A
5	内螺纹球阀 PN6.4MPa, DN15, G½	1	碳素钢				Q11F-64C
4	无缝钢管$\phi 14\times 2$	1	10			GB/T 8163—1987	
3	直通终端接头R½/14	5	20			YZG5-2	见附注1
2	内螺纹球阀 PN6.4MPa, DN15, G½	3	碳素钢				Q11F-64C
1	无缝钢管$\phi 22\times 3.5$, $l=100$	1	10			GB/T 8163—1987	一端为R½螺纹
件号	名称	件数	材质	单重 质量(kg)	总重	图号或标准、规格号	备注

部件、零件表

冶金仪控通用图	气体测压管路连接图 (取压点低于压力计) PN6.4MPa	(2000)YK02-31	
		比例	页次

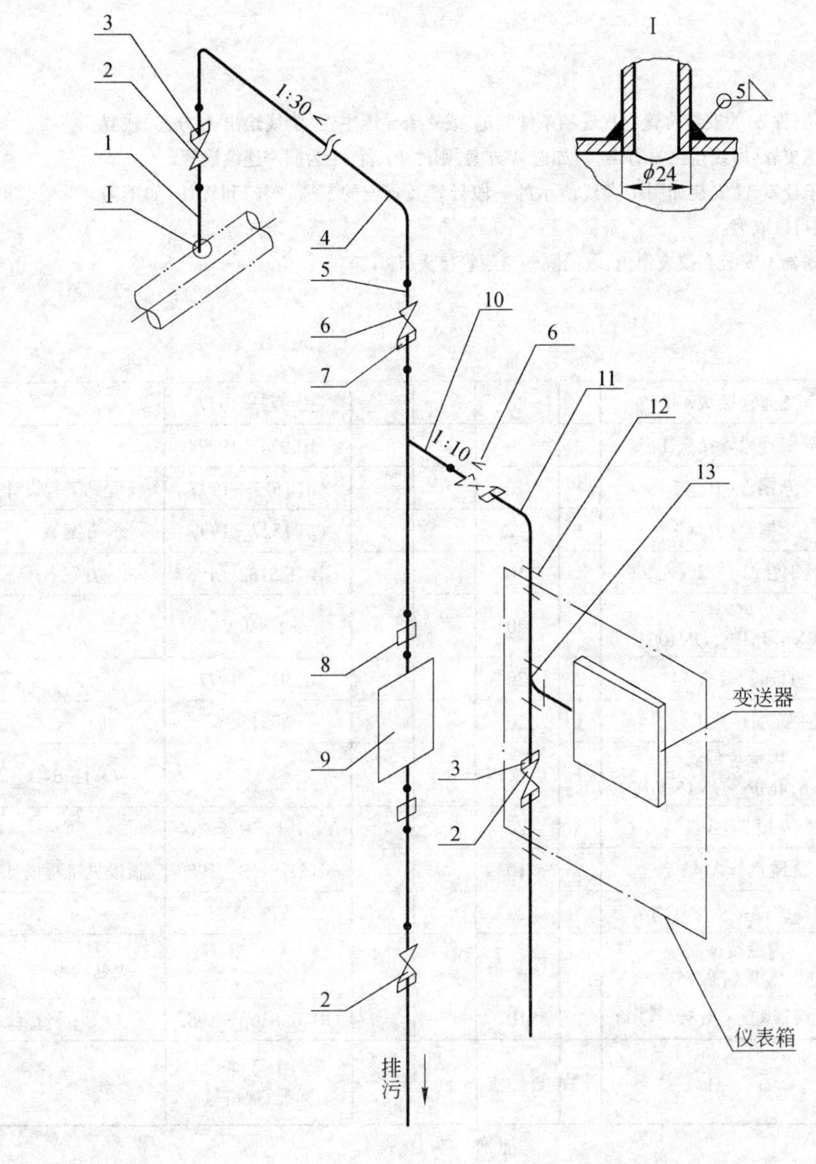

附注：

1. 二次阀（件 6）的安装位置应视现场条件确定，或置于导压主管（实线绘出 A 方案）或置于导压支管（虚线绘出 B 方案）。如选 A 方案，则件 10、件 11 为同一连续铜管。
2. 为便于校零，需安装如图中虚线所示的一段导管及相连的三通、阀门和管件，如不需要，也可以取消。
3. 如变送器不安装在仪表箱内，取消隔壁直通管接头（件 12）。
4. 可用无缝钢管（$\phi14\times2$）代替焊接钢管（$DN15$）。

件号	名　称	件数	材　质	单重	总重	图号或标准、规格号	备　注
13	三通管接头 14	1	Q235			JB 972—1977	
12	隔壁直通管接头 14	2	Q235			JB 974—1977	
11	紫铜管 $\phi10\times1$	1	T2			GB 1527—1997	长度见工程设计
	紫铜管 $\phi10\times1$	1	T2			GB 1527—1997	方案 A
10	焊接钢管 $DN15$，$l\leqslant400$	1	Q235			GB/T 3092—1993	方案 B
9	分离容器 $PN6.4$MPa，$DN100$	1	20			YZF1-8-$PN6.4$	
8	直通管接头 14	2	Q235			JB 970—1977	
7	直通终端接头 R½/14	1	Q235			YZG5-2	
6	内螺纹球阀 $PN1.6$MPa，$DN15$，G½	1	H62				Q11F-16C
5	短节 R½	3	Q235			YZG14-1-R½	
4	焊接钢管 $DN15$	1	Q235			GB/T 3092—1993	长度见工程设计
3	直通终端接头 R½/22	4	Q235			YZG5-2	见附注 4
2	内螺纹球阀 $PN1.6$MPa，$DN15$，G½	3	H62				Q11F-16C
1	无缝钢管 $\phi22\times3.5$，$l=100$	1	Q235			GB/T 8163—1987	一端为 R½螺纹
				质量(kg)			

部件、零件表

冶金仪控通用图	气体测压管路连接图（取压点高于压力计）$PN1.0$MPa	(2000)YK02-32	
		比例	页次

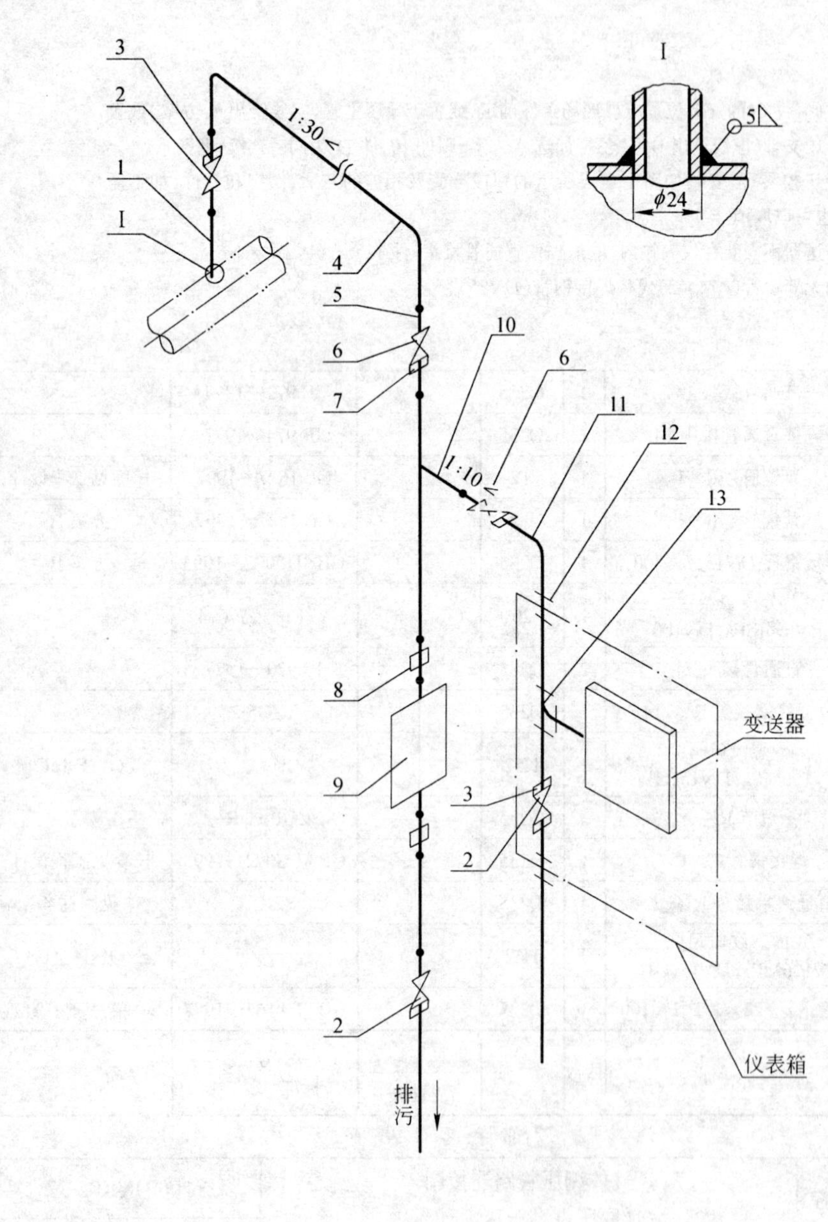

附注：

1. 二次阀(件6)的安装位置应视现场条件确定，或置于导压主管(实线绘出A方案)或置于导压支管(虚线绘出B方案)。如选A方案，则件10、件11为同一连续铜管。
2. 为便于校零，需安装如图中虚线所示的一段导管及相连的三通、阀门和管件；如不需要，也可以取消。
3. 如变送器不安装在仪表箱内，取消隔壁直通管接头(件12)。

件号	名称	件数	材质	单重	总重	图号或标准、规格号	备注
				质量(kg)			
13	三通管接头14	1	20			JB 972—1977	
12	隔壁直通管接头14	2	20			JB 974—1977	
11	紫铜管$\phi10\times1$	1	T2			GB 1527—1997	长度见工程设计
	紫铜管$\phi10\times1$	1	T2			GB 1527—1997	方案A
10	无缝钢管$\phi14\times2, l\leqslant400$	1	10			GB/T 8162—1987	方案B
9	分离容器 $PN6.4$MPa, $DN100$	1	20			YZF1-8-$PN6.4$	
8	直通管接头14	2	20			JB 970—1977	
7	直通终端接头R½/14	1	20			YZG5-2	
6	内螺纹球阀 $PN6.4$MPa, $DN15$, G½	1	碳素钢				Q11F-64C
5	短节R½	3	20			YZG14-3-R½-$\phi14$	
4	无缝钢管$\phi14\times2$	1	10			GB/T 8163—1987	长度见工程设计
3	直通终端接头R½/14	4	20			YZG5-2	
2	内螺纹球阀 $PN6.4$MPa, $DN15$, G½	3	碳素钢				Q11F-64C
1	无缝钢管$\phi22\times3.5, l=100$	1	10			GB/T 8163—1987	一端为R½螺纹

部件、零件表

冶金仪控通用图	气体测压管路连接图 (取压点高于压力计) $PN6.4$MPa	(2000)YK02-33	
		比例	页次

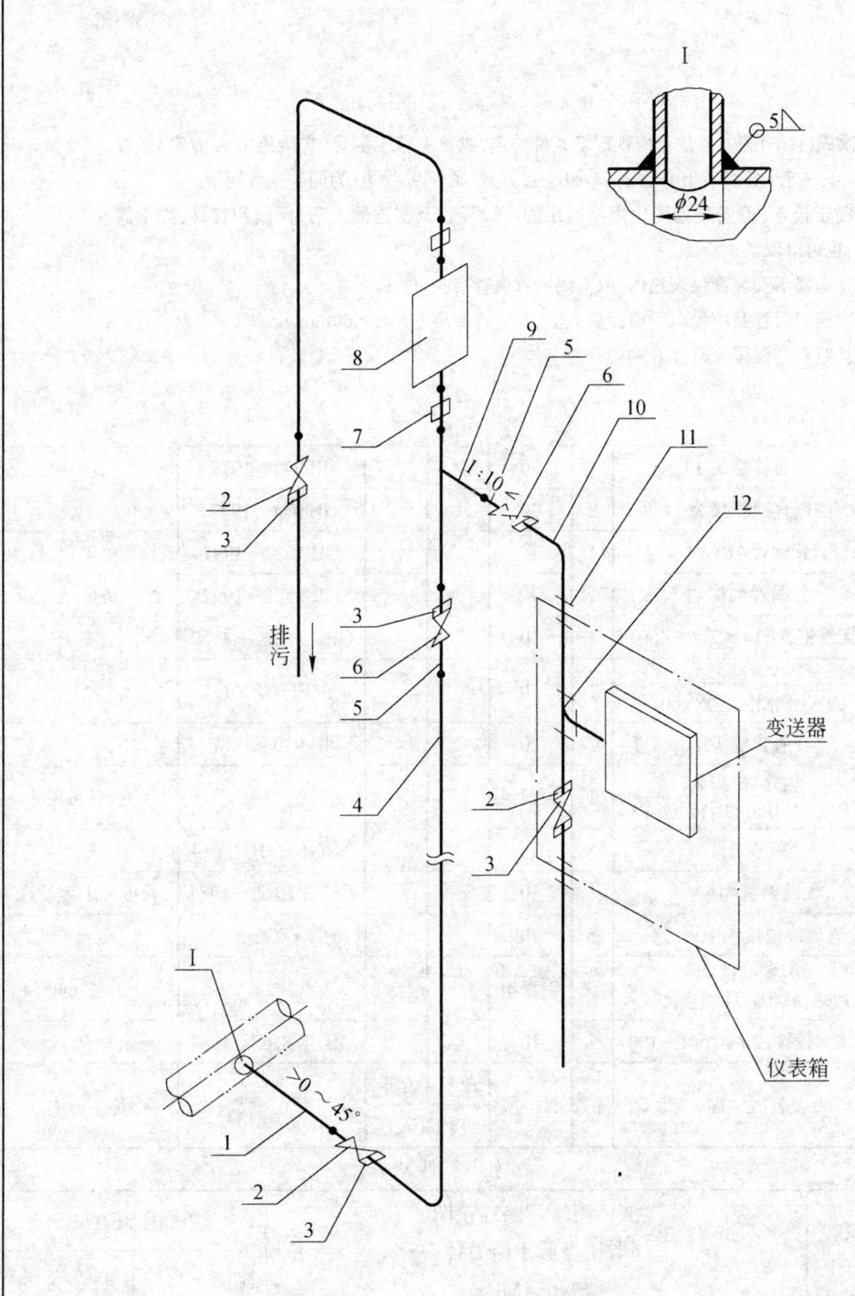

附注：

1. 二次阀(件 6)的安装位置应视现场条件确定，或置于导压主管(实线绘出 A 方案)或置于导压支管(虚线绘出 B 方案)。如选 A 方案，则件 9、件 10 为同一连续铜管。
2. 为便于校零，需安装如图中虚线所示的一段导管及相连的三通、阀门和管件；如不需要，也可以取消。
3. 如变送器不安装在仪表箱内，取消隔壁直通管接头(件 11)。
4. 一次阀门后管路应先向下引而后向上，其下垂距离不小于 500mm。
5. 如管路不需要排气时件 8、件 7 取消。
6. 可用无缝钢管($\phi14\times2$)代替焊接钢管(*DN*15)。

件号	名称	件数	材质	单重	总重	图号或标准、规格号	备注
12	三通管接头 14	1	Q235			JB 972—1977	
11	隔壁直通管接头 14	2	Q235			JB 974—1977	
10	紫铜管$\phi10\times1$	1	T2			GB 1527—1997	长度见工程设计
	紫铜管$\phi10\times1$	1	T2			GB 1527—1997	方案 A
9	焊接钢管 *DN*15，$l\leqslant400$	1	Q235			GB/T 3092—1993	方案 B
8	分离容器 *PN*6.4MPa，*DN*100	1	20			YZF1-8-*PN*6.4	
7	直通管接头 14	2	Q235			JB 970—1977	
6	内螺纹球阀 *PN*1.6MPa，*DN*15，G½	1	H62				Q11F-16C
5	短节 R½	3	Q235			YZG14-3-R½-ϕ14	
4	焊接钢管 *DN*15	1	Q235			GB/T 3092—1993	长度见工程设计
3	直通终端接头 R½/22	5	Q235			YZG5-2	
2	内螺纹球阀 *PN*1.6MPa，*DN*15，G½	3	碳素钢				Q11F-16C
1	无缝钢管$\phi22\times3.5$，$l=100$	1	Q235			GB/T 8163—1987	一端为 R½螺纹
				质量(kg)			

部件、零件表

冶金仪控通用图	液体测压管路连接图 (取压点低于压力计) *PN*1.0MPa	(2000)YK02-34	
		比例	页次

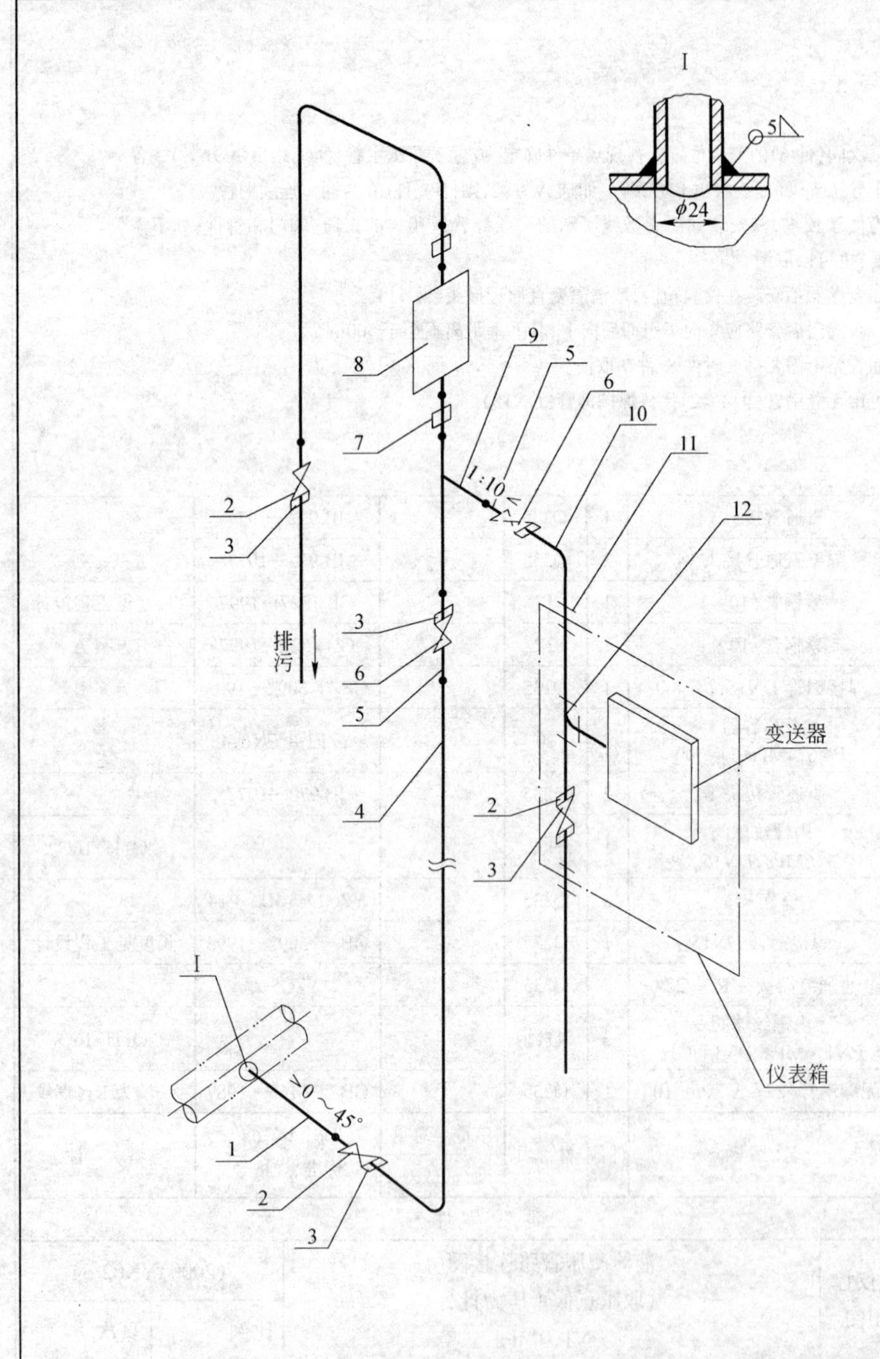

附注：

1. 二次阀(件6)的安装位置应视现场条件确定，或置于导压主管(实线绘出A方案)或置于导压支管(虚线绘出B方案)。如选A方案，则件9、件10为同一连续铜管。
2. 为便于校零，需安装如图中虚线所示的一段导管及相连的三通、阀门和管件；如不需要，也可以取消。
3. 如变送器不安装在仪表箱内，取消隔壁直通管接头(件11)。
4. 一次阀门后管路应先向下引而后向上，其下垂距离不小于500mm。
5. 如管路不需要排气时件8、件7取消。

件号	名称	件数	材质	单重	总重	图号或标准、规格号	备注
12	三通管接头14	1	20			JB 972—1977	
11	隔壁直通管接头14	2	20			JB 974—1977	
10	紫铜管$\phi10\times1$	1	T2			GB 1527—1997	长度见工程设计
	紫铜管$\phi10\times1$	1	T2			GB 1527—1997	方案A
9	无缝钢管$\phi14\times2$，$l\leqslant400$	1	10			GB/T 8163—1987	方案B
8	分离容器 *PN*6.4MPa，*DN*100	1	20			YZF1-8-*PN*6.4	
7	直通管接头14	2	20			JB 970—1977	
6	内螺纹球阀 *PN*6.4MPa，*DN*15，G½	1	碳素钢				Q11F-64C
5	短节R½	3	20			YZG14-3-R½-ϕ14	
4	无缝钢管$\phi14\times2$	1	10			GB/T 8163—1987	长度见工程设计
3	直通终端接头R½/14	5	20			YZG5-2	
2	内螺纹球阀 *PN*6.4MPa，*DN*15，G½	3	碳素钢				Q11F-64C
1	无缝钢管$\phi22\times3.5$，$l=100$	1	10			GB/T 8163—1987	一端为R½螺纹
				质量(kg)			

部件、零件表

冶金仪控 通用图	液体测压管路连接图 (取压点低于压力计) *PN*6.4MPa	(2000)YK02-35	
		比例	页次

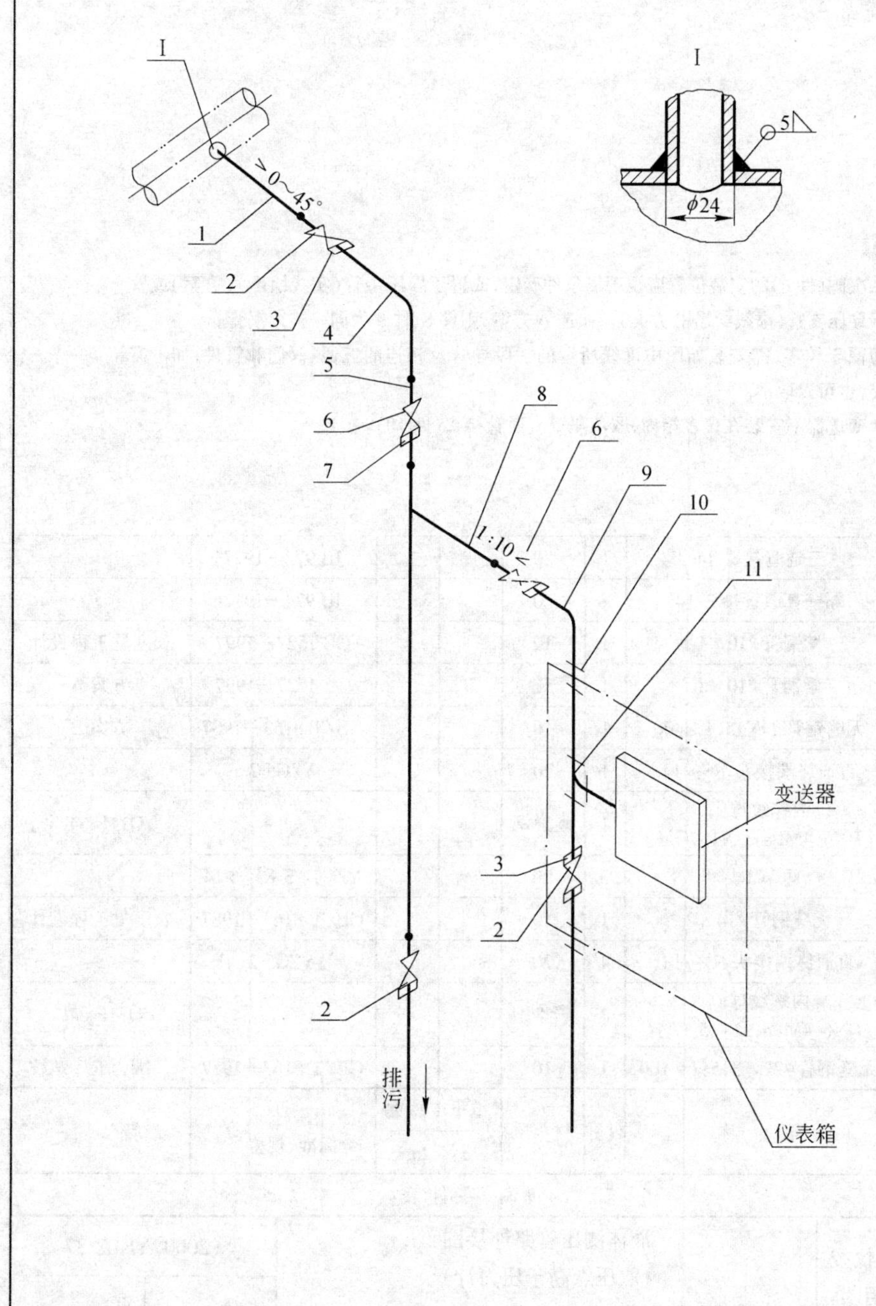

附注：

1. 二次阀(件 6)的安装位置应视现场条件确定，或置于导压主管(实线绘出 A 方案)或置于导压支管(虚线绘出 B 方案)。如选 A 方案，则件 8、件 9 为同一连续铜管。
2. 为便于校零，需安装如图中虚线所示的一段导管及相连的三通、阀门和管件；如不需要，也可以取消。
3. 如变送器不安装在仪表箱内，取消隔壁直通管接头(件 10)。
4. 可用无缝钢管($\phi14\times2$)代替焊接钢管(*DN*15)。

件号	名　称	件数	材　质	单重	总重	图号或标准、规格号	备　注
				质量(kg)			
11	三通管接头 14	1	Q235			JB 972—1977	
10	隔壁直通管接头 14	2	Q235			JB 974—1977	
9	紫铜管$\phi10\times1$	1	T2			GB 1527—1997	长度见工程设计
	紫铜管$\phi10\times1$	1	T2			GB 1527—1997	方案 A
8	焊接钢管 *DN*15，$l\leqslant400$	1	Q235			GB/T 3092—1993	方案 B
7	直通终端接头 R½/22(14)	1	Q235			YZG5-2	括号内的 14 为方案 B 用
6	内螺纹球阀 *PN*1.6MPa，*DN*15，G½	1	碳素钢				Q11F-16C
5	短节 R½	3	Q235			YZG14-1-R½	
4	焊接钢管 *DN*15	1	Q235			GB/T 3092—1993	长度见工程设计
3	直通终端接头 R½/22	4	Q235			YZG5-2	
2	内螺纹球阀 *PN*1.6MPa，*DN*15，G½	3	碳素钢				Q11F-16C
1	无缝钢管$\phi22\times3.5$，$l=100$	1	Q235			GB/T 8163—1987	一端为 R½螺纹

部件、零件表

冶金仪控通用图	液体测压管路连接图 (取压点高于压力计) *PN*1.0MPa	(2000)YK02-36	
		比例	页次

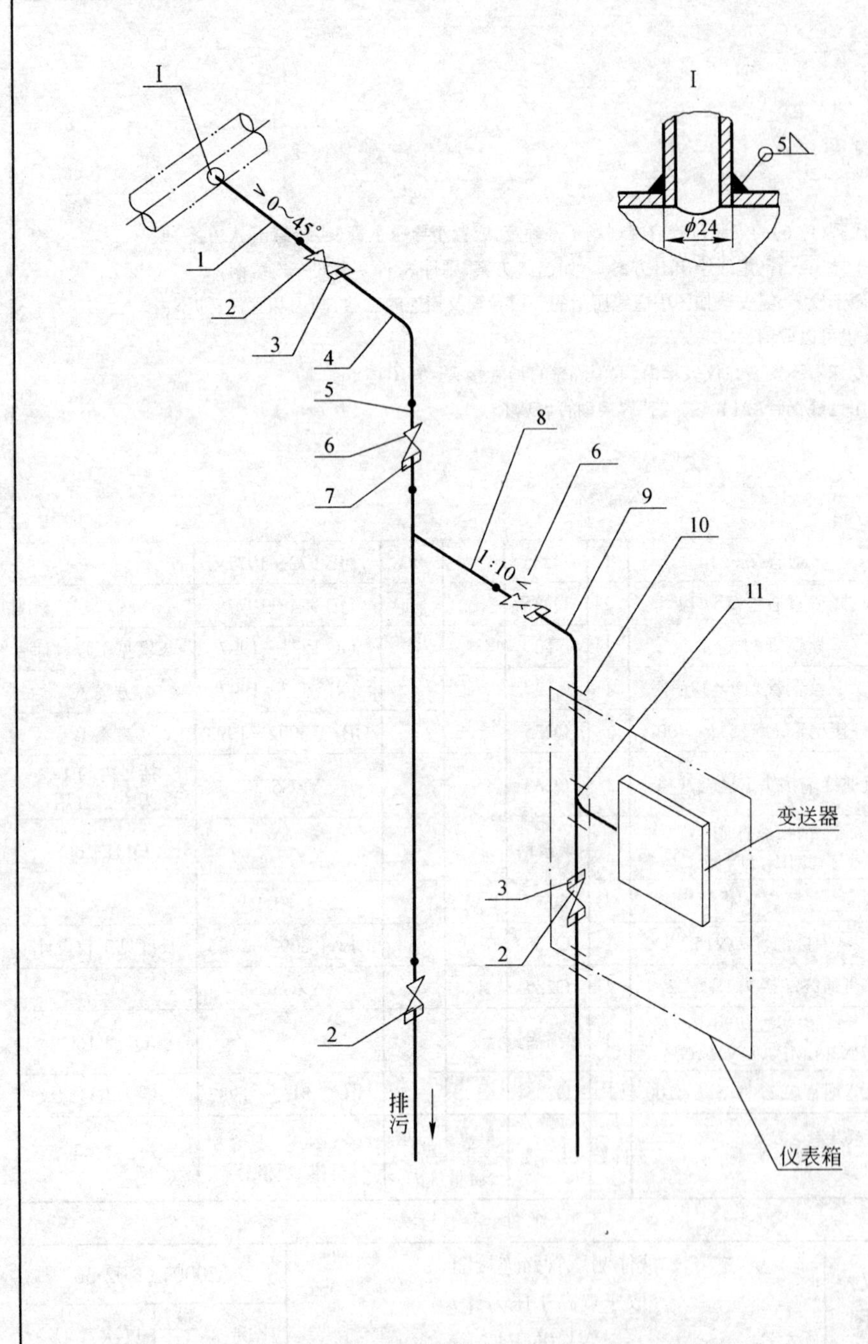

附注：

1. 二次阀（件6）的安装位置应视现场条件确定，或置于导压主管（实线绘出A方案）或置于导压支管（虚线绘出B方案）。如选A方案，则件8、件9为同一连续铜管。
2. 为便于校零，需安装如图中虚线所示的一段导管及相连的三通、阀门和管件；如不需要，也可以取消。
3. 如变送器不安装在仪表箱内，取消隔壁直通管接头（件10）。

件号	名称	件数	材质	单重	总重	图号或标准、规格号	备注
11	三通管接头 14	1	20			JB 972—1977	
10	隔壁直通管接头 14	2	20			JB 974—1977	
9	紫铜管 $\phi10\times1$	1	T2			GB 1527—1997	长度见工程设计
	紫铜管 $\phi10\times1$	1	T2			GB 1527—1997	方案 A
8	无缝钢管 *DN*15，$l\leqslant400$	1	10			GB/T 8163—1987	方案 B
7	直通终端接头 R½/14	1	20			YZG5-2	
6	内螺纹球阀 *PN*6.4MPa，*DN*15，G½	1	碳素钢				Q11F-64C
5	短节 R½	3	20			YZG14-3-R½-ϕ14	
4	无缝钢管 $\phi14\times2$	1	10			GB/T 8163—1987	长度见工程设计
3	直通终端接头 R½/14	4	20			YZG5-2	
2	内螺纹球阀 *PN*6.4MPa，*DN*15，G½	3	碳素钢				Q11F-64C
1	无缝钢管 $\phi22\times3.5$，$l=100$	1	10			GB/T 8163—1987	一端为 R½螺纹
件号	名称	件数	材质	单重 质量(kg)	总重	图号或标准、规格号	备注

部件、零件表

冶金仪控通用图	液体测压管路连接图（取压点高于压力计）*PN*6.4MPa	(2000)YK02-37	
		比例	页次

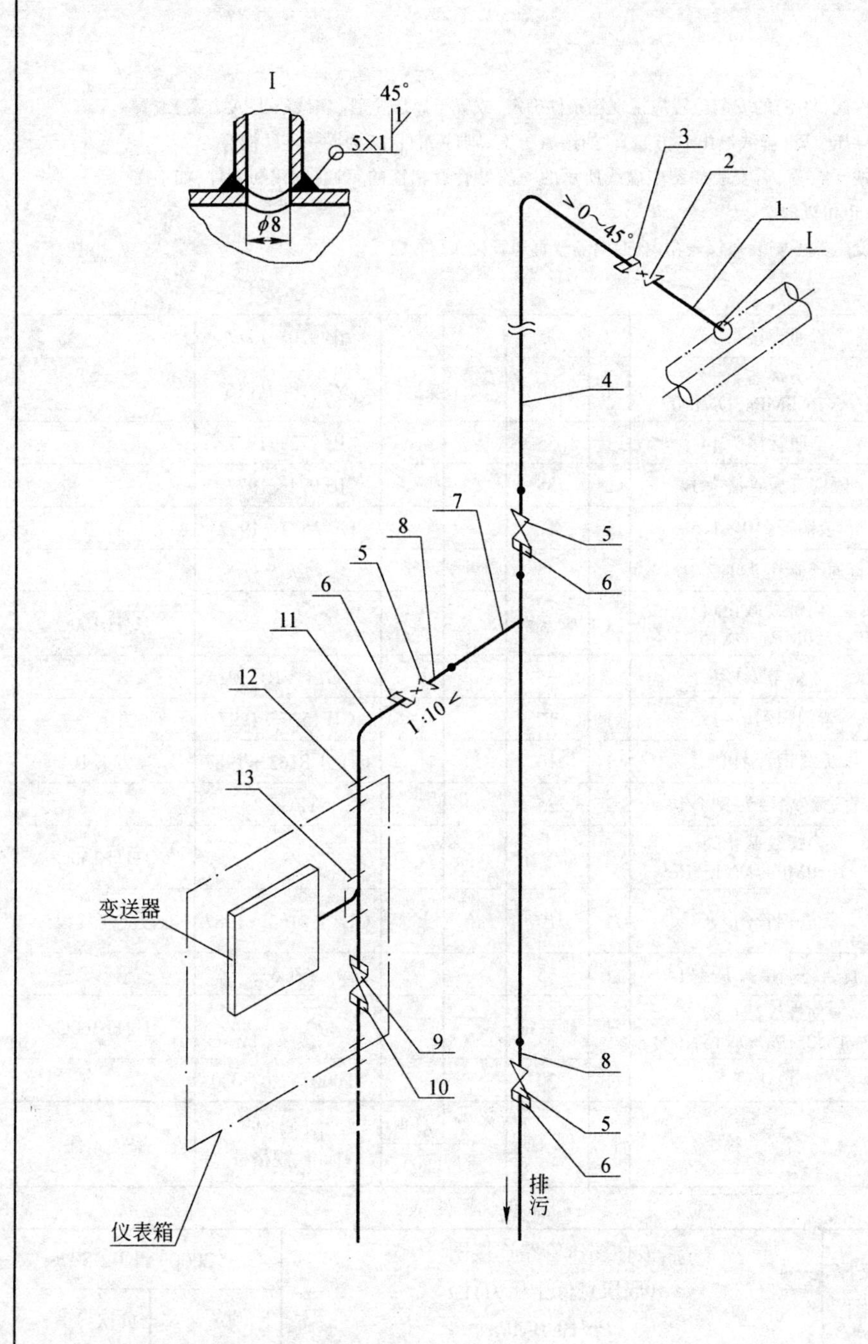

附注：

1. 二次阀(件5)的安装位置应视现场条件确定，或置于导压主管(实线绘出A方案)或置于导压支管(虚线绘出B方案)。如选A方案，则件7、件11为同一连续铜管。
2. 为便于校零，需安装如图中虚线所示的一段导管及相连的三通、阀门和管件，如不需要，也可以取消。
3. 如变送器不安装在仪表箱内，取消隔壁直通管接头(件12)。

13	三通管接头14	1	35			JB 972—1977	
12	隔壁直通管接头14	2	35			JB 974—1977	
11	紫铜管φ10×1.5	1	T2			GB 1527—1997	
10	直通终端接头R½/14	2	35			YZG5-2	
9	内螺纹截止阀 PN16.0MPa, DN15, Rc½	1	碳素钢				J11H-160C
8	短节R½″	2	35			YZG14-3-R½-φ14	
	紫铜管φ10×1.5	1	T2			GB 1527—1997	方案A
7	无缝钢管φ14×2	1	10			GB/T 8163—1987	方案B
6	直通终端接头R½/14	2	35			YZG5-2	
5	内螺纹截止阀 PN16.0MPa, DN15, Rc½	2	碳素钢				J11H-160C
4	无缝钢管φ14×2	1	10			GB/T 8163—1987	长度见工程设计
3	直通终端接头R½/14	1	35			YZG5-2	
2	内螺纹截止阀 PN16.0MPa, DN15, Rc½	1	碳素钢				J11H-160C
1	取压管	1	20			(2000)YK02-030	
件号	名　称	件数	材　质	单重 质量(kg)	总重	图号或 标准、规格号	备　注

部件、零件表

冶金仪控 通用图	液体测压管路连接图 (取压点高于压力计) PN10.0MPa	(2000)YK02-38	
		比例	页次

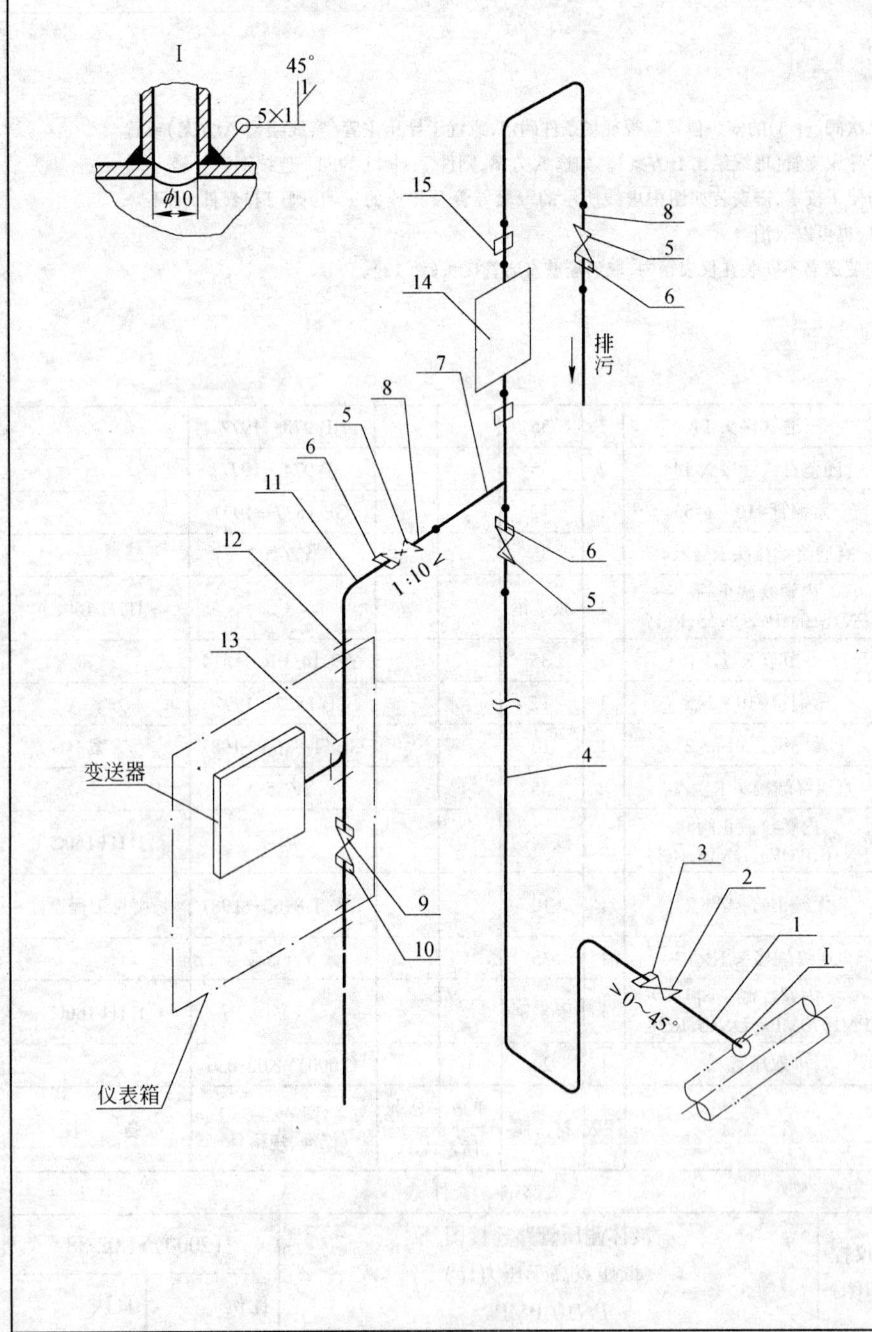

附注：

1. 二次阀(件5)的安装位置应视现场条件确定，或置于导压主管(实线绘出A方案)或置于导压支管(虚线绘出B方案)。如选A方案，则件7、件11为同一连续铜管。
2. 为便于校零，需安装如图中虚线所示的一段导管及相连的三通、阀门和管件；如不需要，也可以取消。
3. 如变送器不安装在仪表箱内，取消隔壁直通管接头(件12)。

件号	名称	件数	材质	单重	总重	图号或标准、规格号	备注
15	直通管接头14	2	35			JB 970—1977	
14	分离容器 *PN*16.0MPa, *DN*100	1	20			YZF1-8-*PN*16	
13	三通管接头14	1	35			JB 972—1977	
12	隔壁直通管接头14	2	35			JB 974—1977	
11	紫铜管φ10×1.5	1	T2			GB 1527—1997	
10	直通终端接头1/2/R½	2	35			YZG5-2	
9	内螺纹截止阀 *PN*16.0MPa, *DN*15, G½	1	碳素钢				J11H-160C
8	短节R½	2	35			YZG14-3-R½-φ14	
	紫铜管φ10×1.5	1	T2			GB 1527—1997	方案A
7	无缝钢管φ14×2	1	10			GB/T 8163—1987	方案B
6	直通终端接头R½/14	2	35			YZG5-2	
5	内螺纹截止阀 *PN*16.0MPa, *DN*15, Rc½	2	碳素钢				J11H-160C
4	无缝钢管φ14×2	1	10			GB/T 8163—1987	长度见工程设计
3	直通终端接头R½/14	1	35			YZG5-2	
2	内螺纹截止阀 *PN*16.0MPa, *DN*15, Rc½	1	碳素钢				J11H-160C
1	取压管	1	20			(2000)YK02-030	
件号	名称	件数	材质	单重 质量(kg)	总重 质量(kg)	图号或标准、规格号	备注

部件、零件表

冶金仪控通用图	液体测压管路连接图(取压点低于压力计) *PN*10.0MPa	(2000)YK02-39	
		比例	页次

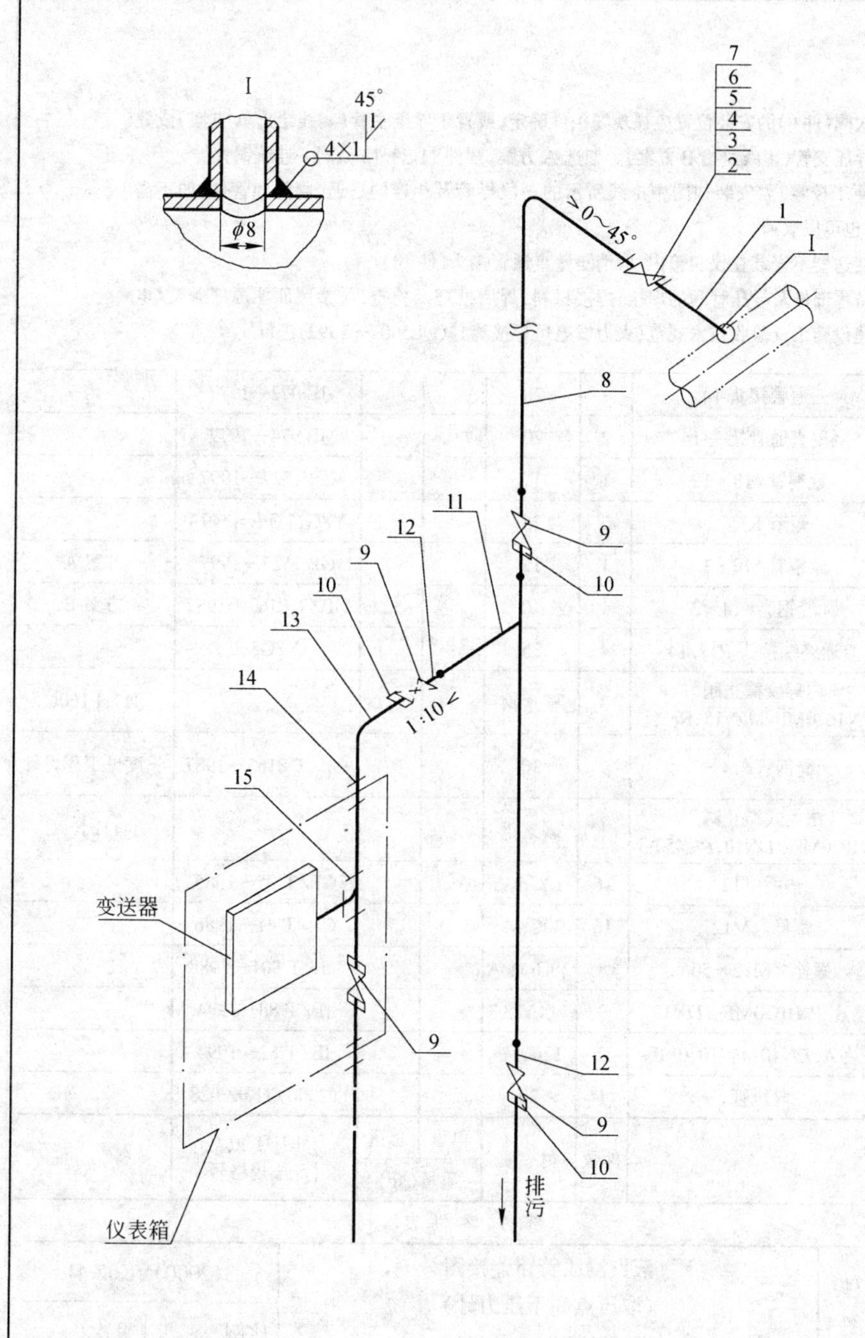

附注：

1. 二次阀(件9)的安装位置应视现场条件确定，或置于导压主管(实线绘出A方案)或置于导压支管(虚线绘出B方案)。如选A方案，则件11、件13为同一连续铜管。
2. 为便于校零，需安装如图中虚线所示的一段导管及相连的三通、阀门和管件；如不需要，也可以取消。
3. 如变送器不安装在仪表箱内，取消隔壁直通管接头(件14)。

件号	名　称	件数	材　质	单重	总重	图号或标准、规格号	备　注
				质量(kg)			
15	三通管接头 14	1	20			JB 972—1977	
14	隔壁直通管接头 14	2	20			JB 974—1977	
13	紫铜管ϕ10×1	1	T2			GB 1527—1997	
12	短节 R½	2	20			YZG14-3-R½-ϕ14	
	紫铜管ϕ10×1	1	T2			GB 1527—1997	方案A
11	无缝钢管ϕ14×2	1	10			GB/T 8163—1987	方案B
10	直通终端接头 R½/14	4	20			YZG5-2	
9	内螺纹截止阀 *PN*6.4MPa, *DN*15, Rc½	3	碳素钢				J11H-64C
8	无缝钢管ϕ14×2	1	10			GB/T 8163—1987	长度见工程设计
7	法兰式截止阀 *PN*6.4MPa, *DN*10	1	碳素钢				J41H-64C
6	垫圈　12	8	100HV			GB/T 95—1985	
5	螺母　M12	8	8			GB/T 41—1986	
4	螺栓　M12×50	8	8.8			GB/T 5780—1986	
3	垫片 $D/d=34/14, b=1.6$	2	XB350			JB/T 87—1994	
2	法兰 A, *DN*10, *PN*4.0MPa	2	20			JB/T 82—1994	
1	取压管	1	20			(2000)YK02-028	

部 件、零 件 表

冶金仪控通用图	蒸汽测压管路连接图 (取压点高于压力计) *PN*2.5MPa	(2000)YK02-40	
		比例	页次

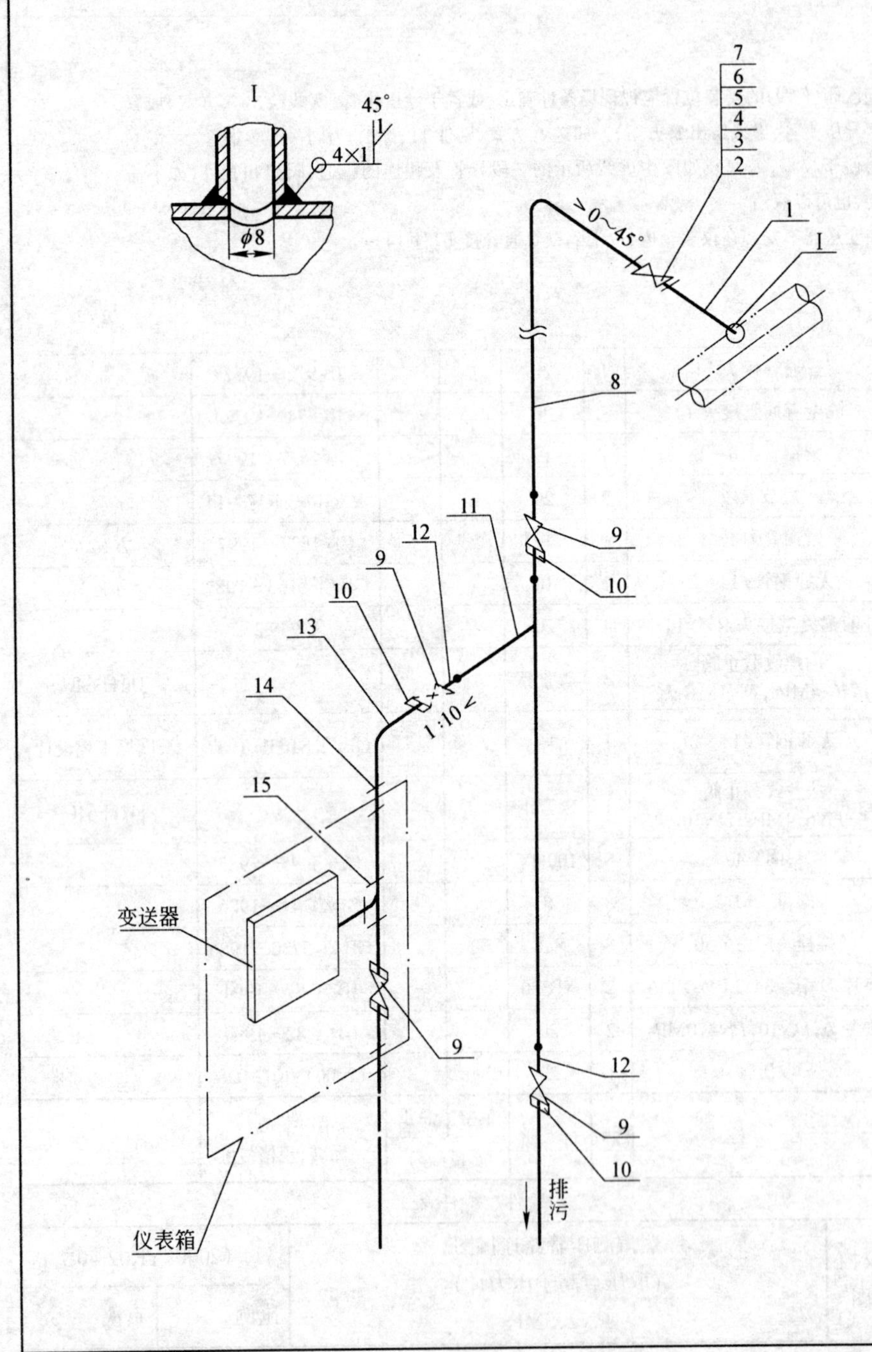

附注：

1. 二次阀(件 9)的安装位置应视现场条件确定，或置于导压主管(实线绘出 A 方案)或置于导压支管(虚线绘出 B 方案)。如选 A 方案，则件 11、件 13 为同一连续铜管。
2. 为便于校零，需安装如图中虚线所示的一段导管及相连的三通、阀门和管件；如不需要，也可以取消。
3. 如变送器不安装在仪表箱内，取消隔壁直通管接头(件 14)。
4. 设备零部件及导压管间的焊接、焊接材料、焊后处理及检查，应参照原能源部颁发《电力建设施工及验收技术规范(火力发电厂焊接篇)》(DL5007—1992)进行。

件号	名称	件数	材质	单重 质量(kg)	总重 质量(kg)	图号或标准、规格号	备注
15	三通管接头 14	1	20			JB 972—1977	
14	隔壁直通管接头 14	2	20			JB 974—1977	
13	紫铜管 φ10×1	1	T2			GB 1527—1997	
12	短节 R½″	2	35			YZG14-3-R½-φ14	
	紫铜管 φ10×1	1	T2			GB 1527—1997	方案 A
11	无缝钢管 φ14×2	1	10			GB/T 8163—1987	方案 B
10	直通终端接头 R½/14	4	35			YZG5-2	
9	内螺纹截止阀 *PN*16.0MPa, *DN*15, Rc½	3	碳素钢				J11H-160C
8	无缝钢管 φ14×2	1	10			GB/T 8163—1987	长度见工程设计
7	法兰式截止阀 *PN*10.0MPa, *DN*10, *t*≤450℃	1	碳素钢				J41H-100C
6	垫圈 12	16	12CrMo			GB/T 95—1985	
5	螺母 M12	16	20CrMo			GB/T 41—1986	
4	螺栓 M12×50	8	30CrMoA			GB/T 901—1988	
3	垫片 *PN*10.0MPa, *DN*10	2	0Cr13			JB/T 88—1994	
2	法兰 A, *DN*10, *PN*10.0MPa	2	12CrMo			JB/T 82—1994	
1	取压管	1	20			(2000)YK02-028	

部件、零件表

冶金仪控通用图	蒸汽测压管路连接图 (取压点高于压力计) *PN*6.4MPa, *t*≤450℃	(2000)YK02-41	
		比例	页次

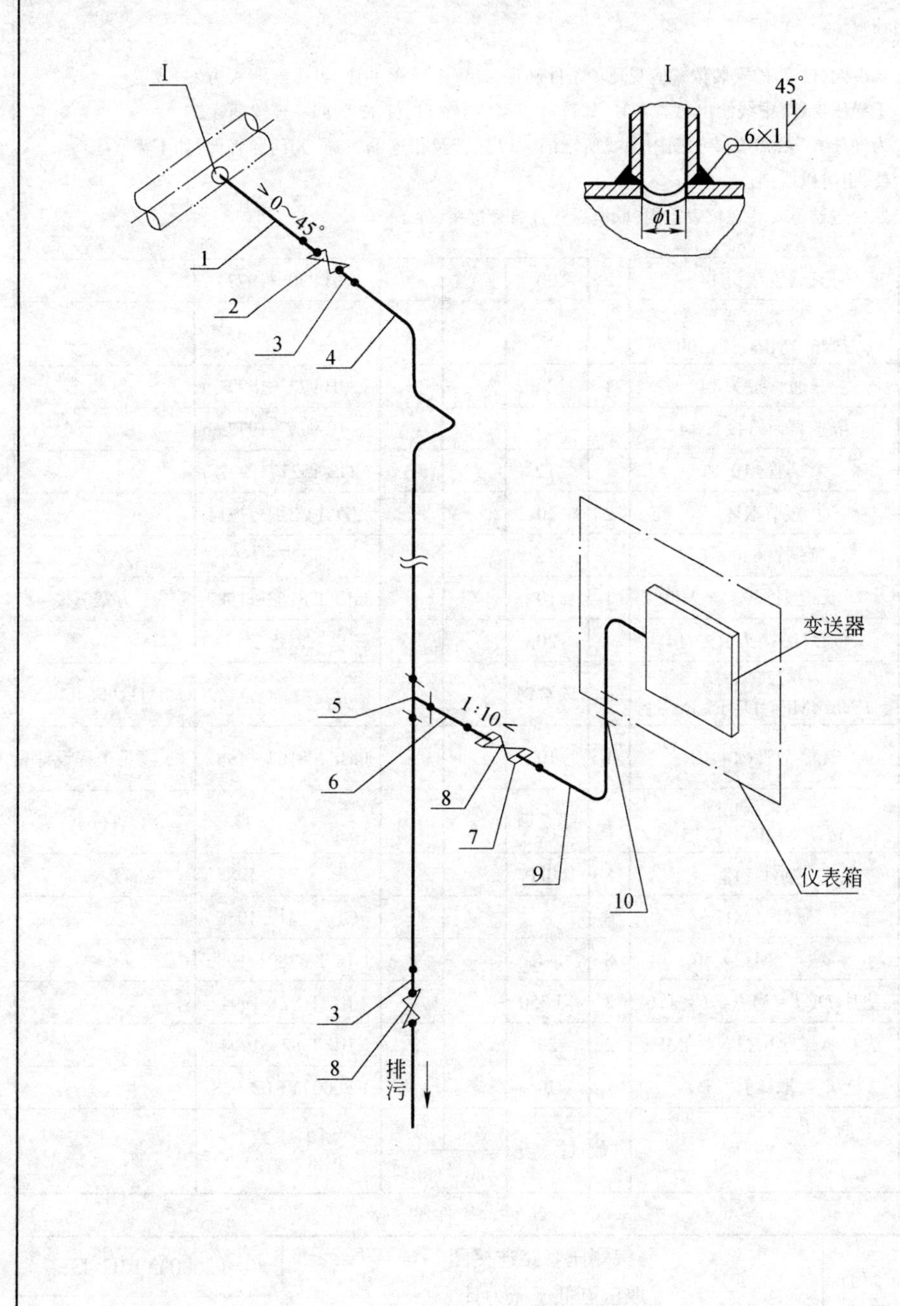

附注：

1. 如变送器不安装在仪表箱内，取消隔壁直通管接头(件10)。
2. 管路敷设要考虑膨胀系数，并设置膨胀弯。
3. 设备零部件及导压管间的焊接、焊接材料、焊后处理及检查，应参照原能源部颁发《电力建设施工及验收技术规范(火力发电厂焊接篇)》(DL5007—1992)进行。

件号	名称	件数	材质	单重	总重	图号或标准、规格号	备注
				质量(kg)			
10	隔壁直通管接头10	1	35			JB 974—1977	
9	紫铜管ϕ10×1.5	1	T2			GB 1527—1997	长度见工程设计
8	内螺纹截止阀 *PN*32.0MPa, *DN*15	2	碳素钢			YZJ-3B-13	J11H-320C
7	直通终端接头R½/14	2	35			YZG5-2	
6	无缝钢管ϕ14×2	1	20			GB/T 8163—1987	
5	三通	1	20			(2000)YK02-029	
4	无缝钢管ϕ14×2	1	20			GB/T 8163—1987	长度见工程设计
3	焊接短管	2	12CrMoV			(2000)YK02-04	
2	截止阀 *PN*17.0MPa, *t*≤560℃, *DN*10	1	12CrMoV				J61Y-P_{56}170V
1	取压管	1	12CrMoV			(2000)YK02-03	

部件、零件表

冶金仪控通用图	蒸汽测压管路连接图 (取压点高于压力计) *PN*10.0MPa, *t*≤540℃	(2000)YK02-42	
		比例	页次

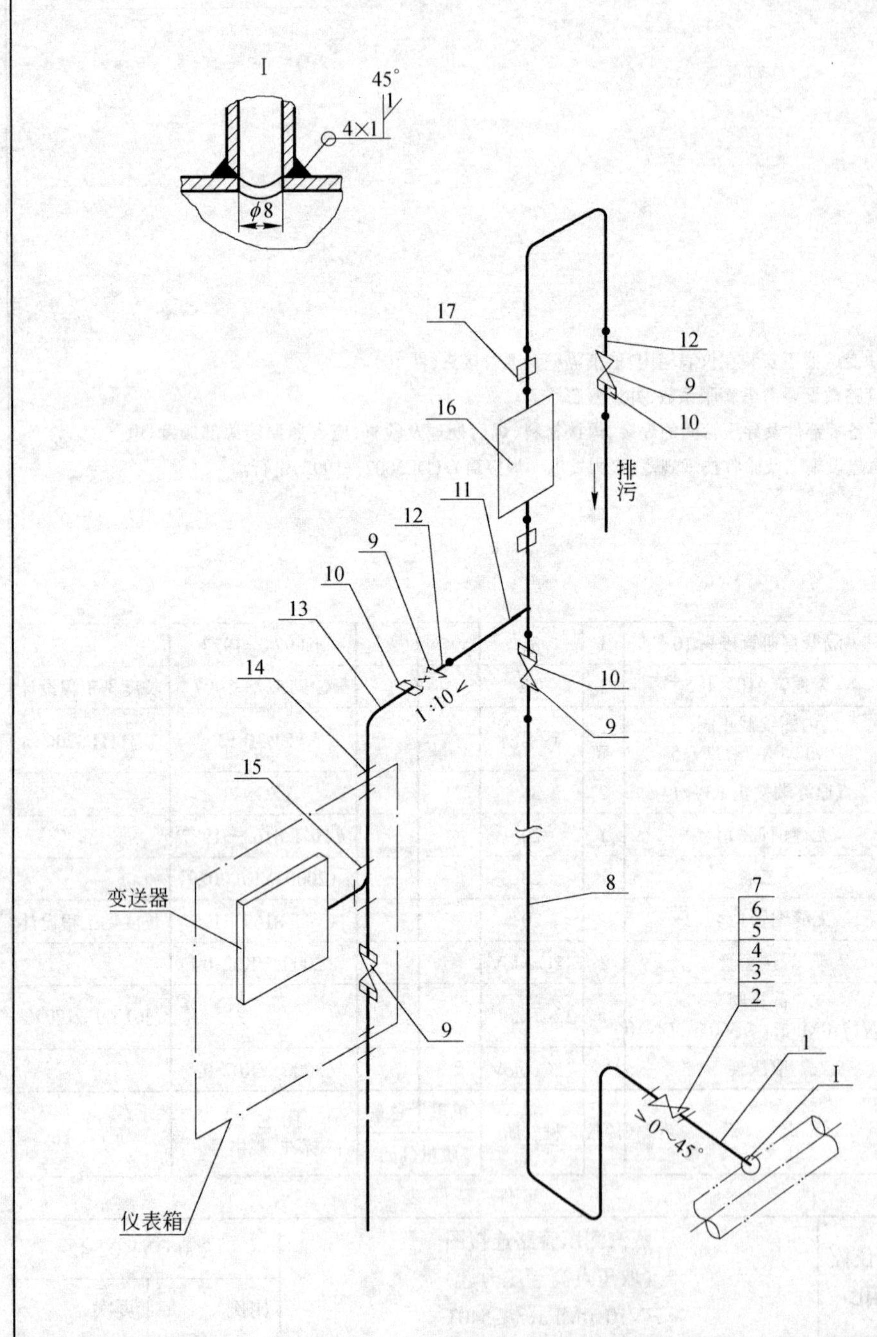

附注：

1. 二次阀(件9)的安装位置应视现场条件确定，或置于导压主管(实线绘出A方案)或置于导压支管(虚线绘出B方案)。如选A方案，则件11、件13为同一连续铜管。
2. 为便于校零，需安装如图中虚线所示的一段导管及相连的三通、阀门和管件；如不需要，也可以取消。
3. 如变送器不安装在仪表箱内，取消隔壁直通管接头(件14)。

件号	名称	件数	材质	单重	总重	图号或标准、规格号	备注
				质量(kg)			
17	直通管接头 14	2	20			JB 970—1977	
16	分离容器 *PN*6.4MPa, *DN*100	1	20			YZF1-8-6.4	
15	三通管接头 14	1	20			JB 972—1977	
14	隔壁直通管接头 14	2	20			JB 974—1977	
13	紫铜管ϕ10×1	1	T2			GB 1527—1997	
12	短节 R½	2	20			YZG14-3-R½-ϕ14	
	紫铜管ϕ10×1	1	T2			GB 1527—1997	方案A
11	无缝钢管ϕ14×2	1	10			GB/T 8163—1987	方案B
10	直通终端接头 R½/14	4	20			YZG5-2	
9	内螺纹截止阀 *PN*6.4MPa, *DN*15, Rc½	3	碳素钢				J11H-64C
8	无缝钢管ϕ14×2	1	10			GB/T 8163—1987	长度见工程设计
7	法兰式截止阀 *PN*6.4MPa, *DN*15	1	碳素钢				J41H-64C
6	垫圈 12	8	100HV			GB/T 95—1985	
5	螺母 M12	8	8			GB/T 41—1986	
4	螺栓 M12×50	8	8.8			GB/T 5780—1986	
3	垫片 $D/d=34/14, b=1.6$	2	XB350			JB/T 87—1994	
2	法兰 A, *DN*10, *PN*4.0MPa	2	20			JB/T 82—1994	
1	取压管	1	20			(2000)YK02-028	

部件、零件表

冶金仪控通用图	蒸汽测压管路连接图 (取压点低于压力计) *PN*2.5MPa	(2000)YK02-43	
		比例	页次

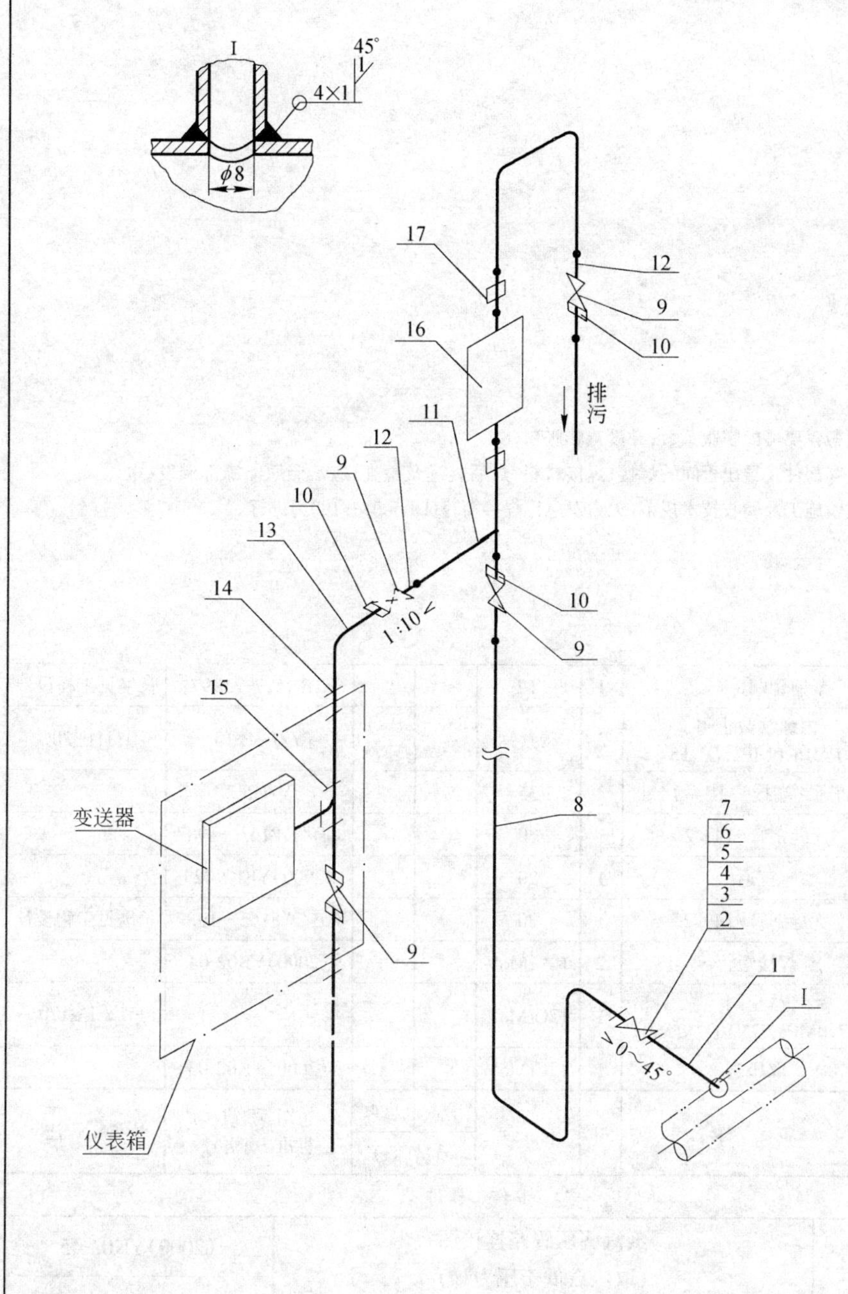

附注：

1. 二次阀（件9）的安装位置应视现场条件确定，或置于导压主管（实线绘出A方案）或置于导压支管（虚线绘出B方案）。如选A方案，则件11、件13为同一连续铜管。
2. 为便于校零，需安装如图中虚线所示的一段导管及相连的三通、阀门和管件；如不需要，也可以取消。
3. 如变送器不安装在仪表箱内，取消隔壁直通管接头（件14）。
4. 设备零部件及导压管间的焊接、焊接材料、焊后处理及检查，应参照原能源部颁发《电力建设施工及验收技术规范（火力发电厂焊接篇）》（DL 5007—1992）进行。

件号	名　称	件数	材　质	单重	总重	图号或标准、规格号	备　注
				质量（kg）			
17	直通管接头 14	2	Q235			JB 970—1977	
16	分离容器 *PN*16.0MPa，*DN*100	1	20			YZF1-8-*PN*16	
15	三通管接头 14	1	20			JB 972—1977	
14	隔壁直通管接头 14	2	20			JB 974—1977	
13	紫铜管 $\phi10\times1$	1	T2			GB 1527—1997	
12	短节 R½	2	35			YZG14-1-R½	
	紫铜管 $\phi10\times1$	1	T2			GB 1527—1997	方案A
11	无缝钢管 $\phi14\times2$	1	10			GB/T 8163—1987	方案B
10	直通终端接头 R½/14	4	35			YZG5-2	
9	内螺纹截止阀 *PN*16.0MPa，*DN*15，Rc½	3	碳素钢				J11H-160C
8	无缝钢管 $\phi14\times2$	1	10			GB/T 8163—1987	长度见工程设计
7	法兰式截止阀 *PN*10.0MPa，*DN*10，$t\leqslant450$℃	1	碳素钢				J41H-100C
6	垫圈　12	16	12CrMo			GB/T 95—1985	
5	螺母　M12	16	20CrMo			GB/T 41—1986	
4	螺柱　M12×60	8	30CrMoA			GB/T 901—1988	
3	垫片 *PN*10.0MPa，*DN*10	2	0Cr13			JB/T 88—1994	
2	法兰 A，*DN*10，*PN*10.0MPa	2	12CrMo			JB/T 82—1994	
1	取压管	1	20			（2000）YK02-028	

部件、零件表

冶金仪控通用图	蒸汽测压管路连接图（取压点低于压力计）*PN*6.4MPa，$t\leqslant450$℃	（2000）YK02-44	
		比例	页次

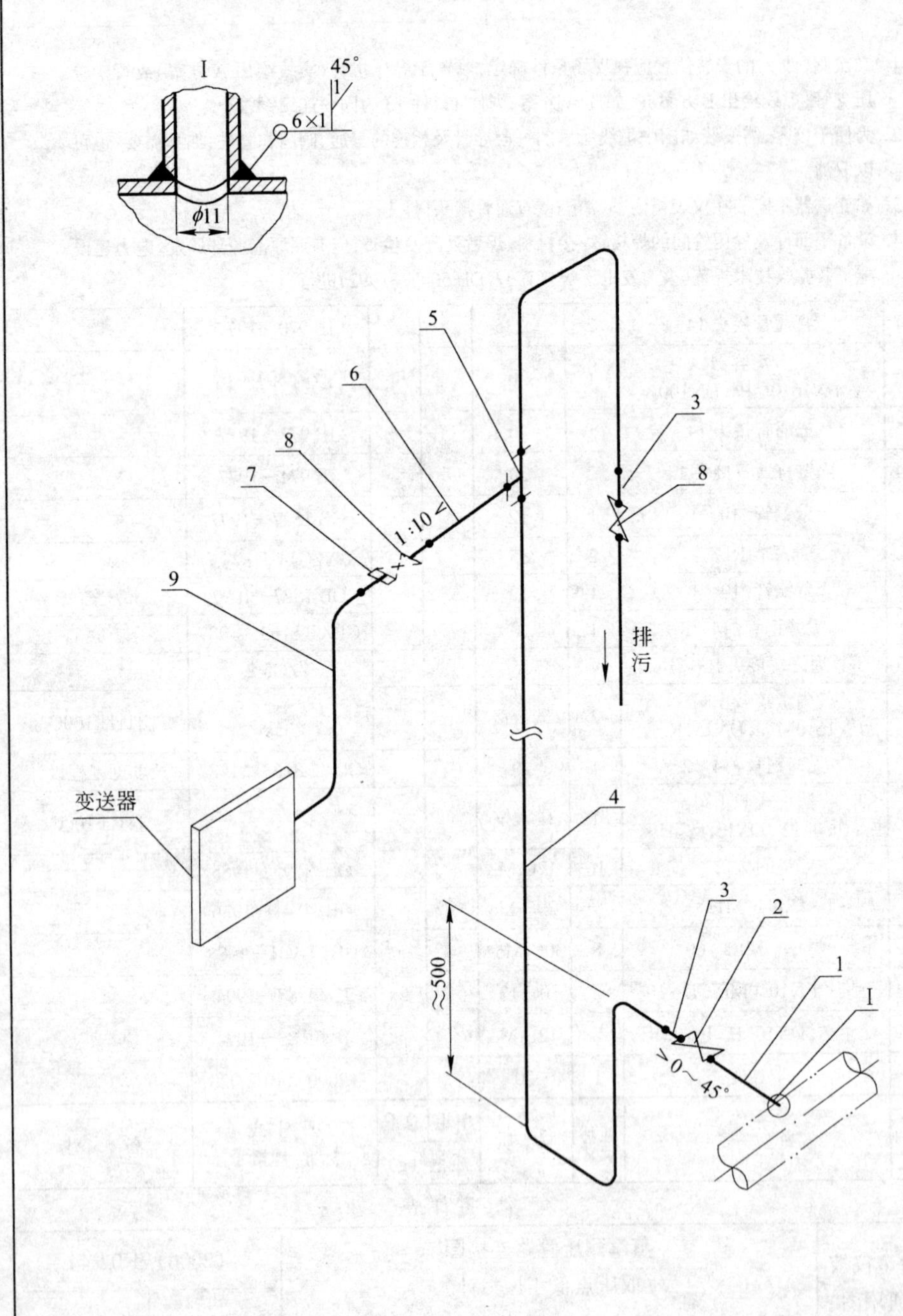

附注：

1. 管路敷设要考虑膨胀系数，并设置膨胀弯。
2. 设备零部件及导压管间的焊接、焊接材料、焊后处理及检查，应参照原能源部颁发《电力建设施工及验收技术规范（火力发电厂焊接篇）》(DL5007—1992)进行。

件号	名称	件数	材质	质量(kg) 单重	质量(kg) 总重	图号或标准、规格号	备注
9	紫铜管ϕ10×1.5	1	T2			GB 1527—1997	长度见工程设计
8	内螺纹截止阀 PN16.0MPa, DN15	2	碳素钢			YZJ-3B-13	J11H-320C
7	直通终端接头 R½/14	2	35			YZG5-2	
6	无缝钢管ϕ14×2	1	20			GB/T 8163—1987	
5	三通	1	20			(2000)YK02-029	
4	无缝钢管ϕ14×2	1	20			GB/T 8163—1987	长度见工程设计
3	焊接短管	2	12CrMoV			(2000)YK02-04	
2	截止阀 PN17.0MPa, DN10, t≤560℃	1	12CrMoV				J61Y-P_{56}170V
1	取压管	1	12CrMoV			(2000)YK02-03	

部件、零件表

冶金仪控通用图	蒸汽测压管路连接图 （取压点低于压力计） PN10.0MPa, t≤540℃	(2000)YK02-45	
		比例	页次

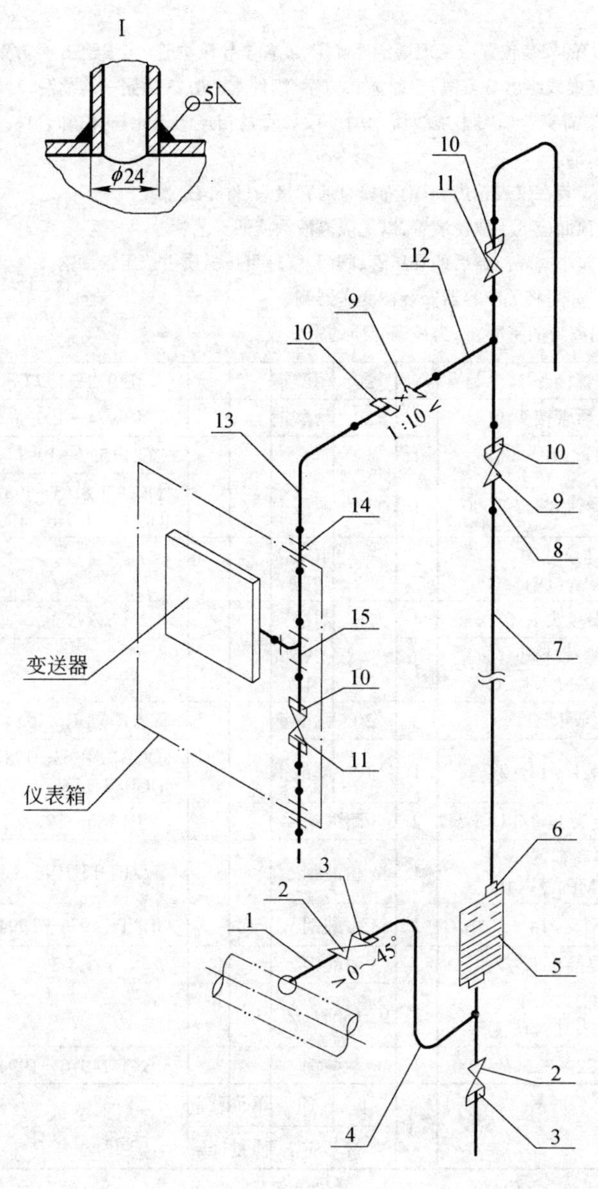

附注：

1. 二次阀(件 9)的安装位置应视现场条件确定，或置于导压主管(实线绘出 A 方案)或置于导压支管(虚线绘出 B 方案)。如选 A 方案，则件 12、件 13 为同一连续铜管。
2. 为便于校零，需安装如图中虚线所示的一段导压管及相连的三通、阀门和管件；如不需要，也可以取消。
3. 如变送器不安装在仪表箱内，取消隔壁直通管接头(件 14)。
4. 隔离容器上顶面应低于取压装置，以免隔离液倒流回工艺管道。
5. 介质腐蚀性较小时隔离器后的导管、阀门、管件可按材质Ⅰ选用碳素钢。
6. 为维护方便，亦可将隔离容器安装在变送器侧。
7. 图中 $\rho_{隔}$ 为隔离液的密度，$\rho_{介}$ 为被测介质的密度。

件号	名称	件数	材质 Ⅰ	材质 Ⅱ	质量(kg) 单重	质量(kg) 总重	图号或标准、规格号	备注
15	三通管接头 14	1	20	耐酸钢			JB 972—1977	
14	隔壁直通管接头 14	2	20	耐酸钢			JB 974—1977	
13	紫铜管 $\phi10\times1$	1	T2	T2			GB 1527—1997	长度见工程设计
12	无缝钢管 $\phi14\times2, l\leqslant500$	1	10	耐酸钢			(Ⅰ)GB/T 8163—1987 (Ⅱ)GB/T 14976—1994	方案 B
11	内螺纹球阀 $PN6.4$MPa, $DN15$, G½	2	25	1Cr18Ni9TiZG				Q11F-64 $^{P}_{C}$
10	直通终端接头 R½/14	4	20	耐酸钢			YZG5-2	
9	内螺纹球阀 $PN6.4$MPa, $DN15$, G½	1	25	1Cr18Ni9TiZG				Q11F-64 $^{P}_{C}$
8	短节 R½	3	20	耐酸钢			YZG14-3-R½-ϕ14	
7	无缝钢管 $\phi14\times2$	1	10	耐酸钢			(Ⅰ)GB/T 8163—1987 (Ⅱ)GB/T 14976—1994	长度见工程设计
6	直通终端接头 14/M18×1.5	2	耐酸钢				JB 966—1977	
5	隔离容器 $PN6.4$MPa, $DN100$	1	耐酸钢				YZF1-13-$PN6.4$	
4	无缝钢管 $\phi14\times2$	1	耐酸钢				GB/T 14976—1994	长度见工程设计
3	直通终端接头 R½/14	2	耐酸钢				YZG5-2	
2	内螺纹球阀 $PN6.4$MPa, $DN15$, G½	2	1Cr18Ni9TiZG					Q11F-64 $^{P}_{C}$
1	无缝钢管 $\phi22\times3.5, l=100$	1	耐酸钢				GB/T 14976—1994	一端为 R½ 螺纹

部件、零件表

冶金仪控 通用图	腐蚀性液体隔离测压管路连接图 (取压点低于压力计) ($\rho_{隔}<\rho_{介}$) $PN6.4$MPa	(2000)YK02-46	
		比例	页次

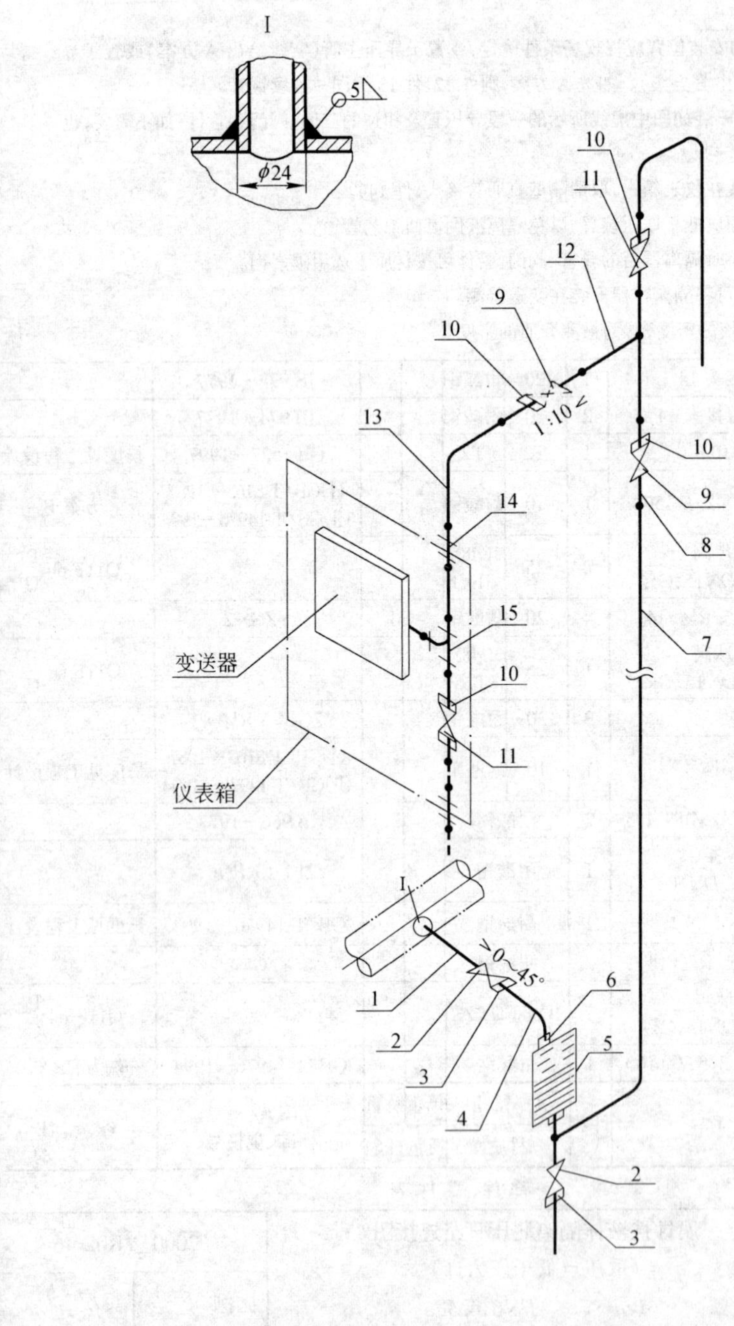

附注：

1. 二次阀（件 9）的安装位置应视现场条件确定，或置于导压主管（实线绘出 A 方案）或置于导压支管（虚线绘出 B 方案）。如选 A 方案，则件 12、件 13 为同一连续铜管。
2. 为便于校零，需安装如图中虚线所示的一段导管及相连的三通、阀门和管件；如不需要，也可以取消。
3. 如变送器不安装在仪表箱内，取消隔壁直通管接头（件 14）。
4. 隔离容器上顶面应低于取压装置，以免隔离液倒流回工艺管道。
5. 介质腐蚀性较小时隔离器后的导压管、阀门、管件可按材质Ⅰ选用碳素钢。
6. 为维护方便，亦可将隔离容器安装在变送器侧。
7. 图中 $\rho_{隔}$ 为隔离液的密度，$\rho_{介}$ 为被测介质的密度。

件号	名称	件数	材质 Ⅰ	材质 Ⅱ	单重 质量(kg)	总重 质量(kg)	图号或标准、规格号	备注
15	三通管接头 14	1	20	耐酸钢			JB 972—1977	
14	隔壁直通管接头 14	2	20	耐酸钢			JB 974—1977	
13	紫铜管 $\phi10\times1$	1	T2	T2			GB 1527—1997	长度见工程设计
12	无缝钢管 $\phi14\times2$, $l\leqslant500$	1	10	耐酸钢			(Ⅰ)GB/T 8163—1987 (Ⅱ)GB/T 14976—1994	方案 B
11	内螺纹球阀 PN6.4MPa, DN15, G½	2	25	1Cr18Ni9TiZG				Q11F-6.4 P C
10	直通终端接头 R½/14	4	20	耐酸钢			YZG5-2	
9	内螺纹球阀 PN6.4MPa, DN15, G½	1	25	1Cr18Ni9TiZG				Q11F-6.4 P C
8	短节 R½	3	20	耐酸钢			YZG14-3-R½-ϕ14	
7	无缝钢管 $\phi14\times2$	1	10	耐酸钢			(Ⅰ)GB/T 8163—1987 (Ⅱ)GB/T 14976—1994	长度见工程设计
6	直通终端接头 14/M18×1.5	2	耐酸钢				JB 966—1977	
5	隔离容器 PN6.4MPa, DN100	1	耐酸钢				YZF1-13-PN6.4	
4	无缝钢管 $\phi14\times2$	1	耐酸钢				GB/T 14976—1994	长度见工程设计
3	直通终端接头 R½/14	2	耐酸钢				YZG5-2	
2	内螺纹球阀 PN6.4MPa, DN15, G½	2	1Cr18Ni9TiZG					Q11F-6.4 P C
1	无缝钢管 $\phi22\times3.5$, $l=100$	1	耐酸钢				GB/T 14976—1994	一端为 R½ 螺纹

部件、零件表

冶金仪控通用图	腐蚀性液体隔离测压管路连接图 （取压点低于压力计） （$\rho_{隔}>\rho_{介}$）PN6.4MPa	(2000)YK02-47	
		比例	页次

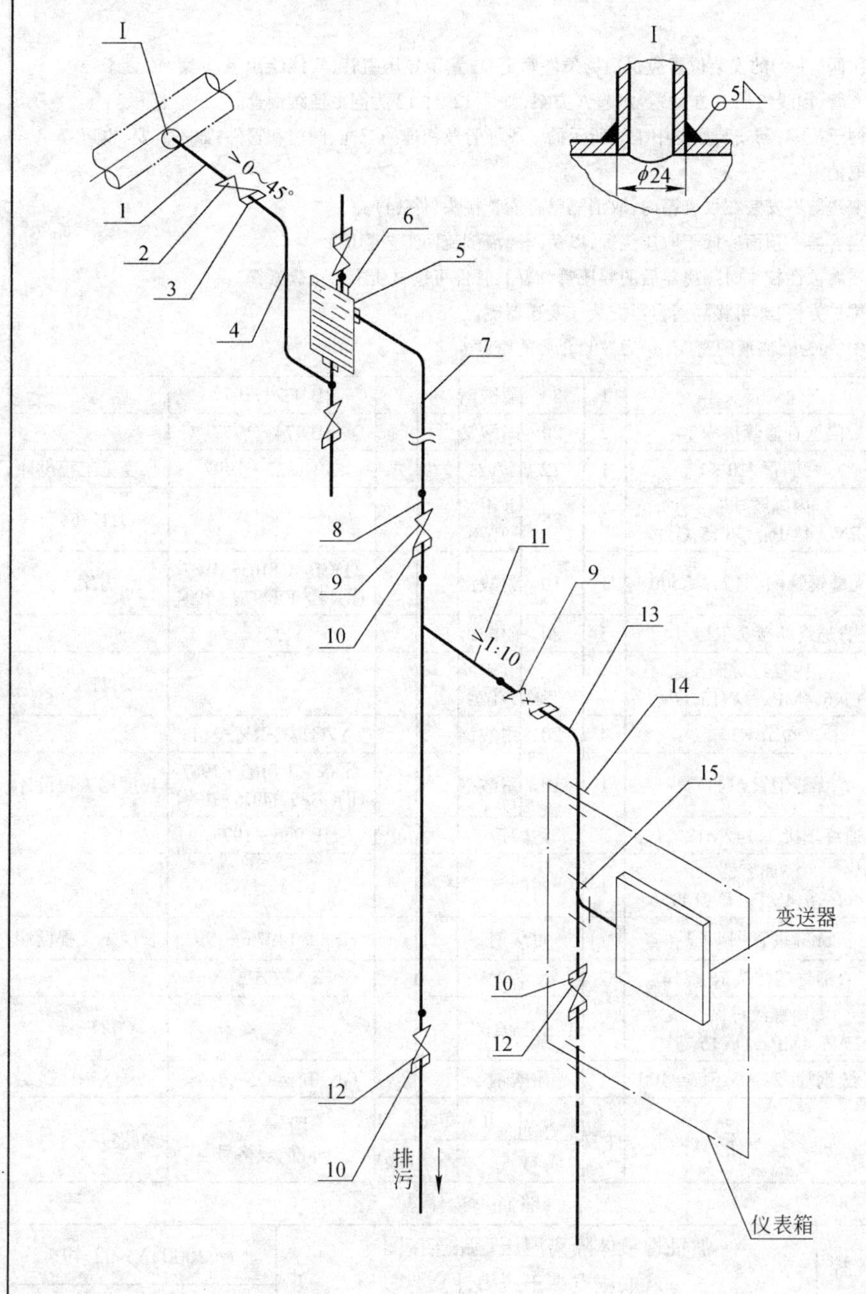

附注：

1. 二次阀(件9)的安装位置应视现场条件确定，或置于导压主管(实线绘出A方案)或置于导压支管(虚线绘出B方案)。如选A方案，则件12、件13为同一连续铜管。
2. 为便于校零，需安装如图中虚线所示的一段导管及相连的三通、阀门和管件；如不需要，也可以取消。
3. 如变送器不安装在仪表箱内，取消隔壁直通管接头(件14)。
4. 隔离容器上顶面应低于取压装置，以免隔离液倒流回工艺管道。
5. 介质腐蚀性较小时隔离器后的导压管、阀门、管件可按材质Ⅰ选用碳素钢。
6. 为维护方便，亦可将隔离容器安装在变送器侧。
7. 图中 $\rho_{隔}$ 为隔离液的密度，$\rho_{介}$ 为被测介质的密度。

件号	名称	件数	材质 Ⅰ	材质 Ⅱ	单重 质量(kg)	总重 质量(kg)	图号或标准、规格号	备注
15	三通管接头 14	1	20	耐酸钢			JB 972—1977	
14	隔壁直通管接头 14	2	20	耐酸钢			JB 974—1977	
13	紫铜管 $\phi10\times1$	1	T2	T2			GB 1527—1997	长度见工程设计
12	内螺纹球阀 *PN*6.4MPa, *DN*15, G½	3	25	1Cr18Ni9TiZG				Q11F-6.4 P/C
11	无缝钢管 $\phi14\times2$, $l\leqslant500$	1	10	耐酸钢			(Ⅰ)GB/T 8163—1987 (Ⅱ)GB/T 14976—1994	方案 B
10	直通终端接头 R½/14	5	20	耐酸钢			YZG5-2	
9	内螺纹球阀 *PN*6.4MPa, *DN*15, G½	1	25	1Cr18Ni9TiZG				Q11F-6.4 P/C
8	短节 R½	4	20	耐酸钢			YZG14-3-R½-ϕ14	
7	无缝钢管 $\phi14\times2$	1	10	耐酸钢			(Ⅰ)GB/T 8163—1987 (Ⅱ)GB/T 14976—1994	长度见工程设计
6	直通终端接头 14/M18×1.5	3	耐酸钢				JB 966—1977	
5	隔离容器 *PN*6.4MPa, *DN*100	1	耐酸钢				YZF1-13-*PN*6.4	
4	无缝钢管 $\phi14\times2$	1	耐酸钢				GB/T 14976—1994	长度见工程设计
3	直通终端接头 R½/14	2	耐酸钢				YZG5-2	
2	内螺纹球阀 *PN*6.4MPa, *DN*15, G½	2	1Cr18Ni9TiZG					Q11F-6.4 P/C
1	无缝钢管 $\phi22\times3.5$, $l=100$	1	耐酸钢				GB/T 14976—1994	一端为 R½ 螺纹

部件、零件表

冶金仪控通用图	腐蚀性液体隔离测压管路连接图 (取压点高于压力计) ($\rho_{隔}<\rho_{介}$) *PN*6.4MPa	(2000)YK02-48	
		比例	页次

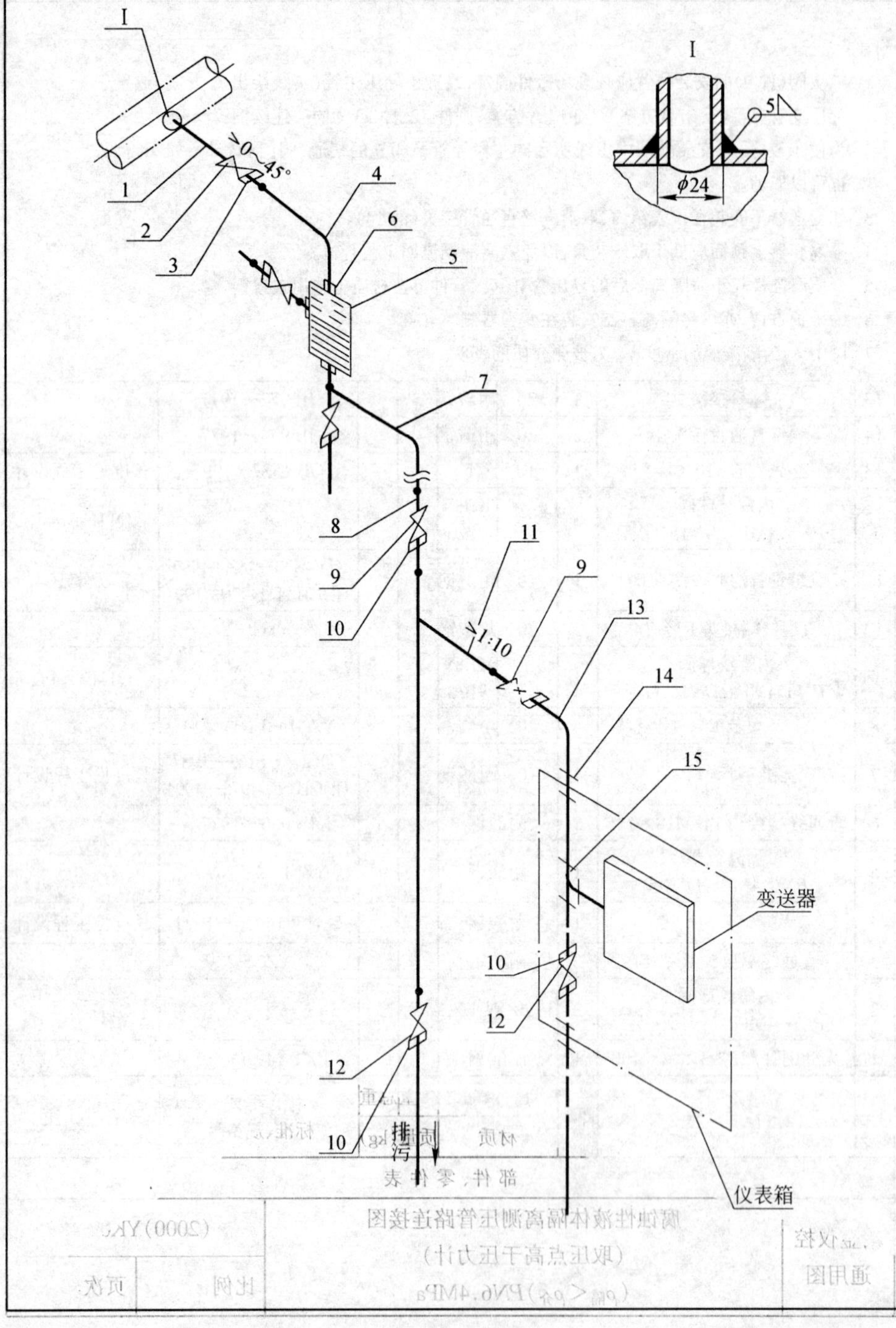

附注:

1. 二次阀(件 9)的安装位置应视现场条件确定,或置于导压主管(实线绘出 A 方案)或置于导压支管(虚线绘出 B 方案)。如选 A 方案,则件 12、件 13 为同一连续铜管。
2. 为便于校零,需安装如图中虚线所示的一段导管及相连的三通、阀门和管件;如不需要,也可以取消。
3. 如变送器不安装在仪表箱内,取消隔壁直通管接头(件 14)。
4. 隔离容器上顶面应低于取压装置,以免隔离液倒流回工艺管道。
5. 介质腐蚀性较小时隔离器后的导压管、阀门、管件可按材质 I 选用碳素钢。
6. 为维护方便,亦可将隔离容器安装在变送器侧。
7. 图中 $\rho_{隔}$ 为隔离液的密度,$\rho_{介}$ 为被测介质的密度。

件号	名称	件数	材质 I	材质 II	单重	总重	图号或标准、规格号	备注
15	三通管接头 14	1	20	耐酸钢			JB 972—1977	
14	隔壁直通管接头 14	2	20	耐酸钢			JB 974—1977	
13	紫铜管 φ10×1	1	T2	T2			GB 1527—1997	长度见工程设计
12	内螺纹球阀 PN6.4MPa, DN15, G½	3	25	1Cr18Ni9TiZG				Q11F-64 P C
11	无缝钢管 φ14×2, l≤500	1	10	耐酸钢			(Ⅰ)GB/T 8163—1987 (Ⅱ)GB/T 14976—1994	方案 B
10	直通终端接头 R½/14	5	20	耐酸钢			YZG5-2	
9	内螺纹球阀 PN6.4MPa, DN15, G½	1	25	1Cr18Ni9TiZG				Q11F-64 P C
8	短节 R½	4	20	耐酸钢			YZG14-3-R½-φ14	
7	无缝钢管 φ14×2	1	10	耐酸钢			(Ⅰ)GB/T 8163—1987 (Ⅱ)GB/T 14976—1994	长度见工程设计
6	直通终端接头 14/M18×1.5	3	耐酸钢				JB 966—1977	
5	隔离容器 PN6.4MPa, DN100	1	耐酸钢				YZF1-13-PN6.4	
4	无缝钢管 φ14×2	1	耐酸钢				GB/T 14976—1994	长度见工程设计
3	直通终端接头 R½/14	2	耐酸钢				YZG5-2	
2	内螺纹球阀 PN6.4MPa, DN15, G½	2	1Cr18Ni9TiZG					Q11F-64 P C
1	无缝钢管 φ22×3.5, l=100	1	耐酸钢				GB/T 14976—1994	一端为 R½ 螺纹

部件、零件表

冶金仪控通用图	腐蚀性液体隔离测压管路连接图 (取压点高于压力计) ($\rho_{隔}>\rho_{介}$)PN6.4MPa	(2000)YK02-49
		比例 / 页次

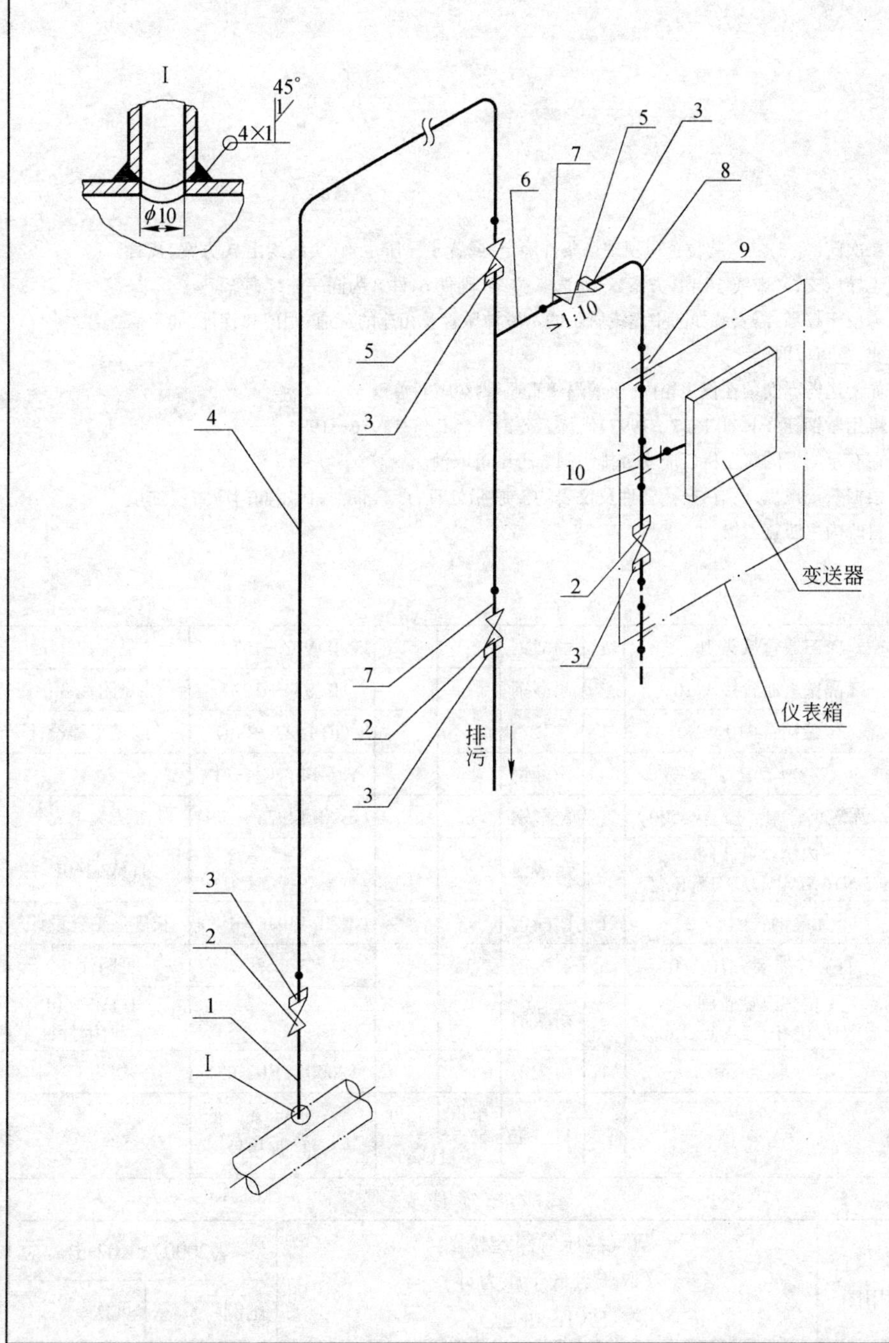

附注:

1. 二次阀(件5)的安装位置应视现场条件确定,或置于导压主管(实线绘出A方案)或置于导压支管(虚线绘出B方案)。如选A方案,则件6、件8为同一连续铜管。
2. 为便于校零,需安装如图中虚线所示的一段导压管及相连的三通、阀门和管件;如不需要,也可以取消。
3. 如变送器不安装在仪表箱内,取消隔壁直通管接头(件9)。
4. 可用紫铜管(GB/T 1527—1997)代替无缝钢管(GB/T 14976—1994)。
5. 在有水润滑的氧压机后应安装排污阀2否则可取消。
6. 根据氧气规程,所有导管、管件及仪表均需脱脂处理,严禁带油,代用阀门应将浸油填料改为聚四氟乙烯。

件号	名　称	件数	材　质	单重	总重	图号或标准、规格号	备　注
				质量(kg)			
10	三通管接头 10	1	耐酸钢			JB 972—1977	见附注2
9	隔壁直通管接头 10	2	耐酸钢			JB 974—1977	见附注3
8	紫铜管$\phi10\times1$	1	T2			GB 1527—1997	长度见工程设计
7	短节 R½	2	耐酸钢			YZG14-3-R½-ϕ14	
6	无缝钢管$\phi14\times2$, $l\leqslant500$	1	耐酸钢			GB/T 14976—1994	方案B
5	内螺纹截止阀 *PN*6.4MPa, *DN*15, Rc½	1	耐酸钢				J11W-64P
4	无缝钢管$\phi14\times2$	1	耐酸钢			GB/T 14976—1994	长度见工程设计
3	直通终端接头 R½/14	5	耐酸钢			YZG5-2	见附注2
2	内螺纹截止阀 *PN*6.4MPa, *DN*15, Rc½	3	耐酸钢				J11W-64P 见附注2
1	取压管	1	耐酸钢			(2000)YK02-030	一端为R½

部件、零件表

冶金仪控通用图	氧气测压管路连接图 (取压点低于压力计) *PN*6.4MPa	(2000)YK02-50	
		比例	页次

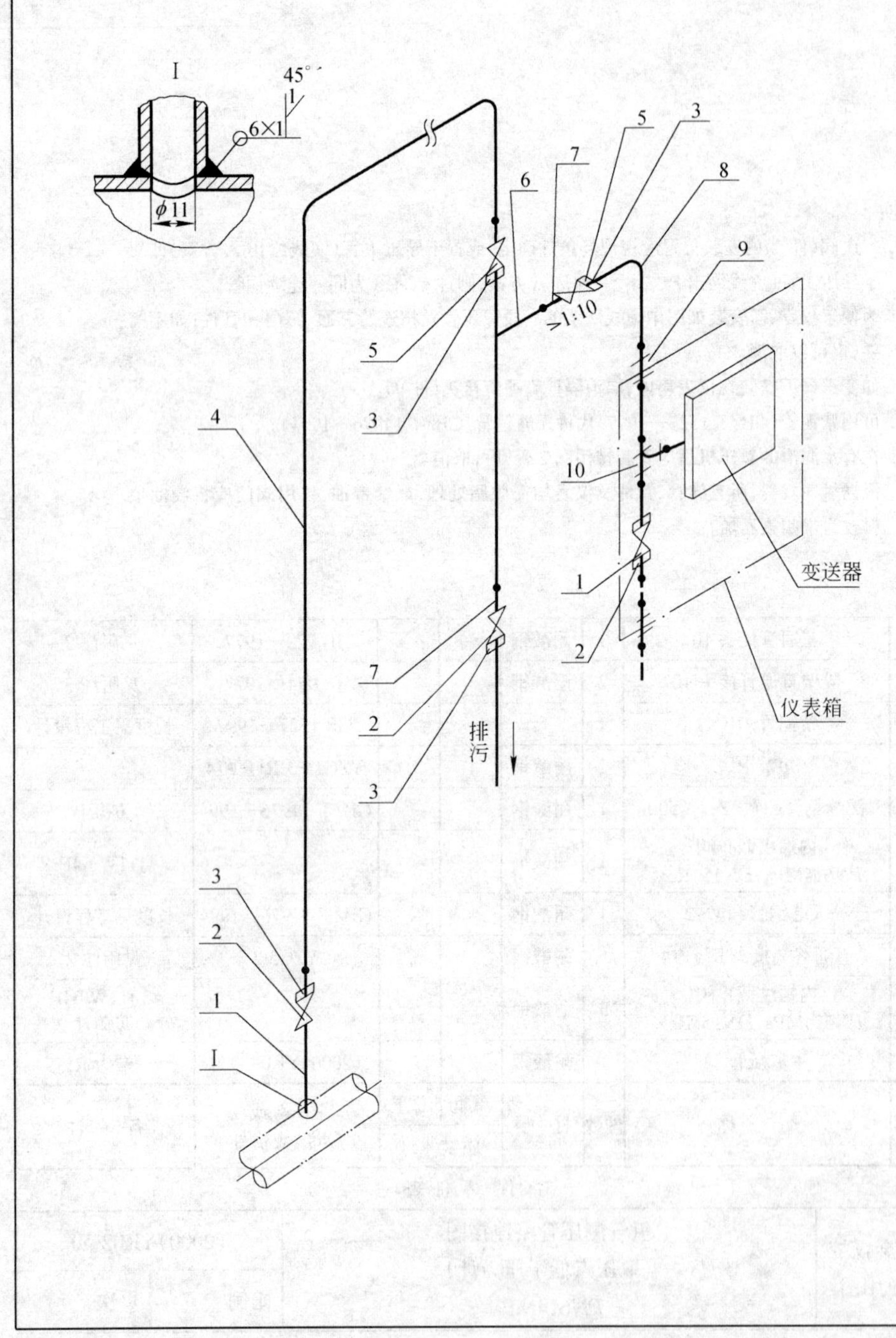

附注：

1. 二次阀(件5)的安装位置应视现场条件确定，或置于导压主管(实线绘出A方案)或置于导压支管(虚线绘出B方案)。如选A方案，则件6、件8为同一连续铜管。
2. 为便于校零，需安装如图中虚线所示的一段导压管及相连的三通、阀门和管件；如不需要，也可以取消。
3. 如变送器不安装在仪表箱内，取消隔壁直通管接头(件9)。
4. 可用紫铜管(GB/T 1527—1997)代替无缝钢管(GB/T 14976—1994)。
5. 在有水润滑的氧压机后应安装排污阀2否则可取消。
6. 根据氧气规程，所有导管、管件及仪表均需脱脂处理，严禁带油，代用阀门应将浸油填料改为聚四氟乙烯。

件号	名称	件数	材质	单重 质量(kg)	总重 质量(kg)	图号或标准、规格号	备注
10	三通管接头10	1	耐酸钢			JB 972—1977	见附注2
9	隔壁直通管接头10	2	耐酸钢			JB 974—1977	见附注3
8	紫铜管φ10×2	1	T2			GB 1527—1997	长度见工程设计
7	短节R½	4	耐酸钢			YZG14-3-R½-φ14	
6	无缝钢管φ14×2，$l \leqslant 500$	1	耐酸钢			GB/T 14976—1994	方案B
5	内螺纹截止阀 *PN*16.0MPa，*DN*15，Rc½	1	耐酸钢				J11W-160P
4	无缝钢管φ14×2	1	耐酸钢			GB/T 14976—1994	长度见工程设计
3	直通终端接头R½/14	5	耐酸钢			YZG5-1	见附注2
2	内螺纹截止阀 *PN*16.0MPa，*DN*15，Rc½	3	耐酸钢				J11W-160P 见附注2
1	取压管	1	耐酸钢			(2000)YK02-031	一端为R½

部件、零件表

冶金仪控通用图	氧气测压管路连接图（取压点低于压力计）*PN*16.0MPa	(2000)YK02-51	
		比例	页次

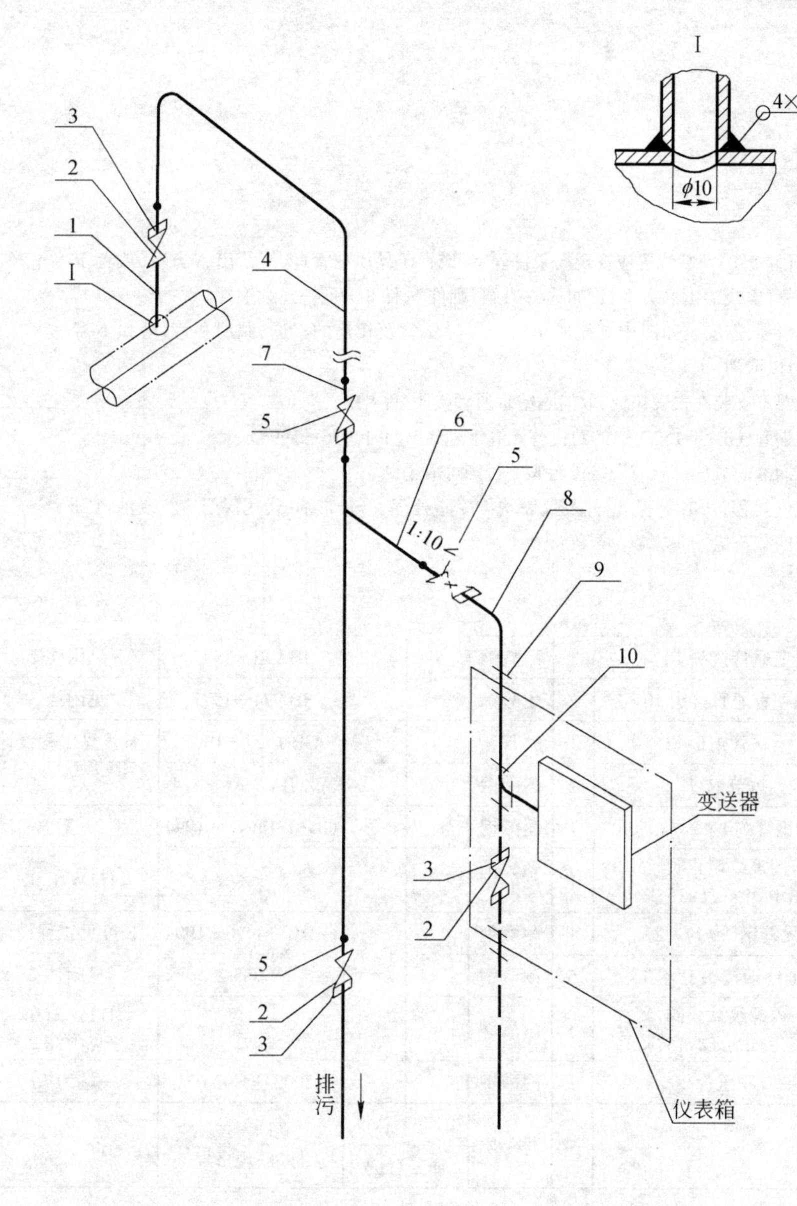

附注：

1. 二次阀(件5)的安装位置应视现场条件确定，或置于导压主管(实线绘出A方案)或置于导压支管(虚线绘出B方案)。如选A方案，则件6、件8为同一连续铜管。
2. 为便于校零，需安装如图中虚线所示的一段导压管及相连的三通、阀门和管件；如不需要，也可以取消。
3. 如变送器不安装在仪表箱内，取消隔壁直通管接头(件9)。
4. 可用紫铜管(GB/T1527—1997)代替无缝钢管(GB/T 14976—1994)。
5. 在有水润滑的氧压机后应安装排污阀2否则可取消。
6. 根据氧气规程，所有导管、管件及仪表均需脱脂处理，严禁带油，代用阀门应将浸油填料改为聚四氟乙烯。

件号	名称	件数	材质	单重	总重	图号或标准、规格号	备注
10	三通管接头 10	1	耐酸钢			JB 972—1977	见附注 2
9	隔壁直通管接头 10	2	耐酸钢			JB 974—1977	见附注 3
8	紫铜管 $\phi10\times1$	1	T2			GB 1527—1997	长度见工程设计
7	短节 R½	2	耐酸钢			YZG14-3-R½-$\phi14$	
6	无缝钢管 $\phi14\times2$, $l\leqslant500$	1	耐酸钢			GB/T 14976—1994	方案 B
5	内螺纹截止阀 *PN*6.4MPa, *DN*15, Rc½	1	耐酸钢				J11W-64P
4	无缝钢管 $\phi14\times2$	1	耐酸钢			GB/T 14976—1994	长度见工程设计
3	直通终端接头 R½/14	5	耐酸钢			YZG5-2	见附注 2
2	内螺纹截止阀 *PN*6.4MPa, *DN*15, Rc½	3	耐酸钢				J11W-64P 见附注 2
1	取压管	1	耐酸钢			(2000)YK02-030	一端为 R½
件号	名称	件数	材质	质量(kg)		图号或标准、规格号	备注

部件、零件表

冶金仪控通用图	氧气测压管路连接图 (取压点高于压力计) *PN*6.4MPa	(2000)YK02-52	
		比例	页次

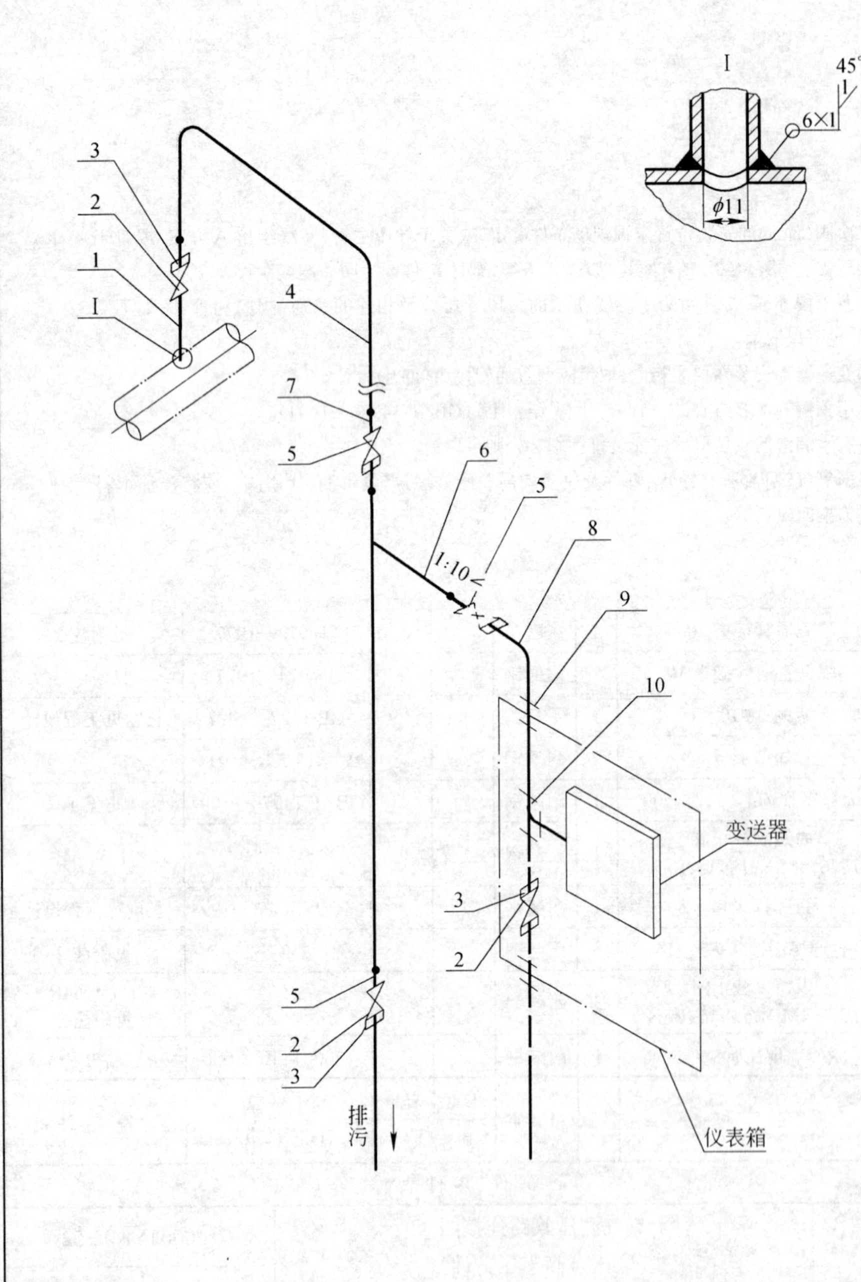

附注：

1. 二次阀(件 5)的安装位置应视现场条件确定，或置于导压主管(实线绘出 A 方案)或置于导压支管(虚线绘出 B 方案)。如选 A 方案，则件 6、件 8 为同一连续铜管。
2. 为便于校零，需安装如图中虚线所示的一段导压管及相连的三通、阀门和管件；如不需要，也可以取消。
3. 如变送器不安装在仪表箱内，取消隔壁直通管接头(件 9)。
4. 可用紫铜管(GB/T 1527—1997)代替无缝钢管(GB/T 14976—1994)。
5. 在有水润滑的氧压机后应安装排污阀 2 否则可取消。
6. 根据氧气规程，所有导管、管件及仪表均需脱脂处理，严禁带油，代用阀门应将浸油填料改为聚四氟乙烯。

10	三通管接头 10	1	耐酸钢			JB 972—1977	见附注 2
9	隔壁直通管接头 10	2	耐酸钢			JB 974—1977	见附注 3
8	紫铜管 $\phi10\times2$	1	T2			GB 1527—1997	长度见工程设计
7	短节 R½	2	耐酸钢			YZG14-3-R½-ϕ14	
6	无缝钢管 $\phi14\times2$, $l\leqslant500$	1	耐酸钢			GB/T 14976—1994	方案 B
5	内螺纹截止阀 *PN*16.0MPa, *DN*15, Rc½	1	耐酸钢				J11W-160P
4	无缝钢管 $\phi14\times2$	1	耐酸钢			GB/T 14976—1994	长度见工程设计
3	直通终端接头 R½/14	5	耐酸钢			YZG5-2	见附注 2
2	内螺纹截止阀 *PN*16.0MPa, *DN*15, Rc½	3	耐酸钢				J11W-160P 见附注 2
1	取压管	1	耐酸钢			(2000)YK02-031	一端为 R½
件号	名　称	件数	材 质	单重 质量(kg)	总重	图 号 或 标准、规格号	备　注

部 件、零 件 表

冶金仪控 通用图	氧气测压管路连接图 (取压点高于压力计) *PN*16.0MPa	(2000)YK02-53	
		比例	页次

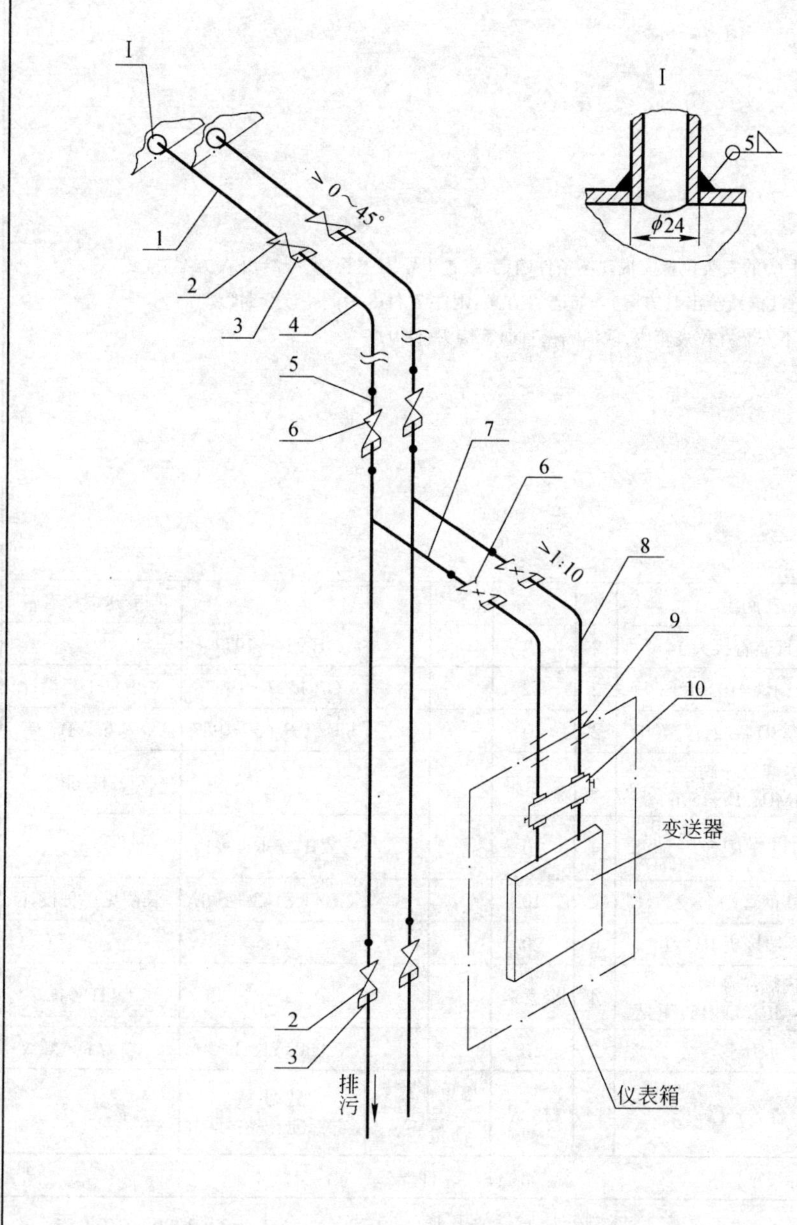

附注：

1. 二次阀(件6)的安装位置应视现场条件确定，或置于导压主管(实线绘出A方案)或置于导压支管(虚线绘出B方案)。如选A方案，则件7、件8为同一连续铜管。
2. 如变送器不安装在仪表箱内，取消隔壁直通管接头(件9)。
3. 可用无缝钢管(ϕ14×2)代替焊接钢管(*DN*15)。

10	三阀组	1					与变送器成套带
9	隔壁直通管接头14	2	Q235			JB 974—1977	
8	紫铜管ϕ10×1	2	T2			GB 1527—1997	长度见工程设计
7	焊接钢管 *DN*15, *l*≤400	2	Q235			GB/T 3092—1993	方案B
6	内螺纹球阀 *PN*1.6MPa, *DN*15, G½	2	碳素钢				Q11F-16C
5	短节 R½	4	Q235			YZG14-1-R½	
4	焊接钢管 *DN*15	2	Q235			GB/T 3092—1993	长度见工程设计
3	直通终端接头 R½/22	6	Q235			YZ5-2	
2	内螺纹球阀 *PN*1.6MPa, *DN*15, G½	4	碳素钢				Q11F-16C
1	无缝钢管ϕ22×3.5, *l*=100	2	Q235			GB/T 8163—1987	一端为R½螺纹
件号	名　称	件数	材　质	单重	总重	图号或标准、规格号	备　注
				质量(kg)			

部件、零件表

冶金仪控通用图	液体测差压管路连接图 (取压点高于压力计) *PN*1.0MPa	(2000)YK02-54	
		比例	页次

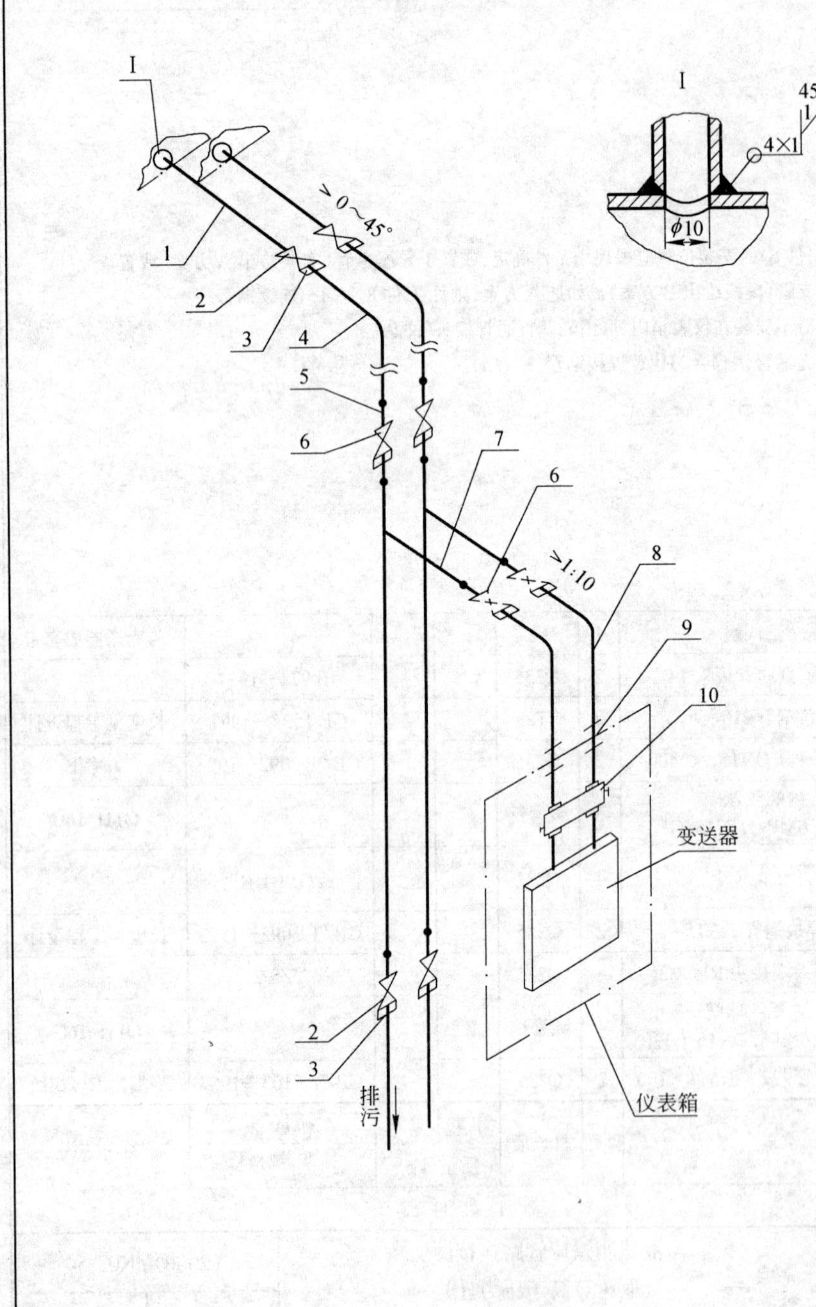

附注：

1. 二次阀(件 6)的安装位置应视现场条件确定，或置于导压主管(实线绘出 A 方案)或置于导压支管(虚线绘出 B 方案)。如选 A 方案，则件 7、件 8 为同一连续铜管。
2. 如变送器不安装在仪表箱内，取消隔壁直通管接头(件 9)。

件号	名 称	件数	材 质	单重	总重	图 号 或 标准、规格号	备 注
				质量(kg)			
10	三阀组	1					与变送器成套带
9	隔壁直通管接头 14	2	20			JB 974—1977	
8	紫铜管 $\phi10\times1$	2	T2			GB 1527—1997	长度见工程设计
7	无缝钢管 $\phi14\times2$, $l\leqslant400$	2	10			GB/T 8163—1987	方案 B
6	内螺纹球阀 *PN*6.4MPa, *DN*15, G½	2	碳素钢				Q11F-64C
5	短节 R½	4	20			YZG14-3-R½-ϕ14	
4	无缝钢管 $\phi14\times2$	2	10			GB/T 8163—1987	长度见工程设计
3	直通终端接头 R½/14	6	20			YZG5-2	
2	内螺纹球阀 *PN*6.4MPa, *DN*15, G½	4	碳素钢				Q11F-64C
1	取压管	2	10			(2000)YK02-030	一端为 R½螺纹

部 件、零 件 表

冶金仪控通用图	液体测差压管路连接图 (取压点高于压力计) *PN*6.4MPa	(2000)YK02-55	
		比例	页次

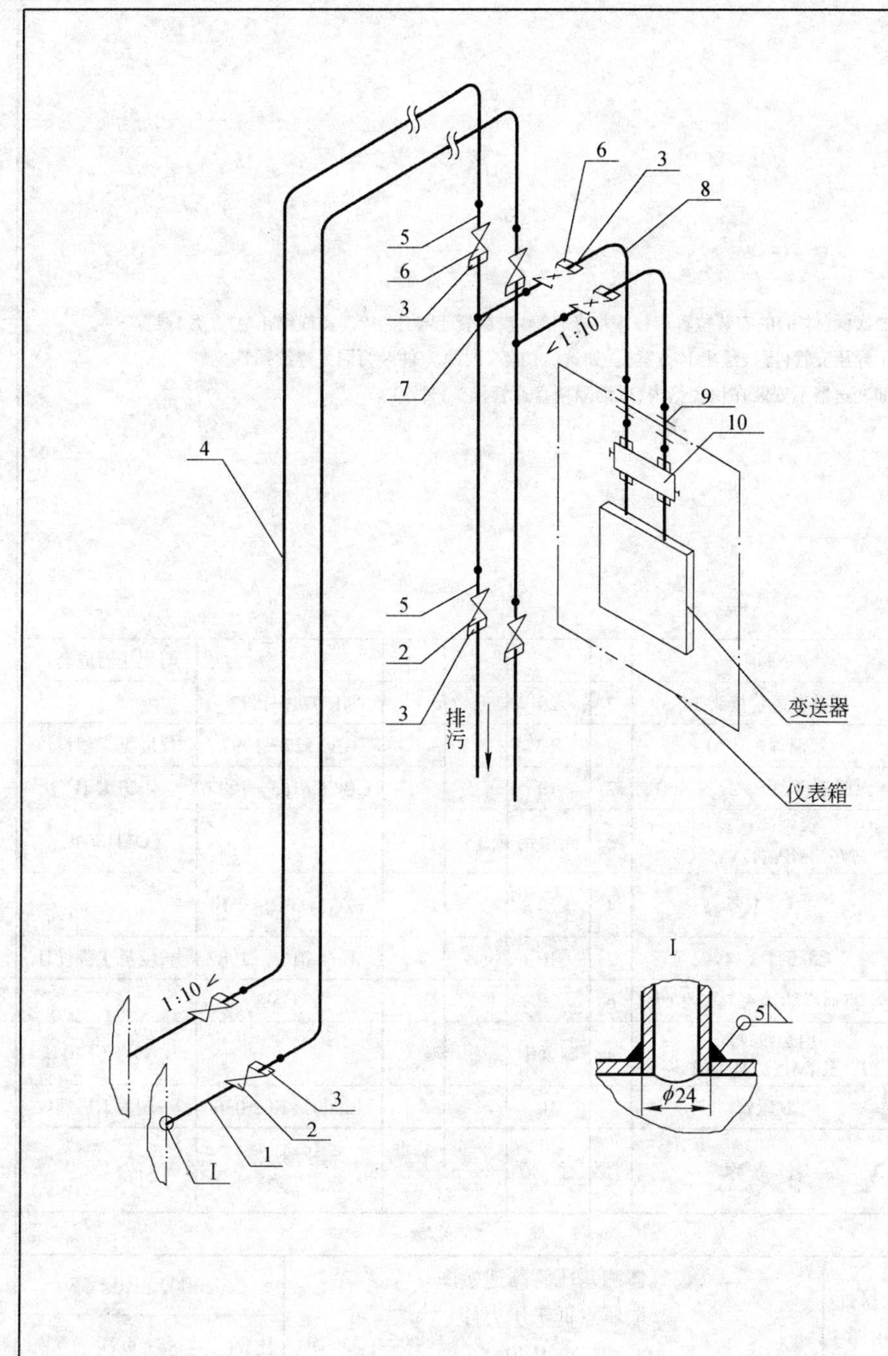

附注：

1. 二次阀(件6)的安装位置应视现场条件确定,或置于导压主管(实线绘出A方案)或置于导压支管(虚线绘出B方案)。如选A方案,则件7、件8为同一连续铜管。
2. 如变送器不安装在仪表箱内,取消隔壁直通管接头(件9)。
3. 可用无缝钢管(φ14×2)代替焊接钢管(*DN*15)。

件号	名　称	件数	材　质	单重 质量(kg)	总重 质量(kg)	图号或标准、规格号	备　注
10	三阀组	1					与变送器成套带
9	隔壁直通管接头 14	2	Q235			JB 974—1977	
8	紫铜管φ10×1	2	T2			GB 1527—1997	长度见工程设计
7	焊接钢管 *DN*15,*l*≤400	2	Q235			GB/T 3092—1993	方案B
6	内螺纹球阀 *PN*1.6MPa,*DN*15,G½	2	碳素钢				Q11F-16C
5	短节 R½	4	Q235			YZG14-1-R½	
4	焊接钢管 *DN*15	2	Q235			GB/T 3092—1993	长度见工程设计
3	直通终端接头 R½/22	6	Q235			YZG5-2	
2	内螺纹球阀 *PN*1.6MPa,*DN*15,G½	4	碳素钢				Q11F-16C
1	无缝钢管φ22×3.5,*l*=100	2	Q235			GB/T 8163—1987	一端为R½螺纹

部件、零件表

冶金仪控通用图	气体测差压管路连接图 (取压点低于压力计) *PN*1.0MPa	(2000)YK02-56	
		比例	页次

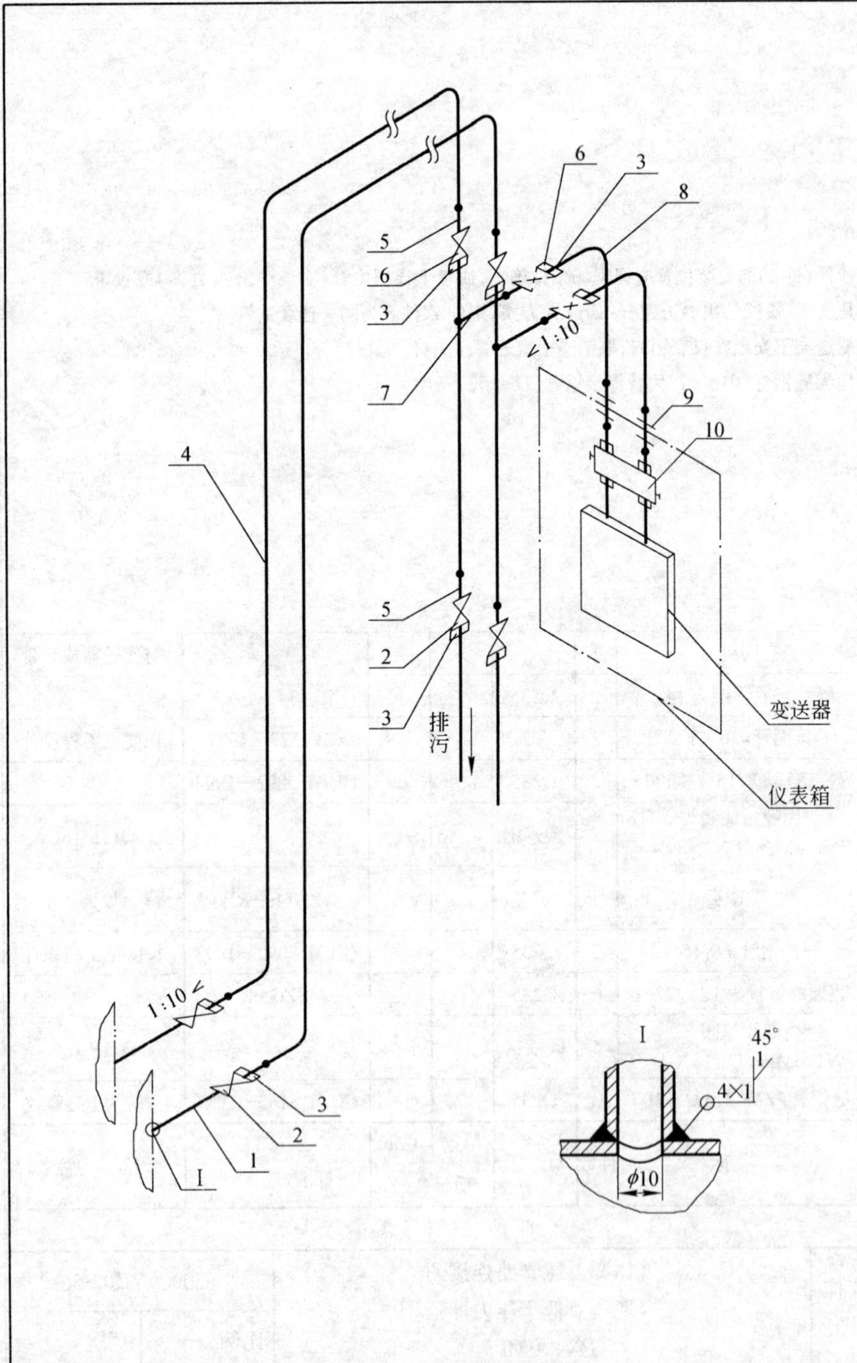

附注：

1. 二次阀（件6）的安装位置应视现场条件确定，或置于导压主管（实线绘出A方案）或置于导压支管（虚线绘出B方案）。如选A方案，则件7、件8为同一连续铜管。
2. 如变送器不安装在仪表箱内，取消隔壁直通管接头（件9）。

件号	名　称	件数	材　质	单重	总重	图号或标准、规格号	备　注
				质量(kg)			
10	三阀组	1					与变送器成套带
9	隔壁直通管接头14	2	20			JB 974—1977	
8	紫铜管φ10×1	2	T2			GB 1527—1997	长度见工程设计
7	无缝钢管φ14×2，l≤400	2	10			GB/T 8163—1987	方案B
6	内螺纹球阀 PN6.4MPa，DN15，G½	2	碳素钢				Q11F-64C
5	短节R½	4	20			YZG14-3-R½-φ14	
4	无缝钢管φ14×2	2	10			GB/T 8163—1987	长度见工程设计
3	直通终端接头R½/14	6	20			YZG5-2	
2	内螺纹球阀 PN6.4MPa，DN15，G½	4	碳素钢				Q11F-64C
1	取压管	2	10			(2000)YK02-036	一端为R½螺纹

部件、零件表

冶金仪控通用图	气体测差压管路连接图（取压点低于压力计）PN6.4MPa	(2000)YK02-57	
		比例	页次

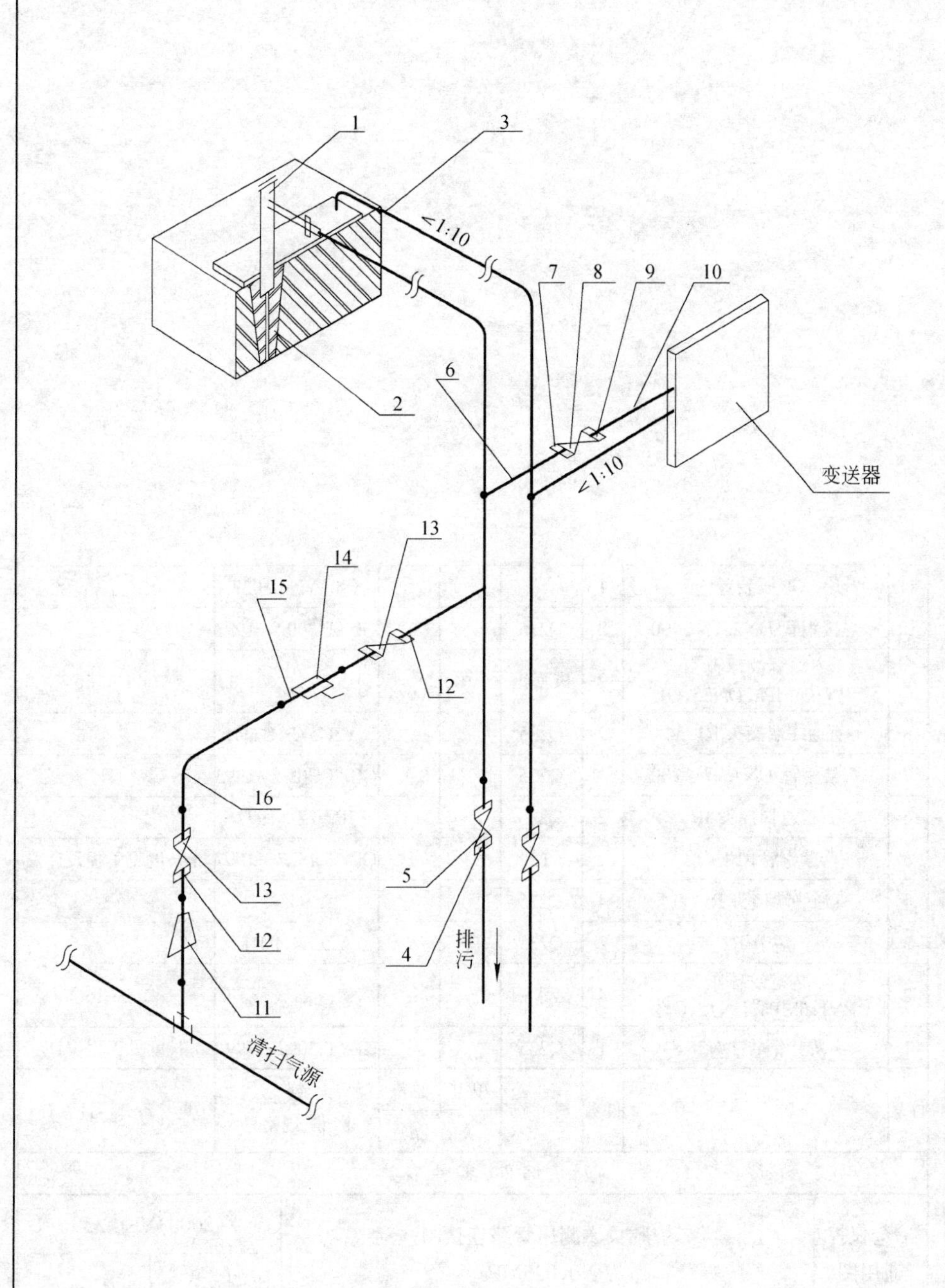

16	焊接钢管 $DN20, l \leqslant 1500$	1	Q235			GB/T 3092—1993	
15	直通终端接头 G¾/28	2	Q235			YZG5-2-R¾-28	
14	空气过滤器 G¾	1				QFG-03	
13	内螺纹球阀 $PN1.6$MPa, $DN20$/G¾	2	碳素钢				Q11F-16C
12	直通终端接头 G¾/28	4	Q235			YZG5-2-R¾-28	
11	变径接管 $DN25/DN20$	1	Q235			YZG5-33-28	
10	紫铜管 $\phi 10 \times 1, l \leqslant 1500$	2	T2			GB/T 1527—1997	
9	直通终端接头 R½/14	1	Q235			YZG5-2	
8	内螺纹球阀 $PN1.6$MPa, $DN15$/G½	1	H62				Q11F-16C
7	直通终端接头 R½/22	1	Q235			YZG5-2	
6	焊接钢管 $DN15, l < 500$mm	1	Q235			GB/T 3092—1993	
5	内螺纹球阀 $PN1.6$MPa, $DN25$/G1	2	碳素钢				Q11F-16C
4	直通终端接头 R1/34	4	Q235			YZG5-2-R1-34	
3	焊接钢管 $DN25$	2	Q235			GB/T 3092—1993	长度见工程设计
2	取压异型砖	1	耐火材料				委托工业炉专业设计
1	取压装置	1				(90)YK02-027	方案A
件号	名　称	件数	材　质	单重	总重	图号或标准、规格号	备　注
				质量(kg)			

部件、零件表

冶金仪控通用图	炉膛负压测压管路连接图(带空气清扫) $PN0.025$MPa	(2000)YK02-58
		比例　页次

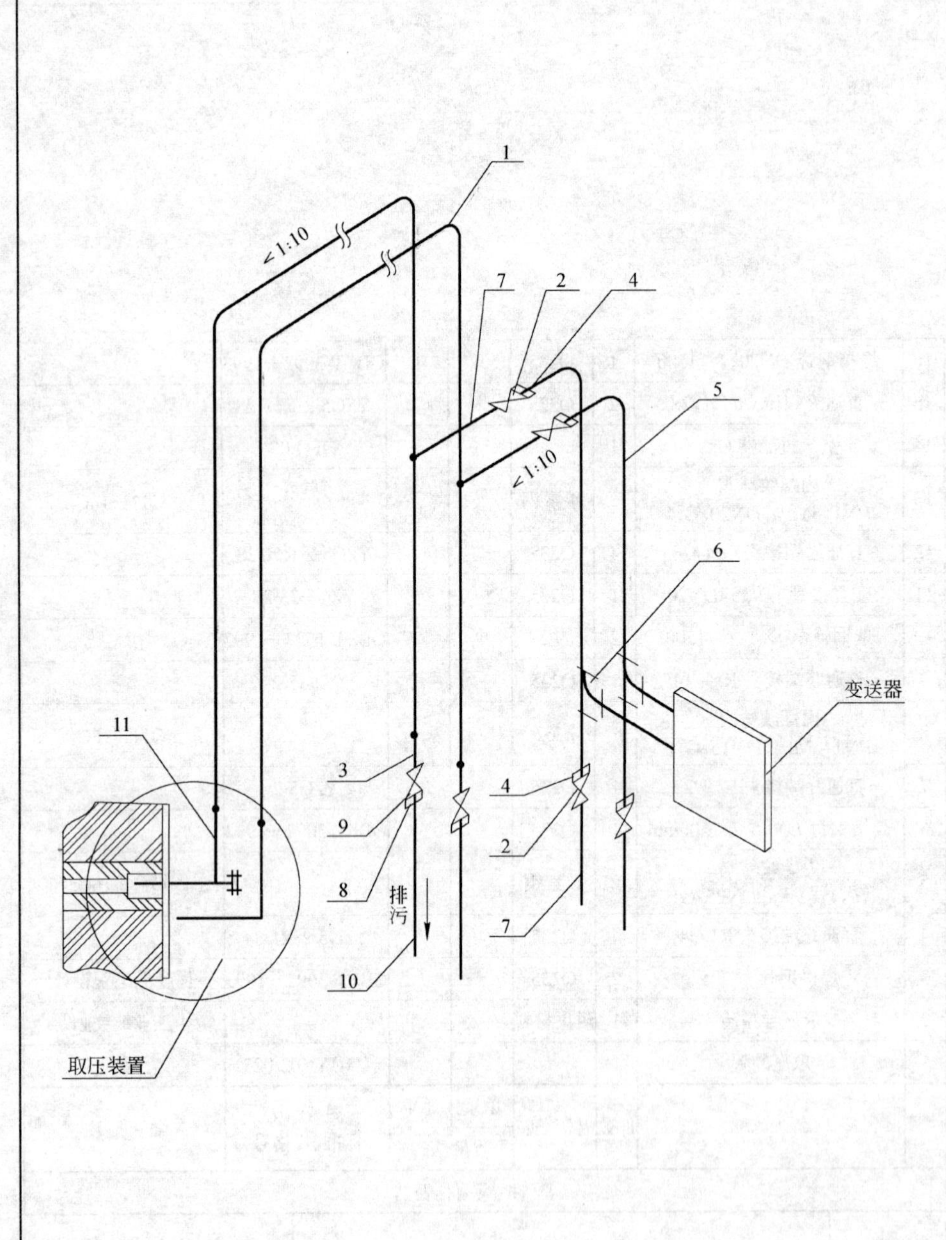

件号	名称	件数	材质	单重	总重	图号或标准、规格号	备注
11	取压装置	1				(90)YK02-027	B方案
10	焊接钢管 *DN*25, *l*≤400	2	Q235			GB/T 3092—1993	
9	内螺纹球阀 *PN*1.6MPa, *DN*25, G1	2	碳素钢				Q11F-16C
8	直通终端接头 R1/34	2	Q235			YZG5-2-R1-34	
7	焊接钢管 *DN*15, *l*<200	4	Q235			GB/T 3092—1993	一端带 G¾″螺纹
6	三通管接头 10	2	Q235			JB 972—1977	
5	紫铜管 φ10×1	2	T2			GB/T 1527—1997	长度见工程设计
4	直通终端接头 R½/14	4	Q235			YZG5-2	
3	短节 R1	2	Q235			YZG14-1-R1	
2	内螺纹球阀 *PN*1.6MPa, *DN*15, G½	4	碳素钢				Q11F-16C
1	焊接钢管 *DN*25	1	Q235			GB/T 3092—1993	长度见工程设计
				质量(kg)			

部件、零件表

冶金仪控通用图	炉膛负压测压管路连接图 *PN*0.025MPa	(2000)YK02-59	
		比例	页次

水平管道上

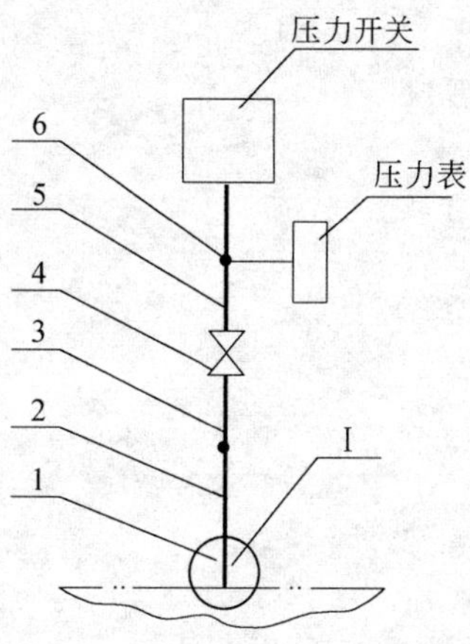

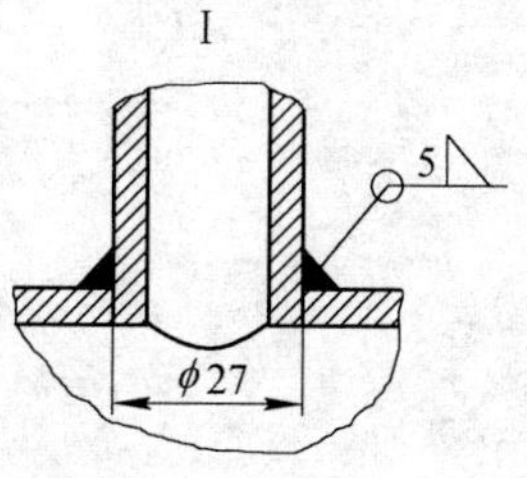

垂直管道上

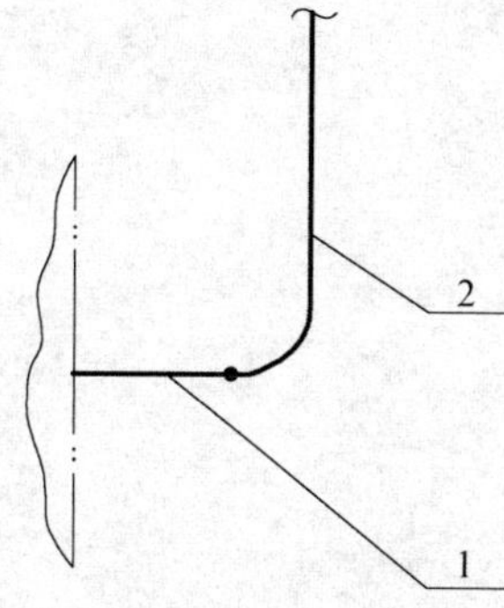

件号	名称	件数	材质	单重	总重	图号或标准、规格号	备注
				质量(kg)			
6	三通管接头						SC5.470.505 压力开关附件
5	压力表接头 M20×1.5/R½	1	Q235			(2000)YK02-01	
4	内螺纹球阀 *PN*1.6MPa,*DN*15,G½	1	碳素钢				Q11F-16C
3	短节 R½	1	Q235			YZG14-1-R½	
2	无缝钢管ϕ18×3,*l*=500	1	Q235			GB/T 8163—1987	
1	无缝钢管ϕ25×3,*l*=45	1	Q235			GB/T 8163—1987	

部件、零件表

冶金仪控通用图	压力开关及压力表 共用一个取压口的测压管路连接图 *PN*1.0MPa	(2000)YK02-60	
		比例	页次

二、安装部件、零件图

其余 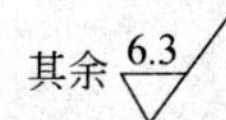

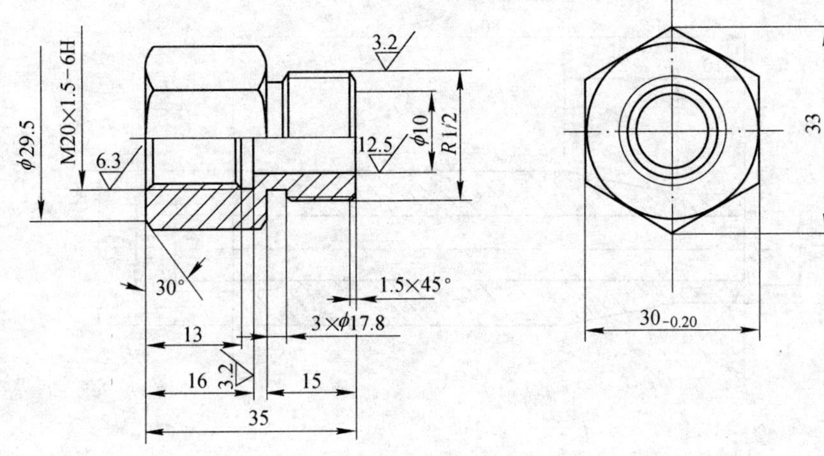

附注：

1. M20×1.5-6H 按 GB/T 196—1981 及 GB/T 197—1981 制作。
2. R½按 GB/T 7306—1987 制作。
3. 螺纹退刀槽槽部尺寸过渡圆角 R1。
4. φ12 与 M20×1.5 之间同轴度不大于 0.1。
5. 表面发蓝或发黑处理。
6. 未注明公差尺寸按 IT14 级公差 GB/T 1804—1992 加工。
7. 锐角皆磨钝。

冶金仪控通用图	压力表接头 M20×1.5/R½			(2000)YK02-01	
	材质 Q235	质量	比例	件号	装配图号

其余 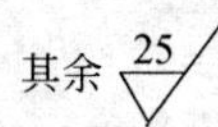

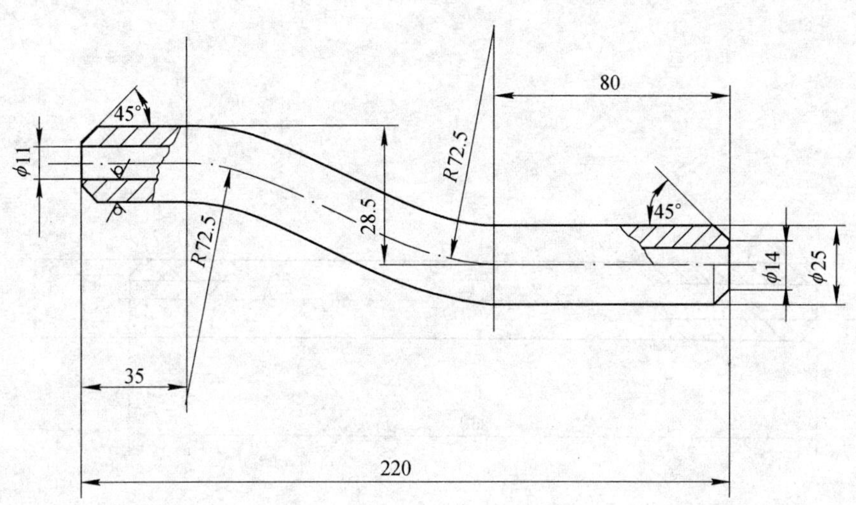

附注：

1. 未注明公差尺寸按 IT14 级公差 GB/T 1804—1992 加工。

冶金仪控通用图	取压管(弯形) φ25×7			(2000)YK02-02	
	材质 I 20 / II12CrMoV	质量 0.72kg	比例	件号	装配图号

其余 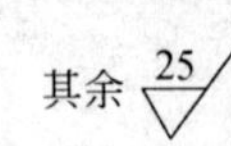

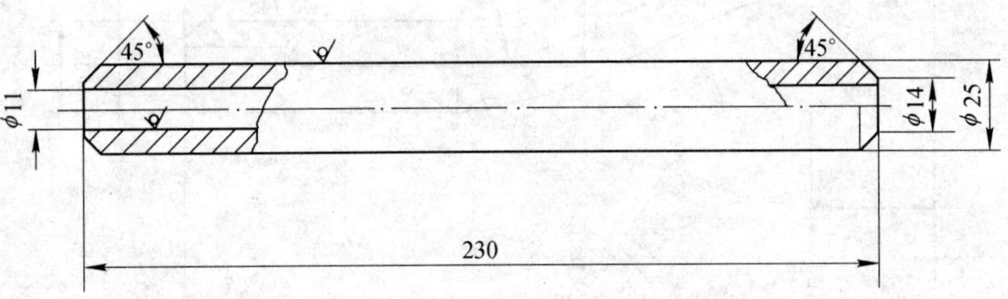

附注：

1．未注明公差尺寸按 IT14 级公差 GB/T 1804—1992 加工。

冶金仪控通用图	取　压　管 φ25×7			(2000)YK02-03	
	材质 12CrMoV	质量 0.72kg	比例	件号	装配图号

其余 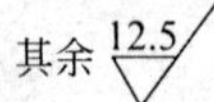

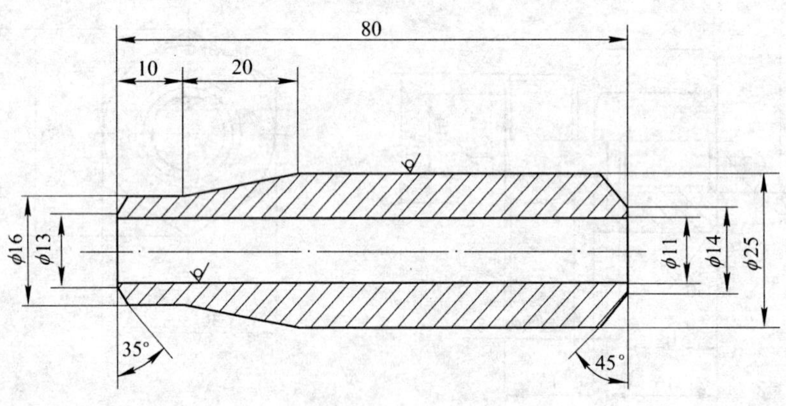

附注：

1．未注明公差尺寸按 IT14 级公差 GB/T 1804—1992 加工。

冶金仪控通用图	焊　接　短　管 φ25×7			(2000)YK02-04	
	材质 12CrMoV	质量 0.18kg	比例	件号	装配图号

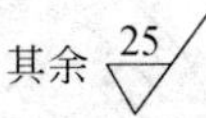

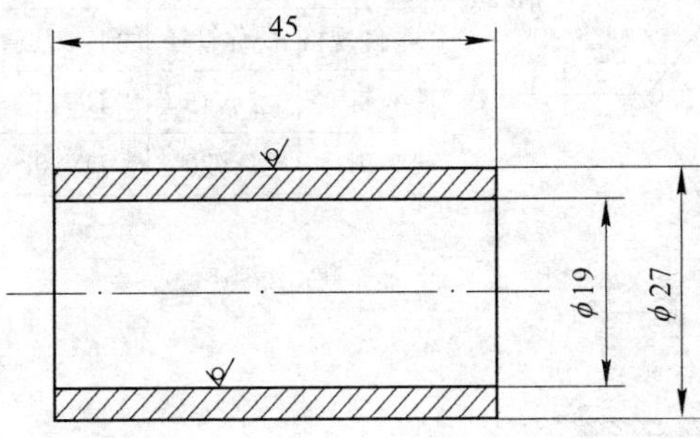

附注：

1. 未注明公差尺寸按 IT14 级公差 GB/T 1804—1992 加工。
2. 锐角皆磨钝。

冶金仪控通用图	取 压 管 ϕ 25×3, l=45mm			(2000)YK02-05	
	材质 Ⅰ 耐酸钢 Ⅱ 20	质量 0.11kg	比例	件号 1	装配图号

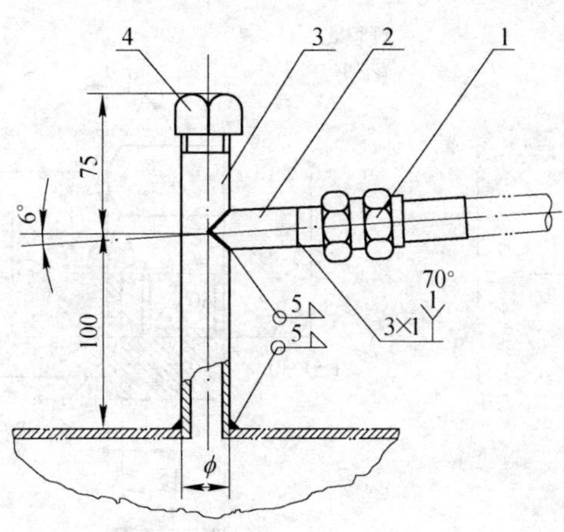

规 格 表

零件规格	公称管径	件 1:管接头	件 2:短管	件 3:取压管	件 4:管帽	取压钻孔
a	*DN*15	$D_0$22	*DN*15	*DN*15/R½	*DN*15	ϕ23
b	*DN*20	$D_0$28	*DN*20	*DN*20/R¾	*DN*20	ϕ29

附注：

1. 本图的取压装置设计了 a(*DN*15)和 b(*DN*20)两种规格尺寸，规格选取视测压管路连接图的选取规格而定。

   标记示例：金属管道上无毒气体取压管径规格 *DN*15，标记如下：金属管道上无毒气体的取压装置 a，图号(2000)YK02-06。
2. 取压孔为钻孔并清除毛刺，如钻孔有困难可采用气割，割后应清除净内外的焊渣毛刺，保证孔口光洁，取压管也不得伸入管道或容器内壁。
3. 件 3 需在一端套制螺纹，螺纹长 30mm。

件号	名 称	件数	材 质	单重 质量(kg)	总重 质量(kg)	图 号 或 标准、规格号	备 注
4	管帽 *DN*(见表)	1	Q235			(2000)YK02-07	
3	取压管，焊接钢管 *DN*(见表)，l=175	1	Q235			GB/T 3092—1993	
2	短管，焊接钢管 *DN*(见表)，l=100	1	Q235			GB/T 3092—1993	
1	直通管接头 D_0(见表)	1	Q235			JB 970—1977	

部 件、零 件 表

冶金仪控通用图	金属管道或容器上无毒气体的取压装置 (A 方案用)*PN*0.025MPa	(2000)YK02-06	
		比例	页次

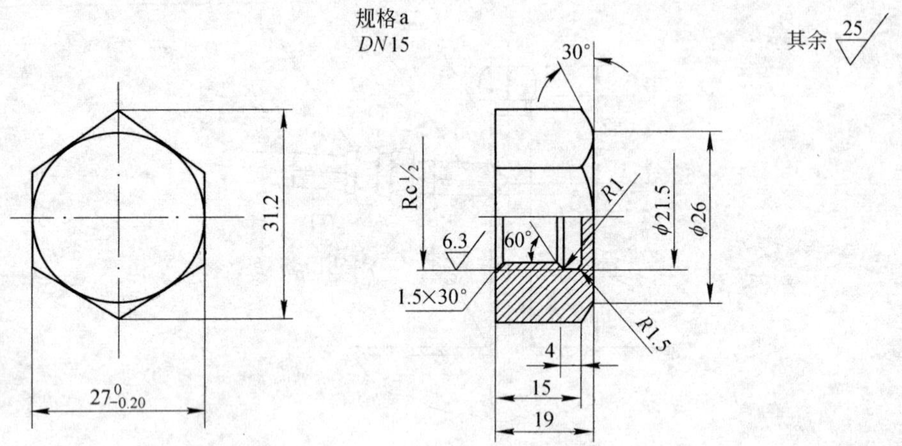

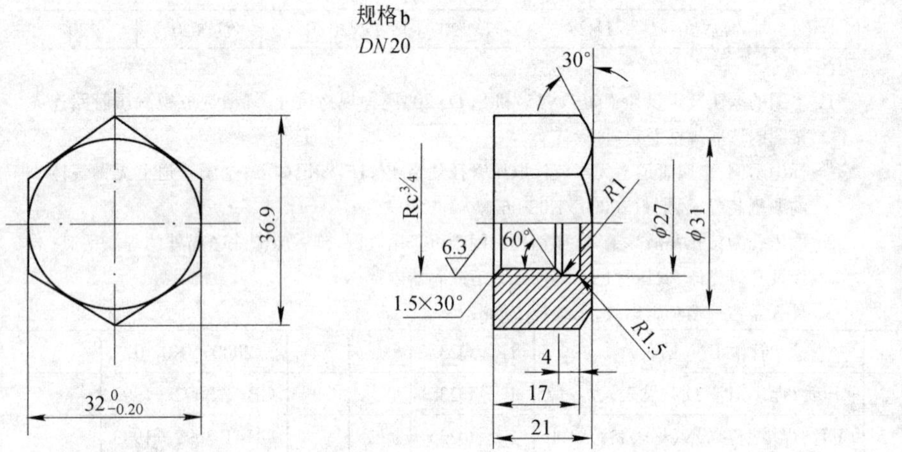

规格 a
DN15

其余 25

规格 b
DN20

附注：

1. 密封螺纹按 GB/T 7306—1987 制作。
2. 表面发蓝或发黑处理。
3. 未注明公差尺寸按 IT14 级公差 GB/T 1804—1992 加工。
4. 锐角皆磨钝。

冶金仪控通用图	管帽 a: DN15, b: DN20			(2000) YK02-07	
	材质 Q235	质量 0.07kg 0.09kg	比例	件号	装配图号

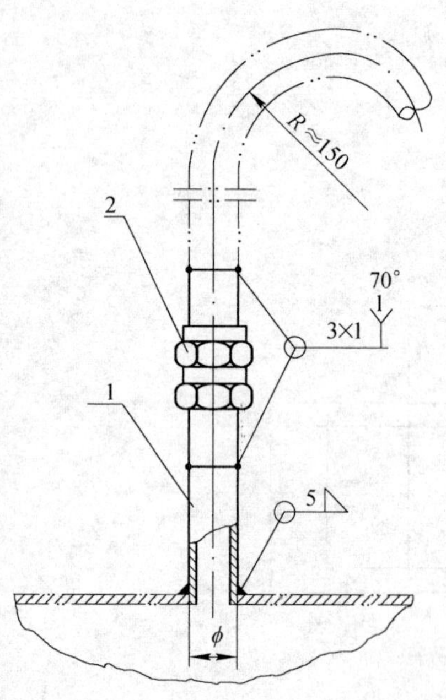

规格表

零件规格	公称管径	件1:取压管	件2:管接头	取压钻孔
a	DN15	DN15	$D_0$22	φ23
b	DN20	DN20	$D_0$28	φ29

附注：

1. 本图的取压装置设计了 a(DN15)和 b(DN20)两种规格尺寸，规格选取视测压管路连接图的选取规格而定。
   标记示例：金属管道上无毒气体取压管径规格 DN15，标记如下：取压装置 a，图号(2000)YK02-08。
2. 取压孔为钻孔并清除毛刺，如钻孔有困难可采用气割，割后应清除净内外的焊渣毛刺，保证孔口光洁，取压管不得伸入管道或容器内壁。

件号	名称	件数	材质	单重	总重	图号或标准、规格号	备注
2	直通管接头 D_0(见表)	1	Q235			JB 970—1977	
1	取压管，焊接钢管 DN(见表)，$l=100$	1	Q235			GB/T 3092—1993	
				质量(kg)			

部件、零件表

冶金仪控通用图	金属管道或容器上无毒气体的取压装置 (B方案用) PN0.025MPa	(2000) YK02-08	
		比例	页次

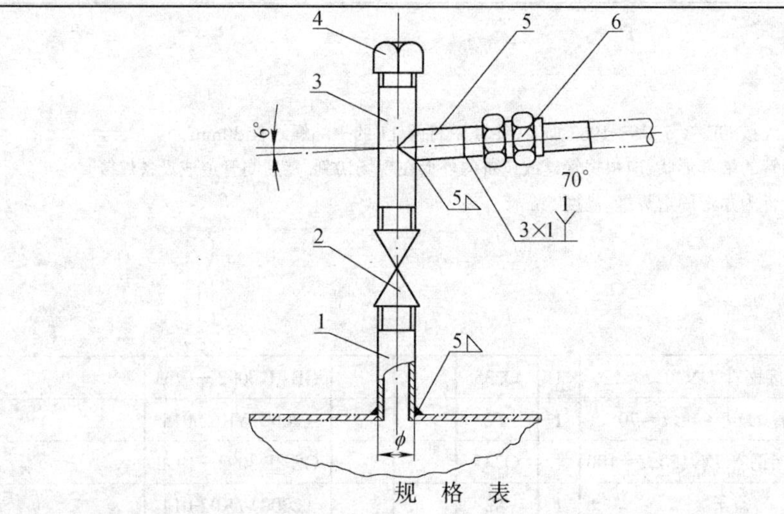

规 格 表

零件规格	公称管径	件1:取压管	件2:球阀	件3:短管	件4:管帽	件5:短管	件6:管接头	取压钻孔
a	DN15	DN15/R½	DN15G½	DN15/R½	DN15	DN15	$D_0$22	ϕ23
b	DN20	DN20/R¾	DN20G¾	DN20/R¾	DN20	DN20	$D_0$28	ϕ29

附注:

1. 本图的取压装置设计了 a(DN15)和 b(DN20)两种规格尺寸,规格选取视测压管路连接图的选取规格而定。

   标记示例:金属管道低压气体取压管径规格 DN15,标记如下:金属管道或容器上低压气体的取压装置 a,图号(2000)YK02-09。
2. 取压孔为钻孔并清除毛刺,如钻孔有困难可采用气割,割后应清除净内外的焊渣毛刺,保证孔口光洁,取压管不得伸入管道或容器内壁。
3. 件1、件3需在管一端套制螺纹,螺纹长30mm。

件号	名 称	件数	材 质	单重	总重	图号或标准、规格号	备 注
6	直通管接头 D_0(见表)	1	Q235			JB 970—1977	
5	短管,焊接钢管 DN(见表),$l=100$	1	Q235			GB/T 3092—1993	
4	管帽 DN(见表)	1	Q235			(2000)YK02-07	
3	短管,焊接钢管 DN(见表),$l=150$	1	Q235			GB/T 3092—1993	两端 R¾
2	内螺纹球阀 PN1.0MPa,DN(见表)	1	H62				Q11F-16T
1	取压管,焊接钢管 DN(见表),$l=100$	1	Q235			GB/T 3092—1993	一端 R¾
				质量(kg)			

部件、零件表

冶金仪控通用图	金属管道或容器上煤气或低压气体的取压装置(A方案用)PN0.6MPa	(2000)YK02-09	
		比例	页次

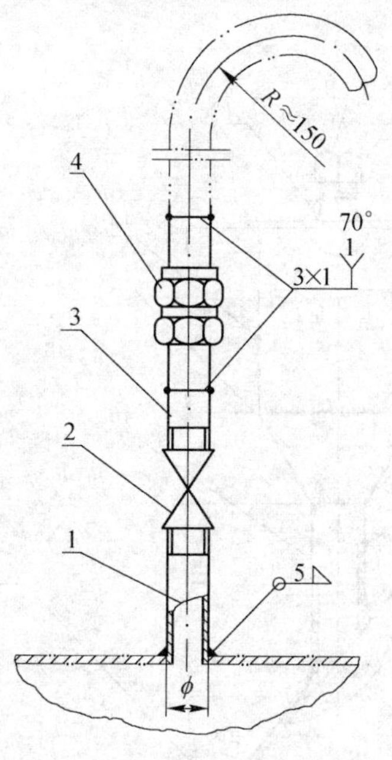

附注:

1. 本图的取压装置设计了 a(DN15)和 b(DN20)两种规格尺寸,规格选取视测压管路连接图的选取规格而定。

   标记示例:金属管道低压气体取压管径规格 DN15,标记如下:金属管道或容器上低压气体的取压装置 a,图号(2000)YK02-010。
2. 取压孔为钻孔并清除毛刺,如钻孔有困难可采用气割,割后应清除净内外的焊渣毛刺,保证孔口光洁,取压管不得伸入管道或容器内壁。
3. 件1、件3需在管一端套制螺纹,螺纹长30mm。

规 格 表

零件规格	公称管径	件1:取压管	件2:球阀	件3:短管	件6:管接头	取压钻孔
a	DN15	DN15/R½	DN15G½	DN15/R½	$D_0$22	ϕ23
b	DN20	DN20/R¾	DN20G¾	DN20/R¾	$D_0$28	ϕ29

件号	名 称	件数	材 质	单重	总重	图号或标准、规格号	备 注
4	直通管接头 D_0(见表)	1	Q235			JB 970—1977	
3	短管,焊接钢管 DN(见表),$l=150$	1	Q235			GB/T 3092—1993	一端 R¾(R½)
2	内螺纹球阀 PN1.0MPa,DN(见表)	1	H62				Q11F-16T
1	取压管,焊接钢管 DN(见表),$l=100$	1	Q235			GB/T 3092—1993	一端 R¾(R½)
				质量(kg)			

部件、零件表

冶金仪控通用图	金属管道或容器上煤气或低压气体的取压装置(B方案用)PN0.6MPa	(2000)YK02-010	
		比例	页次

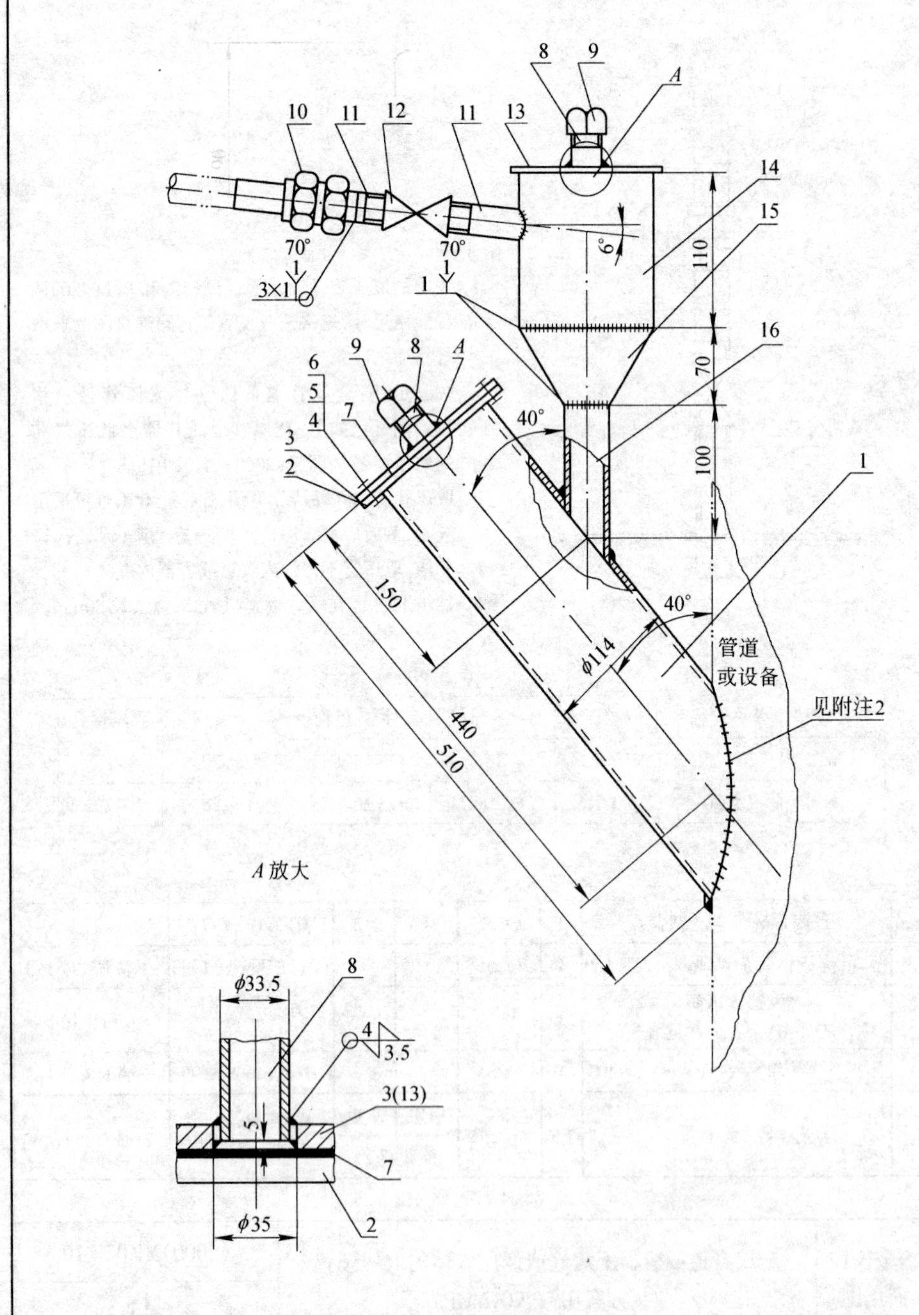

附注：

1. 密封管螺纹按 GB/T 7306—1987 加工，件号 8、件号 11 的一端螺纹长 30mm。
2. 件号 1 钢管的端部形状，应根据管道或设备的外形在现场切割，然后与管道或设备焊接。
3. 未注焊缝皆为角形周边焊缝，高度 5mm。

件号	名称	件数	材质	单重	总重	图号或标准、规格号	备注
16	短管，焊接钢管 $DN40, l\approx120$	1	Q235			GB/T 3092—1993	
15	异径管 $\phi114/\phi48, l=70$	1	T2			(2000)YK02-015	
14	筒体，焊接钢管 $DN100, l=100$	1	Q235			GB/T 3092—1993	
13	盖子 a	1	T2			(2000)YK02-014	
12	内螺纹球阀 $PN1.0\text{MPa}, DN20/G\frac{3}{4}$	1	碳素钢				Q11F-16C
11	接头，焊接钢管 $DN20/Rc\frac{3}{4}, l=120$	2	Q235			GB/T 3092—1993	一端 R¾
10	直通管接头 28	1	Q235			JB 970—1977	
9	管帽 $DN25$/Rc1	2	Q235			(2000)YK02-07	
8	接头，焊接钢管 $DN25/R1, l=60$	2	Q235			GB/T 3092—1993	一端 R1
7	垫圈 16	4	100HV			GB/T 95—1985	
6	螺母 M16	4	6			GB/T 41—1986	
5	螺栓 M16×65	4	6.8			GB/T 5780—1986	
4	垫片 $D/d=210/115, b=1.5$	1	XB350			JB/T 87—1994	
3	法兰 a	1	20			(2000)YK02-013	
2	法兰 b	1	20			(2000)YK02-013	
1	取压管，焊接钢管 $DN100, l=510$	1	Q235			GB/T 3092—1993	
件号	名称	件数	材质	单重 质量(kg)	总重	图号或标准、规格号	备注

部件、零件表

冶金仪控通用图	垂直管道上带冷凝器的脏煤气取压装置 $PN0.6\text{MPa}$	(2000)YK02-011	
		比例	页次

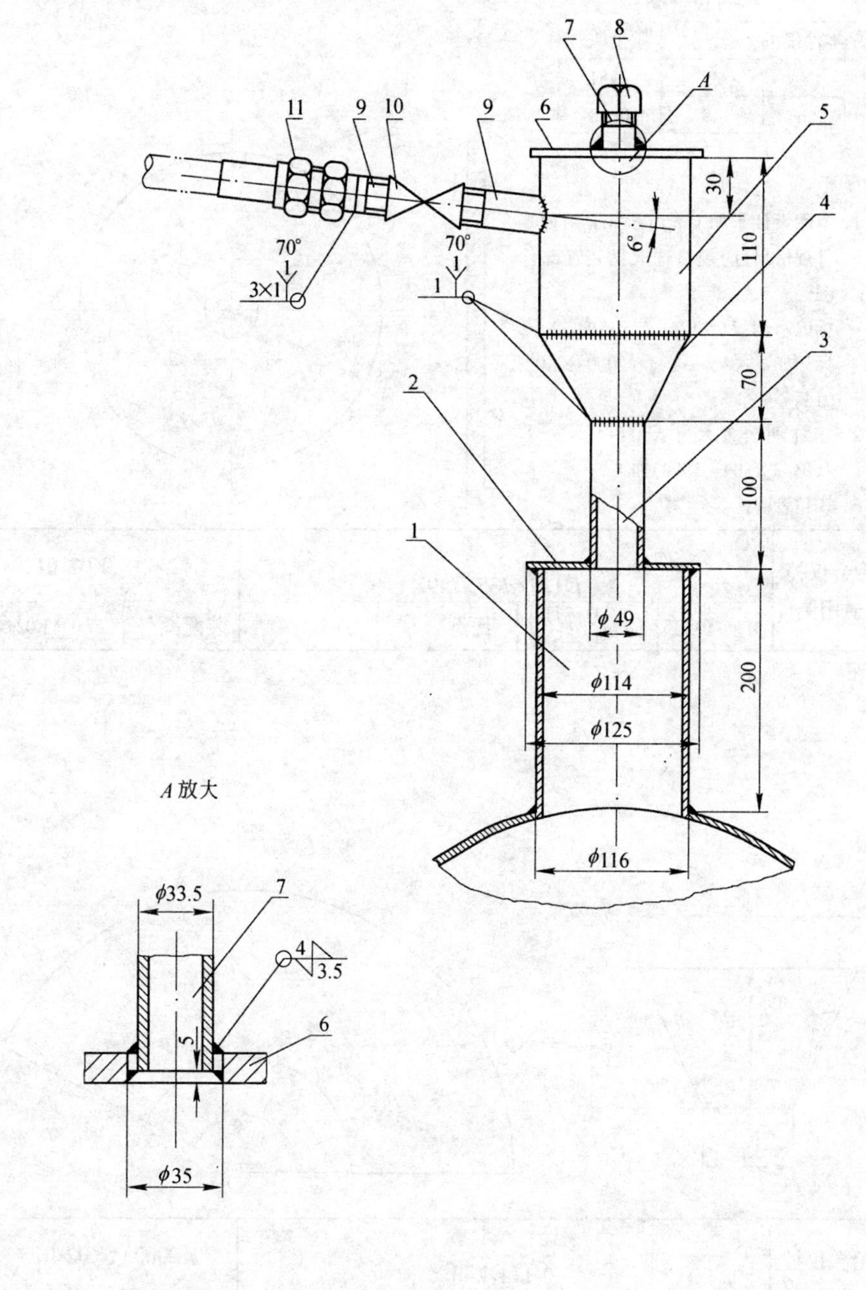

附注：

1. 密封管螺纹按 GB/T 7306—1987 加工，件号 8、件号 11 的一端螺纹长 30mm。
2. 件号 1 钢管的端部形状，应根据管道或设备的外形在现场切割，然后与管道或设备焊接。
3. 未注焊缝皆角形焊缝，高度 5mm。
4. 取压孔用气割，割后清除焊渣和毛刺，保证孔口光洁，无焊渣毛刺等突出在设备内壁。

件号	名称	件数	材质	单重	总重	图号或标准、规格号	备注
				质量(kg)			
11	直通管接头 28	1	Q235			JB 970—1977	
10	内螺纹球阀 *PN*1.6MPa，*DN*20/G¾	1	碳素钢				Q11F-16C
9	接头，焊接钢管 *DN*20/Rc¾，*l*=100	2	Q235			GB/T 3092—1993	一端 R¾
8	管帽 *DN*25/Rc1	1	KT			GB3289.34—1982	
7	接头，焊接钢管 *DN*25/R1，*l*=60	1	Q235			GB/T 3092—1993	一端 R1
6	盖子 a	1	Q235			(2000)YK02-014	
5	筒体，焊接钢管 *DN*100，*l*=110	1	Q235			GB/T 3092—1993	
4	异径管φ114/φ48，*l*=70	1	Q235			(2000)YK02-015	
3	短管，焊接钢管 *DN*40，*l*=100	1	Q235			GB/T 3092—1993	
2	盖子 b	1	Q235			(2000)YK02-014	
1	取压管，焊接钢管 *DN*100，*l*=200	1	Q235			GB/T 3092—1993	

部件、零件表

冶金仪控通用图	水平管道上带冷凝器的脏煤气取压装置 *PN*0.6MPa	(2000)YK02-012	
		比例	页次

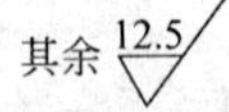

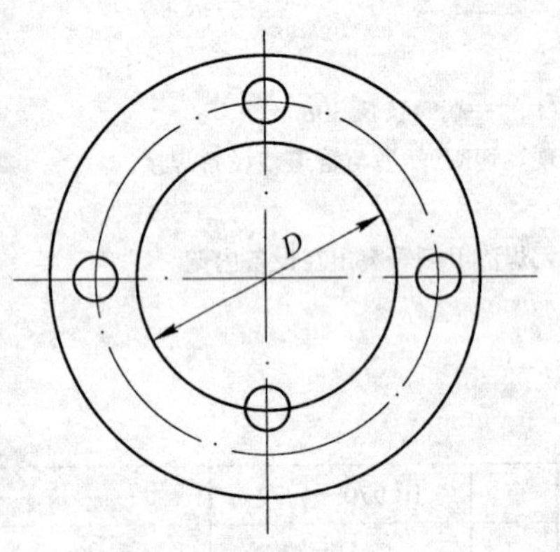

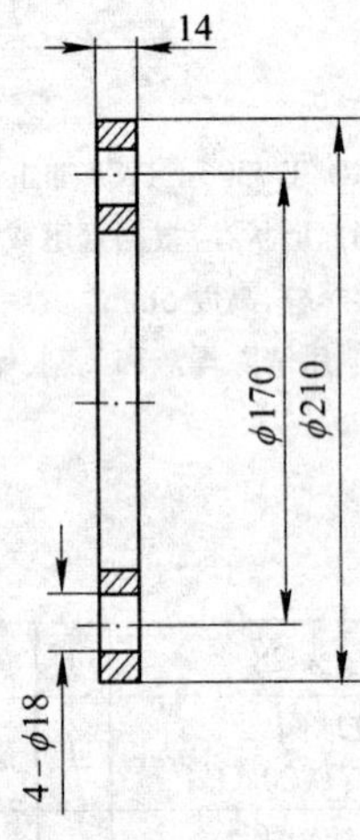

规 格 表

零件规格	D	质量(kg)
a	35	3.7
b	115	2.6

附注：

1. 本图设计了如上规格表所示 a,b 两种零件规格尺寸,规格选取见装置部件图。
   标记示例：*DN*100,*PN*0.6MPa,内孔 *D* = 35mm 的法兰,法兰 a,图号(2000)YK-02-013。
2. 未注明公差尺寸按 IT14 级公差 GB/T 1804—1992 加工。
3. 锐角皆磨钝。

冶金仪控通用图	法 兰 *DN*100,*PN*0.6MPa				(2000)YK02-013	
	材质 Q235	质量 2.6kg 3.7kg	比例	件号	装配图号	

规 格 表

零件规格	d	质量(kg)
a	35	0.51
b	49	0.48

其余 25

附注：

1. 本图设计了如上表所示 a,b 两种零件规格尺寸,规格选取见装置部件图。
   标记示例：*D* = 124, *d* = 35 的盖子,标记如下：盖子 a,图号(2000)YK02-014。
2. 未注明公差尺寸按 IT14 级公差(GB/T 1804—1992)加工。
3. 锐角皆磨钝。

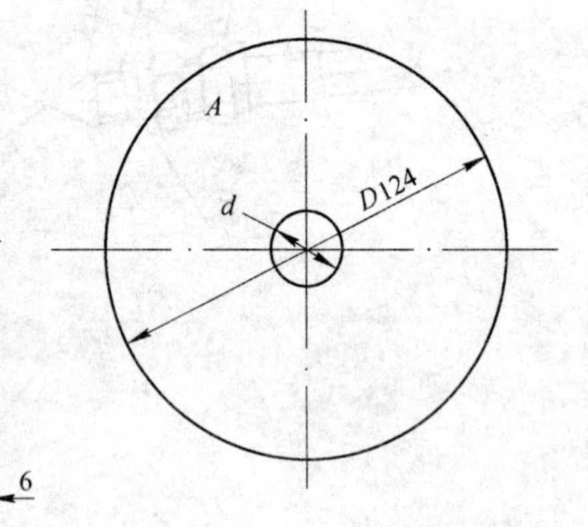

冶金仪控通用图	盖 子 *D*124/*d*35,*d*49				(2000)YK02-014	
	材质 Q235	质量 0.51kg 0.48kg	比例	件号	装配图号	(2000)YK02-012

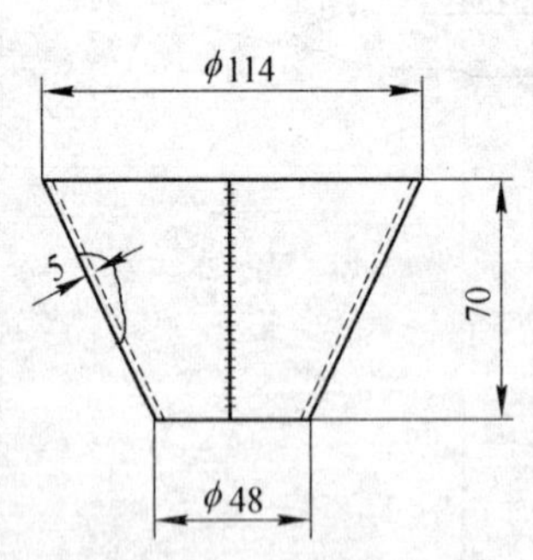

展开图

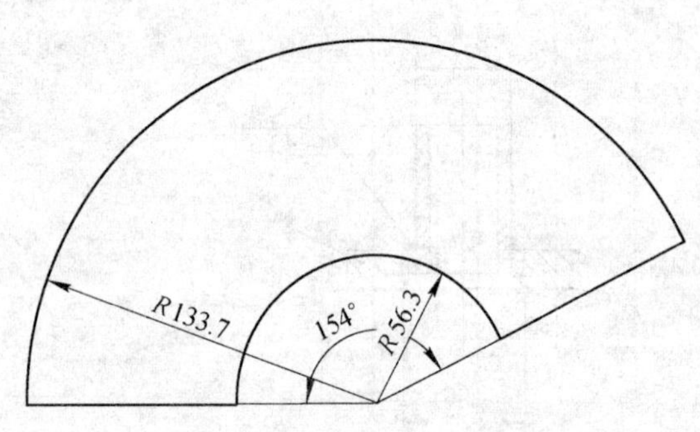

冶金仪控通用图	异 径 管 φ 114/φ48				(2000)YK02-015	
	材质 Q235	质量 0.8kg	比例	件号	装配图号	(2000)YK02-012

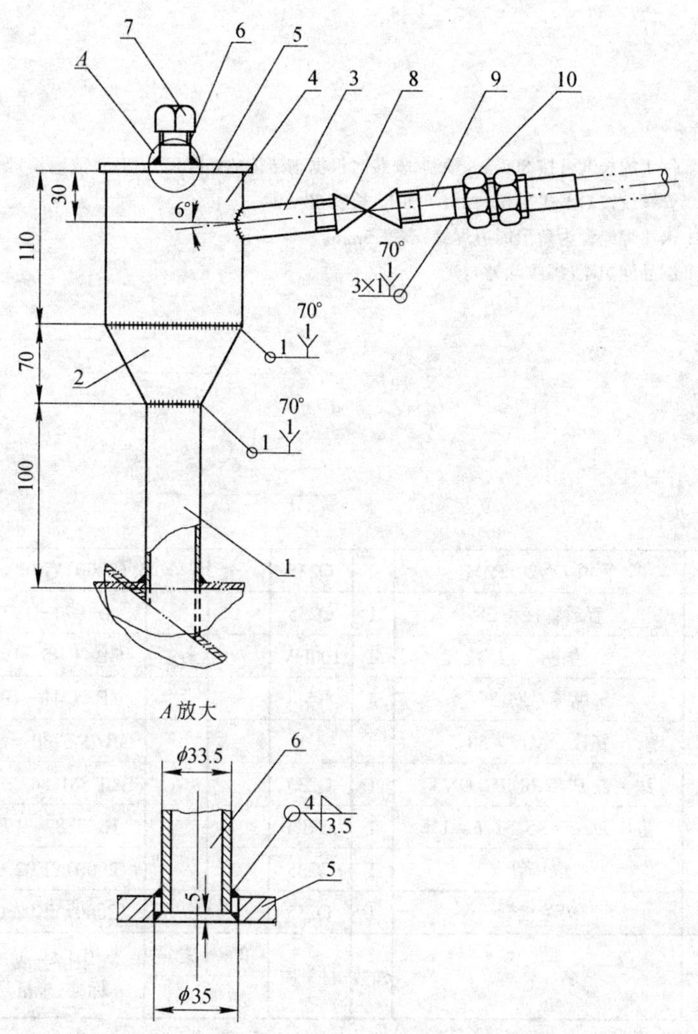

附注：

1. 管螺纹按 GB/T 7306—1987 加工，长度 30mm。
2. 件 1 钢管的端部形状，应根据管道或设备的外形在现场切割，然后与管道或设备焊接。
3. 未注焊缝皆为角形周边焊缝，高度 5mm。
4. 取压孔用气割，割后清除焊渣和毛刺，保证孔口光洁，无焊渣毛刺等突出在设备内壁。

件号	名称	件数	材质	单重	总重	图号或标准、规格号	备注
				质量(kg)			
10	直通管接头 28	1	Q235			JB 970—1977	
9	接头，焊接钢管 $DN20/Rc\frac{3}{4}$，$l=100$	1	Q235			GB/T 3092—1993	一端 $R\frac{3}{4}$
8	内螺纹球阀 $PN1.6$MPa，$DN20/G\frac{3}{4}$	1	碳素钢				Q11F-16C
7	管帽 $DN25$/Rc1	1	KT			GB3289.34—1982	
6	接头，焊接钢管 $DN25$/R1，$l=60$	1	Q235			GB/T 3092—1993	一端 R1
5	盖子 a	1	Q235			(2000)YK02-014	
4	筒体，焊接钢管 $DN100$，$l=110$	1	Q235			GB/T 3092—1993	
3	接头，焊接钢管 $DN20/R\frac{3}{4}$，$l=120$	1	Q235			GB/T 3092—1993	一端 $R\frac{3}{4}$
2	异径管 $\phi114/\phi48$，$l=70$	1	Q235			(2000)YK02-015	
1	取压管，焊接钢管 $DN40$，$l=100$	1	Q235			GB/T 3092—1993	

部件、零件表

冶金仪控通用图	脏煤气取压装置 $PN0.6$MPa	(2000)YK02-016	
		比例	页次

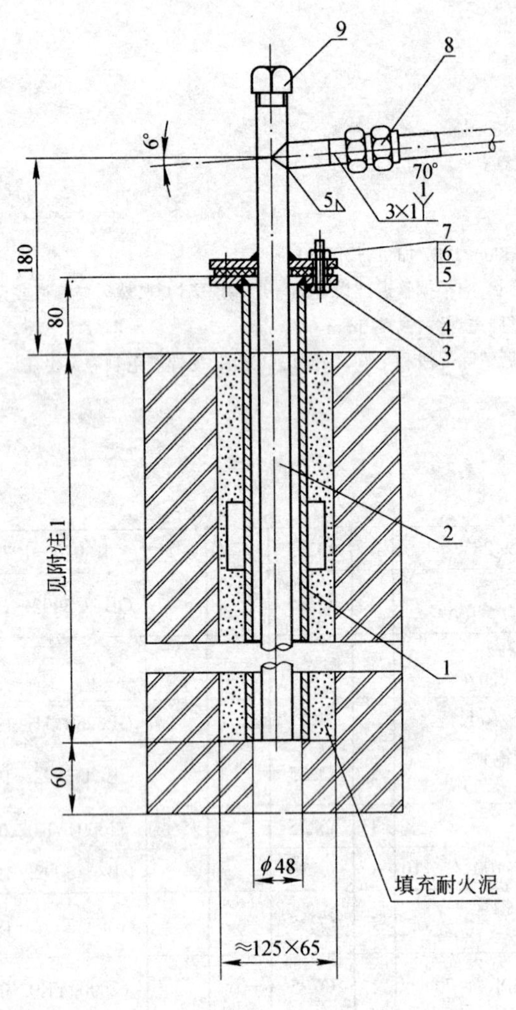

附注:

1. 件1的长度可按800mm预制,安装时根据砌砖体的实际尺寸切短(或增长)到所需尺寸。
2. 管螺纹按GB/T 7306—1987加工,长度30mm。
3. 未注焊缝皆为角形周边焊缝,高度5mm。
4. 制品涂黑漆(螺纹除外)。

件号	名称	件数	材质	单重 质量(kg)	总重 质量(kg)	图号或标准、规格号	备注
9	管帽 $DN20/Rc\frac{3}{4}$	2	Q235			(2000)YK02-07b	
8	直通管接头 28	1	Q235			JB 970—1977	
7	垫圈 12	4	100HV			GB/T 95—1985	
6	螺母 M12	4	5			GB/T 41—1986	
5	螺栓 M12×50	4	4.8			GB/T 5780—1986	
4	法兰盖 PN0.6MPa,DN50	1	Q235			JB/T 861,862—1994	中心钻孔ϕ29
3	垫片 $D/d=96/57, b=1.6$	1	XB350			JB/T 87—1994	
2	取压管	1	Q235			(2000)YK02-019	
1	法兰接管	1	Q235			(2000)YK02-018	

部件、零件表

冶金仪控通用图	砌砖体上取压装置 PN0.025MPa	(2000)YK02-017	
		比例	页次

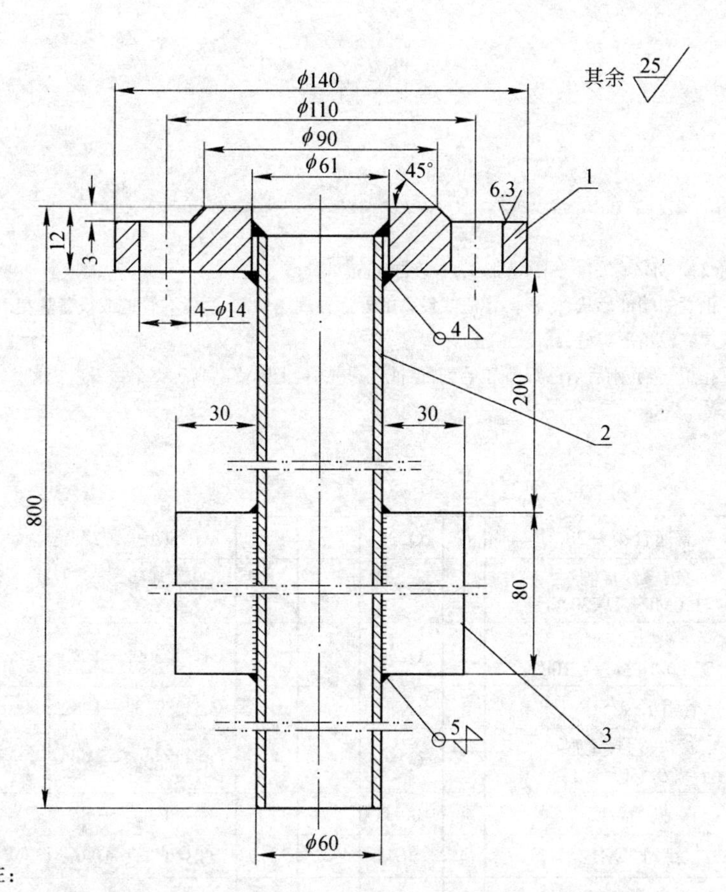

附注：

1. 未注明公差尺寸按 IT14 级公差 GB/T 1804—1992 加工。
2. 锐角皆磨钝。

件号	名称	件数	材质	单重	总重	图号或标准、规格号	备注
3	筋板，钢板 80×30×8	2	Q235	0.15	0.15	GB/T 709—1988	
2	焊接钢管 *DN*50，*l*≈800	1	Q235	3.9	3.9	GB/T 3092—1993	
1	法兰 *DN*50，*PN*0.6MPa	1	Q235	0.95	0.95	JB/T 81—1994	
				质量(kg)			

部件、零件表

冶金仪控通用图	法兰接管 *DN*50，*PN*0.025MPa			(2000)YK02-018	
	材质 Q235	质量 2.6kg 3.7kg	比例	件号	装配图号

附注：

1. 尺寸 *L* 可预制为 800mm，安装时根据砌砖体的实际尺寸再将管子切短(或加长)。
2. R¾按 GB/T 7306—1987 制作。
3. 此件用焊接钢管 GB/T 3092—1993 制作。

冶金仪控通用图	砌砖体上取压管 *DN*20，*PN*0.025MPa			(2000)YK02-019	
	材质 Q235	质量 1.79kg	比例	件号	装配图号

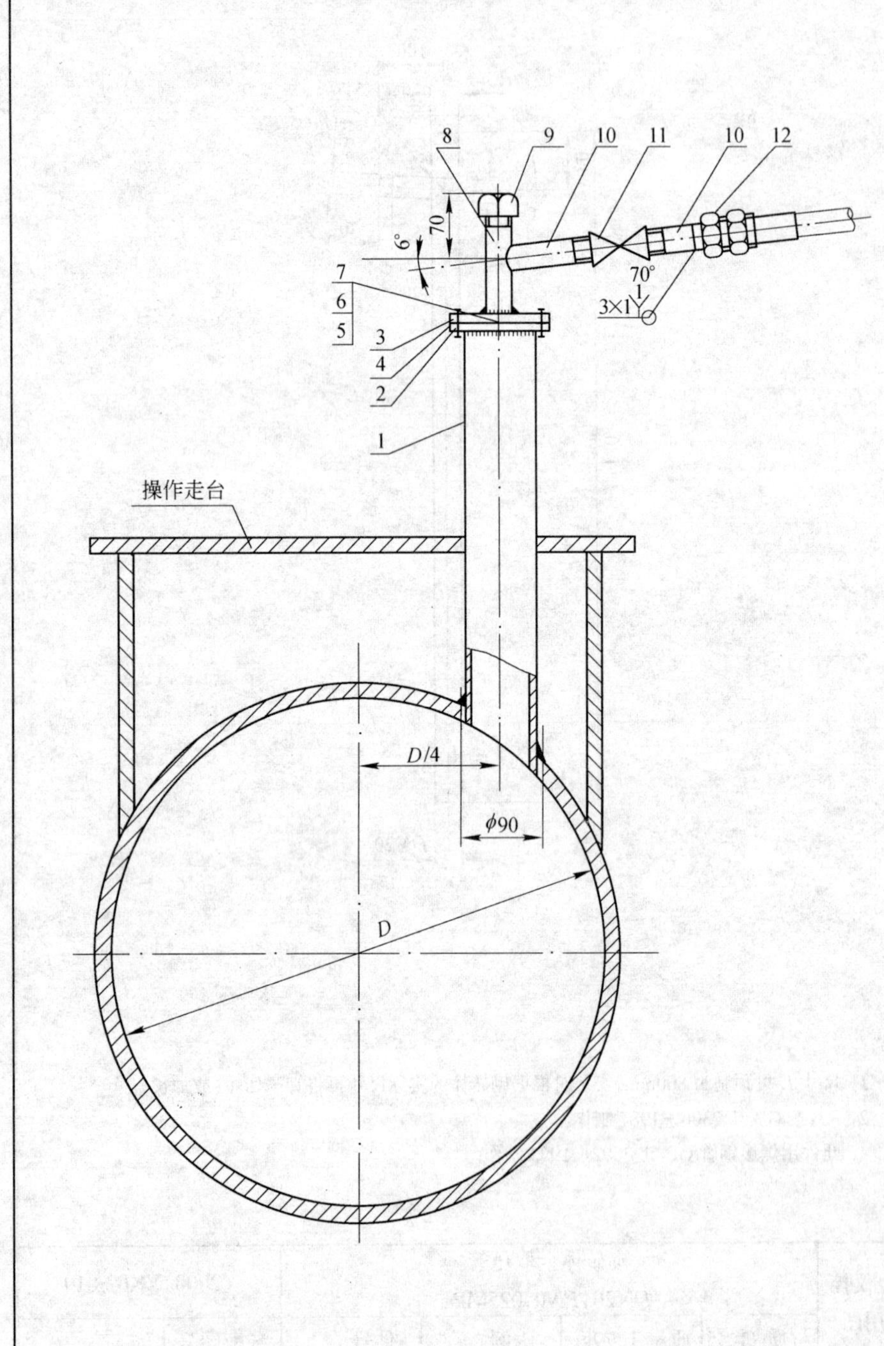

附注：

1. 管螺纹按 GB/T 7306—1987 加工，长度 30mm。
2. 件 1 钢管的端部形状，应根据管道或设备的外形在现场切割，然后与管道或设备焊接。
3. 未注焊缝皆角形焊缝，高度 5mm。
4. 取压孔用气割，割后清除焊渣和毛刺，保证孔口光洁，无焊渣毛刺等突出在设备内壁。

件号	名称	件数	材质	单重 质量(kg)	总重	图号或标准、规格号	备注
12	直通管接头 28	1	Q235			JB 970—1977	
11	内螺纹球阀 *PN*1.0MPa, *DN*20/G¾	1	碳素钢				Q11F-16C
10	接头，焊接钢管 *DN*20/Rc¾, *l*=100	2	Q235			GB/T 3092—1993	一端 R¾
9	管帽 *DN*25/Rc1	1	KT			GB3289.34—1982	
8	接头，焊接钢管 *DN*25/R1, *l*=175	1	Q235			GB/T 3092—1993	一端 R1
7	垫圈 12	4	100HV			GB/T 95—1985	
6	螺母 M12	4	6			GB/T 41—1986	
5	螺栓 M12×40	4	6.8			GB/T 5780—1986	
4	垫片 *D*/*d*=132/89, *b*=2	1	XB350			JB/T 87—1994	
3	法兰盖 *DN*80, *PN*0.6MPa	1	Q235			JB/T 861,862—1994	中心钻孔φ34
2	法兰 *DN*80, *PN*0.6MPa	1	Q235			JB/T 81—1994	
1	取压管，焊接钢管 *DN*80, *l*=700	1	Q235			GB/T 3092—1993	

部件、零件表

冶金仪控 通用图	焦炉集气管上取压装置 *PN*0.6MPa	(2000)YK02-020
		比例 页次

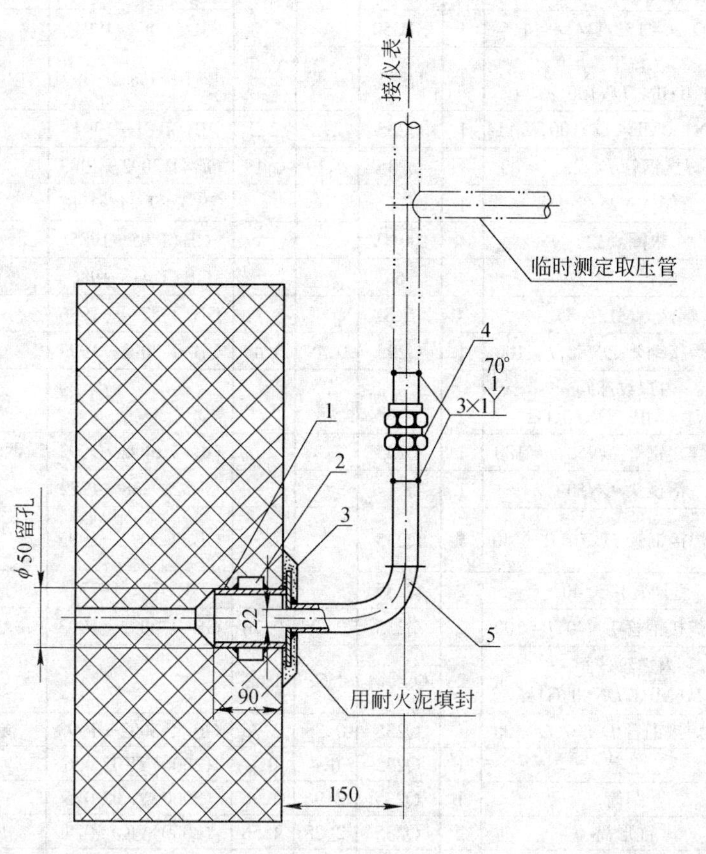

附注：

1. 未注焊缝皆为角形周边焊缝，焊缝高度5mm。

件号	名　称	件数	材　质	单重	总重	图号或标准、规格号	备　注
5	弯管，焊接钢管 $DN20$，$l=300$	1	Q235			GB/T 3092—1993	
4	直通管接头28	1	Q235			JB 970—1977	
3	钢板 100×100　$b=5$	1	Q235			GB/T 709—1988	
2	筋板，钢板 $40\times20\times8$	2	Q235			GB/T 709—1988	
1	埋管，焊接钢管 $DN40$，$l=90$	1	Q235			GB/T 3092—1993	
				质量(kg)			

部件、零件表

冶金仪控通用图	焦炉蓄热室取压装置 *PN*0.6MPa	(2000)YK02-021	
		比例	页次

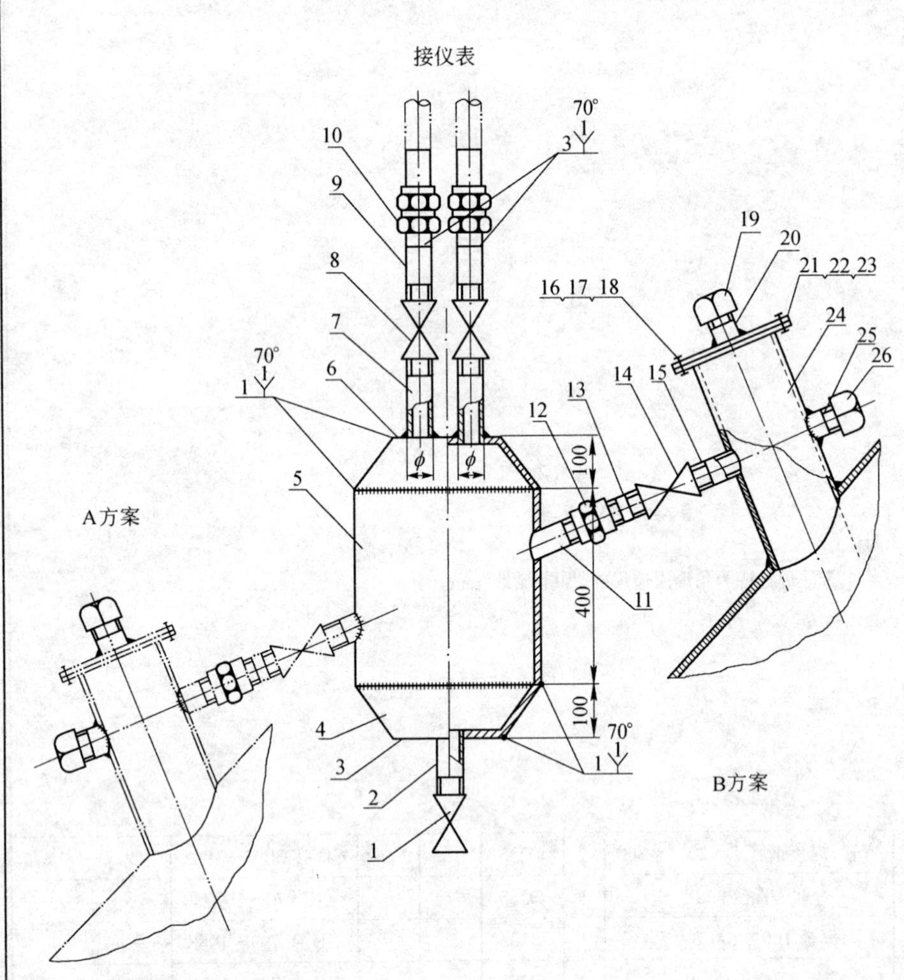

件号	名称	件数	材质	单重	总重	图号或 标准、规格号	备注
				质量(kg)			
26	管帽 $DN50$/Rc2	1	KT			GB 3289.34—1982	
25	接管,焊接钢管 $DN50$,$l=60$	1	Q235	0.25	0.25	GB/T 3092—1993	一端 R2×40
24	取压管,焊接钢管 $DN100$,$l=335$	1	Q235	3.6	3.6	GB/T 3092—1993	
23	垫片 $D/d=152/114$,$b=1.5$	1	XB350			JB/T 87—1994	
22	盖子 $PN1.0$MPa,$DN100$,$d_0 34$	1	Q235	2.8	2.8	JB/T 861,862—1994	中心钻孔$\phi34$
21	法兰 $PN1.0$MPa,$DN100$,$d_0 114$	1	Q235	2.2	2.2	JB/T 81—1994	
20	短管,焊接钢管 $DN25$,$l=80$	1	Q235	0.19	0.19	GB/T 3092—1993	
19	管帽 $DN25$/Rc1	1	KT			GB 3289.34—1982	
18	垫圈 12	4	100HV			GB/T 95—1985	
17	螺母 M12	4	6			GB/T 41—1986	
16	螺栓 M12×35	4	6.8			GB/T 5780—1986	
15	接头,焊接钢管 $DN50$,$l=100$	1	Q235	0.49	0.49	GB/T 3092—1993	一端 R2×40
14	内螺纹球阀 $PN1.6$MPa,$DN50$,G2	1	碳素钢				Q11F-16C
13	接头,焊接钢管 $DN50$,$l=100$	1	Q235			GB/T 3092—1993	两端 R2×40
12	活接头 $DN50$	1	KT			GB3289.38—1982	
11	接头,焊接钢管 $DN50$,R2×40	1	Q235			GB/T 3092—1993	长度按现场 情况确定
10	直通管接头 40	2	Q235			JB 970—1977	
9	接头,焊接钢管 $DN40$,$l=100$	2	Q235	0.38	0.76	GB/T 3092—1993	一端 R1½×40
8	内螺纹球阀 $PN1.6$MPa,$DN40$/G1½	2	碳素钢	H62	H62		Q11F-16C
7	接头,焊接钢管 $DN40$,$l=100$	2	Q235	0.38	0.76	GB/T 3092—1993	一端 R1½×40
6	上盖	1	Q235	0.4	0.4	(2000)YK02-026	
5	圆筒	1	Q235	2.96	2.96	(2000)YK02-025	
4	锥形筒	2	Q235	2.28	4.56	(2000)YK02-024	
3	下盖	1	Q235	0.45	0.45	(2000)YK02-023	
2	接头,焊接钢管 $DN50$/R2,$l=110$	1	Q235	Q235	Q235	GB/T 3092—1993	一端 R2
1	内螺纹球阀 $PN1.6$MPa,$DN50$/G2	1	碳素钢				Q11F-16C

部件、零件表

冶金仪控通用图	高炉大小钟间取压装置 $PN<0.6\mathrm{MPa}$	(2000)YK02-022	
		比例	页次

附注:

1. 根据炉顶条件可选 A,B 两方案中的任意一种。

标记示例:高炉大小钟间取压,取压装置在取压口下方,标记如下:

高炉大小钟间取压装置图 B,图号(2000)YK02-022。

2. 未注焊缝皆角形焊缝,高度 5mm。

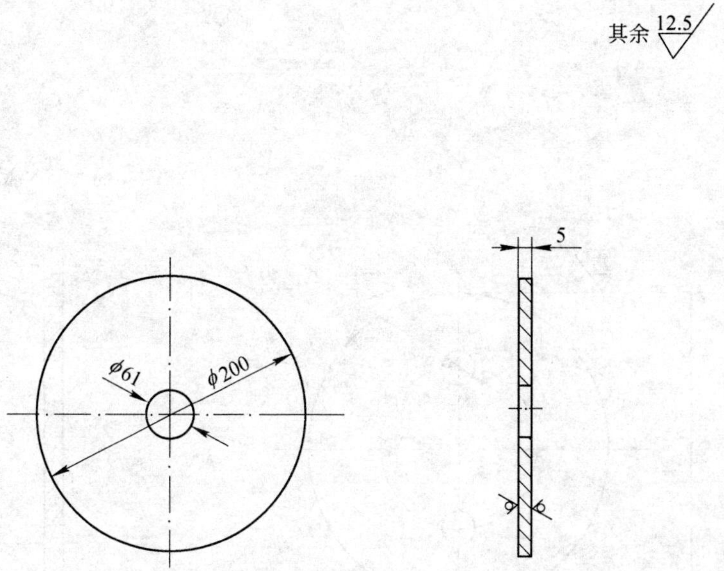

其余 12.5

5

φ61

φ200

冶金仪控通用图	下　　盖				(2000)YK02-023	
	材质 Q235	质量 0.45kg	比例	件号	装配图号	(2000)YK02-022

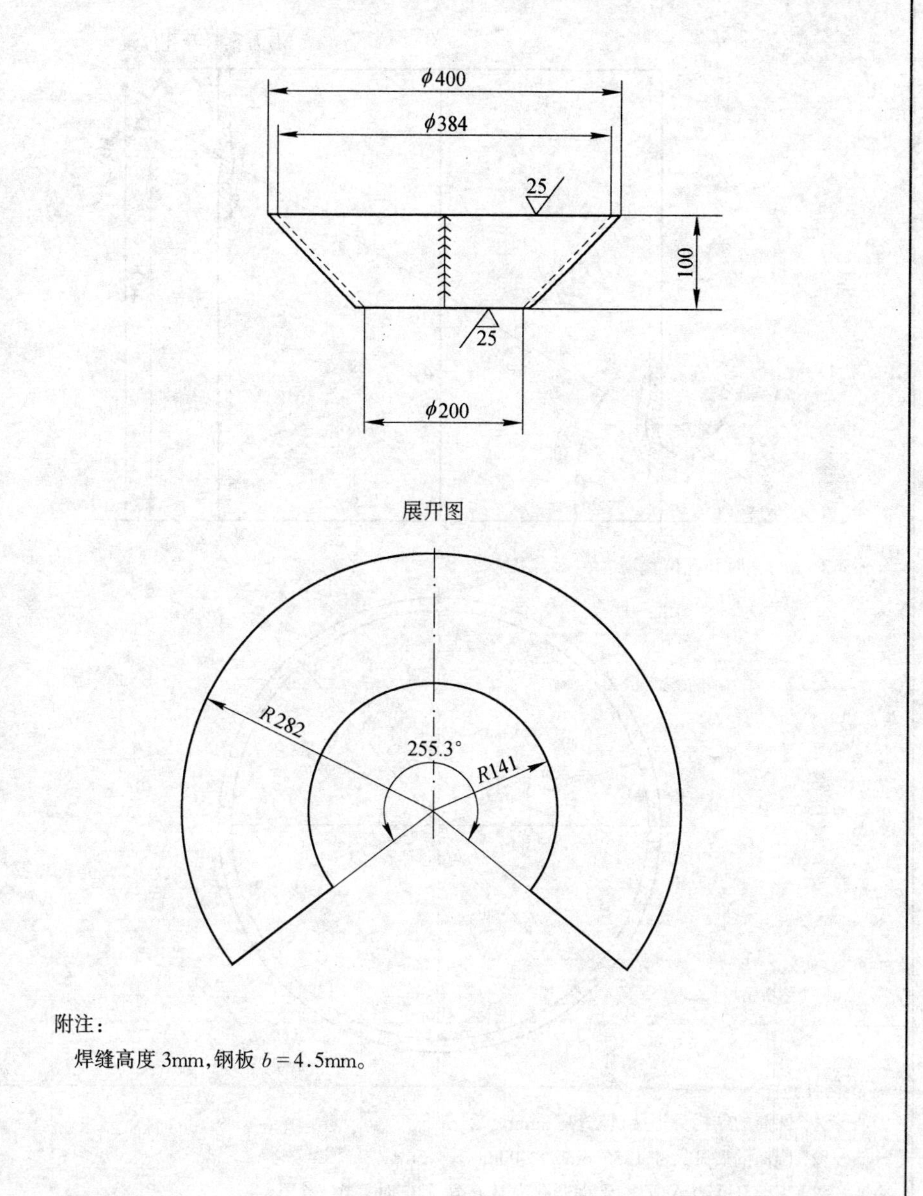

附注：

焊缝高度 3mm，钢板 $b=4.5$mm。

冶金仪控通用图	锥　形　筒				(2000)YK02-024	
	材质 Q235	质量 2.96kg	比例	件号	装配图号	(2000)YK02-022

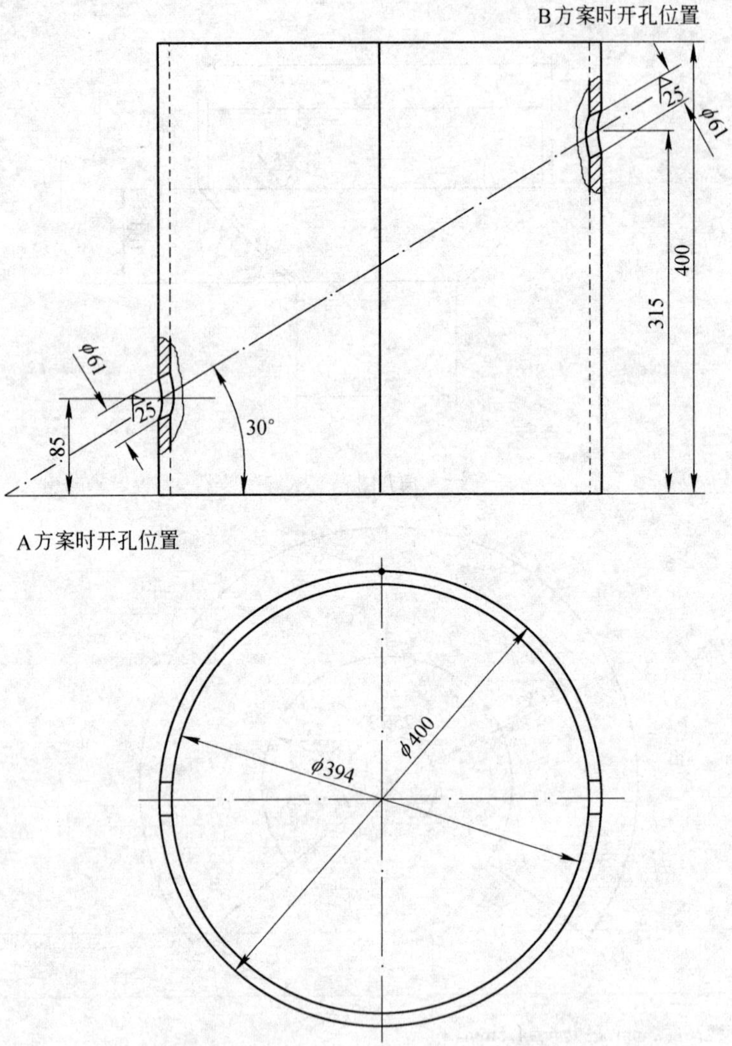

附注：

1. 圆筒的结构为焊接，焊缝高 3mm。
2. 圆筒的展开尺寸 1256.6mm×400mm×4.5mm。
3. 下面开孔为 A 方案，上面开孔为 B 方案，制作时只开一个孔。

冶金仪控通用图	圆　筒			(2000)YK02-025	
	材质 Q235	质量 2.96kg	比例	件号	装配图号	(2000)YK02-022

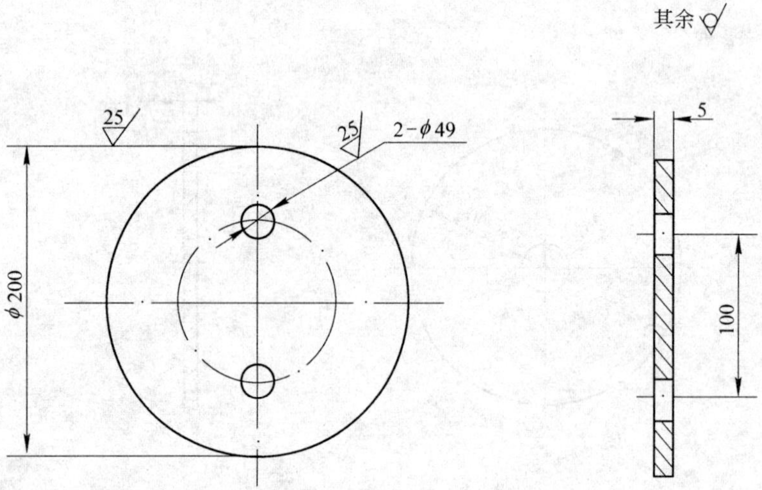

冶金仪控通用图	上　盖			(2000)YK02-026	
	材质 Q235	质量 0.4kg	比例	件号	装配图号	(2000)YK02-022

A方案

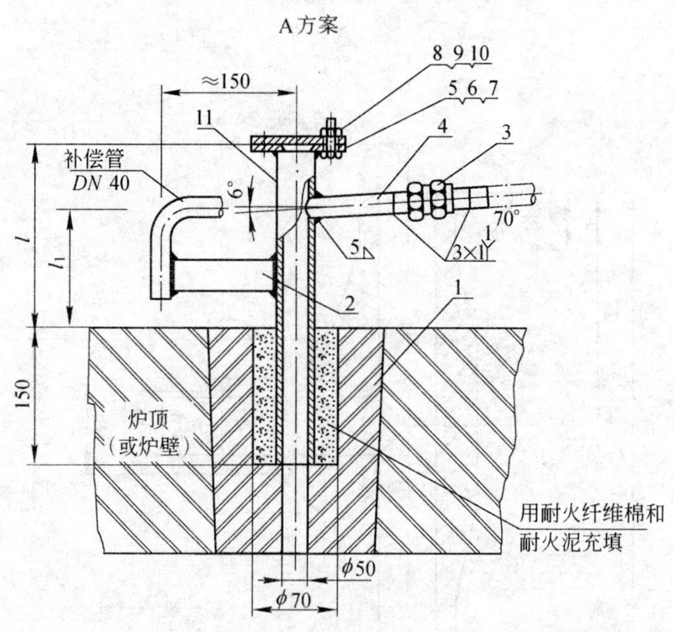

B方案

侧墙和均热炉安装示意图

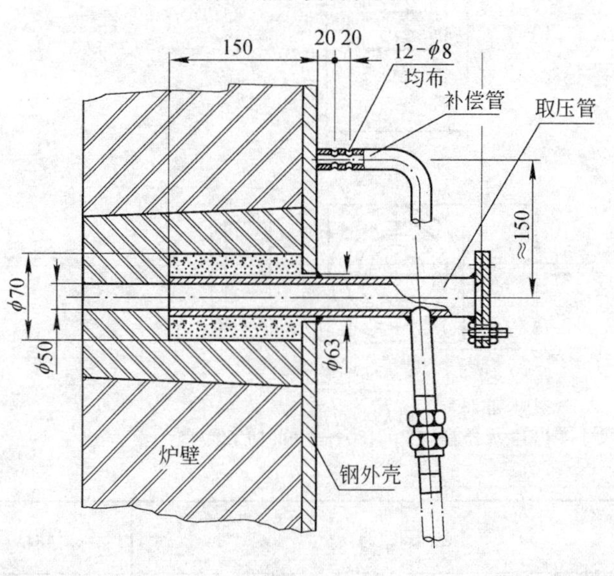

附注：

1. 本图提供了A,B两种炉膛取压装置方案。A方案适于加热炉炉顶安装，B方案适于加热炉或均热炉侧墙安装。
   标记示例：加热炉炉膛取压，炉顶安装，标记如下：炉膛取压装置A，图号(2000)YK02-027。
2. 对于普通加热炉 $l=500$，$l_1=350$，对于环形加热炉 l 可适当加长到700～800。
3. 一般在炉顶安装取压装置时，取压管可用耐火纤维棉填塞严密，然后用耐火泥浆封死，防止漏气。
4. 补偿管可在施工现场制作，并与导压管平行敷设，靠近端部的12个孔应钻孔。导压管和补偿管的敷设方位应在现场按具体情况确定。
5. 图上未注焊缝皆为角形周边连续焊缝，焊缝高5mm。

件号	名　称	件数	材　质	单重 质量(kg)	总重 质量(kg)	图号或标准、规格号	备　注
11	取压管，焊接钢管 *DN*40，*l*=110，见注2	1	Q235			GB/T 3092—1993	
10	垫圈　12	4	100HV			GB/T 95—1985	
9	螺母　M12	4	5			GB/T 41—1986	
8	螺栓　M12×50	4	4.8			GB/T 5780—1986	
7	法兰盖 *PN*0.6MPa，*DN*40	1	Q235			JB/T 861,862—1994	
6	法兰 *PN*0.6MPa，*DN*40	1	Q235			JB/T 81—1994	
5	垫片 *D/d*=96/57，*b*=2	1	XB350			JB/T 87—1994	
4	短管，焊接钢管 *DN*25，*l*=100	1	Q235			GB/T 3092—1993	
3	直通管接头34	1	Q235			JB 970—1977	
2	钢板 100×50，*b*=8	1	Q235			GB/T 709—1988	
1	异型砖	1	耐火材料			JB 970—1977	委托工业炉专业设计

部件、零件表

冶金仪控通用图	加热炉或均热炉炉膛取压装置 *PN*0.025MPa	(2000)YK02-027
		比例　页次

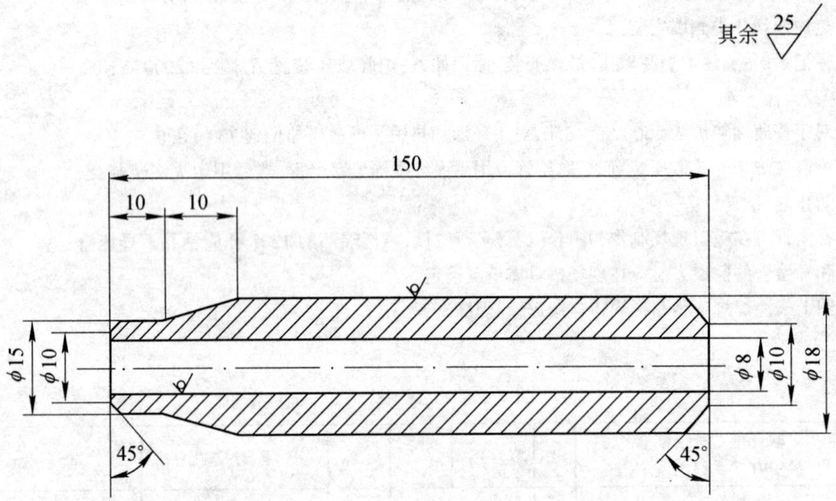

其余 25

150

10 10

φ15 φ10 φ8 φ10 φ18

45° 45°

附注：

1. 未注明公差尺寸按 IT14 级公差 GB/T 1804—1992 加工。

2. 此件可用φ18×5 的无缝钢管 GB/T 8163—1987 制作。

冶金仪控 通用图	取 压 管 φ18×5			(2000)YK02-028
	材质 Ⅰ 20 / Ⅱ12CrMoV	质量 0.25kg	比例	件号	装配图号

其余 25

27

7

35°

7

27

54

35°

φ8 φ10 φ14 φ20

35°

φ8

φ10

φ14

φ20

20

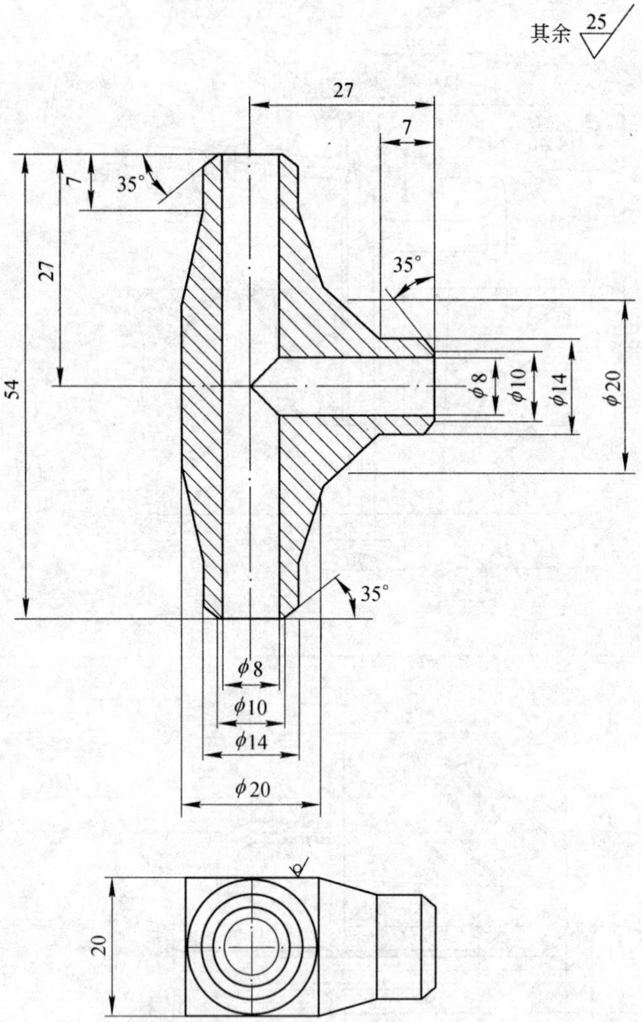

附注：

未注明公差尺寸按 IT14 级公差 GB/T 1804—1992 加工。

冶金仪控 通用图	三 通			(2000)YK02-029
	材质 20	质量 0.11kg	比例	件号	装配图号

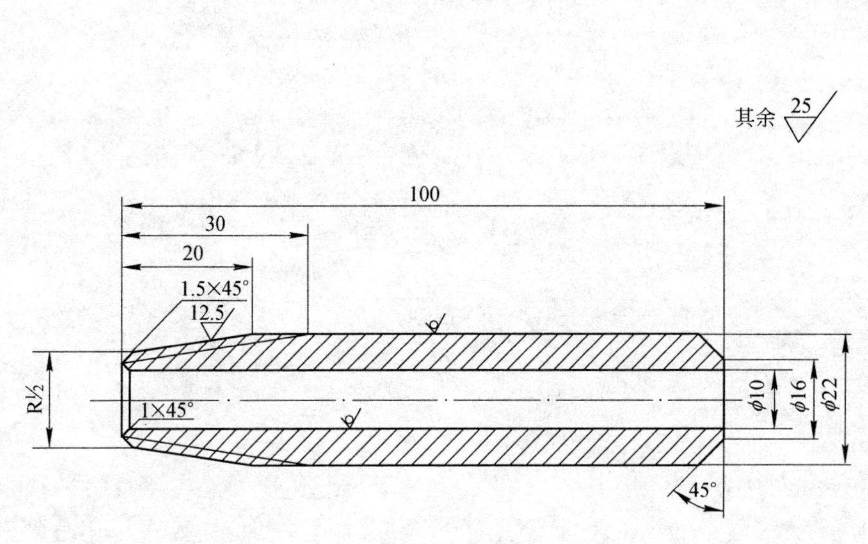

其余 25
100
30
20
1.5×45°
12.5
R½
1×45°
φ10
φ16
φ22
45°

附注：

1. 未注明公差尺寸按 IT14 级公差 GB/T 1804—1992 加工。
2. R½按 GB/T 7306—1987 加工。

冶金仪控通用图	取压管 ϕ 22/R½				(2000)YK02-030	
	材质	Ⅰ 20 / Ⅱ耐酸钢	质量 0.21kg	比例	件号	装配图号

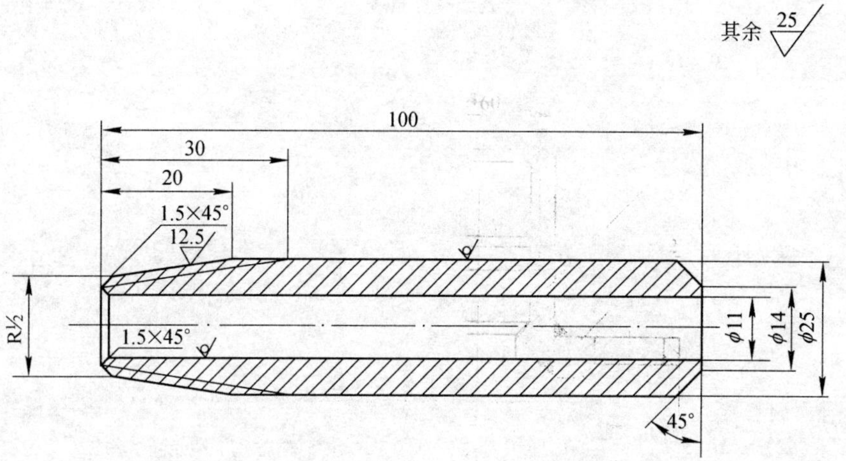

其余 25
100
30
20
1.5×45°
12.5
R½
1.5×45°
φ11
φ14
φ25
45°

附注：

1. 未注明公差尺寸按 IT14 级公差 GB/T 1804—1992 加工。
2. R½按 GB/T 7306—1987 加工。

冶金仪控通用图	取压管 ϕ 25/R½				(2000)YK02-031	
	材质	Ⅰ 20 / Ⅱ耐酸钢	质量 0.25kg	比例	件号	装配图号

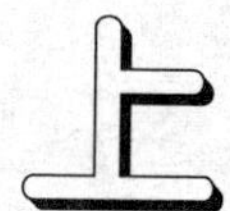
上

册

目　录

一、管路连接图

二、安装部件、零件图

冶金仪控通用图	压力仪表安装和管路连接图(卡套式)图纸目录	(2000)YK03-1	
		比例	页次

说　　明

1. 适用范围

本图册适用于冶金生产过程中取压装置、压力表的安装及测压管路的连接，其连接方式中使用卡套式连接件。

2. 编制依据

本图册是在原压力仪表安装和管路连接图(90)YK03(卡套式)的基础上修改、编制而成的。

3. 内容提要

本图册选用卡套式连接件连接方式，采用各种型式的卡套阀门及管接头。其特点是耐高温、高压；安装和拆卸方便，可重复装卸；安装时不需动火焊接，对于易燃、易爆场所尤为合适；且属装配化施工，可节省安装工时，加快安装进度。

卡套式连接系统所用导管均为ϕ 14 的无缝钢管和紫铜管，取压形式一般采用取压管焊接对焊法兰。这种连接方法虽然较好，但由于我国生产的无缝钢管质量尚不理想，卡套的拆装重复性也存在一定问题，因此，使用时尚需谨慎对待。本图册也只是在高压、高温情况下推荐使用这种连接方式。

本图册中收集了各种气体、液体、蒸汽等介质在管道或容器上的测压装置及管路敷设图，其公称压力分 6.4MPa，10.0MPa 和 16.0MPa 等三级，还以取压点与压力仪表的相对位置区分为在仪表的上方和下方两种，对弹簧压力表则有就近安装和引远安装两种方式。

4. 选用注意事项

选用注意事项与(2000)YK02 图册的完全相同，请参阅该图(2000)YK02-2 说明中之 4、5 两项。

部件、零件表中的材质：耐酸钢应根据被测介质，在工程设计中确定。

冶金仪控 通用图	压力仪表安装和管路连接图(卡套式)说明	(2000)YK03-2	
		比例	页次

一、管路连接图

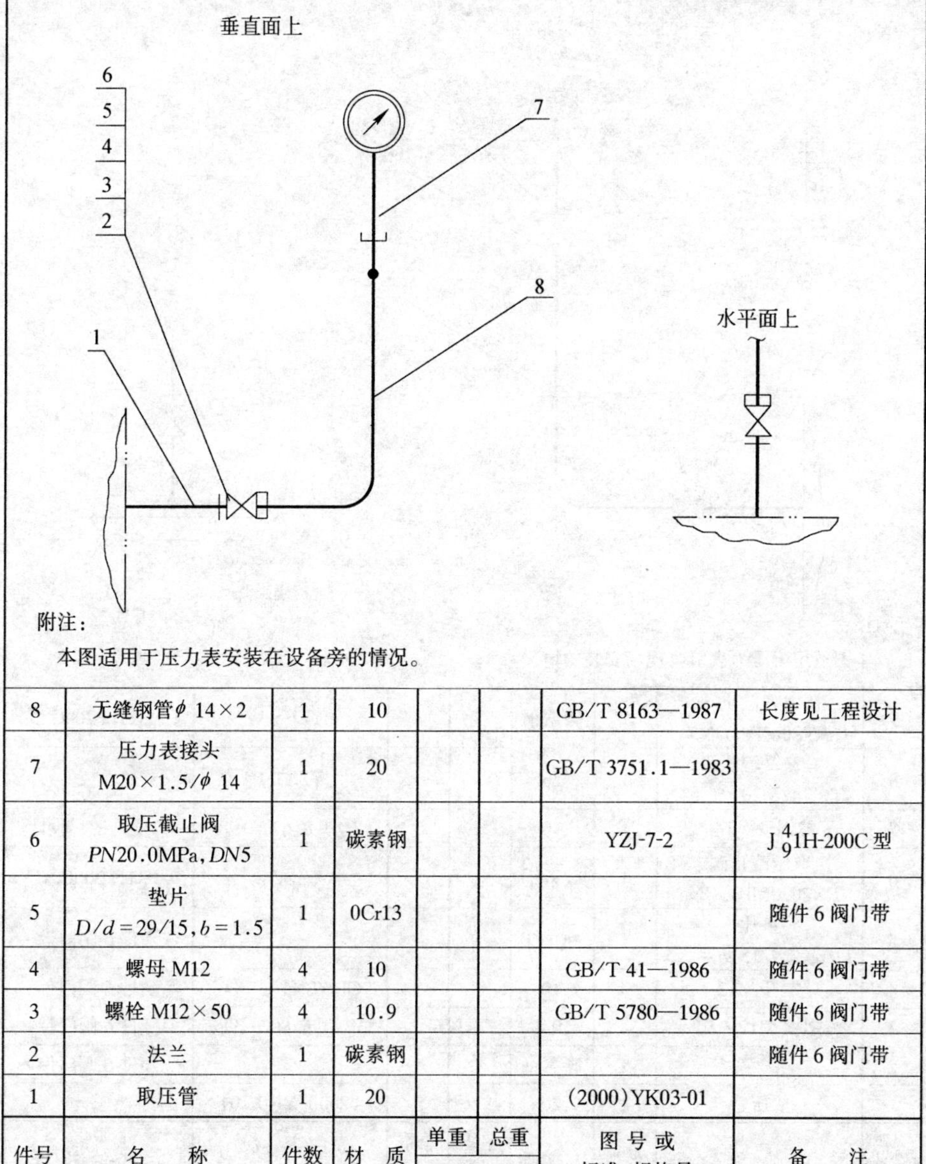

附注：

本图适用于压力表安装在设备旁的情况。

件号	名称	件数	材质	单重	总重	图号或标准、规格号	备注
				质量(kg)			
8	无缝钢管ϕ 14×2	1	10			GB/T 8163—1987	长度见工程设计
7	压力表接头 M20×1.5/ϕ 14	1	20			GB/T 3751.1—1983	
6	取压截止阀 *PN*20.0MPa，*DN*5	1	碳素钢			YZJ-7-2	J$^4_9$1H-200C 型
5	垫片 $D/d=29/15, b=1.5$	1	0Cr13				随件 6 阀门带
4	螺母 M12	4	10			GB/T 41—1986	随件 6 阀门带
3	螺栓 M12×50	4	10.9			GB/T 5780—1986	随件 6 阀门带
2	法兰	1	碳素钢				随件 6 阀门带
1	取压管	1	20			(2000)YK03-01	

部件、零件表

冶金仪控通用图	压力表安装图 *PN*6.4MPa	(2000)YK03-3	
		比例	页次

垂直面上

水平面上

附注：

本图适用于压力表安装在设备旁的情况。

件号	名称	件数	材质	单重	总重	图号或标准、规格号	备注
				质量(kg)			
8	无缝钢管ϕ 14×2		20			GB/T 8163—1987	长度见工程设计
7	压力表接头 M20×1.5/ϕ 14	1	20			GB/T 3751.1—1983	
6	取压截止阀 *PN*20.0MPa，*DN*5	1	碳素钢			YZJ-7-2	J$^4_9$1H-200C 型
5	垫片 $D/d=29/15, b=1.5$	1	0Cr13				随件 6 阀门带
4	螺母 M12	4	10			GB/T 41—1986	随件 6 阀门带
3	等长双头螺栓 M12×60	4	10.9			GB/T 901—1988	随件 6 阀门带
2	法兰	1	碳素钢				随件 6 阀门带
1	取压管	1	20			(2000)YK03-01	

部件、零件表

冶金仪控通用图	压力表安装图 *PN*10.0MPa	(2000)YK03-4	
		比例	页次

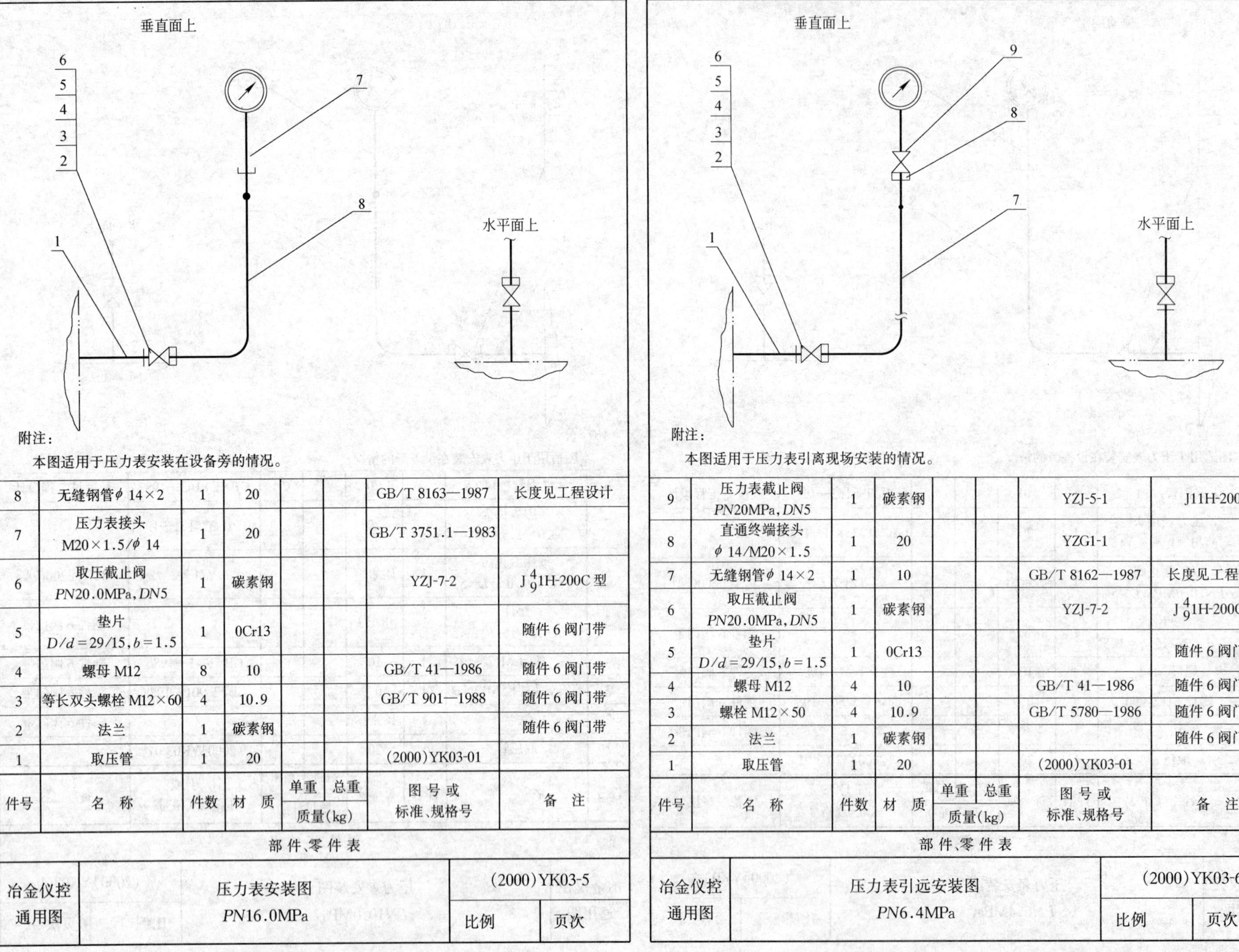

附注：

本图适用于压力表安装在设备旁的情况。

件号	名称	件数	材质	单重	总重	图号或标准、规格号	备注
				质量(kg)			
8	无缝钢管ϕ 14×2	1	20			GB/T 8163—1987	长度见工程设计
7	压力表接头 M20×1.5/ϕ 14	1	20			GB/T 3751.1—1983	
6	取压截止阀 *PN*20.0MPa,*DN*5	1	碳素钢			YZJ-7-2	J^{4}_{9}1H-200C 型
5	垫片 $D/d=29/15, b=1.5$	1	0Cr13				随件6阀门带
4	螺母 M12	8	10			GB/T 41—1986	随件6阀门带
3	等长双头螺栓 M12×60	4	10.9			GB/T 901—1988	随件6阀门带
2	法兰	1	碳素钢				随件6阀门带
1	取压管	1	20			(2000)YK03-01	

部件、零件表

冶金仪控通用图	压力表安装图 *PN*16.0MPa	(2000)YK03-5	
		比例	页次

附注：

本图适用于压力表引离现场安装的情况。

件号	名称	件数	材质	单重	总重	图号或标准、规格号	备注
				质量(kg)			
9	压力表截止阀 *PN*20MPa,*DN*5	1	碳素钢			YZJ-5-1	J11H-200C
8	直通终端接头 ϕ 14/M20×1.5	1	20			YZG1-1	
7	无缝钢管ϕ 14×2	1	10			GB/T 8162—1987	长度见工程设计
6	取压截止阀 *PN*20.0MPa,*DN*5	1	碳素钢			YZJ-7-2	J^{4}_{9}1H-200C 型
5	垫片 $D/d=29/15, b=1.5$	1	0Cr13				随件6阀门带
4	螺母 M12	4	10			GB/T 41—1986	随件6阀门带
3	螺栓 M12×50	4	10.9			GB/T 5780—1986	随件6阀门带
2	法兰	1	碳素钢				随件6阀门带
1	取压管	1	20			(2000)YK03-01	

部件、零件表

冶金仪控通用图	压力表引远安装图 *PN*6.4MPa	(2000)YK03-6	
		比例	页次

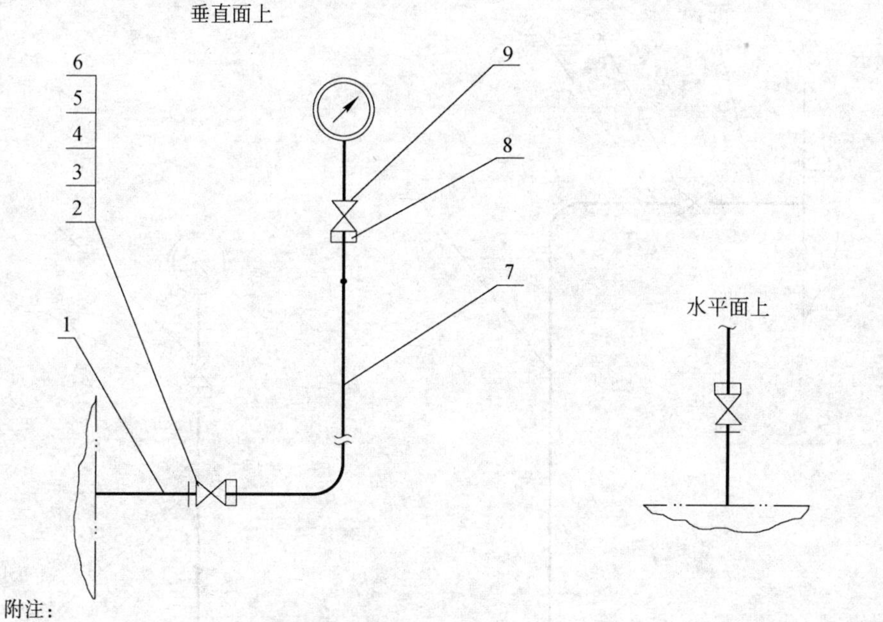

垂直面上

6
5
4
3
2
9
8
7
1

水平面上

附注：

本图适用于压力表引离现场安装的情况。

件号	名称	件数	材质	单重	总重	图号或标准、规格号	备注
				质量(kg)			
9	压力表截止阀 PN20MPa, DN5	1	碳素钢			YZJ-5-1	J11H-200C
8	直通终端接头 φ14/M20×1.5	1	20			YZG1-1	
7	无缝钢管 φ14×2	1	20			GB/T 8163—1987	长度见工程设计
6	取压截止阀 PN20.0MPa, DN5	1	碳素钢			YZJ-7-2	J $^{4}_{9}$1H-200C 型
5	垫片 $D/d=29/15, b=1.5$	1	0Cr13				随件6阀门带
4	螺母 M12	8	10			GB/T 41—1986	随件6阀门带
3	等长双头螺栓 M12×60	4	10.9			GB/T 901—1988	随件6阀门带
2	法兰	1	碳素钢				随件6阀门带
1	取压管	1	20			(2000)YK03-01	

部件、零件表

冶金仪控通用图	压力表引远安装图 PN10.0MPa	(2000)YK03-7	
		比例	页次

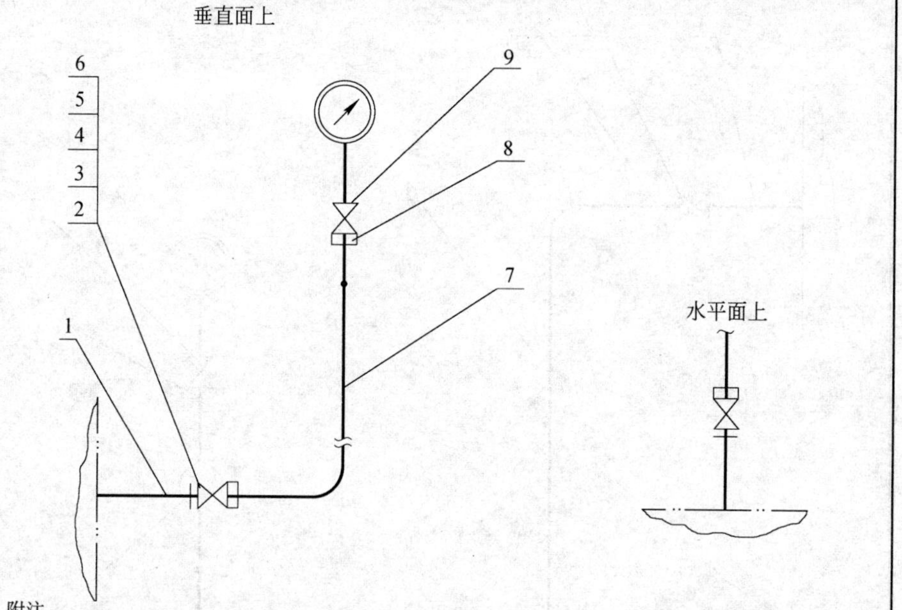

垂直面上

6
5
4
3
2
9
8
7
1

水平面上

附注：

本图适用于压力表引离现场安装的情况。

件号	名称	件数	材质	单重	总重	图号或标准、规格号	备注
				质量(kg)			
9	压力表截止阀 PN20MPa, DN5	1	碳素钢			YZJ-5-1	J11H-200C
8	直通终端接头 φ14/M20×1.5	1	35			YZG1-1	
7	无缝钢管 φ14×2	1	20			GB/T 8163—1987	长度见工程设计
6	取压截止阀 PN20.0MPa, DN5	1	碳素钢			YZJ-7-2	J $^{4}_{9}$1H-200C 型
5	垫片 $D/d=29/15, b=1.5$	1	0Cr13				随件6阀门带
4	螺母 M12	8	12			GB/T 41—1986	随件6阀门带
3	等长双头螺栓 M12×60	4	12.9			GB/T 901—1988	随件6阀门带
2	法兰	1	碳素钢				随件6阀门带
1	取压管	1	20			(2000)YK03-01	

部件、零件表

冶金仪控通用图	压力表引远安装图 PN16.0MPa	(2000)YK03-8	
		比例	页次

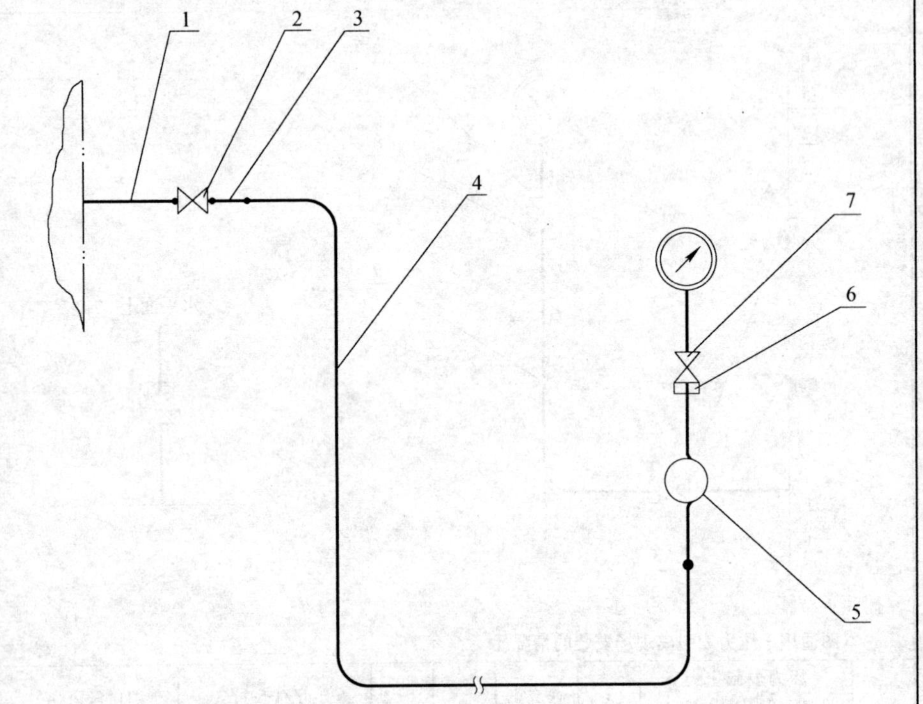

7	压力表截止阀 PN20MPa, DN5	1	镍铬钛钢			YZJ-5-7	J11W-200P 型
6	直通终端接头 ϕ 14/M20×1.5	1	耐酸钢			YZG1-1	
5	冷凝圈ϕ 14×2	1	20			YZF1-1	
4	无缝钢管ϕ 14×2	1	20			GB/T 8163—1987	长度见工程设计
3	焊接短管	1	20			(2000)YK03-03	
2	截止阀 PN20.0MPa, DN10	1	25 号堆钴 512				J61H-200 型
1	取压管 a	1	20			(2000)YK03-02	
件号	名 称	件数	材 质	单重	总重	图 号 或 标准、规格号	备 注
				质量(kg)			
部 件、零 件 表							

冶金仪控 通用图	压力表引远安装图(带冷凝管) PN6.4MPa, t≤450℃	(2000)YK03-9	
		比例	页次

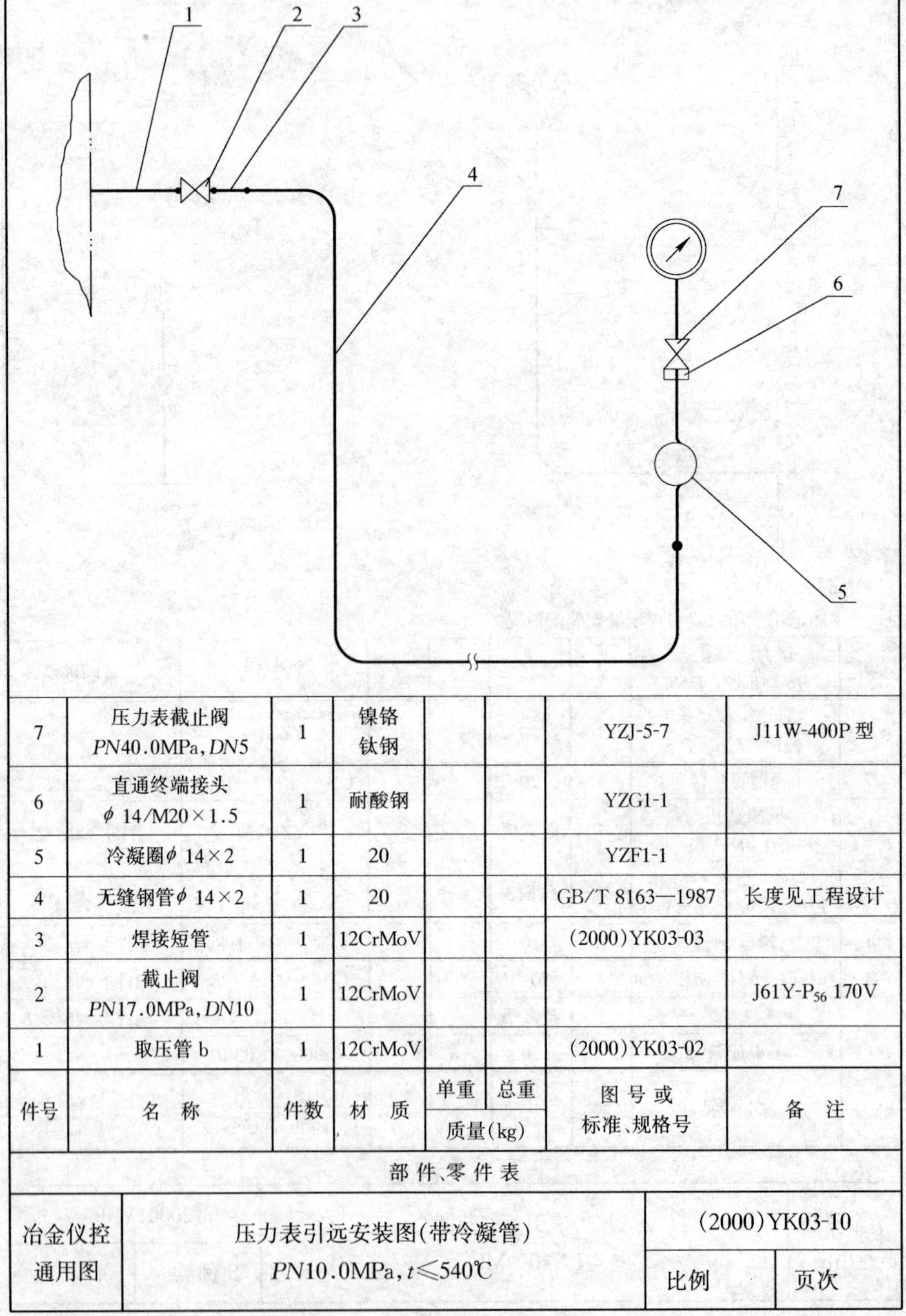

7	压力表截止阀 PN40.0MPa, DN5	1	镍铬钛钢			YZJ-5-7	J11W-400P 型
6	直通终端接头 ϕ 14/M20×1.5	1	耐酸钢			YZG1-1	
5	冷凝圈ϕ 14×2	1	20			YZF1-1	
4	无缝钢管ϕ 14×2	1	20			GB/T 8163—1987	长度见工程设计
3	焊接短管	1	12CrMoV			(2000)YK03-03	
2	截止阀 PN17.0MPa, DN10	1	12CrMoV				J61Y-P_{56} 170V
1	取压管 b	1	12CrMoV			(2000)YK03-02	
件号	名 称	件数	材 质	单重	总重	图 号 或 标准、规格号	备 注
				质量(kg)			
部 件、零 件 表							

冶金仪控 通用图	压力表引远安装图(带冷凝管) PN10.0MPa, t≤540℃	(2000)YK03-10	
		比例	页次

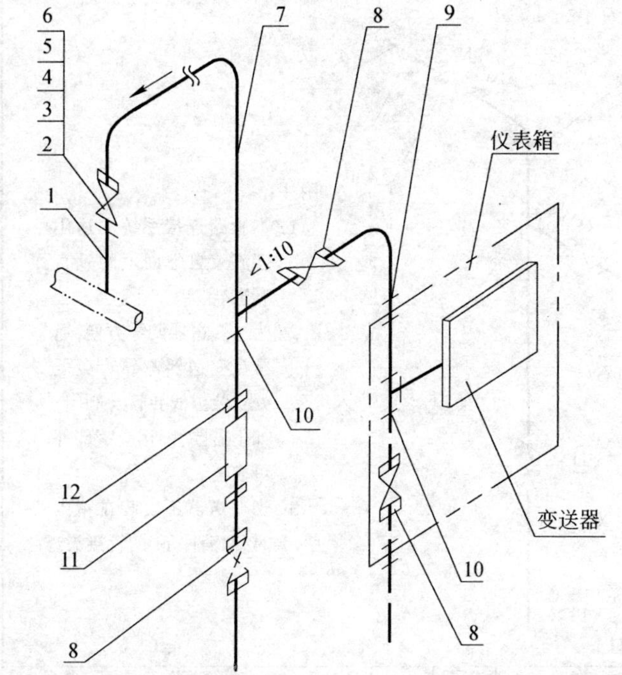

6
5
4
3
2
1
7
8
9
∠1:10
仪表箱
10
12
11
8
10
8
变送器

附注：

1. 用于湿气体需安装件11,件12之部件及虚线所示件8之阀门,表中所列件数则用括号内数值。用于无水洁净之气体则不装。
2. 为了变送器调零方便,通常在变送器侧导管最低处安装虚线导管及阀门;如不需要,则相应零部件可取消。
3. 当变送器不安装在箱内时,可取消件9的接头。

件号	名 称	件数	材 质	单重	总重	图号或标准、规格号	备 注
12	直通中间接头 14	(2)	20			GB/T 3737.1—1983	见附注1
11	沉降器 *PN*16.0MPa	(1)	20				见附注1
10	三通管接头 14	1(2)	20			GB/T 3745.1—1983	
9	隔壁直通管接头 14	2	20			GB/T 3748.1—1983	
8	卡套式截止阀 *PN*20.0MPa,*DN*5	2(3)	碳素钢			YZJ-1A-2	J91H-200C型
7	无缝钢管ϕ 14×2	1	20			GB/T 8163—1987	长度见工程设计
6	取压截止阀 *PN*20.0MPa,*DN*5	1	碳素钢			YZJ-7-2	$J\frac{4}{9}1H$-200C型
5	螺母 M12	8	12			GB/T 41-1986	随件6阀门带
4	等长双头螺栓 M12×60	4	12.9			GB/T 901—1988	随件6阀门带
3	垫片 $D/d=29/15, b=1.5$	1	0Cr13				随件6阀门带
2	法 兰	1	碳素钢				随件6阀门带
1	取压管	1	20			(2000)YK03-01	
件号	名 称	件数	材 质	单重 质量(kg)	总重 质量(kg)	图号或标准、规格号	备 注

部件、零件表

冶金仪控通用图	气体测压管路连接图（取压点高于压力计）*PN*16.0MPa	(2000)YK03-11	
		比例	页次

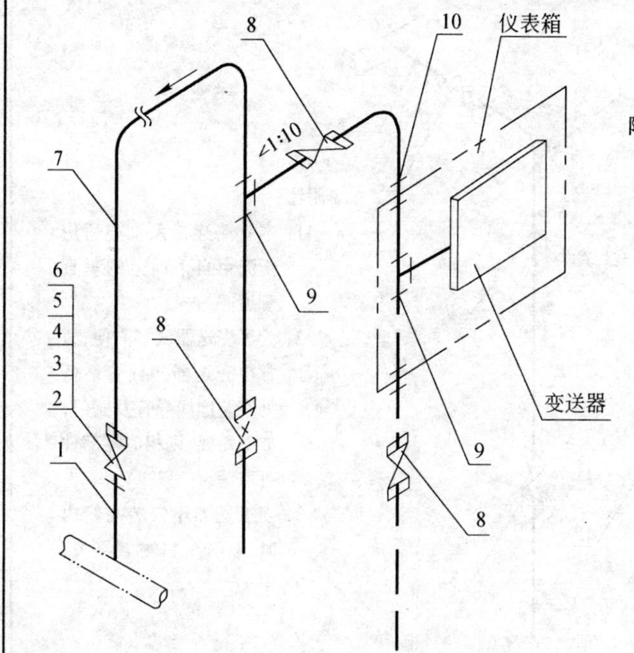

附注：

1. 用于湿气体需安装虚线所示阀门(件8),用于无水洁净之气体可不装。
2. 为了变送器调零方便,通常在变送器侧导管最低处安装虚线导管及其上的实线阀门;如不需要,则相应零部件可取消。
3. 当变送器不安装在箱内时,可取消件10的接头。

件号	名 称	件数	材 质	单重	总重	图号或标准、规格号	备 注
10	隔壁直通管接头 14	2	20			GB/T 3748.1—1983	
9	三通管接头 14	1(2)	20			GB/T 3745.1—1983	
8	卡套式截止阀 *PN*20.0MPa,*DN*5	2(3)	碳素钢			YZJ-1A-2	J91H-200C型
7	无缝钢管ϕ 14×2	1	20			GB/T 8163—1987	长度见工程设计
6	取压截止阀 *PN*20.0MPa,*DN*5	1	碳素钢			YZJ-7-2	$J\frac{4}{9}1H$-200C型
5	螺母 M12	8	12			GB/T 41-1986	随件6阀门带
4	等长双头螺栓 M12×60	4	12.9			GB/T 901—1988	随件6阀门带
3	垫片 $D/d=29/15, b=1.5$	1	0Cr13				随件6阀门带
2	法兰	1	碳素钢				随件6阀门带
1	取压管	1	20			(2000)YK03-01	
件号	名 称	件数	材 质	单重 质量(kg)	总重 质量(kg)	图号或标准、规格号	备 注

部件、零件表

冶金仪控通用图	气体测压管路连接图（取压点低于压力计）*PN*16.0MPa	(2000)YK03-12	
		比例	页次

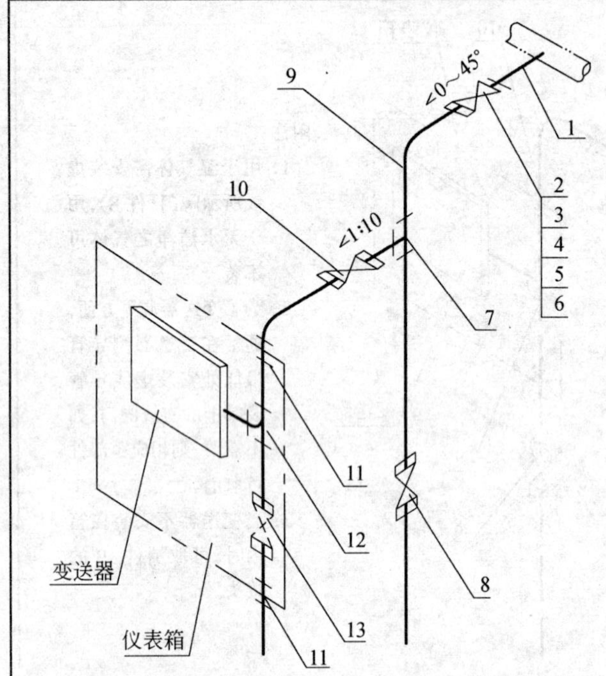

附注：

1. 本管路连接系统亦适用于流束自下而上的垂直管道。
2. 为了变送器调零方便，通常在变送器侧导管最低处安装虚线导管及阀门；如不需要，则相应零部件可取消。
3. 当变送器不安装在箱内时，取消件 11 的管接头。

件号	名称	件数	材质	单重	总重	图号或标准、规格号	备注
				质量(kg)			
13	卡套式截止阀 *PN*16.0MPa, *DN*5	1	碳素钢			YZJ-1B-1	J91H-260C型
12	三通管接头 14	1	20			GB/T 3745.1—1983	
11	隔壁直通管接头 14	2	20			GB/T 3748.1—1983	
10	卡套式截止阀 *PN*16.0MPa, *DN*5	1	碳素钢			YZJ-1B-1	J91H-160C
9	无缝钢管 ϕ 14×2	1	20			GB/T 8163—1987	长度见工程设计
8	卡套式截止阀 *PN*16.0MPa, *DN*5	1	碳素钢			YZJ-1B-1	J91H-160C型
7	三通管接头 14	1	20			GB/T 3745.1—1983	
6	取压截止阀 *PN*20.0MPa, *DN*5	1	碳素钢			YZJ-7-2	J $\frac{4}{9}$ 1H-200C型
5	螺母 M12	4	10			GB/T 41—1986	随件6阀门带
4	螺栓 M12×50	4	10.9			GB/T 5780—1988	随件6阀门带
3	垫片 $D/d=29/15, b=1.5$	1	0Cr13			JB 87—1959	随件6阀门带
2	法兰	1	碳素钢				随件6阀门带
1	取压管	1	20			(2000)YK03-01	

部件、零件表

冶金仪控通用图	液体测压管路连接图 (取压点高于压力计) *PN*6.4MPa	(2000)YK03-13	
		比例	页次

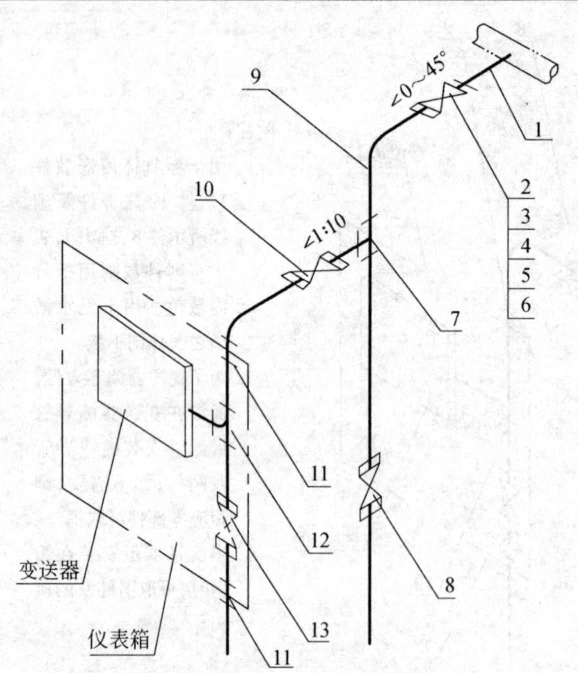

附注：

1. 本管路连接系统亦适用于流束自下而上的垂直管道。
2. 为了变送器调零方便，通常在变送器侧导管最低处安装虚线导管及阀门；如不需要，则相应零部件可取消。
3. 当变送器不安装在箱内时，取消件 11 的管接头。

件号	名称	件数	材质	单重	总重	图号或标准、规格号	备注
				质量(kg)			
13	卡套式截止阀 *PN*16.0MPa, *DN*5	1	碳素钢			YZJ-1B-1	J91H-160C
12	三通管接头 14	1	20			GB/T 3745.1—1983	
11	隔壁直通管接头 14	2	20			GB/T 3748.1—1983	
10	卡套式截止阀 *PN*16.0MPa, *DN*5	1	碳素钢			YZJ-1B-1	J91H-160C型
9	无缝钢管 ϕ 14×2	1	20			GB/T 8163—1987	长度见工程设计
8	卡套式截止阀 *PN*16.0MPa, *DN*5	1	碳素钢			YZJ-1B-1	J91H-160C型
7	三通管接头 14	1	20			GB/T 3745.1—1983	
6	取压截止阀 *PN*20.0MPa, *DN*5	1	碳素钢			YZJ-7-2	J $\frac{4}{9}$ 1H-200C型
5	螺母 M12	8	10			GB/T 41—1986	随件6阀门带
4	等长双头螺栓 M12×60	4	10.9			GB/T 901—1988	随件6阀门带
3	垫片 $D/d=29/15, b=1.5$	1	0Cr13				随件6阀门带
2	法兰	1	碳素钢				随件6阀门带
1	取压管	1	20			(2000)YK03-01	

部件、零件表

冶金仪控通用图	液体测压管路连接图 (取压点高于压力计) *PN*10.0MPa	(2000)YK03-14	
		比例	页次

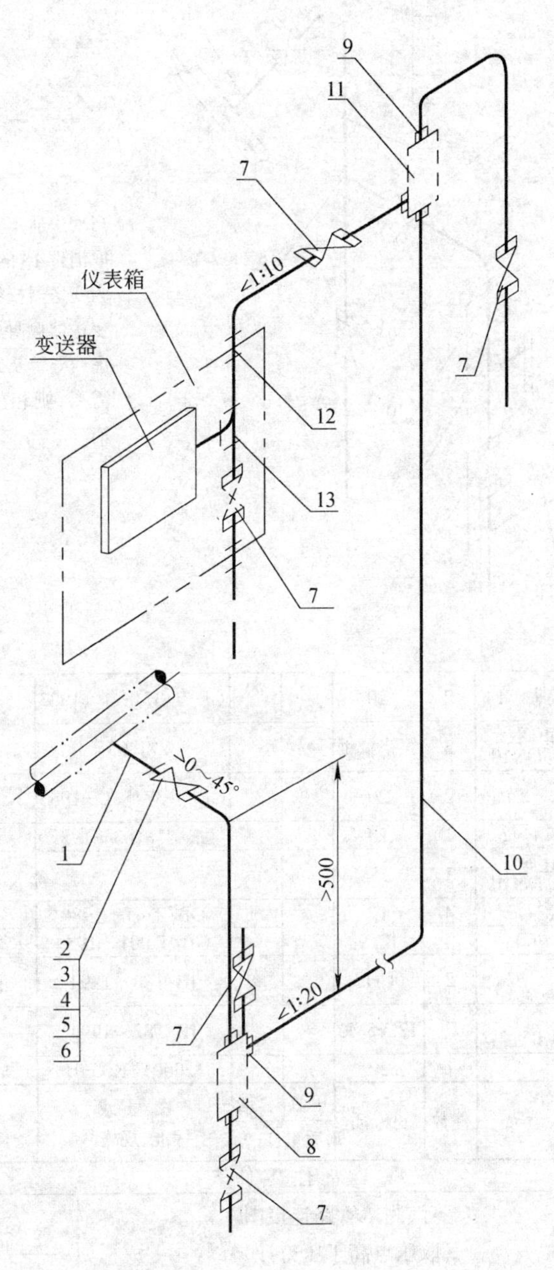

附注：

1. 本管路连接系统亦适用于流束自下而上的垂直管道。
2. 对于洁净及不需排气的液体可不装沉降器(件 8)、气体收集器(件 11)，相应的管件(件 9)及阀门(件 7)，即表中括号内的数量皆不用。
3. 当变送器不安装在箱内时，取消件 12 的管接头。
4. 一次阀引出先向下再向上，向下垂直高度不得小于 500mm。
5. 为校零方便，通常在变送器侧导管最低处安装虚线所示导管及其上的阀门；如不需要，则可取消相应零部件。

件号	名　称	件数	材　质	单重	总重	图 号 或 标准、规格号	备　注
				质量(kg)			
13	三通管接头　14	2(1)	20			GB/T 3745.1—1983	
12	隔壁直通管接头　14	2	20			GB/T 3748.1—1983	
11	气体收集器 *PN*6.4MPa	(1)	20			YZF1-23	
10	无缝钢管 ϕ 14×2	1	10			GB/T 8163—1987	长度见工程设计
9	直通终端接头 ϕ 14/M18×1.5	(6)	20			YZG1-1A	
8	沉降器 *PN*6.4MPa	(1)	20			YZF1-25	
7	卡套式截止阀 *PN*16.0MPa, *DN*5	3(5)	20			YZJ-1A-2	J91H-260C 型
6	取压截止阀 *PN*20.0MPa, *DN*5	1	碳素钢			YZJ-7-2	J $^{4}_{9}$1H-200C 型
5	螺母 M12	4	10			GB/T 41—1986	随件 6 阀门带
4	螺栓 M12×50	4	10.9			GB/T 5780—1988	随件 6 阀门带
3	垫片 *D*/*d* = 29/15, *b* = 1.5	1	0Cr13			JB87—1959	随件 6 阀门带
2	法兰	1	碳素钢				随件 6 阀门带
1	取压管	1	20			(2000)YK03-01	

部 件、零 件 表

冶金仪控 通用图	液体测压管路连接图 (取压点低于压力计) *PN*6.4MPa	(2000)YK03-15	
		比例	页次

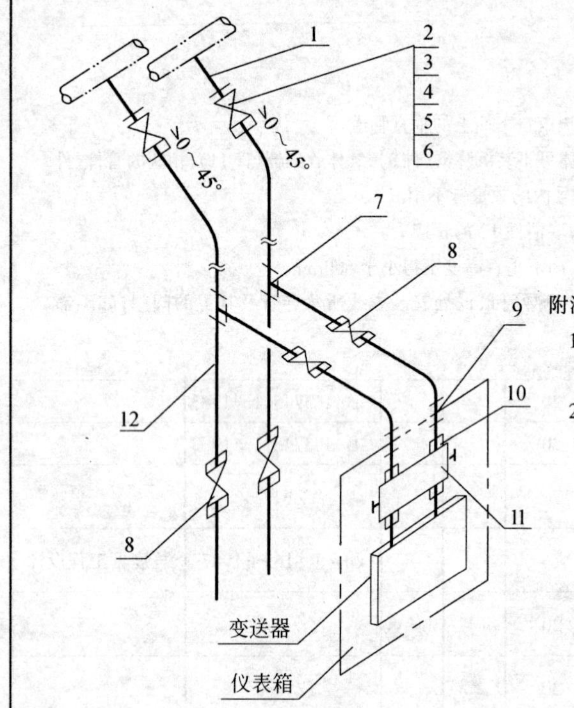

附注：

1. 本图只适用于非腐蚀性介质及黏稠介质。
2. 当变送器不安装在箱内时，取消件9的管接头。

件号	名　称	件数	材　质	单重	总重	图 号 或 标准、规格号	备　注
12	无缝钢管 ϕ 14×2	2	20			GB/T 8163—1987	长度见工程设计
11	三阀组	1	25				变送器成套附带
10	直通终端接头 ϕ 14/M14×1.5	4	20				三阀组带
9	隔壁直通管接头　14	2	20			GB/T 3748.1—1983	
8	卡套式截止阀 *PN*16.0MPa，*DN*5	4	碳素钢			YZJ-1A-2	J91H-160C 型
7	三通管接头　14	2	20			GB/T 3745.1—1983	
6	取压截止阀 *PN*20.0MPa，*DN*5	2	碳素钢			YZJ-7-2	J $^{4}_{9}$ 1H-200C 型
5	螺母 M12	16	10			GB/T 41—1986	随件 6 阀门带
4	螺栓 M12×60	8	10.9			GB/T 5780—1988	随件 6 阀门带
3	垫片 $D/d=29/15$，$b=3$	2	0Cr13				随件 6 阀门带
2	法兰	2	碳素钢				随件 6 阀门带
1	取压管	2	20			(2000)YK03-01	
				质量(kg)			

部件、零件表

冶金仪控 通用图	液体测差压管路连接图 *PN*6.4MPa	(2000)YK03-16	
		比例	页次

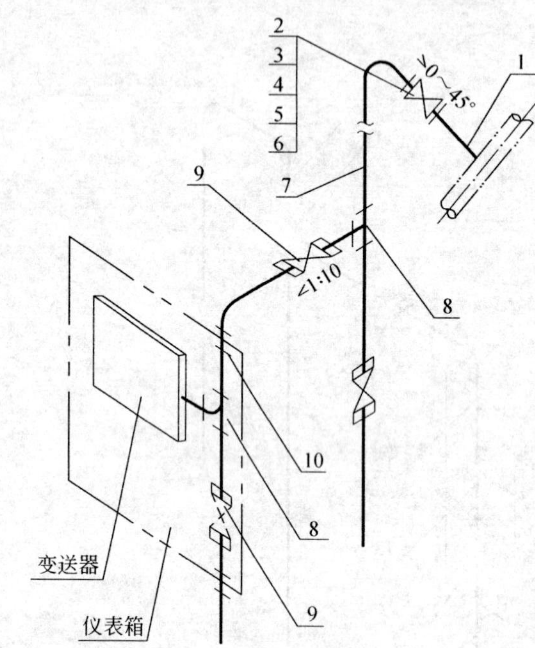

附注：

1. 当变送器不安装在箱内时，取消件10的管接头。
2. 为变送器校零方便，通常在变送器侧导管最低处安装虚线导管及其上阀门；如不需要，则相应零部件可取消。

件号	名　称	件数	材　质	单重	总重	图 号 或 标准、规格号	备　注
10	隔壁直通管接头　14	2	20			GB/T 3748.1—1983	
9	卡套式截止阀 *PN*32.0MPa，*DN*10	3	镍铬钛钢			YZJ-1B-4	J91W-320P 型
8	三通管接头　14	2	20			GB/T 3745.1—1983	
7	无缝钢管 ϕ 14×2	1	20			GB/T 8163—1987	长度见工程设计
6	法兰式截止阀 *PN*10.0MPa，*DN*10	1	1Cr5Mo				J41H-100P 型
5	螺母 M12	4	12			GB/T 41—1986	
4	螺栓 M12×60	4	12.9			GB/T 901—1988	
3	垫片 $D/d=29/15$，$b=3$	2	0Cr13			JB/T88—1994	
2	法兰 *DN*10，*PN*10.0MPa	2	12Cr5Mo			JB/T82—1994	
1	取压管	1	20			(2000)YK03-01	
				质量(kg)			

部件、零件表

冶金仪控 通用图	蒸汽测压管路连接图（取压点高于压力计） *PN*6.4MPa，$t \leqslant 450$℃	(2000)YK03-17	
		比例	页次

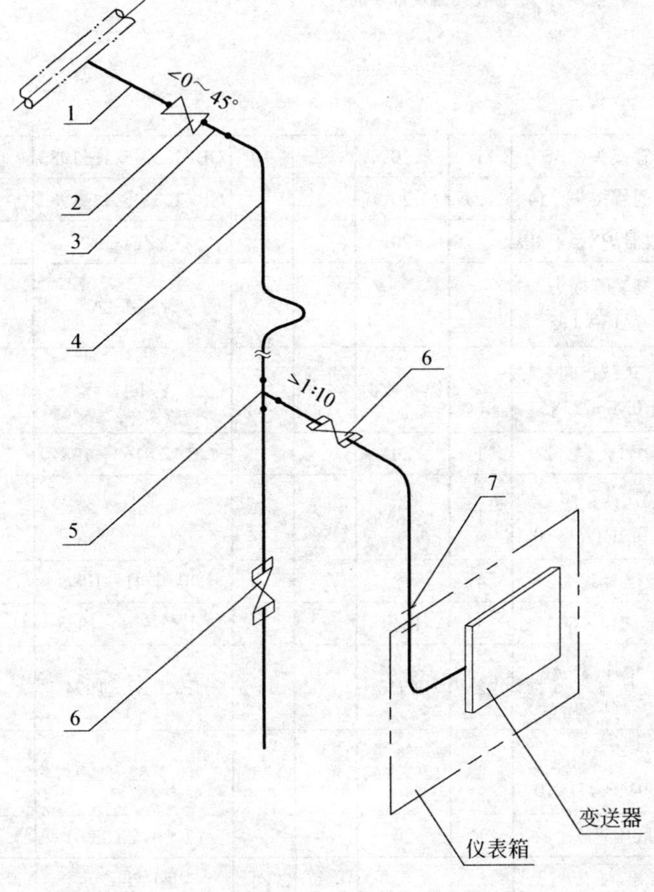

附注：

1. 当变送器不安装在箱内时，取消件7的管接头。
2. 管路固定支点时要考虑导管膨胀系数并设置膨胀弯。

件号	名　称	件数	材　质	单重	总重	图号或标准、规格号	备　注
				质量(kg)			
7	隔壁直通管接头　14	1	35			GB/T 3748.1—1983	
6	卡套式截止阀 *PN*32.0MPa，*DN*15	2	镍铬钛钢			YZJ-1B-4	J91W-320P型
5	三通	1	20			(2000)YK03-04	
4	无缝钢管ϕ 14×2	1	20			GB/T 8163—1987	长度见工程设计
3	焊接短管	1	12CrMoV			(2000)YK03-03	
2	截止阀 *PN*17.0MPa，*DN*10	1	12CrMoV				J61Y-P_{56} 170V
1	取压管 *b*	1	12CrMoV			(2000)YK03-02	

部件、零件表

冶金仪控通用图	蒸汽测压管路连接图（取压点高于压力计）*PN*10.0MPa，$t \leqslant 540℃$	(2000)YK03-18	
		比例	页次

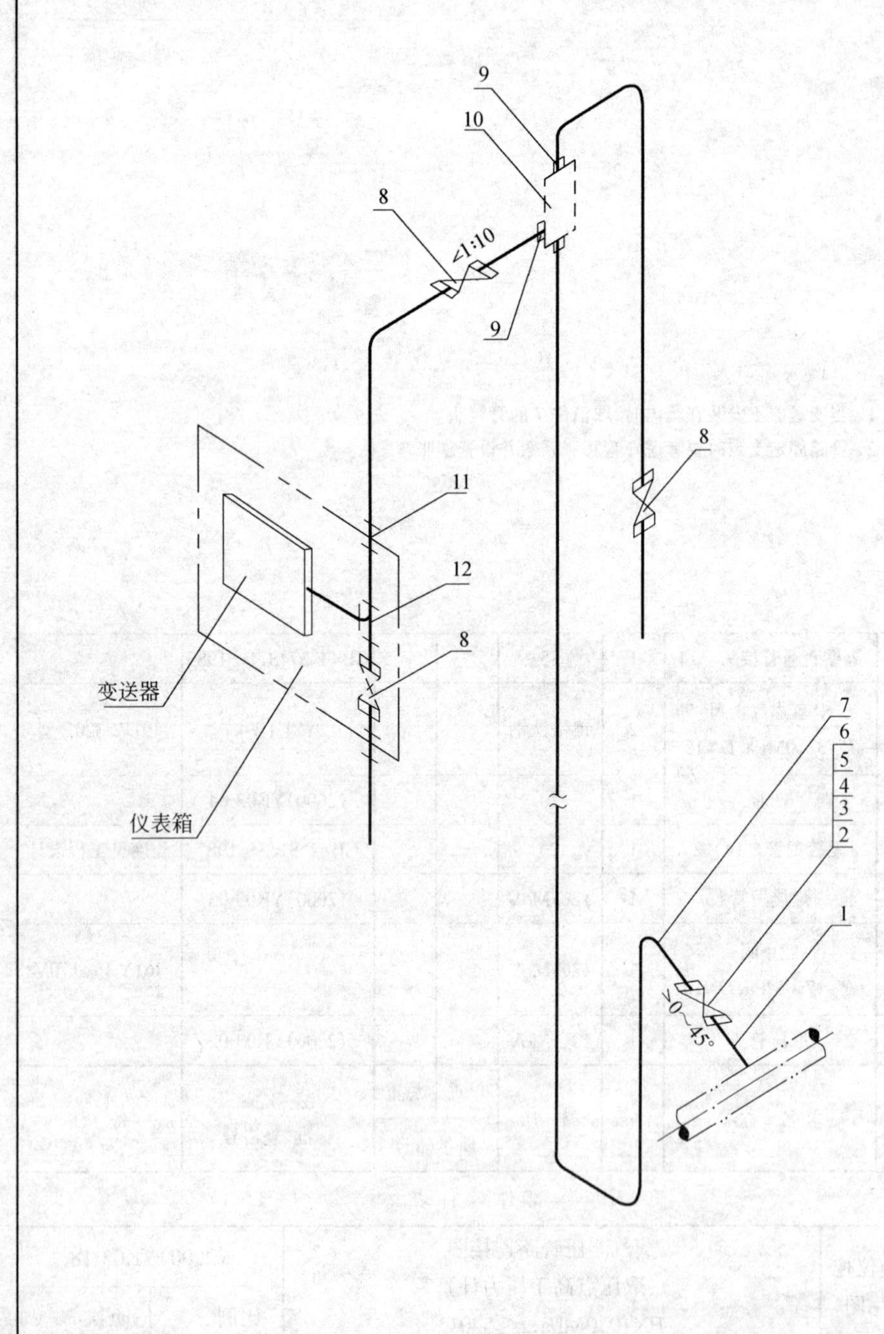

附注：

1. 一次阀后的引出管应先向下后再向上引出，其下垂距离不小于 500mm。
2. 当变送器不安装在箱内时，取消件 11 的管接头。
3. 为了变送器调零方便，通常在变送器侧导管最低处安装虚线所示导管及其上的阀门；如不需要，则相应零部件可取消。
4. 当不需排气时，取消件 10 的收集器及件 9 的直通终端接头。

件号	名 称	件数	材 质	单重	总重	图 号 或 标准、规格号	备 注
				质量(kg)			
12	三通管接头 14	1	20			GB/T 3745.1—1983	
11	隔壁直通管接头 14	(2)	20			GB/T 3748.1—1983	
10	气体收集器 *PN*6.4MPa	1	20			YZF1-23	
9	直通终端管接头 ϕ 14/M18×1.5	(3)	35			YZG1-1A	
8	卡套式截止阀 *PN*40.0MPa, *DN*5	3	镍铬钛钢			YZJ-1B-4	J91W-320P 型
7	无缝钢管 ϕ 14×2	1	20			GB/T 8163—1987	长度见工程设计
6	法兰式截止阀 *PN*10.0MPa, *DN*10	1	1Cr5Mo				J41H-100P 型
5	螺母 M12	4	12			GB/T 41—1986	
4	螺栓 M12×60	4	12.9			GB/T 901—1988	
3	垫片 $D/d=29/15, b=3$	2	0Cr13			JB/T 88—1994	
2	法兰 A *PN*10.0MPa, *DN*10	2	12Cr5Mo			JB/T 82—1994	
1	取压管	1	20			(2000) YK03-01	

部件、零件表

冶金仪控通用图	蒸汽测压管路连接图 (取压点低于压力计) *PN*6.4MPa, $t \leqslant 450$℃	(2000) YK03-19	
		比例	页次

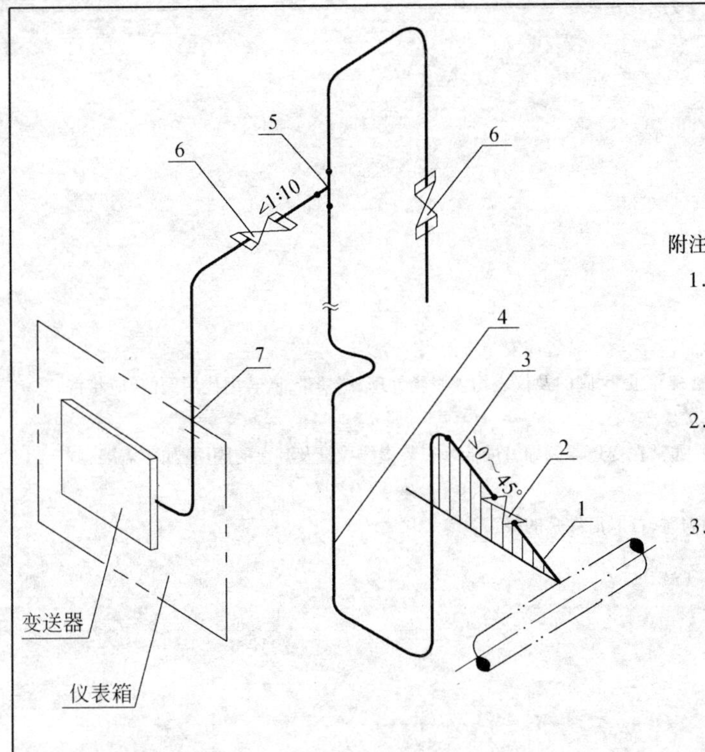

附注：

1. 一次阀后的引出管应先向下后再向上引出，其下垂距离不小于500mm。
2. 当变送器不安装在箱内时，取消件7的管接头。
3. 管路固定支点时要考虑导管膨胀系数并设置膨胀弯。

件号	名称	件数	材质	质量(kg) 单重	质量(kg) 总重	图号或标准、规格号	备注
7	隔壁直通管接头 14	1	35			GB/T 3748.1—1983	
6	卡套式截止阀 *PN*40.0MPa，*DN*15	2	镍铬钛钢			YZJ-1B-4	J91W-320P型
5	三通	1	20			(2000)YK03-04	
4	无缝钢管ϕ 14×2	1	20			GB/T 8163—1987	长度见工程设计
3	焊接短管	1	12CrMoV			(2000)YK03-03	
2	截止阀 *PN*17.0MPa，*DN*10	1	12CrMoV				J61Y-P_{56} 170V
1	取压管 *b*	1	12CrMoV			(2000)YK03-02	

部件、零件表

冶金仪控通用图	蒸汽测压管路连接图（取压点低于压力计）*PN*10.0MPa，$t \leqslant 540℃$	(2000)YK03-20	
		比例	页次

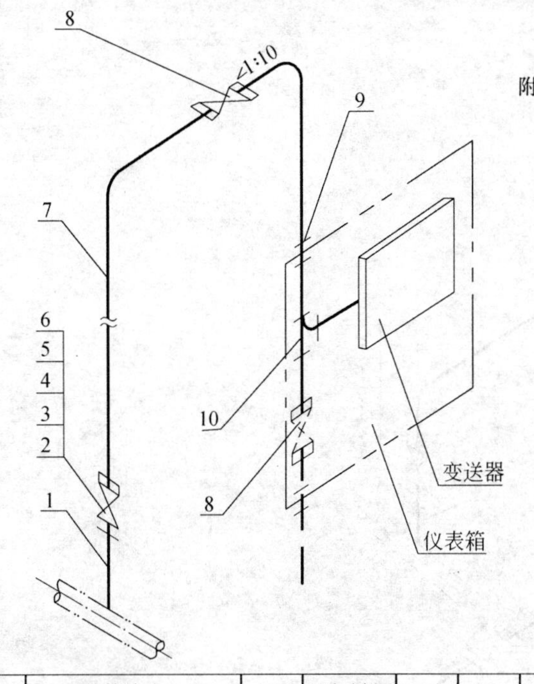

附注：

1. 在有水润滑的氧压机后，若无脱水装置应安装排污阀。
2. 根据氧气规程要求，所有导压管、阀门及仪表均需脱脂处理，严禁带油，若用代用阀门，应将浸油填料改为聚四氟乙烯。
3. 为了变送器调零方便，通常在变送器侧导管最低处安装虚线导管及其上的实线阀门；如不需要，则相应零部件可取消。
4. 当变送器不安装在箱内时，可取消件9的接头。

件号	名称	件数	材质	质量(kg) 单重	质量(kg) 总重	图号或标准、规格号	备注
10	三通管接头 14	2	耐酸钢			GB/T 3745.1—1983	
9	隔壁直通管接头 14	(2)	耐酸钢			GB/T 3748.1—1983	
8	卡套式截止阀 *PN*20.0MPa，*DN*5	2	耐酸钢			YZJ-1A-2	J91W-200P型
7	无缝钢管ϕ 14×2	1	耐酸钢			GB/T 2270—1980	长度见工程设计
6	取压截止阀 *PN*20.0MPa，*DN*5	1	耐酸钢			YZJ-7-4	J$^{4}_{9}$1W-200P型
5	螺母 M12	8	耐酸钢			GB/T 41—1986	随件6阀门带
4	等长双头螺栓 M12×60	4	耐酸钢			GB/T 901—1988	随件6阀门带
3	垫片 $D/d=29/15, b=1.5$	1	T3				随件6阀门带
2	法兰	1	耐酸钢				随件6阀门带
1	取压管	1	耐酸钢			(2000)YK03-01	

部件、零件表

冶金仪控通用图	氧气测压管路连接图（取压点低于压力计）*PN*16.0MPa	(2000)YK03-21	
		比例	页次

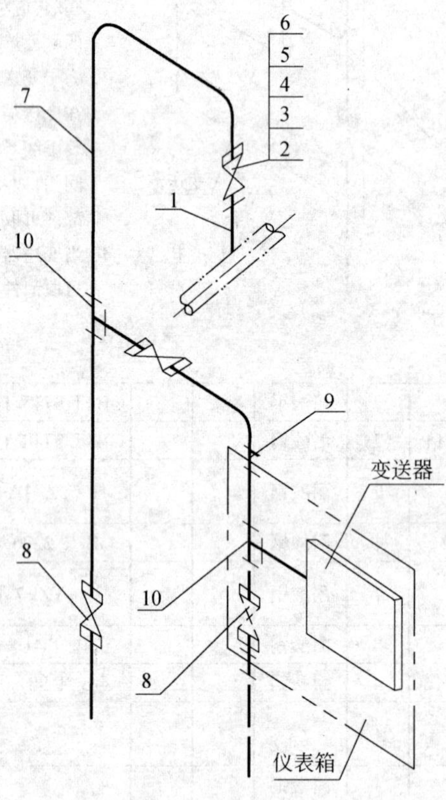

附注：

1. 在有水润滑的氧压机后，若无脱水装置应安装排污阀。
2. 根据氧气规程要求，所有导压管、阀门及仪表均需脱脂处理，严禁带油，若用代用阀门，应将浸油填料改为聚四氟乙烯。
3. 为了变送器调零方便，通常在变送器侧导管最低处安装虚线导管及其上的阀门；如不需要，则相应零部件可取消。
4. 当变送器不安装在箱内时，可取消件 9 的接头。

10	三通管接头 14	2	耐酸钢			GB/T 3745.1—1983	
9	隔壁直通管接头 14	2	耐酸钢			GB/T 3748.1—1983	
8	卡套式截止阀 *PN*20.0MPa, *DN*15	2(3)	耐酸钢			YZJ-1A-2	J91W-200P 型
7	无缝钢管 ϕ 14×2	1	耐酸钢			GB/T 2270—1980	长度见工程设计
6	取压截止阀 *PN*20.0MPa, *DN*5	1	耐酸钢			YZJ-7-4	$J^{4}_{9}1W$-200P 型
5	螺母 M12	8	耐酸钢			GB/T 41—1986	随件 6 阀门带
4	等长双头螺栓 M12×60	4	耐酸钢			GB/T 901—1988	随件 6 阀门带
3	垫 片 $D/d=29/15, b=1.5$	1	T3				随件 6 阀门带
2	法 兰	1	耐酸钢				随件 6 阀门带
1	取压管	1	耐酸钢			(2000)YK03-01	
件号	名 称	件数	材 质	单重 质量(kg)	总重 质量(kg)	图 号 或 标准、规格号	备 注

部 件、零 件 表

冶金仪控 通用图	氧气测压管路连接图 (取压点高于压力计) *PN*16.0MPa	(2000)YK03-22	
		比例	页次

二、安装部件、零件图

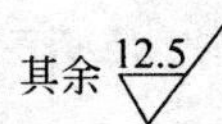

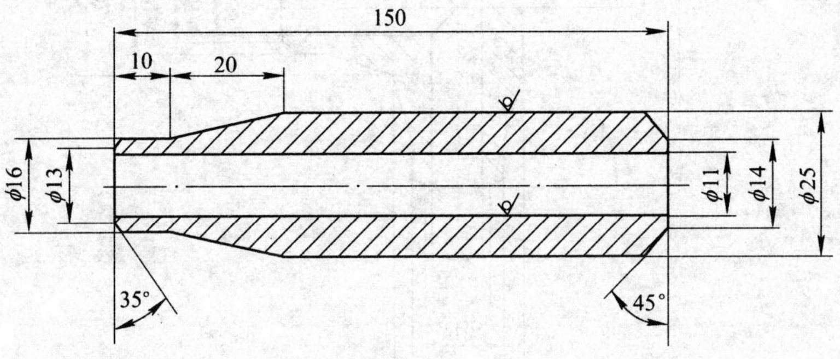

附注：

未注明公差尺寸，按 IT14 级公差(GB/T 1804—1992)加工。

冶金仪控通用图	取 压 管 ϕ 25×7, L=150					(2000)YK03-01
	材质	Ⅰ 20 Ⅱ 耐酸钢	质量 0.38kg	比例	件号	装配图号

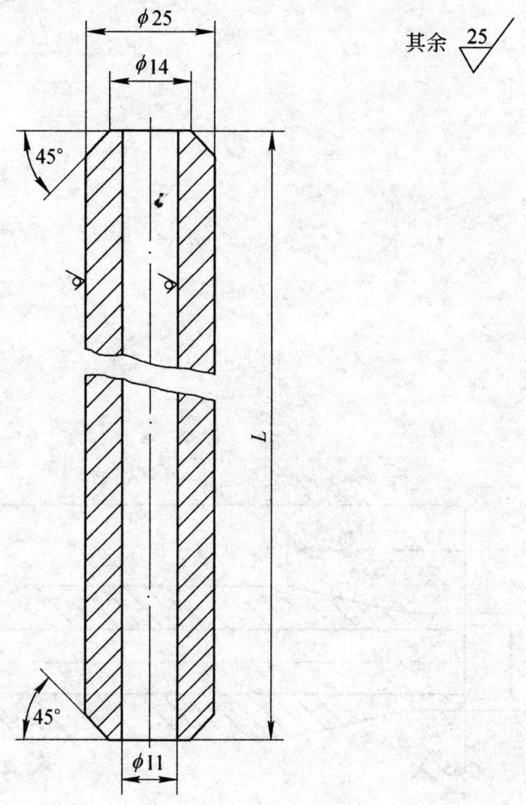

附注：

1. 本图给出下表所示的两种零件规格：

规格号	L	材 质	质 量(kg)
a	200	20	0.62
b	230	12Cr1MoV	0.71

标记示例：取压管，用 b 种规格，标记如下：取压管 b，图号(2000)YK03-02。

2. 未注明公差尺寸，按 IT14 级公差(GB/T 1804—1992)加工。

冶金仪控通用图	取 压 管 ϕ 25×7, L=200,230				(2000)YK03-02
	材质(见表)	质量(见表)	比例	件号	装配图号

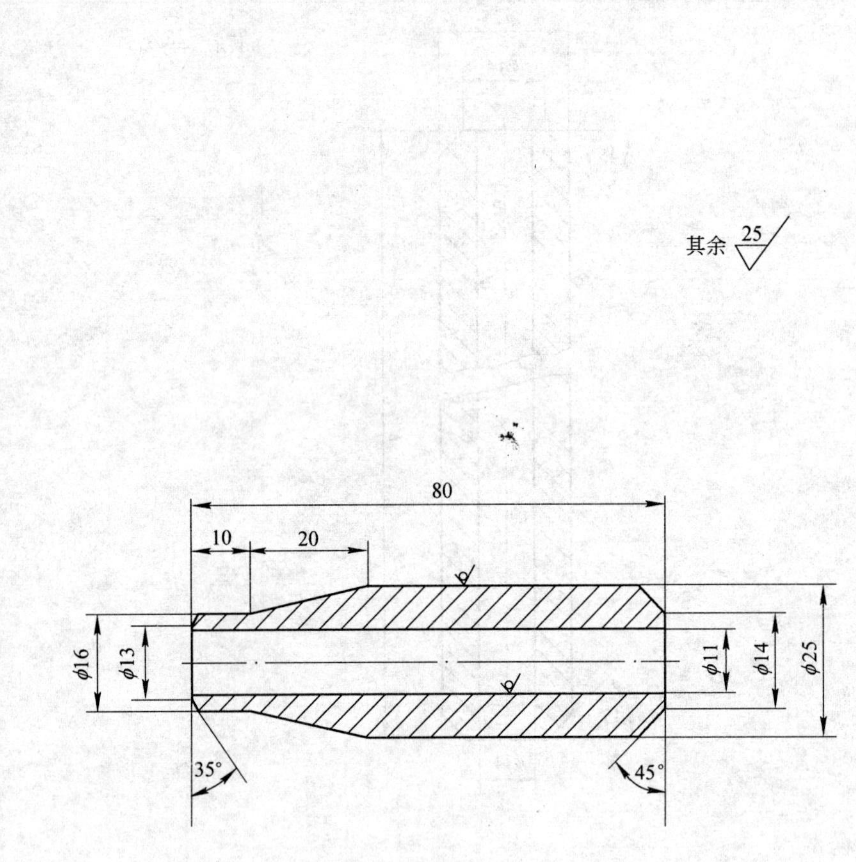

附注：

未注明公差尺寸，按 IT14 级公差(GB/T 1804—1992)加工。

冶金仪控通用图	焊接短管 ϕ 25×7, L=80							(2000)YK03-03	
	材质	Ⅰ	20	质量	kg	比例	件号	装配图号	
		Ⅱ	12Cr1MoV						

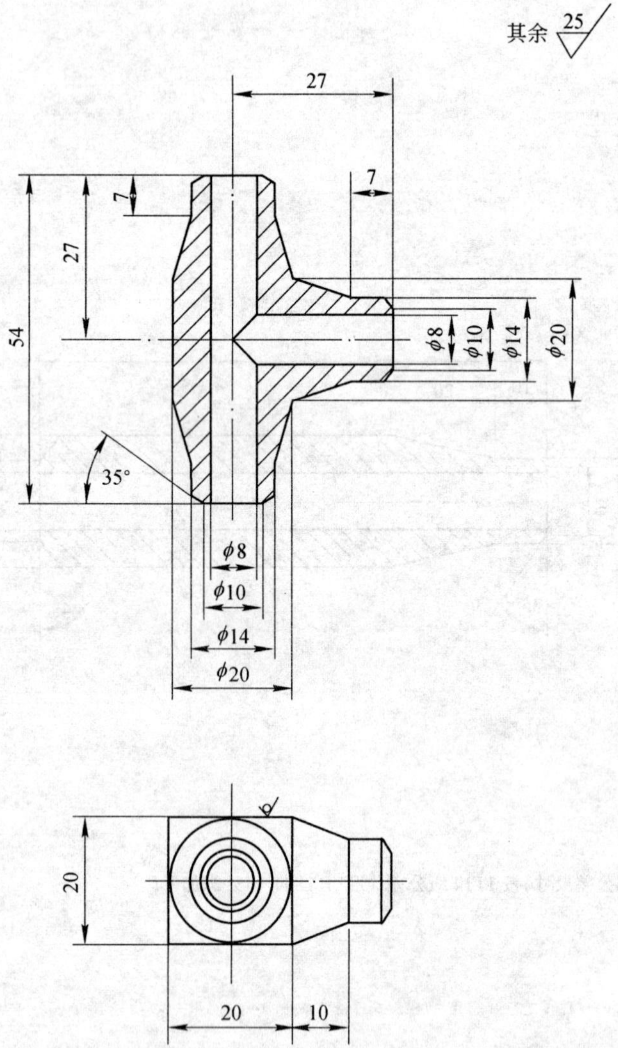

附注：

未注明公差尺寸，按 IT14 级公差(GB/T 1804—1992)加工。

冶金仪控通用图	三　通 $D_0$20/d8				(2000)YK03-04	
	材质 20	质量 0.11kg	比例	件号	装配图号	

目　录

一、管路连接图

冶金仪控 通用图	流量测量仪表的 管路连接图(焊接式)图纸目录	(2000)YK04-1	
		比例	页次 1/2

二、安装部件、零件图

说　明

1. 适用范围

本图册适用于冶金生产过程中的差压式流量仪表的管路连接。本图册与节流装置的安装(2000)YK06·1图册相配合,可以构成完整的差压式流量仪表安装图。本图册中管路连接的方式是焊接式(或称压垫式)的。

2. 编制依据

本图册中是在原差压流量仪表安装图(90)YK04图册的基础上修改、补充编制而成。

3. 内容提要

本图册包括液体、蒸汽、气体等无腐蚀性和有腐蚀性介质的差压式流量测量的管路连接图。其中各种介质的压力分以下五种等级:

(1) 低压液体、气体:*PN*1.0MPa级。

(2) 中高压液体、气体:*PN*6.4MPa级。

(3) 高压液体:*PN*10.0MPa级。

(4) 氧气:*PN*6.4MPa,*PN*16.0MPa级。

(5) 蒸汽:*PN*2.5MPa,*PN*6.4MPa,*PN*10.0MPa级。

4. 几项规定

(1) 本图册对测量管路选用的材料规定如下:

当介质公称压力 $PN \leqslant 1.0$MPa时,导压管路选用焊接钢管[GB/T 3091—1993(镀锌钢管)GB/T 3092—1993(不镀锌钢管)],特殊需要和用于液体管路时可采用无缝钢管;$PN > 1.0$MPa时,均采用无缝钢管(GB/T 8163—1987)。二次阀后至变送器的一段管道,为便于摵弯,一般都采用无缝紫铜管(GB/T 1527—1997),但有时现场为排管美观和节省有色金属降低工程造价,也可选用$\phi 12 \times 1.5$的无缝钢管;当用于腐蚀性介质时,可选用不锈无缝钢管(GB/T 14976—1994),所选的导压管材料都应在工程设计中标明。

(2) 差压变送器所用的三阀组一律随变送器附带,都应在工程设计的设备表中注明。

(3) 导压管路及其安装连接中所有焊接的技术要求均应符合相应的焊接规程。

(4) 导压管路均应与工艺管道同样试压。

(5) 本图册遵循《工业自动化仪表工程施工验收规范》(GBJ 93—1986)的规定。

5. 选用注意事项

(1) 节流装置与差压变送器(或流量计)间的导压管长度,在不影响仪表正常工作和维护情况下应尽量短,最长不超过30m。导压管水平敷设时必须保持1:10～1:20的坡度,特殊情况下可减小到1:50。坡向如图中箭头所示。管路敷设应尽量避免交叉和小于90°的急弯,管路弯曲的半径不得小于导压管外径的5倍。弯管凹坑不得大于导压管外径的10%,其椭圆度不大于20%。一般情况下导压管不得埋地,不可避免时须穿管保护,连接管路均须加以固定。

(2) 导压管路的保温伴热应根据被测介质或其冷凝液在环境温度的影响下是否易发生冻结、凝固、结晶等现象而定。易者应予保温或伴热保温。有关内容参见导压管、蝶阀保温伴热图册(2000)YK13。

(3) 连接方式的选择。对于气体介质的测量应优先选用变送器高于节流装置的连接方式;对于液体和蒸汽的测量应优先选用变送器低于节流装置的连接方式。

(4) 辅助容器的运用。本图册中的辅助容器包括沉降器、气体收集器、冷凝平衡容器、隔离容器和冷凝除尘器等。

对于特别脏、湿的气体介质和污浊的液体介质,当变送器低于节流装置时应选用带沉降器的方式;对于有气体排出的液体介质,当变送器高于节流装置时应选用带气体收集器的方式;对于具有腐蚀性的被测介质应选用带隔离容器的方式;对于蒸汽类介质应考虑带冷凝平衡容器的方式。

(5) 本图册中所用部件、零件的材质都有明确的规定,若选用特殊的材质应在工程设计中予以说明。

(6) 工程设计中的使用方法：工程设计中确定选用的图纸均应列入管路敷设图的“设备及安装部件说明表”中，并且应将所选本图册图纸部件、零件表中须订货的阀门和其他部件的具体规格、型号、材质和数量等分类列入工程设计材料表中。如有加工预制件，则应列入加工预制件表中。

管路的总长度按工程设计的需要在外部连接系统图或者导压管线表中标出。

(7) 本图册中所用的阀门，辅助容器、管连接件及材料等按国家标准或各工业部标准标注，没有国标、部标的，则按生产厂家标准标注。根据目前国内厂家产品品种的完整性和质量情况，本图册推荐：镇江化工仪表电器(集团)公司(在江苏省扬中县长旺镇)的阀门及管连接件产品。图上部件、零件表的备注栏中的型号是该公司现用的型号。个别辅助容器和管连接件需按图加工，属加工预制件。

6. 其他

(1) 本图册各管路连接图中尚有部分安装的使用说明，选用时应加以注意。

(2) 节流装置的安装参见流量测量节流装置安装图(2000)YK06.1。

(3) 关于差压式流量仪表管路连接安装的技术要求，凡是本图册未加规定者，均应按有关的安装规程进行施工。

一、管路连接图

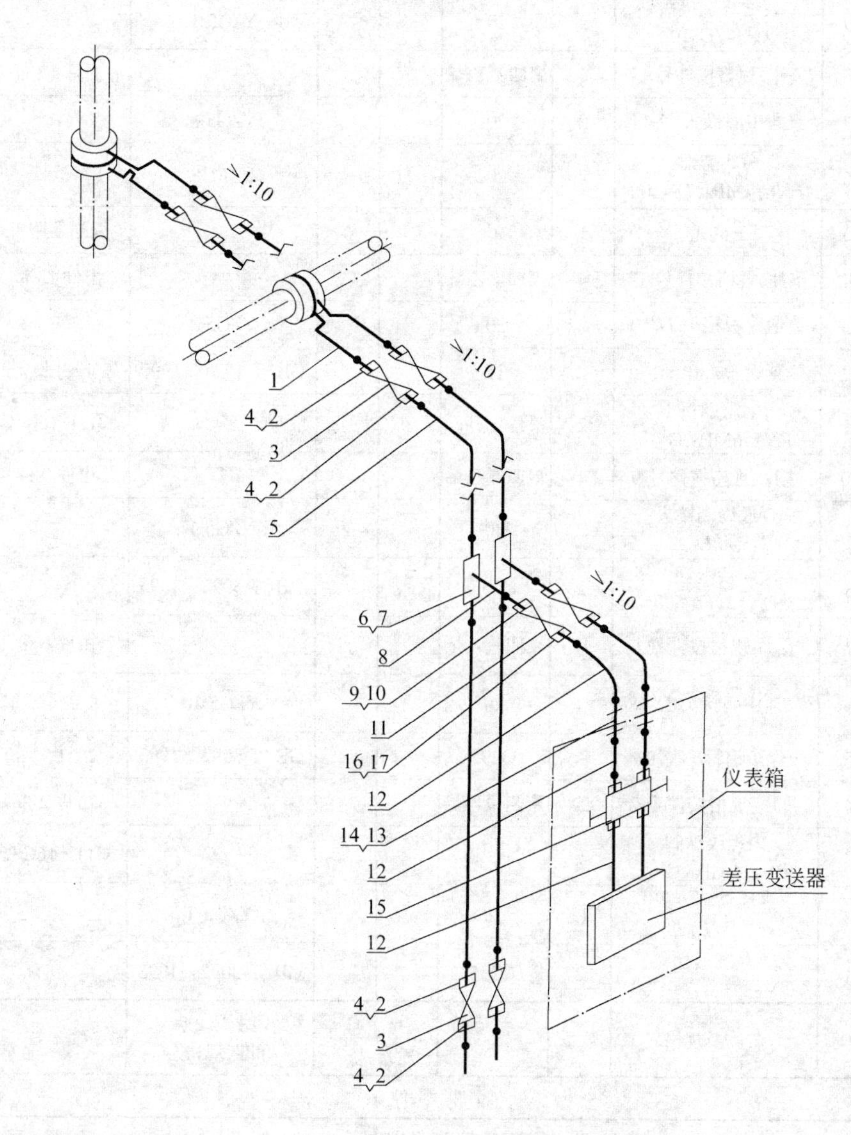

附注：

1. 若变送器不在仪表箱内安装，取消件13，件14。
2. 按孔板取压孔尺寸。

件号	名称及规格	数量	材质	单重	总重	图号或标准、规格号	备注
				质量(kg)			
17	垫片，规格按件号16	4	聚四氟乙烯				由件16带
16	直通终端接头 G½″/$D_0$10	2	20			YZG5-1	
15	三阀组	1					变送器附带
14	垫片，规格按件号13	4	聚四氟乙烯				由件13带
13	直通穿板接头 $D_0$10	2	20			YZG5-4	
12	紫铜管 ϕ 10×1	2	T2			GB/T 1527—1997	三段共长1m
11	内螺纹球阀 *PN*1.6 MPa，G½″/$D_0$22	2	各种				Q11F-16C型
10	垫片，规格按件号9	4	聚四氟乙烯				由件9带
9	直通终端接头 G½″/$D_0$22	2	20			YZG5-1	
8	焊接钢管 *DN*15，*l*=500	2	Q235			GB/T 3092—1993	
7	垫片，规格按件号6	6	聚四氟乙烯				由件6带
6	三通中间接头 $D_0$28	2	20			YZG5-10	
5	焊接钢管 *DN*20		Q235			GB/T 3092—1993	长度由工程设计确定
4	垫片，规格按件号2	16	聚四氟乙烯				由件2带
3	内螺纹球阀 *PN*1.6MPa，G¾″	4	各种				Q11F-16C型
2	直通终端接头 G¾″/$D_0$28	8	20			YZG5-1	
1	焊接钢管 *DN* 见注2，*l*=200	2	Q235			GB/T 3092—1993	

部件、零件表

冶金仪控通用图	液体流量测量管路连接图 （变送器低于节流装置，导压管 *DN*20） *PN*1.0MPa	（2000）YK04-3	
		比例	页次

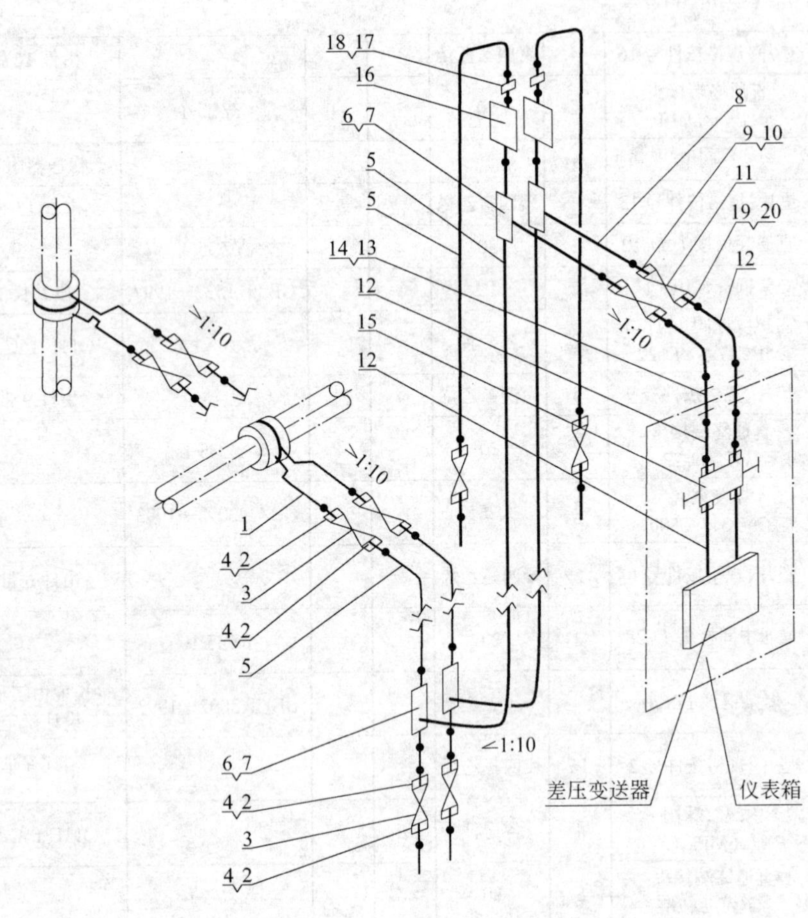

件号	名称及规格	数量	材质	单重	总重	图号或标准、规格号	备注
20	垫片，规格按件号 19	4	聚四氟乙烯				由件 19 带
19	直通终端接头 G½″/$D_0$10	2	20			YZG5-1	
18	垫片，规格按件号 17	4	聚四氟乙烯				由件 17 带
17	直通中间接头 $D_0$14	2	20			YZG5-3	
16	分离容器 *PN*6.4MPa，*DN*100	2	20			YZF1-8	
15	三阀组	1					变送器附带
14	垫片，规格按件号 13	4	聚四氟乙烯				由件 13 带
13	直通穿板接头 $D_0$10	2	20			YZG5-4	
12	紫铜管 ϕ 10×1	2	T2			GB/T 1527—1997	三段共长 1m
11	内螺纹球阀 *PN*1.6MPa，G½″	2	各 种				Q11F-16C 型
10	垫片，规格按件号 9	4	聚四氟乙烯				由件 9 带
9	直通终端接头 G½″/$D_0$22	2	20			YZG5-1	
8	焊接钢管 *DN*15，$l=500$	2	Q235			GB/T 3092—1993	
7	垫片，规格按件号 6	12	聚四氟乙烯				由件 6 带
6	三通中间接头 $D_0$28	4	20			YZG5-10	
5	焊接钢管 *DN*20		Q235			GB/T 3092—1993	长度由工程设计确定
4	垫片，规格按件号 2	24	聚四氟乙烯				由件 2 带
3	内螺纹球阀 *PN*1.6MPa，G¾″	6	各 种				Q11F-16C 型
2	直通终端接头 G¾″/$D_0$28	12	20			YZG5-1	
1	焊接钢管 *DN* 见注 4，$l=200$	2	Q235			GB/T 3092—1993	
件号	名称及规格	数量	材 质	单重 质量(kg)	总重	图 号 或 标准、规格号	备 注

部 件、零 件 表

附注：

1. 若变送器不在仪表箱内安装，取消件 13，14。
2. 若管路无需集气，取消件 16，17，18。
3. 管路应设置低于取压口的液封管段。
4. 按孔板取压孔尺寸。

冶金仪控通用图	液体流量测量管路连接图（变送器高于节流装置，导压管 *DN*20）*PN*1.0MPa	(2000)YK04-4	
		比例	页次

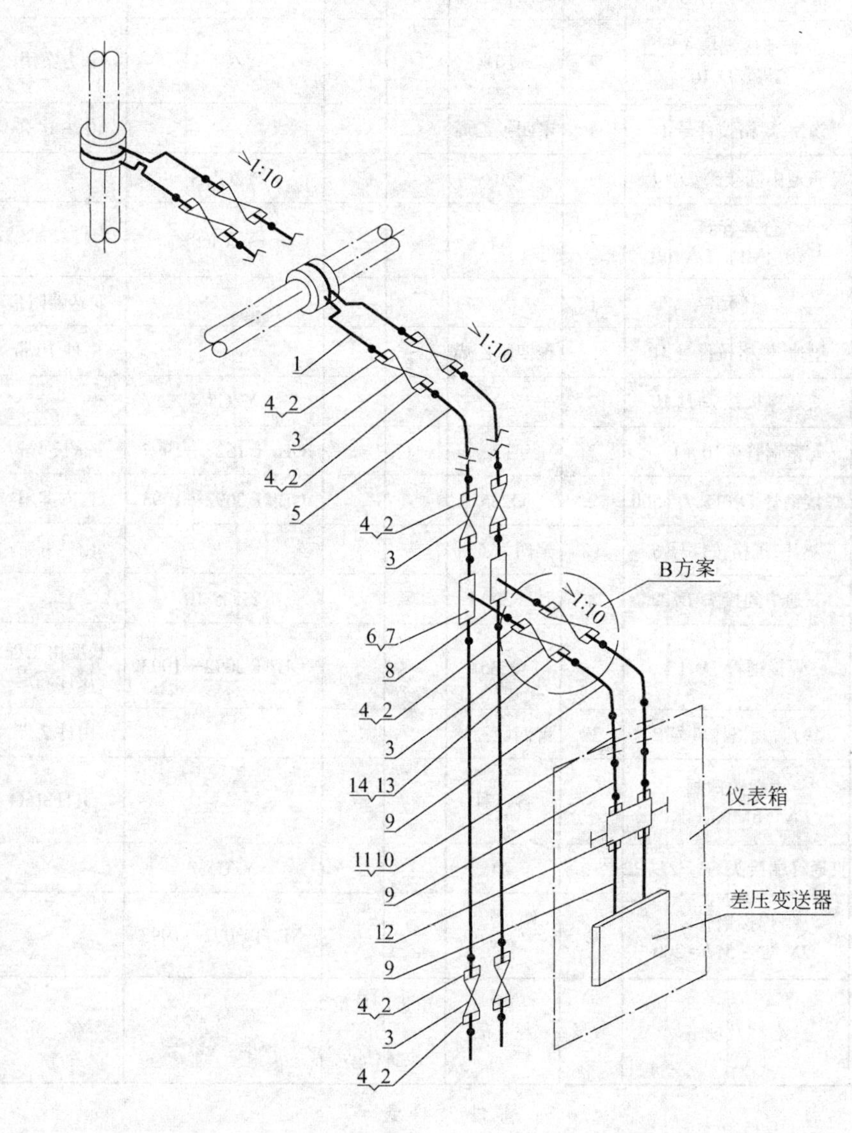

附注：

1. 件3中的两个二次阀的安装位置应视现场敷设条件而定。或者置于导压主管(实线绘出A方案)；或者置于导压支管(虚线绘出B方案)，并在选用本图时予以说明。
2. 若变送器不在仪表箱内安装，取消件10,11。
3. 按孔板取压孔尺寸。

件号	名称及规格	数量	材质	单重 质量(kg)	总重 质量(kg)	图号或标准、规格号	备注
14	垫片，规格按件号13	4	聚四氟乙烯				由件13带
13	直通终端接头 G½″/$D_0$10	2	20			YZG5-1	B方案用
12	三阀组	1					变送器附带
11	垫片，规格按件号10	4	聚四氟乙烯				由件10带
10	直通穿板接头 $D_0$10	2	20			YZG5-4	
9	紫铜管ϕ 10×1	2	T2			GB/T 1527—1997	总长1m
8	焊接钢管 DN15，l=500	2	Q235			GB/T 3092—1993	B方案用
7	垫片，规格按件号6	6	聚四氟乙烯				由件6带
6	三通中间接头 $D_0$22	2	20			YZG5-10	
5	焊接钢管 DN15		Q235			GB/T 3092—1993	长度由工程设计确定
4	垫片，规格按件号2	24	聚四氟乙烯				由件2带
3	内螺纹球阀 PN1.6MPa，G½″	6	各种				Q11F-16C型
2	直通终端接头 G½″/$D_0$22	12	20			YZG5-1	
1	焊接钢管 DN见注3，l=200	2	Q235			GB/T 3092—1993	

部件、零件表

冶金仪控通用图	液体流量测量管路连接图（变送器低于节流装置，导压管 DN15）PN1.0MPa	(2000)YK04-5	
		比例	页次

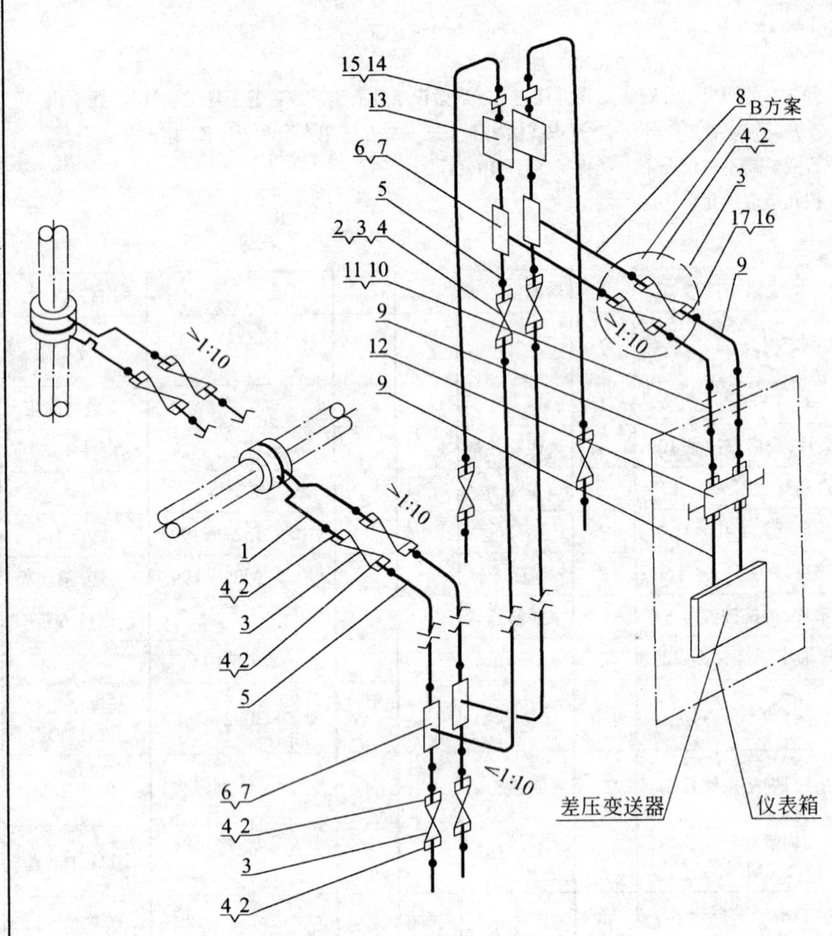

附注：

1. 件号3中的两个二次阀的安装位置应视现场敷设条件而定。或者置于导压主管(实线绘出A方案)；或者置于导压支管(虚线绘出B方案)，并在选用本图时予以说明。
2. 若变送器不在仪表箱内安装，取消件10,11。
3. 若管路无需集气，取消件13,14,15。
4. 管路应设置低于取压口的液封管段。
5. 按孔板取压孔尺寸。

件号	名称及规格	数量	材 质	单重	总重	图 号 或 标准、规格号	备 注
				质量(kg)			
17	垫片，规格按件号16	4	聚四氟乙烯				由件16带
16	直通终端接头 G½″/$D_0$10	2	20			YZG5-1	B方案用
15	垫片，规格按件号14	4	聚四氟乙烯				由件14带
14	直通中间接头 $D_0$14	2	20			YZG5-3	
13	分离容器 *PN*6.4MPa, *DN*100	2	20			YZF1-8	
12	三阀组	1					变送器附带
11	垫片，规格按件号10	2	聚四氟乙烯				由件10带
10	直通穿板接头 $D_0$10	2	20			YZG5-4	
9	紫铜管ϕ 10×1	2	T2			GB/T 1527—1997	总长1m
8	焊接钢管 *DN*15, l=500	2	Q235			GB/T 3092—1993	B方案用
7	垫片，规格按件号6	12	聚四氟乙烯				由件6带
6	三通中间接头 $D_0$22	4	20			YZG5-10	
5	焊接钢管 *DN*15		Q235			GB/T 3092—1993	长度由工程设计确定
4	垫片，规格按件号2	32	聚四氟乙烯				由件2带
3	内螺纹球阀 *PN*1.6MPa, G½″	8	各 种				Q11F-16C
2	直通终端接头 G½″/$D_0$22	16	20			YZG5-1	
1	焊接钢管 *DN*见注5, l=200	2	Q235			GB/T 3092—1993	

部 件、零 件 表

冶金仪控通用图	液体流量测量管路连接图 (变送器高于节流装置，导压管 *DN*15) *PN*1.0MPa	(2000)YK04-6	
		比例	页次

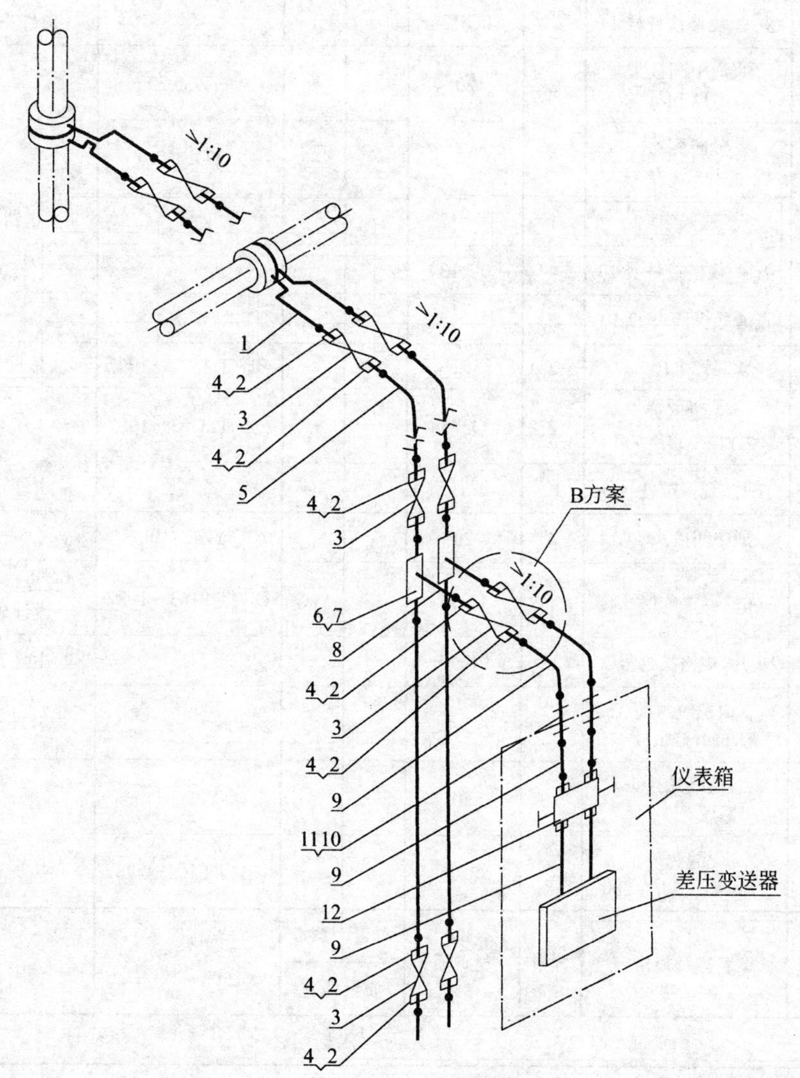

附注：

1. 件3中的两个二次阀的安装位置应视现场敷设条件而定。或者置于导压主管(实线绘出A方案);或者置于导压支管(虚线绘出B方案),并在选用本图时予以说明。
2. 若变送器不在仪表箱内安装,取消件10,11。
3. 按孔板取压孔尺寸。
4. 无缝钢管ϕ 14与钢管ϕ 10的连接采用直通异径接头连接。耐压、材质、数量根据施工需要确定。

件号	名称及规格	数量	材质	单重	总重	图号或标准、规格号	备注
				质量(kg)			
12	三阀组	1					变送器附带
11	垫片,规格按件号10	4	0Cr13				由件10带
10	直通穿板接头 $D_0$10	2	20			YZG5-4	
9	紫铜管ϕ 10×1	2	T2			GB/T 1527—1997	总长1m
8	无缝钢管 ϕ 14×2, l=500	2	Q235			GB/T 8163—1987	B方案用
7	垫片,规格按件号6	6	0Cr13				由件6带
6	三通中间接头 $D_0$14	2	20			YZG5-10	
5	无缝钢管ϕ 14×2		Q235			GB/T 8163—1987	长度由工程设计确定
4	垫片,规格按件号2	24	0Cr13				由件2带
3	内螺纹球阀 PN6.4MPa, G1/2″	6	各种				Q11F-64C
2	直通终端接头 G½″/$D_0$14	12				YZG5-1	
1	无缝钢管 ϕ见注3, δ=2, l=200	2	Q235			GB/T 8163—1987	

部件、零件表

冶金仪控通用图	液体流量测量管路连接图 (变送器低于节流装置,导压管ϕ 14×2) PN6.4MPa	(2000)YK04-7
		比例 | 页次

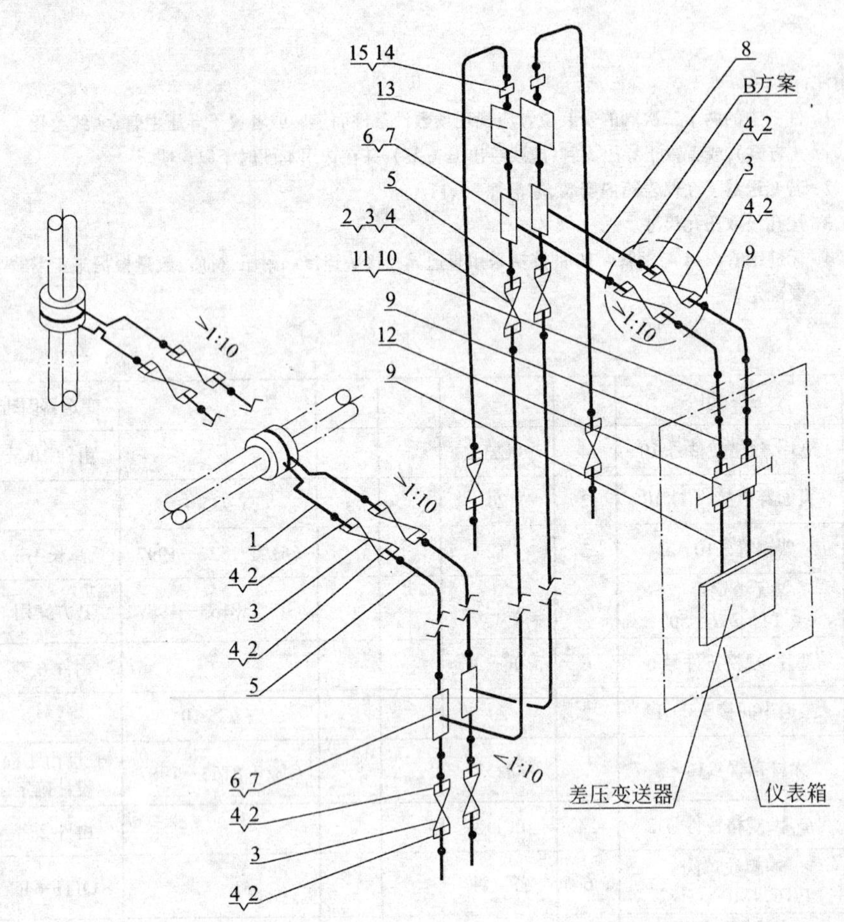

附注:

1. 件号 3 中的两个二次阀的安装位置应视现场敷设条件而定。或者置于导压主管(实线绘出 A 方案);或者置于导压支管(虚线绘出 B 方案),并在选用本图时予以说明。
2. 若变送器不在仪表箱内安装,取消件 10,11。
3. 若管路无需集气,取消件 13,14,15。
4. 管路应设置低于取压口的液封管段。
5. 按孔板取压孔尺寸。
6. 无缝钢管ϕ 14 与铜管ϕ 10 的连接采用直通异径接头连接。耐压、材质、数量根据施工需要确定。

件号	名称及规格	数量	材质	质量(kg) 单重	质量(kg) 总重	图号或标准、规格号	备注
15	垫片,规格按件号 14	2	0Cr13				由件 14 带
14	直通中间接头 $D_0$14	2	20			YZG5-3	
13	分离容器 PN6.4MPa,DN100	2	20			YGF1-8	
12	三阀组	1					变送器附带
11	垫片,规格按件号 10	4	0Cr13				由件 10 带
10	直通穿板接头 $D_0$10	2	20			YZG5-4	
9	紫铜管ϕ 10×1	2	T2			GB/T 1527—1997	总长 1m
8	无缝钢管 ϕ 14×2,l=500	2	Q235			GB/T 8163—1987	B 方案用
7	垫片,规格按件号 6	12	0Cr13				由件 6 带
6	三通中间接头 $D_0$14	4	20			YZG5-10	
5	无缝钢管ϕ 14×2		Q235			GB/T 8163—1987	长度由工程设计确定
4	垫片,规格按件号 2	32	0Cr13				由件 2 带
3	内螺纹球阀 PN6.4MPa,G½″	8	各种				Q11F-64C
2	直通终端接头 G½″/$D_0$14	16	20			YZG5-1	
1	无缝钢管 DN 见注 5,l=200	2	Q235			GB/T 8163—1987	

部件、零件表

冶金仪控通用图	液体流量测量管路连接图 (变送器高于节流装置,导压管ϕ 14×2) PN6.4MPa	(2000)YK04-8	
		比例	页次

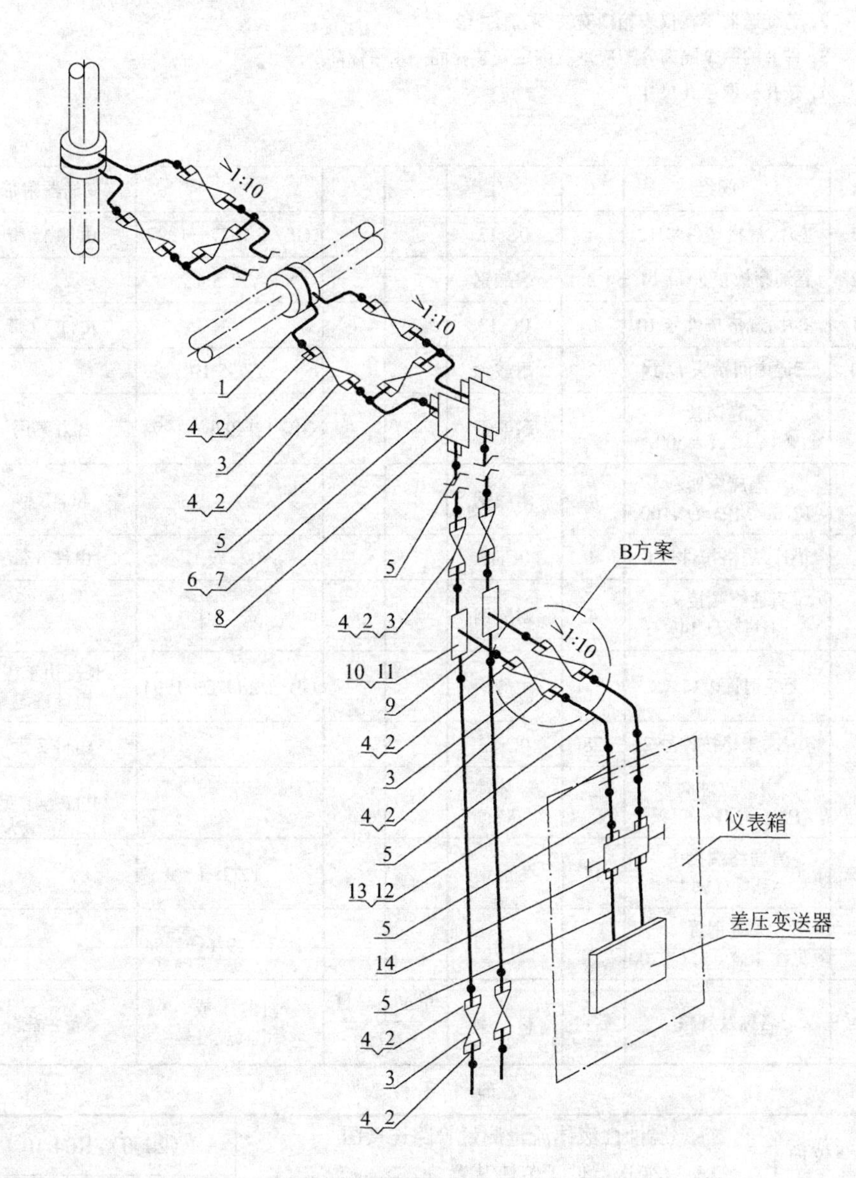

附注：

1. 件3中的两个二次阀的安装位置应视现场敷设条件而定。或者置于导压主管(实线绘出A方案)；或者置于导压支管(虚线绘出B方案)。
2. 若变送器不在仪表箱内安装，取消件12，13。
3. 件8的两个隔离容器应垂直固定安装在同一水平标高上。
4. 按孔板取压孔尺寸。

件号	名称及规格	数量	材 质	单重	总重	图号或标准、规格号	备 注
				质量(kg)			
14	三阀组	1					变送器附带
13	垫片，规格按件号12	4	0Cr13				由件12带
12	直通穿板接头 $D_0$14	2	耐酸钢			YZG5-4	
11	垫片，规格按件号10	6	0Cr13				由件10带
10	三通中间接头 $D_0$14	2	耐酸钢			YZG5-10	
9	无缝钢管 ϕ 14×2，l=500	2	耐酸钢			GB/T 14976—1994	B方案用
8	隔离容器 PN6.4MPa，DN100	4	耐酸钢				FG4B型
7	垫片，规格按件号6	4	0Cr13				由件6带
6	直通终端接头 G½″/$D_0$14	4	耐酸钢			YZG5-1	
5	无缝钢管 ϕ 14×2		耐酸钢			GB/T 14976—1994	长度由工程设计确定
4	垫片，规格按件号2	28	0Cr13				由件2带
3	内螺纹球阀 PN6.4MPa，G½″	7	球体镍铬钛				Q11F-64P型
2	直通终端接头 G½″/$D_0$14	14	耐酸钢			YZG5-1	
1	无缝钢管 ϕ见注4，δ=2，l=200	2	耐酸钢			GB/T 14976—1994	

部件、零件表

冶金仪控通用图	腐蚀性液体流量测量管路连接图 (变送器低于节流装置，$\rho_{介}<\rho_{隔}$) PN6.4MPa	(2000)YK04-9	
		比例	页次

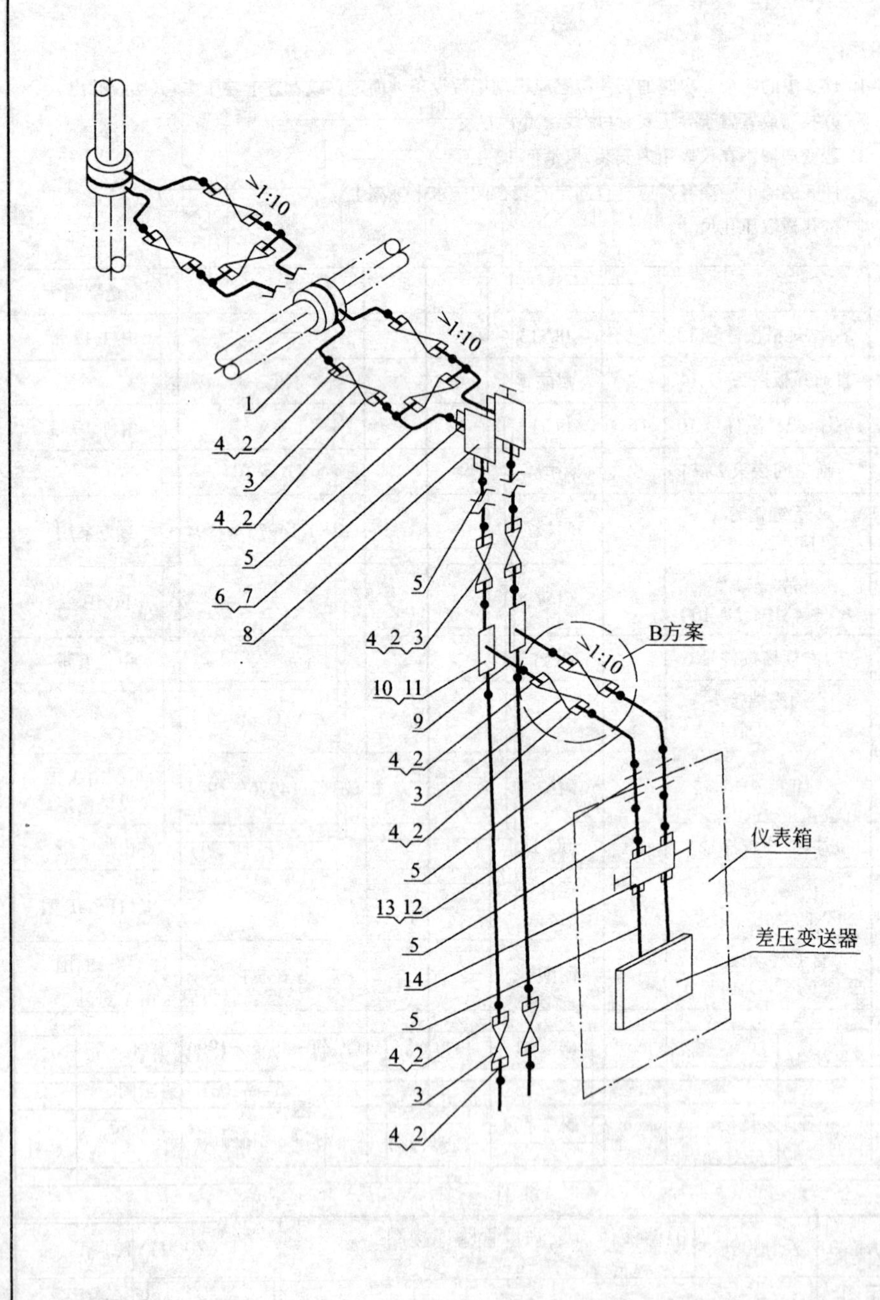

附注：

1. 件3中的两个二次阀的安装位置应视现场敷设条件而定。或者置于导压主管(实线绘出A方案)；或者置于导压支管(虚线绘出B方案)。
2. 若变送器不在仪表箱内安装，取消件12,13。
3. 件8的两个隔离容器应垂直固定安装在同一水平标高上。
4. 按孔板取压孔尺寸。

件号	名称及规格	数量	材质	单重	总重	图号或标准、规格号	备注
				质量(kg)			
14	三阀组	1					变送器附带
13	垫片，规格按件号12	4	0Cr13			GB/T 1527—1997	由件12带
12	直通穿板接头 $D_0$14	2	耐酸钢			YZG5-4	
11	垫片，规格按件号10	6	0Cr13				由件10带
10	三通中间接头 $D_0$14	2	耐酸钢			YZG5-10	
9	无缝钢管 ϕ 14×2, l=500	2	耐酸钢			GB/T 14976—1994	B方案用
8	隔离容器 PN6.4MPa, DN100	4	耐酸钢				FG4B型
7	垫片，规格按件号6	4	0Cr13				由件6带
6	直通终端接头 G½″/$D_0$14	4	耐酸钢			YZG5-1	
5	无缝钢管 ϕ 14×2		耐酸钢			GB/T 14976—1994	长度由工程设计确定
4	垫片，规格按件号2	28	0Cr13				由件2带
3	内螺纹球阀 PN6.4MPa, G½″	7	球体镍铬钛				Q11F-64P型
2	直通终端接头 G½″/$D_0$14	14	耐酸钢			YZG5-1	
1	无缝钢管 ϕ见注4, δ=2, l=200	2	耐酸钢			GB/T 14976—1994	

部件、零件表

冶金仪控通用图	腐蚀性液体流量测量管路连接图 (变送器低于节流装置，$\rho_{介}>\rho_{隔}$) PN6.4MPa	(2000)YK04-10	
		比例	页次

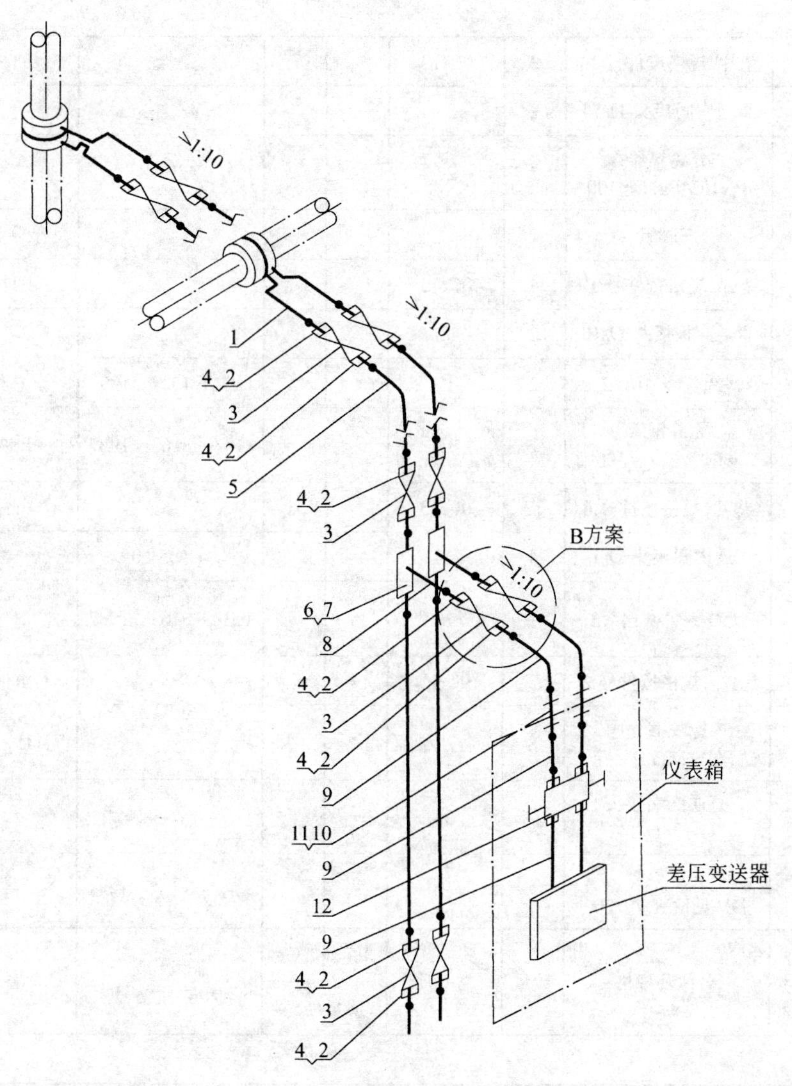

附注：

1. 件 3 中的两个二次阀的安装位置应视现场敷设条件而定。或者置于导压主管(实线绘出 A 方案)；或者置于导压支管(虚线绘出 B 方案)，并在选用本图时予以说明。
2. 若变送器不在仪表箱内安装，取消件 10,11。
3. 按孔板取压孔尺寸，壁厚 3mm。
4. 无缝钢管 ϕ 14 与铜管 ϕ 10 的连接采用直通异径接头连接。耐压、材质、数量根据施工需要确定。

件号	名称及规格	数量	材　质	单重	总重	图号或标准、规格号	备　注
				质量(kg)			
12	三阀组	1					变送器附带
11	垫片，规格按件号 10	4	0Cr13				由件 10 带
10	直通穿板接头 $D_0$10	2	35			YZG5-4	
9	紫铜管 ϕ 10×2	2	T2			GB/T 1527—1997	总长 1m
8	无缝钢管 ϕ 14×3, l=500	2	10			GB/T 8163—1987	B 方案用
7	垫片，规格按件号 6	6	0Cr13				由件 6 带
6	三通中间接头 $D_0$14	2	35			YZG5-10	
5	无缝钢管 ϕ 14×3		10			GB/T 8163—1987	长度由工程设计确定
4	垫片，规格按件号 2	24	0Cr13				由件 2 带
3	内螺纹截止阀 PN16MPa, G½″	6	各　种				J11H-160C
2	直通终端接头 G½″/$D_0$14	12	35			YZG5-1	
1	无缝钢管 ϕ 见注 3, l=200	2	10			GB/T 8163—1987	

部件、零件表

冶金仪控通用图	液体流量测量管路连接图 (变送器低于节流装置) PN10.0MPa	(2000)YK04-11	
		比例	页次

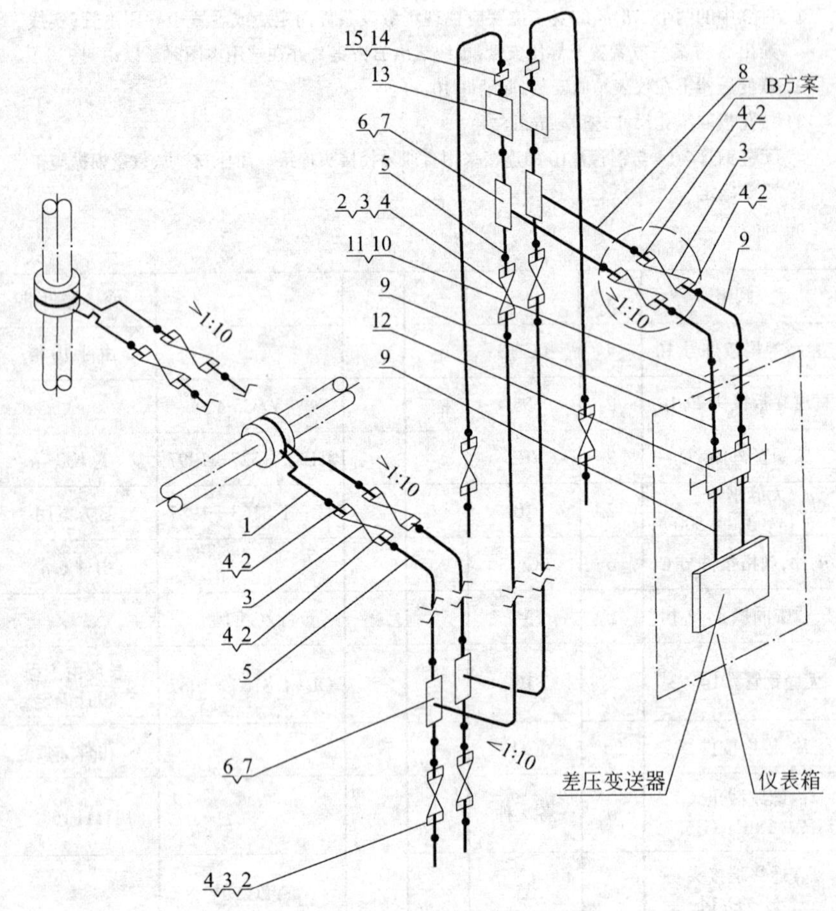

15	垫片，规格按件号 14	2	0Cr13				由件 14 带
14	直通中间接头 $D_0$14	2	35			YZG5-3	
13	分离容器 *PN*16MPa，*DN*100	2	20			YZF1-8	
12	三阀组	1					变送器附带
11	垫片，规格按件号 10	4	0Cr13				由件 10 带
10	直通穿板接头 $D_0$10	2	35			YZG5-4	
9	紫铜管 ϕ 10×2	2	T2			GB/T 1527—1997	总长 1m
8	无缝钢管 ϕ 14×3，$l=500$	2	10			GB/T 8163—1987	B 方案用
7	垫片，规格按件号 6	12	0Cr13				由件 6 带
6	三通中间接头 $D_0$14	4	35			YZG5-10	
5	无缝钢管 ϕ 14×3		10			GB/T 8163—1987	长度由工程设计确定
4	垫片，规格按件号 2	32	0Cr13				由件 2 带
3	内螺纹截止阀 *PN*16MPa，G½″	8	各 种				J11H-160C 型
2	直通终端接头 G½″/$D_0$14	16	35			YZG5-1	
1	无缝钢管 *DN* 见注 5，$l=200$	2	10			GB/T 8163—1987	
件号	名称及规格	数量	材 质	质量(kg) 单重	总重	图 号 或 标准、规格号	备 注

部 件、零 件 表

冶金仪控 通用图	液体流量测量管路连接图 （变送器高于节流装置） *PN*10.0MPa	(2000)YK04-12	
		比例	页次

附注：

1. 件 3 中的两个二次阀的安装位置应视现场敷设条件而定。或者置于导压主管(实线绘出 A 方案)；或者置于导压支管(虚线绘出 B 方案)，并在选用本图时予以说明。
2. 若变送器不在仪表箱内安装，取消件 10，11。
3. 若管路无需集气，取消件 13，14，15。
4. 管路应设置低于取压口的液封管段。
5. 按孔板取压孔尺寸，壁厚 3mm。
6. 无缝钢管 ϕ 14 与铜管 ϕ 10 的连接采用直通异径接头连接。耐压、材质、数量根据施工需要确定。

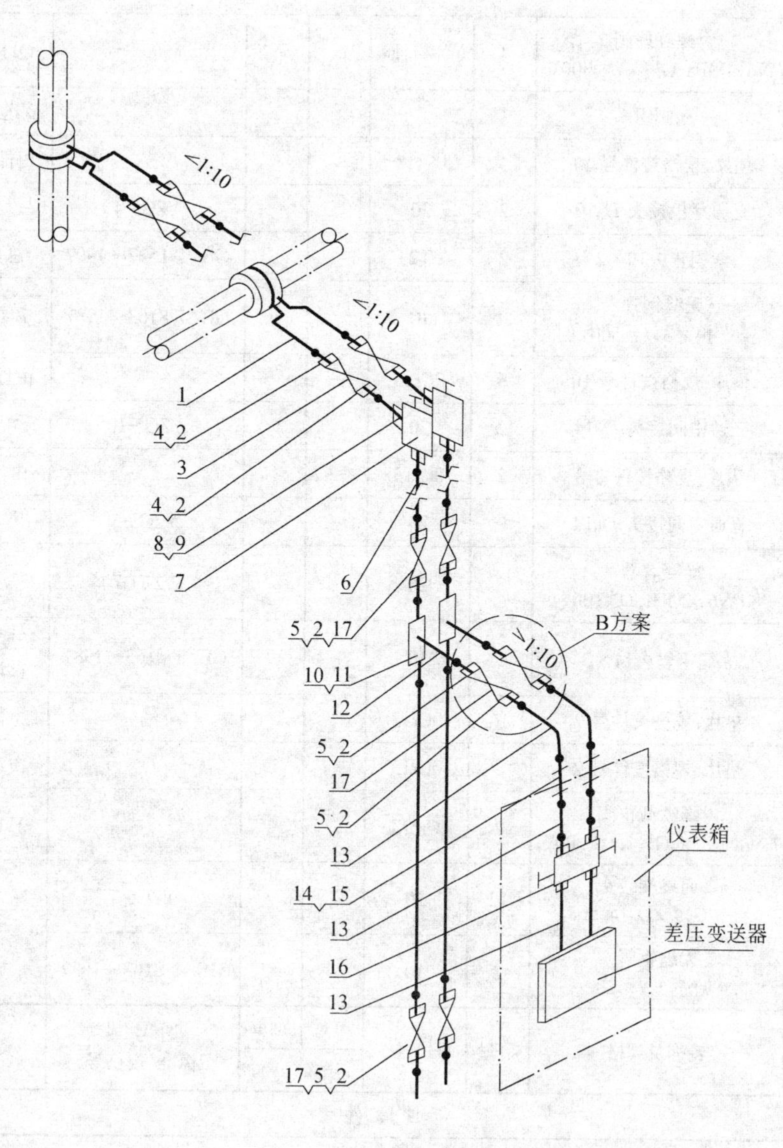

附注：

1. 件17中的两个二次阀的安装位置应视现场敷设条件而定。或者置于导压主管(实线绘出A方案)；或者置于导压支管(虚线绘出B方案)，并在选用本图时予以说明。
2. 若变送器不在仪表箱内安装，取消件14，15。
3. 按孔板取压孔尺寸，壁厚3mm。
4. 件7的两个冷凝容器应垂直固定在同一水平标高上。
5. 无缝钢管ϕ 14与铜管ϕ 10的连接采用直通异径接头连接。耐压、材质、数量根据施工需要确定。

件号	名称及规格	数量	材质	单重	总重	图号或标准、规格号	备注
				质量(kg)			
17	内螺纹球阀 *PN*6.4MPa，G½″，$t\leqslant300$℃	4	各种				Q11F-64C
16	三阀组	1					变送器附带
15	垫片，规格按件号14	4	0Cr13				由件14带
14	直通穿板接头 $D_0$10	2	20			YZG5-4	
13	紫铜管ϕ 10×2	2	T2			GB/T 1527—1997	总长1m
12	无缝钢管 ϕ 14×3，$l=500$	2	10			GB/T 8163—1987	B方案用
11	垫片，规格按件号10	6	0Cr13				由件10带
10	三通中间接头 $D_0$14	2	20			YZG5-10	
9	垫片，规格按件号8	2	0Cr13				由件8带
8	直通中间接头 $D_0$14	2	20			YZG5-3	
7	冷凝容器 *PN*6.4MPa，*DN*100	2	20			YZF1-7	
6	无缝钢管ϕ 14×3		10			GB/T 8163—1987	长度由工程设计确定
5	垫片，规格按件号2	16	0Cr13				由件2带
4	垫片，规格按件号2	8	0Cr13				由件2带
3	内螺纹截止阀 *PN*6.4MPa，G½″，$t\leqslant300$℃	2	1Cr5Mo				J11H-64I
2	直通终端接头 G½″/$D_0$14	12	20			YZG5-1	
1	无缝钢管 ϕ见注3，$l=200$	2	10			GB/T 8163—1987	

部件、零件表

冶金仪控通用图	蒸汽流量测量管路连接图（变送器低于节流装置）*PN*2.5MPa，$t\leqslant300$℃	(2000)YK04-13	
		比例	页次

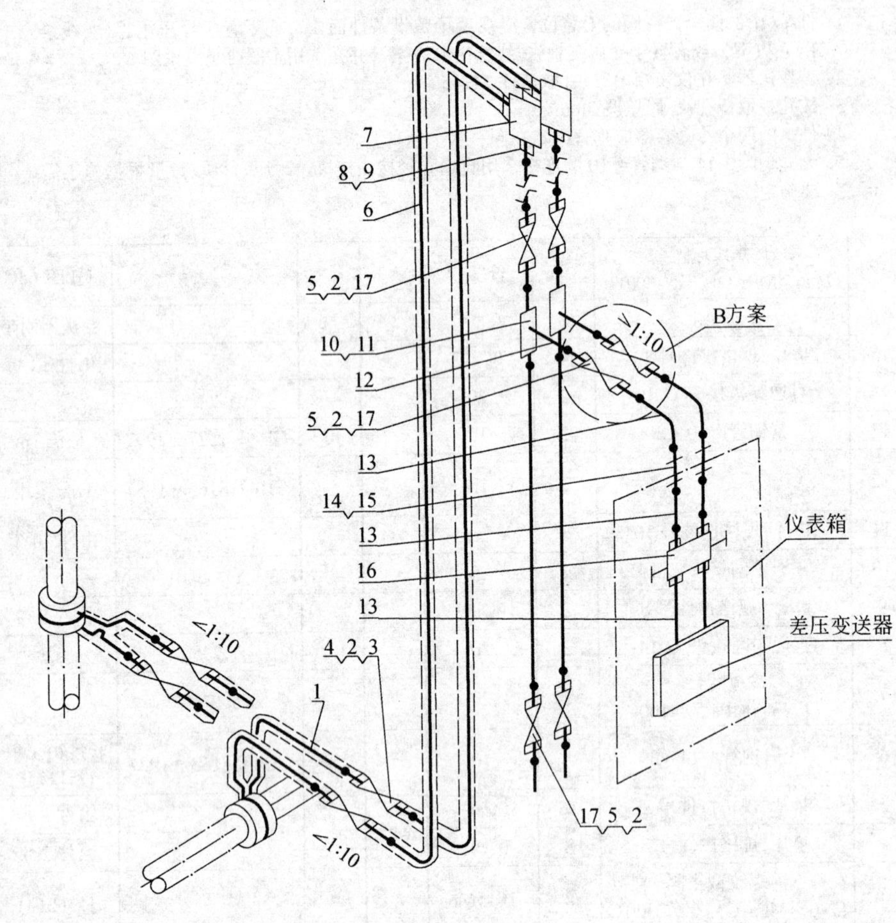

附注：

1. 件17中的两个二次阀的安装位置应视现场敷设条件而定。或者置于导压主管(实线绘出A方案)；或者置于导压支管(虚线绘出B方案)，并在选用本图时予以说明。
2. 若变送器不在仪表箱内安装，取消件14,15。
3. 节流装置至冷凝容器段管路须保温，如虚线所示。
4. 件7的两个冷凝容器应垂直固定在同一水平标高上。
5. 按孔板取压孔尺寸，壁厚3mm。
6. 无缝钢管ϕ 14与铜管ϕ 10的连接采用直通异径接头连接。耐压、材质、数量根据施工需要确定。

件号	名称及规格	数量	材 质	单重	总重	图 号 或 标准、规格号	备 注
17	内螺纹球阀 $PN6.4$MPa,G½″,$t\leqslant300$℃	4	各 种				Q11F-64C
16	三阀组	1					变送器附带
15	垫片,规格按件号14	4	0Cr13				由件14带
14	直通穿板接头 $D_0$10	2	20			YZG5-4	
13	紫铜管ϕ 10×2	2	T2			GB/T 1527—1997	总长1m
12	无缝钢管 ϕ 14×3,$l=500$	2	10			GB/T 8163—1987	B方案用
11	垫片,规格按件号10	6	0Cr13				由件10带
10	三通中间接头 $D_0$14	2	20			YZG5-10	
9	垫片,规格按件号8	2	0Cr13				由件8带
8	直通中间接头 $D_0$14	2	20			YZG5-3	
7	冷凝容器 $PN6.4$MPa,$DN100$	2	20			YZF1-7	
6	无缝钢管ϕ 14×3		10			GB/T 8163—1987	长度由工程设计确定
5	垫片,规格按件号2	16	0Cr13				由件2带
4	垫片,规格按件号2	8	0Cr13				由件2带
3	内螺纹截止阀 $PN6.4$MPa,G½″,$t\leqslant300$℃	2	1Cr5Mo				J11H-64I
2	直通终端接头 G½″/$D_0$14	12	20			YZG5-1	
1	无缝钢管 ϕ见注5,$l=200$	2	10			GB/T 8163—1987	
				质量(kg)			

部件、零件表

冶金仪控通用图	蒸汽流量测量管路连接图（变送器高于节流装置）$PN2.5$MPa,$t\leqslant300$℃	(2000)YK04-14	
		比例	页次

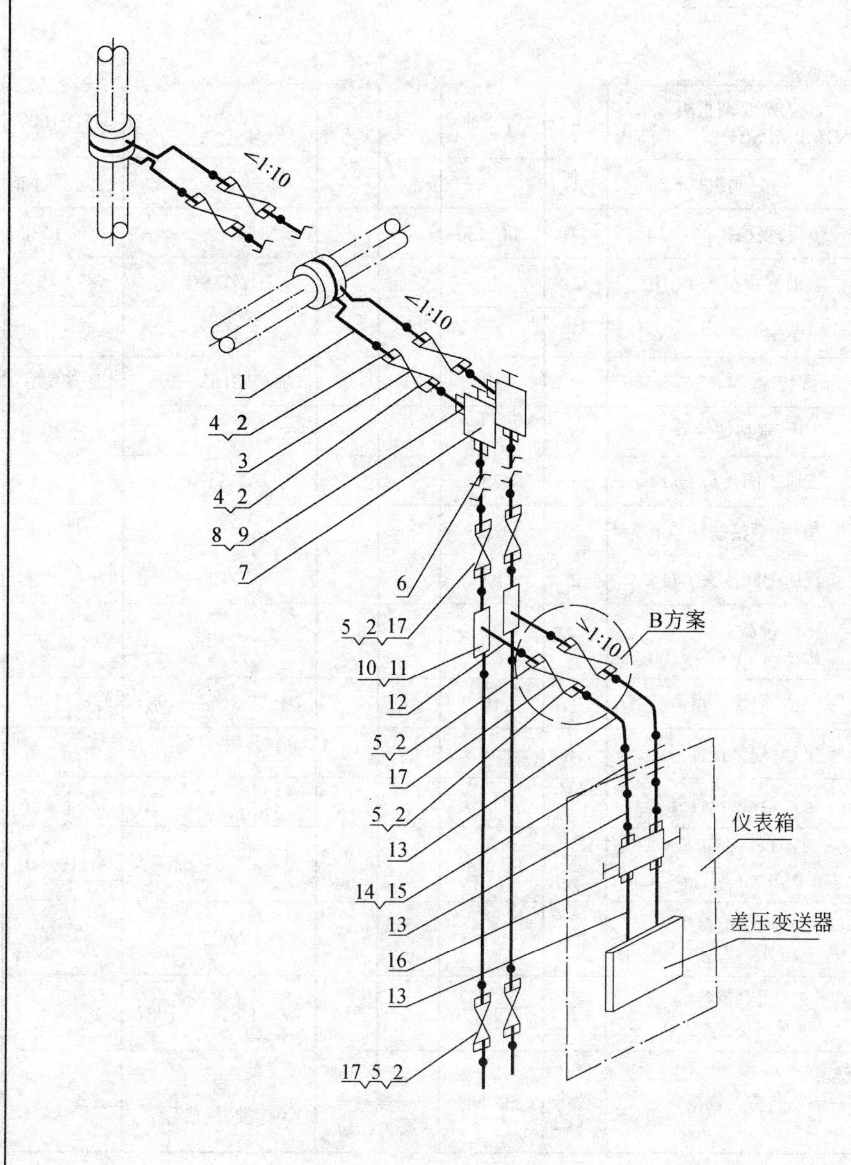

附注：

1. 件17中的两个二次阀的安装位置应视现场敷设条件而定。或者置于导压主管(实线绘出A方案);或者置于导压支管(虚线绘出B方案),并在选用本图时予以说明。
2. 若变送器不在仪表箱内安装,取消件14,15。
3. 按孔板取压孔尺寸,壁厚3mm。
4. 件7的两个冷凝容器应垂直固定在同一水平标高上。
5. 无缝钢管ϕ 14与铜管ϕ 10的连接采用直通异径接头连接。耐压、材质、数量根据施工需要确定。

件号	名称及规格	数量	材　质	单重 质量(kg)	总重 质量(kg)	图 号 或 标准、规格号	备　注
17	内螺纹截止阀 PN16.0MPa,t≤450℃,G½″	4	各　种				J11H-160C
16	三阀组	1					变送器附带
15	垫片,规格按件号14	4	0Cr13				由件14带
14	直通穿板接头 $D_0$10	2	35			YZG5-4	
13	紫铜管ϕ 10×2	2	T2			GB/T 1527—1997	总长1m
12	无缝钢管 ϕ 14×3,l=500	2	10			GB/T 8163—1987	B方案用
11	垫片,规格按件号10	6	0Cr13				由件10带
10	三通中间接头 $D_0$14	2	35			YZG5-10	
9	垫片,规格按件号8	2	0Cr13				由件8带
8	直通中间接头 $D_0$14	2	35			YZG5-3	
7	冷凝容器 PN6.4MPa,DN100	2	20			YZF1-7	
6	无缝钢管ϕ 14×3		10			GB/T 8163—1987	长度由工程设计确定
5	垫片,规格按件号2	16	0Cr13				由件2带
4	垫片,规格按件号2	8	0Cr13				由件2带
3	内螺纹截止阀 PN16.0MPa,G½″,t≤450℃	2	1Cr5Mo				J11H-160I
2	直通终端接头 G½″/$D_0$14	12	35			YZG5-1	
1	无缝钢管 ϕ见注3,l=200	2	10			GB/T 8163—1987	

部件、零件表

冶金仪控通用图	蒸汽流量测量管路连接图（变送器低于节流装置）PN6.4MPa,t≤450℃	(2000)YK04-15	
		比例	页次

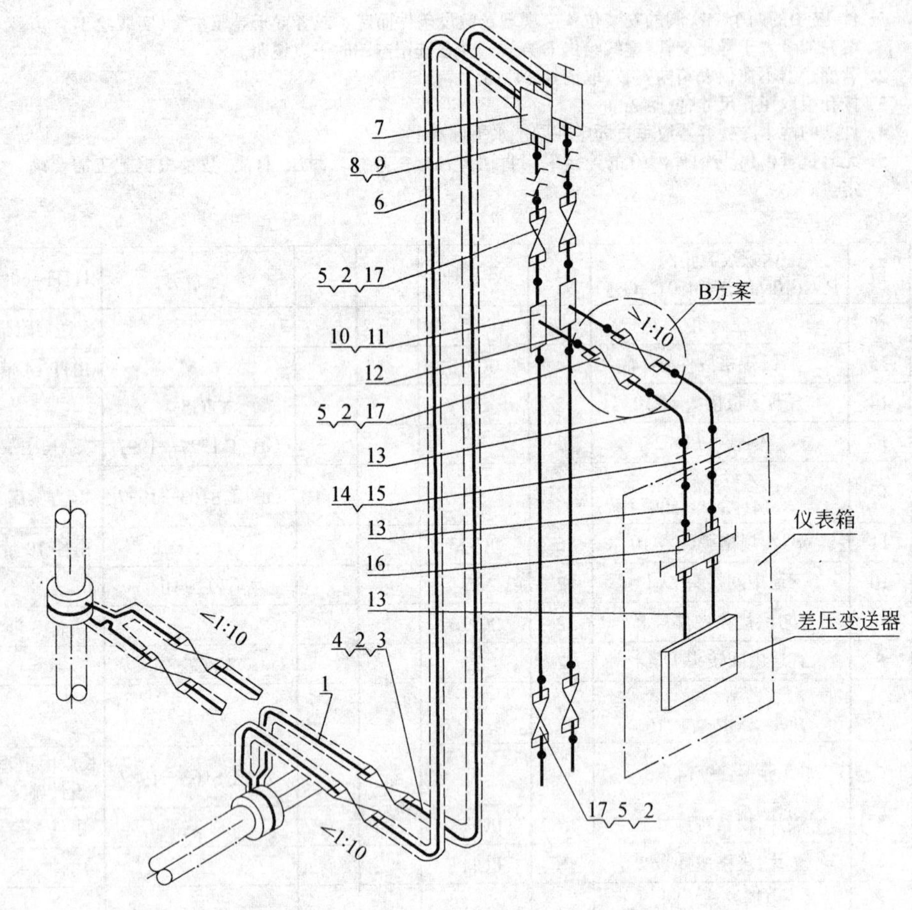

17	内螺纹截止阀 PN16.0MPa,G½″,t≤450℃	4	各　种				J11H-160C
16	三阀组	1					变送器附带
15	垫片,规格按件号 14	4	0Cr13				由件 14 带
14	直通穿板接头 $D_0$10	2	35			YZG5-4	
13	紫铜管ϕ 10×2	2	T2			GB/T 1527—1997	总长 1m
12	无缝钢管ϕ 14×3,l=500	2	10			GB/T 8163—1987	B 方案用
11	垫片,规格按件号 10	6	0Cr13				由件 10 带
10	三通中间接头 $D_0$14	2	35			YZG5-10	
9	垫片,规格按件号 8	2	0Cr13				由件 8 带
8	直通中间接头 $D_0$14	2	35			YZG5-3	
7	冷凝容器 PN6.4MPa,DN100	2	20			YZF1-7	
6	无缝钢管ϕ 14×3		10			GB/T 8163—1987	长度由工程设计确定
5	垫片,规格按件号 2	16	0Cr13				由件 2 带
4	垫片,规格按件号 2	8	0Cr13				由件 2 带
3	内螺纹截止阀 PN16.0MPa,G½″,t≤450℃	2	1Cr5Mo				J11H-160I
2	直通终端接头 G½″/$D_0$14	12	35			YZG5-1	
1	无缝钢管 ϕ见注 5,l=200	2	10			GB/T 8163—1987	
件号	名称及规格	数量	材　质	单重	总重	图 号 或 标准、规格号	备　注
				质量(kg)			
部 件、零 件 表							

冶金仪控 通用图	蒸汽流量测量管路连接图 (变送器高于节流装置) PN6.4MPa,t≤450℃	(2000)YK04-16	
		比例	页次

附注:

1. 件 17 中的两个二次阀的安装位置应视现场敷设条件而定。或者置于导压主管(实线绘出 A 方案);或者置于导压支管(虚线绘出 B 方案),并在选用本图时予以说明。
2. 若变送器不在仪表箱内安装,取消件 14,15。
3. 节流装置至冷凝容器段管路须保温,如虚线所示。
4. 件 7 的两个冷凝容器应垂直固定在同一水平标高上。
5. 按孔板取压孔尺寸,壁厚 3mm。
6. 无缝钢管ϕ 14 与铜管ϕ 10 的连接采用直通异连接头连接。耐压、材质、数量根据施工需要确定。

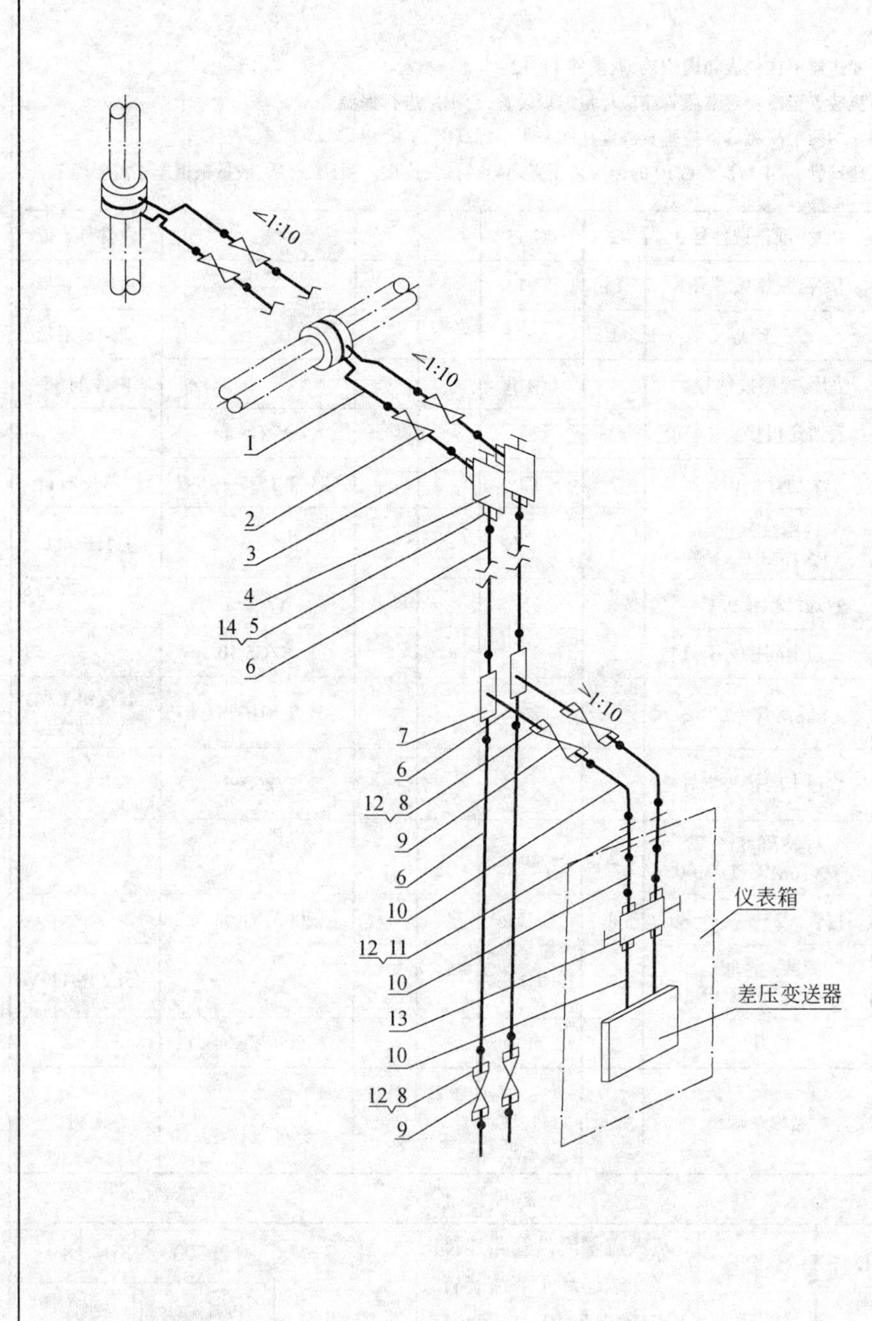

附注:

1. 若变送器不在仪表箱内安装,取消件11,12。
2. 节流装置至冷凝容器段管路应尽量缩短设置,否则须进行保温。
3. 件4的两个冷凝容器应垂直固定在同一水平标高上。
4. 无缝钢管ϕ 14与铜管ϕ 10的连接采用直通异径接头连接。耐压、材质、数量根据施工需要确定。

件号	名称及规格	数量	材质	单重	总重	图号或标准、规格号	备注
				质量(kg)			
14	垫片,规格按件号5	2	0Cr13				由件5带
13	三阀组	1					变送器附带
12	垫片,规格按件号8,11	20	0Cr13				由件8、11带
11	直通穿板接头 $D_0$10	2	35			YZG5-4	
10	紫铜管ϕ 10×2	2	T2			GB/T 1527—1997	总长1m
9	内螺纹截止阀 *PN*16MPa,G½″	4	各种				J11H-160C
8	直通终端接头 G½″/$D_0$14	8	35			YZG5-1	
7	三通中间接头 $D_0$14	2	35			YZG5-10	
6	无缝钢管ϕ 14×3		20			GB/T 8163—1987	长度由工程设计确定
5	直通中间接头 $D_0$14	2	35			YZG5-3	
4	冷凝容器 *PN*16MPa,*DN*100	2	20			YZF1-7	
3	短管ϕ 25×7,l=80	2	12Cr1MoV			(2000)YK04-02	
2	截止阀 *DN*10,*PN*14.0MPa	2	12Cr1MoV				J61Y-P_{54}140V
1	取压管	2	12Cr1MoV			(2000)YK04-01	

部件、零件表

冶金仪控通用图	蒸汽流量测量管路连接图 (变送器低于节流装置) *PN*10.0MPa,t≤540℃	(2000)YK04-17	
		比例	页次

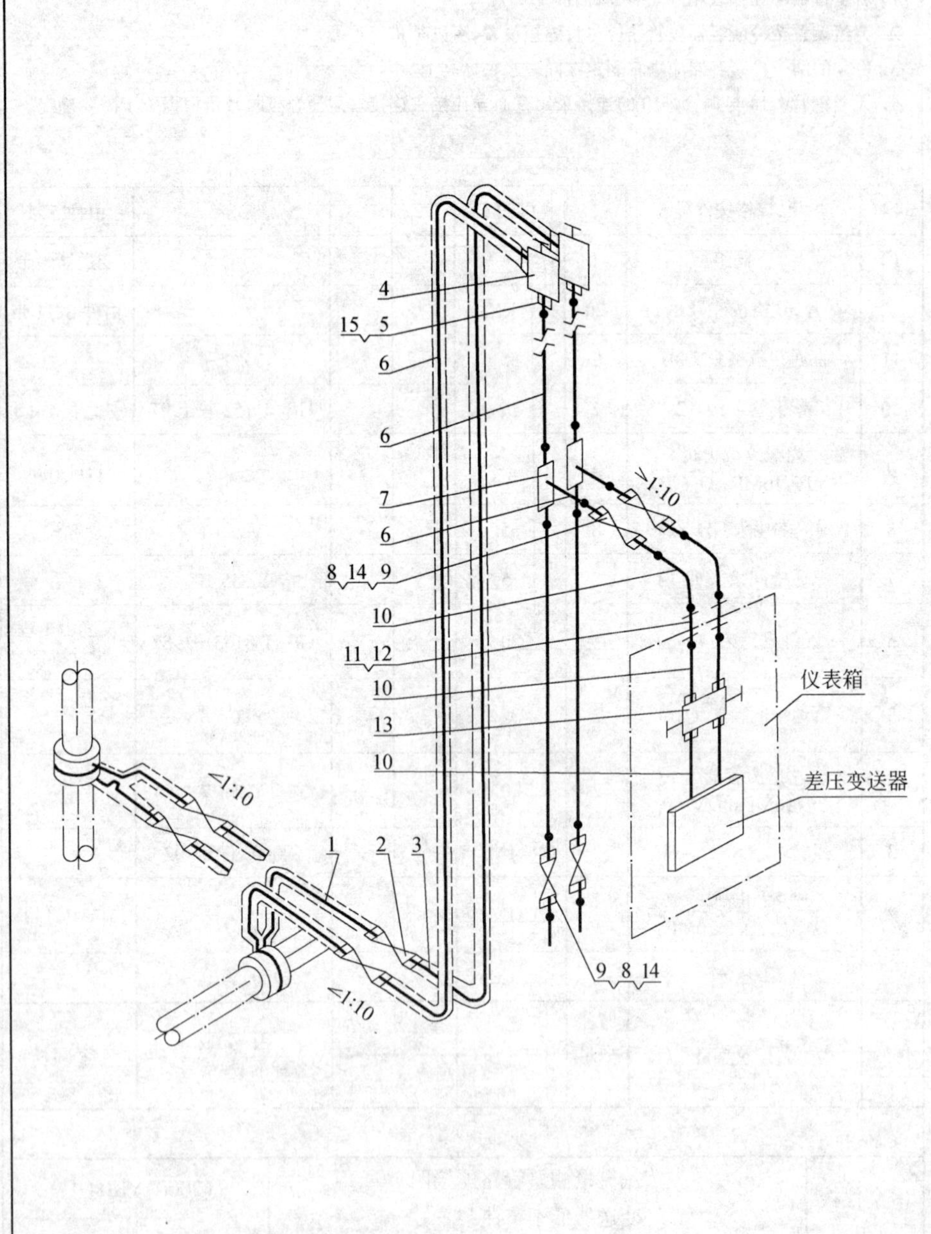

附注：

1. 若变送器不在仪表箱内安装，取消件 11,12。
2. 节流装置至冷凝容器段管路应尽量缩短设置，否则须进行保温。
3. 件 4 的两个冷凝容器应垂直固定在同一水平标高上。
4. 无缝钢管ϕ 14 与铜管ϕ 10 的连接采用直通异径接头连接。耐压、材质、数量根据施工需要确定。

件号	名称及规格	数量	材 质	单重 质量(kg)	总重 质量(kg)	图 号 或 标准、规格号	备 注
15	垫片，规格按件号 5	2	0Cr13				由件号 5 带
14	垫片，规格按件号 8	16	0Cr13				由件号 8 带
13	三阀组	1					变送器附带
12	垫片，规格按件号 11	4	0Cr13				由件 11 带
11	直通穿板接头 $D_0$10	2	20			YZG5-4	
10	紫铜管ϕ 10×2	2	T2			GB/T 1527—1997	总长 1m
9	内螺纹截止阀 *PN*16MPa，G½″	4	各 种				J11H-160C
8	直通终端接头 G½″	8	35			YZG5-1	
7	三通中间接头 $D_0$14	2	35			YZG5-10	
6	无缝钢管ϕ 14×3		20			GB/T 8163—1987	长度由工程设计确定
5	直通中间接头 $D_0$14	2	35			YZG5-3	
4	冷凝容器 *PN*16MPa，*DN*100	2	20			YZF1-7	
3	短管ϕ 25×7，l=80	2	12Cr1MoV			(2000)YK04-02	
2	截 止 阀 *DN*10，*PN*14.0MPa	2	12Cr1MoV				J61Y-P_{54}140V
1	取 压 管	2	12Cr1MoV			(2000)YK04-01	

部 件、零 件 表

冶金仪控通用图	蒸汽流量测量管路连接图（变送器高于节流装置）*PN*10.0MPa，$t\leqslant$540℃	(2000)YK04-18	
		比例	页次

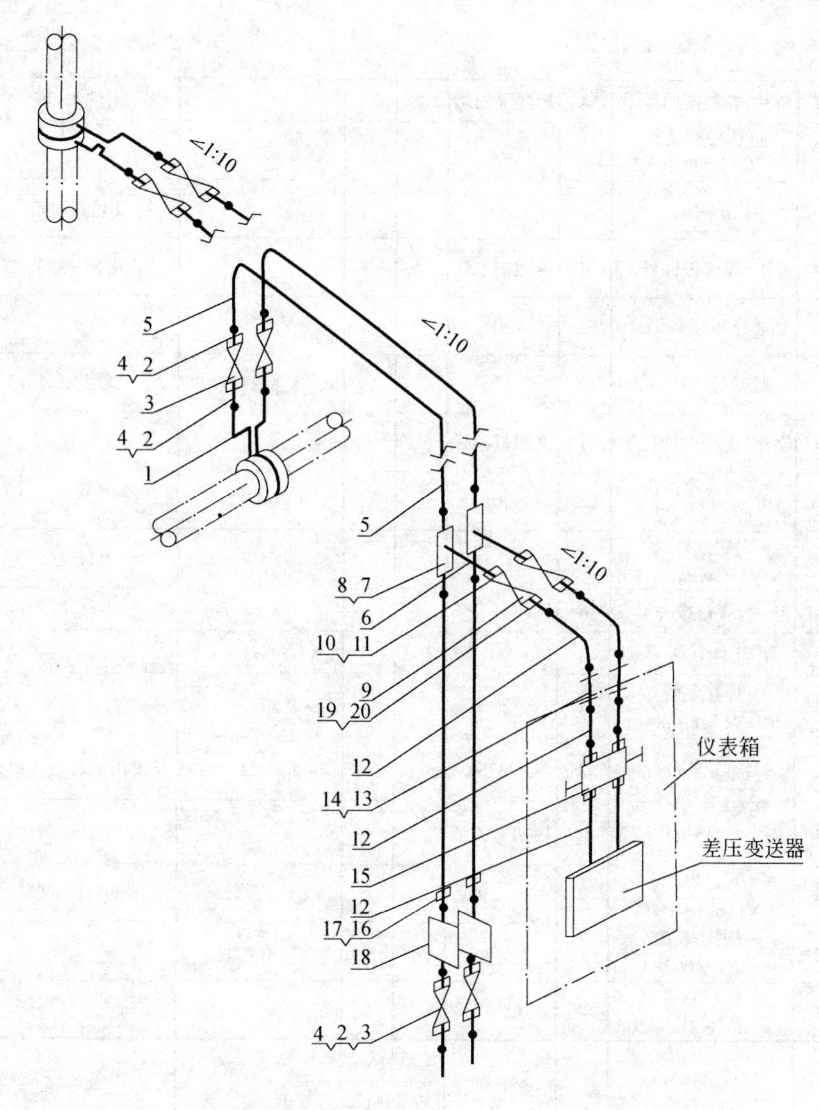

20	垫片，规格按件号 19	4	聚四氟乙烯				由件 19 带
19	直通终端接头 G½″/$D_0$10	2	20				
18	分离容器 *PN*6.4MPa，*DN*100	2	20			YZF1-8	
17	垫片，规格按件号 16	2	聚四氟乙烯				
16	直通中间接头 $D_0$28	2	20			YZG5-3	
15	三阀组	1					变送器附带
14	垫片，规格按件号 13	4	聚四氟乙烯				由件 13 带
13	直通穿板接头 $D_0$10	2	20			YZG5-4	
12	紫铜管 ϕ 10×1	2	T2			GB/T 1527—1997	三段共长 1m
11	垫片，规格按件号 10	4	聚四氟乙烯				由件 10 带
10	直通终端接头 G½″/$D_0$22	2	20			YZG5-1	
9	内螺纹球阀 *PN*1.6MPa，G½″	2	各　种				Q11F-16C
8	垫片，规格按件号 7	6	聚四氟乙烯				由件 7 带
7	三通中间接头 $D_0$28	2	20			YZG5-10	
6	焊接钢管 *DN*15，$l=500$	2	Q235			GB/T 3092—1993	
5	焊接钢管 *DN*20		Q235			GB/T 3092—1993	长度由工程设计确定
4	垫片，规格按件号 2	16	聚四氟乙烯				由件 2 带
3	内螺纹球阀 *PN*1.6MPa，G¾″	4	各　种				Q11F-16C
2	直通终端接头 G¾″/$D_0$28	8	20			YZG5-1	
1	焊接钢管 *DN* 见注 3，$l=200$	2	Q235			GB/T 3092—1993	
件号	名称及规格	数量	材　质	单重	总重	图 号 或 标准、规格号	备　注
				质量(kg)			

部 件、零 件 表

冶金仪控通用图	气体流量测量管路连接图（变送器低于节流装置，导压管 *DN*20）*PN*1.0MPa	(2000)YK04-19	
		比例	页次

附注：

1. 若变送器不在仪表箱内安装，取消件 13，14。
2. 若管路无需集液，取消件 16，17，18。
3. 按孔板取压孔尺寸。

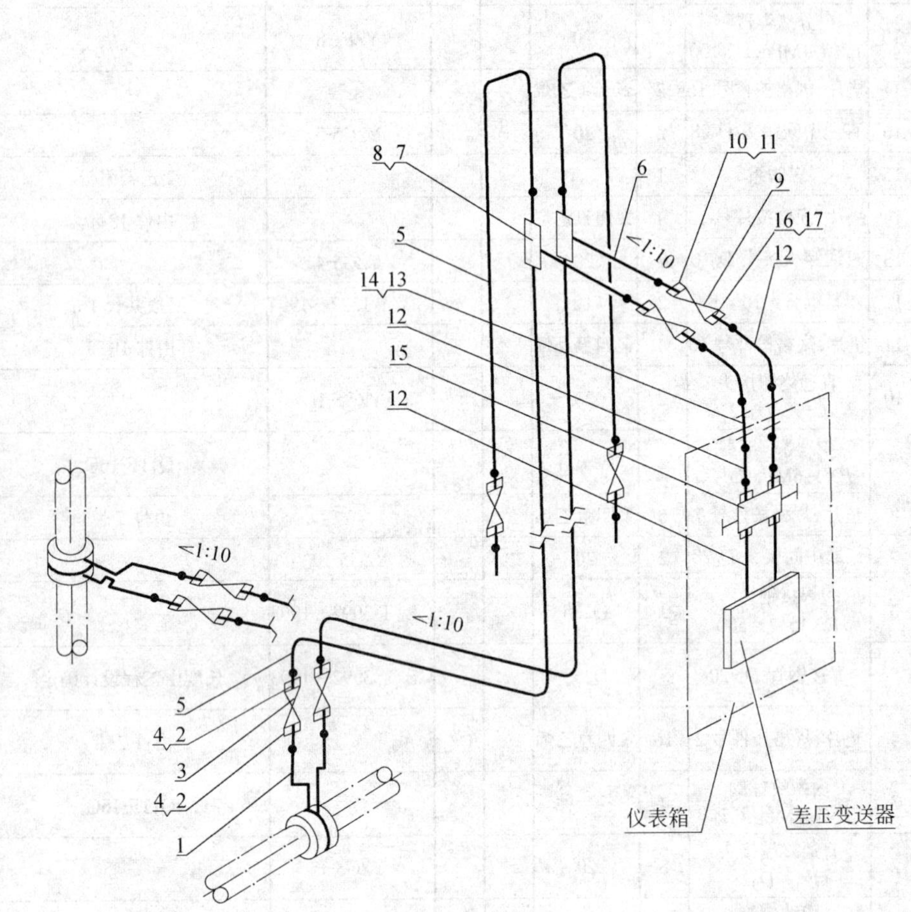

附注：

1. 若变送器不在仪表箱内安装，取消件13,14。
2. 按孔板取压孔尺寸。

件号	名称及规格	数量	材　质	单重 质量(kg)	总重 质量(kg)	图号或标准、规格号	备　注
17	垫片，规格按件号16	4	聚四氟乙烯				由件16带
16	直通终端接头 G½″/$D_0$10	2	20				
15	三阀组	1					变送器附带
14	垫片，规格按件号13	4	聚四氟乙烯				由件13带
13	直通穿板接头 $D_0$10	2	20			YZG5-4	
12	紫铜管ϕ 10×1	2	T2			GB/T 1527—1997	三段共长1m
11	垫片，规格按件号10	4	聚四氟乙烯				由件10带
10	直通终端接头 G½″/$D_0$22	2	20			YZG5-1	
9	内螺纹球阀 *PN*1.6MPa,G½″	2	各　种				Q11F-16C
8	垫片，规格按件号7	6	聚四氟乙烯				由件7带
7	三通中间接头 $D_0$28	2				YZG5-1	
6	焊接钢管 *DN*15, $l=500$	4	20			GB/T 3092—1993	
5	焊接钢管 *DN*20	2	Q235			GB/T 3092—1993	长度由工程设计确定
4	垫片，规格按件号2	16	聚四氟乙烯				由件2带
3	内螺纹球阀 *PN*1.6MPa,G¾″	4	各　种				Q11F-16C
2	直通终端接头 G¾″/$D_0$28	8	20			YZG5-1	
1	焊接钢管 *DN*见注2, $l=200$	2	Q235			GB/T 3092—1993	

部件、零件表

冶金仪控通用图	气体流量测量管路连接图（变送器高于节流装置，导压管 *DN*20） *PN*1.0MPa	(2000)YK04-20	
		比例	页次

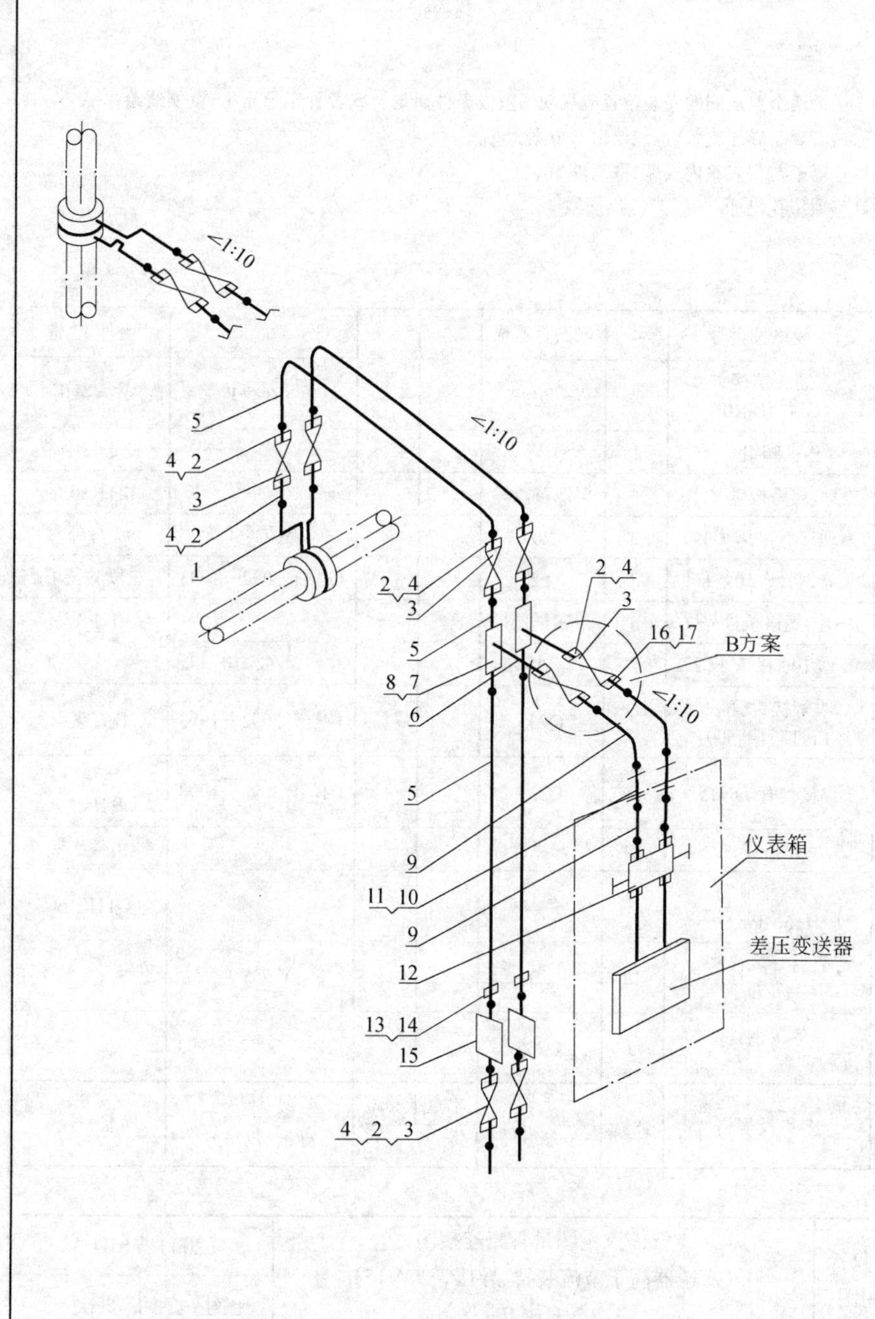

附注：

1. 件3中两个二次阀的安装位置应视现场敷设条件而定。或者置于导压管(实线绘出A方案)，或者置于导压支管(虚线绘出B方案)。
2. 若变送器不在仪表箱内安装，取消件10,11。
3. 若管路无需集液，取消件13,14,15。
4. 按孔板取压孔尺寸，壁厚2mm。

件号	名称及规格	数量	材 质	单重 质量(kg)	总重 质量(kg)	图号或标准、规格号	备 注
17	垫片，规格按件号16	4	聚四氟乙烯				由件16带
16	直通终端接头 G1/2″/$D_0$10	2	20				B方案用
15	分离容器 *PN*6.4MPa,*DN*100	2	20			YZF1-8	
14	垫片，规格按件号13	2	聚四氟乙烯				由件13带
13	直通中间接头 $D_0$22	2	20			YZG5-3	
12	三阀组	1					变送器附带
11	垫片，规格按件号10	4	聚四氟乙烯				由件10带
10	直通穿板接头 $D_0$10	2	20			YZG5-4	
9	紫铜管ϕ 10×1	2	T2			GB/T 1527—1997	三段共长1m
8	垫片，规格按件号7	6	聚四氟乙烯				由件7带
7	三通中间接头 $D_0$22	2	20			YZG5-10	
6	焊接钢管 *DN*15,$l=500$	2	Q235			GB/T 3092—1993	B方案用
5	焊接钢管 *DN*15		Q235			GB/T 3092—1993	长度由工程设计确定
4	垫片，规格按件号2	24	聚四氟乙烯				由件2带
3	内螺纹球阀 *PN*1.6MPa,G½″	6	各 种				Q11F-16C
2	直通终端接头 G½″/$D_0$22	12	20			YZG5-1	
1	焊接钢管 *DN*见注4,$l=200$	2	Q235			GB/T 3092—1993	

部件、零件表

冶金仪控通用图	气体流量测量管路连接图 (变送器低于节流装置，导压管 *DN*15) *PN*1.0MPa	(2000)YK04-21	
		比例	页次

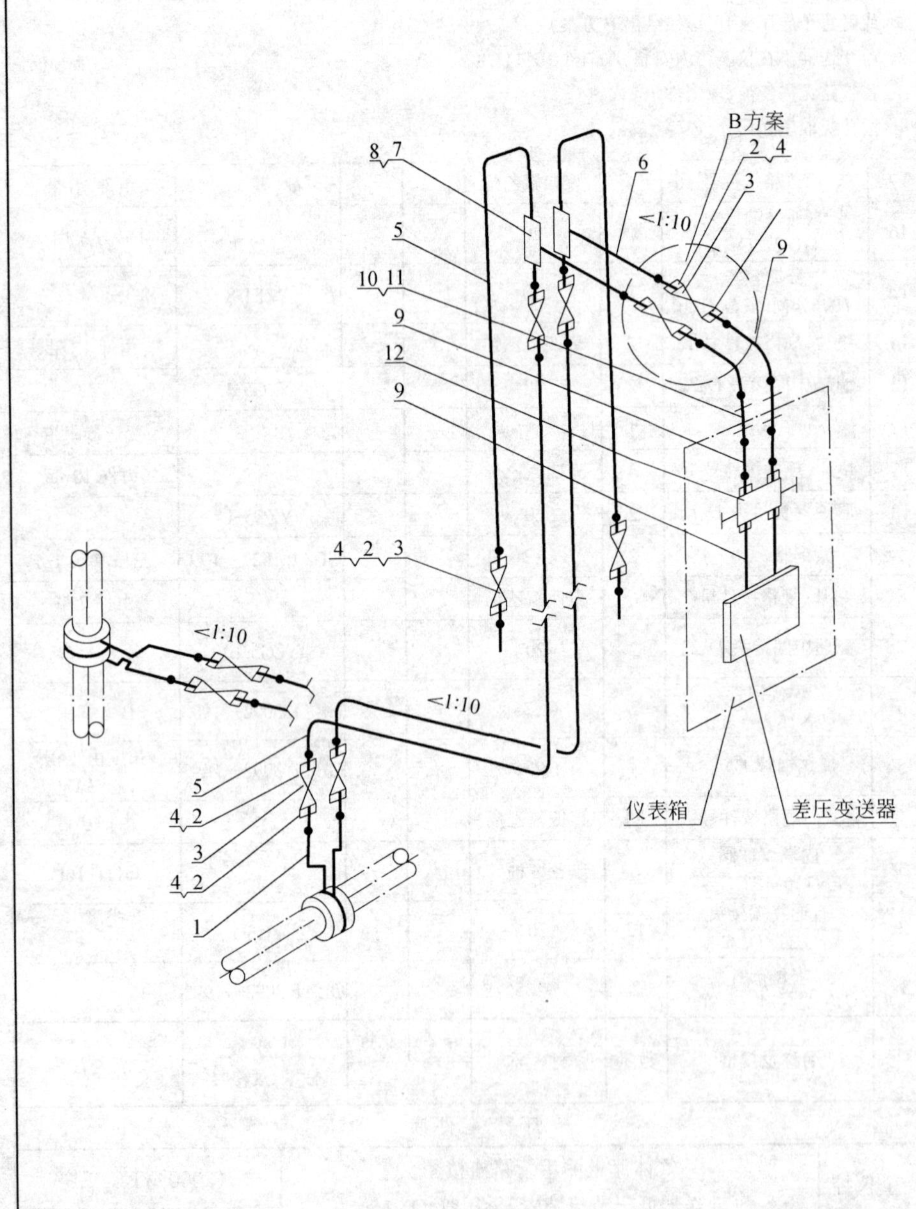

附注：

1. 件3中的两个二次阀的安装位置应视现场敷设条件而定。或者置于导压主管（实线绘出A方案），或者置于导压支管（虚线绘出B方案）。
2. 若变送器不在仪表箱内安装，取消件10，11。
3. 按孔板取压孔尺寸。

件号	名称及规格	数量	材质	质量(kg) 单重	质量(kg) 总重	图号或标准、规格号	备注
14	垫片，规格按件号13	4	聚四氟乙烯				由件13带
13	直通终端接头 G½″/$D_0$10	2	20			YZG5-1	B方案用
12	三阀组	1					变送器附带
11	垫片，规格按件号10	4	聚四氟乙烯				由件10带
10	直通穿板接头 $D_0$10	2	20			YZG5-4	
9	紫铜管ϕ 10×1	2	T2			GB/T 3092—1993	三段共长1m
8	垫片，规格按件号7	6	聚四氟乙烯				由件7带
7	三通中间接头 $D_0$22	2	20			YZG5-10	
6	焊接钢管 DN15，$l=500$	2	Q235			GB/T 3092—1993	B方案用
5	焊接钢管 DN15		Q235			GB/T 3092—1993	长度由工程设计确定
4	垫片，规格按件号2	24	聚四氟乙烯				由件2带
3	内螺纹球阀 PN1.6MPa，G½″	6	各种				Q11F-16C
2	直通终端接头 G½″/$D_0$22	12	20			YZG5-1	
1	焊接钢管 DN见注3，$l=200$	2	Q235			GB/T 3092—1993	

部件、零件表

冶金仪控通用图	气体流量测量管路连接图（变送器高于节流装置，导压管 DN15） PN1.0MPa	(2000)YK04-22
		比例	页次

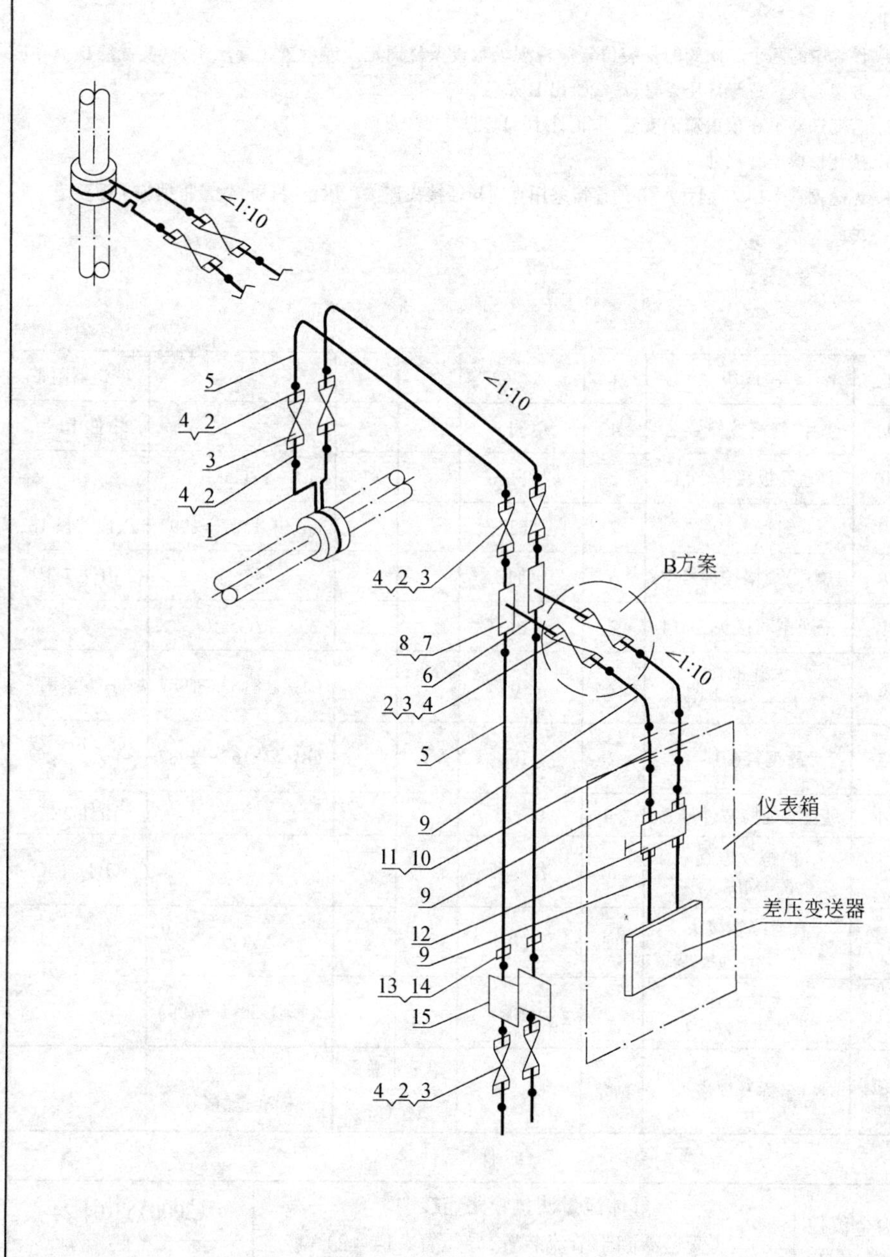

附注：

1. 件3中的两个二次阀的安装位置应视现场敷设条件而定。或者置于导压支管(实线绘出A方案),或者置于导压支管(虚线绘出B方案)。
2. 若变送器不在仪表箱内安装,取消件10,11。
3. 若管路无需集液,取消件13,14,15。
4. 按孔板取压孔尺寸。
5. 无缝钢管ϕ 14与铜管ϕ 10的连接采用直通异径接头连接。耐压、材质、数量根据施工需要确定。

件号	名称及规格	数量	材质	单重	总重	图号或标准、规格号	备注
				质量(kg)			
15	分离容器 *PN*6.4MPa,*DN*100	2	20			YZF1-8	
14	垫片,规格按件号13	2	0Cr13				由件13带
13	直通中间接头 $D_0$14	2	20			YZG5-3	
12	三阀组	1					变送器附带
11	垫片,规格按件号10	4	0Cr13				由件10带
10	直通穿板接头 $D_0$10	2	20			YZG5-4	
9	紫铜管ϕ 10×1	2	T2			GB/T 1527—1997	三段共长1m
8	垫片,规格按件号7	6	0Cr13				由件7带
7	三通中间接头 $D_0$14	2	20			YZG5-10	
6	无缝钢管 ϕ 14×2,l=500	2	10			GB/T 8163—1987	B方案用
5	无缝钢管ϕ 14×2		10			GB/T 8163—1987	长度由工程设计确定
4	垫片,规格按件号2	24	0Cr13				由件2带
3	内螺纹球阀 *PN*6.4MPa,G½″	6	各种				Q11F-64C
2	直通终端接头 G½″/$D_0$14	12	20			YZG5-1	
1	无缝钢管 *DN*见注4,l=200	2	10			GB/T 8163—1987	

部件、零件表

冶金仪控通用图	气体流量测量管路连接图 (变送器低于节流装置,导压管ϕ 14×2) *PN*6.4MPa	(2000)YK04-23	
		比例	页次

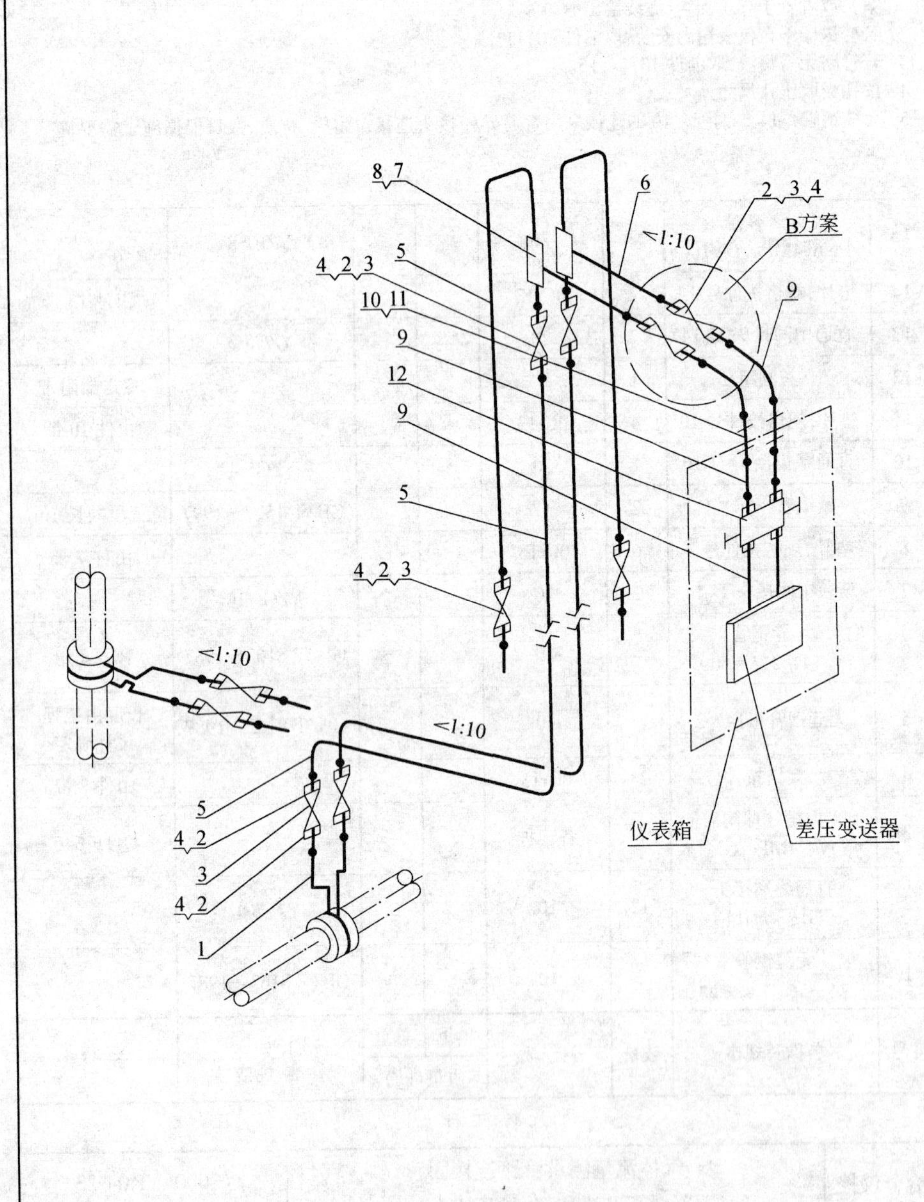

附注：

1. 件 3 中的两个二次阀的安装位置应视现场敷设条件而定。或者置于导压主管(实线绘出 A 方案),或者置于导压支管(虚线绘出 B 方案)。
2. 若变送器不在仪表箱内安装,取消件 10,11。
3. 按孔板取压孔尺寸。
4. 无缝钢管ϕ 14 与钢管ϕ 10 的连接采用直通异径接头连接。耐压、材质、数量根据施工需要确定。

件号	名称及规格	数量	材质	单重 质量(kg)	总重 质量(kg)	图号或标准、规格号	备注
12	三阀组	1					变送器附带
11	垫片,规格按件号 10	4	0Cr13				由件 10 带
10	直通穿板接头 $D_0$14	2	20			YZG5-3	
9	紫铜管ϕ 10×1	2	T2			GB/T 1527—1997	三段共长 1m
8	垫片,规格按件号 7	6	0Cr13				由件 7 带
7	三通中间接头 $D_0$14	2	20			YZG5-10	
6	无缝钢管 ϕ 14×2, $l=500$	2	10			GB/T 8163—1987	B 方案用
5	无缝钢管ϕ 14×2	2	10			GB/T 8163—1987	长度由工程设计确定
4	垫片,规格按件号 2	24	0Cr13				由件 2 带
3	内螺纹球阀 PN6.4MPa,G½″	6	各种				Q11F-64C
2	直通终端接头 G½″/$D_0$14	12	20			YZG5-1	
1	无缝钢管 DN 见注 3, $l=200$	2	10			GB/T 3093—1993	

部件、零件表

冶金仪控通用图	气体流量测量管路连接图 (变送器高于节流装置,导压管ϕ 14×2) PN6.4MPa	(2000)YK04-24	
		比例	页次

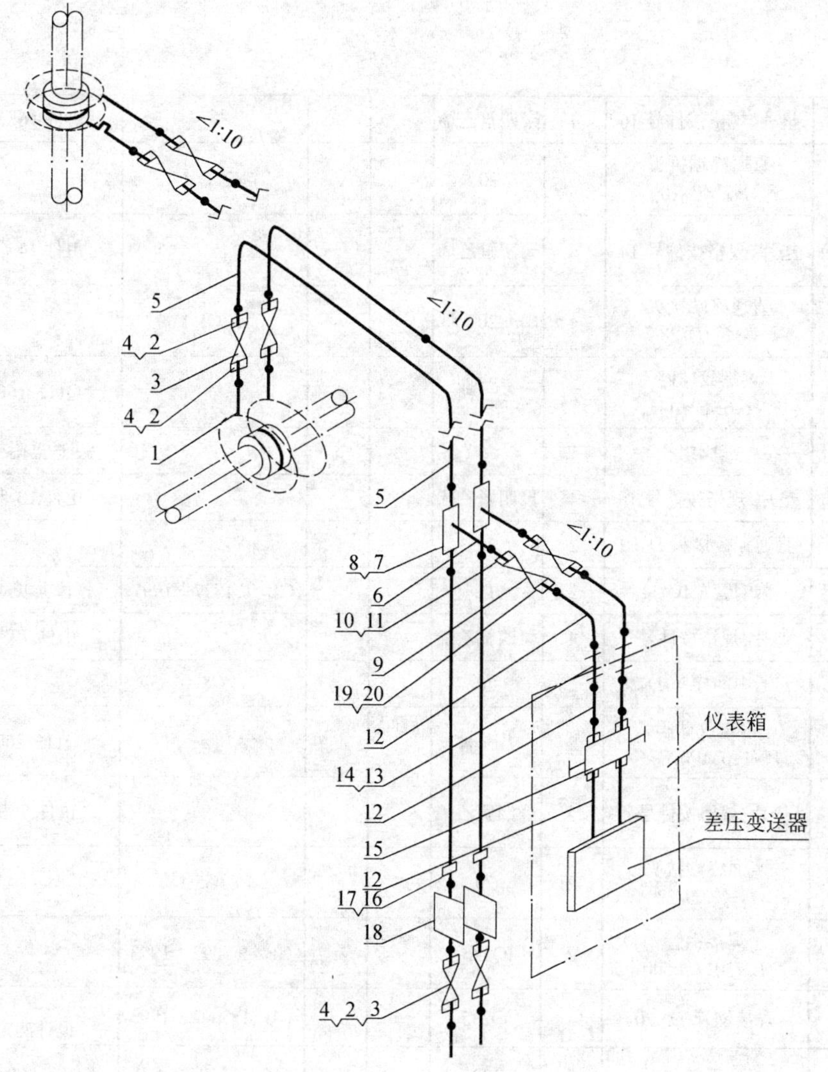

件号	名称及规格	数量	材 质	单重	总重	图号或标准、规格号	备 注
				质量(kg)			
20	垫片,规格按件号19	4	聚四氟乙烯				由件19带
19	直通终端接头 G½″/$D_0$10	2	20			YZG5-1	
18	分离容器 *PN*6.4MPa,*DN*100	2	20			YZF1-8	
17	垫片,规格按件号16	2	聚四氟乙烯				由件16带
16	直通中间接头 $D_0$28	2	20			YZG5-3	
15	三阀组	1					变送器附带
14	垫片,规格按件号13	4	聚四氟乙烯				由件13带
13	直通穿板接头 $D_0$10	2	20			YZG5-4	
12	紫铜管ϕ 10×1	2	T2			GB/T 1527—1997	三段共长1m
11	垫片,规格按件号10	4	聚四氟乙烯				由件10带
10	直通终端接头 G½″/$D_0$22	2	20			YZG5-1	
9	内螺纹球阀 *PN*1.6MPa,G½″	2	各 种				Q11F-16C
8	垫片,规格按件号7	6	聚四氟乙烯				由件7带
7	三通中间接头 $D_0$28	2	20			YZG5-10	
6	焊接钢管 *DN*15,l=500	2	Q235			GB/T 3092—1993	
5	焊接钢管 *DN*20		Q235			GB/T 3092—1993	长度由工程设计确定
4	垫片,规格按件号2	16	聚四氟乙烯				由件2带
3	内螺纹球阀 *PN*1.6MPa,G¾″	4	各 种				Q11F-16C
2	直通终端接头 G¾″/$D_0$28	8	20			YZG5-1	
1	取压均压环	2					见注4

部件、零件表

附注:

1. 本图一般适用于大管径的气体流量测量,常见的介质为煤气和空气。
2. 若变送器不在仪表箱内安装,取消件13,14。
3. 若管路无需集液,取消件16,17,18。
4. 件1的均压环分圆形和方形两种,其取舍由施工设计决定,详见(2000)YK06.1-12和(2000)YK06.1-13。

冶金仪控通用图	气体流量测量管路连接图（变送器低于节流装置,均压环取压）*PN*1.0MPa	(2000)YK04-25	
		比例	页次

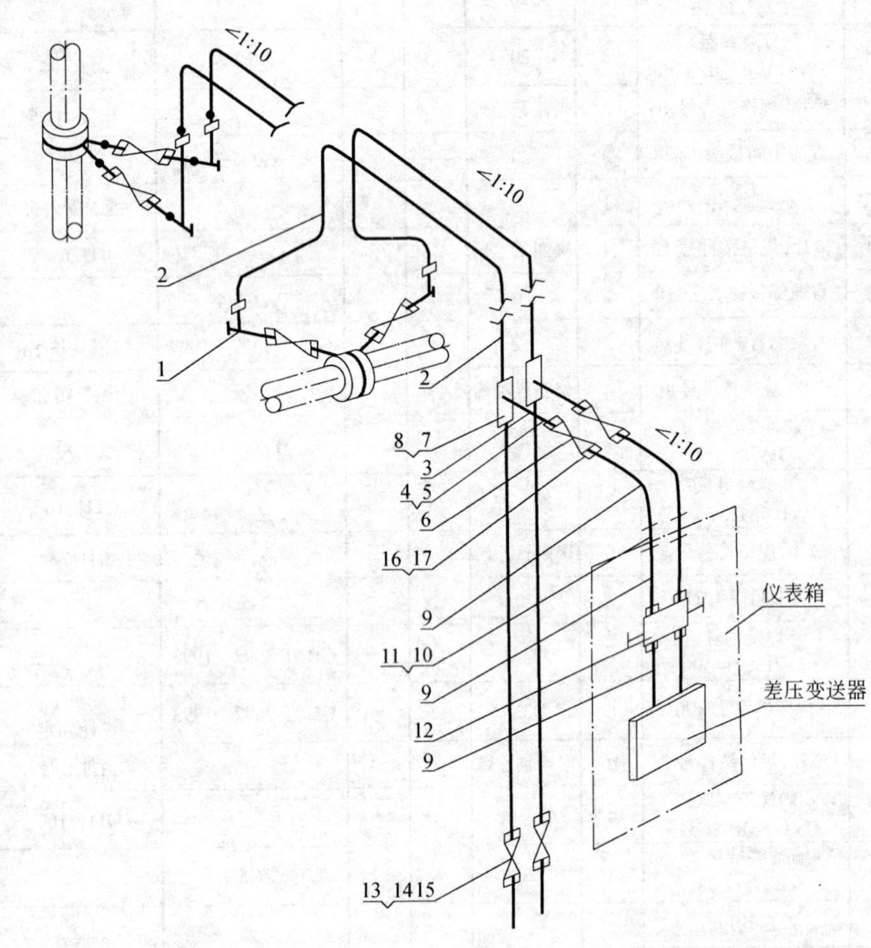

件号	名称及规格	数量	材质	单重	总重	图号或标准、规格号	备注
				质量(kg)			
17	垫片,规格按件号 16	4	聚四氟乙烯				由件 16 带
16	直通终端接头 G½″/$D_0$10	2	20			YZG5-1	
15	垫片,规格按件号 14	8	聚四氟乙烯				由件 14 带
14	直通终端接头 G¾″/$D_0$28	4	20			YZG5-1	
13	内螺纹球阀 PN1.6MPa,G¾″	2	各 种				Q11F-16C
12	三阀组	1					变送器附带
11	垫片,规格按件号 10	4	聚四氟乙烯				由件 10 带
10	直通穿板接头 $D_0$10	2	20			YZG5-4	
9	紫铜管ϕ 10×1	2	T2			GB/T 1527—1997	三段共长 1m
8	垫片,规格按件号 7	4	聚四氟乙烯				由件 7 带
7	三通中间接头 $D_0$28	2	20			YZG5-10	
6	内螺纹球阀 PN1.6MPa,G½″	2	各 种				Q11F-16C
5	垫片,规格按件号 4	4	聚四氟乙烯				由件 4 带
4	直通终端接头 G½″/$D_0$22	2	20			YZG5-1	
3	焊接钢管 DN20,l=500	2	Q235			GB/T 3092—1993	
2	焊接钢管 DN20		Q235			GB/T 3092—1993	长度由工程设计确定
1	取压部件	2	Q235			(2000)YK04-03	

部件、零件表

附注:

1. 本图一般适用于取压口易堵的含尘气体流量测量。常见的介质为煤气和空气。
2. 若变送器不在仪表箱内安装,取消件 10,11。

冶金仪控通用图	脏气体流量测量管路连接图 PN1.0MPa	(2000)YK04-26	
		比例	页次

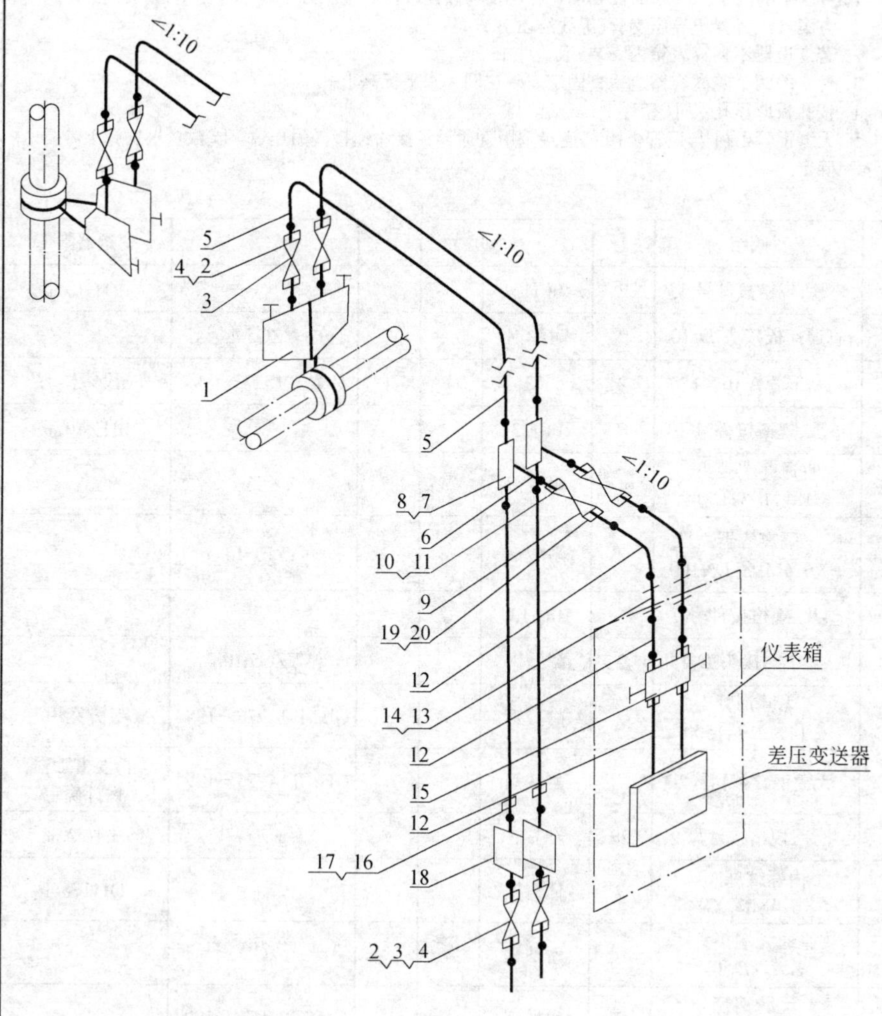

20	垫片,规格按件号 19	4	聚四氟乙烯				由件 19 带
19	直通终端接头 G½″/$D_0$10	2	20			YZG5-1	
18	分离容器 *PN*6.4MPa,*DN*100	2	20			YZF1-8	
17	垫片,规格按件号 16	2	聚四氟乙烯				由件 16 带
16	直通中间接头 $D_0$28	2	20			YZG5-3	
15	三阀组	1					变送器附带
14	垫片,规格按件号 13	4	聚四氟乙烯				由件 13 带
13	直通穿板接头 $D_0$10	2	20			YZG5-4	
12	紫铜管 ϕ 10×1	2	T2			GB/T 1527—1997	三段共长 1m
11	垫片,规格按件号 10	4	聚四氟乙烯				由件 10 带
10	直通终端接头 G½″/$D_0$22	2	20			YZG5-1	
9	内螺纹球阀 *PN*1.6MPa,G½″	2	各 种				Q11F-16C
8	垫片,规格按件号 7	6	聚四氟乙烯				由件 7 带
7	三通中间接头 $D_0$28	2	20			YZG5-10	
6	焊接钢管 *DN*15, *l* = 500	2	Q235			GB/T 3092—1993	
5	焊接钢管 *DN*20		Q235			GB/T 3092—1993	长度由工程设计确定
4	垫片,规格按件号 2	16	聚四氟乙烯				由件 2 带
3	内螺纹球阀 *PN*1.6MPa,G¾″	4	各 种				Q11F-16C
2	直通终端接头 G¾″/$D_0$28	8	20			YZG5-1	
1	冷凝除尘器(带取压管)	2	Q235			(2000)YK04-04	
件号	名称及规格	数量	材 质	单重	总重	图 号 或 标准、规格号	备 注
				质量(kg)			
部件、零件表							

附注:

1. 本图一般适用于脏湿气体的流量测量,常见的介质为煤气和空气。
2. 若变送器不在仪表箱内安装,取消件 13,14。
3. 若管路无需集液,取消件 16,17,18。
4. 件 1 的冷凝除尘器分垂直管道和水平管道两种形式,其取舍由施工设计决定。

冶金仪控通用图	脏湿气体流量测量管路连接图 *PN*0.05MPa	(2000)YK04-27	
		比例	页次

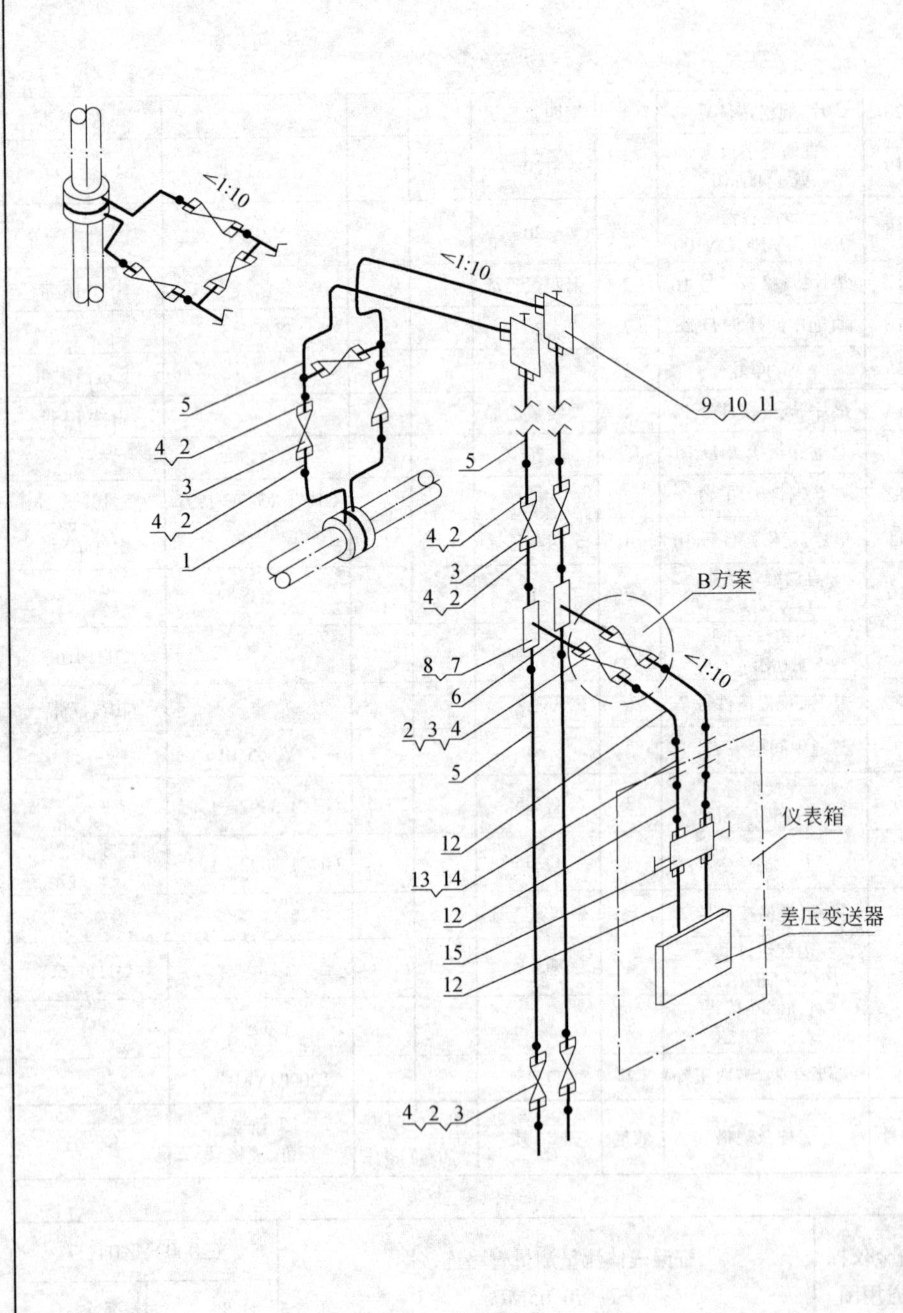

附注：

1. 件3中的两个二次阀的安装位置应视现场敷设条件而定。或者置于导压主管（实线绘出A方案），或者置于导压支管（虚线绘出B方案）。
2. 若变送器不在仪表箱内安装，取消件13，14。
3. 件7的两个隔离容器应垂直固定安装在同一水平标高上。
4. 按孔板取压孔尺寸，壁厚2mm。
5. 无缝钢管ϕ 14与钢管ϕ 10的连接采用直通异径接头连接。耐压、材质、数量根据施工需要确定。

件号	名称及规格	数量	材 质	单重 质量(kg)	总重 质量(kg)	图号或标准、规格号	备 注
15	三阀组	1					变送器附带
14	垫片，规格按件号13	2	0Cr13				由件13带
13	直通穿板接头 $D_0$10	2	耐酸钢			YZG5-4	
12	紫铜管ϕ 10×1	2	T2			GB/T 1527—1997	三段共长1m
11	垫片，规格按件号10	8	0Cr13				由件10带
10	直通终端接头 M18×1.5/$D_0$14	4	耐酸钢			YZG5-1	
9	隔离容器 PN6.4MPa，DN100	2	耐酸钢			YZF1-14	
8	垫片，规格按件号7	6	0Cr13				
7	三通中间接头 $D_0$14	2	耐酸钢			YZG5-10	
6	无缝钢管 ϕ 14×2，l=500	2	耐酸钢			GB/T 14976—1994	B方案用
5	无缝钢管ϕ 14×2		耐酸钢			GB/T 14976—1994	长度由工程设计确定
4	垫片，规格按件号2	28	0Cr13				由件2带
3	内螺纹球阀 PN6.4MPa，G½″	7	球体铬镍钛				Q11F-64P
2	直通终端接头 G½″/$D_0$14	14	耐酸钢			YZG5-1	
1	无缝钢管 DN见注4，l=200	2	耐酸钢			GB/T 14976—1994	

部件、零件表

冶金仪控通用图	腐蚀性气体流量测量管路连接图（变送器低于节流装置）PN6.4MPa	(2000)YK04-28	
		比例	页次

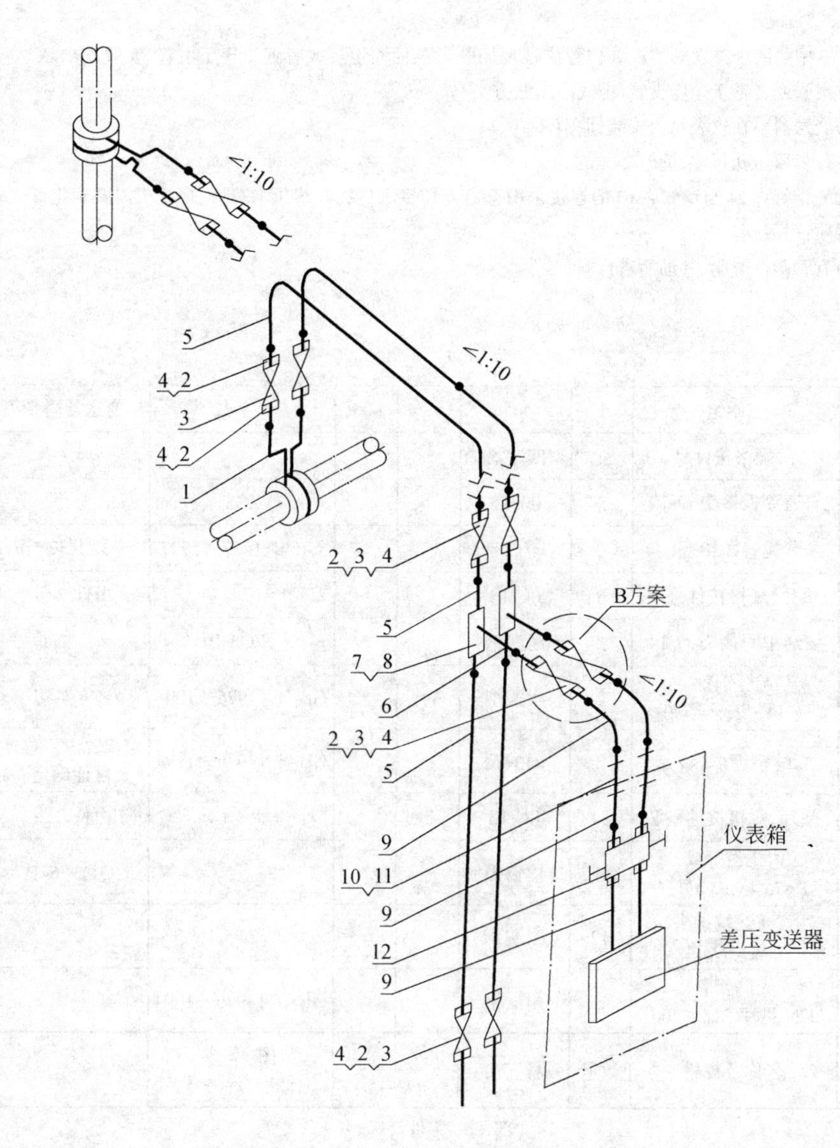

附注：

1. 件3中的两个二次阀的安装位置应视现场敷设条件而定。或者置于导压主管(实线绘出A方案),或者置于导压支管(虚线绘出B方案)。
2. 若变送器不在仪表箱内安装,取消件10,11。
3. 按孔板取压孔尺寸,壁厚2mm。
4. 无缝钢管ϕ 14与铜管ϕ 10的连接采用直通异径接头连接。耐压、数量根据施工需要确定。材质:耐酸钢。
5. 所有管阀件脱脂、禁油后进行安装。

件号	名称及规格	数量	材质	单重 质量(kg)	总重 质量(kg)	图号或标准、规格号	备注
12	三阀组	1					变送器附带
11	垫片,规格按件号10	4	聚四氟乙烯				由件10带
10	直通穿板接头 $D_0$10	2	0Cr13			YZG5-4	
9	紫铜管ϕ 10×1	2	T2			GB/T 1527—1997	三段共长1m
8	垫片,规格按件号7	6	0Cr13				由件7带
7	三通中间接头 $D_0$14	2	耐酸钢			YZG5-10	
6	无缝钢管 ϕ 14×2, $l=500$	2	耐酸钢			GB/T 14976—1994	B方案用
5	无缝钢管ϕ 14×2		耐酸钢			GB/T 14976—1994	长度由工程设计确定
4	垫片,规格按件号2	24	0Cr13				由件2带
3	内螺纹球阀 PN6.4MPa,G½″	6	球体铬镍钛				Q11F-64P
2	直通终端接头 G½″/$D_0$14	12	耐酸钢			YZG5-1	
1	无缝钢管 DN见注3, $l=200$	2	耐酸钢			GB/T 14976—1994	

部件、零件表

冶金仪控通用图	氧气流量测量管路连接图 (变送器低于节流装置,钢管) PN6.4MPa	(2000)YK04-29	
		比例	页次

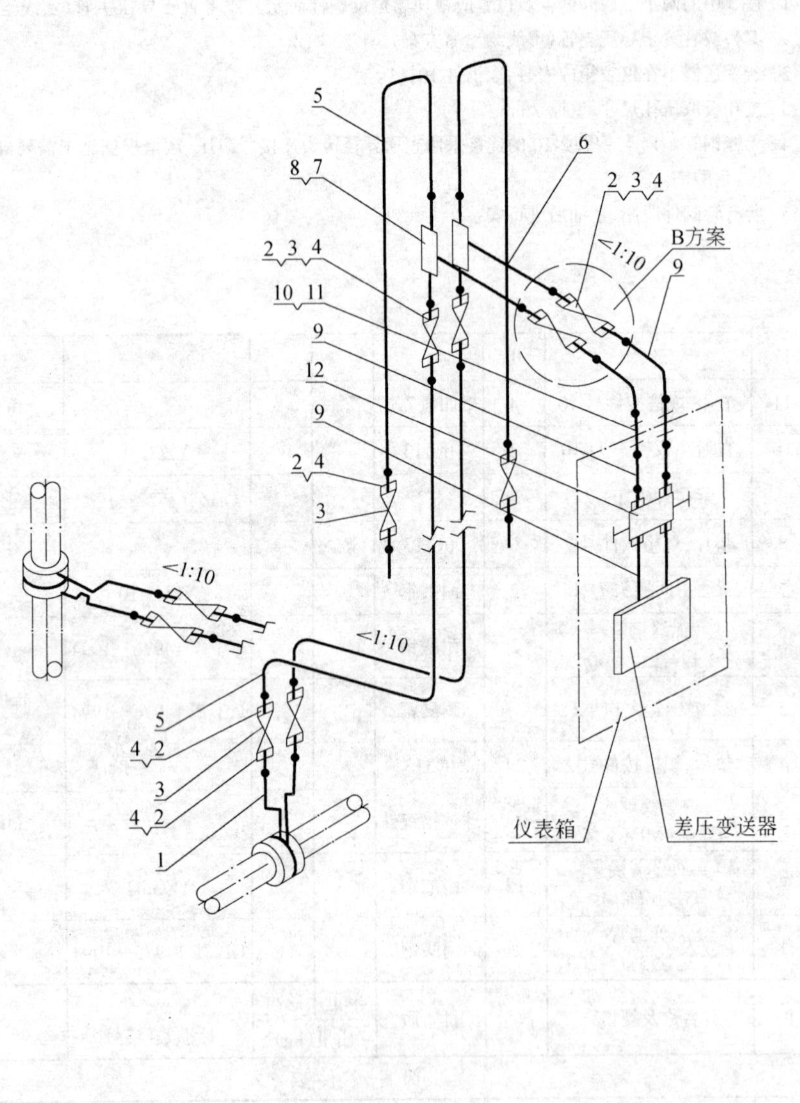

附注：

1. 件3中的两个二次阀的安装位置应视现场敷设条件而定。或者置于导压主管(实线绘出A方案),或者置于导压支管(虚线绘出B方案)。
2. 若变送器不在仪表箱内安装,取消件10,11。
3. 按孔板取压孔尺寸,壁厚2mm。
4. 无缝钢管ϕ 14与铜管ϕ 10的连接采用直通异径接头连接。耐压、数量根据施工需要确定。材质:耐酸钢。
5. 所有管阀件脱脂、禁油后进行安装。

件号	名称及规格	数量	材 质	单重 质量(kg)	总重 质量(kg)	图 号 或 标准、规格号	备 注
12	三阀组	1					变送器附带
11	垫片,规格按件号10	4	聚四氟乙烯				
10	直通穿板接头 $D_0$10	2	0Cr13			YZG5-4	
9	紫铜管ϕ 10×1	2	T2			GB/T 1527—1997	三段共长1m
8	垫片,规格按件号7	6	0Cr13				由件7带
7	三通中间接头 $D_0$14	2	耐酸钢			YZG5-10	
6	无缝钢管 ϕ 14×2, l=500	2	耐酸钢			GB/T 14976—1994	B方案用
5	无缝钢管ϕ 14×2	2	耐酸钢			GB/T 14976—1994	长度由工程设计确定
4	垫片,规格按件号2	24	0Cr13				由件2带
3	内螺纹球阀 PN6.4MPa,G½″	6	球体铬镍钛				Q11F-64P
2	直通终端接头 G½″/$D_0$14	12	耐酸钢			YZG5-1	
1	无缝钢管 DN见注3, l=200	2	耐酸钢			GB/T 14976—1994	

部件、零件表

冶金仪控通用图	氧气流量测量管路连接图 (变送器高于节流装置,钢管) PN6.4MPa	(2000)YK04-30	
		比例	页次

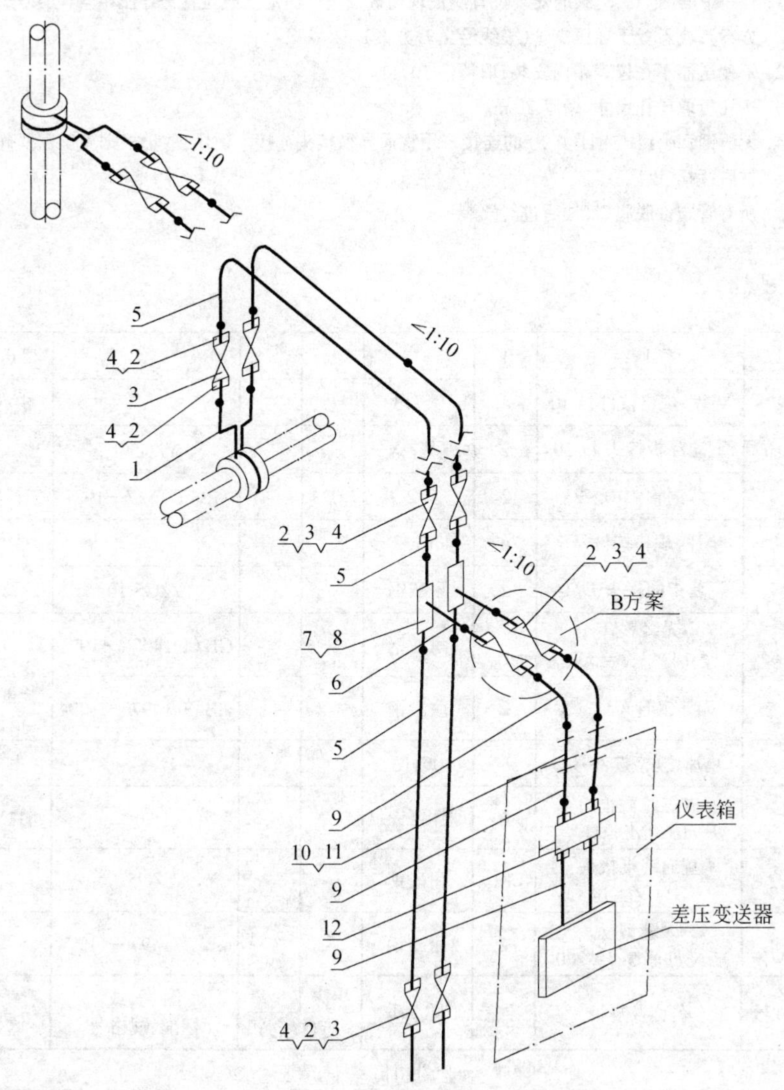

附注：

1. 件3中的两个二次阀的安装位置应视现场敷设条件而定。或者置于导压主管(实线绘出A方案)，或者置于导压支管(虚线绘出B方案)。
2. 若变送器不在仪表箱内安装，取消件10,11。
3. 按孔板取压孔尺寸，壁厚2mm。
4. 无缝钢管ϕ 14与铜管ϕ 10的连接采用直通异径接头连接。耐压、数量根据施工需要确定。材质：耐酸钢。
5. 所有管阀件脱脂、禁油后进行安装。

件号	名称及规格	数量	材 质	单重	总重	图 号 或 标准、规格号	备 注
				质量(kg)			
12	三阀组	1					变送器附带
11	垫片，规格按件号10	4	0Cr13				
10	直通穿板接头 $D_0$10	2	耐酸钢			YZG5-4	
9	紫铜管ϕ 10×2	2	T2			GB/T 1527—1997	三段共长1m
8	垫片，规格按件号7	6	0Cr13				由件7带
7	三通中间接头 $D_0$14	2	耐酸钢			YZG5-10	
6	无缝钢管 ϕ 14×3, $l=500$	2	耐酸钢			GB/T 14976—1994	B方案用
5	无缝钢管ϕ 14×3		耐酸钢			GB/T 14976—1994	长度由工程设计确定
4	垫片，规格按件号2	24	0Cr13				由件2带
3	内螺纹截止阀 PN16.0MPa, G½″	6	球体铬镍钛				J11W-160P
2	直通终端接头 G½″/$D_0$14	12	耐酸钢			YZG5-1	
1	无缝钢管 DN 见注3, $l=200$	2	耐酸钢			GB/T 14976—1994	

部 件、零 件 表

冶金仪控通用图	氧气流量测量管路连接图 (变送器低于节流装置，钢管) PN16.0MPa	(2000)YK04-31	
		比例	页次

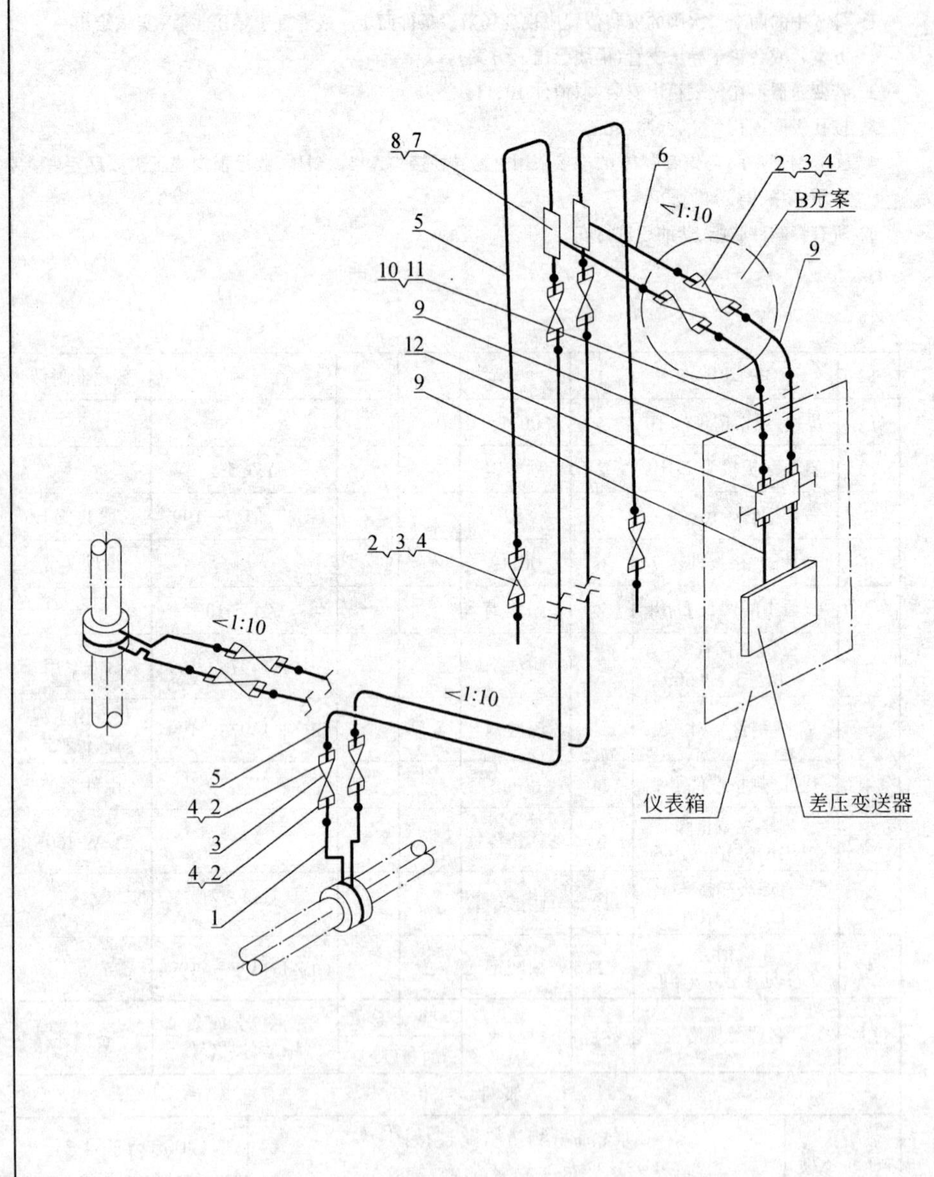

附注：

1. 件3中的两个二次阀的安装位置应视现场敷设条件而定。或者置于导压主管(实线绘出A方案)，或者置于导压支管(虚线绘出B方案)。
2. 若变送器不在仪表箱内安装，取消件10，11。
3. 按孔板取压孔尺寸，壁厚2mm。
4. 无缝钢管ϕ 14与铜管ϕ 10的连接采用直通异径接头连接。耐压、数量根据施工需要确定。材质：耐酸钢。
5. 所有管阀件脱脂、禁油后进行安装。

件号	名称及规格	数量	材质	单重 质量(kg)	总重 质量(kg)	图号或标准、规格号	备注
12	三阀组	1					变送器附带
11	垫片，规格按件号10	4	0Cr13				由件10带
10	直通穿板接头 $D_0$10	2	耐酸钢			YZG5-4	
9	紫铜管ϕ 10×2	2	T2			GB/T 1527—1997	三段共长1m
8	垫片，规格按件号7	6	0Cr13				由件7带
7	三通中间接头 $D_0$14	2	耐酸钢			YZG5-10	
6	无缝钢管 ϕ 14×3，l=500	2	耐酸钢			GB/T 14976—1994	
5	无缝钢管ϕ 14×3	2	耐酸钢			GB/T 14976—1994	长度由工程设计确定
4	垫片，规格按件号2	24	0Cr13				由件2带
3	内螺纹截止阀 *PN*16.0MPa，G½″	6	球体铬镍钛				J11W-160P
2	直通终端接头 G½″/$D_0$14	12	耐酸钢			YZG5-1	
1	无缝钢管 *DN*见注3，l=200	2	耐酸钢			GB/T 14976—1994	

部件、零件表

冶金仪控通用图	氧气流量测量管路连接图 (变送器高于节流装置，钢管) *PN*16.0MPa	(2000)YK04-32	
		比例	页次

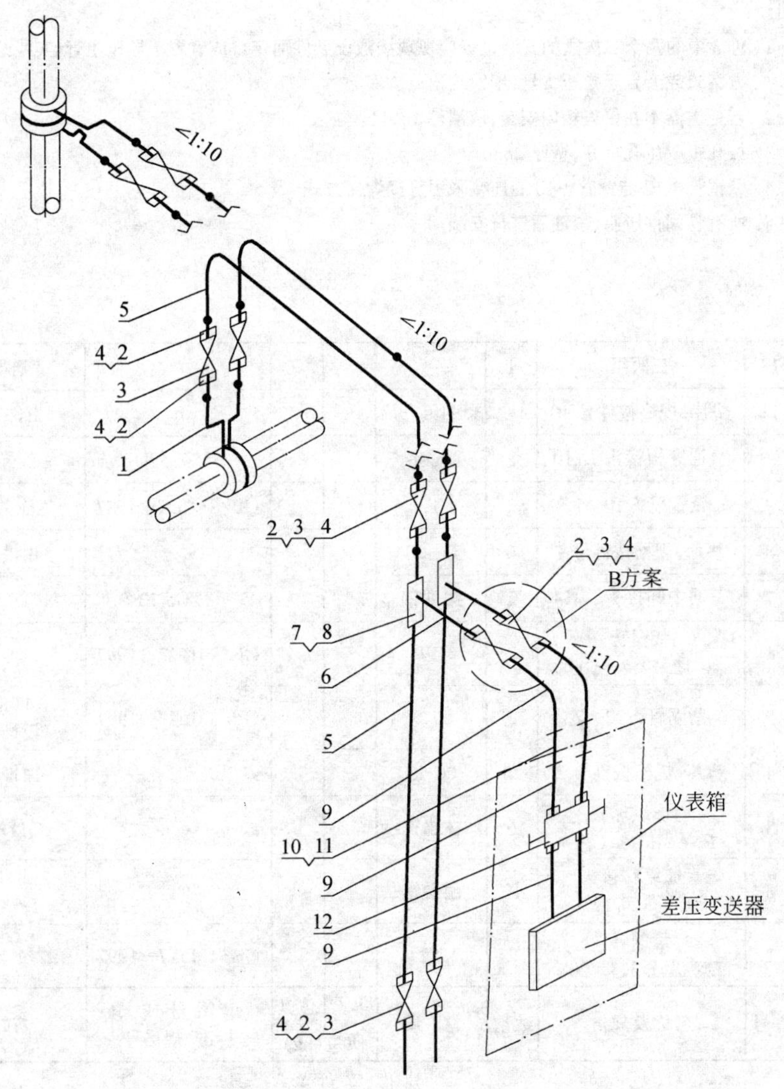

附注：

1. 件 3 中的两个二次阀的安装位置应视现场敷设条件而定。或者置于导压主管（实线绘出 A 方案），或者置于导压支管（虚线绘出 B 方案）。
2. 若变送器不在仪表箱内安装，取消件 10，11。
3. 按孔板取压孔尺寸，壁厚 2mm。
4. 紫铜管ϕ 12 与铜管ϕ 10 的连接采用直接焊接方式。
5. 所有管阀件脱脂、禁油后进行安装。

件号	名称及规格	数量	材　质	质量(kg) 单重	质量(kg) 总重	图 号 或 标准、规格号	备　注
12	三阀组	1					变送器附带
11	垫片，规格按件号 10	4	聚四氟乙烯				由件 10 带
10	直通穿板接头 $D_0$10	2	耐酸钢			YZG5-4	
9	紫铜管ϕ 10×1	2	T2			GB/T 1527—1997	三段共长 1m
8	垫片，规格按件号 7	6	0Cr13				由件 7 带
7	三通中间接头 $D_0$14	2	耐酸钢			YZG5-10	
6	紫铜管 ϕ 12×2，l＝500	2	T2			GB/T 1527—1997	B 方案用
5	紫铜管ϕ 12×2	2	T2			GB/T 1527—1997	长度由工程设计确定
4	垫片，规格按件号 2	24	0Cr13				由件 2 带
3	内螺纹球阀 PN6.4MPa，G½″	6	球体铬镍钛				Q11F-64P
2	直通终端接头 G½″/$D_0$12	12	耐酸钢			YZG5-1	
1	紫铜管 DN 见注 3，l＝200	2	T2			GB/T 1527—1994	

部 件、零 件 表

冶金仪控通用图	氧气流量测量管路连接图 （变送器低于节流装置，铜管） PN6.4MPa	(2000)YK04-33	
		比例	页次

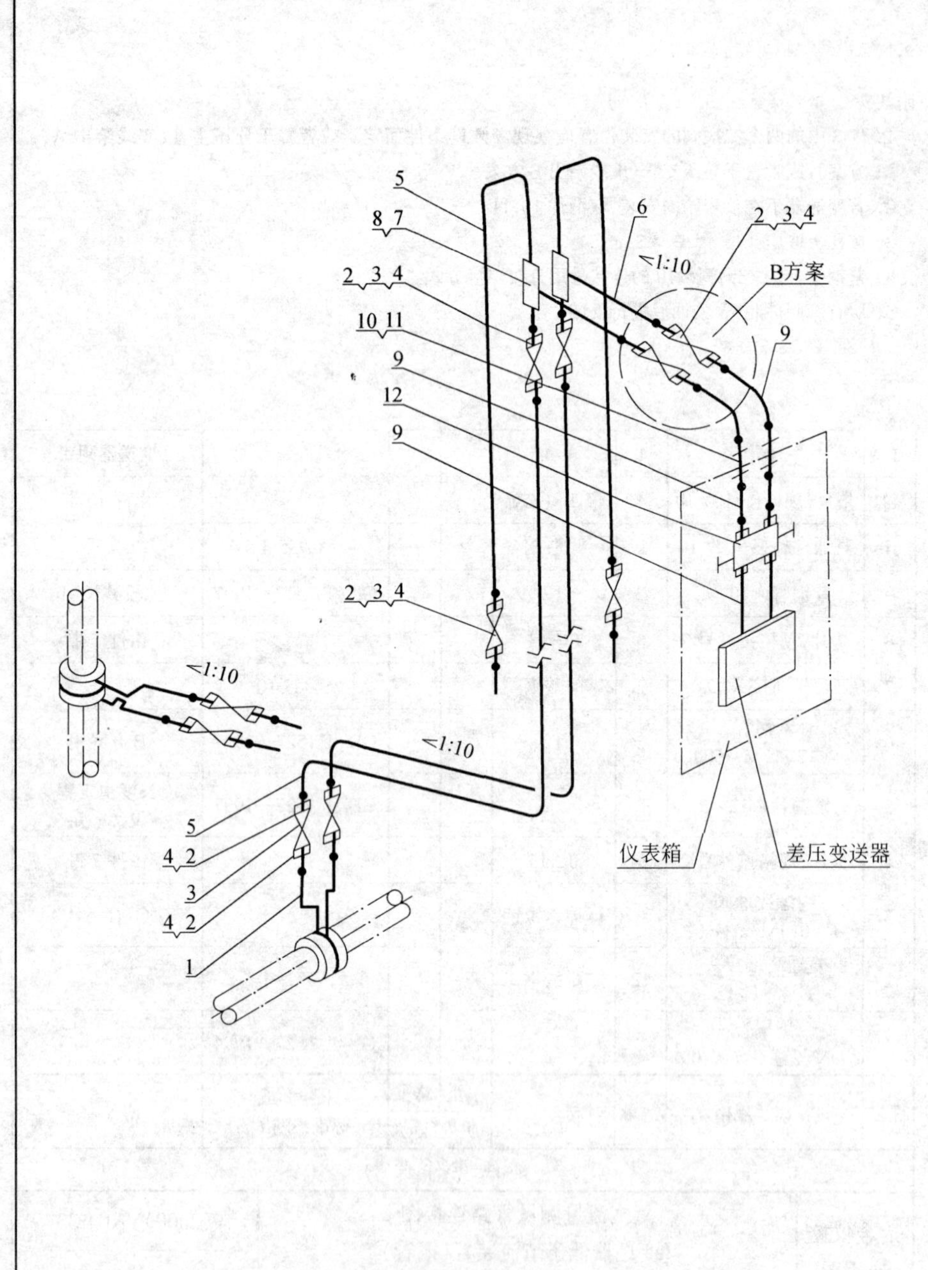

附注：

1. 件3中的两个二次阀的安装位置应视现场敷设条件而定。或者置于导压主管（实线绘出A方案），或者置于导压支管（虚线绘出B方案）。
2. 若变送器不在仪表箱内安装，取消件10，11。
3. 按孔板取压孔尺寸，壁厚2mm。
4. 紫铜管ϕ 12与铜管ϕ 10的连接采用直接焊接方式。
5. 所有管阀件脱脂、禁油后进行安装。

件号	名称及规格	数量	材　质	单重	总重	图号或标准、规格号	备　注
				质量(kg)			
12	三阀组	1					变送器附带
11	垫片，规格按件号10	4	聚四氟乙烯				由件10带
10	直通穿板接头 $D_0$10	2	耐酸钢			YZG5-4	
9	紫铜管ϕ 10×1	2	T2			GB/T 1527—1997	三段共长1m
8	垫片，规格按件号7	6	0Cr13				由件7带
7	三通中间接头 $D_0$14	2	耐酸钢			YZG5-10	
6	紫铜管 ϕ 12×2，l=500	2	T2			GB/T 1527—1997	
5	紫铜管ϕ 12×2	2	T2			GB/T 1527—1997	长度由工程设计确定
4	垫片，规格按件号2	24	0Cr13				由件2带
3	内螺纹球阀 *PN*6.4MPa，G½″	6	球体铬镍钛				Q11F-64P
2	直通终端接头 G½″/$D_0$12	12	耐酸钢			YZG5-1	
1	紫铜管 *DN* 见注3，l=200	2	T2			GB/T 1527—1997	

部件、零件表

冶金仪控 通用图	氧气流量测量管路连接图 （变送器高于节流装置，铜管） *PN*6.4MPa	(2000)YK04-34	
		比例	页次

二、安装部件、零件图

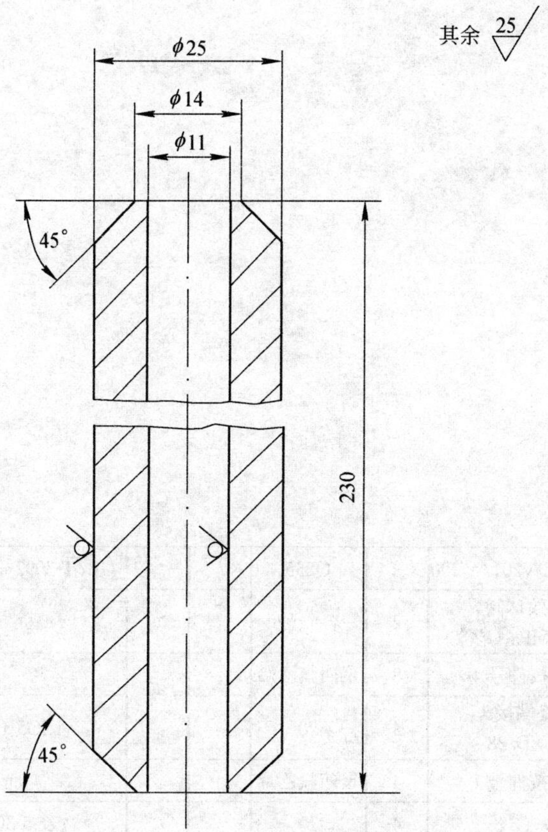

其余 25

φ25

φ14

φ11

45°

230

45°

冶金仪控通用图	取 压 管			(2000)YK04-01	
	材质 12Cr1MoV	质量 0.71kg	比例	件号 1	装配图号	(2000)YK04-17,18

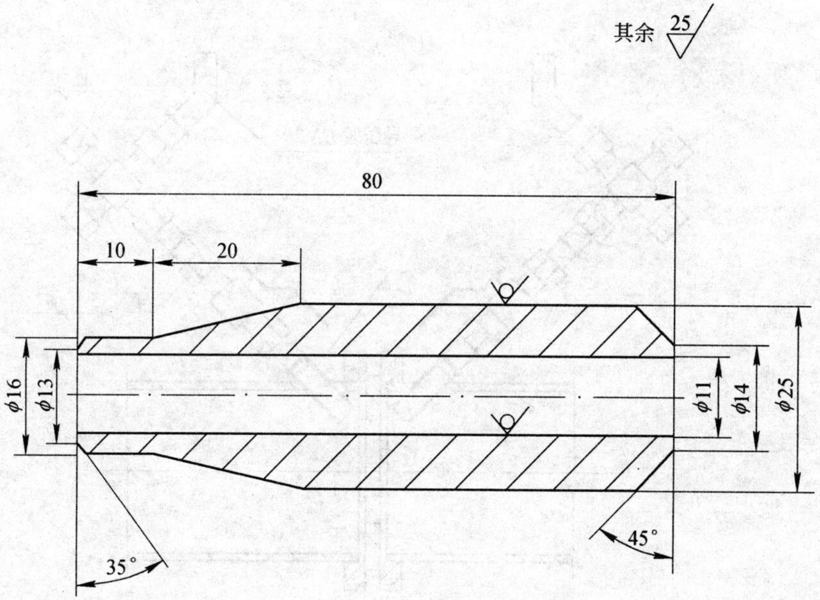

其余 25

80

10

20

φ16

φ13

φ11

φ14

φ25

35°

45°

冶金仪控通用图	焊 接 短 管			(2000)YK04-02	
	材质 12Cr1MoV	质量 0.18kg	比例	件号 3	装配图号	(2000)YK04-17,18

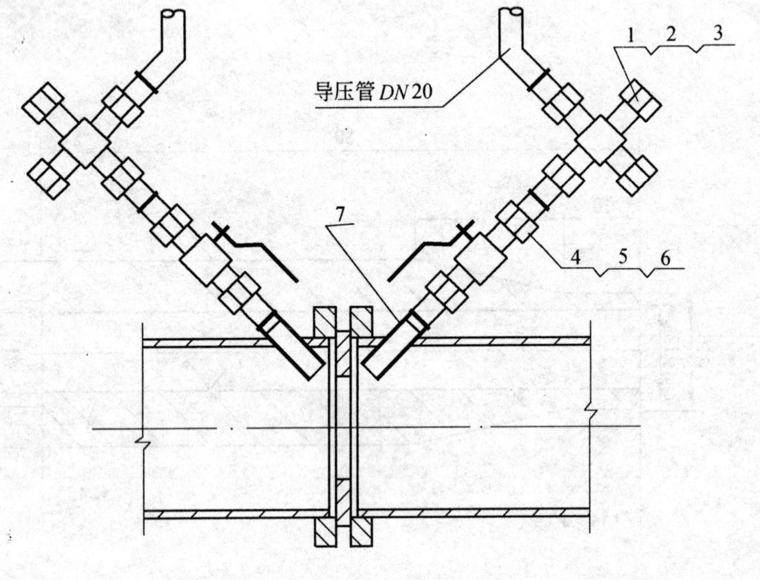

7	焊接钢管 $DN20, l=200$	2	Q235			GB/T 3092—1993	
6	内螺纹球阀 $PN1.6$MPa, G¾″	2	各　种				Q11F-16
5	垫片,按件号 4	8	聚四氟乙烯				由件 4 带
4	直通终端接头 G¾″/$D_0$28	4	20			YZG5-1	
3	垫片,按件号 1	4	聚四氟乙烯				由件 1 带
2	堵头,G¾″	4	20			YZG5-30	
1	四通中间接头 G¾″/$D_0$28	2	20			YZG5-11	
件号	名称及规格	数量	材　质	单重 质量(kg)	总重	图 号 或 标准、规格号	备　注

部 件、零 件 表

冶金仪控 通用图	平孔板取压部件				(2000)YK04-03	
	材　质	质量　kg	比例	件号	装配图号	(2000)YK04-26

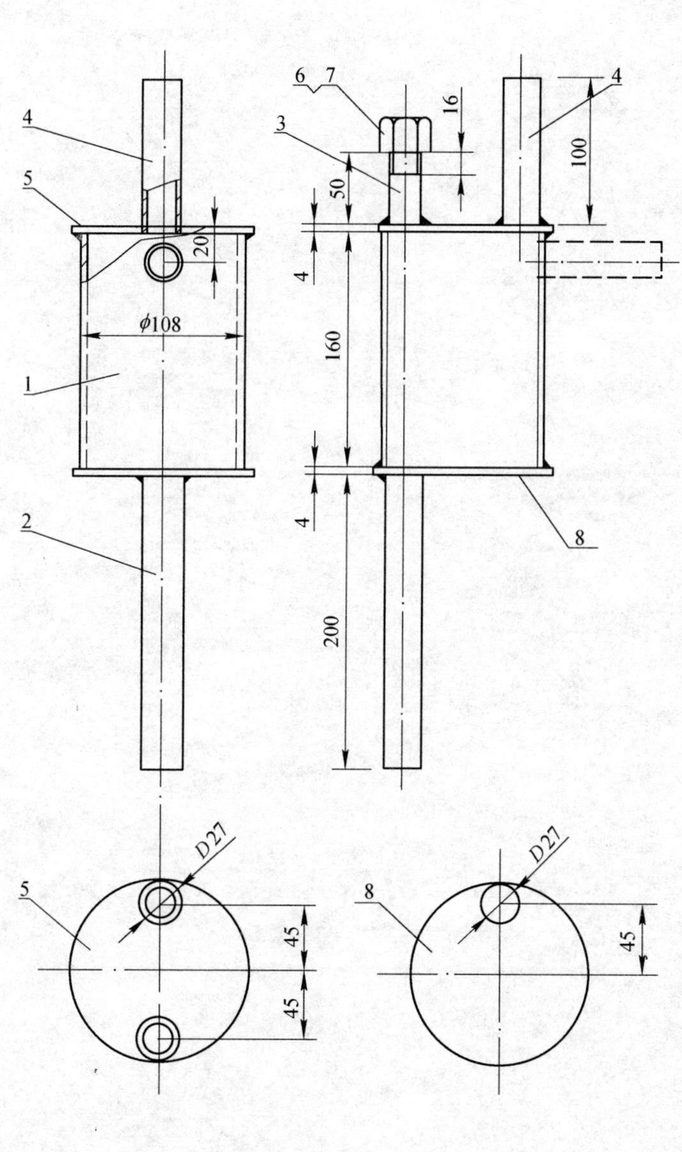

附注：

1. 本图按水平安装工艺管道画出。若工艺管道为垂直方式时，则件 4 焊装在侧面(如图虚线所示)。
2. 冷凝除尘器适用于脏气体流量孔板差压取压。
3. 焊接方式采用 45°角，焊缝应打光。
4. 除尘器加工好后，应按规定试压。

件号	名称及规格	数量	材 质	单重	总重	图 号 或 标准、规格号	备 注
8	钢板ϕ 118，$\delta=4$	1	Q235			GB/T 709—1988	
7	垫片，规格按件号 6	1	聚四氟乙烯				由件 6 带
6	堵头 G¾″	1	20			YZG5-30	
5	钢板ϕ 118，$\delta=4$	1	Q235			GB/T 709—1988	
4	焊接钢管 $DN20$，$l=100$	1	Q235			GB/T 3092—1993	
3	焊接钢管 $DN20$，$l=50$	1	Q235			GB/T 3092—1993	
2	焊接钢管 $DN20$，$l=200$	1	Q235			GB/T 3092—1993	
1	焊接钢管 $DN100$，$l=160$，$\delta=4$	1	Q235			GB/T 3092—1993	
				质量(kg)			

部 件、零 件 表

冶金仪控 通用图	冷凝除尘器	(2000)YK04-04	
		比例	页次

目　录

冶金仪控 通用图	流量测量仪表的管路连接图(卡套式)图纸目录	(2000)YK05-1	
		比例	页次

说　明

1. 适用范围

本图册适用于冶金生产过程中的差压式流量测量仪表的管路连接。本图册与节流装置安装图(2000)YK06.1图册相配合,可以构成完整的差压式流量仪表的安装图。

本图册中管路的连接方式是卡套式的。

2. 编制依据

本图册是在原差压流量仪表安装图(90)YK05图册的基础上修改、编成。

3. 内容提要

本图册包括液体和蒸汽介质在高温高压下,用差压式流量计测量流量的管路连接。其温、压条件有如下两级:

(1) 公称压力 $PN \leqslant 6.4$MPa,介质的工作温度 $t \leqslant 450℃$;

(2) 公称压力 $PN \leqslant 10.0$MPa,介质的工作温度 $t \leqslant 540℃$。

4. 几项规定

参看(2000)YK04的说明,[(2000)YK04-2]中的几项规定。

5. 选用注意事项

采用的标准及其他等均请参阅(2000)YK04的说明[(2000)YK04-2]。

冶金仪控 通用图	流量测量仪表的管路连接图(卡套式)说明	(2000)YK05-2	
		比例	页次

一、管路连接图

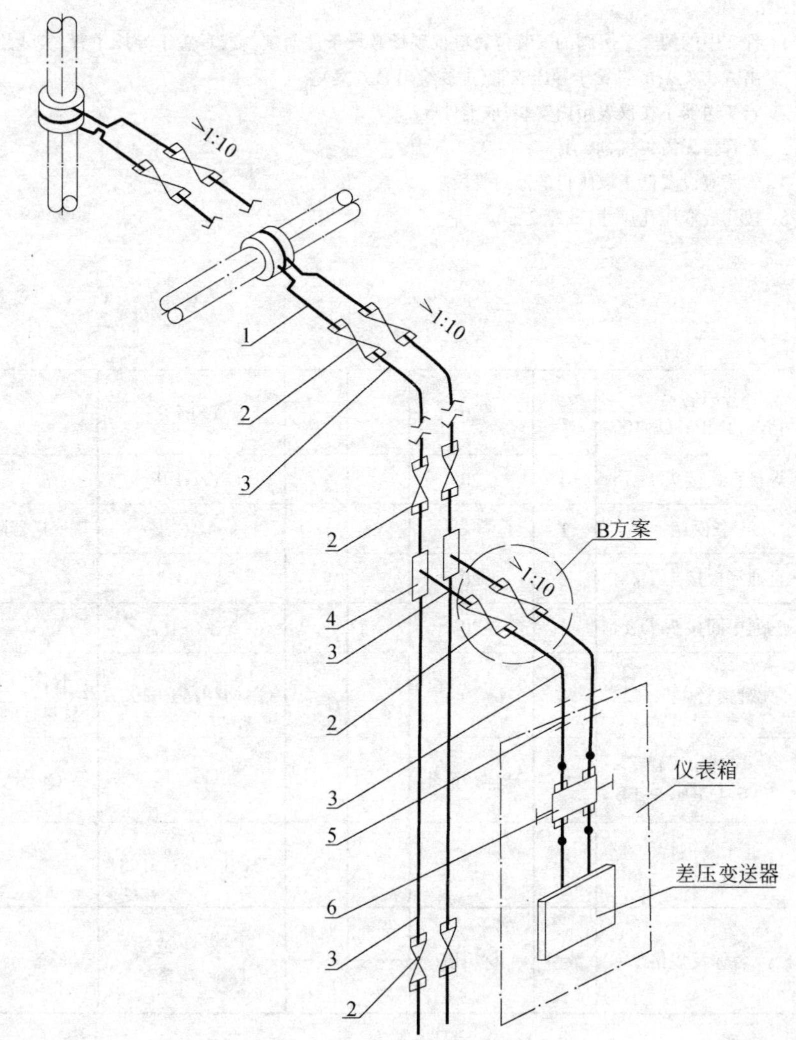

附注：

1. 件2中的两个二次阀的安装位置应视现场敷设条件而定。或者置于导压主管(实线绘出A方案)；或者置于导压支管(虚线绘出B方案)。
2. 若变送器不在仪表箱内安装，取消件5。
3. 按孔板取压孔尺寸；壁厚2mm。

件号	名称及规格	数量	材质	单重 质量(kg)	总重 质量(kg)	图号或标准、规格号	备注
6	三阀组	1					变送器附带
5	直通穿板接头 $D_0$14	2	20			YZG1-5	
4	三通中间接头 $D_0$14	2	20			YZG1-16A	
3	无缝钢管 ϕ 14×2		10			GB/T 8163—1987	长度由工程设计确定
2	卡套球阀 *PN*6.4MPa, $D_0$14	6	球体耐酸钢				Q91SA-64
1	无缝钢管 ϕ 见注3, $l=200$	2	10			GB/T 8163—1987	

部件、零件表

冶金仪控通用图	液体流量测量管路连接图 (变送器低于节流装置) *PN*6.4MPa	(2000)YK05-3	
		比例	页次

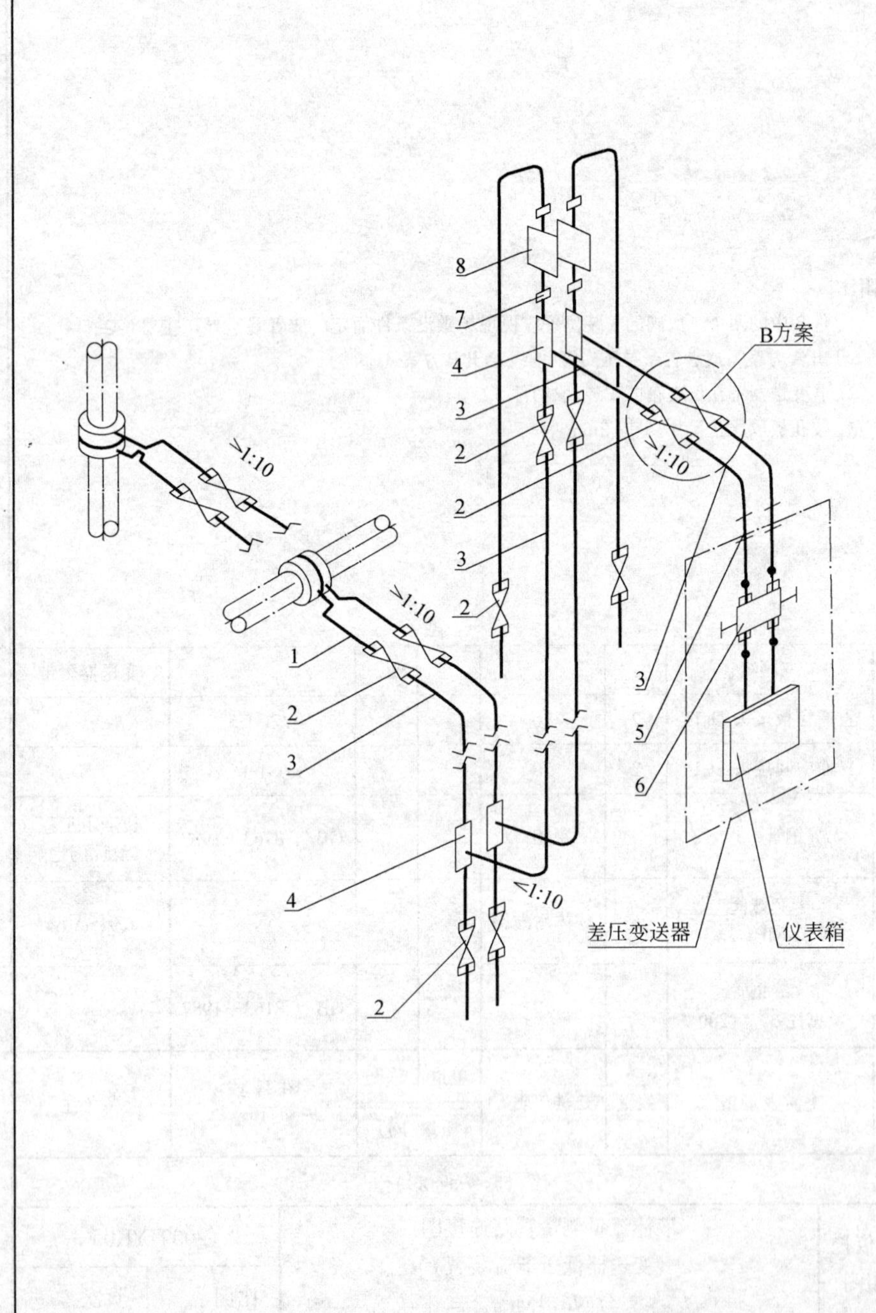

附注：

1. 件2中的两个二次阀的安装位置应视现场敷设条件而定。或者置于导压主管(实线绘出A方案);或者置于导压支管(虚线绘出B方案)。
2. 若变送器不在仪表箱内安装,取消件5。
3. 若管路无需集气,取消件7、件8。
4. 管路应设置低于取压口的液封管段。
5. 按孔板取压孔尺寸,壁厚2mm。

件号	名称及规格	数量	材质	单重 质量(kg)	总重 质量(kg)	图号或标准、规格号	备注
8	分离容器 *PN*6.4MPa,*DN*100	2	20			YZF1-8	
7	焊接直通接头 $D_0$14	4	20			YZG1-9	
6	三阀组	1					变送器附带
5	直通穿板接头 $D_0$14	2	20			YZG1-5	
4	三通中间接头 $D_0$14	4	20			YZG1-16A	
3	无缝钢管ϕ 14×2		10			GB/T 8163—1987	长度由工程设计确定
2	卡套球阀 *PN*6.4MPa,$D_0$14	8	球体耐酸钢				Q91SA-64
1	无缝钢管 ϕ见注5,l=200	2	10			GB/T 8163—1987	

部件、零件表

冶金仪控通用图	液体流量测量管路连接图(变送器高于节流装置)*PN*6.4MPa	(2000)YK05-4	
		比例	页次

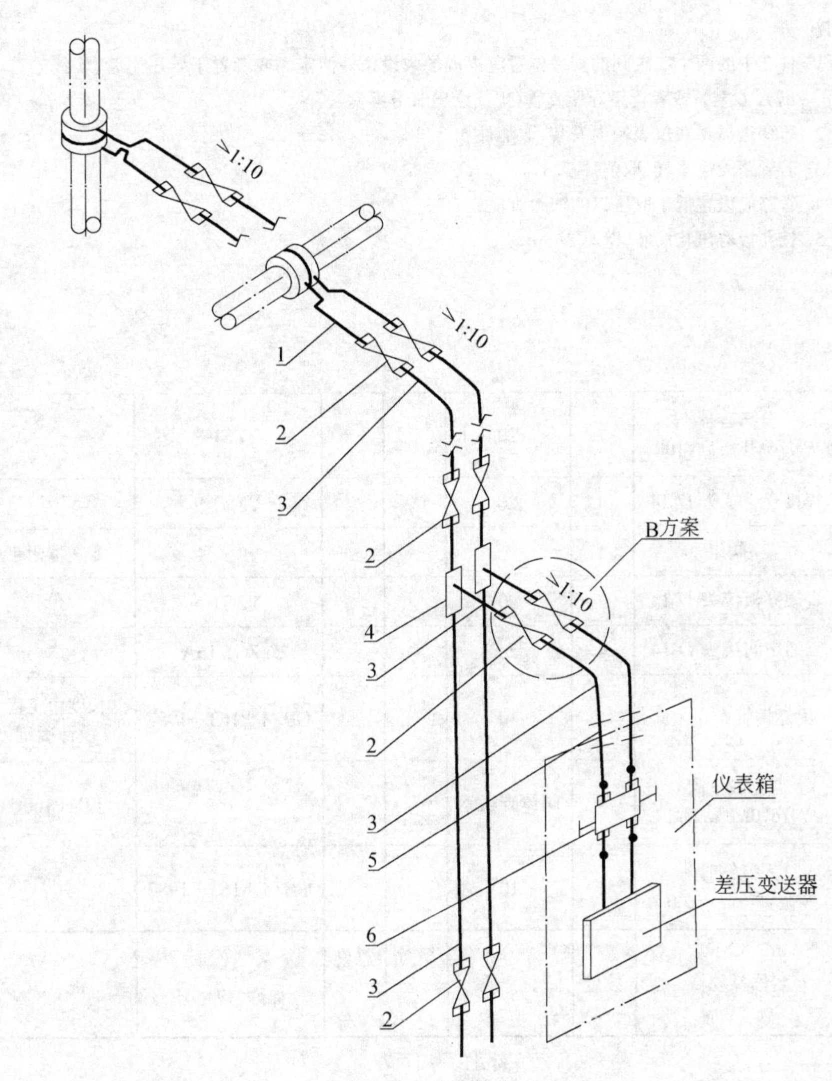

附注:

1. 件2中的两个二次阀的安装位置应视现场敷设条件而定。或者置于导压主管(实线绘出A方案);或者置于导压支管(虚线绘出B方案)。
2. 若变送器不在仪表箱内安装,取消件5。
3. 按孔板取压孔尺寸,壁厚3mm。

件号	名称及规格	数量	材 质	单重	总重	图 号 或 标准、规格号	备 注
6	三阀组	1					变送器附带
5	直通穿板接头 $D_0$14	2	20			YZG1-5	
4	三通中间接头 $D_0$14	2	20			YZG1-16A	
3	无缝钢管ϕ 14×3		10			GB/T 8163—1987	长度由工程设计确定
2	卡套截止阀 *PN*16.0MPa, $D_0$14	6	阀体碳素钢				J91H-160C
1	无缝钢管 ϕ见注3, l=200	2	10			GB/T 8163—1987	
件号	名称及规格	数量	材 质	质量(kg)		图 号 或 标准、规格号	备 注

部 件、零 件 表

冶金仪控通用图	液体流量测量管路连接图 (变送器低于节流装置) *PN*10.0MPa	(2000)YK05-5	
		比例	页次

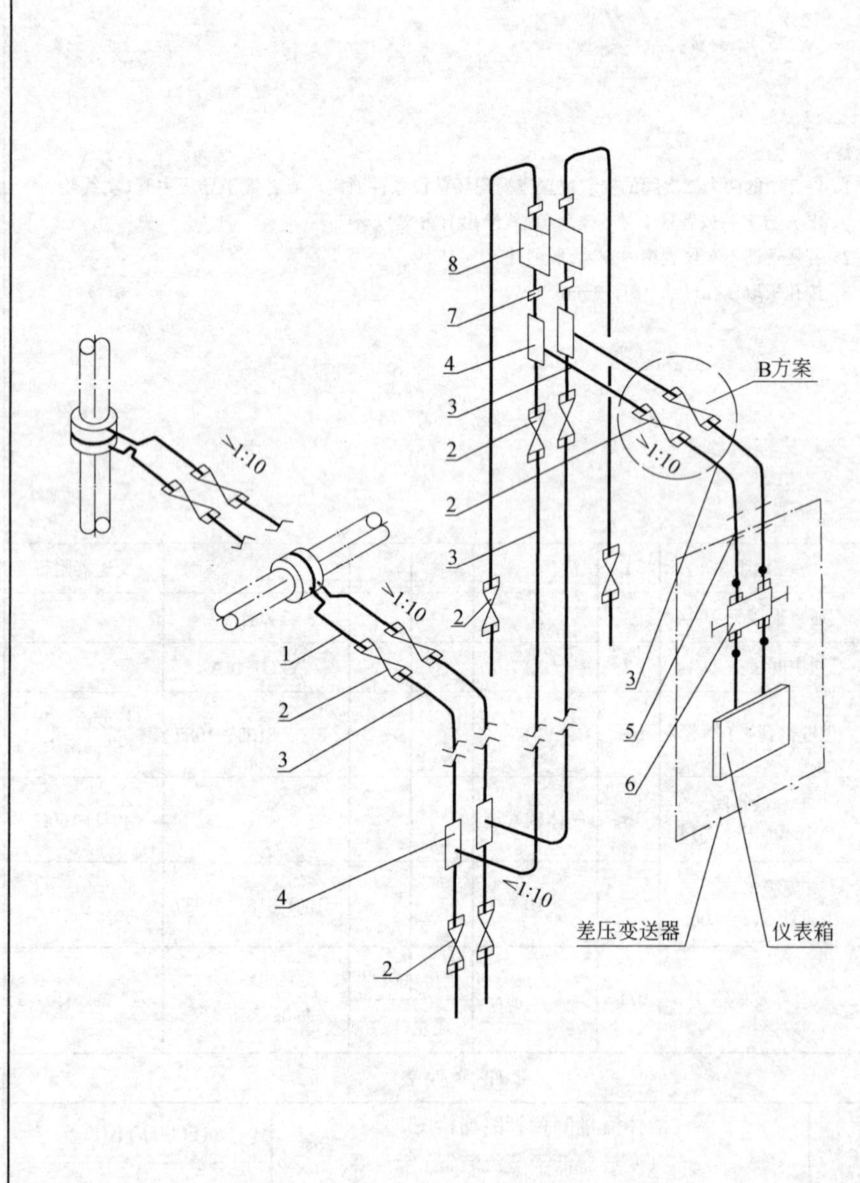

附注：

1. 件 2 中的两个二次阀的安装位置应视现场敷设条件而定。或者置于导压主管(实线绘出 A 方案)；或者置于导压支管(虚线绘出 B 方案)。
2. 若变送器不在仪表箱内安装，取消件 5。
3. 若管路无需集气，取消件 7，8。
4. 管路应设置低于取压口的液封管段。
5. 按孔板取压孔尺寸，壁厚 3mm。

件号	名称及规格	数量	材 质	质量(kg) 单重	质量(kg) 总重	图 号 或 标准、规格号	备 注
8	分离容器 PN16MPa，DN100	2	20			YZF1-8	
7	焊接直通接头 $D_0$14	4	20			YZG1-9	
6	三阀组	1					变送器附带
5	直通穿板接头 $D_0$14	2	20			YZG1-5	
4	三通中间接头 $D_0$14	4	20			YZG1-16A	
3	无缝钢管 ϕ 14×3		10			GB/T 8163—1987	长度由工程设计确定
2	卡套截止阀 PN16.0MPa，$D_0$14	8	阀体碳素钢				J91H-160C
1	无缝钢管 ϕ 见注 5，l = 200	2	10			GB/T 8163—1987	

部 件、零 件 表

冶金仪控通用图	液体流量测量管路连接图（变送器高于节流装置）PN10.0MPa	(2000)YK05-6	
		比例	页次

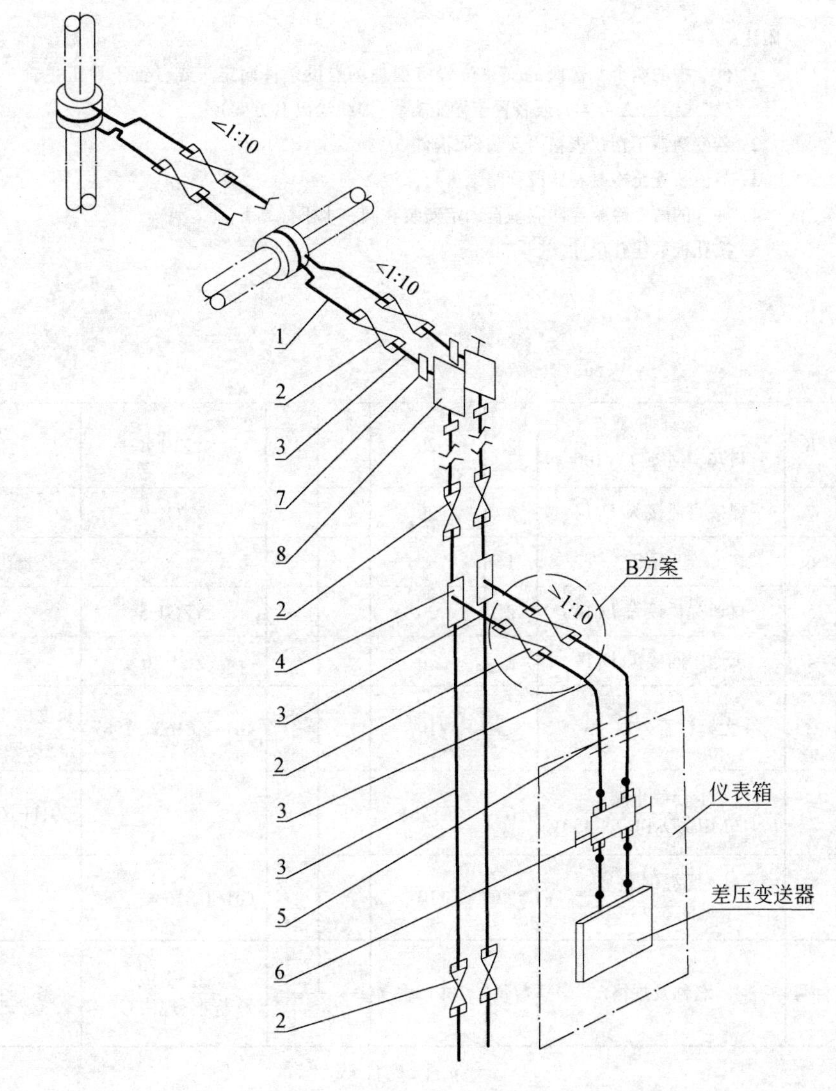

附注：

1. 件2中的两个二次阀的安装位置应视现场敷设条件而定。或者置于导压主管（实线绘出A方案）；或者置于导压支管（虚线绘出B方案）。
2. 若变送器不在仪表箱内安装，取消件5。
3. 节流装置至冷凝容器段管路应尽量缩短设置，否则须进行保温。
4. 件8的两个冷凝容器应垂直固定安装在同一水平标高上。
5. 按孔板取压孔尺寸，壁厚3mm。

件号	名称及规格	数量	材 质	单重	总重	图号或标准、规格号	备 注
				质量(kg)			
8	冷凝容器 *PN*6.4MPa, *DN*100	2	20			YZF1-8	
7	焊接直通接头 $D_0$14	4	20			YZG1-9	
6	三阀组	1					变送器附带
5	直通穿板接头 $D_0$14	2	20			YZG1-5	
4	三通中间接头 $D_0$14	2	20			YZG1-16A	
3	无缝钢管 ϕ 14×3		10			GB/T 8163—1987	长度由工程设计确定
2	卡套截止阀 *PN*16MPa, $D_0$14, $t \leqslant 450$℃	6	1Cr5Mo				J91H-160I
1	无缝钢管 ϕ见注5, $l=200$	2	10			GB/T 8163—1987	

部件、零件表

冶金仪控通用图	蒸汽流量测量管路连接图（变送器低于节流装置）*PN*6.4MPa, $t \leqslant 450$℃	(2000)YK05-7	
		比例	页次

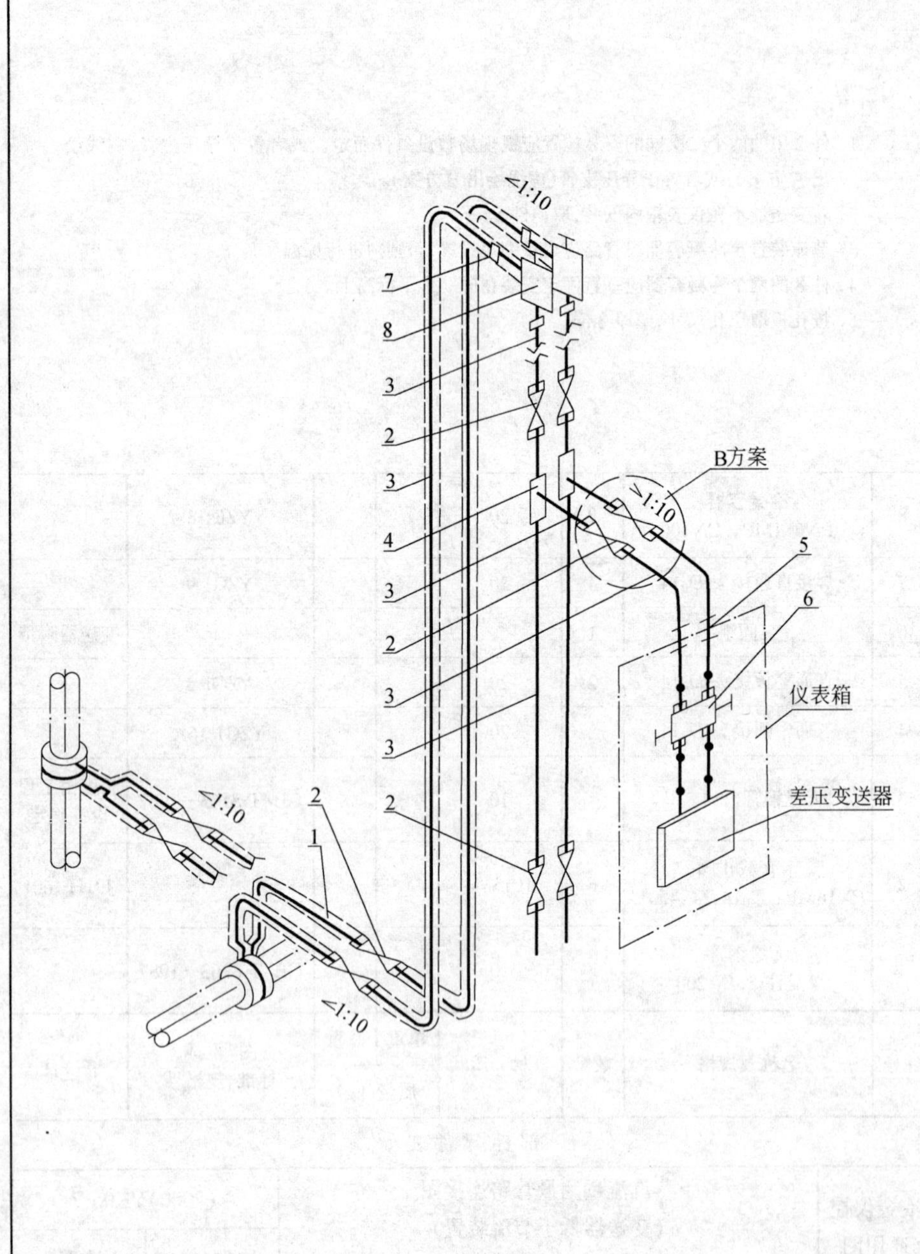

附注：

1. 件 2 中的两个二次阀的安装位置应视现场敷设条件而定。或者置于导压主管（实线绘出 A 方案）；或者置于导压支管（虚线绘出 B 方案）。
2. 若变送器不在仪表箱内安装，取消件 5。
3. 节流装置至冷凝容器段管路须进行保温。
4. 件 8 的两个冷凝容器应垂直固定安装在同一水平标高上。
5. 按孔板取压孔尺寸，壁厚 3mm。

件号	名称及规格	数量	材质	单重 质量(kg)	总重	图号或标准、规格号	备注
8	冷凝容器 $PN6.4MPa, DN100$	2	20			YZF1-8	
7	焊接直通接头 $D_0 14$	4	20			YZG1-9	
6	三阀组	1					变送器附带
5	直通穿板接头 $D_0 14$	2	20			YZG1-5	
4	三通中间接头 $D_0 14$	2	20			YZG1-16A	
3	无缝钢管 $\phi 14\times3$		10			GB/T 8163—1987	长度由工程设计确定
2	卡套截止阀 $PN16MPa, D_0 14, t\leqslant450℃$	6	1Cr5Mo				J91H-160I
1	无缝钢管 ϕ 见注 5, $l=200$	2	10			GB/T 8163—1987	

部件、零件表

冶金仪控通用图	蒸汽流量测量管路连接图（变送器高于节流装置）$PN6.4MPa, t\leqslant450℃$	(2000)YK05-8	
		比例	页次

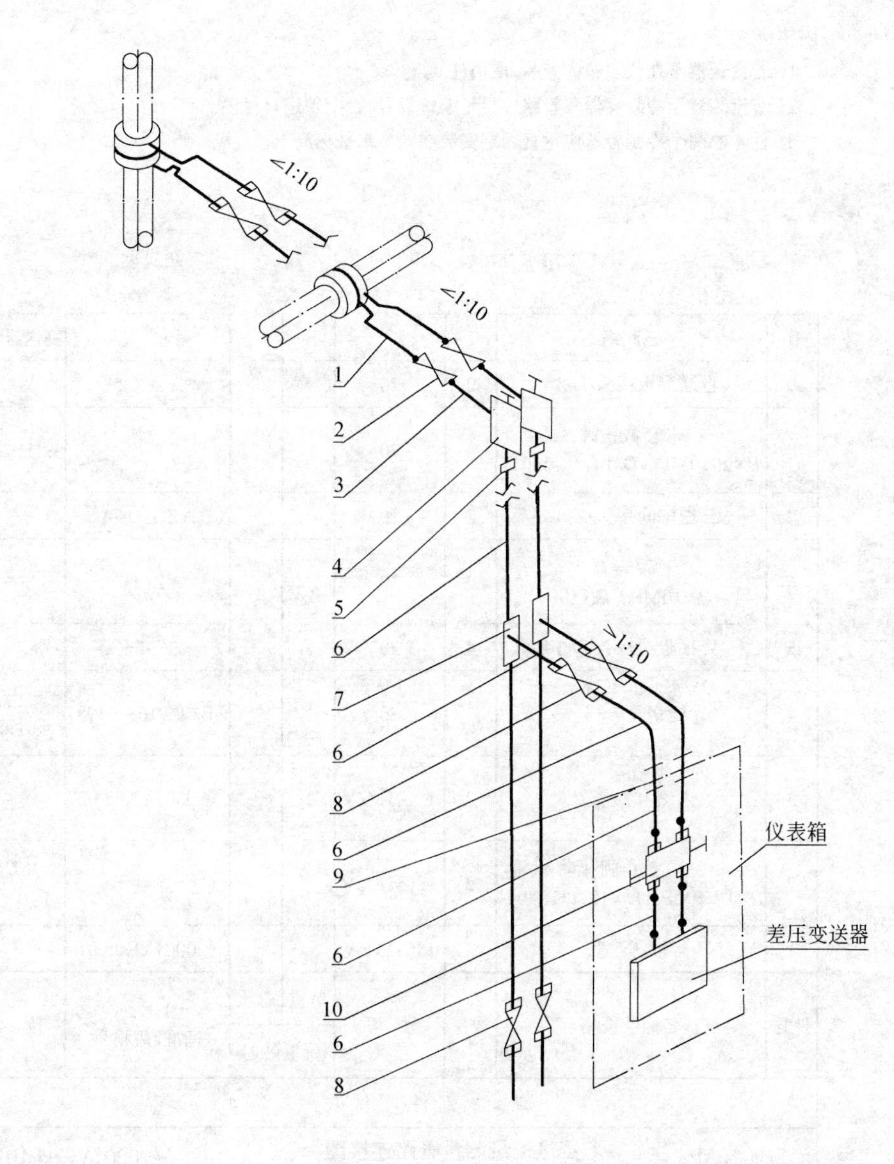

附注：

1. 若变送器不在仪表箱内安装，取消件9。
2. 节流装置至冷凝容器段管路应尽量缩短设置，否则须进行保温。
3. 件4的两个冷凝容器应垂直固定在同一水平标高上。

件号	名称及规格	数量	材质	单重	总重	图号或标准、规格号	备注
10	三阀组	1					变送器附带
9	直通穿板接头 $D_0$14	2	20			YZG1-5	
8	卡套截止阀 *PN*20.0MPa，$D_0$14，*t*≤540℃	4	阀体碳素钢				J91H-200C
7	三通中间接头 $D_0$14	2	20			YZG1-16A	
6	无缝钢管 ϕ 14×3		20			GB/T 8163—1987	长度由工程设计确定
5	焊接直通接头 $D_0$14	2	20			YZG1-9A	
4	冷凝容器 *PN*16MPa，*DN*100	2	20			YZF1-7	
3	焊接短管	2	12Cr1MoV			(2000)YK05-02	
2	截止阀 *PN*14.0MPa，*DN*10，*t*≤540℃	2	12Cr1MoV				J61Y-P_{54}140V
1	取压管	2	12Cr1MoV			(2000)YK05-01	
				质量(kg)			

部件、零件表

冶金仪控通用图	蒸汽流量测量管路连接图 (变送器低于节流装置) *PN*10.0MPa，*t*≤540℃	(2000)YK05-9	
		比例	页次

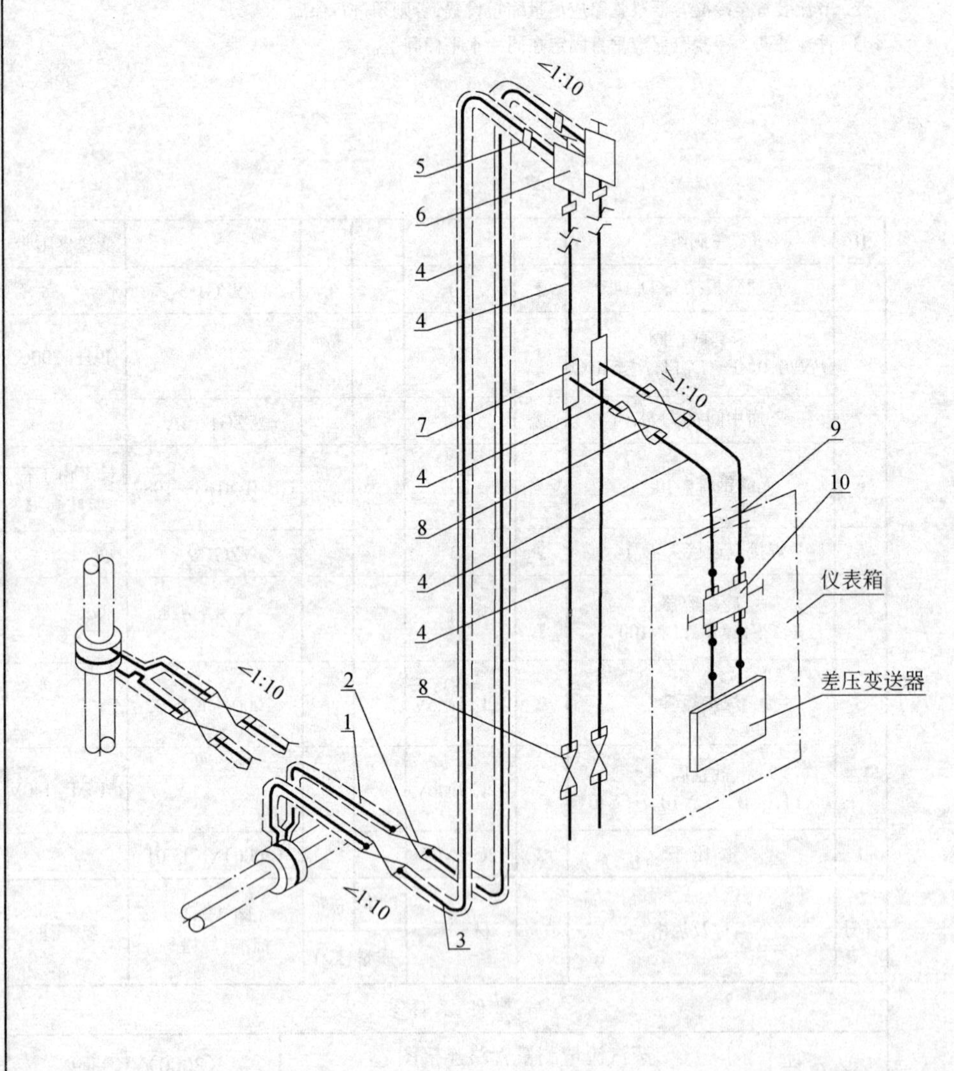

附注：

1. 若变送器不在仪表箱内安装，取消件 9。
2. 节流装置至冷凝容器段管路应尽量缩短设置，否则须进行保温。
3. 件 4 的两个冷凝容器应垂直固定安装在同一水平标高上。

件号	名称及规格	数量	材　质	单重	总重	图 号 或 标准、规格号	备　注
				质量(kg)			
10	三阀组	1					变送器附带
9	直通穿板接头 $D_0$14	2	20			YZG1-5	
8	卡套截止阀 PN20.0MPa，$D_0$14，t≤540℃	4	20				J91H-200C
7	三通中间接头 $D_0$14	2	20			YZG1-16A	
6	冷凝容器 PN16MPa，DN100	2	20			YZF1-7	
5	焊接直通接头 $D_0$14	4	20			YZG1-9A	
4	无缝钢管 ϕ 14×3		20			GB/T 8163—1987	长度由工程设计确定
3	焊接短管	2	12Cr1MoV			(2000)YK05-02	
2	截止阀 PN14.0MPa，DN10，t≤540℃	2	12Cr1MoV				J61Y-P_{54}140V
1	取 压 管	2	12Cr1MoV			(2000)YK05-01	

部 件、零 件 表

冶金仪控 通用图	蒸汽流量测量管路连接图 （变送器高于节流装置） PN10.0MPa，t≤540℃	(2000)YK05-10	
		比例	页次

二、安装零件图

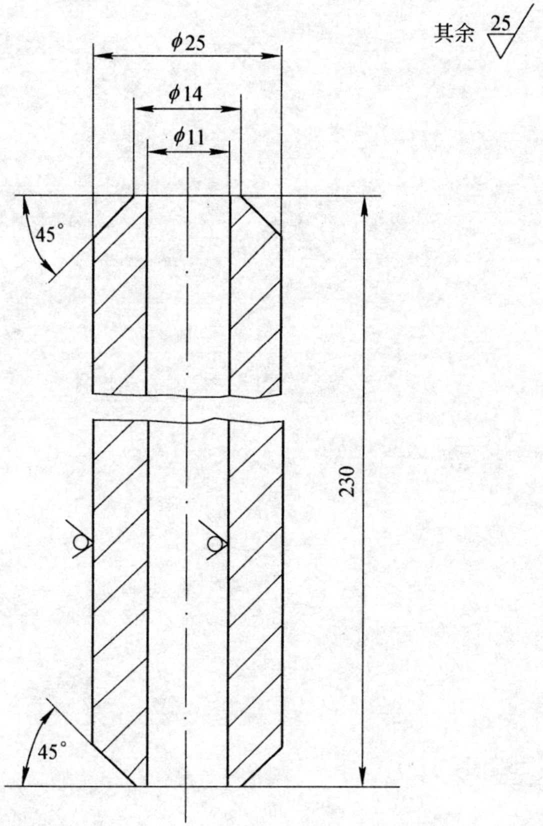

其余 25

φ25
φ14
φ11
45°
230
45°

冶金仪控通用图	取 压 管				(2000)YK05-01	
	材质 12Cr1MoV	质量 0.71kg	比例	件号 1	装配图号	(2000)YK05-9,10

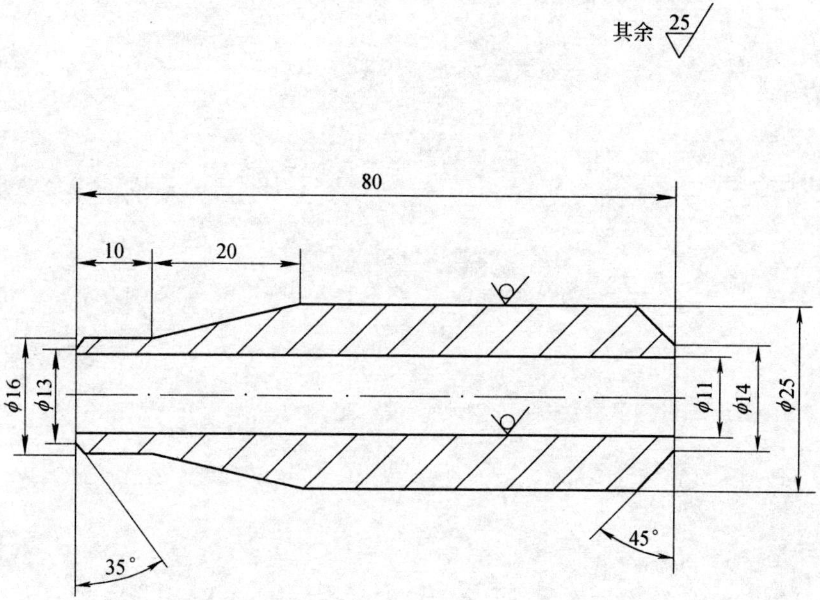

其余 25

80
10
20
φ16
φ13
φ11
φ14
φ25
35°
45°

冶金仪控通用图	焊 接 短 管				(2000)YK05-02	
	材质 12Cr1MoV	质量 0.18kg	比例	件号 3	装配图号	(2000)YK05-9,10

目　　录

冶金仪控 通用图	节流装置和流量测量仪表的安装图图纸目录	(2000)YK06-1	
		比例	页次

说　　明

1．适用范围

本图册适用于冶金生产过程中各种流体介质流量检测的节流装置和仪表的安装。

2．编制依据

本图册是在原节流装置和流量仪表安装图册(90)YK06的基础上修改、补充编制的。

3．内容提要

本图册按检测装置和仪表的特点及使用的方便分为两个分册，即：

(1) 节流装置的安装图号：(2000)YK06.1；

(2) 流量仪表的安装图号：(2000)YK06.2。

各分册的内容、选用注意事项、应用的标准等皆见各分册的说明。

冶金仪控 通用图	节流装置和流量测量仪表的安装图说明	(2000)YK06-2	
		比例	页次

节流装置的安装图

(2000)YK06.1

目 录

一、安装图

二、安装零件图

冶金仪控通用图	节流装置的安装图图纸目录	(2000)YK06.1-1	
		比例	页次

说　明

1. 适用范围

本分册适用于冶金生产过程中测量流量的各种节流装置的安装。

2. 内容提要

本分册包括平孔板、环室式孔板、钻孔式孔板、弦月(圆缺)孔板、双重孔板、端头孔板、环室式小孔板(小于 50mm)和小¼圆喷嘴、标准喷嘴、文丘里喷嘴(长式和短式)和文丘里管等在气体、蒸汽或液体的各种规格管道上的安装图。

3. 选用注意事项

(1) 关于节流装置安装的管道条件和技术要求,在国家标准《流量测量节流装置　用孔板、喷嘴和文丘里管测量充满圆管的流体流量》(GB/T 2624—1993)中有严格的规定。本分册涉及到的不论是标准的或非标准的节流装置的安装都应当执行这些规定。今摘其要点如下供设计和施工时查阅。

1) 有关节流件安装位置邻近的管段、管件的名称如图(2000)YK06.1-2-1 所示。

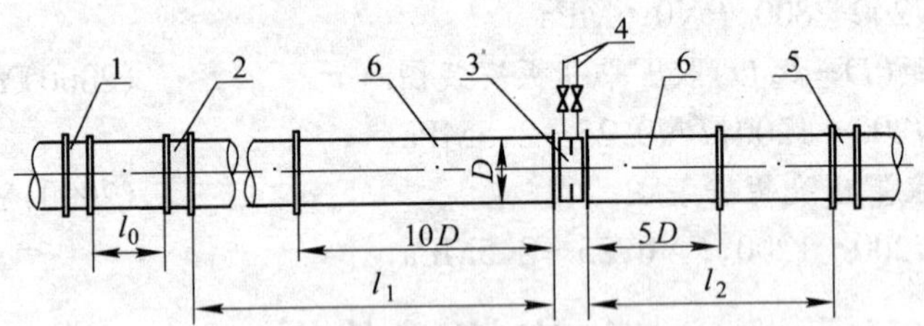

图(2000)YK06.1-2-1 节流装置的管段和管件

1—节流件上游侧第二个局部阻力件;2—节流件上游侧第一个局部阻力件;3—节流件和取压装置;4—差压信号管路;5—节流件下游侧第一个局部阻力件;6—节流件前后的测量管段;l_0—1、2 之间的直管段;l_1、l_2—分别为节流件上游和下游的直管段;D—管道内径

2) 节流件应安装在两段直的圆管(l_1 和 l_2)之间,其圆度在节流件上下游侧 $2D$ 长范围内必须按规定进行多点实测。实测值上游直管段不得超过其算术平均值的 ±0.3%,下游侧不得超过 ±2%。$2D$ 长以外的管道的圆度,以目测法检验其外圆。管道是否直也只需目测。

3) 节流件上下游侧最小直管段长度与节流件上游侧局部阻力件的形式和直径比 β 有关,见表(2000)YK06.1-2-1。

4) 表(2000)YK06.1-2-1 所列阀门应全开,最好用全开闸阀或球阀作为节流件上游侧的第一个局部阻力件。所有调节流量的阀门应安装在节流件下游侧规定的直管段之后。

5) 节流件在管道中安装应保证其前端面与管道轴线垂直,不垂直度不得超过 ±1°;还应保证其开孔与管道同心,不同心度不得超过 $0.015D\left(\frac{1}{\beta}-1\right)$ 的数值,$\beta=d/D$。

6) 夹紧节流件的密封垫片,夹紧后不得突入管道内壁。

7) 新装管路系统必须在管道冲洗和扫线后再进行节流件的安装。

(2) 关于取压方式:法兰取压的法兰和紧固件同孔板成套供应,安装时直接焊在管道上;径距取压在特殊需要时才推荐采用。角接取压即在节流件上下游侧取压孔的轴线与两侧端面的距离等于取压孔径(或取压环隙宽度)的一半。取压孔的孔径 b 上下游侧相等,其大小规定如下:当 $\beta\leqslant0.65$ 时,$0.005D\leqslant b\leqslant0.03D$;当 $\beta>0.65$ 时,$0.01D\leqslant b\leqslant0.02D$;对任意 β 值:$1\text{mm}\leqslant b\leqslant10\text{mm}$。本图册采用的角接取压有表(2000)YK06.1-2-2 几种型式。

对通径 DN 大于 1000mm 的管道,原则上仍然采用法兰钻孔的取压方式;大于 1300mm 者,采用在靠近法兰的管道上钻孔的角接取压方式见(2000)YK06.1-13。如果 $\beta\leqslant0.5$,并对流量系数 α 乘以 1.001 的修正系数,则 DN500mm 以上的管道也可以采用这种取压型式。

(3) 取压孔的方位与被测介质的物理特性有关,如为液体介质应防止凝结水和污物进入导压管和更好地排除凝结水;如为蒸汽应考虑如何排除平衡容器中多余的凝结水。

表(2000)YK06.1-2-1　节流件上下游侧的最小直管段长度

β (d/D)	节流件上游侧局部阻力件形式和最小直管段长度 l_1						节流件下游侧最小直管段长度 l_2（左面所有的局部阻力件形式）
	一个90°弯头或只有一个支管流动的三通	在同一平面内有多个90°弯头	空间弯头（在不同平面内有多个90°弯头）	异径管(大变小 2D→D)长度不小于3D；小变大 D/2→D，长度不小于 $1\frac{1}{2}D$	全开截止阀	全开闸阀	
1	2	3	4	5	6	7	8
≤0.20	10(6)	14(7)	34(17)	16(8)	18(9)	12(6)	4(2)
0.25	10(6)	14(7)	34(17)	16(8)	18(9)	12(6)	4(2)
0.30	10(6)	16(8)	34(17)	16(8)	18(9)	12(6)	5(2,5)
0.35	12(6)	16(8)	36(18)	16(8)	18(9)	12(6)	5(2,5)
0.40	14(7)	18(9)	36(18)	16(8)	20(10)	12(6)	6(3)
0.45	14(7)	18(9)	38(19)	18(9)	20(10)	12(6)	6(3)
0.50	14(7)	20(10)	40(20)	20(10)	22(11)	12(6)	6(3)
0.55	16(8)	22(11)	44(22)	20(10)	24(12)	14(7)	6(3)
0.60	18(9)	26(13)	48(24)	22(11)	26(13)	14(7)	7(3,5)
0.65	22(11)	32(16)	54(27)	24(12)	28(14)	16(8)	7(3,5)
0.70	28(14)	36(18)	62(31)	26(13)	32(16)	20(10)	7(3,5)
0.75	36(18)	42(21)	70(35)	28(14)	36(18)	24(12)	8(4)
0.80	46(23)	50(25)	80(40)	30(15)	44(22)	30(15)	8(4)

注：1. 本表适用于本标准规定的各种节流件。

2. 本表所列数字为管道内径“D”的倍数。

3. 本表括号外的数字为“附加极限相对误差为零”的数值，括号内的数字为“附加极限相对误差为±0.5%”的数值，如实际的直管段长度中有一个大于括号内的数值而小于括号外的数值时，需按“附加极限相对误差为±0.5%”处理。

表(2000)YK06.1-2-2　角接取压的形式

型　式	适用工艺管道范围
环室式	DN = 50～400mm
夹环钻孔式	DN = 50～600mm
法兰钻孔式	DN = 200～1000mm
管道钻孔式	DN = 450～1600mm

对水平或倾斜的主管道，取压管的径向方位可按图(2000)YK06.1-2-2所示范围选定。

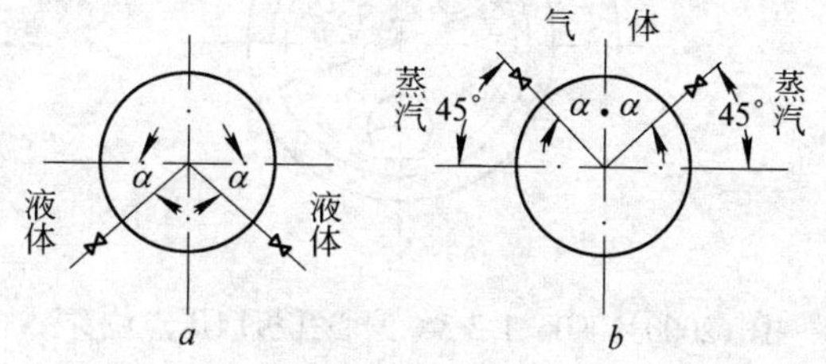

图(2000)YK06.1-2-2 在水平或倾斜管道上取压孔位置示意图

a—被测流体为液体时，α≤45°；b—被测流体为气体时，α≤45°

安装在垂直主管上的节流件其取压孔的位置应与节流件处于同一平面上，其径向方位则可任意选择。

(4) 弦月形孔板仅适用于安装在水平或倾斜的主管道上，其取压孔的径向方位角 ψ 与 β 值有关(见(2000)YK06.1-19)。当被测介质为脏气体并含有水分时，取压孔应尽可能取在孔板上方0°～45°范围内，最好是0°即在管道顶上；当被测介质为脏污的液体时，取压孔应在45°～120°之间。

(5) 偏心孔板仅适用于安装在水平管道上，其偏心内圆应处于与0.98D（D 为管道内径）所形成的圆相切处。当用于测量含有气泡的液体介质时，其切点应位于管道径向中心线顶部；当用于测量含有水分的气体介质时，其切点应位于其底部，如图(2000)YK06.1-2-3 所示。

4．采用的标准

本图册遵循《流量测量节流装置的设计安装和使用》(GB/T 2624—1993)和《工业自动化仪表工程施工及验收规范》(GBJ 93—1986)的有关规定。

本图册使用的法兰是按照原机械部标准平焊法兰为 JB/T 81—1994，对焊法兰为 JB/T 82—1994，法兰用软垫片按 JB/T 87—1994。

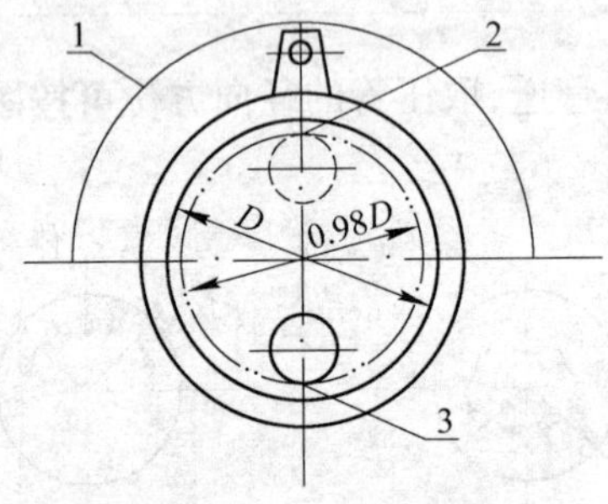

图(2000)YK06.1-2-3　偏心孔板取压点位置图

1—取压孔的设置区；2—顶部切点；3—底部切点

5．其他

(1) 本图册的安装方案还参阅了《流量测量节流装置设计手册》(一机部热工仪表所编，机械工业出版社 1966 年出版)。

(2) 关于夹持孔板用的法兰，本图册中各安装图都已配备。但当孔板是按咨询书成套订货时，一般厂家都附带了法兰和螺栓、螺母等紧固件；有时工艺设计按仪表的要求，在工艺管道上已配好法兰等零件，这两种情况下，本图册中各安装图上所配的法兰等零件就不需要了。工程设计中遇此情况，应注意在设计中予以说明，以避免重复备料造成浪费。

一、安 装 图

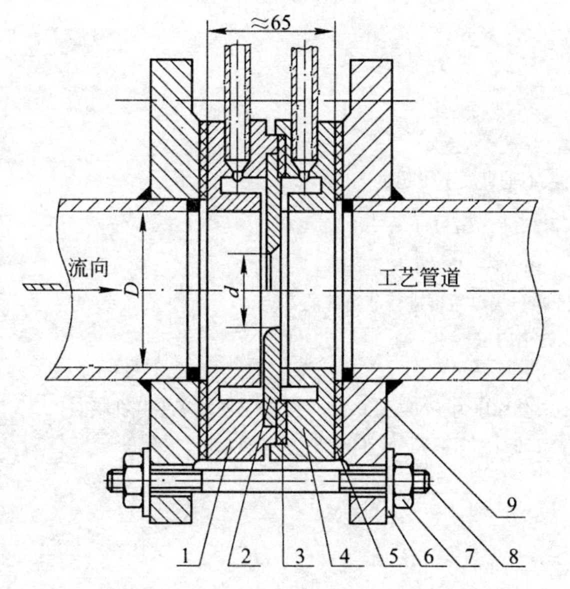

零 件 尺 寸 表

工作压力	$PN\leqslant0.6$MPa				$PN\leqslant1.0$MPa				$PN\leqslant1.6$MPa				$PN\leqslant2.5$MPa			
公称管径	件8,螺栓		件5,垫片		件8,螺栓		件5,垫片		件8,螺栓		件5,垫片		件8,螺栓		件5,垫片	
DN	$Md\times l$	n	D/d	b	$Md\times l$	n	D/d	b	$Md\times l$	n	D/d	b	$Md\times l$	n	D/d	b
50	M12×135	4	96/57	1.5	M16×145	4	107/57	1.5	M16×150	4	107/57	1.5	M16×155	4	107/57	1.5
65	M12×135	4	116/76	1.5	M16×150	4	127/76	1.5	M16×155	4	127/76	1.5	M16×155	8	127/76	1.5
80	M16×145	4	132/89	1.5	M16×150	8	142/89	1.5	M16×155	8	142/89	1.5	M16×160	8	142/89	1.5
100	M16×145	4	152/108	1.5	M16×155	8	162/108	1.5	M16×160	8	162/108	1.5	M20×170	8	167/108	1.5
125	M16×150	8	182/133	1.5	M16×160	8	192/133	1.5	M16×165	8	192/133	1.5	M22×180	8	195/133	1.5
150	M16×150	8	207/159	2.5	M20×165	8	217/159	2.5	M20×175	8	217/159	2.5	M22×180	8	275/159	2.5
175	M16×155	8	237/194	2.5	M20×165	8	247/194	2.5	M20×175	8	247/194	2.5	M22×185	12	255/194	2.5
200	M16×155	8	262/219	2.5	M20×165	8	272/219	2.5	M20×180	12	272/219	2.5	M22×185	12	285/219	2.5
225	M16×155	8	287/245	2.5	M20×165	8	302/245	2.5	M20×180	12	302/245	2.5	M27×200	12	310/245	2.5
250	M16×160	12	317/273	2.5	M20×170	12	327/273	2.5	M22×185	12	330/273	2.5	M27×200	12	340/273	2.5
300	M20×165	12	372/325	2.5	M20×175	12	377/325	2.5	M22×185	12	385/325	2.5	M27×205	16	400/325	2.5
350	M20×170	12	422/377	2.5	M20×175	16	437/377	2.5	M22×190	16	445/377	2.5	M30×220	16	456/377	2.5
400	M20×175	12	472/426	2.5	M20×185	16	490/426	2.5	M27×205	16	495/426	2.5	M30×220	16	516/426	2.5

附注:

1. 节流件的前端面应与管道轴心线垂直,不垂直度不得超过±1°;节流件应与管道同心,不同心度不得超过 $0.015D\left(\frac{1}{\beta}-1\right)$ 的数值,$\beta=d/D$。
2. 节流件取压口的径向方位,应符合 GBJ93—1986 的规定。
3. 新安装的管路系统必须在管道冲洗和扫线以后再进行节流件的安装。
4. 密封垫片(件 5)在夹紧后不得突入管道内壁。
5. 标记示例:在公称管径 $DN=200$mm,公称压力 $PN=1.6$MPa 的管道上安装环室式孔板的标记如下:环室式孔板的安装 $DN200$,$PN1.6$MPa,图号(2000)YK06.1-3。

件号	名称及规格	数量	材质	单重	总重	图号或标准、规格号	备注
9	平焊法兰 DN,PN(按工程设计)	2	Q235			JB/T 81—1994	
8	双头螺栓 $Md\times l$(见表)	n	8.8			GB/T 901—1988	
7	螺母 Md(与螺栓同)	n	8			GB/T 41—1986	
6	垫圈 d(与螺栓同)	$2n$	100HV			GB/T 97.2—1985	
5	垫片 D/d,b(见表)	2	XB-350			JB/T 87—1994	
4	后环室	1					见工程设计
3	垫片	1					
2	孔板(或¼圆喷嘴)	1					
1	前环室	1					
				质量(kg)			

部件、零件表

冶金仪控通用图	环室式孔板(或¼圆喷嘴)的安装图 $DN50\sim400$,$PN0.6,1.0,1.6,2.5$MPa	(2000)YK06.1-3	
		比例	页次

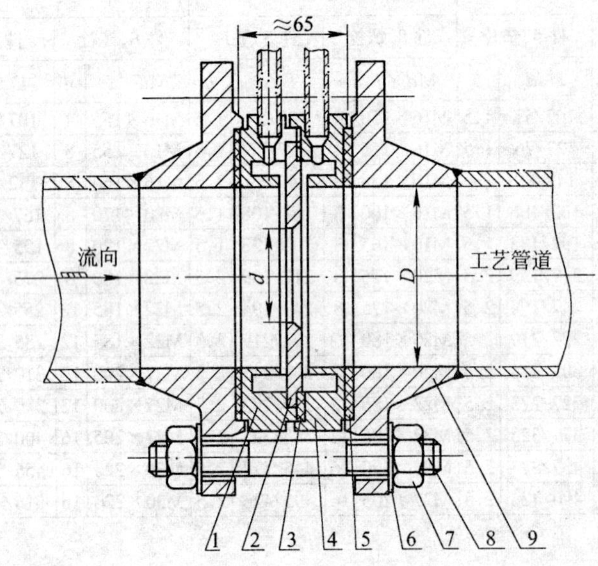

附注：

1. 节流件前端面应与管道轴心线垂直，不垂直度不得超过 ±1°；

   节流件应与管道同心，不同心度不得超过 $0.015D\left(\frac{1}{\beta}-1\right)$ 的数值，$\beta=d/D$。
2. 节流件取压口的径向方位，应符合 GBJ 93—1986 的规定。
3. 新安装的管路系统必须在管道冲洗和扫线以后再进行节流件的安装。
4. 密封垫片(件 5)在夹紧后不得突入管道内壁。
5. 法兰(件 9)凸凹面的各一个。
6. 标记示例：在公称管径 $DN=150$mm，公称压力 $PN=6.4$MPa 的管道上安装环室式孔板的标记如下：环室式孔板的安装 DN150，PN6.4，图号(2000)YK06.1-4。

零 件 尺 寸 表

公称管径 DN	件号 8，双头螺栓 Md×l	n	件号 5，垫片 D/d	b	公称管径 DN	件号 8，双头螺栓 Md×l	n	件号 5，垫片 D/d	b
50	M20×150	4	87/57	1.5	200	M30×190	12	259/219	2.5
65	M20×150	8	109/73	1.5	225	M30×200	12	286/245	2.5
80	M20×150	8	120/80	1.5	250	M36×210	12	312/273	2.5
100	M22×160	8	149/108	1.5	300	M36×220	16	363/325	2.5
125	M27×170	8	175/133	1.5	350	M36×230	16	421/377	2.5
150	M30×180	8	203/159	2.5	400	M42×260	16	473/426	2.5
175	M30×190	12	253/194	2.5					

件号	名称及规格	数量	材质	单重 质量(kg)	总重 质量(kg)	图号或标准、规格号	备注
9	凸凹对焊法兰 DN，PN	2	20			JB/T 82—1994	法兰 DN，PN 按工程设计
8	双头螺栓 Md×l	n	10.9			GB/T 901—1988	
7	螺母 Md(与螺栓同)	n	10			GB/T 41—1986	
6	垫圈 d(与螺栓同)	2n	140HV			GB/T 97.2—1985	
5	垫片 D/d，b(见表)	2	XB450			JB/T 87—1994	
4	后环室	1					见工程设计
3	垫片	1					见工程设计
2	孔板	1					见工程设计
1	前环室	1					见工程设计

部 件、零 件 表

冶金仪控通用图	环室式孔板的安装图 DN50～400，PN6.4MPa	(2000)YK06.1-4	
		比例	页次

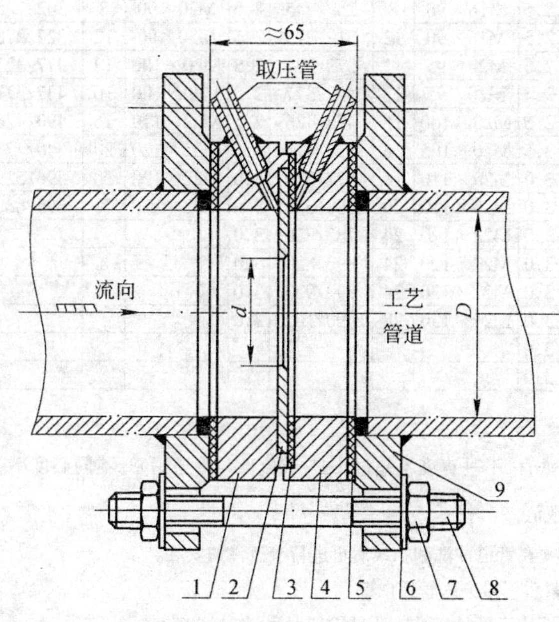

零 件 尺 寸 表

公称压力	$PN=1.0$MPa				$PN=1.6$MPa				$PN=2.5$MPa			
公称管径	件 8,螺栓		件 5,垫片		件 8,螺栓		件 5,垫片		件 8,螺栓		件 5,垫片	
DN	$Md\times l$	n	D/d	b	$Md\times l$	n	D/d	b	$Md\times l$	n	D/d	b
50	M16×145	4	107/57	1.5	M16×150	4	107/57	1.5	M16×155	4	107/57	1.5
65	M16×150	4	127/76	1.5	M16×155	4	127/76	1.5	M16×155	8	127/76	1.5
80	M16×150	8	142/89	1.5	M16×155	8	142/89	1.5	M16×160	8	142/89	1.5
100	M16×155	8	162/108	1.5	M16×160	8	162/108	1.5	M20×170	8	167/108	1.5
125	M16×160	8	192/133	1.5	M16×165	8	192/133	1.5	M22×180	8	195/133	2.5
150	M20×165	8	217/159	1.5	M20×175	8	217/159	2.5	M22×180	8	225/159	2.5
175	M20×165	8	247/194	2.5	M20×175	8	247/194	2.5	M22×185	12	255/194	2.5
200	M20×165	8	272/219	2.5	M20×180	12	272/219	2.5	M22×185	12	285/219	2.5
225	M20×165	8	302/245	2.5	M20×180	12	302/245	2.5	M27×200	12	310/245	2.5
250	M20×170	12	327/273	2.5	M22×185	12	330/273	2.5	M27×200	12	340/273	2.5
300	M20×175	12	377/325	2.5	M22×185	12	385/325	2.5	M27×205	16	400/325	2.5
350	M22×175	16	437/377	2.5	M22×190	16	445/377	2.5	M30×220	16	456/377	2.5
400	M22×185	16	490/426	2.5	M27×205	16	495/426	2.5	M30×220	16	516/426	2.5
450	M22×185	20	540/478	2.5	M27×210	20	555/478	2.5	M30×230	20	566/473	2.5
500	M22×190	20	596/259	3.0	M30×220	20	616/529	3.0	M36×235	20	619/529	3.0
600	M27×200	20	695/630	3.0	M36×225	20	729/630	3.0				

附注:

1. 孔板端面与管道轴线垂直,不垂直度不得超过±1°,孔板与管道同心,不同心度不超过$0.015D\left(\frac{1}{\beta}-1\right)$的数值,$\beta=\frac{d}{D}$。
2. 节流件取压口的径向方位应符合 GBJ 93—1986 的规定。
3. 密封垫片(件 5)在夹紧后不得突入管道内壁。
4. 新安装的管路系统必须在管道冲洗和扫线后再进行孔板安装。
5. 标记示例:在公称管径 $DN=100$mm,公称压力 $PN=1.6$MPa 的管道上安装夹环钻孔式孔板的标记如下:夹环钻孔式孔板的安装 DN100,PN1.6,图号(2000)YK06.1-5。

件号	名称及规格	数量	材质	单重	总重	图号或标准、规格号	备注
9	平焊法兰 DN,PN(见工程设计)	2	Q235			JB/T 81—1994	
8	双头螺栓 $Md\times l$(见表)	n	8.8			GB/T 901—1988	
7	螺母 Md(与螺栓同)	n	8			GB/T 41—1986	
6	垫圈 d(与螺栓同)	$2n$	100HV			GB/T 97.2—1985	
5	垫片 D/d,b(见表)	1	XB-350			JB/T 87—1994	
4	后环室	1					见工程设计
3	垫片	1					
2	孔板	1					
1	前环室	1					
件号	名称及规格	数量	材质	单重 质量(kg)	总重	图号或标准、规格号	备注

部件、零件表

冶金仪控通用图	夹环钻孔式孔板的安装图 DN50~600,PN1.0,1.6,2.5MPa	(2000)YK06.1-5	
		比例	页次

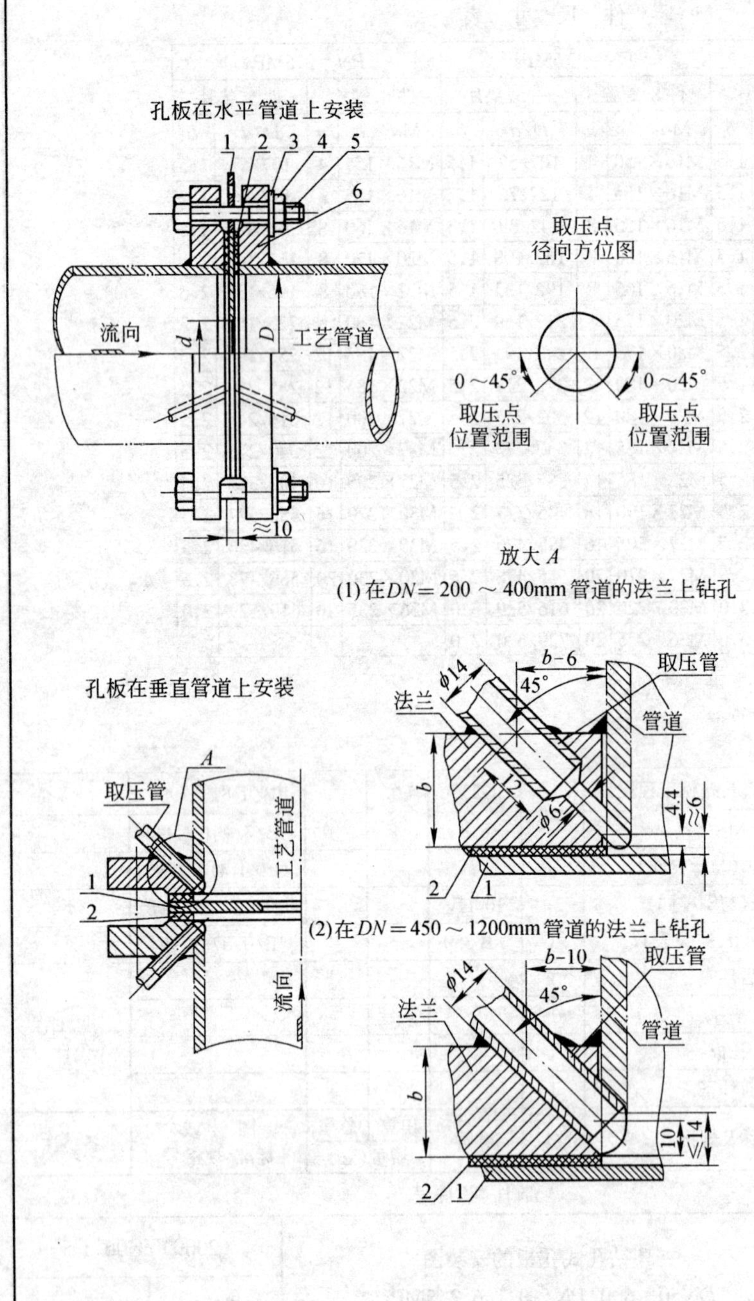

零 件 尺 寸 表

公称压力	PN=0.25MPa				PN=0.6MPa				PN=1.0MPa			
公称管径	件2，螺栓		件2，垫片		件5，螺栓		件5，垫片		件2，螺栓		件5，垫片	
DN	Md×l	n	D/d	b	Md×l	n	D/d	b	Md×l	n	D/d	b
200	M16×75	8	262/219	2.5	M16×90	8	262/219	2.5	M20×90	8	272/219	2.5
225	M16×80	8	287/245	2.5	M16×90	8	287/245	2.5	M20×90	8	302/245	2.5
250	M16×80	12	317/273	2.5	M16×90	12	317/273	2.5	M20×90	12	327/273	2.5
300	M20×90	12	372/325	2.5	M20×95	12	372/325	2.5	M20×100	12	377/325	2.5
350	M20×90	12	422/377	2.5	M20×95	12	422/377	2.5	M20×100	16	437/377	2.5
400	M20×90	16	472/426	2.5	M20×100	16	472/426	2.5	M22×110	16	490/426	2.5
450	M20×90	16	527/478	2.5	M20×105	16	527/478	2.5	M22×120	20	540/478	2.5
500	M20×90	16	577/529	3.0	M20×110	16	577/529	3.0	M22×120	20	596/529	3.0
600	M20×95	20	680/630	3.0	M20×110	20	680/630	3.0	M22×120	20	695/630	3.0
700	M22×95	24	785/720	3.0	M22×120	24	785/720	3.0				
800	M27×100	24	890/820	3.0	M22×120	24	890/820	3.0				
900	M27×110	24	990/920	3.0	M27×130	24	990/920	3.0				
1000	M27×115	28	1090/1020	3.0	M27×130	28	1090/1020	3.0				
1100	M27×115	32	1186/1120	3.0								
1200	M27×115	32	1286/1220	3.0								

附注：

1. 孔板前端与管道轴线垂直，不垂直度不超过±1°；节流件与管道同心，不同心度不超过 $0.015D\left(\frac{1}{\beta}-1\right)$ 的数值，$\beta=\frac{d}{D}$。
2. 新安装的管路系统必须在管道冲洗和扫线后再进行节流件的安装。
3. 密封垫片(件2)在夹紧后不得突入管道内壁。
4. 当在垂直管道上测量液体流量时，液体流向只能自下而上。
5. 标记示例：在 DN=250mm，PN=0.25MPa 的水管道上安装法兰钻孔式平孔板的标记如下：法兰钻孔式平孔板的安装，DN250，PN0.25，图号(2000)YK06.1-6。

6	平焊法兰 DN，PN(见工程设计)	2	Q235			JB/T 81—1994	法兰上钻孔
5	螺栓 Md×l(见表)	n	6.8			GB/T 5780—1986	
4	螺母 Md(与螺栓同)	n	6			GB/T 41—1986	
3	垫圈 d(与螺栓同)	n	100HV			GB/T 97.2—1985	
2	垫片 D/d，b(见表)	2	XB350			JB/T 87—1994	
1	平孔板	1					见工程设计
件号	名称及规格	数量	材质	单重	总重	图号或标准、规格号	备注
				质量(kg)			

部件、零件表

冶金仪控通用图	法兰钻孔式平孔板在液体管道上的安装图 DN200～1200，PN0.25，0.6，1.0MPa	(2000)YK06.1-6	
		比例	页次

孔板在水平管道上安装

1 2 3 4 5 6

流向 工艺管道

取压口方位图

0～45° 0～45°

取压点位置范围 取压点位置范围

孔板在垂直管道上安装

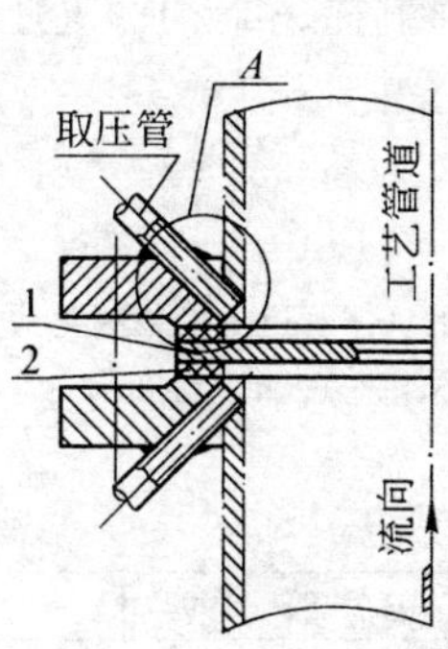

放大 *A*

(1)在*DN*= 450～600 mm 管道的法兰上钻孔取压

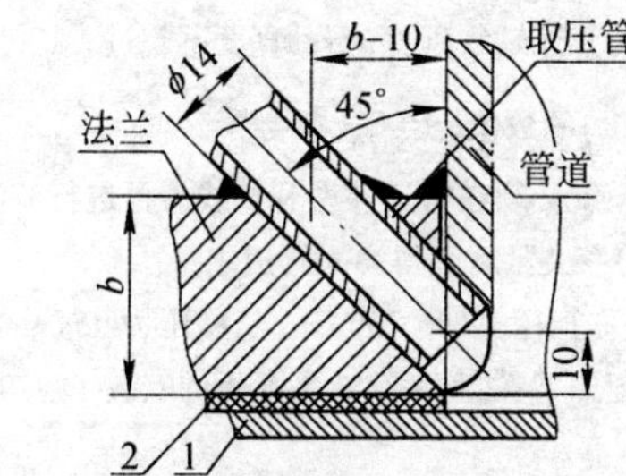

(2) 在*DN*＝200～400 mm管道的法兰上钻孔取压

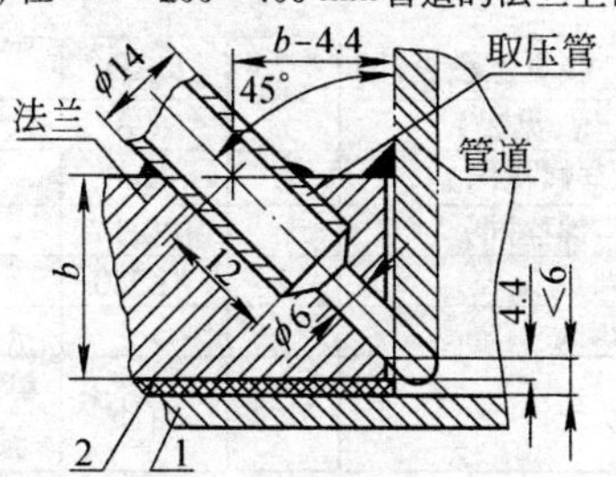

零 件 尺 寸 表

公称压力	*PN*＝1.6MPa				*PN*＝2.5MPa			
公称管径	件5,螺栓		件2,垫片		件5,螺栓		件2,垫片	
DN	M*d*×*l*	*n*	*D*/*d*	*b*	M*d*×*l*	*n*	*D*/*d*	*b*
200	M20×105	12	272/219	2.5	M22×105	12	285/219	2.5
225	M20×105	12	302/245	2.5	M27×105	12	310/245	2.5
250	M22×115	12	330/273	2.5	M27×110	12	340/273	2.5
300	M22×115	12	385/325	2.5	M27×115	16	400/325	2.5
350	M22×115	16	445/377	2.5	M30×115	16	456/377	2.5
400	M27×130	16	495/426	2.5	M30×130	16	516/426	2.5
450	M27×140	20	555/478	2.5	M30×140	20	566/478	2.5
500	M30×150	20	616/529	3.0	M36×150	20	619/529	3.0
600	M36×160	20	729/630	3.0				

附注:

1. 节流件前端面应与管道轴心线垂直,不垂直度不得超过±1°;节流件应与管道同心,不同心度不得超过 $0.015D\left(\frac{1}{\beta}-1\right)$ 的数值,$\beta = d/D$。
2. 新安装的管路系统必须在管道冲洗和扫线以后再进行孔板的安装。
3. 密封垫片(件2)在法兰夹紧后不得突出管道内壁。
4. 标记示例:在公称管径 *DN*＝600mm,公称压力 *PN*＝2.5MPa 的液体管道上安装法兰钻孔式平孔板的标记如下:法兰钻孔式平孔板的安装 *DN*600,*PN*2.5,图号(2000)YK06.1-7。

件号	名称及规格	数量	材质	单重 质量(kg)	总重 质量(kg)	图号或标准、规格号	备注
6	平焊法兰 *DN*,*PN*(见工程设计)	2	Q235			JB/T 81—1994	
5	螺栓 M*d*×*l*	*n*	8.8			GB/T 5780—1986	
4	螺母 M*d*(与螺栓同)	*n*	8			GB/T 41—1986	
3	垫圈 *d*(与螺栓同)	*n*	100HV			GB/T97.2—1985	
2	垫片 *D*/*d*,*b*(见表)	2	XB350			JB/T 87—1994	
1	平孔板	1					见工程设计

部 件、零 件 表

冶金仪控通用图	法兰钻孔式平孔板在液体管道上的安装图 *DN*200～600,*PN*1.6,2.5MPa	(2000)YK06.1-7	
		比例	页次

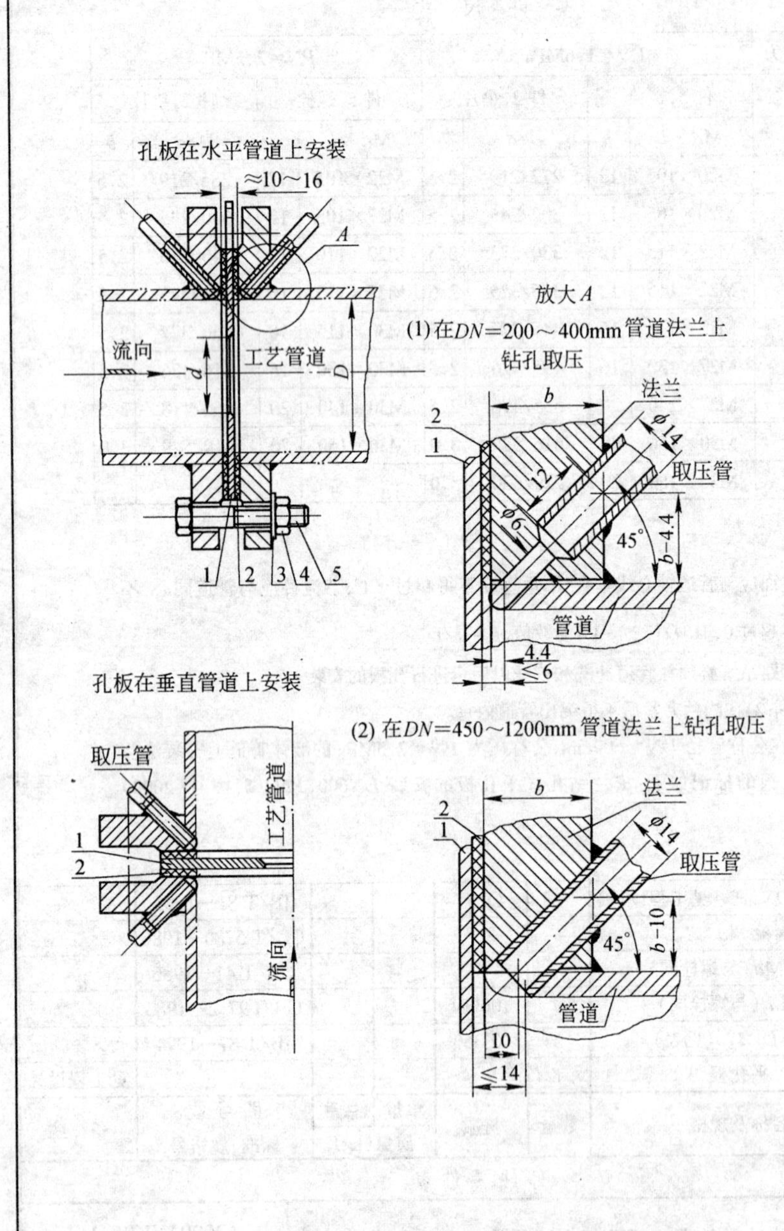

零件尺寸表

公称压力	PN=0.25MPa				PN=0.6MPa				PN=1.0MPa			
公称管径	件5,螺栓		件2,垫片		件5,螺栓		件2,垫片		件5,螺栓		件2,垫片	
DN	Md×l	n	D/d	b	Md×l	n	D/d	b	Md×l	n	D/d	b
200	M16×75	8	262/219	2.5	M16×90	8	262/219	2.5	M20×90	8	272/219	2.5
225	M16×80	8	287/245	2.5	M16×90	8	287/245	2.5	M20×90	8	302/245	2.5
250	M16×80	12	317/273	2.5	M16×90	12	317/273	2.5	M20×90	12	327/273	2.5
300	M20×90	12	372/325	2.5	M20×95	12	372/325	2.5	M20×100	12	377/325	2.5
350	M20×90	12	422/377	2.5	M20×95	12	422/377	2.5	M20×100	16	437/377	2.5
400	M20×90	16	472/426	2.5	M20×100	16	472/426	2.5	M22×110	16	490/426	2.5
450	M20×90	16	527/478	2.5	M20×105	16	527/478	2.5	M22×120	20	540/478	2.5
500	M20×90	16	577/529	3.0	M20×110	16	577/529	3.0	M22×120	20	596/529	3.0
600	M20×95	20	680/680	3.0	M20×110	20	680/630	3.0	M27×120	20	695/630	3.0
700	M22×95	24	785/720	3.0	M22×120	24	785/720	3.0				
800	M27×100	24	890/820	3.0	M22×120	24	890/820	3.0				
900	M27×110	24	990/920	3.0	M27×130	24	990/920	3.0				
1000	M27×115	28	1090/1020	3.0	M27×130	28	1090/1020	3.0				
1100	M27×115	32	1186/1120	3.0								
1200	M27×115	32	1286/1220	3.0								

附注：

1. 节流件前端面与管道轴线垂直，不垂直度不超过±1°；节流件与管道同心，不同心度不超过 $0.015D\left(\frac{1}{\beta}-1\right)$ 的数值，$\beta=\frac{d}{D}$。
2. 新安装的管路系统必须在管道冲洗和扫线后再进行节流件安装。
3. 密封垫片(件2)在夹紧后不得突入管道内壁。
4. 标记示例：在公称管径 DN=200mm，公称压力 PN=0.25MPa 的气体管道上安装法兰钻孔式孔板的标记如下：法兰钻孔式平孔板的安装 DN200、PN0.25，图号(2000)YK06.1-8。

件号	名称及规格	数量	材质	单重	总重	图号或标准、规格号	备注
6	平焊法兰 DN,PN(见工程设计)	2	Q235			JB/T 81—1994	
5	螺栓 Md×l(见表)	n	6.8			GB/T 5780—1986	
4	螺母 Md(与螺栓同)	n	6			GB/T 41—1986	
3	垫圈 d(与螺栓同)	n	100HV			GB/T 97.2—1985	
2	垫片 D/d,b(见表)	2	XB350			JB/T 87—1994	
1	平孔板	1					见工程设计
				质量(kg)			

部件、零件表

冶金仪控通用图	法兰钻孔式平孔板在气体管道上的安装图 DN200～1200,PN0.25,0.6,1.0MPa	(2000)YK06.1-8	
		比例	页次

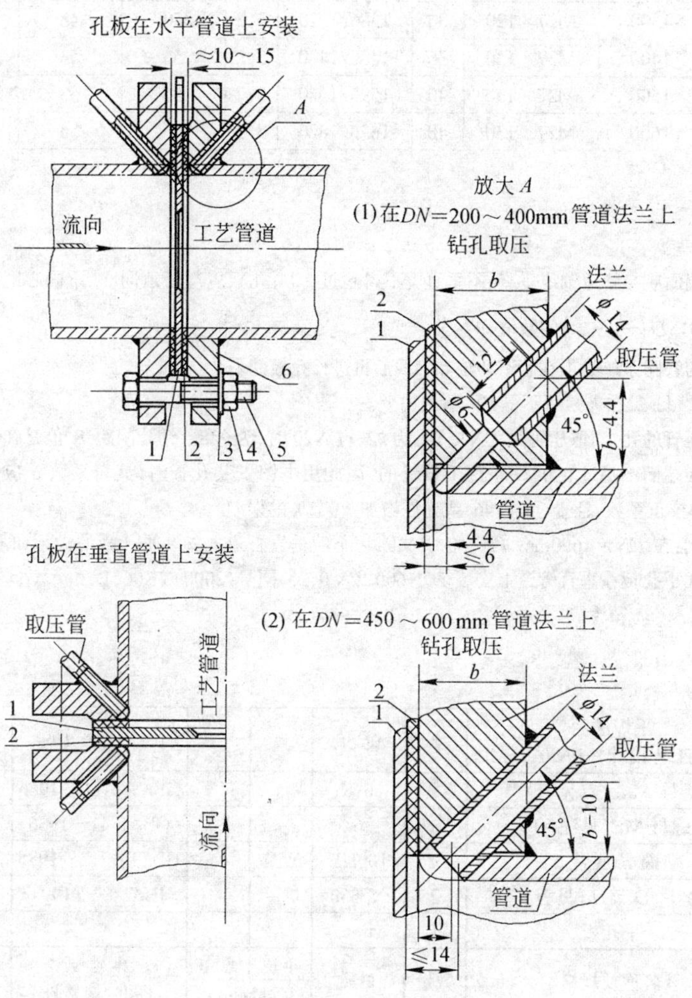

零件尺寸表

公称压力	$PN=1.6\text{MPa}$				$PN=2.5\text{MPa}$			
公称管径	件5,螺栓		件2,垫片		件5,螺栓		件2,垫片	
DN	$Md\times l$	n	D/d	b	$Md\times l$	n	D/d	b
200	M20×105	12	272/219	2.5	M22×105	12	285/219	2.5
225	M20×105	12	302/245	2.5	M27×105	12	310/245	2.5
250	M22×110	12	330/273	2.5	M27×110	12	340/275	2.5
300	M22×115	12	385/325	2.5	M27×115	16	400/325	2.5
350	M22×115	16	445/377	2.5	M30×115	16	456/377	2.5
400	M27×130	16	495/426	2.5	M30×130	16	516/426	2.5
450	M27×140	20	555/478	2.5	M30×140	20	566/478	2.5
500	M30×150	20	616/529	3.0	M36×150	20	619/529	3.0
600	M36×160	20	729/630	3.0				

附注:

1. 节流件前端与管道轴线垂直,不垂直度不超过±1°;节流件与管道同心,不同心度不超过 $0.015D\left(\frac{1}{\beta}-1\right)$ 的数值,$\beta=\frac{d}{D}$。
2. 新安装的管路系统必须在管道冲洗和扫线后再进行节流件安装。
3. 密封垫片(件2),在夹紧后不得突入管道内壁。
4. 标记示例:在公称管径 $DN=200\text{mm}$,公称压力 $PN=0.25\text{MPa}$ 的气体管道上安装法兰钻孔式孔板的标记如下:法兰钻孔式平孔板的安装 DN200,PN 0.25,图号(2000)YK06.1-8。

件号	名称及规格	数量	材质	单重 质量(kg)	总重 质量(kg)	图号或标准、规格号	备注
6	平焊法兰 DN,PN(见工程设计)	2	Q235			JB/T 81—1994	
5	螺栓 $Md\times l$(见表)	n	8.8			GB/T 5780—1986	
4	螺母 Md(与螺栓同)	n	8			GB/T 41—1986	
3	垫圈 d(与螺栓同)	n	100HV			GB/T 97.2—1985	
2	垫片 $D/d,b$(见表)	2	XB350			JB/T 87—1994	
1	平孔板	1					见工程设计

部件、零件表

冶金仪控通用图	法兰钻孔式平孔板在气体管道上的安装图 DN200～600,PN≤1.6,2.5MPa	(2000)YK06.1-9	
		比例	页次

孔板在水平管道上安装

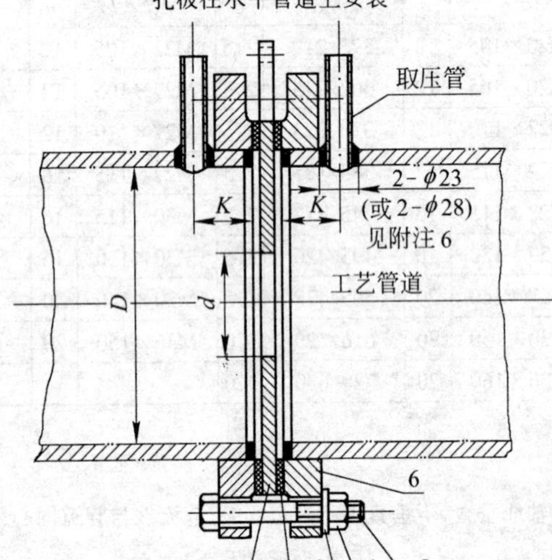

孔板在垂直管道上安装

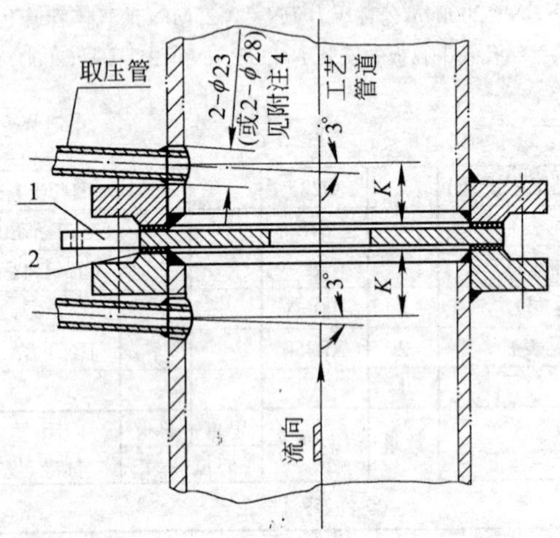

零 件 尺 寸 表

公称管径	件5,螺栓		件3,垫片		间距K小于	
DN	Md×l	n	D/d	b	DN15管	DN20管
1200	M27×120	32	1286/1220	3.2	46	51
1300	M27×120	36	1386/1320	3.2	50	48
1400	M27×130	36	1486/1420	3.2	55	53
1500	M27×130	40	1596/1520	3.2	55	53
1600	M27×130	40	1696/1620	3.2	55	53

附注:

1. 孔板前端面应与管道轴线垂直,不垂直度不得超过±1°;孔板应与管道同心,不同心度不得超过$0.015D\left(\frac{1}{\beta}-1\right)$的数值,$\beta=\frac{d}{D}$。
2. 新安装的管路系统必须在管道冲洗和扫线后再进行孔板的安装。
3. 密封垫片(件2)在夹紧后不得突入管道内壁。
4. 安装取压管的孔,当取压管是 DN15 时,为ϕ23;DN20 时,为ϕ28。钻孔间距 K 值是在取压孔距孔板端面不超过 0.05D 条件下设计的,因此用本图安装孔板时,流量系数 α 应乘以 1.005 的校正系数,且 $\beta\leqslant 0.7746$,或允许增加 -0.5%的误差。
5. 标记示例:在 DN=1600mm,PN=0.25MPa 以下的垂直管道上安装平孔板的标记如下:管道钻孔式平孔板在垂直管道上安装 DN1600,PN 0.25,图号(2000)YK06.1-10。

件号	名称及规格	数量	材质	单重	总重	图号或标准、规格号	备注
6	平焊法兰 DN(见工程设计),PN 0.25MPa	2	Q235			JB/T 81—1994	
5	螺栓 Md×l(见表)	n	6.8			GB/T 5780—1986	
4	螺母 Md(见注5)	n	6			GB/T 41—1986	
3	垫圈 d(见注5)	n	100HV			GB/T 97.2—1985	
2	垫片 D/d,b(见表)	2	XB350			JB/T 87—1994	
1	平孔板	1					见工程设计
				质量(kg)			

部件、零件表

冶金仪控通用图	管道钻孔式平孔板的安装图 DN1200~1600,PN0.25MPa	(2000)YK06.1-10	
		比例	页次

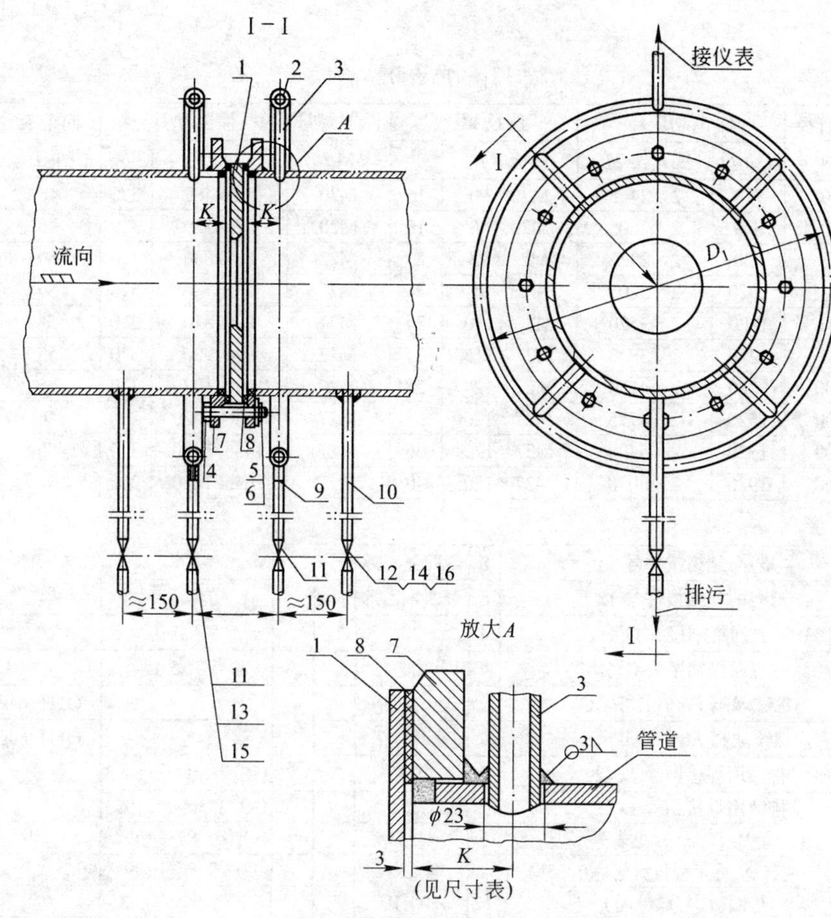

(2) 当 DN＝1200～1600mm，β 不大于 0.7745，取压孔距孔板端面不大于 0.05D，对 α 乘以 1.005 的校正系数。

6. 标记示例：在公称管径 DN＝500mm，公称压力 PN＝0.25MPa 的管道上安装圆形均压环管道钻孔式平孔板的标记如下：管道钻孔式平孔板的安装(带圆形均压环取压)DN500，PN0.25，图号(2000)YK0.6.1-11。

平孔零件尺寸表

公称管径	件2，均压环		件4，螺栓		件5，螺母	件8，垫片3		间距 K
DN	直径 D_1	展开长 $2L$	$Md\times l$	n	Md	D/d	b	小于
450	778	2×2445	M20×90	16	M20	527/478	2.5	46
500	892	2×2605	M20×90	16	M20	577/529	3.0	46
600	930	2×2922	M22×95	20	M22	680/630	3.0	50
700	1020	2×3205	M22×95	24	M22	785/720	3.0	50
800	1120	2×3520	M27×110	24	M27	890/820	3.0	55
900	1220	2×3832	M27×115	24	M27	990/920	3.0	55
1000	1320	2×4150	M27×120	28	M27	1090/1020	3.0	45
1200	1520	2×4775	M27×120	32	M27	1286/1220	3.0	46
1400	1720	2×5400	M27×120	36	M27	1486/1420	3.0	55
1600	1920	2×6030	M27×120	40	M27	1696/1620	3.0	55

件号	名称及规格	数量	材质	单重	总重	图号或标准、规格号	备注
				质量(kg)			
16	垫片，规格按件号14	8	聚四氟乙烯				
15	垫片，规格按件号13	8	聚四氟乙烯				
14	直通终端接头G¾	4	20			YZG5-1	
13	直通终端接头G½	4	20			YZG5-1	
12	内螺纹球阀 PN6.4MPa，G¾	2	球耐酸钢				Q11F-64C
11	内螺纹球阀 PN6.4MPa，G½	2	球耐酸钢				Q11F-64C
10	排污用焊接钢管 DN20	2	Q235			GB/T 3092—1993	
9	排液用焊接钢管 DN15	2	Q235			GB/T 3092—1993	
8	垫片 D/d，b(见表)	2	Q235			GB/T 87—1994	
7	平焊法兰，DN 见工程设计，PN0.25MPa	2	Q235			GB/T 81—1994	
6	垫圈 d(与螺母同)	12	100HV			GB/T 922—1985	
5	螺母 Md(见表)	12	5			GB/T 41—1986	
4	螺栓 $Md\times2$(见表)	12	4.8			GB/T 5780—1986	
3	取压管，焊接钢管 DN15，l＝200	4	Q235			GB/T 3092—1993	
2	均压环 D_1，焊接钢管 DN25	2	Q235			GB/T 3092—1993	
1	孔板	1					见工程设计

部件、零件表

附注：

1. 孔板前端与管道轴线应垂直，其误差不得超过±1°；孔板与管道应同心，不同心度不得超过 $0.015D\left(\frac{1}{\beta}-1\right)$ 的数值，$\beta=d/D$。
2. 密封垫片(件8)夹紧后不得突入管道内壁。
3. 新安装的管路系统必须在管道冲洗和扫线后再进行孔板的安装。
4. 排液和排污管上的闸阀(件11、件12)应安放在便于操作的地方，其中心高距地面(或操作走台面)最好不超过1.4m。
5. 本图取压孔中心与法兰端面的间距 K 值是在下列条件下设计的：

(1) 当 DN＝450～1000mm，β 不大于 0.7745，取压孔距孔板端面不大于 0.1D，对流量系数 α 乘以 1.0075 的校正系数；

冶金仪控通用图	管道钻孔式平孔板的安装图(带圆形均压环取压)DN450～1600，PN0.25MPa	(2000)YK06.1-11	
		比例	页次

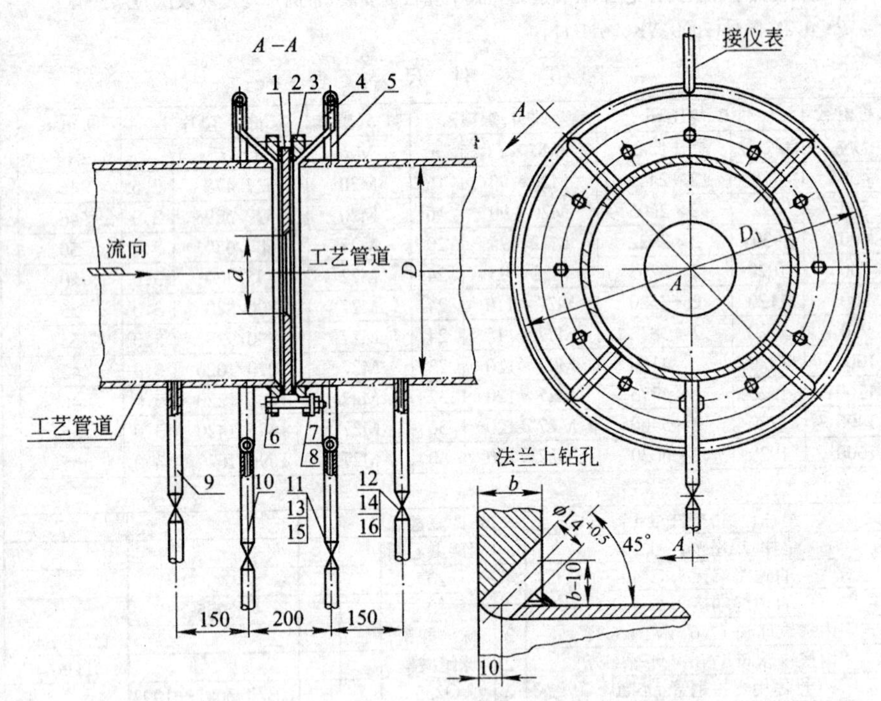

零件尺寸表

公称管径	件5,均压环		件6,螺栓		件7,螺母	件2,垫片		间距 K
DN	直径 D_1	展开长 2L	$Md\times l$	n	Md	D/d	b	小于
450	778	2×2445	M20×90	16	M20	527/487	2.5	46
500	829	2×2605	M20×90	16	M20	577/529	3.0	46
600	930	2×2922	M22×95	20	M22	680/630	3.0	50
700	1020	2×3205	M22×95	24	M22	785/720	3.0	50
800	1120	2×3520	M27×110	24	M27	890/820	3.0	55
900	1220	2×3832	M27×115	24	M27	990/920	3.0	55
1000	1320	2×4150	M27×120	28	M27	1090/1020	3.0	45
1200	1520	2×4775	M27×120	32	M27	1286/1220	3.0	46
1400	1720	2×5400	M27×120	36	M27	1486/1420	3.0	55
1600	1920	2×6030	M27×120	40	M27	1696/1620	3.0	55

件号	名称及规格	数量	材质	单重	总重	图号或标准、规格号	备注
16	垫片,规格按件号 14	8	聚四氟乙烯				
15	垫片,规格按件号 13	8	聚四氟乙烯				
14	直通终端接头 G¾	4	20			YZG5-1	
13	直通终端接头 G½	4	20			YZG5-1	
12	内螺纹球阀 PN6.4MPa,G¾	2	球耐酸钢				Q11F-64C
11	内螺纹球阀 PN6.4MPa,G½	2	球耐酸钢				Q11F-64C
10	排污用焊接钢管 DN20	2	Q235			GB/T 3092—1993	
9	排液用焊接钢管 DN15	2	Q235			GB/T 3092—1993	
8	垫片 D/d,b(见表)	2	Q235			GB/T 87—1994	
7	平焊法兰,DN 见工程设计,PN0.25MPa	2	Q235			GB/T 81—1994	
6	垫圈 d(与螺母同)	12	100HV			GB/T 922—1985	
5	螺母 Md(见表)	12	5			GB/T 41—1986	
4	螺栓 Md×2(见表)	12	4.8			GB/T 5780—1986	
3	取压管,焊接钢管 DN15,l=200	4	Q235			GB/T 3092—1993	
2	均压环 D_1,焊接钢管 DN25	2	Q235			GB/T 3092—1993	
1	孔板	1					见工程设计
件号	名称及规格	数量	材质	质量(kg)		图号或标准、规格号	备注

部件、零件表

附注:

1. 孔板前端与管道轴线垂直,不垂直度不超过±1°;孔板与管道中心应同心,不同心度不得超过 $0.015D\left(\frac{1}{\beta}-1\right)$ 的数值,$\beta=d/D$。
2. 密封垫片(件2),夹紧后不得突入管道内壁。
3. 新安装的管路系统必须在管道冲洗和扫线后再进行节流件的安装。
4. 排液和排污管上的闸阀(件11、件12)应安放在便于操作的地方,其中心高距地面(或操作走台面)最好不超过1.4m。
5. 标记示例:在公称管径 DN=500mm,公称压力 PN=0.25MPa 的管道上安装圆形均压环法兰钻孔式平孔板的标记如下:法兰钻孔式平孔板的安装(带圆形均压环取压)DN500,PN 0.25MPa,图号(2000)YK06.1-12。

冶金仪控通用图	法兰钻孔式平孔板的安装图(带圆形均压环取压) DN450~1600,PN0.25MPa	(2000)YK06.1-12	
		比例	页次

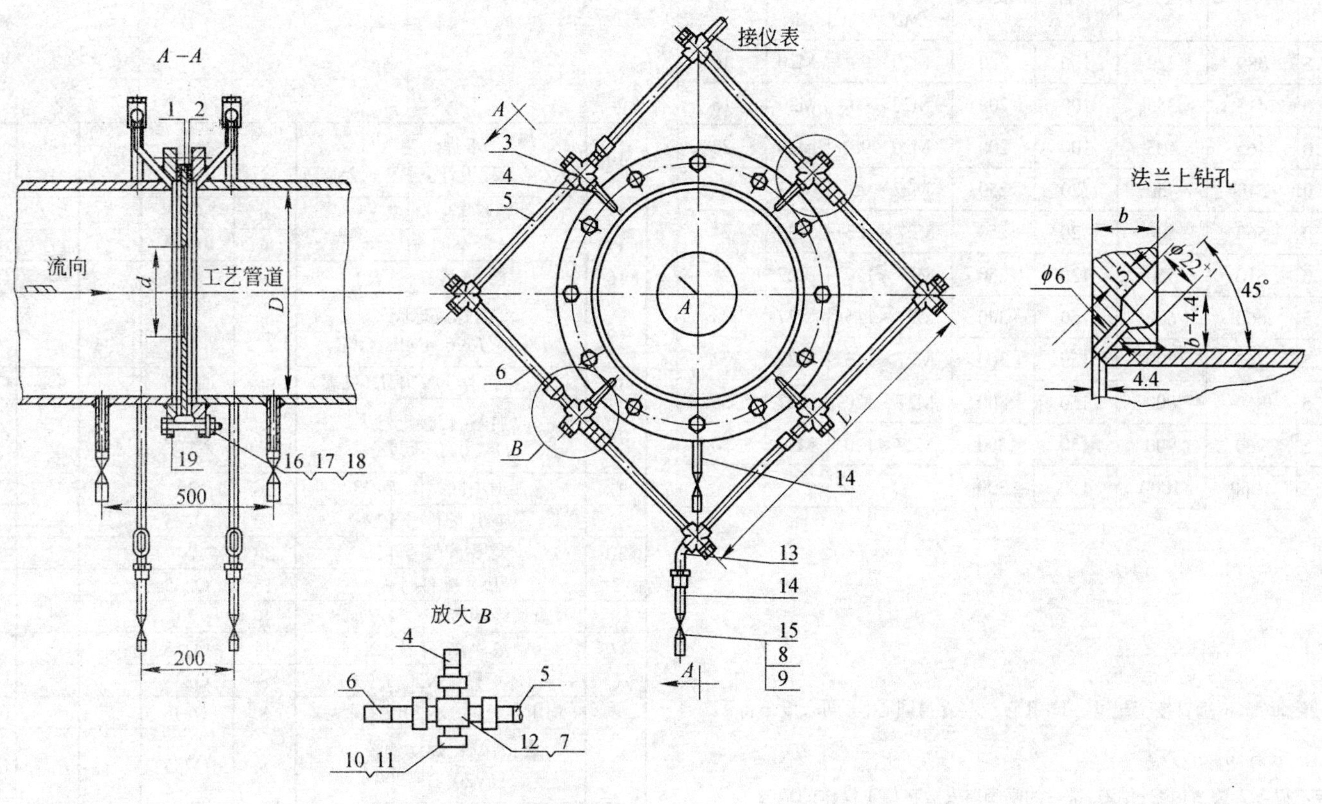

冶金仪控 通用图	法兰钻孔式平孔板的安装图 (带方形均压环取压) $DN450\sim1600, PN0.25$MPa	(2000)YK06.1-13	
		比例	页次 1/2

零 件 尺 寸 表

公称管径 DN	臂长 L	件 2,垫片		件 5,均压环长臂 L	件 6,均压环短臂 L	件 13,时管	件 14,排液污管	件 16,螺栓	件 18,螺母	数量 n
		D/d	b					$Md\times l$	Md	
450	778	527/478	2.5	389	329	100	200	M20×90	M20	16
500	829	577/529	3.0	415	355	100	200	M20×90	M20	16
600	930	680/630	3.0	465	405	100	200	M20×95	M20	20
700	1020	785/720	3.0	510	450	120	250	M22×95	M22	24
800	1120	890/820	3.0	560	500	120	250	M27×105	M27	24
900	1220	990/920	3.0	610	550	120	250	M27×110	M27	24
1000	1320	1090/1020	3.5	660	600	150	300	M27×115	M27	28
1200	1520	1286/1220	3.5	760	700	150	300	M27×115	M27	32
1400	1720	1486/1420	3.5	860	800	150	300	M27×120	M27	36
1600	1920	1696/1620	3.5	960	900	150	300	M27×120	M27	40
1800	2120	1896/1820	3.5	1060	1000	150	300			

附注：

1. 孔板前端面应与管道轴线垂直，不垂直度不超过 ±1°；孔板应与管道同心，不同心度不得超过 $0.015D\left(\frac{1}{\beta}-1\right)$ 的数值，$\beta=d/D$。
2. 密封垫片(件 2)夹紧后不得突入管道内壁，排液、排污的闸阀应安放在便于操作的地方。
3. 新安装的管路系统必须在管道冲洗和扫线后再进行孔板的安装。
4. 标记示例：在 $DN=500$mm，$PN=0.25$MPa 的管道上安装平孔板，其取压方式为带方形均压环的法兰钻孔式，其标记如下：法兰钻孔式平孔板的安装(带方形均压环取压)，DN500，PN0.25MPa，图号(2000)YK06.1-13。

件号	名称及规格	数量	材质	单重	总重	图号或标准、规格号	备注
19	平焊法兰 DN(见工程设计)，PN 0.25MPa	2	Q235			JB/T 81—1994	
18	螺母 Md(见表)	n	5			GB/T 41—1986	
17	垫圈 d	n	100HV			GB/T 97.2—1985	
16	螺栓 $Md\times l$(见表)	n	4.8			GB/T 5780—1986	
15	内螺纹球阀 DN20，PN6.4MPa，G¾″	4	各种				Q11F-64C
14	排液、排污管 DN20，L(见表)	4	Q235			GB/T 3092—1993	
13	肘管，焊接钢管 DN20，L(见表)	2	Q235			GB/T 3092—1993	
12	四通中间接头 $D_0$28	16	20			YZG5-26	
11	垫片配件号 12	20	Q235				由件 12 带
10	堵头配件号 12	20	20			YZG5-30	
9	垫片配件号 8	16	Q235				由件 8 带
8	直通终端接头 G¾/$D_0$28	8	20			YZG5-1	
7	垫片，配件号 12	44	Q235				由件 12 带
6	均压环短臂 DN20，L(见表)	8	Q235			GB/T 3092—1993	
5	均压环长臂 DN20，L(见表)	8	Q235			GB/T 3092—1993	
4	取压管，焊接钢管 DN20，$L=200$	8	Q235			GB/T 3092—1993	
3	接管焊接钢管 DN20，$L=50$	8	Q235			GB/T 3092—1993	
2	垫片 D/d，b(见表)	2	XB350			JB/T 87—1994	
1	孔板	1					见工程设计
件号	名称及规格	数量	材质	单重 质量(kg)	总重	图 号 或 标准、规格号	备 注

部 件、零 件 表

冶金仪控通用图	法兰钻孔式平孔板的安装图 (带方形均压环取压) DN450～1600，PN0.25MPa	(2000)YK06.1-13	
		比例	页次 2/2

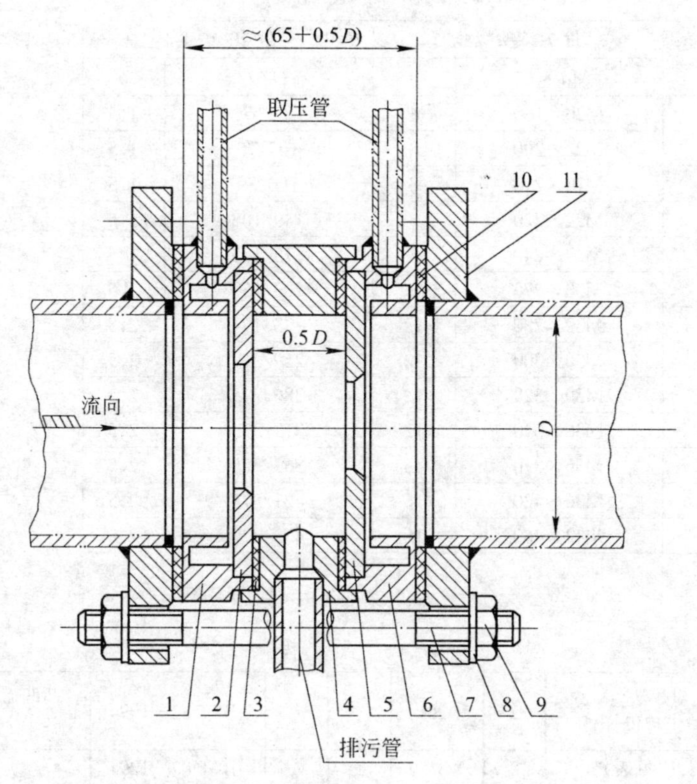

零件尺寸表

公称压力	$PN=0.6$MPa				$PN=1.0$MPa				$PN=1.6$MPa				$PN=2.5$MPa			
公称管径	件7,双头螺栓		件10,垫片		件7,双头螺栓		件10,垫片		件7,双头螺栓		件10,垫片		件7,双头螺栓		件10,垫片	
DN (mm)	$Md\times l$	n	D/d	b	$Md\times l$	n	D/d	b	$Md\times l$	n	D/d	b	$Md\times l$	n	D/d	b
50	M12×160	4	96/57	1.5	M16×160	4	107/57	1.5	M16×170	4	107/57	1.5	M16×200	4	107/57	1.5
65	M12×160	4	116/76	1.5	M16×170	4	127/76	1.5	M16×170	4	127/76	1.5	M16×200	8	127/76	1.5
80	M16×170	4	132/89	1.5	M16×180	4	142/89	1.5	M16×180	8	142/89	1.5	M16×200	8	142/89	1.5
100	M16×180	4	152/108	1.5	M16×190	8	162/108	1.5	M16×190	8	162/108	1.5	M20×210	8	167/108	1.5
125	M16×200	8	182/133	1.5	M16×210	8	192/133	1.5	M16×220	8	192/133	1.5	M22×220	8	195/133	1.5
150	M16×220	8	207/159	2.5	M20×220	8	217/159	2.5	M20×230	8	217/159	2.5	M22×230	8	225/159	2.5
175	M16×240	8	237/194	2.5	M20×240	8	247/194	2.5	M20×250	8	247/194	2.5	M22×250	12	255/194	2.5
200	M16×250	8	272/219	2.5	M20×250	8	272/219	2.5	M20×270	12	272/219	2.5	M22×270	12	285/219	2.5
225	M16×270	8	287/245	2.5	M20×270	8	302/245	2.5	M20×290	12	302/245	2.5	M27×290	12	310/245	2.5
250	M16×280	12	317/273	2.5	M20×280	12	327/273	2.5	M22×300	12	330/273	2.5	M27×300	12	340/273	2.5
300	M20×300	12	372/325	2.5	M20×310	12	377/325	2.5	M22×320	12	385/325	2.5	M27×330	16	400/325	2.5
350	M20×330	12	422/377	2.5	M20×330	16	437/377	2.5	M22×350	16	445/377	2.5	M30×370	16	456/377	2.5
400	M20×370	16	472/426	2.5	M22×370	16	490/426	2.5	M27×370	16	495/426	2.5	M30×400	16	516/426	2.5

附注:

1. 安装时应注意:(1) 两块孔板的前后位置,开孔大的为前孔板(辅孔板)开孔小的为后孔板(主孔板)。(2) 孔板的正负方向,圆柱口的一面为正,对着流向;圆锥口的一面为负,背着流向。(3) 孔板与管道应准确同心,其误差不得大于 $0.015D\left(\frac{1}{\beta}-1\right)$的数值,$\beta=\frac{d}{D}$;孔板的前端面应与管道轴线垂直,不垂直度不得大于1°。
2. 本图也适用于垂直管道上安装孔板,但对液体介质,其流向只能自下而上。
3. 密封垫片(件10)夹紧后不得突入管道内壁。
4. 新安装的管道必须在冲洗和扫线后才能进行孔板的安装。
5. 标记示例:在公称管径 $DN=200$mm,公称压力 $PN=0.6$MPa 的管道上安装环室式双重孔板的标记如下:环室式双重孔板的安装 DN200,PN0.6MPa,图号(2000)YK06.1-14。

件号	名称及规格	数量	材质	单重	总重	图号或标准、规格号	备注
11	平焊法兰 DN,PN(按工程设计)	2	Q275			JB/T 81—1994	
10	垫片 D/d,b(见表)	2	XB350			JB/T 87—1994	
9	螺母 Md(与螺栓同)	n	8			GB/T 41—1986	
8	垫圈 d(与螺栓同)	n	100HV			GB/T 97.2—1985	
7	双头螺栓 M$d\times l$	n	8.8			GB/T 901—1988	
6	后环室	1					
5	后孔板(主孔板)	1					见工程设计
4	中间环	1					
3	垫片	2					
2	前孔板(辅孔板)	1					
1	前环室	1					
件号	名称及规格	数量	材质	单重 质量(kg)	总重 质量(kg)	图号或标准、规格号	备注

部件、零件表

冶金仪控通用图	环室式双重孔板的安装图 DN50~400,PN0.6,1.0,1.6,2.5MPa	(2000)YK06.1-14	
		比例	页次

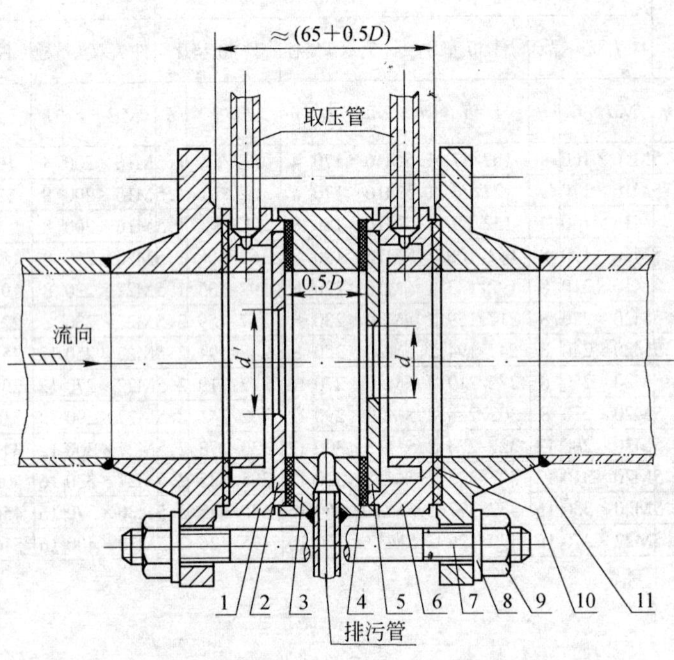

零 件 尺 寸 表

公称管径	件7,双头螺栓		件10,垫片	
DN	Md×l	n	D/d	b
50	M20×180	4	87/57	1.5
65	M20×200	8	107/75	1.5
80	M20×210	8	120/89	1.5
100	M22×220	8	149/108	1.5
125	M27×240	8	175/133	1.5
150	M30×270	8	203/159	1.5
175	M30×280	12	233/194	2.5
200	M30×300	12	259/219	2.5
225	M30×320	12	286/245	2.5
250	M36×340	12	312/273	2.5
300	M36×370	16	363/325	2.5
350	M36×420	16	421/377	2.5
400	M42×460	16	473/426	2.5

附注:

1. 安装时应注意:(1)两块孔板的前后位置,开孔大的为前孔板(辅孔板)开孔小的为后孔板(主孔板)。(2)孔板的正负方向,圆柱口的一面为正面,对着流向;圆锥口的一面为负,背着流向;(3)孔板与管道应准确同心,其误差不得大于 $0.015D\left(\frac{1}{\beta}-1\right)$ 的数值,$\beta=\frac{d}{D}$;孔板的前端面应与管道轴线垂直,不垂直度不得大于1°。
2. 本图也适用于垂直管道上安装孔板,但对液体介质,其流向只能自下而上。
3. 密封垫片(件10)在夹紧后不得突入管道内壁。
4. 新安装的管道必须在冲洗和扫线后才能进行孔板的安装。
5. 标记示例:在公称管径 DN=100mm,公称压力 PN=0.4MPa 的管道上安装环室式双重孔板的标记如下:环室式双重孔板的安装 DN100,PN6.4MPa,图号(2000)YK06.1-15。

件号	名称及规格	数量	材质	单重	总重	图号或标准、规格号	备注
11	凸(凹)面对焊法兰 DN,PN(按工程设计)	2	20			JB/T 82—1994	凸凹面各一个
10	垫片 D/d,b(见表)	2	XB450			JB/T 87—1994	
9	螺母 Md	n	10			GB/T 41—1986	
8	垫圈 d	n	140HV			GB/T 97.2—1985	
7	双头螺栓 Md×l	n	10.9			GB/T 901—1988	
6	后环室	1					见工程设计
5	后孔板(主孔板)	1					见工程设计
4	垫片	2					见工程设计
3	中间环	1					见工程设计
2	前孔板(辅孔板)	1					见工程设计
1	前环室	1					见工程设计
				质量(kg)			

部件、零件表

冶金仪控通用图	环室式双重孔板的安装图 DN50~400,PN6.4MPa	(2000)YK06.1-15	
		比例	页次

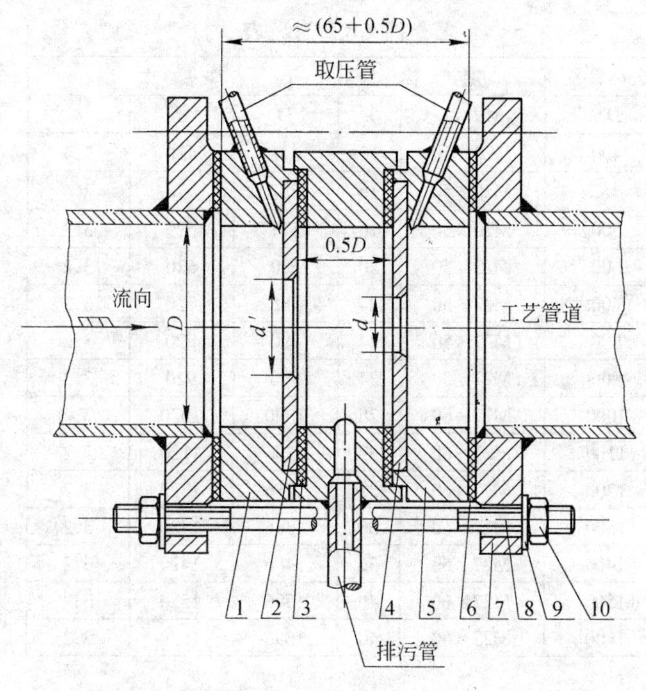

附注：

1. 安装时应注意：(1)两块孔板的前后位置，开孔大的为前孔板（辅孔板），开板小的为后孔板（主孔板）。(2)孔板的正负方向，圆柱口的一面为正，对着流向；圆锥口的一面为负，背着流向。(3)孔板与管道应准确同心，其误差不得大于$0.015D\left(\frac{1}{\beta}-1\right)$的数值，$\beta=d/D$；孔板的前端面应与管道轴线垂直，不垂直度不得大于1°。
2. 本图也适用于在垂直管道上安装孔板，但对液体介质，其流向只能自下而上。
3. 密封垫片（件6）夹紧后不得突出管道内壁。
4. 新安装的管道必须在冲洗和扫线之后才能进行孔板的安装。
5. 标记示例：在公称管径 $DN=150$mm，公称压力 $PN=1.0$MPa 的管道上安装环室式双重孔板的标记如下：夹环钻孔式双重孔板的安装 $DN150$，$PN1.0$，图号(2000)YK06.1-16。

零 件 尺 寸 表

公称压力	$PN=1.0$MPa				$PN=1.6$MPa				$PN=2.5$MPa			
公称管径	件6，垫片		件8，双头螺栓		件6，垫片		件8，双头螺栓		件6，垫片		件8，双头螺栓	
DN	D/d	b	M$d\times l$	n	D/d	b	M$d\times l$	n	D/d	b	M$d\times l$	n
50	107/57	1.5	M16×160	4	107/57	1.5	M16×170	4	107/57	1.5	M16×200	4
65	127/76	1.5	M16×170	4	127/76	1.5	M16×170	4	127/76	1.5	M16×200	8
80	142/89	1.5	M16×180	4	142/89	1.5	M16×180	8	142/89	1.5	M16×200	8
100	162/108	1.5	M16×190	8	162/108	1.5	M16×190	8	162/108	1.5	M20×210	8
125	192/133	1.5	M16×210	8	192/133	1.5	M16×220	8	195/133	1.5	M22×220	8
150	217/159	2.5	M20×220	8	217/159	2.5	M20×230	8	225/159	2.5	M22×230	8
175	247/194	2.5	M20×240	8	247/194	2.5	M20×250	8	255/194	2.5	M22×250	12
200	272/219	2.5	M20×250	8	272/219	2.5	M20×270	12	285/219	2.5	M22×270	12
225	302/245	2.5	M20×260	8	302/245	2.5	M20×290	12	310/245	2.5	M27×290	12
250	327/273	2.5	M20×280	12	330/273	2.5	M22×300	12	340/273	2.5	M27×300	12
300	377/325	2.5	M20×310	12	385/325	2.5	M22×320	12	400/325	2.5	M27×330	16
350	437/377	2.5	M20×330	16	445/377	2.5	M22×350	16	456/377	2.5	M30×370	16
400	490/426	2.5	M22×370	16	495/426	2.5	M27×370	16	516/426	2.5	M30×400	16

件号	名称及规格	数量	材质	单重 质量(kg)	总重 质量(kg)	图号或标准、规格号	备注
10	螺母 Md(与螺栓同)	n	8			GB/T 41—1986	
9	垫圈 d(与螺栓)	n	100HV			GB/T 97.2—1985	
8	双头螺栓 M$d\times l$(见表)	n	8.8			GB/T 901—1988	
7	平焊法兰 DN，PN(按工程设计)	2	Q235			JB/T 81—1994	
6	垫片 D/d，b(见表)	2	XB350			JB/T 87—1994	
5	后夹环	1					
4	后孔板	1					见工程设计
3	垫片	2					见工程设计
2	前孔板	1					见工程设计
1	前夹环	1					

部件、零件表

冶金仪控通用图	夹环钻孔式双重孔板的安装图 $DN50\sim400$，$PN1.0$，1.6，2.5MPa	(2000)YK06.1-16	
		比例	页次

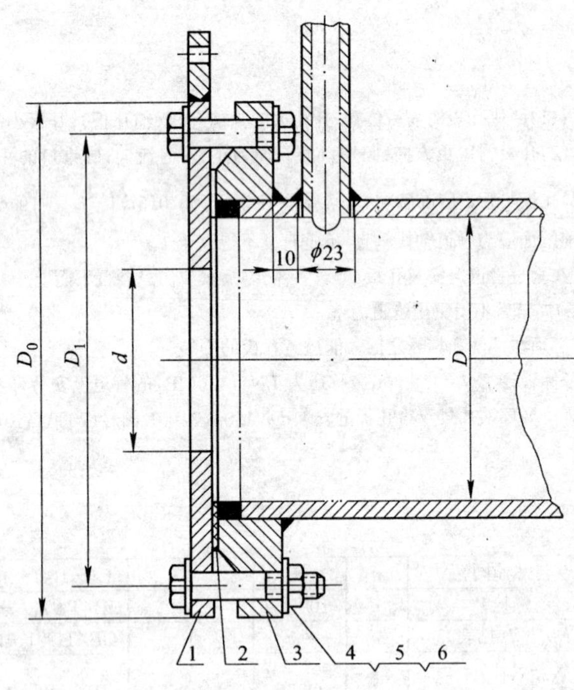

零件尺寸表

公称管径	螺栓		垫片		
DN	Md×l	n	D	d	b
400	M20×50	16	472	426	2.4
450	M20×50	16	527	478	2.4
500	M20×50	16	577	529	3.2
600	M22×50	20	680	630	3.2
700	M22×50	24	785	720	3.2
800	M27×50	24	890	820	3.2
900	M27×50	24	990	920	3.2
1000	M27×60	28	1090	1020	3.2
(1100)	M27×60	32	1186	1120	3.2
1200	M27×60	32	1286	1220	3.2
(1300)	M27×60	36	1386	1320	3.2
1400	M27×60	36	1486	1420	3.2
(1500)	M27×60	40	1596	1520	3.2
1600	M27×60	40	1696	1620	3.2

附注：

1. 新安装的管道必须在冲洗和扫线之后再进行孔板的安装。
2. 安装时应注意孔板与工艺管道同心，误差不得大于1°。
3. 法兰盘内面与管道焊接应满焊，然后磨平，使焊接表面与管道内壁相平。
4. 密封垫片(件2)在夹紧后不得突入管道内壁。
5. 标记示例：在公称管径 DN600mm，公称压力 PN0.025MPa 的管道上安装端头孔板的标记如下：端头孔板的安装 DN600，PN0.025MPa，图号(2000)YK06.1-17。

件号	名称及规格	数量	材质	单重	总重	图号或标准、规格号	备注
6	垫圈 d(与螺栓同)	n	100HV			GB/T 97.2—1985	
5	螺母 Md(与螺栓同)	n	5			GB/T 41—1986	
4	螺栓 Md×l(见表)	n	4.8			GB/T 5780—1986	
3	平焊法兰 DN(按工程设计)，PN0.025	1	Q235			JB/T 81—1994	
2	垫片 D/d，b(见表)	1	XB350			JB/T 87—1994	
1	端头孔板	1					见工程设计
件号	名称及规格	数量	材质	质量(kg)		图号或标准、规格号	备注

部件、零件表

冶金仪控通用图	端头孔板的安装图 DN400～1600，PN0.025MPa	(2000)YK06.1-17	
		比例	页次

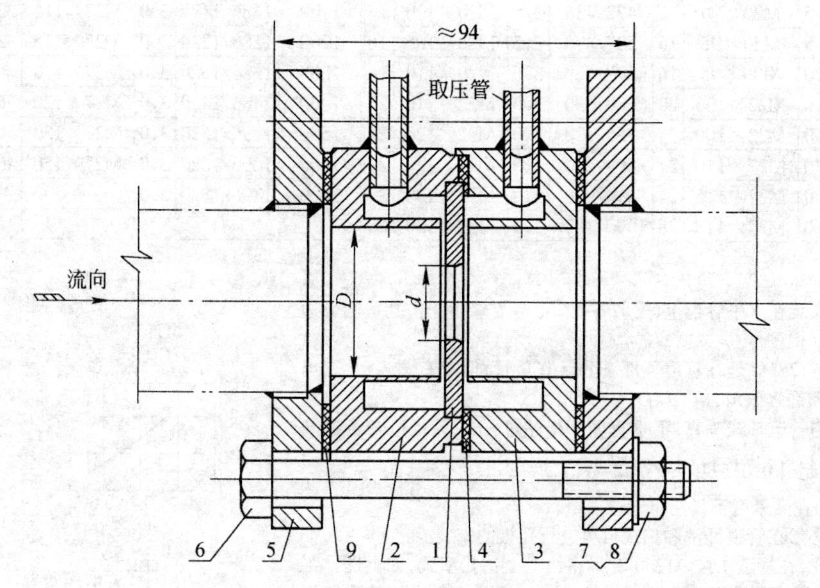

附注：

1. 本节流件由工厂配装好后再拿到现场与工艺管道焊接。
2. 节流件前后应保证有足够长的直管段，节流件前端面与管道轴线垂直，不垂直度不超过±1°，装配和与管道焊接时，节流件与管道应准确同心，其误差应不超过0.01*D*。
3. 取压孔的方位应遵循 GBJ 93—1986 的有关规定。
4. 标记示例：在公称管径 *DN*＝40mm，公称压力 *PN*＝0.6MPa 的管道上安装环室式小孔板的标记如下：环室式小孔板的安装 *DN*40，*PN*0.6MPa，图号(2000)YK06.1-18。

零件尺寸表

公称管径 *DN*	件6，螺栓		件7，螺母		件4，垫片			件9，垫片			组件长度
	M*d*×*l*	*n*	M*d*	*n*	*D*	*d*	*b*	*D*	*d*	*b*	L_D
10	M12×120	4	M12	4	42	24	1.6	48	25	1.6	140
15	M12×120	4	M12	4	47	27	1.6	54	31	1.6	140
20	M12×160	4	M12	4	58	32	1.6	62	39	1.6	200
25	M12×180	4	M12	4	68	37	1.6	70	47	1.6	200
32	M16×180	4	M16	4	78	44	1.6	80	57	1.6	240
40	M16×180	4	M16	4	88	52	1.6	90	67	1.6	240

件号	名称及规格	数量	材质	单重	总重	图号或标准、规格号	备注
				质量(kg)			
9	垫片 *D*/*d*，*b*(见表)	2	XB350			JB/T 87—1994	
8	垫圈 *d*(与螺母同)	*n*	100HV			GB/T 97.2—1985	
7	螺母 M*d*(见表)	*n*	5			GB/T 41—1986	
6	螺栓 M*d*×*l*(见表)	*n*	4.8			GB/T 5780—1986	
5	平焊法兰 *DN*(按工程设计)，*PN*0.6MPa	2	Q235			JB/T 81—1994	
4	垫片 *D*/*d*，*b*(见表)	1					见工程设计
3	后环室	1					见工程设计
2	前环室	1					见工程设计
1	小孔板(或¼圆喷嘴)	1					见工程设计

部件、零件表

冶金仪控通用图	环室式小孔板(或小$\frac{1}{4}$圆喷嘴)的安装图 *DN*10～40，*PN*0.6MPa	(2000)YK06.1-18	
		比例	页次

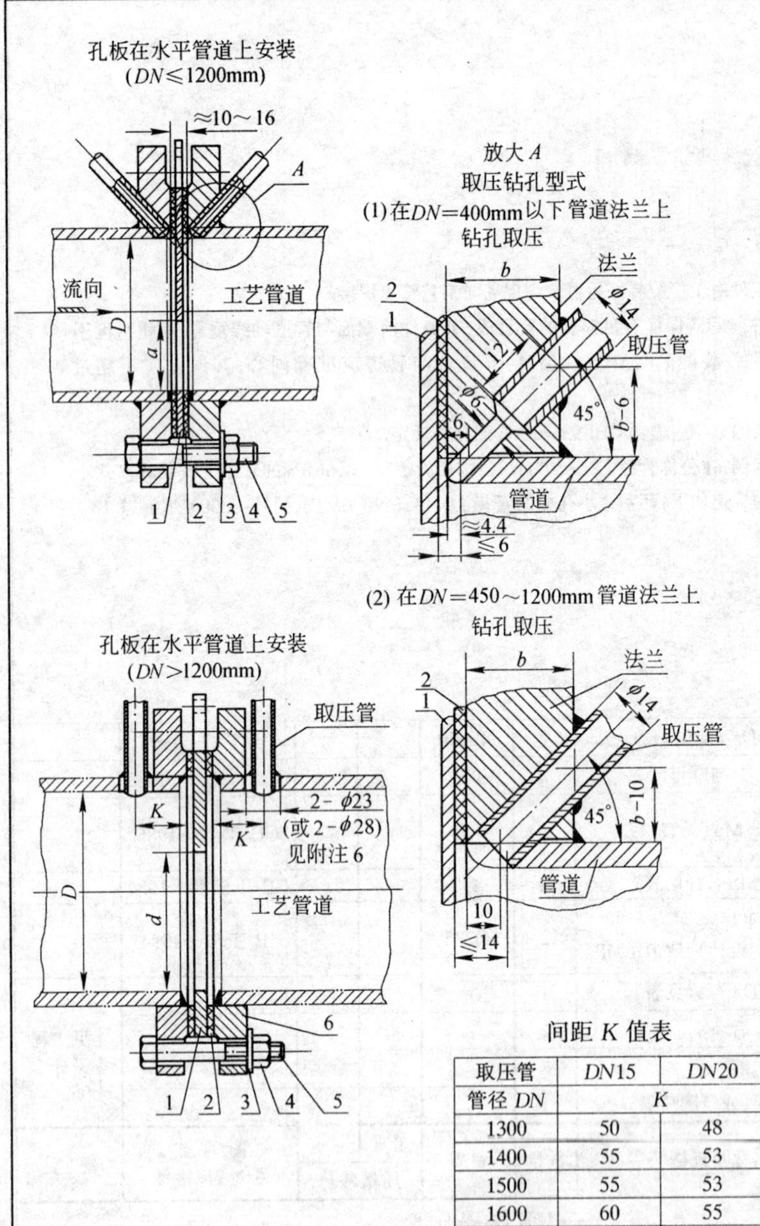

间距 K 值表

取压管	DN15	DN20
管径 DN	K	
1300	50	48
1400	55	53
1500	55	53
1600	60	55
1800	60	55

零 件 尺 寸 表

公称压力	PN=0.25MPa				PN=0.6MPa				公称压力 PN=0.25MPa				
公称管径	件2,垫片		件3,螺栓		件2,垫片		件3,螺栓		公称管径	件2,垫片		件3,螺栓	
DN	D/d	b	Md×l	n	D/d	b	Md×l	n	DN	D/d	b	Md×l	n
400	472/426	2.5	M20×90	16	472/426	2.5	M20×100	16	1100	1186/1120	3.0	M27×115	32
450	527/478	2.5	M20×95	16	527/478	2.5	M20×105	16	1200	1286/1220	3.0	M27×115	32
500	577/529	3.0	M20×95	16	577/529	3.0	M20×110	16	1300	1386/1320	3.0	M27×120	36
600	680/630	3.0	M22×100	20	680/630	3.0	M22×110	20	1400	1486/1420	3.0	M27×120	36
700	785/720	3.0	M22×100	24	785/720	3.0	M22×120	24	1500	1596/1520	3.0	M27×130	40
800	890/820	3.0	M27×110	24	890/820	3.0	M27×120	24	1600	1696/1620	3.0	M27×130	40
900	990/920	3.0	M27×115	24	990/920	3.0	M27×130	24	1800	1896/1820	3.0		
1000	1090/1020	3.0	M27×115	28	1090/1020	3.0	M27×130	28					

附注：

1. 弦月孔板只能安装在水平管道上，安装时孔口必须在管道下方孔口圆弧边与管道下方内壁相重合。
2. 取压口的径向方位最好是在管道顶部，即$\phi=0°$位置，但按右图表β^2查出之角度ϕ'皆为允许之偏角，$\beta=d/D$。
3. 孔板的前端面与管道轴线垂直，不垂直度不得超过±1°；孔板应与管道同心，不同心度不超过$0.015D(\frac{1}{\beta}-1)$的数值，$\beta=d/D$。
4. 密封垫片(件2)在夹紧后不得突出管道内壁。
5. 新安装的管路必须在管道冲洗和扫线后再进行孔板的安装。
6. 安装取压管的孔，在管道 DN≤1200 时采用法兰上钻孔型式，如上图。当 DN>1200 时采用在管道上钻孔型式，如下图。在管道上钻孔应按取压管的大小决定，DN=15 的取压管钻ϕ23 孔，DN=20 的钻ϕ28 孔。钻孔间距 K 是在取压孔距孔板端面不超过 0.05D 的条件下设计的。
7. 标记示例：在 DN=800mm，PN 0.25MPa 的管道上安装弦月孔板的标记如下：弦月孔板的安装，DN800，PN 0.25，图号(2000)YK06.1-19

取压孔
方位图表

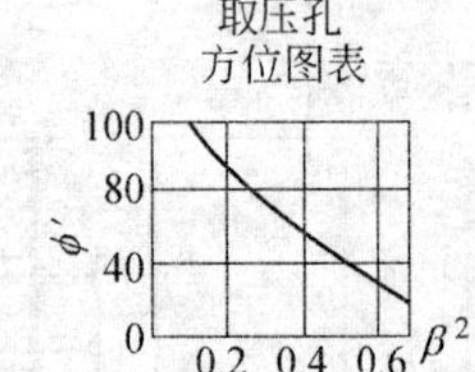

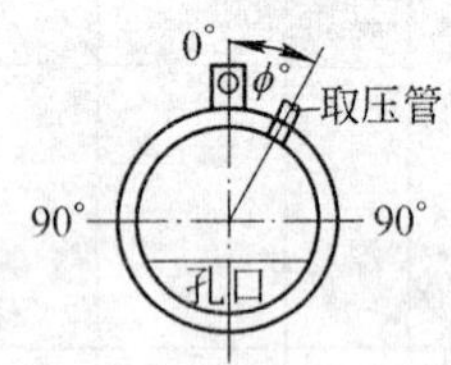

件号	名称及规格	数量	材质	单重	总重	图号或标准、规格号	备注
				质量(kg)			
6	平焊法兰 DN,PN(按工程设计)	2	Q235			JB/T 81—1994	
5	螺母 Md(与螺栓同)	n	5			GB/T 41—1986	
4	垫圈 d(与螺栓同)	n	100HV			GB/T 97.2—1985	
3	螺栓 Md×l(见表)	n	4.8			GB/T 5780—1986	
2	垫片 D/d,b(见表)	2				JB/T 87—1994	
1	弦月孔板	1					

部 件、零 件 表

冶金仪控通用图	弦月孔板的安装图 DN400～1800，PN0.25，0.6MPa	(2000)YK06.1-19	
		比例	页次

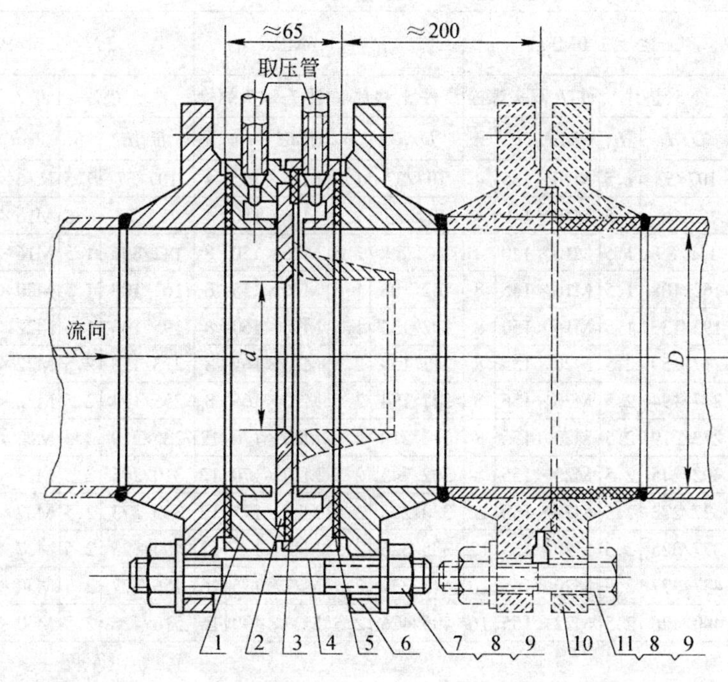

附注：

1. 节流件前端面与管道轴线垂直，不垂直度不超过±1°，节流件与管道同心，不同心度不超过$0.015D(\frac{1}{\beta}-1)$的数值，$\beta=d/D$。
2. 节流件取压口的安装方位应根据介质和管道水平或垂直的不同而定，应遵循国标GBJ93—1986的规定。
3. 密封垫片(件5)，在夹紧后不得突入管道内壁。
4. 新安装的管路系统必须在管道冲洗和扫线后，再进行节流件的安装。
5. 图中虚线所示为采用喷嘴的安装方式。
6. 本图的材质仅适用于介质的温度在425℃以下，$PN=10.0$MPa的状态，高于425℃者，材质需另选。
7. 标记示例：在公称管径$DN=100$mm，公称压力$PN=10.0$MPa的管道上安装环室式孔板的标记如下：环室式孔板的安装DN100、PN10.0，图号(2000)YK06.1-20。

零 件 尺 寸 表

公称管径	件5，垫片		件7，双头螺栓	
DN	D/d	b	M$d\times l$	n
50	87/57	1.6	M22×175	4
65	109/76	1.6	M22×185	8
80	120/89	1.6	M22×190	8
100	149/108	1.6	M27×220	8
125	175/133	1.6	M30×230	8
150	203/159	2.5	M30×240	12
175	233/194	2.5	M30×245	12
200	259/219	2.5	M36×254	12
225	286/245	2.5	M36×260	12
250	312/273	2.5	M36×265	12
300	363/325	2.5	M42×300	16
350	421/377	2.5	M48×320	16
400	473/426	2.5	M48×330	16

件号	名称及规格	数量	材质	单重 质量(kg)	总重 质量(kg)	图号或标准、规格号	备注
11	螺栓 Md(与双头螺栓同)，$l'=l-65$	n	10.9			GB/T 5780—1986	只用于安装喷嘴
10	凸凹对焊法兰 DN(按工程设计)，PN10.0MPa	1对	25			JB/T 82—1994	只用于安装喷嘴
9	垫圈 d(与螺母同)	2n	140HV			GB/T 97.2—1985	用于安装喷嘴时数量为3n
8	螺母 Md(与双头螺栓同)	2n	10			GB/T 41—1986	用于安装喷嘴时数量为3n
7	双头螺栓 M$d\times l$	n	10.9			GB/T 901—1988	
6	凸面对焊法兰，DN(按工程设计)，PN10.0MPa	2	25			JB/T 82—1994	
5	垫片 D/d，b(见表)	2	XB450			JB/T 87—1994	用于喷嘴安装需3片
4	后环室	1					见工程设计
3	垫片	1					见工程设计
2	孔板(或喷嘴)	1					见工程设计
1	前环室	1					见工程设计

部件、零件表

冶金仪控通用图	高压环室式标准孔板(或喷嘴)的安装图 DN50～400，PN10.0MPa	(2000)YK06.1-20	
		比例	页次

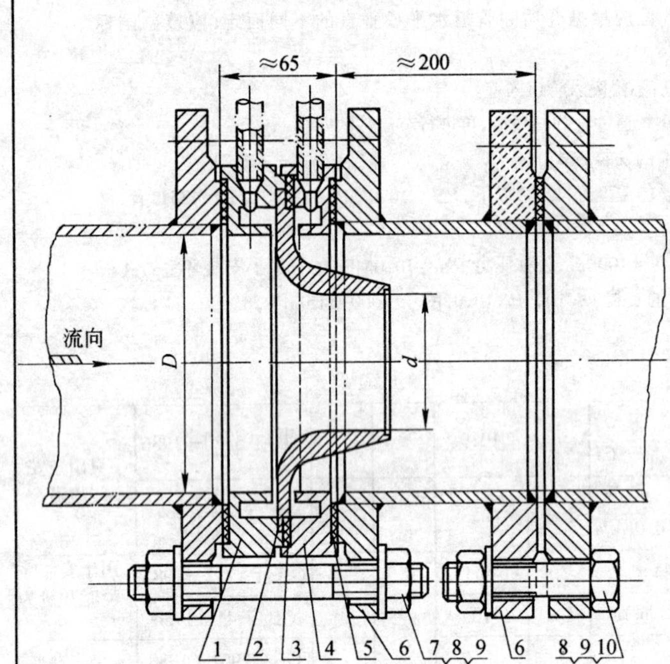

零件尺寸表

公称压力	PN=0.6MPa				PN=1.0MPa				PN=1.6MPa				PN=2.5MPa			
公称管径	件5,垫片		件7,双头螺栓		件5,垫片		件7,双头螺栓		件5,垫片		件7,双头螺栓		件5,垫片		件7,双头螺栓	
DN	*D/d*	*b*	M*d*×*l*	*n*	*D/d*	*b*	M*d*×*l*	*n*	*D/d*	*b*	M*d*×*l*	*n*	*D/d*	*b*	M*d*×*l*	*n*
50	96/57	1.5	M12×125	4	107/57	1.5	M16×135	4	107/57	1.5	M16×145	4	107/57	1.5	M16×150	4
65	116/76	1.5	M12×125	4	127/76	1.5	M16×140	4	127/76	1.5	M16×150	4	127/76	1.5	M16×150	8
80	132/89	1.5	M16×135	4	142/89	1.5	M16×140	4	142/89	1.5	M16×150	8	142/896	1.5	M16×155	8
100	152/108	1.5	M16×135	4	162/108	1.5	M16×145	8	162/108	1.5	M16×155	8	167/108	1.5	M20×160	8
125	182/133	1.5	M16×140	8	192/133	1.5	M16×150	8	192/133	1.5	M16×160	8	195/133	1.5	M22×165	8
150	207/159	2.5	M16×140	8	217/159	2.5	M20×155	8	217/159	2.5	M20×165	8	223/159	2.5	M22×165	8
175	237/194	2.5	M16×145	8	247/194	2.5	M20×155	8	247/194	2.5	M20×165	8	255/194	2.5	M22×170	12
200	262/219	2.5	M16×145	8	272/219	2.5	M20×155	8	272/219	2.5	M20×170	12	285/219	2.5	M22×170	12
225	287/245	2.5	M16×145	8	302/245	2.5	M20×155	8	302/245	2.5	M20×170	12	310/245	2.5	M27×170	12
250	317/273	2.5	M16×150	12	327/273	2.5	M20×160	12	330/273	2.5	M22×175	12	340/273	2.5	M27×170	12
300	372/325	2.5	M20×155	12	377/325	2.5	M20×165	12	385/325	2.5	M22×175	12	400/325	2.5	M27×175	16
350	422/377	2.5	M20×160	12	437/377	2.5	M20×165	16	445/377	2.5	M22×175	16	456/377	2.5	M30×185	16
400	472/426	2.5	M20×165	16	490/426	2.5	M22×165	16	495/426	2.5	M27×190	16	516/426	2.5	M30×190	16

件号	名称及规格	数量	材质	单重	总重	图号或标准、规格号	备注
10	螺栓 M*d*(与双头螺栓同),$l'=l-65$	*n*	Q275			GB/T 5780—1986	
9	垫圈 *d*(与螺栓同)	3*n*	100HV			GB/T 97.2—1985	
8	螺母 M*d*(与双头螺栓同)	3*n*	8			GB/T 41—1986	
7	双头螺栓 M*d*×*l*(见表)	*n*	8.8			GB/T 901—1988	
6	平焊法兰 *DN*,*PN*(按工程设计)	4	Q235			JB/T 81—1994	
5	垫片 *D/d*,*b*(见表)	3	XB350			JB/T 87—1994	
4	后环室	1					见工程设计
3	垫片	1					
2	喷嘴	1					
1	前环室	1					
件号	名称及规格	数量	材质	单重 质量(kg)	总重 质量(kg)	图号或标准、规格号	备注

部件、零件表

附注:

1. 安装时应保证喷嘴的前端面与管道轴线垂直,不垂直度不得超过±1°;喷嘴应与管道同心,不同心度不得超过$0.015D(\frac{1}{\beta}-1)$的数值,$\beta=d/D$。
2. 喷嘴的取压点的径向方位应根据介质和管道水平或垂直等不同条件而异,应遵循国标规范选定。
3. 密封垫片(件5)夹紧后不得突入管道内壁。
4. 新安装的管路系统必须在冲洗和扫线后再进行喷嘴的安装。
5. 本图适用于介质温度在300℃以下,如用于300℃以上高温,则应改变零件材质。
6. 标记示例:在公称管径 *DN*=200mm,公称压力 *PN*=0.6MPa 的管道上安装环室式标准喷嘴的标记如下:环室式喷嘴的安装 *DN*200,*PN*0.6,图号(2000)YK06.1-21。

冶金仪控通用图	环室式标准喷嘴的安装图 *DN*50~400,*PN*0.6,1.0,1.6,2.5MPa	(2000)YK06.1-21	
		比例	页次

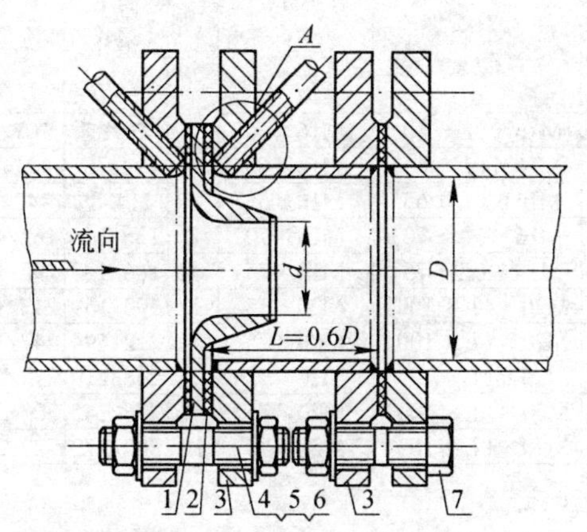

放大A

(1) 用于DN=200～400mm　　(2) 用于DN=450～1200mm

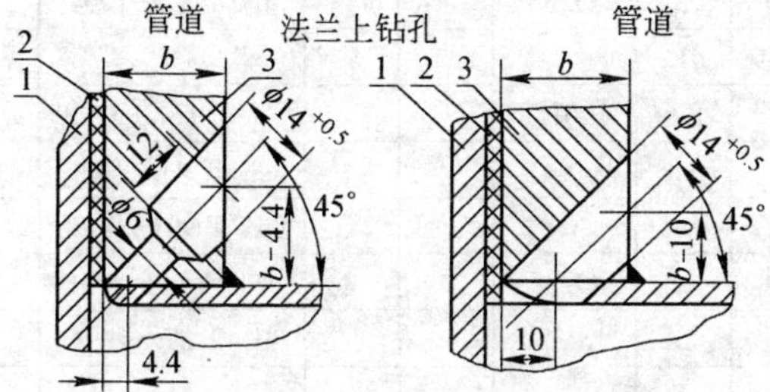

附注：

1. 喷嘴前端面应与管道轴线垂直，不垂直度不得超过±1°；喷嘴应与管道同心，不同心度不得超过 $0.015D(\frac{1}{\beta}-1)$ 的数值，$\beta=d/D$。
2. 新安装的管路系统必须在管道冲洗和扫线以后再进行喷嘴的安装。
3. 密封垫片（件2）夹紧后不得突入管道内壁。
4. 标记示例：在公称管径 DN=200mm，公称压力 PN=0.25MPa 的管道上安装法兰上钻孔式喷嘴的标记如下：法兰钻孔式喷嘴的安装 DN200，PN 0.25MPa，图号（2000）YK06.1-22。

零件尺寸表

公称压力	PN=0.25MPa				PN=0.6MPa				PN=1.0MPa				PN=1.6MPa			
公称管径	件2，垫片		件4，双头螺栓		件2，垫片		件4，双头螺栓		件2，垫片		件4，双头螺栓		件2，垫片		件4，双头螺栓	
DN	D/d	b	Md×l	n	D/d	b	Md×l	n	D/d	b	Md×l	n	D/d	b	Md×l	n
200	262/219	2.5	M16×95	8	262/219	2.5	M16×95	8	272/219	2.5	M20×115	8	272/219	2.5	M20×130	12
225	287/245	2.5	M16×100	8	287/245	2.5	M16×100	8	302/245	2.5	M20×115	8	302/245	2.5	M20×130	12
250	317/273	2.5	M16×105	12	317/273	2.5	M16×105	12	327/273	2.5	M20×120	12	330/273	2.5	M22×135	12
300	372/325	2.5	M20×115	12	372/325	2.5	M20×105	12	377/325	2.5	M20×125	12	385/325	2.5	M22×135	12
350	422/377	2.5	M20×115	12	422/377	2.5	M20×120	12	437/377	2.5	M20×125	16	445/377	2.5	M22×140	16
400	472/426	2.5	M20×115	16	472/426	2.5	M20×125	16	472/426	2.5	M22×135	16	495/426	2.5	M27×150	16
450	527/478	2.5	M20×120	16	527/478	2.5	M20×125	16	527/478	2.5	M22×135	20	555/478	2.5	M27×160	20
500	577/529	3.0	M20×120	16	577/529	3.0	M20×130	16	577/529	3.0	M22×140	20	616/529	3.0	M30×180	20
600	680/630	3.0	M22×120	20	680/630	3.0	M22×135	20	680/630	3.0	M27×145	20	729/630	3.0	M30×185	20
700	785/720	3.0	M22×125	24	785/720	3.0	M22×140	24								
800	890/820	3.0	M27×135	24	890/820	3.0	M27×150	24								
900	990/920	3.0	M27×140	24	990/920	3.0	M27×155	24								
1000	1090/1020	3.0	M27×145	28	1090/1020	3.0	M27×160	28								
1100	1186/1120	3.0	M27×145	32												
1200	1286/1220	3.0	M27×145	32												

零件尺寸表

公称压力	PN=2.5MPa				公称压力	PN=2.5MPa			
公称管径	件2，垫片		件4，双头螺栓		公称管径	件2，垫片		件4，双头螺栓	
DN	D/d	b	Md×l	n	DN	D/d	b	Md×l	n
200	285/219	2.5	M22×135	12	350	456/377	2.5	M30×170	16
225	310/245	2.5	M27×150	12	400	516/426	2.5	M30×175	16
250	340/273	2.5	M27×150	12	450	566/478	2.5	M30×185	20
300	400/325	2.5	M27×155	16	500	619/529	3.0	M36×205	20

件号	名称及规格	数量	材质	单重 质量(kg)	总重 质量(kg)	图号或标准、规格号	备注
7	螺栓 Md（与双头螺栓同），l′=l-10	n	Q275			GB/T 5780—1986	
6	垫圈 d	3n	100HV			GB/T 97.2—1985	
5	螺母 Md（与双头螺栓同）	3n	8			GB/T 41—1986	
4	双头螺栓 Md×l（见表）	n	8.8			GB/T 900—1988	
3	平焊法兰 DN，PN（按工程设计）	4	Q235			JB/T 81—1994	
2	垫片 D/d，b（见表）	1	XB350			JB/T 87—1994	
1	喷嘴	1					见工程设计

部件、零件表

冶金仪控通用图	法兰钻孔式喷嘴的安装图 DN200～1200，PN0.25，0.6，1.0，1.6，2.5MPa	(2000)YK06.1-22	
		比例	页次

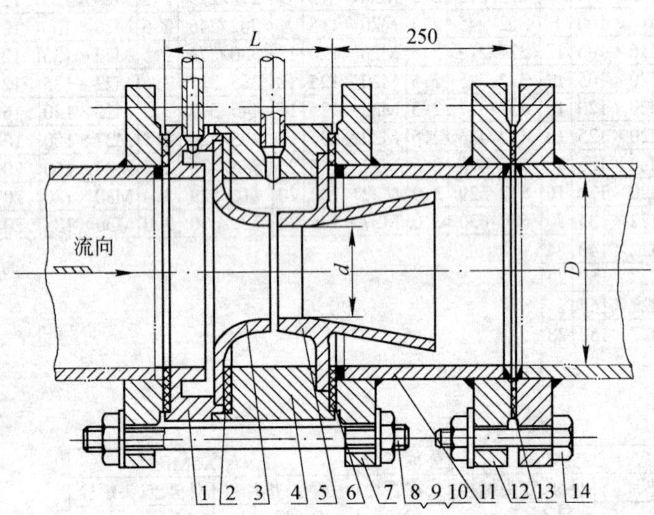

零 件 尺 寸 表

公称压力	PN=0.6MPa						PN=1.0MPa					
公称管径 DN	件 8,双头螺栓 Md×l	件 14 螺栓 Md×l	数量 n	件 6 垫片 D/d	件 13 垫片 D/d	厚度 b	件 8,双头螺栓 Md×l	件 14 螺栓 Md×l	数量 n	件 6 垫片 D/d	件 13 垫片 D/d	厚度 b
50	M12×(L+76)	M12×55	4	79/57	96/57	1.5	M16×(L+60)	M16×60	4	79/57	107/57	1.5
65	M12×(L+76)	M12×55	4	99/76	116/76	1.5	M16×(L+65)	M16×65	4	99/76	127/76	1.5
80	M16×(L+80)	M16×60	4	114/89	132/89	1.5	M16×(L+65)	M16×65	4	114/89	142/89	1.5
100	M16×(L+80)	M16×60	4	136/108	152/108	1.5	M16×(L+70)	M16×70	8	136/108	162/108	1.5
125	M16×(L+85)	M16×65	8	165/133	182/133	1.5	M16×(L+75)	M16×75	8	166/133	192/133	1.5
150	M16×(L+85)	M16×65	8	190/169	207/169	2.5	M20×(L+100)	M20×75	8	190/169	217/169	2.5
175	M16×(L+90)	M16×70	8	222/194	237/194	2.5	M20×(L+100)	M20×75	8	222/194	247/194	2.5
200	M16×(L+90)	M16×70	8	248/219	262/219	2.5	M20×(L+100)	M20×75	8	248/219	272/219	2.5
225	M16×(L+90)	M16×70	8	275/245	287/245	2.5	M20×(L+100)	M20×75	8	275/245	302/245	2.5
250	M16×(L+95)	M16×75	12	302/273	317/273	2.5	M20×(L+105)	M20×80	12	302/273	327/273	2.5

附注:

1. L 尺寸随管内径 D,喷嘴开孔直径 d,开孔截面比 $m=(d/D)^2$ 而异。
   当 DN=50~125mm,$m\leqslant0.45$ 时,$L=53.7+0.604d$
   $m>0.45$ 时,$L=53.7+0.404d+\sqrt{0.75dD-0.25D^2-0.5225d^2}$
   当 DN=150~250mm,$m\leqslant0.45$ 时,$L=53.2+0.604d$
   $m>0.45$ 时,$L=53.2+0.404d+\sqrt{0.75dD-0.25D^2-0.5225d^2}$
2. 喷嘴前端面应与管道轴线垂直,不垂直度不得大于±1°,喷嘴应与管道同心,不同心度不得超过 $0.015D(\frac{1}{\beta}-1)$ 的数值,$\beta=d/D$。
3. 短管(件 11)的内径、壁厚、材质应与工艺管道完全相同。
4. 密封垫片(件 6、件 13)在夹紧后不得突入管道内壁。
5. 文丘里喷嘴较重,应加设支架。
6. 标记示例:在公称管径 DN=100mm,公称压力 PN=1.0MPa 的管道上安装文丘里喷嘴的标记如下:文丘里喷嘴的安装 DN100,PN1.0,图号(2000)YK06.1-23。

件号	名称及规格	数量	材质	单重	总重	图号或标准、规格号	备注
14	螺栓 Md×l	n	Q275			GB/T 5780—1986	
13	垫片 D/d,b(见表)	1	XB350			JB/T 87—1994	
12	平焊法兰 DN,PN(按工程设计)	2	Q235			JB/T 81—1994	
11	短管 DN(与工艺管道同)	1					见工程设计
10	垫圈 d(与双头螺栓同)	3n	100HV			GB/T 97.2—1985	
9	螺母 Md(与双头螺栓同)	3n	6			GB/T 41—1986	
8	双头螺栓 Md×l(见表)	n	6.8			GB/T 901—1988	
7	凸面法兰 DN,PN(按工程设计)	2	Q235			(90)YK06.1-01	
6	垫片 D/d,b(见表)	2	XB350			JB/T 87—1994	
5	后扩管	1					见工程设计
4	中间隔环	1					见工程设计
3	喷嘴	1					见工程设计
2	垫片	1					见工程设计
1	前环室	1					
件号	名称及规格	数量	材质	质量(kg) 单重	质量(kg) 总重	图号或标准、规格号	备注

部件、零件表

冶金仪控通用图	文丘里喷嘴的安装图 DN50~250,PN0.6,1.0MPa	(2000)YK06.1-23	
		比例	页次

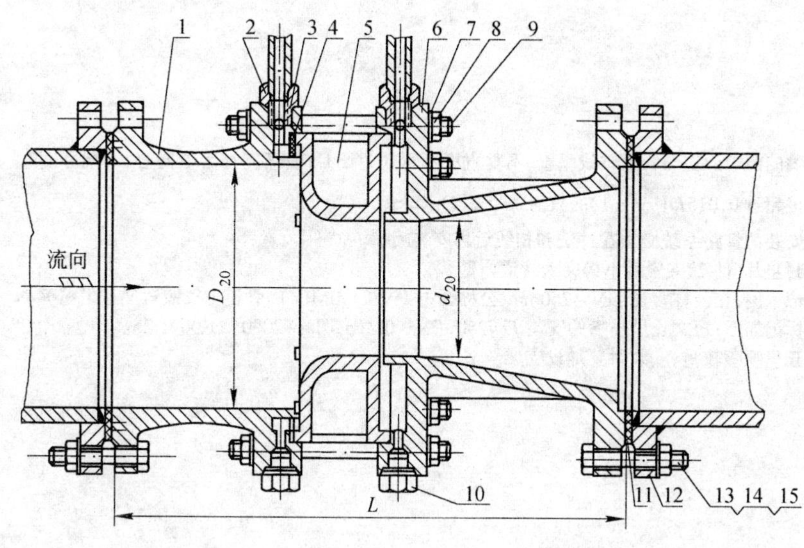

附注：

1. L 尺寸随管内径 D 和喷嘴开孔直径 d 而异，应按下列公式计算：

$$L=224+0.904d+D$$

2. 喷嘴的前端面应与管道轴线垂直，不垂直度不得超过 ±1°；喷嘴应与管道同心，不同心度不得超过 $0.015D(\frac{1}{\beta}-1)$ 的数值，$\beta=d/D$。
3. 密封垫片(件 11)夹紧后不得突入管道内壁。
4. 新安装的管路系统必须在冲洗和扫线后再进行喷嘴的安装。
5. 文丘里喷嘴较重，安装时要加设支架。
6. 标记示例：在公称管径 $DN=500$mm，公称压力 $PN<0.6$MPa 的管道上安装文丘里喷嘴的标记如下：文丘里喷嘴的安装 DN500，PN 0.6MPa，图号(2000)YK06.1-24。

零 件 尺 寸 表

公称压力	$PN\leqslant 0.6$MPa				$PN\leqslant 1.0$MPa			
公称管径	件 11，垫片		件 13，螺栓	数量	件 11，垫片		件 13，螺栓	数量
DN	D/d	b	Md×l	n	D/d	b	Md×l	n
300	372/325	2.5	M20×75	12	377/325	2.5	M20×85	12
350	422/377	2.5	M20×75	16	437/377	2.5	M20×85	16
400	472/426	2.5	M20×80	16	490/426	2.5	M22×90	16
450	527/478	2.5	M20×80	16	540/478	2.5	M22×90	20
500	577/529	3.0	M20×85	16	596/529	3.0	M22×95	20
600	680/630	3.0	M22×85	20	695/630	3.0	M27×100	20
700	785/720	3.0	M22×90	24				
800	890/820	3.0	M27×95	24				
900	990/920	3.0	M27×100	24				
1000	1090/1020	3.0	M27×100	28				

件号	名称及规格	数量	材质	单重 质量(kg)	总重	图号或标准、规格号	备注
15	垫圈 d(与件 13 螺栓同)	2n	100HV			GB/T 97.2—1985	
14	螺母 Md(与件 13 螺栓同)	2n	6			GB/T 41—1986	
13	螺栓 Md×l	2n	6.8			GB/T 5780—1986	
12	平焊法兰 DN，PN(按工程设计)	2	Q235			JB/T 81—1994	
11	垫片 D/d，b(见表)	2	XB350			JB/T 87—1994	
10	螺塞		Q235				
9	双头螺栓					GB/T 901—1988	见工程设计
8	螺母 Md					GB/T 41—1986	见工程设计
7	垫圈 d					GB/T 97.2—1985	见工程设计
6	后扩管	1					见工程设计
5	喷嘴	1					见工程设计
4	垫片 b=2	2	XB350				见工程设计
3	垫圈	8	T2				见工程设计
2	螺纹接头	2	Q235				见工程设计
1	前接管	1					见工程设计

部件、零件表

冶金仪控通用图	文丘里喷嘴的安装图 DN300～1000，PN0.6，1.0MPa	(2000)YK06.1-24	
		比例	页次

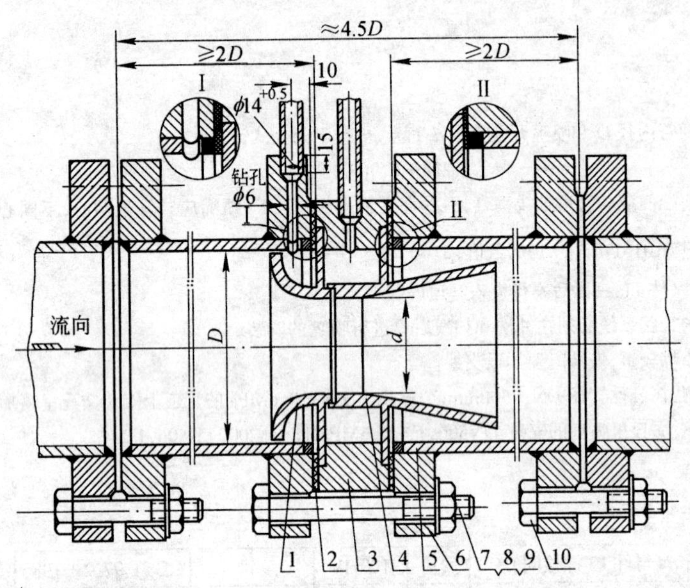

附注：

1. 喷嘴的前端面应与管道轴线垂直，不垂直度不得超过±1°；喷嘴应与管道同心，不同心度不得超过 $0.015D(\frac{1}{\beta}-1)$ 的数值，$\beta=d/D$。
2. 新安装的管路系统必须在冲洗和扫线后再安装喷嘴。
3. 密封垫片（件 2）夹紧后不得突入管道内壁。
4. 标记示例：在公称管径 $DN=250$mm，公称压力 $PN<1.0$MPa 的管道上安装短文丘里喷嘴的标记如下：短文丘里喷嘴的安装 $DN250$，$PN1.0$MPa，图号(2000)YK06.1-25。
5. 文丘里喷嘴较重，安装时要加设支架。

零 件 尺 寸 表

公称压力	PN=1.0MPa					PN=2.5MPa				
公称管径	件 2，垫片		件 7，螺栓	件 10，螺栓	数量	件 2，垫片		件 7，螺栓	件 10，螺栓	数量
DN	D/d	b	Md×l	Md×l	n	D/d	b	Md×l	Md×l	n
100	162/108	1.5	M16×115	M16×65	8	167/108	1.5	M20×130	M20×80	8
125	192/133	1.5	M16×130	M16×70	8	195/133	1.5	M22×155	M22×90	8
150	217/159	2.5	M20×150	M20×75	8	225/159	2.5	M22×160	M22×90	8
175	247/194	2.5	M20×160	M20×75	8	255/194	2.5	M22×175	M22×95	12
200	272/219	2.5	M20×170	M20×75	8	285/219	2.5	M22×190	M22×95	12
225	302/245	2.5	M20×185	M20×75	8	310/245	2.5	M27×215	M27×100	12
250	327/273	2.5	M20×195	M20×80	12	340/273	2.5	M27×225	M27×100	12
300	377/325	2.5	M20×235	M20×85	12	400/325	2.5	M27×255	M27×105	16
350	437/377	2.5	M20×255	M20×85	16	456/377	2.5	M30×295	M30×120	16
400	490/426	2.5	M22×285	M22×90	16	516/426	2.5	M30×320	M30×120	16
450	540/478	2.5	M22×310	M22×90	20	566/478	2.5	M30×355	M30×130	20
500	596/529	3.0	M22×340	M22×95	20	619/529	3.0	M36×395	M36×145	20
600	695/630	3.0	M27×400	M27×100	20					

件号	名称及规格	数量	材质	质量(kg) 单重	质量(kg) 总重	图号或标准、规格号	备注
10	螺栓 Md×l	2n	8.8			GB/T 5780—1986	
9	垫圈 d（与螺栓同）	3n	100HV			GB/T 97.2—1985	
8	螺母 Md（与螺栓同）	3n	8			GB/T 41—1986	
7	螺栓 Md×l（见表）	n	8.8			GB/T 5780—1986	
6	平焊法兰 DN，PN（按工程设计）	6	Q235			JB/T 81—1994	
5	接管	1					见工程设计
4	扩散管	1					见工程设计
3	衬环	1					见工程设计
2	垫片	2					见工程设计
1	喷管	1					见工程设计

部 件、零 件 表

冶金仪控通用图	短文丘里喷嘴的安装图 DN100～600，PN1.0，2.5MPa	(2000)YK06.1-25	
		比例	页次

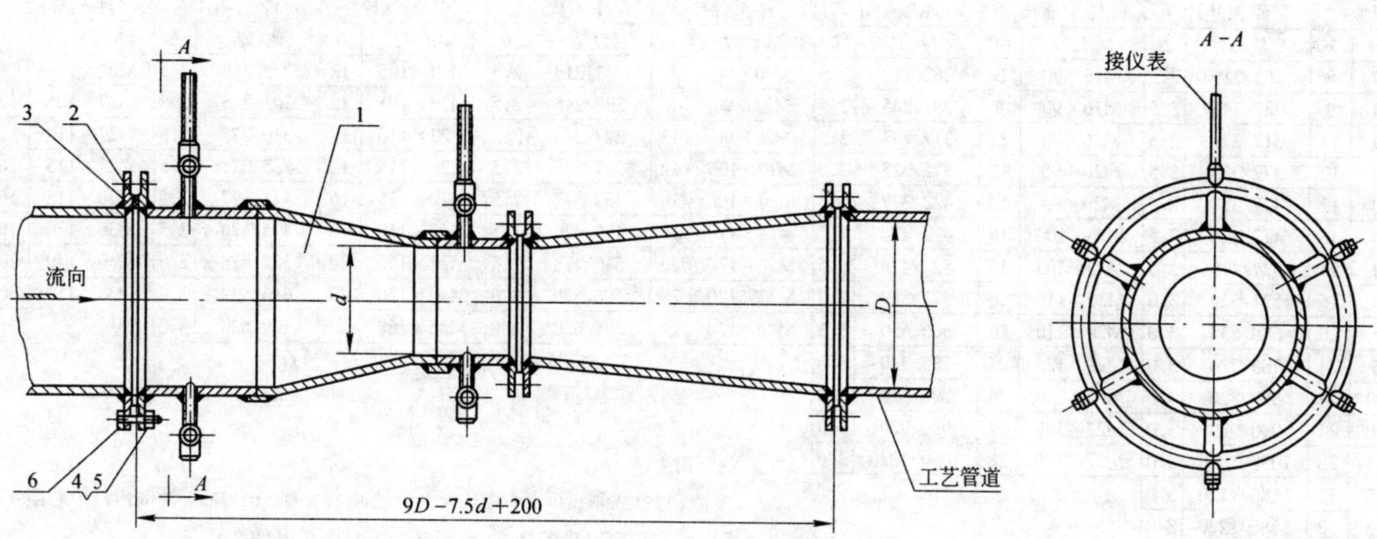

零 件 尺 寸 表

公称管径 DN		200	225	250	300	350	400	450	500	600	700	800
件2	D/d	262/219	287/245	317/273	372/325	422/377	472/426	527/478	577/529	680/630	785/720	890/820
垫片	厚 b	2.5	2.5	2.5	2.5	2.5	2.5	2.5	3.0	3.0	3.0	3.0
件4	Md×l	M16×70	M16×70	M16×75	M20×75	M20×75	M20×80	M20×80	M20×85	M22×85	M22×90	M27×95
螺栓	n	8	8	12	12	12	16	16	16	20	24	24

附注:

1. 文丘里管的前端面应与管道轴线垂直,不垂直度不得超过±1°;文丘里管应与管道同心,不同心度不得超过 $0.015D(\frac{1}{\beta}-1)$ 的数值。
2. 新安装的管路系统必须在管道冲洗和扫线后再进行文丘里管的安装。
3. 密封垫片(件2)夹紧后不得突入管道内壁。
4. 标记示例:在公称管径 DN=300mm,公称压力 PN=0.6MPa 的管道上安装长文丘里管(长文氏管)的标记如下:长文氏管的安装 DN300,PN0.6,图号(2000)YK06.1-26
5. 本图所示长文氏管取压的均压环、取压管是随文氏管设备附带。

件号	名称及规格	数量	材质	单重 质量(kg)	总重	图号或标准、规格号	备注
6	垫圈 d(与螺栓同)	2n	100HV			GB/T 97.2—1985	
5	螺母 Md(与螺栓同)	2n	6			GB/T 41—1986	
4	螺栓 Md×l(见表)	2n	6.8			GB/T 5780—1986	
3	平焊法兰 DN(按工程设计),PN0.6MPa	2	Q235			JB/T 81—1994	
2	垫片 D/d,b(见表)	2	XB350			JB/T 87—1994	
1	长文丘里管	1					见工程设计

部件、零件表

冶金仪控通用图	长文丘里管的安装图 DN200~800,PN0.6MPa	(2000)YK06.1-26	
		比例	页次

零 件 尺 寸 表

公称压力	PN=0.25MPa				PN=0.6MPa				PN=1.0MPa				PN=1.6MPa				PN=2.5MPa			
公称管径	件5,螺栓		件2,垫片		件5,螺栓		件2,垫片		件5,螺栓		件2,垫片		件5,螺栓		件2,垫片		件5,螺栓		件2,垫片	
DN	$Md\times l$	n	D/d	b	$Md\times l$	n	D/d	b	$Md\times l$	n	D/d	b	$Md\times l$	n	D/d	b	$Md\times l$	n	D/d	b
200	M16×75	8	262/219	2.5	M16×90	8	262/219	2.5	M20×90	8	272/219	2.5	M20×105	12	272/219	2.5	M22×105	12	285/219	2.5
225	M16×80	8	287/245	2.5	M16×90	8	287/245	2.5	M20×90	8	302/245	2.5	M20×105	12	302/245	2.5	M27×105	12	310/245	2.5
250	M16×80	12	317/273	2.5	M16×90	12	317/273	2.5	M20×90	12	327/273	2.5	M22×110	12	330/273	2.5	M27×110	12	340/273	2.5
300	M20×90	12	372/325	2.5	M20×95	12	372/325	2.5	M20×100	12	377/325	2.5	M22×115	12	385/325	2.5	M27×115	16	400/325	2.5
350	M20×90	12	422/377	2.5	M20×95	12	422/377	2.5	M20×100	16	437/377	2.5	M22×115	16	445/377	2.5	M30×115	16	456/377	2.5
400	M20×90	16	472/426	2.5	M20×100	16	472/426	2.5	M22×110	16	490/426	2.5	M27×130	16	495/426	2.5	M30×130	16	516/426	2.5
450	M20×90	16	527/478	2.5	M20×105	16	527/478	2.5	M22×120	20	540/478	2.5	M27×140	20	555/478	2.5	M30×140	20	566/478	2.5
500	M20×90	16	577/529	3.0	M20×110	16	577/529	3.0	M22×120	20	596/529	3.0	M30×150	20	616/529	3.0	M36×150	20	619/529	3.0
600	M20×95	20	680/630	3.0	M20×110	20	680/630	3.0	M27×120	20	695/630	3.0	M36×160	20	729/630	3.0				
700	M22×95	24	785/720	3.0	M22×120	24	785/720	3.0												
800	M27×100	24	890/820	3.0	M22×120	24	890/820	3.0												
900	M27×110	24	990/920	3.0	M27×130	24	990/920	3.0												
1000	M27×115	28	1090/1020	3.0	M27×130	28	1090/1020	3.0												
1100	M27×115	32	1186/1120	3.0																
1200	M27×115	32	1286/1220	3.0																

附注：

1. 上游取压口中心距孔板上游端面 $l_1=D\pm0.1D$；下游取压口中心距孔板下游端面 $l_2=0.5D\pm0.02D(\beta\leqslant0.5)$，$l_2=0.5D\pm0.01D(\beta>0.5)$。
2. 节流件前端与管道轴线垂直，不垂直度不超过 ±1°；节流件与管道同心，不同心度不超过 $0.015D(\frac{1}{\beta}-1)$的数值，$\beta=d/D$。
3. 新安装的管道系统必须在管道冲洗和吹扫后再进行节流件安装，密封垫片(件2)在夹紧后不得突入管道内壁。
4. 本设计以气体为例，当用于液体时，只将取压管方向改变如图A。

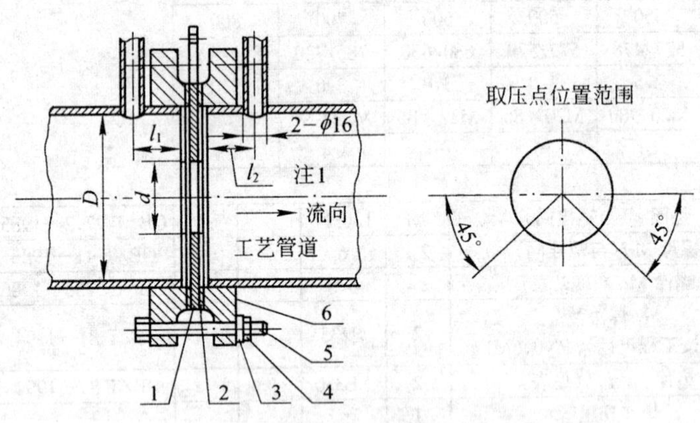

图A 液体介质取压点

件号	名称及规格	数量	材质	单重	总重	图号或标准、规格号	备注
				质量(kg)			
6	平焊法兰 DN(见工程设计)	2	Q235			JB/T 87—1994	
5	螺栓 $Md\times l$(见表)	n	8			GB/T 5780—1986	
4	螺母 Md(与螺栓同)	n	8.8			GB/T 41—1986	
3	垫圈 d(与螺栓同)	n	100HV			GB/T 97.1—1985	
2	垫片 $D/d,b$(见表)	2	XB350			JB/T 87—1994	
1	平孔板	1					见工程设计

部件、零件表

冶金仪控通用图	径距$(D-\frac{1}{2}D)$取压平孔板安装图 $DN200\sim1200$，$PN0.25\sim2.5$MPa	(2000)YK06.1-27	
		比例	页次

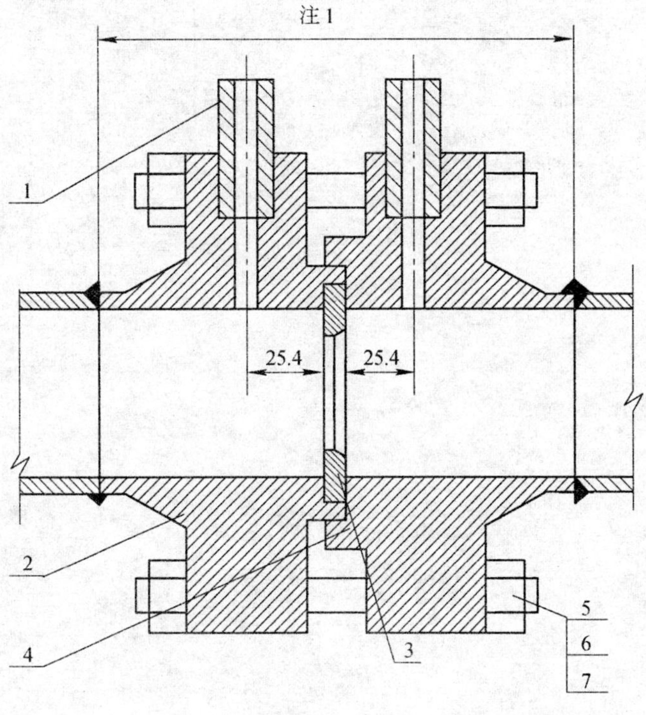

附注：

1. 整体尺寸由工程设计确定。
2. 件号 1～7 均由孔板制造商供给，按工程设计确定材质。
3. 整体和工艺管道的焊接和试压按工程设计。

件号	名称及规格	数量	材质	单重	总重	图 号 或 标准、规格号	备 注
				质量(kg)			
7	垫圈	2n					见注 2
6	螺母	n					
5	螺栓	n					
4	法兰	1					
3	孔板	1					
2	法兰	1					
1	取压管	1					

部 件、零 件 表

冶金仪控 通用图	法兰取压孔板安装图	(2000)YK06.1-28	
		比例	页次

二、安装零件图

公称管径 DN	管子外径 d_0	D	D_1	D_2	f	D_4	D_6	f_1	b	d	数量	螺纹	K	s	H	质量(kg)
		法兰									螺栓		焊接			
1000	1020	1175	1120	1080		1043	1044		40	30	28	M27				57.3
900	920	1075	1020	980		938	939		39	30	24	M27				55.1
800	820	975	920	880	5	838	839		37	30	24	M27				46.2
700	720	860	810	775		738	739		37	25	24	M22				37.1
600	630	755	705	670		653	654	5	34	25	20	M22	10	9	11	26.57
500	529	640	600	568		542	543		34	23	16					20.7
450	478	590	550	578		493	494		32	23	16					7.59
400	426	535	495	462	4	439	440		32	23	16	M20				15.2
350	377	485	455	412		386	387		30	23	12					12.59
300	325	435	395	362		334	335		29	23	12		9	8	10	10.3
250	273	370	335	310		302	303	4.5	29	18	12		9	8	10	8.03
225	245	340	305	280		275	276		27	18	8		8	7	9	6.60
200	219	315	280	255		248	249		27	18	8		7	6	8	6.07
175	194	290	255	230		222	223		27	18	8		6	6	7	5.54
150	159	260	225	200	3	190	191		25	18	8	M16		45	6	4.47
125	133	235	200	175		165	166	4	25	18	8			4	6	3.94
100	108	205	170	145		136	137		23	18	4		5	4	6	2.89
80	89	185	150	125		114	115		22	18	4			4	6	2.48
65	73	160	130	110		99	100		20	14	4	M12		4	6	1.67
50	57	140	110	90		79	80		20	14	4	M12	4	3.5	5	1.348

$PN=0.6\text{MPa}$

公称管径 DN	管子外径 d_0	D	D_1	D_2	f	D_4	D_6	f_1	b	d	数量	螺纹	K	s	H	质量(kg)
		法兰									螺栓		焊接			
600	630	780	725	685		670	671		41	30	20	M27				39.4
500	529	670	620	585		566	567		37	25	20	M22				27.7
450	476	615	565	532		515	516	5	35	25	20	M22	10	9	11	24.4
400	426	565	515	482	4	460	461		35	25	16	M22				21.8
350	377	500	460	428		409	410		35		16					15.9
300	325	440	400	368		357	358	4.5	32		12		9	8	10	12.9
250	273	390	350	320		302	303	4.5	30		12		9	8	10	10.7
225	245	365	325	295		275	276	4.5	28	23	8	M20	8	7	9	9.30
200	219	335	295	265		248	249		28		8		7	6	8	8.24
175	194	310	270	240		222	223		28		8		6	6	7	7.44
150	159	280	240	210		190	191		28		8		5	4.5		6.12
125	133	245	210	185	3	165	166		28	18	8		5			5.40
100	108	215	180	155		136	137	4	26	18	8		5		6	4.01
80	89	195	160	135		114	115		24	18	4	M16	5	4		3.24
65	73	180	145	120		99	100		24	18	4		5			2.84
50	57	160	125	100		79	80		22	18	4		4	3.5	5	2.09

$PN=1.0\text{MPa}$

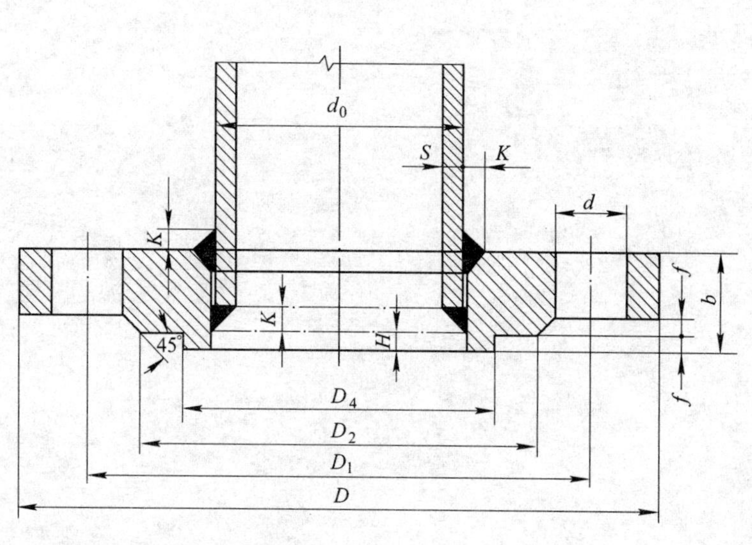

附注：

1. 法兰表面应光滑不得有降低强度和影响密封性能的缺陷。
2. 法兰端面应与轴线垂直，偏差不得超过30′。

冶金仪控通用图	凸面平焊钢法兰 $PN0.6,1.0\text{MPa}$				(2000)YK06.1-01
	材质 Q235	质量 kg	比例	件号	装配图号

流量仪表的安装图

(2000)YK06.2

目　录

冶金仪控通用图	流量仪表的安装图图纸目录	(2000)YK06.2-1	
		比例	页次 1/2

说　明

1. 适用范围

本图册是节流装置及流量仪表安装图册(2000)YK06 中的第二分册,适用于冶金企业生产过程中各种流体介质流量测量仪表的现场安装。

2. 编制依据

本图册是参照现有国内外关于工业生产过程仪表安装规程的有关部分,在节流装置及流量仪表安装图册[(90)YK06.2]的基础上进行修改编制的。

3. 内容提要

本图册包括转子流量计、椭圆齿轮流量计、涡轮流量计、旋转活塞式流量计、分流旋翼式蒸汽流量计、笛形均速管流量计、电磁流量计、涡街流量计、插入式电磁流量计、热式气体质量流量计、托巴管、Verabar 流量计。

4. 选用注意事项

(1) 在设计中选用流量计产品和在施工中安装仪表时,均应详细了解该仪表产品的技术性能和安装要求并合理选用安装图。

(2) 流量仪表的安装应按照其上、下游两侧直管段长度的不同要求进行,必要的话可设计相应的旁路管道及切换阀门以利检修和清洗(通常是委托工艺专业在工程设计中统一考虑)。

(3) 按照设计和施工的专业分工,流量计在工艺管道上安装所需的连接法兰、螺栓、螺母、垫圈、垫片、连接短管、开闭阀门以及有关的支撑等部件应划归为工艺管道部分,且在设计和施工时明确落实。

(4) 本图册原则上只考虑流量计与工艺管道的连接安装,其他的诸如电气连接、导压管连接以及流量计接地等内容可参见有关的图纸、安装使用说明书以及有关的规程、规范。

(5) 本图册中所用部件、零件的材质均有明确的规定,若选用特殊的材质应在工程设计中予以说明。

(6) 在工程设计中按设计选用本图册的图号均应列入工程设计图纸目录和管路敷设图的设备及安装部件表中。

5. 采用的标准和资料

(1) 本图册遵循《工业自动化仪表工程施工及验收规范》(GBJ93—1986)的有关规定。

6. 其他

(1) 本图册各流量计安装图中还有部分附注说明选用时应加以注意。

(2) 流量测量仪表安装的技术要求,凡是本图册未加规定者均应按有关的安装规程进行施工。

冶金仪控 通用图	流量仪表的安装图说明	(2000)YK06.2-2	
		比例	页次

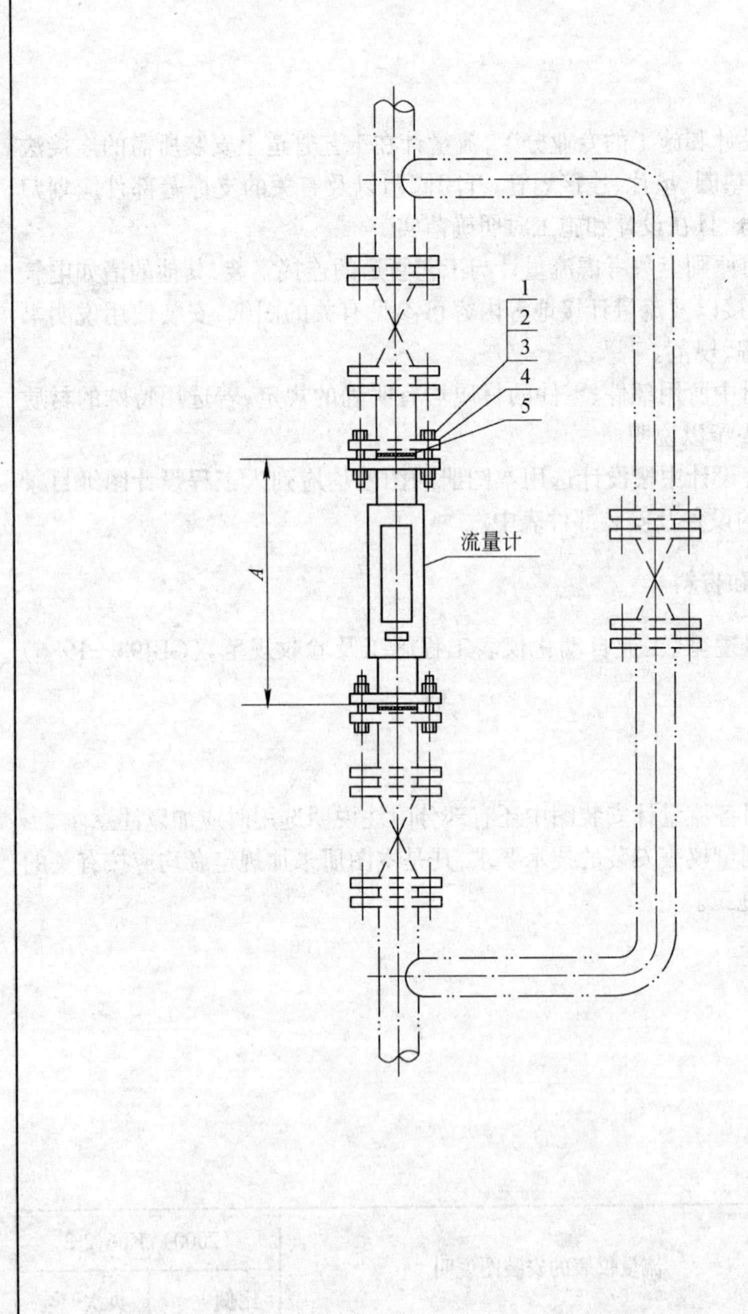

仪表安装及其零件尺寸表

仪表型号	件4,法兰		件1,螺栓		件5,垫片		仪表安装尺寸
	DN	*PN*(MPa)	M*d*×*l*	*n*	*D*/*d*	*b*	*A*
LZB-15	15	1.0	M12×50	4	51/18	1.6	470
LZB-25	25	1.0	M12×55	4	71/32	1.6	470
LZB-40	40	1.0	M16×70	4	92/45	1.6	570
LZB-50	50	1.0	M16×70	4	107/57	1.6	570
LZB-80	80	0.6	M16×70	4	132/89	1.6	660
LZB-100	100	0.6	M16×70	4	152/108	1.6	660

附注：

1. 本图依据上海光华仪表厂，常州热工仪表厂的产品编制。
2. 流量计的安装位置、连接法兰以及旁路管道和阀门的设置均由工艺专业统一考虑。
3. 流量计的安装应使被测流体垂直地自下而上地流过。
4. 流量计对下游要求2～5倍管径的直管段，对上游要求5～10倍管径的直管段。
5. 一般介质选用材质Ⅰ，腐蚀性介质则选用材质Ⅱ，特殊要求由工程设计说明。

件号	名称及规格	数量	材质 Ⅰ	材质 Ⅱ	单重 质量(kg)	总重 质量(kg)	图号或标准、规格号	备注
5	垫片 *D*/*d*, *b*	2	XB200	聚四氟乙烯板			GB/T 3985—1995	
4	连接法兰 *DN*, *PN*	2	Q235	耐酸钢			JB/T 81—1994	
3	垫圈 *d*	2*n*	Q235	100HV			GB/T 97.1—1985	
2	螺母 M*d*	2*n*	Q235	6			GB/T 41—1986	
1	螺栓 M*d*×*l*	2*n*	Q235	6.8			GB/T 5780—1986	

部件、零件表

冶金仪控通用图	LZB系列玻璃转子流量计的安装图 *DN*15～100	(2000)YK06.2-3	
		比例	页次

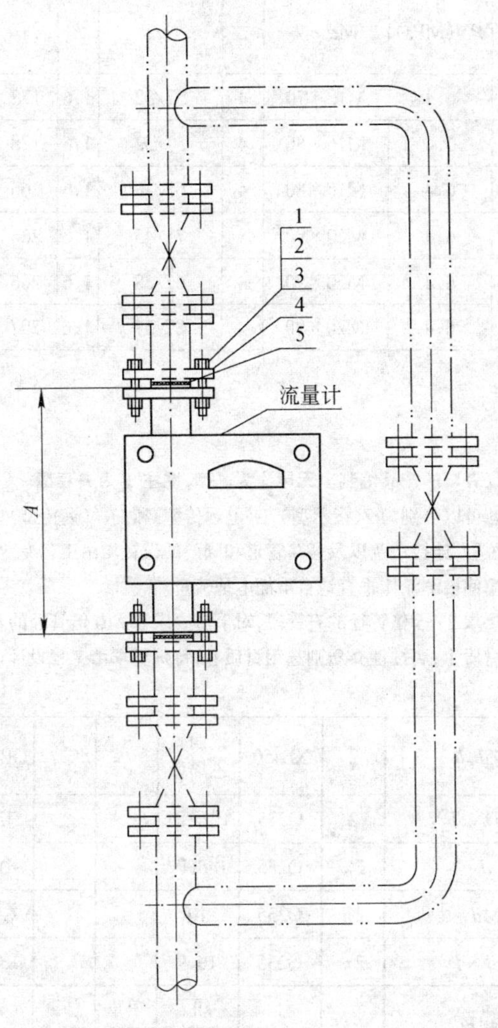

仪表安装及其零件尺寸表

仪表型号	件4,法兰		件1,螺栓		件5,垫片		仪表安装尺寸
	DN	*PN*(MPa)	M*d*×*l*	*n*	*D*/*d*	*b*	*A*
LZ#-15	15	6.4	M12×55	4	51/18	1.6	420
LZ#-15T	15	6.4	M12×65	4	51/18	1.6	420
LZ#-25F	25	1.6	M12×55	4	71/32	1.6	547

附注:

1. 本图依据开封仪表厂的产品编制。无尾注为基型,尾注T为夹套型,尾注F为耐腐型。
2. 上表中的字符#可以分别为Z(指示型),D(电远传型)和Q(气远传型)。
3. 流量计的安装位置、连接法兰以及旁路管道和阀门的设置均由工艺专业统一考虑。
4. 流量计的安装应使被测流体垂直地自下而上地流过。
5. 流量计对下游要求2~5倍管径的直管段,对上游要求5~10倍管径的直管段。
6. 一般介质选用材质Ⅰ,腐蚀性介质则选用材质Ⅱ,特殊要求由工程设计说明。

件号	名称及规格	数量	材质 Ⅰ	材质 Ⅱ	单重 质量(kg)	总重 质量(kg)	图号或标准、规格号	备注
5	垫片 *D*/*d*,*b*	2	XB450	聚四氟乙烯板			GB/T 3985—1995	
4	连接法兰 *DN*,*PN*	2	Q235	耐酸钢			JB/T 81—1994	法兰A
3	垫圈 *d*	2*n*	Q235	140HV			GB/T 97.1—1985	
2	螺母 M*d*	2*n*	Q235	10			GB/T 41—1986	
1	螺栓 M*d*×*l*	2*n*	Q235	10.9			GB/T 5780—1986	

部件、零件表

冶金仪控通用图	LZ系列金属管转子流量计的安装图 *DN*15~25	(2000)YK06.2-4	
		比例	页次

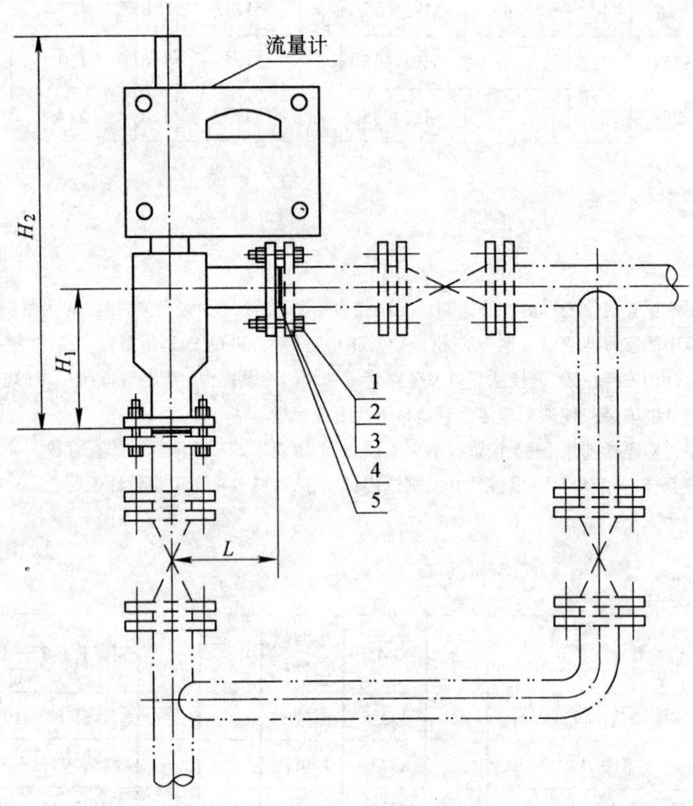

仪表安装及其零件尺寸表

仪表型号	件4,法兰		件1,螺栓		件5,垫片		仪表安装尺寸		
	DN	PN(MPa)	M$d\times l$	n	D/d	b	H_1	H_2	L
LZ#-25	25	6.4	M12×70	4	57/32	1.6	178	595	95
LZ#-25T	25	6.4	M16×80	4	57/32	1.6	178	595	95
LZ#-40	40	6.4	M16×80	4	65/38	1.6	266	705	150
LZ#-40T	40	6.4	M20×90	4	75/45	1.6	266	730	147
LZ#-50	50	6.4	M20×90	4	65/38	1.6	266	730	150
LZ#-50T	50	6.4	M20×90	4	87/57	1.6	297	735	147

附注：

1. 本图依据开封仪表厂的产品编制。无尾注为基型，尾注 T 为夹套型。
2. 上表中的字符#可以分别为 Z(指示型)，D(电远传型)和 Q(气远传型)。
3. 流量计的安装位置、连接法兰以及旁路管道和阀门的设置均由工艺专业统一考虑。
4. 流量计的安装应使被测流体垂直地自下而上地流过。
5. 流量计对下游要求 2～5 倍管径的直管段，对上游要求 5～10 倍管径的直管段。
6. 一般介质选用材质Ⅰ，腐蚀性介质则选用材质Ⅱ，特殊要求由工程设计说明。

件号	名称及规格	数量	材质 Ⅰ	材质 Ⅱ	质量(kg) 单重	质量(kg) 总重	图号或标准、规格号	备注
5	垫片 D/d,b	2	XB450	聚四氟乙烯板			GB/T 3985—1995	
4	连接法兰 DN,PN	2	Q235	耐酸钢			JB/T 81—1994	法兰 A
3	垫圈 d	$2n$	Q235	140HV			GB/T 97.1—1985	
2	螺母 Md	$2n$	Q235	10			GB/T 41—1986	
1	螺栓 M$d\times l$	$2n$	Q235	10.9			GB/T 5780—1986	

部件、零件表

冶金仪控通用图	LZ 系列金属管转子流量计的安装图 DN25～50	(2000)YK06.2-5	
		比例	页次

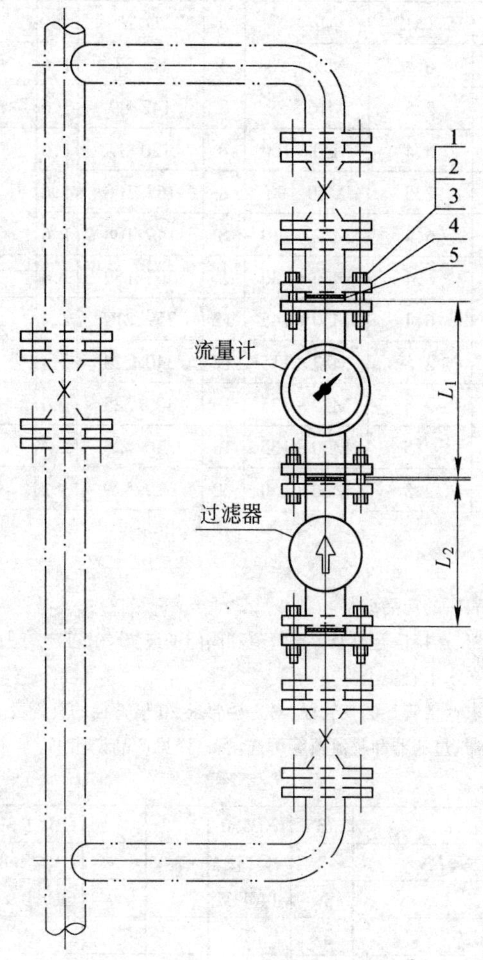

仪表安装及其零件尺寸表

仪表型号	过滤器型号	件4,法兰		件1,螺栓		件5,垫片		仪表安装尺寸	
		DN	PN (MPa)	Md×l	n	D/d	b	L_1	L_2
LC11-10	LPG-10Y	10	1.6	M12×55	4	46/14	1.6	150	150
LC11-15	LPG-15Y	15	1.6	M12×55	4	51/18	1.6	170	150
LC11-20	LPG-20Y	20	1.6	M12×60	4	61/25	1.6	200	180
LC11-25	LPG-25Y	25	1.6	M12×60	4	71/32	1.6	260	180
LC11-40	LPG-40U	40	1.6	M16×75	4	92/45	1.6	245	300
LC11-50	LPG-50U	50	1.6	M16×75	4	107/57	1.6	340	300
LC11-65	LPG-65U	65	1.6	M16×80	4	127/76	1.6	420	300
LC11-80	LPG-80U	80	1.6	M16×80	8	142/89	1.6	420	400
LC11-100	LPG-100U	100	1.6	M16×85	8	162/108	1.6	515	500
LC11-150	LPG-150U	150	1.6	M20×95	8	217/159	2.4	560	780
LC11-200	LPG-200U	200	1.6	M20×100	12	272/219	2.4	700	780

附注:

1. 本图依据合肥仪表总厂的产品编制,过滤器由流量计配套供货。
2. 流量计的安装位置、连接法兰以及旁路管道和阀门的设置均由工艺专业统一考虑。
3. 流量计在水平和垂直管道上均可安装,但流量计中的椭圆齿轮的轴线应安装在水平位置上,即流量计的表度盘应与地面垂直。
4. 被测介质的流向应同时满足过滤器和流量计的流向要求,并且必须先进过滤器后进流量计。

件号	名称及规格	数量	材质	单重	总重	图号或标准、规格号	备注
5	垫片 D/d,b	3	XB350			GB/T 3985—1995	
4	连接法兰 DN,PN	2	Q235			JB/T 81—1994	
3	垫圈 d	3n	100HV			GB/T 97.1—1985	
2	螺母 Md	3n	8			GB/T 41—1986	
1	螺栓 Md×l	3n	8.8			GB/T 5780—1986	
				质量(kg)			

部件、零件表

冶金仪控通用图	LC11 系列椭圆齿轮流量计的安装图 DN10~200	(2000)YK06.2-6	
		比例	页次

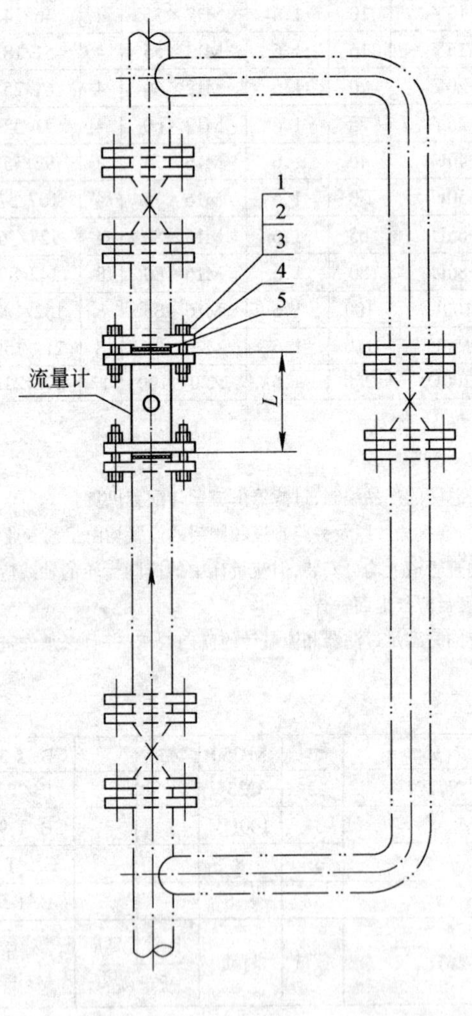

仪表安装及其零件尺寸表

仪表型号	件4,法兰		件1,螺栓		件5,垫片		仪表安装尺寸
	DN	*PN*(MPa)	M*d*×*l*	*n*	*D*/*d*	*b*	*L*
LW-50	50	6.4	M20×90	4	87/57	1.6	150
LW-80	80	2.5	M16×80	8	142/89	1.6	200
LW-80	80	6.4	M20×100	8	120/89	1.6	200
LW-100	100	2.5	M20×90	8	167/108	1.6	220
LW-100	100	6.4	M22×110	8	149/108	1.6	220
LW-150	150	6.4	M30×130	8	203/159	2.4	300
LW-200	200	6.4	M30×145	12	259/219	2.4	360
LW-250	250	2.5	M27×115	12	340/273	2.4	400
LW-300	300	2.5	M27×125	16	400/325	2.4	420
LW-400	400	2.5	M30×135	16	516/426	2.4	560
LW-500	500	2.5	M36×150	20	619/529	3.2	700

附注：

1. 本图依据开封仪表厂的产品编制。
2. 流量计的安装位置、连接法兰以及旁路管道和阀门的设置均由工艺专业统一考虑。
3. 流量计必须安装在水平管道上。
4. 流量计对下游要求5倍管径的直管段,对上游要求20倍管径的直管段。
5. 流量计尚有消气器、过滤器和整流器等可选设备,详见产品说明书。

件号	名称及规格	数量	材质	单重	总重	图号或标准、规格号	备注
5	垫片 *D*/*d*,*b*	3	XB450			GB/T 3985—1995	
4	连接法兰 *DN*,*PN*	2	Q235			JB/T 81—1994	法兰A
3	垫圈 *d*	3*n*	140HV			GB/T 97.1—1985	
2	螺母 M*d*	3*n*	10			GB/T 41—1986	
1	螺栓 M*d*×*l*	3*n*	10.9			GB/T 5780—1986	
件号	名称及规格	数量	材质	质量(kg) 单重	质量(kg) 总重	图号或标准、规格号	备注

部件、零件表

冶金仪控通用图	LW系列涡轮流量变送器的安装图 *DN*50～500	(2000)YK06.2-7	
		比例	页次

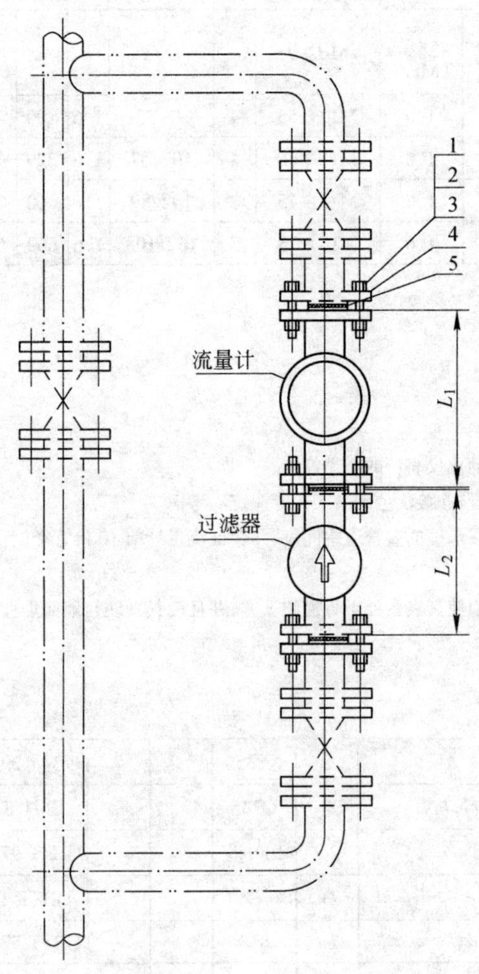

仪表安装及其零件尺寸表

仪表型号	过滤器型号	件4,法兰		件1,螺栓		件5,垫片		仪表安装尺寸	
		DN	*PN* (MPa)	M*d*×*l*	*n*	*D*/*d*	*b*	L_1	L_2
ZLJ-10	GL-10	10	1.6	M12×55	4	46/14	1.6	200	200
ZLJ-15	GL-15	15	1.6	M12×55	4	51/18	1.6	230	200
ZLJ-25	GL-25	25	1.6	M12×60	4	71/32	1.6	252	200
ZLJ-40	GL-40	40	1.6	M16×75	4	92/45	1.6	320	275
ZLJ-50	GL-50	50	1.6	M16×75	4	107/57	1.6	368	275

附注：

1. 本图依据北京冶金仪表厂的产品编制。过滤器由流量计配套供货。
2. 流量计的安装位置、连接法兰以及旁路管道和阀门的设置均由工艺专业统一考虑。
3. 流量计必须安装在水平管道上。
4. 被测介质的流向应同时满足过滤器和流量计流向的要求，并且必须先进过滤器后进流量计。

件号	名称及规格	数量	材质	单重 质量(kg)	总重 质量(kg)	图号或标准、规格号	备注
5	垫片 *D*/*d*, *b*	3	XB350			GB/T 3985—1995	
4	连接法兰 *DN*, *PN*	2	Q235			JB/T 81—1994	
3	垫圈 *d*	3*n*	140HV			GB/T 97.1—1985	
2	螺母 M*d*	3*n*	8			GB/T 41—1986	
1	螺栓 M*d*×*l*	3*n*	8.8			GB/T 5780—1986	

部件、零件表

冶金仪控通用图	ZLJ系列旋转活塞式流量计的安装图 *DN*10～50	(2000)YK06.2-8	
		比例	页次

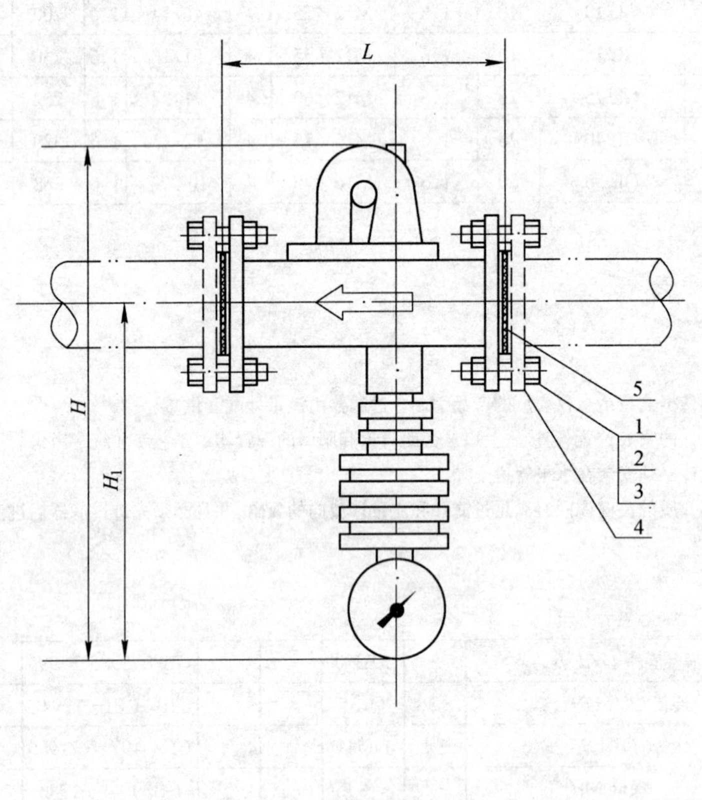

仪表安装及其零件尺寸表

仪表型号	件4,法兰		件1,螺栓		件5,垫片		仪表安装尺寸		
	DN	*PN* (MPa)	M*d*×*l*	*n*	*D*/*d*	*b*	*L*	*H*	H_1
LFX-25A	25	1.0	M12×55	4	71/32	1.6	200	464	356
LFX-50A	50	1.6	M16×65	4	107/57	1.6	320	645	435
LFX-80A	80	1.6	M16×75	8	142/89	1.6	660	675	453
LFX-100A	100	1.6	M16×75	8	162/108	1.6	660	687	464

附注：

1. 本图依据辽阳自动化仪表厂的产品编制。
2. 流量计的安装位置、连接法兰均由工艺专业统一考虑。
3. 流量计必须安装在水平的直管道中间段，并保证流量计前10倍管径，后5倍管径的直管段。
4. 流量计的安装必须使其表头处于管道的下方，并且使其轴线与地面垂直。

件号	名称及规格	数量	材质	单重 质量(kg)	总重	图号或标准、规格号	备注
5	垫片 *D*/*d*,*b*	2	XB350			GB/T 3985—1995	
4	连接法兰 *DN*,*PN*	2	Q235			JB/T 81—1994	
3	垫圈 *d*	2*n*	100HV			GB/T 97.1—1985	
2	螺母 M*d*	2*n*	8			GB/T 41—1986	
1	螺栓 M*d*×*l*	2*n*	8.8			GB/T 5780—1986	

部件、零件表

冶金仪控通用图	LFX系列分流旋翼式蒸汽流量计的安装图 *DN*25～100	(2000)YK06.2-9	
		比例	页次

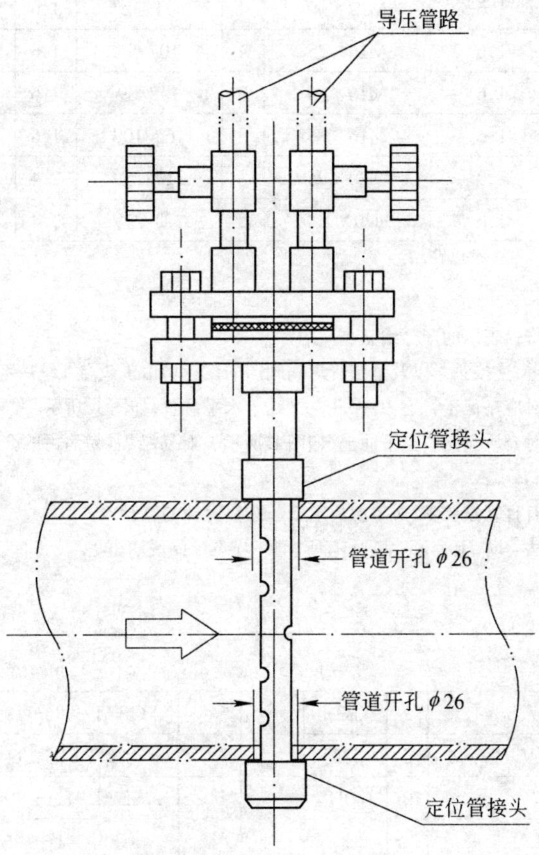

附注:

1. 本图依据江苏镇江化工仪表电器(集团)公司(扬中化工仪表配件厂)的产品编制。该公司的ANB系列笛形均速管流量计有多种型号,本图仅以ANB－85绘出,其他型号的安装方式相同,有关技术数据详见其产品使用说明书。
2. 流量计的安装位置由工艺专业统一考虑。
3. 流量计在水平管道垂直管道上均可安装。
4. 流量计对下游要求5倍管径的直管段,对上游要求10～15倍管径的直管段。
5. 导压管路的连接参见流量测量仪表的管路连接图(2000)YK04。
6. 流量计安装所需的定位管接头均由仪表厂随流量计供货。

冶金仪控 通用图	ANB系列笛形均速管流量计的安装图 *DN*100～3000	(2000)YK06.2-10	
		比例	页次

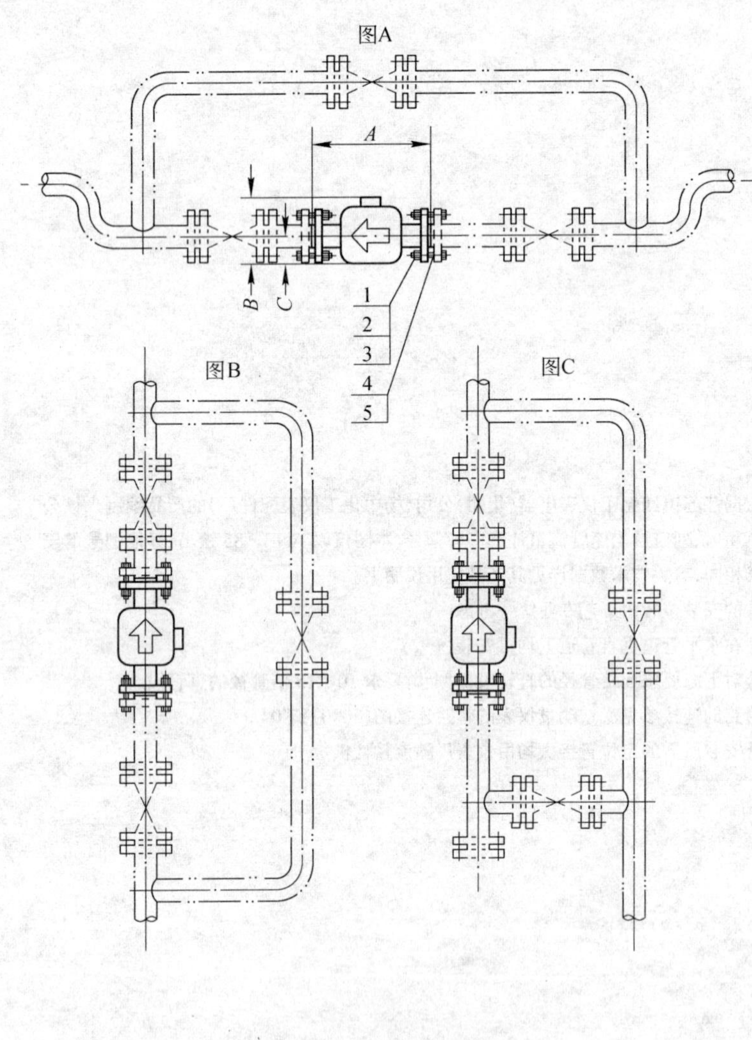

仪表安装及其零件尺寸表

仪表型号	件4,法兰		件1,螺栓		件5,垫片		仪表安装尺寸		
	DN	*PN*(MPa)	M*d*×*l*	*n*	*D*/*d*	*b*	A	*B*	*C*
LD-25	25	1.6	M12×60	4	71/32	1.6	365	188	70
LD-50	50	1.6	M16×75	4	107/57	1.6	505	250	105
LD-80	80	1.6	M16×80	8	142/89	1.6	300	302	117
LD-100	100	1.6	M16×85	8	162/108	1.6	300	302	117
LD-150	150	1.0	M20×95	8	217/159	2.4	350	350	140
LD-200	200	1.0	M20×100	8	272/219	2.4	400	364	176

附注:

1. 本图依据上海光华仪表厂的产品编制。
2. 流量计的安装位置、连接法兰以及旁路管道和阀门的设置均由工艺专业统一考虑。
3. 流量计水平安装时应略低于管道,并保证电极处于水平位置,如图A所示。
4. 流量计垂直安装时介质流向应自下而上,如图B所示。对易结垢、易沾污的介质可设置如图C所示的清洗口。
5. 流量计对下游没有直管段要求,对上游要求5~10倍管径的直管段。
6. 流量计需用接地法兰时,上表尺寸A应有所调整,详见产品说明书。

件号	名称及规格	数量	材质	单重 质量(kg)	总重 质量(kg)	图号或标准、规格号	备注
5	垫片 *D*/*d*,*b*	2	XB350			GB/T 3985—1995	
4	连接法兰 *DN*,*PN*	2	Q235			JB/T 81—1994	
3	垫圈 *d*	2*n*	100HV			GB/T 97.1—1985	
2	螺母 M*d*	2*n*	8			GB/T 41—1986	
1	螺栓 M*d*×*l*	2*n*	8.8			GB/T 5780—1986	

部件、零件表

冶金仪控通用图	LD系列电磁流量变送器的安装图 *DN*25~200	(2000)YK06.2-11	
		比例	页次

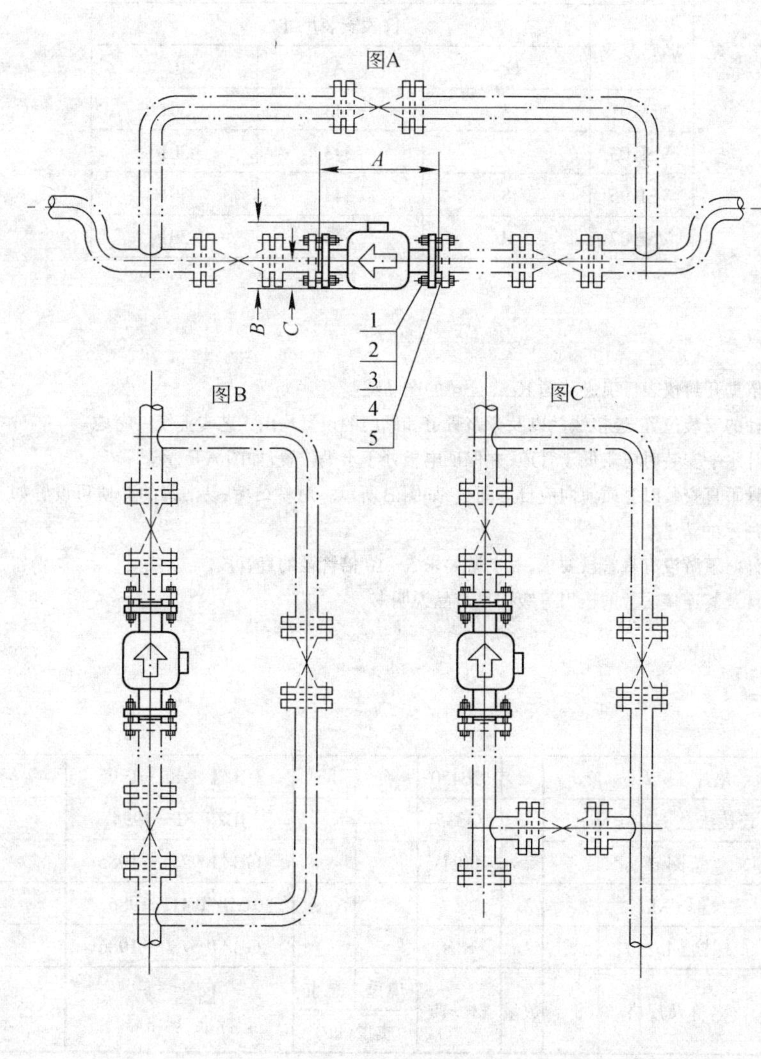

仪表安装及其零件尺寸表

仪表型号	件4,法兰		件1,螺栓		件5,垫片		仪表安装尺寸		
	DN	*PN*(MPa)	M*d*×*l*	*n*	*D*/*d*	*b*	A	B	C
LD-300	300	1.6	M22×100	12	385/325	2.4	660	530	265
LD-400	400	1.0	M22×100	16	490/426	2.4	770	625	315
LD-500	500	1.0	M22×100	20	596/529	3.2	920	760	385
LD-700	700	1.0	M27×110	24	810/720	3.2	1124	980	505
LD-1000	1000	1.0	M30×120	28	1126/1020	3.2	1230	1310	688
LD-1200	1200	1.0	M36×140	32	1339/1220	3.2	1684	1530	802

附注:

1. 本图依据上海光华仪表厂的产品编制。
2. 流量计的安装位置、连接法兰以及旁路管道和阀门的设置均由工艺专业统一考虑。
3. 流量计水平安装时应略低于管道,并保证电极处于水平位置,如图A所示。
4. 流量计垂直安装时介质流向应自下而上,如图B所示。对易结垢、易沾污的介质可设置如图C所示的清洗口。
5. 流量计对下游没有直管段要求,对上游要求5~10倍管径的直管段。
6. 流量计的适用压力详见产品说明书。

件号	名称及规格	数量	材质	单重	总重	图号或标准、规格号	备注
5	垫片 *D*/*d*,*b*	2	XB350			GB/T 3985—1995	
4	连接法兰 *DN*,*PN*	2	Q235			JB/T 81—1994	
3	垫圈 *d*	2*n*	100HV			GB/T 97.1—1985	
2	螺母 M*d*	2*n*	6			GB/T 41—1986	
1	螺栓 M*d*×*l*	2*n*	6.8			GB/T 5780—1986	
				质量(kg)			

部件、零件表

冶金仪控通用图	LD系列大口径电磁流量变送器的安装图 *DN*300~1200	(2000)YK06.2-12
		比例 页次

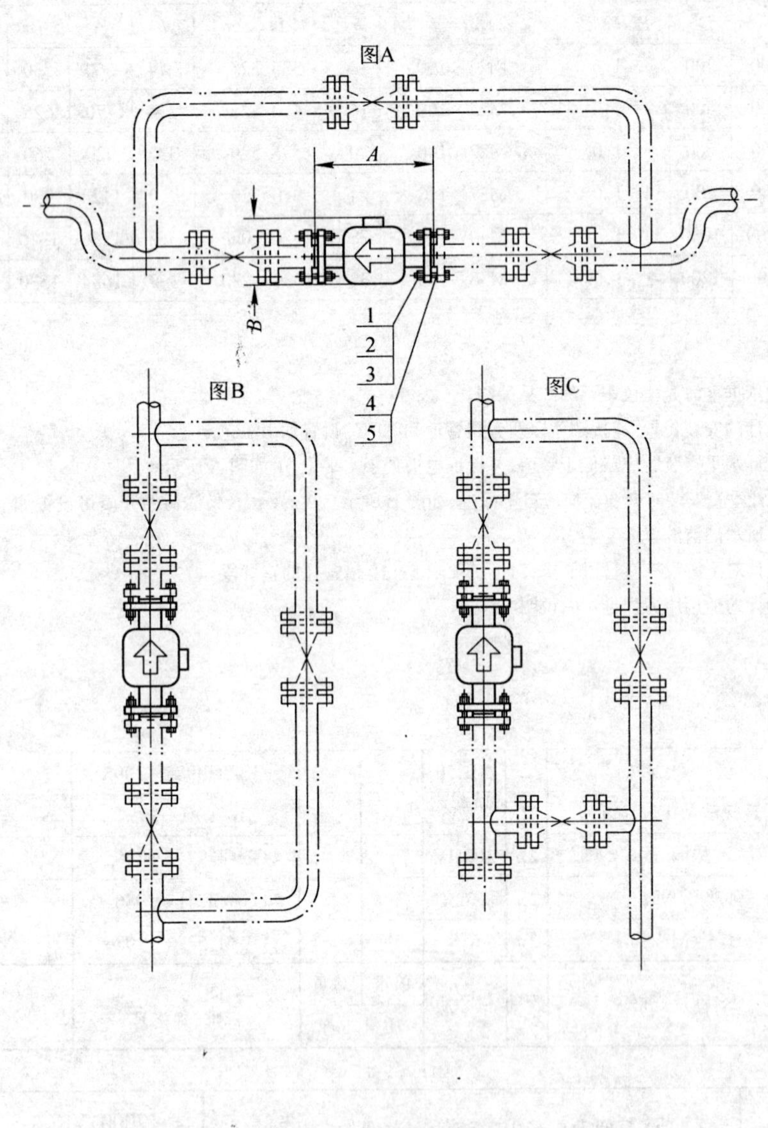

仪表安装及其零件尺寸表

仪表型号	仪表安装尺寸		
	DN	*A*	*B*
VSB 01	3	343	301
VSB 03	6	343	301
VSB 05	8	343	301
VSB 07	10	343	301

附注：

1. 本图依据开封仪表厂引进英国 Kent 公司的产品编制。
2. 流量计的安装位置、连接法兰以及旁路管道和阀门的设置均由工艺专业统一考虑。
3. 流量计水平安装时应略低于管道，并保证电极处于水平位置，如图 A 所示。
4. 流量计垂直安装时介质流向应自下而上，如图 B 所示。对易结垢、易沾污的介质可设置如图 C 所示的清洗口。
5. 流量计对下游没有直管段要求，对上游要求 5～10 倍管径的直管段。
6. 流量计及其连接法兰的压力等级详见产品说明书。

件号	名称及规格	数量	材 质	单重 质量(kg)	总重 质量(kg)	图 号 或 标准、规格号	备 注
5	垫片 *D*/*d*, *b*	2	XB450			GB/T 3985—1995	
4	连接法兰 *DN*, *PN*	2	Q235			JB/T 81—1994	
3	垫圈 *d*	2*n*	100HV			GB/T 97.1—1985	
2	螺母 M*d*	2*n*	8			GB/T 41—1986	
1	螺栓 M*d*×*l*	2*n*	8.8			GB/T 5780—1986	

部 件、零 件 表

冶金仪控 通用图	VSB 系列电磁流量变送器的安装图 *DN*3～10	(2000)YK06.2-13	
		比例	页次

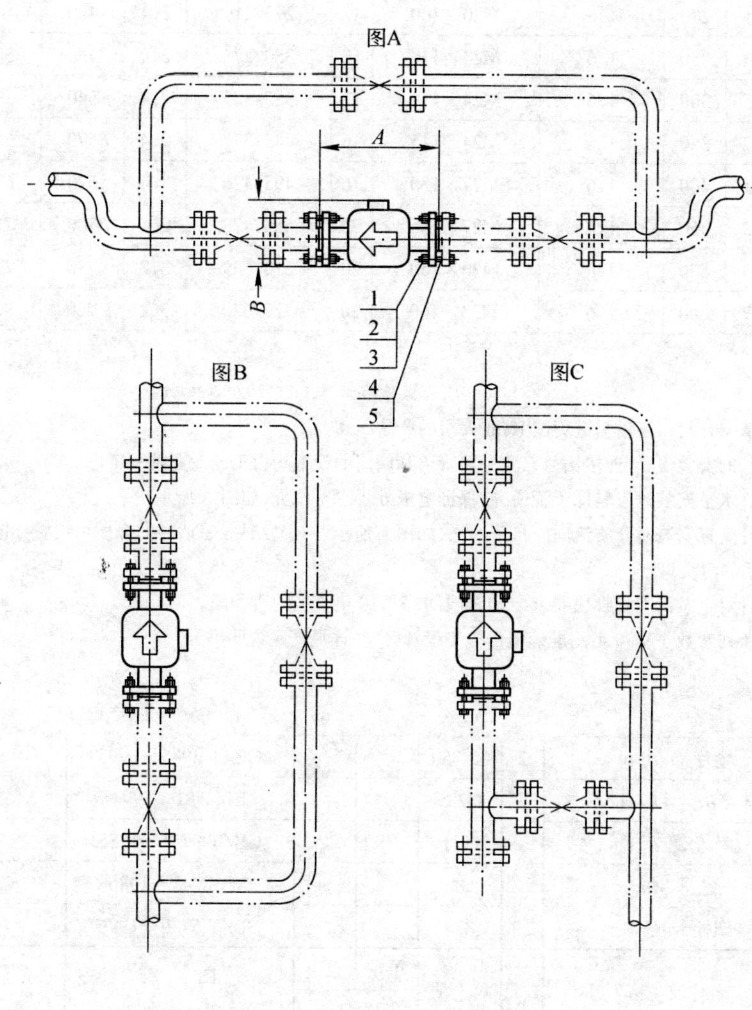

仪表安装及其零件尺寸表

仪表型号	件4,法兰		件1,螺栓		件5,垫片		仪表安装尺寸	
	DN	PN(MPa)	Md×l	n	D/d	b	A	B
VTB 11	15	4.0	M12×60	4	51/18	1.6		301
VTB 13	20	4.0	M12×60	4	61/25	1.6		301
VTB 15	25	4.0	M12×60	4	71/32	1.6		301
VTB 17	32	4.0	M16×70	4	82/38	1.6		281
VTB 21	40	4.0	M16×70	4	92/45	1.6		281
VTB 23	50	4.0	M16×75	4	107/57	1.6		281
VTB 25	65	4.0	M16×80	8	127/76	1.6		335
VTB 27	80	4.0	M16×80	8	142/89	1.6		335
VTB 31	100	4.0	M20×90	8	162/108	1.6		335
VTB 33	125	4.0	M24×105	8	195/133	1.6		405
VTB 35	150	4.0	M24×105	8	225/159	2.4		405

附注:

1. 本图依据开封仪表厂引进英国Kent公司的产品编制。
2. 流量计的安装位置、连接法兰以及旁路管道和阀门的设置均由工艺专业统一考虑。
3. 流量计水平安装时应略低于管道,并保证电极处于水平位置,如图A所示。
4. 流量计垂直安装时介质流向应自下而上,如图B所示。对易结垢、易沾污的介质可设置如图C所示的清洗口。
5. 流量计对下游没有直管段要求,对上游要求5~10倍管径的直管段。
6. 上表所列参数PN和A的准确值由施工设计确定,详见产品说明书。

件号	名称及规格	数量	材质	单重	总重	图号或标准、规格号	备注
5	垫片 D/d, b	2	XB350			GB/T 3985—1995	
4	连接法兰 DN, PN	2	Q235			JB/T 81—1994	
3	垫圈 d	2n	100HV			GB/T 97.1—1985	
2	螺母 Md	2n	8			GB/T 41—1986	
1	螺栓 Md×l	2n	8.8			GB/T 5780—1986	
				质量(kg)			

部件、零件表

冶金仪控通用图	VTB系列电磁流量变送器的安装图 DN15~150	(2000)YK06.2-14	
		比例	页次

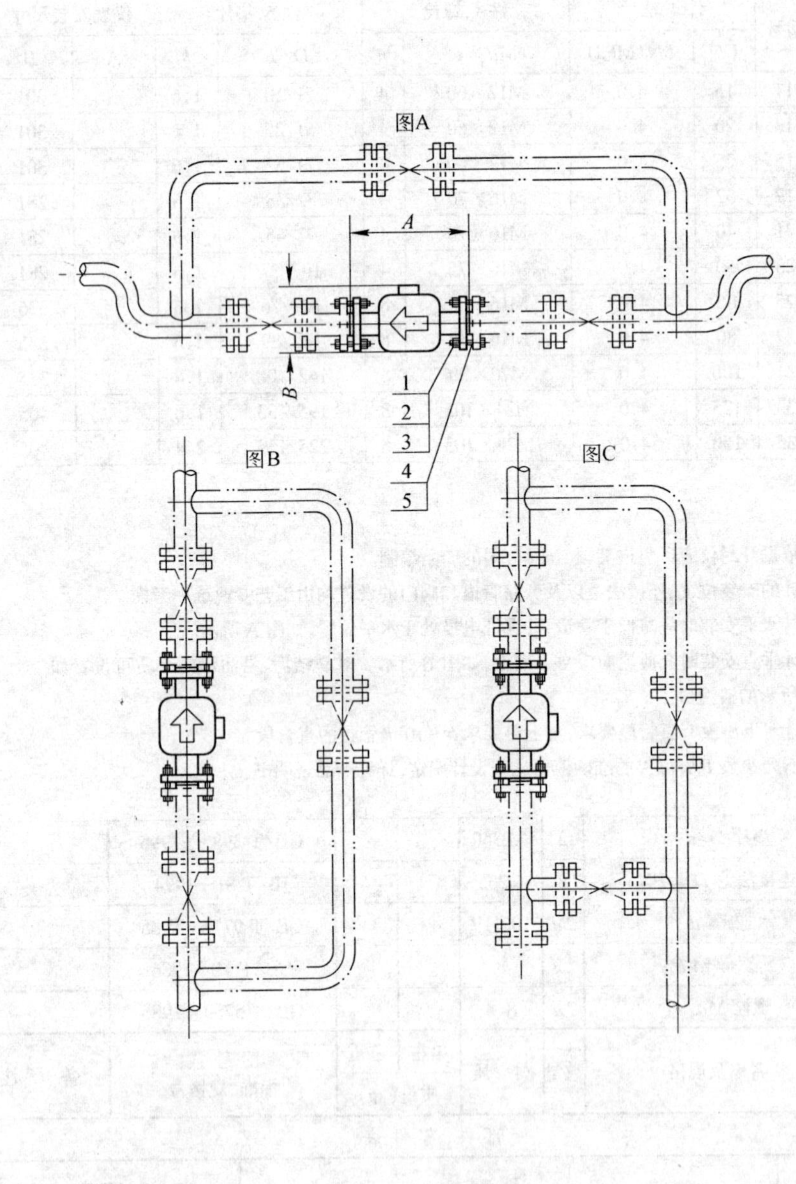

仪表安装及其零件尺寸表

仪表型号	件4,法兰		件1,螺栓		件5,垫片		仪表安装尺寸	
	DN	PN(MPa)	Md×l	n	D/d	b	A	B
VUB 41	200	1.6	M20×100	12	272/219	2.4	420	468
VUB 43	250	1.6	M24×110	12	380/273	2.4	490	520
VUB 45	300	1.6	M24×110	12	385/325	2.4	540	590
VUB 47	350	1.6	M24×115	16	445/377	2.4	570	620
VUB 51	400	1.6	M27×130	16	495/426	2.4	620	674
VUB 53	450	1.6	M27×135	20	555/478	2.4	700	716
VUB 55	500	1.6	M30×150	20	616/529	3.2	770	770
VUB 57	600	1.6	M33×160	20	729/630	3.2	920	870

附注:

1. 本图依据开封仪表厂引进英国 Kent 公司的产品编制。
2. 流量计的安装位置、连接法兰以及旁路管道和阀门的设置均由工艺专业统一考虑。
3. 流量计水平安装时应略低于管道,并保证电极处于水平位置,如图 A 所示。
4. 流量计垂直安装时介质流向应自下而上,如图 B 所示。对易结垢、易沾污的介质可设置如图 C 所示的清洗口。
5. 流量计对下游没有直管段要求,对上游要求 5~10 倍管径的直管段。
6. 上表所列参数 PN 和 A 的准确值由施工设计确定,详见产品说明书。

件号	名称及规格	数量	材质	单重	总重	图号或标准、规格号	备注
5	垫片 D/d,b	2	XB350			GB/T 3985—1995	
4	连接法兰 DN,PN	2	Q235			JB/T 81—1994	
3	垫圈 d	2n	100HV			GB/T 97.1—1985	
2	螺母 Md	2n	8			GB/T 41—1986	
1	螺栓 Md×l	2n	8.8			GB/T 5780—1986	
				质量(kg)			

部件、零件表

冶金仪控通用图	VUB 系列电磁流量变送器的安装图 DN200~600	(2000)YK06.2-15	
		比例	页次

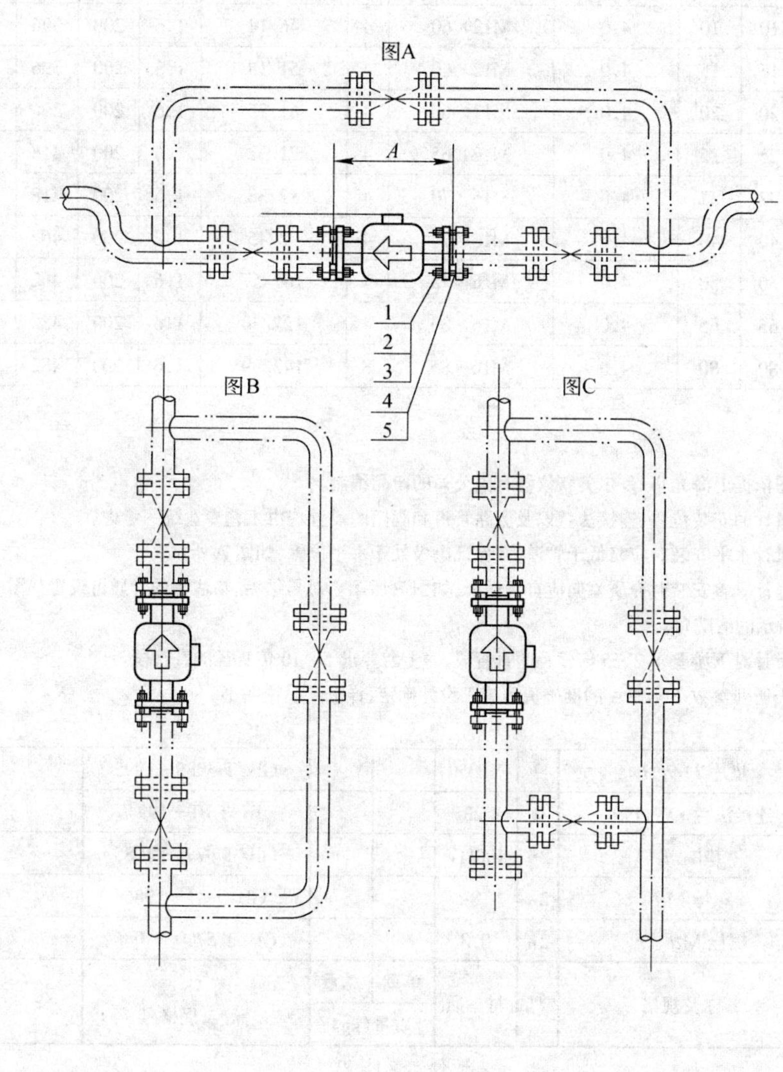

仪表安装及其零件尺寸表

仪表型号	件4,法兰		件1,螺栓		件5,垫片		仪表安装尺寸
	DN	PN(MPa)	Md×l	n	D/d	b	A
VWB 61	700	1.0	M27×110	24	810/720	3.2	1140
VWB 63	800	1.0	M30×120	24	916/820	3.2	1270
VWB 65	900	1.0	M30×125	28	1016/920	3.2	1410
VWB 67	1000	1.0	M33×130	28	1126/1020	3.2	1550
VWB 71	1200	0.6	M30×110	32	1306/1220	3.2	1812
VWB 73	1400	0.6	M33×125	36	1526/1420	3.2	2112
VWB 75	1600	0.6	M33×125	40	1726/1620	3.2	2412

附注:

1. 本图依据开封仪表厂引进英国 Kent 公司的产品编制。
2. 流量计的安装位置、连接法兰以及旁路管道和阀门的设置均由工艺专业统一考虑。
3. 流量计水平安装时应略低于管道,并保证电极处于水平位置,如图 A 所示。
4. 流量计垂直安装时介质流向应自下而上,如图 B 所示。对易结垢、易沾污的介质可设置如图 C 所示的清洗口。
5. 流量计对下游没有直管段要求,对上游要求 5~10 倍管径的直管段。

件号	名称及规格	数量	材质	单重 质量(kg)	总重 质量(kg)	图号或标准、规格号	备注
5	垫片 D/d,b	2	XB200			GB/T 3985—1995	
4	连接法兰 DN,PN	2	Q235			JB/T 81—1994	
3	垫圈 d	2n	100HV			GB/T 97.1—1985	
2	螺母 Md	2n	6			GB/T 41—1986	
1	螺栓 Md×l	2n	6.8			GB/T 5780—1986	

部件、零件表

冶金仪控通用图	VWB 系列电磁流量变送器的安装图 DN700~1600	(2000)YK06.2-16	
		比例	页次

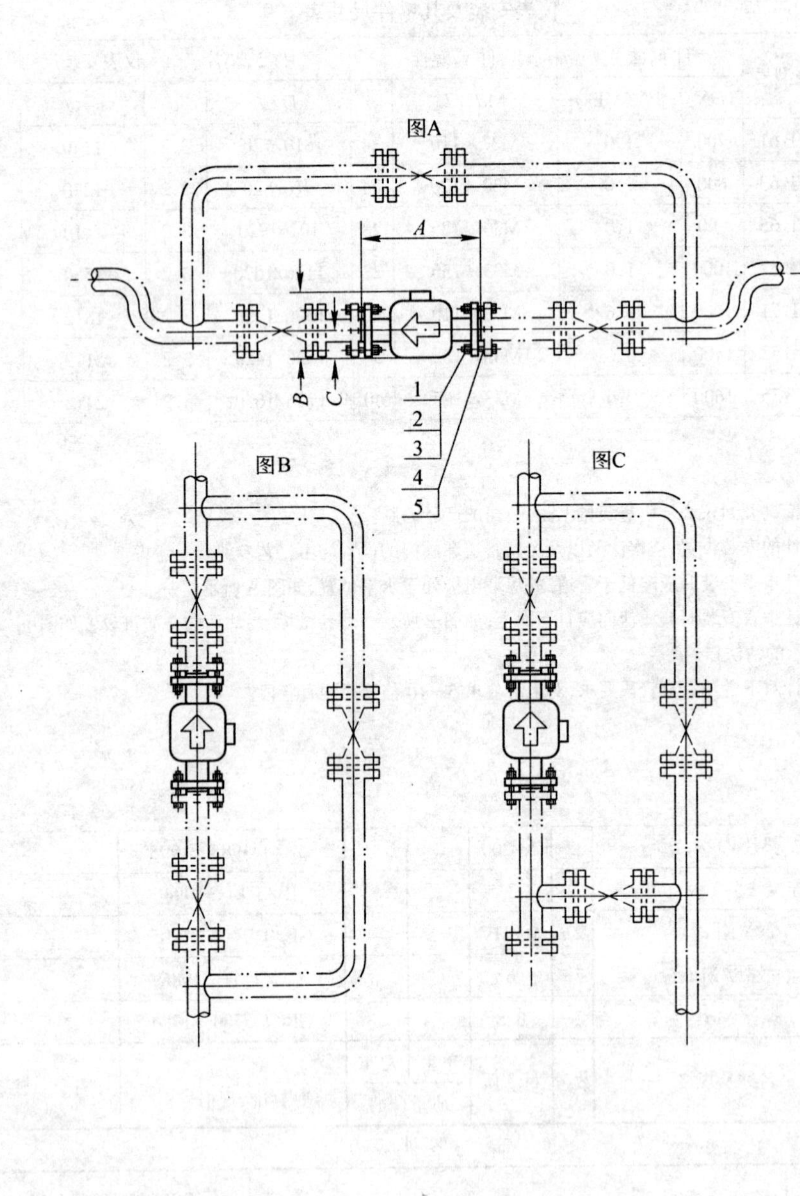

仪表安装及其零件尺寸表

仪表型号	件 4,法兰		件 1,螺栓		件 5,垫片		仪表安装尺寸		
	DN	PN(MPa)	Md×l	n	D/d	b	A	B	C
K300-10	10	4.0	M12×60	4	46/14	1.6	200	396	65
K300-15	15	4.0	M12×60	4	51/18	1.6	200	396	65
K300-20	20	4.0	M12×65	4	61/25	1.6	200	396	65
K300-25	25	4.0	M12×65	4	71/32	1.6	200	418	76
K300-32	32	4.0	M16×70	4	82/38	1.6	200	418	76
K300-40	40	4.0	M16×70	4	92/45	1.6	200	462	98
K300-50	50	4.0	M16×75	4	107/57	1.6	200	462	98
K300-65	65	4.0	M16×80	4	127/76	1.6	200	482	108
K300-80	80	4.0	M16×85	8	142/89	1.6	200	482	108

附注:

1. 本图依据上海光华·爱尔美特仪器有限公司的产品编制。
2. 流量计的安装位置、连接法兰以及旁路管道和阀门的设置均由工艺专业统一考虑。
3. 流量计水平安装时应略低于管道,并保证电极处于水平位置,如图 A 所示。
4. 流量计垂直安装时介质流向应自下而上,如图 B 所示。对易结垢、易沾污的介质可设置如图 C 所示的清洗口。
5. 流量计对下游要求 2~5 倍管径的直管段,对上游要求 5~10 倍管径的直管段。
6. 上表所列参数 PN 和 A 的准确值由施工设计确定,详见产品说明书。

件号	名称及规格	数量	材质	单重 质量(kg)	总重 质量(kg)	图号或标准、规格号	备注
5	垫片 D/d,b	2	XB350			GB/T 3985—1995	
4	连接法兰 DN,PN	2	Q235			JB/T 81—1994	
3	垫圈 d	2n	100HV			GB/T 97.1—1985	
2	螺母 Md	2n	8			GB/T 41—1986	
1	螺栓 Md×l	2n	8.8			GB/T 5780—1986	

部件、零件表

冶金仪控通用图	K300 系列电磁流量计的安装图 DN10~80	(2000)YK06.2-17	
		比例	页次

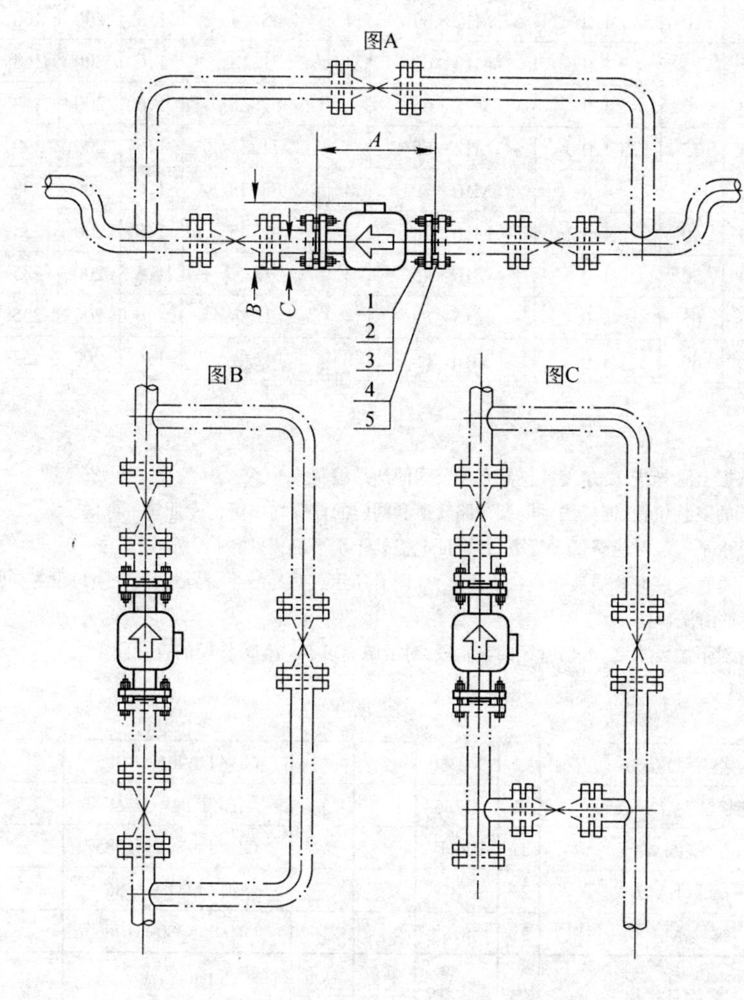

仪表安装及其零件尺寸表

仪表型号	件 4,法兰		件 1,螺栓		件 5,垫片		仪表安装尺寸		
	DN	PN(MPa)	$Md\times l$	n	D/d	b	A	B	C
K300-100	100	1.6	M16×85	3	162/108	1.6	250	542	138
K300-125	125	1.6	M16×90	8	192/133	1.6	250	542	138
K300-150	150	1.6	M20×95	8	217/159	2.4	300	563	149
K300-200	200	1.0	M20×90	8	272/219	2.4	350	623	179
K300-250	250	1.0	M20×90	12	327/273	2.4	400	683	209
K300-300	300	1.0	M20×95	12	377/325	2.4	500	759	247

附注:

1. 本图依据上海光华·爱尔美特仪器有限公司的产品编制。
2. 流量计的安装位置、连接法兰以及旁路管道和阀门的设置均由工艺专业统一考虑。
3. 流量计水平安装时应略低于管道,并保证电极处于水平位置,如图 A 所示。
4. 流量计垂直安装时介质流向应自下而上,如图 B 所示。对易结垢、易沾污的介质可设置如图 C 所示的清洗口。
5. 流量计对下游要求 2~5 倍管径的直管段,对上游要求 5~10 倍管径的直管段。

件号	名称及规格	数量	材质	单重 质量(kg)	总重 质量(kg)	图号或标准、规格号	备注
5	垫片 $D/d,b$	2	XB350			GB/T 3985—1995	
4	连接法兰 DN,PN	2	Q235			JB/T 81—1994	
3	垫圈 d	$2n$	100HV			GB/T 97.1—1985	
2	螺母 Md	$2n$	6			GB/T 41—1986	
1	螺栓 M$d\times l$	$2n$	6.8			GB/T 5780—1986	

部件、零件表

冶金仪控通用图	K300 系列电磁流量计的安装图 DN100~300	(2000)YK06.2-18
		比例 页次

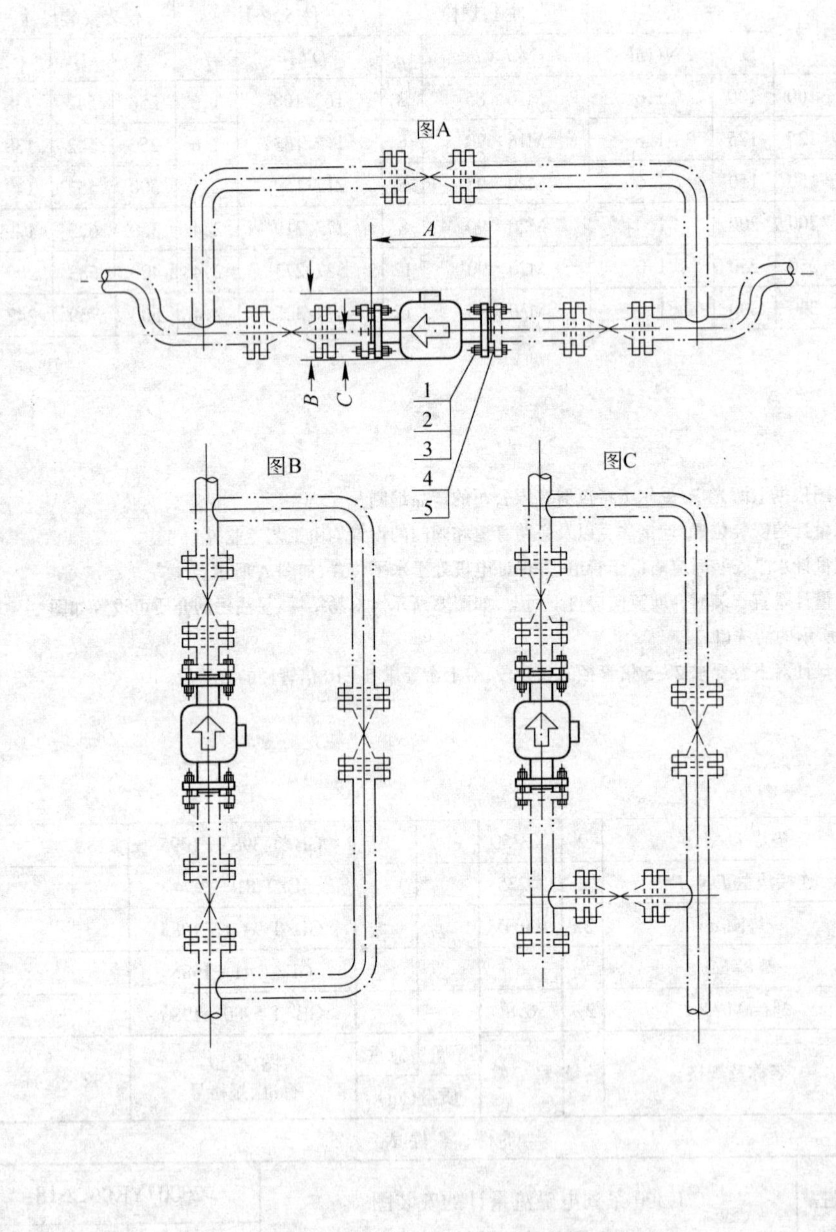

仪表安装及其零件尺寸表

仪表型号	件4,法兰		件1,螺栓		件5,垫片		仪表安装尺寸		
	DN	PN(MPa)	Md×l	n	D/d	b	A	B	C
M900－10	10	4.0	M12×60	4	46/14	1.6	200	168	65
M900－15	15	4.0	M12×60	4	51/18	1.6	200	168	65
M900－20	20	4.0	M12×65	4	61/25	1.6	200	168	65
M900－25	25	4.0	M12×65	4	71/32	1.6	200	190	76
M900－32	32	4.0	M16×70	4	82/38	1.6	200	190	76
M900－40	40	4.0	M16×70	4	92/45	1.6	200	235	98
M900－50	50	4.0	M16×75	4	107/57	1.6	200	235	98
M900－65	65	4.0	M16×80	4	127/76	1.6	200	255	108
M900－80	80	4.0	M16×85	8	142/89	1.6	200	255	108

附注：

1. 本图依据上海光华·爱尔美特仪器有限公司的产品编制。
2. 流量计的安装位置、连接法兰以及旁路管道和阀门的设置均由工艺专业统一考虑。
3. 流量计水平安装时应略低于管道，并保证电极处于水平位置，如图A所示。
4. 流量计垂直安装时介质流向应自下而上，如图B所示。对易结垢、易沾污的介质可设置如图C所示的清洗口。
5. 流量计对下游要求2～5倍管径的直管段，对上游要求5～10倍管径的直管段。

件号	名称及规格	数量	材质	单重 质量(kg)	总重 质量(kg)	图号或标准、规格号	备注
5	垫片 D/d,b	2	XB350			GB/T 3985—1995	
4	连接法兰 DN,PN	2	Q235			JB/T 81—1994	
3	垫圈 d	2n	100HV			GB/T 97.1—1985	
2	螺母 Md	2n	8			GB/T 41—1986	
1	螺栓 Md×l	2n	8.8			GB/T 5780—1986	

部件、零件表

冶金仪控通用图	M900系列电磁流量变送器的安装图 DN10～80	(2000)YK06.2-19	
		比例	页次

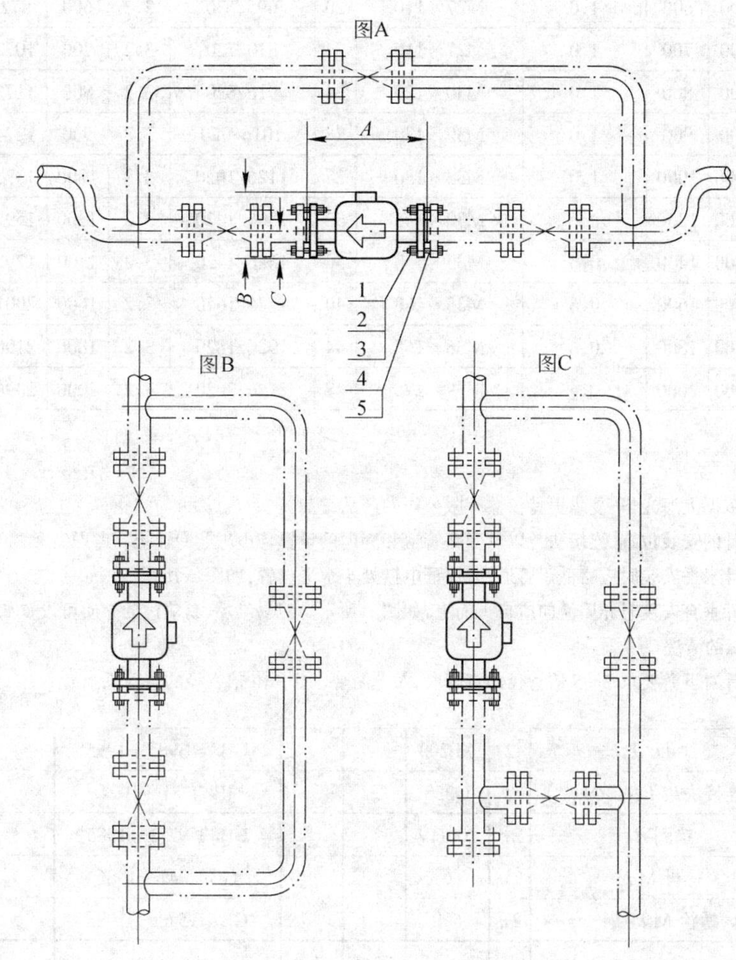

仪表安装及其零件尺寸表

仪表型号	件4,法兰		件1,螺栓		件5,垫片		仪表安装尺寸		
	DN	PN(MPa)	Md×l	n	D/d	b	A	B	C
M950-100	100	1.6	M16×85	8	162/108	1.6	250	315	138
M950-125	125	1.6	M16×90	8	192/133	1.6	250	315	138
M950-150	150	1.6	M20×95	8	217/159	2.4	300	336	149
M950-200	200	1.0	M20×90	8	272/219	2.4	350	396	179
M950-250	250	1.0	M20×90	12	327/273	2.4	400	456	209
M950-300	300	1.0	M20×95	12	377/325	2.4	500	532	247
M960-350	350	1.0	M20×95	16	437/377	2.4	500	721	329
M960-400	400	1.0	M24×105	16	490/426	2.4	600	770	353
M960-500	500	1.0	M24×110	20	596/529	3.2	600	871	404

附注:

1. 本图依据上海光华·爱尔美特仪器有限公司的产品编制。
2. 流量计的安装位置、连接法兰以及旁路管道和阀门的设置均由工艺专业统一考虑。
3. 流量计水平安装时应略低于管道,并保证电极处于水平位置,如图A所示。
4. 流量计垂直安装时介质流向应自下而上,如图B所示。对易结垢、易沾污的介质可设置如图C所示的清洗口。
5. 流量计对下游要求2~5倍管径的直管段,对上游要求5~10倍管径的直管段。

件号	名称及规格	数量	材质	单重	总重	图号或标准、规格号	备注
5	垫片 D/d,b	2	XB350			GB/T 3985—1995	
4	连接法兰 DN,PN	2	Q235			JB/T 81—1994	
3	垫圈 d	2n	100HV			GB/T 97.1—1985	
2	螺母 Md	2n	6			GB/T 41—1986	
1	螺栓 Md×l	2n	6.8			GB/T 5780—1986	
件号	名称及规格	数量	材质	质量(kg)		图号或标准、规格号	备注

部件、零件表

冶金仪控通用图	M900系列电磁流量变送器的安装图 DN100~500	(2000)YK06.2-20	
		比例	页次

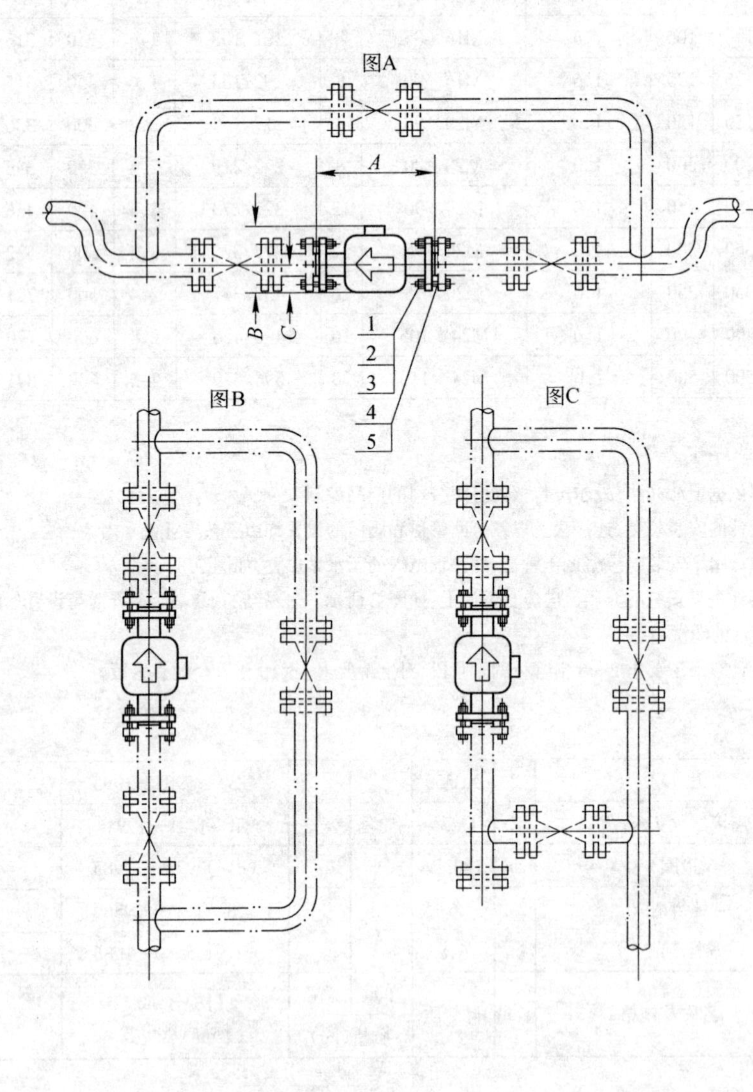

仪表安装及其零件尺寸表

仪表型号	件4,法兰		件1,螺栓		件5,垫片		仪表安装尺寸		
	DN	*PN*(MPa)	M*d*×*l*	*n*	*D*/*d*	*b*	*A*	*B*	*C*
M960-600	600	1.0	M27×110	20	695/630	3.2	600	972	455
M960-700	700	1.0	M27×110	24	810/720	3.2	700	1072	505
M960-800	800	1.0	M30×120	24	916/820	3.2	800	1173	555
M960-900	900	1.0	M30×120	28	1016/920	3.2	900	1274	606
M960-1000	1000	1.0	M33×130	28	1126/1020	3.2	1000	1375	656
M960-1200	1200	0.6	M30×135	32	1306/1220	3.2	1200	1595	776
M960-1400	1400	0.6	M33×150	36	1526/1420	3.2	1400	1792	872
M960-1600	1600	0.6	M33×160	40	1726/1620	3.2	1600	2001	981
M960-1800	1800	0.6	M36×165	44	1926/1820	3.2	1800	2196	1075
M960-2000	2000	0.6	M39×175	48	2126/2020	3.2	2000	2396	1175

附注：

1. 本图依据上海光华·爱尔美特仪器有限公司的产品编制。
2. 流量计的安装位置、连接法兰以及旁路管道和阀门的设置均由工艺专业统一考虑。
3. 流量计水平安装时应略低于管道，并保证电极处于水平位置，如图A所示。
4. 流量计垂直安装时介质流向应自下而上，如图B所示。对易结垢、易沾污的介质可设置如图C所示的清洗口。
5. 流量计对下游要求2~5倍管径的直管段，对上游要求5~10倍管径的直管段。

件号	名称及规格	数量	材质	单重	总重	图号或标准、规格号	备注
				质量(kg)			
5	垫片 *D*/*d*,*b*	2	XB200			GB/T 3985—1995	
4	连接法兰 *DN*,*PN*	2	Q235			JB/T 81—1994	
3	垫圈 *d*	2*n*	100HV			GB/T 97.1—1985	
2	螺母 M*d*	2*n*	6			GB/T 41—1986	
1	螺栓 M*d*×*l*	2*n*	6.8			GB/T 5780—1986	

部件、零件表

冶金仪控通用图	M900系列电磁流量变送器的安装图 *DN*600~2000	(2000)YK06.2-21	
		比例	页次

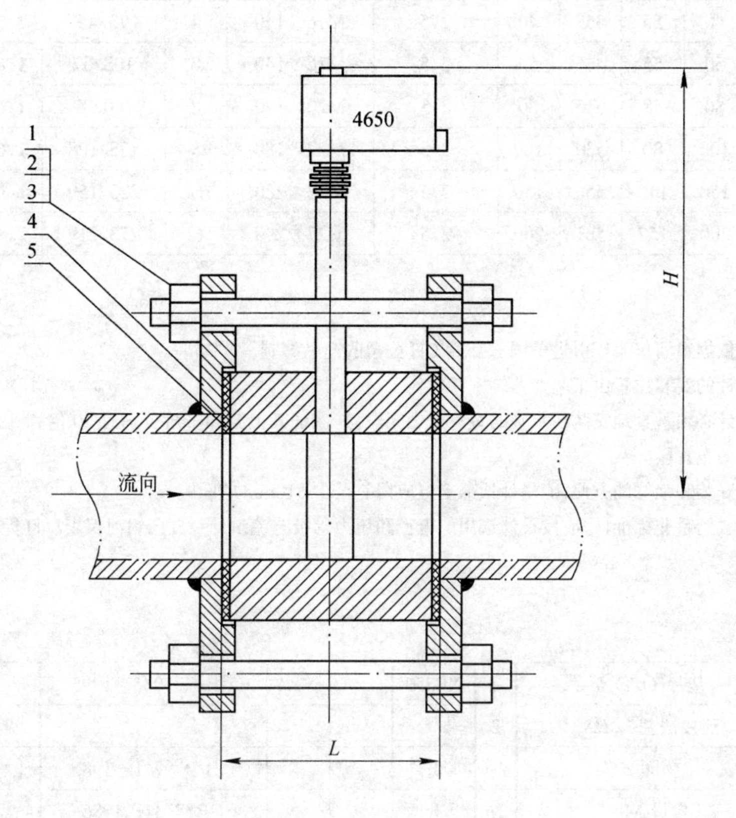

仪表安装及其零件尺寸表

仪表尺寸			件4,法兰		件1,螺栓		件5,垫片	
DN	L	H	ϕ	PN(MPa)	Md×l	n	D/d	b
25	55	343	25	1.0	M16×140	4	70/32	1.6
40	55	353	40	1.0	M16×140	4	73/45	1.6
50	55	466	50	1.0	M16×140	4	108/57	1.6
80	68	515	80	1.0	M16×160	8	140/89	1.6
100	80	530	100	1.0	M16×170	8	178/108	1.6
150	113	556	150	1.0	M20×220	8	225/159	2.4
200	157	581	200	1.0	M20×270	12	273/219	2.4

附注:

1. 本图依据银河仪表厂引进美国 EASTECH 公司的产品编制。
2. 流量计的安装位置由工艺专业统一考虑。
3. 流量计必须垂直地安装在水平的直管道中间段,并保证其上游和下游分别有 20 倍和 5 倍管径的直管段。
4. 为了安装和维修的方便,流量计顶部上方应留有至少 610mm 的间距。
5. 连接法兰系非标准件,应按设计选用的直径和压力等级与流量计一并向银河仪表厂订货。

件号	名称及规格	数量	材质	单重 质量(kg)	总重 质量(kg)	图号或标准、规格号	备注
5	垫片 D/d, b	2	XB200			GB/T 3985—1995	
4	连接法兰 ϕ, PN	2					流量计附带
3	垫圈 d	2n	100HV			GB/T 97.1—1985	
2	螺母 Md	2n	6			GB/T 41—1986	
1	双头螺栓 Md×l	n	6.8			GB/T 900—1988	

部件、零件表

冶金仪控通用图	2150/2350/3050 型圆环式涡街流量计的安装图 DN25～200, PN1.0MPa	(2000)YK06.2-22	
		比例	页次

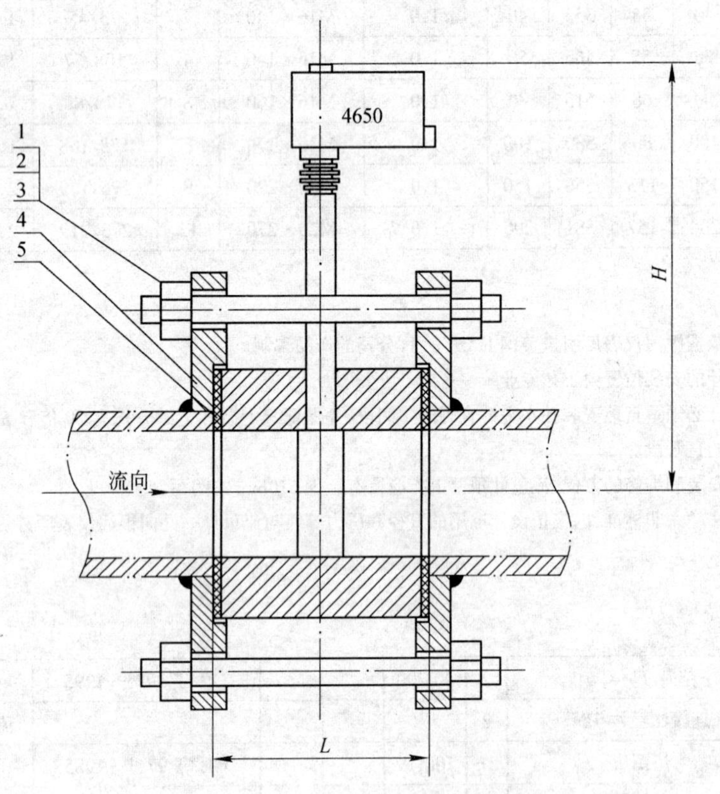

仪表安装及其零件尺寸表

仪表尺寸			件4,法兰		件1,螺栓		件5,垫片	
DN	*L*	*H*	ϕ	*PN*(MPa)	M*d*×*l*	*n*	*D*/*d*	*b*
25	55	343	25	2.5	M16×140	4	70/32	1.6
40	55	353	40	2.5	M16×140	4	73/45	1.6
50	55	466	50	2.5	M16×140	8	108/57	1.6
80	68	515	80	2.5	M20×170	8	140/89	1.6
100	80	530	100	2.5	M22×180	8	178/108	1.6
150	113	556	150	2.5	M22×220	12	225/159	2.4
200	157	581	200	2.5	M27×290	12	273/219	2.4

附注:

1. 本图依据银河仪表厂引进美国EASTECH公司的产品编制。
2. 流量计的安装位置由工艺专业统一考虑。
3. 流量计必须垂直地安装在水平的直管道中间段,并保证其上游和下游分别有20倍和5倍管径的直管段。
4. 为了安装和维修的方便,流量计顶部上方应留有至少610mm的间距。
5. 连接法兰系非标准件,应按设计选用的直径和压力等级与流量计一并向银河仪表厂订货。

件号	名称及规格	数量	材质	单重	总重	图号或标准、规格号	备注
5	垫片 *D*/*d*,*b*	2	XB350			GB/T 3985—1995	
4	连接法兰ϕ,*PN*	2					流量计附带
3	垫圈 *d*	2*n*	100HV			GB/T 97.1—1985	
2	螺母 M*d*	2*n*	8			GB/T 41—1986	
1	双头螺栓 M*d*×*l*	*n*	8.8			GB/T 900—1988	
				质量(kg)			

部件、零件表

冶金仪控通用图	2150/2350/3050型圆环式涡街流量计的安装图 *DN*25~200,*PN*2.5MPa	(2000)YK06.2-23	
		比例	页次

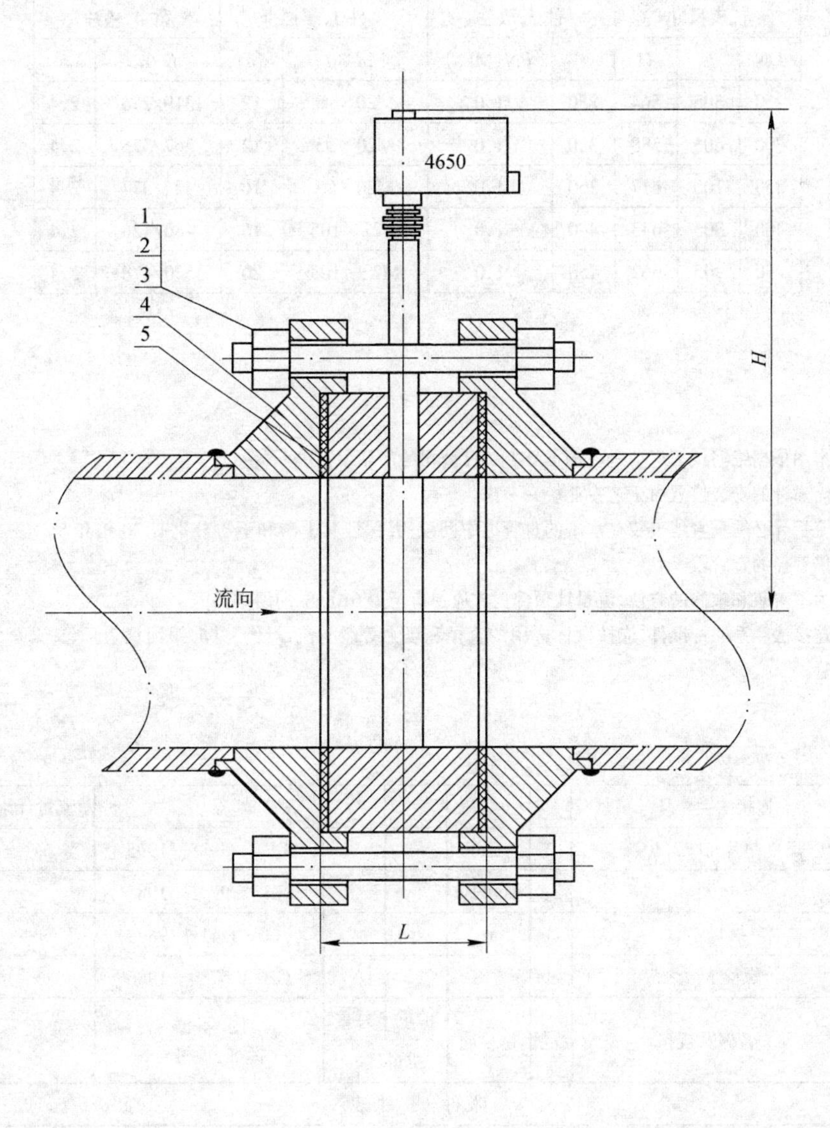

仪表安装及其零件尺寸表

仪表尺寸			件 4,法兰		件 1,螺栓		件 5,垫片	
DN	L	H	ϕ	PN(MPa)	Md×l	n	D/d	b
50	55	466	50	6.4	M20×150	4	108/57	1.6
80	68	515	80	6.4	M20×170	8	140/89	1.6
100	80	530	100	6.4	M22×200	8	178/108	1.6
150	113	556	150	6.4	M30×260	8	225/159	2.4
200	157	581	200	6.4	M30×310	12	273/219	2.4

附注:

1. 本图依据银河仪表厂引进美国 EASTECH 公司的产品编制。
2. 流量计的安装位置由工艺专业统一考虑。
3. 流量计必须垂直地安装在水平的直管道中间段,并保证其上游和下游分别有 20 倍和 5 倍管径的直管段。
4. 为了安装和维修的方便,流量计顶部上方应留有至少 610mm 的间距。
5. 连接法兰系非标准件,应按设计选用的直径和压力等级与流量计一并向银河仪表厂订货。

件号	名称及规格	数量	材 质	单重	总重	图 号 或 标准、规格号	备 注
5	垫片 D/d,b	2	XB450			GB/T 3985—1995	
4	连接法兰ϕ,PN	2					流量计附带
3	垫圈 d	2n	100HV			GB/T 97.1—1985	
2	螺母 Md	2n	8			GB/T 41—1986	
1	双头螺栓 Md×l	n	8.8			GB/T 900—1988	
				质量(kg)			

部 件、零 件 表

冶金仪控通用图	2150/2350/3050 型圆环式涡街流量计的安装图 DN50~200,PN6.4MPa	(2000)YK06.2-24	
		比例	页次

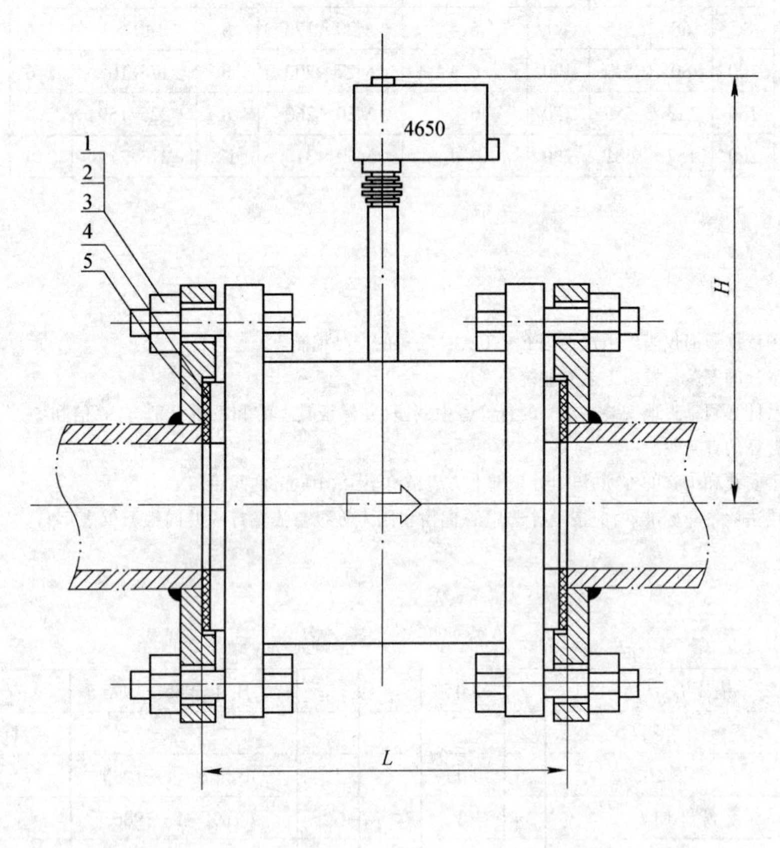

仪表安装及其零件尺寸表

仪表尺寸			件 5,法兰		件 1,螺栓		件 4,垫片	
DN	*L*	*H*	ϕ	*PN*(MPa)	M*d*×*l*	*n*	*D*/*d*	*b*
250	505	564	250	1.0	M20×90	12	319/273	2.4
300	605	588	300	1.0	M20×95	12	367/325	2.4
350	705	617	350	1.0	M20×95	16	427/377	2.4
400	805	643	400	1.0	M22×105	16	480/426	2.4
450	905	662	450	1.0	M22×105	20	530/478	2.4

附注:

1. 本图依据银河仪表厂引进美国 EASTECH 公司的产品编制。
2. 流量计的安装位置由工艺专业统一考虑。
3. 流量计必须垂直地安装在水平的直管道中间段,并保证其上游和下游分别有 20 倍和 5 倍管径的直管段。
4. 为了安装和维修的方便,流量计顶部上方应留有至少 610mm 的间距。
5. 连接法兰系非标准件,应按设计选用的直径和压力等级与流量计一并向银河仪表厂订货。

件号	名称及规格	数量	材质	单重 质量(kg)	总重 质量(kg)	图号或标准、规格号	备注
5	连接法兰 ϕ,*PN*	2					流量计附带
4	垫片 *D*/*d*,*b*	2	XB200			GB/T 3985—1995	
3	垫圈 *d*	2*n*	100HV			GB/T 97.1—1985	
2	螺母 M*d*	2*n*	6			GB/T 41—1986	
1	螺栓 M*d*×*l*	*n*	6.8			GB/T 5780—1986	

部件、零件表

冶金仪控通用图	2525/3010 型管法兰式涡街流量计的安装图 *DN*250~450,*PN*1.0MPa	(2000)YK06.2-25	
		比例	页次

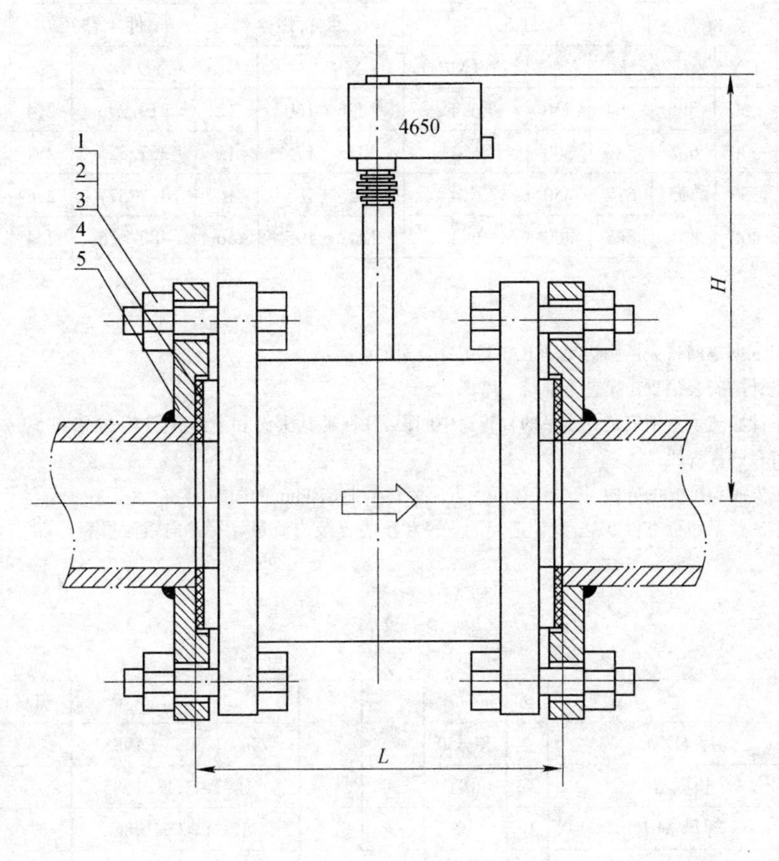

仪表安装及其零件尺寸表

仪表尺寸			件 5,法兰		件 1,螺栓		件 4,垫片	
DN	*L*	*H*	ϕ	*PN*(MPa)	M*d*×*l*	*n*	*D*/*d*	*b*
250	505	564	250	2.5	M27×120	12	319/273	2.4
300	605	588	300	2.5	M27×125	16	367/325	2.4
350	705	617	350	2.5	M30×140	16	427/377	2.4
400	805	643	400	2.5	M30×145	16	480/426	2.4
450	905	662	450	2.5	M30×150	20	530/478	2.4

附注:

1. 本图依据银河仪表厂引进美国 EASTECH 公司的产品编制。
2. 流量计的安装位置由工艺专业统一考虑。
3. 流量计必须垂直地安装在水平的直管道中间段,并保证其上游和下游分别有 20 倍和 5 倍管径的直管段。
4. 为了安装和维修的方便,流量计顶部上方应留有至少 610mm 的间距。
5. 连接法兰系非标准件,应按设计选用的直径和压力等级与流量计一并向银河仪表厂订货。

件号	名称及规格	数量	材 质	单重 质量(kg)	总重 质量(kg)	图号或标准、规格号	备 注
5	连接法兰ϕ,*PN*	2					流量计附带
4	垫片 *D*/*d*,*b*	2	XB350			GB/T 3985—1995	
3	垫圈 *d*	2*n*	100HV			GB/T 97.1—1985	
2	螺母 M*d*	2*n*	8			GB/T 41—1986	
1	螺栓 M*d*×*l*	2*n*	8.8			GB/T 5780—1986	

部件、零件表

冶金仪控通用图	2525/3010 型管法兰式涡街流量计的安装图 *DN*250～450,*PN*2.5MPa	(2000)YK06.2-26 比例 页次

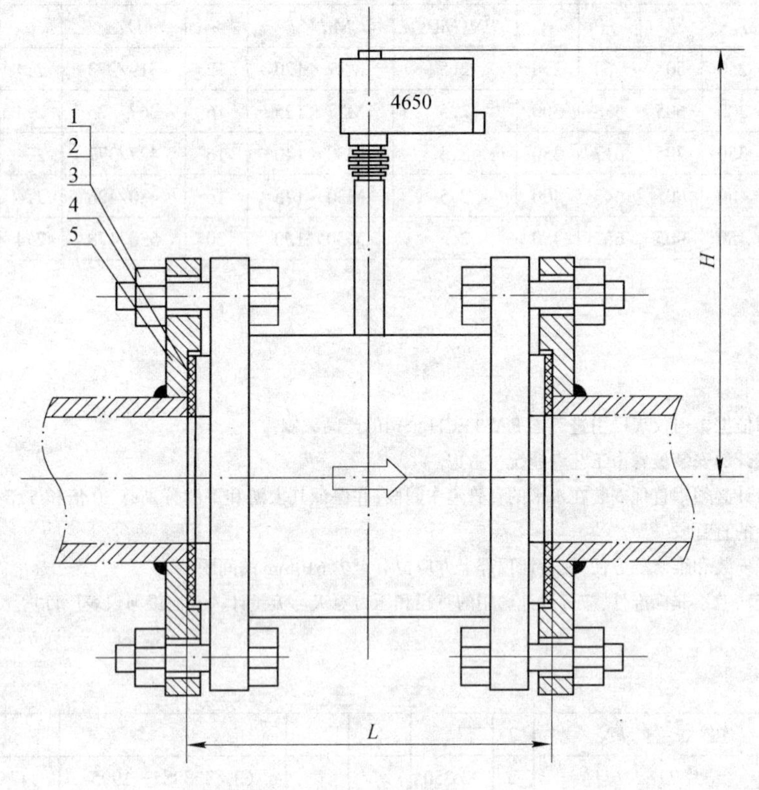

仪表安装及其零件尺寸表

仪表尺寸			件5,法兰		件1,螺栓		件4,垫片	
DN	*L*	*H*	ϕ	*PN*(MPa)	M*d*×*l*	*n*	*D*/*d*	*b*
250	505	564	250	6.4	M36×160	12	319/273	2.4
300	605	588	300	6.4	M36×175	16	367/325	2.4
350	705	617	350	6.4	M36×185	16	427/377	2.4
400	805	643	400	6.4	M42×195	16	480/426	2.4

附注：

1. 本图依据银河仪表厂引进美国 EASTECH 公司的产品编制。
2. 流量计的安装位置由工艺专业统一考虑。
3. 流量计必须垂直地安装在水平的直管道中间段，并保证其上游和下游分别有 20 倍和 5 倍管径的直管段。
4. 为了安装和维修的方便，流量计顶部上方应留有至少 610mm 的间距。
5. 连接法兰系非标准件，应按设计选用的直径和压力等级与流量计一并向银河仪表厂订货。

件号	名称及规格	数量	材质	单重	总重	图号或标准、规格号	备注
5	连接法兰 ϕ, *PN*	2					流量计附带
4	垫片 *D*/*d*, *b*	2	XB450			GB/T 3985—1995	
3	垫圈 *d*	2*n*	140HV			GB/T 97.1—1985	
2	螺母 M*d*	2*n*	10			GB/T 41—1986	
1	螺栓 M*d*×*l*	2*n*	10.9			GB/T 5780—1986	
				质量(kg)			

部件、零件表

冶金仪控通用图	2525/3010 型管法兰式涡街流量计的安装图 *DN*250～400, *PN*6.4MPa	(2000)YK06.2-27	
		比例	页次

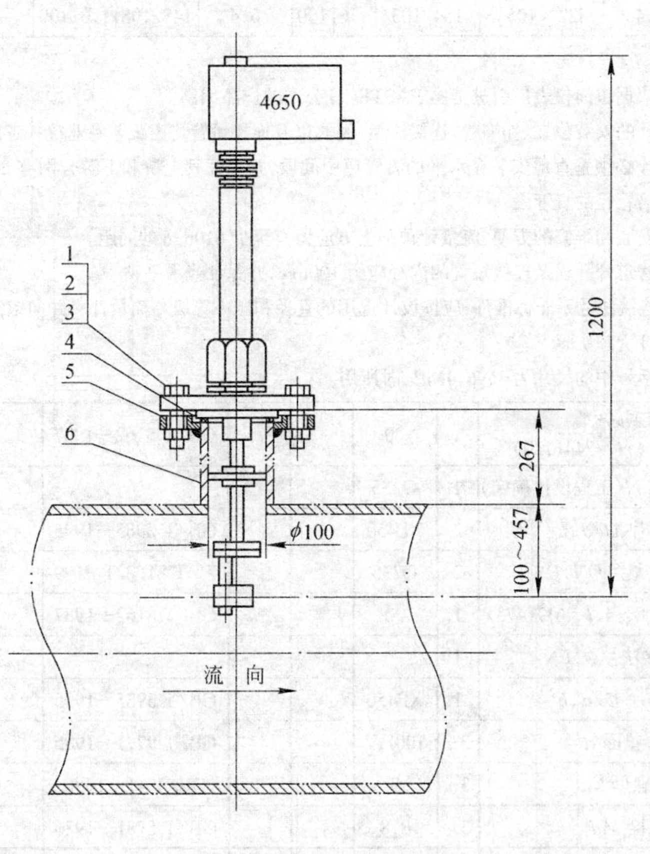

仪表安装及其零件尺寸表

件5,法兰		件1,螺栓		件4,垫片	
ϕ	PN(MPa)	M$d\times l$	n	D/d	b
215	1.0	M16×80	8	154/103	1.6
230	2.5	M20×95	8	154/103	1.6
250	6.4	M22×105	8	154/103	1.6

附注：

1. 本图依据银河仪表厂引进美国EASTECH公司的产品编制。
2. 流量计的安装位置以及连接短管均由工艺专业统一考虑。
3. 流量计必须垂直地安装在水平的直管道中间段，并保证其上游和下游分别有20倍和5倍管径的直管段。
4. 为了安装和维修的方便，流量计顶部上方应留有至少610mm的间距。
5. 工艺管道开孔以及连接短管的内径应为100mm，并保证光滑平整。
6. 连接法兰系非标准件，应按设计选用的直径和压力等级与流量计一并向银河仪表厂订货。
7. 图中括号中的尺寸为PN6.4MPa时所用。

件号	名称及规格	数量	材质	质量(kg) 单重	质量(kg) 总重	图号或标准、规格号	备注
6	连接短管 $\phi108\times4, l=261(187)$	1	20			GB/T 8162—1995	
5	连接法兰ϕ,PN	1					流量计附带
4	垫片 $D/d,b$	1	XB450			GB/T 3985—1995	
3	垫圈 d	n	100HV			GB/T 97.1—1985	
2	螺母 Md	n	8			GB/T 41—1986	
1	螺栓 M$d\times l$	n	8.8			GB/T 5780—1986	

部件、零件表

冶金仪控通用图	3610/3715型插入式涡街流量计的安装图 DN250～2700	(2000)YK06.2-28	
		比例	页次

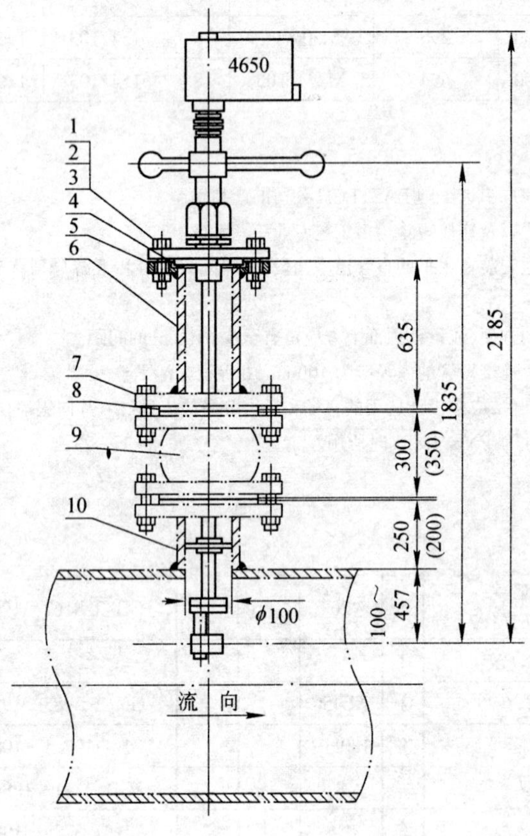

仪表安装及其零件尺寸表

件 5,法兰		件 1,螺栓		件 4,垫片		件 7,法兰		件 8,垫片		件 9,阀门	
ϕ	PN(MPa)	Md×l	n	D/d	b	DN	PN(MPa)	D/d	b	DN	型 号
215	1.0	M16×80	8	154/103	1.6	100	1.6	162/108	1.6	100	Z41H-16
230	2.5	M20×95	8	154/103	1.6	100	2.5	167/108	1.6	100	Z41H-25
250	6.4	M22×105	8	154/103	1.6	100	6.4	149/108	1.6	100	Z41H-64

附注:

1. 本图依据银河仪表厂引进美国 EASTECH 公司的产品编制。
2. 流量计的安装位置、伸缩管、连接法兰、闸阀以及连接短管均由工艺专业统一考虑。
3. 流量计必须垂直地安装在水平的直管道中间段,并保证其上游和下游分别有 20 倍和 5 倍管径的直管段。
4. 为了安装和维修的方便,流量计顶部上方应留有至少 610mm 的间距。
5. 工艺管道开孔以及连接短管的内径应为 100mm,并保证光滑平整。
6. 件 5 连接法兰系非标准件,应按设计选用的直径和压力等级与流量计一并向银河仪表厂订货。
7. 图中括号中的尺寸为 PN6.4MPa 时所用。

件号	名称及规格	数量	材 质	单重 质量(kg)	总重 质量(kg)	图号或标准、规格号	备 注
10	连接短管 ϕ108×4, l=244(120)	1	20			GB/T 8162—1987	
9	闸阀 DN,PN(工程设计确定)	1	Q235				Z41H-
8	垫片 D/d,b	2	XB450			GB/T 3985—1995	
7	连接法兰 DN,PN	2	Q235			GB/T 81(82)—1994	(法兰 A)
6	伸缩管 ϕ108×4, l=617(475)	1	20			GB/T 8162—1987	
5	连接法兰 ϕ,PN	1					流量计附带
4	垫片 D/d,b	1	XB450			GB/T 3985—1995	
3	垫圈 d	3n	100HV			GB/T 97.1—1985	
2	螺母 Md	3n	8			GB/T 41—1986	
1	螺栓 Md×l	3n	8.8			GB/T 5781—1986	

部 件、零 件 表

冶金仪控通用图	3620/3725 型插入式涡街流量计的安装图 DN250～2700	(2000)YK06.2-29	
		比例	页次

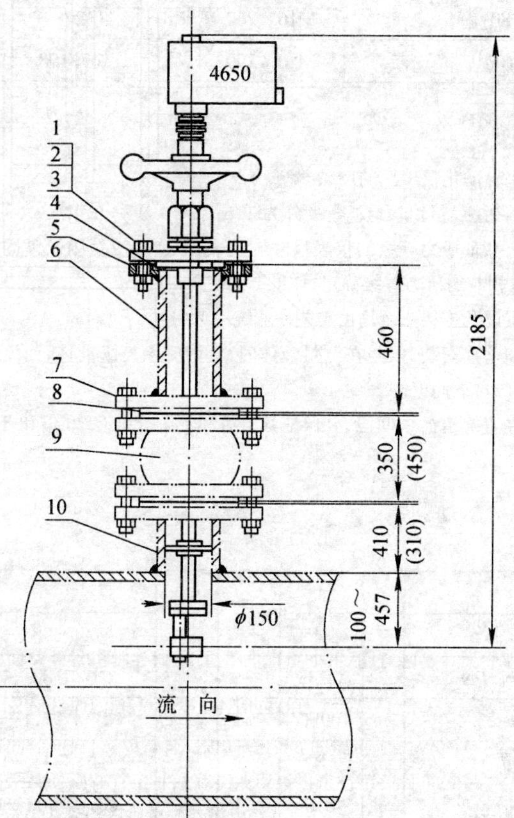

仪表安装及其零件尺寸表

件 5,法兰		件 1,螺栓		件 7,法兰		件 8,垫片		件 9,阀门	
ϕ	PN(MPa)	M$d\times l$	n	DN	PN(MPa)	D/d	b	DN	型号
280	1.0	M20×100	8	150	1.6	217/159	2.4	150	Z41H-16
300	2.5	M22×105	8	150	2.5	225/159	2.4	150	Z41H-25
340	6.4	M30×130	8	150	6.4	203/159	2.4	150	Z41H-64

附注：

1. 本图依据银河仪表厂引进美国 EASTECH 公司的产品编制。
2. 流量计的安装位置、伸缩管、连接法兰、闸阀以及连接短管均由工艺专业统一考虑。
3. 流量计必须垂直地安装在水平的直管道中间段，并保证其上游和下游分别有 20 倍和 5 倍管径的直管段。
4. 为了安装和维修的方便，流量计顶部上方应留有至少 610mm 的间距。
5. 工艺管道开孔以及连接短管的内径应为 150mm，并保证光滑平整。
6. 件 5 连接法兰系非标准件，应按设计选用的直径和压力等级与流量计一并向银河仪表厂订货。
7. 图中括号中的尺寸为 PN6.4MPa 时所用。

件号	名称及规格	数量	材质	单重 质量(kg)	总重 质量(kg)	图号或标准、规格号	备注
10	连接短管 $\phi159\times4.5, l=404(192)$	1	20			GB/T 8162—1987	
9	闸阀 DN,PN(工程设计确定)	1	Q235				Z41H－
8	垫片 $D/d,b$	2	XB450			GB/T 3985—1995	
7	连接法兰 DN,PN	2	Q235			GB/T 81(82)—1994	(法兰 A)
6	伸缩管 $\phi159\times4.5, l=442(224)$	1	20			GB/T 8162—1987	
5	连接法兰 ϕ,PN	1					流量计附带
4	垫片 203/159, $b=2.4$	1	XB450			GB/T 3985—1995	
3	垫圈 d	$3n$	100HV			GB/T 97.1—1985	
2	螺母 Md	$3n$	8			GB/T 41—1986	
1	螺栓 M$d\times l$	$3n$	8.8			GB/T 5781—1986	

部件、零件表

冶金仪控通用图	3620/3725 型插入式涡街流量计的安装图 DN250～2700	(2000)YK06.2-30
		比例 页次

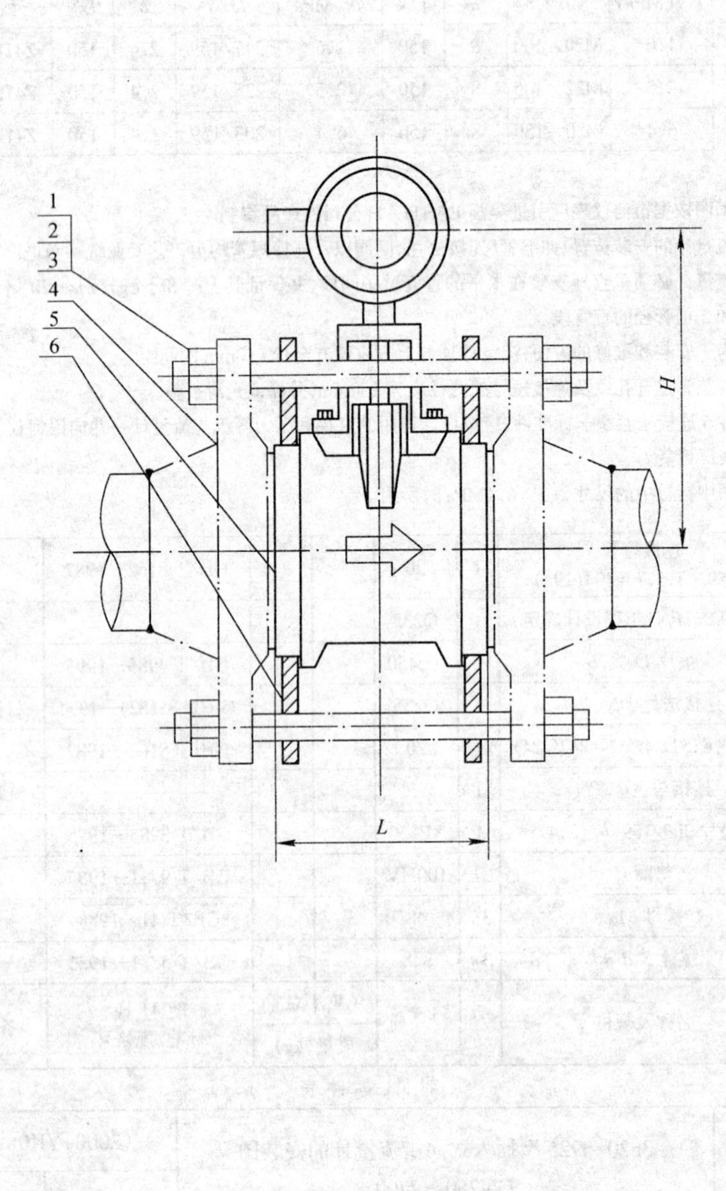

仪表安装及其零件尺寸表

仪表尺寸			件4,法兰		件1,螺栓		件5,垫片	
DN	*L*	*H*	*DN*	*PN*(MPa)	M*d*×*l*	*n*	*D*/*d*	*b*
25	110	168	25	2.5	M12×210	4	71/32	1.6
40	110	179	40	2.5	M16×216	4	92/45	1.6
50	150	200	50	2.5	M16×256	4	107/57	1.6
80	150	240	80	2.5	M16×260	8	142/89	1.6
100	170	258	100	2.5	M20×290	8	167/108	1.6

附注：

1. 本图依据江苏宜兴自动化仪表厂的产品编制。
2. MWL 型圆环式涡街流量计的压力等级分为 1.6,2.5,4.0 和 6.4MPa 4 种，上表仅以 2.5MPa 为例列出，其他压力等级的仪表尺寸同上表，而连接法兰以及紧固件仍然依据 JB/T 82—1994 以相应的压力等级确定，详见产品使用说明书。
3. 流量计的安装位置以及连接法兰均由工艺专业统一考虑。
4. 流量计可以水平和垂直安装，但是在测量液体时，管内必须充满液体，当流量计垂直安装时，液体的流向应自下而上。
5. 流量计必须安装在直管道的中间段，并保证其上游和下游分别有 20 倍和 5 倍管径的直管段。

件号	名称及规格	数量	材 质	单重 质量(kg)	总重 质量(kg)	图 号 或 标准、规格号	备 注
6	定位片	2					流量计附带
5	垫片 *D*/*d*,*b*	2	XB450			GB/T 3985—1995	
4	连接法兰 *DN*,*PN*	2	Q235			GB/T 82—1994	法兰 A
3	垫圈 *d*	2*n*	100HV			GB/T 97.1—1985	
2	螺母 M*d*	2*n*	8			GB/T 41—1986	
1	双头螺栓 M*d*×*l*	*n*	8.8			GB/T 900—1988	

部件、零件表

冶金仪控通用图	MWL 型圆环式涡街流量计的安装图 *DN*25～100	(2000)YK06.2-31	
		比例	页次

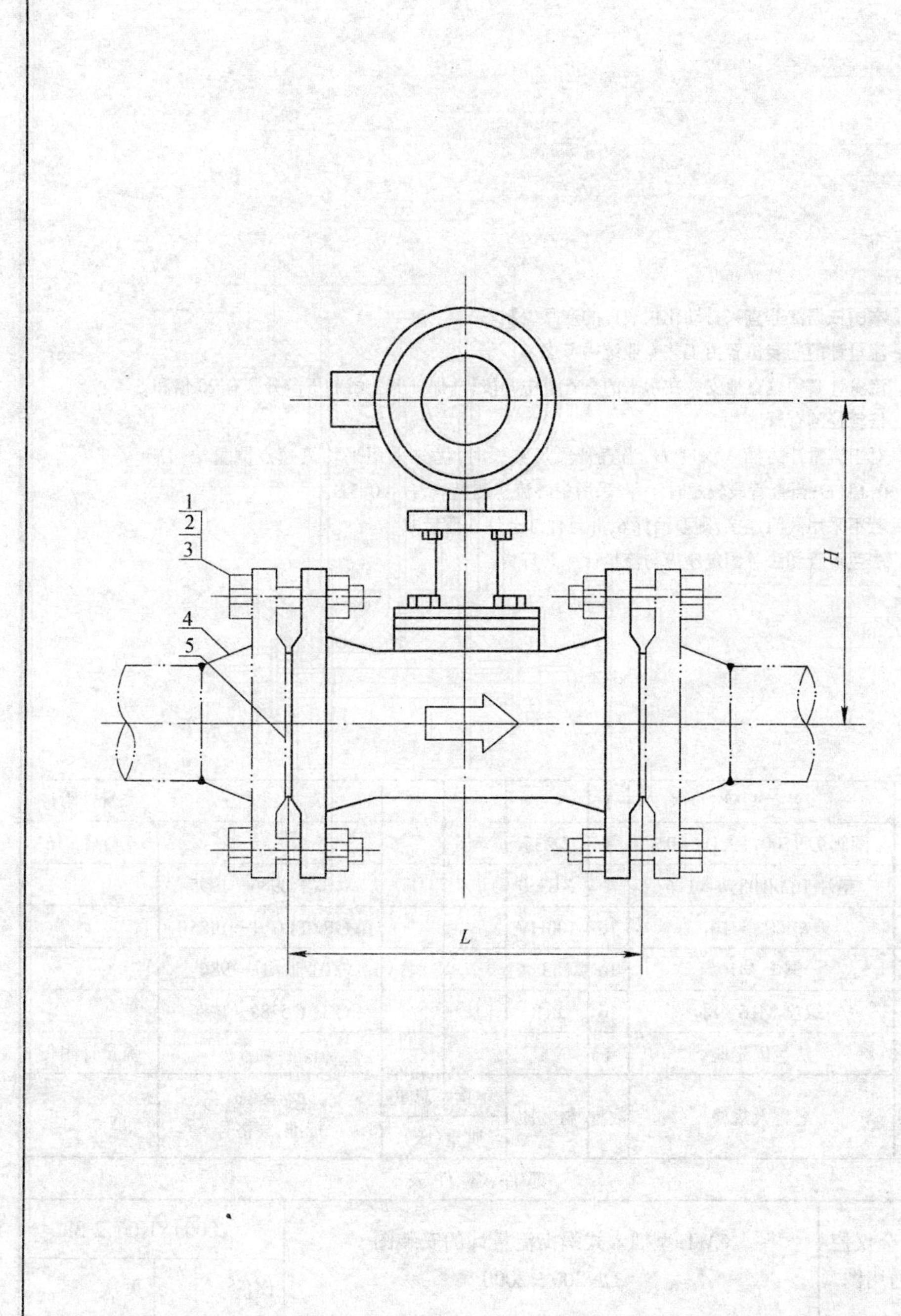

仪表安装及其零件尺寸表

仪表尺寸			件4,法兰		件1,螺栓		件5,垫片	
DN	L	H	DN	PN(MPa)	Md×l	n	D/d	b
150	220	310	150	1.6	M20×85	8	217/159	2.4
				2.5	M22×100		225/159	
				4.0	M22×105		203/159	
				6.4	M30×130			
200	250	336	200	1.6	M20×90	12	272/219	
				2.5	M22×105		285/219	
				4.0	M27×130		259/219	
				6.4	M30×145			

附注:

1. 本图依据江苏宜兴自动化仪表厂的产品编制。
2. 流量计的安装位置以及连接法兰均由工艺专业统一考虑。
3. 流量计可以水平和垂直安装,但是在测量液体时,管内必须充满液体,当流量计垂直安装时,液体的流向应自下而上。
4. 流量计必须安装在直管道的中间段,并保证其上游和下游分别有20倍和5倍管径的直管段。

件号	名称及规格	数量	材质	单重	总重	图号或标准、规格号	备注
5	垫片 D/d,b	2	XB450			GB/T 3985—1995	
4	连接法兰 DN,PN	2	Q235			GB/T 82—1994	法兰B
3	垫圈 d	2n	140HV			GB/T 97.1—1985	
2	螺母 Md	2n	10			GB/T 41—1986	
1	螺栓 Md×l	2n	10.9			GB/T 5780—1986	
				质量(kg)			

部件、零件表

冶金仪控通用图	MWL型法兰式涡街流量计的安装图 DN150~200	(2000)YK06.2-32	
		比例	页次

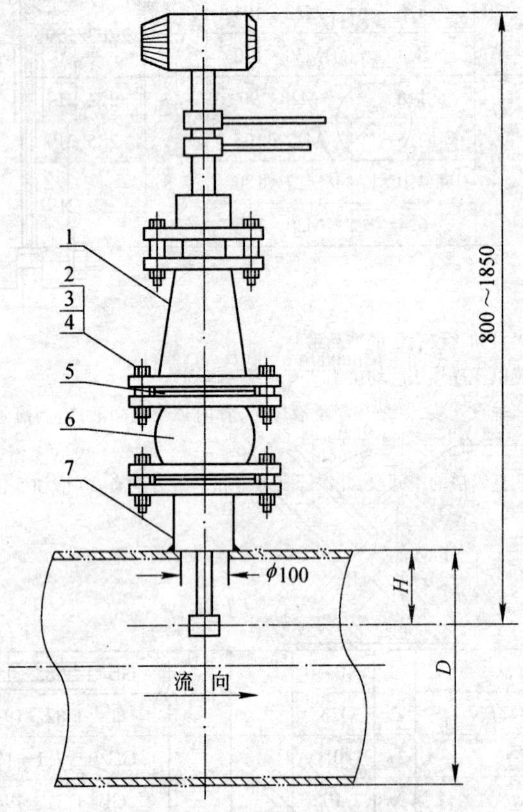

附注：

1. 本图依据江苏宜兴自动化仪表厂的产品编制。
2. 流量计的安装位置由工艺专业统一考虑。
3. 流量计必须垂直地安装在水平的直管道中间段，并保证其上游和下游分别有 20 倍和 5 倍管径的直管段。
4. 对于流量计的插入深度 H，当直管段足够长时，优先采用平均流速点测量法，$H=0.121D$；当直管段较短时，一般采用中心流速测量法，$H=0.5D$。
5. 若不采用阀门连接，则取消件 6，并且件 2 至件 5 数量减半。
6. 法兰短管和法兰固定座应与流量计一并订货。

件号	名称及规格	数量	材　质	单重	总重	图 号 或 标准、规格号	备　注
7	法兰短管	1					流量计附带
6	闸阀 *DN*100，*PN*1.6MPa	1	Q235				Z41H－16
5	垫片 162/108，$b=1.6$	2	XB350			GB/T 3985—1995	
4	垫圈 $d=16$	16	100HV			GB/T 97.1—1985	
3	螺母 M16	16	8			GB/T 41—1986	
2	螺栓 M16×85	16	8.8			GB/T 5780—1986	
1	法兰固定座	1					流量计附带
				质量(kg)			

部 件、零 件 表

冶金仪控通用图	CWL 型插入式涡街流量计的安装图 *DN*200～2000	(2000)YK06.2-33	
		比例	页次

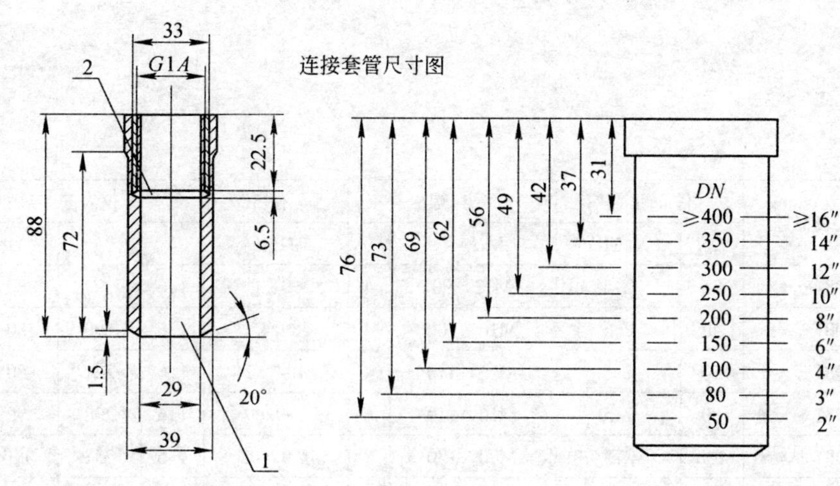

附注：

1. 本图依据承德热河克罗尼仪表有限公司的产品编制。
2. 连接套管口径：39mm，安装位置和插入深度参照左示各图。
3. 对 *DN*≥400 的管道口径，使用连接套管 400 位置。
4. 不正确的安装会导致错误的结果，焊接时不要使焊接槽变形。焊接槽的内部必须保持正确而且不变形，并按设计要求试压。
5. 入口/出口直管段：入口 10 倍 *DN*；出口 5 倍 *DN*。
6. 流量计的安装位置由工艺专业统一考虑。

安装位置图

45°

45°

测量头和管壁之间的距离必须是 1/8*DN*

连接套管安装示例

*DN*250(8″) 管道的例子

DN

≥400

350

300

250

200

150

100

80

50

管道内径

焊接在标记为 250 处

件号	名称及规格	数量	材 质	单重	总重	图 号 或 标准、规格号	备 注
2	连接垫圈	1	klingerit				流量计自带
1	连接套管：*DN* = 39mm	1	316L				流量计自带
				质量(kg)			

部 件、零 件 表

冶金仪控通用图	DWM2000 插入式电磁流量计的安装图 *PN*2.5MPa	(2000)YK06.2-34	
		比例	页次

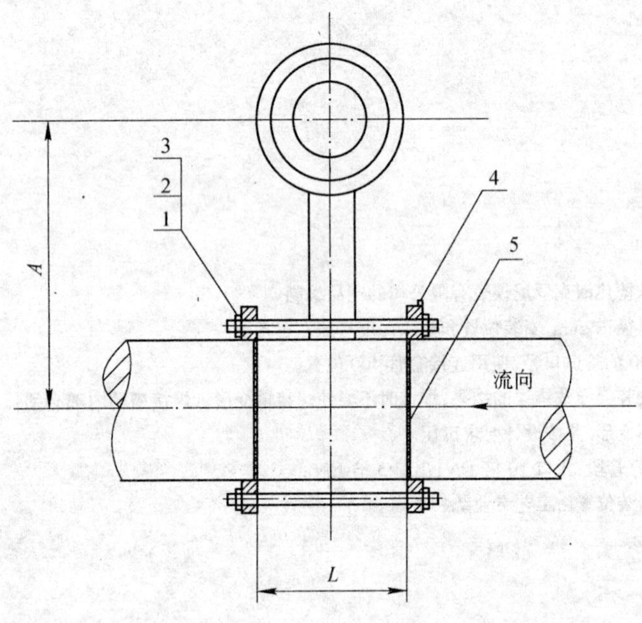

仪表型号	件4,法兰		件1,螺栓		件5,垫片		仪表安装尺寸	
	DN	PN(MPa)	Md×l	n	D/d	b	A	L
HQ981－＊＊	25	2.5	M12×90	4	69/32	1.6	192	80
HQ981－＊＊	40	2.5	M16×100	4	89/45	1.6	199	80
HQ981－＊＊	50	2.5	M16×110	4	104/57	1.6	221	80
HQ981－＊＊	80	2.5	M16×110	6	139/89	1.6	238	90
HQ981－＊＊	100	2.5	M20×130	8	159/108	1.6	253	110
HQ981－＊＊	150	2.5	M22×140	8	214/159	1.6	272	120
HQ981－＊＊	200	2.5	M22×140	12	282/219	1.6	304	130

附注：

1. 本图依据上海华强仪表有限公司的产品编制。
2. 流量计的安装位置由工艺专业统一考虑。
3. 前直管段长度：

管道状态	未装整流器的状态	装有整流器的状态
调节阀之后	45D	3D
90°弯头闸阀半开	15D	1D
扩管	10～45D	3D
缩管	15D	1D

件号	名称及规格	数量	材质	单重 质量(kg)	总重 质量(kg)	图号或标准、规格号	备注
5	垫片 D/d,b	2	XB350			GB/T 3985—1995	流量计自带
4	连接法兰φ,PN	2					流量计自带
3	垫圈 d	2n	100HV			GB/T 97.1—1985	
2	螺母 Md	2n	8			GB/T 41—1986	
1	双头螺栓 Md×l	n	8.8			GB/T 900—1988	

部件、零件表

冶金仪控通用图	HQ980系列管道式热式气体质量流量计的安装图 PN≤2.5MPa	(2000)YK06.2-35	
		比例	页次

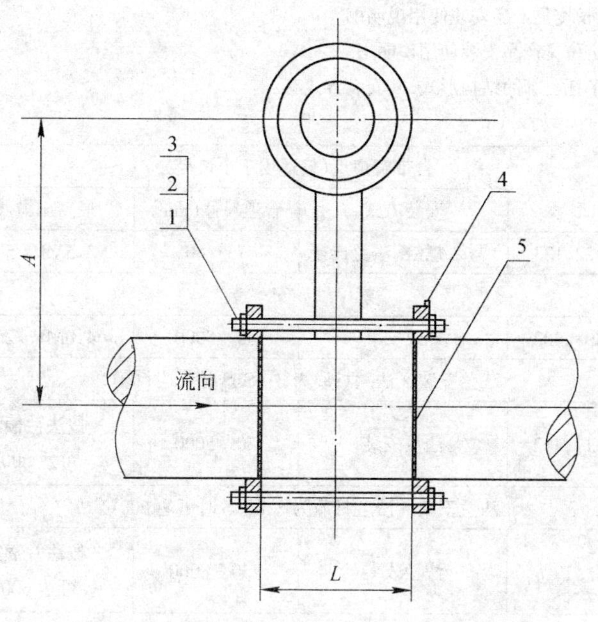

仪表型号	件4,法兰		件1,螺栓		件5,垫片		仪表安装尺寸	
	DN	PN(MPa)	Md×l	n	D/d	b	A	L
HQ96＊－＊＊	25	2.5	M12×90	4	69/32	1.6	192	80
HQ96＊－＊＊	40	2.5	M16×100	4	89/45	1.6	199	80
HQ96＊－＊＊	50	2.5	M16×110	4	104/57	1.6	221	80
HQ96＊－＊＊	80	2.5	M16×110	6	139/89	1.6	238	90
HQ96＊－＊＊	100	2.5	M20×130	8	159/108	1.6	253	110
HQ96＊－＊＊	150	2.5	M22×140	8	214/159	1.6	272	120
HQ96＊－＊＊	200	2.5	M22×140	12	282/219	1.6	304	130

附注：

1. 本图依据上海华强仪表有限公司的产品编制。
2. 流量计的安装位置由工艺专业统一考虑。
3. 前直管段长度：

流量计上游管路状态	前直管段要求长度
缩管、单弯头、全开闸阀	≥15D
扩管同一平面内两个90°弯头	≥26D
非同一平面内两个90°弯头，闸阀半开	≥40D
调节阀	≥50D

件号	名称及规格	数量	材质	单重 质量(kg)	总重 质量(kg)	图号或标准、规格号	备注
5	垫片 D/d,b	2	XB350			GB/T 3985—1995	流量计自带
4	连接法兰φ,PN	2					流量计自带
3	垫圈 d	2n	100HV			GB/T 97.1—1985	
2	螺母 Md	2n	8			GB/T 41—1986	
1	双头螺栓 Md×l	n	8.8			GB/T 900—1988	

部件、零件表

冶金仪控通用图	HQ960系列管道式涡街流量计的安装图 PN≤2.5MPa	(2000)YK06.2-36	
		比例	页次

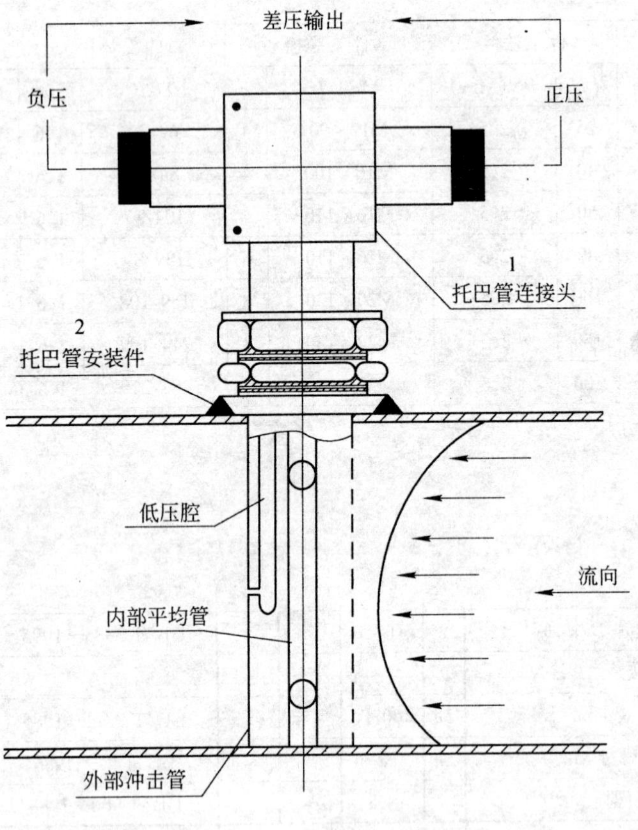

附注:

1. 本图依据华仪有限公司的产品编制。
2. 流量计的安装位置由工艺专业统一考虑。
3. 前、后直管段长度见产品安装使用说明书。
4. 在管道中的定位见产品安装使用说明书。
5. 本图仅示出了托巴管的结构形式,其安装方式有:

自带管道型(仅适用于小口径)			
基本型号	安装方式	管道尺寸(mm)	最高压力/温度
121,122,123	焊接、螺纹、法兰连接	13~50	3.5MPa/500℃
螺纹安装			
301,401,402	螺纹安装	50~5000	4.0MPa/250℃
法兰安装 * 法兰材质为316SSS时可达600℃			
311,411,412	法兰安装	50~5000	* 按法兰额定值/可达600℃
法兰安装 * 法兰材质为316SSS时可达600℃			
511,512	法兰安装	250~8000	* 按法兰额定值/可达600℃

件号	名称及规格	数量	材质	单重	总重	图号或标准、规格号	备注
				质量(kg)			
2	托巴管安装件(法兰盘、管道配件、紧固件等)	1套				托巴管安装说明	流量计自带
1	托巴管连接头	1套				托巴管安装说明	流量计自带

部件、零件表

冶金仪控通用图	托巴管流量计的安装图 $PN \leqslant 3.5$MPa, $DN10 \sim 8000$	(2000)YK06.2-37	
		比例	页次

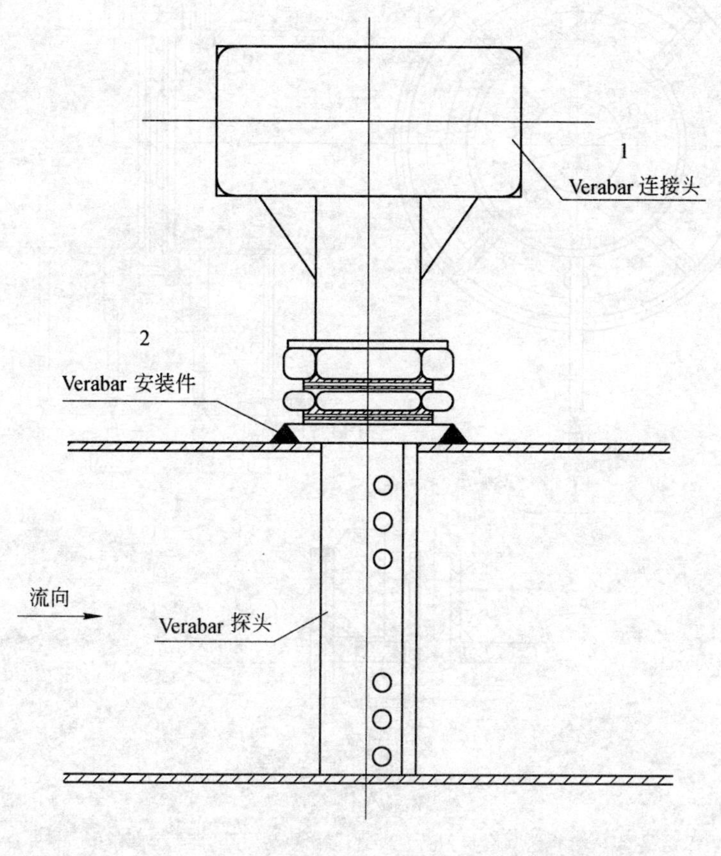

附注:

1. 本图依据深圳天地久实业有限公司的产品编制。
2. 流量计的安装位置由工艺专业统一考虑。
3. 前、后直管段长度见产品安装使用说明书。
4. 在管道中的定位见产品安装使用说明书。
5. 本图仅示出了 Verabar 的结构形式,其安装方式有:

通 用 型			
基本型号	安装方式	管道尺寸(mm)	ANSI 标准
V100,V110,V150	螺纹连接	1.5″~72″	300~600
在 线 安 装 型			
V200,V300,V350	螺纹连接	1.5″~72″	300~600
V400	法兰连接	2″~72″	600
法兰连接型			
V500,V510	法兰连接	2″~72″	150~2500

件号	名称及规格	数量	材 质	单重 质量(kg)	总重	图 号 或 标准、规格号	备 注
2	Verabar 安装件（法兰盘、管道配件、紧固件等）	1套				Verabar 安装说明	流量计自带
1	Verabar 连接头	1套				Verabar 安装说明	流量计自带

部 件、零 件 表

冶金仪控 通用图	Verabar 流量计的安装图	(2000)YK06.2-38	
		比例	页次

目 录

冶金仪控通用图	物位仪表安装图图纸目录	(2000)YK07-1	
		比例	页次

说　明

1. 适用范围

本图册适用于冶金生产过程中常用的各种物位检测仪表的安装及其管路连接。

2. 编制依据

本图册是在原物位仪表的安装图册[(90)YK07]的基础上修改、补充编成的。

3. 内容提要

物位仪表的品种很多,本图册只选择了在冶金生产中常用的几种物位仪表作了安装图及安装部件、零件,并按其特点及使用的方便分为三个分册即:

(1) 直接安装式物位仪表的安装图,图号(2000)YK07.1

(2) 法兰差压式液位仪表的安装图,图号(2000)YK07.2

(3) 差压法测量液位的管路连接图,图号(2000)YK07.3

4. 选用注意事项

(1) 由于被测介质不同,本图册中对安装部件、零件的材质列出了两种方案。其中方案Ⅰ的材质适用于一般非腐蚀性介质;方案Ⅱ的材质适用于腐蚀性介质。关于耐腐蚀的材质,本图册中只列出了耐酸钢,未明确其牌号,因为这是需要看具体对象而定的,所以在特殊需要的情况下应由工程设计者在设计中明确规定。

(2) 本图册所用的阀门、管连接件及材料等皆按国家标准、工业部门标准标注,没有国标、部标的,则按生产厂家标准标注。根据目前生产厂家产品品种的完整性及质量情况,本图册推荐采用镇江化工仪表电器(集团)公司(原扬中化工仪表配件厂)的阀门及管接件产品。图中部件、零件表中“YZG、YZF”字头的标准号即为该公司的标准号。

(3) 本图册中的管路连接件采用焊接式的。管路一般采用ϕ 14×2 的无缝钢管(GB/T 8162—1987),二次阀后采用ϕ 10×1 的紫铜管(GB/T 1527—1997)以便于摵弯。有的工程为抗腐蚀,也可采用特殊钢种材质的无缝钢管并在工程设计中予以明确规定。

(4) 其他注意事项见各分册说明。

冶金仪控 通用图	物位仪表安装图说明	(2000)YK07-2	
		比例	页次

直接安装式物位仪表安装图

(2000)YK07.1

目　录

一、安装图

冶金仪控通用图	直接安装式物位仪表安装图图纸目录	(2000)YK07.1-1	
		比例	页次 1/2

二、部件、零件图

冶金仪控通用图	直接安装式物位仪表安装图图纸目录	(2000)YK07.1-1	
		比例	页次 2/2

说　　明

1. 适用范围

本分册适用于浮球式液位计,电接点液位计测量筒、重锤式、阻旋式、音叉式、核辐射式、超声波式和雷达式等直接安装式物位计和控制器的安装。它包括安装总图及部件零件图。

2. 选用注意事项

(1) 由于被测介质不同,本分册对安装用部、零件的材质列出了两种方案,其中方案Ⅰ的材质适用于一般非腐蚀性介质,方案Ⅱ的材质适用于腐蚀性介质。关于耐腐蚀的材质,本图册中只推荐了耐酸钢,未明确其品种牌号,因为这是需要看具体对象而定的,所以在特殊需要的情况下,应由工程设计者在设计说明书中予以明确规定。

(2) 为了节省图面,本分册将各种安装方案及同类型而不同尺寸的部、零件画在一张图上,用安装方案号和规格号区分之,使用时皆应按各图中"标记示例"的表示方法标记在工程设计图纸上。

(3) 根据装设物位计的容器结构材料的不同,安装图上分在混凝土壁和金属壁上安装的两种方案。当安装在混凝土结构上时,应向土建专业提出物位检测装置或元件安装用的预埋件和开孔的设计任务委托书。

(4) 本分册中各种物位计的安装要求是根据各有关仪表厂家提供的安装使用说明书设计的,安装或需详细了解时应参阅该类说明书。

冶金仪控 通用图	直接安装式物位仪表安装图说明	(2000)YK07.1-2	
		比例	页次

一、安　装　图

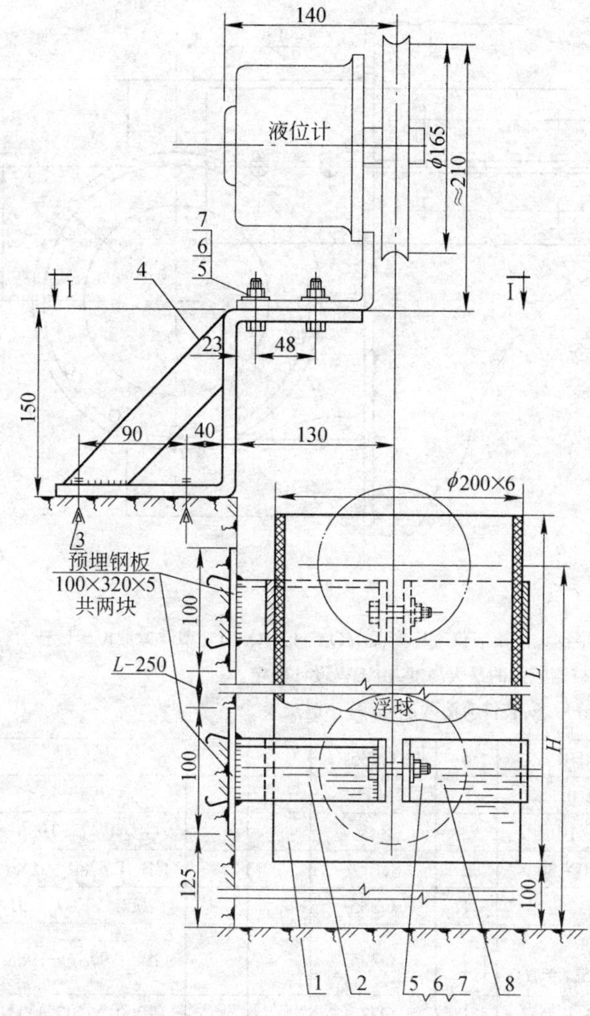

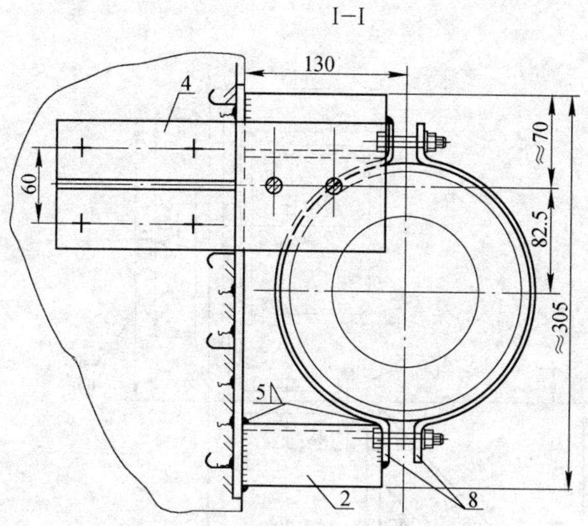

件号	名称及规格	数量	材质	单重 质量(kg)	总重 质量(kg)	图号或标准、规格号	备注
8	夹环	4	Q235			(2000)YK07.1-02	
7	螺母 M10	6	8级			GB/T 41—1986	
6	螺栓 M10×50	6	8.8级			GB/T 5780—1986	
5	垫圈 10	6	100HV			GB/T 95—1985	
4	支架	1	Q235			(2000)YK07.1-01	
3	膨胀螺栓 M10×95	4	Q235				IS-06/10型
2	角钢 ∟50×50×5, $l=125$	4	Q235			GB/T 9787—1988	
1	导管φ 200×6, $L=H$	1	硬聚氯乙烯管			GB/T 4219—1996	

部件、零件表

附注:

1. 本图根据大连第五仪表厂产品 UQZ-51, UQZ-51A 型浮球液位计设计。
2. H 为被测液位的最大高度,由工程设计确定。
3. 安装好后,安装件涂两遍底漆,一遍灰漆。

冶金仪控通用图	UQZ-$\frac{51}{51}$A 型浮球液位计一次仪表在池壁上的安装图(浮球用塑料导管保护)	(2000)YK07.1-3	
		比例	页次

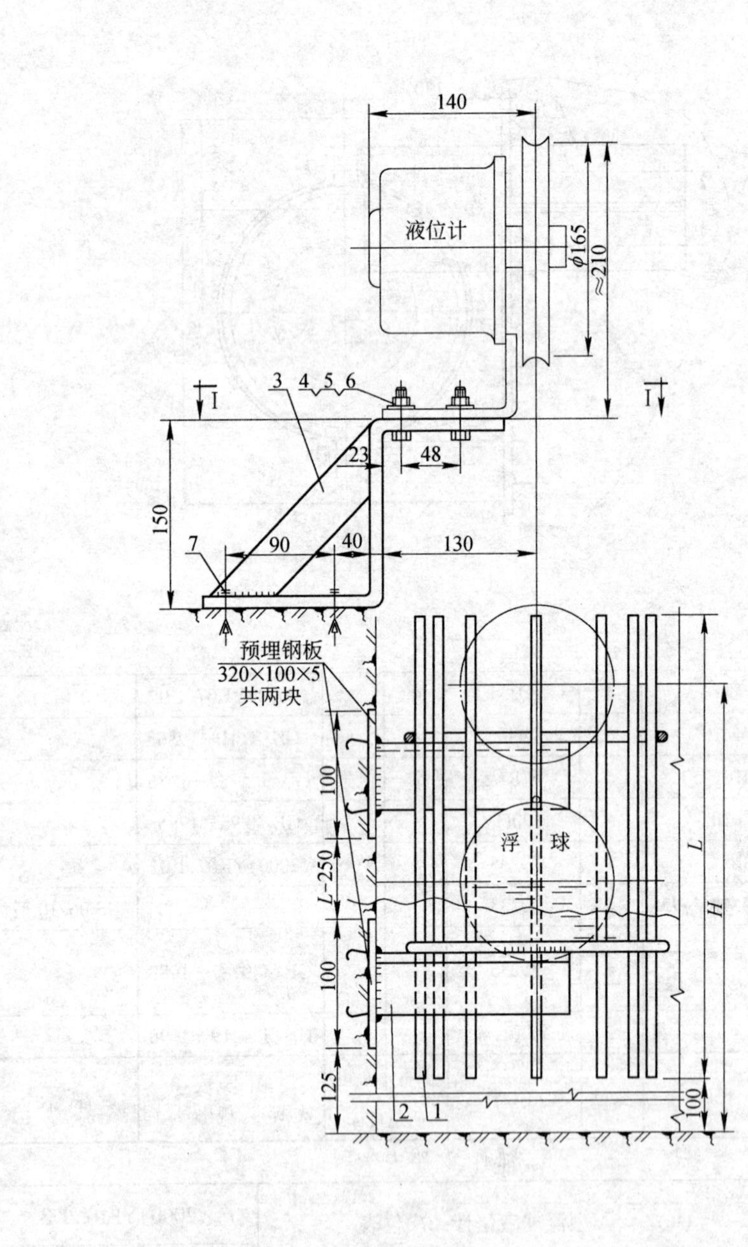

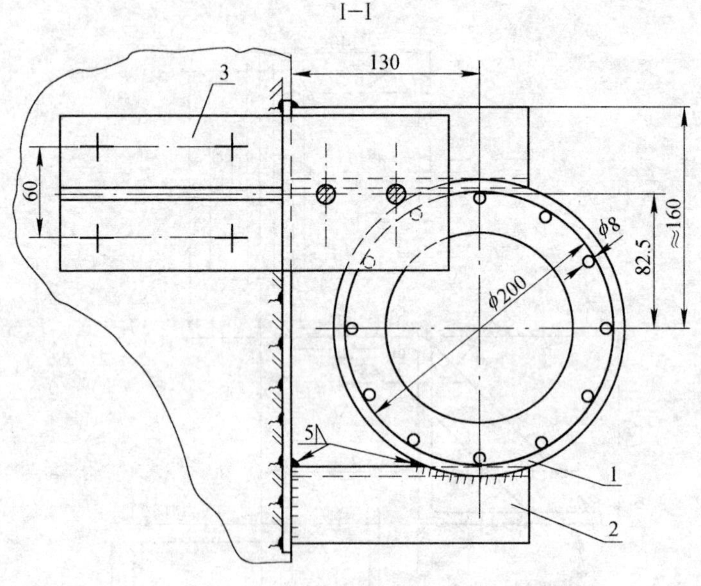

附注：

1. 本图根据大连第五仪表厂产品 UQZ-51，UQZ51A 型浮球液位计设计。
2. H 为被测液位的最大高度，由工程设计确定。
3. 安装好后，安装件应涂两遍底漆，一遍灰漆。

件号	名称及规格	数量	材　质	单重	总重	图 号 或 标准、规格号	备　注
				质量(kg)			
7	膨胀螺栓 M10×95	4	Q235				IS-06/10 型
6	垫圈 10	2	100HV			GB/T 95—1985	
5	螺母 M10	2	8 级			GB/T 41—1986	
4	螺栓 M10×30	2	8.8 级			GB/T 5780—1986	
3	支架	1	Q235			(2000)YK07.1-01	
2	栅架 ∟50×50×5，l＝160	4	Q235			GB/T 9787—1988	
1	导栅 φ200，L＝H	1	Q235			(2000)YK07.1-04	

部 件、零 件 表

冶金仪控 通用图	UQZ-$\frac{51}{51}$A 型浮球液位计 一次仪表在池壁上的安装图（浮球用导栅保护）	(2000)YK07.1-4	
		比例	页次

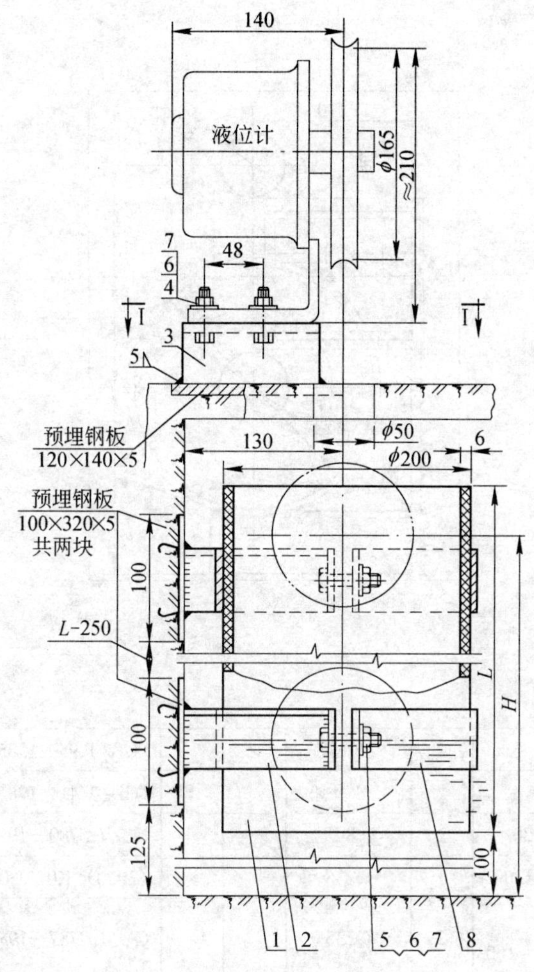

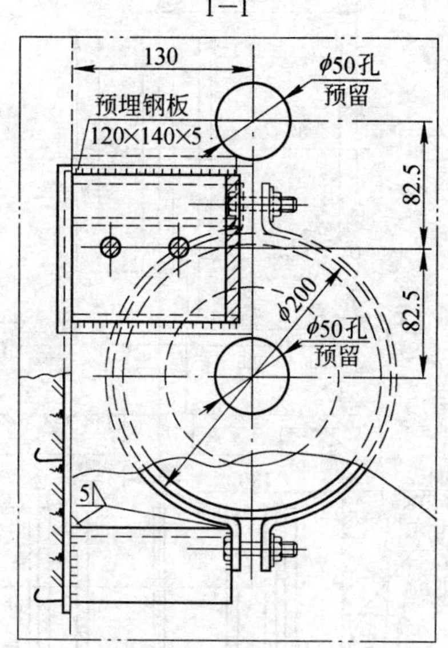

附注：

1. UQZ-51，UQZ51A 型浮球液位计为大连第五仪表厂产品。
2. H 为被测液位的最大高度，由工程设计确定。
3. 安装好后，安装件涂两遍底漆，一遍灰漆。

件号	名称及规格	数量	材质	单重	总重	图号或标准、规格号	备注
8	夹环	4	Q235			(2000)YK07.1-02	
7	垫圈 10	6	100HV			GB/T 95—1985	
6	螺母 M10	6	8 级			GB/T 41—1986	
5	螺栓 M10×60	4	8.8 级			GB/T 5780—1986	
4	螺栓 M10×30	2	8.8 级			GB/T 5780—1986	
3	支架[10，l=120	1	Q235			(2000)YK07.1-03	
2	角钢 ∟50×50×5，l=125	4	Q235			GB/T 9787—1988	
1	导管φ 200×6，L=H	1	硬聚氯乙烯管			GB/T 4219—1996	
				质量(kg)			

部件、零件表

冶金仪控通用图	UQZ-$\frac{51}{51}$A 型浮球液位计一次仪表 在池顶上的安装图(浮球用塑料导管保护)	(2000)YK07.1-5	
		比例	页次

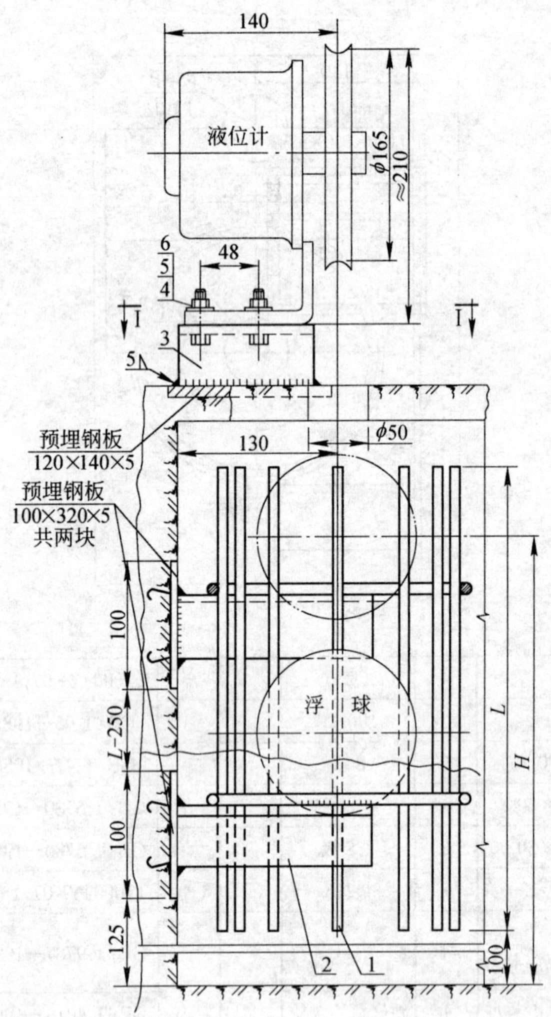

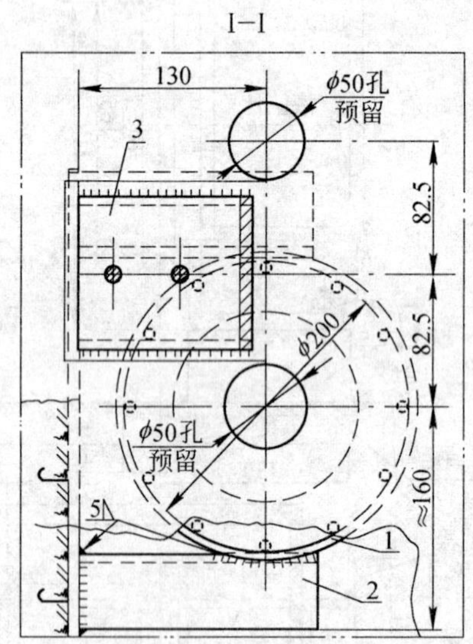

件号	名称及规格	数量	材 质	单重	总重	图 号 或 标准、规格号	备 注
				质量(kg)			
6	垫圈 10	2	100HV			GB/T 95—1985	
5	螺母 M10	2	8 级			GB/T 41—1986	
4	螺栓 M10×30	2	8.8 级			GB/T 5780—1986	
3	支架[10，l=120	1	Q235			(2000)YK07.1-03	
2	栅架 ∟50×50×5，l=160	2	Q235			GB/T 9787—1988	
1	导栅ϕ 200，L=H	1	Q235			(2000)YK07.1-04	

部件、零件表

冶金仪控 通用图	UQZ-$\frac{51}{51}$A 型浮球液位计 一次仪表在池顶上的安装图(浮球用导栅保护)	(2000)YK07.1-6	
		比例	页次

附注：

1. 本图根据大连第五仪表厂产品 UQZ-51，UQZ-51A 型浮球液位计设计。
2. H 为被测液位的最大高度，由工程设计确定。
3. 安装好后，安装件应涂两遍底漆，一遍灰漆。

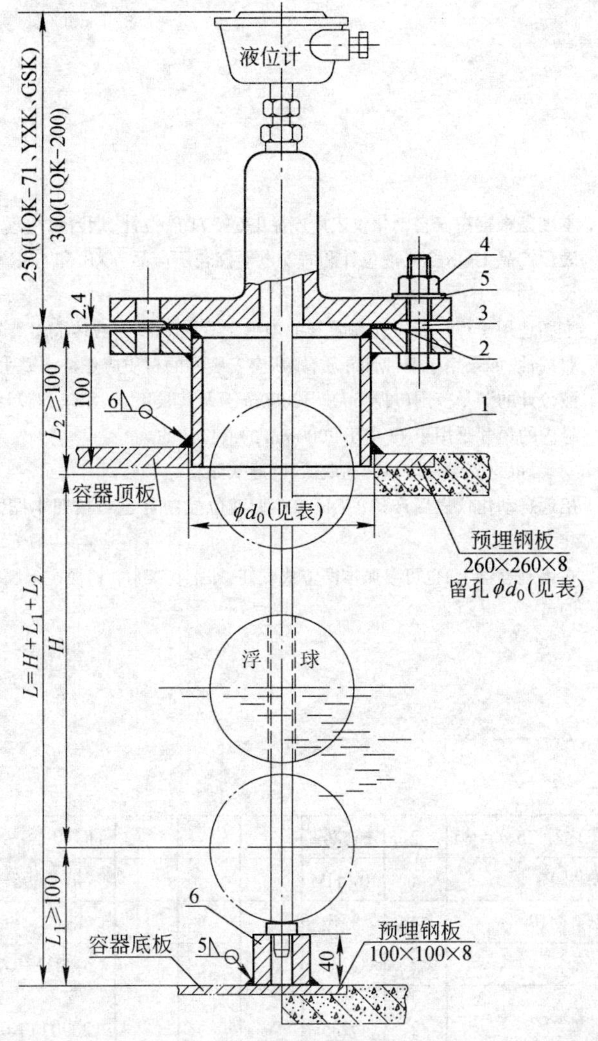

安装方案与部、零件尺寸表

安装方案	测量范围 H(m)	容器结构	件1,法兰接管 规格	件1,法兰接管 DN	件2,垫片尺寸 D/d	留孔尺寸$\phi\ d_0$
A	0~2	金属板	a	150	207/159	161
B	2~12	金属板	b	175	237/194	196
C	0~2	混凝土板	a	150	207/159	161
D	2~12	混凝土板	b	175	237/194	196
E	0~6	金属板	d	125	182/133	135
F	0~6	混凝土板	d	125	182/133	135

注：UQK-200 浮球液位计仪适用于安装方案 E,F。

标记示例：在混凝土板结构的容器上安装测量范围 H 为 1000mm 的 GSK 型浮球液位计。

其标记如下：浮球液位计安装 Ca,图号(2000)YK07.1-7。

5. 安装好后,安装件涂两遍底漆,一遍灰漆。

附注：

1. 本图根据海安自动化仪表厂的 UQK-71 型液位计,烟台市招远自动化仪表厂的 UQK-200 型液位计和海安电器仪表厂的 YXK 和 GSK 型液位计产品设计。招远自动化仪表厂产的 UQK-100 型液位控制器也可使用本图安装。
2. 本图用于容器内工作压力 0.25MPa,测量范围 H 为 0~12m 的液位计的安装,H 和总长 L 由工程设计确定。
3. 容器壁为混凝土时,应预埋钢板并预留孔。
4. 安装方案如下表所示。

件号	名称及规格	数量	材质	单重 质量(kg)	总重 质量(kg)	图号或标准、规格号	备注
6	固定套,无缝钢管 ϕ 50×12, l=40	1	Q235			GB/T 8162—1987	H=0.5~2m 时可不用
5	垫圈 16	8	100HV			GB/T 95—1985	
4	螺母 M16	8	8 级			GB/T 41—1986	
3	螺栓 M16×60	8	8.8 级			GB/T 5780—1986	
2	垫片 D/d(见表), b=2.4	1	橡胶石棉板			JB/T 87—1994	
1	法兰接管 DN(见表), PN0.25MPa	1	Q235			(2000)YK07.1-06	

部件、零件表

冶金仪控通用图	UQK-71,UQK-200, YXK,GSK 型浮球液位计在容器上安装图 PN0.25MPa	(2000)YK07.1-7	
		比例	页次

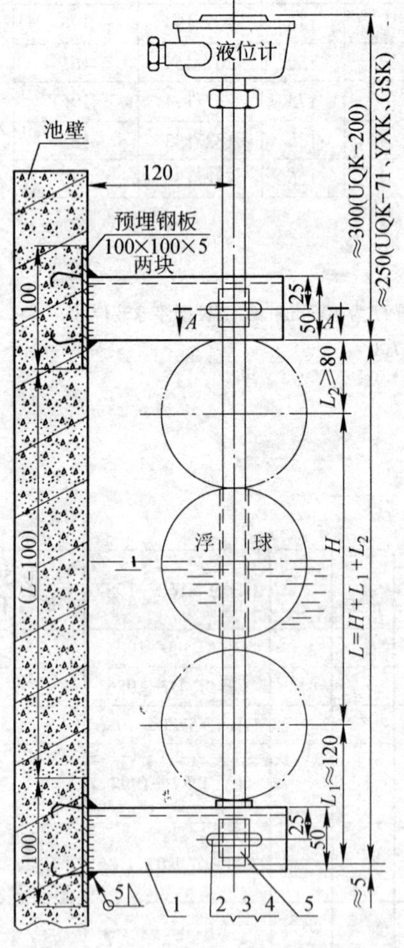

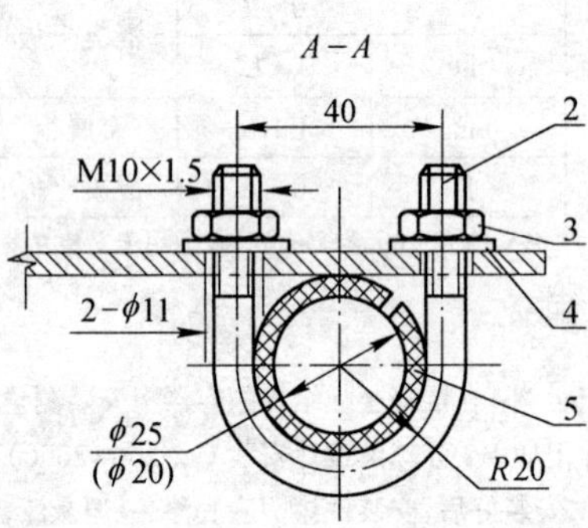

附注：

1. 本图是根据海安自动化仪表厂产品 UQK-71 液位计，烟台市招远自动化仪表厂产品 UQK-200 液位计和海安电器仪表厂产品 YXK 和 GSK 型液位计设计的。
2. 本图适用于浮球液位计在敞开的池壁上安装。池内液体应对普通钢件无腐蚀性，如果用于腐蚀性介质，则所有安装件的材质应作特殊说明。
3. 液位计的测量范围（$H=500\sim12000$mm）及其长度 L，由工程设计确定，括号内的尺寸是用于 H 小于 2000mm 的液位计的。
4. 安装好后，安装件应涂两遍底漆，一遍灰漆。
5. 招远自动化仪表厂产的 UQK-100 型液位控制器也可按照本图之方式安装。
6. 在钢制容器上，也可参照本图方式安装，即把支架（件 1）焊在钢制容器壁上即可。

件号	名称及规格	数量	材质 Ⅰ	材质 Ⅱ	单重 质量(kg)	总重 质量(kg)	图号或标准、规格号	备注
5	夹布胶管 内径 25，$l=30$	2	橡胶等				HG/T 3039—1997	
4	垫圈 10	4	100HV				GB/T 95—1985	
3	螺母 M10	4	8 级				GB/T 41—1986	
2	管卡	2	Q235				(2000)YK07.1-010	
1	支架 ∟50×50×5，$l=140$	2	Q235				(2000)YK07.1-09	

部件、零件表

冶金仪控通用图	UQK-71，UQK-200，YXK，GSK 型 浮球液位计在敞开之容池壁上的安装图	(2000)YK07.1-8	
		比例	页次

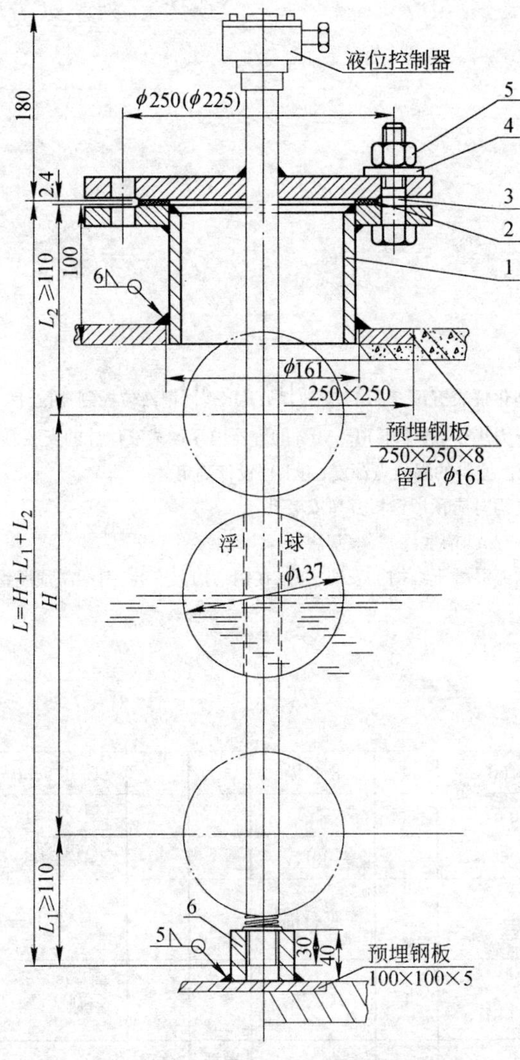

附注：

1. 本图根据国营 265 厂（武汉）产品 UQK-$\frac{16}{16}$P，UQK-$\frac{17}{17}$P 型浮球液位控制器设计，适用于工作压力为 0.6MPa（UQK-$\frac{16}{16}$P）和 2.5MPa（UQK-$\frac{17}{17}$P）的容器上安装。
2. 安装方案如下表所示：

安装方案与部、零件尺寸表

安装方案	测量范围 H(m)	工作压力 PN(MPa)	容器结构	件 1，法兰接管	
				规格号	DN
A	0.15～7.00	0.6	金属板	c	150
B		2.5		d	
C		常压	混凝土板	c	

标记示例：在金属容器上安装 UQK-16 型液位控制器，容器工作压力为 0.6MPa，测量范围 $H=4.0$m，其标记如下：浮球液位控制器安装 Ac，图号(2000)YK07.1-9。

3. H 和总长 L 由工程设计确定。
4. 当容器为混凝土结构时，只能在常压下使用，并应预埋钢板和留孔。
5. 安装好后，安装件涂两遍底漆，一遍灰漆。

件号	名称及规格	数量	材 质	单重	总重	图 号 或 标准、规格号	备 注
				质量(kg)			
6	固定套，无缝钢管 ϕ 50×12，$l=40$	1	Q235			GB/T 8162—1987	
5	螺母 M22	8	8 级			GB/T 41—1986	
4	垫圈 22	8	100HV			GB/T 95—1985	
3	螺栓 M22×80	8	8.8 级			GB/T 5780—1986	
2	垫片 $D/d=225/159$，$b=2.4$	1	橡胶石棉板			JB/T 87—1994	
1	法兰接管 DN150，PN2.5MPa	1	Q235			(2000)YK07.1-07	
为 UQK-$\frac{17}{17}$P 用的 PN2.5MPa 安装方案 Bd							
6	固定套，无缝钢管 ϕ 50×12，$l=40$	1	Q235			GB/T 8162—1987	见附注 2
5	螺母 M16	8	8 级			GB/T 41—1986	
4	垫圈 16	8	100HV			GB/T 95—1985	
3	螺栓 M16×80	8	8.8 级			GB/T 5780—1986	
2	垫片 $D/d=207/159$，$b=2.4$	1	橡胶石棉板			JB/T 87—1994	
1	法兰接管 DN150，PN0.6MPa	1	Q235			(2000)YK07.1-07	
为 UQK-$\frac{16}{16}$P 用的 PN0.6MPa 安装方案 Ac 或 Cc							

部 件、零 件 表

冶金仪控通用图	UQK-$\frac{16}{16}$P，UQK-$\frac{17}{17}$P 型 浮球液位控制器在压力容器上的安装图 PN0.6MPa 和 PN2.5MPa	(2000)YK07.1-9	
		比例	页次

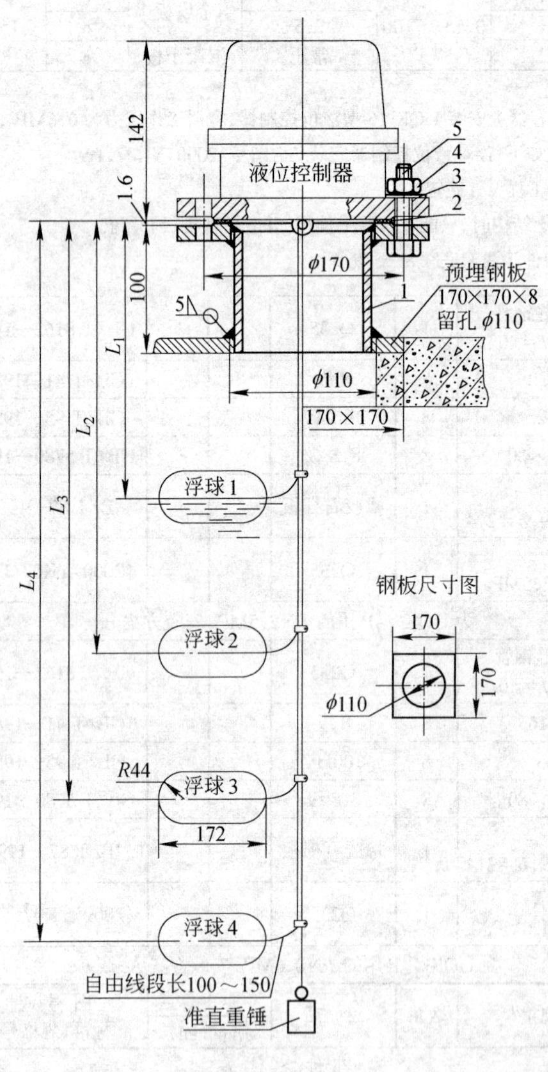

附注：

1. 本图根据上海自动化仪表五厂产品 UQK-$\frac{611}{612}$,UQK-$\frac{613}{614}$型液位控制器设计。
2. 本图适用于工作压力小于(或等于)0.6MPa 的容器内浮球式液位计的安装。
3. 图中 $L_1 \sim L_4$ 是液位控制的限位点深度,由工程设计确定。
4. 当容器为混凝土结构时应预埋钢板并留安装孔。
5. 安装好后,安装件应涂两遍底漆,一遍灰漆。
6. 本图可用于钢结构或混凝土结构上安装,如果在钢结构上安装,则不需预埋钢板。

件号	名称及规格	数量	材　质	单重 质量(kg)	总重 质量(kg)	图 号 或 标准、规格号	备　注
5	螺栓 M16×60	4	8.8 级			GB/T 5780—1986	
4	螺母 M16	4	8 级			GB/T 41—1986	
3	垫圈 16	4	100HV			GB/T 95—1985	
2	垫片 $D/d=152/108, b=1.6$	1	橡胶石棉板			JB/T 87—1994	
1	法兰接管 a, DN100, PN0.6MPa	1	Q235			(2000)YK07.1-07	

部 件、零 件 表

冶金仪控 通用图	UQK-$\frac{611}{612}$,UQK-$\frac{613}{614}$型 液位控制器在容器上的安装图 PN0.6MPa	(2000)YK07.1-10	
		比例	页次

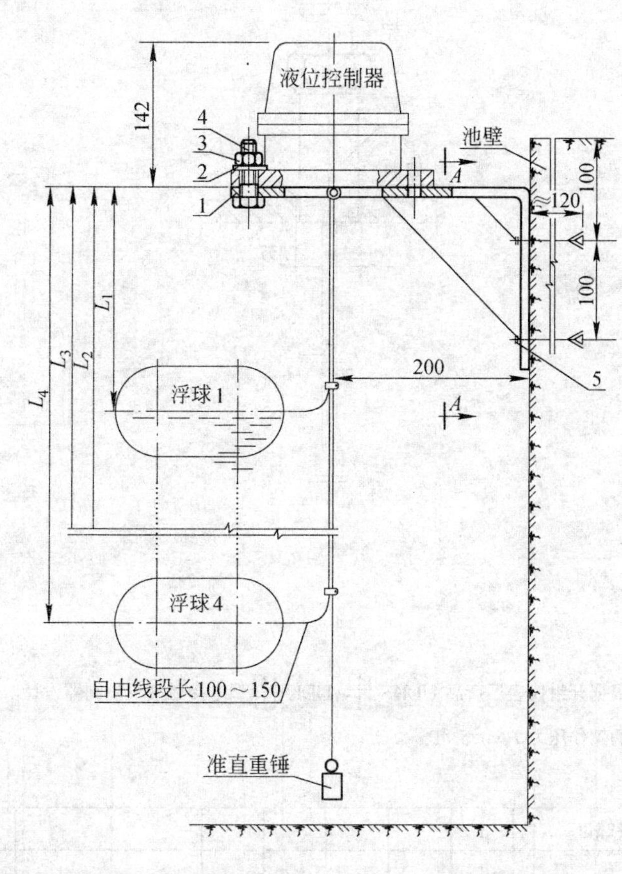

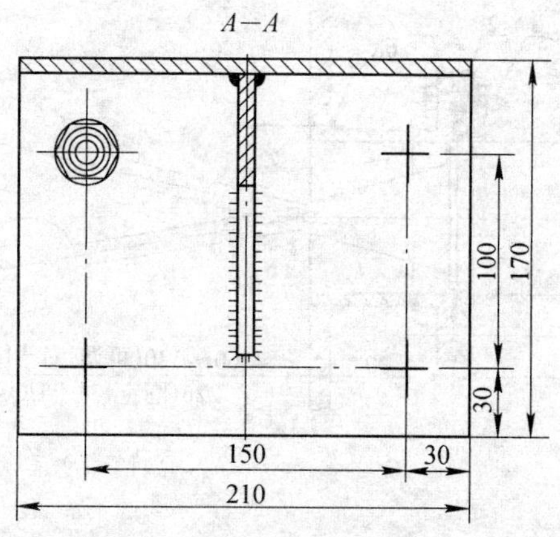

附注：

1. 本图的液位控制器可有四个浮球，最多能控制四点水位。图中只示出了两个浮球，L_1～L_4 为四个控制点的深度，由工程设计决定。
2. 安装好后，安装件涂两遍底漆，一遍灰漆。
3. 本图是根据上海自动化仪表五厂的产品设计的。
4. 在必要时可在池壁上预埋一块 250mm×250mm×8mm 的钢板把支架焊上。

件号	名称及规格	数量	材　质	单重	总重	图号或标准、规格号	备　注
5	膨胀螺栓 M16×50	4	Q235				IS-06/16 型
4	螺栓 M16×40	4	8.8 级			GB/T 5780—1986	
3	螺母 M16	4	8 级			GB/T 41—1986	
2	垫母 16	4	100HV			GB/T 95—1985	
1	ㄴ形支架	1	Q235			(2000)YK07.1-011	
				质量(kg)			

部件、零件表

冶金仪控通用图	UQK-611/612，UQK-613/614型 液位控制器在池壁上的安装图	(2000)YK07.1-11	
		比例	页次

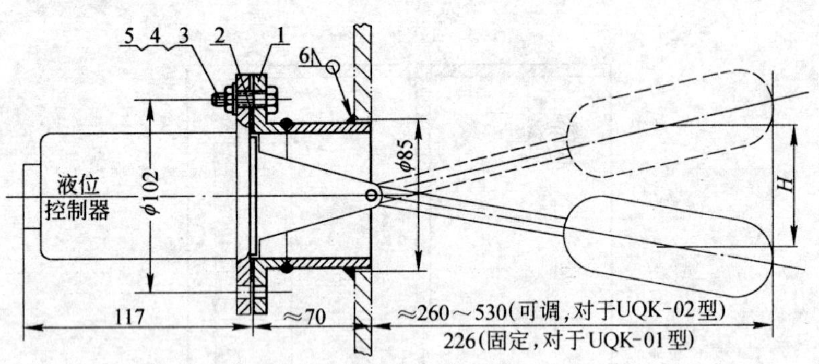

附注:

1. 本图是按上海自动化仪表五厂产品绘制的。
2. 容器内的工作压力 *PN*1.0MPa。
3. 控制范围 *H* 对于 UQK-02 型是 25～550mm,有级可调;对于 UQK-01 型是 10mm,固定、不可调。
4. 安装好后,安装件涂两遍底漆,一遍灰漆。

件号	名称及规格	数量	材质 Ⅰ	材质 Ⅱ	质量(kg) 单重	质量(kg) 总重	图号或标准、规格号	备注
5	垫圈 10	6	100HV	100HV			GB/T 95—1985	
4	螺母 M10	6	8 级	10 级			GB/T 41—1986	
3	螺栓 M10×45	6	8.8 级	10.9 级			GB/T 5780—1986	
2	垫片 $D/d=86/79, b=1.6$	1	橡胶石棉	氟塑料			JB/T 87—1994	
1	法兰接管 *DN*80, *PN*1.0MPa	1	Q235	耐酸钢			(2000)YK07.1-08	

部件、零件表

冶金仪控通用图	UQK-$\frac{01}{02}$型浮球液位控制器在容器上的安装图 *PN*1.0MPa	(2000)YK07.1-12
		比例 页次

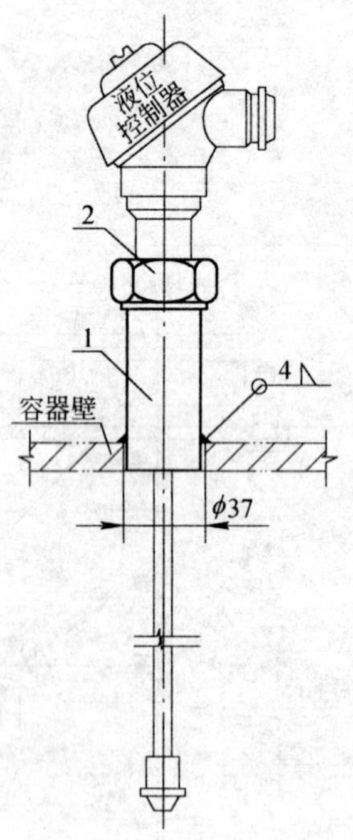

附注:

1. 本图根据开封仪表厂产品 UDKS-$\frac{111}{112}$, UDK-$\frac{111}{112}$型电接触液位控制器设计。
2. 容器的工作压力 *PN*0.5MPa。

件号	名称及规格	数量	材质 Ⅰ	材质 Ⅱ	质量(kg) 单重	质量(kg) 总重	图号或标准、规格号	备注
2	连接螺母	1						随设备带
1	套筒	1						随设备带

部件、零件表

冶金仪控通用图	UDKS-$\frac{111}{112}$, UDK-$\frac{111}{112}$型电接触液位控制器在容器上的安装图 *PN*0.5MPa	(2000)YK07.1-13
		比例 页次

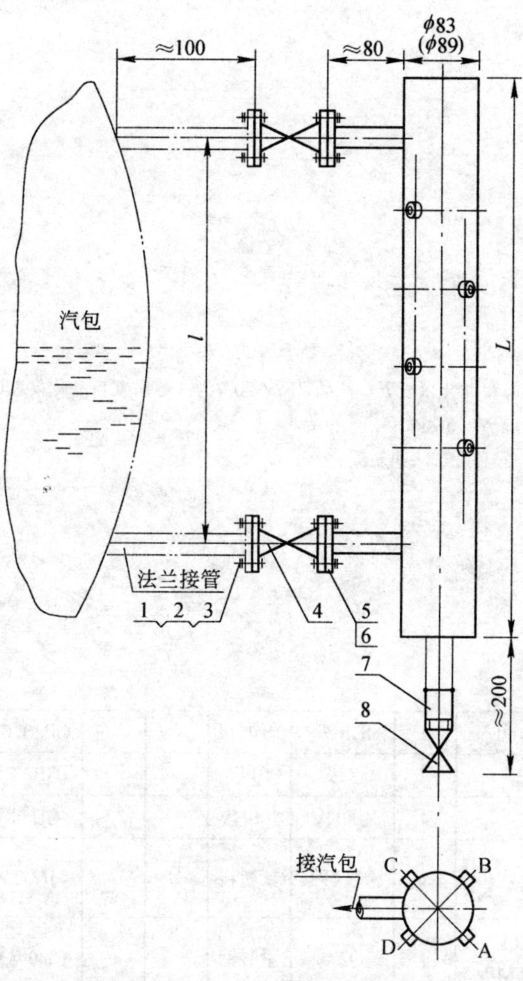

8	截止阀 PN16MPa, DN20	1					J12SA-1 型
7	短节 R½″	1	25			YZG 14-1-R½″	
6	凸面对焊法兰盘 PN16MPa, DN20	2	25			JB/T 82—1994	
5	垫片 $D/d=50/25, b=1.6$	4	紫 铜				
4	截止阀 PN16MPa, DN20	2					J43H-160 型
3	弹簧垫圈 20	16	65Mn			GB/T 93—1987	
2	螺母 M20	16	8 级			GB/T 41—1986	
1	螺栓 M20×80	16	8.8 级			GB/T 5780—1986	
方案 B　PN10.0MPa, $t\leqslant350$℃							
8	截止阀 PN6.4MPa, Rc½″	1	25				J12SA-1 型
7	短节 R½″	1	25			YZG14-1-R½″	
6	凸面对焊法兰盘 PN4.0MPa, DN20	2	25			JB/T 82—1994	
5	垫　片 $D/d=42/25, b=1.6$	4	橡胶石棉板			JB/T 87—1994	
4	截止阀 PN4MPa, DN20	2	锻 钢				J43H-40 型
3	弹簧垫圈 12	16	65Mn			GB/T 93—1987	
2	螺母 M12	16	8 级			GB/T 41—1986	
1	螺栓 M12×60	16	8.8 级			GB/T 5780—1986	
方案 A　PN4.0MPa, $t\leqslant250$℃							
件号	名称及规格	数量	材　质	单重 质量(kg)	总重	图 号 或 标准、规格号	备　注

部 件、零 件 表

冶金仪控 通用图	UDZ 型电接点液位计测量筒 在锅炉汽包、除氧器等容器上的安装图 PN4.0MPa 和 PN10.0MPa	(2000)YK07.1-14	
		比例	页次

附注：

1. 本图根据上海新亚仪表厂的 UDZ 型电接点液位计产品设计。
2. 本图适用于锅炉汽包、除氧器、加热器、凝汽器、清水箱等设备上安装 UDZ 型液位计，法兰接管是工艺设备附带的。
3. 图中安装方案 A 或 B，尺寸 L 和 l 皆由工程设计确定。括号内的尺寸是 B 方案使用的。

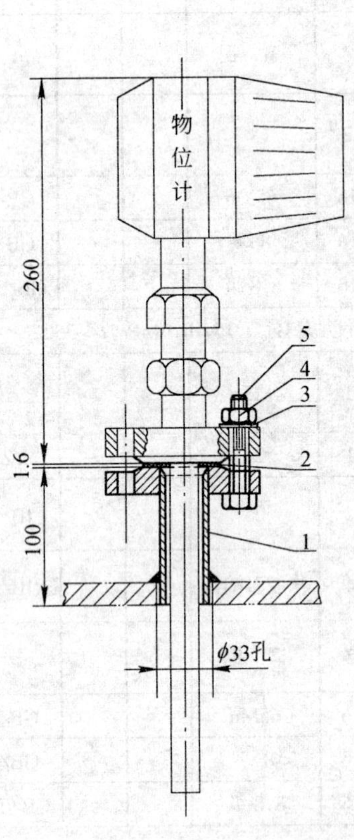

附注：

1. UYZ-50 为上海自动化仪表五厂产品，UYZ-50A 为江苏海安自动化仪表厂产品。
2. 容器工作压力 *PN*2.5MPa。
3. 安装好后，涂两遍底漆，一遍灰漆。

件号	名称及规格	数量	材料 Ⅰ	材料 Ⅱ	质量(kg) 单重	质量(kg) 总重	图号或标准、规格号	备注
5	螺栓 M12×60	4	8.8级	10.9级			GB/T 5780—1986	
4	螺母 M12	4	8级	10级			GB/T 41—1986	
3	垫圈 12	4	100HV	100HV			GB/T 95—1985	
2	垫 片 $D/d=71/32, b=1.6$	1	橡胶石棉	氟塑料			JB/T 87—1994	
1	法兰接管 e， *DN*25，*PN*2.5MPa	1	Q235	耐酸钢			(2000)YK07.1-07	

部件、零件表

冶金仪控通用图	UYZ-$\frac{50}{50}$A 型电容物位计在容器上的安装图 *PN*2.5MPa	(2000)YK07.1-15
		比例 / 页次

安装方案A

A1－混凝土壁上安装

A2－金属壁上安装

PN 1.0MPa

≈175

电容物位控制器

≈159

1

60

5

容器壁

φ48孔

预埋钢板 100×100×5

L（按工程需要决定）

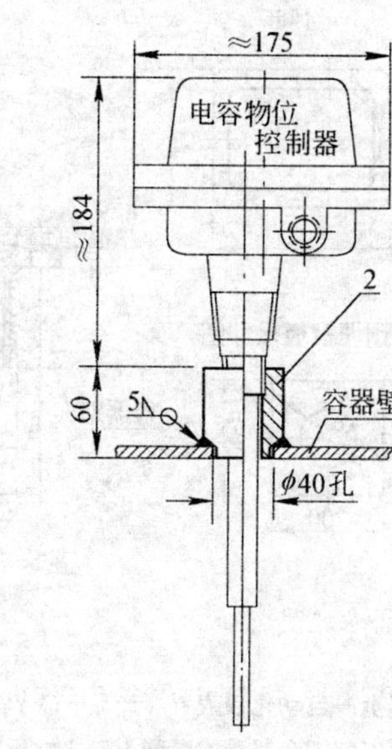

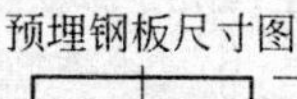

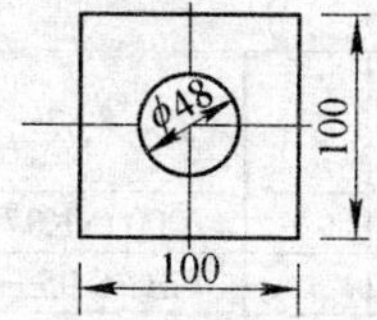

附注：

1. 本图根据上海自动化仪表五厂产品 RF9000 系列电容物位计绘制。
2. 图中设计了 A、B 两种安装方案。A 方案适用于容器内工作压力 *PN*1.0MPa，其中 A1 用于混凝土容器，A2 用金属容器。B 方案则仅适用于密闭的金属容器，工作压力 *PN*2.5MPa。采用何种方案，应在工程设计中说明。
3. 本图只把方案 A 的接头长度设计成 $l=60$mm。如需使控制器头部距容器壁远些，则可将 L 延长到所需的长度，并在工程设计中说明。
4. 物位控制器的安装方向可以是垂直向下的、水平的或斜上的，由工程设计确定。
5. 本图也可应用于分离型物位控制器探头和非接触探头的安装。
6. 预埋钢板尺寸是为提供土建设计任务用的。

件号	名称及规格	数量	材质	单重	总重	图号或标准、规格号	备注
2	接头 b　Z¾″, $l=60$	1	Q235			(2000)YK07.1-012	只用于方案 B
1	接头 a　Z1¼″, $l=60$	1	Q235			(2000)YK07.1-012	只用于方案 A
				质量(kg)			

部件、零件表

冶金仪控通用图	RF9000 系列电容物位控制器标准探头在容器上的安装图 *PN*1.0MPa 和 *PN*2.5MPa	(2000)YK07.1-16	
		比例	页次

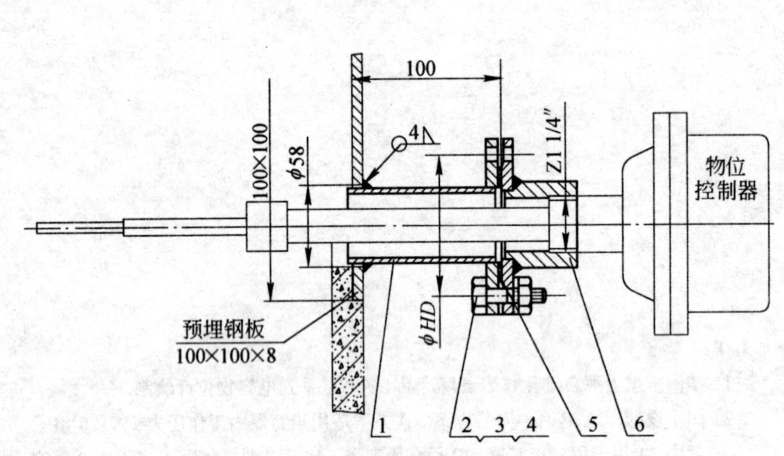

附注：

1. RF9000 系列物位控制器为上海自动化仪表五厂产品。
2. 本图所示为水平安装也可用于垂直安装。
3. 安装好后，安装件涂两遍底漆，一遍灰漆。

件号	名称及规格	数量	材 质	单重	总重	图号或标准、规格号	备 注
6	法兰接头 *DN*50	1	Q235			(2000)YK07.1-026	
5	垫片 *D*/*d*=90/57,*b*=1.6	1	橡胶石棉板			JB/T 87—1994	
4	垫圈 12	4	100HV			GB/T 95—1985	
3	螺母 M12	4	8			GB/T 41—1986	
2	螺栓 M12×40	4	8.8			GB/T 5780—1986	
1	法兰接管 a, *DN*50, *PN*0.25MPa	1	Q235			(2000)YK07.1-05	
				质量(kg)			

部件、零件表

冶金仪控通用图	RF9000 系列电容物位控制器根部加长探头在容器上的安装图	(2000)YK07.1-17	
		比例	页次

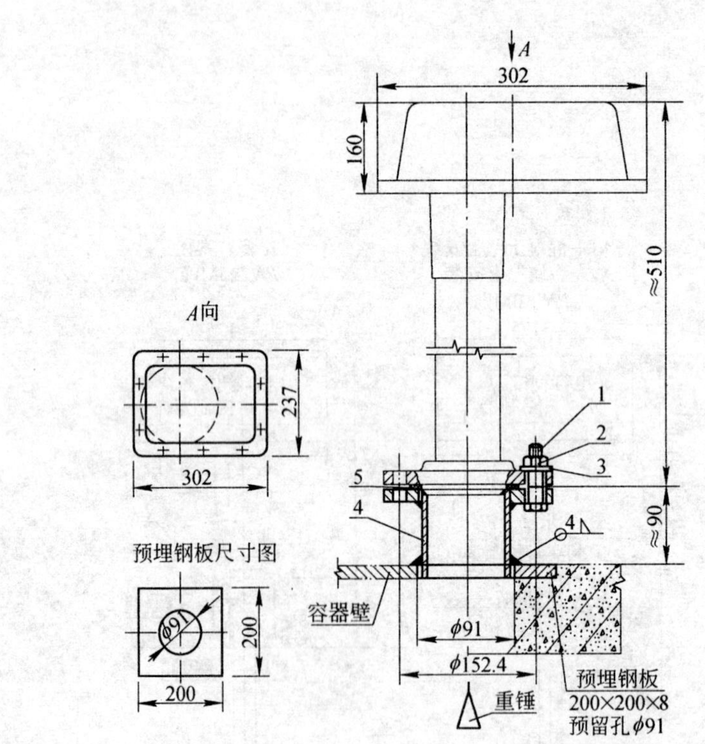

附注：

1. 本图根据上海自动化仪表五厂产品 YO-YO 型重锤式探测料位计设计。
2. 料位计可安装于金属壁或混凝土壁之常压容器上，当用于混凝土壁上安装时要预埋钢板并留孔。

件号	名称及规格	数量	材 质	单重	总重	图号或标准、规格号	备 注
5	垫片 *D*132/*d*89,*b*=1.6	1	橡胶石棉板			JB/T 87—1994	
4	法兰接管 a *DN*80	1	Q235			(2000)YK07.1-028	
3	垫圈 16	4	Q235			GB/T 95—1985	
2	螺母 M16	4	Q235			GB/T 41—1986	
1	螺栓 M16×60	4	Q235			GB/T 5780—1986	
				质量(kg)			

部件、零件表

冶金仪控通用图	YO-YO 型重锤式探测料位计在容器上的安装图	(2000)YK07.1-18	
		比例	页次

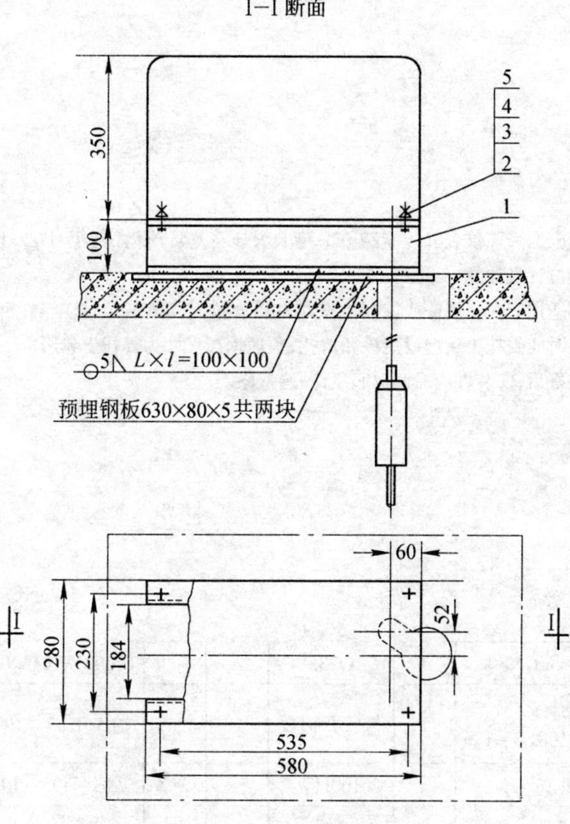

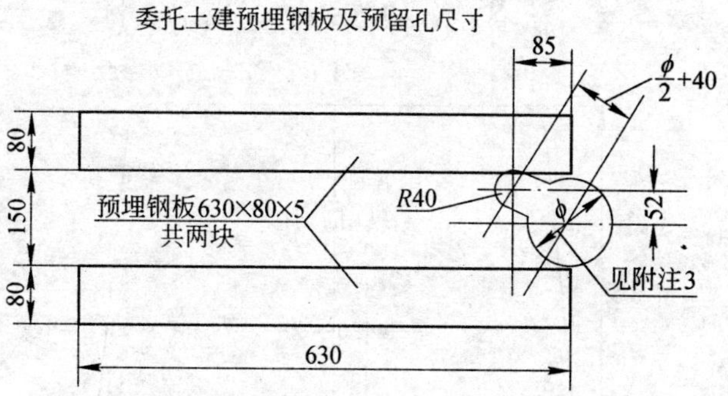

附注：

1. 本图根据江苏兴化自动化仪表二厂产品，LWJ-1 型重锤式料位计设计的。
2. 本图可用于在钢结构或混凝土结构上安装。如果在钢结构上，则不需预埋钢板。
3. 土建预留孔尺寸根据 LWJ 型重锤式料位计重锤的形状而定，重锤 A,D,$\phi=100$；重锤 C,E,$\phi=270$；重锤 B,$\phi=300$。
4. 安装好后，安装件涂两遍底漆，一遍灰漆。

件号	名称及规格	数量	材质	单重	总重	图号或标准、规格号	备注
5	斜垫圈 10	8	Q235			GB/T 853—1988	
4	垫圈 10	4	100HV			GB/T 95—1985	
3	螺母 M10	4	8 级			GB/T 41—1986	
2	螺栓 M10×60	4	8.8 级			GB/T 5780—1986	
1	支座[10	2	Q235			(2000)YK07.1-013	
				质量(kg)			

部件、零件表

冶金仪控通用图	LWJ 型重锤式料位计的安装图	(2000)YK07.1-19	
		比例	页次

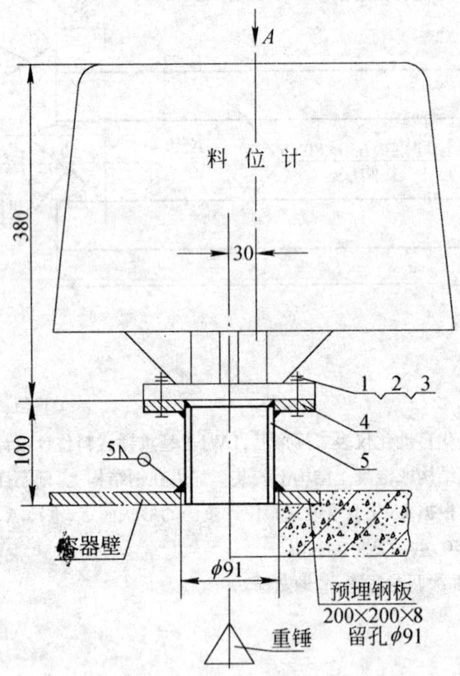

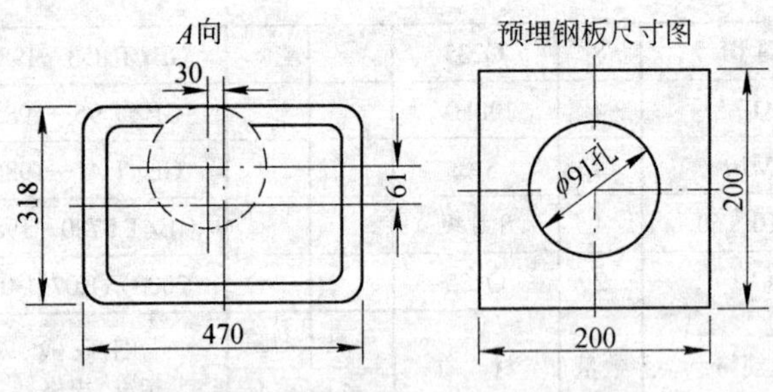

附注：

1. 本图根据大连仪表五厂 UZZ-02B 型及大连飞龙自动化仪表厂 UZZ-101 型重锤式料位计设计。
2. 本图适用于在金属壁或混凝土壁之常压容器上安装料位计。当在混凝土壁上安装时应委托土建埋设钢板和留孔，预埋钢板尺寸为委托土建用。
3. 安装好后，安装件应涂两遍底漆，一遍灰漆。

件号	名称及规格	数量	材　质	单重	总重	图号或标准、规格号	备　注
				质量(kg)			
5	法兰接管 b, DN80	1	Q235			(2000)YK07.1-028	
4	垫片 $D/d=152/108, b=1.6$	1	橡胶石棉板			JB/T 87—1994	
3	垫圈 16	4	100HV			GB/T 95—1985	
2	螺母 M16	4	8 级			GB/T 41—1986	
1	螺栓 M16×50	4	8.8 级			GB/T 5780—1986	

部 件、零 件 表

冶金仪控通用图	UZZ-02B, UZZ-101 型重锤式料位计的安装图	(2000)YK07.1-20	
		比例	页次

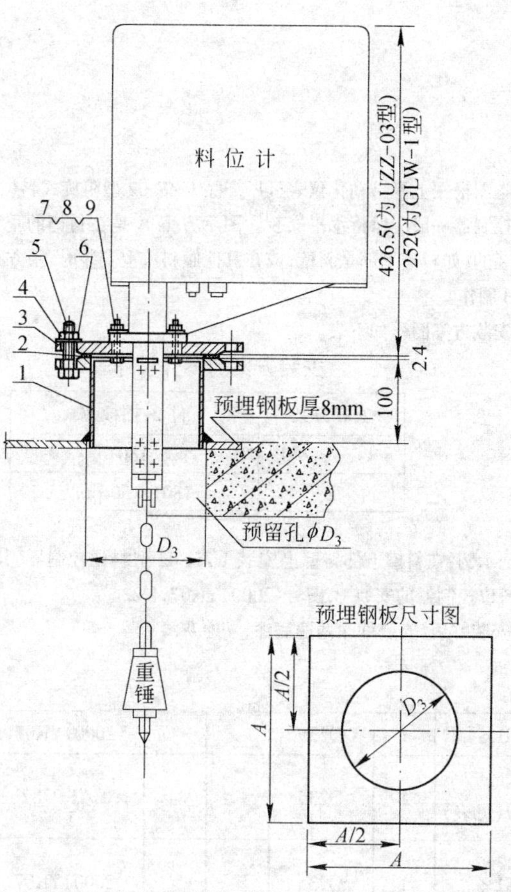

附注：

1. 本图根据辽阳自动化仪表厂产品 UZZ-03 型和浙江诸暨华东电子仪器厂产品 GLW-1 型重锤式料位计设计，适用于常压料仓上安装。
2. 料位计根据重锤的大小不同，安装方案如下表所示。

安装方案与部、零件尺寸表

安装方案	仪表型号	容器结构	公称直径 DN	件1，法兰接管规格号	件2，垫片 D/d	件3，法兰规格号	D_3	A
A	UZZ-03	金　属	150	a	207/159	a	161	250
B		混凝土						
C	GLW-1	金　属	250	c	317/273	b	275	350
D		混凝土						

标记示例：GLW-1 型料位计在混凝土料仓上安装，其标记如下：重锤式料位计的安装，Dcb，图号(2000)YK07.1-21。

3. 安装好后，安装件涂两遍底漆，一遍灰漆。
4. 括号内的数字用于 GWL-1 型重锤式料位计。

件号	名称及规格	数量	材　质	单重	总重	图号或标准、规格号	备　注
9	垫圈 12	4	100HV			GB/T 95—1985	
8	螺母 M12	4	8 级			GB/T 41—1986	
7	螺栓 M12×40	4	8.8 级			GB/T 5780—1986	
6	垫圈 16	8(12)	100HV			GB/T 95—1985	
5	螺栓 M16×60	8(12)	8.8 级			GB/T 5780—1986	
4	螺母 M16	8(12)	8 级			GB/T 41—1986	
3	法兰 DN(见表)	1	Q235			(2000)YK07.1-014	
2	垫片 D/d，$b=2.4$	1	橡胶石棉板			JB/T 87—1994	
1	法兰接管 DN(见表)，PN0.25MPa	1	Q235			(2000)YK07.1-06	
件号	名称及规格	数量	材　质	质量(kg)		图号或标准、规格号	备　注

部件、零件表

冶金仪控通用图	UZZ-03 和 GLW-1 型重锤式料位计在料仓顶上的安装图	(2000)YK07.1-21	
		比例	页次

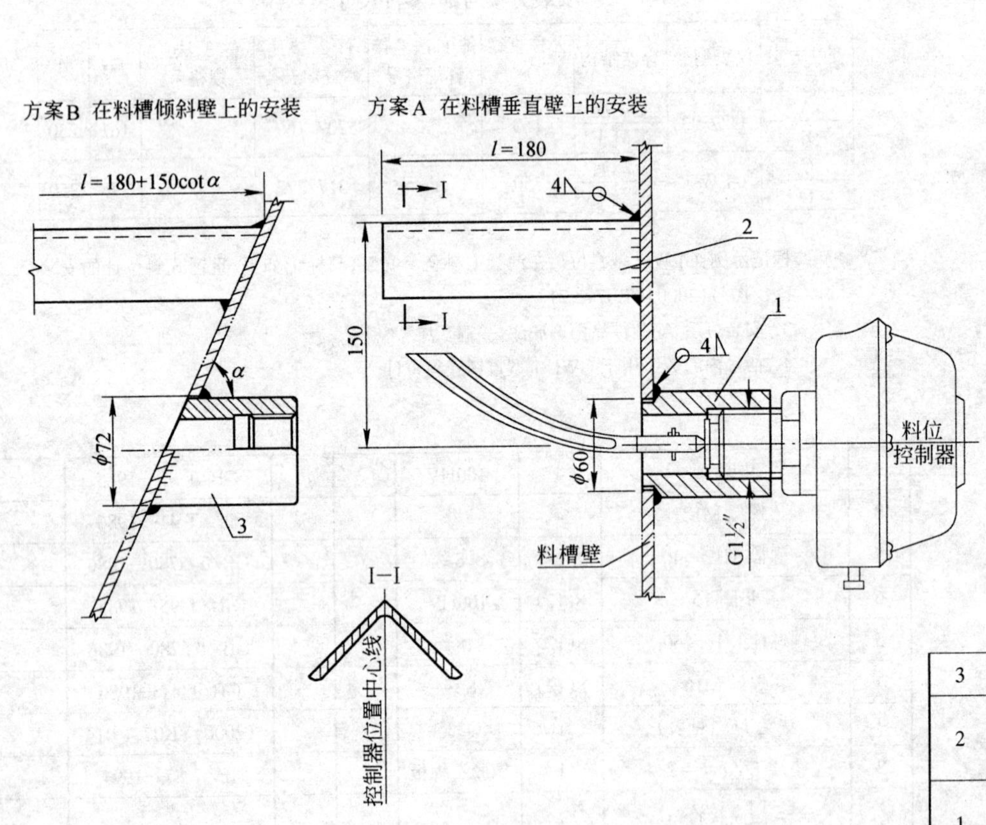

附注：

1. 本图根据上海自动化仪表五厂产品 UZK-02 型阻旋式料位控制器设计。
2. 控制器一般应保持水平安装。图示方案 A 是在料槽的垂直壁上作水平安装的；如料槽下部是斜壁，或在其他倾斜壁上安装时，用方案 B，接头则按件 3 制作。
3. 安装方案图号如下表。

安装方案与零件尺寸表

安装方案	件 2，挡板，l
A	180
B	$180+150\cot\alpha$

标记示例：在料槽下部斜壁上安装 UZK-02 型料位控制器，其标记如下：阻旋式料位控制器的安装 B，图号(2000)YK07.1-22。

4. 安装好后，安装件涂两遍底漆，一遍灰漆。

件号	名称及规格	数量	材 质	单重 质量(kg)	总重 质量(kg)	图 号 或 标准、规格号	备 注
3	角形连接头 G1½″	1	Q235			(2000)YK07.1-016	
2	挡板 ∟100×100×8，l(见表)	1	Q235			GB/T 9787—1988	
1	直形连接头 G1½″	1	Q235			(2000)YK07.1-015	

部 件、零 件 表

冶金仪控通用图	UZK-02 型阻旋式料位控制器在料槽壁上的安装图	(2000)YK07.1-22	
		比例	页次

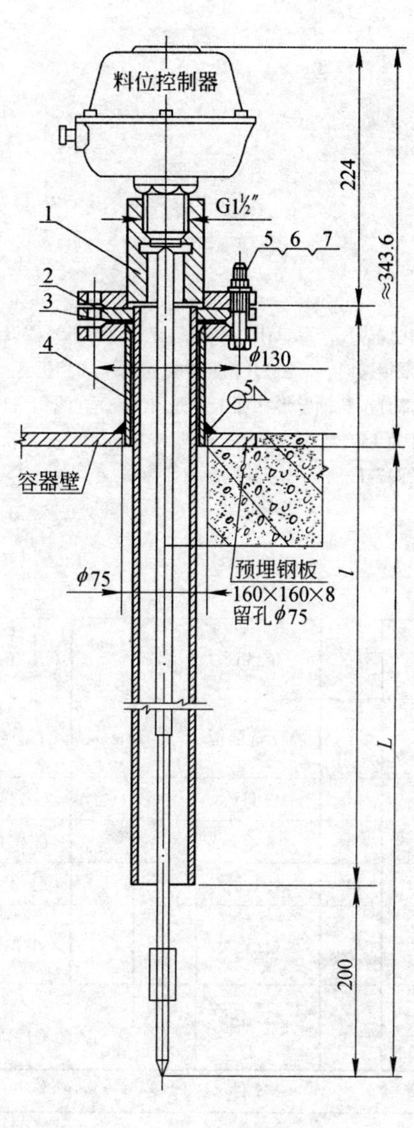

附注：

1. 本图根据上海自动化仪表五厂产品，UZK-$^{03}_{04}$型阻旋式料位计设计。
2. 本图适用于容器内压力小于 0.25MPa 或常压容器上安装。
3. UZK-03 型料位计适用测量范围 $L\approx1000\sim1800$mm。
   UZK-04 型料位计适用测量范围 $L\approx1800\sim6800$mm。
4. 图中 L 及 l 的长度由工程设计决定。
5. 作上限测量时，保护管（件 2）可以取消，图中尺寸 343.6 相应改为 335.6。
6. 安装好后，安装件涂两遍底漆，一遍灰漆。

件号	名称及规格	数量	材质	单重 质量(kg)	总重 质量(kg)	图号或标准、规格号	备注
7	垫圈 12	4	100HV			GB/T 95—1985	
6	螺母 M12	4	8 级			GB/T 41—1986	
5	螺栓 M12×60	4	8.8 级			GB/T 5780—1986	
4	法兰接管 b $DN65, PN0.25$MPa	1	Q235			(2000)YK07.1-05	
3	垫片 $D/d=116/76, b=1.6$	1	橡胶石棉板			JB/T 87—1994	
2	保护管 $DN50$	1	Q235			(2000)YK07.1-019	
1	带法兰的连接头	1	Q235			(2000)YK07.1-017	

部件、零件表

冶金仪控通用图	UZK-$^{03}_{04}$型阻旋式料位控制器在料槽上的安装图	(2000)YK07.1-23
		比例 | 页次

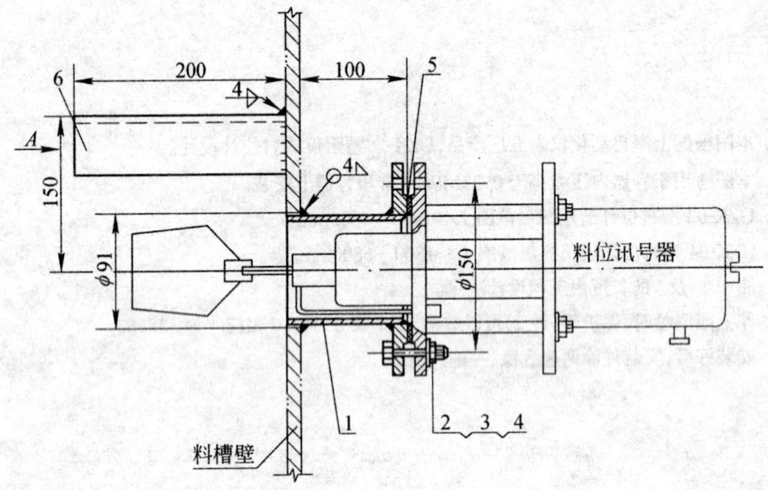

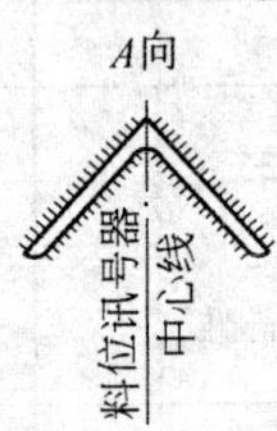

附注：

1. 本图根据辽阳自动化仪表厂产品，UJL-2A 型阻旋式料位讯号器设计。
2. 料位讯号器用于上限报警时，如能避开物料冲击也可不加挡板。
3. 挡板与料槽壁相接部分按料槽壁形状加工。此图为在垂直壁上的安装。如在斜壁上的安装，件 1 长度为 150。
4. 安装好后，安装件涂两遍底漆，一遍灰漆。

件号	名称及规格	数量	材质	质量(kg) 单重	质量(kg) 总重	图号或标准、规格号	备注
6	挡板 ∟50×50×5, l=200	1	Q235			GB/T 9787—1988	
5	垫片 D/d=132/89, b=1.6	1	橡胶石棉板			JB/T 87—1994	
4	垫圈 16	4	100HV			GB/T 95—1985	
3	螺母 M16	4	8 级			GB/T 41—1986	
2	螺栓 M16×50	4	8.8 级			GB/T 5780—1986	
1	法兰接管 c, DN80, PN0.25MPa	1	Q235			(2000)YK07.1-05	

部件、零件表

冶金仪控通用图	UJL-2A 型阻旋式 料位讯号器在料槽壁上的安装图	(2000)YK07.1-24	
		比例	页次

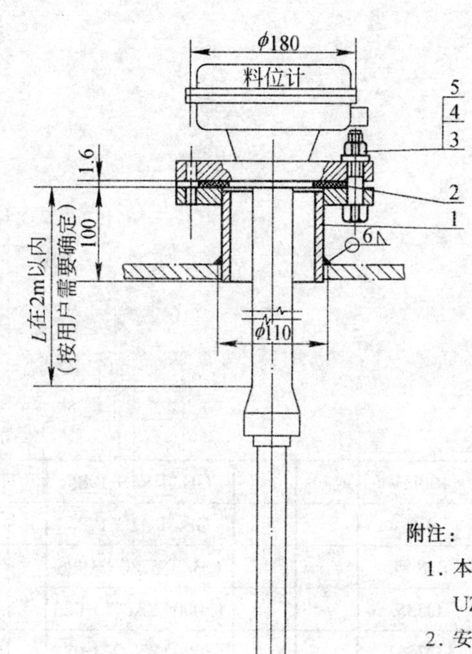

附注：

1. 本图根据辽阳自动化仪表厂产品，UZYK-11型音叉料位计设计。
2. 安装好后，安装件涂两遍底漆，一遍灰漆。

件号	名称及规格	数量	材 质	单重	总重	图 号 或 标准、规格号	备 注
5	垫圈 16	8	100HV			GB/T 95—1985	
4	螺母 M16	8	8 级			GB/T 41—1986	
3	螺栓 M16×60	8	8.8 级			GB/T 5780—1986	
2	垫片 $D/d=162/108, b=1.6$	1	橡胶石棉板			JB/T 87—1994	
1	法兰接管 b, $DN100, PN1.0$MPa	1	Q235			(2000)YK07.1-07	
				质量(kg)			

部件、零件表

冶金仪控通用图	UZYK-11 型音叉料位计在容器上垂直安装图	(2000)YK07.1-25	
		比例	页次

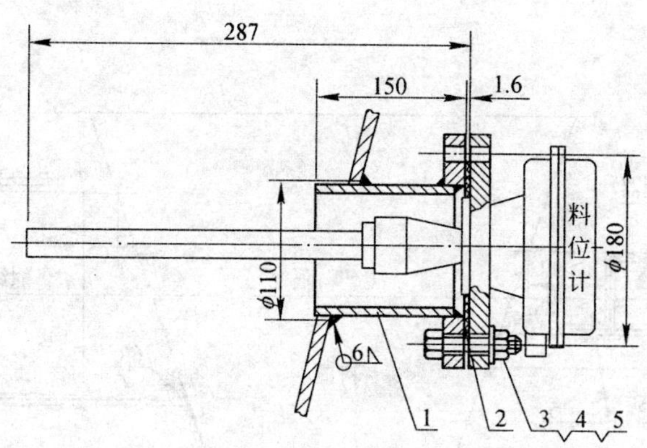

附注：

1. 本图根据辽阳自动化仪表厂产品，UZYK-12型音叉式料位计设计。
2. 安装好后，安装件涂两遍底漆，一遍灰漆。

件号	名称及规格	数量	材 质	单重	总重	图 号 或 标准、规格号	备 注
5	垫圈 16	8	100HV			GB/T 95—1985	
4	螺母 M16	8	8 级			GB/T 41—1986	
3	螺栓 M16×60	8	8.8 级			GB/T 5780—1986	
2	垫片 $D/d=162/108, b=1.6$	1	橡胶石棉板			JB/T 87—1994	
1	法兰接管 b, $DN100, PN1.0$MPa	1	Q235			(2000)YK07.1-07	接管长 150
				质量(kg)			

部件、零件表

冶金仪控通用图	UZYK-12 型音叉料位计在容器上水平安装图	(2000)YK07.1-26	
		比例	页次

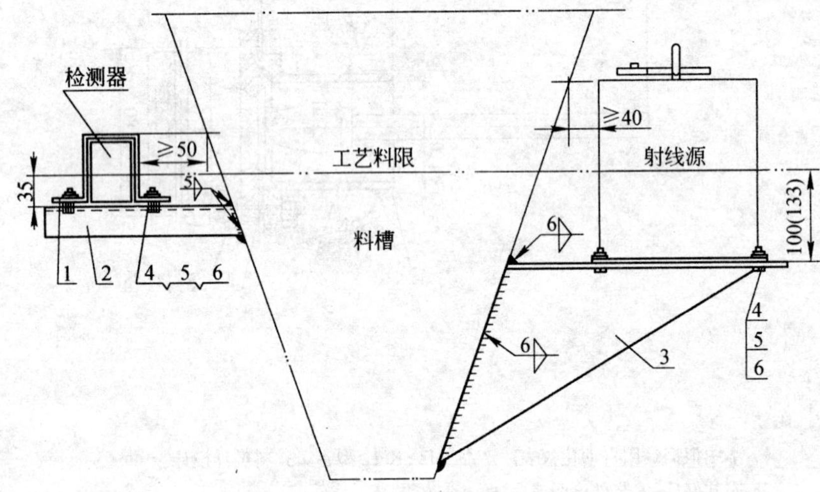

附注：

1. 本图根据上海精艺核辐射仪表厂产品 UFK-212 型料位控制器设计。
2. 射线源至料槽壁间距应不小于 40mm,具体值由工程设计确定。
3. 安装好后,安装件应涂两遍底漆,一遍灰漆。
4. 括号外的尺寸是方案 A 用的,括号内的尺寸是方案 B 用的。
5. 标记示例:在料槽上安装 UFK-212 型核辐射料位控制器,使用 Q-2 型射线源,其标记如下:核辐射料位控制器的安装 B,图号(2000)YK07.1-27。

件号	名称及规格	数量	材 质	单重 质量(kg)	总重 质量(kg)	图号或标准、规格号	备 注
6	垫圈 10	6	100HV			GB/T 95—1985	
5	螺母 M10	6	8 级			GB/T 41—1986	
4	螺栓 M10×30	6	8.8 级			GB/T 5780—1986	
3	射线源支架	1	Q235			(2000)YK07.1-023	
2	检测器支架[10	1	Q235			(2000)YK07.1-021	
1	固定夹	1	Q235			(2000)YK07.1-020	
方案 B,Q-2 型射线源							
6	垫圈 8	6	100HV			GB/T 95—1985	
5	螺母 M8	6	8 级			GB/T 41—1986	
4	螺栓 M8×30	6	8.8 级			GB/T 5780—1986	
3	射线源支架	1	Q235			(2000)YK07.1-022	
2	检测器支架,[10		Q235			(2000)YK07.1-021	
1	固定夹	1	Q235			(2000)YK07.1-020	
方案 A,Q-1 型射线源							

部 件、零 件 表

冶金仪控通用图	UFK-212 型核辐射料位控制器在常温料槽上的安装图	(2000)YK07.1-27	
		比例	页次

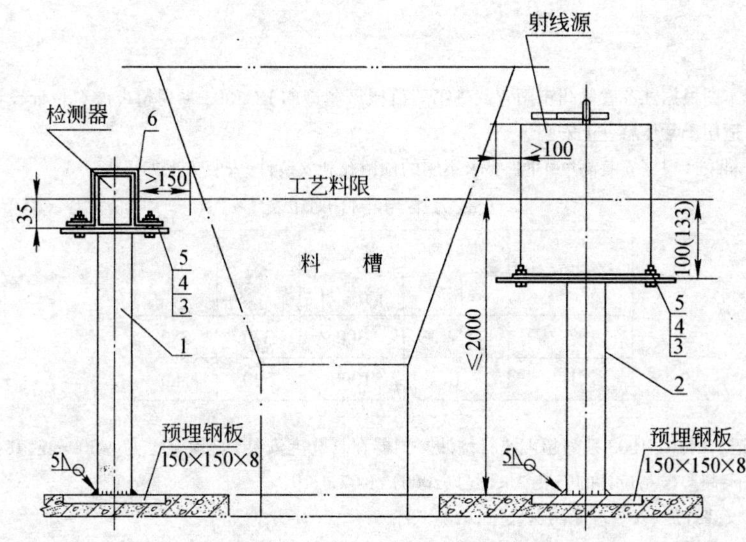

件号	名称及规格	数量	材 质	单重	总重	图 号 或 标准、规格号	备 注
				质量(kg)			
6	固定夹	1	Q235			(2000)YK07.1-020	
5	垫圈 10	6	100HV			GB/T 95—1985	
4	螺母 M10	6	8			GB/T 41—1986	
3	螺栓 M10×40	6	8.8			GB/T 5780—1986	
2	射线源支座 a	1	Q235			(2000)YK07.1-024	
1	检测器支座 c	1	Q235			(2000)YK07.1-024	
方案 B,Q-2 型射线源							
6	固定夹	1				(2000)YK07.1-020	
5	垫圈 8	6	100HV			GB/T 95—1985	
4	螺母 M8	6	8 级			GB/T 41—1986	
3	螺栓 M8×40	6	8.8 级			GB/T 5780—1986	
2	射线源支座 a	1	Q235			(2000)YK07.1-024	
1	检测器支座 c	1	Q235			(2000)YK07.1-024	
方案 A,Q-1 型射线源							

部 件、零 件 表

附注：

1. 本图根据上海精艺核辐射仪表厂产品 UFK-212 型料位控制器设计。
2. 如料槽温度过高，则检测单元和射线源与料槽的距离还需适当加大，或加强通风降温，一般情况射线源距槽壁不小于 100mm，具体值由工程设计确定。
3. 图中括号外的尺寸是方案 A 用的，括号内的尺寸是方案 B 用的。
4. 标记示例：在料槽上安装 UFK-212 核辐射料位控制器，使用 Q-1 型射线源，其标记如下：核辐射料位控制器的安装 A，图号(2000)YK07.1-28。
5. 安装好后，安装件涂两遍底漆，一遍灰漆。

冶金仪控 通用图	UFK-212 型核辐射 料位控制器在高温料槽上的安装图	(2000)YK07.1-28	
		比例	页次

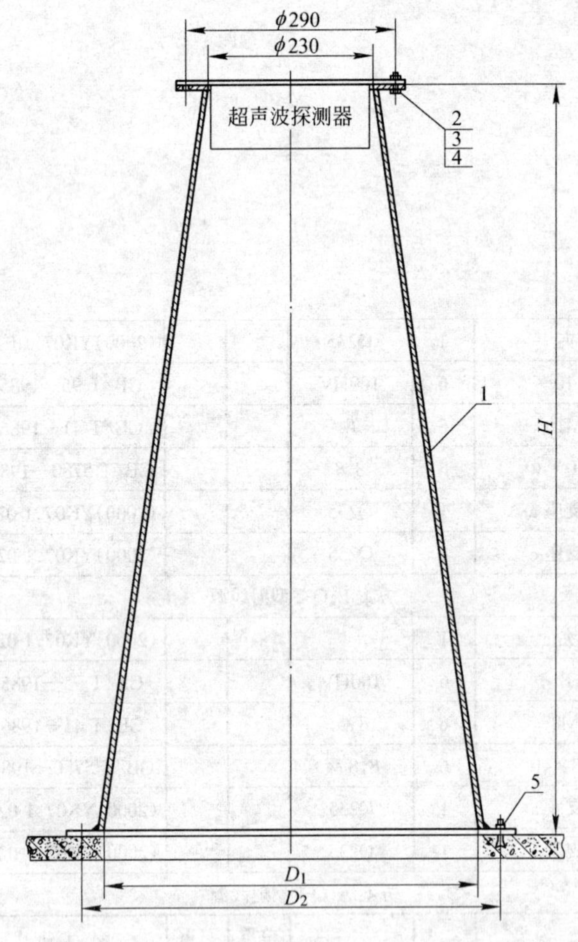

附注：

1. 本图根据江苏省常州市国营武进第一机械厂制造的 KG1003 系列超声波料位计设计，适用于常压料仓上安装。
2. 料位计根据安装高度不同，要求不同的预留孔和安装件，安装方案如下表。

安装方案与零件尺寸表

安装方案	件 1，探头安装支架		D_1	D_2
	规格号	高度 H		
A	a	300	320	380
B	b	1000	520	580

标记示例：KG1003 系列超声波料位计探测器在料仓上安装，安装高度 $H=300$mm，其标记如下：超声波料位计的安装 Aa，图号(2000)YK07.1-29。

3. 安装好后，安装件涂两遍底漆，一遍灰漆。
4. 如果料位计安装在金属结构料仓上，则取消件 5，探头安装支架直接点焊在料仓顶上。

件号	名称及规格	数量	材 质	单重	总重	图 号 或 标准、规格号	备 注
				质量(kg)			
5	膨胀螺栓	4	Q235				IS-06/12 型
4	螺栓 M12×40	4	8.8 级			GB/T 5780—1986	
3	螺母 M12	4	8 级			GB/T 41—1986	
2	垫圈 12	4	100HV			GB/T 95—1985	
1	探头安装支架	1	Q235			(2000)YK07.1-030	

部 件、零 件 表

冶金仪控通用图	KG-1003 系列超声波料位计探测器的安装图	(2000)YK07.1-29	
		比例	页次

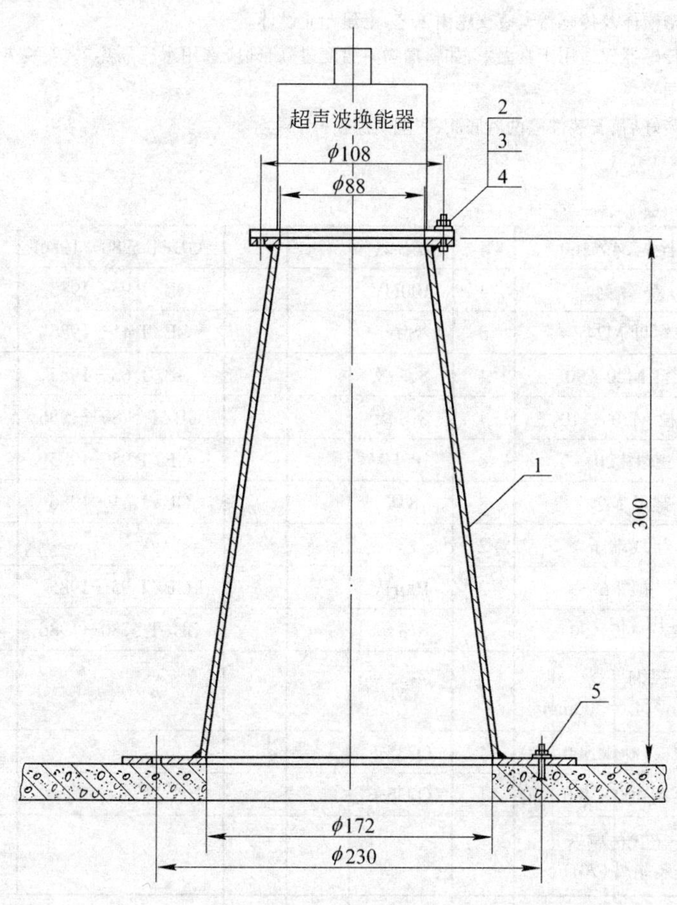

附注：

1. 本图根据上海超声波仪器厂产品 CL-10 型智能超声波料位计设计。
2. 安装好后，安装件涂两遍底漆，一遍灰漆。
3. 如果料位计安装在金属结构仓上，则取消件 5，探头安装支架直接点焊在料仓顶上。

件号	名称及规格	数量	材质	单重	总重	图号或标准、规格号	备注
				质量(kg)			
5	膨胀螺栓	4	Q235				IS-06/12 型
4	螺栓 M16×30	6	8.8 级			GB/T 5780—1986	
3	螺母 M16	6	8 级			GB/T 41—1986	
2	垫圈 16	6	100HV			GB/T 95—1985	
1	探头安装支架	1	Q235			(2000)YK07.1-025	

部件、零件表

冶金仪控通用图	CL-10 型智能超声波料位计换能器的安装图	(2000)YK07.1-30	
		比例	页次

传感器配置图

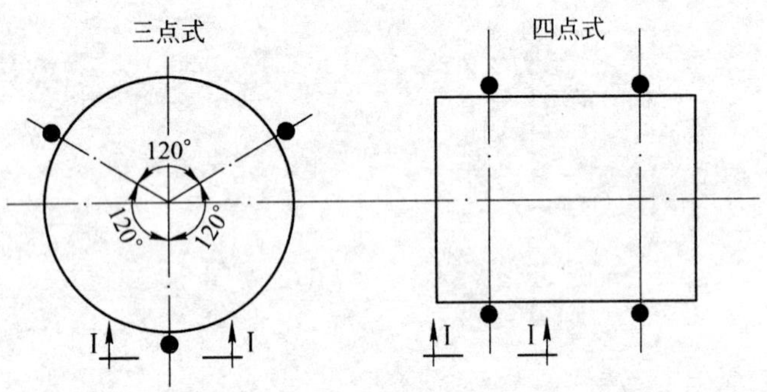

三点式　四点式

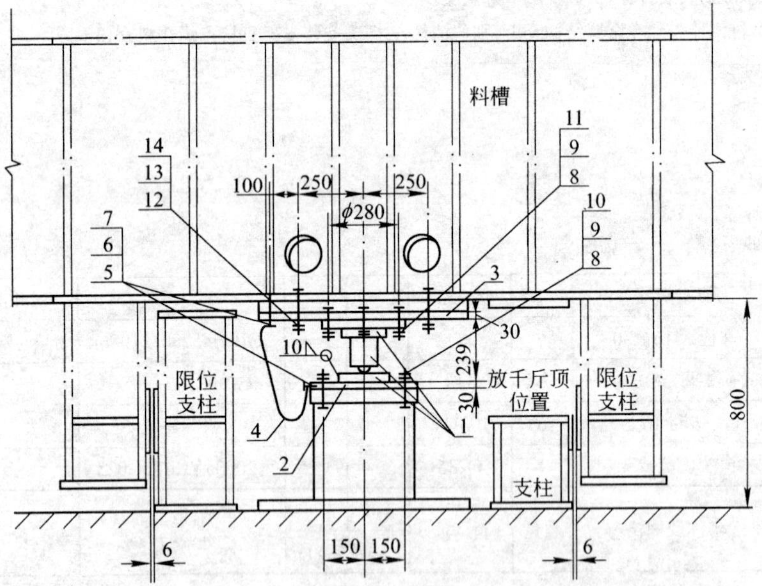

附注：

1. 本图按北京电子设备研究制造厂提供的 CL21-3 型 70t 应变压式传感器安装图设计，其余各类传感器的安装可参照本图进行，亦可根据需要将传感器由倒装式改为正装式。
2. 料槽槽体及传感器安装支座由工艺、土建专业设计。
3. 本传感器仅适用于常温下，如料槽物料温度过高，则应选用水冷隔热罩，安装方式基本相同。
4. 安装好后，安装件涂两遍底漆，一遍灰漆。

件号	名称及规格	数量	材质	单重 质量(kg)	总重 质量(kg)	图号或标准、规格号	备注
14	螺栓 M24×160	4	8.8 级			GB/T 5780—1986	
13	垫圈 24	4	100HV			GB/T 95—1985	
12	螺母 M24	8	8 级			GB/T 41—1986	
11	螺钉 M20×90	4	8.8 级			GB/T 68—1985	
10	螺栓 M20×110	4	8.8 级			GB/T 5780—1986	
9	垫圈 20	8	100HV			GB/T 95—1985	
8	螺母 M20	8	8 级			GB/T 41—1986	
7	接线端子	2					DT-16 型
6	垫圈 6	2	100HV			GB/T 95—1985	
5	螺栓 M6×30	2	8.8 级			GB/T 5780—1986	
4	裸铜导线 $16mm^2, L=500mm$	1	铜				TRJ 型
3	槽体顶板 800×500×30	1	Q235-F				
2	支座顶板 400×400×30	1	Q235-F				
1	应变压式传感器及安装附件(70t)	1 套					CL21-3 型

部件、零件表

冶金仪控通用图	CL21-3 型应变压式传感器(70t)在称重钢料槽上的安装图	(2000)YK07.1-31	
		比例	页次

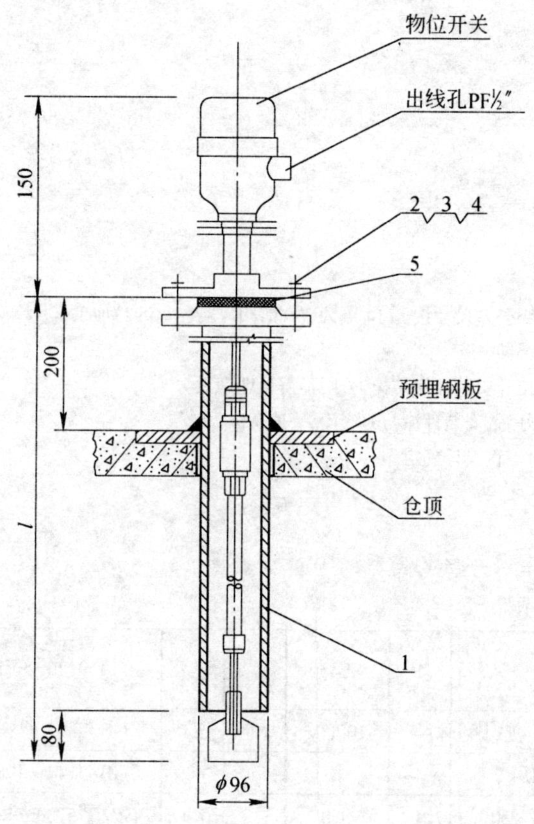

附注:

1. 未注明公差尺寸按 IT14 级公差(GB/T 1804—1992)加工。
2. 锐角磨钝。
3. 若物位计安装在钢结构上,则不需预埋钢板。
4. 安装好后,安装件涂两遍底漆,一遍灰漆。
5. "l"由工程设计确定。

件号	名称及规格	数量	材 料	单重	总重	图 号 或 标准、规格号	备 注
				质量(kg)			
5	垫片 $D/d=110/89, b=1.6$	1	XB450			GB/T 9126.2—1988	
4	垫圈 14	4	100HV			GB/T 95—1985	
3	螺母 M14	4	8			GB/T 41—1986	
2	螺栓 M14×50	4	8.8			GB/T 5780—1986	
1	法兰接管 $DN65, PN0.25$MPa	1	Q235			(2000)YK07.1-031	l 为物位开关长度

部 件、零 件 表

冶金仪控通用图	PRL 系列阻旋式物位开关在料仓顶上安装图	(2000)YK07.1-32	
		比例	页次

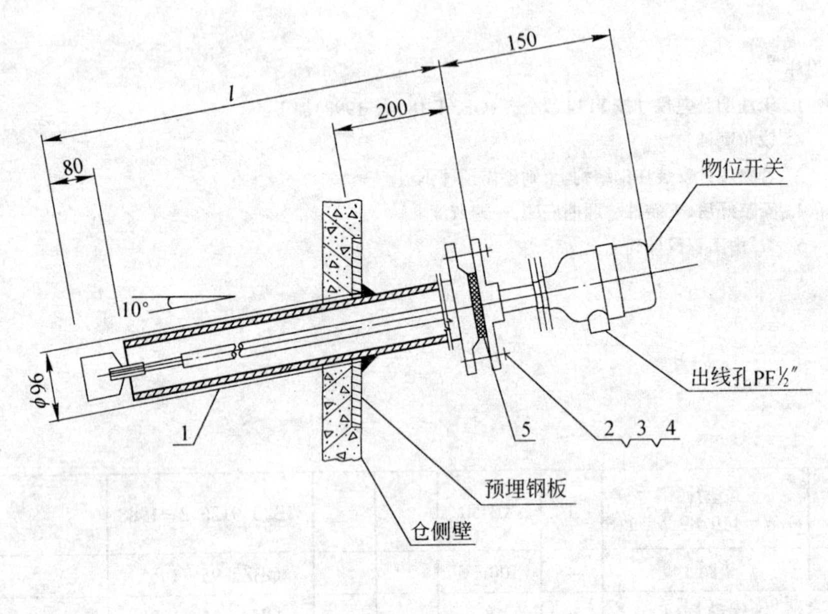

附注：

1. 未注明公差尺寸按 IT14 级公差(GB/T 1804—1992)加工。
2. 锐角磨钝。
3. 若物位计安装在钢结构上，则不需预埋钢板。
4. 安装好后，安装件涂两遍底漆，一遍灰漆。
5. "l"由工程设计确定。

件号	名称及规格	数量	材料	单重 质量(kg)	总重 质量(kg)	图号或标准、规格号	备注
5	垫片 $D/d=110/89, b=1.6$	1	XB450			GB/T 9126.2—1988	
4	垫圈 14	4	100HV			GB/T 95—1985	
3	螺母 M14	4	8			GB/T 41—1986	
2	螺栓 M14×50	4	8.8			GB/T 5780—1986	
1	法兰接管 $DN65, PN0.25MPa$	1	Q235			(2000)YK07.1-031	l 物位开关长度

部件、零件表

冶金仪控通用图	PRL 系列阻旋式物位开关在料仓壁上安装图	(2000)YK07.1-33	
		比例	页次

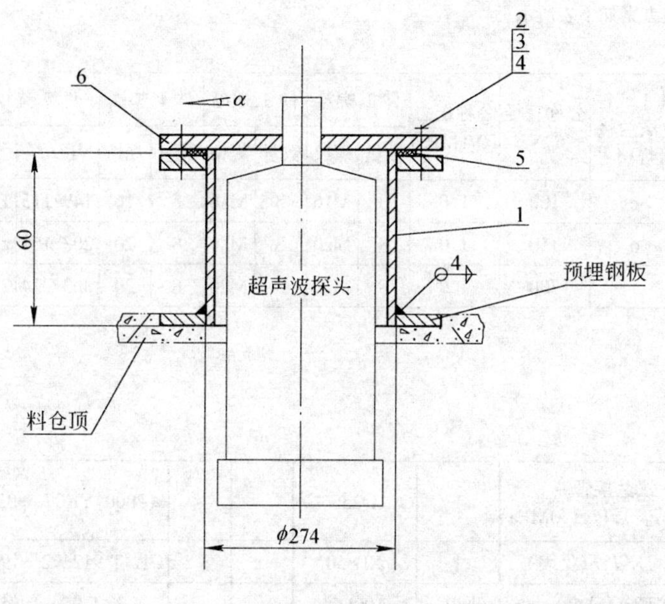

附注：

1. 本图根据 Prosonic FDU 系列产品设计。
2. 若料位计安装在钢结构料仓上，则不需预埋钢板。
3. 倾角 α 可根据现场实际情况进行调整。被测介质为液体时，$\alpha=0°$。
4. 安装好后，安装件涂两遍底漆，一遍灰漆。
5. 锐角磨钝。
6. FDU 探头与法兰盖(件 6)采用 1″NPT 螺纹连接。

件号	名称及规格	数量	材　料	单重	总重	图 号 或 标准、规格号	备　注
6	法兰盖 *DN*250，*PN*0.25MPa	1	Q235			(2000)YK07.1-033	
5	垫片 $D/d=312/273, b=2.4$	1	XB450			GB/T 9126.2—1988	
4	垫圈 16	12	100HV			GB/T 95—1985	
3	螺母 M16	12	8			GB/T 41—1986	
2	螺栓 M16×60	12	8.8			GB/T 5780—1986	
1	法兰接管 *DN*250，*PN*0.25MPa	1	Q235			(2000)YK07.1-032	
				质量(kg)			

部 件、零 件 表

冶金仪控 通用图	E＋H 超声波物位计安装图	(2000)YK07.1-34	
		比例	页次

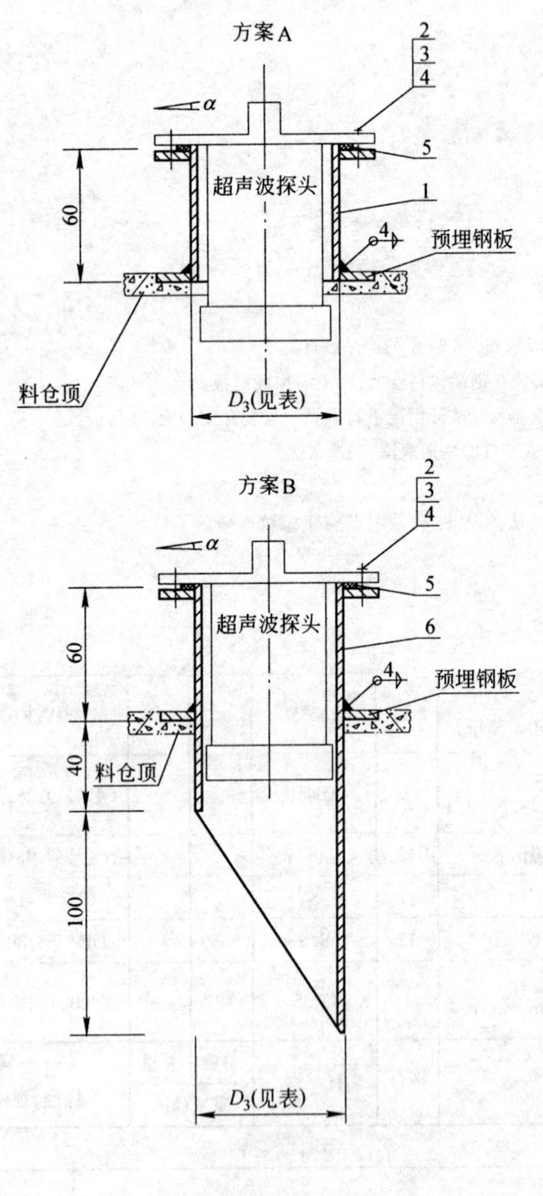

附注：

1. 本图根据 VEGA80 系列的部分产品设计。
2. 若料位计安装在钢结构料仓上，则不需预埋钢板。
3. 倾角 α 可根据现场实际情况进行调整。被测介质为液体时，α = 0°。
4. 安装好后，安装件涂两遍底漆，一遍灰漆。
5. 锐角磨钝。
6. 方案 B 中，法兰接管较长端靠近下料口一侧。
7. 安装方案如下表所示：

安装方案	件1或件6法兰接管规格号	公称直径 DN	公称压力 PN(MPa)	件2，螺栓		件3，螺母		件4，垫圈		件5，垫片		留孔尺寸 D_3
				数量	螺纹	数量	规格	数量	规格	D/d	b	
A、B	c	100	1.0	8	M16	8	M16	8	16	149/115	1.6	122
	d	150	1.0	8	M20	8	M20	8	20	203/169	2.4	161
	f	300	1.0	8	M20	8	M20	8	20	363/324	2.4	353

件号	名称及规格	数量	材料	单重	总重	图号或标准、规格号	备注
6	法兰接管 DN(见表)，PN1.0MPa	1	Q235			(2000)YK07.1-035	方案 B
5	垫片 D/d，b(见表)	1	XB450			GB/T 9126.2—1988	
4	垫圈 ϕ(见表)	(见表)	100HV			GB/T 95—1985	
3	螺母 M ϕ(见表)	(见表)	8			GB/T 41—1986	
2	螺栓 M ϕ(见表)×60	(见表)	8.8			GB/T 5780—1986	
1	法兰接管 DN(见表)，PN1.0MPa	1	Q235			(2000)YK07.1-034	方案 A
				质量(kg)			

部件、零件表

冶金仪控通用图	VEGA 超声波物位计安装图	(2000)YK07.1-35	
		比例	页次

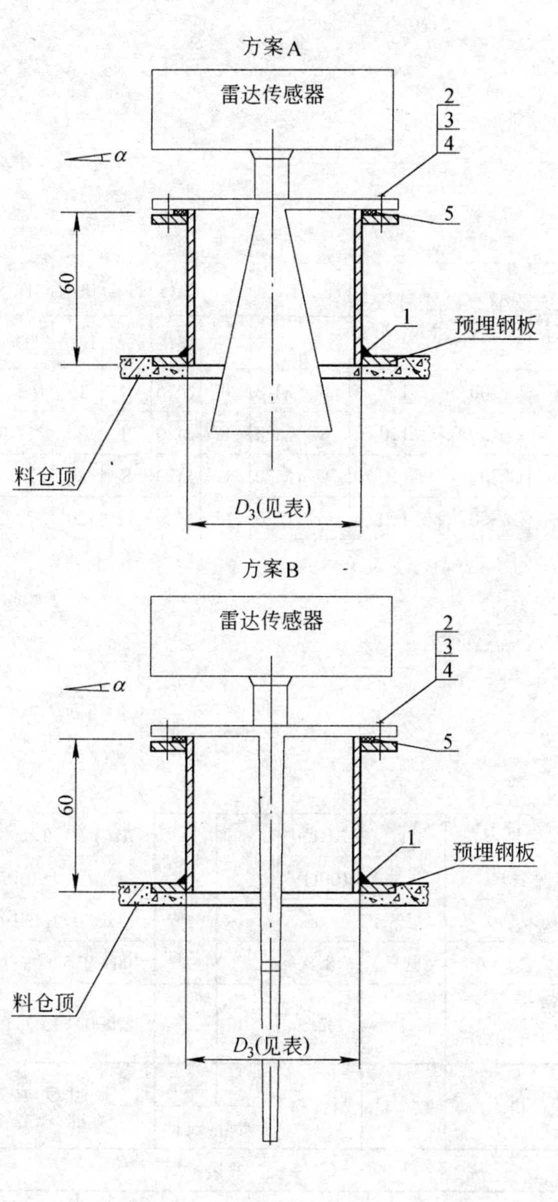

附注:

1. 本图根据 VEGA 的部分产品设计。
2. 若料位计安装在钢结构料仓上,则不需预埋钢板。
3. 倾角 α 可根据现场实际情况进行调整。被测介质为液体时,$\alpha=0°$。
4. 安装好后,安装件涂两遍底漆,一遍灰漆。
5. 锐角磨钝。
6. 安装方案如下表所示:

安装方案	件1 法兰接管 规格号	公称直径 DN	公称压力 PN(MPa)	件2,螺栓		件3,螺母		件4,垫圈		件5,垫片		留孔尺寸 D_3
				数量	螺纹	数量	规格	数量	规格	D/d	b	
A、B	a	50	1.0	4	M16	4	M16	4	16	87/61	1.6	58
	b	80	1.0	8	M16	8	M16	8	16	120/89	1.6	90
	c	100	1.0	8	M16	8	M16	8	16	149/115	1.6	122
	d	150	1.0	8	M20	8	M20	8	20	203/169	2.4	161
	e	250	1.0	12	M24	12	M24	12	24	312/273	2.4	275

件号	名称及规格	数量	材质	单重	总重	图号或标准、规格号	备注
5	垫片 $D/d,b$(见表)	1	XB450			GB/T 9126.2—1988	
4	垫圈ϕ(见表)	(见表)	100HV			GB/T 95—1985	
3	螺母 Mϕ(见表)	(见表)	8			GB/T 41—1986	
2	螺栓 Mϕ(见表)×60	(见表)	8.8			GB/T 5780—1986	
1	法兰接管 DN(见表),PN1.0MPa	1	Q235			(2000)YK07.1-034	
				质量(kg)			

部件、零件表

冶金仪控通用图	VEGA 雷达式物位计安装图	(2000)YK07.1-36	
		比例	页次

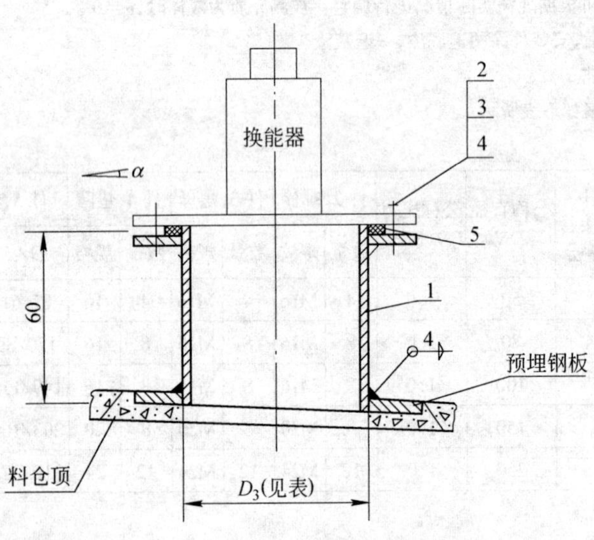

安装方案	件1 法兰接管规格号	公称直径 DN	公称压力 PN(MPa)	件2,螺栓		件3,螺母		件4,垫圈		件5,垫片		留孔尺寸 D_3
				数量	螺纹	数量	规格	数量	规格	D/d	b	
A	a	100	1.0	8	M16	8	M16	8	16	162/108	1.6	110
B	b	150	1.0	8	M20	8	M20	8	20	217/159	2.4	161
C	c	200	1.0	8	M20	8	M20	8	20	272/219	2.4	221
D	d	300	1.0	12	M20	12	M20	12	20	377/325	2.4	353

附注:

1. 本图根据妙声力法兰安装的 ST 系列产品设计。
2. 若料位计安装在钢结构料仓上,则不需预埋钢板。
3. 倾角 α 可根据现场实际情况进行调整。被测介质为液体时,$\alpha=0°$。
4. 安装好后,安装件涂两遍底漆,一遍灰漆。
5. 锐角磨钝。
6. 安装方案如下表所示:

件号	名称及规格	数量	材料	单重 质量(kg)	总重 质量(kg)	图号或标准、规格号	备注
5	垫片 D/d,b(见表)	1	XB450			GB/T 9126.2—1988	
4	垫圈φ(见表)	(见表)	100HV			GB/T 95—1985	
3	螺母 Mφ(见表)	(见表)	8			GB/T 41—1986	
2	螺栓 Mφ(见表)×60	(见表)	8.8			GB/T 5780—1986	
1	法兰接管 DN(见表),PN1.0MPa	1	Q235			(2000)YK07.1-036	

部件、零件表

冶金仪控通用图	MILL TRONICS 超声波物位计安装图	(2000)YK07.1-37	
		比例	页次

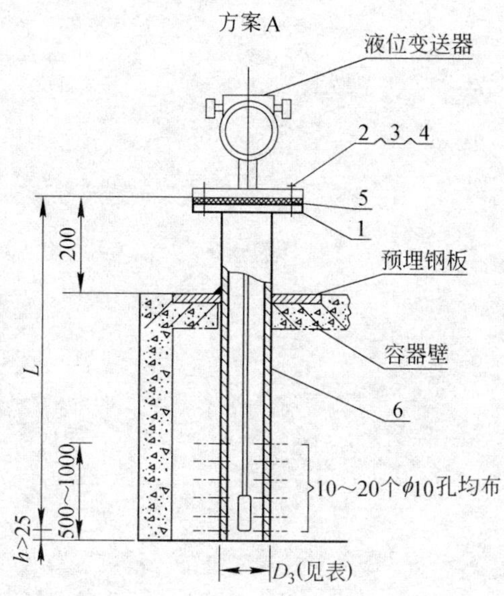

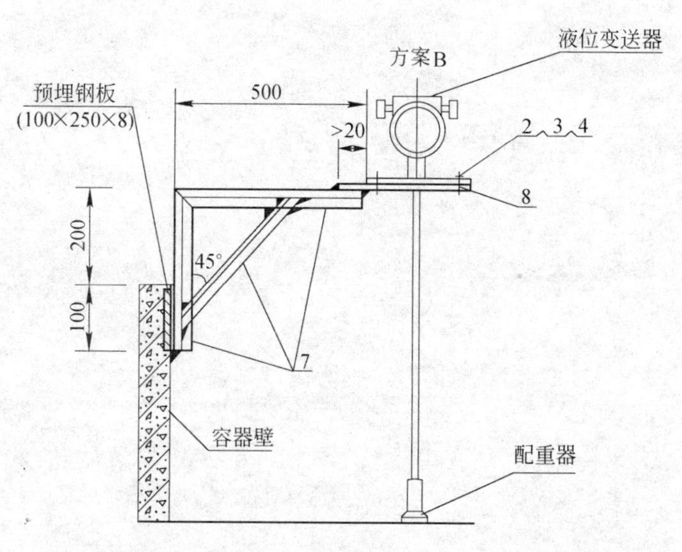

附注：

1. 本图根据 E+H 公司等厂家的部分产品设计。
2. 若料位计安装在钢结构料仓上，则不需预埋钢板。
3. 安装好后，安装件涂两遍底漆，一遍灰漆。
4. 锐角磨钝。
5. 安装方案如下表所示：

安装方案	规格号	件1，法兰		件2，螺栓		件3，螺母		件4，垫圈		件5，垫片		件6，防波管	留孔尺寸
		公称直径 DN	公称压力 PN(MPa)	数量	螺纹	数量	规格	数量	规格	D/d	b	φ外径×壁厚	D_3
A,B	a	50	0.6	4	M12	4	M12	4	12	87/61	1.6	φ60×3.5	62
	b	65	0.6	4	M12	4	M12	4	12	109/77	1.6	φ73×4	75
	c	100	0.6	4	M16	4	M16	4	16	149/115	1.6	φ114×4	116

6. 方案 B 中的角钢支架(件 7)制作两个，共同支撑液位变送器。

件号	名称及规格	数量	材料	单重	总重	图号或标准、规格号	备注
8	钢板 260×240×6	1	Q235			(2000)YK07.1-037	方案 B
7	角钢(∟45×45×5)支架	2	Q235			GB/T 9787—1988	按图加工
6	防波管，无缝钢管(见表)	1	Q235			GB/T 8162—1987	长度见工程设计
5	垫片 D/d，b(见表)	1	XB450			GB/T 9126.2—1988	
4	垫圈φ(见表)	(见表)	100HV			GB/T 95—1985	
3	螺母 Mφ(见表)	(见表)	8.0			GB/T 41—1986	
2	螺栓 Mφ(见表)×60	(见表)	8.8			GB/T 5780—1986	
1	法兰 DN，PN(见表)	1	Q235			GB/T 9119.6—1988	方案 A
件号	名称及规格	数量	材料	单重 质量(kg)	总重	图号或标准、规格号	备注

部件、零件表

冶金仪控通用图	投入式液位计安装图	(2000)YK07.1-38
		比例 页次

二、部件、零件图

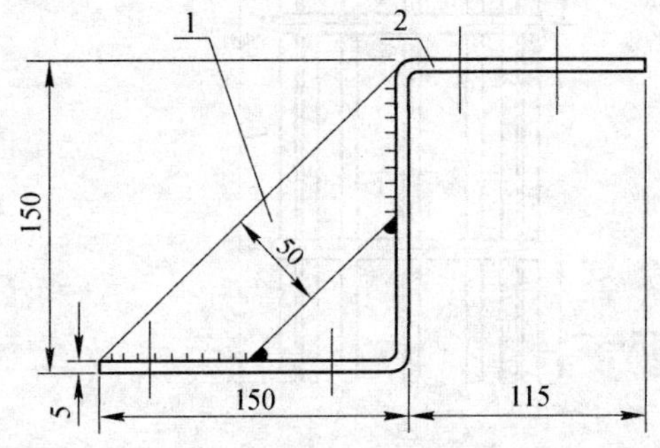

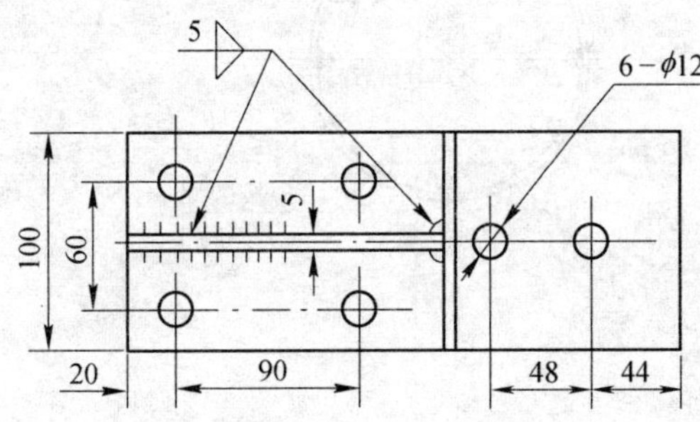

2	支架、钢板，≈415×100，δ＝5	1	Q235			本　图	
1	筋板、钢板，≈200×50，δ＝5	1	Q235			本　图	
件号	名称及规格	数量	材　质	单重	总重	图号或 标准、规格号	备　注
				质量(kg)			

零　件　表

冶金仪控 通用图	支　　架					(2000)YK07.1-01	
	材质	质量　　kg	比例		件号	装配图号	

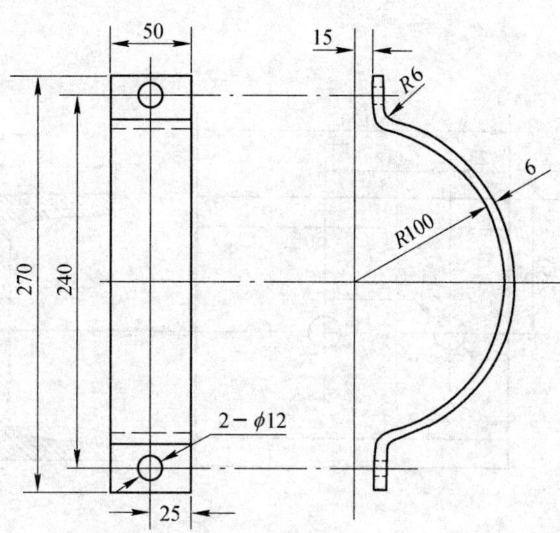

附注：

1. 夹环可用6mm厚的钢板或钢带制作。
2. 展开长约350mm。
3. 共做4件。

冶金仪控 通用图	夹　　环					(2000)YK07.1-02	
	材质 Q235	质量　　kg	比例		件号	装配图号	

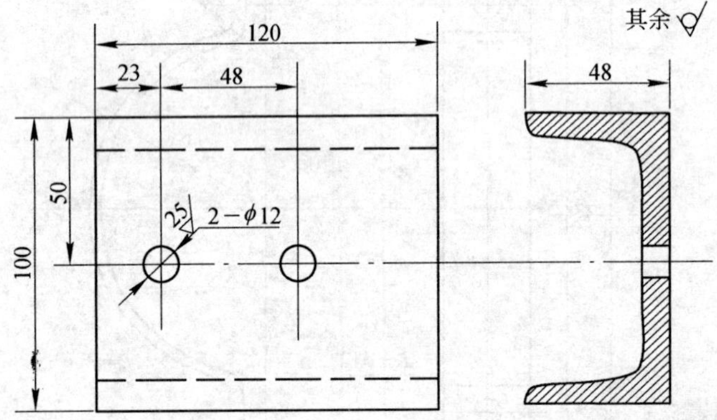

附注：

本图支架用槽钢 ⊏10(GB/T 707—1988)制作。

冶金仪控 通用图	支　架 ⊏10			(2000)YK07.1-03	
	材质 Q235	质量 1.2kg	比例	件号	装配图号

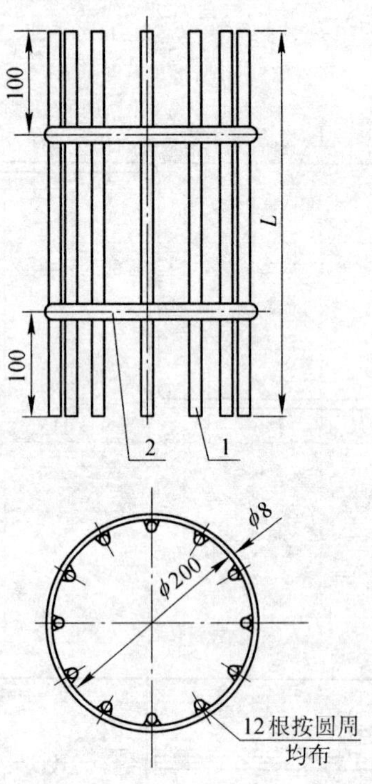

附注：

1. 此件为焊接结构。
2. 当 $L>2\text{m}$ 时，环(件 2)的个数要适当增加，但最大间距不大于 1500mm。

件号	名称及规格	数量	材　质	单重	总重	图 号 或 标准、规格号	备　注
2	环，圆钢ϕ 8，展开长，653	2	Q235			本　图	
1	栅杆，圆钢ϕ 8，$L=H$	12	Q235			本　图	H 由工程设计决定
				质量(kg)			

部 件、零 件 表

冶金仪控 通用图	导　栅			(2000)YK07.1-04	
	材质	质量　kg	比例	件号	装配图号

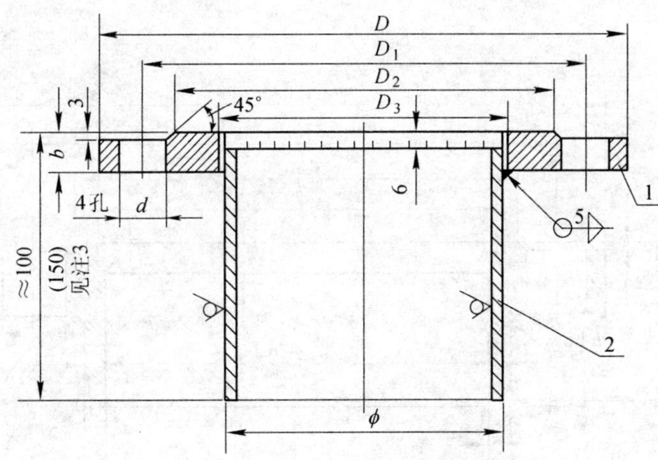

规格号与零件尺寸表

规格号	公称直径 DN	件1,法兰						件2,接管
		D	D_1	D_2	D_3	b	d	ϕ外径×壁厚
a	50	140	110	90	58	12	14	ϕ 57×3.5
b	65	160	130	110	74	14	14	ϕ 73×4
c	80	185	150	125	90	14	18	ϕ 89×4
d	100	205	170	145	109	14	18	ϕ 108×4

标记示例:公称直径为80,公称压力为0.25MPa的法兰接管,其标记如下:法兰接管c,图号(2000)YK07.1-05。

附注:

1. 本图的法兰接管适用于 *PN*0.25MPa 和常温下工作。
2. 所用接管(件2)一般为无缝钢管(GB/T 8162—1987),也可用焊接钢管(GB/T 3092—1993)代替,接管规格号与零件尺寸如上表。
3. 当需要将接管加长到150mm时,则用括号内的尺寸。

件号	名称及规格	数量	材质	单重	总重	图号或标准、规格号	备注
2	接管,钢管ϕ,$l=94(144)$	1	Q235			(见附注2)	
1	法兰 DN(见表),PN0.25MPa	1	Q235			JB/T 81—1994	
				质量(kg)			

部件、零件表

冶金仪控通用图	法兰接管 DN50,65,80,100,PN0.25MPa				(2000)YK07.1-05
	材质	质量 kg	比例	件号	装配图号

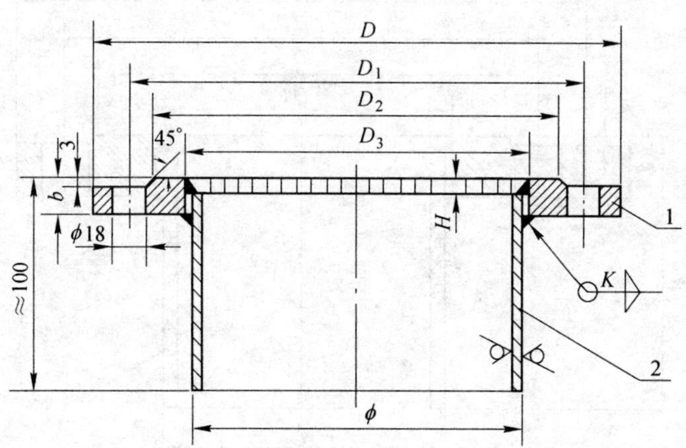

规格号与零件尺寸表

规格号	公称直径 DN	件1,法兰								件2,接管
		D	D_1	D_2	D_3	b	H	K	螺栓孔数	ϕ外径×壁厚
a	150	260	225	200	161	16	6	5	8	ϕ 159×4.5
b	175	290	255	230	196	16	7	6	8	ϕ 194×5
c	250	370	335	310	275	22	10	7	12	ϕ 273×6.5
d	125	235	200	175	135	14	6	5	8	ϕ 133×4

标记示例:公称管径为150mm,压力为0.25MPa的法兰接管,其标记如下:法兰接管a,图号(2000)YK07.1-06。

附注:

1. 本图法兰接管适用于 *PN*0.25MPa 和常温下工作。
2. 所用接管均为无缝钢管(GB/T 8162—1987标准)接管规格号与零件尺寸如上表。
3. 当需要时,接管可以按工程设计要求加长。

件号	名称及规格	数量	材质	单重	总重	图号或标准、规格号	备注
2	接管,钢管ϕ,$l=94$	1	Q235			(见附注2)	
1	法兰 DN(见表),PN0.25MPa	1	Q235			JB/T 81—1994	
				质量(kg)			

部件、零件表

冶金仪控通用图	法兰接管 DN125~250,PN0.25MPa				(2000)YK07.1-06
	材质	质量 kg	比例	件号	装配图号

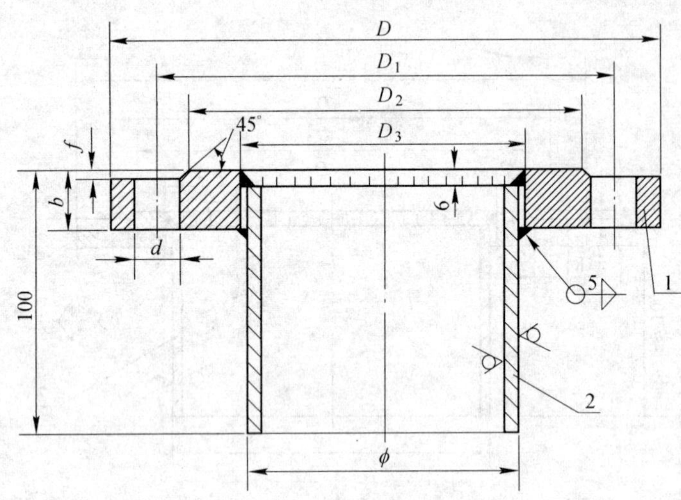

附注：

1. 法兰接管均用无缝钢管制作，接管规格号与零件尺寸如下表：

规格号	公称直径 DN	工作压力 PN(MPa)	件1，法兰 D	D_1	D_2	D_3	f	b	孔数 d	件2，接管 ϕ外径×壁厚
a	100	0.6	205	170	145	110	3	18	4～18	ϕ 108×4
b	100	1.0	215	180	155	110	3	22	8～18	ϕ 108×4
c	150	0.6	260	225	200	161	3	20	8～18	ϕ 159×4.5
d	150	2.5	300	250	218	161	3	30	8～25	ϕ 159×4.5
e	25	2.5	115	85	65	33	2	18	4～14	ϕ 32×3.5

标记示例：公称直径为100mm，公称压力为1.0MPa的法兰接管，其标记如下：

法兰接管 bⅠ，图号(2000)YK07.1-07。

2. 本图所示法兰接管适用于常温，如无特殊要求，其材质均选用Ⅰ类材料。
3. 当需要时，法兰接管可以加长，接管加长部分由工程设计确定。
4. 所有锐角皆应倒钝。

件号	名称及规格	数量	材质 Ⅰ	材质 Ⅱ	单重 质量(kg)	总重 质量(kg)	图号或标准、规格号	备注
2	接管，无缝钢管ϕ(见表)，l=94	1	Q275	耐酸钢			GB/T 8162—1987 或 GB/T 14976—1994	
1	法兰，DN，PN(见表)	1	Q235	耐酸钢			本图	

部件、零件表

冶金仪控通用图	法兰接管 DN100，PN0.6、1.0MPa；DN25，150，PN2.5MPa			(2000)YK07.1-07
	材质	质量 kg	比例	件号	装配图号

其余 25

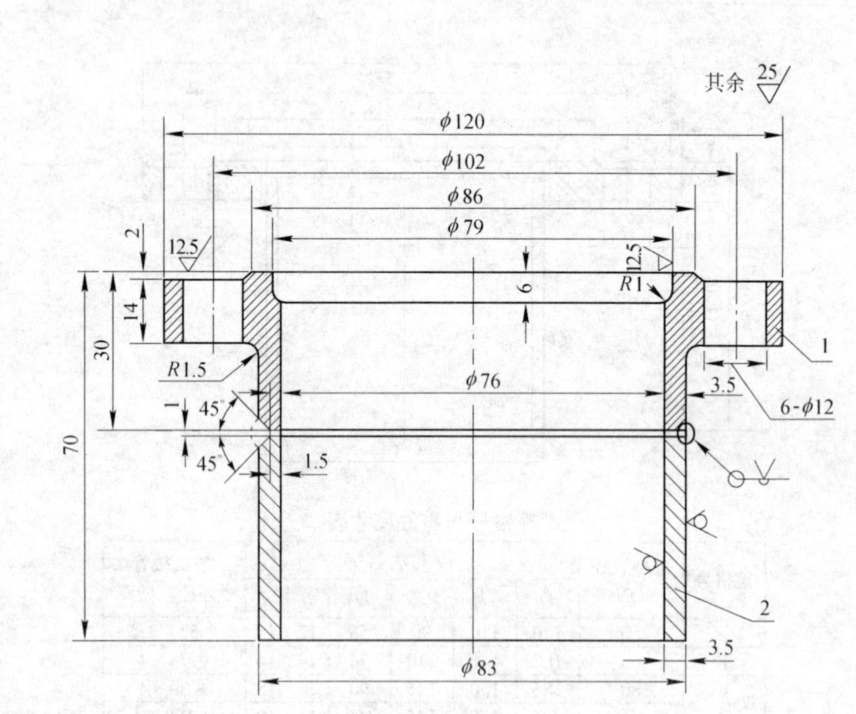

附注：

1. 本图法兰接管 PN1.0MPa。
2. 当用于有腐蚀性介质的容器上，应选用耐酸钢。耐酸钢的具体材料由工程设计确定。
3. 所有锐角应倒钝。

件号	名称及规格	数量	材质	单重 质量(kg)	总重 质量(kg)	图号或标准、规格号	备注
2	接管，无缝钢管 ϕ 83×3.5，l=39	1	Q235 或耐酸钢	0.31	0.31	GB/T 8162—1987 或 GB/T 14976—1994	
1	法兰 DN76，PN1.0MPa	1	Q235 或耐酸钢	0.97	0.97	本图	

部件、零件表

冶金仪控通用图	对焊法兰接管 DN80，PN1.0MPa			(2000)YK07.1-08
	材质见表	质量 1.28kg	比例	件号	装配图号

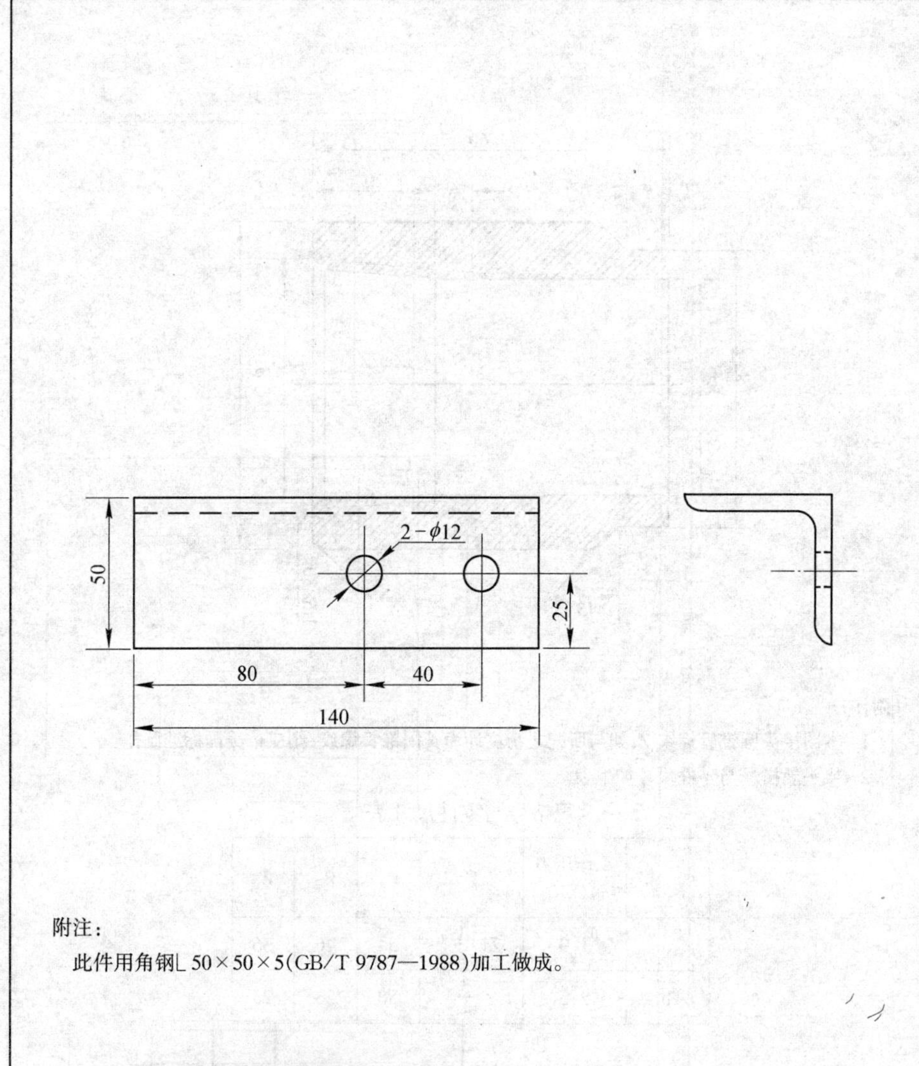

附注：

此件用角钢∟50×50×5(GB/T 9787—1988)加工做成。

冶金仪控 通用图	支架∟50×50×5，$l=140$				(2000)YK07.1-09	
	材质 Q235	质量　kg	比例	件号	装配图号	

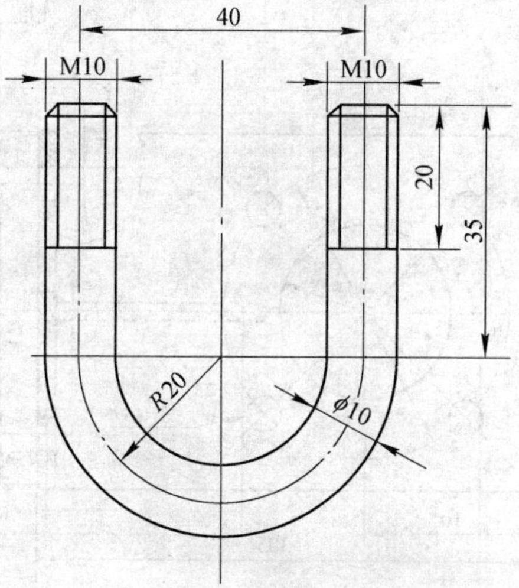

冶金仪控 通用图	管　卡				(2000)YK07.1-010	
	材质 Q235	质量　kg	比例	件号	装配图号	

其余

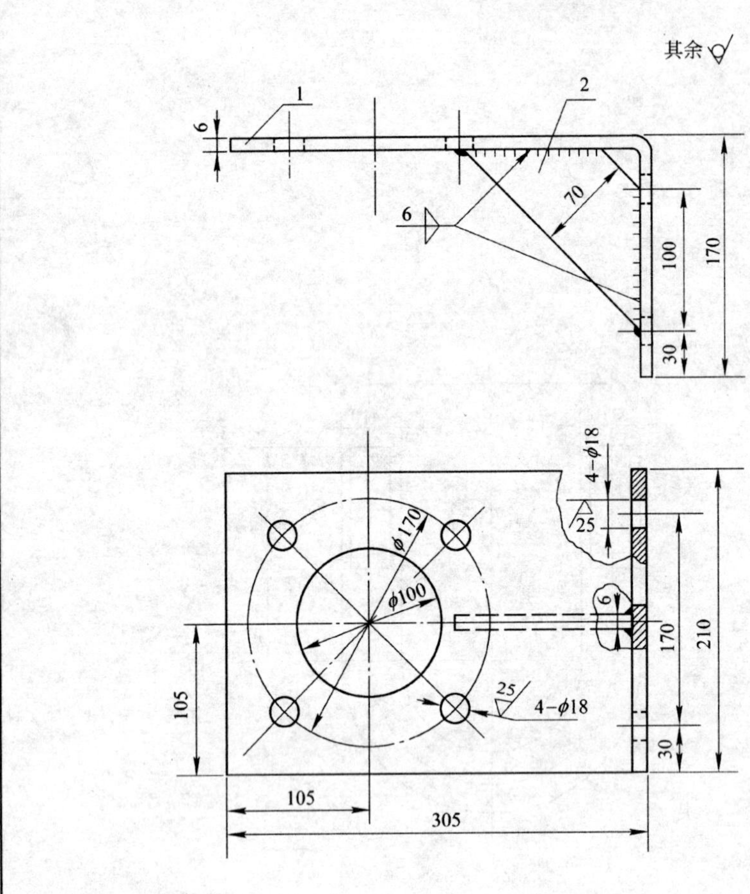

附注：

所有锐角皆倒钝。

2	支撑钢板 δ=6	1	Q235			本　图	
1	托板钢板 470×210×6	1	Q235			本　图	
件号	名称及规格	数量	材　质	单重	总重	图号或 标准、规格号	备　注
				质量(kg)			
零　件　表							

冶金仪控 通用图	∟形支架				(2000)YK07.1-011
	材质	质量　kg	比例	件号	装配图号

其余

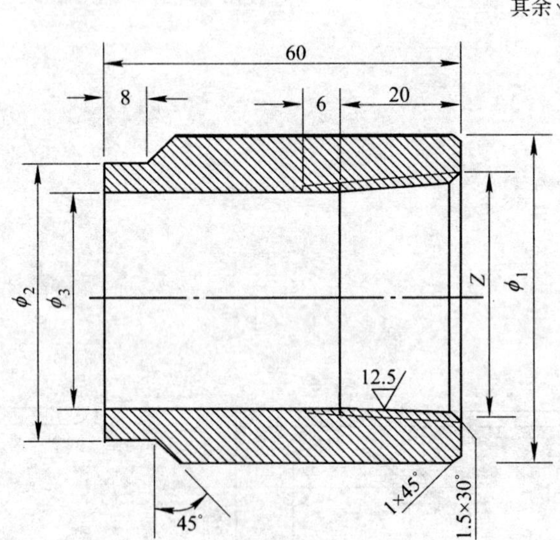

附注：

1. 本图接头圆锥管螺纹 Z，如与所配之物位计为美国锥管螺纹，则应按美国标准制作。
2. 接头规格号与零件尺寸如下表。

规格号与零件尺寸表

规　格	工作压力 PN(MPa)	Z	ϕ_1	ϕ_2	ϕ_3
a	1.0	Z1 $\frac{1}{4}$″	54	46	36
b	2.5	Z $\frac{3}{4}$″	50	38	23

3. 用于 *PN*1.0MPa 的接头可用 ϕ 54×9 的无缝钢管(GB/T 8162—1987)制作，用于 *PN*2.5MPa 的接头，则可用 ϕ 50 的圆钢(GB/T 702—1986)制作。

冶金仪控 通用图	接头 *PN*1.0MPa 和 *PN*2.5MPa				(2000)YK07.1-012
	材质 Q235	质量　kg	比例	件号	装配图号

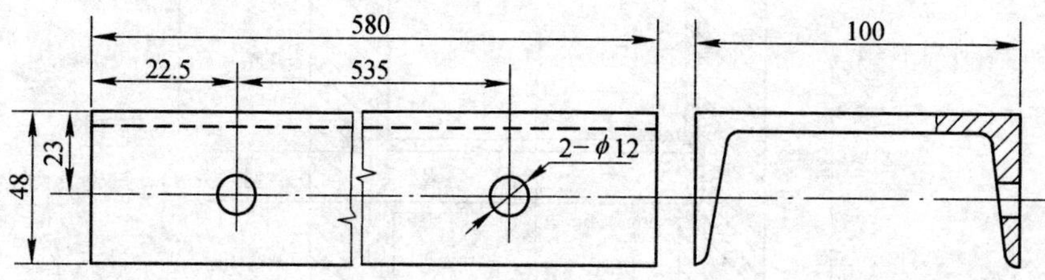

附注：

1. 支座用普通槽钢⊏10(GB/T 707—1988)制作。
2. 共做 2 件。

冶金仪控通用图	支座⊏10				(2000)YK07.1-013	
	材质 Q235	质量 49×2 kg	比例	件号	装配图号	

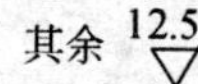

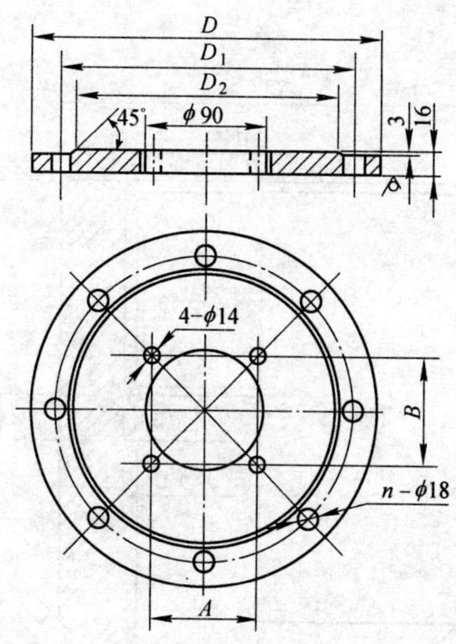

规格号与零件尺寸表

规　格	公称直径 DN	D	D_1	D_2	A	B	n
a	150	260	225	200	80	80	8
b	250	370	335	310	140	60	12

冶金仪控通用图	法兰 DN150,250				(2000)YK07.1-014	
	材质 Q235	质量 kg	比例	件号	装配图号	

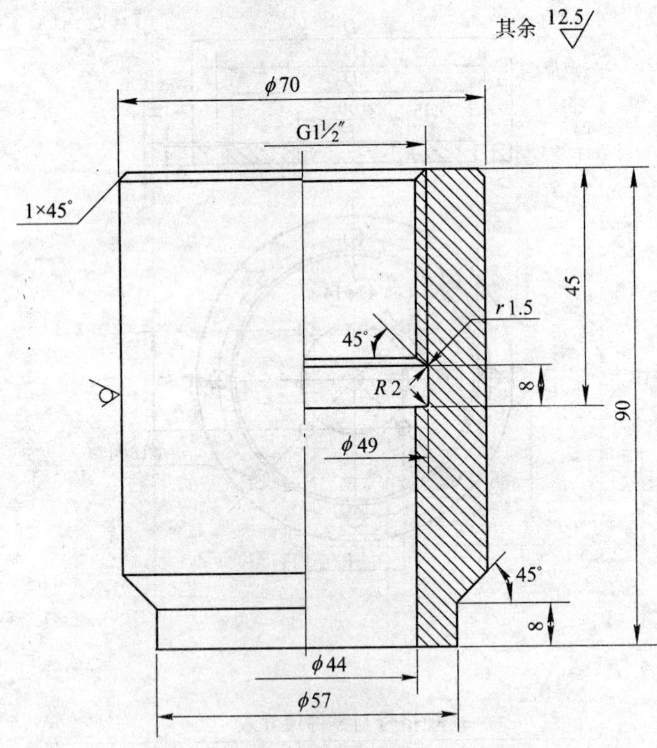

附注：

连接头用φ 70×13 的无缝钢管(GB/T 8162—1987)制作，也可用φ 70 的圆钢(GB/T 702—1986)。

冶金仪控 通用图	直形连接头				(2000)YK07.1-015	
	材质 Q235	质量 kg	比例	件号	装配图号	

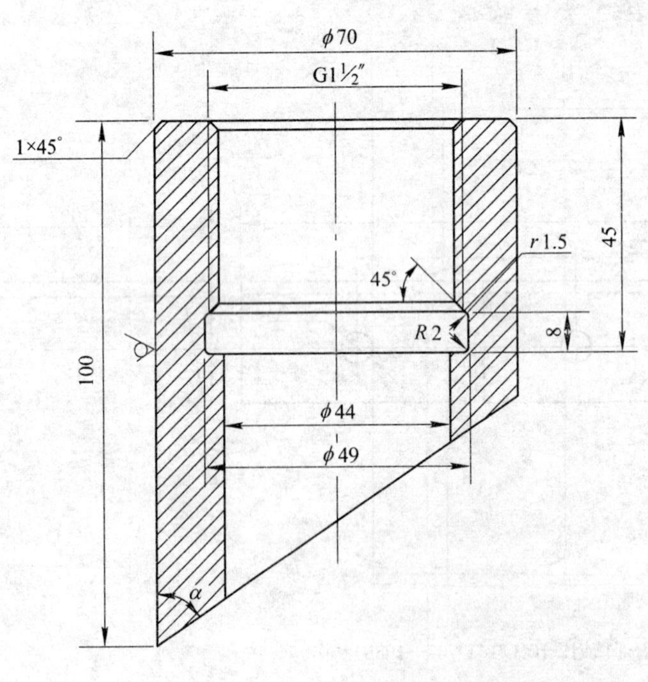

附注：

1. 图中 α 角为料槽壁倾角，连接头与料槽壁相接部分加工应参照槽壁外形进行。
2. 连接头用φ 70×13的无缝钢管(GB/T8162—1987)，也可用φ 70的圆钢(GB/T 702—1986)制作。

冶金仪控 通用图	角形连接头				(2000)YK07.1-016	
	材质 Q235	质量 kg	比例	件号	装配图号	

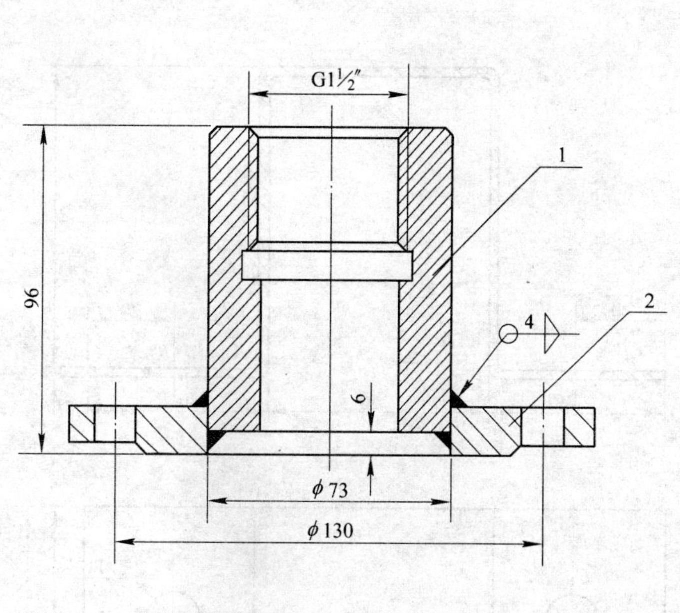

2	法兰 $DN65$, $PN0.25$MPa	1	Q235			JB/T 81—1994	
1	连接头 G1½″, $l=90$	1	Q235			(2000)YK07.1-018	
件号	名称及规格	数量	材质	单重 质量(kg)	总重	图号或 标准、规格号	备注

零件表

冶金仪控 通用图	带法兰的连接头				(2000)YK07.1-017
	材质	质量 kg	比例	件号	装配图号

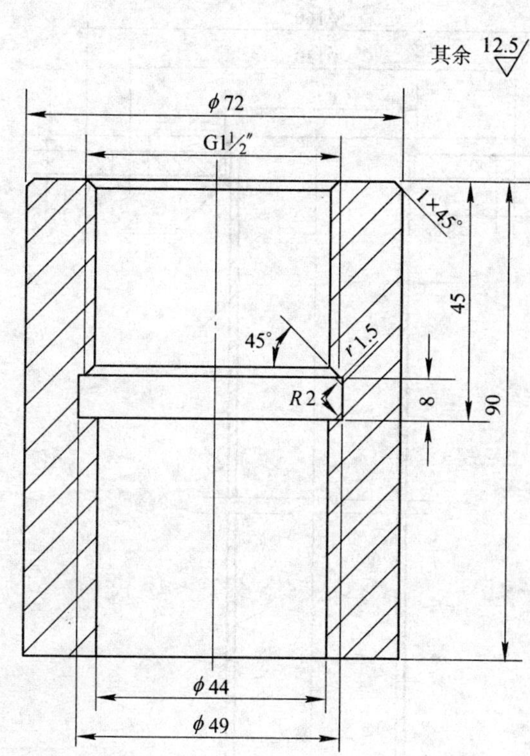

附注：

1. 所有锐角皆倒钝。
2. 未注明公差尺寸，按 IT14 级公差加工。

冶金仪控 通用图	连接头 G1½″, $l=90$				(2000)YK07.1-018
	材质 Q235	质量 kg	比例	件号	装配图号

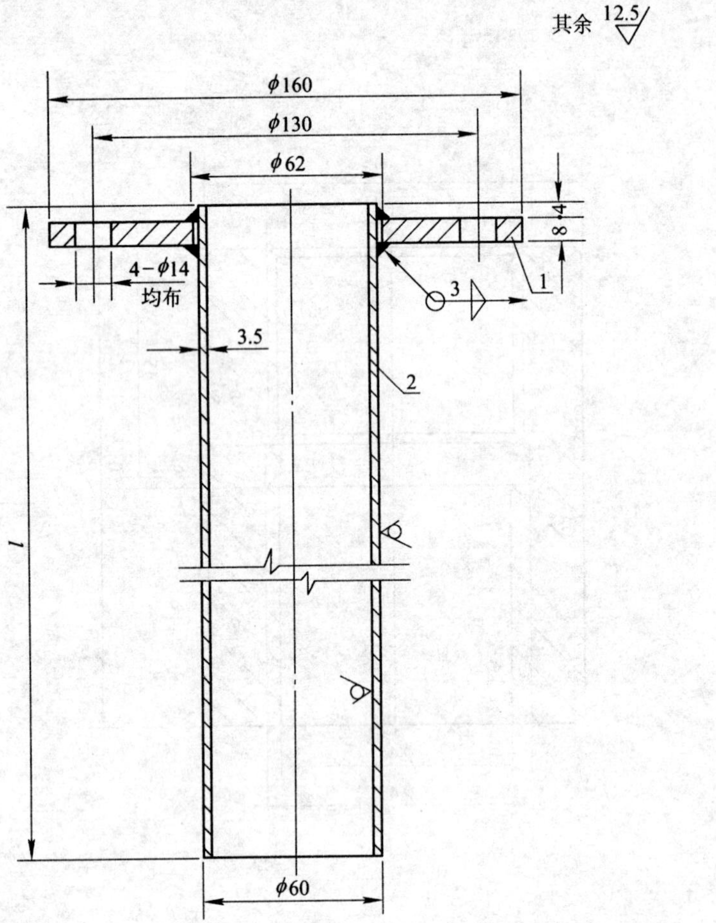

其余 12.5

ϕ160
ϕ130
ϕ62
8
4
4-ϕ14
均布
3
1
3.5
2
l
ϕ60

附注：

长度 l 由工程设计确定。

2	焊接钢管 *DN*50	1	Q235			GB/T 3092—1993	
1	固定板ϕ 160，δ=8	1	Q235			本　图	
件号	名称及规格	数量	材　质	单重	总重	图 号 或 标准、规格号	备　注
				质量(kg)			
部 件、零 件 表							

冶金仪控 通用图	保护管 *DN*50				(2000)YK07.1-019	
	材质	质量　kg	比例	件号	装配图号	

20
20
70
40
50
40
2
2-ϕ11
25
50
130

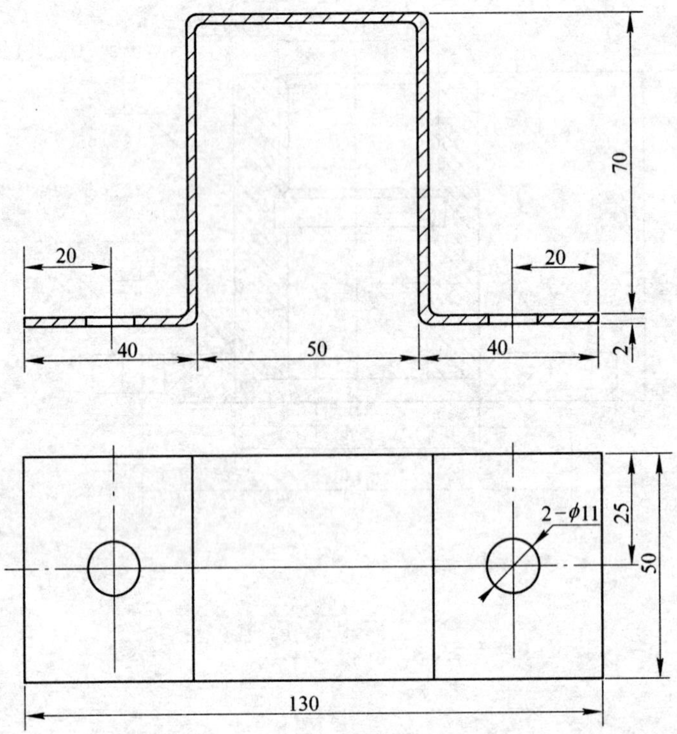

冶金仪控 通用图	固　定　夹				(2000)YK07.1-020	
	材质 Q235	质量　kg	比例	件号	装配图号	

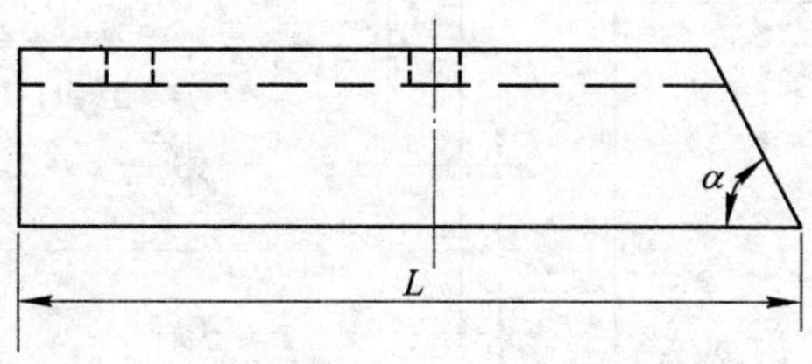

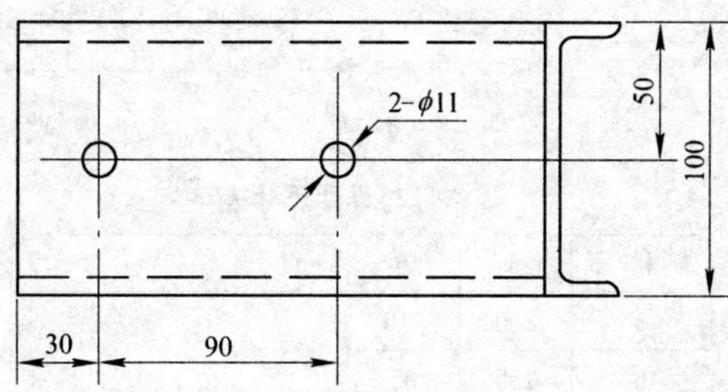

附注：

1. 本支架用槽钢 ⊏10 加工制作。
2. α 和 L 随料槽壁斜度和检测单元距料槽的距离确定。
3. 如料槽为圆形则槽钢与料槽连接部分应按圆弧加工。

冶金仪控通用图	检测器支架				(2000)YK07.1-021
	材质 Q235	质量 kg	比例	件号	装配图号

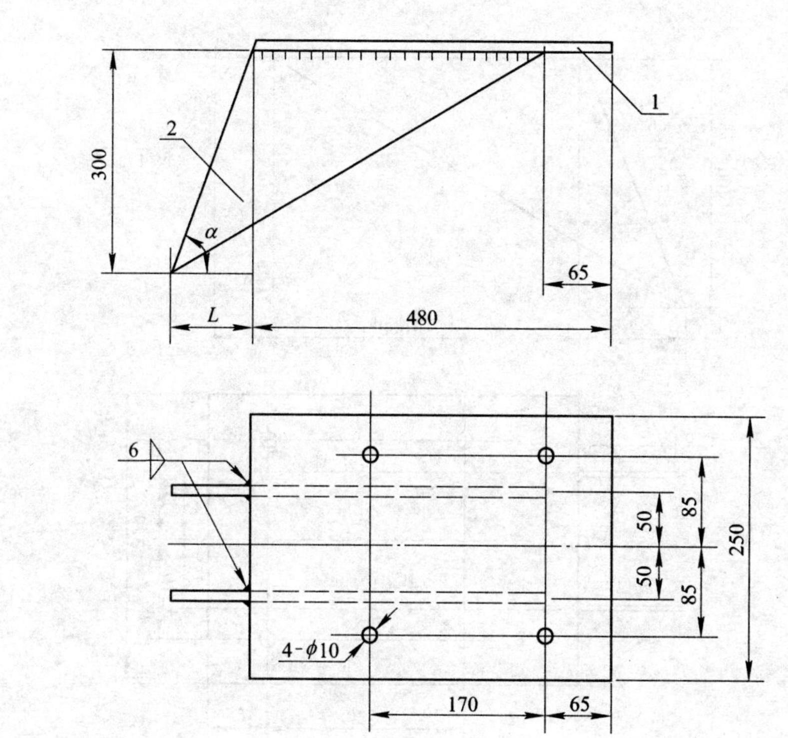

附注：

α 为矿槽倾角，L 长度根据矿槽倾角定。

件号	名称及规格	数量	材　质	单重 质量(kg)	总重 质量(kg)	图 号 或 标准、规格号	备　注
2	支撑板 δ=8	2	Q235				
1	底板 480×250×8	1	Q235				

零　件　表

冶金仪控通用图	射线源支架(Q-1 源用)				(2000)YK07.1-022
	材质	质量 kg	比例	件号	装配图号

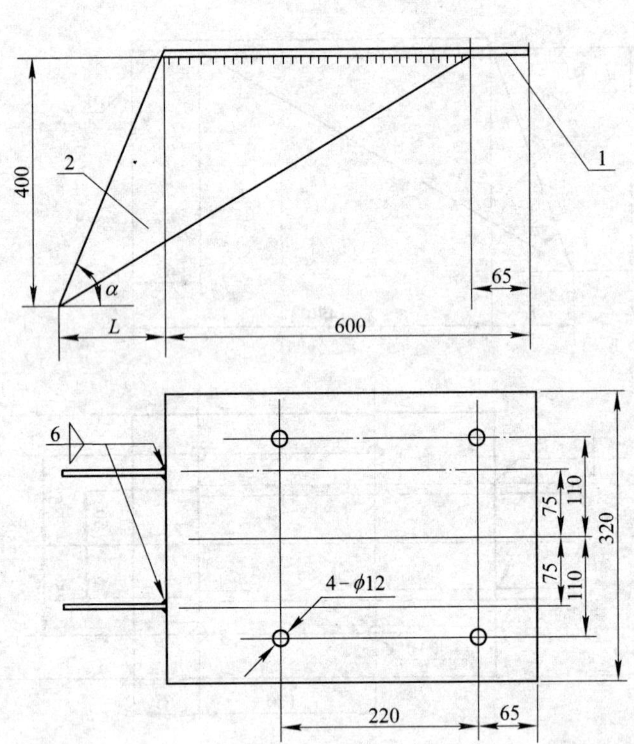

附注：

α 为矿槽倾角，L 长度根据矿槽倾角定。

件号	名称及规格	数量	材质	单重	总重	图号或标准、规格号	备注
2	支撑板 $\delta=8$	2	Q235				
1	底板 600×320×8	1	Q235				
				质量(kg)			

零 件 表

冶金仪控通用图	射线源支架(Q-2 源用)			(2000)YK07.1-023
	材质	质量 kg	比例	件号	装配图号

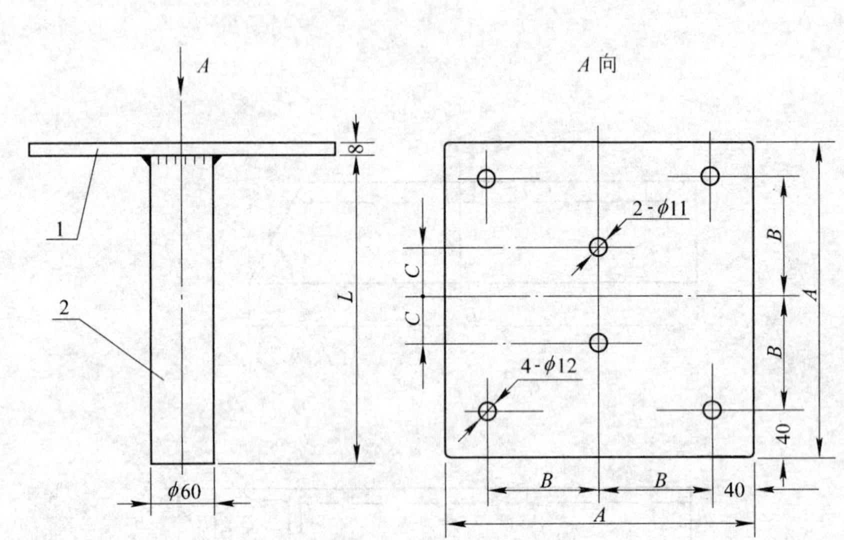

规格号与零件尺寸表

规格号	A	B	C	L
a	300	110		由工程设计确定
b	250	85		
c	150	35	45	

附注：

1. 规格号与零件尺寸表中 a,b 为射源支座规格号，c 为检测器支座规格号。
2. 所有锐角都倒钝。

件号	名称及规格	数量	材质	单重	总重	图号或标准、规格号	备注
2	钢板 $\delta=8$	2	Q235			GB/T 709—1988	
1	焊接钢管 DN50	1	Q235			GB/T 3092—1993	
				质量(kg)			

零 件 表

冶金仪控通用图	射线源和检测器支座			(2000)YK07.1-024
	材质	质量 kg	比例	件号	装配图号

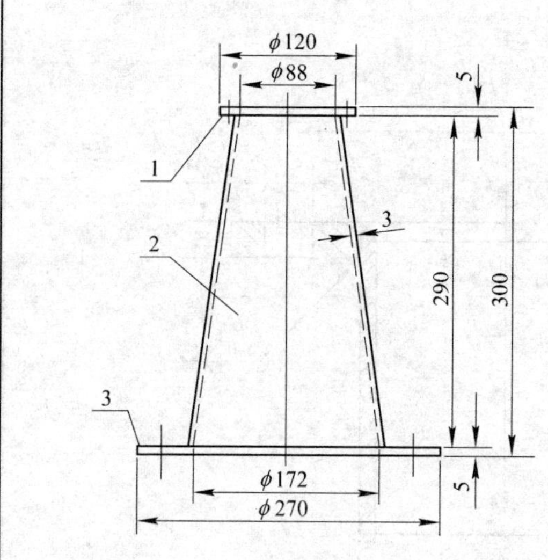

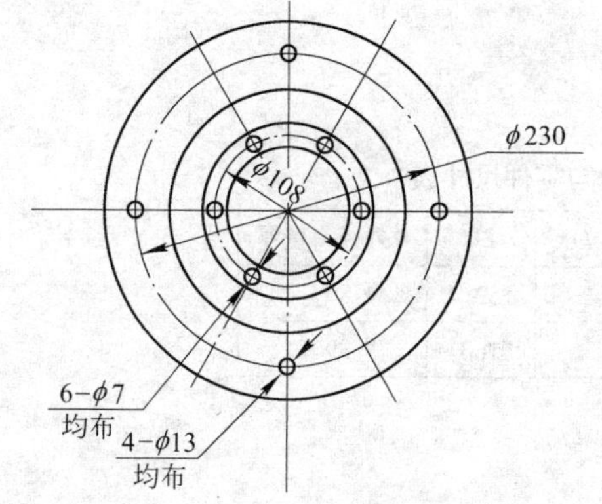

附注：

1. 件 2 圆锥桶用 3mm 钢板弯成。
2. 件 1 与件 2，件 2 与件 3 之间采用焊接连接，焊缝高度 3mm。

件号	名称及规格	数量	材质	单重	总重	图号或标准、规格号	备注
3	下法兰板 $\delta=5$	1	Q235				
2	圆锥桶（见附注 1）	1	Q235				
1	上法兰板 $\delta=5$	1	Q235				
				质量(kg)			

零件表

冶金仪控通用图	探头安装支架				(2000)YK07.1-025
	材质	质量 kg	比例	件号	装配图号

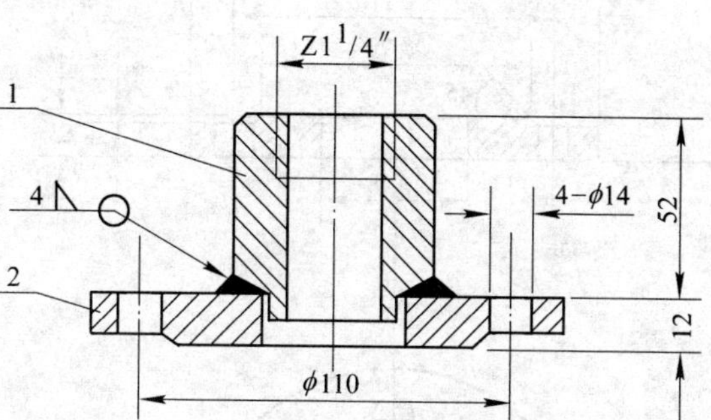

件号	名称及规格	数量	材质	单重	总重	图号或标准、规格号	备注
2	法兰	1	Q235			(2000)YK07.1-027	
1	接头 a，Z1¼″	1	Q235			(2000)YK07.1-012	
				质量(kg)			

零件表

冶金仪控通用图	法兰接头 DN50				(2000)YK07.1-026
	材质	质量 kg	比例	件号	装配图号

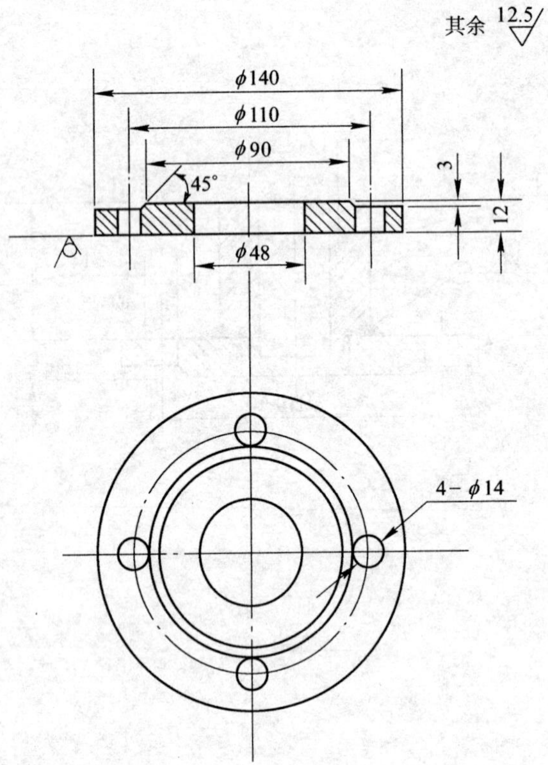

其余 12.5

φ140

φ110

φ90

45°

3

12

φ48

4-φ14

冶金仪控 通用图	法兰 *DN*50					(2000)YK07.1-027	
	材质 Q235	质量	kg	比例	件号	装配图号	(2000)YK 07.1-026

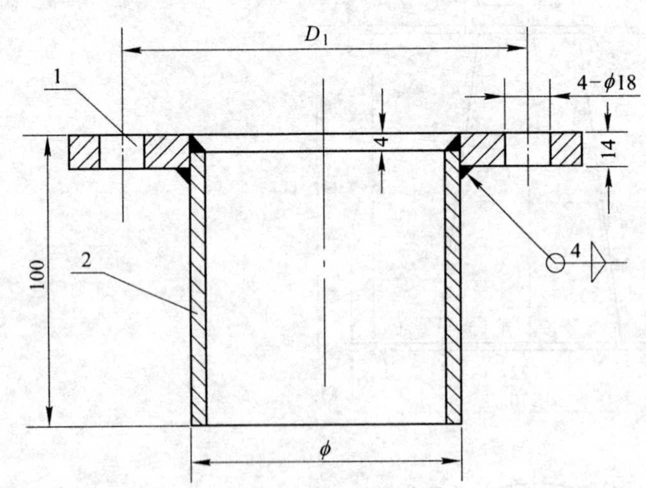

规格号与零件尺寸表

规格号	公称直径 *DN*	D_1	φ外径×壁厚
a	80	152.4	φ 89×4
b	80	160	φ 89×4

件号	名称及规格	数量	材质	单重	总重	图号或标准、规格号	备注
				质量(kg)			
2	钢管φ见表, $l=96$	1	Q235			GB/T 8162—1987	
1	法兰 *DN*80	1	Q235			(2000)YK07.1-029	

部件、零件表

冶金仪控 通用图	法兰接管 *DN*80					(2000)YK07.1-028	
	材质	质量	kg	比例	件号	装配图号	

其余 12.5

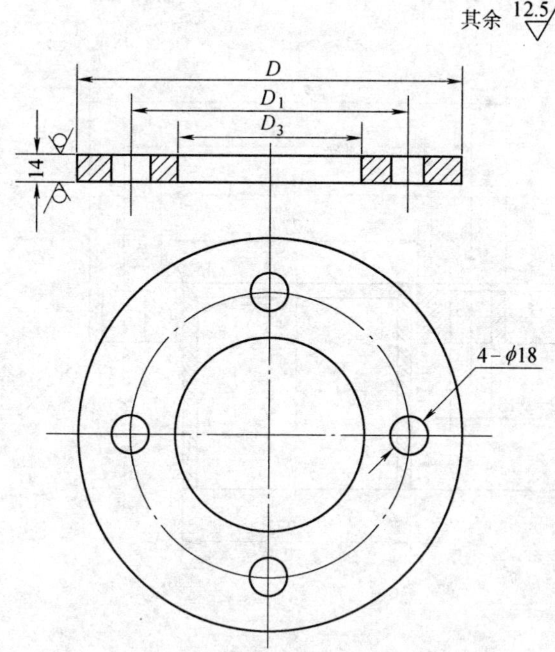

规格号与零件尺寸表

规格号	公称直径 DN	D	D_1	D_3
a	80	185	152.4	90
b	80	200	160	90

冶金仪控通用图	法兰 DN80					(2000)YK07.1-029	
	材质 Q235	质量	kg	比例	件号 1	装配图号	(2000)YK 07.1-028

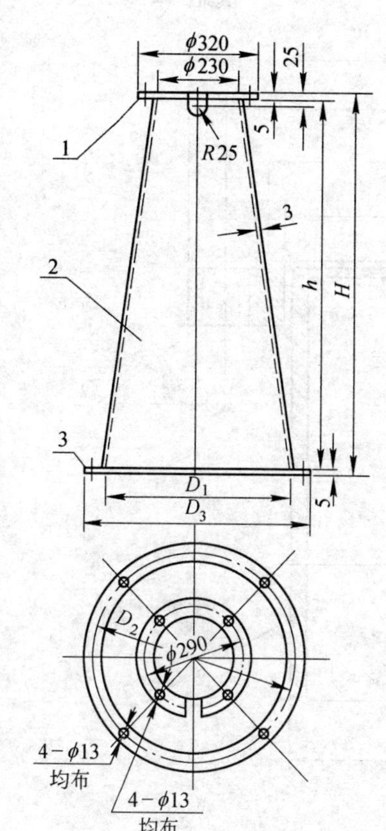

附注：

1. 件2圆锥桶用3mm钢板弯成。
2. 支架规格号与零件尺寸如下表所示。
3. 件1与件2，件2与件3之间采用焊接连接，焊缝高度3mm。

规格号与零件尺寸表

规格号	支架高度 H	件3，下法兰板			件2，圆锥桶高 h
		D_1	D_2	D_3	
a	300	320	380	420	290
b	1000	520	580	620	990

件号	名称及规格	数量	材质	单重 质量(kg)	总重	图号或标准、规格号	备注
3	下法兰板(规格见表)	1	Q235				
2	圆锥桶(规格见表)	1	Q235				
1	上法兰板	1	Q235				

部件、零件表

冶金仪控通用图	探头安装支架					(2000)YK07.1-030	
	材质	质量	kg	比例	件号 1	装配图号	(2000)YK 07.1-29

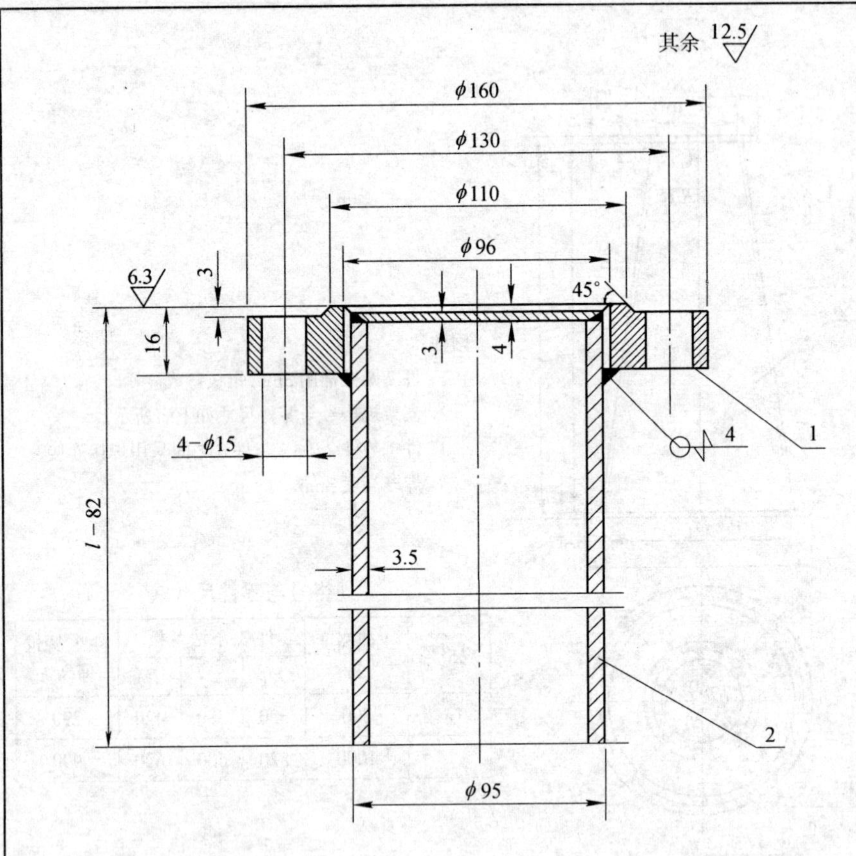

附注:

1. 所有锐角倒钝。
2. l 由工程设计确定。

件号	名称及规格	数量	材质	单重	总重	图号或标准、规格号	备注
2	接管,无缝钢管 φ95×3.5	1	Q235			GB/T 8162—1987	
1	法兰 *DN*65,*PN*0.25MPa	1	Q235			按本图加工	
				质量(kg)			

部件、零件表

冶金仪控通用图	法兰接管 *DN*65,*PN*0.6MPa				(2000)YK07.1-031	
	材质	质量	kg	比例	件号	装配图号

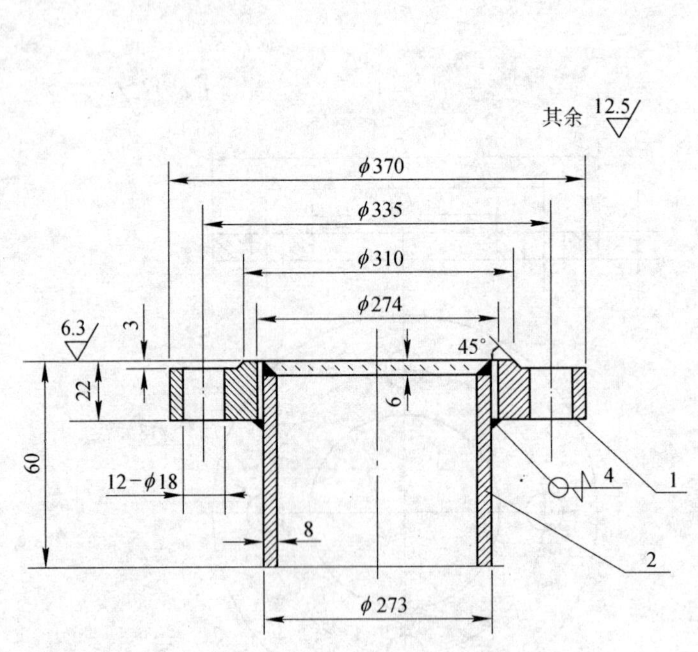

附注:

1. 当需要时,接管可以按工程设计要求加长。
2. 所有锐角倒钝。

件号	名称及规格	数量	材质	单重	总重	图号或标准、规格号	备注
2	接管,无缝钢管 φ273×8	1	Q235			GB/T 8162—1987	
1	法兰 *DN*250,*PN*0.25MPa	1	Q235			按本图加工	
				质量(kg)			

部件、零件表

冶金仪控通用图	法兰接管 *DN*250,*PN*0.25MPa				(2000)YK07.1-032	
	材质	质量	kg	比例	件号	装配图号

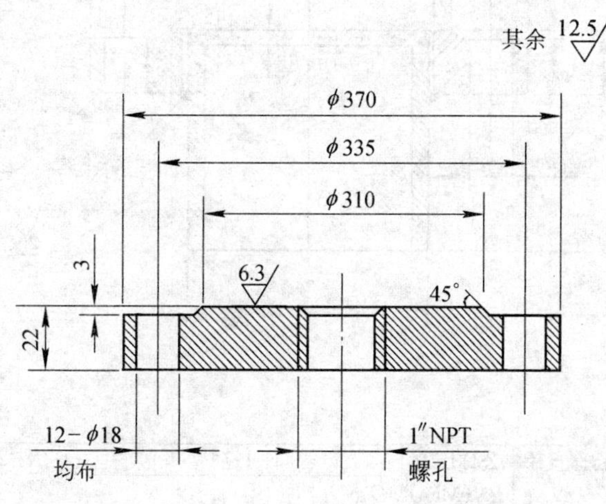

冶金仪控 通用图	法兰盖 $DN250, PN0.25MPa$			(2000)YK07.1-033	
	材质	质量 kg	比例	件号	装配图号

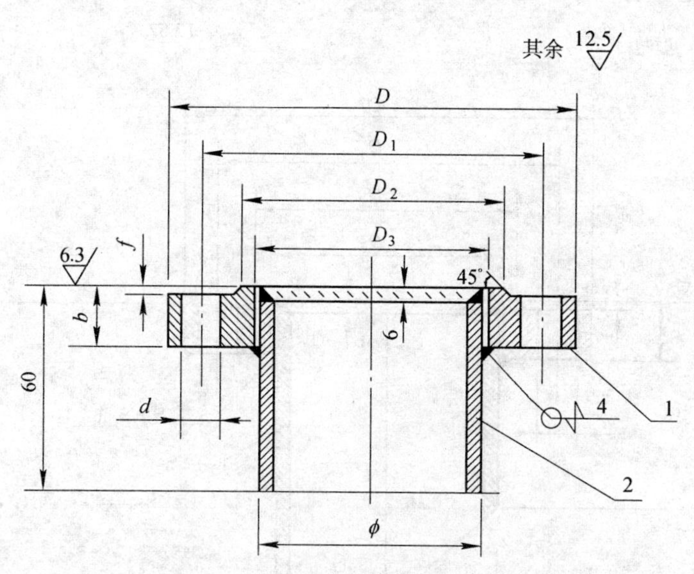

规格号	公称直径 DN	公称压力 PN(MPa)	件1,法兰							件2,接管 ϕ外径×壁厚
			D	D_1	D_2	D_3	f	b	d	
a	50	1.0	165	125	100	58	3	18	4～18	ϕ 57×3.5
b	80	1.0	200	160	135	90	3	20	8～18	ϕ 89×3.5
c	100	1.0	220	180	155	122	3	22	8～18	ϕ 121×4
d	150	1.0	285	240	210	161	3	24	8～22	ϕ 159×4.5
e	250	1.0	395	355	320	275	3	26	12～26	ϕ 273×8
f	300	1.0	450	410	380	353	4	28	8～22	ϕ 351×10

附注：

1. 当需要时，接管可以按工程设计要求加长。
2. 所有锐角倒钝。

件号	名称及规格	数量	材质	单重	总重	图号或标准、规格号	备注
2	接管，无缝钢管(见表)	1	Q235			GB/T 8162—1987	
1	法兰 DN, PN(见表)	1	Q235			按本图加工	
				质量(kg)			

部件、零件表

冶金仪控 通用图	法兰接管 $DN50\sim300, PN1.0MPa$			(2000)YK07.1-034	
	材质	质量 kg	比例	件号	装配图号

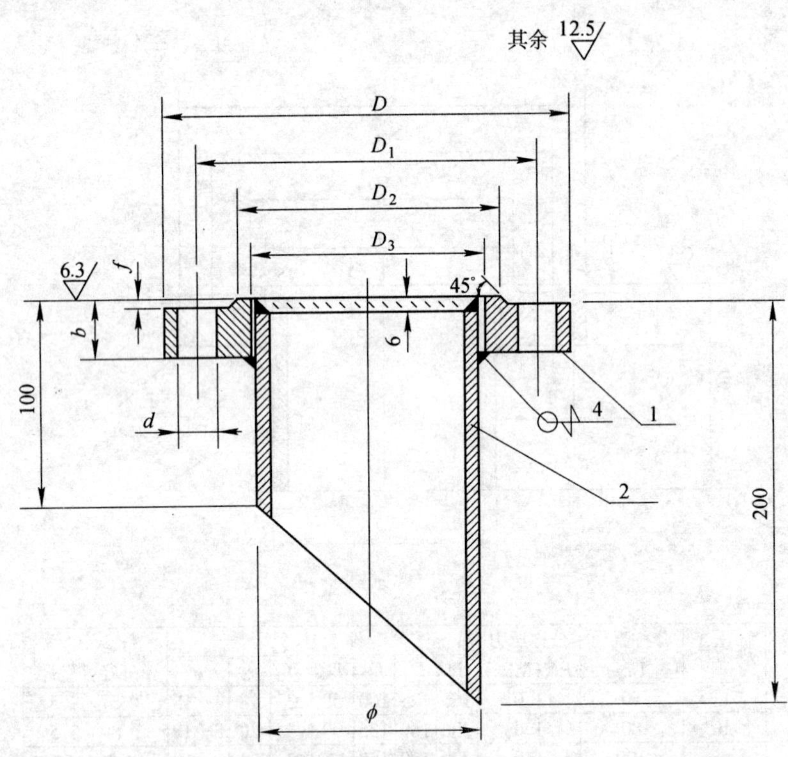

规格号	公称直径 DN	公称压力 PN(MPa)	件1,法兰							件2,接管 φ外径×壁厚
			D	D_1	D_2	D_3	f	b	d	
c	100	1.0	220	180	155	122	3	22	8～18	φ 121×4
d	150	1.0	285	240	210	161	3	24	8～22	φ 159×4.5
f	300	1.0	450	410	380	353	4	28	8～22	φ 351×10

附注:

1. 当需要时,接管可以按工程设计要求加长。
2. 所有锐角倒钝。

2	接管,无缝钢管(见表)	1	Q235			GB/T 8162—1987	
1	法兰 DN,PN(见表)	1	Q235			按本图加工	
件号	名称及规格	数量	材质	单重	总重	图号或标准、规格号	备注
				质量(kg)			

部件、零件表

冶金仪控 通用图	法兰接管 DN100,150,300,PN1.0MPa				(2000)YK07.1-035
	材质	质量	比例	件号	装配图号

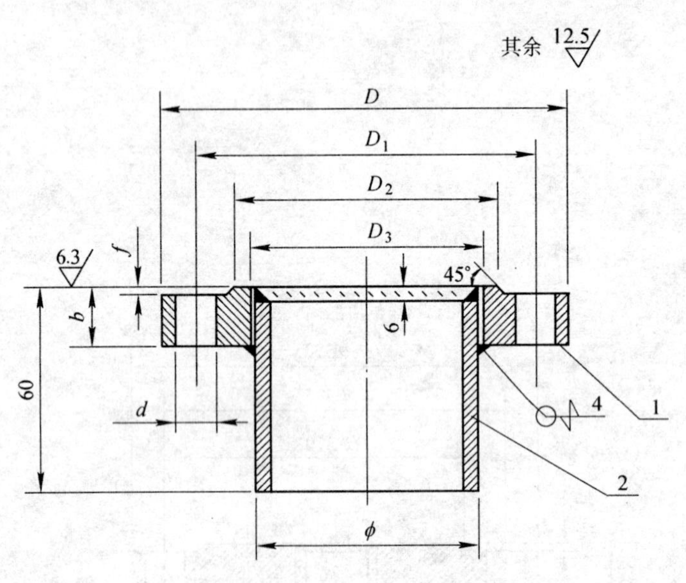

规格号	公称直径 DN	公称压力 PN(MPa)	件1,法兰							件2,接管 φ外径×壁厚
			D	D_1	D_2	D_3	f	b	d	
a	100	1.0	229	191	155	110	3	22	8～19	φ 108×4
b	150	1.0	279	241	210	161	3	24	8～22	φ 159×4.5
c	200	1.0	343	299	265	221	3	24	8～22	φ 219×6
d	300	1.0	483	432	380	353	4	28	12～22	φ 351×10

附注:

1. 当需要时,接管可以按工程设计要求加长。
2. 所有锐角倒钝。

2	接管,无缝钢管(见表)	1	Q235			GB/T 8162—1987	
1	法兰 DN,PN(见表)	1	Q235			按本图加工	
件号	名称及规格	数量	材质	单重	总重	图号或标准、规格号	备注
				质量(kg)			

部件、零件表

冶金仪控 通用图	法兰接管 DN100,150,200,300,PN1.0MPa				(2000)YK07.1-036
	材质	质量	比例	件号	装配图号

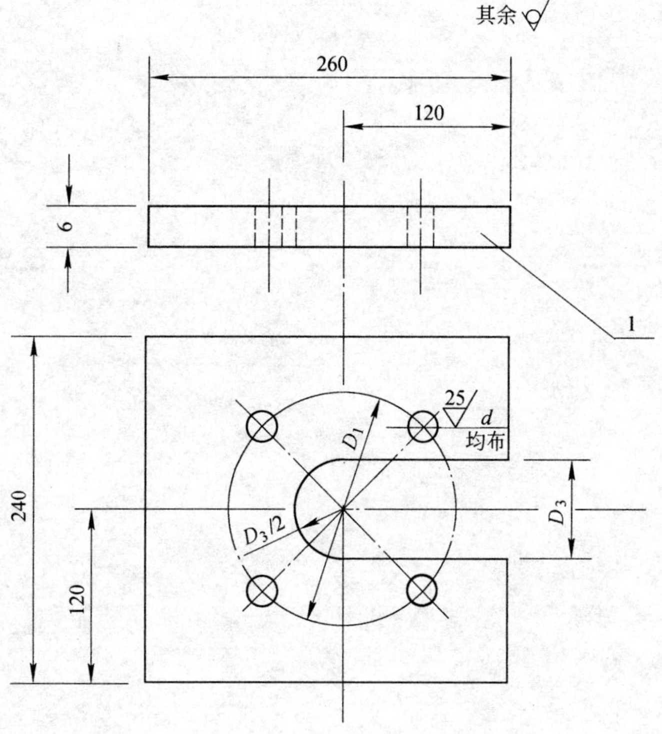

规格号	对应法兰		件1,钢板 260×240×6		
	公称直径 DN	公称压力 PN(MPa)	D_1	D_3	d 均布
a	50	0.6	110	58	4～14
b	65	0.6	130	74	4～14
c	100	0.6	170	109	4～18

件号	名称及规格	数量	材质	单重	总重	图号或标准、规格号	备注
1	钢板 260×240×6	1	Q235			按本图加工	
				质量(kg)			

部件、零件表

冶金仪控通用图	钢板 260×240×6				(2000)YK07.1-037
	材质	质量	比例	件号	装配图号

法兰差压式液位仪表安装图

(2000)YK07.2

目　录

说　明

1. 适用范围

本分册适用于冶金生产过程中测量各种液体液位的变送器在工艺设备上的安装。

所选用的变送器包括带有单平、单插、双平、双插和正插负平法兰的电动和气动差压式液位变送器在常压和密封容器上的安装。密封容器和仪表的公称压力有 $PN \leqslant 2.5$、4.0 和 6.4MPa。安装方式上则有带一次切断阀和不带一次切断阀(无切断阀)的两种。另外还有 DBUT、DBUM 型外浮筒式液位,界面变送器和 EDR-75S 型扩散硅电子式差压液位变送器的安装图。

2. 选用注意事项

(1) 本分册中公称压力主要考虑了 4.0 和 6.4MPa,这是根据变送器的规格考虑在冶金工厂使用中多数压力较低,因此在选用阀门时可以按具体情况适当改变,以节省投资。当改变阀门选型时,应注意法兰之间的配合。

(2) 图中的法兰接管一般都是委托工艺设计预安装在容器上,对密封容器上有上、下两个接口,其间距 H 和下方对容器底的高度 h 都是根据工艺对测量范围的要求确定的,委托设计应与工艺专业商量决定。图册中给出的法兰接管零件图(2000)YK07.2-01～(2000)YK07.2-05 是供委托设计时提资料用的。

一、安　装　图

单插法兰差压式液位变送器的安装图

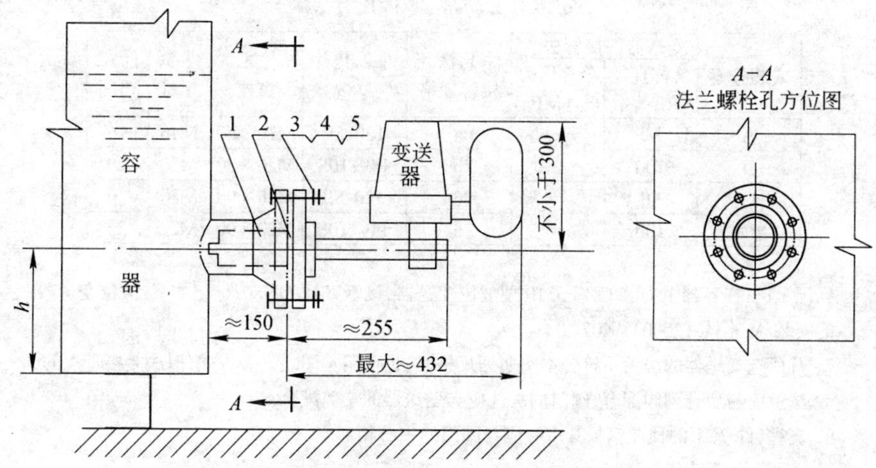

单平法兰差压式液位变送器的安装图

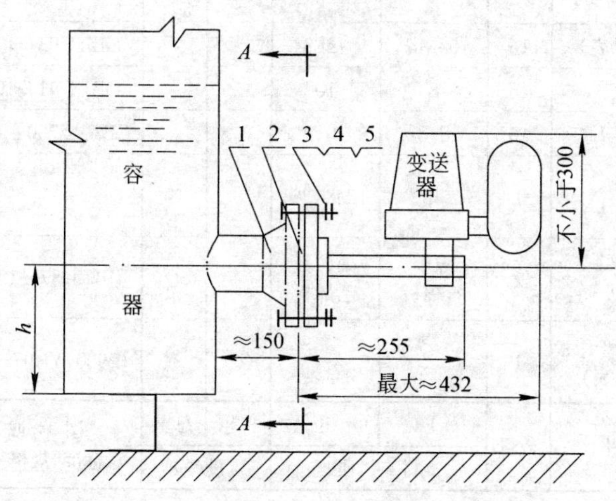

附注：

1. 本图是根据大连仪表厂，天津自动化仪表厂，上海、四川、广东等地仪表厂的产品：电动和气动的单平和单插法兰差压液位变送器(DBF,DBC,QBF,QBC等型)设计的。
2. 本图适用于在常压容器上安装上述变送器，容器的工作制是间歇的，使变送器有可能拆卸下来检修。
3. 法兰接管(件1)的规格因选用的仪表的规格而异，应委托工艺专业设计预先安装在容器上，*h* 由工艺设计确定。
4. 当测量腐蚀性介质的液体时，所用部件、零件及管道材质，本图在材质栏Ⅱ内只作一般性规定，工程设计者应按具体情况确定材质。
5. 安装方案如下表。

安装方案与部、零件尺寸表

安装方案	变送器的接管法兰		件1，法兰接管规格	件2，垫片 *D/d*	件3，螺栓	件4，螺母	件5，垫圈
	公称直径 *DN*	公称压力 *PN*(MPa)					
A	80	4.0	a	120/89	M16×80	M16	16
B	100		b	149/108	M20×80	M20	20
C	80	6.4	c	120/89	M20×90	M20	20
D	100		d	149/108	M22×90	M22	22

标记示例：在容器上安装DBC-3410(1)型单平法兰差压液位变送器，接管直径 *DN*100。标记如下：液位变送器的安装Bb，图号(2000)YK07.2-3。

6. 凡所选变送器的法兰不符合本图所列规格时，仍可用本图之安装方式，但法兰接管上的法兰应与变送器的法兰相配合。

件号	名称及规格	数量	材质 Ⅰ	材质 Ⅱ	单重 质量(kg)	总重 质量(kg)	图号或标准、规格号	备注
5	弹簧垫圈(见表)	8	65Mn	耐酸钢			GB/T 93—1987	
4	螺母(见表)	8	8	10			GB/T 41—1986	
3	螺栓(见表)	8	8.8	10.9			GB/T 5780—1986	
2	垫片 *D/d*(见表)，*b*=1.6	1	橡胶石棉板	聚四氟乙烯板			JB/T 87—1994	
1	凹法兰接管 *DN*,*PN*(见表)	1					(2000)YK07.2-01	见附注3

部件、零件表

冶金仪控通用图	DBF,DBC,QBF,QBC型单平和单插法兰差压液位变送器在常压容器上的安装图(无切断阀的)	(2000)YK07.2-3	
		比例	页次

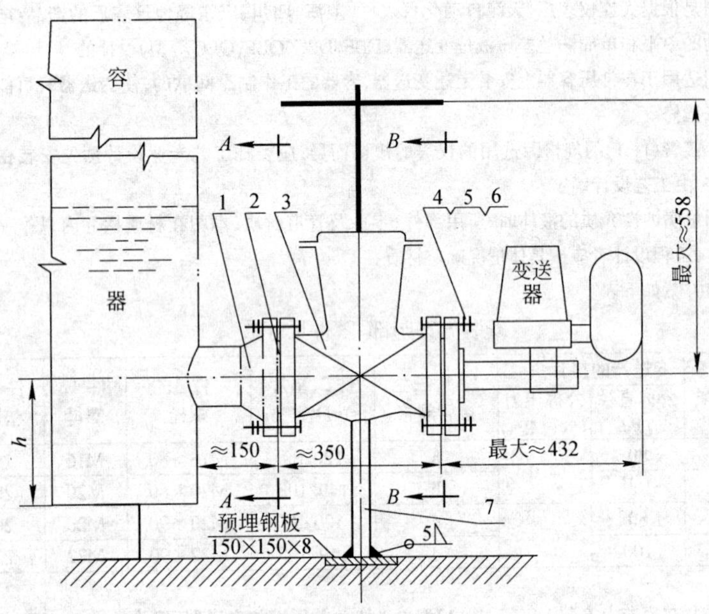

A–A (B–B)
法兰螺栓孔方位图

附注：

1. 本图是根据大连仪表厂，天津自动化仪表厂，上海、四川、广东等地仪表厂的产品：电动和气动的单平法兰差压液位变送器(DBF,DBC,QBF,QBC等型)设计的。
2. 本图适用于在常压容器上安装上述变送器，容器上的工作制可以是连续的，在检修和拆卸变送器时，可将阀门关闭。
3. 法兰接管(件1)的规格因选用的变送器的规格而异，应委托工艺设计预先安装在容器上。
4. 闸阀(件3)应按变送器的规格工作压力、温度选配，也可用相当的球阀。
5. 当测量腐蚀性介质的液体时，所用部件、零件及管道材质，本图在材质栏Ⅱ内只作一般性规定，工程设计者应按具体情况确定材质。
6. 安装方案如下表。

安装方案与部、零件尺寸表

安装方案	变送器的接管法兰 公称直径 DN	变送器的接管法兰 公称压力 PN(MPa)	件1,法兰接管规格	件2,垫片 D/d	件4,螺栓	件5,螺母	件6,垫圈
A	80	4.0	a	120/89	M16×80	M16	16
B	100		b	149/108	M20×80	M20	20
C	80	6.0	c	120/89	M20×90	M20	20
D	100		d	149/108	M22×90	M22	22

标记示例：在容器上安装QBC-3510型液位变送器，接管直径DN80，标记如下：液位变送器的安装Aa，图号(2000)YK07.2-4。

7. 凡所选变送器的法兰不符合本图所列规格时，仍可用本图之安装方式，但法兰接管上的法兰应与所选闸阀配合，阀门的法兰应与变送器的法兰配合。
8. 支柱(件7)下的预埋钢板其中心应与阀门的中心相对应。

件号	名称及规格	数量	材质 Ⅰ	材质 Ⅱ	质量(kg) 单重	质量(kg) 总重	图号或标准、规格号	备注
7	支柱，焊接钢管 DN50，l(按需要)	1	Q235	Q235			GB/T 3092—1993	
6	弹簧垫圈(见表)	16	65Mn	耐酸钢			GB/T 93—1987	
5	螺母(见表)	16	8	10			GB/T 41—1986	
4	螺栓(见表)	16	8.8	10.9			GB/T 5780—1986	
3	闸阀 DN，PN(见表)	1	45	1Cr18Ni9Ti				见附注4
2	垫片 D/d(见表1)，b=1.6	2	橡胶石棉板	聚四氟乙烯板			JB/T 87—1994	
1	凸法兰接管 DN，PN(见表)	1					(2000)YK07.2-02	见附注3

部件、零件表

冶金仪控通用图	DBF，DBC，QBF，QBC型单平法兰差压液位变送器在常压容器上的安装图(带切断阀的)	(2000)YK07.2-4	
		比例	页次

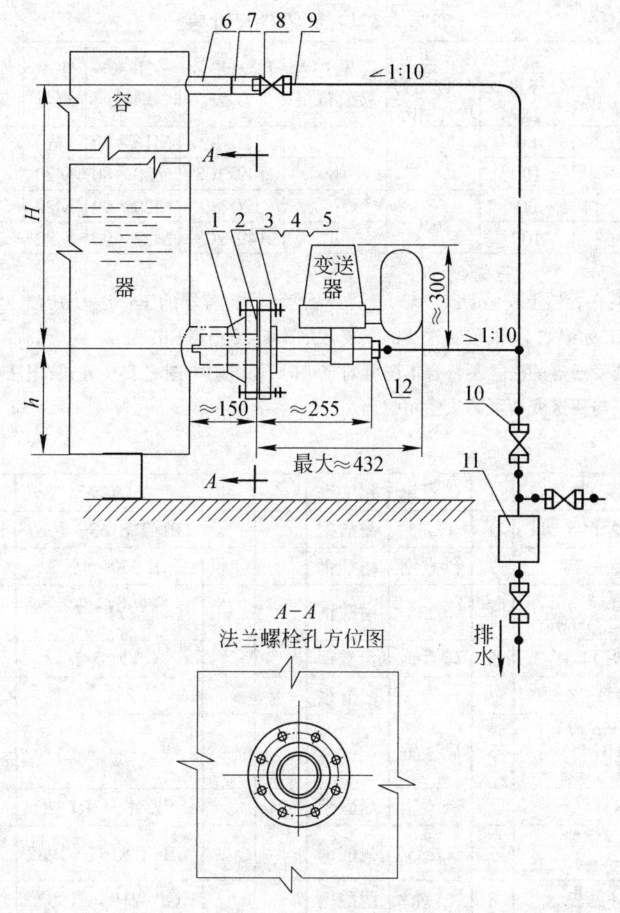

附注：

1. 本图是根据大连仪表厂，天津自动化仪表厂，上海、四川、广东等地仪表厂的产品：电动和气动的单插法兰差压液位变送器(DBF,DBC,QBF,QBC等型)设计的。
2. 本图适用于气相不易冷凝或冷凝液很少而又能及时排出的场合，在公称压力 *PN*4.0 或 6.4MPa 的密封式容器上安装上述变送器，容器的工作制是间歇的，使变送器有可能拆卸下来检修。
3. 法兰接管(件 1)的规格因选用的变送器的规格而异，它与接管(件 6)一起应委托工艺专业设计预先安装在容器上。*H* 和 *h* 由工艺专业确定。
4. 当测量腐蚀性介质的液体时，所用部件、零件及管道材质，本图在材质栏Ⅱ内只作一般性规定，工程设计者应按具体情况确定材质。
5. 安装方案如下表。

安装方案与部、零件尺寸表

安装方案	变送器的接管法兰 公称直径 *DN*	变送器的接管法兰 公称压力 *PN*(MPa)	件 1，法兰接管规格	件 2，垫片 *D*/*d*	件 3，螺栓	件 4，螺母	件 5，垫圈
A	80	4.0	a	120/89	M16×80	M16	16
B	100		b	149/108	M20×80	M20	20
C	80	6.4	c	120/89	M20×90	M20	20
D	100		d	149/108	M22×90	M22	22

标记示例：在容器上安装 DBC-3530(1)型差压变送器，容器的工作压力 *PN*2.5MPa 接管直径 *DN*100，标记如下：液位变送器的安装 Bb，图号(2000)YK07.2-5。

6. 凡所选变送器的法兰不符合本图所列规格时，仍可用本图之安装方式，但法兰接管上的法兰应与所选变送器的法兰相配合。

件号	名称及规格	数量	材质 Ⅰ	材质 Ⅱ	质量(kg) 单重	质量(kg) 总重	图号或标准、规格号	备注
12	压力表接头 G½″	1	Q235	耐酸钢				随变送器带
11	分离容器 *PN*6.4MPa，*DN*100	1	Q235	耐酸钢			YZF1-9	
10	直通终端接头 14/R½″	7	碳素钢	耐酸钢			YZG5-2	
9	无缝钢管 ϕ 14×2	1	Q235	耐酸钢			GB/T 8163—1987	长度见工程设计
	(同下)	4		耐酸钢				Q11F-40R 或 Q11F-64R 型
8	管式内螺纹球阀(或闸阀) *PN*4.0(6.4)MPa，*DN*15，G½″	4	碳素钢					Q11F-40 或 Q11F-64 型
7	短节 R½″	1	碳素钢	耐酸钢			YZG14-1-R½″	
6	无缝钢管 ϕ 22×3.5，$l=50$	1	Q235	耐酸钢			GB/T 8163—1987	见附注 3
5	弹簧垫圈(见表)	8	65Mn	耐酸钢			GB/T 93—1987	
4	螺母(见表)	8	8	10			GB/T 41—1986	
3	螺栓(见表)	8	8.8	10.9			GB/T 5780—1986	
2	垫片 *D*/*d*(见表)，$b=1.6$	1	橡胶石棉板	聚四氟乙烯板			JB/T 87—1994	
1	凹法兰接管 *DN*，*PN*(见表)	1					(2000)YK07.2-01	见附注 3

部件、零件表

冶金仪控通用图	DBF，DBC，QBF，QBC 型单插法兰差压液位变送器在密封容器上的安装图(无切断阀的)	(2000)YK07.2-5	
		比例	页次

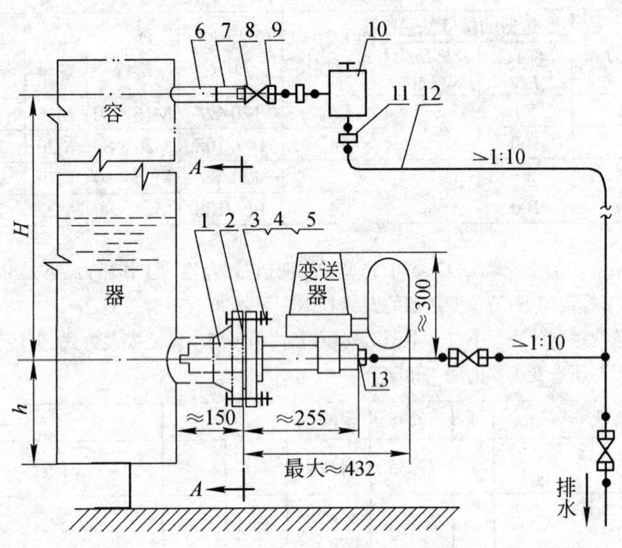

A–A
法兰螺栓孔方位图

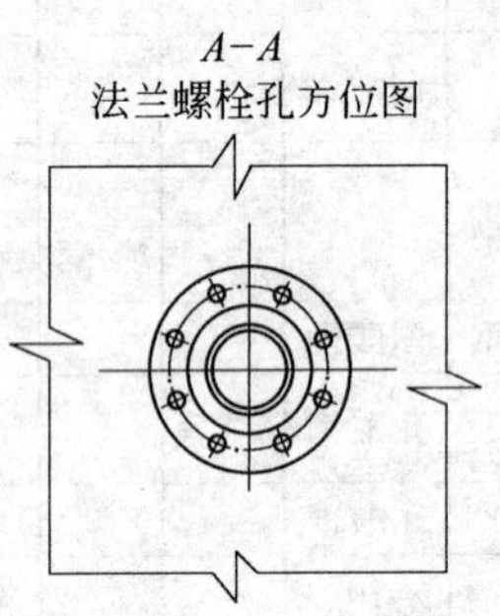

附注：

1．本图是根据大连仪表厂，天津自动化仪表厂，上海、四川、广东等地仪表厂的产品：电动和气动的单插法兰差压液位变送器（DBF，DBC，QBF，QBC 等型）设计的。
2．本图适用于气相冷凝液多而需要隔离的场合。在公称压力 *PN*4.0 或 6.4MPa 的密封式容器上安装上述变送器，容器的工作制是间歇的，使变送器有可能拆卸下来检修。
3．法兰接管（件 1）的规格因选用的变送器的规格而异，它与接管（件 6）一起应委托工艺专业设计预先安装在容器上。*H* 和 *h* 由工艺专业确定。
4．当测量腐蚀性介质的液体时，所用部件、零件及管道材质，本图在材质栏Ⅱ内只作一般性规定，工程设计者应按具体情况确定材质。
5．安装方案如下表。

安装方案与部、零件尺寸表

安装方案	变送器的接管法兰 公称直径 *DN*	变送器的接管法兰 公称压力 *PN*(MPa)	件 1，法兰接管规格	件 2，垫片 *D/d*	件 3，螺栓	件 4，螺母	件 5，垫圈
A	80	4.0	a	120/89	M16×80	M16	16
B	100		b	149/108	M20×80	M20	20
C	80	6.4	c	120/89	M20×90	M20	20
D	100		d	149/108	M22×90	M22	22

标记示例：在容器上安装 DBC-3530(1)型差压变送器，容器的工作压力 *PN*2.5MPa 接管直径 *DN*100，标记如下：液位变送器的安装 Bb，图号(2000)YK07.2-6。

6．凡所选变送器的法兰不符合本图所列规格时，仍可用本图之安装方式，但法兰接管上的法兰应与所选变送器的法兰相配合。

件号	名称及规格	数量	材质 Ⅰ	材质 Ⅱ	单重 质量(kg)	总重 质量(kg)	图号或标准、规格号	备注
13	压力表接头 G½″	1	碳素钢	耐酸钢			YZG5-5	随变送器带
12	无缝钢管 ϕ 14×2	1	Q235	耐酸钢			GB/T 8163—1987	长度见工程设计
11	直通管接头 14	2	碳素钢	耐酸钢			JB 970—1977	
10	冷凝容器 *PN*6.4MPa，*DN*100	1	Q235	耐酸钢			YZF1-7	
9	直通终端接头 14/R½″	5	碳素钢	耐酸钢			YZG5-2	
	（同下）	3		耐酸钢				Q11F-$\frac{40}{64}$R 或 P 型
8	管式内螺纹球阀（或闸阀）*PN*4.0(6.4) MPa，*DN*15，G½″	3	碳素钢					Q11F-40 或 Q11H-64 型
7	短节 R½″		碳素钢	耐酸钢			YZG14-1-R1/2″	
6	接管，无缝钢管 ϕ 22×3.5，*l*=50	1	Q235	耐酸钢			GB/T 8163—1987	见附注 3
5	弹簧垫圈（见表）	8	65Mn	耐酸钢			GB/T 93—1987	
4	螺母（见表）	8	8	10			GB/T 41—1986	
3	螺栓（见表）	8	8.8	10.9			GB/T 5780—1986	
2	垫片 *D/d*（见表），*b*=1.6	1	橡胶石棉板	聚四氟乙烯板			JB/T 87—1994	
1	凹法兰接管 *DN*，*PN*（见表）	1					(2000)YK07.2-01	见附注 3

部件、零件表

冶金仪控通用图	DBF，DBC，QBF，QBC 型单插法兰差压液位变送器在密封容器上的安装图（无切断阀带冷凝器的）	(2000)YK07.2-6	
		比例	页次

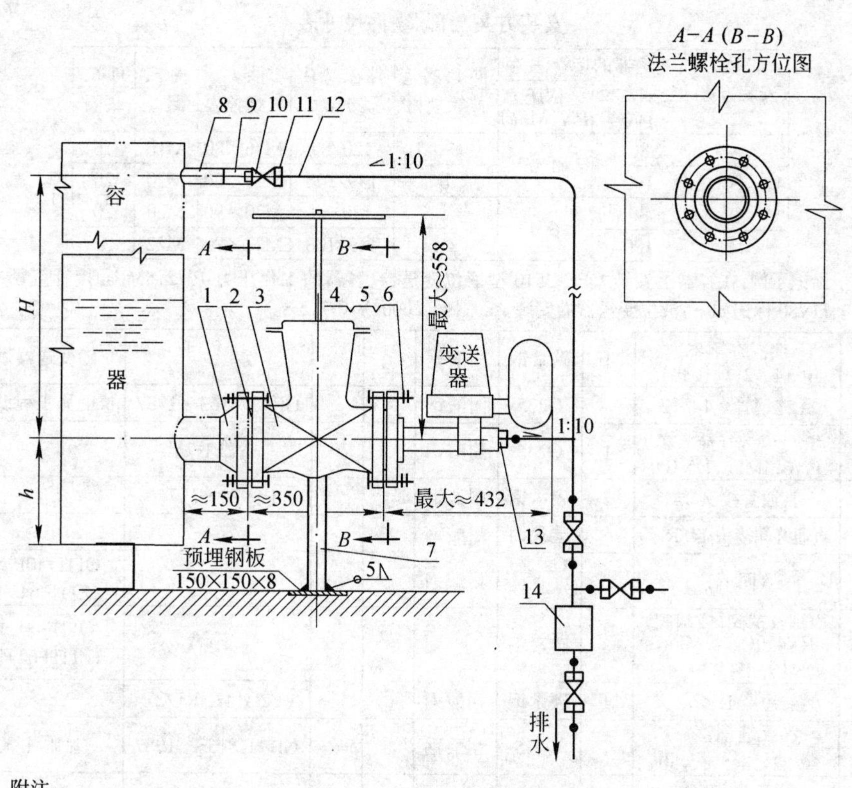

附注：

1. 本图是根据大连仪表厂，天津自动化仪表厂，上海、四川、广东等地仪表厂的产品：电动和气动的单平法兰差压液位变送器(DBF,DBC,QBF,QBC 等型)设计的。
2. 本图适用于气相不易冷凝或冷凝液很少又能及时排出的场合，在公称压力 4.0 或 6.4MPa 的容器上安装上述变送器，容器的工作制是连续的，在检修和拆卸变送器时，可将闸阀关闭。
3. 法兰接管(件 1)的规格因选用的变送器的规格而异，它和接管(件 8)一起应委托工艺专业设计预先安装在容器上。H 和 h 由工艺专业确定。
4. 闸阀(件 3)应按变送器的规格工作压力，温度选配，也可用相当的球阀。
5. 当测量腐蚀性介质的液体时，所用部件、零件及管道材质，本图在材质栏Ⅱ内只作一般性规定，工程设计者应按具体情况确定材质。
6. 安装方案如下表。
7. 凡所选变送器的法兰不符合本图所列规格时，仍可用本图之安装方式，但法兰接管上的法兰应与所选闸阀配合，阀门的法兰应与变送器的法兰配合。
8. 支柱(件 7)下的预埋钢板其中心应与阀门的中心相对应。

安装方案与部、零件尺寸表

安装方案	变送器的接管法兰 公称直径 DN	变送器的接管法兰 公称压力 PN(MPa)	件 1,法兰接管规格	件 2,垫片 D/d	件 4,螺栓	件 5,螺母	件 6,垫圈
A	80	4.0	a	120/89	M16×80	M16	16
B	100		b	149/108	M20×80	M20	20
C	80	6.4	c	120/89	M20×90	M20	20
D	100		d	149/108	M22×90	M22	22

标记示例：在容器上安装 QBC-3510 型液位变送器，容器的工作压力 PN2.5MPa，接管直径 DN80，标记如下：液位变送器的安装 Aa，图号(2000)YK07.2-7。

件号	名称及规格	数量	材质 Ⅰ	材质 Ⅱ	单重 质量(kg)	总重 质量(kg)	图号或标准、规格号	备注
14	分离容器 PN6.4MPa, DN100	1	Q235	耐酸钢			YZF1-9	
13	压力表接头 G½″	1	碳素钢	耐酸钢				随变送器带
12	无缝钢管 ϕ 14×2	1	Q235	耐酸钢			GB/T 8163—1987	长度见工程设计
11	直通终端接头 14/R½″	7	碳素钢	耐酸钢			YZG5-2	
	(同下)	4		耐酸钢				Q11F-40 R/P 或 (Z11H-84)型
10	管式内螺纹球阀(或闸阀) PN4.0(6.4)MPa, DN15, G1/2″(Rc½″)	4	碳素钢					Q11F-40 或 (Z11H-64)型
9	短节 R½″	1	碳素钢	耐酸钢			YZG14-1-R1/2″	
8	无缝钢管 ϕ 22×3.5, l=100	1	Q235	耐酸钢			GB/T 8163—1987	见附注 3
7	支柱焊接钢管 DN50, l(按需要)	1	Q235	Q235			GB/T 3092—1993	
6	弹簧垫圈(见表)	16	65Mn	耐酸钢			GB/T 93—1987	
5	螺母(见表)	16	8	10			GB/T 41—1986	
4	螺栓(见表)	16	8.8	10.9			GB/T 5780—1986	
3	闸阀 DN, PN(见表)	1	45	1Cr18Ni9Ti				见附注 4
2	垫片 D/d(见表), b=1.6	2	橡胶石棉板	聚四氟乙烯板			JB/T 87—1994	
1	凸法兰接管 DN, PN(见表)	1					(2000)YK07.2-02	见附注 3

部件、零件表

冶金仪控通用图	DBF,DBC,QBF,QBC 型单平法兰差压液位变送器在密封容器上的安装图(带切断阀的)	(2000)YK07.2-7
		比例	页次

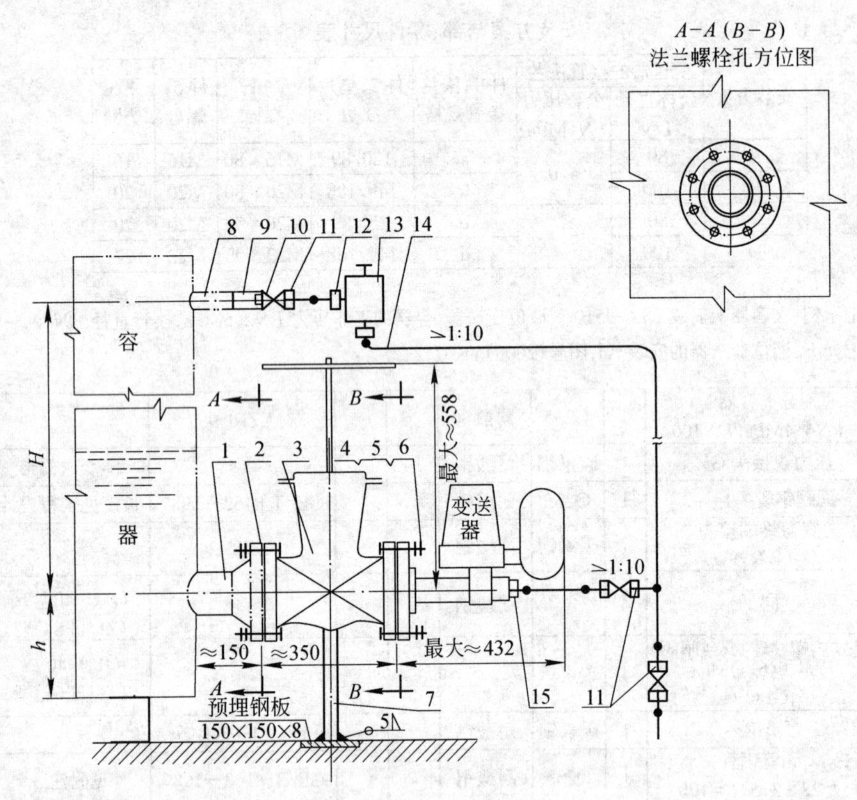

附注:

1. 本图是根据大连仪表厂,天津自动化仪表厂,上海、四川、广东等地仪表厂的产品:电动和气动的单平法兰差压液位变送器(DBF,DBC,QBF,QBC 等型)设计的。
2. 本图适用于气相冷凝多需要隔离的场合,其公称压力 *PN*4.0MPa 或 *PN*6.4MPa 的容器上安装上述变送器,容器的工作制是连续的,在检修和拆卸变送器时,可将闸阀关闭。
3. 法兰接管(件 1)的规格因选用的变送器的规格而异,它与接管(件 8)应一起委托工艺专业设计预先安装在容器上。*H* 和 *h* 由工艺专业确定。
4. 闸阀(件 3)应按变送器的规格,工作压力 *PN* 和工作温度 *TN* 由工程设计选配,也可用相当规格的球阀。
5. 当测量腐蚀性介质的液体时,所用部件、零件及管道材质,本图在材质栏Ⅱ内只作一般性规定,工程设计者应按具体情况确定材质。
6. 安装方案如下表。
7. 凡所选变送器的法兰不符合本图所列规格时,仍可用本图之安装方式,但法兰接管上的法兰应与所选闸阀配合,阀门的法兰应与变送器的法兰配合。
8. 支柱(件 7)下的预埋钢板其中心应与阀门的中心相对应。

安装方案与部、零件尺寸表

安装方案	变送器的接管法兰		件 1,法兰接管规格	件 2,垫片 *D*/*d*	件 4,螺栓	件 5,螺母	件 6,垫圈
	公称直径 *DN*	公称压力 *PN*(MPa)					
A	80	4.0	a	120/89	M16×80	M16	16
B	100		b	149/108	M20×80	M20	20
C	80	6.4	c	120/89	M20×90	M20	20
D	100		d	149/108	M22×90	M22	22

标记示例:在容器上安装 QBC-3510 型液位变送器,容器的工作压力 *PN*2.5MPa,接管直径 *DN*80 标记如下:液位变送器的安装 Aa,图号(2000)YK07.2-8。

件号	名称及规格	数量	材质 Ⅰ	材质 Ⅱ	单重 质量(kg)	总重 质量(kg)	图号或标准、规格号	备注
15	压力表接头 ϕ 14×2(焊接式)	1	碳素钢	耐酸钢				随变送器带
14	无缝钢管 ϕ 14×2		Q235	耐酸钢			GB/T 8163—1987	长度见工程设计
13	冷凝容器 *PN*6.4MPa,*DN*100	1	Q235	耐酸钢			YZF1-7	
12	直通管接头 14	2	碳素钢	耐酸钢			JB 970—1977	
11	直通终端接头 14/R½″	5	碳素钢	耐酸钢			YZG5-2	
	(同下)	3		耐酸钢				Q11F-40P 或(Z11F-64)型
10	内螺纹球阀(或闸阀) *PN*4.0(8.4)MPa, *DN*15,G½″(Rc½″)	3	碳素钢					Q11F-40 或(Z11H-64)型
9	短节 R½″	1	碳素钢	耐酸钢			YZG14-1-R1/2″	
8	无缝钢管 ϕ 22×3.5,l=50	1	Q235	耐酸钢			GB/T 8163—1987	见附注 3
7	支柱,焊接钢管 *DN*50,l(按需要)	1	Q235	Q235			GB/T 3092—1993	
6	弹簧垫圈(见表)	16	65Mn	耐酸钢			GB/T 93—1987	
5	螺母(见表)	16	8	10			GB/T 41—1986	
4	螺栓(见表)	16	8.8	10.9			GB/T 5780—1986	
3	闸阀 *DN*,*PN*(见表)	1	45	1Cr18Ni9Ti				见附注 4
2	垫片 *D*/*d*(见表),*b*=1.6	2	橡胶石棉板	聚四氟乙烯板			JB/T 87—1994	
1	凸法兰接管 *DN*,*PN*(见表)	1					(2000)YK07.2-02	见附注 3

部 件、零 件 表

冶金仪控通用图	DBF,DBC,QBF,QBC 型 单平法兰差压液位变送器在密封容器上的安装图 (带切断阀和冷凝容器的)	(2000)YK07.2-8	
		比例	页次

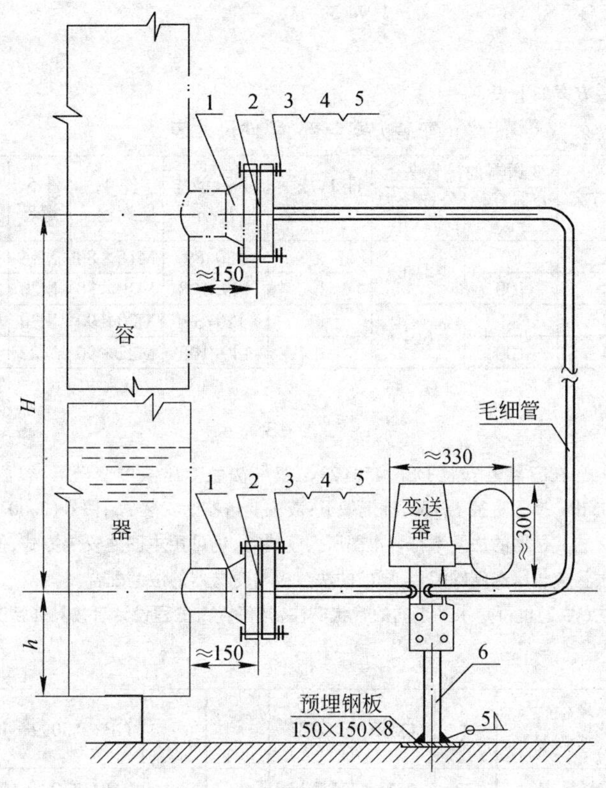

附注:

1. 本图是根据大连仪表厂,天津自动化仪表厂,上海、四川、广东等地仪表厂的产品:电动和气动的双平法兰差压液位变送器(DBF,DBC,QBF,QBC 等型)设计的。
2. 本图适用于在公称压力 *PN*4.0,6.4MPa 的容器上安装上述变送器。容器的工作制是间歇的,使变送器有可能拆卸下来检修。
3. 法兰接管(件 1)的规格因选用的仪表的规格而异,应委托工艺专业设计预先安装在容器上。*H* 和 *h* 由工艺设计确定。
4. 当测量腐蚀性介质的液体时,所用部件、零件及管道材质,本图在材质栏Ⅱ内只作一般性规定,工程设计者应按具体情况确定材质。
5. 安装方案如下表。

安装方案与部、零件尺寸表

安装方案	变送器的接管法兰 公称直径 *DN*	变送器的接管法兰 公称压力 *PN*(MPa)	件 1,法兰接管规格	件 2,垫片 *D/d*	件 3,螺栓	件 4,螺母	件 5,垫圈
A	80	4.0	a	120/89	M16×80	M16	16
B	100		b	149/108	M20×80	M20	20
C	80	6.4	c	120/89	M20×90	M20	20
D	100		d	149/108	M22×90	M22	22

标记示例:在容器上安装 DBF-450(2)型双平法兰差压液位变送器,容器的公称压力 *PN*4.0MPa 接管直径,标记如下:液位变送器的安装 Aa,图号(2000)YK07.2-9。

6. 凡所选变送器的法兰不符合本图所列规格时,仍可用本图之安装方式,但法兰接管上的法兰应与变送器的法兰相配合。
7. 支柱(件 6)也可是水平走向的管状支柱,其位置由工程设计者按具体情况确定。

件号	名称及规格	数量	材质 Ⅰ	材质 Ⅱ	单重 质量(kg)	总重 质量(kg)	图号或标准、规格号	备注
6	支柱,焊接钢管 *DN*50,*l*(按需要)	1	Q235	Q235			GB/T 3092—1993	
5	弹簧垫圈(见表)	16	65Mn	耐酸钢			GB/T 93—1987	
4	螺母(见表)	16	8	10			GB/T 41—1986	
3	螺栓(见表)	16	8.8	10.9			GB/T 5780—1986	
2	垫片 *D/d*(见表),*b*=1.6	2	橡胶石棉板	聚四氟乙烯板			JB/T 87—1994	
1	凹法兰接管 *DN*,*PN*(见表)	2					(2000)YK07.2-01	见附注 3

部件、零件表

冶金仪控通用图	DBF,DBC,QBF,QBC 型双平法兰差压液位变送器在密封容器上的安装图(无切断阀的)	(2000)YK07.2-9	
		比例	页次

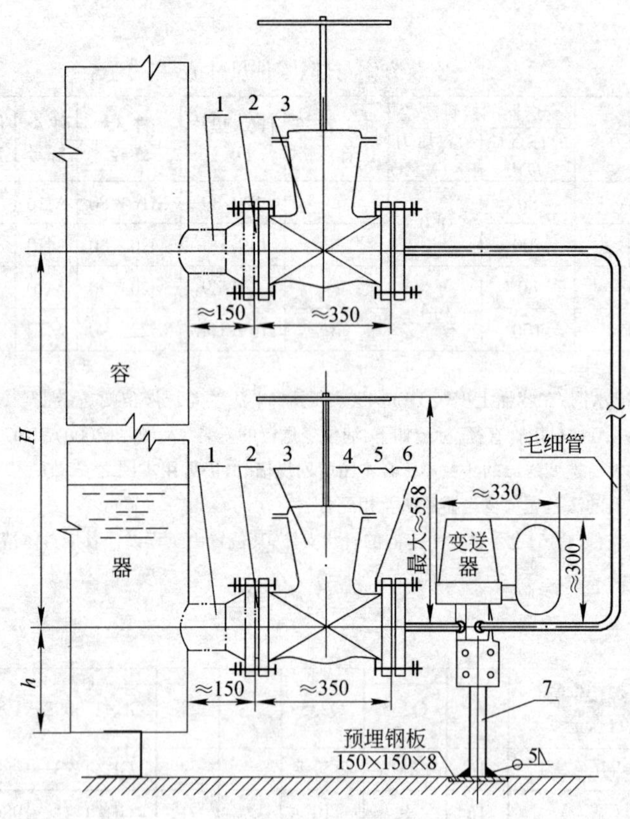

6. 安装方案如下表。

安装方案与部、零件尺寸表

安装方案	变送器的接管法兰		件1,法兰接管规格	件2,垫片 D/d	件4,螺栓	件5,螺母	件6,垫圈
	公称直径 DN	公称压力 PN(MPa)					
A	80	4.0	a	120/89	M16×80	M16	16
B	100		b	149/108	M20×80	M20	20
C	80	6.4	c	120/89	M20×90	M20	20
D	100		d	149/108	M22×90	M22	22

标记示例:在容器上安装 DBF-450(2)型双平法兰差压液位变送器,容器的公称压力 PN4.0MPa,接管直径 DN80,标记如下:液位变送器的安装 Aa,图号(2000)YK07.2-10。

7. 凡所选变送器的法兰不符合本图所列规格时,仍可用本图之安装方式,但法兰接管上的法兰应与所选闸阀配合,阀门的法兰应与变送器的法兰配合。

8. 支柱(件7)也可是水平走向的管状支柱,其位置由工程设计者按具体情况确定。

件号	名称及规格	数量	材质 Ⅰ	材质 Ⅱ	质量(kg) 单重	质量(kg) 总重	图号或标准、规格号	备注
7	支柱,焊接钢管 DN50,l(按需要)	1	Q235	Q235			GB/T 3092—1993	
6	弹簧垫圈(见表)	32	65Mn	耐酸钢			GB/T 93—1987	
5	螺母(见表)	32	8	10			GB/T 41—1986	
4	螺栓(见表)	32	8.8	10.9			GB/T 5780—1986	
3	闸阀 DN,PN(见表)	2	45	1Cr18Ni9Ti				见附注4
2	垫片 D/d(见表),b=1.6	4	橡胶石棉板	聚四氟乙烯板			JB/T 87—1994	
1	凸法兰接管 DN,PN(见表)	2					(2000)YK07.2-02	见附注3

部件、零件表

冶金仪控通用图	DBF,DBC,QBF,QBC 型双平法兰差压液位变送器在密封容器上的安装图(带切断阀的)	(2000)YK07.2-10	
		比例	页次

附注:

1. 本图是根据大连仪表厂,天津自动化仪表厂,上海、四川、广东等地仪表厂的产品:电动和气动的双平法兰差压液位变送器(DBF,DBC,QBF,QBC 等型)设计的。
2. 本图适用于在公称压力 PN4.0,6.4MPa 的容器上安装上述变送器。容器的工作制可以是连续的,在检修和拆卸变送器时,可将阀门关闭。
3. 法兰接管(件1)的规格因选用的仪表的规格而异,应委托工艺专业设计预先安装在容器上。H 和 h 由工艺设计确定。
4. 闸阀(件3)应按变送器的规格,公称压力和工作温度由工程设计选配,也可用相当规格的球阀。
5. 当测量腐蚀性介质的液体时,所用部件、零件及管道材质,本图在材质栏Ⅱ内只作一般性规定,工程设计者应按具体情况确定材质。

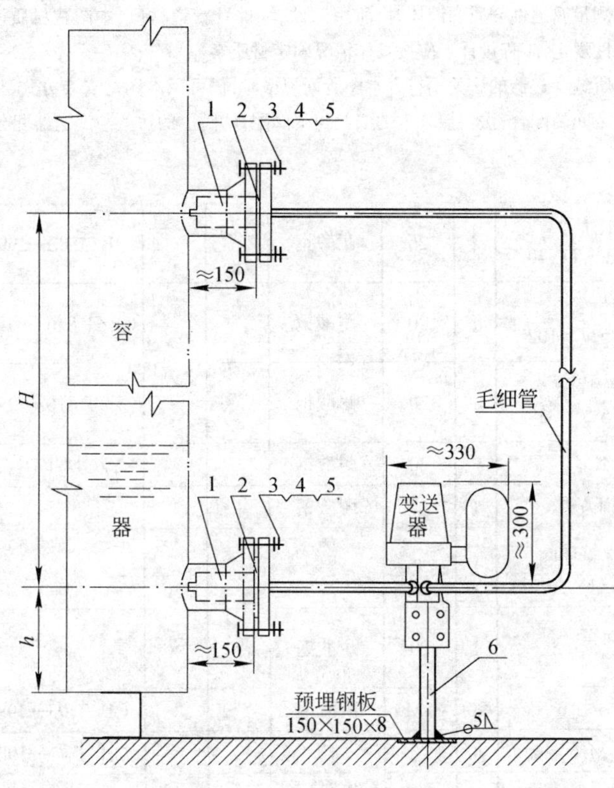

安装方案与部、零件尺寸表

安装方案	变送器的接管法兰 公称直径 DN	变送器的接管法兰 公称压力 PN(MPa)	件1,法兰接管规格	件2,垫片 D/d	件3,螺栓	件4,螺母	件5,垫圈
A	80	4.0	a	120/89	M16×80	M16	16
B	100		b	149/108	M20×80	M20	20
C	80	6.4	c	120/89	M20×90	M20	20
D	100		d	149/108	M22×90	M22	22

标记示例:在容器上安装 DBC-4550 型双插法兰差压液位变送器,容器的公称压力 *PN*6.4MPa,接管直径 *DN*100,标记如下:液位变送器的安装 Dd,图号(2000)YK07.2-11。

6. 凡所选变送器的法兰不符合本图所列规格时,仍可用本图之安装方式,但法兰接管上的法兰应与变送器的法兰相配合。

7. 支柱(件6)也可是水平走向的管状支柱,其位置由工程设计者按具体情况确定。

附注:

1. 本图是根据大连仪表厂,天津自动化仪表厂,上海、四川、广东等地仪表厂的产品:电动和气动的双插、正插负平法兰差压液位变送器(DBF,DBC,QBF,QBC 等型)设计的。
2. 本图适用于在公称压力 *PN*4.0,6.4MPa 的容器上安装上述变送器。容器的工作制是间歇的,使变送器有可能拆卸下来检修。
3. 法兰接管(件1)的规格因选用的仪表的规格而异,应委托工艺专业设计预先安装在容器上。*H* 和 *h* 由工艺设计确定。
4. 当测量腐蚀性介质的液体时,所用部件、零件及管道材质,本图在材质栏Ⅱ内只作一般性规定,工程设计者应按具体情况确定材质。
5. 安装方案如下表。

件号	名称及规格	数量	材质 Ⅰ	材质 Ⅱ	质量(kg) 单重	质量(kg) 总重	图号或标准、规格号	备注
6	支柱,焊接钢管 *DN*50,*l*(按需要)	1	Q235	Q235			GB/T 3092—1993	
5	弹簧垫圈(见表)	16	65Mn	耐酸钢			GB/T 93—1987	
4	螺母(见表)	16	8	耐酸钢			GB/T 41—1986	
3	螺栓(见表)	16	8.8	耐酸钢			GB/T 5780—1986	
2	垫片 *D/d*(见表),*b*=1.6	2	橡胶石棉板	聚四氟乙烯板			JB/T 87—1994	
1	凹法兰接管 *DN*,*PN*(见表)	2					(2000)YK07.2-01	见附注3

部件、零件表

冶金仪控通用图	DBF,DBC,QBF,QBC 型双插、正插负平法兰差压液位变送器在密封容器上的安装图(无切断阀的)	(2000)YK07.2-11
		比例 页次

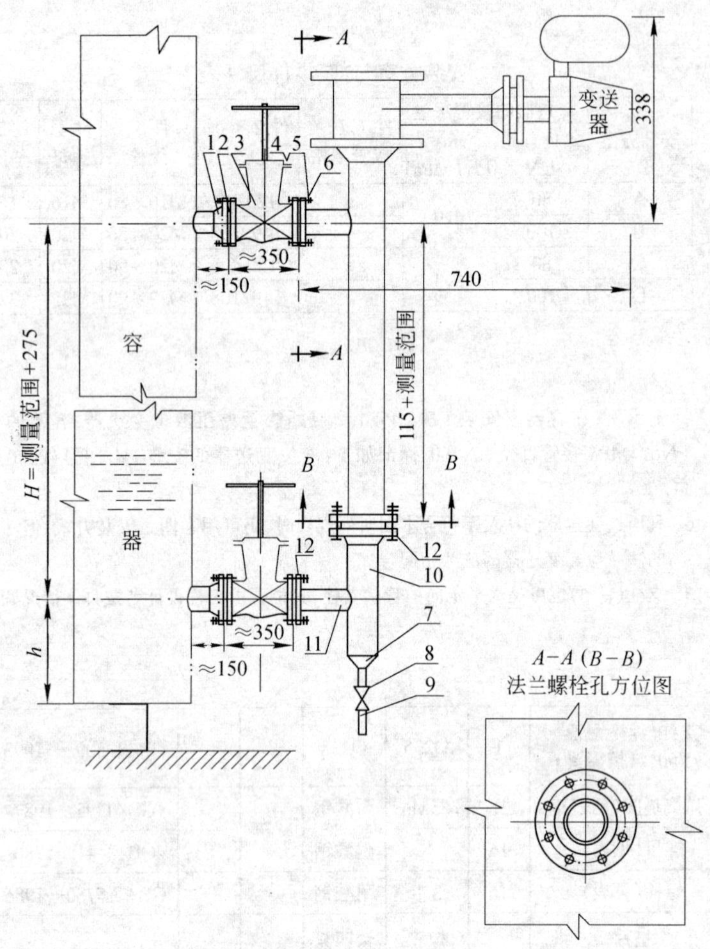

附注：

1. 本图是根据大连仪表厂，天津自动化仪表厂，上海、四川、广东等地仪表厂的产品：电动外浮筒液位，界面变送器(DBUT 和 DBUM 型)设计的。
2. 本图适用于在公称压力 PN4.0MPa 的容器上安装上述变送器。容器的工作制可以是连续的，在检修和拆卸变送器时，可将阀门关闭。
3. 法兰接管(件 1)的规格因选用的仪表的规格而异，应委托工艺专业设计预先安装在容器上。H 和 h 由工艺设计确定。
4. 闸阀(件 3)应按测量介质、工作温度、工作压力等由工程设计者选配，也可用相当的球阀。
5. 当测量腐蚀性介质的液体时，所用部件、零件及管道材质，本图在材质栏Ⅱ内只作一般性规定，工程设计者应按具体情况确定材质。
6. 凡所选变送器的法兰不符合本图所列规格时，仍可用本图之安装方式，但应注意各法兰之间的配合，法兰接管上的法兰与闸阀配合，阀上的法兰与变送器配合。

件号	名称及规格	数量	材质 Ⅰ	材质 Ⅱ	质量(kg) 单重	质量(kg) 总重	图号或标准、规格号	备注
12	对焊钢法兰 PN4.0MPa，DN40	2	20	耐酸钢			JB/T 82—1994	
11	无缝钢管 ϕ 45×3.5，l＝102	1	20	耐酸钢			GB/T 8163—1987	
10	无缝钢管 ϕ 45×3.5，l＝320	1	20	耐酸钢			GB/T 8163—1987	
9	短节 R½″	2	20	耐酸钢			YZG14-1-R1/2″	
	(同下)	1		耐酸钢				Q11F-40 P/R 型
8	管式内螺纹球阀 PN4.0MPa，DN15，G½″	1	碳素钢					Q11F-40 型
7	异径管 DN40/15，l＝70	1	20	耐酸钢				
6	弹簧垫圈 16	20	65Mn	耐酸钢			GB/T 93—1987	
5	螺母 M16	20	8	10			GB/T 41—1986	
4	螺栓 M16×70	20	8.8	10.9			GB/T 5780—1986	
3	闸阀 PN4.0MPa，DN40	2	45	1Cr18Ni9Ti				见附注 4
2	垫片 D/d＝75/45，b＝1.6	4	橡胶石棉板	聚四氟乙烯板			JB/T 87—1994	
1	凸法兰接管 PN4.0MPa，DN40	2					(2000)YK07.2-03	

部件、零件表

冶金仪控通用图	DBUM，DBUT 型侧面浮筒液位界面变送器在容器侧面的安装图	(2000)YK07.2-12	
		比例	页次

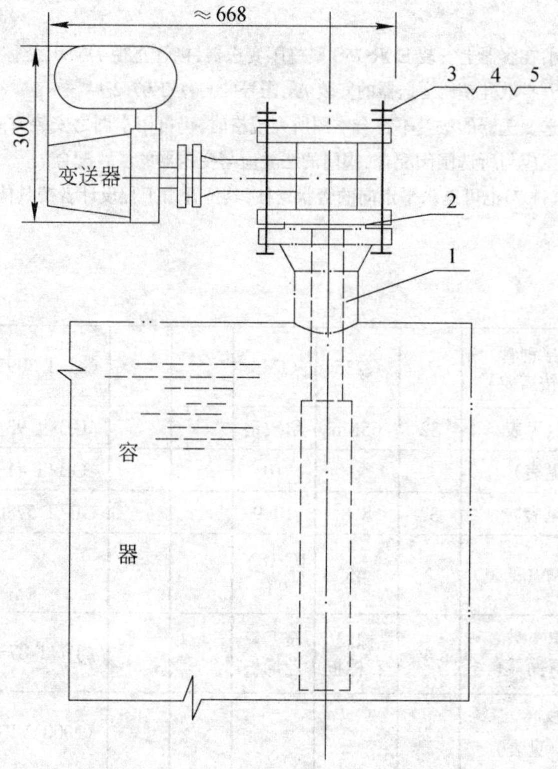

附注：

1. 本图是根据大连仪表厂，天津自动化仪表厂，上海、四川、广东等地仪表厂的产品：电动顶面内浮筒液位界面变送器(DBUT 和 DBUM 型)设计的。
2. 当测量腐蚀性介质的液体时，所用部件、零件及管道材质，本图在材质栏Ⅱ内只作一般性规定，工程设计者应按具体情况确定材质。
3. 凡所选变送器的法兰不符合本图所列规格时，仍可用本图之安装方式，但法兰接管上的法兰应与变送器的法兰相配合。
4. 法兰接管(件 1)应委托工艺专业设计预先安装在容器上。

件号	名称及规格	数量	材质 Ⅰ	材质 Ⅱ	质量(kg) 单重	质量(kg) 总重	图号或标准、规格号	备注
5	弹簧垫圈 16	8	65Mn	耐酸钢			GB/T 93—1987	
4	螺母 M16	8	8	10			GB/T 41—1986	
3	螺栓 M16×180	8	8.8	10.9			GB/T 5780—1986	
2	垫片 $D/d=120/89, b=1.6$	1	橡胶石棉板	聚四氟乙烯板			JB/T 87—1994	
1	凹法兰接管 $PN4.0\text{MPa}, DN80$	1					(2000)YK07.2-01	见附注 4

部件、零件表

冶金仪控通用图	DBUT，DBUM 型顶面浮筒液位界面变送器在容器上的安装图	(2000)YK07.2-13	
		比例	页次

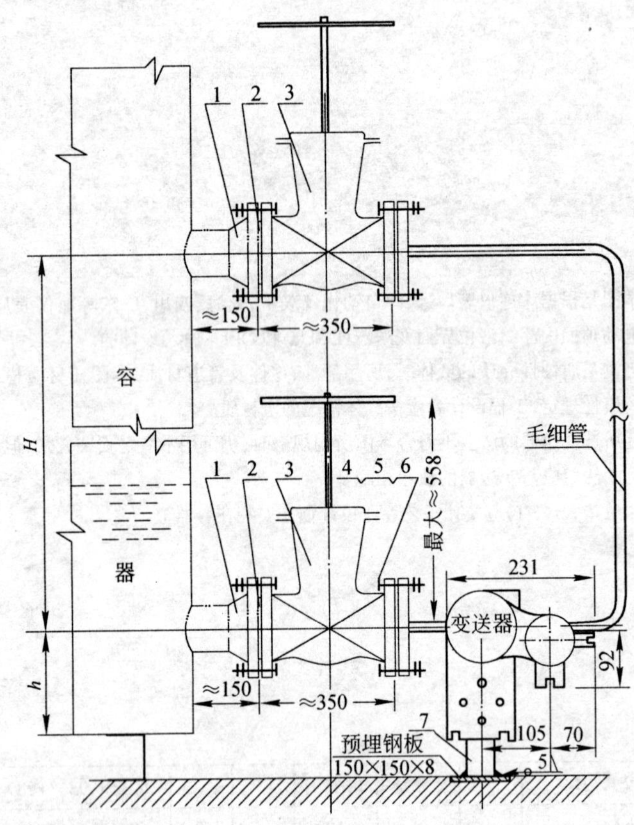

附注：

1. 本图是根据大连仪表厂生产的产品：EDR-75S型扩散硅电子式法兰差压变送器设计的。
2. 本图适用于在公称压力 $PN2.5$MPa 的容器上安装上述变送器。容器的工作制可以是连续的，在检修和拆卸变送器时，可将阀门关闭。
3. 法兰接管（件1）的规格因选用变送器的规格而异，应委托工艺专业设计预先安装在容器上。H 和 h 由工艺设计确定。
4. 闸阀（件3）应按变送器的规格，工作压力和工作温度由工程设计选配。
5. 当测量腐蚀性介质的液体时，所用部件、零件及管道材质，本图在材质栏Ⅱ内只作一般性规定，工程设计者应按具体情况确定材质。
6. 安装方案如下表。

安装方案与部、零件尺寸表

安装方案	变送器的接管法兰 公称直径 DN	变送器的接管法兰 公称压力 PN(MPa)	件1，法兰接管规格	件2，垫片 D/d	件4，螺栓	件5，螺母	件6，垫圈
A	80	2.5	a	142/89	M16×80	M16	16
B	100		b	162/108	M20×80	M20	20

标记示例：在容器上安装 EDR-75S 型差压变送器，接管直径 $DN80$，公称压力 $PN2.5$MPa，标记如下：扩散硅差压变送器的安装 Aa，图号(2000)YK07.2-14。

7. 凡所选变送器的法兰不符合本图所列规格时，仍可用本图之安装方式，但法兰接管上的法兰应与所选闸阀配合，阀门的法兰应与变送器的法兰配合。
8. 支柱（件7）也可是水平走向的管状支柱，其位置由工程设计者按具体情况确定。

件号	名称及规格	数量	材质 Ⅰ	材质 Ⅱ	质量(kg) 单重	质量(kg) 总重	图号或标准、规格号	备注
7	支柱，焊接钢管 $DN50$，l(按需要)	1	Q235	Q235			GB/T 3092—1993	
6	弹簧垫圈(见表)	32	65Mn	耐酸钢			GB/T 93—1987	
5	螺母(见表)	32	8	10			GB/T 41—1986	
4	螺栓(见表)	32	8.8	10.9			GB/T 5780—1986	
3	闸阀 DN，PN(见表)	2	45	1Cr18Ni9Ti				见附注4
2	垫片 D/d(见表)，$b=1.6$	4	橡胶石棉板	聚四氟乙烯板			JB/T 87—1994	
1	法兰接管 DN，PN(见表)	2					(2000)YK07.2-04	见附注3

部件、零件表

冶金仪控通用图	EDR-75S型扩散硅电子式 双法兰差压液位变送器在密封容器上的安装图 （$PN2.5$MPa 带切断阀的）	(2000)YK07.2-14	
		比例	页次

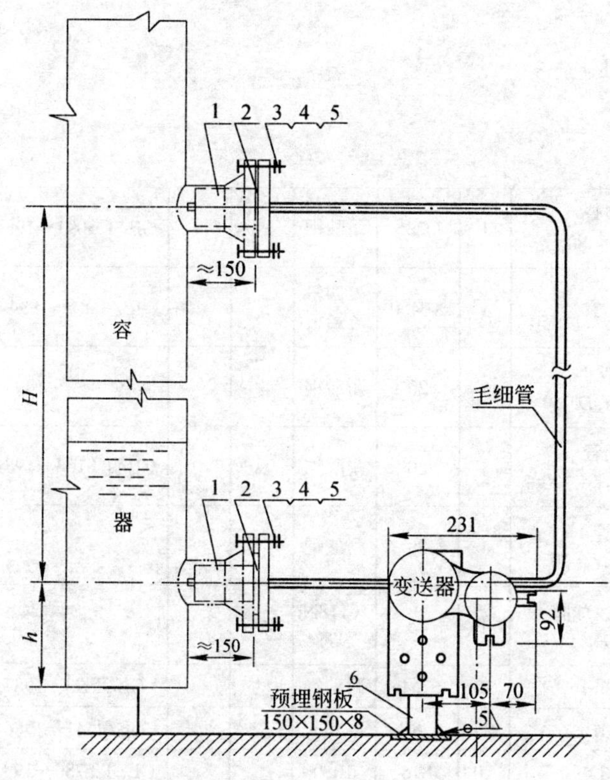

附注:

1. 本图是根据大连仪表厂生产的产品:EDR-75S 型扩散硅电子式双法兰差压变送器设计的。
2. 本图适用于在公称压力 PN2.5MPa 的容器上安装上述变送器。容器的工作制是间歇的,使变送器有可能拆卸下来检修。
3. 法兰接管(件 1)的规格因选用的变送器的规格而异,应委托工艺专业设计预先安装在容器上。H 和 h 由工艺设计按需要确定。
4. 当测量腐蚀性介质的液体时,所用部件、零件及管道材质,本图在材质栏Ⅱ内只作一般性规定,工程设计者应按具体情况确定材质。
5. 安装方案如下表。

安装方案与部、零件尺寸表

安装方案	变送器的接管法兰		件 1,法兰接管规格	件 2,垫片 D/d	件 3,螺栓	件 4,螺母	件 5,垫圈
	公称直径 DN	公称压力 PN(MPa)					
A	80	2.5	a	142/89	M16×80	M16	16
B	100		b	162/108	M20×80	M20	20

标记示例:在容器上安装 EDR-75S 型差压变送器,接管直径 DN100 标记如下:扩散硅差压变送器的安装 Bb,图号(2000)YK07.2-15。

6. 凡所选变送器的法兰不符合本图所列规格时,仍可用本图之安装方式,但法兰接管上的法兰应与变送器的法兰相配合。
7. 支柱(件 6)也可是水平走向的管状支柱,其位置由工程设计者按具体情况确定。

件号	名称及规格	数量	材质 Ⅰ	材质 Ⅱ	单重	总重	图号或标准、规格号	备注
6	支柱,焊接钢管 DN50, l(按需要)	1	Q235	Q235			GB/T 3092—1993	
5	弹簧垫圈(见表)	16	65Mn	耐酸钢			GB/T 93—1987	
4	螺母(见表)	16	8	10			GB/T 41—1986	
3	螺栓(见表)	16	8.8	10.9			GB/T 5780—1986	
2	垫片 D/d(见表), $b=1.6$	2	橡胶石棉板	聚四氟乙烯板			JB/T 87—1994	
1	法兰接管 DN,PN(见表)	2					(2000)YK07.2-04	见附注 3

部件、零件表(质量单位:kg)

冶金仪控通用图	EDR-75S 型扩散硅电子式 双法兰差压液位变送器在密封容器上的安装图 (PN2.5MPa 无切断阀的)	(2000)YK07.2-15	
		比例	页次

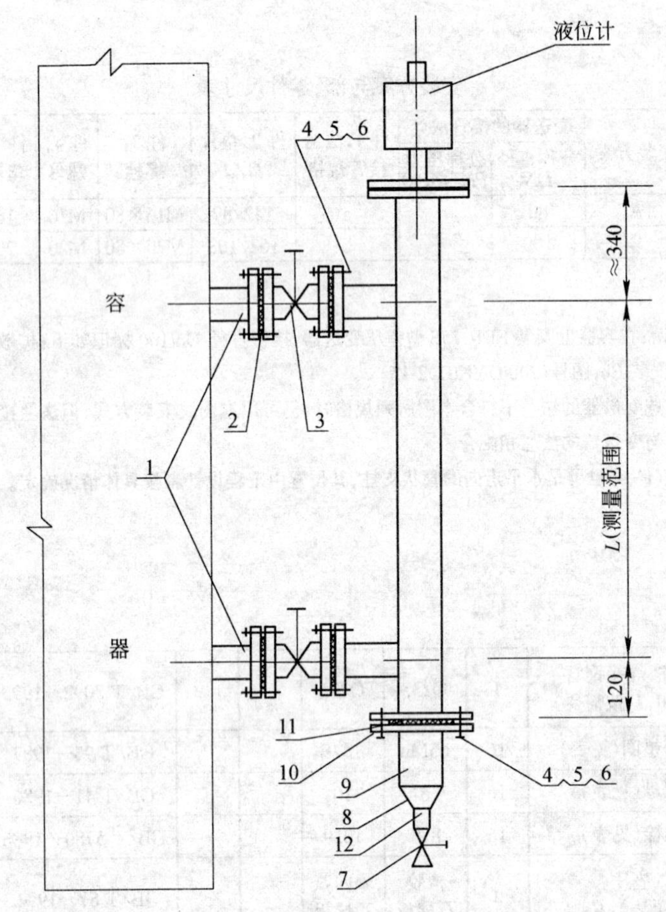

件号	名称及规格	数量	材质 Ⅰ	材质 Ⅱ	质量(kg) 单重	质量(kg) 总重	图号或标准、规格号	备注
12	焊接钢管 $DN15, l=80$	1	Q235	耐酸钢			GB/T 3091—1982	一端带 G½″ 螺纹
11	垫片 $D/d=107/57, DN50$	1	XB450	聚四氟乙烯板			JB/T 87—1994	
10	对焊钢法兰 $PN4.0$MPa, $DN50$	1	20	耐酸钢			GB/T 82—1994	
9	无缝钢管 $\phi 57\times3.5, l=100$	1	20	耐酸钢			GB/T 8163—1987	
8	异径管 $DN50/15, l=70$	1	20	耐酸钢				
7	管式内螺纹球阀 $PN4.0$MPa, $DN15$, G½″	1	45	1Cr18Ni9Ti				Q11SA-40P
6	弹簧垫圈 16	20	65Mn	耐酸钢			GB/T 93—1987	
5	螺母 M16	20	8	10			GB/T 41—1986	
4	螺栓 M16×70	20	8.8	10.9			GB/T 5780—1986	
3	球阀 $PN4.0$MPa, $DN40$	2	45	1Cr18Ni9Ti				Q4E1F-40P
2	垫片 $D/d=75/45, b=1.6$	4	XB450	聚四氟乙烯板			JB/T 87—1994	
1	凸法兰接管 $PN4.0$MPa, $DN40$	2					(2000)YK07.2-03	

部件、零件表

附注：

1. 本图适用于在 $PN4.0$MPa 的容器上安装液位计。
2. 当测量腐蚀性介质的液体时，所用部件、零件及管道材质，本图在材质栏Ⅱ内只作一般性规定，设计者应按具体情况确定材质。
3. 凡所选液位计之连接法兰不符合本图所列规格时，仍可参用本图之安装方式，但应注意紧固件、管路附件及闸阀之间的配合。
4. 法兰接管(件 1)应委托工艺专业设计预先安装在容器上。

冶金仪控通用图	磁浮筒式液位计在容器侧面安装图	(2000)YK07.2-16	
		比例	页次

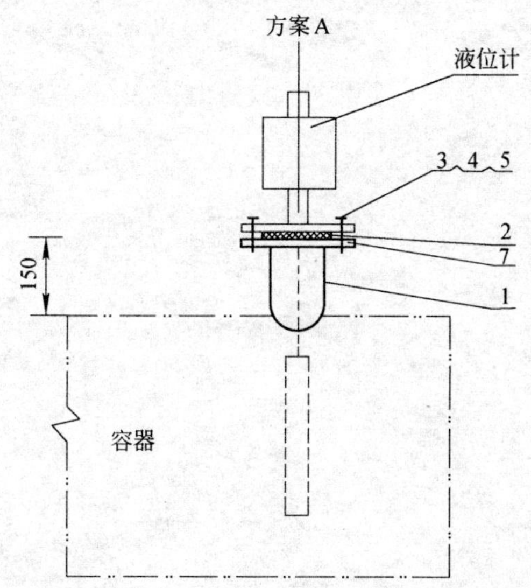

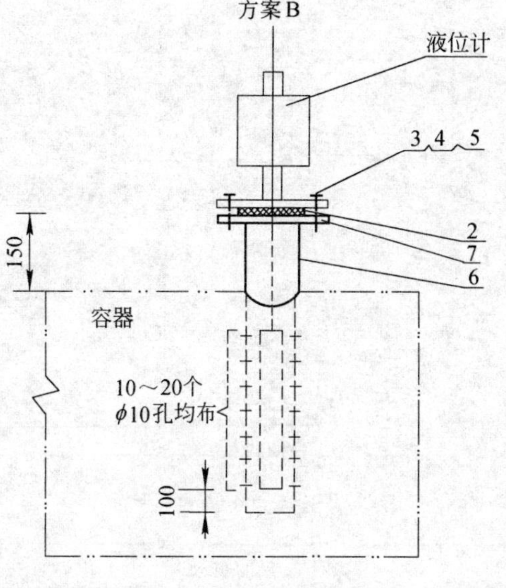

附注：

1. 本图适用于在 $PN4.0$MPa 的容器上安装液位计。
2. 当测量腐蚀性介质的液体时，所用部件、零件及管道材质，本图在材质栏Ⅱ内只作一般性规定，设计者应按具体情况确定材质。
3. 凡所选液位计之连接法兰不符合本图所列规格时，仍可参用本图之安装方式，但应注意紧固件、管路附件及闸阀之间的配合。
4. 法兰接管(件 1)和防波管(件 6)应委托工艺专业设计预先安装在容器上。

件号	名称及规格	数量	材质 Ⅰ	材质 Ⅱ	质量(kg) 单重	质量(kg) 总重	图号或标准、规格号	备注
7	凹法兰 $PN4.0$MPa，$DN50$	1	20	耐酸钢			(2000)YK07.2-05	方案B
6	防波管，无缝钢管 ϕ 57×3.5	1	20	耐酸钢			GB/T 8163—1987	方案B长度见工程设计
5	弹簧垫圈 16	4	65Mn	耐酸钢			GB/T 93—1987	
4	螺母 M16	4	8	10			GB/T 41—1986	
3	螺栓 M16×70	4	8.8	10.9			GB/T 5780—1986	
2	垫片 $D/d=87/57, b=1.6$	1	XB450	聚四氟乙烯板			JB/T 87—1994	
1	凹法兰接管 $PN4.0$MPa，$DN50$	1	20	耐酸钢			(2000)YK07.2-05	方案A

部件、零件表

冶金仪控通用图	磁浮筒式液位计在容器顶面安装图	(2000)YK07.2-17	
		比例	页次

二、部件、零件图

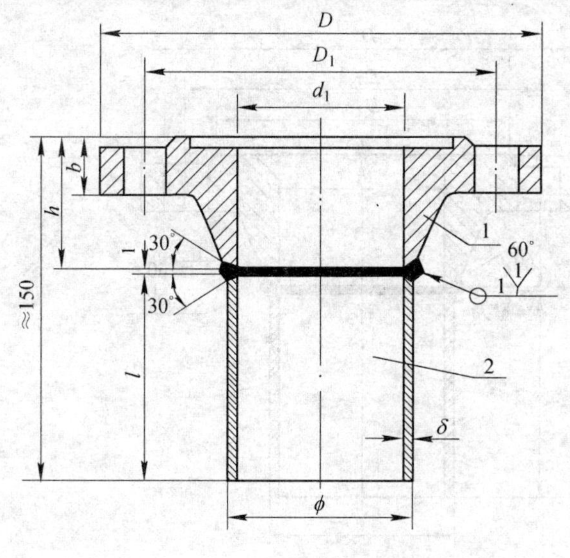

附注:

1. 本图中法兰只给出主要尺寸,以便于安装时与仪表上的法兰校对,法兰的制造仍按 JB/T 82—1994 进行。
2. 接管规格号如上表。

凹法兰接管规格号与零件尺寸表

规格	公称直径 *DN*	公称压力 *PN*(MPa)	件1,凹法兰(JB/T 82—1994)主要尺寸					件2,接管 $\phi\times\delta\times l$
			D	D_1	d_1	*h*	*b*	
a	80	4.0	195	160	78	58	24	ϕ 89×5.5×91
b	100		230	190	96	68	26	ϕ 108×6×81
c	80	6.4	210	170	77	75	30	ϕ 89×6×75
d	100		250	200	94	80	32	ϕ 108×7×69

标记示例:公称直径 *DN*80,公称压力 *PN*4.0MPa,凹法兰接管,标记如下:凹法兰接管 a,图号(2000)YK07.2-01。

件号	名称及规格	数量	材质	单重	总重	图号或标准、规格号	备注
2	接管,无缝钢管 $\phi\times\delta\times l$(见表)	1	由工程设计按工艺设备确定			GB/T 8163—1987	
1	凹法兰 *DN*,*PN*(见表)	1				JB/T 82—1994	
件号	名称及规格	数量	材质	质量(kg) 单重	质量(kg) 总重	图号或标准、规格号	备注

部件、零件表

冶金仪控通用图	对焊凹法兰接管 *DN*80,100,*PN*4.0,6.4MPa	(2000)YK07.2-01	
		比例	页次

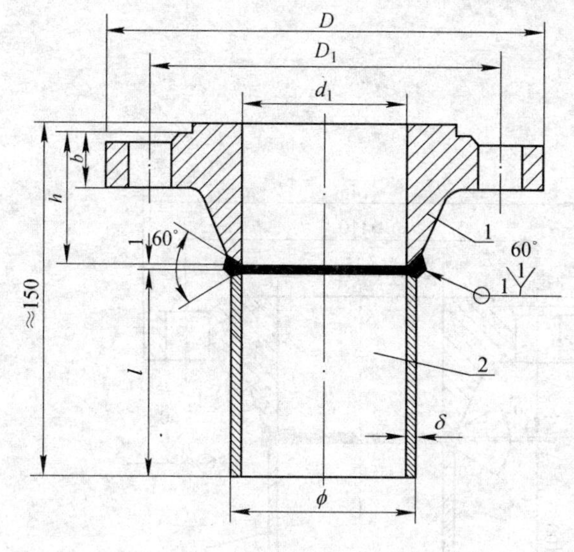

附注:

1. 本图中法兰只给出主要尺寸,以便于安装时与仪表上的法兰校对,法兰的制造仍按 JB/T 82—1994 进行。
2. 接管规格号如上表。

凸法兰接管规格号与零件尺寸表

规格	公称直径 *DN*	公称压力 *PN*(MPa)	件1,凸法兰(JB/T 82—1994)主要尺寸					件2,接管 $\phi\times\delta\times l$
			D	D_1	d_1	*h*	*b*	
a	80	4.0	195	160	78	58	24	ϕ 89×5.5×91
b	100		230	190	96	68	26	ϕ 108×6×81
c	80	6.4	210	170	77	75	30	ϕ 89×6×75
d	100		250	200	94	80	32	ϕ 108×7×69

标记示例:公称直径 *DN*100,公称压力 *PN*6.4MPa 的凸法兰接管,标记如下:凸法兰接管 d,图号(2000)YK07.2-02。

件号	名称及规格	数量	材质	单重	总重	图号或标准、规格号	备注
2	接管,无缝钢管 $\phi\times\delta\times l$(见表)	1	由工程设计按工艺设备确定			GB/T 8163—1987	
1	凸法兰 *DN*,*PN*(见表)	1				JB/T 82—1994	
件号	名称及规格	数量	材质	质量(kg) 单重	质量(kg) 总重	图号或标准、规格号	备注

部件、零件表

冶金仪控通用图	对焊凸法兰接管 *DN*80,100,*PN*4.0,6.4MPa	(2000)YK07.2-02	
		比例	页次

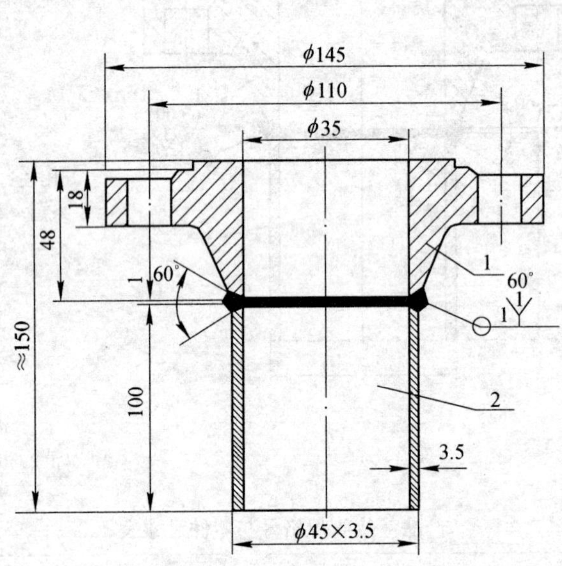

附注：

1. 本图中法兰只给出主要尺寸，以便于安装时与仪表上的法兰校对，法兰的制造仍按 JB/T 82—1994 进行。

件号	名称及规格	数量	材 质	单重	总重	图号或标准、规格号	备 注
2	接管，无缝钢管 ϕ 45×3.5×100	1	由工程设计按工艺设备确定			GB/T 8163—1987	
1	凸法兰 *DN*40，*PN*4.0MPa	1				JB/T 82—1994	
				质量(kg)			

部 件、零 件 表

冶金仪控通用图	对焊凸法兰接管 *DN*40，*PN*4.0MPa	(2000)YK07.2-03	
		比例	页次

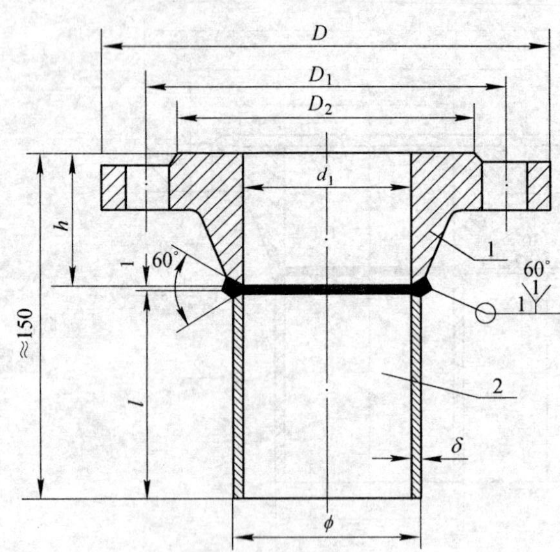

法兰接管规格号与零件尺寸表

规格号	公称直径 *DN*	公称压力 *PN*(MPa)	件 1，法兰(JB/T 82—1994)主要尺寸					件 2，接管 $\phi\times\delta\times l$
			D	D_1	D_2	d_1	*h*	
a	80	2.5	195	160	135	78	58	ϕ 89×5.5×91
b	100		230	190	160	96	68	ϕ 108×6×81

附注：

1. 本图中法兰只给出主要尺寸，以便于安装时与仪表上的法兰校对，法兰的制造仍按 JB/T 82—1994 进行。
2. 接管规格号如上表。

标记示例：公称通径 *DN*80，公称压力 *PN*2.5MPa 的法兰接管，标记如下：法兰接管 a，图号(2000)YK07.2-04。

件号	名称及规格	数量	材 质	单重	总重	图号或标准、规格号	备 注
2	接管，无缝钢管 $\phi\times\delta\times l$(见表)	1	由工程设计按工艺设备确定			GB/T 8163—1987	
1	法兰 *DN*，*PN*(见表)	1				JB/T 82—1994	
				质量(kg)			

部 件、零 件 表

冶金仪控通用图	对焊法兰接管 *DN*80，100，*PN*2.5MPa	(2000)YK07.2-04	
		比例	页次

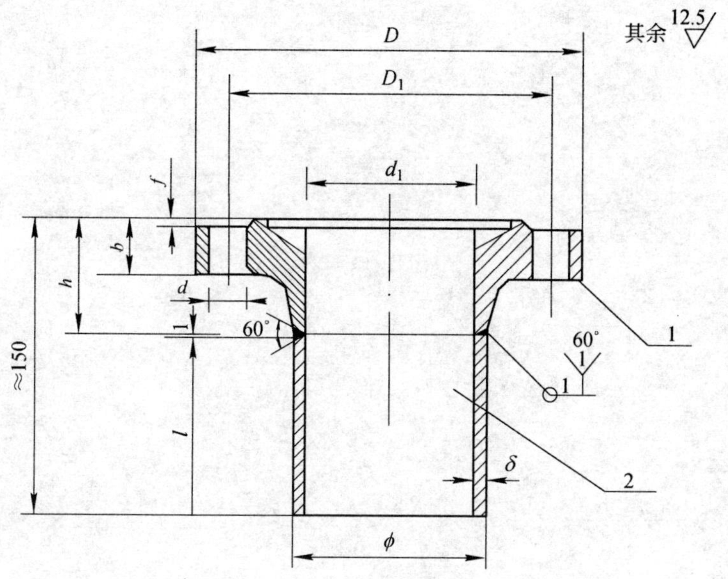

规格号	公称通径 DN	公称压力 PN(MPa)	件1,凹法兰主要尺寸							件2,接管 $\phi\times\delta\times l$ (外径×壁厚×长度)
			D	D_1	d_1	f	b	h	d	
a	40	4.0	145	110	38	3	18	48	4～18	φ 45×3.5×101
b	50	4.0	160	125	48	3	20	48	4～18	φ 57×3.5×101

附注:

1. 本图中法兰只给出主要尺寸,以便于安装时与仪表上的法兰校对,法兰制造仍按 JB/T 82—1994 进行。
2. 所有锐角倒钝。

件号	名称及规格	数量	材质	单重	总重	图号或标准、规格号	备注
2	接管,无缝钢管(见表)	1	由工程设计按工艺设备确定			GB/T 8163—1987	
1	凹法兰,DN,PN(见表)	1	由工程设计按工艺设备确定			JB/T 82—1994	
件号	名称及规格	数量	材 质	质量(kg)		图号或标准、规格号	备 注

部件、零件表

冶金仪控通用图	对焊凹法兰接管 DN40,50,PN4.0MPa				(2000)YK07.2-05
	材质	质量	比例	件号	装配图号

差压法测量液位的管路连接图

(2000)YK07.3

目　录

冶金仪控通用图	差压法测量液位的管路连接图图纸目录	(2000)YK07.3-1	
		比例	页次

说　明

1. 适用范围

本分册适用于冶金生产过程中液位测量的管路连接。它包括一般容器上的差压法液位测量、吹气差压法液位测量、锅炉汽包水位测量和差压法气柜高度测量等的管路连接图和安装部件、零件图。

2. 选用注意事项

本分册中差压变送器一般都考虑安装在仪表保护箱内,如为室内安装时也可取消保护箱,这时相应地要取消隔壁直通管接头。

一、安　装　图

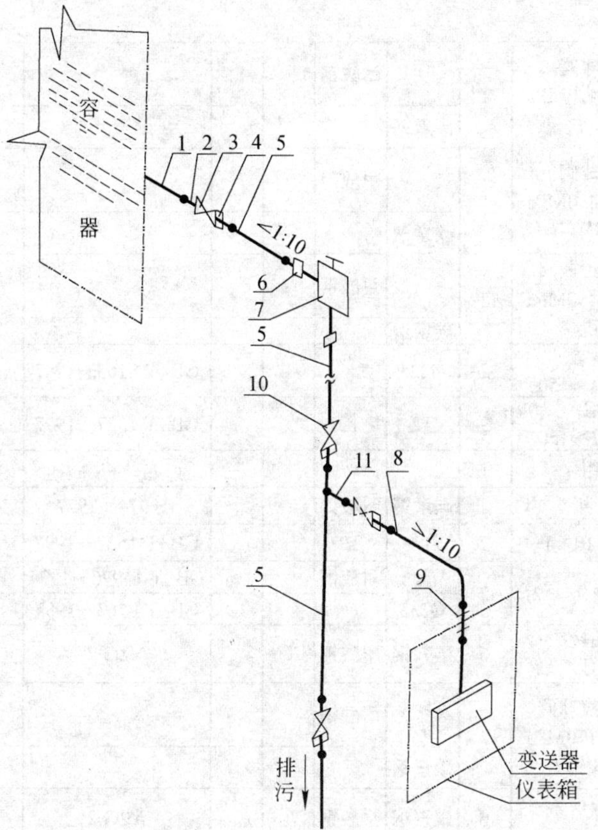

附注：

1. 冷凝器(件 7)作隔离器用，不需要隔离时取消件 6 和件 7。
2. 当测量腐蚀性介质时，所用零件、部件及管道材质本图在材料栏Ⅱ内只作一般性规定，工程设计者应按具体情况确定材质。
3. 二次阀(件 10)的安装位置应视现场敷设条件而定。或者置于导压主管(实线绘出 A 方案)，或者置于导压支管(虚线绘出 B 方案)。如选 A 方案，则件 8、件 11 为同一连续铜管。
4. 变送器不装箱内时取消件 9。

件号	名称及规格	数量	材质 Ⅰ	材质 Ⅱ	质量(kg) 单重	质量(kg) 总重	图号或标准、规格号	备注
11	无缝钢管 ϕ 14×2，l＝500	1	Q235				GB/T 8163—1987	B方案用
	紫铜管 ϕ 10×1，l＝500	1	T2	T2			GB/T 1527—1997	A方案用
10	管式内螺纹球阀 DN15，PN1.6MPa 接管 G½″	1		耐酸钢				Q11F-16P 或 Q11F-16R 型
			碳素钢					Q11F-16C 型
9	隔壁直通管接头 14	1	碳素钢	耐酸钢			JB974—1977	
8	紫铜管 ϕ 10×1		T2	T2			GB/T 1527—1997	长度见工程设计
7	冷凝容器 DN100，PN6.4MPa	1	碳素钢	耐酸钢			YZF1-7	
6	直通管接头 14	2	碳素钢	耐酸钢			JB 970—1977	
5	无缝钢管 ϕ 14×2	2		耐酸钢			GB/T 14976—1994	长度见工程设计
			Q235				GB/T 8162—1987	长度见工程设计
4	直通终端接头 14/G½″	3	碳素钢	耐酸钢			YZG5-2	
3	管式内螺纹球阀 DN15，PN1.6MPa 接管 G½″	2		耐酸钢				Q11F-16P 或 Q11F-16R 型
			碳素钢					Q11F-16C 型
2	直通终端接头 ϕ 14/R½″	3	碳素钢	耐酸钢			YZG5-2	
1	无缝钢管 ϕ 22×3.5，l＝100	1		耐酸钢			GB/T 14976—1994	
			Q235				GB/T 8163—1987	

部件、零件表

冶金仪控通用图	差压法测量常压容器内液位的管路连接图	(2000)YK07.3-3	
		比例	页次

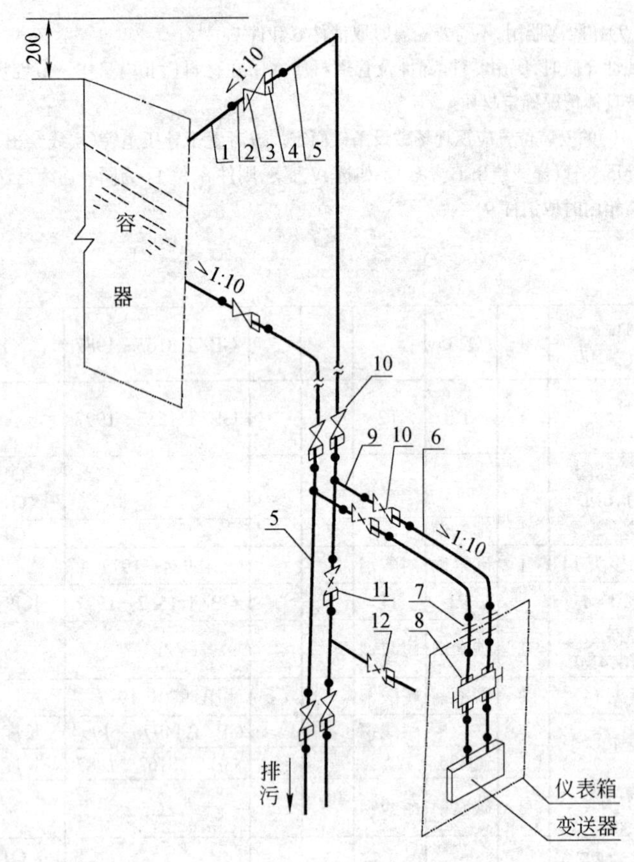

附注：

1. 本方案适用于气相冷凝液不多，而又能及时排除的情况。
2. 当测量腐蚀性介质时，所用零件、部件及管道材质本图在材料栏Ⅱ内只作一般性规定，工程设计者应按具体情况确定材质。
3. 二次阀（件10）的安装位置应视现场敷设条件而定。或者置于导压主管（实线绘出A方案），或者置于导压支管（虚线绘出B方案）。如选A方案，则件6、件9为同一连续铜管。
4. 当测量负压时，需增加以虚线表示的阀门（件11、件12）。
5. 若选用B方案需增加以虚线表示的件12阀门。
6. 变送器不装箱内时取消件7。

件号	名称及规格	数量	材质 Ⅰ	材质 Ⅱ	质量(kg) 单重	质量(kg) 总重	图号或标准、规格号	备注
12	内螺纹球阀 DN15，PN4.0MPa 接管 G½″	1		耐酸钢				Q11F-40P 或 Q11F-40R 型
			碳素钢					Q11F-40C 型
11	内螺纹球阀 DN15，PN4.0MPa 接管 G½″	1		耐酸钢				Q11F-40P 或 Q11F-40R 型
			碳素钢					Q11F-40C 型
10	管式内螺纹球阀 DN15，PN4.0MPa 接管 G½″	2		耐酸钢				Q11F-40P 或 Q11F-40R 型
			碳素钢					Q11F-40C 型
9	无缝钢管 φ14×2，l≈150	2	Q235				GB/T 8163—1987	B方案用
	紫铜管 φ10×1，l≈150	2	T2	T2			GB/T 1527—1997	A方案用
8	三阀组	1						变送器带
7	隔壁直通管接头 14	2	碳素钢	耐酸钢			JB 974—1977	
6	紫铜管φ10×1	2	T2	T2			GB/T 1527—1997	长度见工程设计
5	无缝钢管φ14×2	2		耐酸钢			GB/T 14976—1994	长度见工程设计
			Q235				GB/T 8163—1987	长度见工程设计
4	直通终端接头 φ14/G½″	6	碳素钢	耐酸钢			YZG-2	
3	管式内螺纹球阀 DN15，PN1.0MPa 接管 G½″	4		耐酸钢				Q11F-40P 或 Q11F-40R 型
			碳素钢					Q11F-40C 型
2	直通终端接头 φ14/R½″	6	碳素钢	耐酸钢			YZG-2	
1	无缝钢管 φ22×3.5，l=100	1		耐酸钢			GB/T 14976—1994	
			Q235				GB/T 8163—1987	

部件、零件表

冶金仪控通用图	差压法测量压力或负压容器内液位的管路连接图 PN2.5MPa（气相冷凝液少者）	(2000)YK07.3-4	
		比例	页次

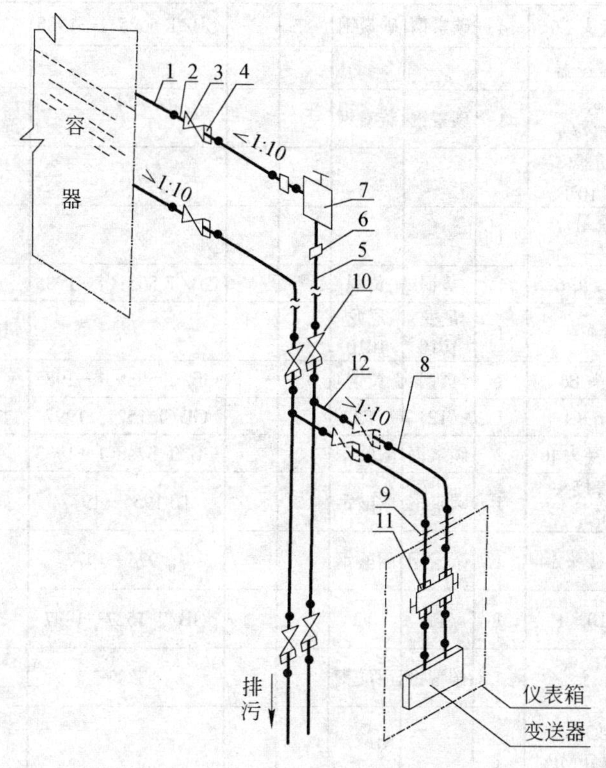

附注：

1. 本方案适用于气相冷凝液较多的情况。
2. 当测量腐蚀性介质时，所用零件、部件及管道材质本图在材料栏Ⅱ内只作一般性规定，工程设计者应按具体情况确定材质。
3. 二次阀（件10）的安装位置应视现场敷设条件而定。或者置于导压主管（实线绘出A方案），或者置于导压支管（虚线绘出B方案）。如选A方案，则件8、件12为同一连续铜管。
4. 变送器不装箱内时取消件9。

件号	名称及规格	数量	材质 Ⅰ	材质 Ⅱ	单重 质量(kg)	总重 质量(kg)	图号或标准、规格号	备注
12	无缝钢管 ϕ 14×2，l≈150	2	Q235				GB/T 8163—1987	B方案用
	紫铜管 ϕ 10×1，l≈150	2	T2	T2			GB/T 1527—1997	A方案用
11	三阀组	1						变送器带
10	管式内螺纹球阀，*DN*15，*PN*4.0MPa 接管G½″	2		耐酸钢				Q11F-40P或Q11F-40R型
			碳素钢					Q11F-40C型
9	隔壁直通管接头14	2	碳素钢	耐酸钢			JB 974—1977	
8	紫铜管ϕ 10×1	2	T2	T2			GB/T 1527—1997	长度见工程设计
7	冷凝容器 *DN*100，*PN*6.4MPa	1	碳素钢	耐酸钢			YZF1-7	
6	直通管接头14	2	碳素钢	耐酸钢			JB 970—1977	
5	无缝钢管 ϕ 14×2	2		耐酸钢			GB/T 14976—1994	长度见工程设计
			Q235				GB/T 8163—1987	长度见工程设计
4	直通终端接头 ϕ 14/R½″	6	碳素钢	耐酸钢			YZG5-2	
3	管式内螺纹球阀 *DN*15，*PN*4.0MPa 接管G½″	4		耐酸钢				Q11F-40P或Q11F-40R型
			碳素钢					Q11F-40C型
2	直通终端接头 ϕ 14/R½″	6	碳素钢	耐酸钢			YZG5-2	
1	无缝钢管 ϕ 22×3.5，l=100	2		耐酸钢			GB/T 14976—1994	
			Q235				GB/T 8163—1987	

部件、零件表

冶金仪控通用图	差压法测量压力容器内液位的管路连接图 *PN*2.5MPa（气相冷凝液多者）	(2000)YK07.3-5	
		比例	页次

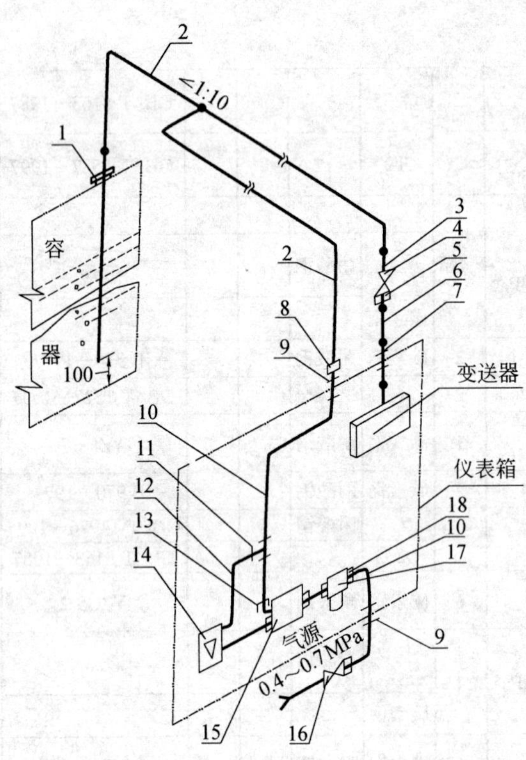

件号	名称及规格	数量	材质 I	材质 II	单重 质量(kg)	总重 质量(kg)	图号或标准、规格号	备注
18	端直通管接头 B6	4	碳素钢	碳素钢			GB/T 5625.1—1985	
17	空气过滤减压器	1						QFH-111 型
16	气源球阀 $DN10$,G½″/ϕ 6	1	碳素钢	碳素钢				QG·QY1 型
15	恒差继动器 $(0.1\sim1)\times10^5$Pa	1						QFH-100 型
14	玻璃转子流量计 160l/h	1						LZB-4 型
13	端直角管接头 6	1	黄铜	黄铜			GB/T 5631.1—1985	
12	尼龙单管ϕ 6	1	尼龙 1010	尼龙 1010				长度见工程设计
11	三通管接头 B6	1	黄铜	黄铜			GB/T 5639.1—1985	
10	紫铜管ϕ 6×1	1	T2	T2			GB/T 1527—1997	长度见工程设计
9	隔壁直通管接头 J6	2	碳素钢	耐酸钢			GB/T 3748.1—1983	
8	直通变径管接头 Z14/6″	1	碳素钢	耐酸钢			JB 1955—1977	
7	隔壁直通管接头 14	1	碳素钢	耐酸钢			JB 974—1977	
6	紫铜管ϕ 10×1	1	T2	T2			GB/T 1527—1997	长度见工程设计
5	直通终端接头 ϕ 14/R½″	1	碳素钢	耐酸钢			YZG5-2	
4	管式内螺纹球阀 $DN15$,$PN1.6$MPa 接管 G½″	1		耐酸钢				Q11F-16P Q11F-16R 型
			碳素钢					Q11F-16C
3	直通终端接头 ϕ 14/R½″	1	碳素钢	耐酸钢			YZG5-2	
2	无缝钢管ϕ 14×2	2		耐酸钢			GB/T 14976—1994	长度见工程设计
			Q235				GB/T 8163—1987	长度见工程设计
1	单吹气插管装置,方案 A	1	碳素钢	耐酸钢			(2000)YK07.3-01	

部件、零件表

附注:

1. 当测量腐蚀性介质的液体时,所用部件、零件及管道材质本图在材质栏Ⅱ内只作一般性规定,工程设计者应按具体情况确定材质。

冶金仪控通用图	吹气(差压)法测量常压容器内液位的管路连接图(单吹气插管式)	(2000)YK07.3-6	
		比例	页次

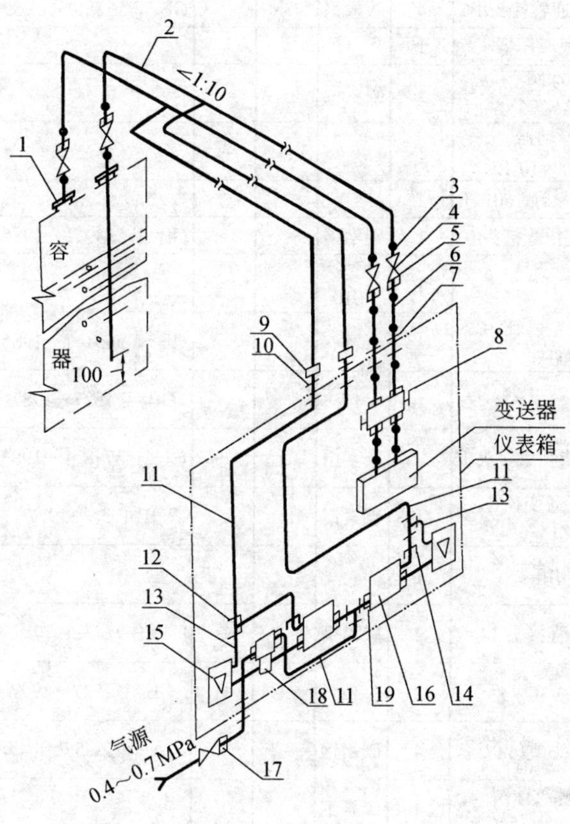

件号	名称及规格	数量	材质 Ⅰ	材质 Ⅱ	质量(kg) 单重	质量(kg) 总重	图号或标准、规格号	备注
19	端直通管接头 B6	6	碳素钢	碳素钢			GB/T 5625.1—1985	
18	空气过滤减压器	1						QFH-111 型
17	气源球阀 DN10, G½″/ϕ 6	1	碳素钢	碳素钢				QG.QY1 型
16	恒差继动器 (0.1～1)×10^5Pa	2						QFH-100 型
15	玻璃转子流量计 160 L/h	2						LZB-4 型
14	端直角管接头 6	2	碳素钢	碳素钢			GB/T 5631.1—1985	
13	尼龙单管ϕ 6	1	尼龙 1010	尼龙 1010				长度见工程设计
12	三通管接头 B6	2	黄铜	黄铜			GB/T 5639.1—1985	
11	紫铜管ϕ 6×1	2	T2	T2			GB/T 1527—1997	长度见工程设计
10	隔壁直通管接头 J6	3	碳素钢				GB/T 3748.1—1983	
9	直通变径管接头 Z14/6″	2	碳素钢	耐酸钢			JB 1955—1977	
8	三阀组	1						变送器带
7	隔壁直通管接头 14	2	碳素钢	耐酸钢			JB 974—1977	
6	紫铜管ϕ 10×1	2	T2	T2			GB/T 1527—1997	长度见工程设计
5	直通终端接头 ϕ 14/R½″	4	碳素钢	耐酸钢			YZG5-2	
4	管式内螺纹球阀 PN1.6MPa, DN15, G½″	4	碳素钢					Q11F-16C 型
				耐酸钢				Q11F-16P 型 Q11F-16R 型
3	直通终端接头 ϕ 14/R½″	4	碳素钢	耐酸钢			YZG5-2	
2	无缝钢管 ϕ 14×2	4		耐酸钢			GB/T 14976—1994	长度见工程设计
			Q235				GB/T 8163—1987	长度见工程设计
1	双吹气插管装置，方案 B	1	碳素钢	耐酸钢			(2000)YK07.3-01	

部件、零件表

附注：

1. 当测量腐蚀性介质的液体时，所用部件、零件及管道材质本图在材质栏Ⅱ内只作一般性规定，工程设计者应按具体情况确定材质。

冶金仪控通用图	吹气(差压)法测量压力容器内液位的管路连接图(双吹气插管，双吹式)	(2000)YK07.3-7
		比例 / 页次

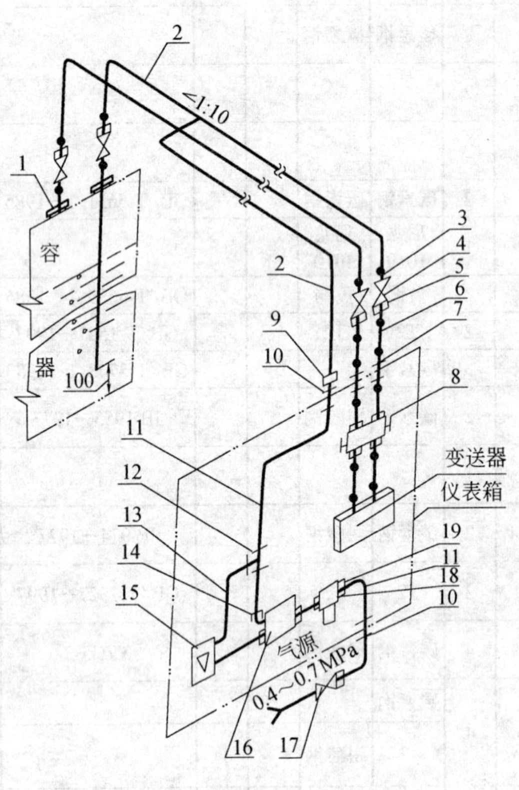

附注：

1. 本图适用于气相无腐蚀性的测量。

件号	名称及规格	数量	材质	质量(kg) 单重	质量(kg) 总重	图号或标准、规格号	备注
19	扩口式端直通管接头 B6	4	碳素钢			GB/T 5625.1—1985	
18	空气过滤减压器	1					QFH-111 型
17	气源球阀 *DN*10,G½″/ϕ 6	1	碳素钢				QG.QY1 型
16	恒差继动器 (0.1~1)×10^5Pa	1					DFH-100 型
15	玻璃转子流量计 160L/h	1					LZB-4 型
14	扩口式端直角管接头 6	1	碳素钢			GB/T 5639.1—1985	
13	尼龙单管ϕ 6	1	尼龙 1010				长度见工程设计
12	扩口式三通管接头 B6	1	黄铜			GB/T 5631.1—1985	
11	紫铜管ϕ 10×1	1	T2			GB/T 1527—1987	长度见工程设计
10	卡套式隔壁直通管接头 J6	2	碳素钢			GB/T 3748.1—1983	
9	卡套式直通变径管接头 Z14/6″	1	碳素钢			JB 1955—1977	
8	三阀组	1					变送器带
7	隔壁直通管接头 14	2	碳素钢			JB 974—1977	
6	紫铜管ϕ 10×1	2	T2			GB/T 1527—1997	长度见工程设计
5	直通终端接头ϕ 14/R½″	4	碳素钢			YZG5-2	
4	管式内螺纹球阀 *PN*1.6MPa *DN*15,G½″	4	碳素钢				Q11F-16C 型
3	直通终端接头ϕ 14/R½″	4	碳素钢			YZG5-2	
2	无缝钢管ϕ 14×2	3	Q235			GB/T 8163—1987	长度见工程设计
1	双吹气插管装置,方案 B	1	碳素钢			(2000)YK07.3-01	

部件、零件表

冶金仪控通用图	吹气(差压)法测量压力容器内液位的管路连接图(双吹气插管,单吹式)	(2000)YK07.3-8	
		比例	页次

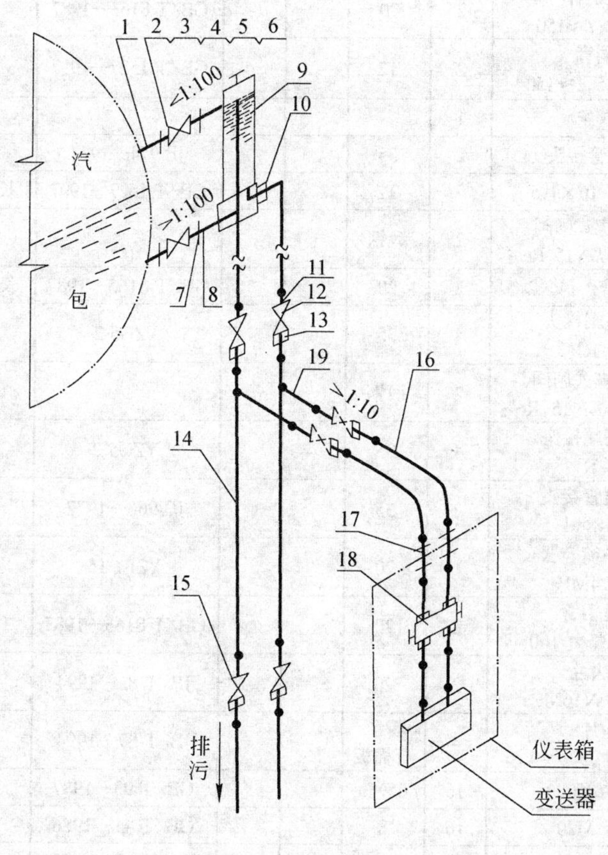

附注：

1. 法兰接管(件1)随锅炉设备带，其法兰为 *PN*4.0MPa，*DN*20 的 JB/T 82—1994 凸面标准法兰。
2. 二次阀(件12)的安装位置应视现场敷设条件而定。或者置于导压主管(实线绘出 A 方案)，或者置于导压支管(虚线绘出 B 方案)。如选 A 方案，则件16、件19为同一连续铜管。
3. 变送器不装箱内时取消件17。

件号	名称及规格	数量	材质	单重 质量(kg)	总重 质量(kg)	图号或标准、规格号	备注
19	无缝钢管 ϕ 14×2，l≈150	2	20			GB/T 8163—1987	B方案用
	紫铜管 ϕ 10×1，l≈150	2	T2			GB/T 1527—1997	A方案用
18	三阀组	1					变送器带
17	隔壁直通管接头 14	2	35			JB 974—1977	
16	紫铜管 ϕ 10×1	2	T2			GB/T 1527—1997	长度见工程设计
15	内螺纹楔式闸阀 *PN*2.5MPa，*DN*15，Rc½″	2	25				Z11H-25型
14	无缝钢管 ϕ 14×2	2	20			GB/T 8163—1987	长度见工程设计
13	直通终端接头 ϕ 14/R½″	4	20			YZG5-2	
12	内螺纹楔式闸阀 *PN*2.5MPa，*DN*15，Rc½″	2	25				Z11H-25型
11	直通终端接头 ϕ 14/R½″	4	20			YZG5-2	
10	端直通管接头 14/M18×1.5	2	35			JB 966—1977	
9	双室平衡容器 *PN*6.4MPa	1	20			YZF1-15	由工程设计选定规格
8	无缝钢管 ϕ 25×3，l≈100	2	20			GB/T 8163—1987	
7	凸法兰 *DN*25，*PN*2.5MPa	2	20			JB/T 82—1994	
6	垫片 D/d=50/25，b=1.6	4	橡胶石棉板			JB/T 87—1994	
5	垫圈 12	16	65Mn			GB/T 93—1987	
4	螺母 M12	16	8			GB/T 41—1986	
3	螺栓 M12×60	16	8.8			GB/T 5780—1986	
2	楔式闸阀 *DN*20，*PN*4.0MPa	2	25				Z41H-40型
1	法兰接管 *DN*20，*PN*4.0MPa	2					随工艺设备带

部件、零件表

冶金仪控通用图	差压法测量锅炉汽包水位的管路连接图 *PN*2.5MPa，t≤300℃	(2000)YK07.3-9	
		比例	页次

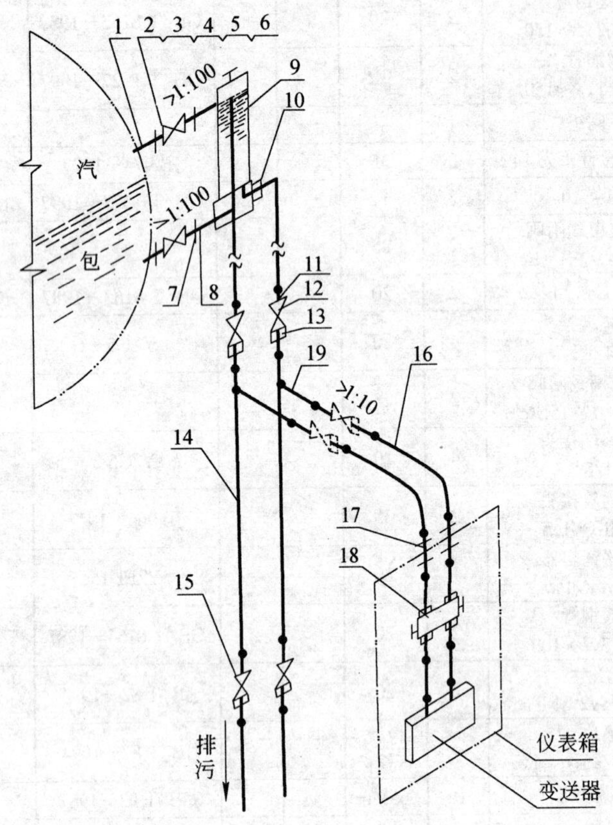

附注：

1. 法兰接管(件 1)随锅炉设备带，其法兰为 *PN*4.0MPa，*DN*20 的 JB/T 82—1994 凸面标准法兰。
2. 二次阀(件 12)的安装位置应视现场敷设条件而定。或者置于导压主管(实线绘出 A 方案)；或者置于导压支管(虚线绘出 B方案)。如选 A 方案，则件 16、件 19 为同一连续铜管。
3. 变送器不装箱内时取消件 17。

件号	名称及规格	数量	材质	单重	总重	图号或标准、规格号	备注
19	无缝钢管 ϕ 14×2，l≈150	2	20			GB/T 8163—1987	B方案用
	紫铜管 ϕ 10×1.5，l≈150	2	T2			GB/T 1527—1997	A方案用
18	三阀组	1					变送器带
17	隔壁直通管接头 14	2	35			JB 974—1977	
16	紫铜管ϕ 10×1.5	2	T2			GB/T 1527—1997	长度见工程设计
15	内螺纹楔式闸阀 *PN*6.4MPa，*DN*15，Rc½″	2	锻钢				Z11H-64 型
14	无缝钢管ϕ 14×2	2	20			GB/T 8163—1987	长度见工程设计
13	直通终端接头 ϕ 14/R½″	4	35			YZG5-2	
12	内螺纹楔式闸阀 *PN*6.4MPa，*DN*15，Rc½″	2	锻钢				Z11H-64 型
11	直通终端接头 ϕ 14/R½″	4	35			YZG5-2	
10	端直通管接头 14/M18×1.5	2	35			JB 966—1977	
9	双室平衡容器 *PN*6.4MPa	1	20			YZF1-15	由工程设计选定规格
8	无缝钢管 ϕ 25×3，l≈100	2	20			GB/T 8163—1987	
7	凸法兰 *DN*20，*PN*16MPa	2	20			JB/T 82—1994	
6	垫片 D/d=50/25，b=1.6	4	橡胶石棉板			JB/T 87—1994	
5	弹簧垫圈 20	16	65Mn			GB/T 93—1987	
4	螺母 M20	16	8			GB/T 41—1986	
3	螺栓 M20×80	16	8.8			GB/T 5780—1986	
2	楔式闸阀 *DN*20，*PN*16MPa	2	锻钢				Z41H-160 型
1	法兰接管 *DN*20，*PN*16MPa	2					随工艺设备带
件号	名称及规格	数量	材质	单重	总重	图号或标准、规格号	备注
				质量(kg)			

部件、零件表

冶金仪控通用图	差压法测量锅炉汽包水位的管路连接图 *PN*6.4MPa，t≤450℃	(2000)YK07.3-10	
		比例	页次

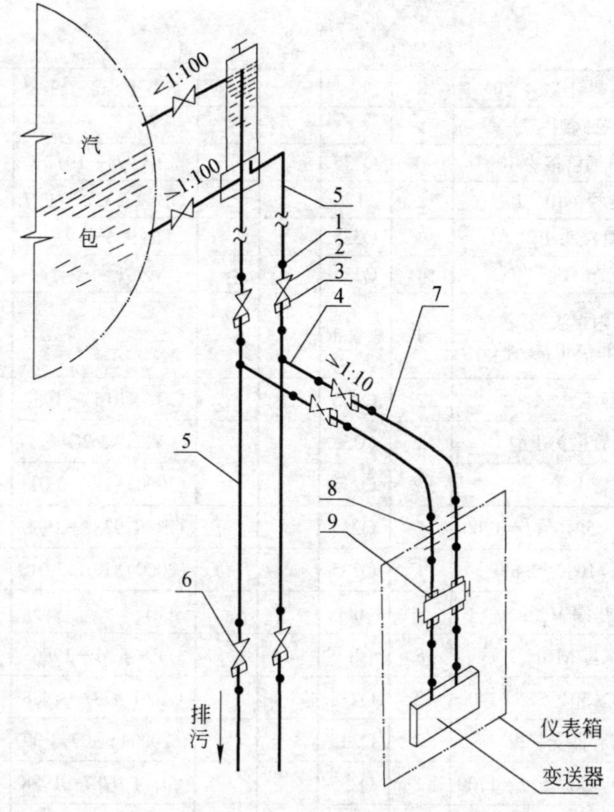

9	三阀组	1					变送器带
8	隔壁直通管接头 14	2	35			JB 974—1977	
7	紫铜管 ϕ 10×1.5	2	T2			GB/T 1527—1997	
6	内螺纹楔式闸阀 *PN*16MPa, *DN*15, Rc½″	2	碳素钢				Z11Y-160 型
5	无缝钢管 ϕ 14×2	2	20			GB/T 8163—1987	长度见工程设计
4	无缝钢管 ϕ 14×2, l≈150	2	20			GB/T 8163—1987	B 方案用
	紫铜管 ϕ 10×1.5, l≈150	2	T2			GB/T 1527—1997	A 方案用
3	直通终端管接头 14/R½″	4	20			YZG5-2	
2	内螺纹楔式闸阀 *PN*16MPa, *DN*15, Rc½″	2	碳素钢				Z11Y-160 型
1	直通终端接头 ϕ 14/R½″	4	20			YZG5-2	
件号	名称及规格	数量	材 质	单重 质量(kg)	总重	图 号 或 标准、规格号	备 注

部 件、零 件 表

附注:

1. 图中细实线所示的阀门和平衡容器随锅炉设备带。
2. 二次阀件 2 的安装位置应视现场敷设条件而定。或者置于导压主管(实线绘出 A 方案);或者置于导压支管(虚线绘出 B 方案)。如选 A 方案,则件 4、件 7 为同一连续铜管。
3. 变送器不装箱内时取消件 8。

冶金仪控 通用图	差压法测量锅炉汽包水位的管路连接图 *PN*10MPa, t≤540℃	(2000)YK07.3-11	
		比例	页次

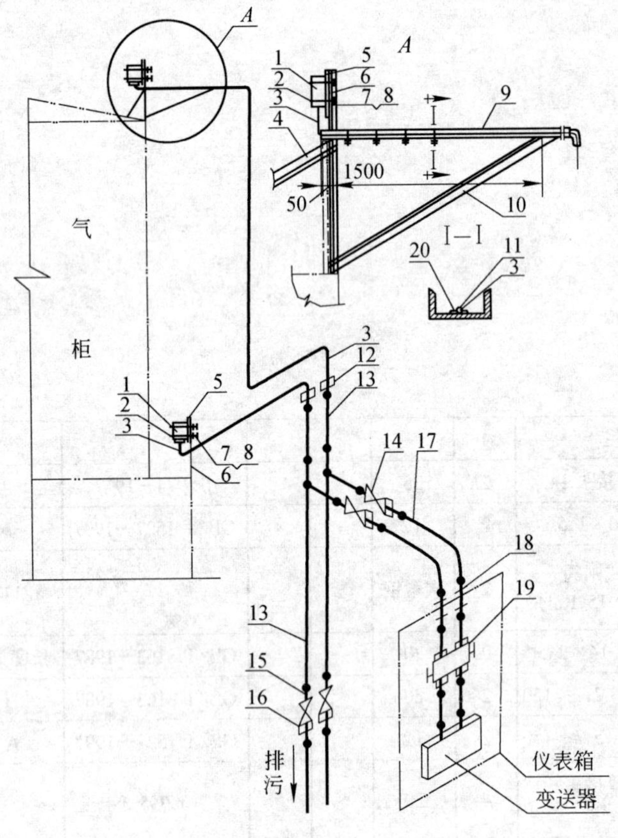

件号	名称及规格	数量	材 质	单重 质量(kg)	总重 质量(kg)	图号或标准、规格号	备 注
20	十字头螺钉 M6×20	8				GB/T 822—1988	
19	三阀组	1					变送器带
18	隔壁直通管接头 10	2	Q235			JB 974—1977	
17	紫铜管ϕ 10×1	2	T2			GB/T 1527—1997	长度见工程设计
16	端直通管接头 14/G½″	4	Q235			JB 966—1977	
15	短节 G½″	4	Q235			YZG14-1-R½″	
14	管式内螺纹球阀 *DN*15, *PN*1.6MPa 接管 G½″	4	碳素钢				Q11F-16C 型
13	无缝钢管ϕ 14×2	2	Q235			GB/T 8163—1987	长度见工程设计
12	橡胶管接头Ⅰ型	2	Q235			YZG9-3-2G½″	
11	管卡子	5	Q235			(2000)YK07.3-011	
10	支撑∟50×50×5, *l*=1700	1	Q235			GB/T 9787—1988	
9	管槽 [10, *l*=3400	1	Q235			(2000)YK07.3-010	
8	垫圈 10	8	100HV			GB/T 95—1985	
7	螺母 M10	8	8			GB/T 41—1986	
6	立柱∟50×50×5, *l*=1400	2	Q235			GB/T 9787—1988	
5	平衡容器安装板	2	Q235			(2000)YK07.3-09	
4	拉杆∟50×50×5, *l*=1700	1	Q235			GB/T 9787—1988	
3	棉线编织胶管ϕ 8(内径)	(见注)	橡胶等			HG/T 3044—1997	
2	卡箍	4	Q235			(2000)YK07.3-08	
1	平衡容器 *DN*150, *PN*1.0MPa	2	Q235			(2000)YK07.3-06	

部件、零件表

冶金仪控通用图	差压法气柜高度测量装置安装和管路连接图	(2000)YK07.3-12	
		比例	页次

附注：

1. 拉杆、支撑、立柱、管槽、平衡容器安装板、栏杆之间的连接均为焊接，安装立柱的栏杆要适当的加固。
2. 平衡容器内的工作液在塞冷易冻地区应是抗冻的，在炎热干燥地区时应是不易挥发的。一般可用甘油和水的混合物。
3. 安装好后刷两次底漆一次灰漆。
4. 橡胶管接头与胶管连接好后用铁丝扎紧。
5. 胶管的长度根据不同气柜的高度由工程设计者确定。

二、部件、零件图

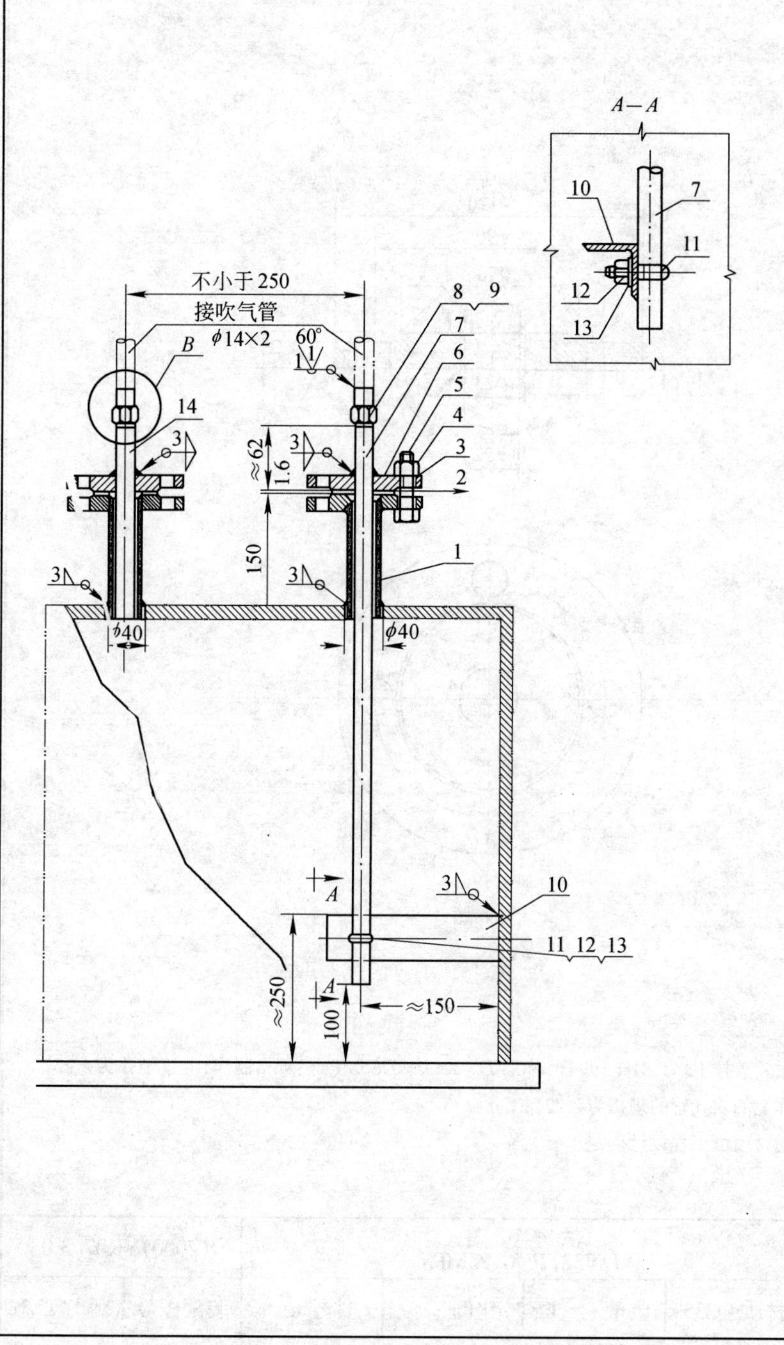

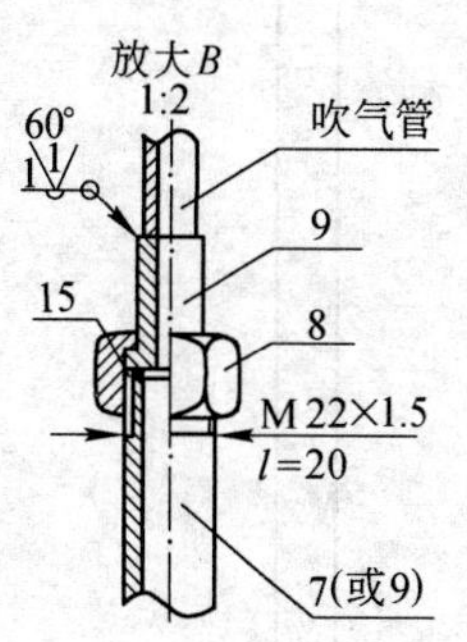

放大 B
1:2
60°
1
吹气管
9
15
8
M22×1.5
l=20
7(或9)

附注：

1. 本图是吹气式液位计吹气插管的结构及安装图，工作压力 PN0.25MPa。
2. 图中表示的是在压力容器上吹气插管的安装，是双吹气插管。本图也可用于常压容器上单吹气插管的安装。这时应取消吹气短插管的一套装置，部件、零件表中相应部、零件的数量应减少一半。本图规定两种安装方案的表示方法如下。

安装方案	安装方式
A	常压容器，单吹气插管
B	压力容器，双吹气插管

3. 当测量腐蚀性介质时，所用零件、部件及管道材质本图在材质栏Ⅱ内只作一般性规定，工程设计者应酌情确定材质。

件号	名称及规格	数量	材质 Ⅰ	材质 Ⅱ	单重 质量(kg)	总重 质量(kg)	图号或标准、规格号	备注
15	垫片 $D/d=22/16, b=1.0$	2	橡胶石棉板	聚四氟乙烯板				
14	吹气短插管、无缝钢管 ϕ 22×3, $l=215$	1	10	耐酸钢			GB/T 8163—1987	
13	垫圈 8	2	100HV	100HV			GB/T 95—1985	
12	螺母 M8	2	8	10 级			GB/T 41—1986	
11	管卡	1	Q235	耐酸钢			(2000)YK07.3-05	
10	固定架∟50×50×5, $l=185$	1	Q235	耐酸钢			(2000)YK07.3-04	
9	接管 14	2	Q235	耐酸钢			JB 2099—1977	
8	外套螺母 M22×1.5	2	Q235	耐酸钢			JB 981—1977	
7	吹气插管、无缝钢管 ϕ 22×3	1	10	耐酸钢			GB/T 8163—1987	长度见工程设计
6	法兰盖 DN32, PN0.25MPa	2	Q235	耐酸钢			(2000)YK07.3-03	
5	螺栓 M12×50	8	8.8	10.9 级			GB/T 5780—1986	
4	螺母 M12	8	8	10 级			GB/T 41—1986	
3	垫圈 12	8	100HV	100HV			GB/T 95—1985	
2	垫片 $D/d=70/38, b=1.6$	2	橡胶石棉板	聚四氟乙烯板			GB/T 87—1994	
1	法兰接管 DN32, PN0.25MPa	2	Q235	耐酸钢			(2000)YK07.3-02	

部件、零件表

冶金仪控通用图	吹气式液位计吹气插管安装图	(2000)YK07.3-01	
		比例	页次

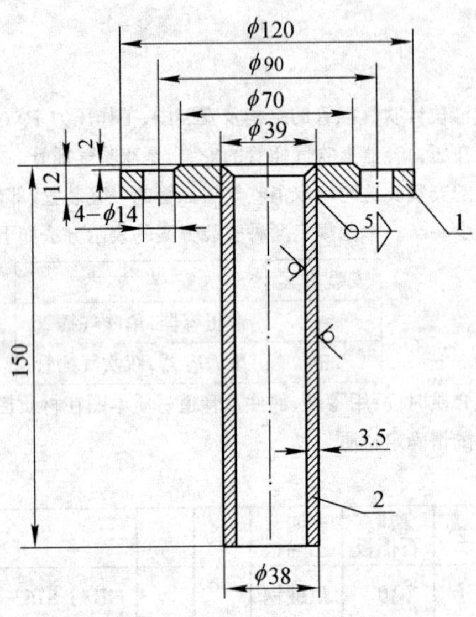

附注：

1. 当测量腐蚀性介质时，本图在材质栏Ⅱ内只作一般性规定，工程设计者应按具体情况确定材质。
2. 所有锐角应倒钝。

2	无缝钢管φ 38×3.5, l=145	1	Q235	耐酸钢			GB/T 8163—1987	
1	法兰 *DN*32, *PN*0.25MPa	1	Q235	耐酸钢			JB/T 81—1994	
件号	名称及规格	数量	Ⅰ	Ⅱ	单重	总重	图号或 标准、规格号	备注
			材质		质量(kg)			

部件、零件表

冶金仪控 通用图	法兰接管 *DN*32, *PN*0.25MPa	(2000)YK07.3-02	
		比例	页次

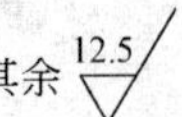

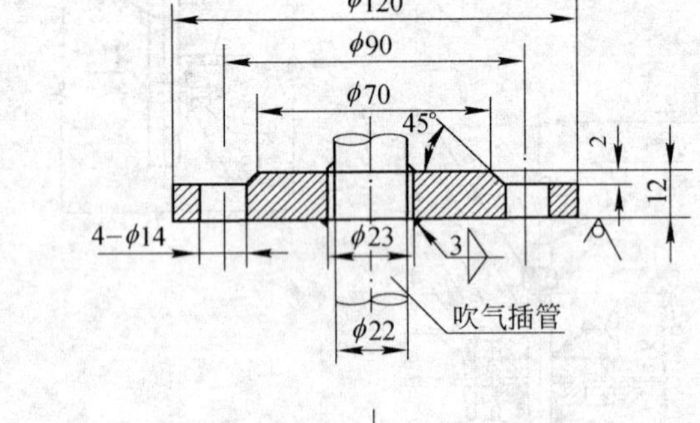

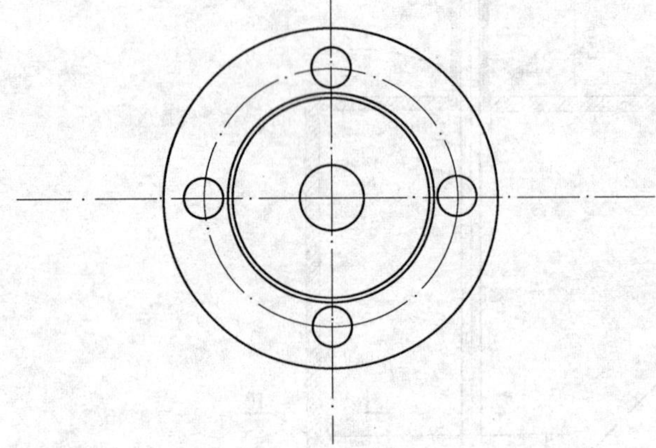

附注：

1. 本图法兰盖按 JB/T 81—1994 号标准 *DN*32, *PN*0.25MPa 的规格制作，但管子孔为φ 23，因需焊上的吹气管的规格为φ 22。
2. 所需的材质由工程设计确定。

冶金仪控 通用图	法兰盖 *DN*32, *PN*0.25MPa				(2000)YK07.3-03	
	材质 Q235	质量 kg	比例	件号 6	装配图号	(2000)YK07.3-01

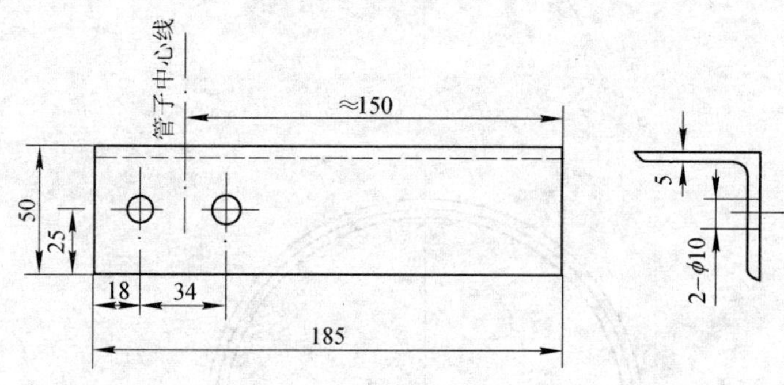

附注：

1. 固定架用角钢∟50×50×5(GB/T 9787—1988)制成。用于无腐蚀性介质中，其材质可为一般碳素钢(如Q235)即可。用于腐蚀性介质中，则应为耐酸钢，或由工程设计规定其材质。

冶金仪控通用图	固　定　架				(2000)YK07.3-04	
	材质(见注)	质量　kg	比例	件号 10	装配图号	(2000)YK07.3-01

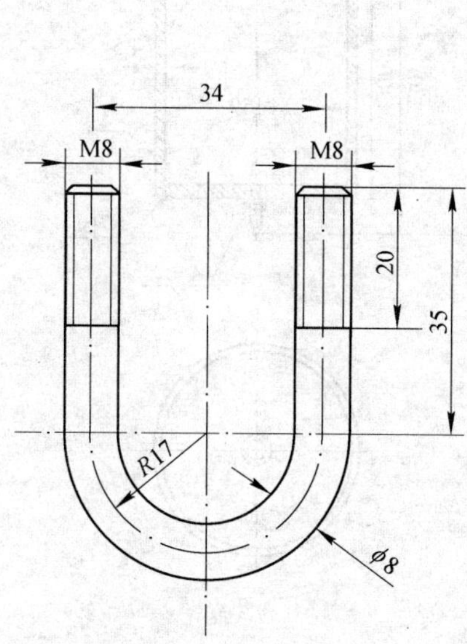

附注：

1. 管卡用φ 8 圆钢(GB/T 702—1986)制成。其材质一般使用碳素钢(Q235，Q275…等)。对于腐蚀性介质则应选用耐酸钢，或由工程设计确定采用其他耐腐蚀材料。

冶金仪控通用图	管　　卡				(2000)YK07.3-05	
	材质(见注)	质量　kg	比例	件号 11	装配图号	(2000)YK07.3-01

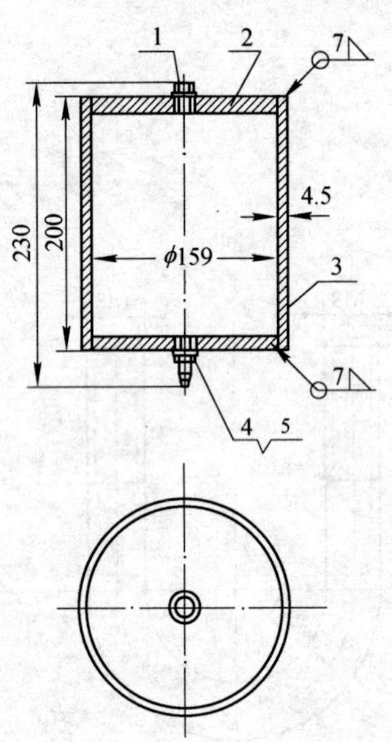

附注：

1. 平衡容器制成后应进行水压试验，试验压力为 1.5MPa。
2. 平衡容器的外表面应涂以防锈漆。

件号	名称及规格	数量	材　质	质量(kg) 单重	质量(kg) 总重	图 号 或 标准、规格号	备　注
5	垫圈 10	1	橡胶石棉板			JB 1002—1977	
4	橡胶管接头Ⅱ型 d=M10×1, d_2=10	1	Q235			YZG9-3-M10×1	$d_1=b$
3	本体、无缝钢管 ϕ 159×4.5, l=200	1	Q235			GB/T 8163—1987	
2	盖(底)板ϕ 149	2	Q235			(2000)YK07.3-07	
1	螺塞 M10×1	1	Q235			JB 1000—1977	

部 件、零 件 表

冶金仪控通用图	平衡容器总图 *DN*150, *PN*1.0MPa	(2000)YK07.3-06	
		比例	页次

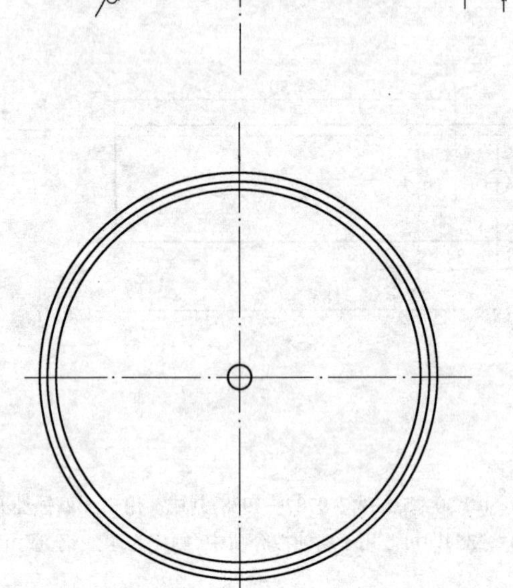

冶金仪控通用图	盖(底)　板				(2000)YK07.3-07	
	材质 Q235	质量　　kg	比例	件号 2	装配图号	(2000)YK07.3-06

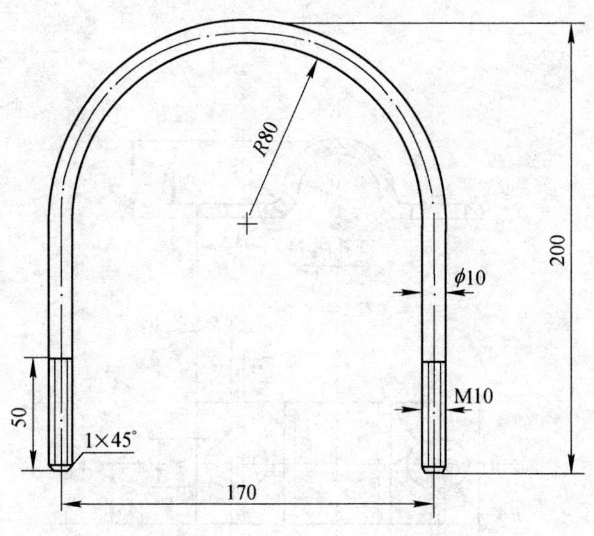

冶金仪控 通用图	卡　箍				(2000)YK07.3-08	
	材质 Q235	质量　kg	比例	件号 2	装配图号	(2000)YK07.3-12

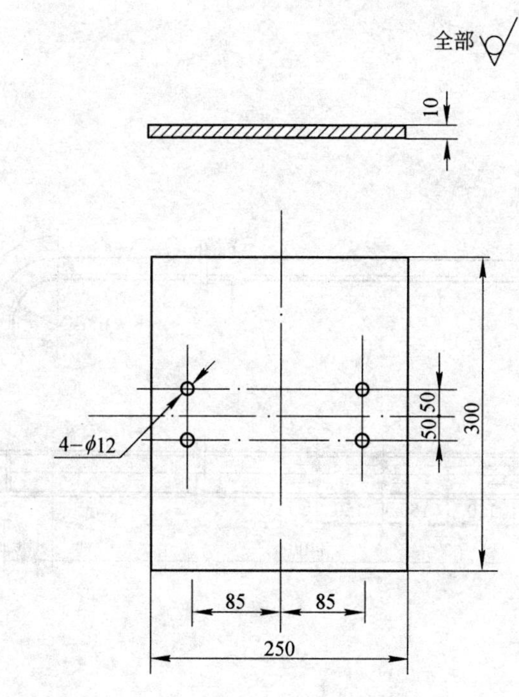

冶金仪控 通用图	平衡容器安装板				(2000)YK07.3-09	
	材质 Q235	质量　kg	比例	件号 5	装配图号	(2000)YK07.3-12

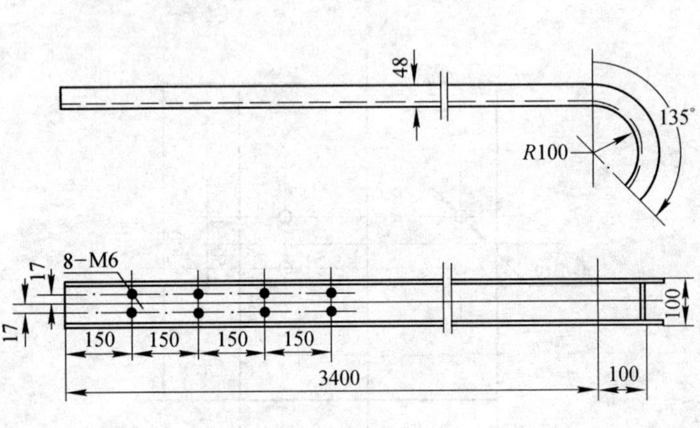

附注：

展开长度 3636mm。

<table>
<tr><td rowspan="2">冶金仪控
通用图</td><td colspan="4">管槽 ⊏10</td><td colspan="2">(2000)YK07.3-010</td></tr>
<tr><td>材质 Q235</td><td>质量 kg</td><td>比例</td><td>件号 9</td><td>装配图号</td><td>(2000)YK07.3-12</td></tr>
</table>

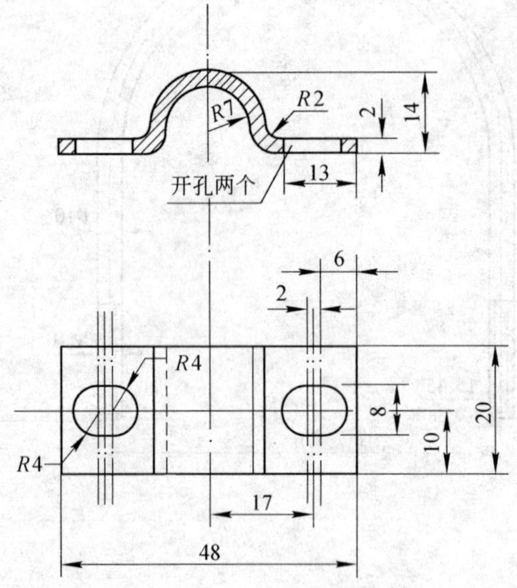

附注：

零件展开长度约为 56.3mm。

<table>
<tr><td rowspan="2">冶金仪控
通用图</td><td colspan="4">管 卡 子</td><td colspan="2">(2000)YK07.3-011</td></tr>
<tr><td>材质 Q235</td><td>质量 kg</td><td>比例</td><td>件号 11</td><td>装配图号</td><td>(2000)YK07.3-12</td></tr>
</table>

冶金工业
自动化仪表与控制装置安装
通用图册

（下册）

(2000)YK08～(2000)YK15

中国冶金建设协会　编

北　京
冶　金　工　业　出　版　社
2016

编写单位及编写人员

图　号	图　名	编写单位	编写人员	审核人
(2000)YK01	温度仪表安装图	中冶集团北京钢铁设计研究总院	刘顺吉	卢满涛
(2000)YK02	压力仪表安装和管路连接图(焊接式)	鞍钢集团设计研究院	李居士	尤克强、毛东权
(2000)YK03	压力仪表安装和管路连接图(卡套式)	鞍钢集团设计研究院	毛东权	尤克强
(2000)YK04/05	流量测量仪表的管路连接图	中冶集团重庆钢铁设计研究总院	张　彤、韩　平	田彦绂
(2000)YK06	节流装置和流量测量仪表的安装图	中冶集团重庆钢铁设计研究总院	郑卫东	田彦绂
(2000)YK07	物位仪表安装图	中冶集团长沙冶金设计研究总院	谢　琦	周　人、廖三成
(2000)YK08	电动仪表检测系统接线图	中冶集团武汉钢铁设计研究总院	张敦仪、吕善成、李迎迎	姜弘仪、严皮英
(2000)YK09	电动仪表调节系统接线图	中冶集团武汉钢铁设计研究总院	姚家平、李迎迎	姜弘仪、何功晟
(2000)YK10	气动仪表检测、调节系统接管图	中冶集团鞍山焦化耐火材料设计研究总院	刘福臣	刘　冰
(2000)YK11	变送器安装图	中冶集团马鞍山钢铁设计研究总院	韦盛义	吴传金
(2000)YK12	执行机构安装图	中冶集团包头钢铁设计研究总院	贾淑梅	刘振嵩
(2000)YK13	导压管、蝶阀保温伴热安装图	中冶集团鞍山冶金设计研究总院	姚　丹	陈美俊、陶振兴
(2000)YK14	信号系统图	中冶集团北京钢铁设计研究总院	刘顺吉	卢满涛
(2000)YK15	管架安装及制造图	中冶集团长沙冶金设计研究总院	刘　军	周　人、廖三成

关于批准《冶金工业自动化仪表与控制装置安装通用图册》(2000版)的通知

国冶发综(2000)125号

有关单位:

为更好的贯彻ISO—9000标准和进一步加强冶金工业建设标准化工作,经中国冶金建设协会组织,由北京钢铁设计研究总院会同有关设计研究单位对1991年发行的《冶金工业自动化仪表与控制装置安装通用图册》[(90)YK01~(90)YK14]中部分过时标准和存在问题进行了修改,并补充了一些新的内容。经审查,同意将其作为《国家冶金工业局通用图》,编号为(2000)YK01~(2000)YK15,现予批准,自2001年7月1日起施行。

北京钢铁设计研究总院为本图册的管理单位。

特此通知。

国家冶金工业局规划发展司

2000年11月28日

前　言

(90) YK01～(90)YK14《冶金工业自动化仪表与控制装置安装通用图册》(以下简称《图册》)自1994年出版发行以来,深受有关设计、施工和生产单位的欢迎。它不仅规范了冶金工业自动化仪表与控制装置的工程安装,同时给设计、施工带来很大方便。

随着技术的不断发展,该《图册》也暴露了一些问题,特别是《图册》中使用的标准部分已过时,这不符合贯彻ISO—9000标准的要求。为此,在征得国家冶金局和冶金建设协会的同意后,按照2000年4月"冶金系统设计院自动化室主任会"大连会议纪要的要求,对原《图册》进行修改。

这次修改工作是在原《图册》的基础上进行的,编写的单位也完全是原来的9个设计院。根据大连会议的要求,各设计院仍按原图册的分工承担修改任务,完稿后将稿件交主编院——北京钢铁设计研究总院协调、汇总、审定。

本图册适用于冶金企业,包括矿山、选矿、烧结、焦化、耐火材料、炼铁、炼钢、轧钢以及有关公辅设施生产过程自动化仪表的安装。它包括常用的检测元件、就地显示仪表、变送器和执行器的安装图,以及常用检测和调节系统的管线连接图。它主要用作自动化仪表及控制装置安装的通用施工图,其中的接线、接管图则作为设计、施工的参考图。本图册主要是针对冶金工业常用自动化仪表安装的特点编制的,但它也具有通用性,因此除适用冶金企业外,也可用于其他有关部门。

对原《图册》来说,这次修改主要内容如下:

(1) 对原《图册》所用的一些过时标准进行了更替,统一采用现行的新标准。

(2) 随着自动化仪表的不断发展,工程中的仪表管线也大幅度增加,仪表管线也常用管架敷设,为给设计和施工提供方便,增加了第15分册——管架安装及制造图。

(3) 根据需要在原来的各部分中也补充了一些内容,包括铠装热电偶/热电阻的安装和金属保护管有机液玻璃温度计的安装;炉膛负压管路的连接图;铜管和16MPa的流量管路连接图;径距取压和法兰取压节流装置安装图,以及一些新型的插入式电磁流量计、管道式涡街流量计、气体质量流量计、托巴管流量计和匀速管流量计的安装;一些新型的阻旋式物位开关、超声波物位计、雷达物位计、投入式液位计和磁浮筒液位计的安装;钢/铁水温度测量系统(包括带定氧定碳的系统)、电磁流量计测量系统、无纸记录仪系统和称量仪表系统的接线图;配电子式执行器的温度调节系统接线图;现场供气系统图、分气包制造图和气动单元仪表接管方位图;保护箱内双变送器的安装图;电子式执行器与风机调节门和旋转烟道闸板的安装图;以及单点闪光报警器组成的信号系统和智能闪光报警器接线图等。

图册中根据现有情况推荐一些生产厂商及其产品,但随着技术的发展和市场的变化,他们是会变化的。因此在设计、施工选用本图册时要注意这种变化。

这次修改图册的编号从原来的(90)YK01～(90)YK14改为(2000)YK01～(2000)YK15。

图册中如有疏漏和不足,恳请广大使用者给予批评指正。

主编单位——北京钢铁设计研究总院

2000年10月

总 目 录

上 册

下 册

目　　录

（下 册）

下

目　录

一、温度指示、积算、记录

二、压力(差压、液位)指示、积算

三、流量指示、积算、记录

说　　明

1. 应用范围

本图册适用于编制冶金企业生产过程中常用的电动仪表检测系统接线图，是一种原则性系统接线图，供设计者或施工人员参考。

2. 编制依据

本图册是在《冶金工业自动化仪表与控制装置安装通用图册》(90) YK08分册的基础上补充编制而成。

3. 内容提要

本图册修改后保留了原图册中常用的温度、压力、流量、液位和差压等参数的检测、指示、记录、报警和流量积算系统的接线图。增加了钢/铁水测温系统、钢水测温定碳、测氧系统、电磁流量测量系统和电子称量系统等接线图。仪表的输入输出信号采用国内通用的标准信号即 4～20mA DC 和 1～5V DC。图册中选用的显示仪表有：动圈式指示仪、DXZ 系列单双针指示仪、数字显示仪以及各种记录仪、大屏幕显示器等，有的检测系统还把信号直接送到 DCS 或 PLC 控制系统中，大大丰富了图册的内容。

4. 选用注意事项

(1) 本图册中的图纸都是填充式的，设计者必须根据工程设计的需要进行再加工后才能成为正式的、完整的设计图纸。

需要填充的项目有：仪表的位号和具体的型号。

(2) 由于检测系统是多种多样的，本图册不可能全部包括，有些检测系统可以利用本图册类似图纸稍加修改制成。

(3) 本图册中各图的图标和图号是为统一的格式和便于检索用的，设计者在完成填充加工后，应换成本单位的图标和图号。

一、温度指示、积算、记录

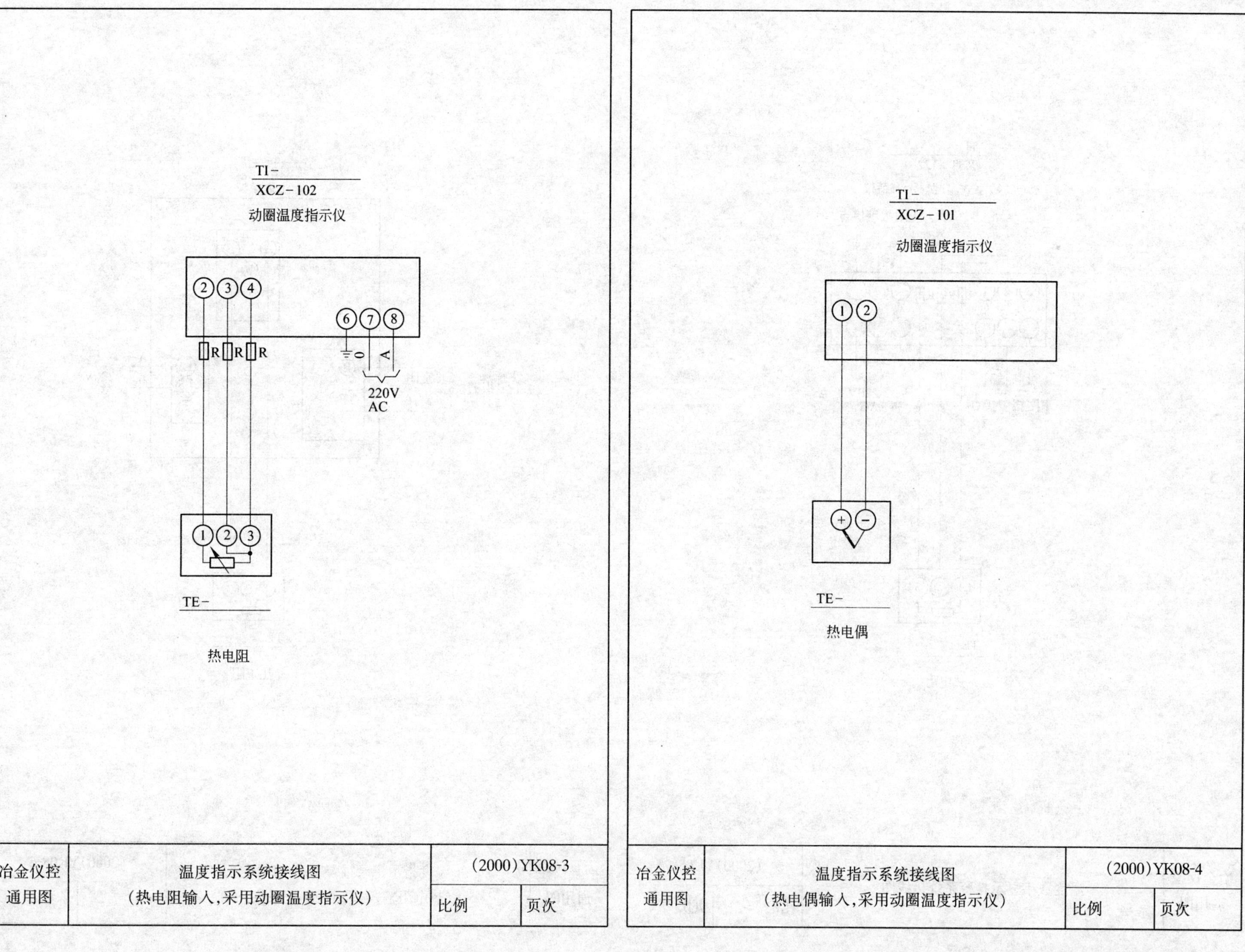
TI-
XCZ-102
动圈温度指示仪
2
3
4
6
7
8
R
R
R
0
A
220V
AC
1
2
3
TE-
热电阻
冶金仪控
通用图
温度指示系统接线图
（热电阻输入，采用动圈温度指示仪）
（2000）YK08-3
比例
页次
TI-
XCZ-101
动圈温度指示仪
1
2
+
−
TE-
热电偶
冶金仪控
通用图
温度指示系统接线图
（热电偶输入，采用动圈温度指示仪）
（2000）YK08-4
比例
页次

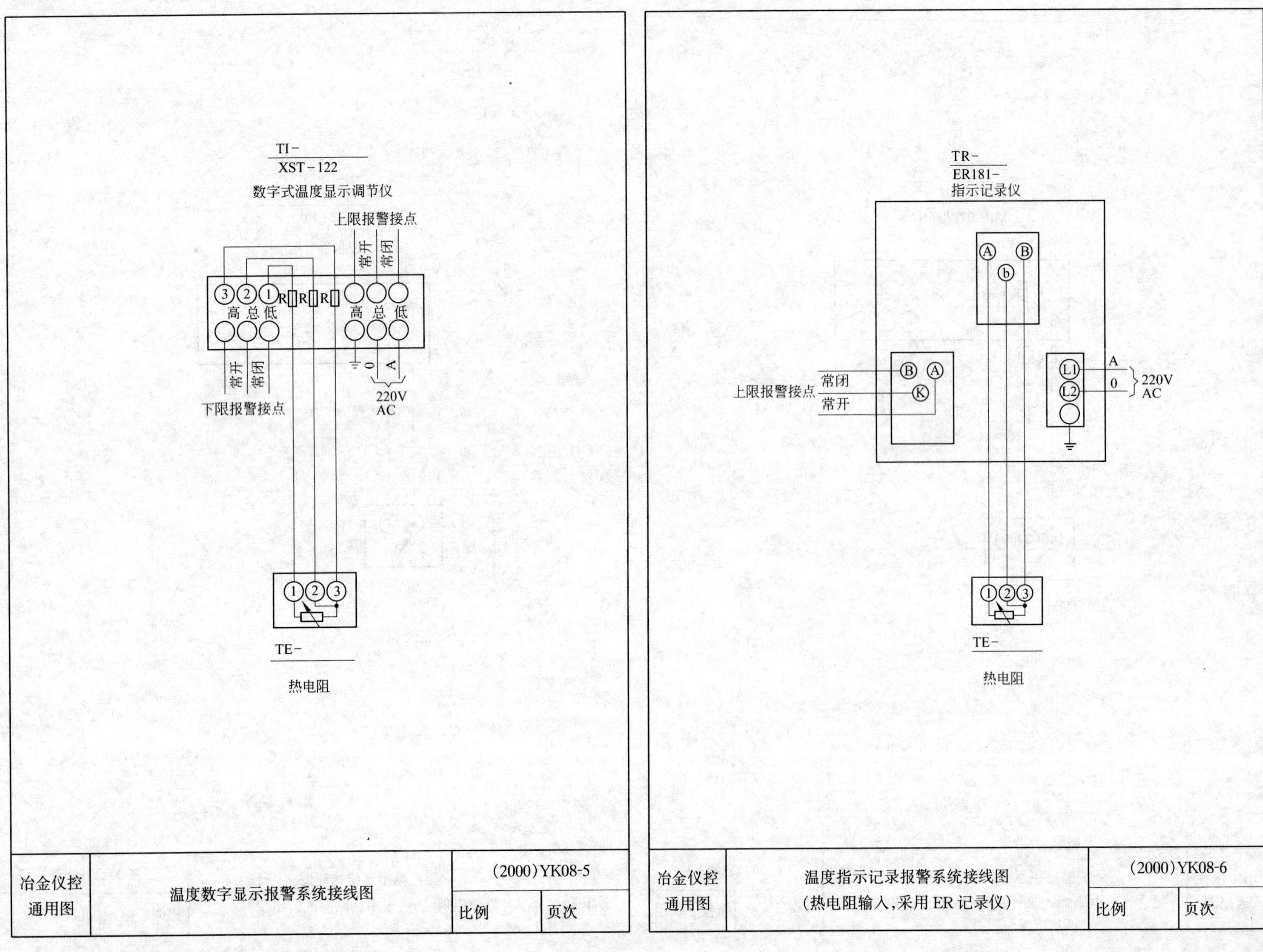
TI-
XST-122
数字式温度显示调节仪
上限报警接点
常开
常闭
3
2
1
R
R
R
高
总
低
高
总
低
常开
常闭
下限报警接点
0
A
220V
AC
1
2
3
TE-
热电阻
冶金仪控
通用图
温度数字显示报警系统接线图
(2000)YK08-5
比例
页次
TR-
ER181-
指示记录仪
A
B
b
B
A
K
常闭
常开
上限报警接点
L1
L2
A
0
220V
AC
1
2
3
TE-
热电阻
冶金仪控
通用图
温度指示记录报警系统接线图
(热电阻输入,采用ER记录仪)
(2000)YK08-6
比例
页次

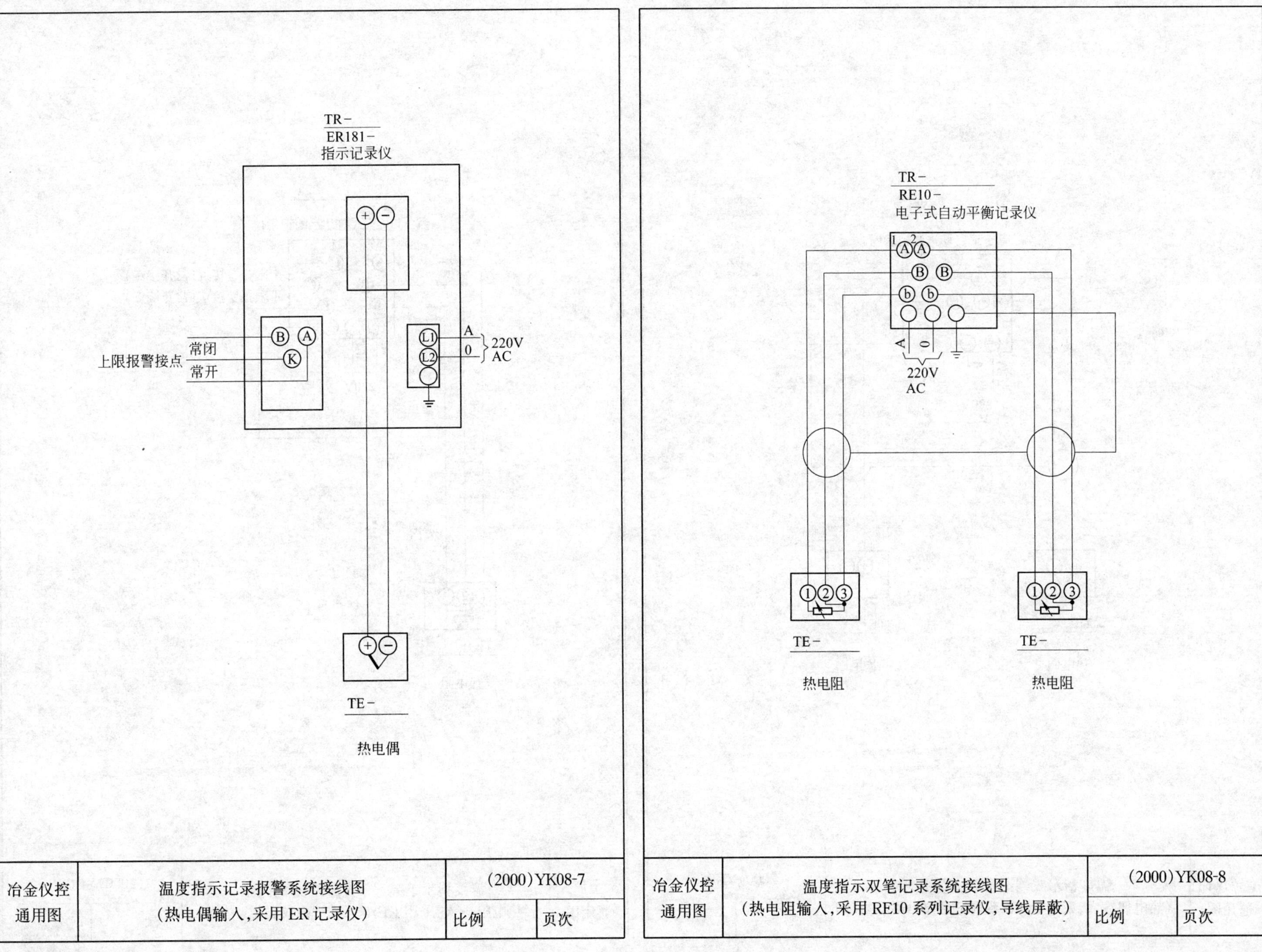

冶金仪控 通用图	温度指示记录报警系统接线图 (热电偶输入,采用 ER 记录仪)	(2000)YK08-7	
		比例	页次

冶金仪控 通用图	温度指示双笔记录系统接线图 (热电阻输入,采用 RE10 系列记录仪,导线屏蔽)	(2000)YK08-8	
		比例	页次

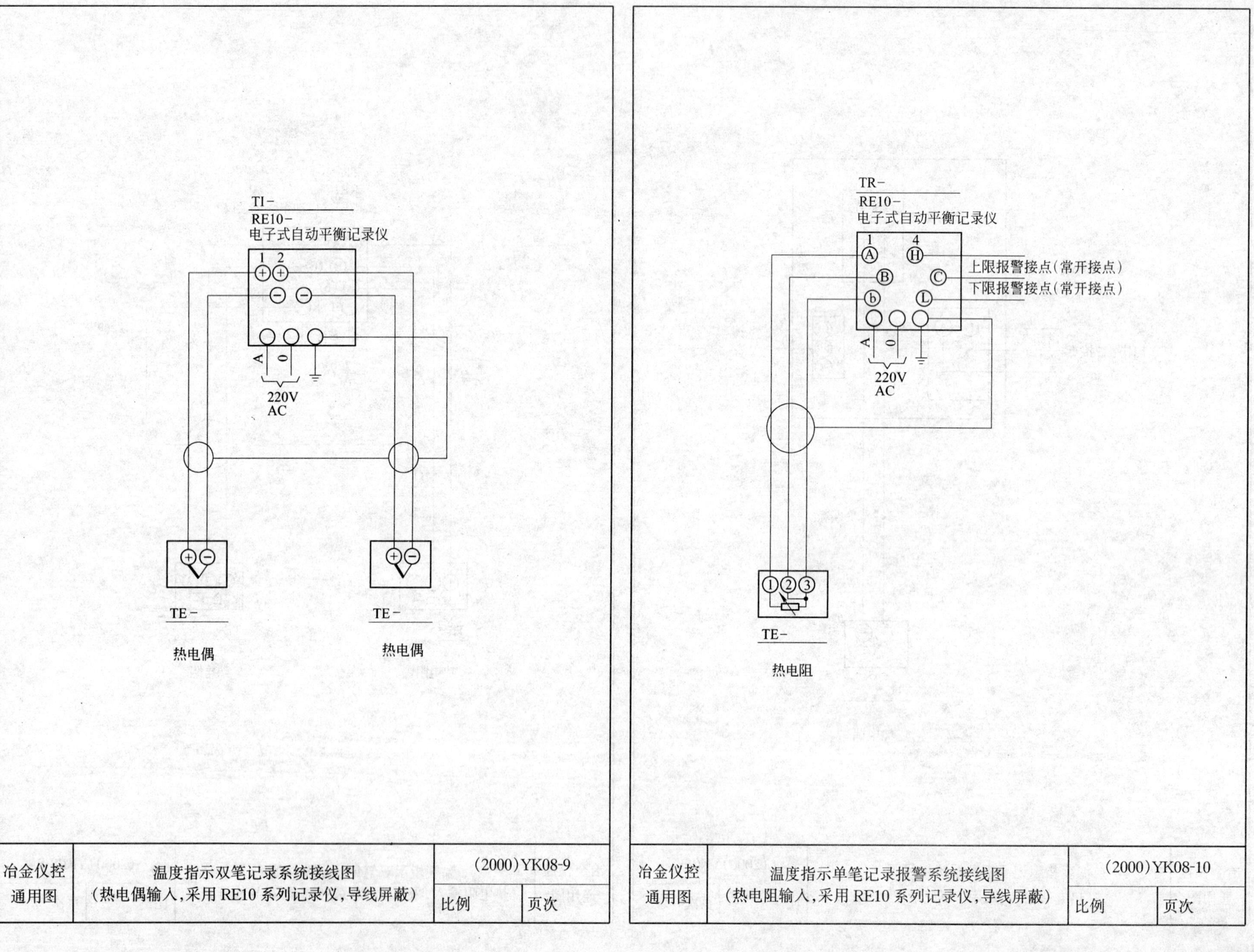
TI-
RE10-
电子式自动平衡记录仪
1 2
A
0
220V
AC
TE-
热电偶
TE-
热电偶
冶金仪控
通用图
温度指示双笔记录系统接线图
(热电偶输入,采用 RE10 系列记录仪,导线屏蔽)
(2000)YK08-9
比例
页次
TR-
RE10-
电子式自动平衡记录仪
1 4
上限报警接点(常开接点)
下限报警接点(常开接点)
A
0
220V
AC
TE-
热电阻
冶金仪控
通用图
温度指示单笔记录报警系统接线图
(热电阻输入,采用 RE10 系列记录仪,导线屏蔽)
(2000)YK08-10
比例
页次

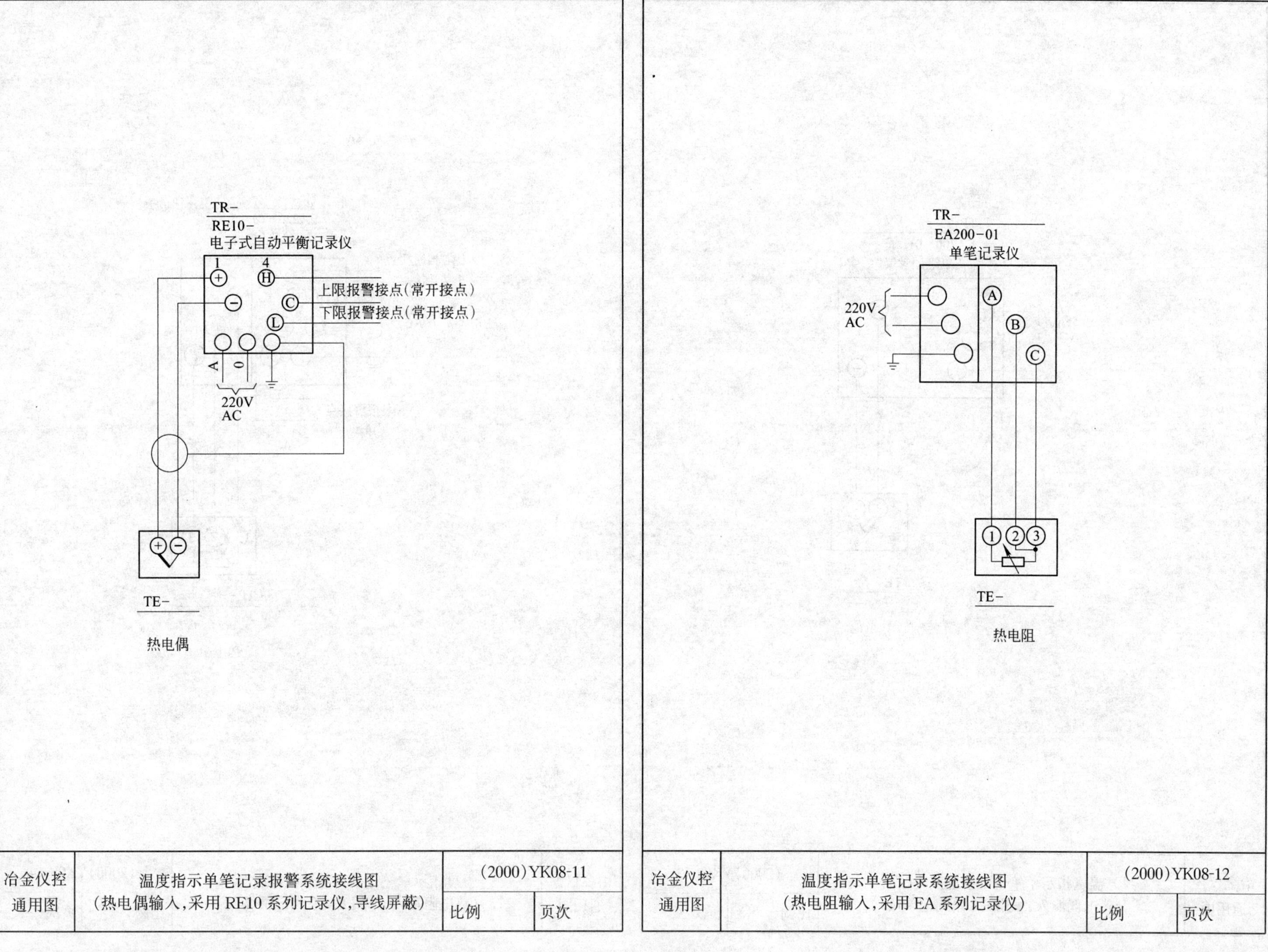

TR-
RE10-
电子式自动平衡记录仪
1
4
上限报警接点(常开接点)
下限报警接点(常开接点)
A
0
220V
AC
TE-
热电偶
冶金仪控
通用图
温度指示单笔记录报警系统接线图
(热电偶输入,采用RE10系列记录仪,导线屏蔽)
(2000)YK08-11
比例
页次
TR-
EA200-01
单笔记录仪
220V
AC
TE-
热电阻
冶金仪控
通用图
温度指示单笔记录系统接线图
(热电阻输入,采用EA系列记录仪)
(2000)YK08-12
比例
页次

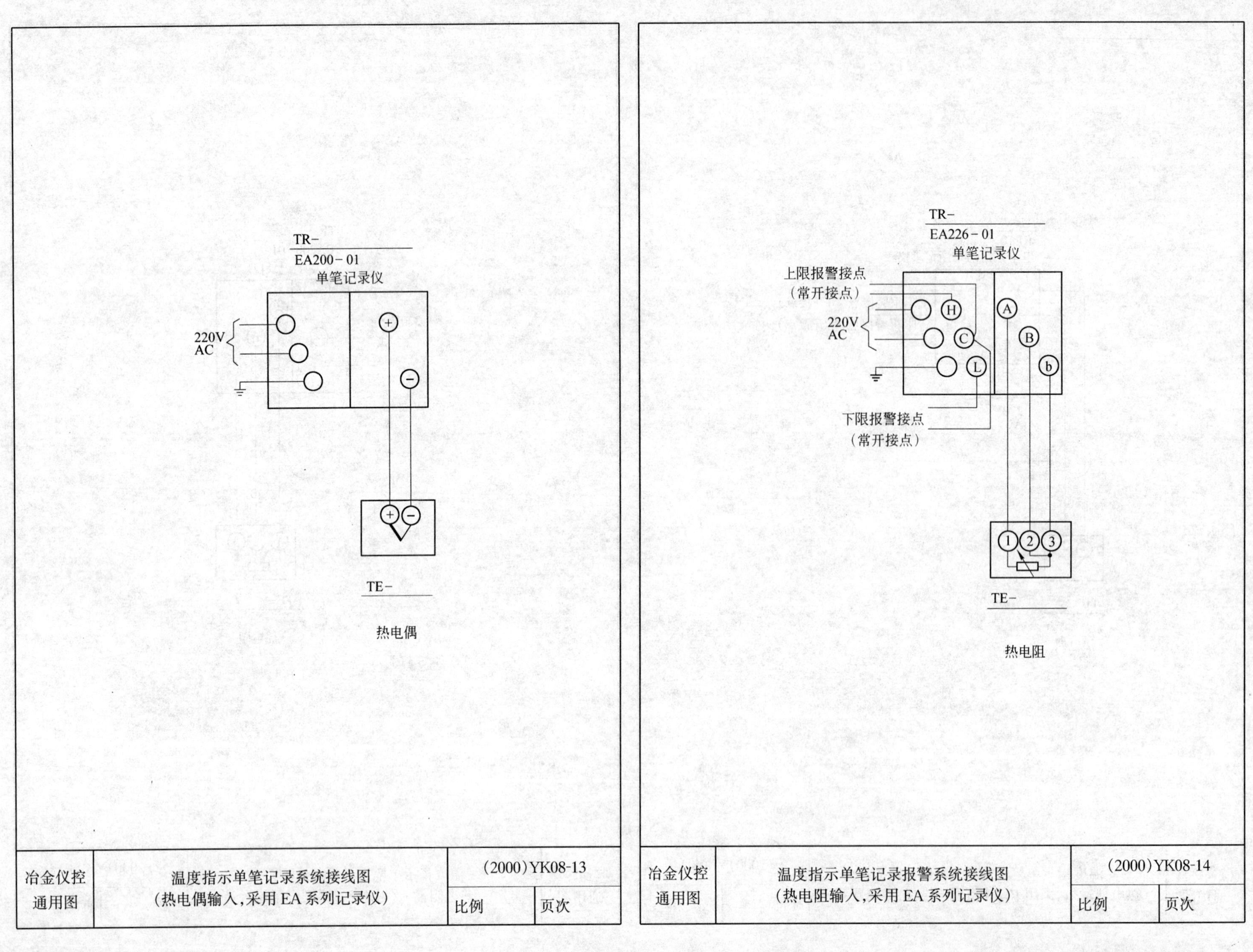

TR-
EA200－01
单笔记录仪
220V
AC
TE-
热电偶
冶金仪控
通用图
温度指示单笔记录系统接线图
（热电偶输入，采用EA系列记录仪）
（2000）YK08-13
比例
页次
TR-
EA226－01
单笔记录仪
上限报警接点
（常开接点）
220V
AC
H
C
L
A
B
b
下限报警接点
（常开接点）
1
2
3
TE-
热电阻
冶金仪控
通用图
温度指示单笔记录报警系统接线图
（热电阻输入，采用EA系列记录仪）
（2000）YK08-14
比例
页次

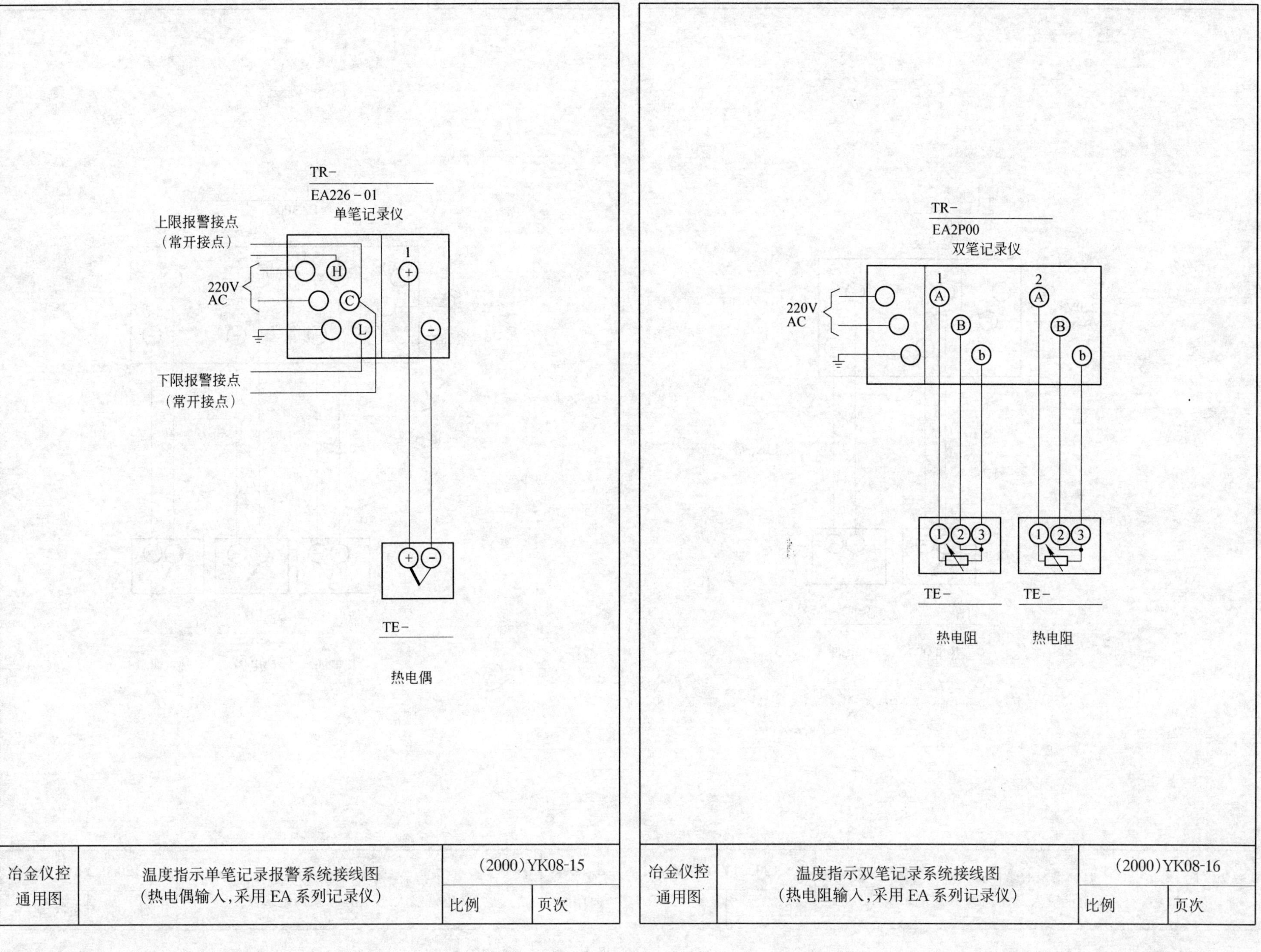
TR-
EA226－01
单笔记录仪
上限报警接点
（常开接点）
220V
AC
H
C
L
1
+
−
下限报警接点
（常开接点）
TE-
热电偶
冶金仪控
通用图
温度指示单笔记录报警系统接线图
（热电偶输入，采用 EA 系列记录仪）
(2000) YK08-15
比例
页次
TR-
EA2P00
双笔记录仪
220V
AC
1
2
A
B
b
TE-
TE-
热电阻
热电阻
冶金仪控
通用图
温度指示双笔记录系统接线图
（热电阻输入，采用 EA 系列记录仪）
(2000) YK08-16
比例
页次

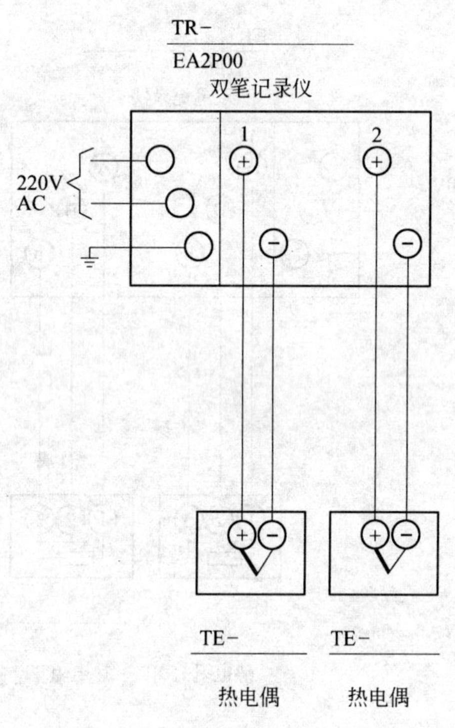

冶金仪控 通用图	温度指示双笔记录系统接线图 (热电偶输入,采用 EA 系列记录仪)	(2000)YK08-17	
		比例	页次

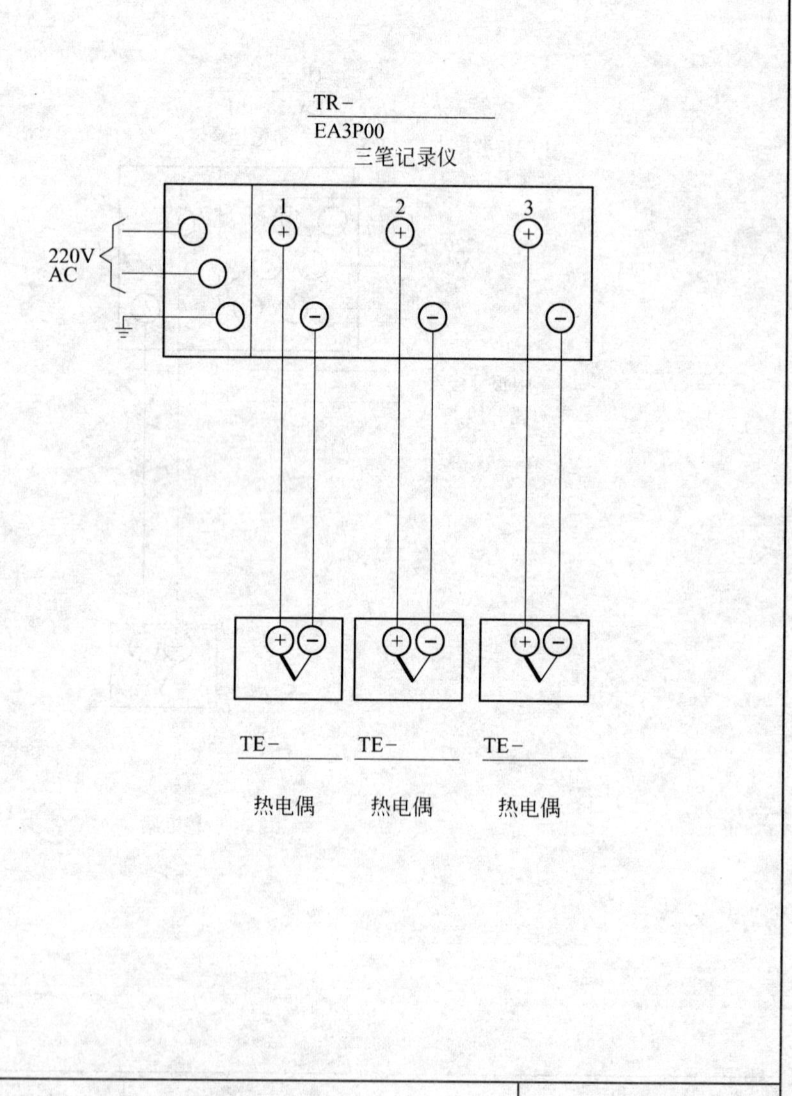

冶金仪控 通用图	温度指示三笔记录系统接线图 (热电偶输入,采用 EA 系列记录仪)	(2000)YK08-18	
		比例	页次

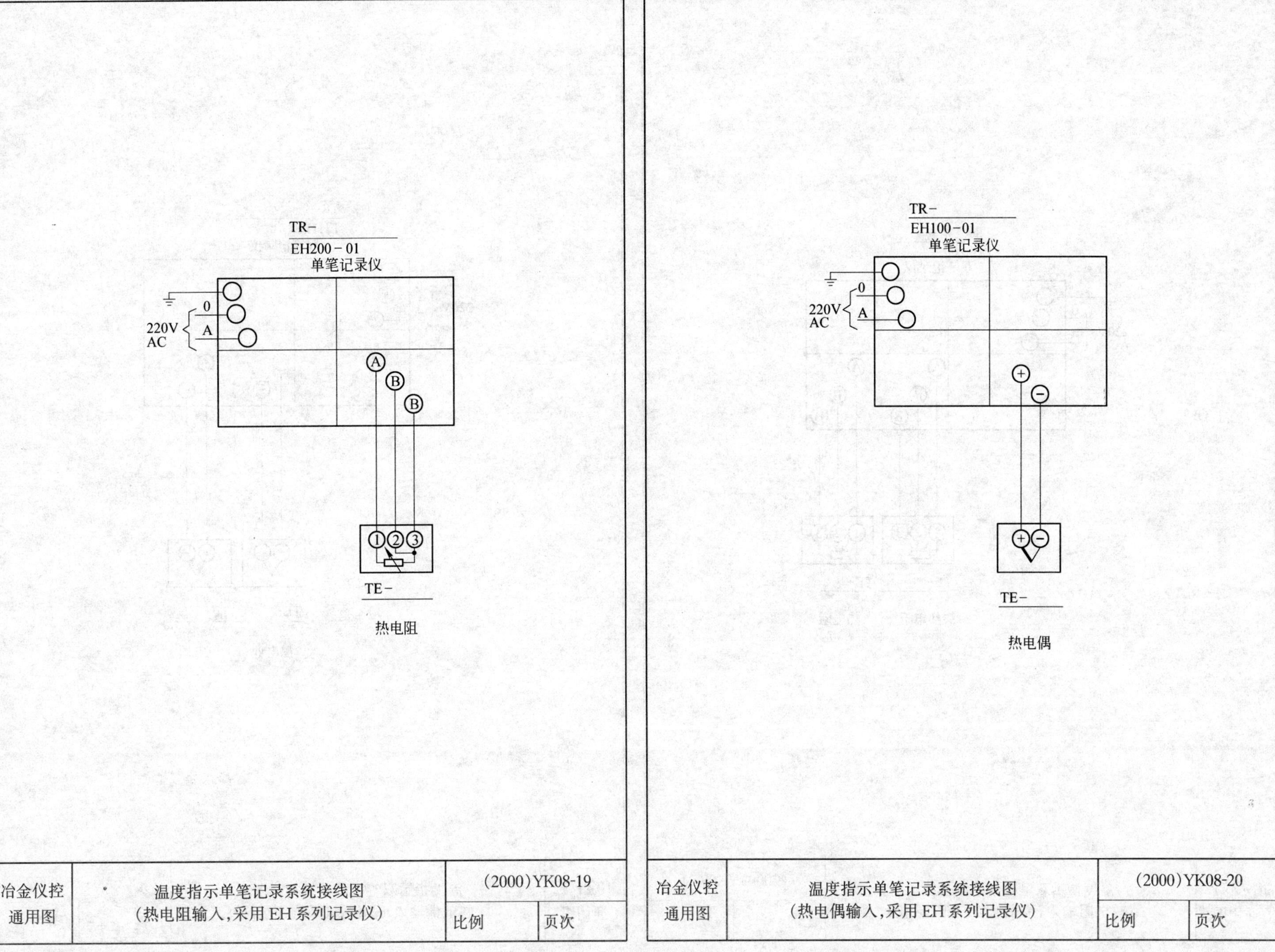

TR-
EH200-01
单笔记录仪
0
220V
AC
A
A
B
B
1
2
3
TE-
热电阻
冶金仪控
通用图
温度指示单笔记录系统接线图
（热电阻输入，采用 EH 系列记录仪）
(2000)YK08-19
比例
页次
TR-
EH100-01
单笔记录仪
0
220V
AC
A
+
−
TE-
热电偶
冶金仪控
通用图
温度指示单笔记录系统接线图
（热电偶输入，采用 EH 系列记录仪）
(2000)YK08-20
比例
页次

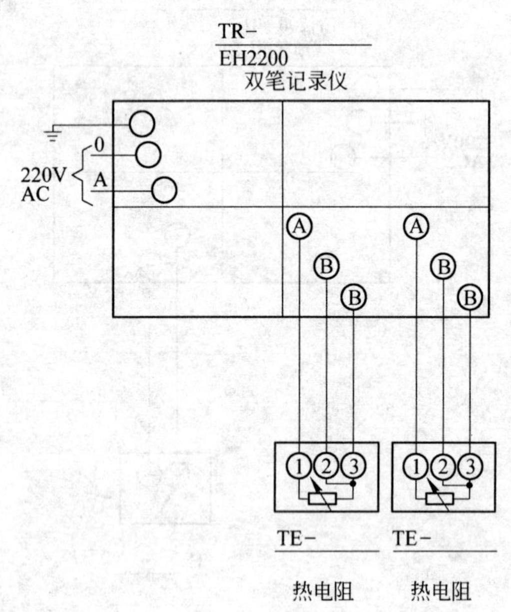

冶金仪控 通用图	温度指示双笔记录系统接线图 (热电阻输入,采用 EH 系列记录仪)	(2000)YK08-21	
		比例	页次

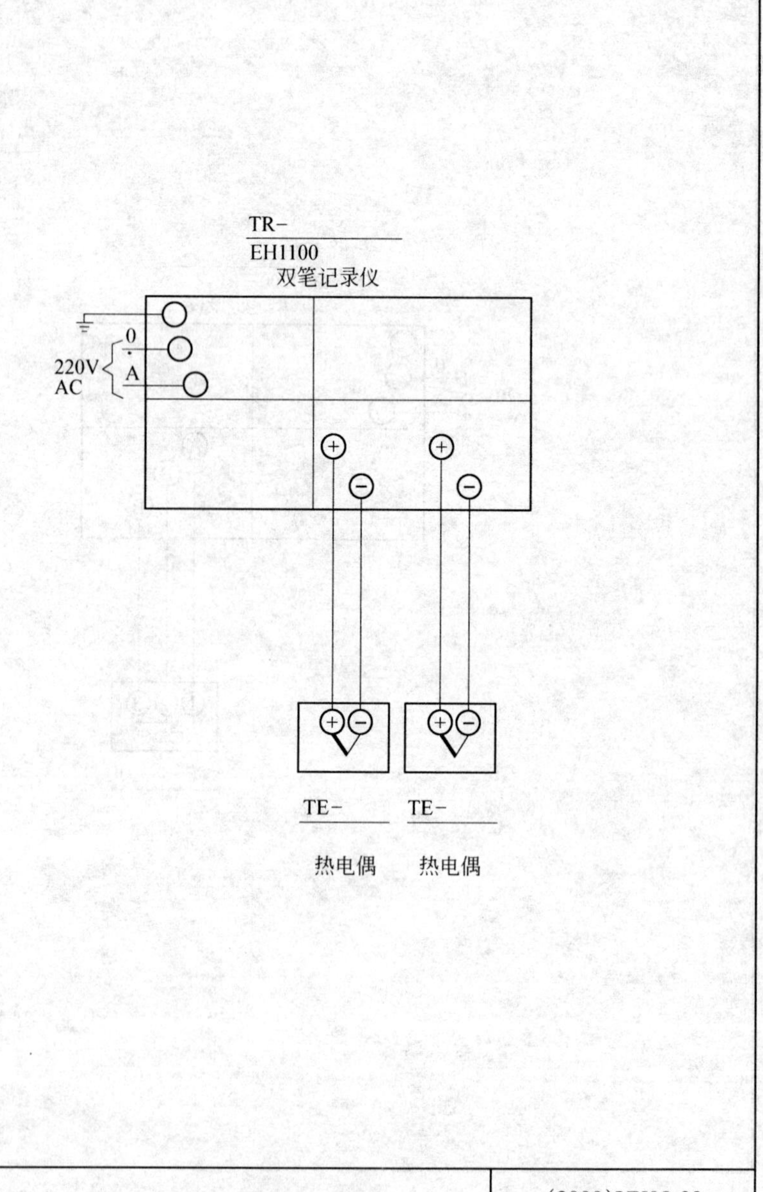

冶金仪控 通用图	温度指示双笔记录系统接线图 (热电偶输入,采用 EH 系列记录仪)	(2000)YK08-22	
		比例	页次

TR-
GH222000
三笔记录仪
0
220V
AC
A
1
2
3
TE-
热电阻
TE-
热电阻
TE-
热电阻

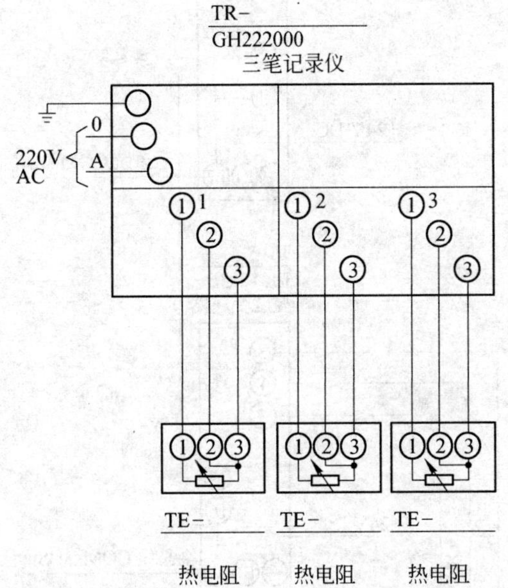

冶金仪控通用图	温度指示三笔记录系统接线图（热电阻输入，采用EH系列记录仪）	(2000)YK08-23
		比例 ／ 页次

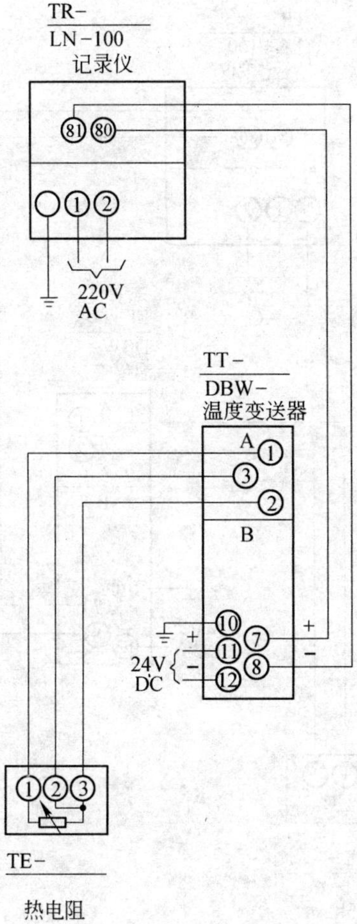

TR-
LN-100
记录仪
81
80
220V
AC
TT-
DBW-
温度变送器
A
B
24V
DC
+
−
TE-
热电阻

冶金仪控通用图	温度记录系统接线图（热电阻输入，采用LN-100系列记录仪）	(2000)YK08-24
		比例 ／ 页次

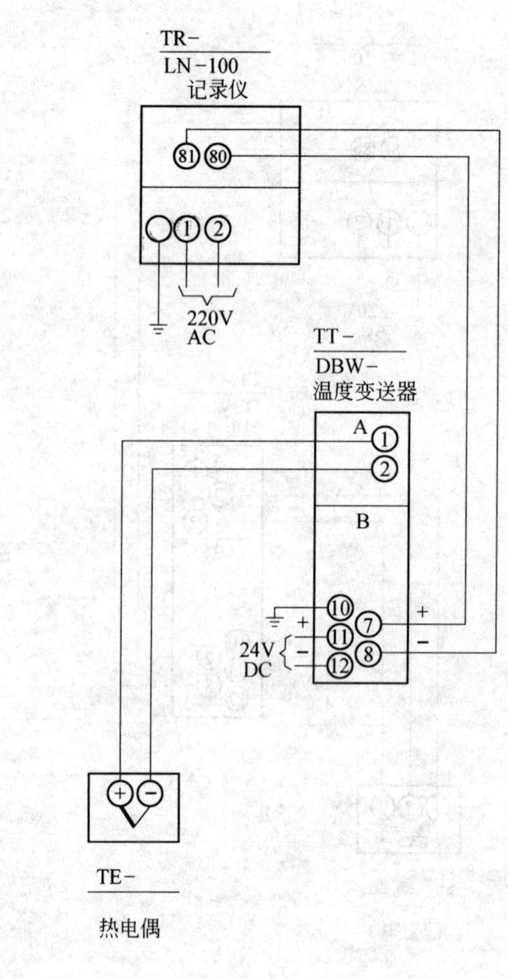

冶金仪控 通用图	温度记录系统接线图 (热电偶输入,采用 LN-100 系列记录仪)	(2000)YK08-25	
		比例	页次

TR-
EKR-231A
单笔记录仪
2
3
+24V DC
L1
L2
至系统 COM.BUS
TT-
EKT203B-
温度变送器
3
4
5
15
16
+24V DC
L1
L2
至系统 COM.BUS
1
2
3
TE-
热电阻

冶金仪控 通用图	温度记录系统接线图 (热电阻输入,采用 EK 系列记录仪)	(2000)YK08-26	
		比例	页次

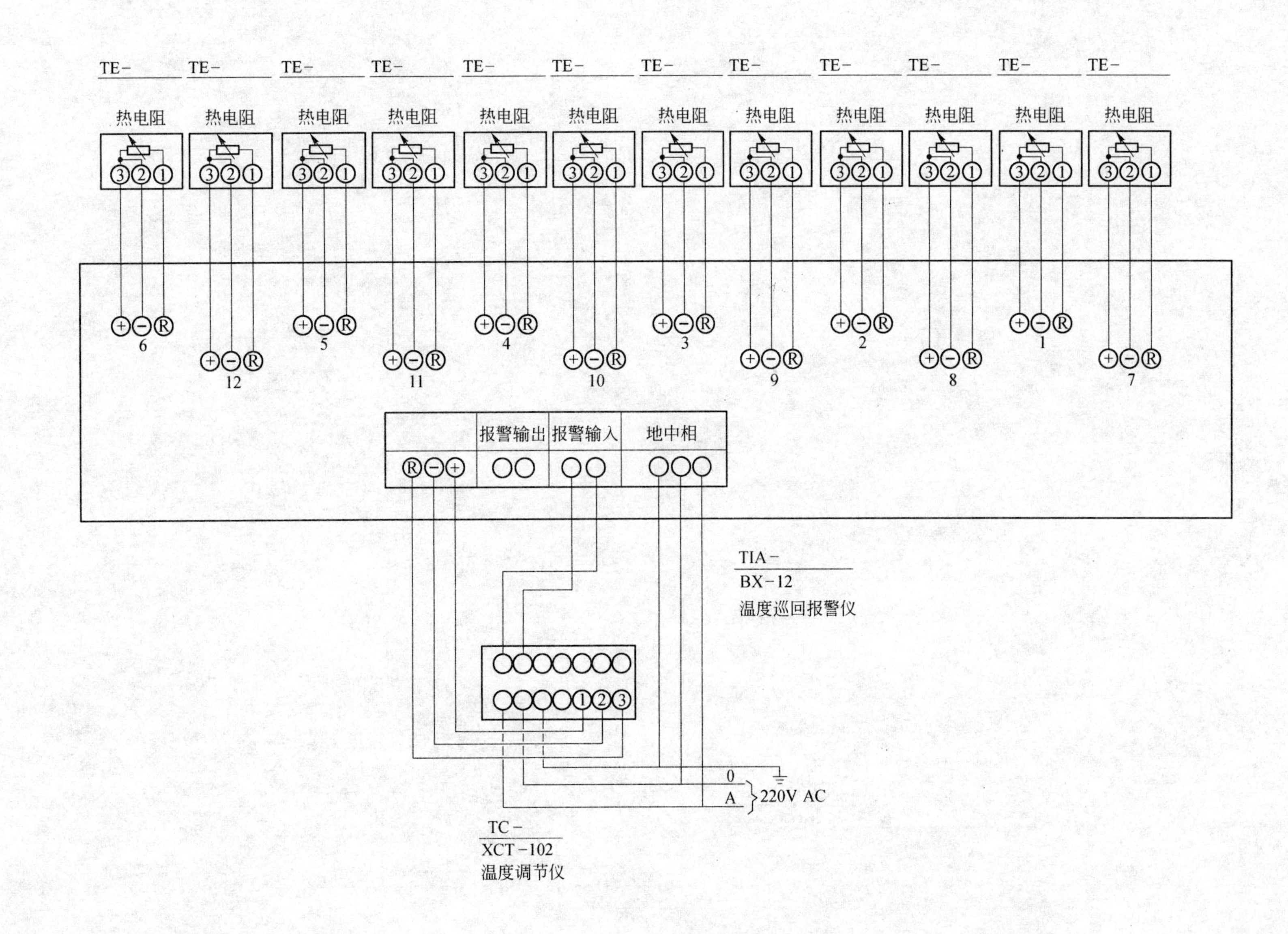

冶金仪控通用图	温度多点巡回检测系统接线图(12点)	(2000)YK08-27	
		比例	页次

二、压力(差压、液位)指示、积算

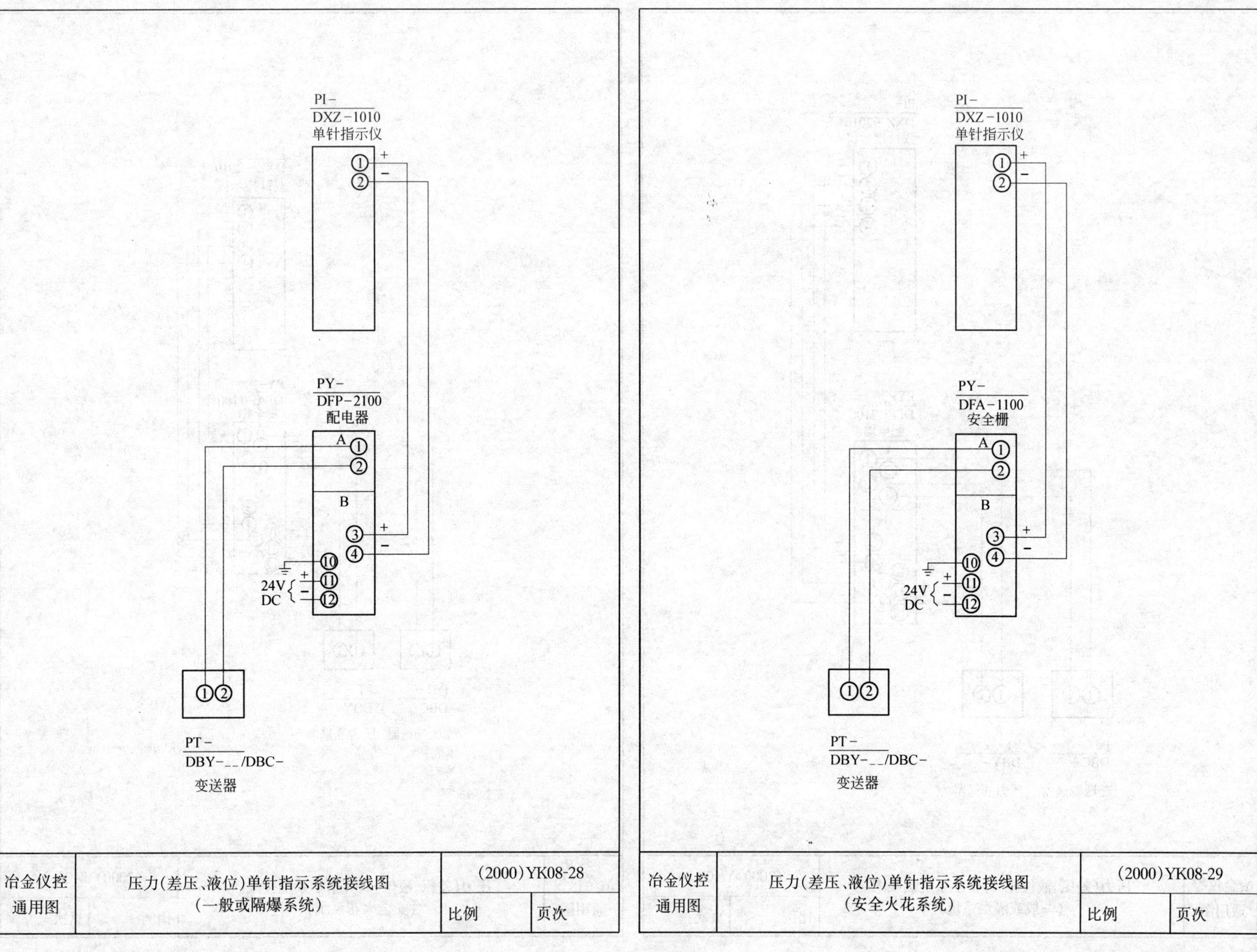
PI-
DXZ-1010
单针指示仪
PY-
DFP-2100
配电器
A
B
24V
DC
PT-
DBY-__/DBC-
变送器
冶金仪控
通用图
压力(差压、液位)单针指示系统接线图
(一般或隔爆系统)
(2000)YK08-28
比例
页次
PI-
DXZ-1010
单针指示仪
PY-
DFA-1100
安全栅
A
B
24V
DC
PT-
DBY-__/DBC-
变送器
冶金仪控
通用图
压力(差压、液位)单针指示系统接线图
(安全火花系统)
(2000)YK08-29
比例
页次

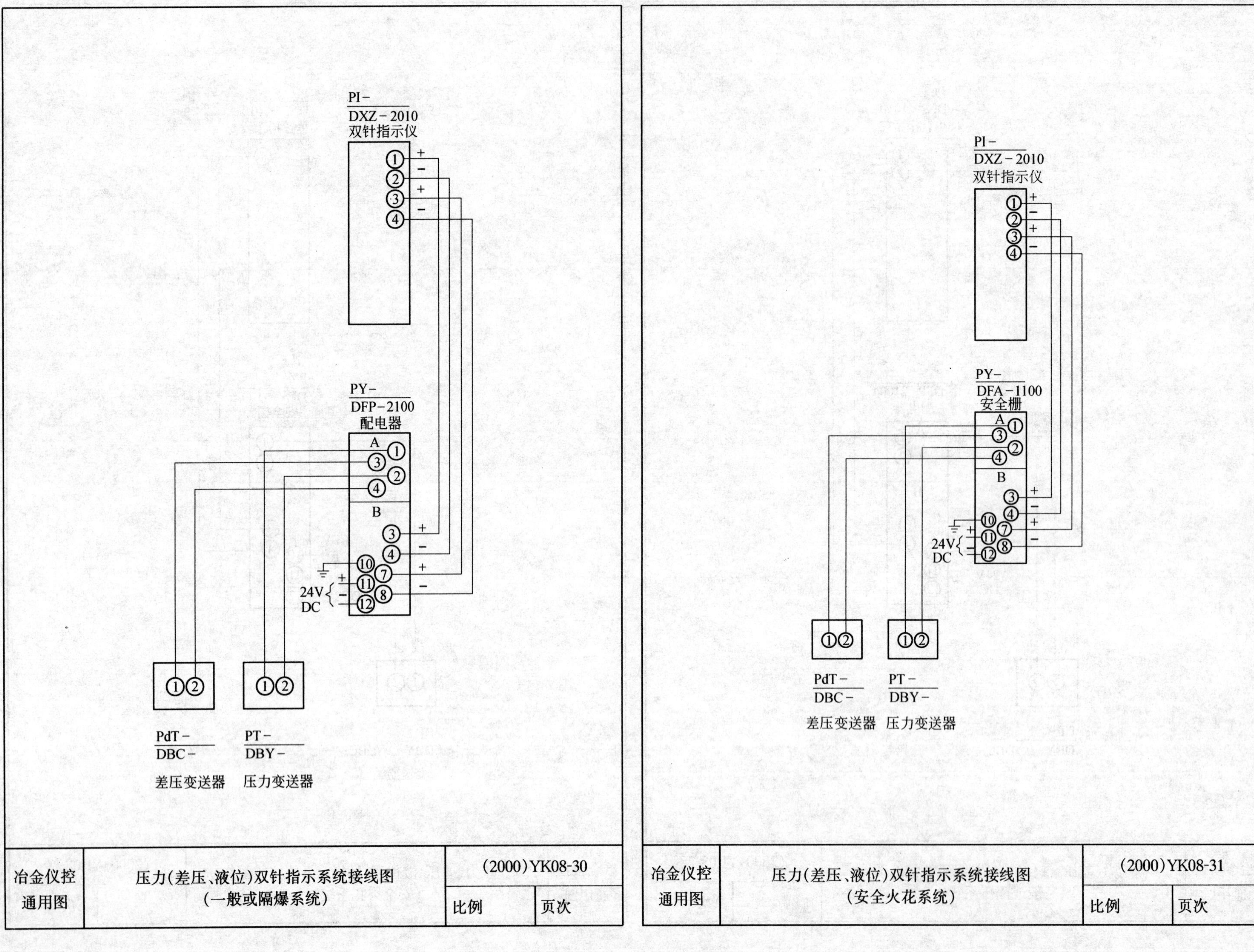
PI-
DXZ-2010
双针指示仪
PY-
DFP-2100
配电器
A
B
24V
DC
PdT-
DBC-
差压变送器
PT-
DBY-
压力变送器
冶金仪控
通用图
压力(差压、液位)双针指示系统接线图
(一般或隔爆系统)
(2000)YK08-30
比例
页次
PI-
DXZ-2010
双针指示仪
PY-
DFA-1100
安全栅
A
B
24V
DC
PdT-
DBC-
差压变送器
PT-
DBY-
压力变送器
冶金仪控
通用图
压力(差压、液位)双针指示系统接线图
(安全火花系统)
(2000)YK08-31
比例
页次

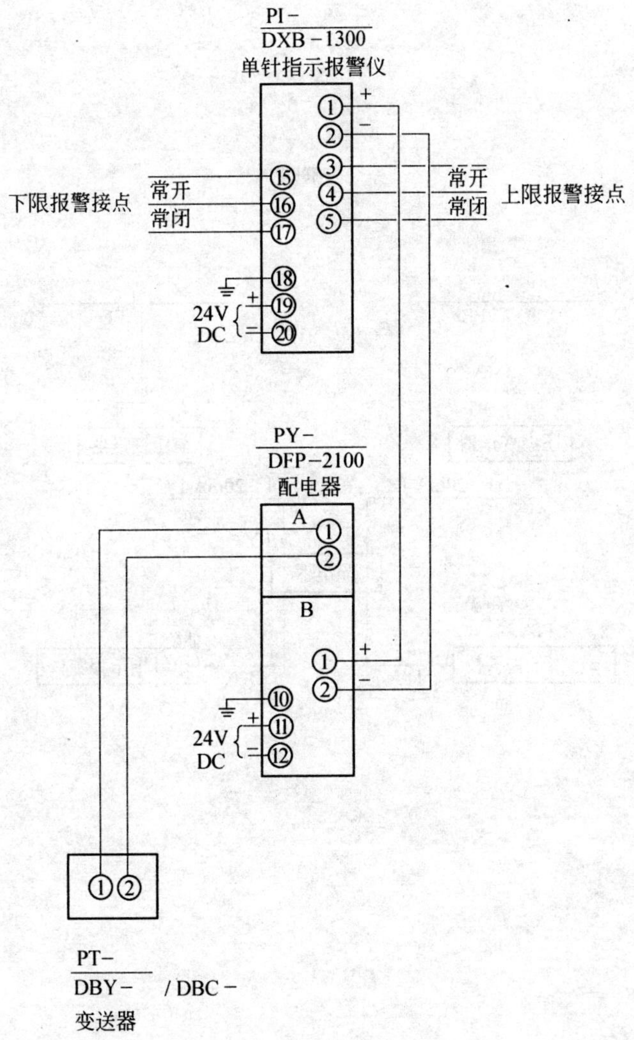

PI－
DXB－1300
单针指示报警仪

下限报警接点 常开 常闭
上限报警接点 常开 常闭
24V DC

PY－
DFP－2100
配电器

A B
24V DC

PT－
DBY－ / DBC－
变送器

冶金仪控通用图	压力(差压、液位)单针指示报警系统接线图 (一般或隔爆系统)	(2000)YK08-32	
		比例	页次

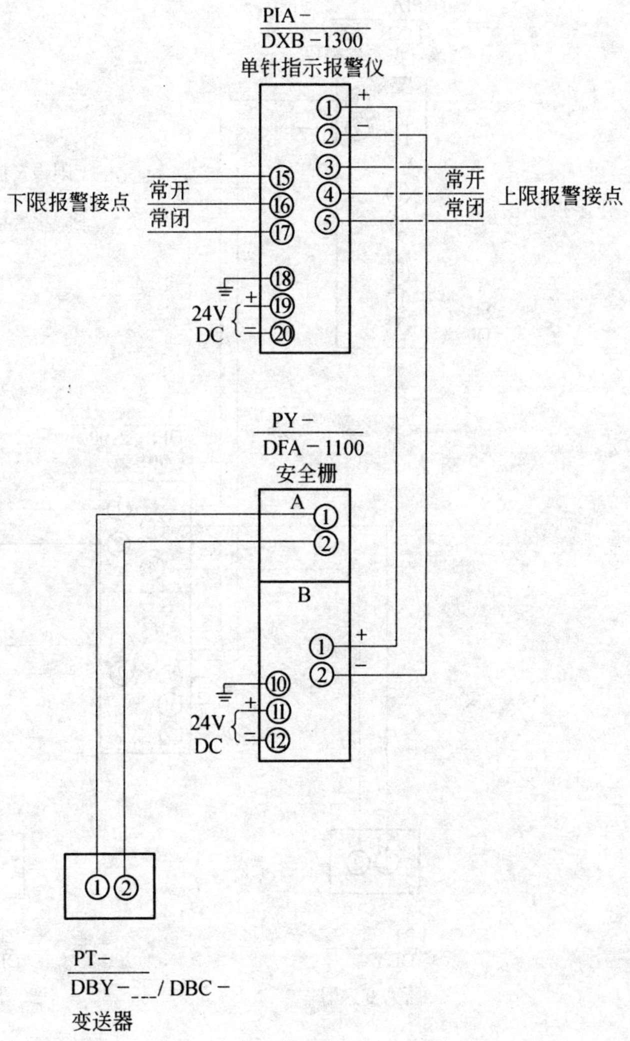

PIA－
DXB－1300
单针指示报警仪

下限报警接点 常开 常闭
上限报警接点 常开 常闭
24V DC

PY－
DFA－1100
安全栅

A B
24V DC

PT－
DBY－___/ DBC－
变送器

冶金仪控通用图	压力(差压、液位)单针指示报警系统接线图 (安全火花系统)	(2000)YK08-33	
		比例	页次

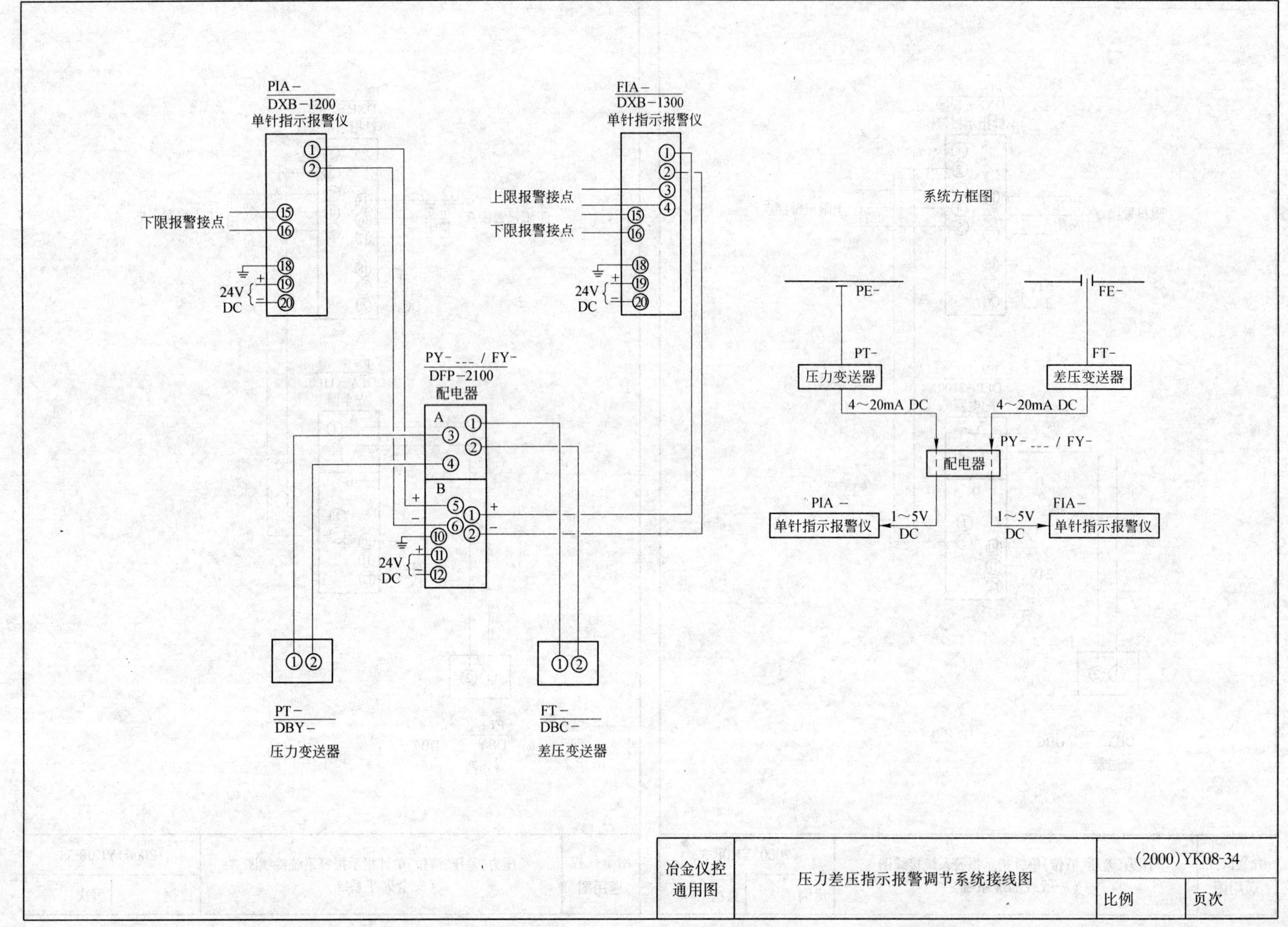

冶金仪控通用图	压力差压指示报警调节系统接线图	(2000)YK08-34	
		比例	页次

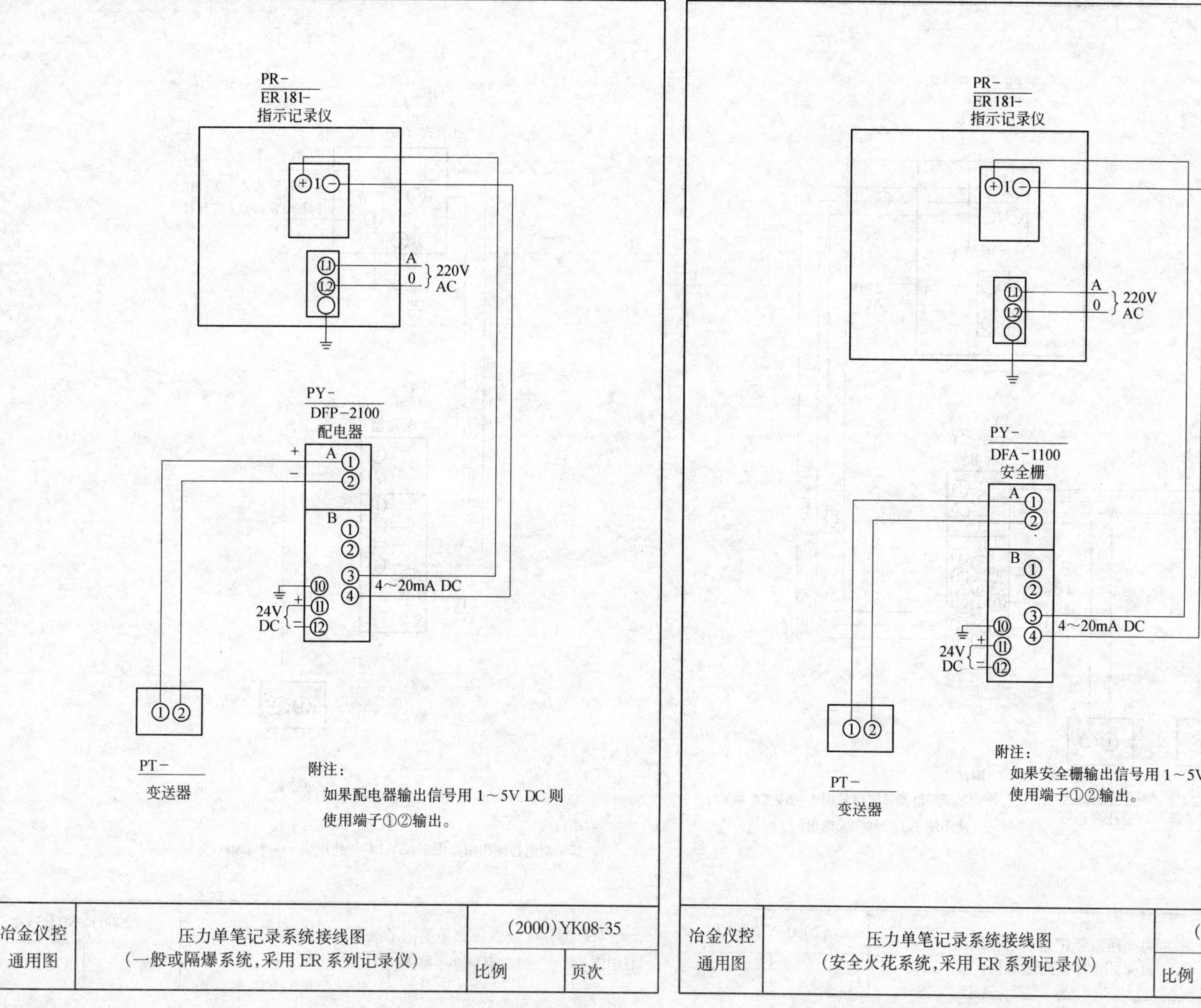

冶金仪控 通用图	压力单笔记录系统接线图 （一般或隔爆系统，采用 ER 系列记录仪）	（2000）YK08-35	
		比例	页次

冶金仪控 通用图	压力单笔记录系统接线图 （安全火花系统，采用 ER 系列记录仪）	（2000）YK08-36	
		比例	页次

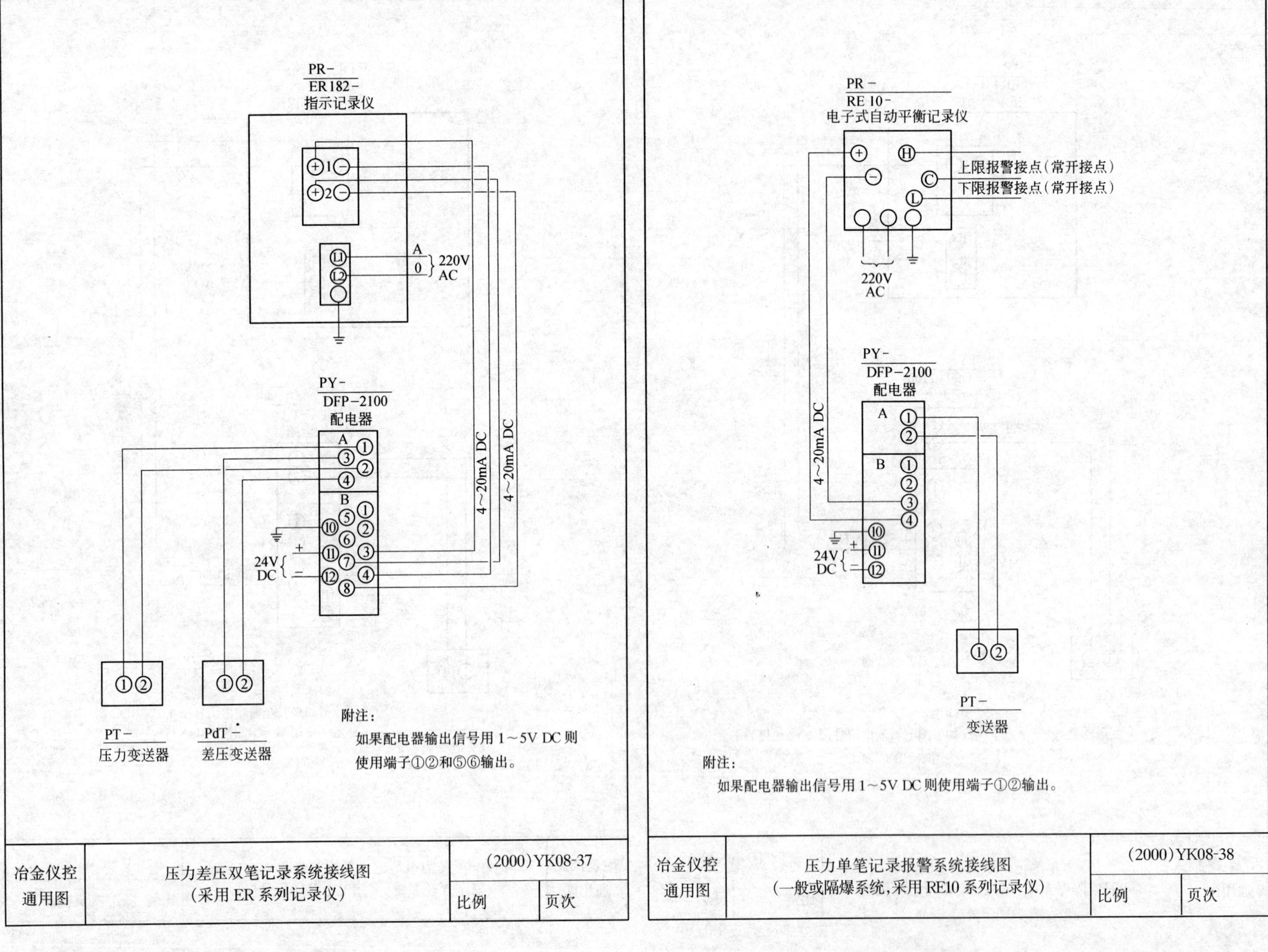
PR-
ER182-
指示记录仪
1
2
L1
L2
A
0
220V
AC
PY-
DFP-2100
配电器
A
B
24V
DC
4~20mA DC
4~20mA DC
PT-
压力变送器
PdT-
差压变送器
附注：
如果配电器输出信号用1~5V DC则使用端子①②和⑤⑥输出。
冶金仪控
通用图
压力差压双笔记录系统接线图
（采用ER系列记录仪）
(2000)YK08-37
比例
页次
PR-
RE 10-
电子式自动平衡记录仪
H
C
L
上限报警接点（常开接点）
下限报警接点（常开接点）
220V
AC
PY-
DFP-2100
配电器
4~20mA DC
24V
DC
PT-
变送器
附注：
如果配电器输出信号用1~5V DC则使用端子①②输出。
冶金仪控
通用图
压力单笔记录报警系统接线图
（一般或隔爆系统，采用RE10系列记录仪）
(2000)YK08-38
比例
页次

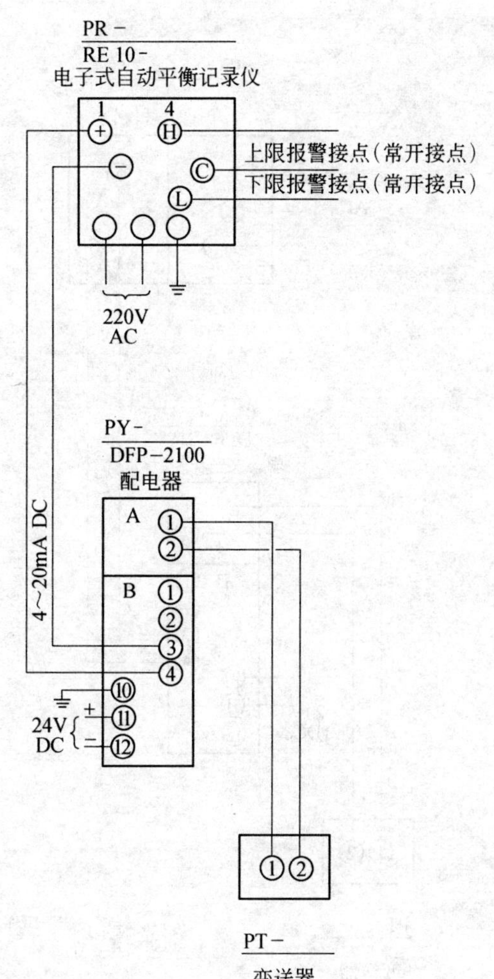

附注：

如果配电器输出信号用 1～5V DC 则使用端子①②输出。

冶金仪控通用图	压力单笔记录报警系统接线图（一般或隔爆系统，采用 RE10 系列记录仪）	(2000)YK08-39	
		比例	页次

PR－___/PdR－
RE 10－
电子式自动平衡记录仪

220V AC

PY－___/PdY－
DFP－2100
配电器

24V DC

PdT－
差压变送器

PT－
压力变送器

附注：

如果配电器输出信号用 1～5V DC 则使用端子①②和⑤⑥输出。

冶金仪控通用图	压力差压单笔记录系统接线图（采用 RE10 系列记录仪）	(2000)YK08-40	
		比例	页次

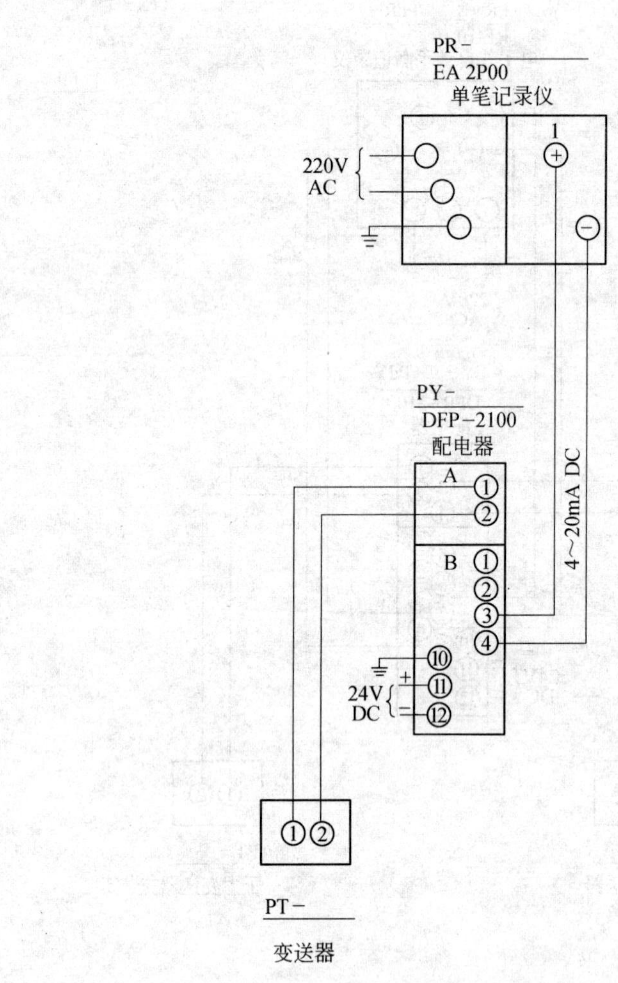

附注：

如果配电器输出信号用 1～5V DC 则使用端子 B①②输出。

冶金仪控 通用图	压力记录系统接线图 （一般或隔爆系统，采用 EA 系列记录仪）	（2000）YK08-41	
		比例	页次

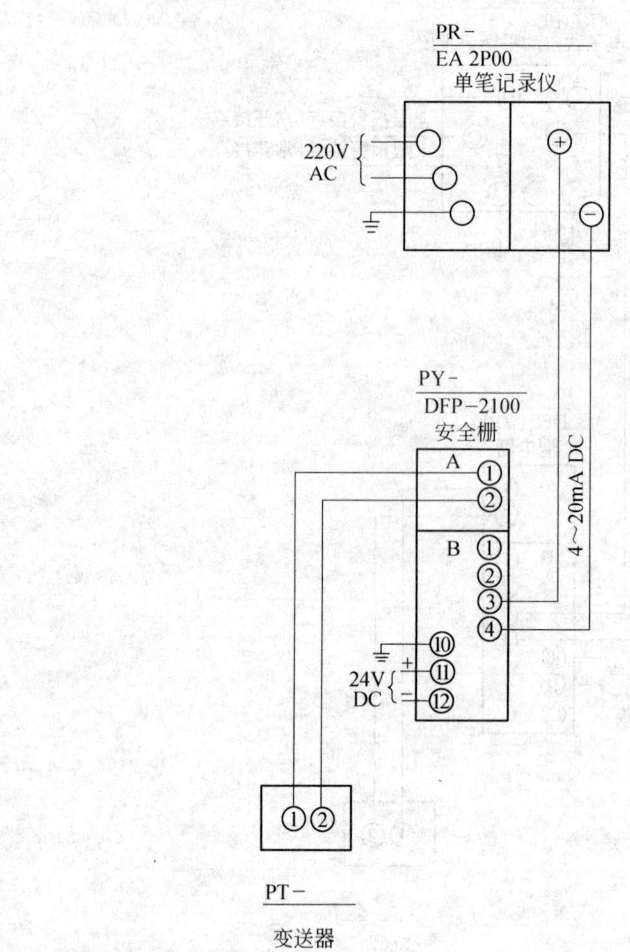

附注：

如果安全栅输出信号用 1～5V DC 则使用端子 B①②输出。

冶金仪控 通用图	压力记录系统接线图 （安全火花系统，采用 EA 系列记录仪）	（2000）YK08-42	
		比例	页次

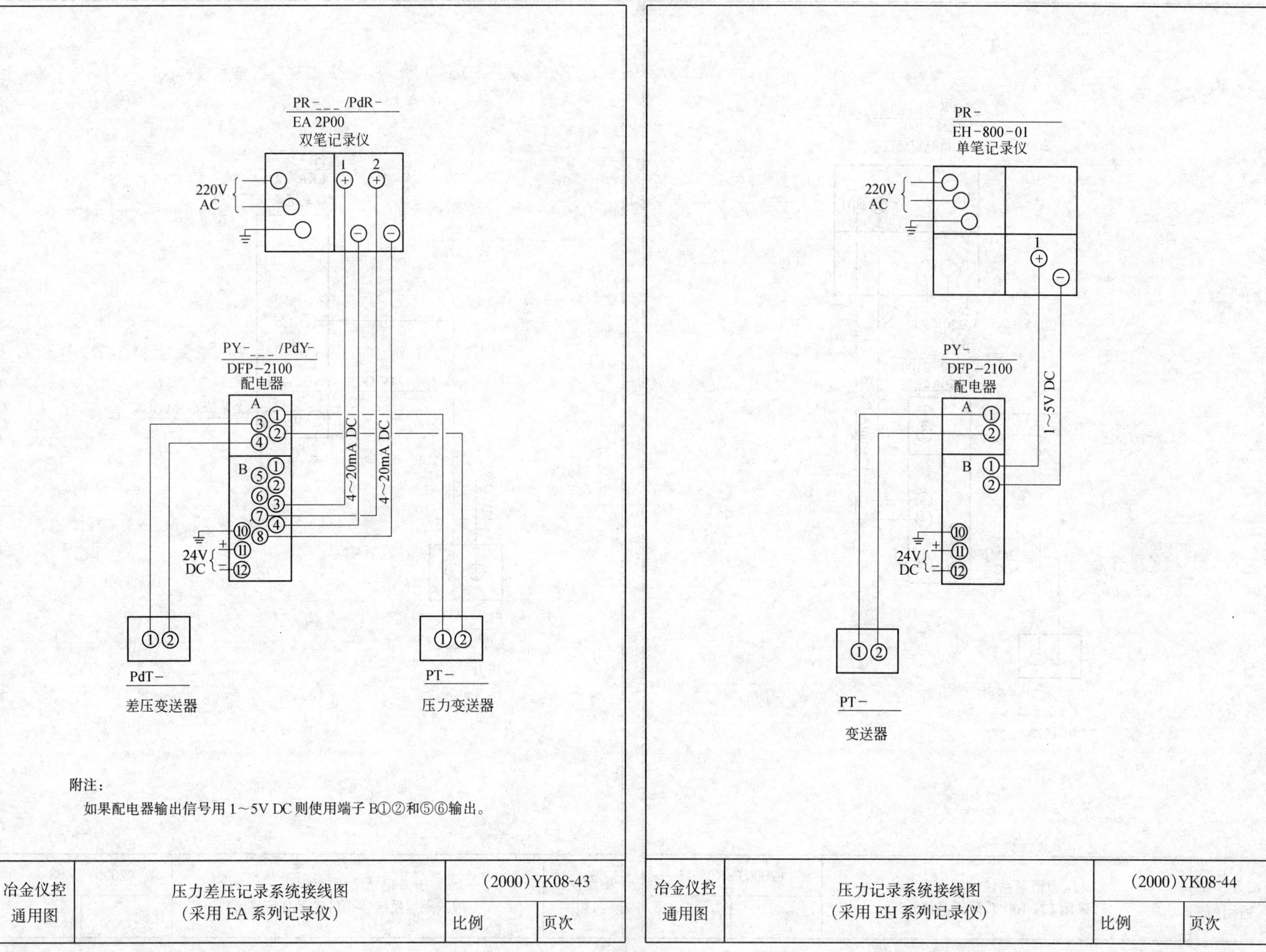
PR-___ /PdR-
EA 2P00
双笔记录仪
220V AC
1
2
PY-___ /PdY-
DFP-2100
配电器
A
B
4~20mA DC
4~20mA DC
24V DC
PdT-
差压变送器
PT-
压力变送器
附注：
如果配电器输出信号用1~5V DC则使用端子B①②和⑤⑥输出。
冶金仪控
通用图
压力差压记录系统接线图
（采用EA系列记录仪）
(2000)YK08-43
比例
页次
PR-
EH-800-01
单笔记录仪
220V AC
1
PY-
DFP-2100
配电器
A
B
1~5V DC
24V DC
PT-
变送器
冶金仪控
通用图
压力记录系统接线图
（采用EH系列记录仪）
(2000)YK08-44
比例
页次

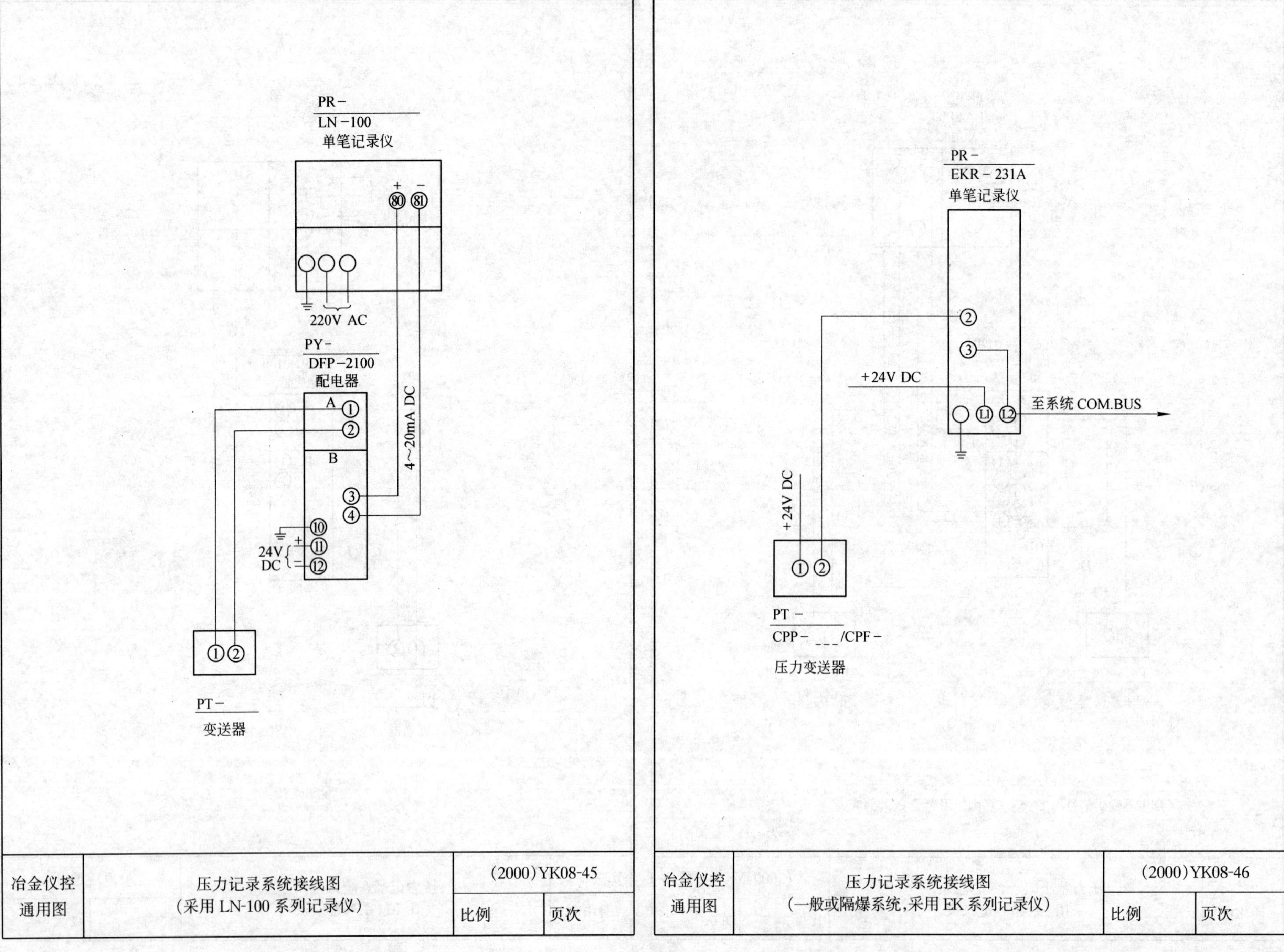
PR－
LN－100
单笔记录仪
+ －
80 81
220V AC
PY－
DFP－2100
配电器
A
B
4～20mA DC
24V
DC
PT－
变送器
冶金仪控
通用图
压力记录系统接线图
（采用 LN-100 系列记录仪）
(2000)YK08-45
比例
页次
PR－
EKR－231A
单笔记录仪
+24V DC
至系统 COM.BUS
L1 L2
+24V DC
PT－
CPP－＿＿/CPF－
压力变送器
冶金仪控
通用图
压力记录系统接线图
（一般或隔爆系统，采用 EK 系列记录仪）
(2000)YK08-46
比例
页次

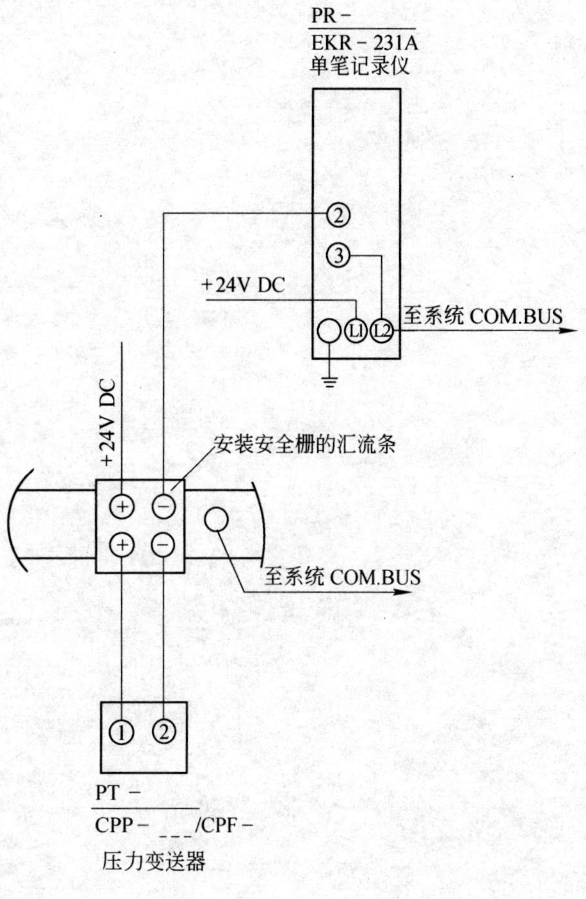

冶金仪控通用图	压力记录系统接线图（安全火花系统，采用 EK 系列记录仪）	(2000)YK08-47	
		比例	页次

三、流量指示、积算、记录

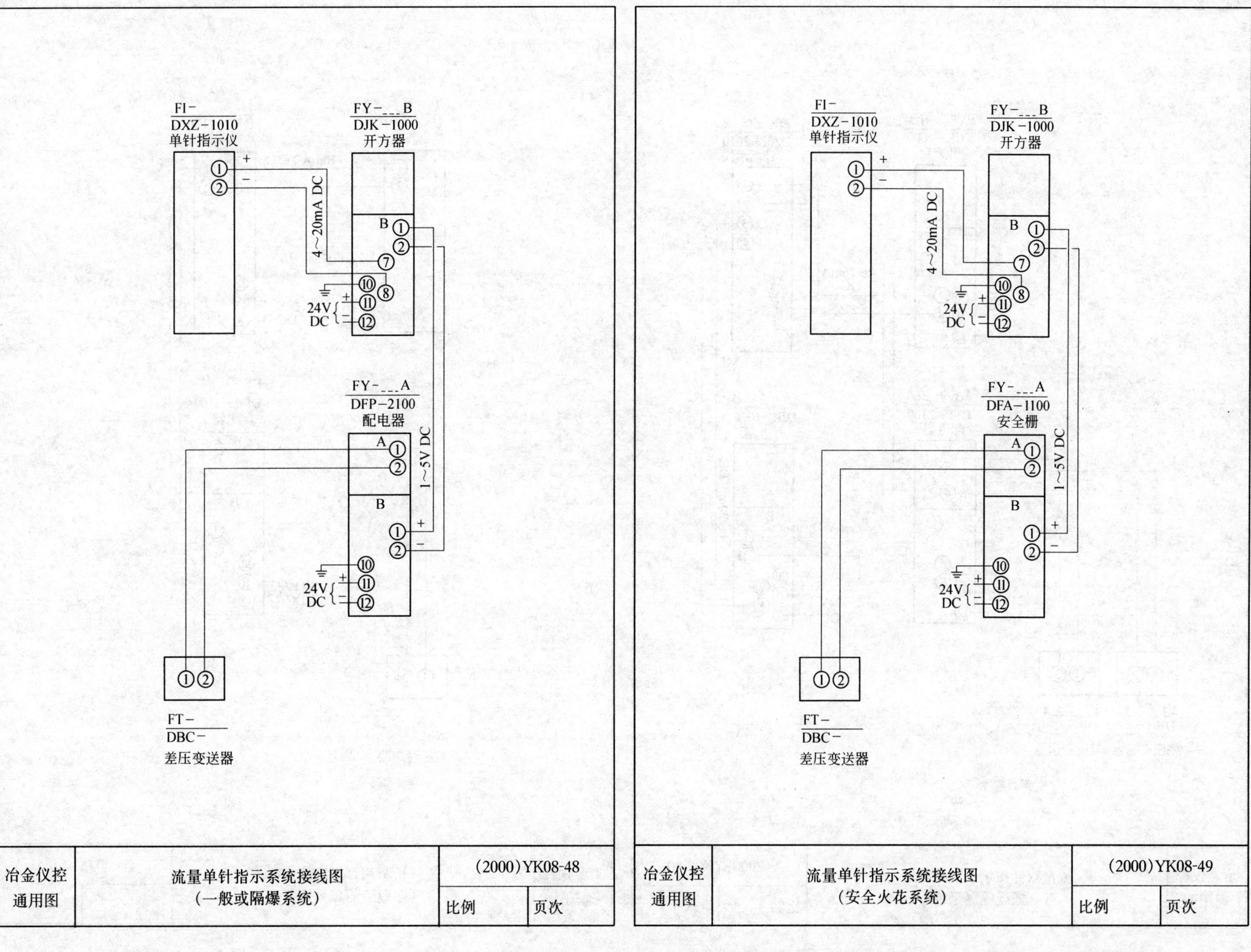
FI-
DXZ-1010
单针指示仪
FY-___B
DJK-1000
开方器
4~20mA DC
24V DC
FY-___A
DFP-2100
配电器
1~5V DC
FT-
DBC-
差压变送器
冶金仪控
通用图
流量单针指示系统接线图
(一般或隔爆系统)
(2000)YK08-48
比例
页次
FI-
DXZ-1010
单针指示仪
FY-___B
DJK-1000
开方器
4~20mA DC
24V DC
FY-___A
DFA-1100
安全栅
1~5V DC
FT-
DBC-
差压变送器
冶金仪控
通用图
流量单针指示系统接线图
(安全火花系统)
(2000)YK08-49
比例
页次

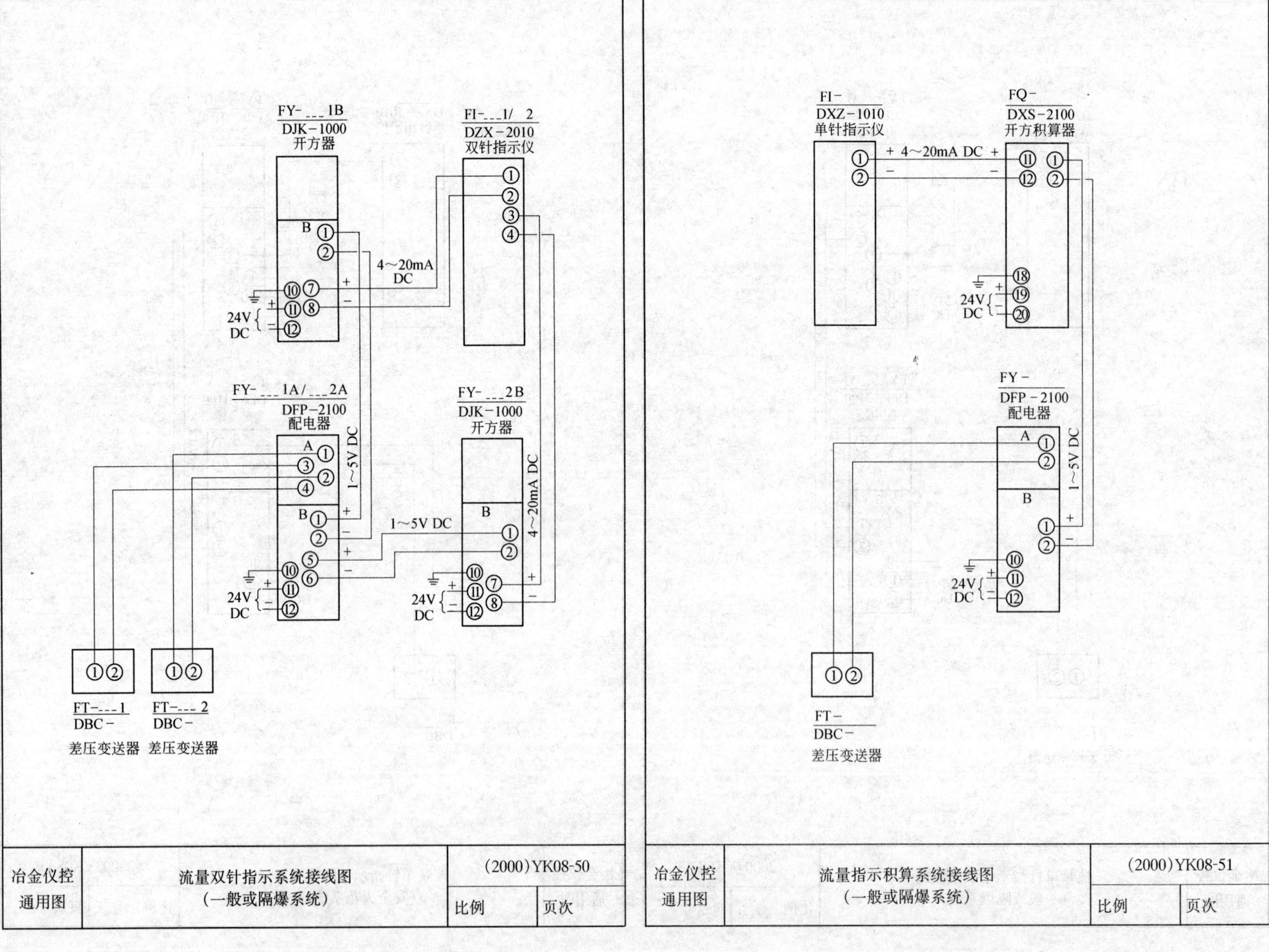
FY-___1B
DJK-1000
开方器
FI-___1/ 2
DZX-2010
双针指示仪
4~20mA
DC
24V
DC
FY-___1A/___2A
DFP-2100
配电器
1~5V DC
FY-___2B
DJK-1000
开方器
4~20mA DC
1~5V DC
FT-___1
DBC-
差压变送器
FT-___2
DBC-
差压变送器
冶金仪控
通用图
流量双针指示系统接线图
（一般或隔爆系统）
(2000)YK08-50
比例
页次
FI-
DXZ-1010
单针指示仪
FQ-
DXS-2100
开方积算器
+ 4~20mA DC +
FY-
DFP-2100
配电器
1~5V DC
FT-
DBC-
差压变送器
冶金仪控
通用图
流量指示积算系统接线图
（一般或隔爆系统）
(2000)YK08-51
比例
页次

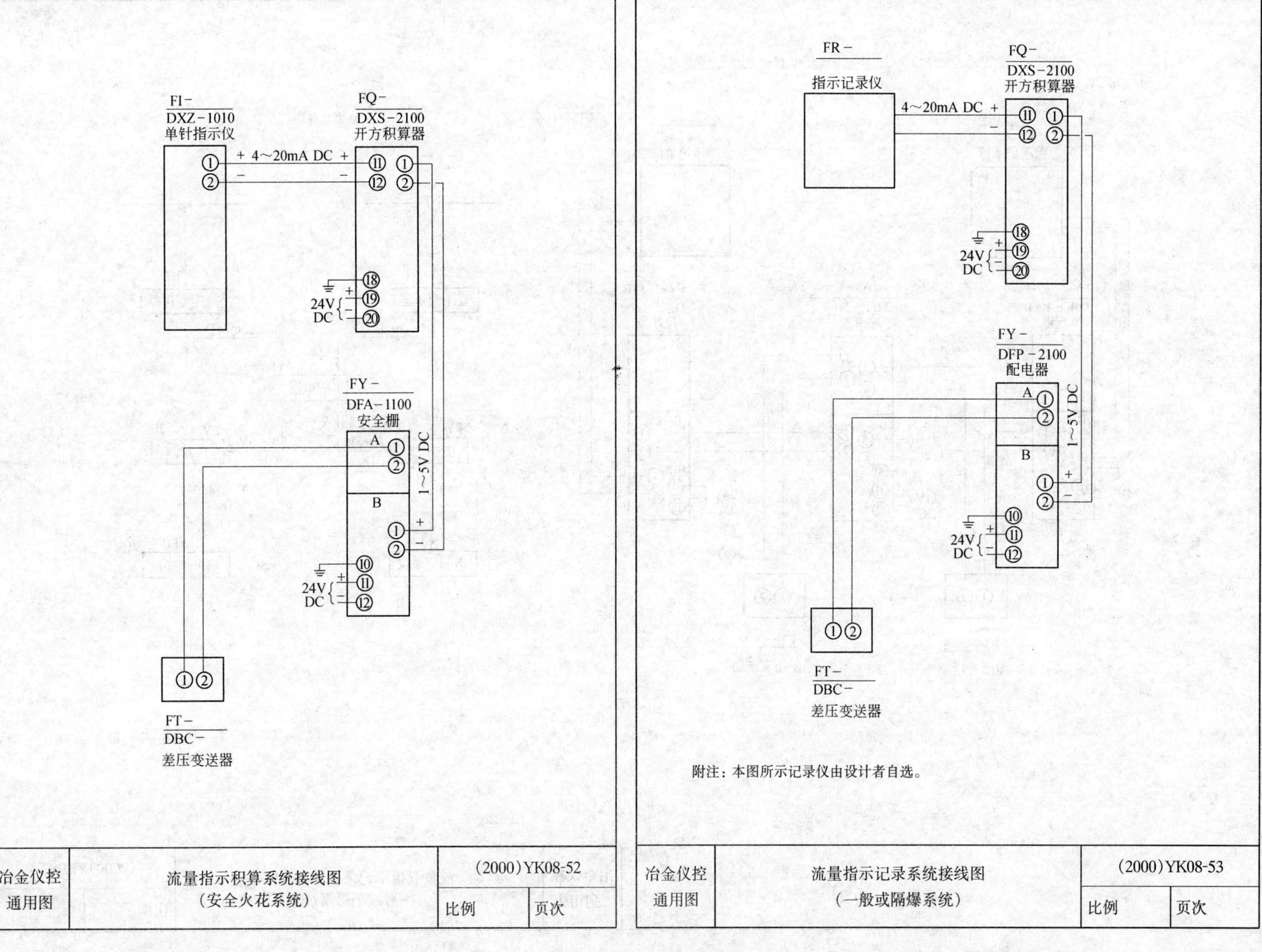

FI-
DXZ-1010
单针指示仪
FQ-
DXS-2100
开方积算器
+ 4～20mA DC +
24V DC
FY-
DFA-1100
安全栅
A
B
1～5V DC
FT-
DBC-
差压变送器
冶金仪控
通用图
流量指示积算系统接线图
（安全火花系统）
(2000)YK08-52
比例
页次
FR-
指示记录仪
4～20mA DC +
FQ-
DXS-2100
开方积算器
FY-
DFP-2100
配电器
FT-
DBC-
差压变送器
附注：本图所示记录仪由设计者自选。
冶金仪控
通用图
流量指示记录系统接线图
（一般或隔爆系统）
(2000)YK08-53
比例
页次

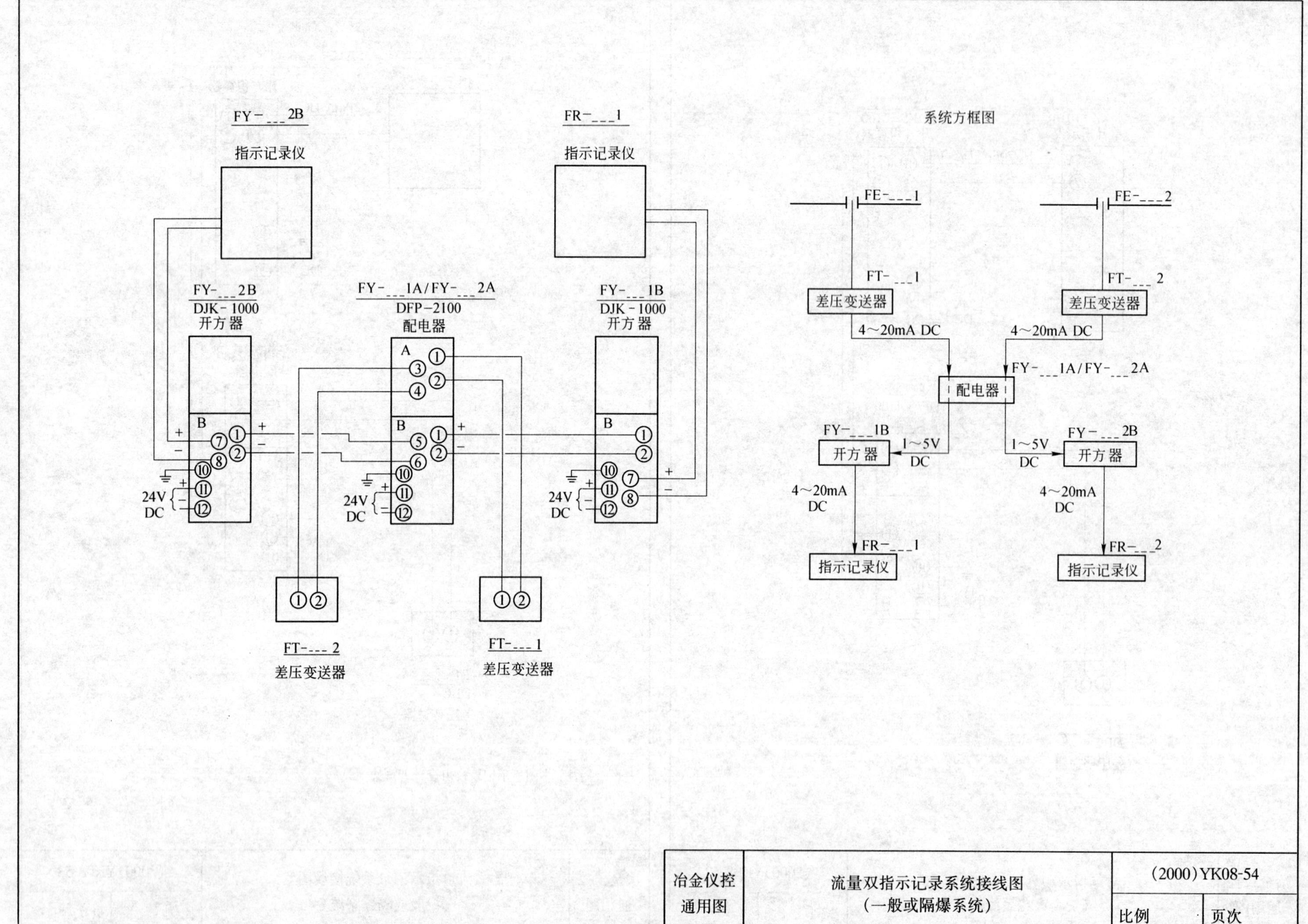
FY-___2B
指示记录仪
FR-___1
指示记录仪
系统方框图
FY-___2B
DJK-1000
开方器
FY-___1A/FY-___2A
DFP-2100
配电器
FY-___1B
DJK-1000
开方器
24V DC
FT-___2
差压变送器
FT-___1
差压变送器
FE-___1
FE-___2
FT-___1
FT-___2
差压变送器
差压变送器
4～20mA DC
4～20mA DC
FY-___1A/FY-___2A
配电器
FY-___1B
开方器
1～5V DC
1～5V DC
FY-___2B
开方器
4～20mA DC
4～20mA DC
FR-___1
指示记录仪
FR-___2
指示记录仪
冶金仪控
通用图
流量双指示记录系统接线图
（一般或隔爆系统）
(2000)YK08-54
比例
页次

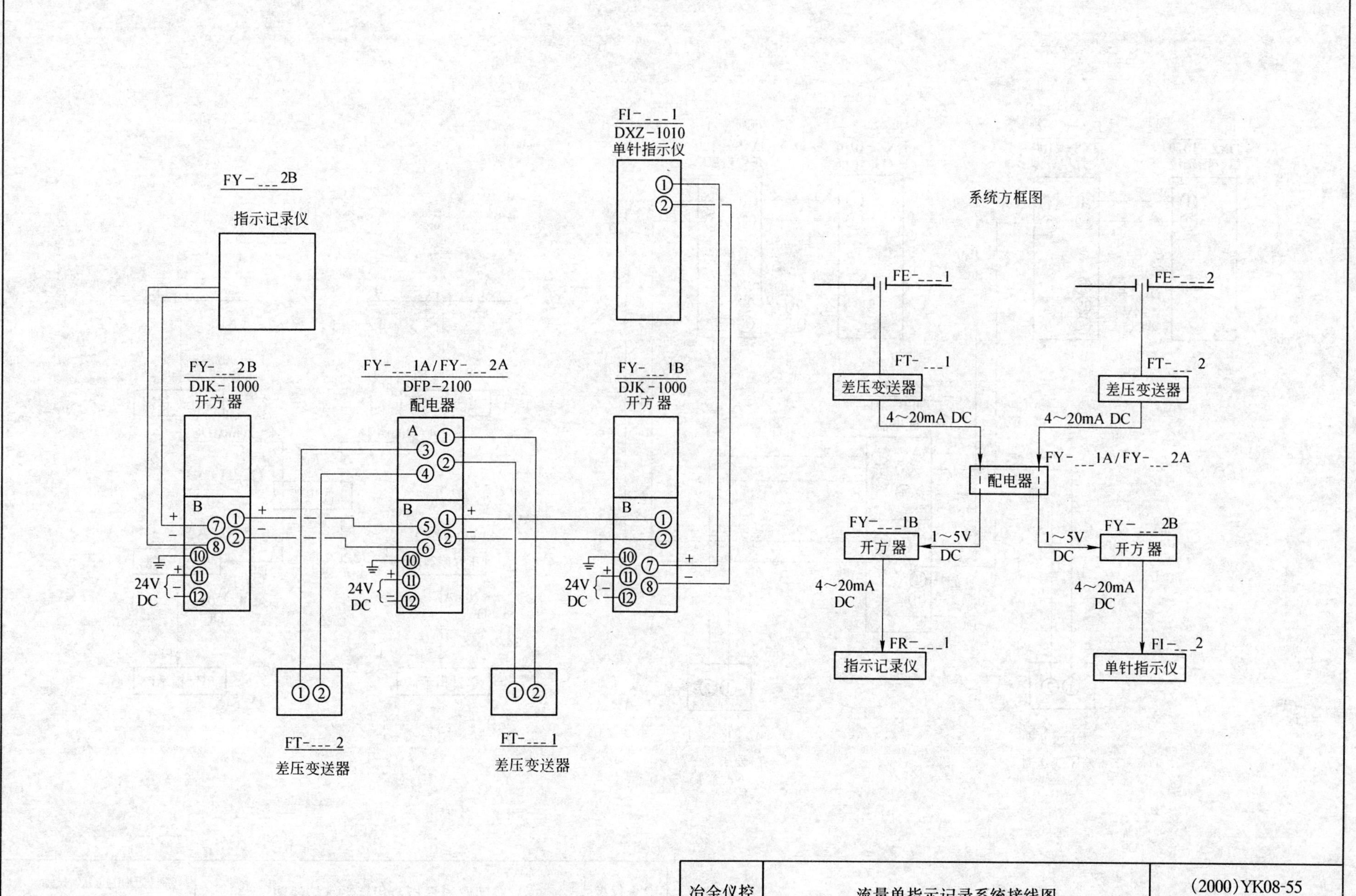

冶金仪控通用图	流量单指示记录系统接线图（一般或隔爆系统）	(2000)YK08-55	
		比例	页次

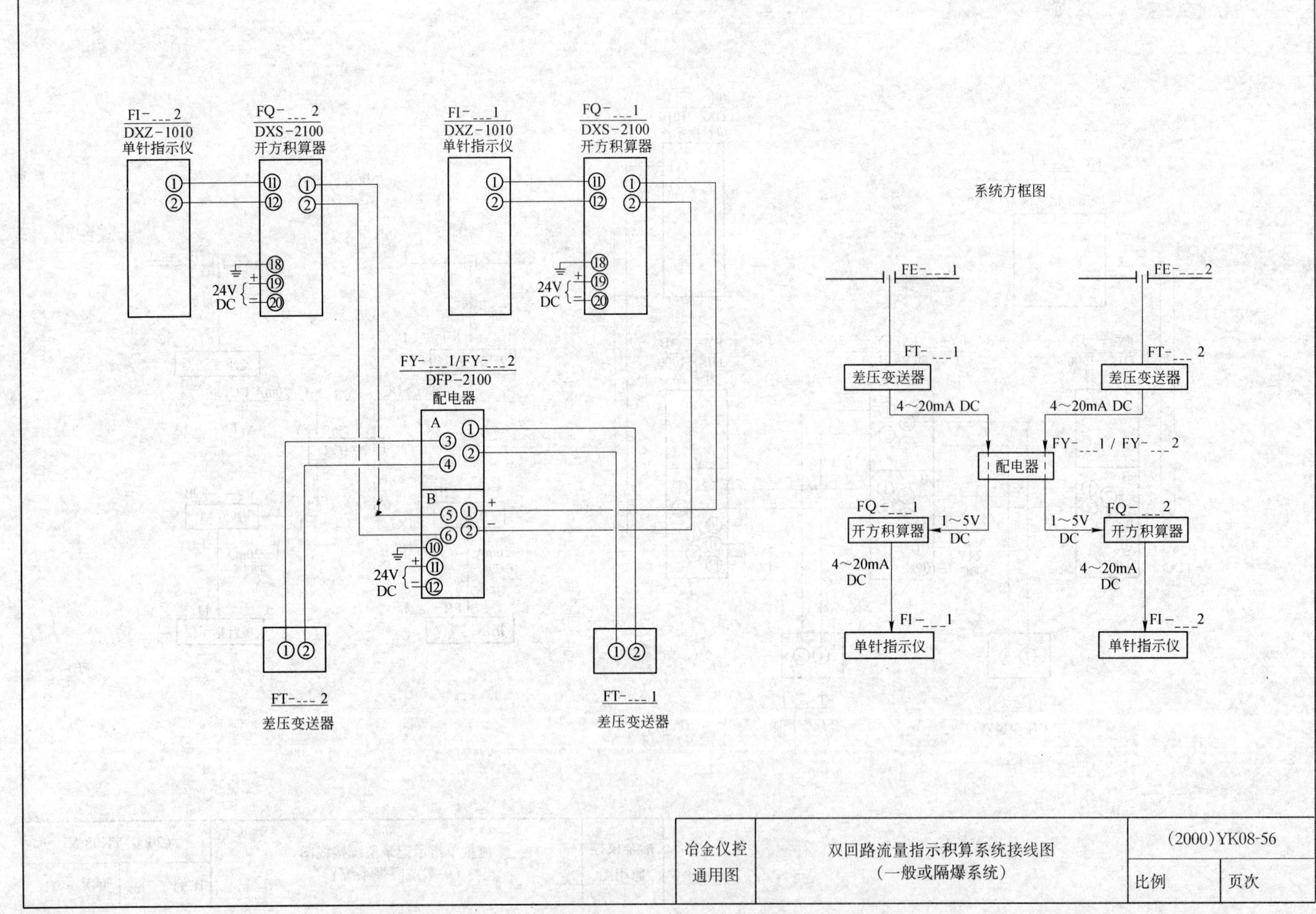

冶金仪控通用图	双回路流量指示积算系统接线图（一般或隔爆系统）	（2000）YK08-56
		比例	页次

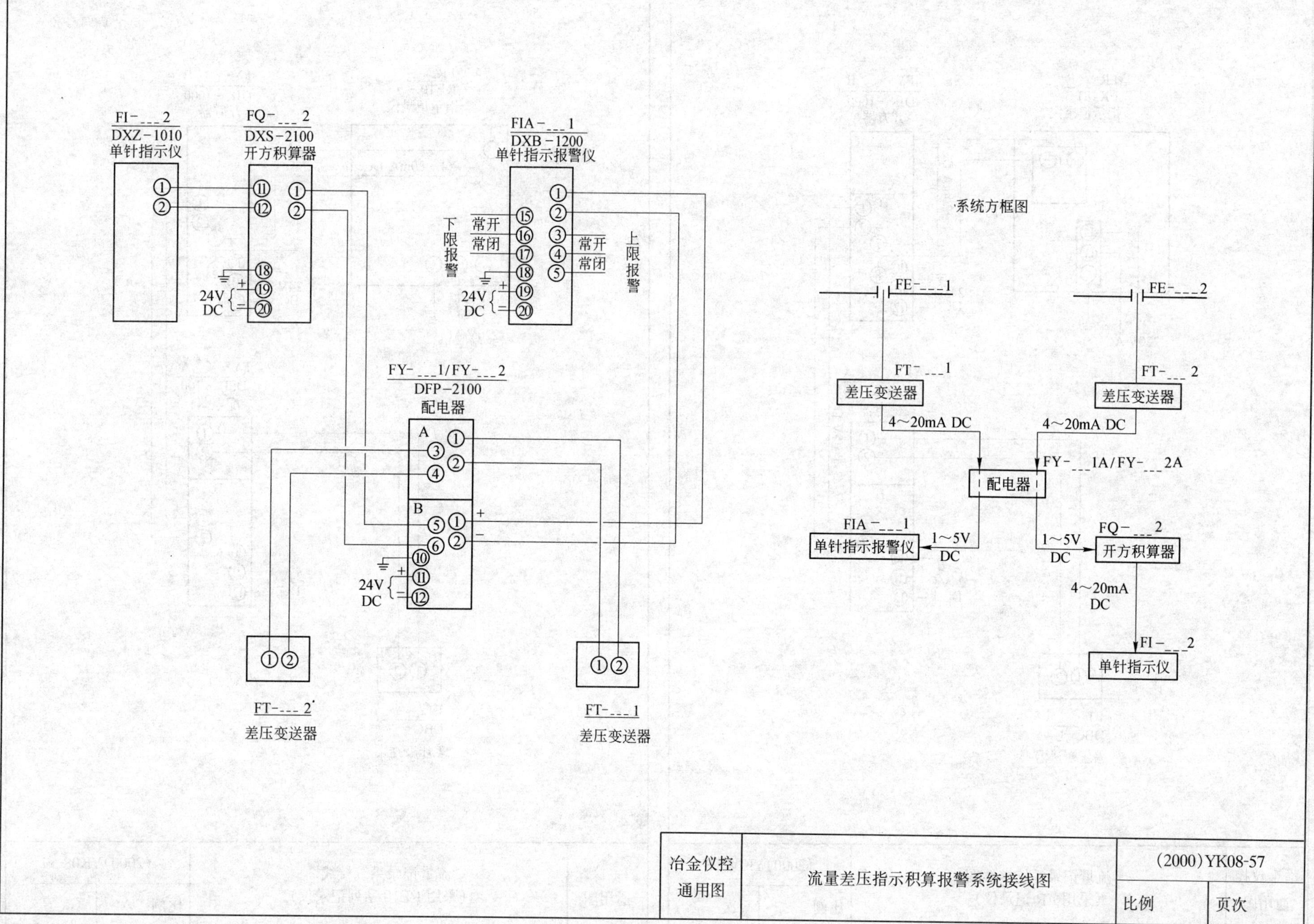

冶金仪控 通用图	流量差压指示积算报警系统接线图	(2000)YK08-57	
		比例	页次

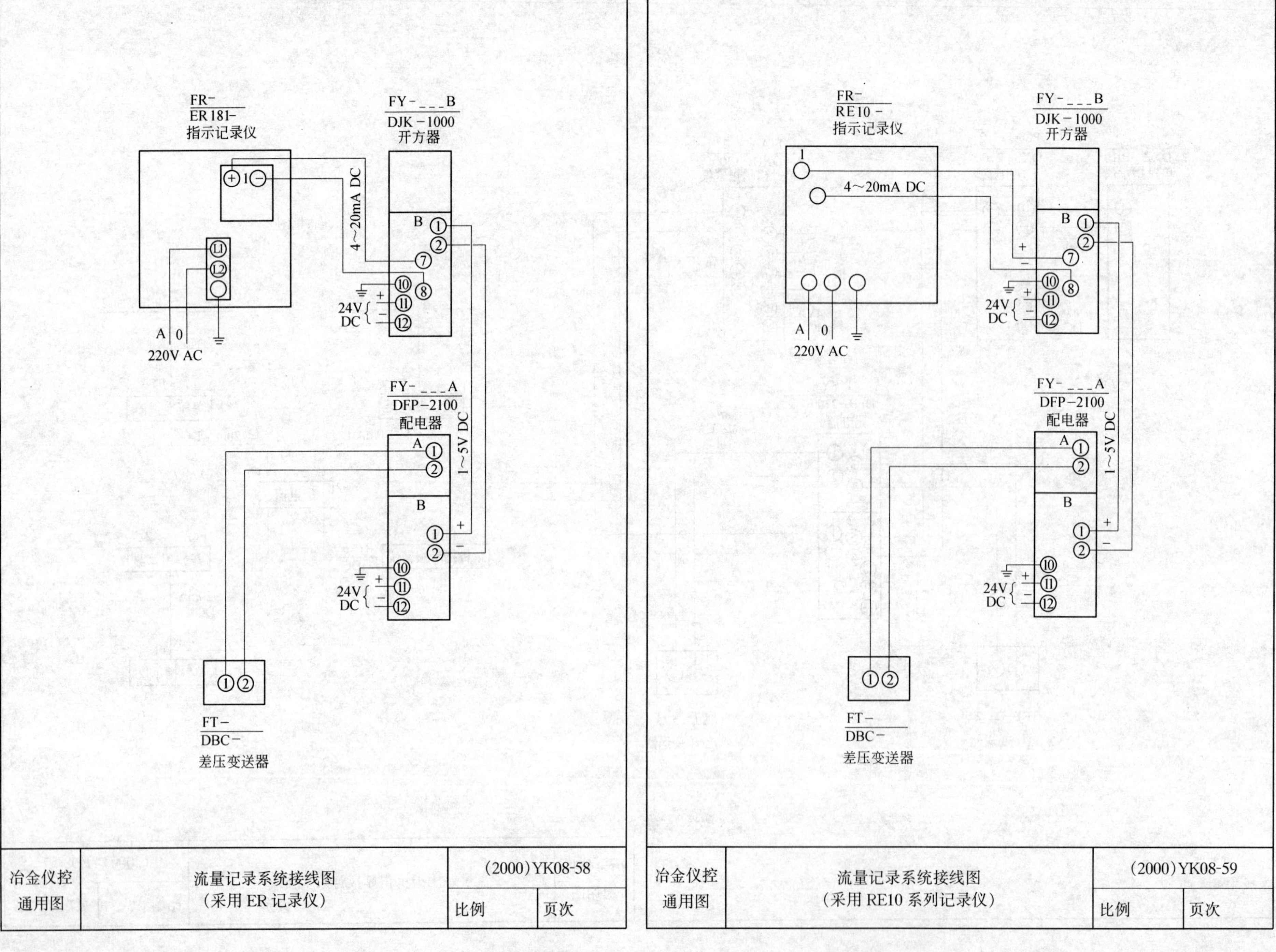

FR-
ER181-
指示记录仪
FY-___B
DJK-1000
开方器
4～20mA DC
B
24V DC
A 0
220V AC
FY-___A
DFP-2100
配电器
1～5V DC
A
B
FT-
DBC-
差压变送器
冶金仪控
通用图
流量记录系统接线图
(采用ER记录仪)
(2000)YK08-58
比例
页次
FR-
RE10-
指示记录仪
FY-___B
DJK-1000
开方器
4～20mA DC
24V DC
A 0
220V AC
FY-___A
DFP-2100
配电器
1～5V DC
FT-
DBC-
差压变送器
冶金仪控
通用图
流量记录系统接线图
(采用RE10系列记录仪)
(2000)YK08-59
比例
页次

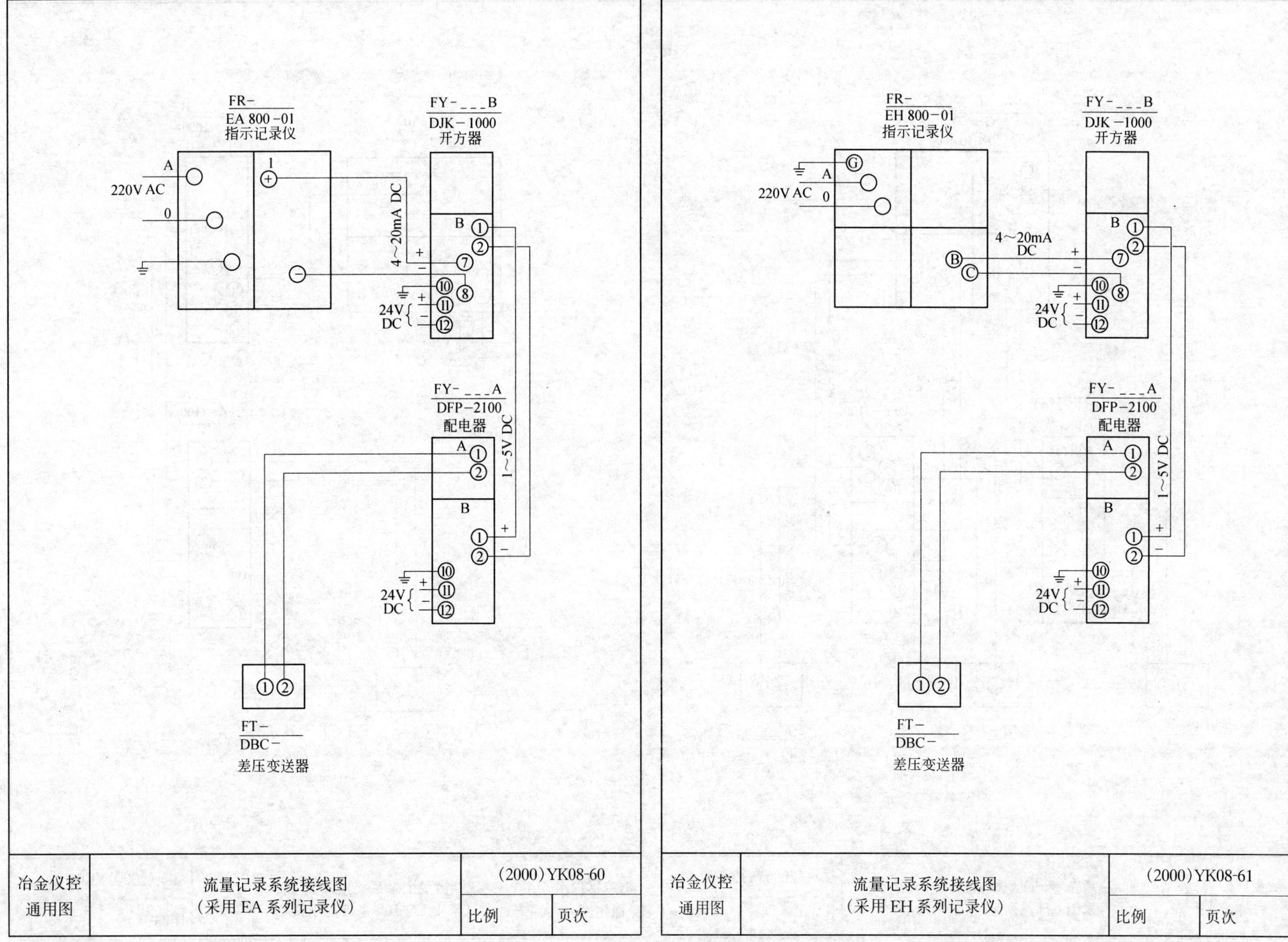

冶金仪控 通用图	流量记录系统接线图 （采用 EA 系列记录仪）	(2000)YK08-60	
		比例	页次

冶金仪控 通用图	流量记录系统接线图 （采用 EH 系列记录仪）	(2000)YK08-61	
		比例	页次

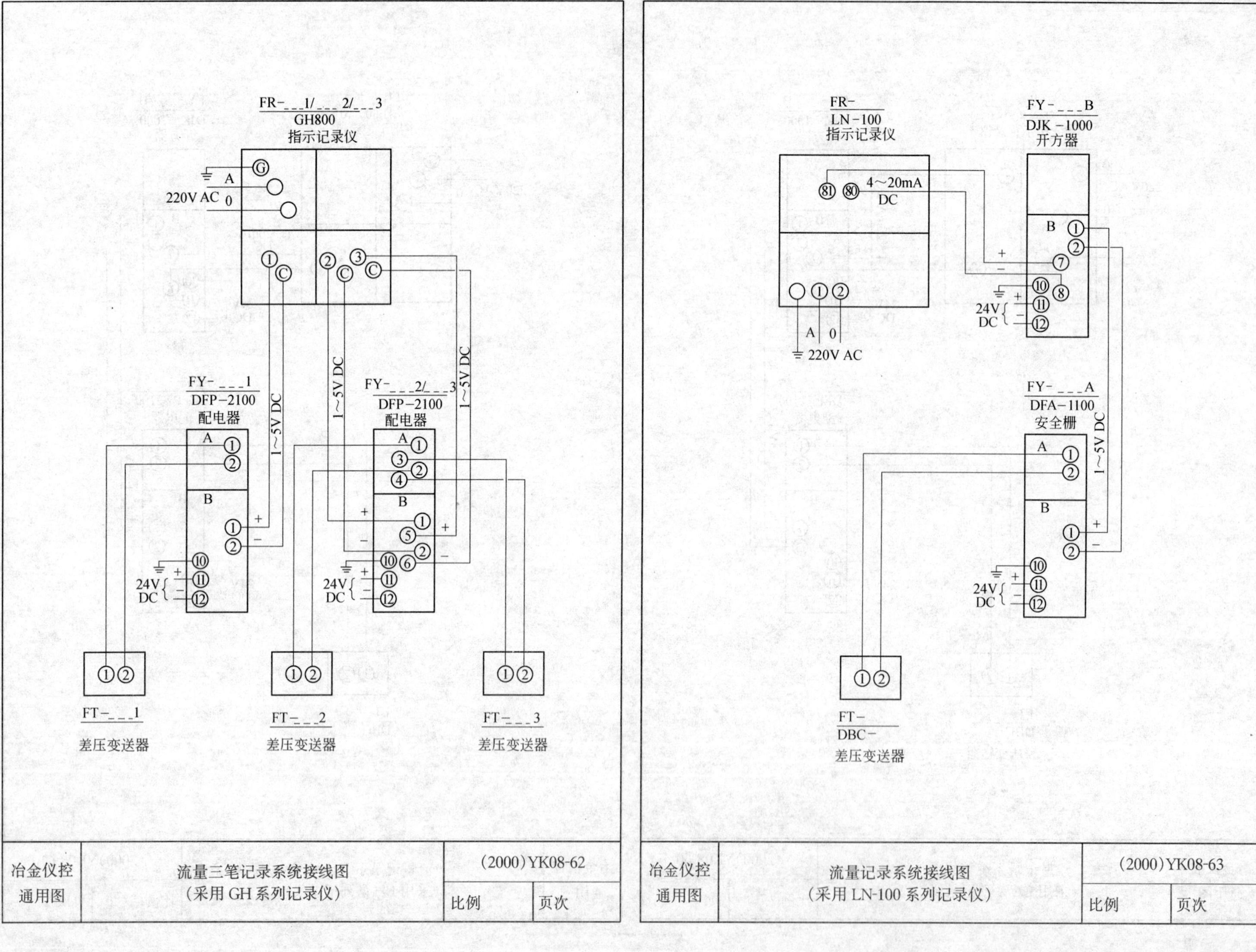
FR-___1/___2/___3
GH800
指示记录仪
A
220V AC
0
1~5V DC
FY-___1
DFP-2100
配电器
FY-___2/___3
DFP-2100
配电器
24V DC
FT-___1
差压变送器
FT-___2
差压变送器
FT-___3
差压变送器
冶金仪控
通用图
流量三笔记录系统接线图
（采用 GH 系列记录仪）
(2000)YK08-62
比例
页次
FR-
LN-100
指示记录仪
4~20mA
DC
220V AC
FY-___B
DJK-1000
开方器
FY-___A
DFA-1100
安全栅
FT-
DBC-
差压变送器
冶金仪控
通用图
流量记录系统接线图
（采用 LN-100 系列记录仪）
(2000)YK08-63
比例
页次

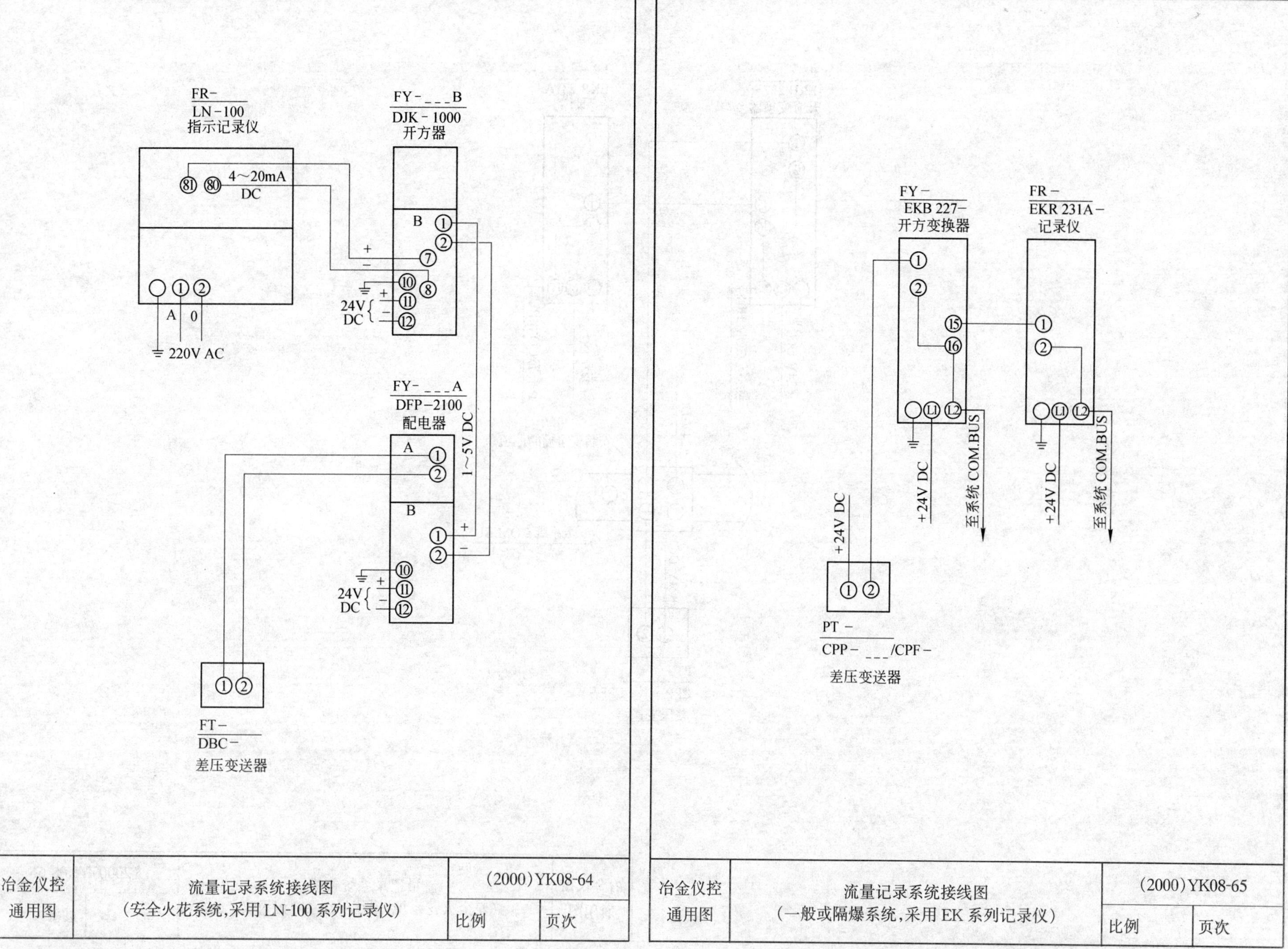

FR-
LN-100
指示记录仪
81 80 4～20mA DC
A 0
220V AC
FY-___B
DJK-1000
开方器
B
24V DC
1～5V DC
FY-___A
DFP-2100
配电器
A
B
24V DC
FT-
DBC-
差压变送器
冶金仪控
通用图
流量记录系统接线图
(安全火花系统,采用 LN-100 系列记录仪)
(2000)YK08-64
比例
页次
FY-
EKB 227-
开方变换器
FR-
EKR 231A-
记录仪
+24V DC
至系统 COM.BUS
PT-
CPP-___/CPF-
差压变送器
冶金仪控
通用图
流量记录系统接线图
(一般或隔爆系统,采用 EK 系列记录仪)
(2000)YK08-65
比例
页次

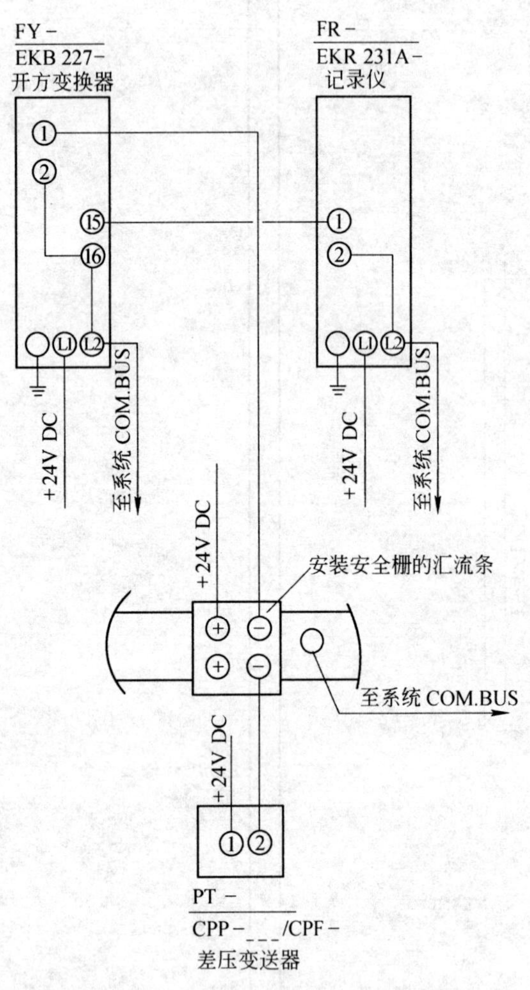

冶金仪控通用图	流量记录系统接线图 （安全火花系统，采用 EK 系列记录仪）	(2000) YK08-66	
		比例	页次

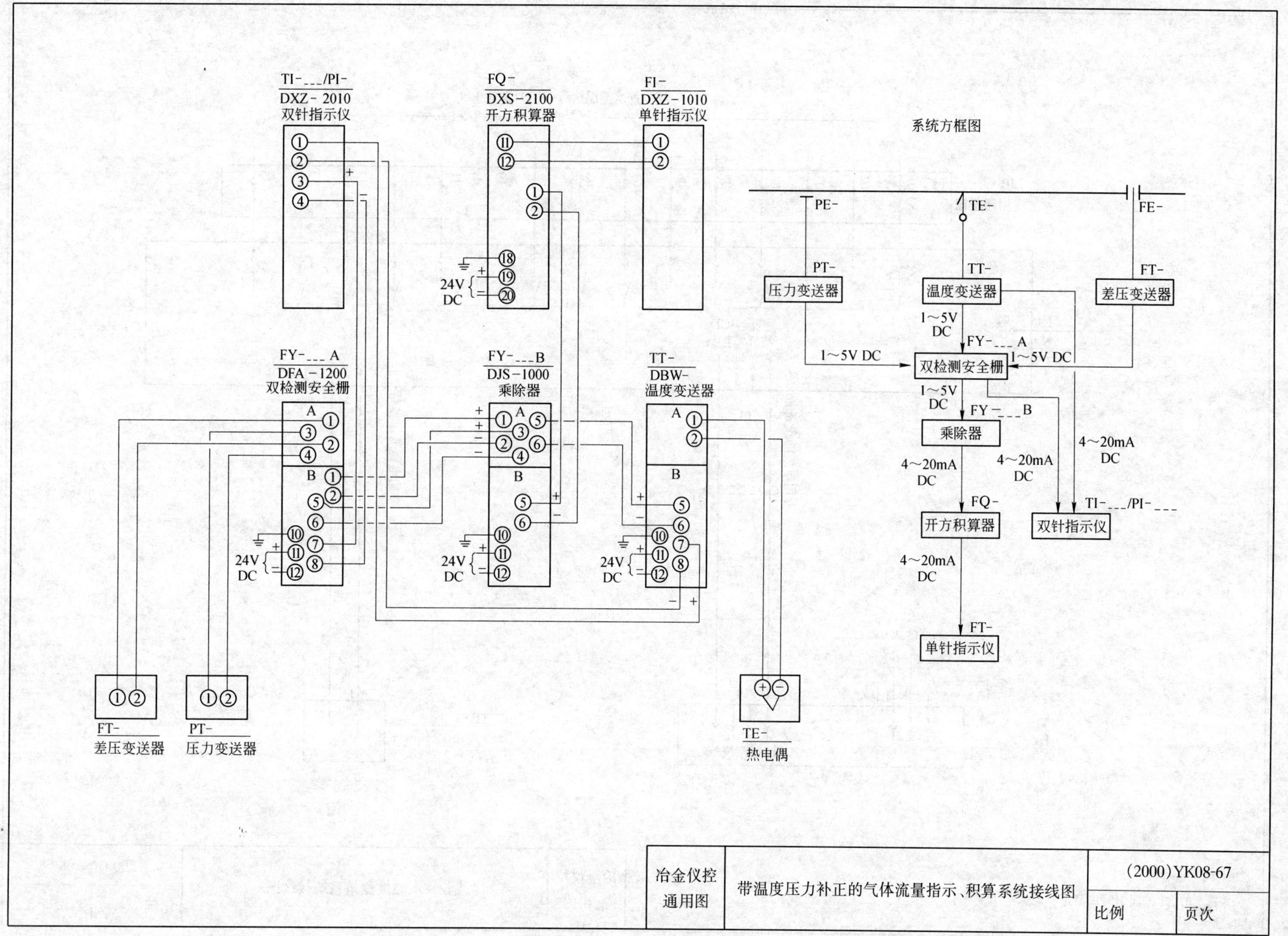

冶金仪控通用图	带温度压力补正的气体流量指示、积算系统接线图	(2000)YK08-67	
		比例	页次

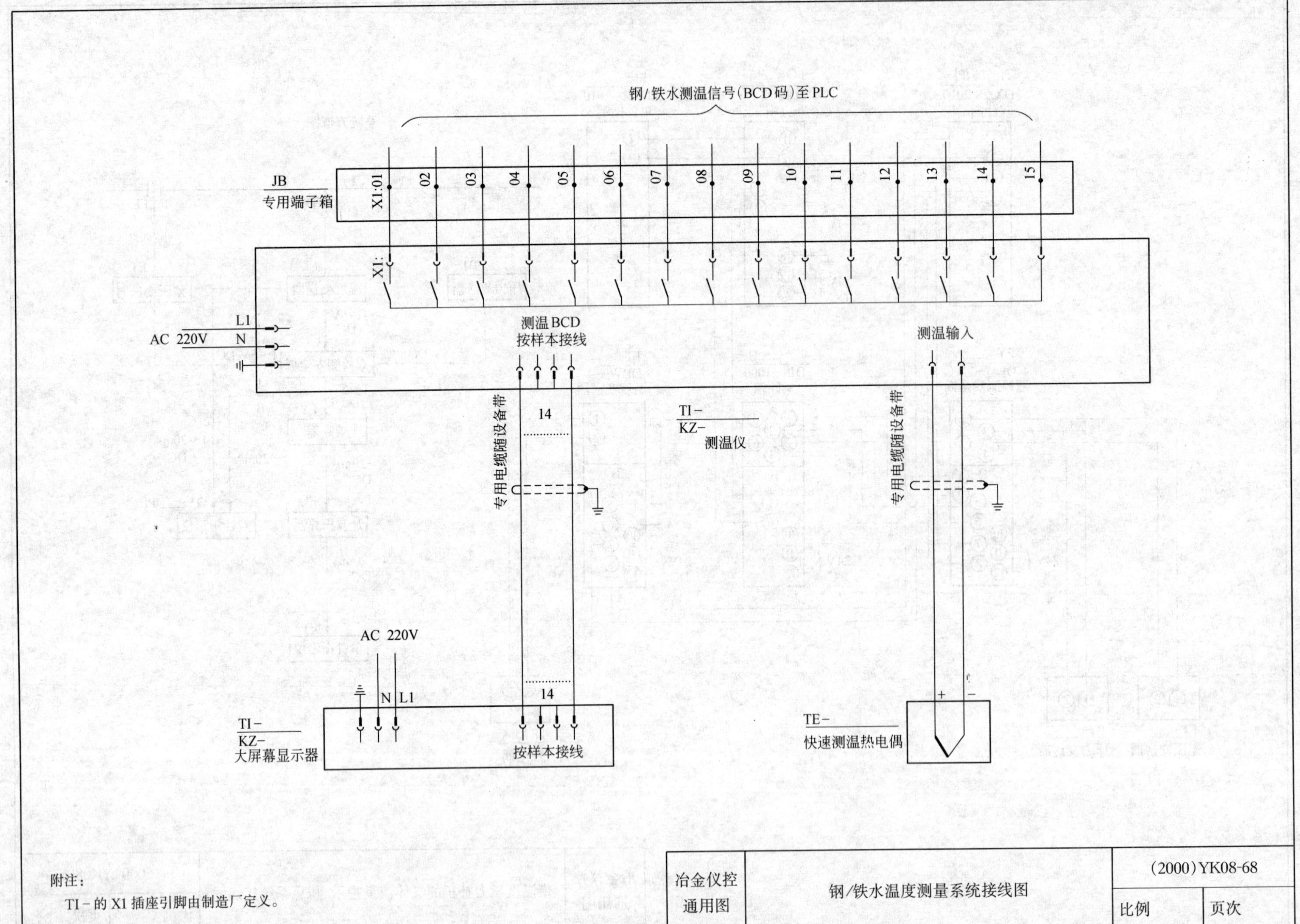

附注：

TI－的 X1 插座引脚由制造厂定义。

冶金仪控通用图	钢/铁水温度测量系统接线图	(2000)YK08-68	
		比例	页次

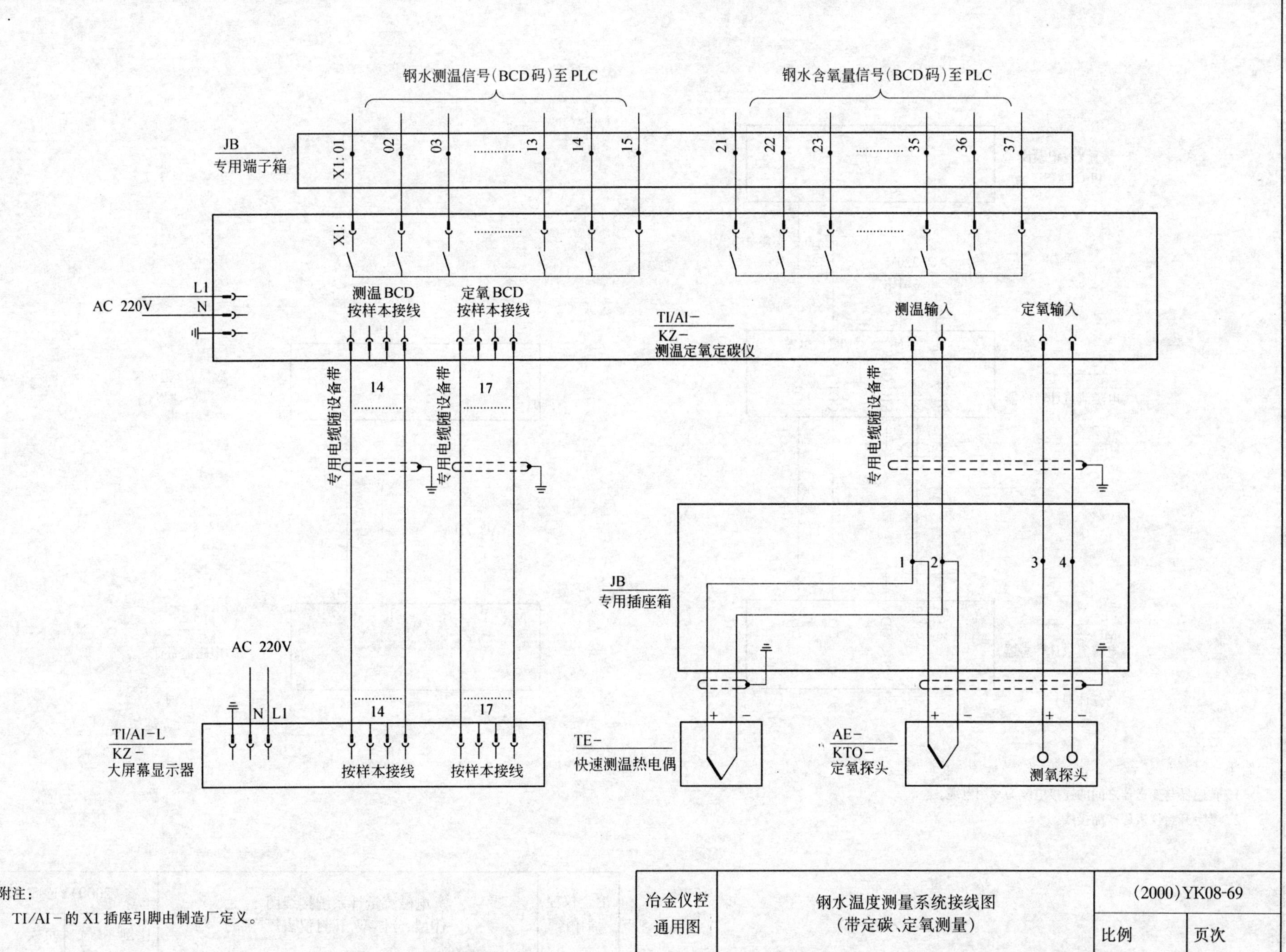

附注：

TI/AI－的 X1 插座引脚由制造厂定义。

冶金仪控 通用图	钢水温度测量系统接线图 (带定碳、定氧测量)	(2000)YK08-69	
		比例	页次

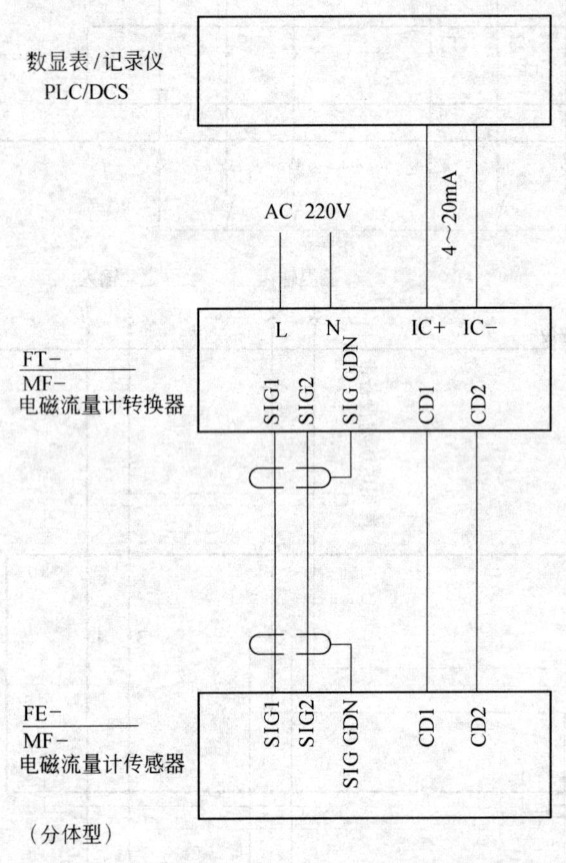

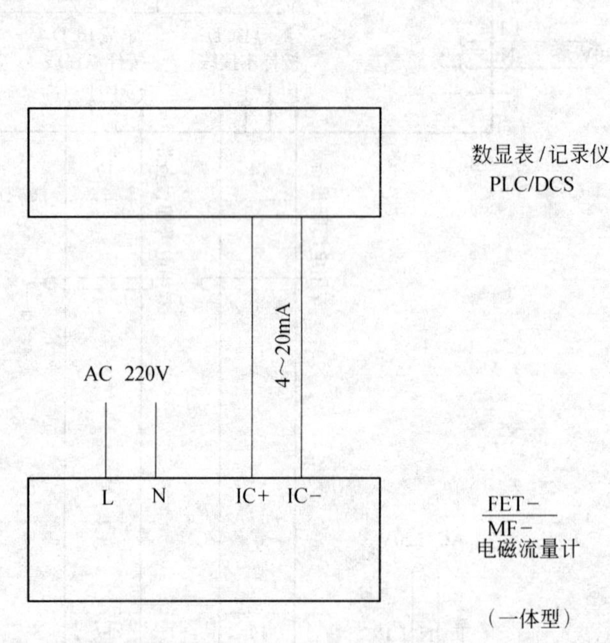

附注：

1. 传感器与变送器之间的连接电缆为专用电缆。
2. 参考开封仪表厂产品接线。

冶金仪控 通用图	电磁流量计系统接线图 （一体型、分体型，开封仪表厂产品）	（2000）YK08-70	
		比例	页次

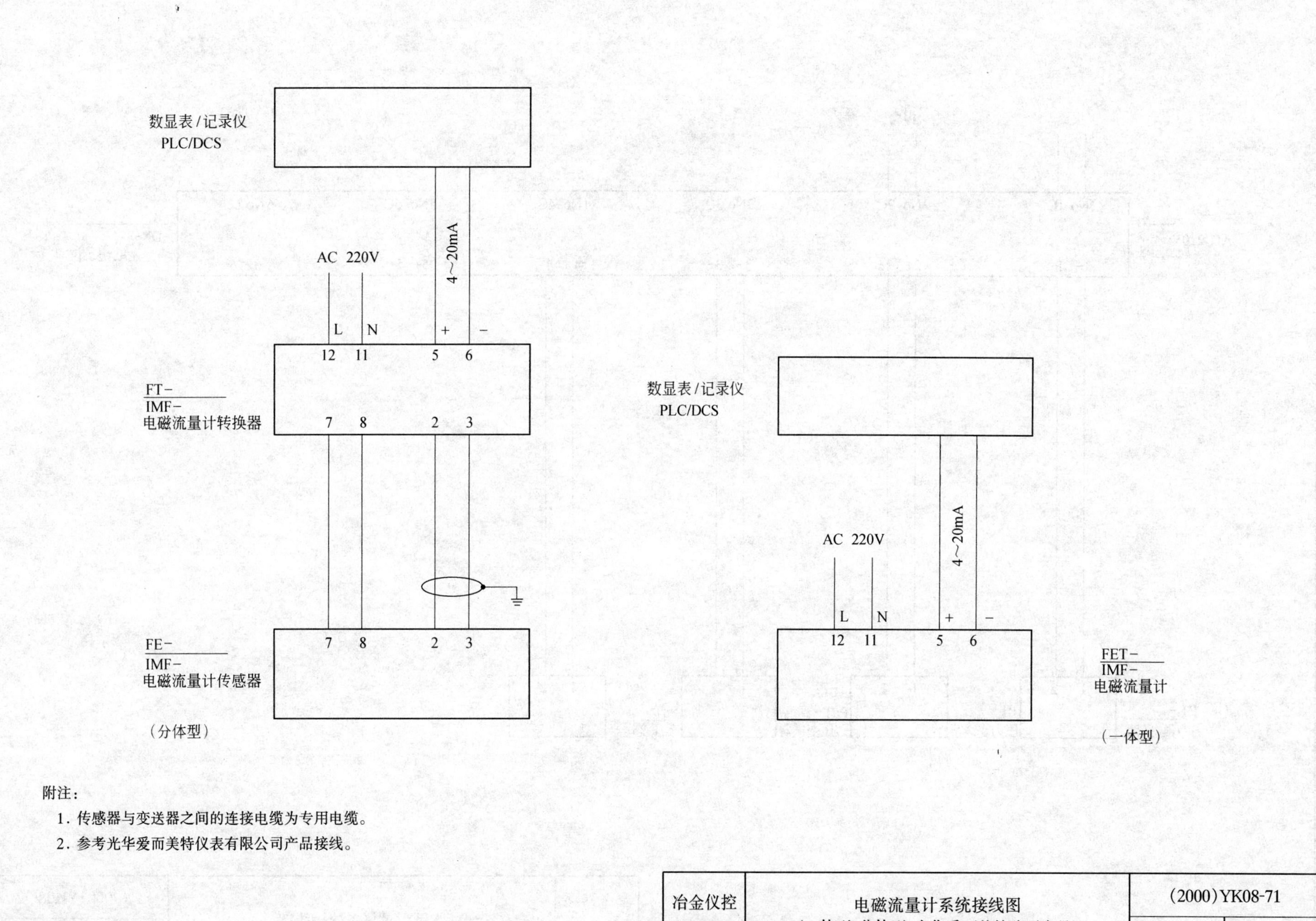

附注：

1. 传感器与变送器之间的连接电缆为专用电缆。
2. 参考光华爱而美特仪表有限公司产品接线。

冶金仪控通用图	电磁流量计系统接线图（一体型、分体型，光华爱而美特公司产品）	（2000）YK08-71	
		比例	页次

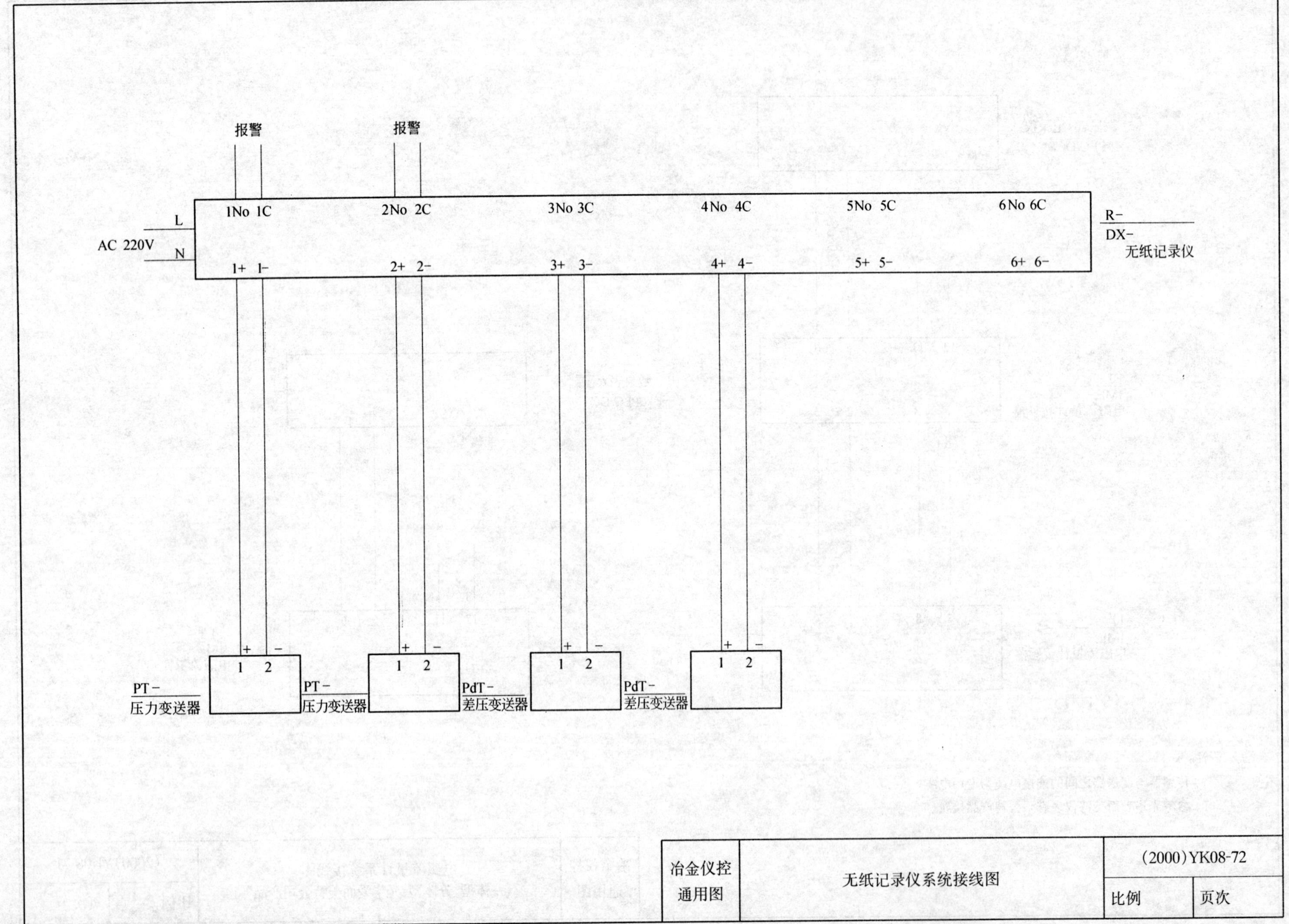
报警
报警
1No 1C
2No 2C
3No 3C
4No 4C
5No 5C
6No 6C
L
AC 220V
N
1+ 1-
2+ 2-
3+ 3-
4+ 4-
5+ 5-
6+ 6-
R-
DX-
无纸记录仪
+ -
1 2
PT-
压力变送器
PT-
压力变送器
PdT-
差压变送器
PdT-
差压变送器
冶金仪控
通用图
无纸记录仪系统接线图
(2000)YK08-72
比例
页次

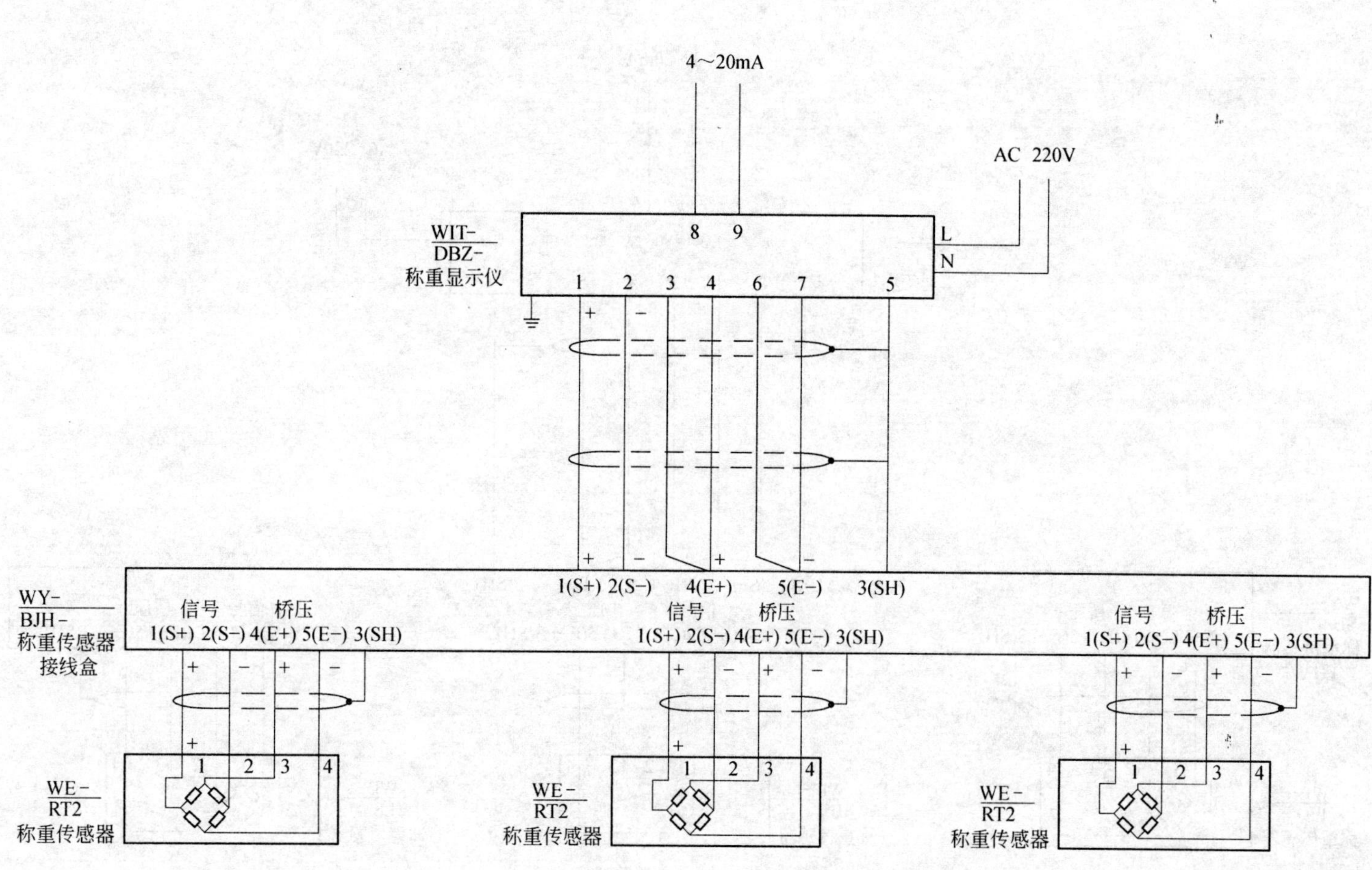

附注：

参考余姚公司产品接线。

冶金仪控 通用图	称量仪表系统接线图 （余姚公司产品）	（2000）YK08-73	
		比例	页次

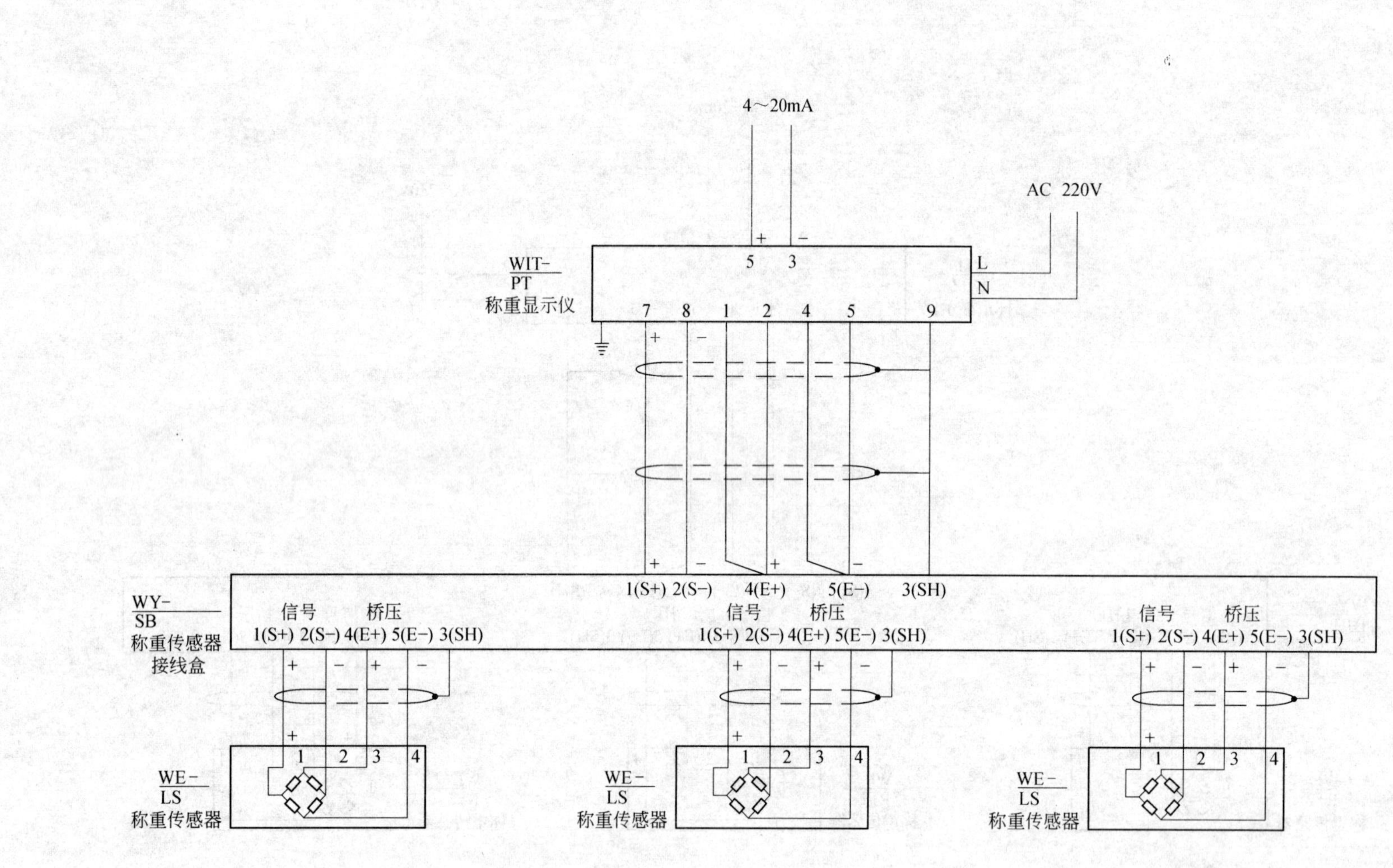

附注：

参考志美电子有限公司产品接线。

冶金仪控 通用图	称量仪表系统接线图 （传感器—称量仪表，志美电子公司产品）	(2000) YK08-74	
		比例	页次

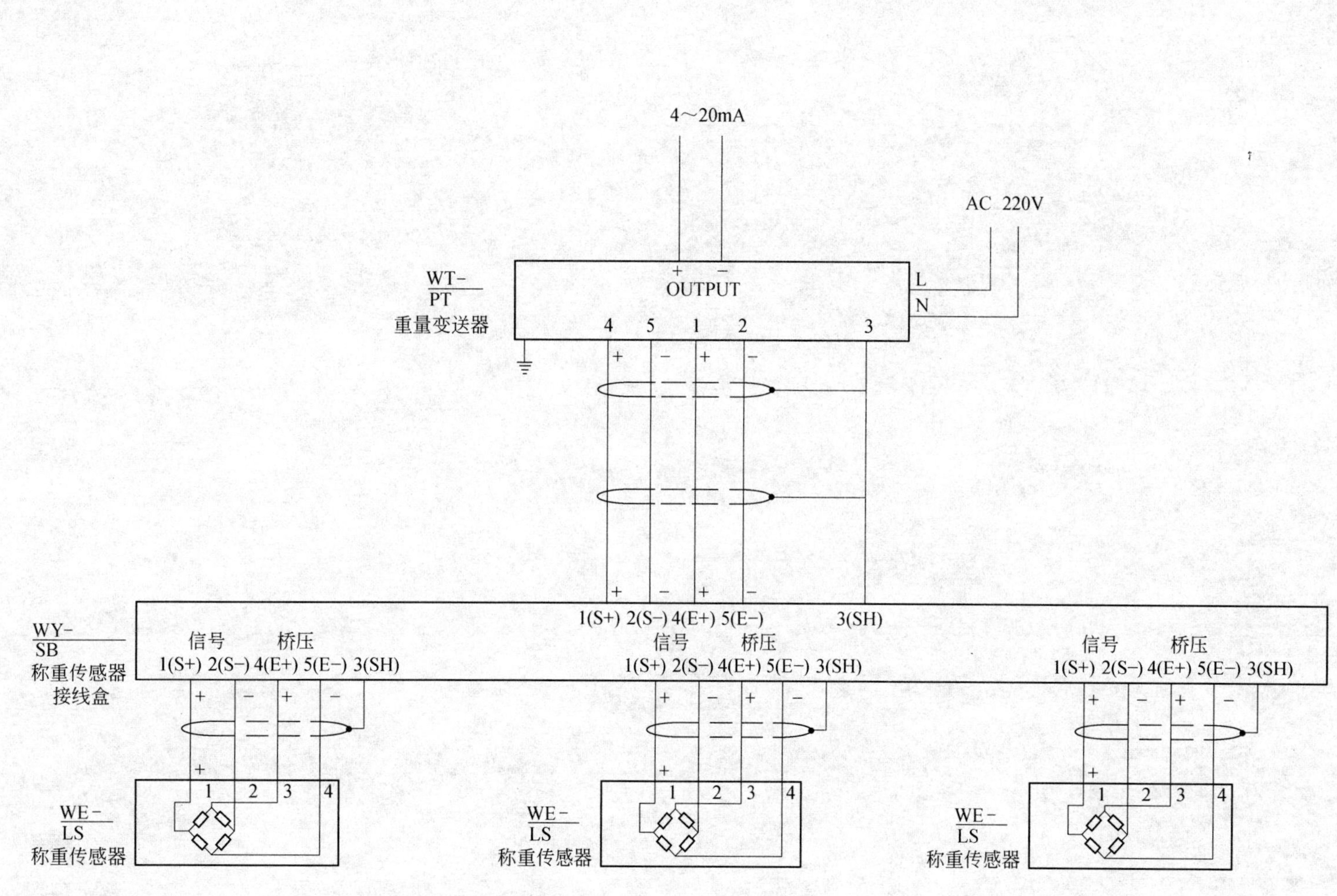

附注：

参考志美电子有限公司产品接线。

冶金仪控 通用图	称量仪表系统接线图 （传感器—称重变送器，志美电子公司产品）	（2000）YK08-75	
		比例	页次

下

目　录

一、带电动执行机构的系统接线图

二、带气动执行器的系统接线图

冶金仪控通用图	电动仪表调节系统接线图图纸目录	(2000)YK09-1	
		比例	页次 1/2

三、用单回路调节器组成的系统接线图

冶金仪控通用图	电动仪表调节系统接线图图纸目录	(2000)YK09-1	
		比例	页次 2/2

说　明

1. 适用范围

本图适用于编制冶金企业生产过程中常用的电动仪表配电动、气动执行机构组成的调节系统接线图，是一种原则性系统接线图。供设计者和施工人员参考。

2. 编制依据

本图册是在《冶金工业自动化仪表与控制装置安装通用图册》的(90)YK09分册的基础上补充编制而成。

3. 内容提要

修改后的图册保留了原图册以DDZ-Ⅲ型仪表为主组成的温度、压力(差压)、流量和物位等参数的调节系统及用单回路调节器组成的调节系统接线图。增加了几种以电子式执行机构为终端设备的温度调节系统接线图，供设计参考。以此为例设计出其他检测参数的调节系统接线图。

图册中的调节系统包括：单参数单回路调节系统、串级调节系统、比值调节系统和两冲量、三冲量汽包水位调节系统等。其中由单回调节器组成的系统有四种。即：(1)带温度、压力补正的流量调节系统；(2)温度、流量串级调节系统；(3)锅炉汽包水位三冲量调节系统，(4)双交叉限幅并列串级燃烧调节系统。

4. 选用注意事项

(1) 本图册中的DDZ-Ⅲ型仪表主要是选用四川仪表公司、大连、上海、天津等仪表公司的产品；$\mathscr{I}$系列仪表是西安仪表公司产品；EK系列仪表是北京电表厂产品。调节系统中有部分单元的型号已基本选定，还有一部分需由设计者按工程项目的要求自行选定。

(2) 图纸是按本专业《施工图设计深度和制图规则的暂行规定》绘制的，只是把其中“系统组成示意图”的题名改为“系统方框图”；并增加了传递信号的类型，以便于区分，其余内容未变。各组合单元仪表的位号按国标GB 2625—1981的规定编制，位号的数字代号由设计者按工程设计的要求自行编制。

(3) 图中调节系统的被调参数都使用记录仪显示，记录仪的型式未定，其接线也未表示，由设计者根据所选记录仪填充。为便于查阅，本图册附录了常用记录仪的接线图。

(4) 本图册中各仪表间的传递信号皆采用1～5V DC和4～20mA DC的标准信号。

(5) 在$\mathscr{I}$系列和EK系列仪表中没有配套的执行机构，因此本图册全部采用了DDZ-Ⅲ型电动执行机构(DKJ或DKZ型执行机构)或国产的气动执行机构。EK系列仪表的操作器没有阀位反馈信号，手动/自动的切换存在扰动，因此本图册改用了DDZ-Ⅲ型仪表的操作器。$\mathscr{I}$系列或EK系列仪表在调节系统中与DDZ-Ⅲ型仪表混用时，仪表的接地要分开，以减少干扰。

(6) 采用了阻尼器的压力和流量调节系统，它适用于正常操作状态下流量和压力波动较大的场合。阻尼器是连续可调的，根据被调量波动的大小来调整阻尼的大小，以便于按被调参数的平均值来整定和调试系统。

(7) 液位和流量的串级均匀调节和两参数的串级调节系统的构成是完全相同的，仅是参数的整定不同，例如：液位-流量串级均匀调节系统的比例度比一般串级调节系统的比例度大一些，这样，允许液位有一定的波动，而使流量的波动小一些。

(8) 液位调节系统如采用的是压力法或差压法，则可参照压力或差压调节系统绘制。

(9) 带温度、压力自动补正的调节系统，其温压补正应作静态配合计算。

(10) 由单回路调节器组成的系统只是提供了硬件的组成和系统的功能框图，单回路调节器的软件编制(组态)还有待设计者按各自的需要和所具备的条件进行，并应注意适当调整单回路调节器的接线，因为组态不同，调节器的接线也可能改变。

(11) 关于双交叉限幅并列串级燃烧调节系统，根据不同的要求和条件，可以构成多种，本图册中只列出了比较实用的两种，即只带空气流量有温度补正的系统和空气、燃料流量都有温度和压力自动补正的系统。有了这两种系统，其他条件的系统就不难构成了。本图册只编制了由四川仪表公司、大连仪表公司和西安仪表公司所产单回路调节器构成的这一燃烧调节系统的图。天津仪表公司的FC系列和大连仪表公司的VI87MA-E系列的单回路调节器,因辅助通道较少,用以组成这种燃烧系统必须使用三台单回路调节器,从经济上看,实用的可行性较小,因此,本图册只以大连仪表公司产品为例,提供了系统组成示意图(系统方框图)和功能块接线图,用以说明系统构成的方法,供作参考。

(12)本图册中各图上的图标和图号是为统一格式和便于检索用的,设计者在完成填充加工后,应换成本单位的图标和工程设计的图号。

(13)自动化仪表的发展和更新是很快的,本图册提供的组成调节系统的仪表,有的可能已经有新的仪表代替,本图册的编者单位将随着发展,在一定时期向大家提供成熟的新系统。

一、带电动执行机构的系统接线图

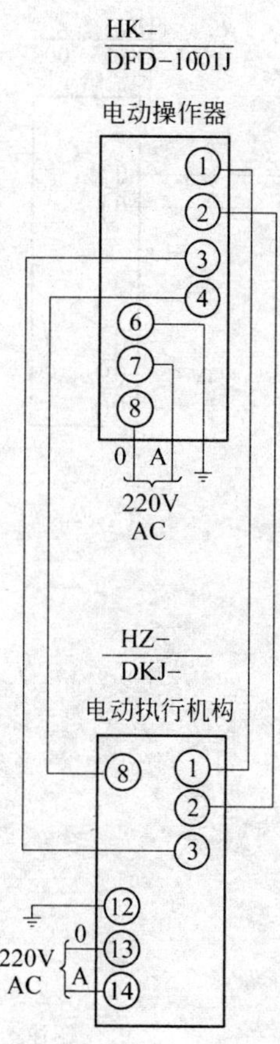

附注：

如果采用执行机构 DKZ－型，则操作器的④号端子接至 DKZ－的④号端子，其他接线不变。

冶金仪控通用图	远方手动操作系统接线图（硬手操）	(2000)YK09-3	
		比例	页次

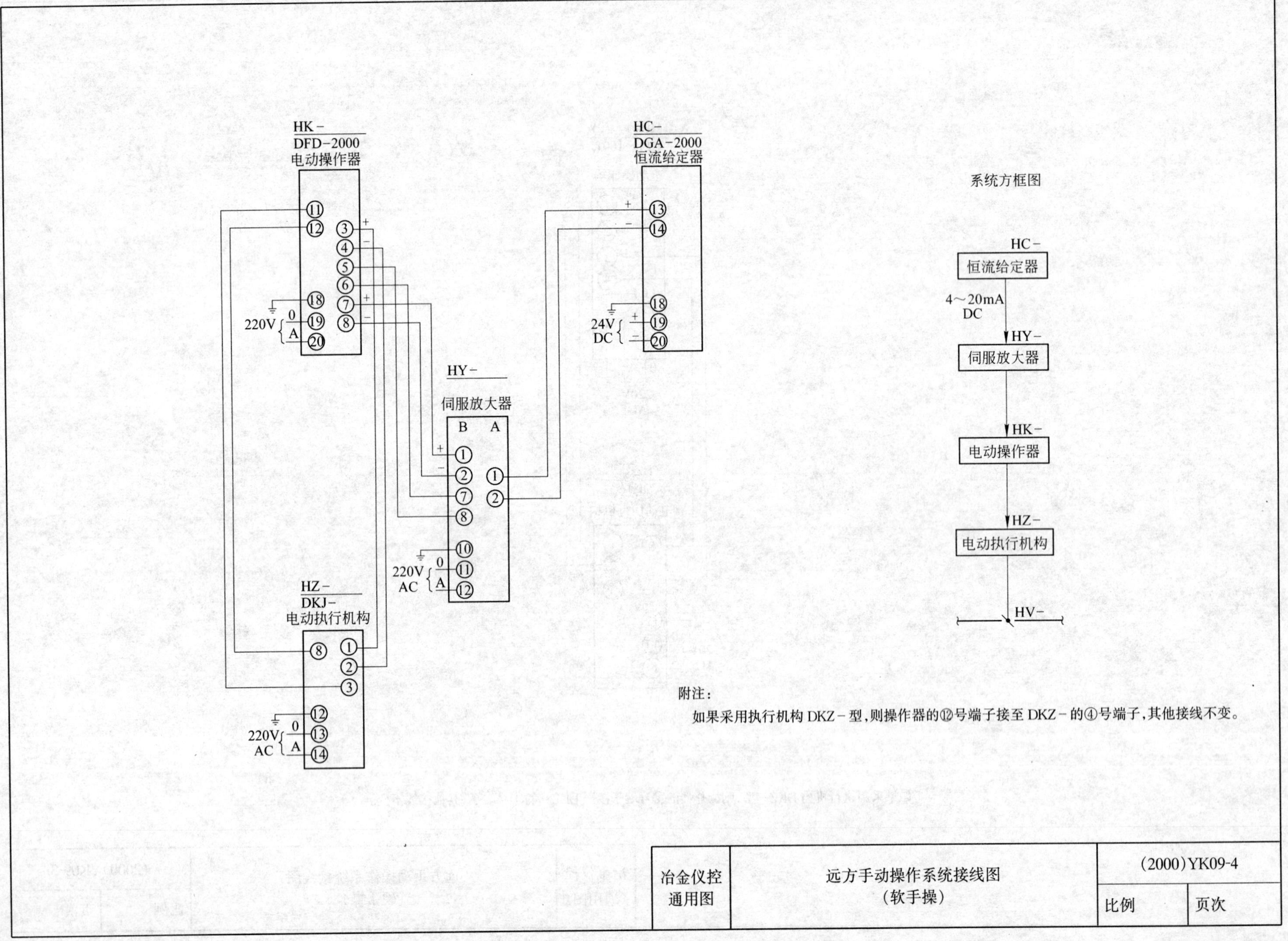

附注：

如果采用执行机构DKZ－型，则操作器的⑫号端子接至DKZ－的④号端子，其他接线不变。

冶金仪控通用图	远方手动操作系统接线图（软手操）	(2000)YK09-4	
		比例	页次

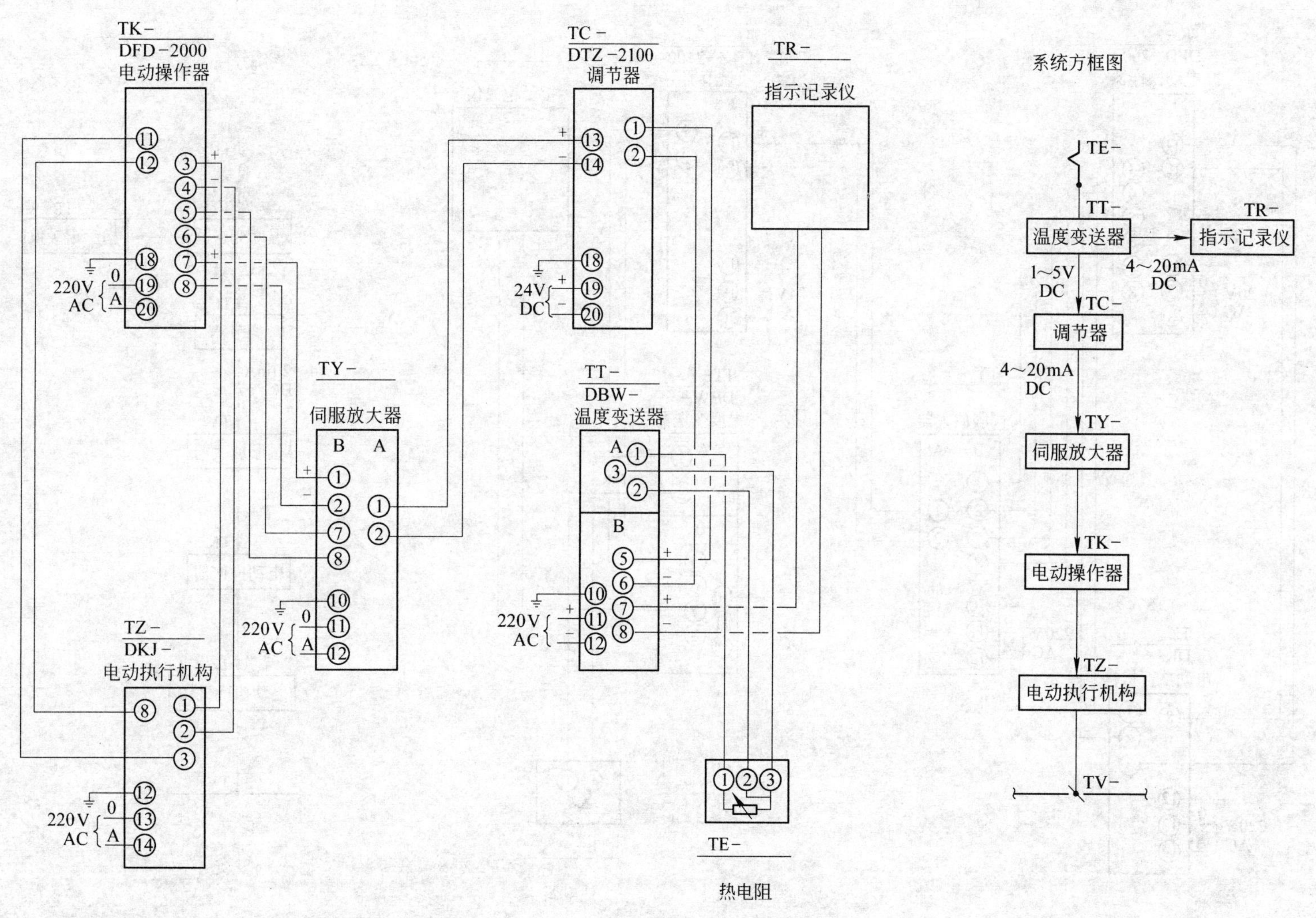

附注：

如果采用执行机构 DKZ-，则操作器的⑫号端子接至 DKZ-的④号端子，其他接线不变。

冶金仪控通用图	温度调节系统接线图（热电阻）	(2000)YK09-5	
		比例	页次

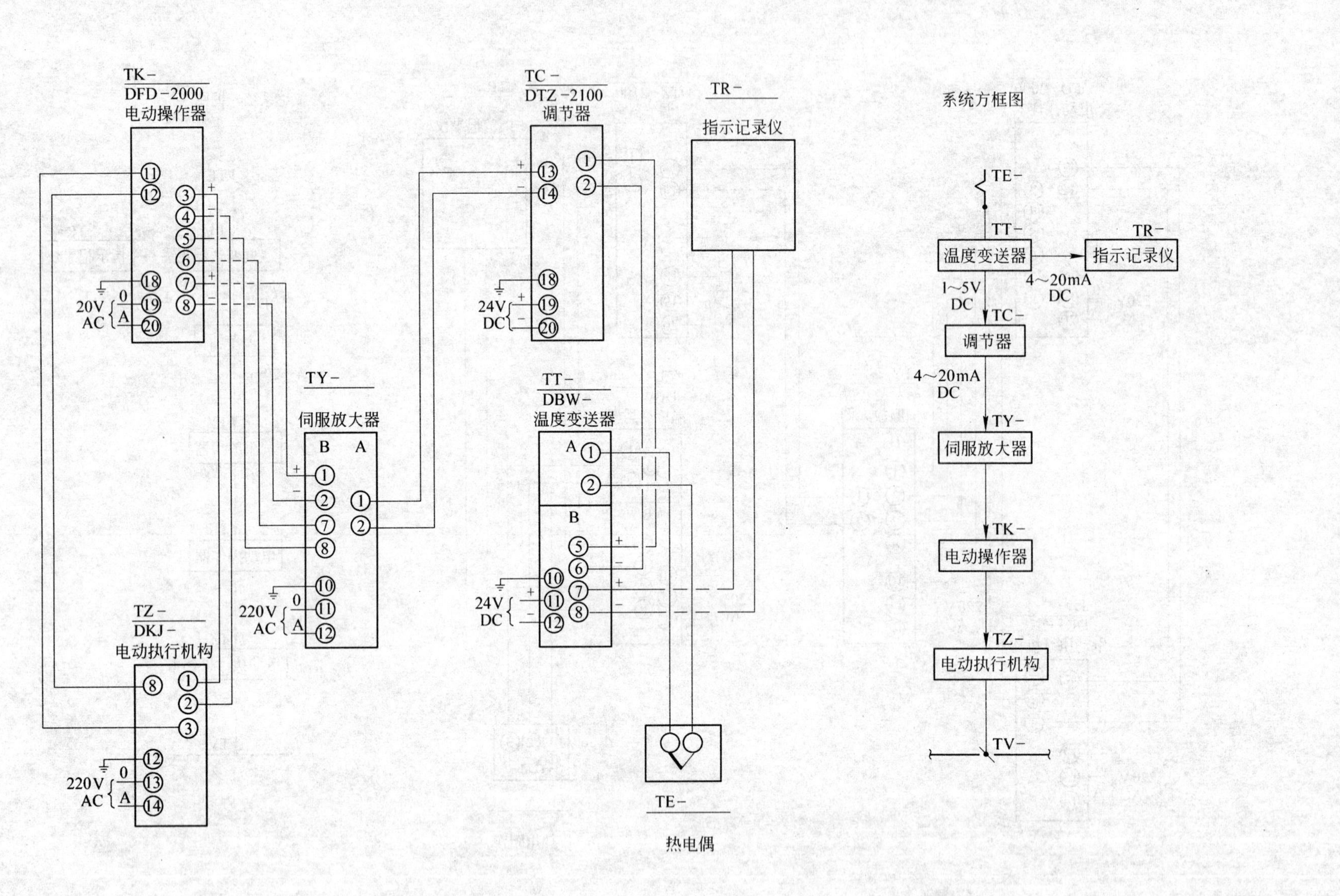

附注：

如果采用执行机构DKZ－，则操作器的⑫号端子接至DKZ－的④号端子，其他接线不变。

冶金仪控 通用图	温度调节系统接线图 （热电偶）	（2000）YK09-6	
		比例	页次

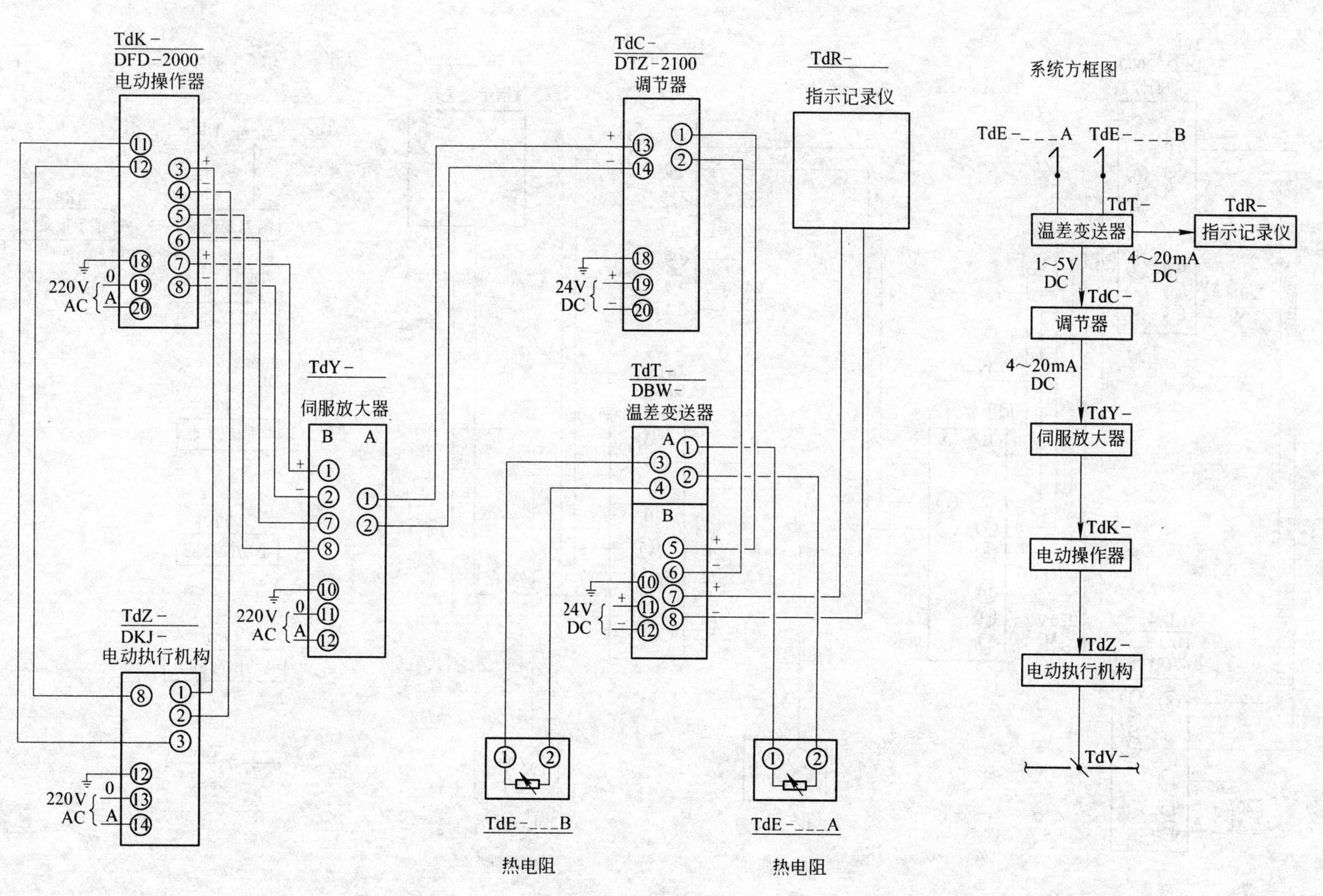

附注：

如果采用执行机构DKZ－，则操作器的⑫号端子接至DKZ－的④号端子，其他接线不变。

冶金仪控 通用图	温差调节系统接线图 （热电阻）	（2000）YK09-7	
		比例	页次

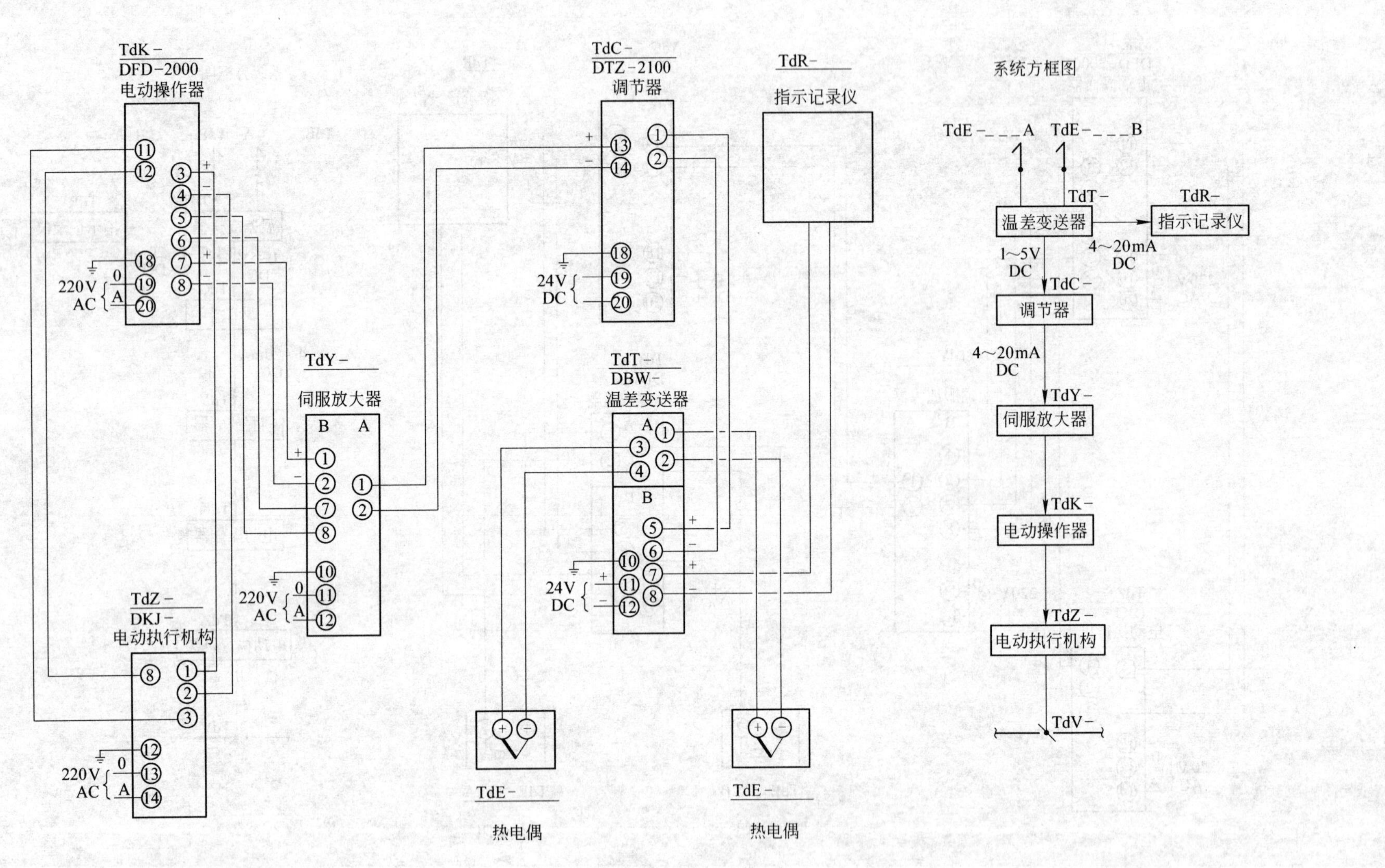

附注：

如果采用执行机构 DKZ－，则操作器的⑫号端子接至 DKZ－的④号端子，其他接线不变。

冶金仪控通用图	温差调节系统接线图（热电偶）	(2000) YK09-8
		比例　页次

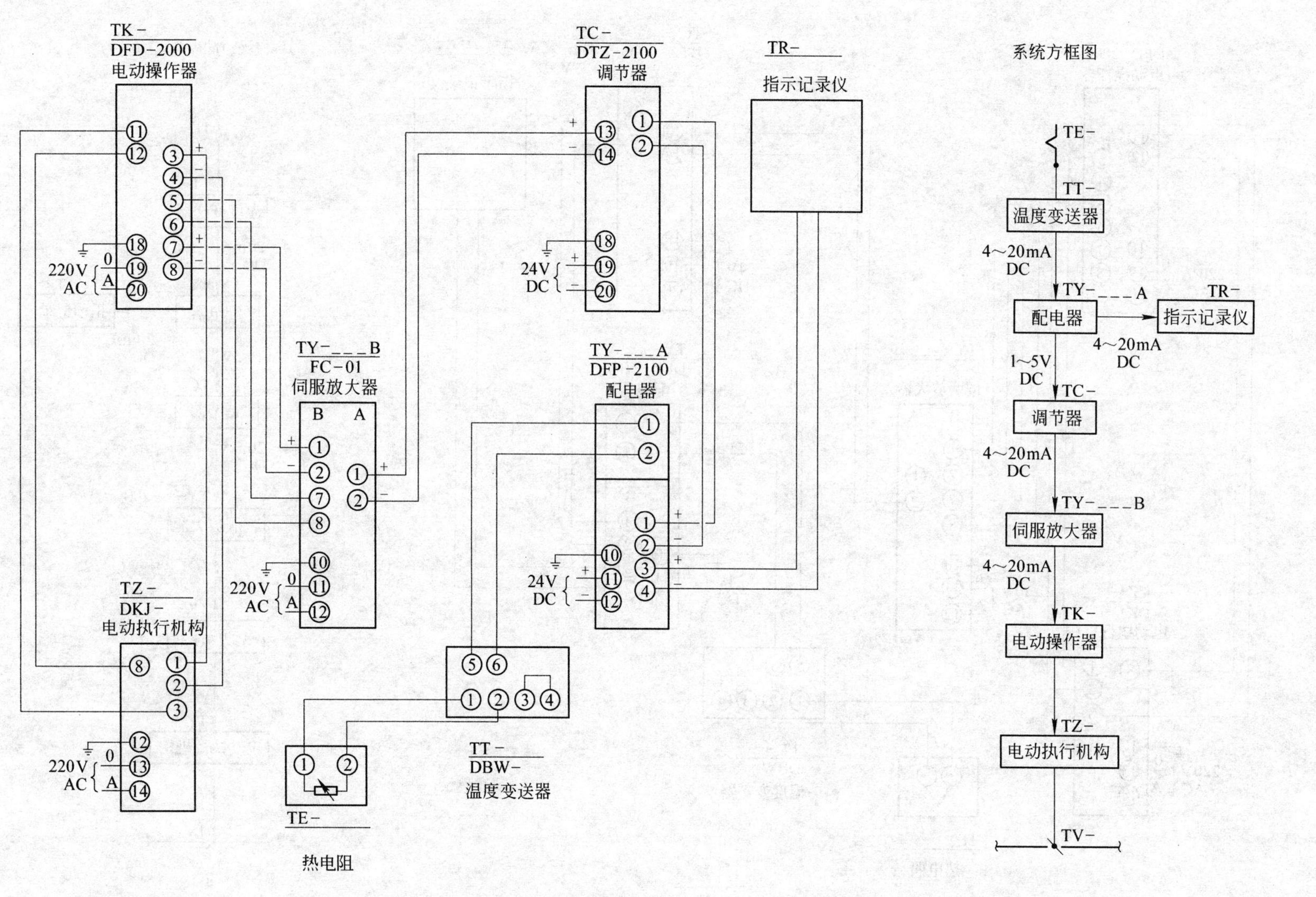

附注：

如果采用执行机构 DKZ－，则操作器的⑫号端子接至 DKZ－的④号端子，其他接线不变。

冶金仪控 通用图	温度调节系统接线图 （热电阻）	（2000）YK09-9	
		比例	页次

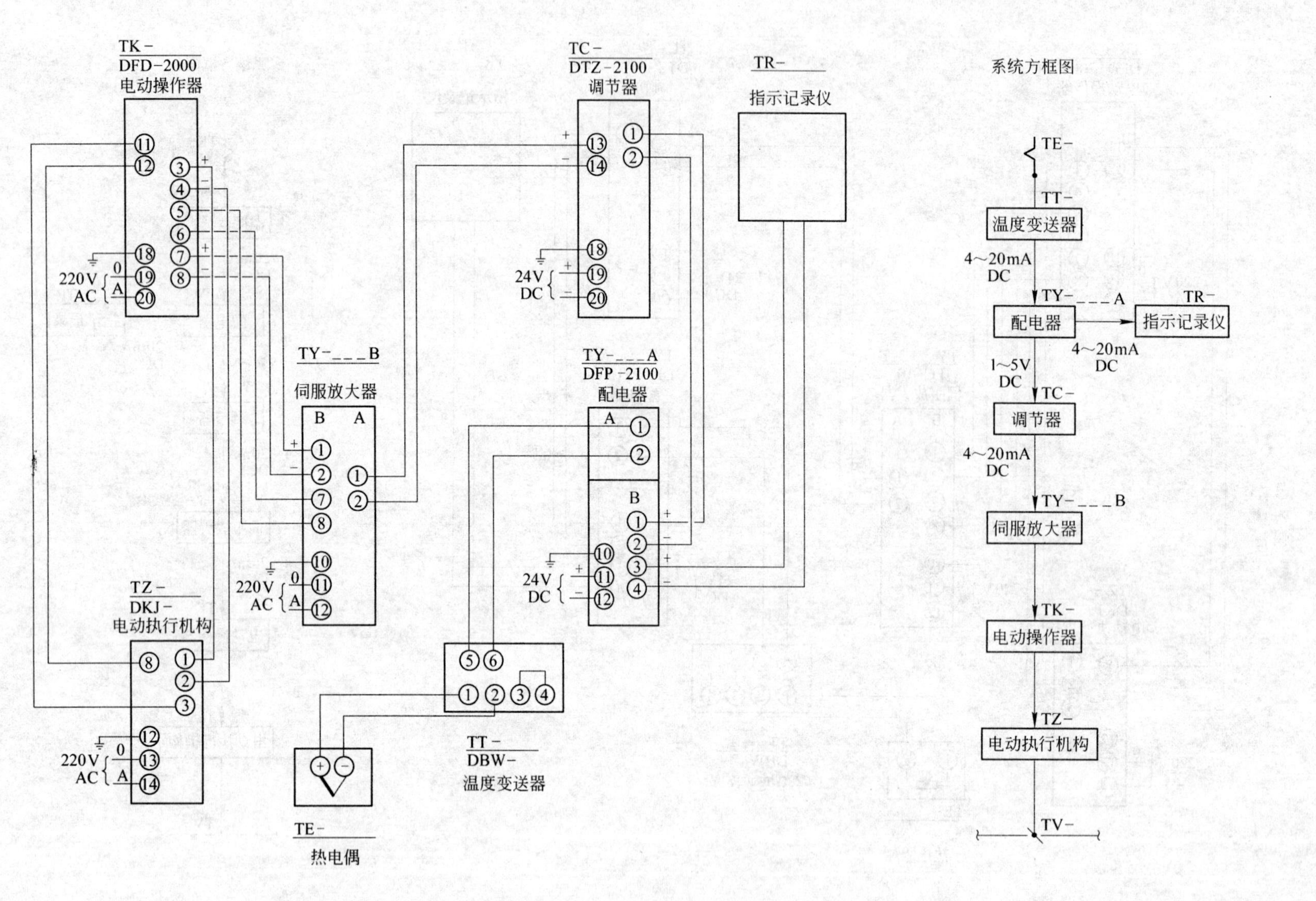

附注：

如果采用执行机构 DKZ－，则操作器的⑫号端子接至 DKZ－的④号端子，其他接线不变。

冶金仪控 通用图	温度调节系统接线图 （热电偶）	（2000）YK09-10	
		比例	页次

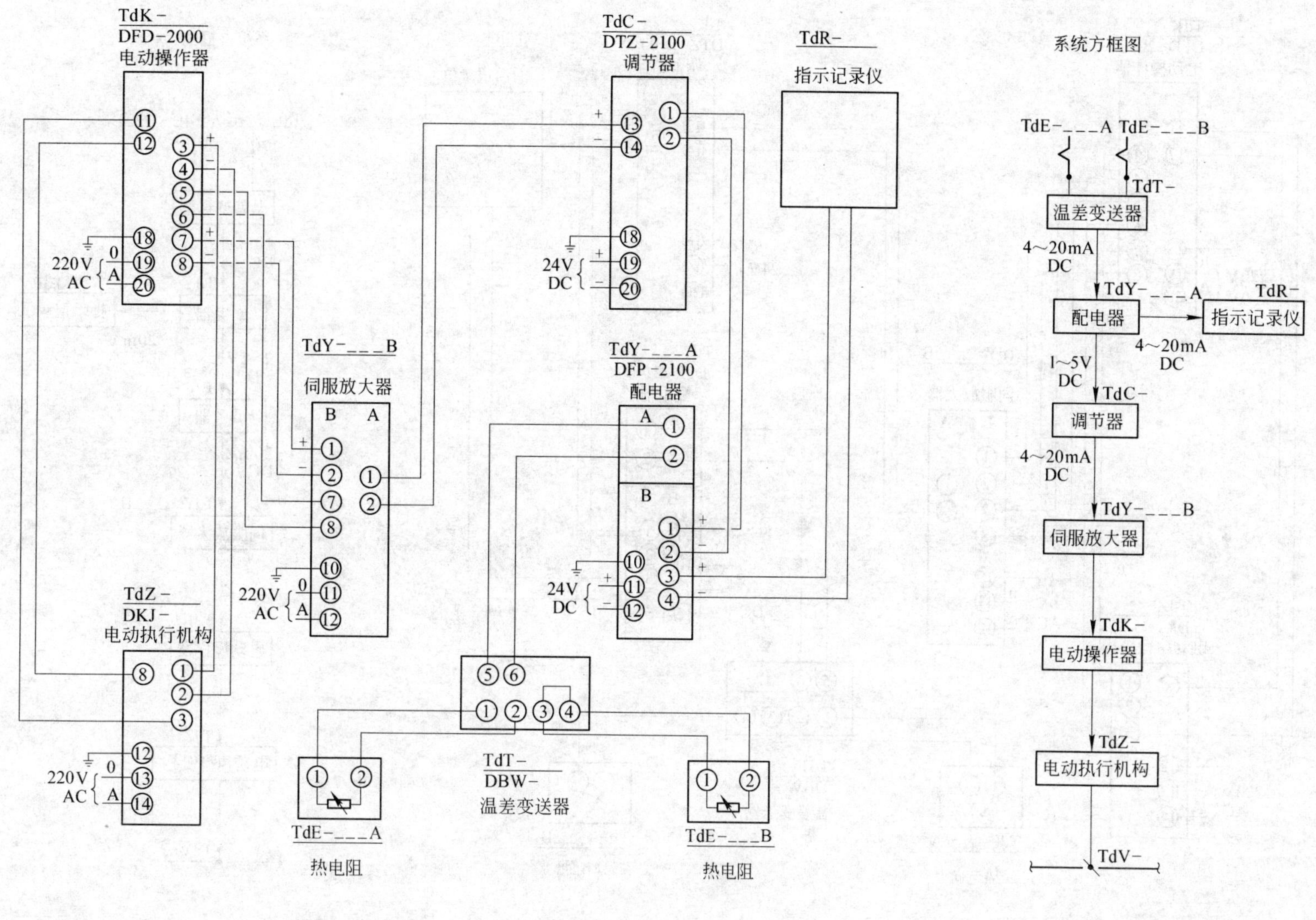

附注：

如果采用执行机构 DKZ－，则操作器的⑫号端子接至 DKZ－的④号端子，其他接线不变。

冶金仪控通用图	温差调节系统接线图（热电阻）	(2000)YK09-11	
		比例	页次

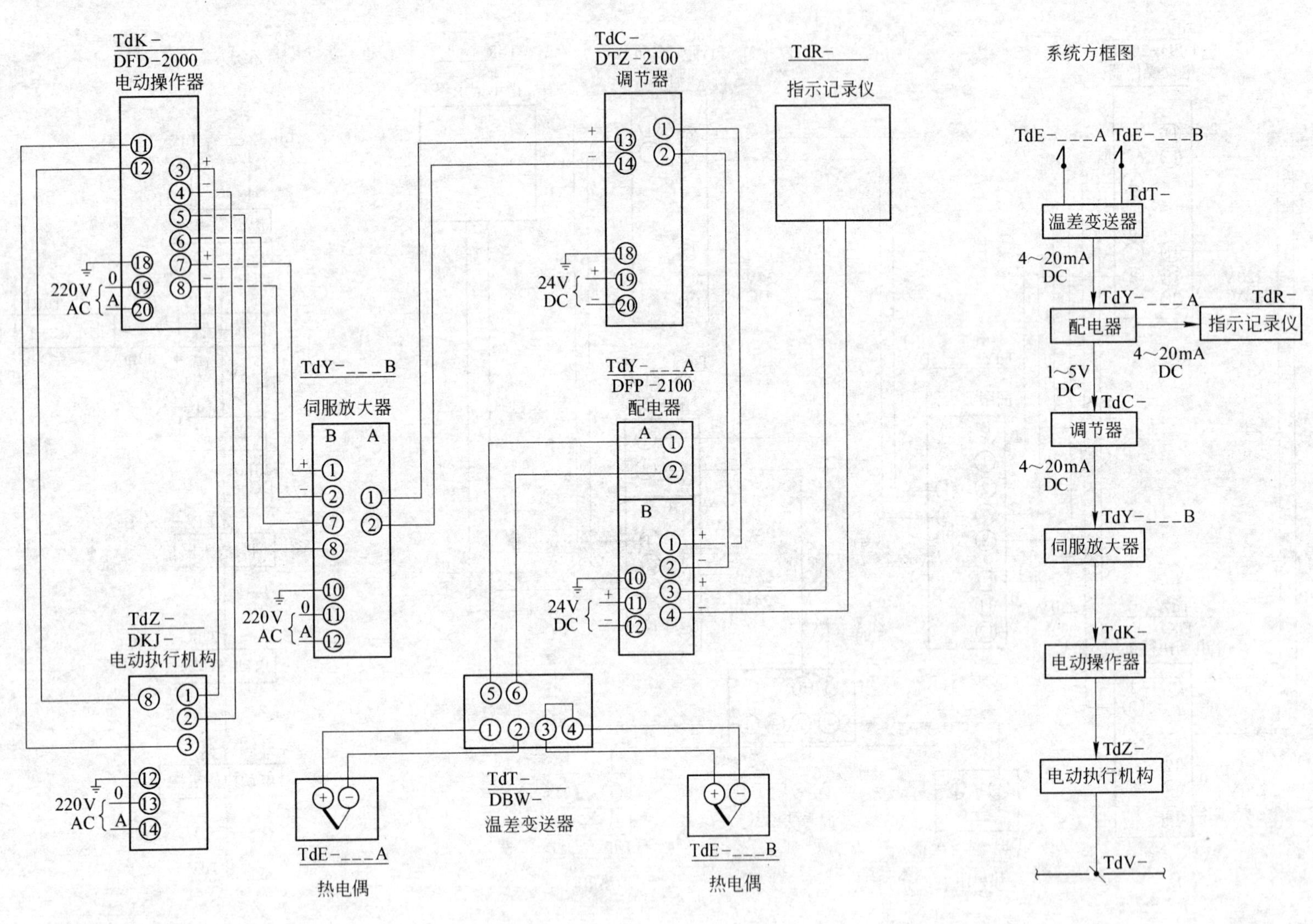

附注：

如果采用执行机构 DKZ－，则操作器的⑫号端子接至 DKZ－的④号端子，其他接线不变。

冶金仪控 通用图	温差调节系统接线图 （热电偶）	（2000）YK09-12	
		比例	页次

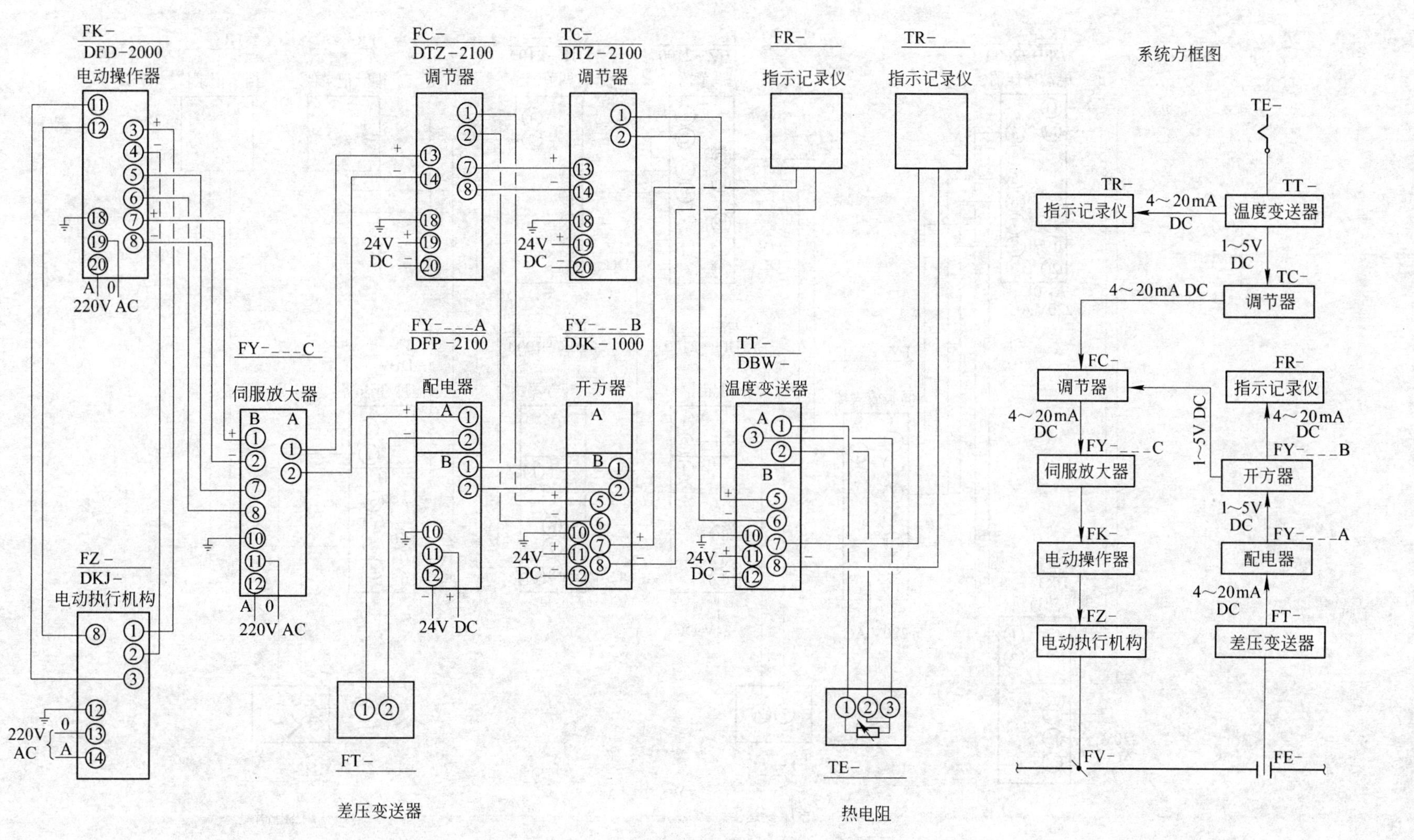

附注：

如果采用执行机构DKZ-，则操作器的⑫号端子接至DKZ-的④号端子，其他接线不变。

冶金仪控 通用图	温度流量串级调节系统接线图 （热电阻）	(2000)YK09-13	
		比例	页次

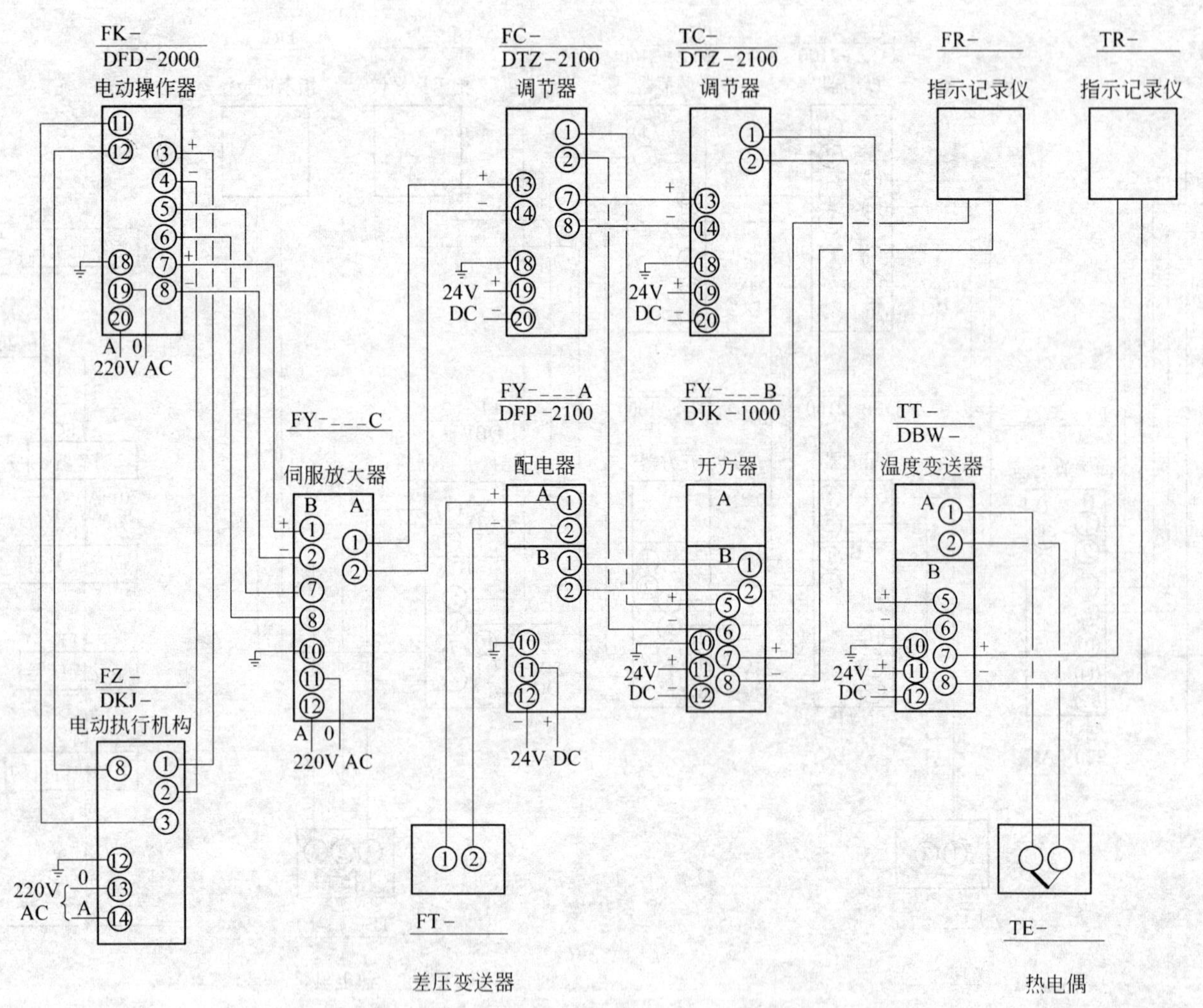

附注：

如果采用执行机构 DKZ-，则操作器的⑫号端子接至 DKZ-的④号端子，其他接线不变。

冶金仪控通用图	温度流量串级调节系统接线图（热电偶）	(2000)YK09-14	
		比例	页次 1/2

系统方框图

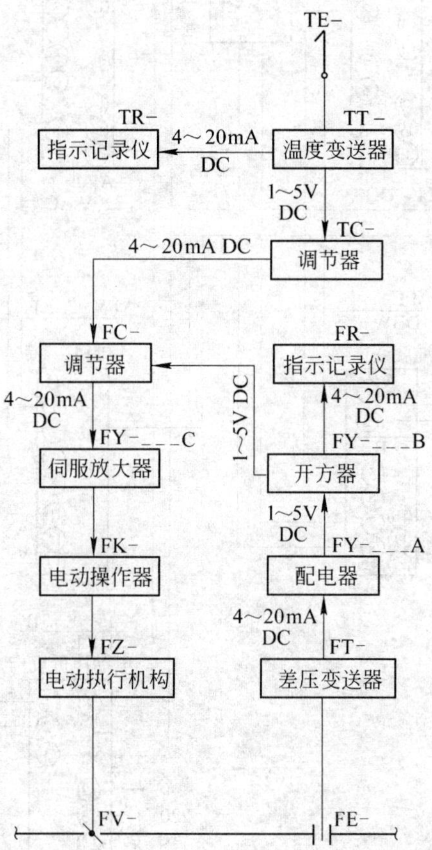

冶金仪控通用图	温度流量串级调节系统接线图（热电偶）	(2000)YK09-14	
		比例	页次 2/2

系统方框图

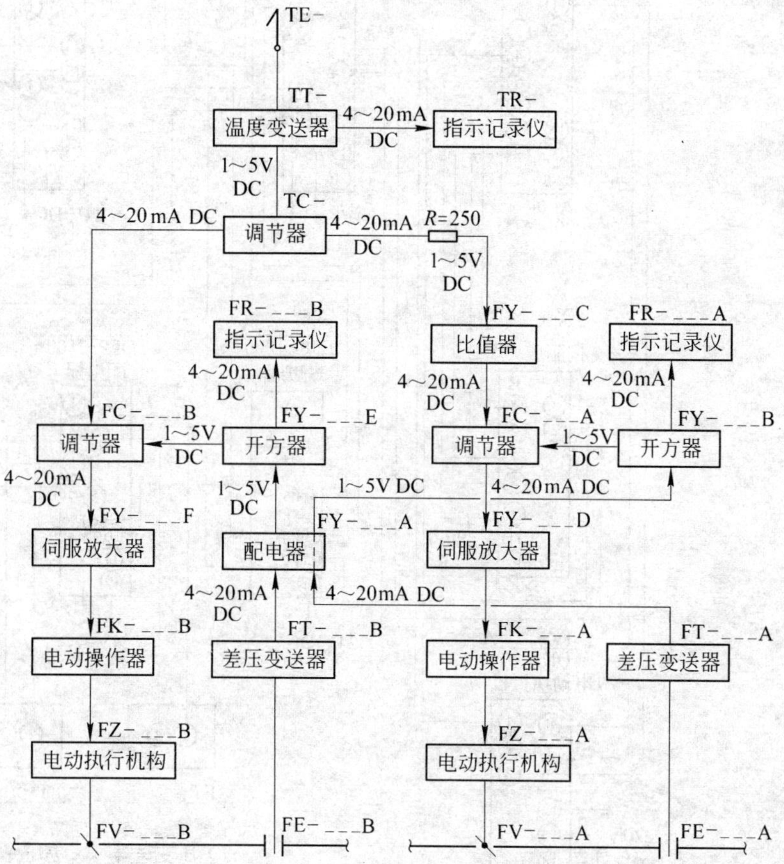

冶金仪控通用图	温度流量串级比值调节系统接线图	(2000)YK09-15	
		比例	页次 1/2

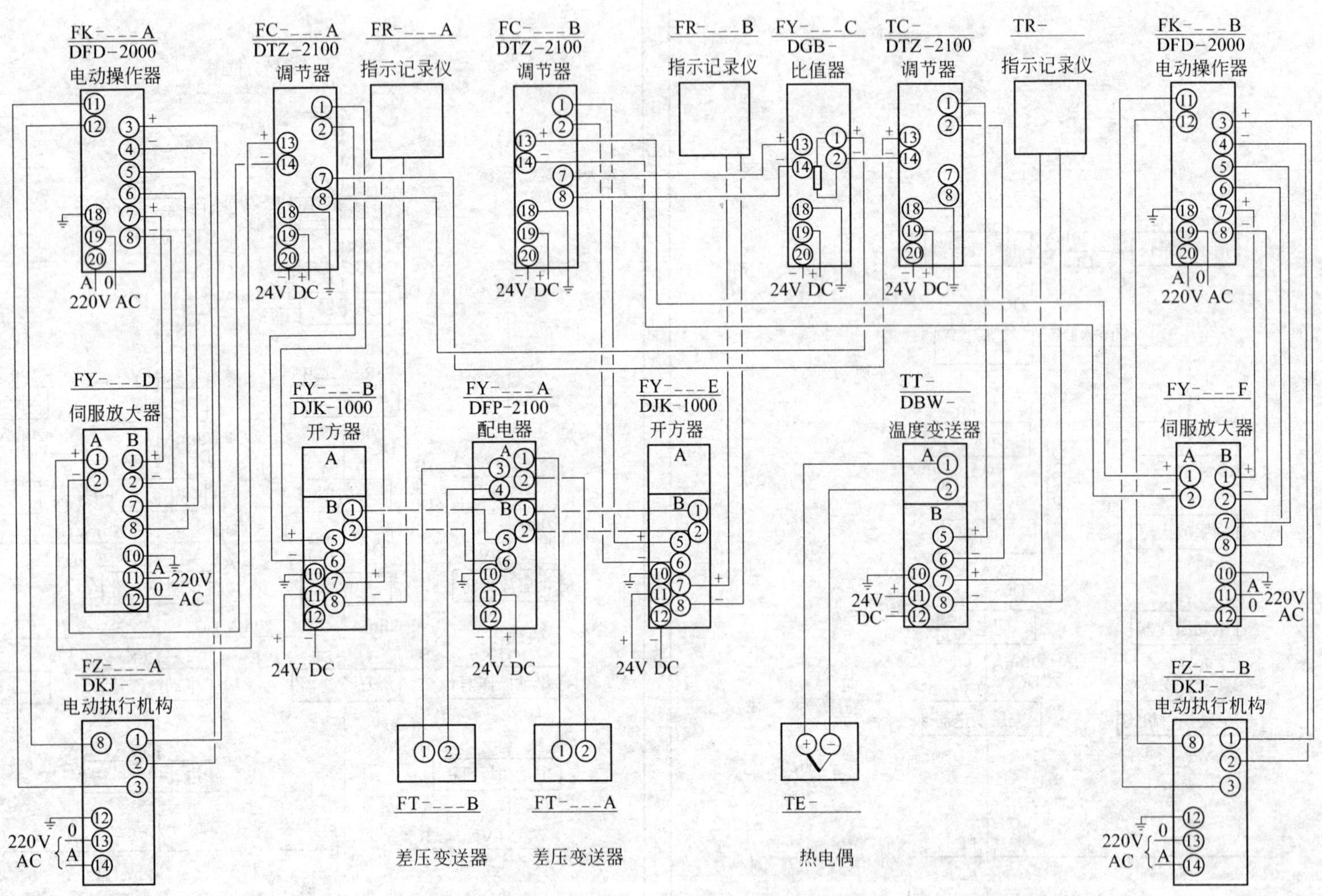

附注：

如果采用执行机构 DKZ－，则操作器的⑫号端子接至 DKZ－的④号端子，其他接线不变。

冶金仪控 通用图	温度流量串级调节系统接线图	(2000)YK09-15	
		比例	页次 2/2

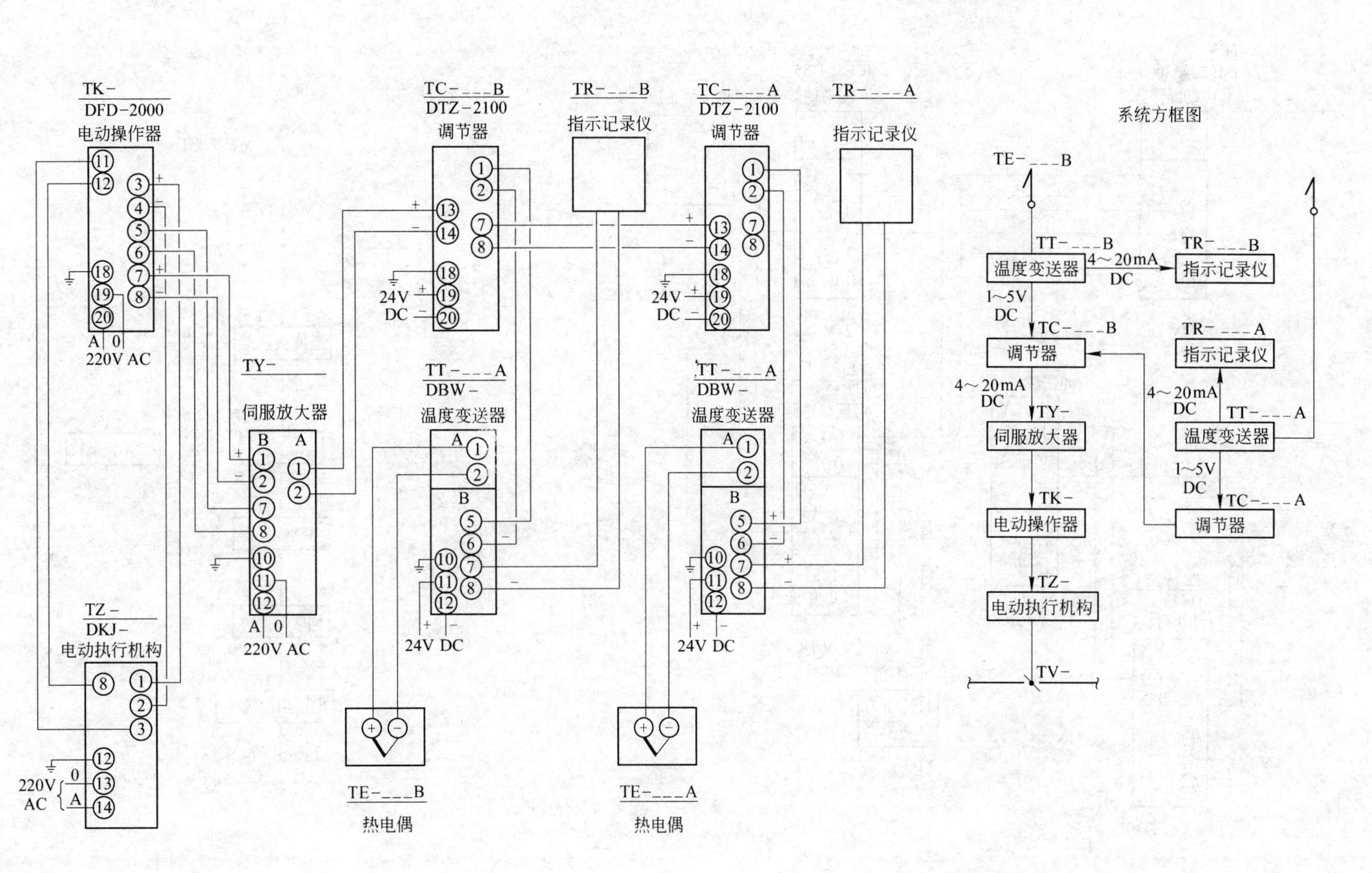

附注：

如果采用执行机构 DKZ－，则操作器的⑫号端子接至 DKZ－的④号端子，其他接线不变。

冶金仪控 通用图	温度串级调节系统接线图 （热电偶）	（2000）YK09-16	
		比例	页次

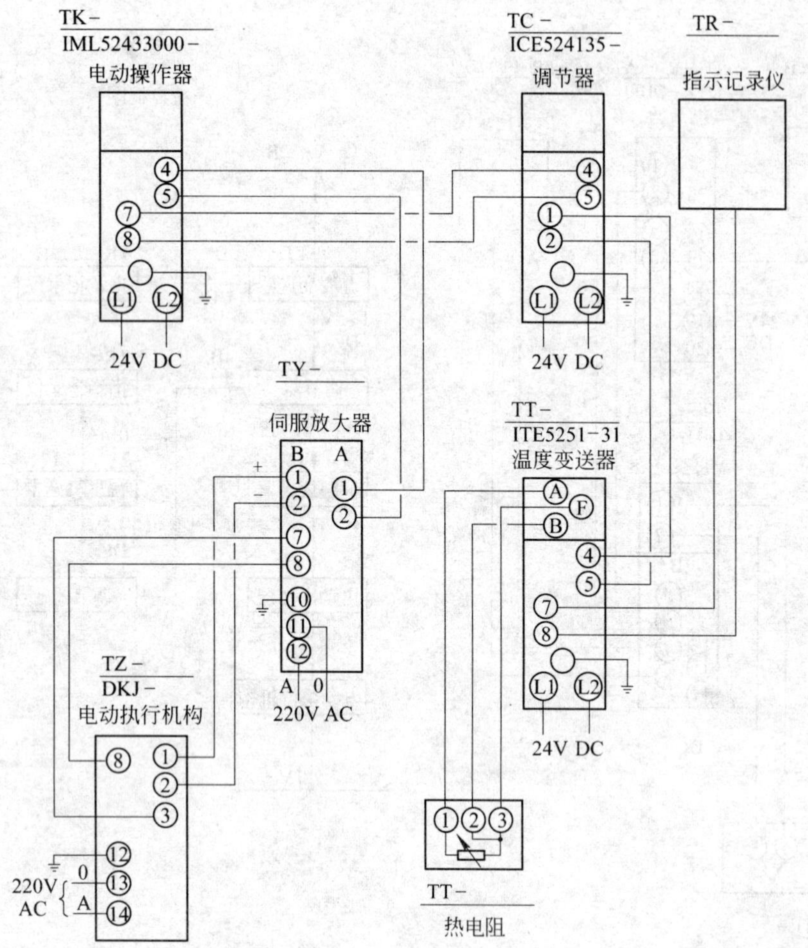

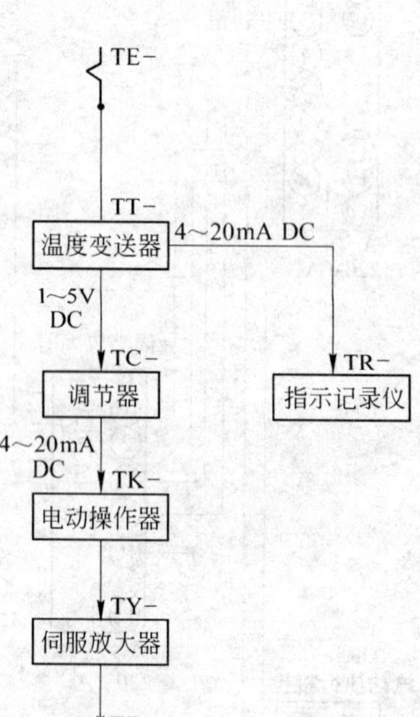

附注：

如果采用执行机构 DKZ-，则操作器的⑫号端子接至 DKZ-的④号端子，其他接线不变。

冶金仪控 通用图	温度调节系统接线图 （采用ℐ系列仪表）	（2000）YK09-17	
		比例	页次

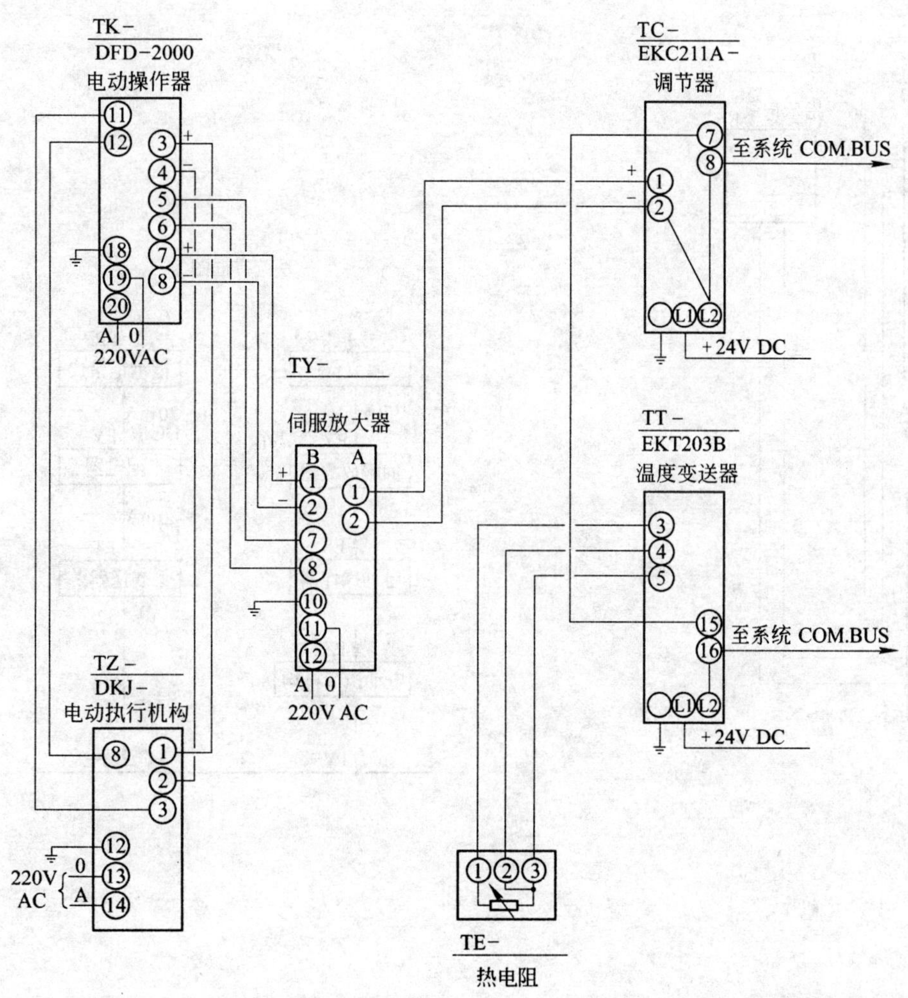

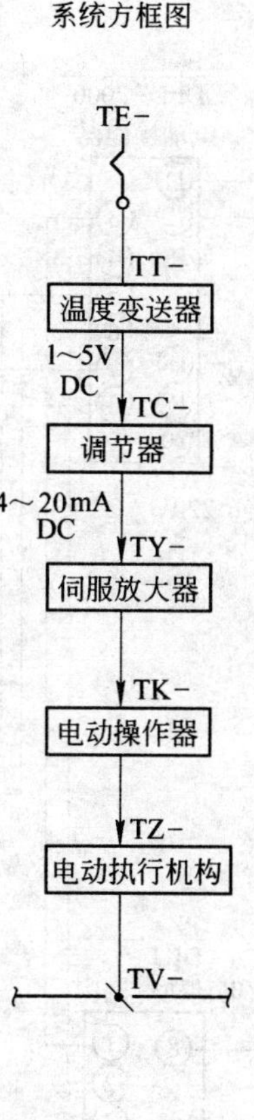

附注：

如果采用执行机构 DKZ-，则操作器的⑫号端子接至 DKZ-的④号端子，其他接线不变。

冶金仪控 通用图	温度调节系统接线图 （采用 EK 系列仪表）	(2000)YK09-18	
		比例	页次

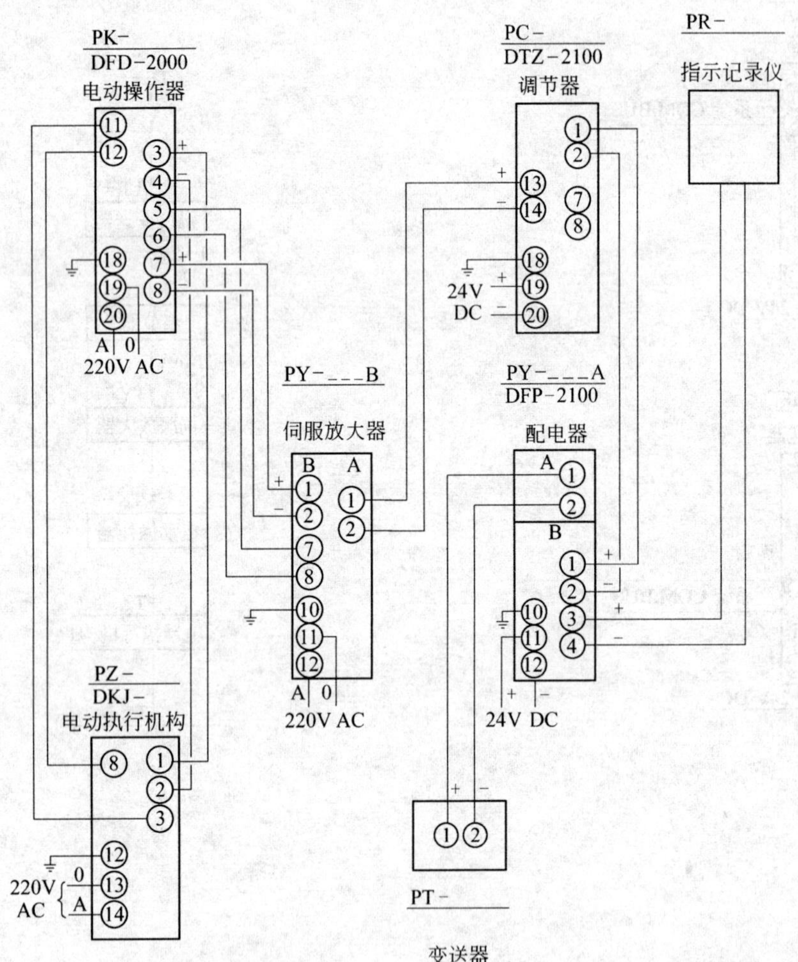

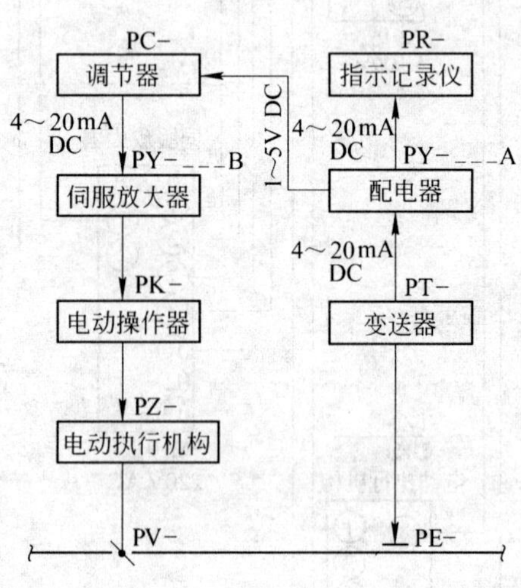

附注：

如果采用执行机构 DKZ-，则操作器的⑫号端子接至 DKZ-的④号端子，其他接线不变。

冶金仪控 通用图	压力（差压）调节系统接线图 （无阻尼器）	（2000）YK09-19	
		比例	页次

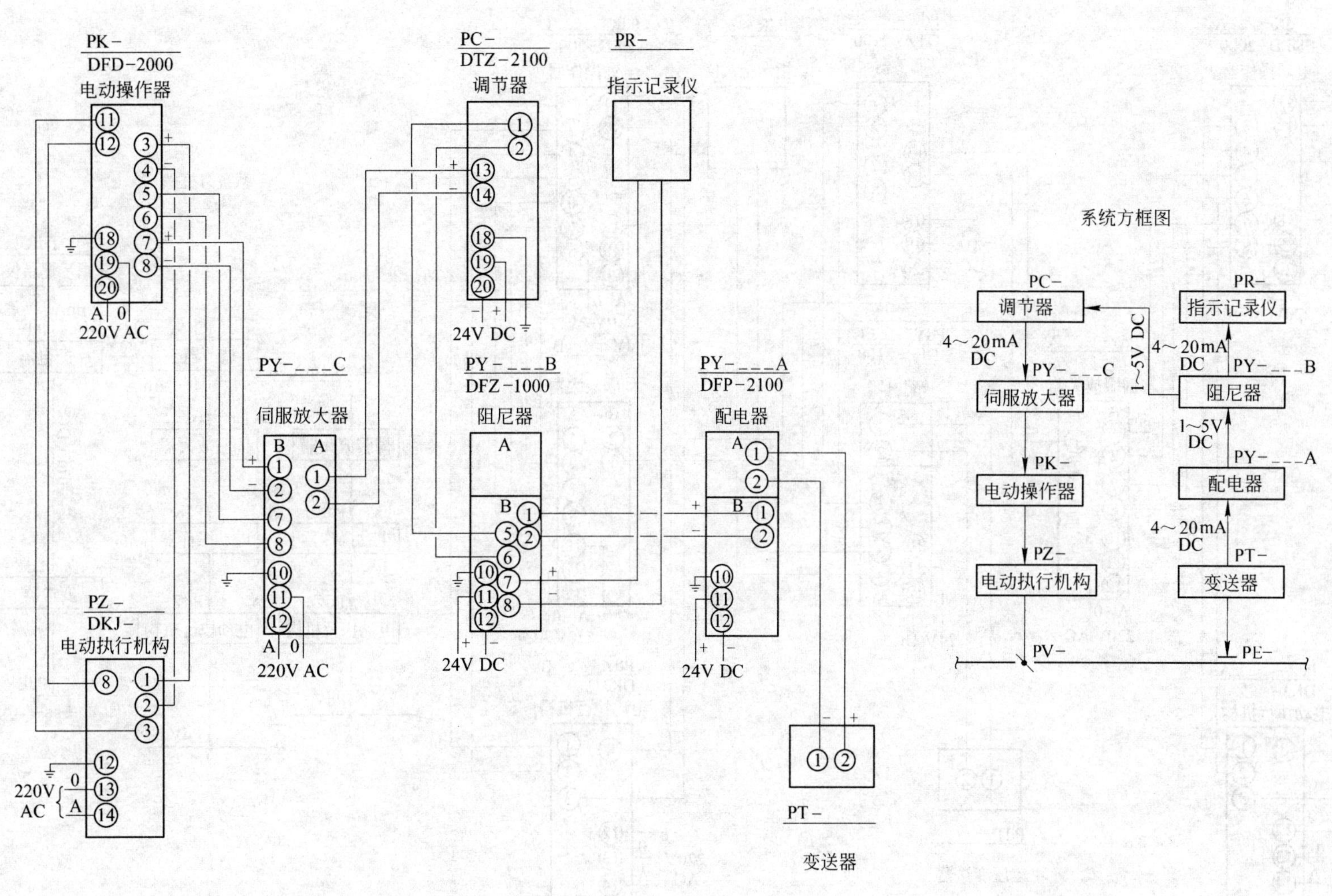

附注：

如果采用执行机构 DKZ－，则操作器的⑫号端子接至 DKZ－的④号端子，其他接线不变。

冶金仪控 通用图	压力(差压)调节系统接线图 (带阻尼器)	(2000)YK09-20	
		比例	页次

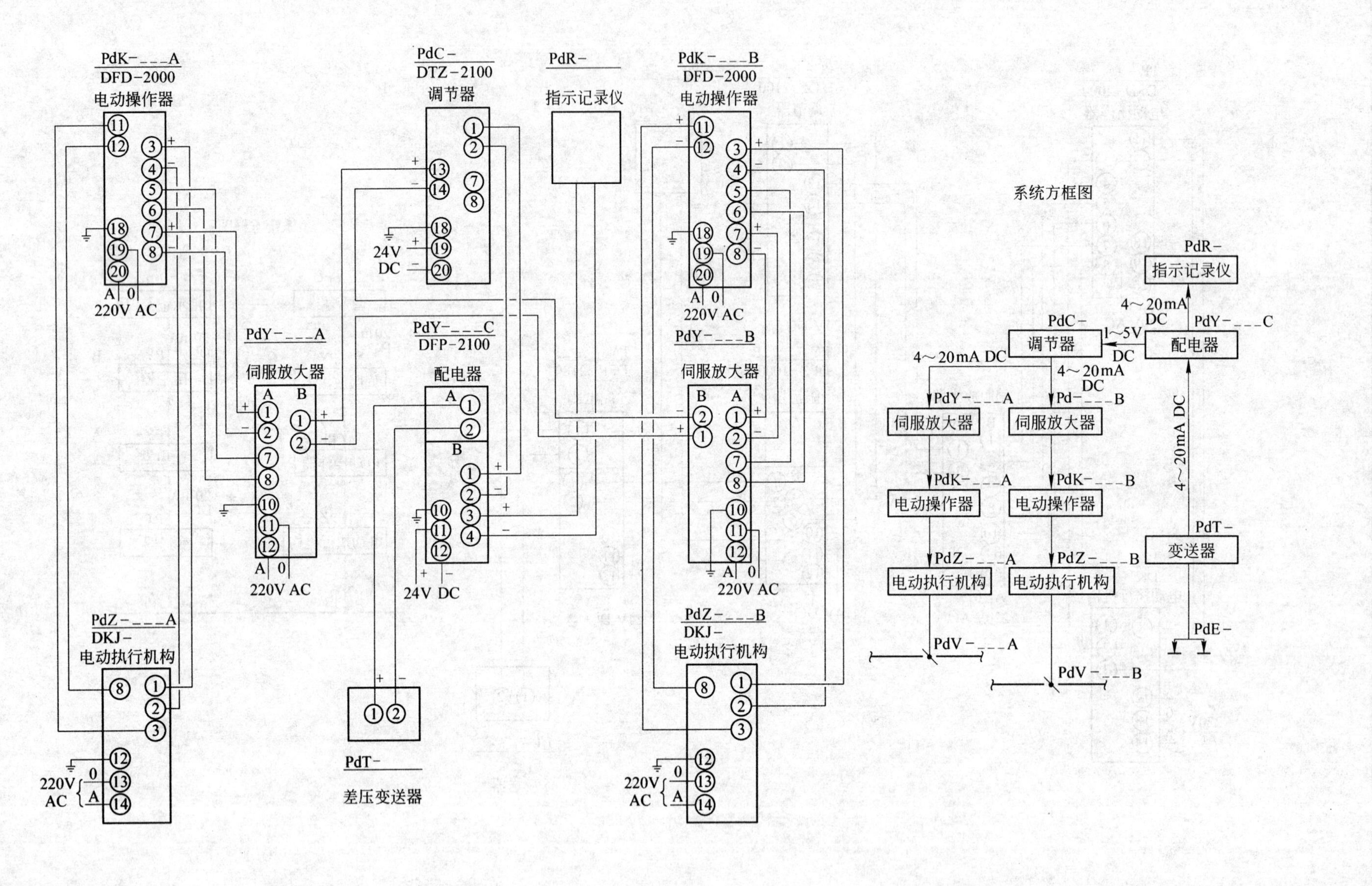

附注：

如果采用执行机构 DKZ-，则操作器的⑫号端子接至 DKZ-的④号端子，其他接线不变。

冶金仪控 通用图	差压调节系统接线图 （带两个电动执行机构）	(2000)YK09-21	
		比例	页次

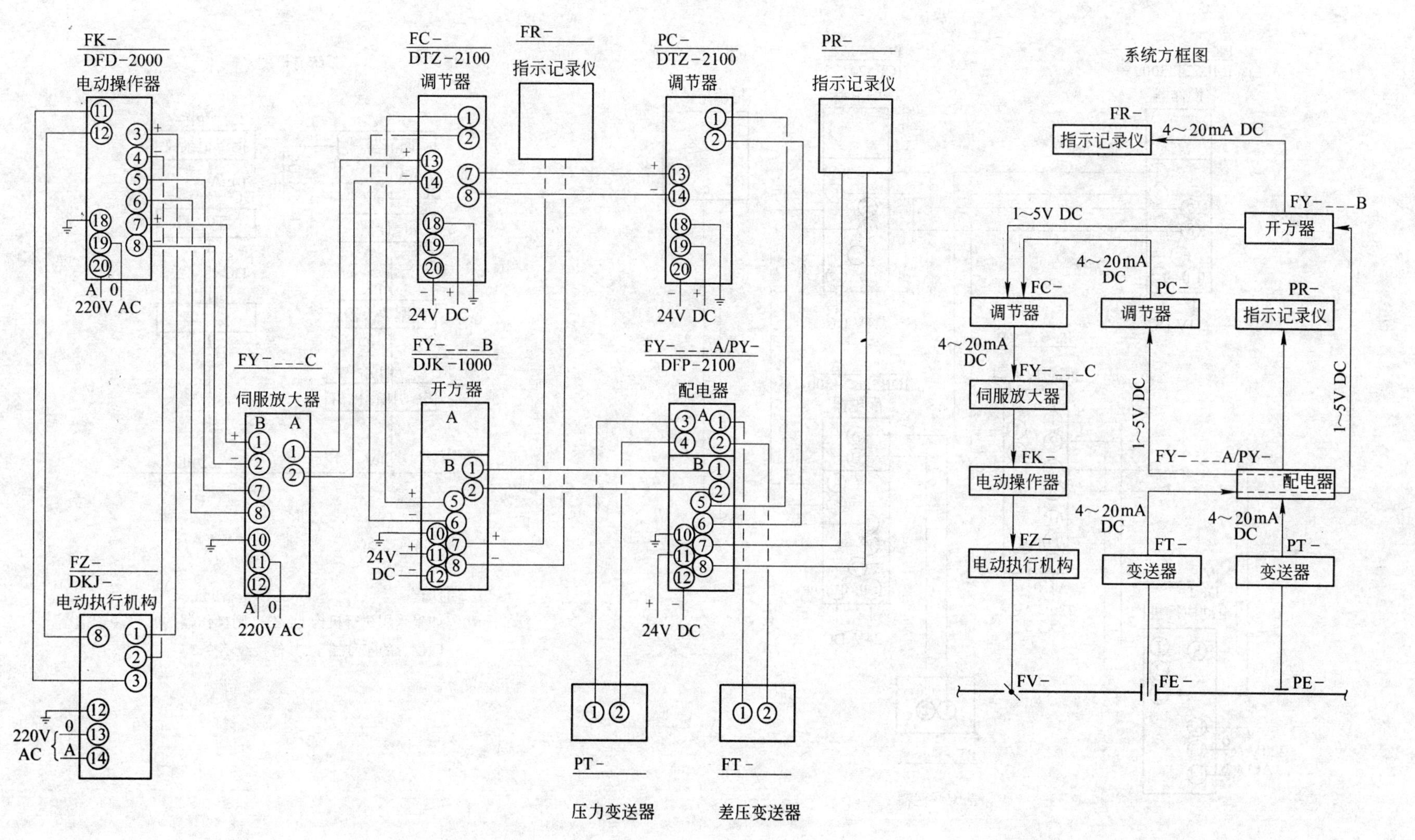

附注：

如果采用执行机构 DKZ-，则操作器的⑫号端子接至 DKZ-的④号端子，其他接线不变。

冶金仪控通用图	压力流量串级调节系统接线图	(2000)YK09-22	
		比例	页次

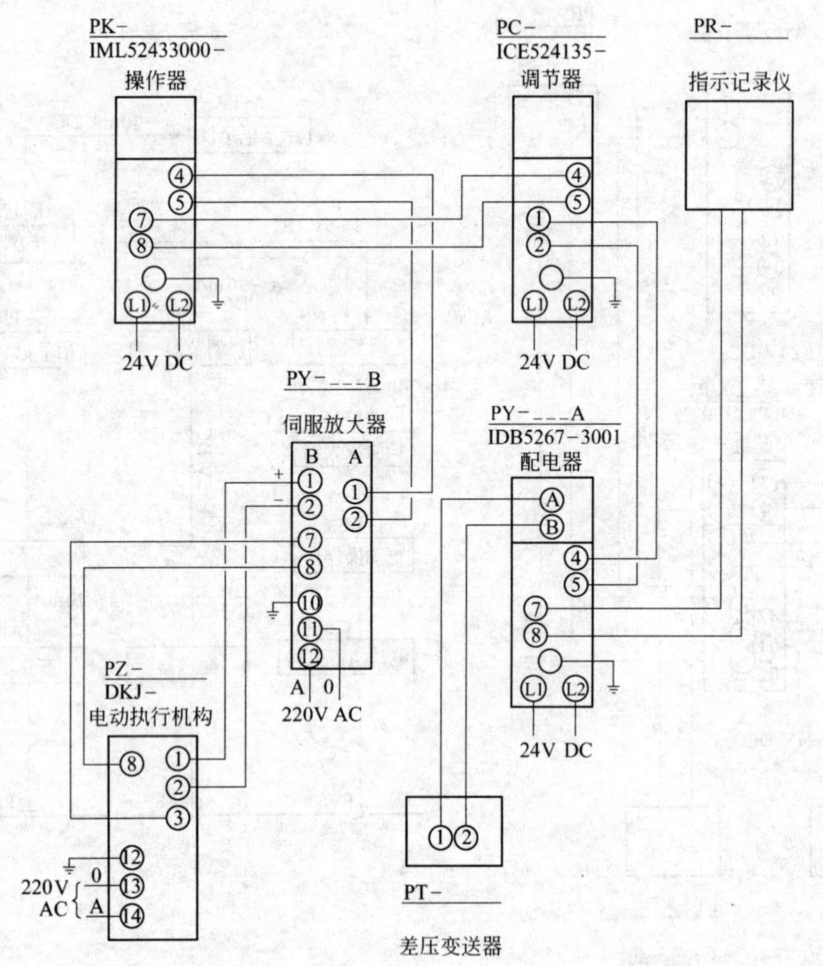

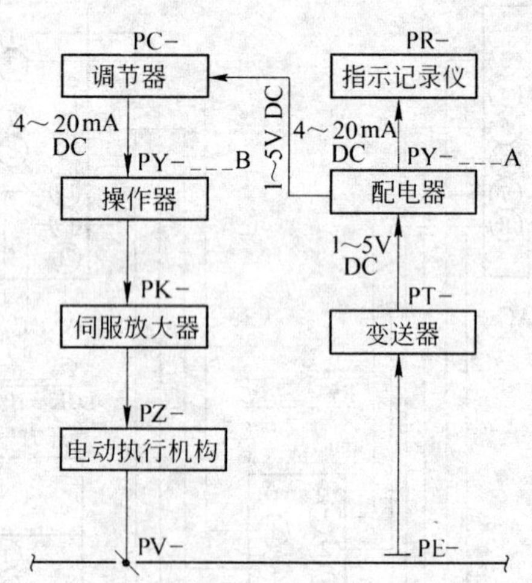

附注：

如果采用执行机构 DKZ-，则操作器的⑫号端子接至 DKZ-的④号端子，其他接线不变。

冶金仪控通用图	压力调节系统接线图（采用$\mathscr{I}$系列仪表）	(2000)YK09-23	
		比例	页次

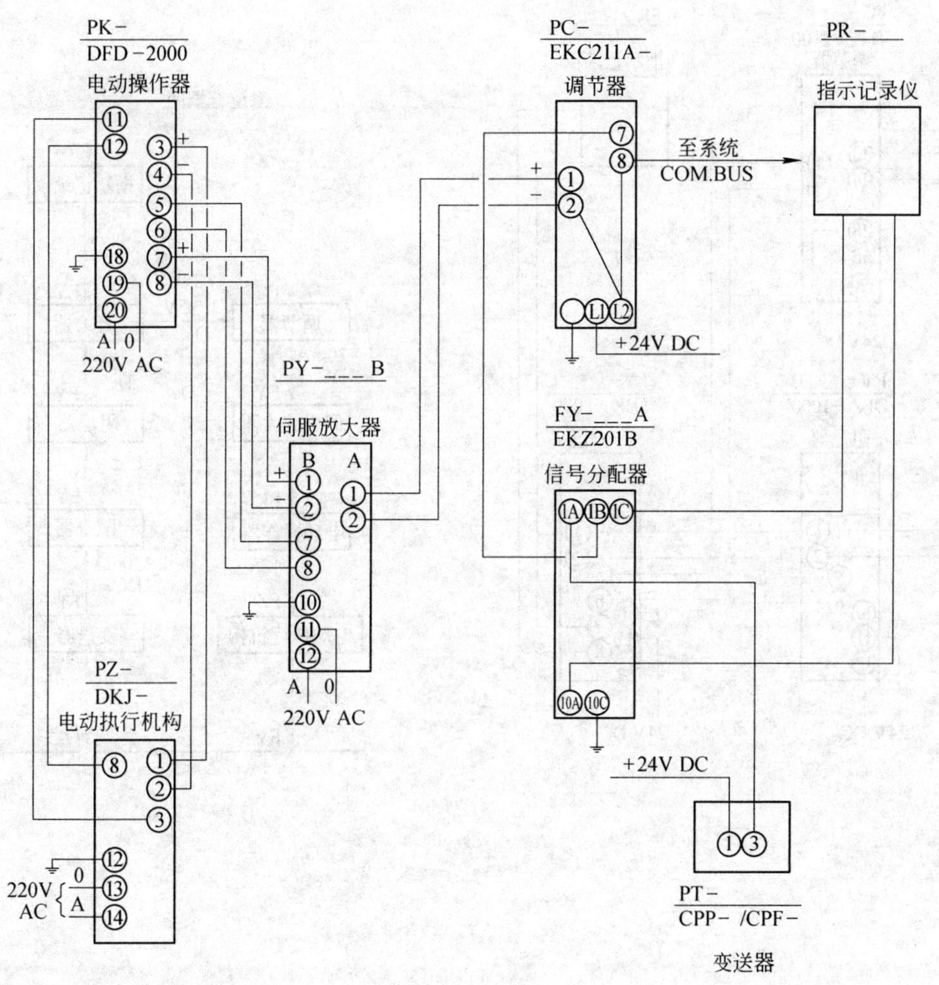

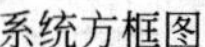

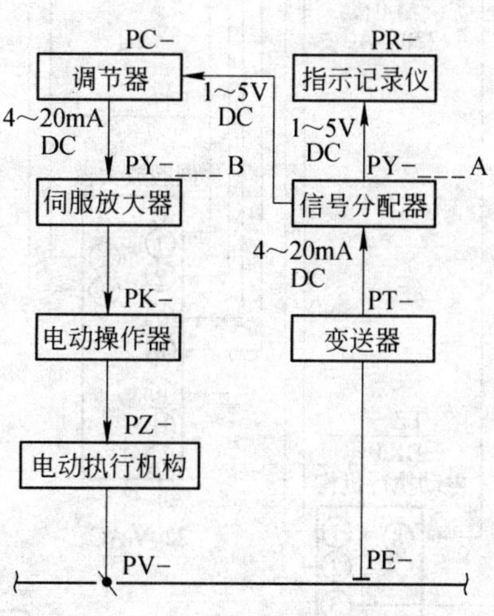

附注：

如果采用执行机构DKZ-，则操作器的⑫号端子接至DKZ-的④号端子，其他接线不变。

冶金仪控通用图	压力调节系统接线图（采用EK系列仪表）	(2000)YK09-24	
		比例	页次

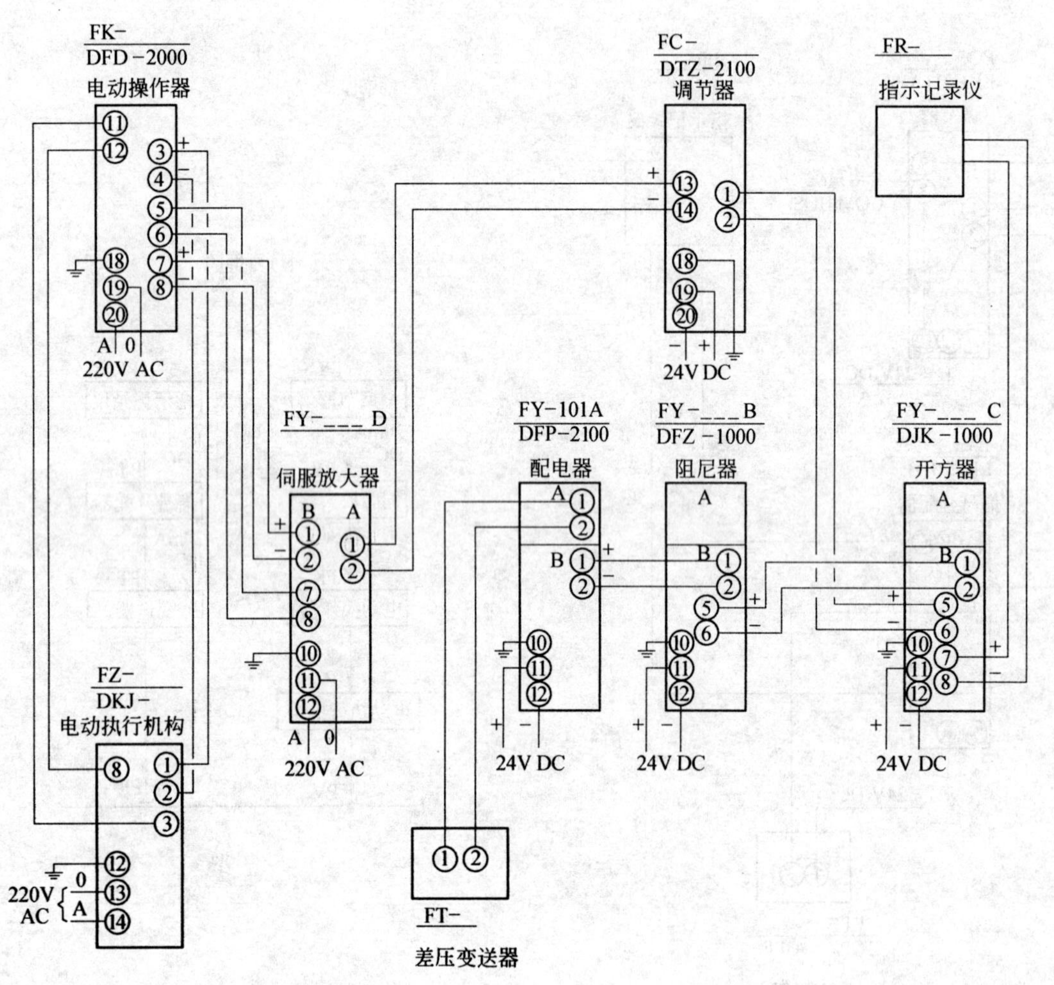

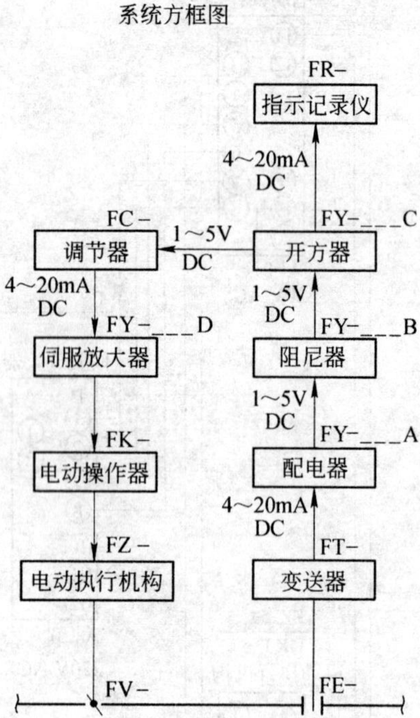

附注：

如果采用执行机构 DKZ-，则操作器的⑫号端子接至 DKZ-的④号端子，其他接线不变。

冶金仪控通用图	流量调节系统接线图	(2000)YK09-25	
		比例	页次

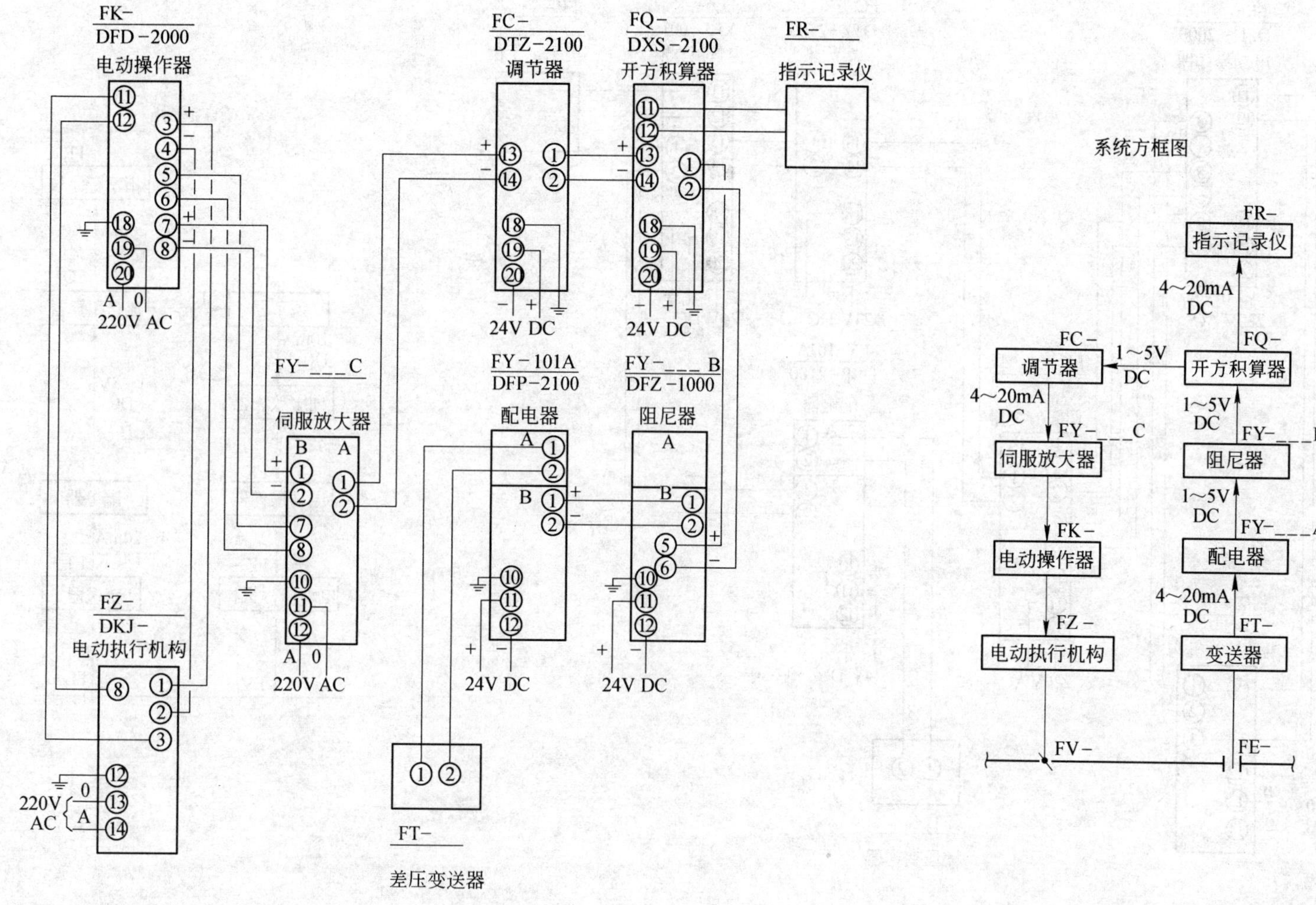

附注：

如果采用执行机构 DKZ-，则操作器的⑫号端子接至 DKZ-的④号端子，其他接线不变。

冶金仪控 通用图	流量调节系统接线图 （采用开方积算器）	（2000）YK09-26	
		比例	页次

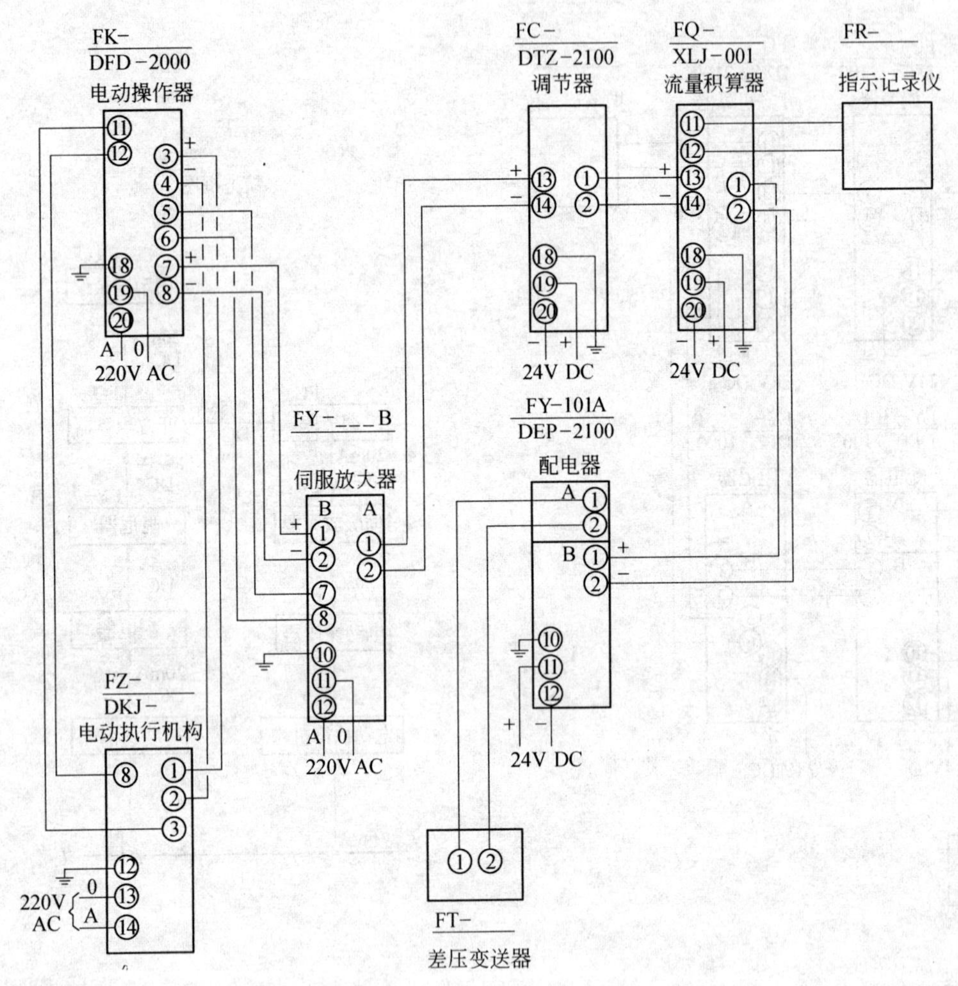

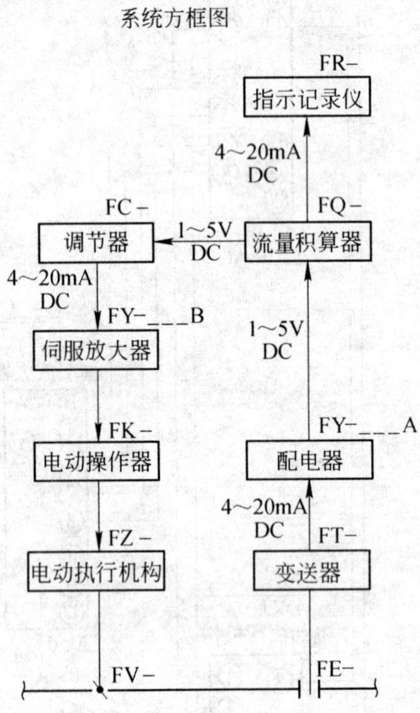

附注：

如果采用执行机构 DKZ-，则操作器的⑫号端子接至 DKZ-的④号端子，其他接线不变。

冶金仪控通用图	流量调节系统接线图（采用流量积算器）	(2000)YK09-27	
		比例	页次

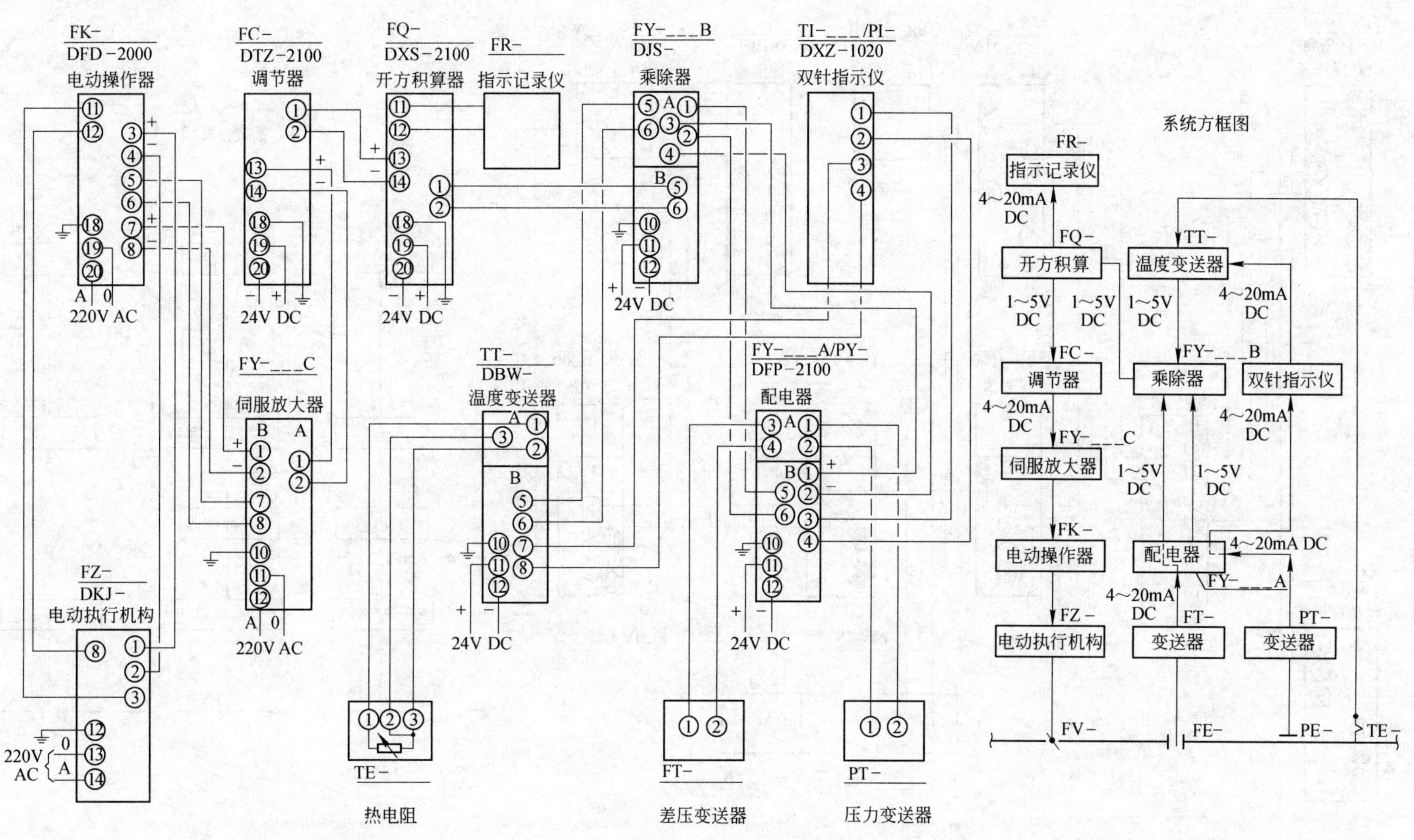

附注：

如果采用执行机构 DKZ－，则操作器的⑫号端子接至 DKZ－的④号端子，其他接线不变。

冶金仪控通用图	流量调节系统接线图（带温度压力补正）	(2000)YK09-28	
		比例	页次

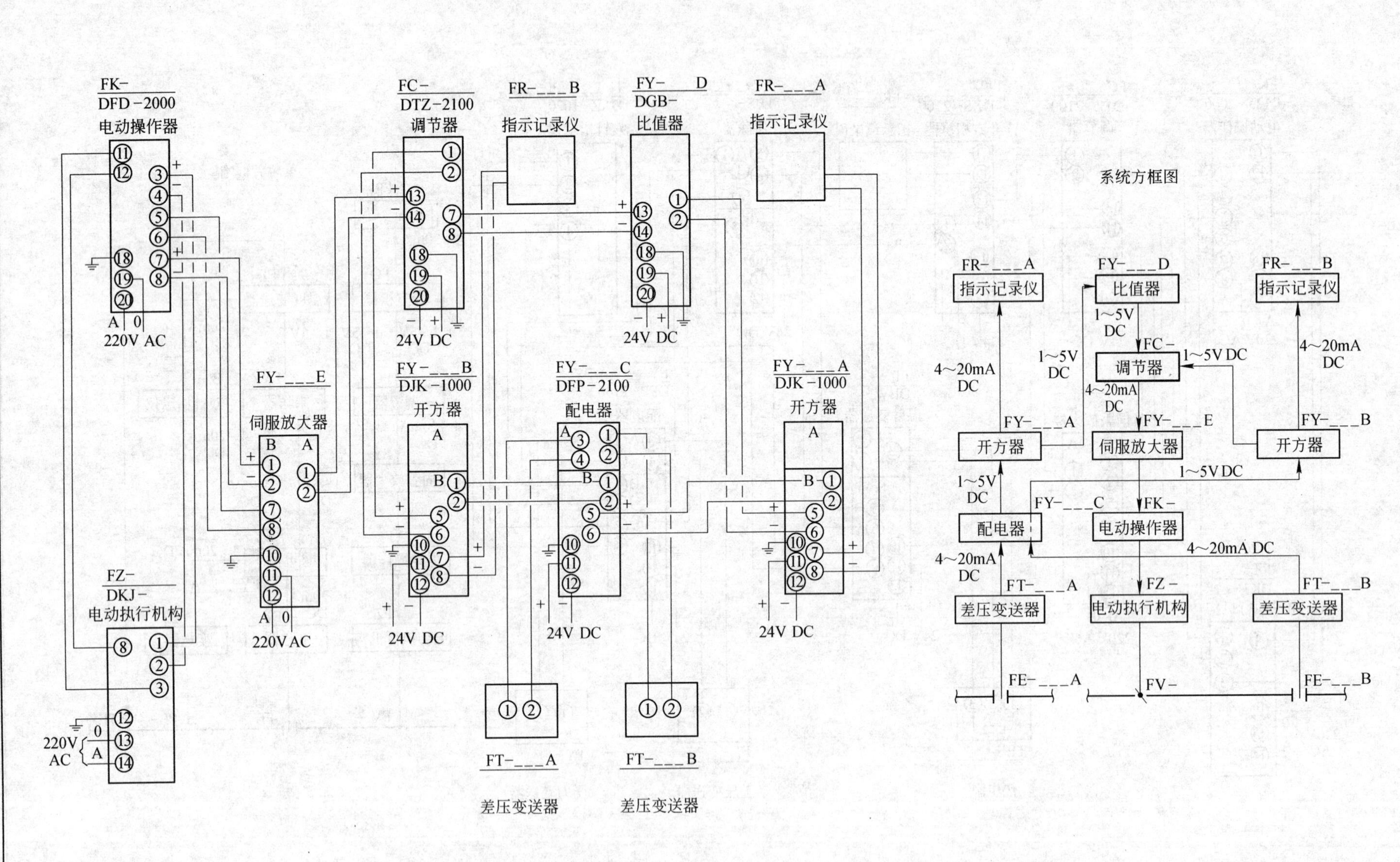

附注：

如果采用执行机构 DKZ-，则操作器的⑫号端子接至 DKZ-的④号端子，其他接线不变。

冶金仪控通用图	流量比值调节系统接线图	(2000)YK09-29	
		比例	页次

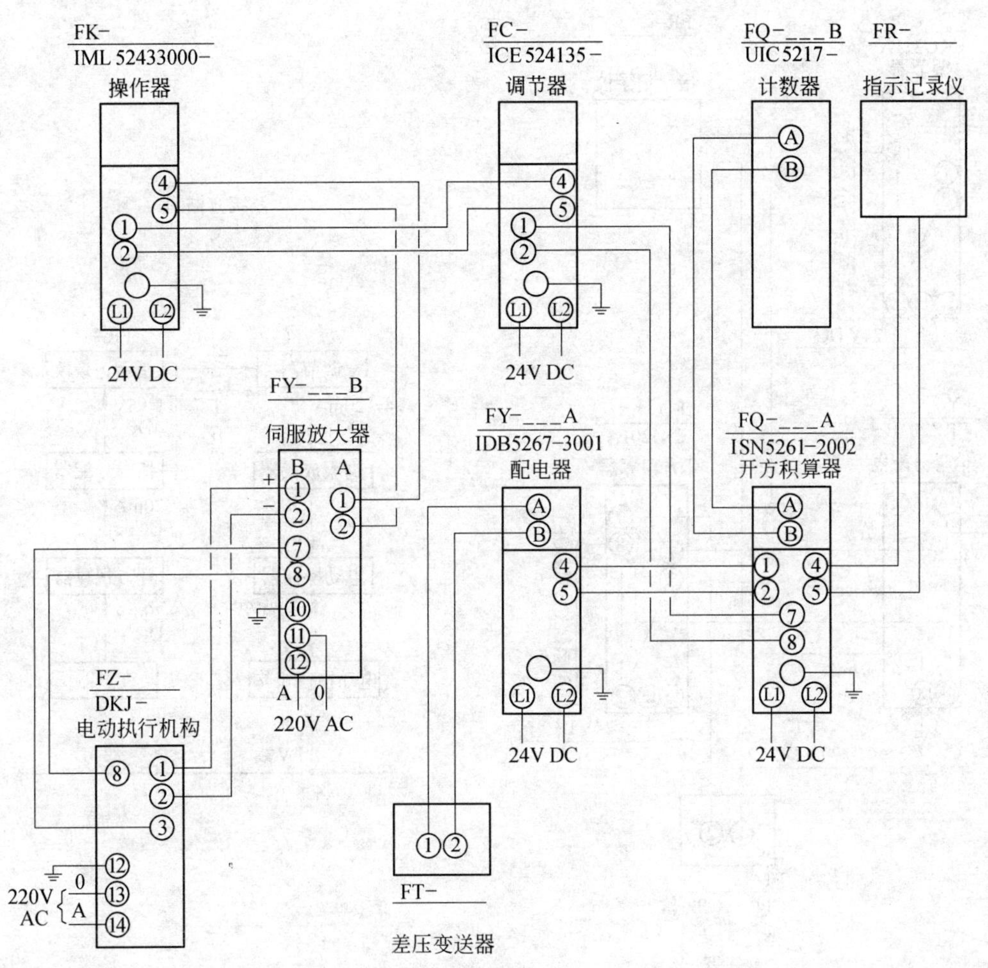

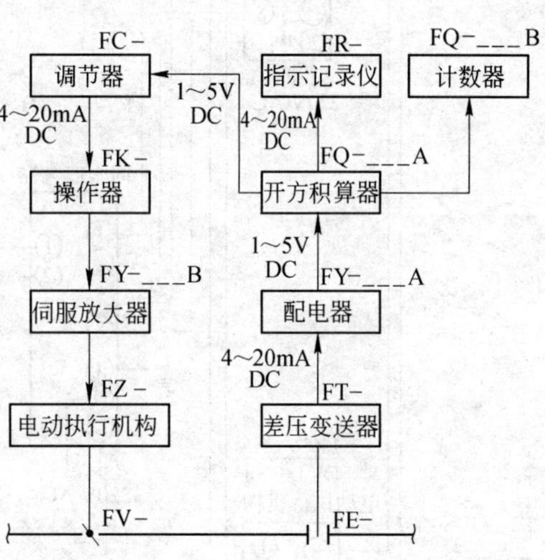

附注：

如果采用执行机构 DKZ-，则操作器的⑫号端子接至 DKZ-的④号端子，其他接线不变。

冶金仪控通用图	流量调节系统接线图（采用𝒥系列仪表）	(2000)YK09-30	
		比例	页次

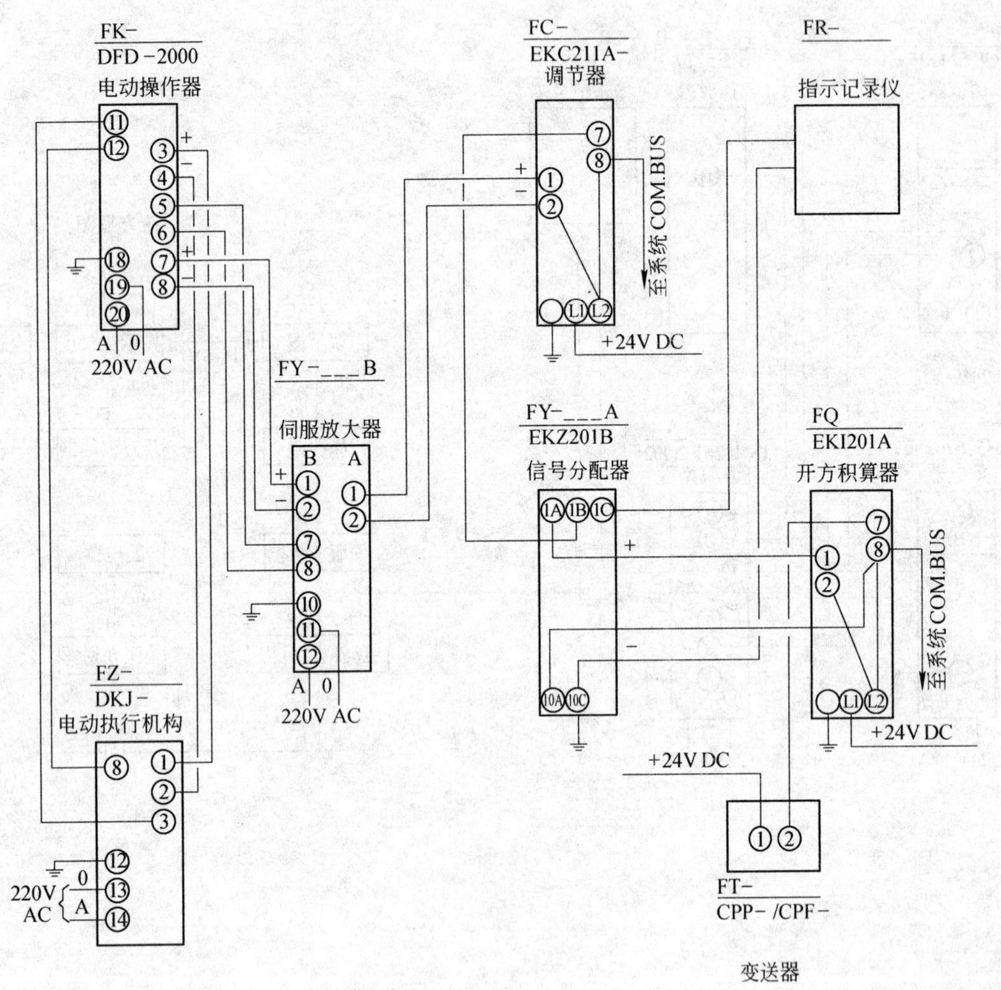

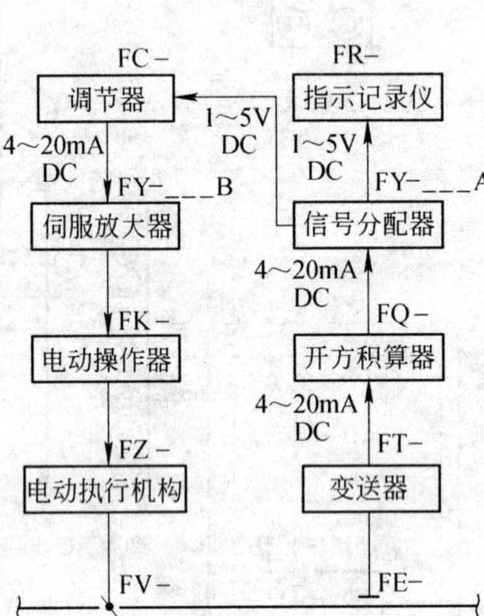

附注：

如果采用执行机构 DKZ-，则操作器的⑫号端子接至 DKZ-的④号端子，其他接线不变。

冶金仪控 通用图	流量调节系统接线图 （采用 EK 系列仪表）	（2000）YK09-31	
		比例	页次

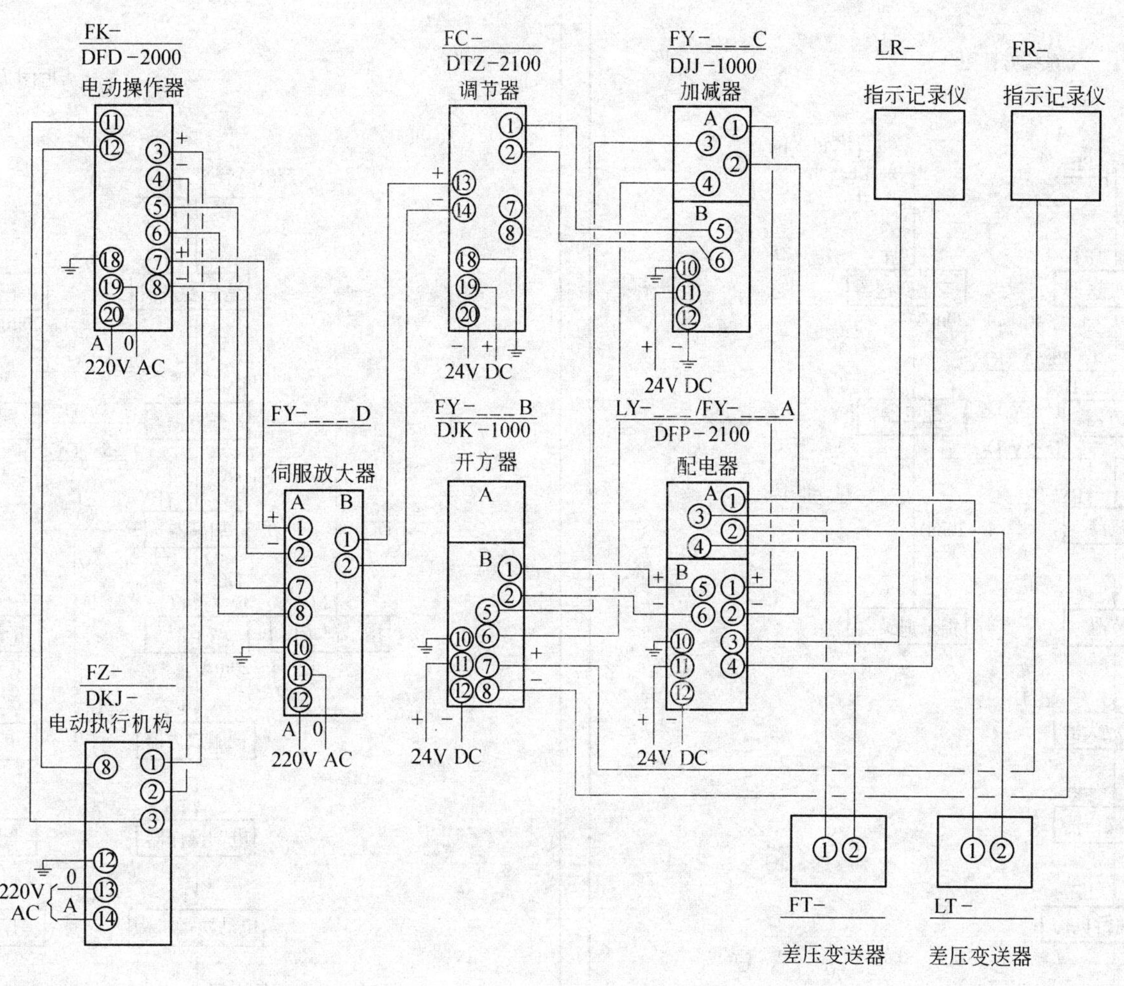

附注：

如果采用执行机构 DKZ-，则操作器的⑫号端子接至 DKZ-的④号端子，其他接线不变。

冶金仪控通用图	汽包水位两冲量调节系统接线图	(2000)YK09-32	
		比例	页次 1/2

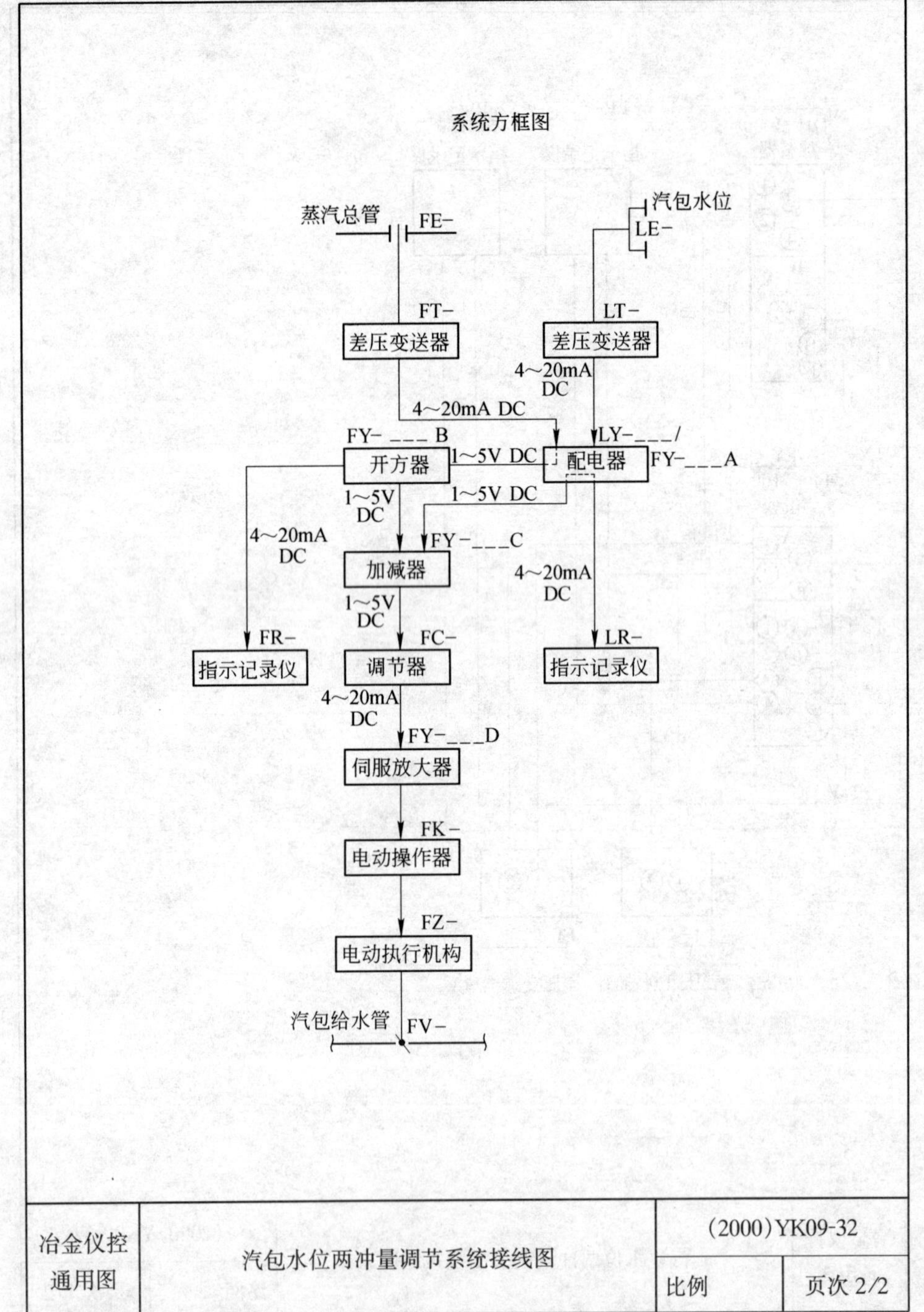

系统方框图

蒸汽总管 FE-___B

汽包水位 LE-

FT-___B 差压变送器

LT- 差压变送器

4～20mA DC

4～20mA DC

FY-___C 开方器

1～5V DC

LY- 配电器

1～5V DC

1～5V DC

4～20mA DC

4～20mA DC

FY-___D 加减器

1～5V DC

1～5V DC

FR-___B 指示记录仪

FC- 调节器

LR- 指示记录仪

FR-___A 指示记录仪

4～20mA DC

4～20mA DC

FY-___E 伺服放大器

FY-___B 开方器

FK-___A 电动操作器

FY-___A 配电器

FZ-___A 电动执行机构

FT-___A 差压变送器

汽包给水管 FV-___A

FE-___A

冶金仪控 通用图	汽包水位三冲量调节系统接线图	(2000)YK09-33	
		比例	页次 1/2

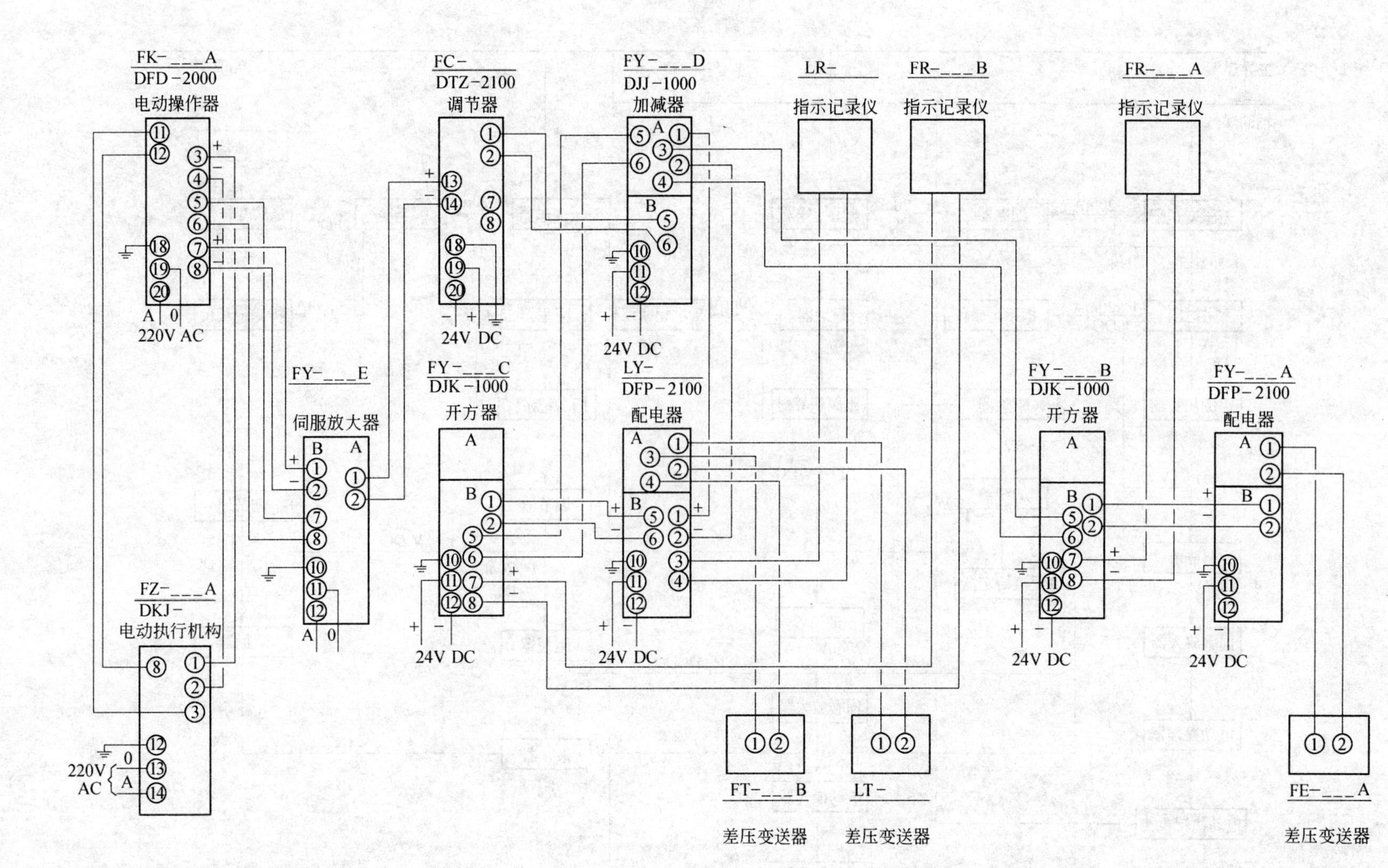

附注：

如果采用执行机构 DKZ-，则操作器的⑫号端子接至 DKZ-的④号端子，其他接线不变。

冶金仪控 通用图	汽包水位三冲量调节系统接线图	(2000)YK09-33	
		比例	页次 2/2

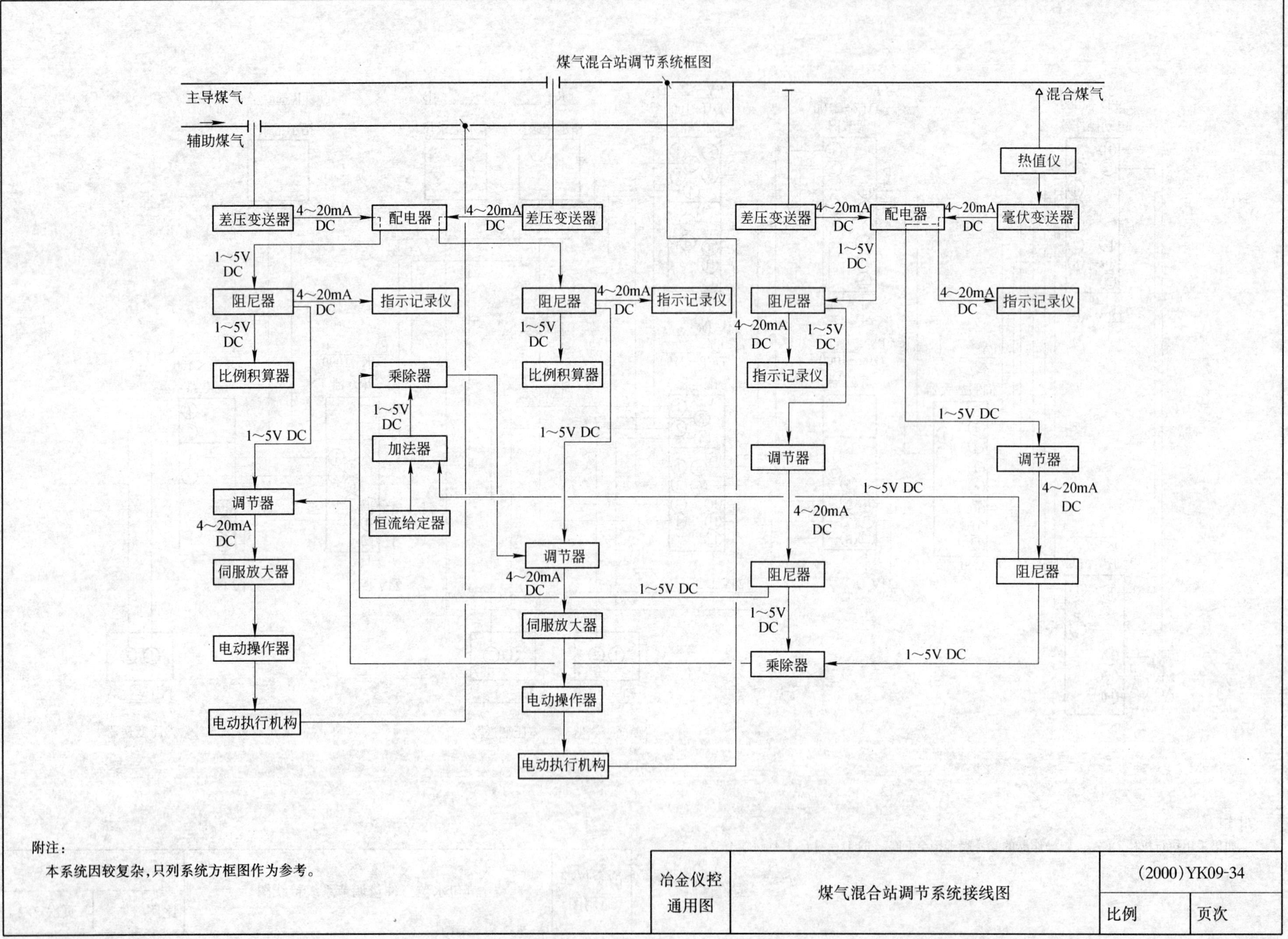

附注：

本系统因较复杂，只列系统方框图作为参考。

冶金仪控通用图	煤气混合站调节系统接线图	(2000)YK09-34	
		比例	页次

二、带气动执行器的系统接线图

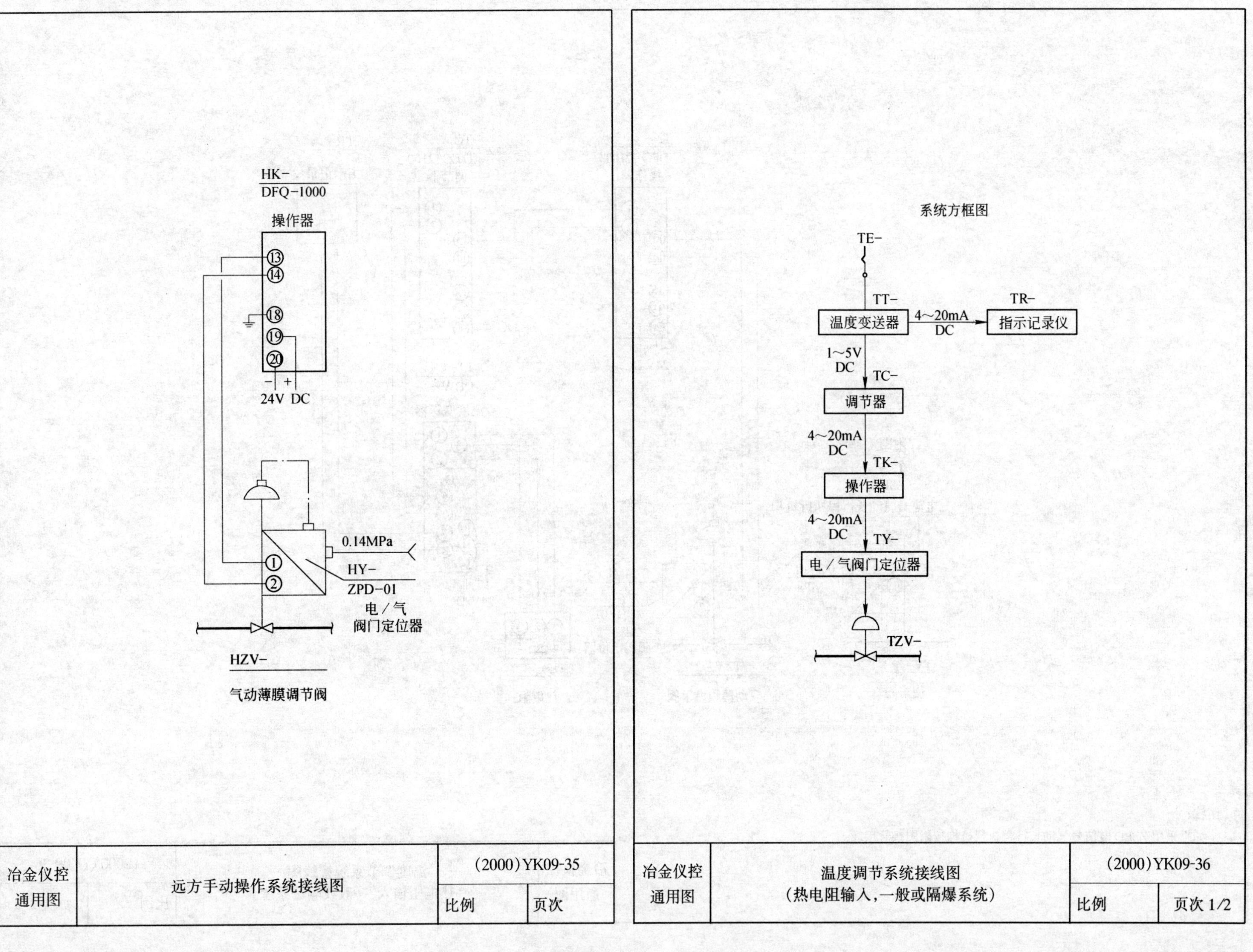
HK-
DFQ-1000
操作器
13
14
18
19
20
- +
24V DC
0.14MPa
1
2
HY-
ZPD-01
电/气
阀门定位器
HZV-
气动薄膜调节阀
冶金仪控
通用图
远方手动操作系统接线图
(2000)YK09-35
比例
页次
系统方框图
TE-
TT-
TR-
温度变送器
4~20mA
DC
指示记录仪
1~5V
DC
TC-
调节器
4~20mA
DC
TK-
操作器
4~20mA
DC
TY-
电/气阀门定位器
TZV-
冶金仪控
通用图
温度调节系统接线图
(热电阻输入,一般或隔爆系统)
(2000)YK09-36
比例
页次 1/2

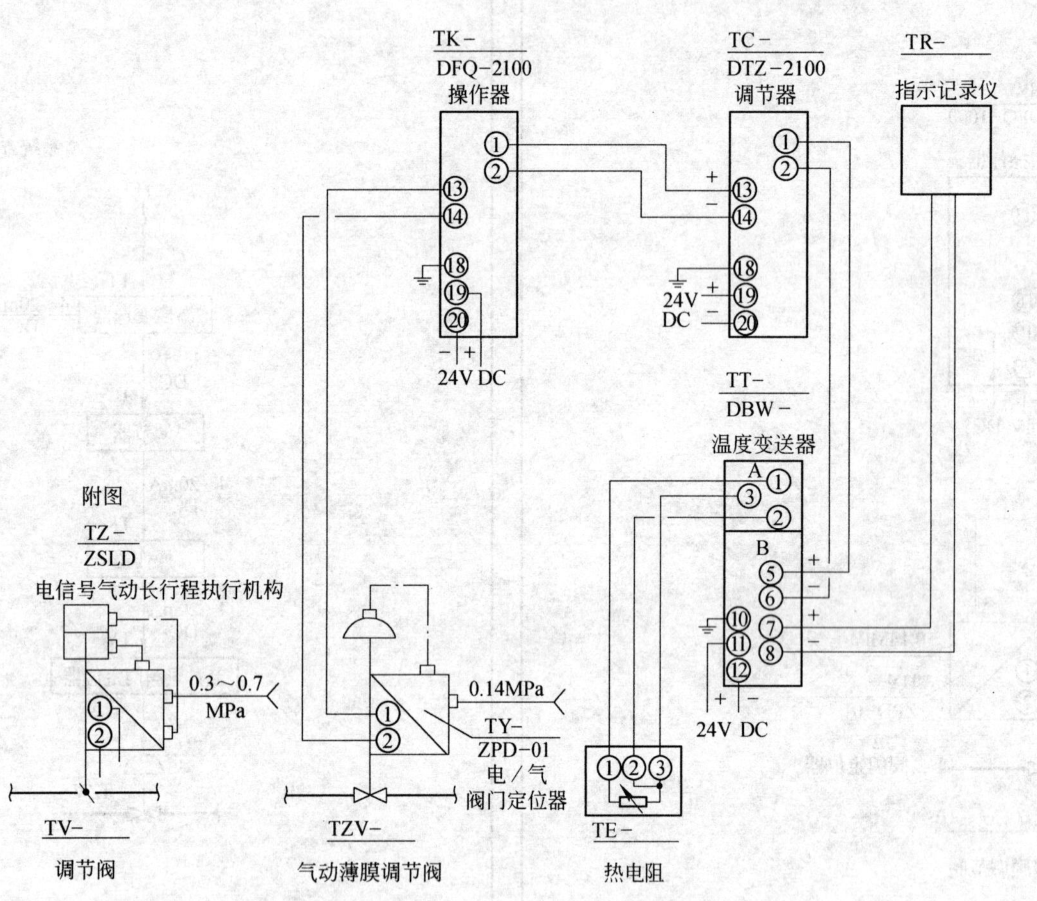

附注：

如果采用ZSLD电信号气动长行程执行机构按附图接管接线。

冶金仪控 通用图	温度调节系统接线图 （热电阻输入，一般或隔爆系统）	（2000）YK09-36	
		比例	页次 2/2

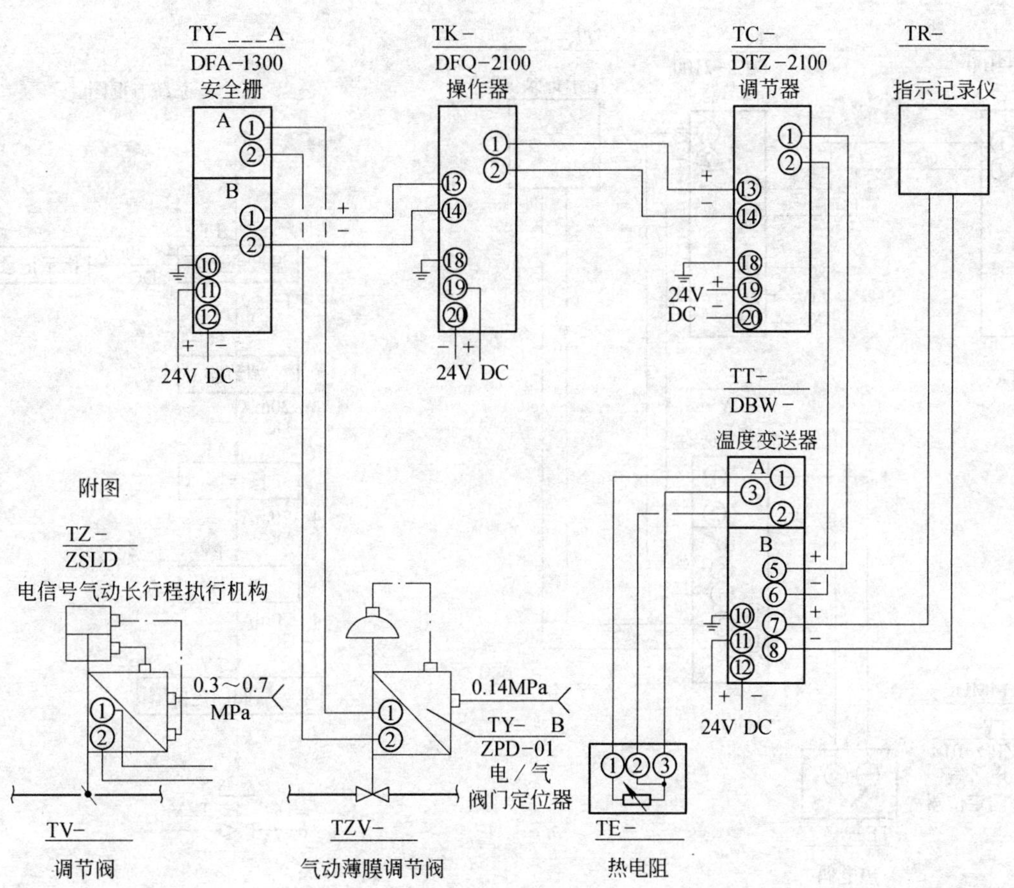

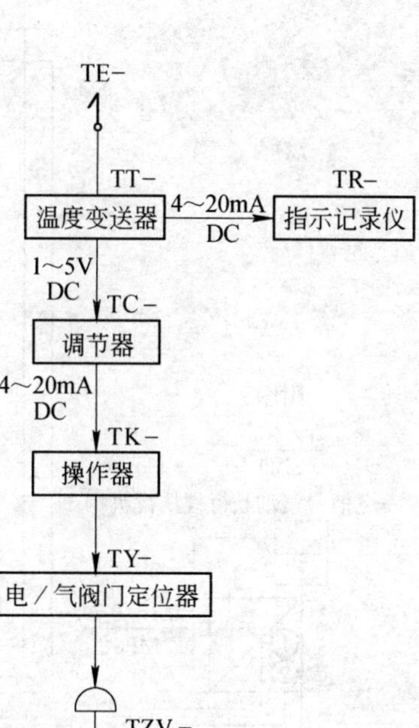

附注：

如果采用ZSLD电信号气动长行程执行机构按附图接管接线。

冶金仪控 通用图	温度调节系统接线图 (热电阻输入，安全火花系统)	(2000)YK09-37	
		比例	页次

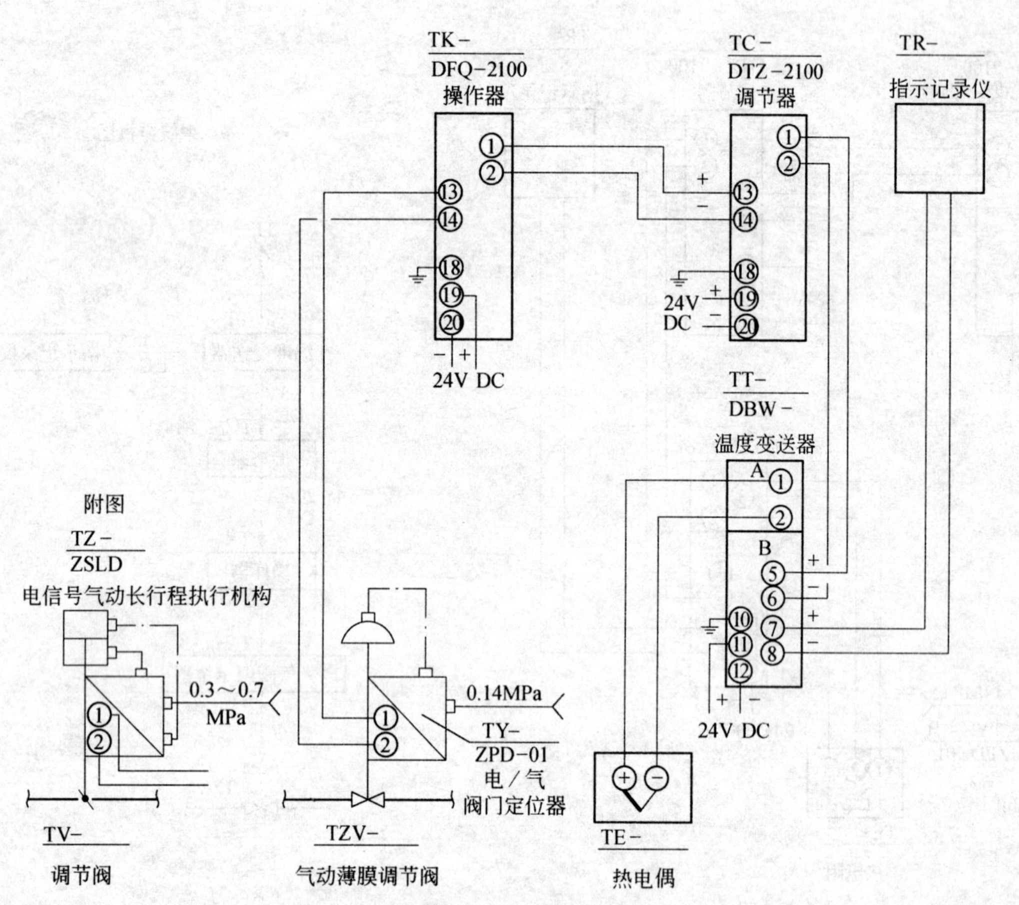

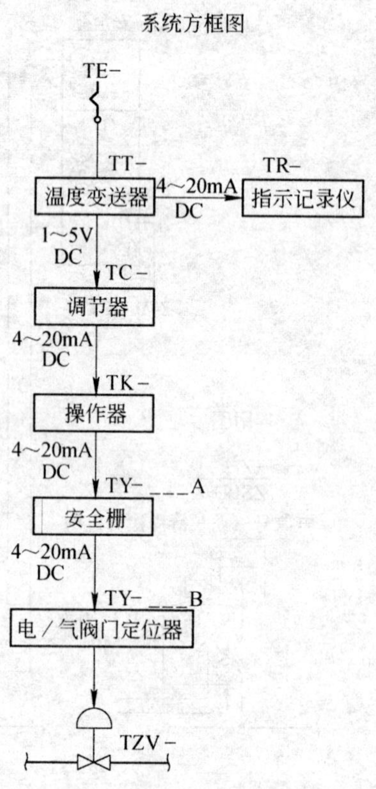

附注：

如果采用ZSLD电信号气动长行程执行机构按附图接管接线。

冶金仪控通用图	温度调节系统接线图（热电偶输入，一般或隔爆系统）	(2000)YK09-38	
		比例	页次

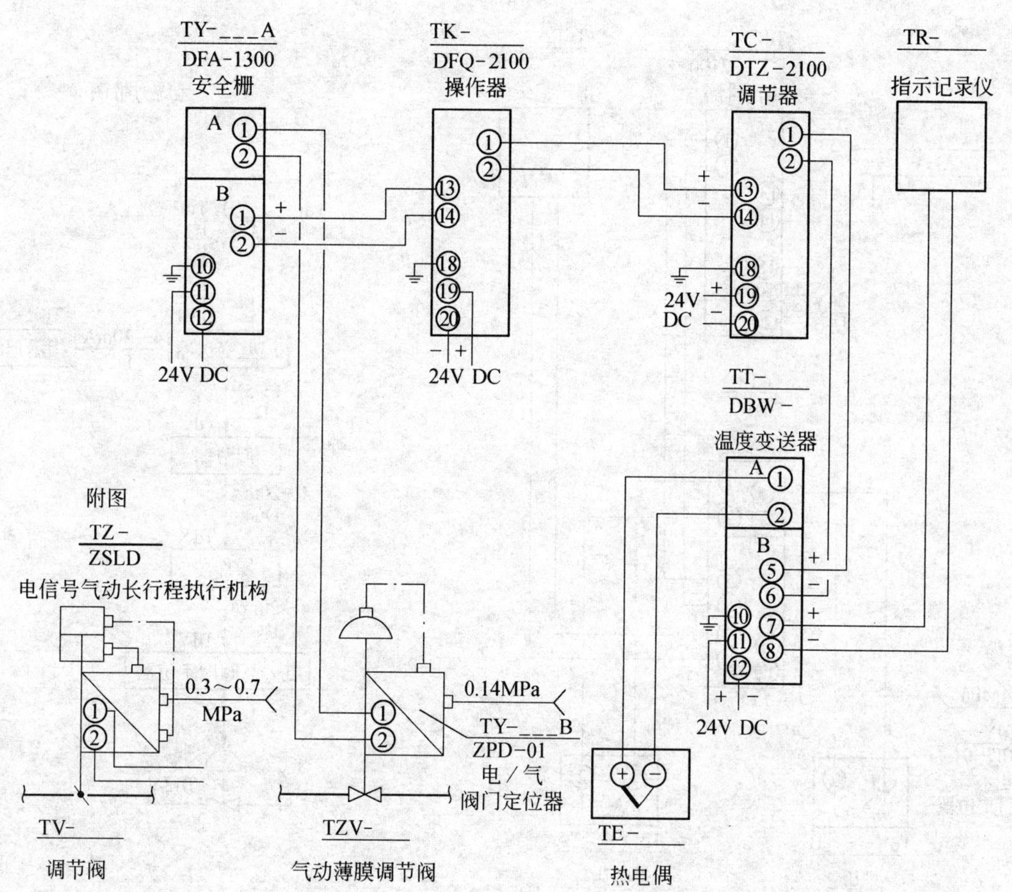

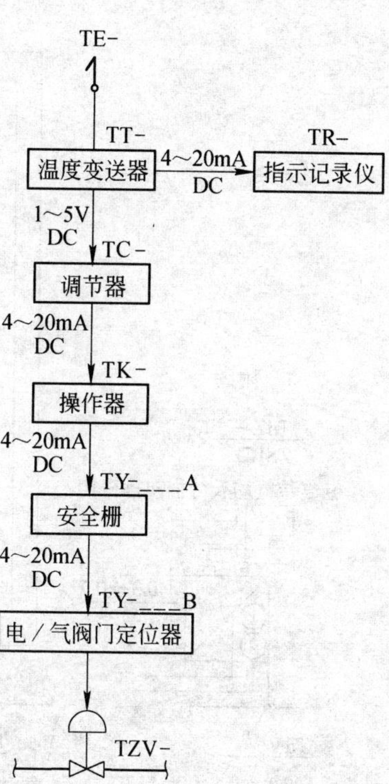

附注：

如果采用ZSLD电信号气动长行程执行机构按附图接管接线。

冶金仪控 通用图	温度调节系统接线图 （热电偶输入，安全火花系统）	(2000)YK09-39	
		比例	页次

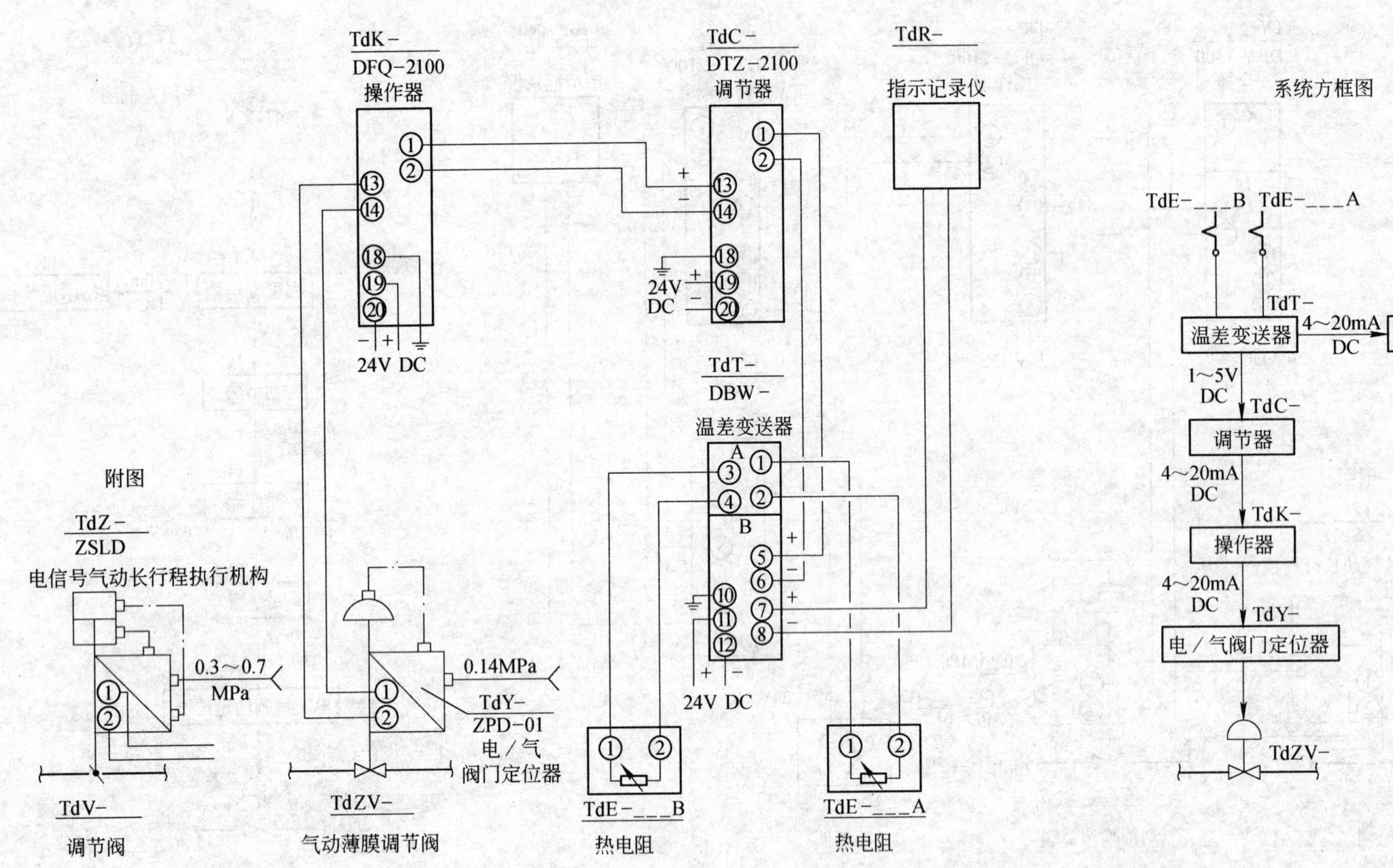

附注：

如果采用ZSLD电信号气动长行程执行机构按附图接管接线。

冶金仪控 通用图	温差调节系统接线图 （热电阻）	（2000）YK09-40	
		比例	页次

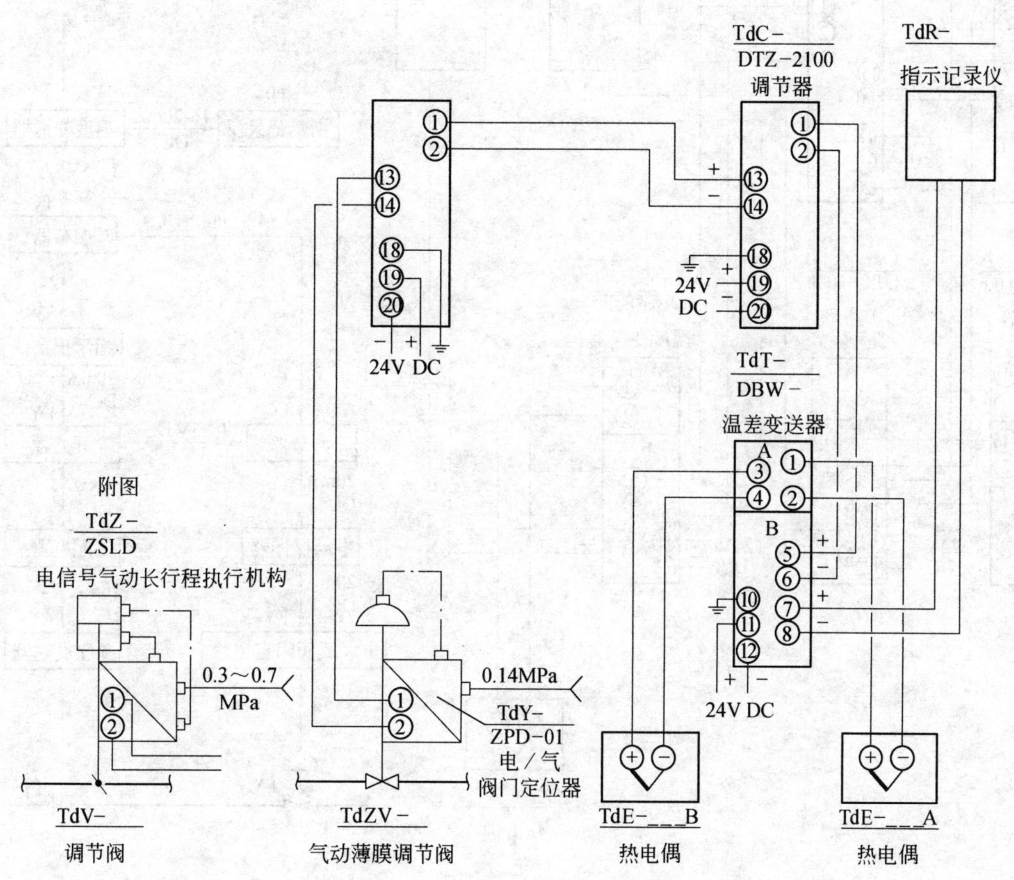

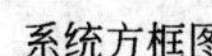

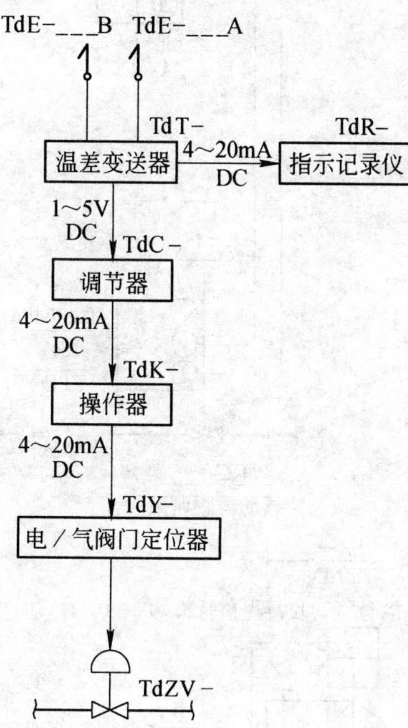

附注：

如果采用ZSLD电信号气动长行程执行机构按附图接管接线。

冶金仪控 通用图	温差调节系统接线图 （热电偶）	(2000)YK09-41	
		比例	页次

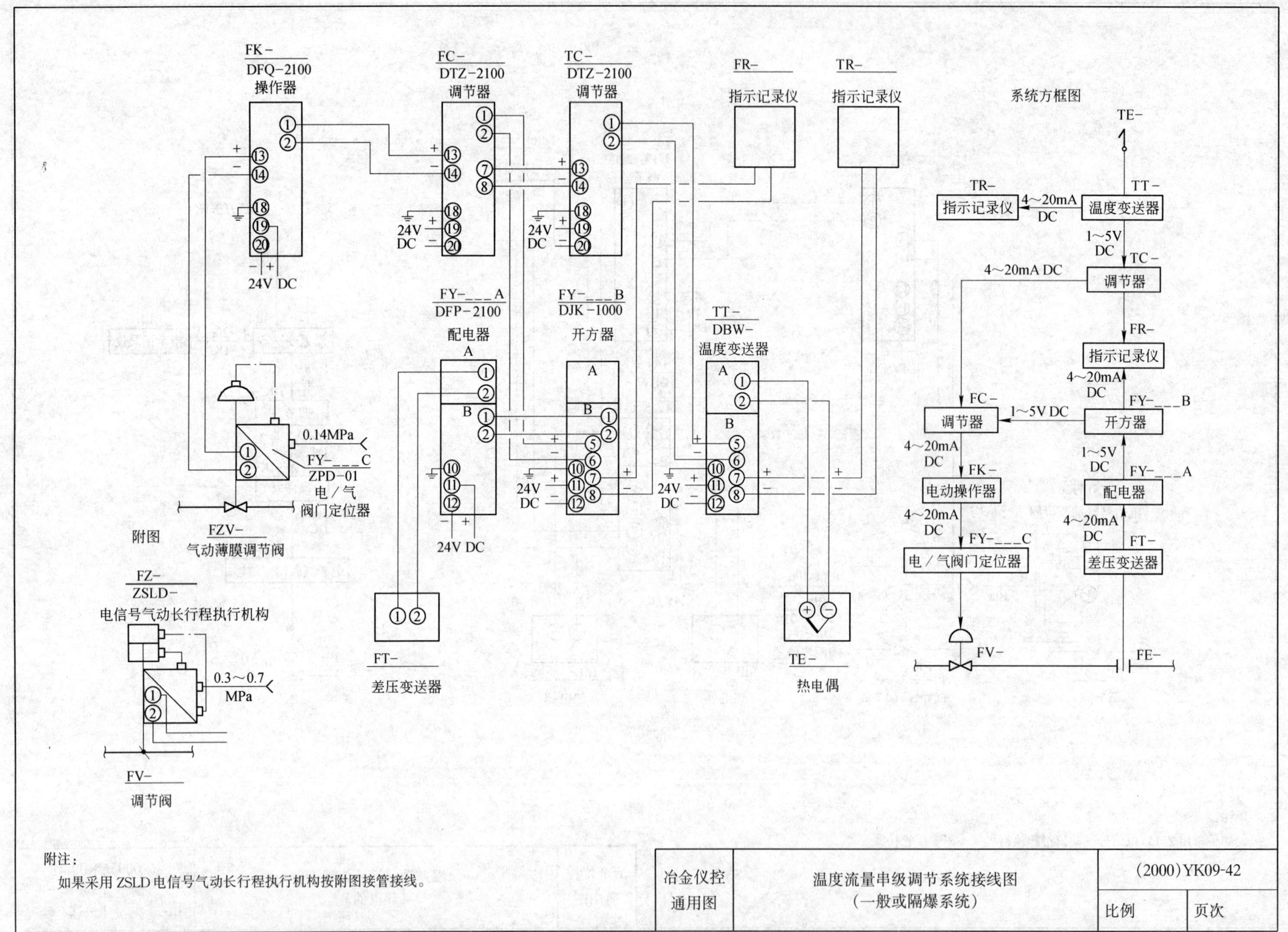

附注：

如果采用ZSLD电信号气动长行程执行机构按附图接管接线。

冶金仪控 通用图	温度流量串级调节系统接线图 （一般或隔爆系统）	(2000)YK09-42	
		比例	页次

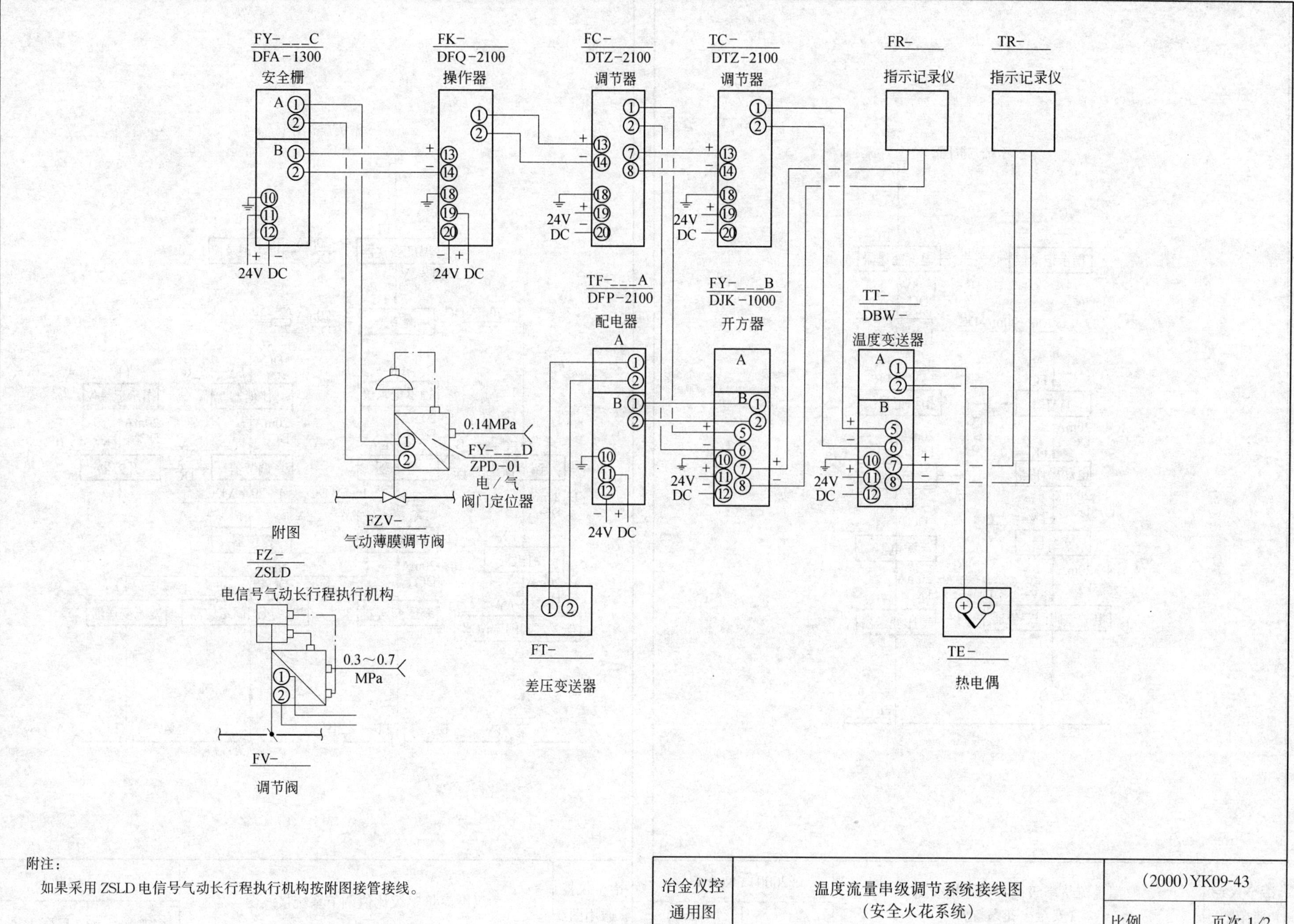

附注：

如果采用ZSLD电信号气动长行程执行机构按附图接管接线。

冶金仪控 通用图	温度流量串级调节系统接线图 （安全火花系统）	(2000)YK09-43	
		比例	页次 1/2

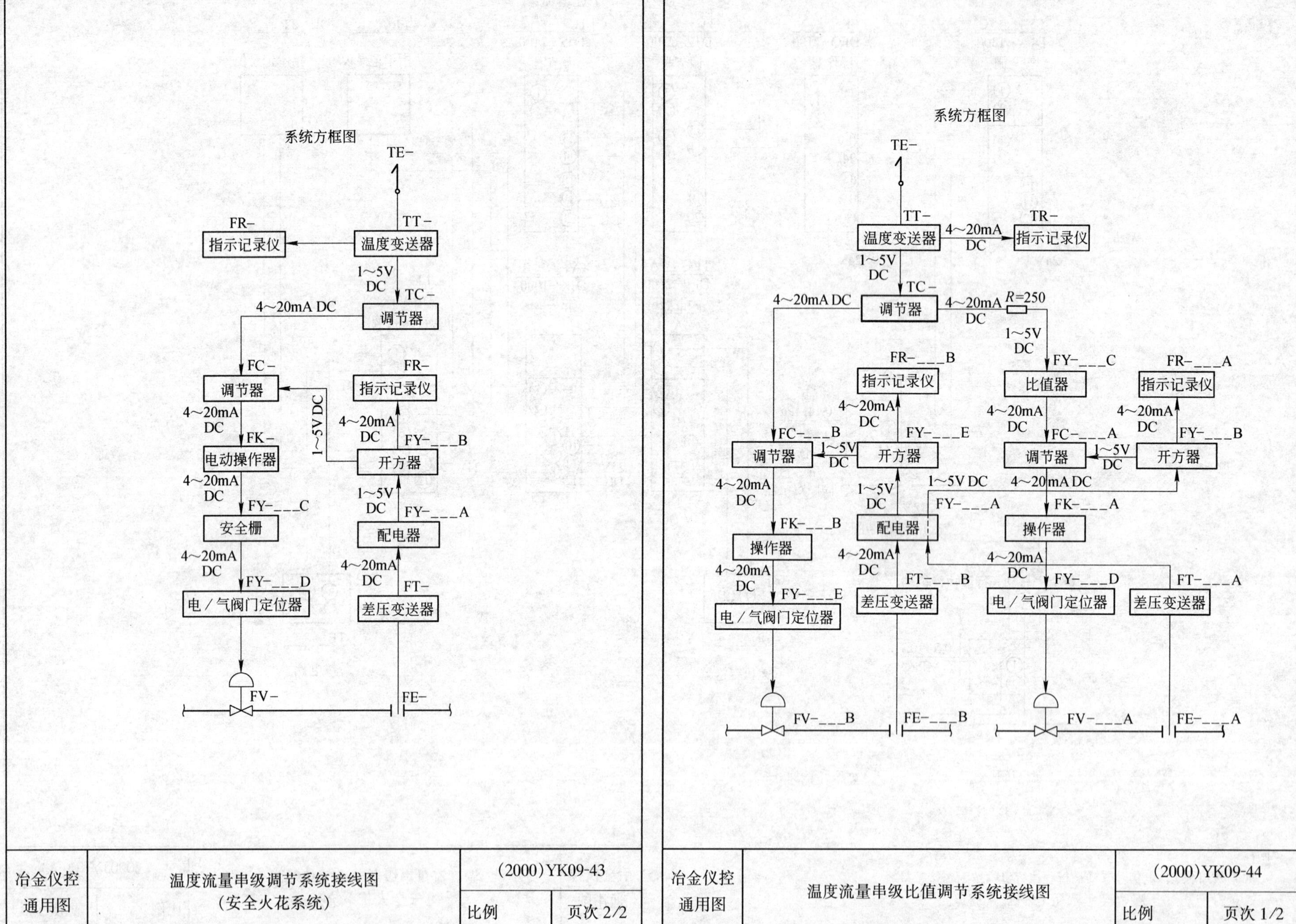
系统方框图
TE−
TT−
温度变送器
FR−
指示记录仪
1～5V DC
TC−
调节器
4～20mA DC
FC−
调节器
指示记录仪
FR−
4～20mA DC
FK−
电动操作器
1～5V DC
4～20mA DC
FY−___B
开方器
4～20mA DC
FY−___C
安全栅
1～5V DC
FY−___A
配电器
4～20mA DC
FY−___D
电／气阀门定位器
4～20mA DC
FT−
差压变送器
FV−
FE−
冶金仪控通用图
温度流量串级调节系统接线图（安全火花系统）
(2000)YK09-43
比例
页次 2/2
系统方框图
TE−
TT−
温度变送器
4～20mA DC
TR−
指示记录仪
1～5V DC
TC−
4～20mA DC
调节器
4～20mA DC
R=250
1～5V DC
FR−___B
指示记录仪
FY−___C
比值器
FR−___A
指示记录仪
4～20mA DC
4～20mA DC
4～20mA DC
FC−___B
FY−___E
FC−___A
FY−___B
调节器
1～5V DC
开方器
调节器
1～5V DC
开方器
4～20mA DC
1～5V DC
1～5V DC
4～20mA DC
FY−___A
FK−___A
配电器
操作器
FK−___B
操作器
4～20mA DC
4～20mA DC
4～20mA DC
FT−___B
FY−___D
FT−___A
FY−___E
差压变送器
电／气阀门定位器
差压变送器
电／气阀门定位器
FV−___B
FE−___B
FV−___A
FE−___A
冶金仪控通用图
温度流量串级比值调节系统接线图
(2000)YK09-44
比例
页次 1/2

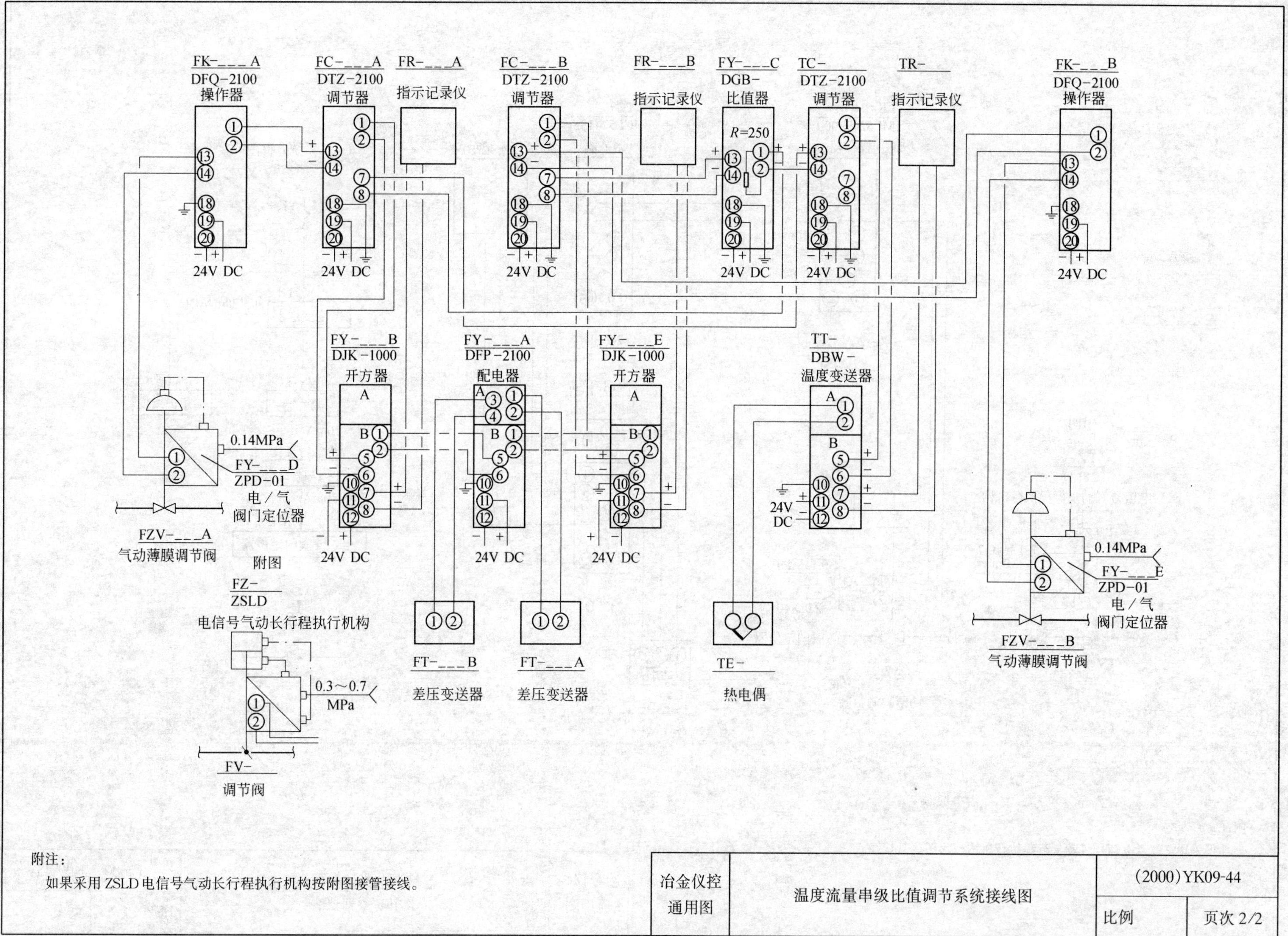

附注：

如果采用 ZSLD 电信号气动长行程执行机构按附图接管接线。

冶金仪控通用图	温度流量串级比值调节系统接线图	(2000)YK09-44	
		比例	页次 2/2

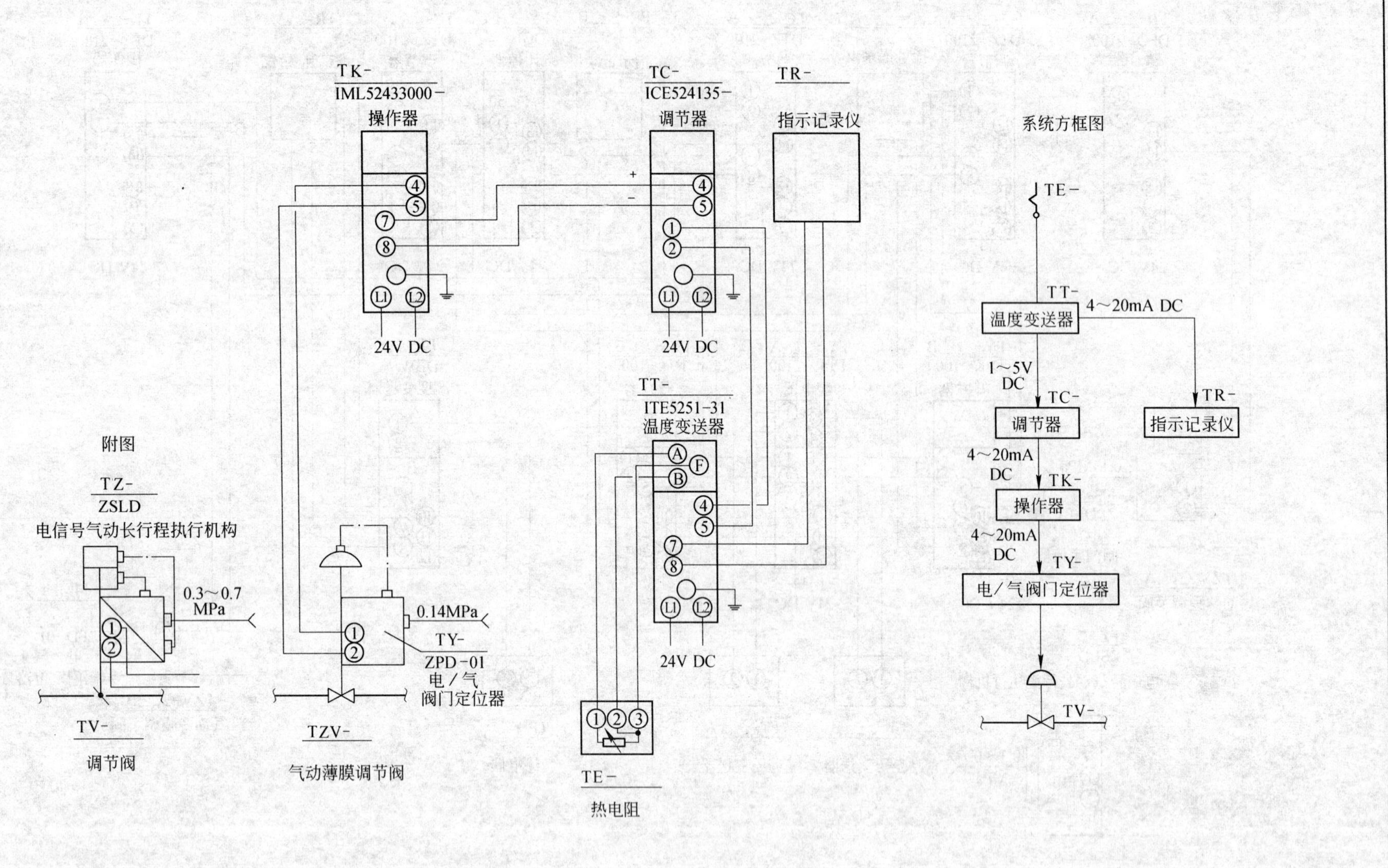

附注：

如果采用ZSLD电信号气动长行程执行机构按附图接管接线。

冶金仪控通用图	温度调节系统接线图（采用𝒥系列仪表）	(2000)YK09-45	
		比例	页次

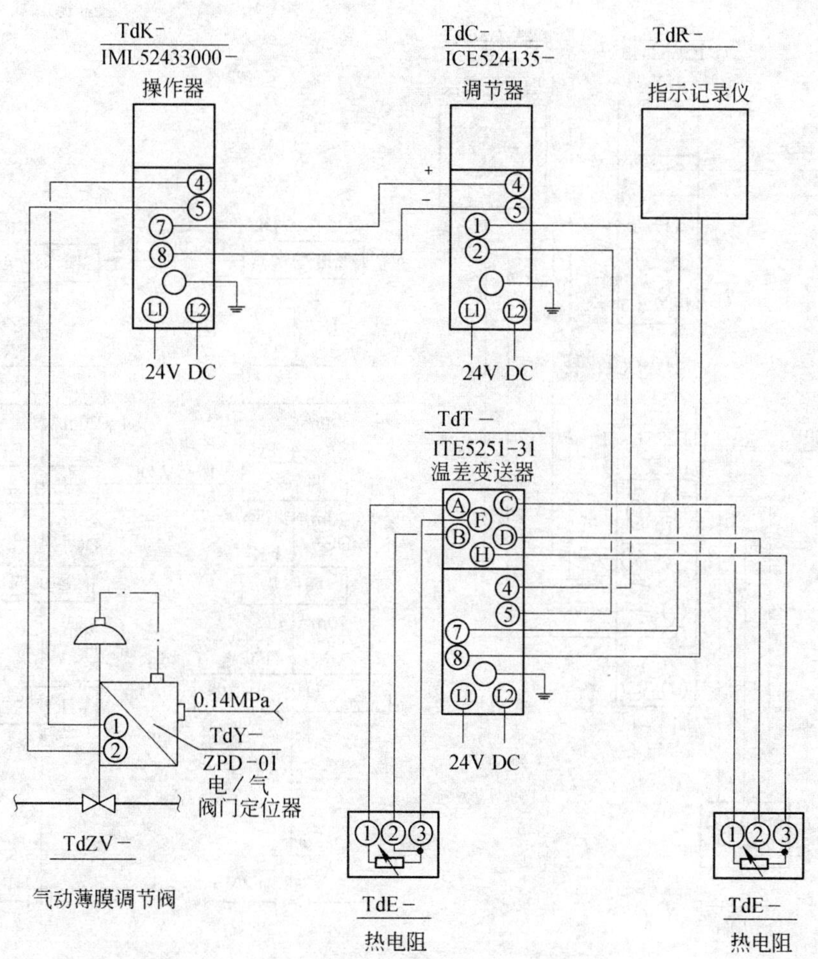

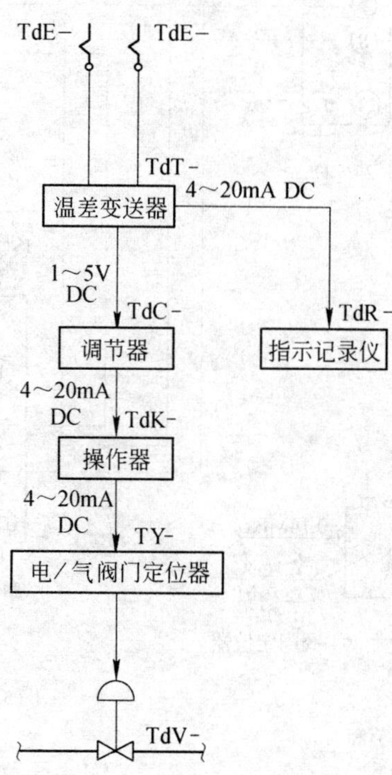

附注：

如果采用ZSLD电信号气动长行程执行机构按附图接管接线。

冶金仪控 通用图	温差调节系统接线图 （采用$\mathscr{I}$系列仪表）	(2000) YK09-46	
		比例	页次

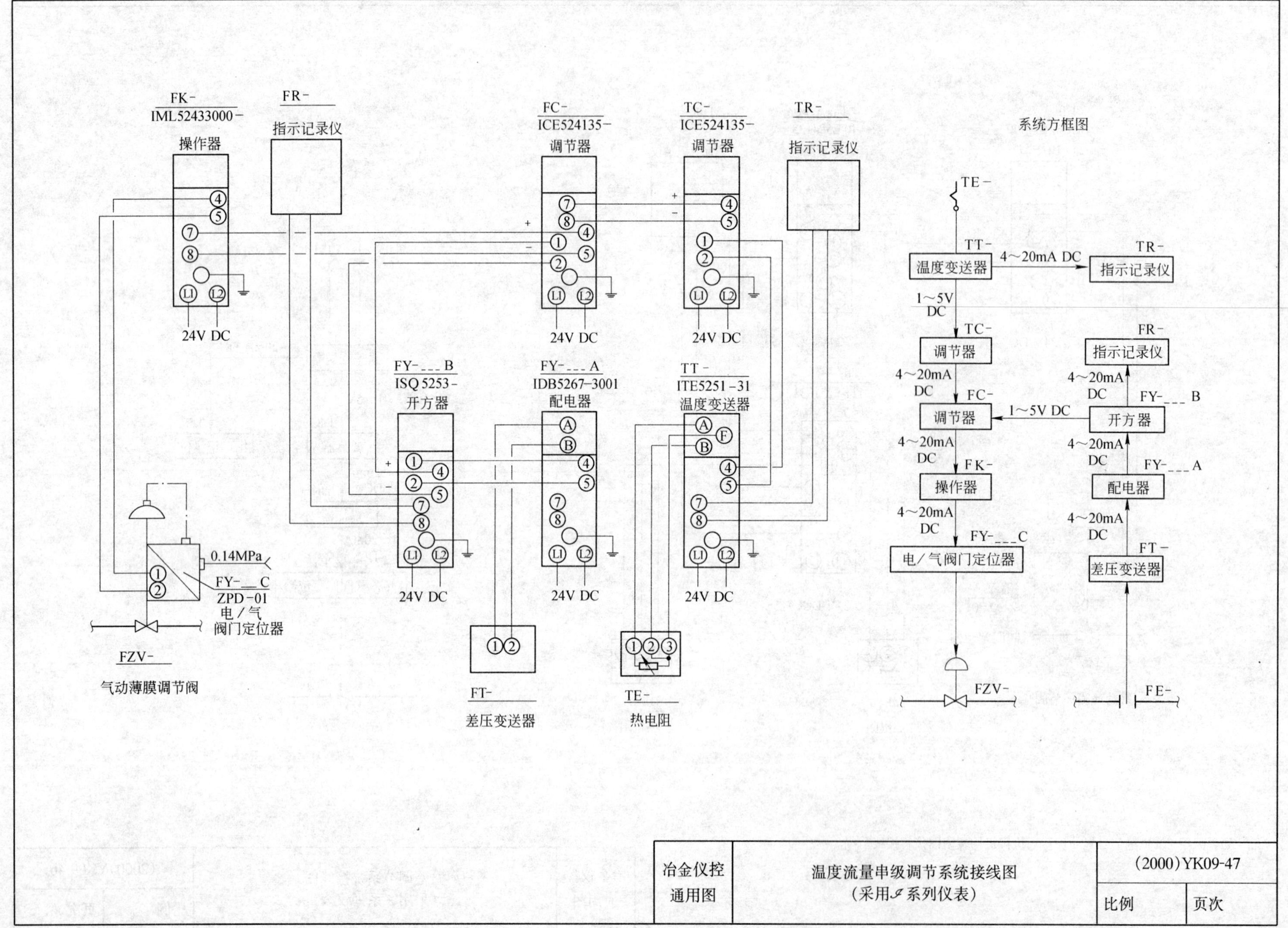

冶金仪控 通用图	温度流量串级调节系统接线图 （采用𝒥系列仪表）	(2000)YK09-47	
		比例	页次

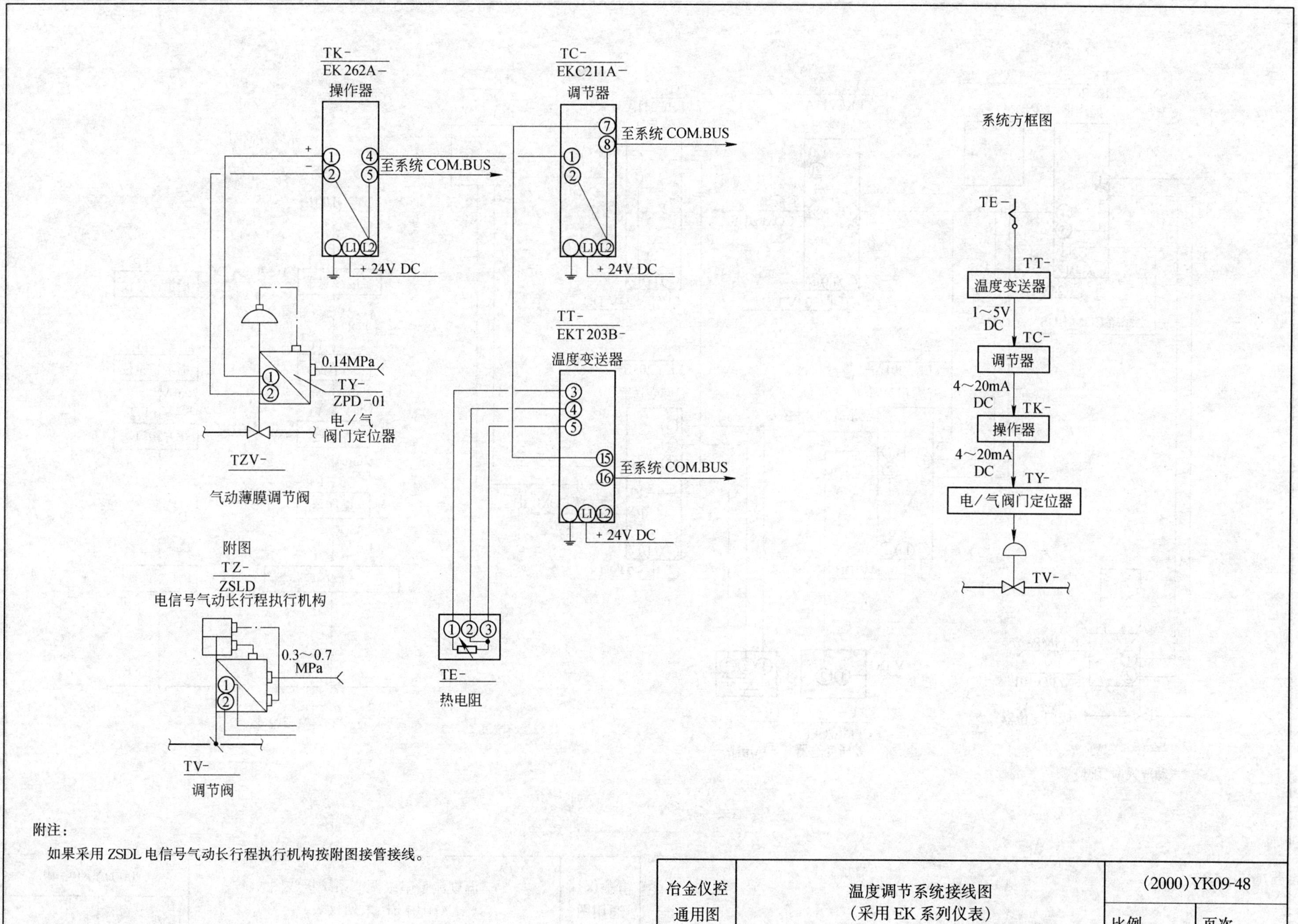

附注：

如果采用 ZSDL 电信号气动长行程执行机构按附图接管接线。

冶金仪控 通用图	温度调节系统接线图 (采用 EK 系列仪表)	(2000)YK09-48	
		比例	页次

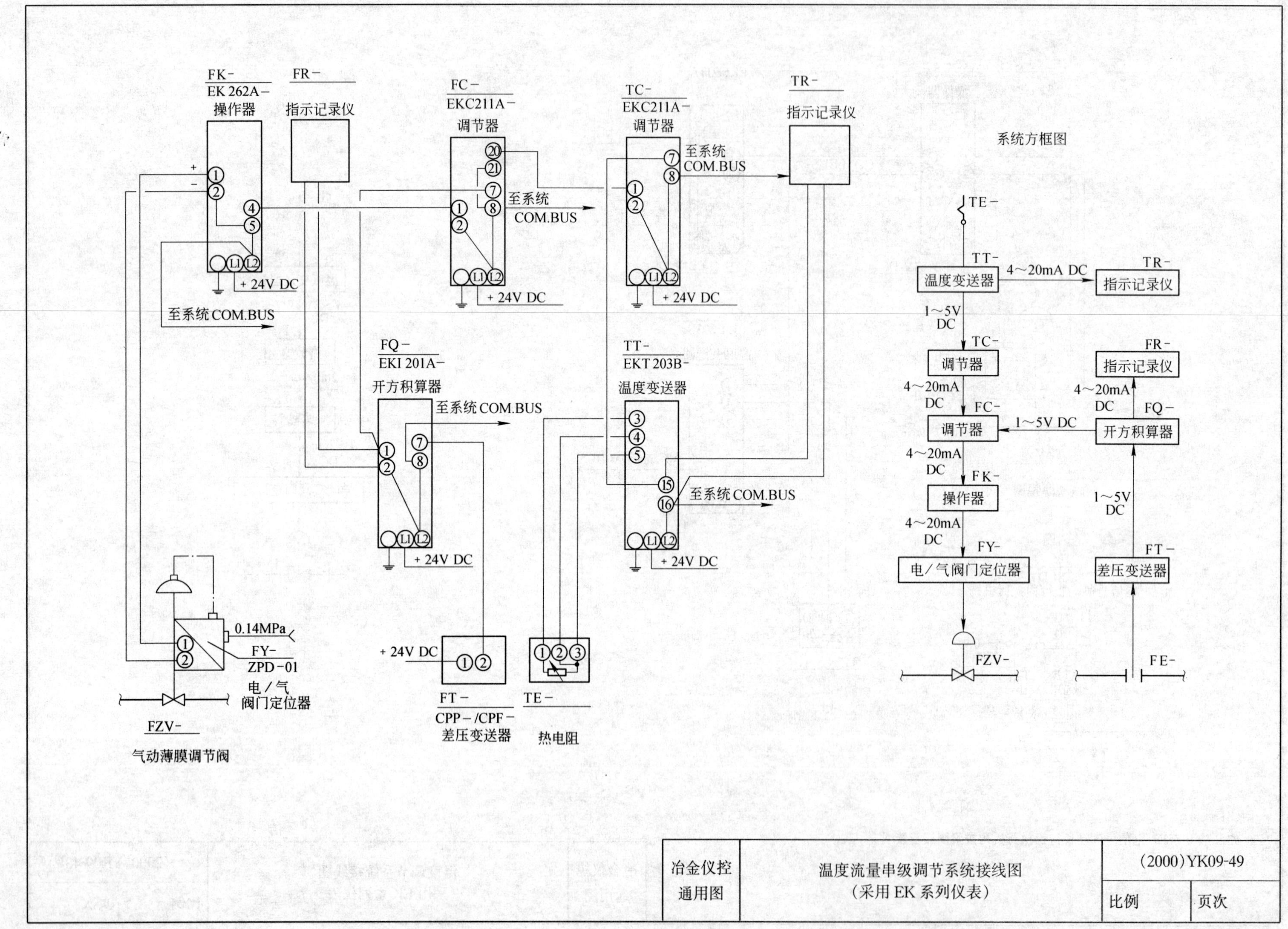

冶金仪控通用图	温度流量串级调节系统接线图（采用 EK 系列仪表）	(2000)YK09-49	
		比例	页次

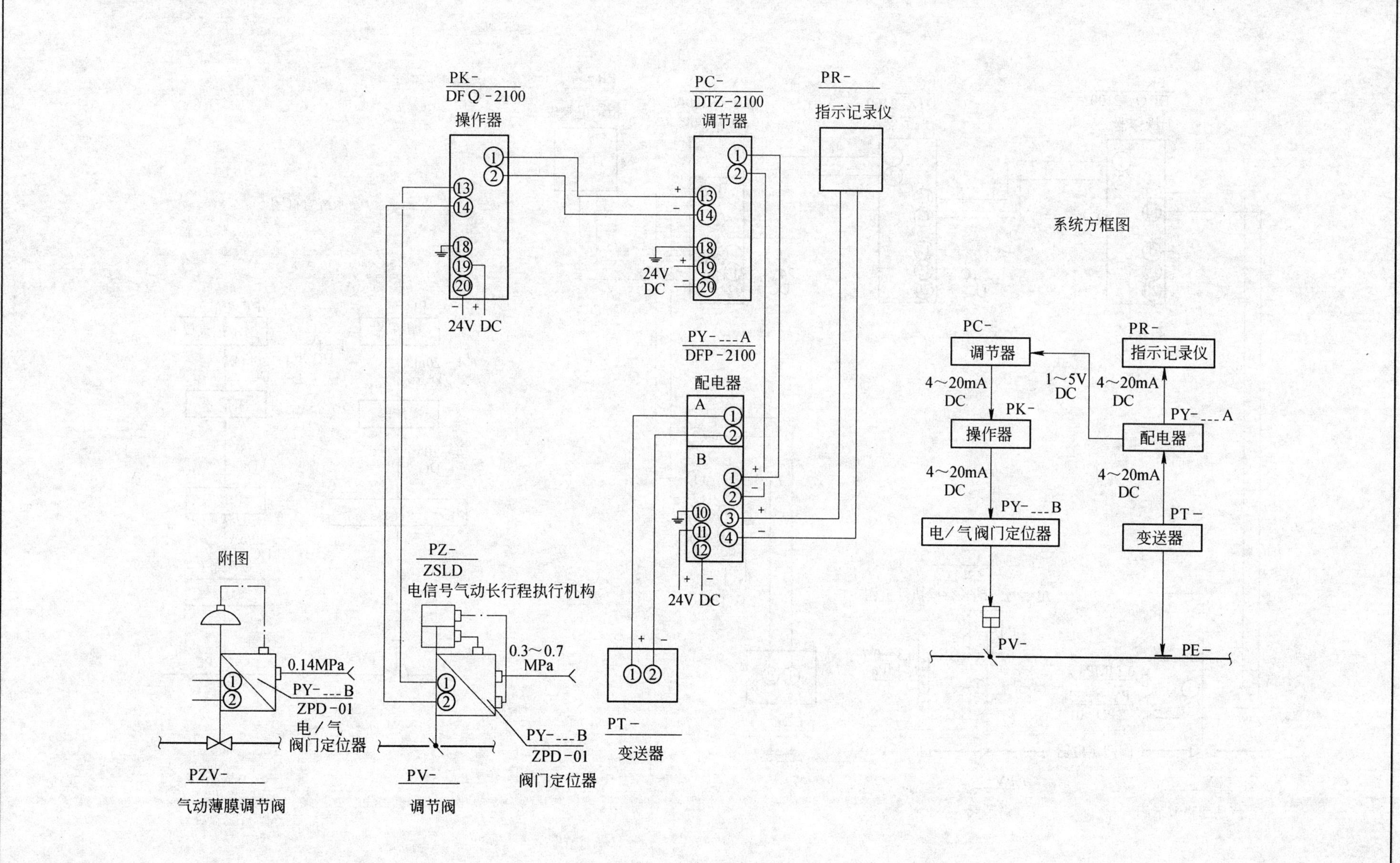

附注：

如果采用气动薄膜调节阀按附图接管接线。

冶金仪控 通用图	压力(差压)调节系统接线图 (无阻尼器)	(2000)YK09-50	
		比例	页次

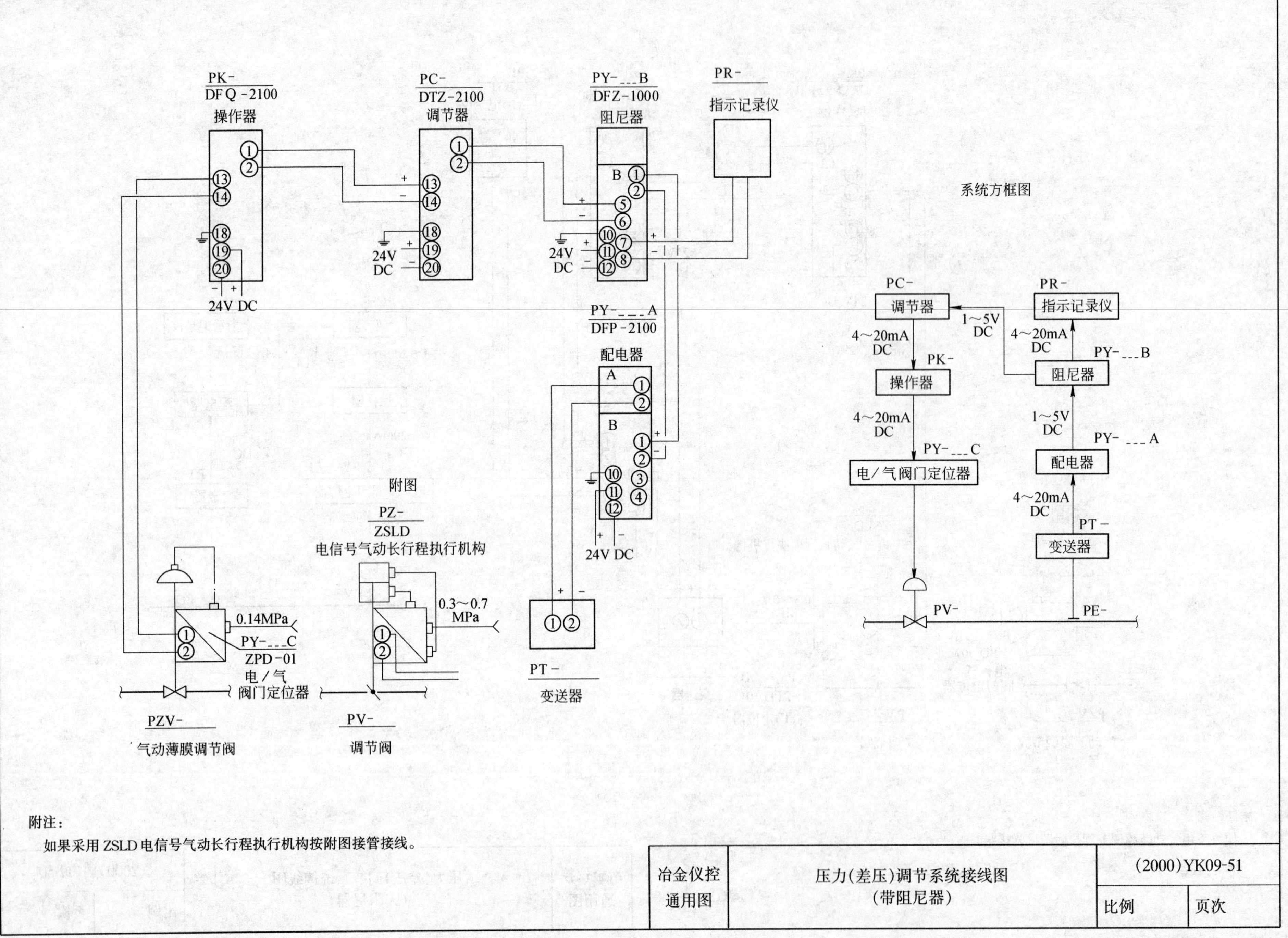
PK-
DFQ-2100
操作器
PC-
DTZ-2100
调节器
PY-___B
DFZ-1000
阻尼器
PR-
指示记录仪
24V DC
PY-___A
DFP-2100
配电器
附图
PZ-
ZSLD
电信号气动长行程执行机构
0.14MPa
PY-___C
ZPD-01
电/气
阀门定位器
0.3～0.7
MPa
PT-
变送器
PZV-
气动薄膜调节阀
PV-
调节阀
系统方框图
PC-
调节器
PR-
指示记录仪
1～5V
DC
4～20mA
DC
PK-
操作器
PY-___B
阻尼器
PY-___C
电/气阀门定位器
PY-___A
配电器
PT-
变送器
PV-
PE-
附注：
如果采用ZSLD电信号气动长行程执行机构按附图接管接线。
冶金仪控
通用图
压力(差压)调节系统接线图
(带阻尼器)
(2000)YK09-51
比例
页次

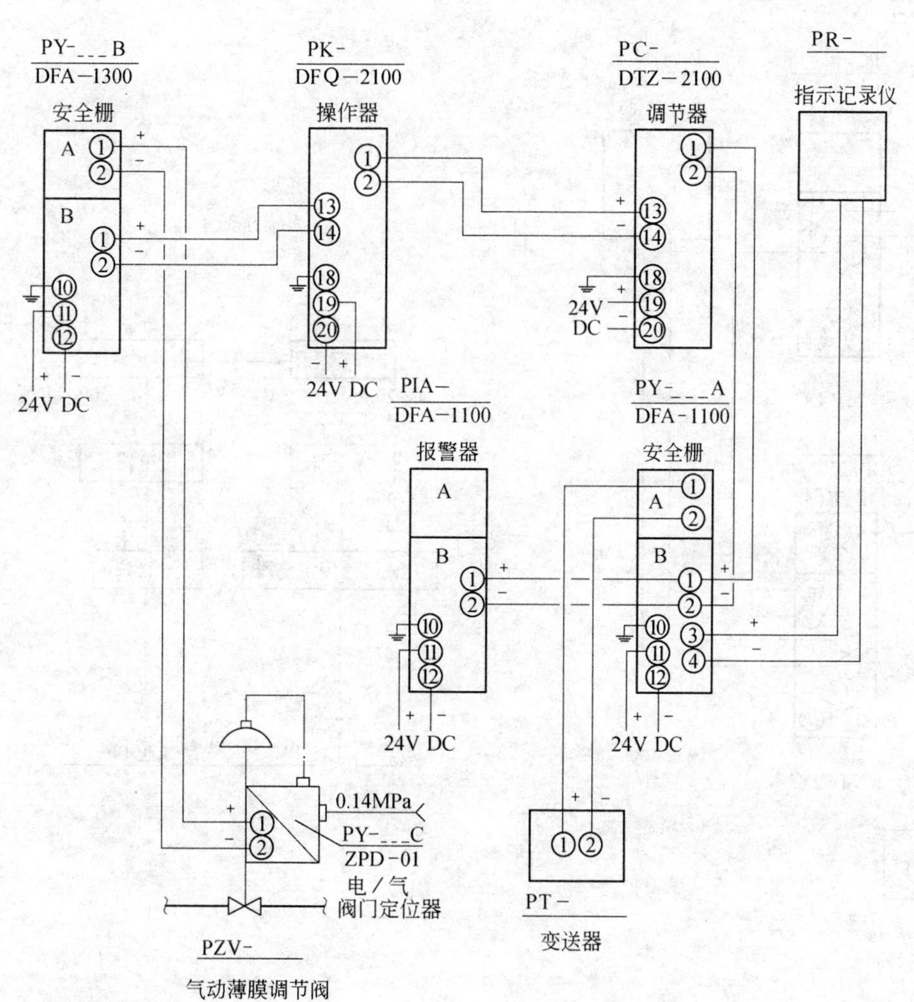

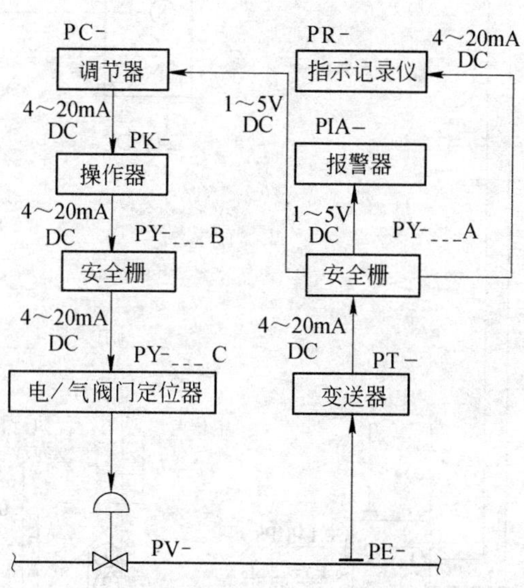

冶金仪控通用图	压力(差压)调节系统接线图 (采用$\mathscr{I}$系列仪表)(安全火花系统)	(2000)YK09-52	
		比例	页次

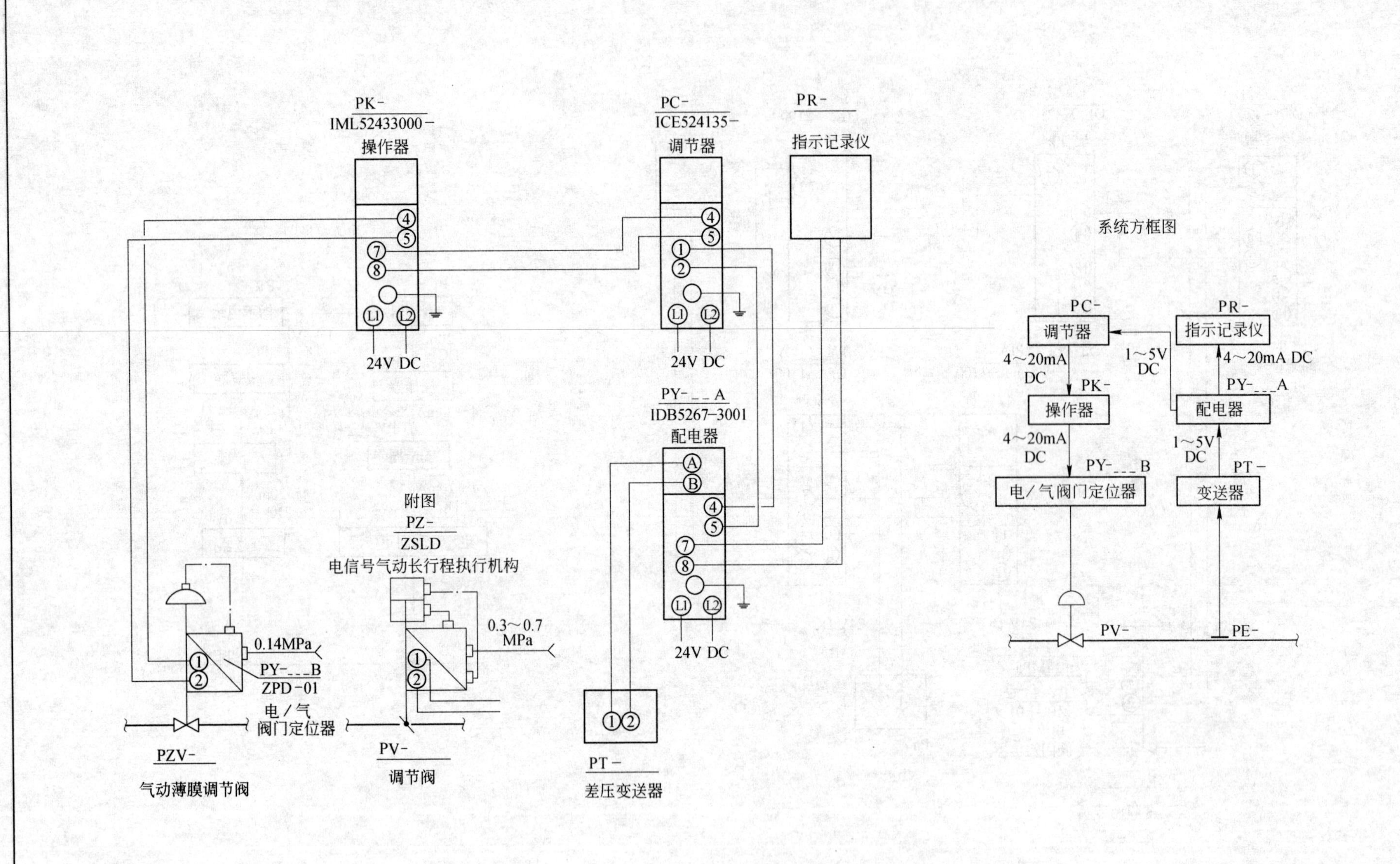

附注：

如果采用ZSLD电信号气动长行程执行机构按附图接管接线。

冶金仪控通用图	压力调节系统接线图（采用𝓘系列仪表）	(2000)YK09-53	
		比例	页次

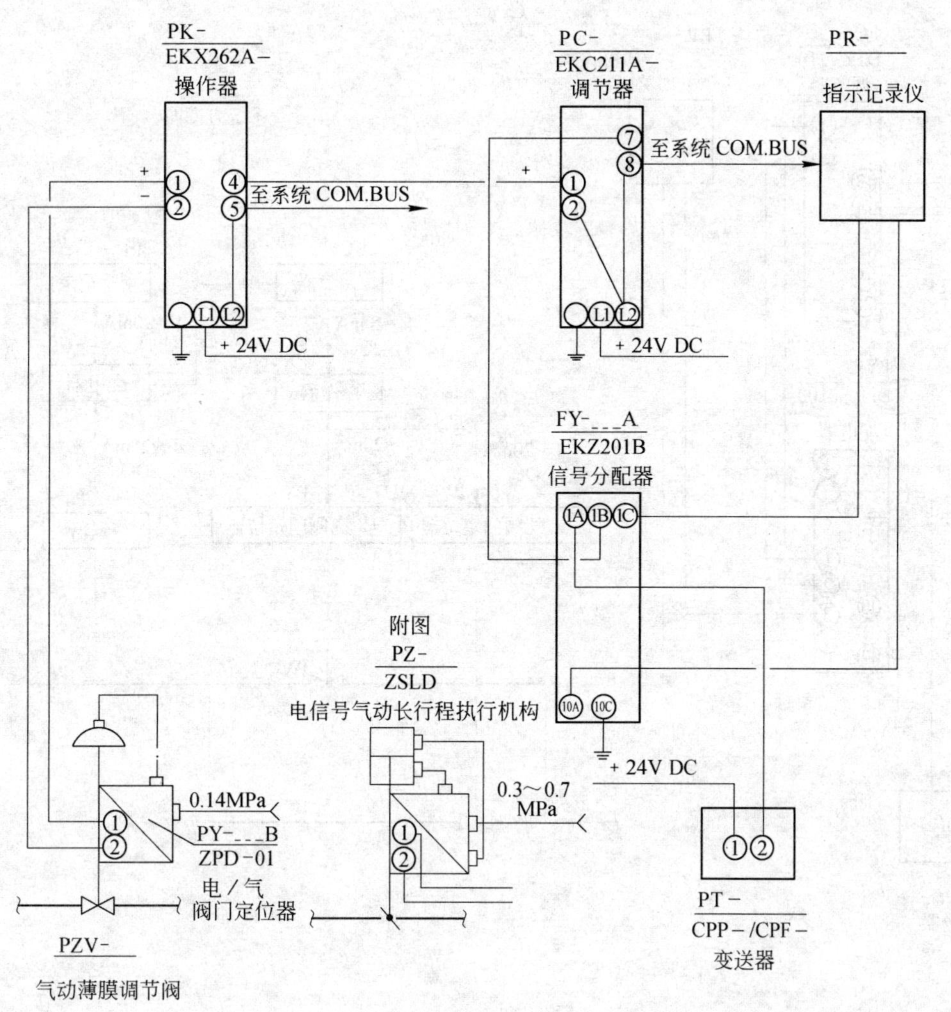

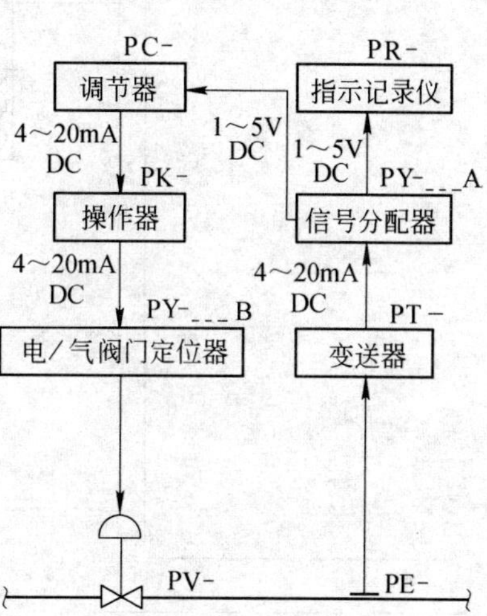

附注：

如果采用 ZSLD 电信号气动长行程执行机构按附图接管接线。

冶金仪控 通用图	压力调节系统接线图 （采用 EK 系列仪表）	(2000)YK09-54	
		比例	页次

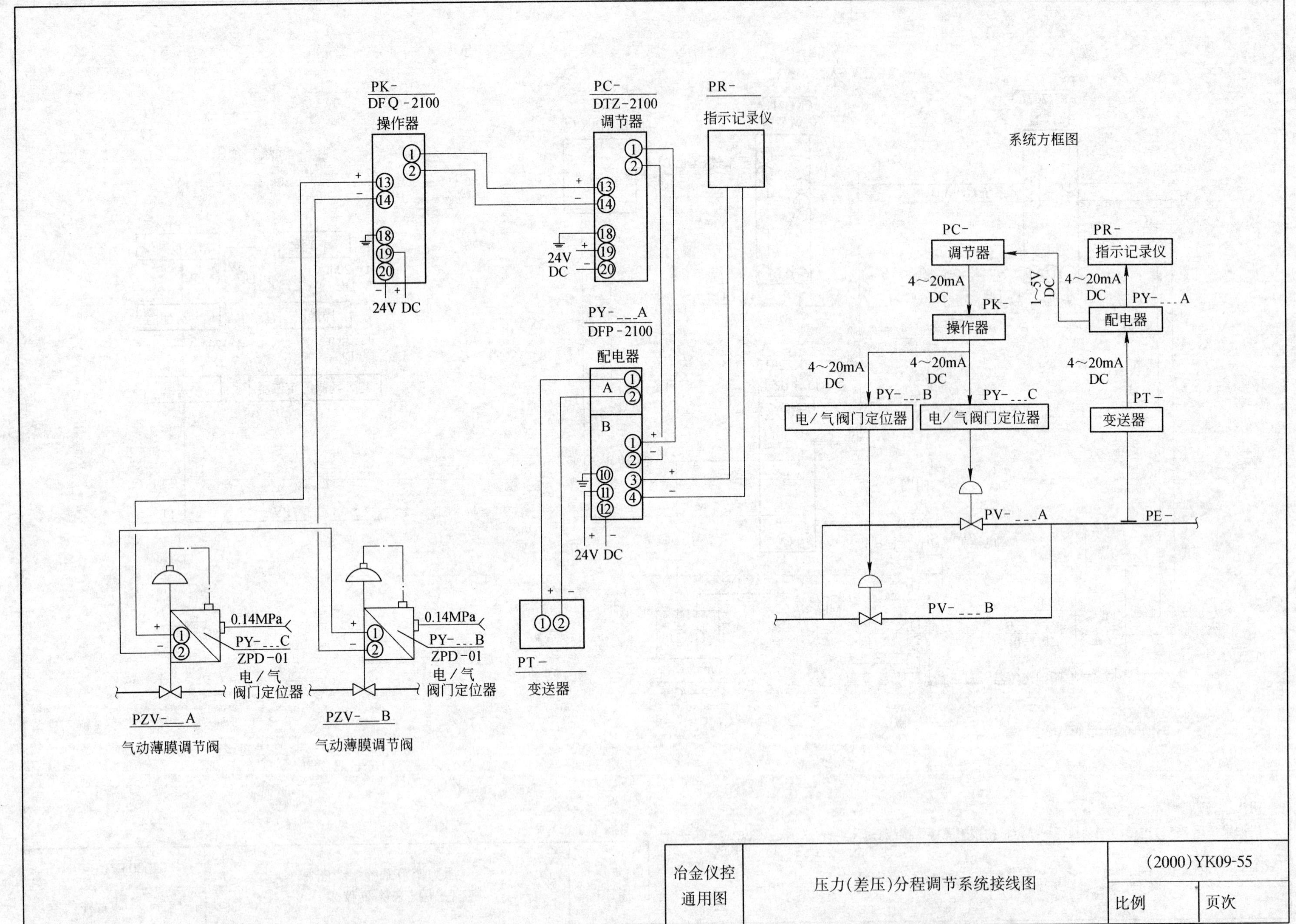
PK-
DFQ-2100
操作器
PC-
DTZ-2100
调节器
PR-
指示记录仪
24V DC
24V
DC
PY-___A
DFP-2100
配电器
24V DC
PT-
变送器
0.14MPa
PY-___C
ZPD-01
电/气
阀门定位器
0.14MPa
PY-___B
ZPD-01
电/气
阀门定位器
PZV-___A
气动薄膜调节阀
PZV-___B
气动薄膜调节阀
系统方框图
PC-
调节器
PR-
指示记录仪
4～20mA
DC
1～5V
DC
4～20mA
DC
PK-
操作器
PY-___A
配电器
4～20mA
DC
4～20mA
DC
4～20mA
DC
PY-___B
电/气阀门定位器
PY-___C
电/气阀门定位器
PT-
变送器
PV-___A
PE-
PV-___B
冶金仪控
通用图
压力(差压)分程调节系统接线图
(2000)YK09-55
比例
页次

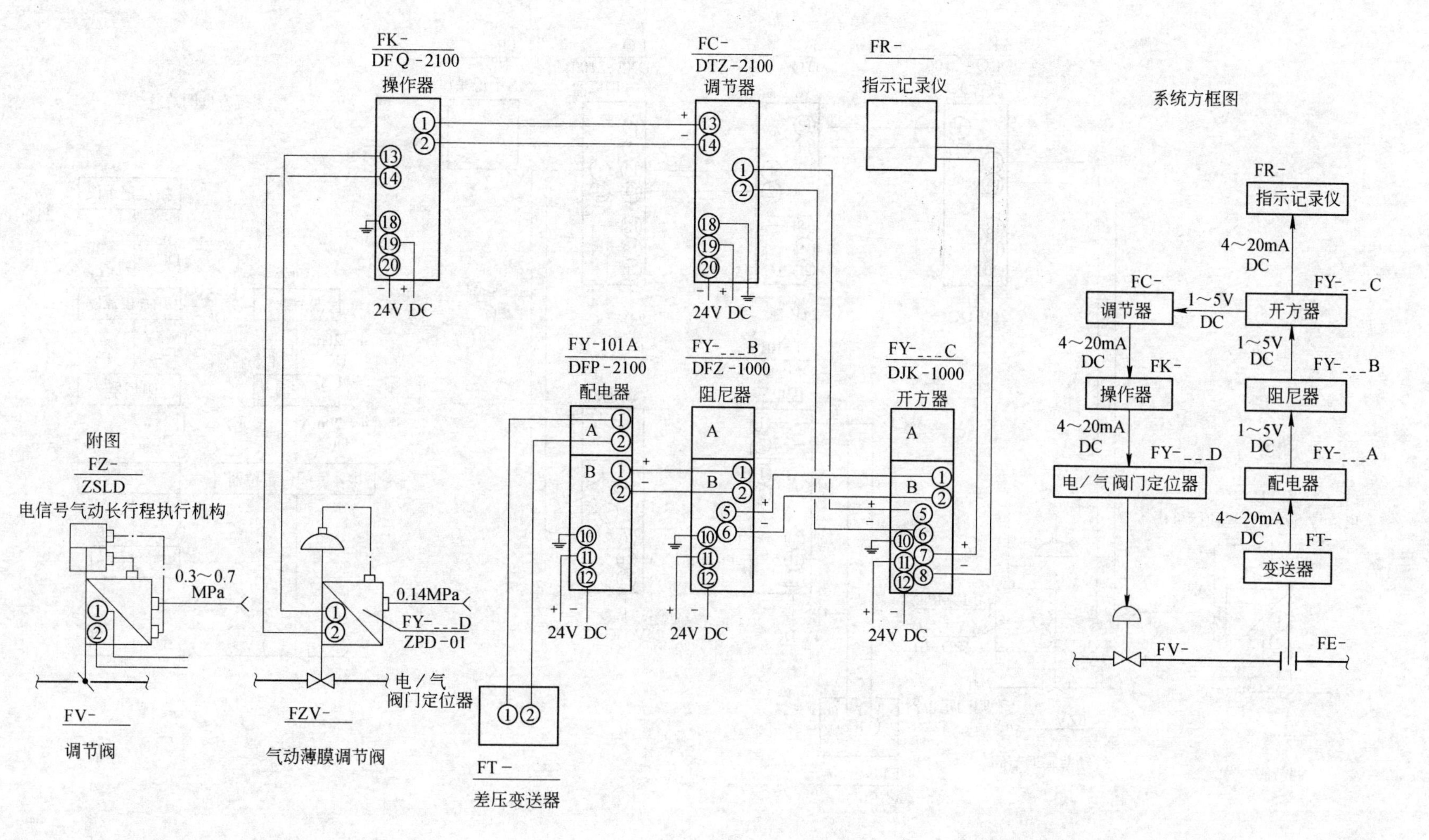

附注：

如果采用ZSLD电信号气动长行程执行机构按附图接管接线。

冶金仪控通用图	流量调节系统接线图（带开方器）	(2000)YK09-56	
		比例	页次

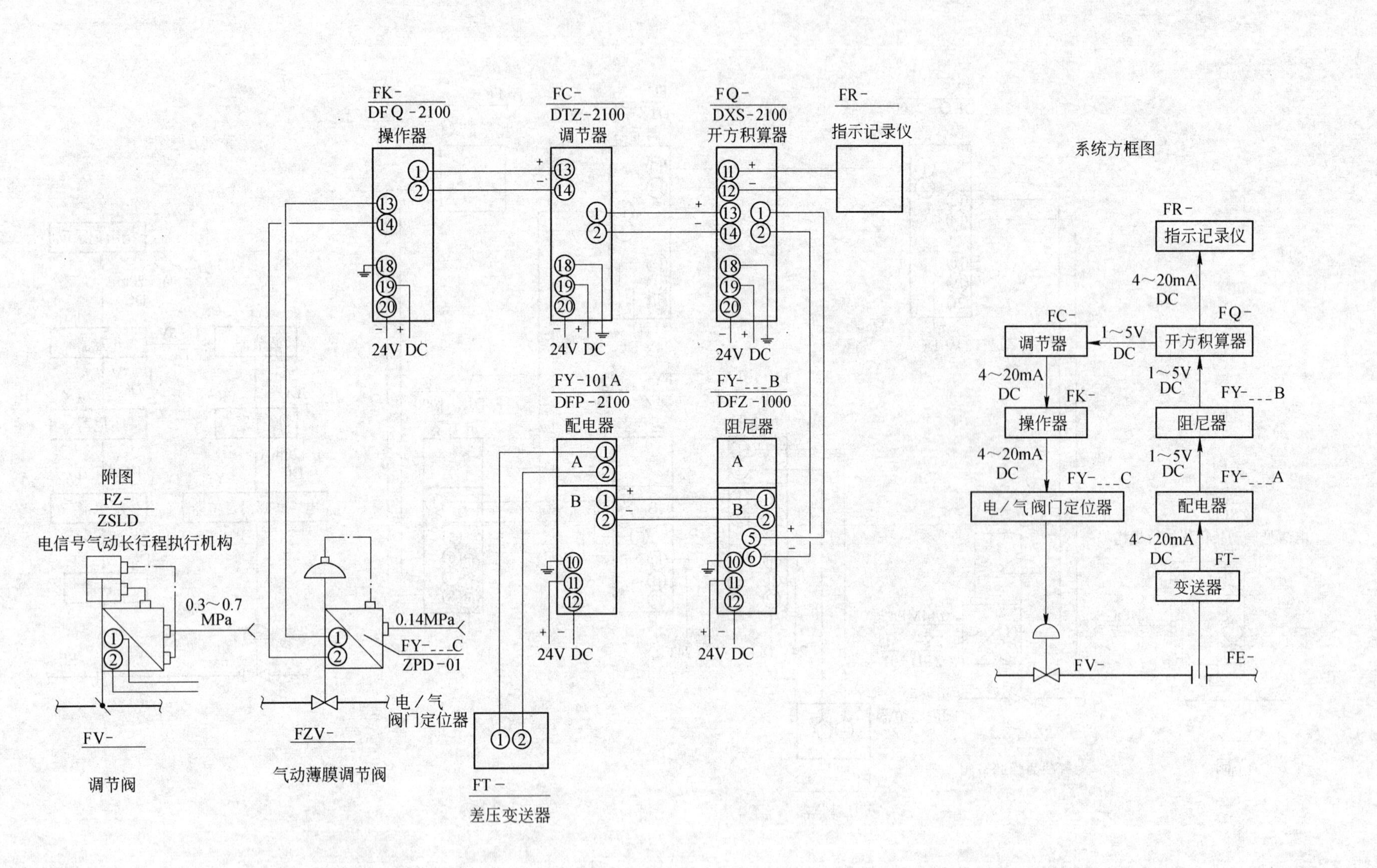

附注：

如果采用 ZSLD 电信号气动长行程执行机构按附图接管接线。

冶金仪控通用图	流量调节系统接线图（带开方积算器）	(2000)YK09-57	
		比例	页次

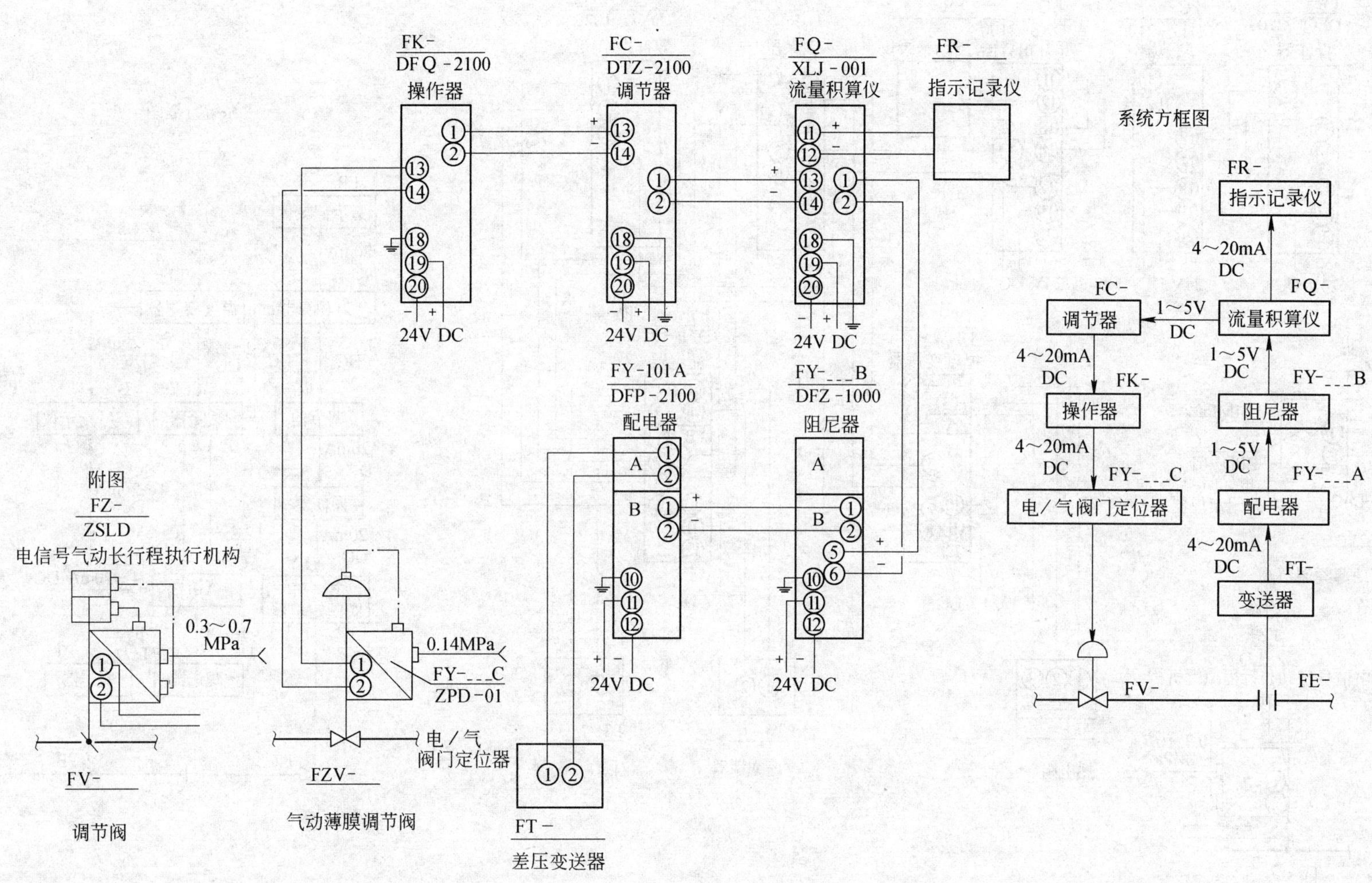

附注：

如果采用ZSLD电信号气动长行程执行机构按附图接管接线。

冶金仪控 通用图	流量调节系统接线图 （带流量积算仪）	(2000)YK09-58	
		比例	页次

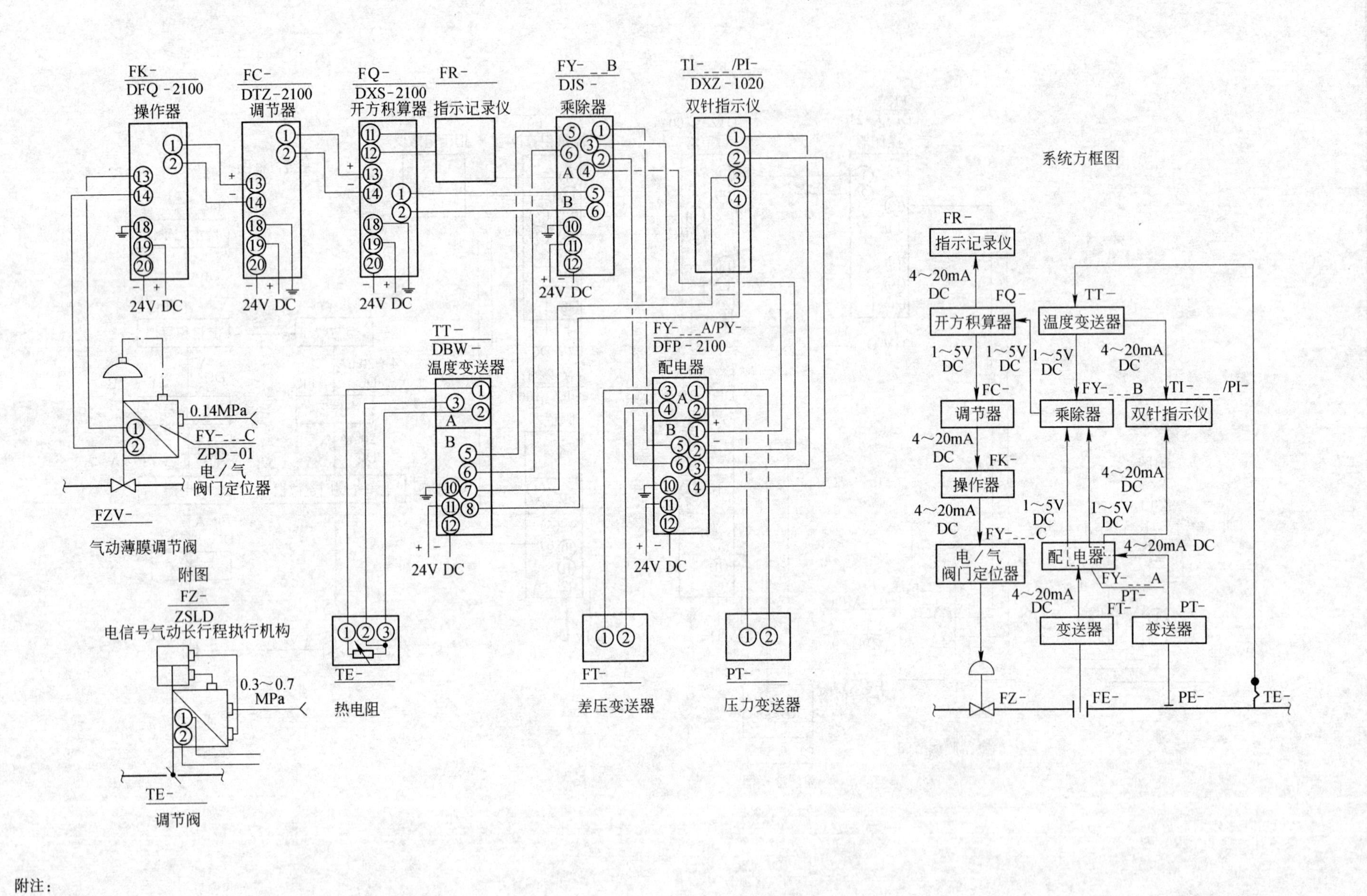

附注：

如果采用ZSLD电信号气动长行程执行机构按附图接线接管。

冶金仪控通用图	流量调节系统接线图（带温度压力补正）	(2000)YK09-59	
		比例	页次

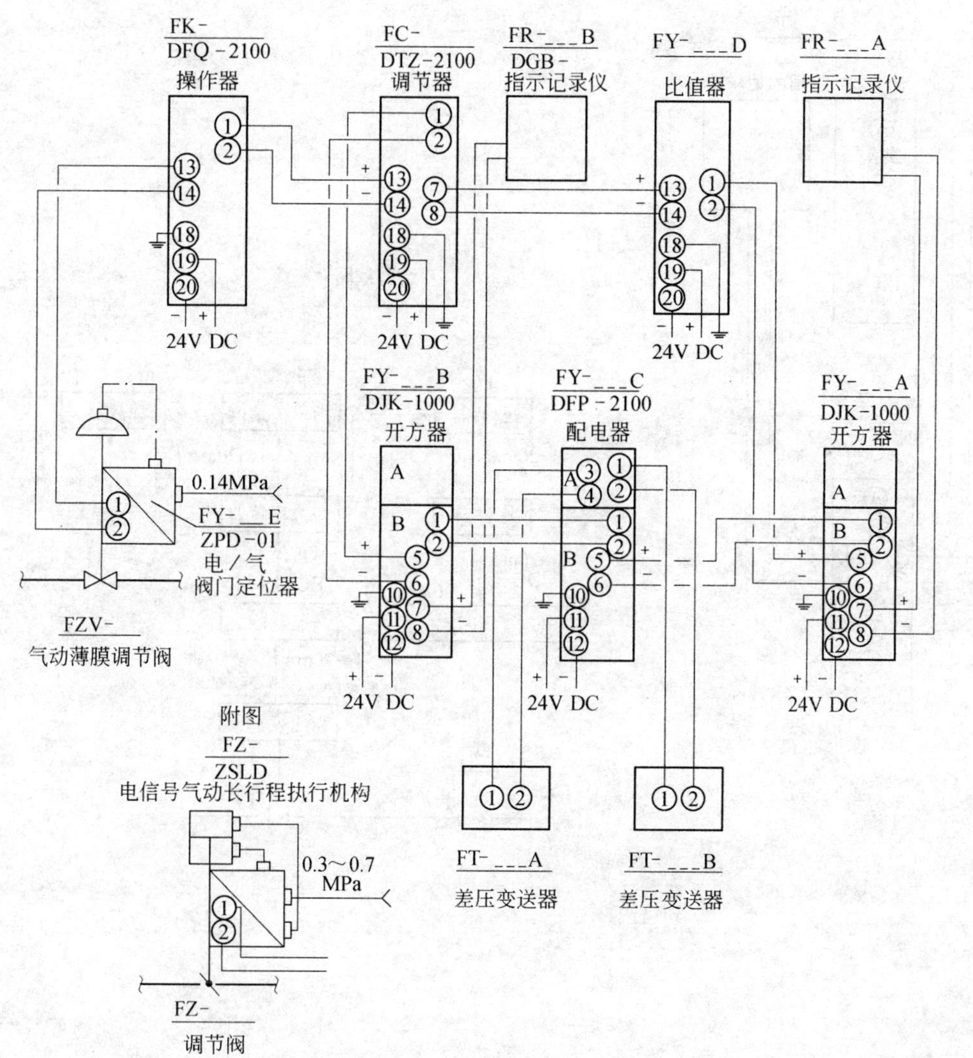

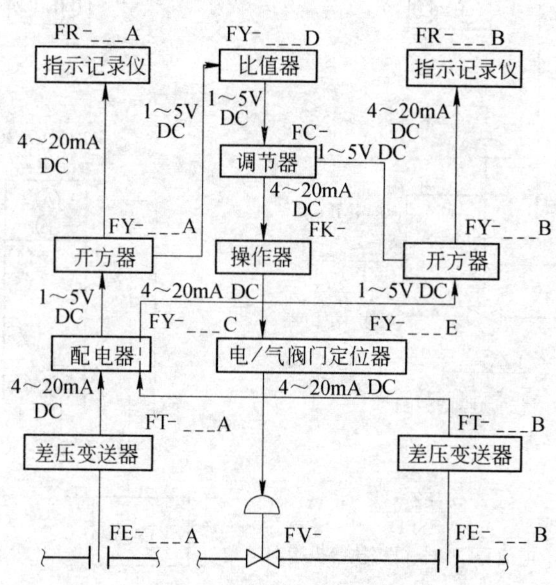

附注：

如果采用 ZSLD 电信号气动长行程执行机构按附图接线接管。

冶金仪控通用图	流量比值调节系统接线图	(2000)YK09-60	
		比例	页次

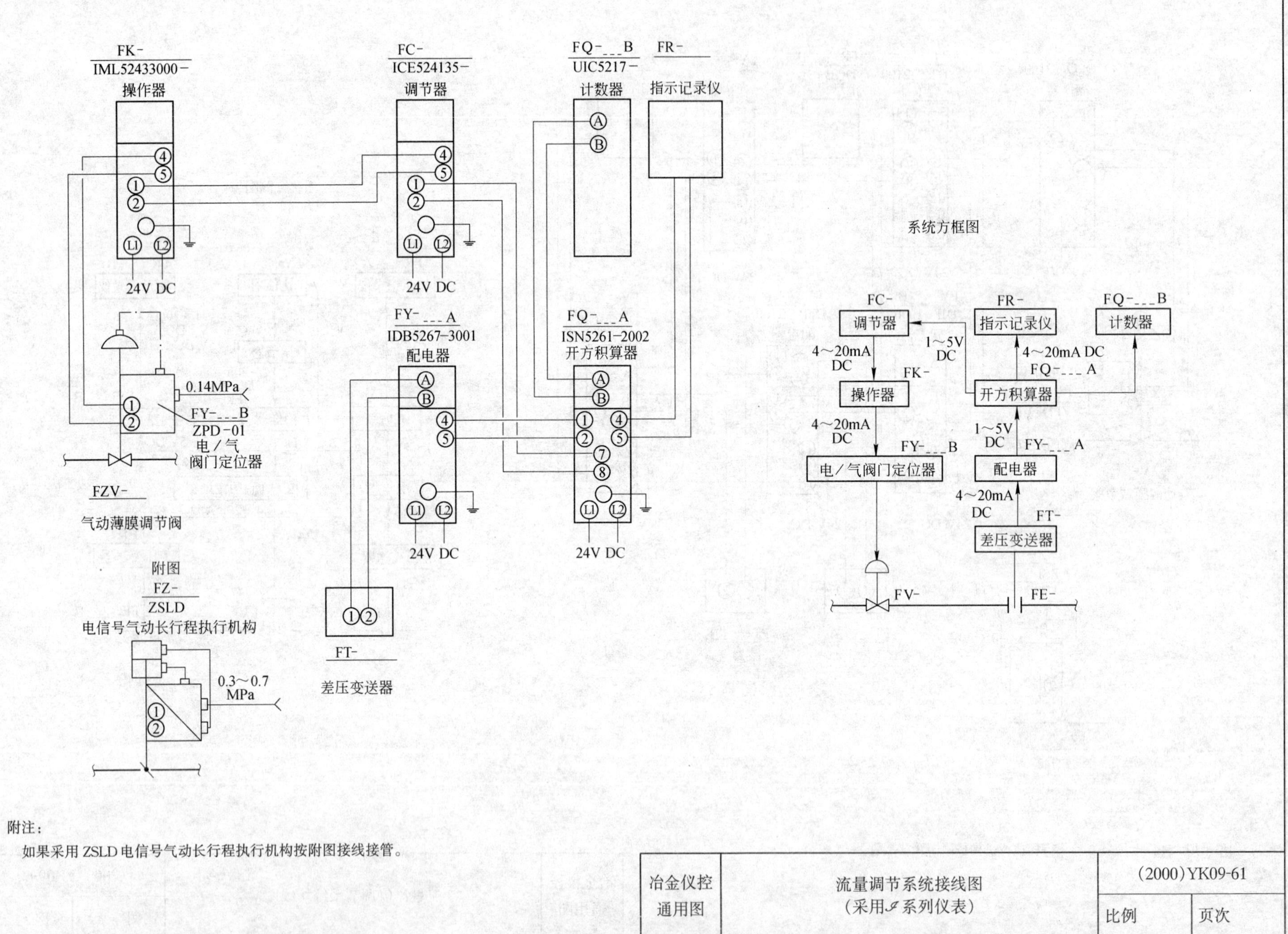

附注：

如果采用ZSLD电信号气动长行程执行机构按附图接线接管。

冶金仪控 通用图	流量调节系统接线图 （采用𝓘系列仪表）	（2000）YK09-61	
		比例	页次

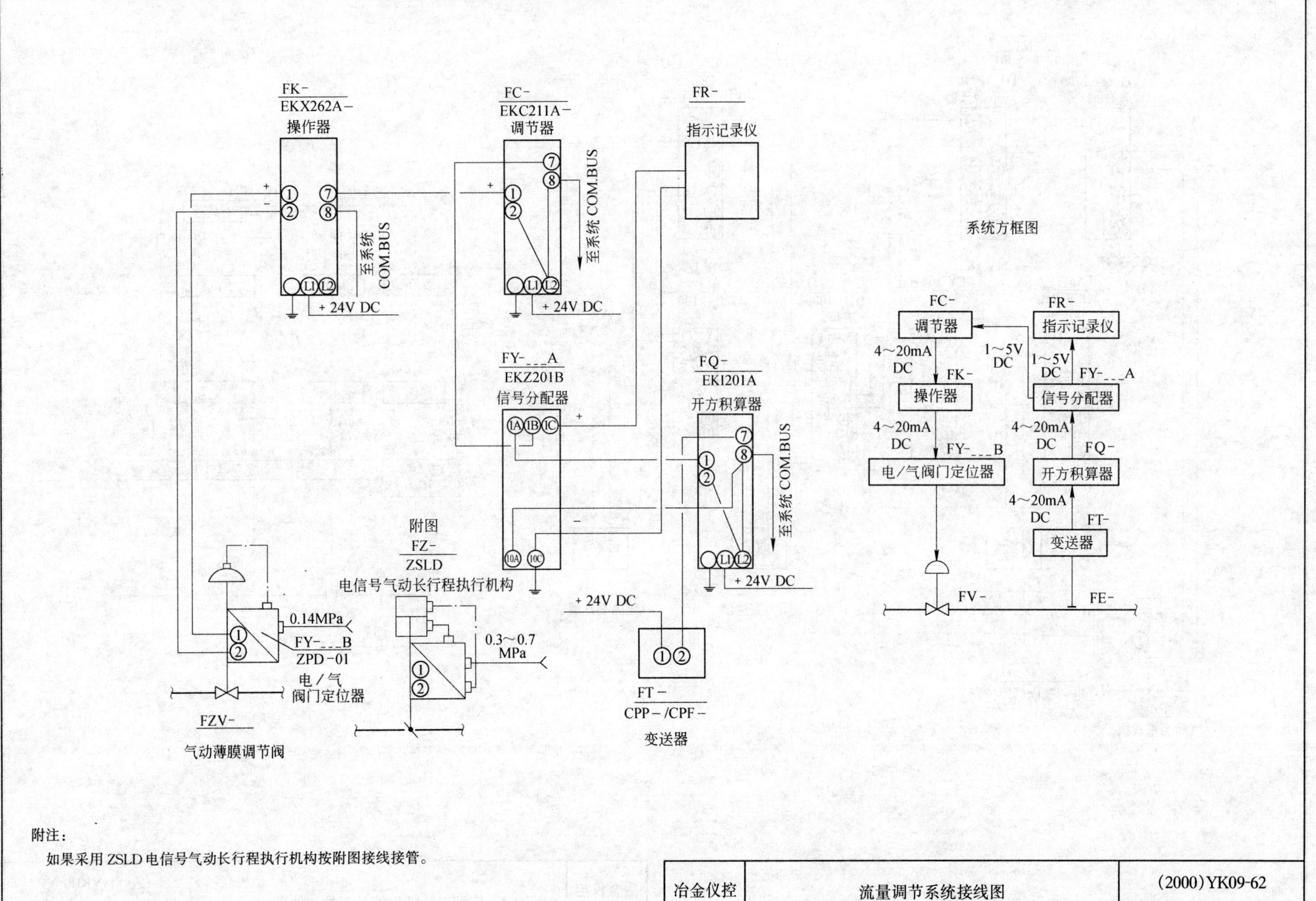

附注：

如果采用ZSLD电信号气动长行程执行机构按附图接线接管。

冶金仪控通用图	流量调节系统接线图（采用EK系列仪表）	(2000)YK09-62	
		比例	页次

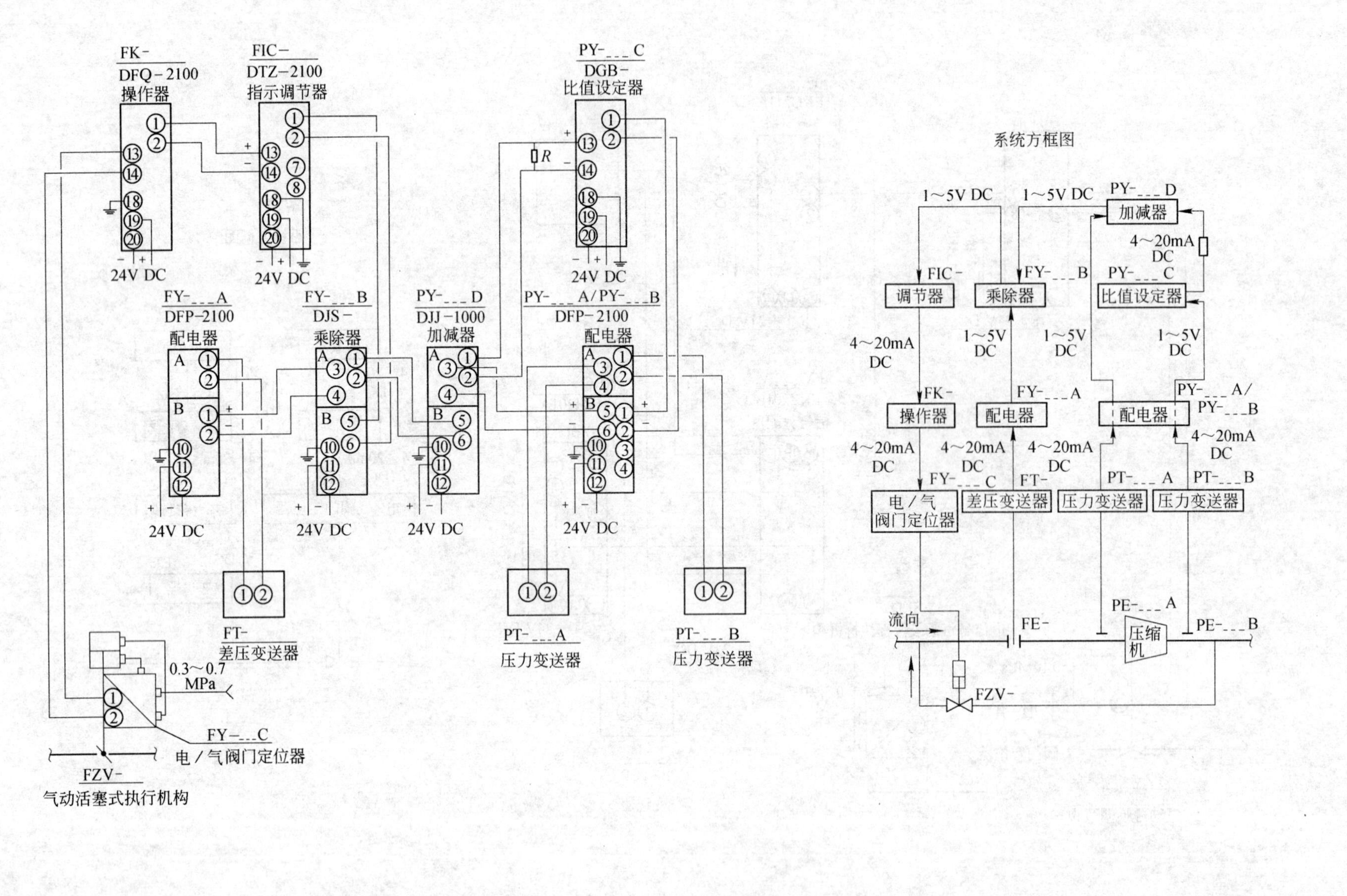

冶金仪控通用图	压缩机防喘振调节系统接线图	(2000)YK09-63	
		比例	页次

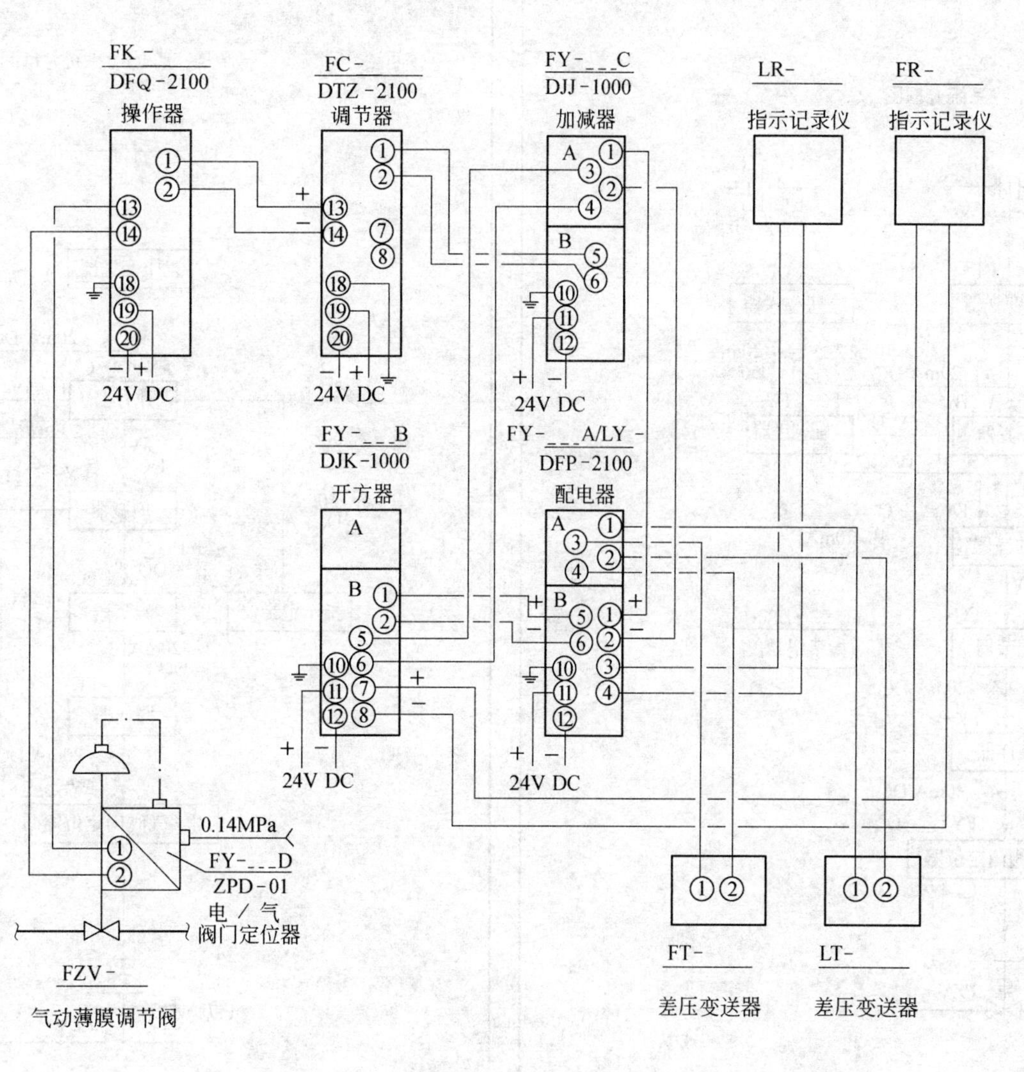

冶金仪控 通用图	汽包水位两冲量调节系统接线图	(2000)YK09-64	
		比例	页次 1/2

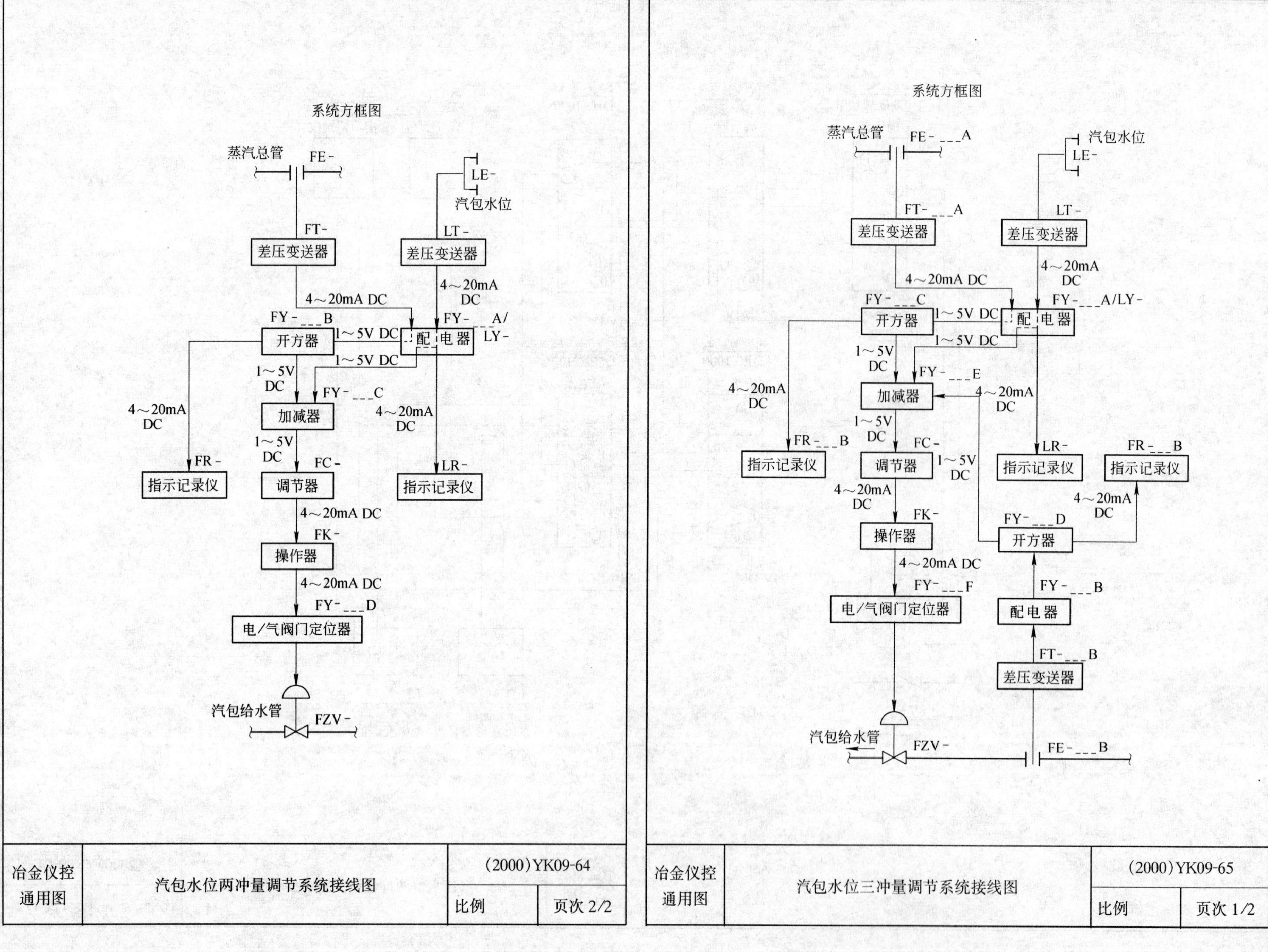
系统方框图
蒸汽总管
FE-
LE-
汽包水位
FT-
差压变送器
LT-
差压变送器
4～20mA DC
4～20mA
DC
FY-___B
开方器
1～5V DC
配 电 器
FY-___A/
LY-
1～5V DC
1～5V
DC
FY-___C
4～20mA
DC
加减器
4～20mA
DC
1～5V
DC
FR-
FC-
LR-
指示记录仪
调节器
指示记录仪
4～20mA DC
FK-
操作器
4～20mA DC
FY-___D
电/气阀门定位器
汽包给水管
FZV-
冶金仪控
通用图
汽包水位两冲量调节系统接线图
(2000)YK09-64
比例
页次 2/2
系统方框图
蒸汽总管
FE-___A
汽包水位
LE-
FT-___A
差压变送器
LT-
差压变送器
4～20mA
DC
4～20mA DC
FY-___C
FY-___A/LY-
开方器
1～5V DC
配 电 器
1～5V DC
1～5V
DC
FY-___E
4～20mA
DC
加减器
4～20mA
DC
1～5V
DC
FR-___B
FC-
LR-
FR-___B
指示记录仪
调节器
1～5V
DC
指示记录仪
指示记录仪
4～20mA
DC
FK-
4～20mA
DC
FY-___D
操作器
开方器
4～20mA DC
FY-___F
FY-___B
电/气阀门定位器
配 电 器
FT-___B
差压变送器
汽包给水管
FZV-
FE-___B
冶金仪控
通用图
汽包水位三冲量调节系统接线图
(2000)YK09-65
比例
页次 1/2

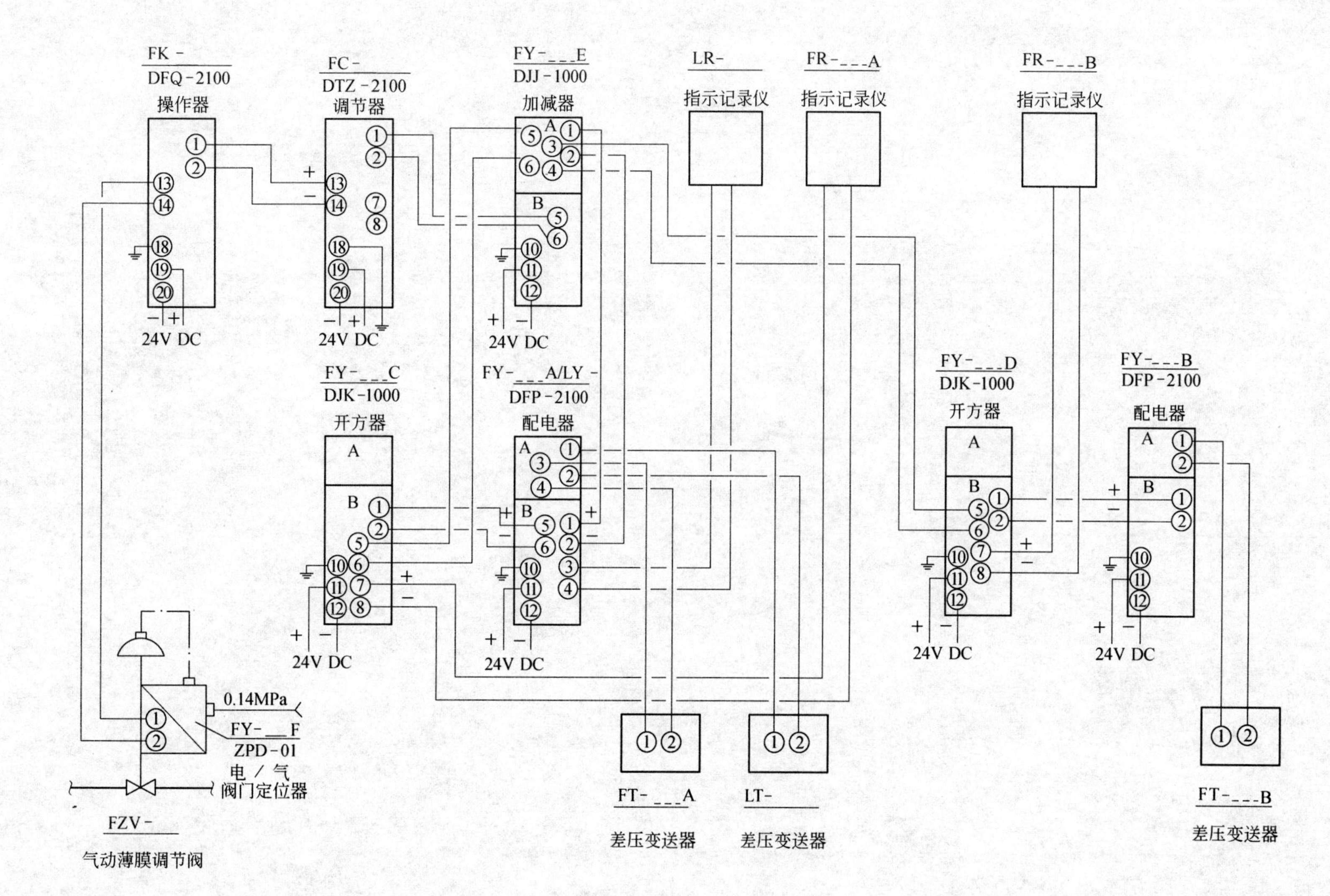

冶金仪控通用图	汽包水位三冲量调节系统接线图	(2000)YK09-65	
		比例	页次 2/2

三、用单回路调节器组成的系统接线图

系统接线图

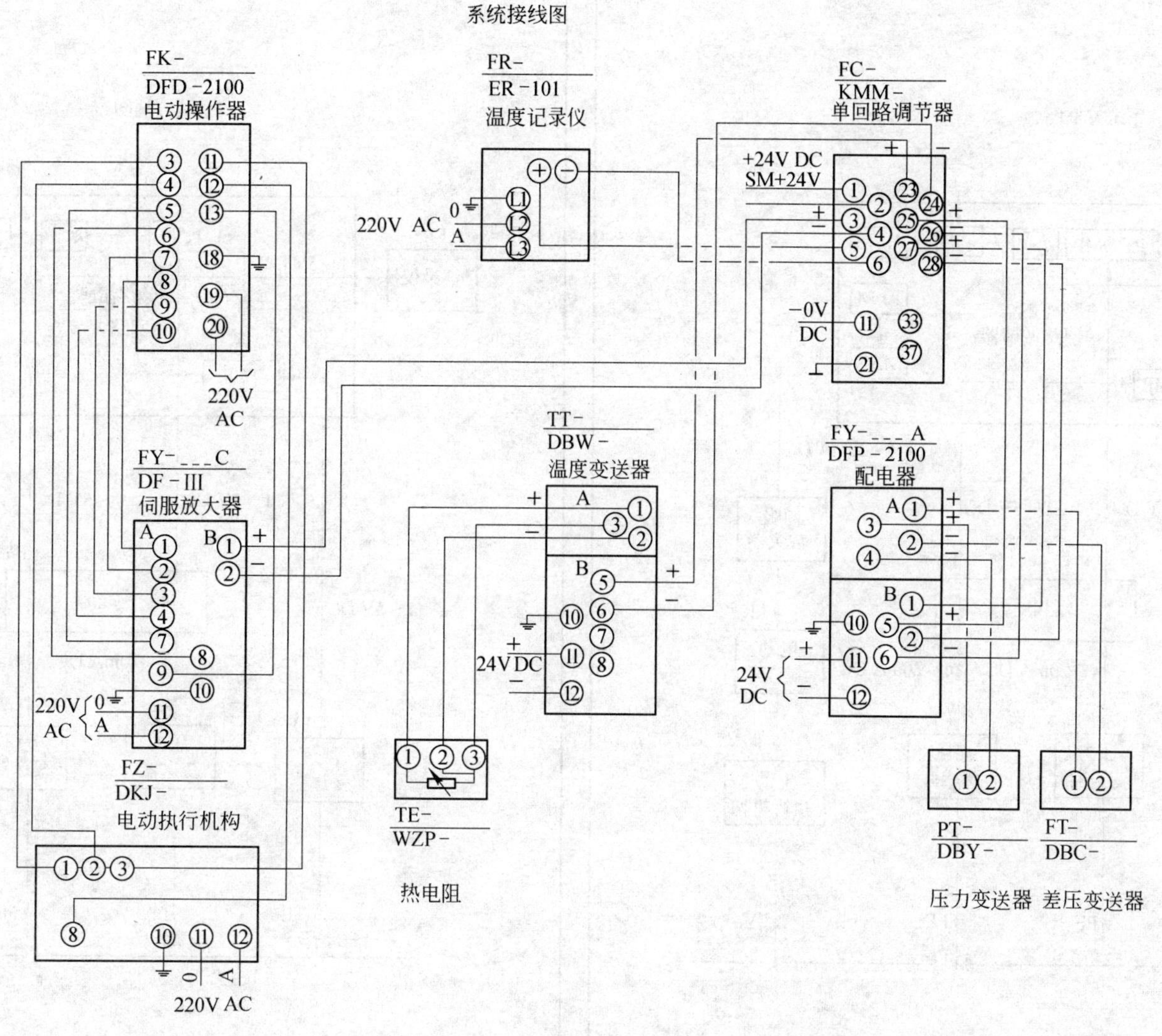

冶金仪控 通用图	带温度、压力补正的流量调节系统接线图 (采用 D'NIK 系列单回路调节器)	(2000)YK09-66	
		比例	页次 1/2

系统方框图

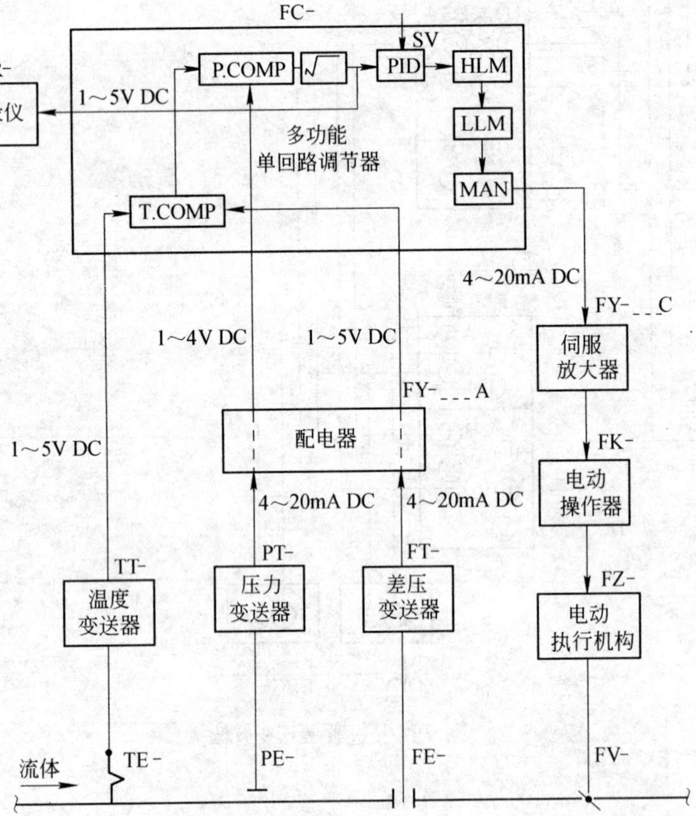

冶金仪控 通用图	带温度、压力补正的流量调节系统接线图 （采用 D'NIK 系列单回路调节器）	（2000）YK09-66	
		比例	页次 2/2

系统方框图

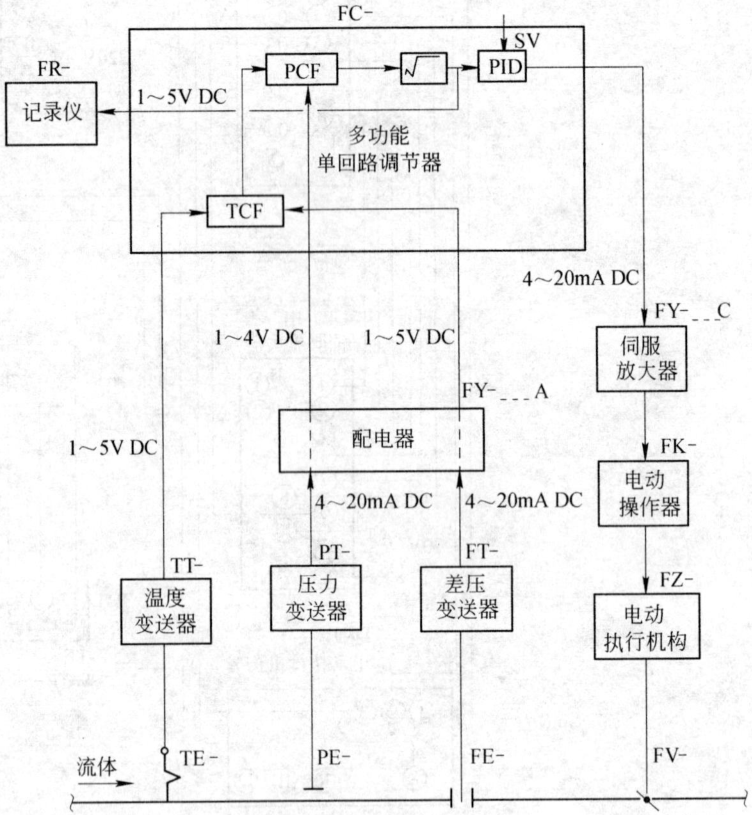

冶金仪控 通用图	带温度、压力补正的流量调节系统接线图 （采用 VI87MA-E 系列单回路调节器）	（2000）YK09-67	
		比例	页次 1/2

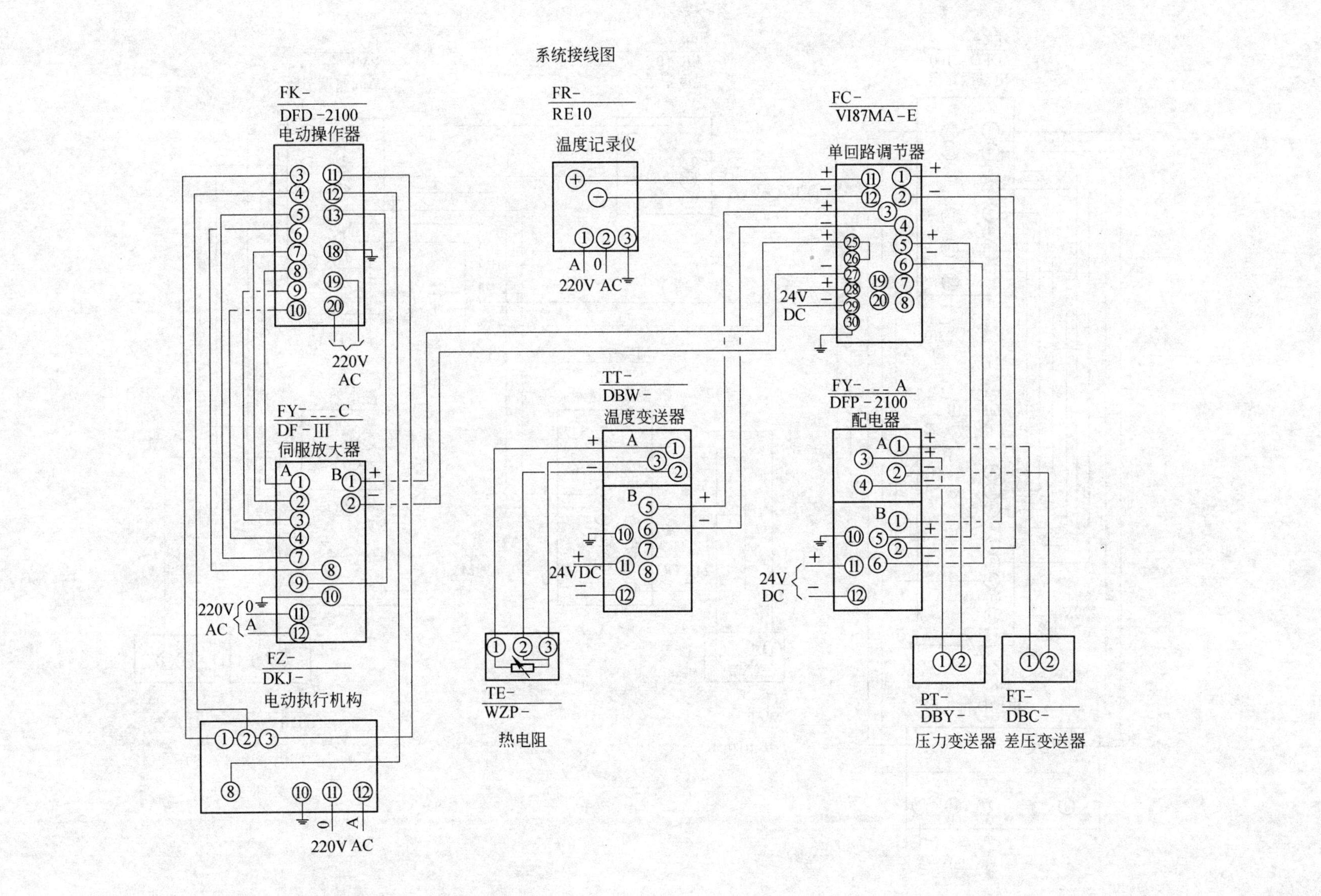

冶金仪控 通用图	带温度、压力补正的流量调节系统接线图 （采用 VI87MA-E 系列单回路调节器）	（2000）YK09-67	
		比例	页次 2/2

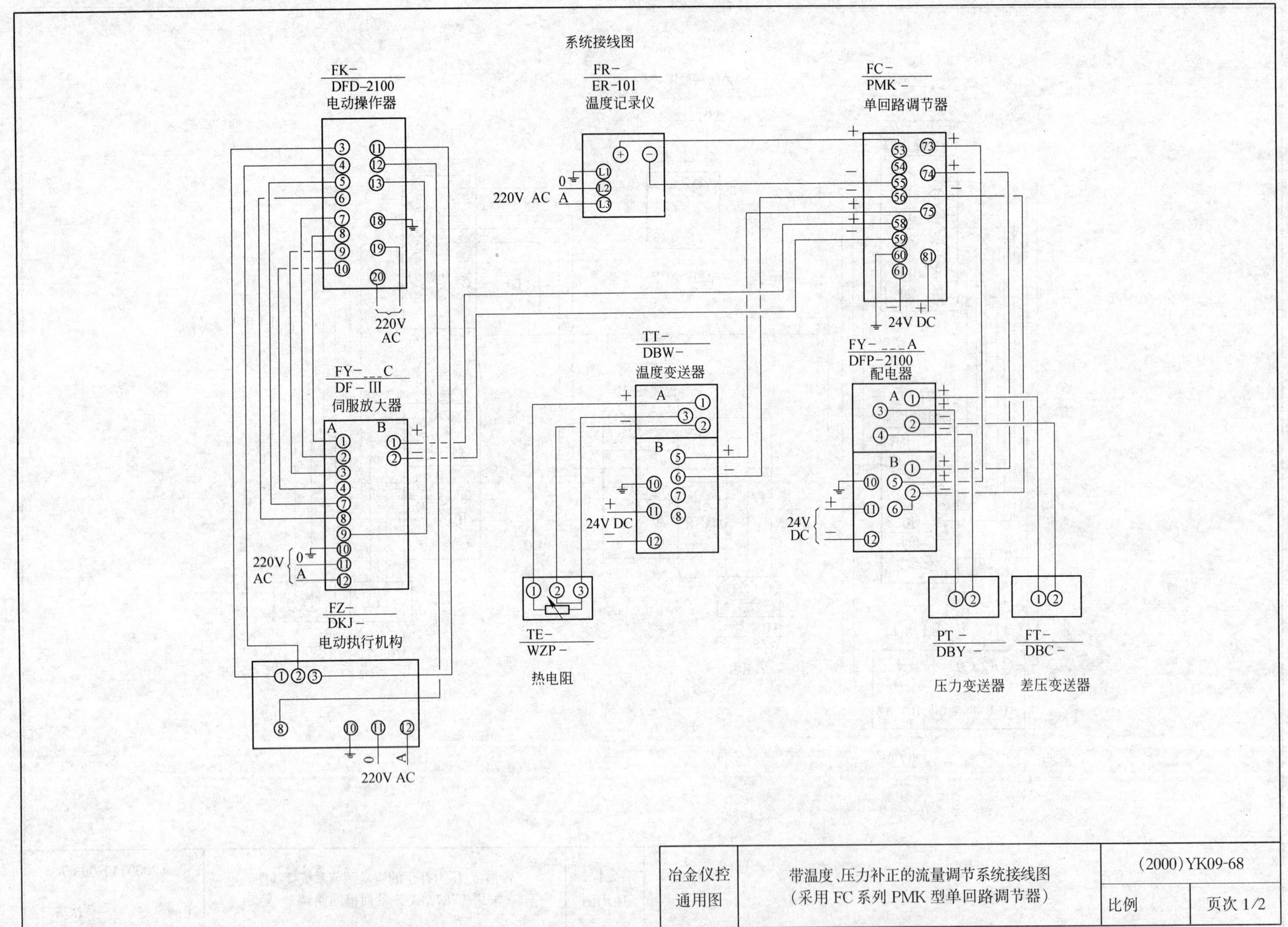

冶金仪控 通用图	带温度、压力补正的流量调节系统接线图 (采用 FC 系列 PMK 型单回路调节器)	(2000)YK09-68	
		比例	页次 1/2

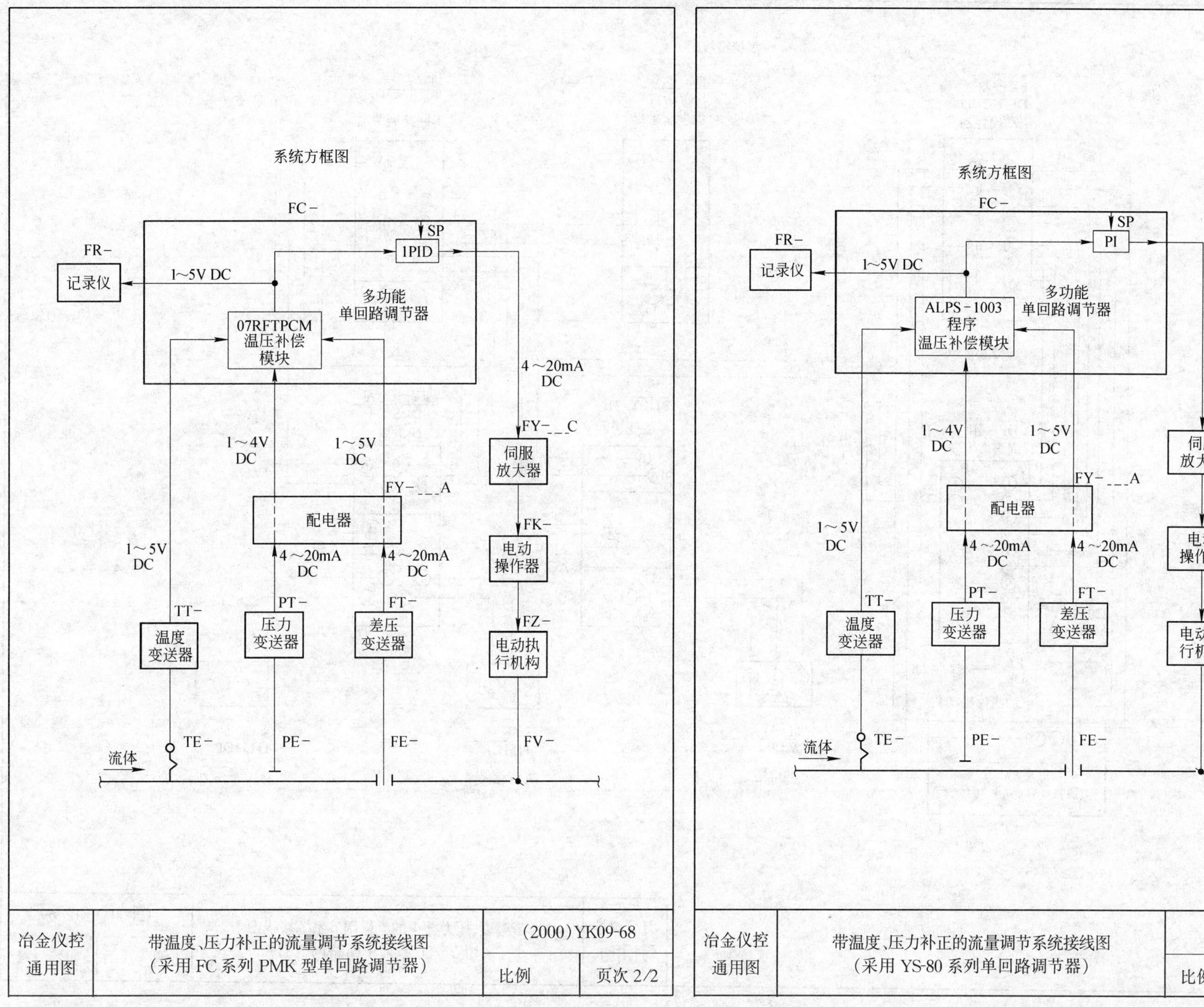

冶金仪控通用图	带温度、压力补正的流量调节系统接线图（采用FC系列PMK型单回路调节器）	(2000)YK09-68	
		比例	页次 2/2

冶金仪控通用图	带温度、压力补正的流量调节系统接线图（采用YS-80系列单回路调节器）	(2000)YK09-69	
		比例	页次 1/2

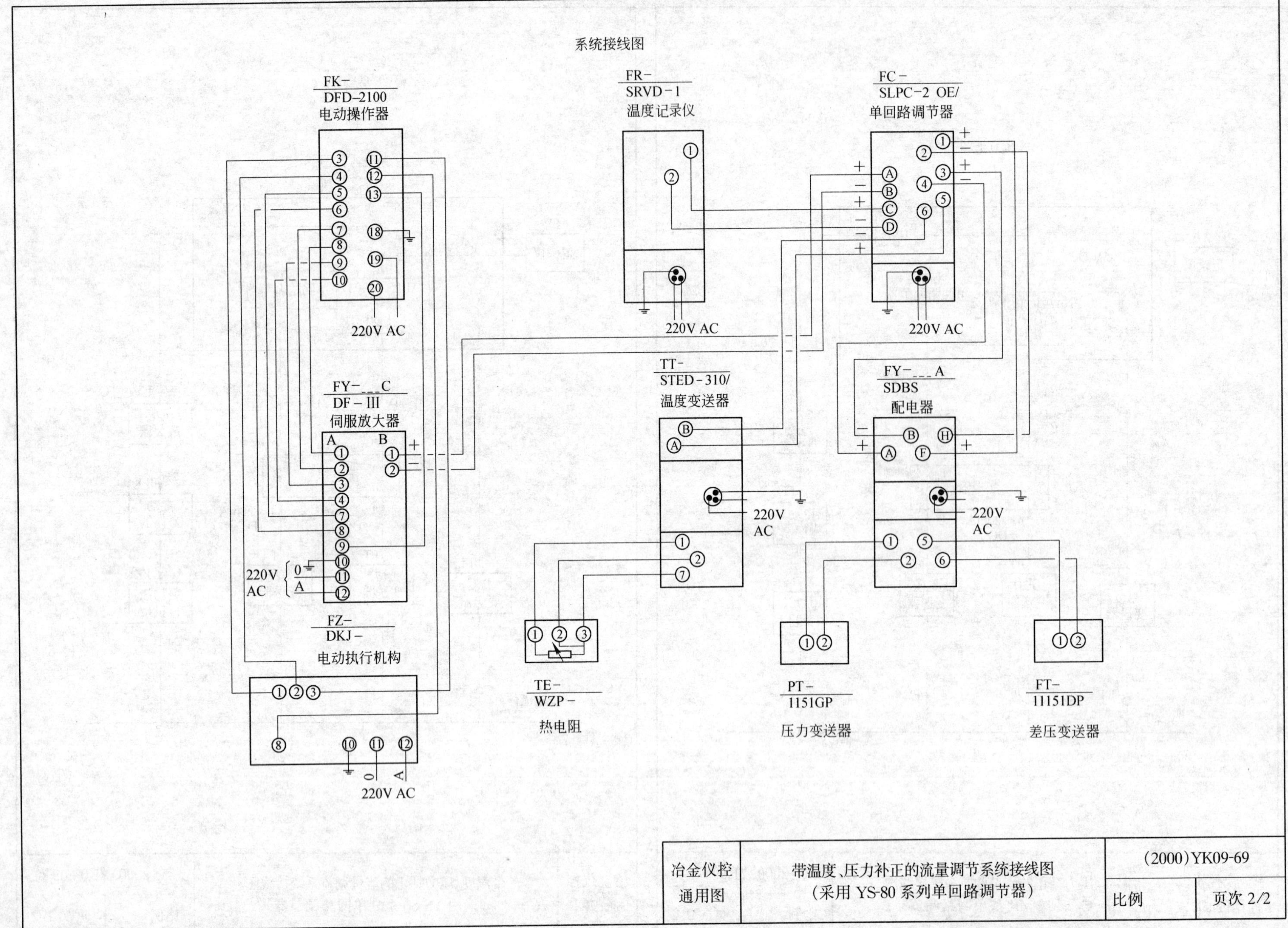

冶金仪控通用图	带温度、压力补正的流量调节系统接线图（采用 YS-80 系列单回路调节器）	(2000)YK09-69	
		比例	页次 2/2

系统接线图

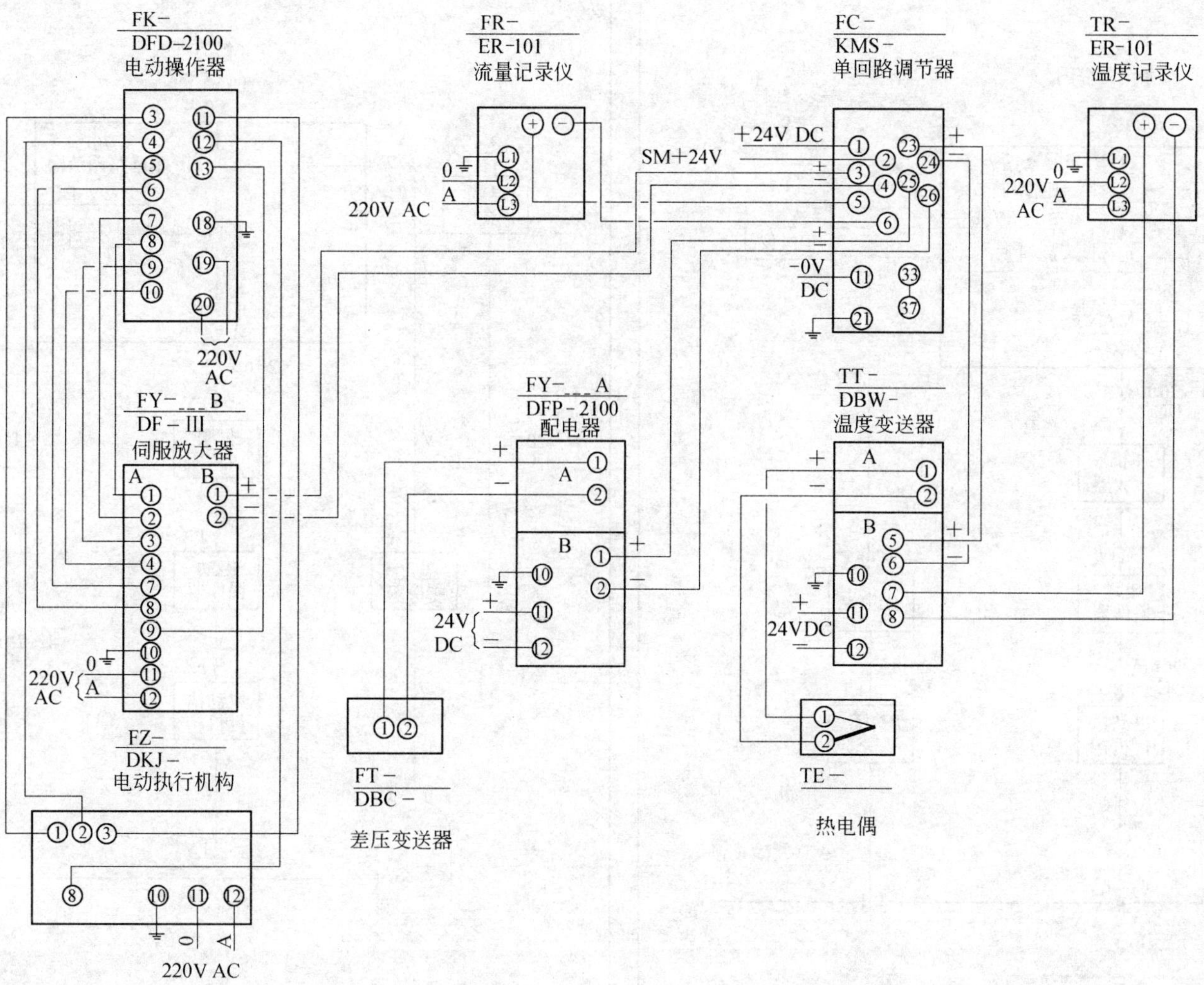

FK－
DFD-2100
电动操作器

FR－
ER-101
流量记录仪

FC－
KMS－
单回路调节器

TR－
ER-101
温度记录仪

220V AC

+24V DC
SM+24V
-0V DC

220V AC

FY－___B
DF－Ⅲ
伺服放大器

220V AC

FY－___A
DFP-2100
配电器

24V DC

TT－
DBW－
温度变送器

24VDC

FZ－
DKJ－
电动执行机构

FT－
DBC－
差压变送器

TE－
热电偶

220V AC

冶金仪控通用图	温度-流量串级调节系统接线图（采用D'NIK系列单回路调节器）	(2000)YK09-70	
		比例	页次 1/2

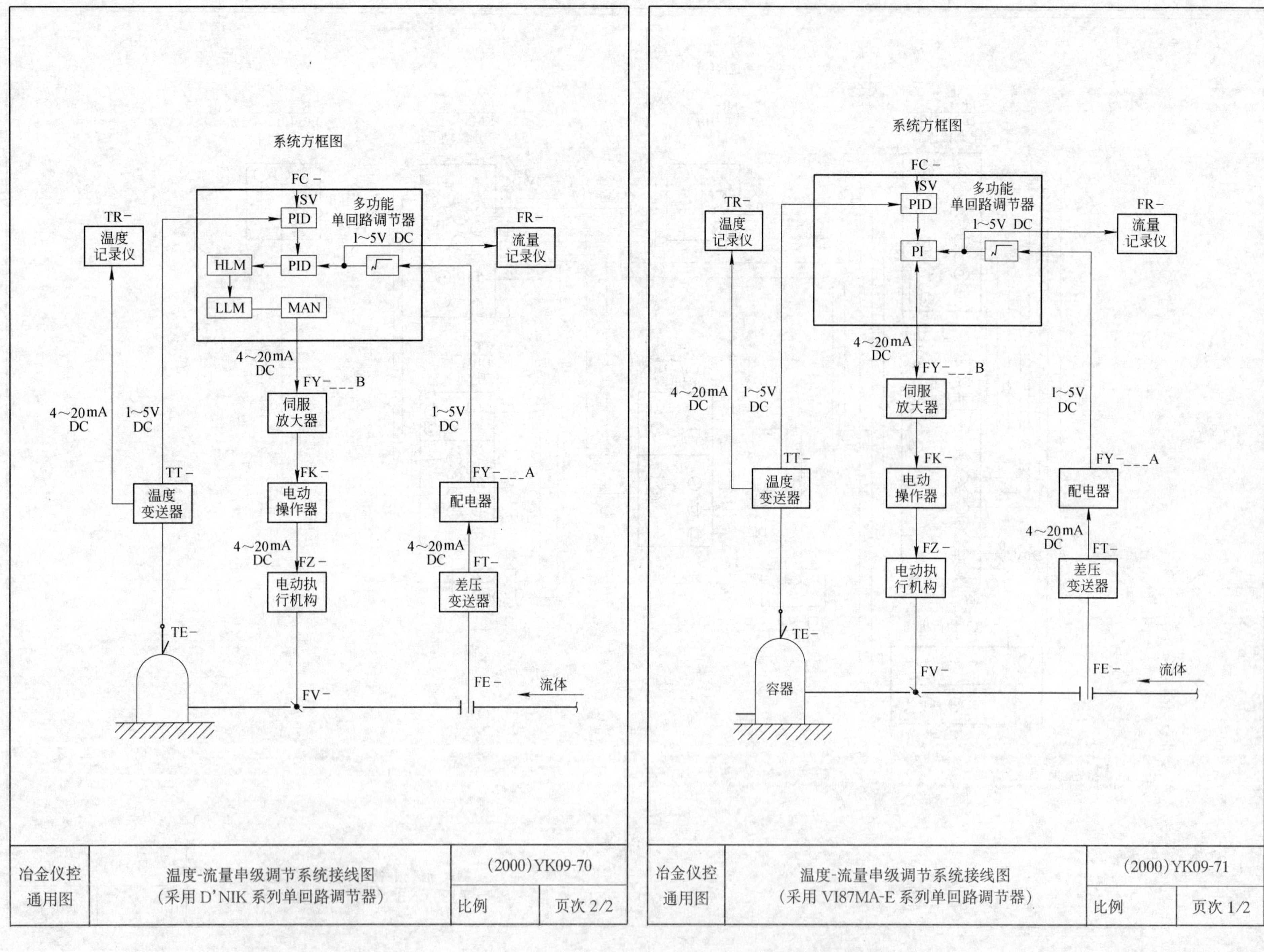

系统方框图
FC－
SV
PID
多功能
单回路调节器
1～5V DC
TR－
温度
记录仪
FR－
流量
记录仪
HLM
PID
LLM
MAN
4～20mA
DC
FY－___B
伺服
放大器
4～20mA
DC
1～5V
DC
1～5V
DC
TT－
温度
变送器
FK－
电动
操作器
FY－___A
配电器
4～20mA
DC
FZ－
电动执
行机构
4～20mA
DC
FT－
差压
变送器
TE－
FE－
流体
FV－
冶金仪控
通用图
温度-流量串级调节系统接线图
（采用 D'NIK 系列单回路调节器）
(2000)YK09-70
比例
页次 2/2
系统方框图
FC－
SV
PID
多功能
单回路调节器
TR－
温度
记录仪
1～5V DC
FR－
流量
记录仪
PI
4～20mA
DC
FY－___B
4～20mA
DC
1～5V
DC
伺服
放大器
1～5V
DC
TT－
温度
变送器
FK－
电动
操作器
FY－___A
配电器
4～20mA
DC
FZ－
FT－
电动执
行机构
差压
变送器
TE－
容器
FV－
FE－
流体
冶金仪控
通用图
温度-流量串级调节系统接线图
（采用 VI87MA-E 系列单回路调节器）
(2000)YK09-71
比例
页次 1/2

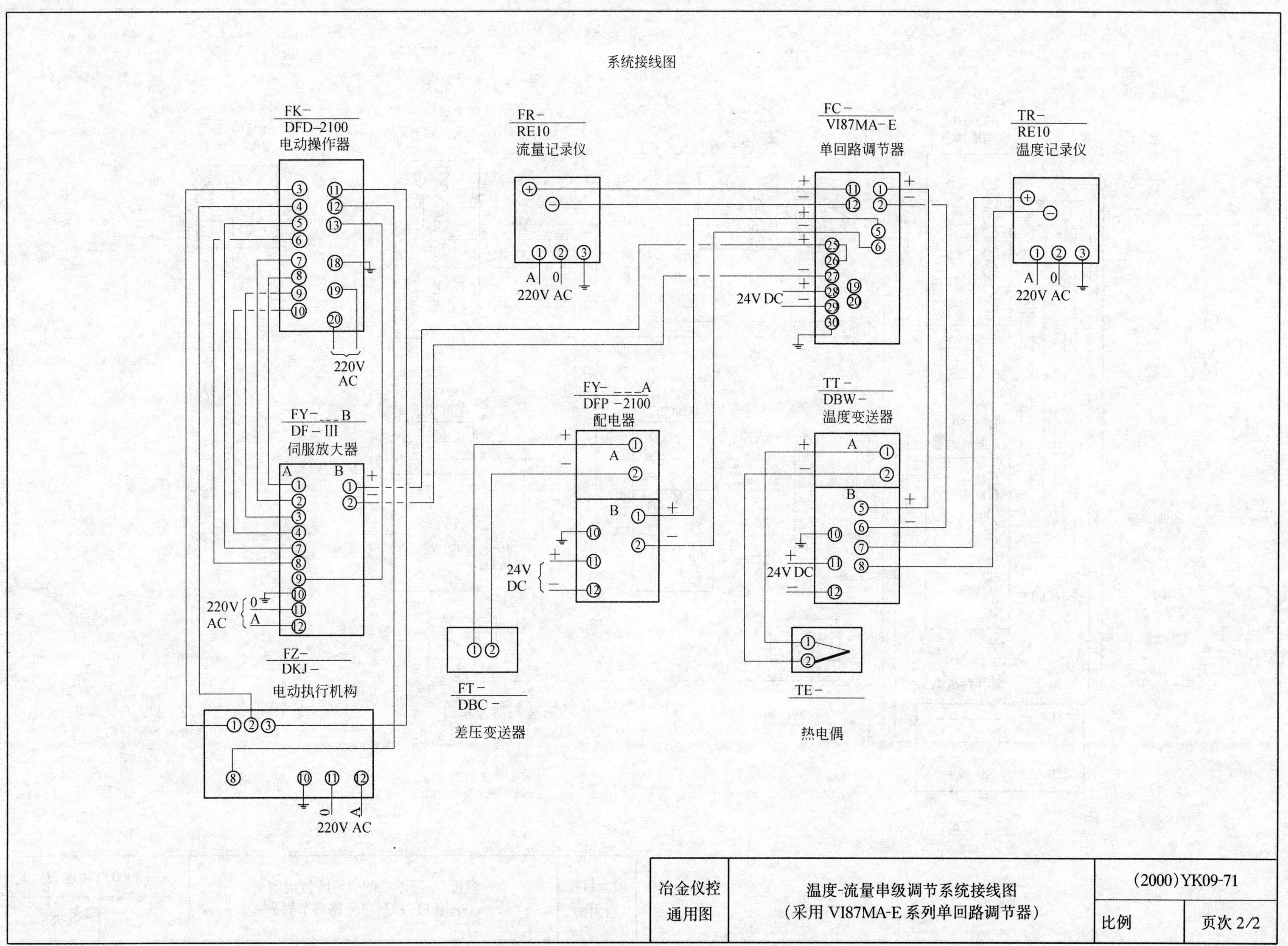

冶金仪控通用图	温度-流量串级调节系统接线图（采用 VI87MA-E 系列单回路调节器）	(2000) YK09-71	
		比例	页次 2/2

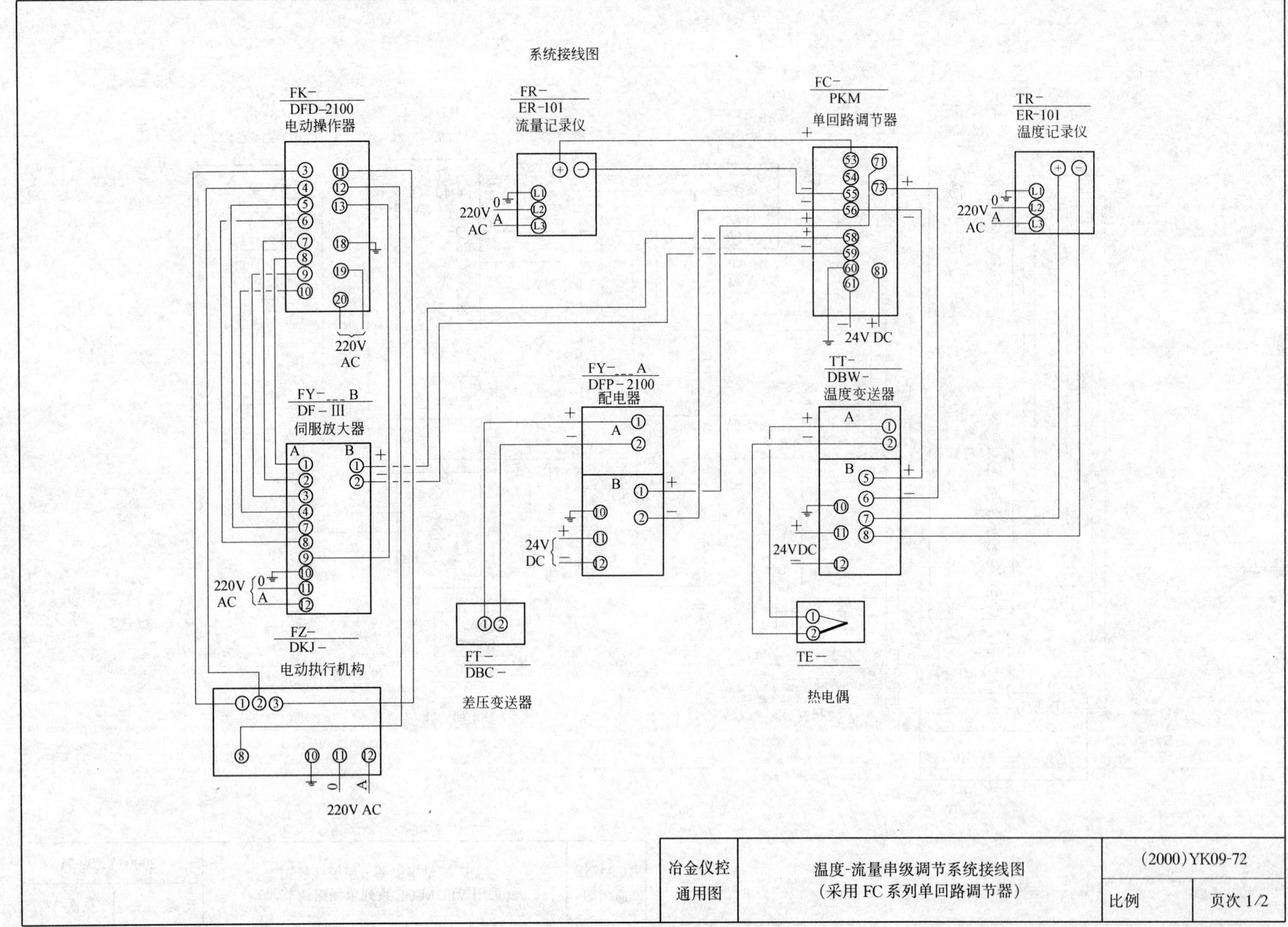

冶金仪控通用图	温度-流量串级调节系统接线图（采用FC系列单回路调节器）	(2000)YK09-72	
		比例	页次 1/2

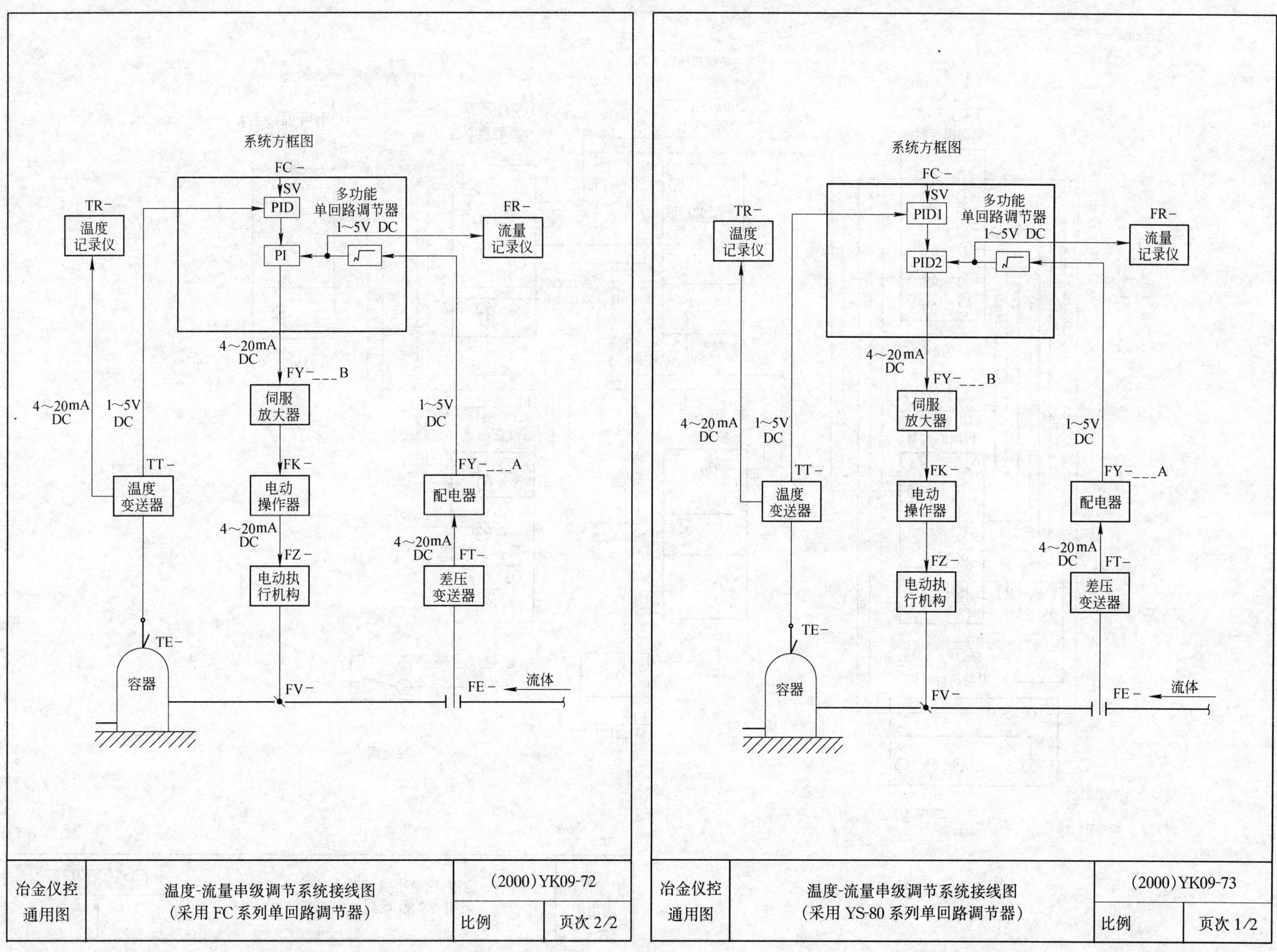
系统方框图
FC－
SV
PID
多功能
单回路调节器
1～5V DC
PI
TR－
温度
记录仪
FR－
流量
记录仪
4～20mA
DC
FY－＿＿B
伺服
放大器
4～20mA
DC
1～5V
DC
1～5V
DC
TT－
温度
变送器
FK－
电动
操作器
FY－＿＿A
配电器
4～20mA
DC
FZ－
电动执
行机构
4～20mA
DC
FT－
差压
变送器
TE－
容器
FV－
FE－
流体
冶金仪控
通用图
温度-流量串级调节系统接线图
（采用 FC 系列单回路调节器）
(2000)YK09-72
比例
页次 2/2
系统方框图
FC－
SV
PID1
多功能
单回路调节器
1～5V DC
PID2
TR－
温度
记录仪
FR－
流量
记录仪
4～20mA
DC
FY－＿＿B
伺服
放大器
4～20mA
DC
1～5V
DC
1～5V
DC
TT－
温度
变送器
FK－
电动
操作器
FY－＿＿A
配电器
4～20mA
DC
FZ－
电动执
行机构
FT－
差压
变送器
TE－
容器
FV－
FE－
流体
冶金仪控
通用图
温度-流量串级调节系统接线图
（采用 YS-80 系列单回路调节器）
(2000)YK09-73
比例
页次 1/2

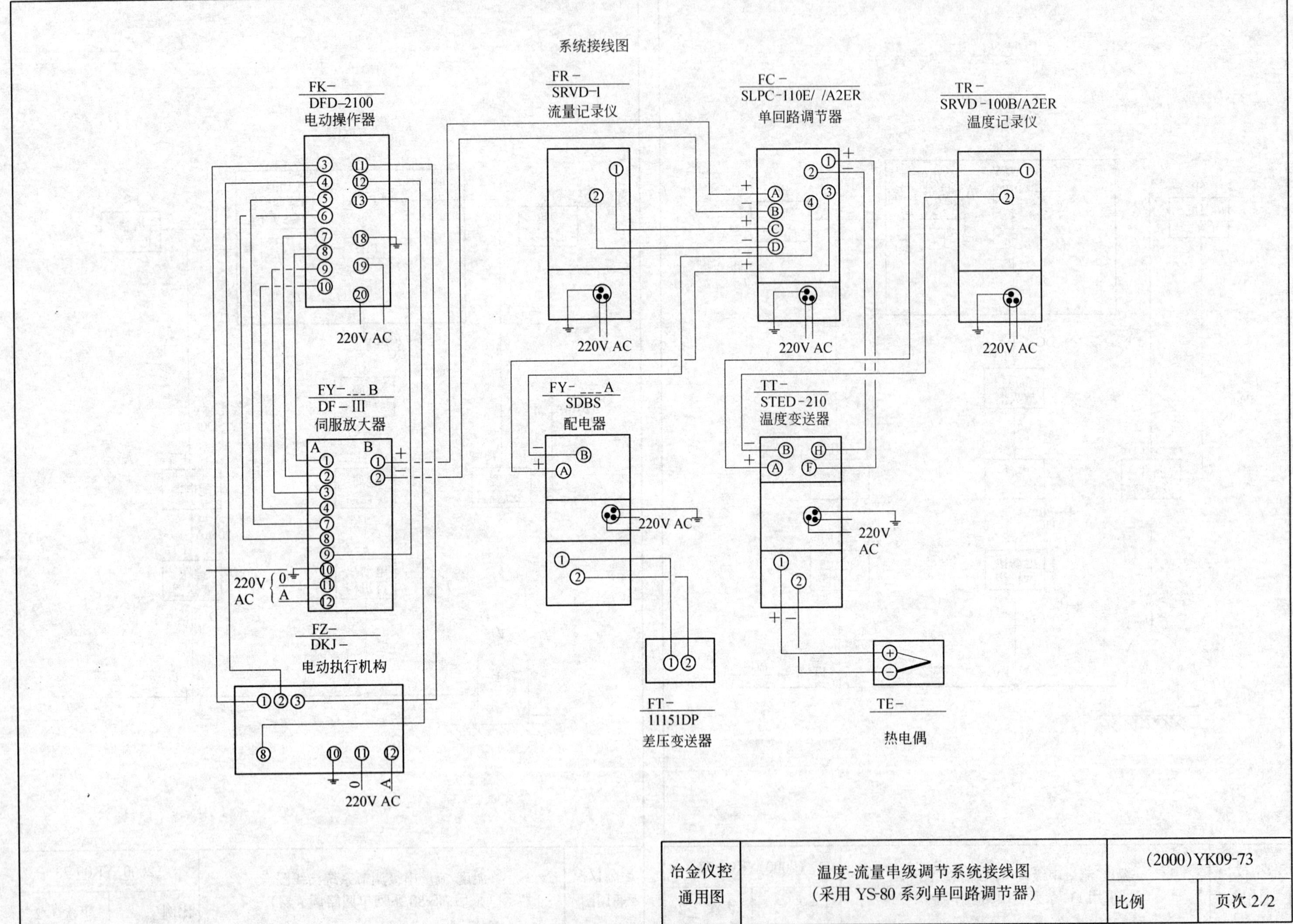

冶金仪控 通用图	温度-流量串级调节系统接线图 （采用 YS-80 系列单回路调节器）	(2000)YK09-73	
		比例	页次 2/2

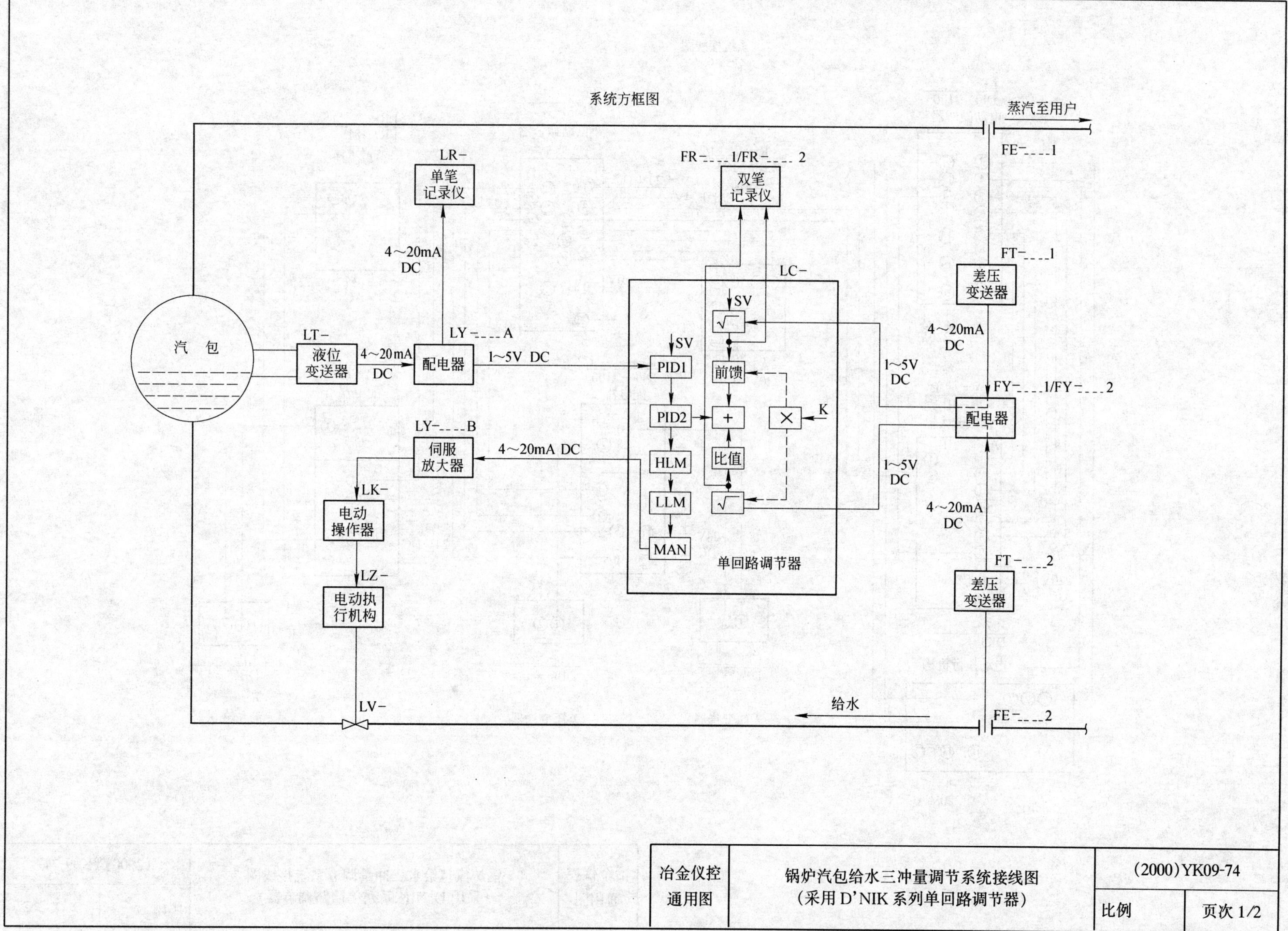

冶金仪控 通用图	锅炉汽包给水三冲量调节系统接线图 （采用 D'NIK 系列单回路调节器）	（2000）YK09-74	
		比例	页次 1/2

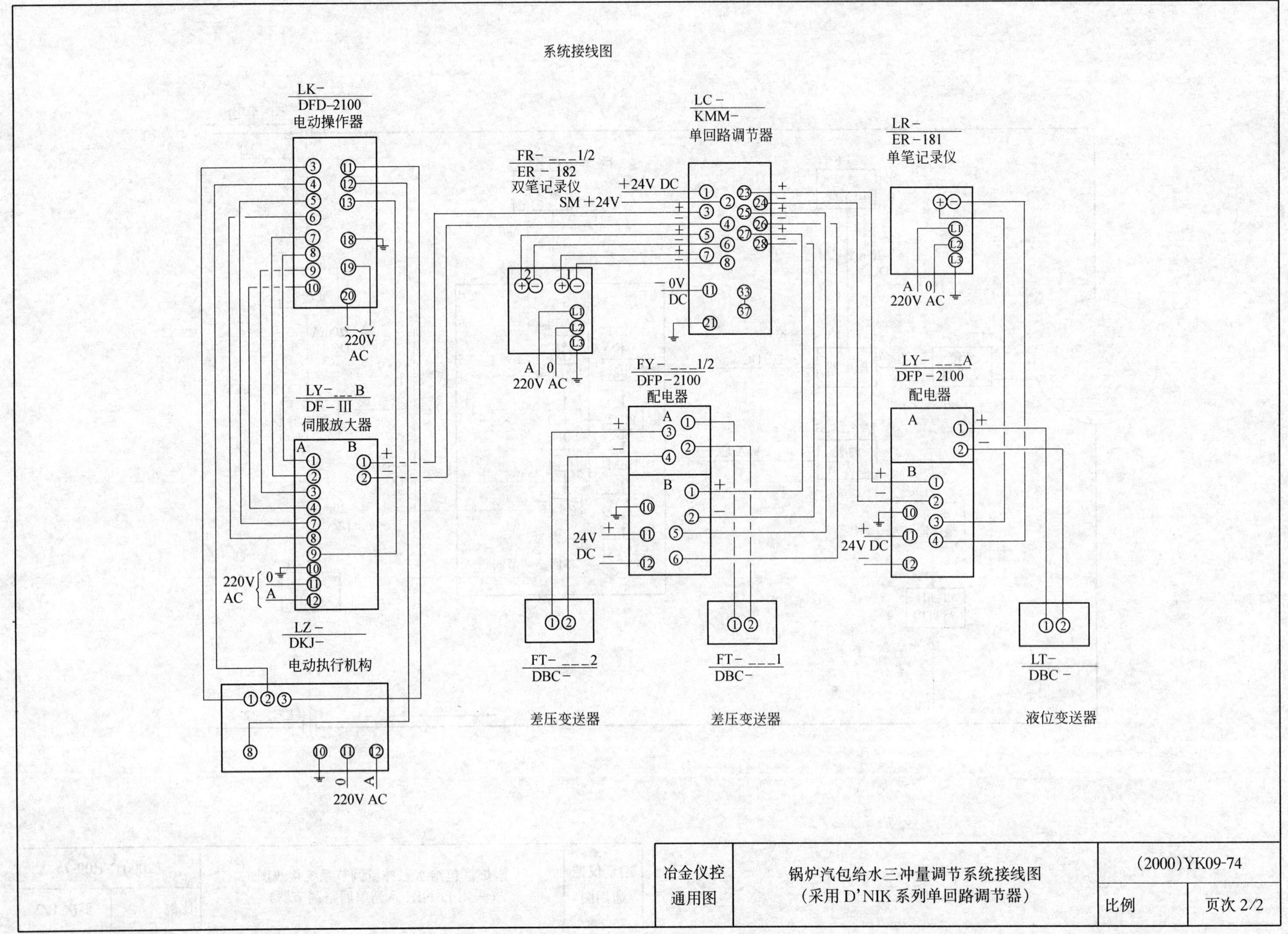

冶金仪控通用图	锅炉汽包给水三冲量调节系统接线图（采用 D'NIK 系列单回路调节器）	(2000)YK09-74	
		比例	页次 2/2

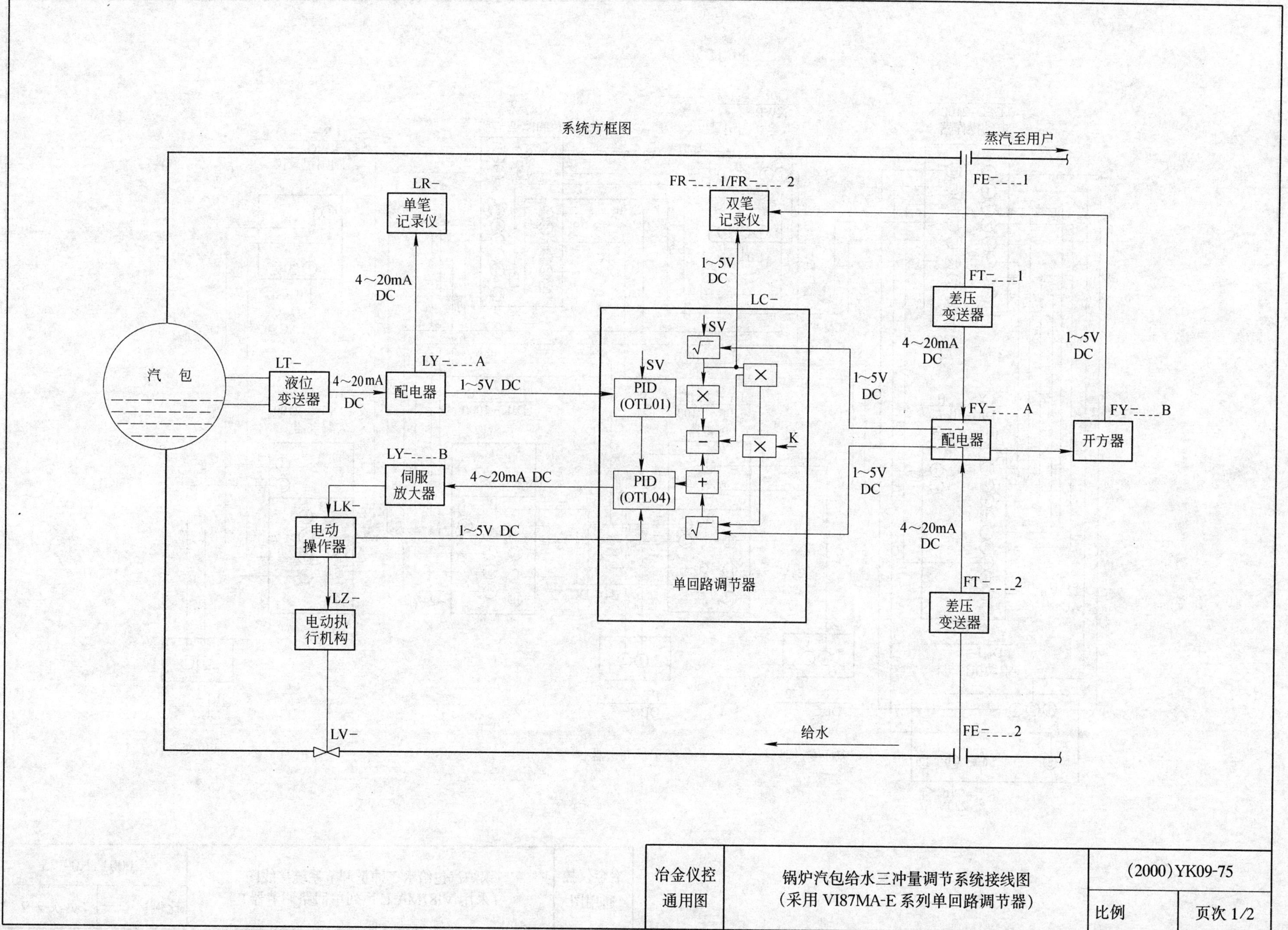
系统方框图
蒸汽至用户
FE-1
FR-1/FR-2
双笔记录仪
LR-
单笔记录仪
4～20mA DC
1～5V DC
LC-
FT-1
差压变送器
4～20mA DC
1～5V DC
SV
汽包
LT-
液位变送器
4～20mA DC
配电器
LY-A
1～5V DC
PID (OTL01)
PID (OTL04)
K
1～5V DC
FY-A
FY-B
配电器
开方器
LY-B
伺服放大器
4～20mA DC
LK-
电动操作器
1～5V DC
1～5V DC
4～20mA DC
FT-2
差压变送器
单回路调节器
LZ-
电动执行机构
LV-
给水
FE-2
冶金仪控通用图
锅炉汽包给水三冲量调节系统接线图
(采用VI87MA-E系列单回路调节器)
(2000)YK09-75
比例
页次 1/2

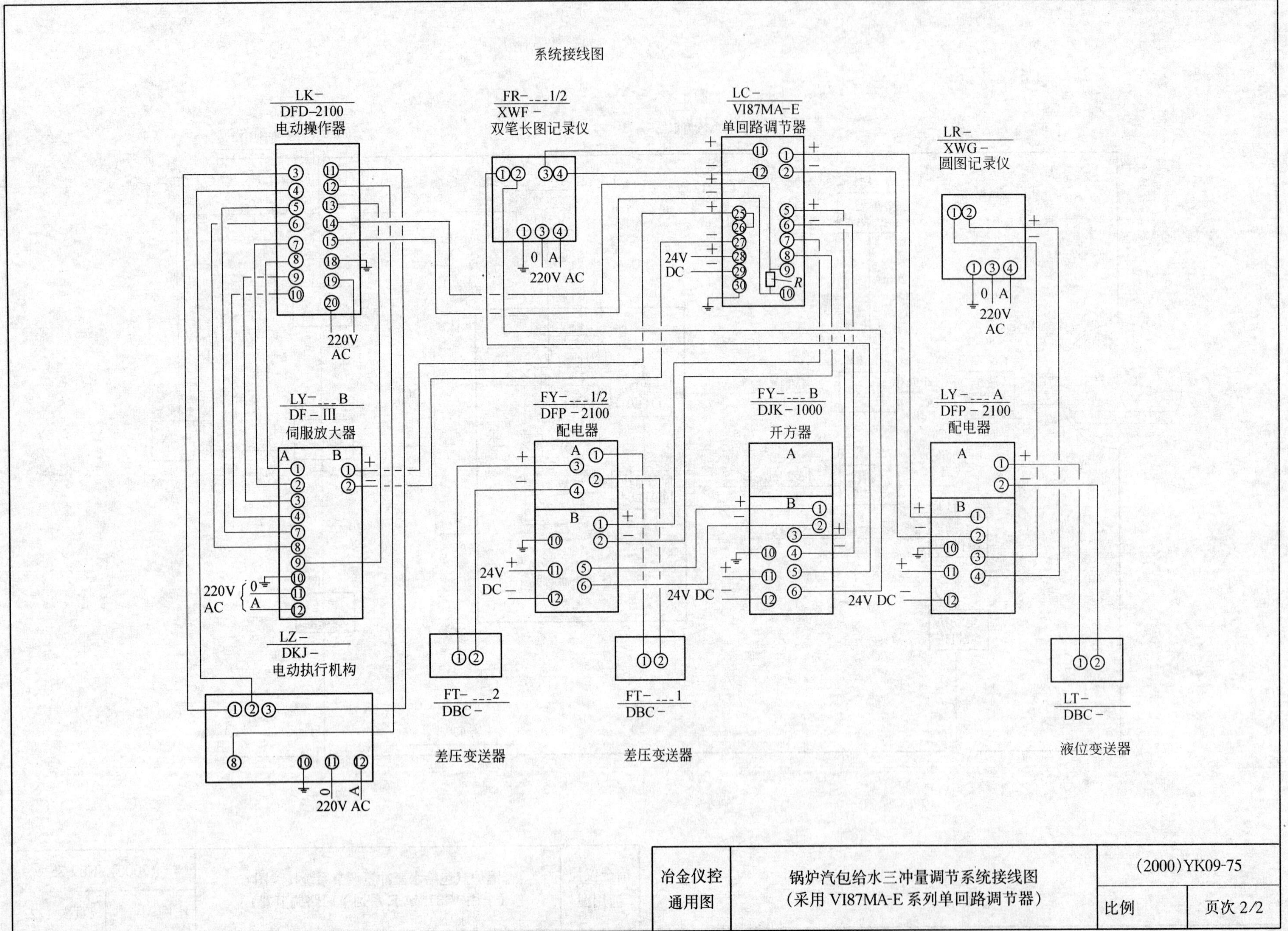

冶金仪控通用图	锅炉汽包给水三冲量调节系统接线图（采用 VI87MA-E 系列单回路调节器）	(2000)YK09-75	
		比例	页次 2/2

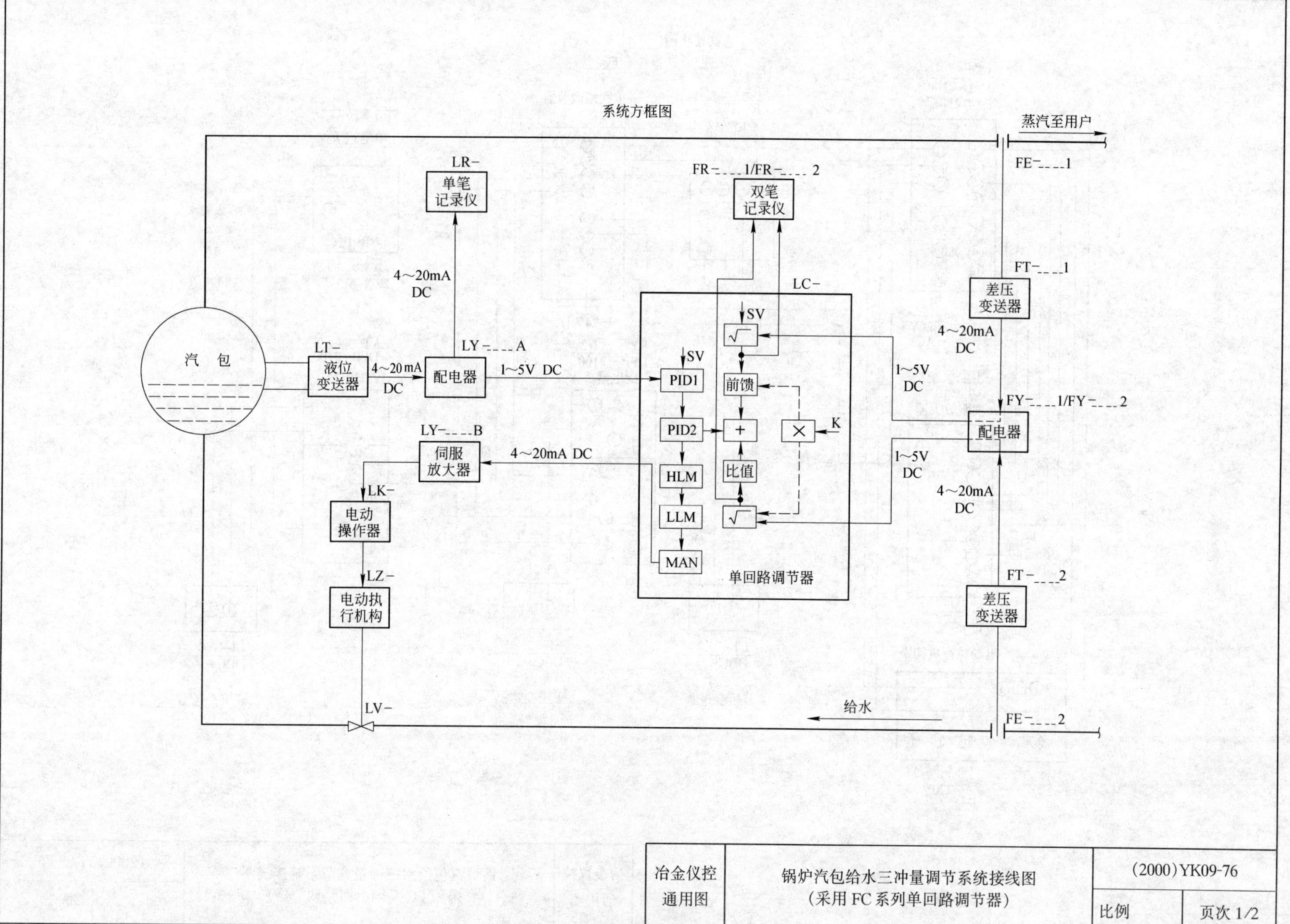
系统方框图
蒸汽至用户
FE-___1
LR-
单笔记录仪
FR-___1/FR-___2
双笔记录仪
4～20mA DC
FT-___1
差压变送器
LC-
SV
4～20mA DC
LT-
LY-___A
汽 包
液位变送器
4～20mA DC
配电器
1～5V DC
SV
PID1
前馈
1～5V DC
FY-___1/FY-___2
PID2
+
×
K
配电器
LY-___B
伺服放大器
4～20mA DC
HLM
比值
1～5V DC
LK-
4～20mA DC
电动操作器
LLM
MAN
LZ-
单回路调节器
FT-___2
电动执行机构
差压变送器
LV-
给水
FE-___2
冶金仪控
通用图
锅炉汽包给水三冲量调节系统接线图
（采用FC系列单回路调节器）
(2000)YK09-76
比例
页次 1/2

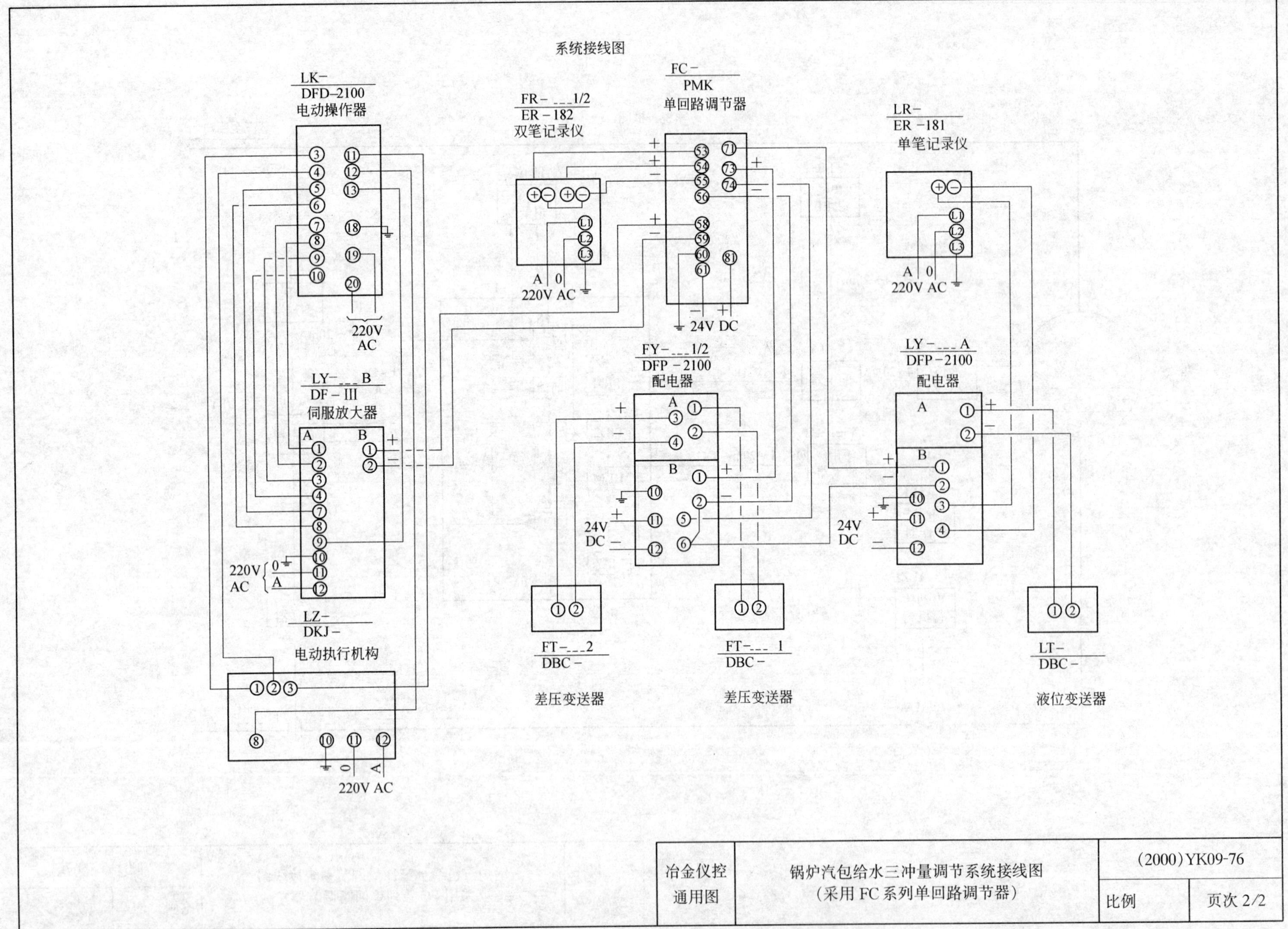

冶金仪控通用图	锅炉汽包给水三冲量调节系统接线图（采用 FC 系列单回路调节器）	(2000)YK09-76	
		比例	页次 2/2

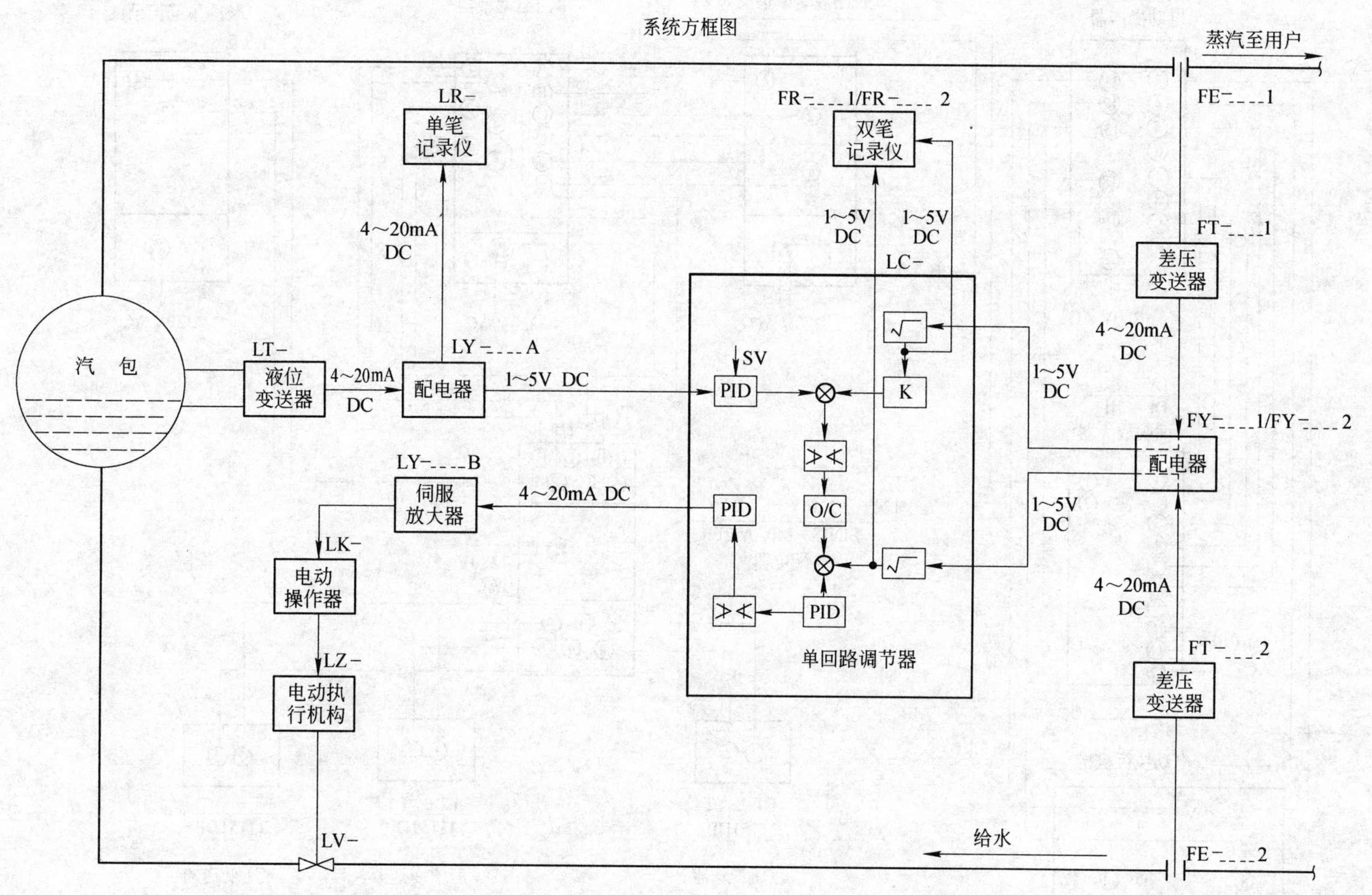

冶金仪控通用图	锅炉汽包给水三冲量调节系统接线图（采用 YS-80 系列单回路调节器）	（2000）YK09-77	
		比例	页次 1/2

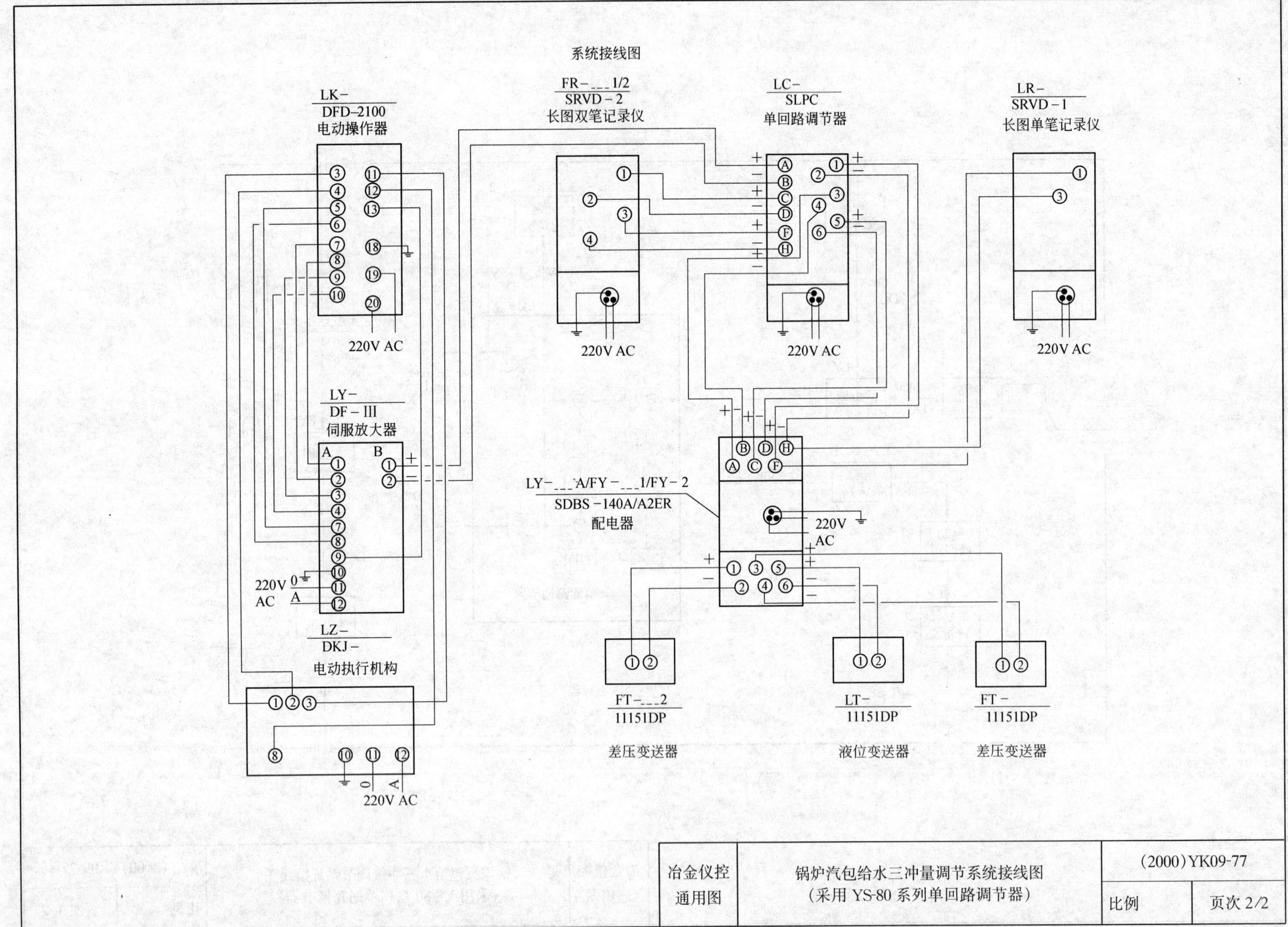
系统接线图
LK-
DFD-2100
电动操作器
FR-___1/2
SRVD-2
长图双笔记录仪
LC-
SLPC
单回路调节器
LR-
SRVD-1
长图单笔记录仪
220V AC
LY-
DF-III
伺服放大器
A
B
220V
AC
0
A
LZ-
DKJ-
电动执行机构
LY-___A/FY-___1/FY-2
SDBS-140A/A2ER
配电器
220V
AC
FT-___2
1151DP
差压变送器
LT-
1151DP
液位变送器
FT-
1151DP
差压变送器
220V AC

系统方框图

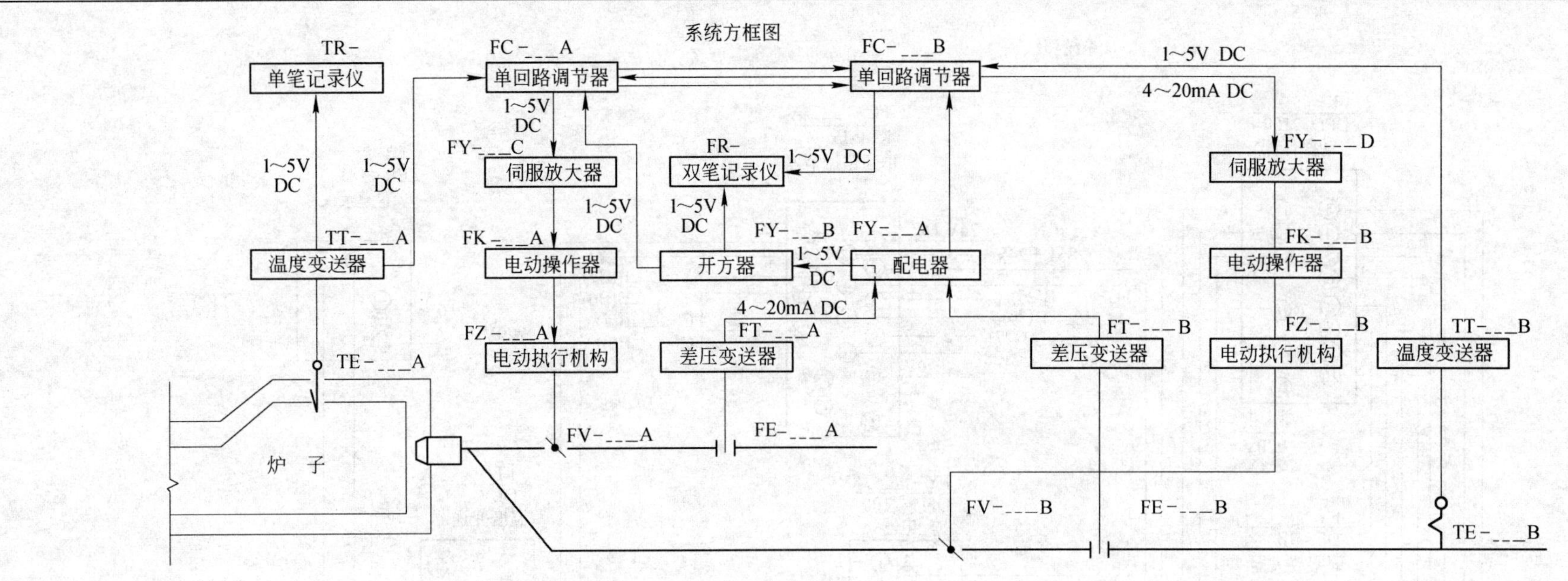

单回路调节器功能框图

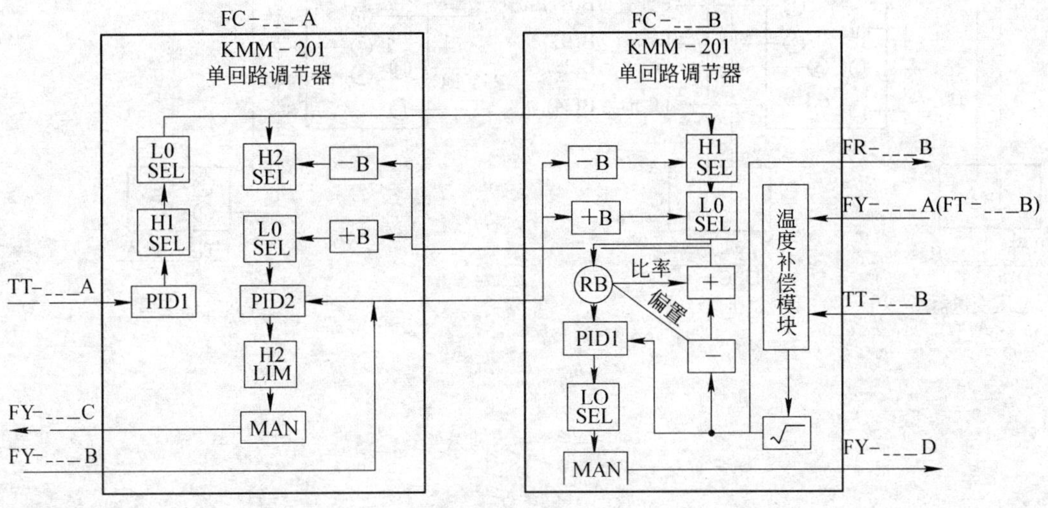

附注:

本图用于热空气不超过500℃,如超过此温则TE-__B应改为热电偶。

冶金仪控通用图	双交叉限幅并列串级燃烧调节系统接线图（采用D'NIK系列单回路调节器）	(2000)YK09-78	
		比例	页次 1/3

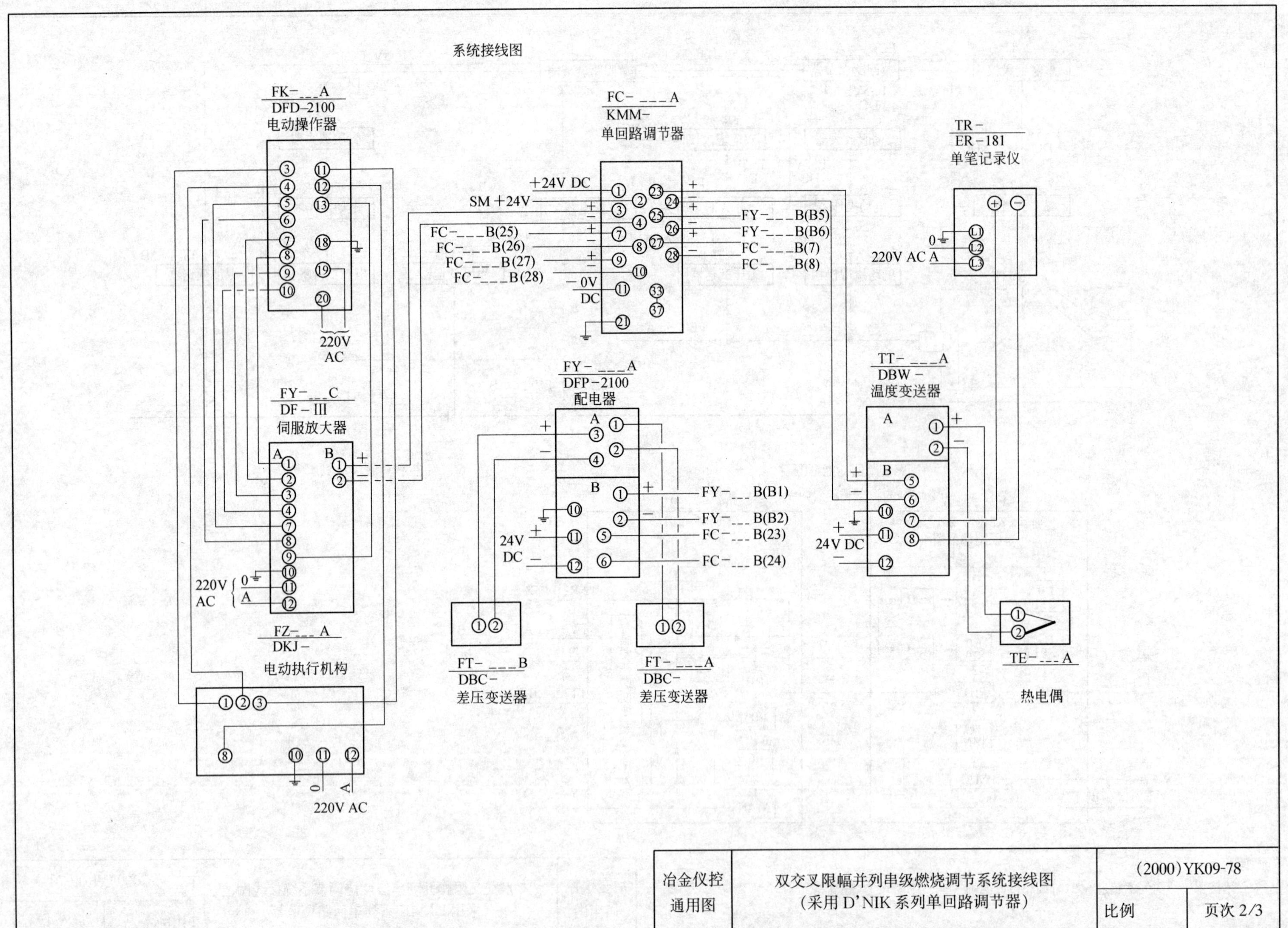

冶金仪控 通用图	双交叉限幅并列串级燃烧调节系统接线图 (采用 D'NIK 系列单回路调节器)	(2000)YK09-78	
		比例	页次 2/3

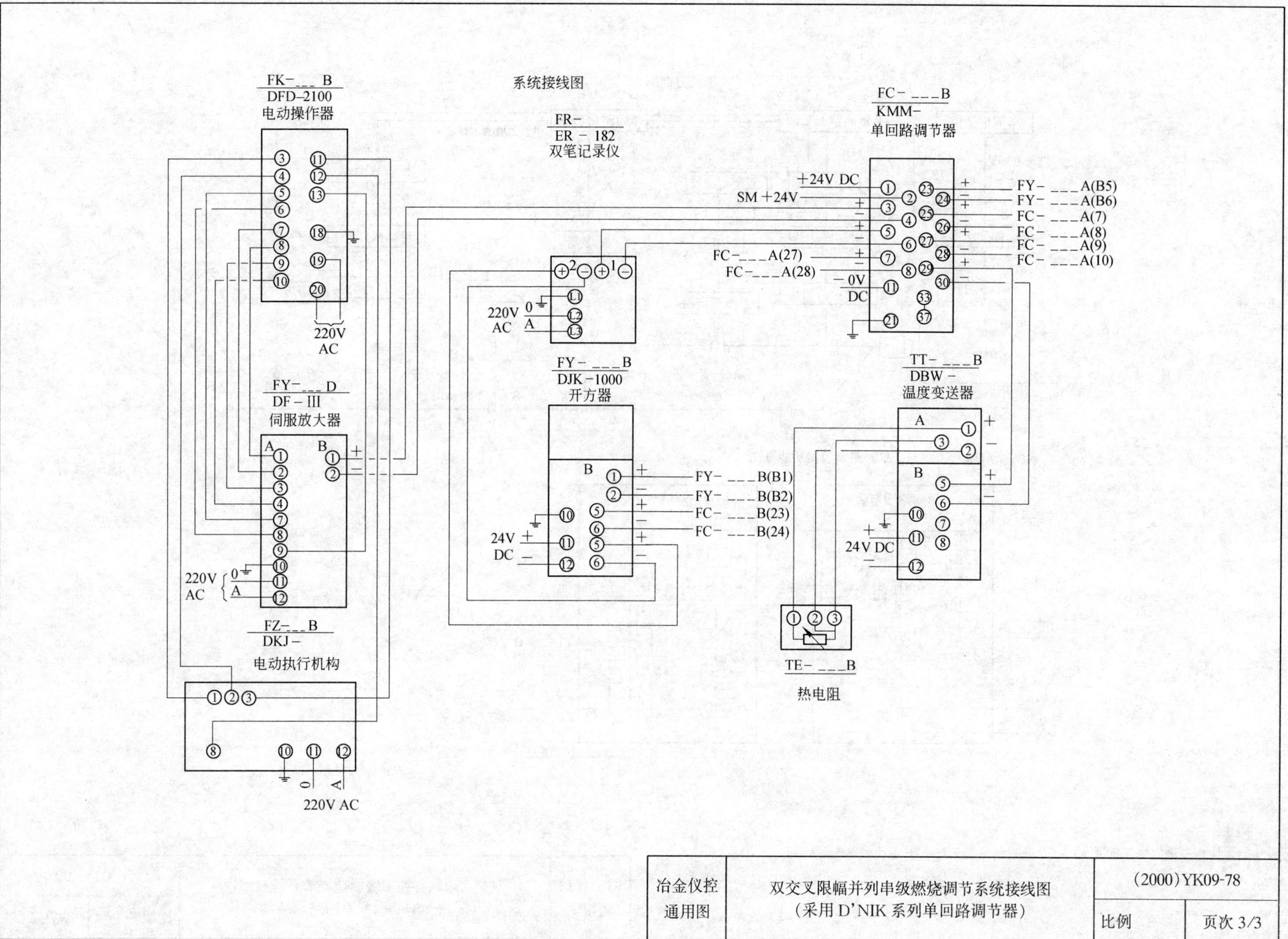

系统接线图
FK-___B
DFD-2100
电动操作器
FR-
ER－182
双笔记录仪
FC－___B
KMM-
单回路调节器
+24V DC
SM +24V
FY－___A(B5)
FY－___A(B6)
FC－___A(7)
FC－___A(8)
FC－___A(9)
FC－___A(10)
FC－___A(27)
FC－___A(28)
－0V
DC
220V
AC
220V
AC
FY－___B
DJK－1000
开方器
FY－___D
DF－III
伺服放大器
TT－___B
DBW－
温度变送器
FY－___B(B1)
FY－___B(B2)
FC－___B(23)
FC－___B(24)
24V
DC
24V DC
220V
AC
FZ－__B
DKJ－
电动执行机构
TE－___B
热电阻
220V AC
冶金仪控
通用图
双交叉限幅并列串级燃烧调节系统接线图
（采用D'NIK系列单回路调节器）
(2000)YK09-78
比例
页次 3/3

系统方框图

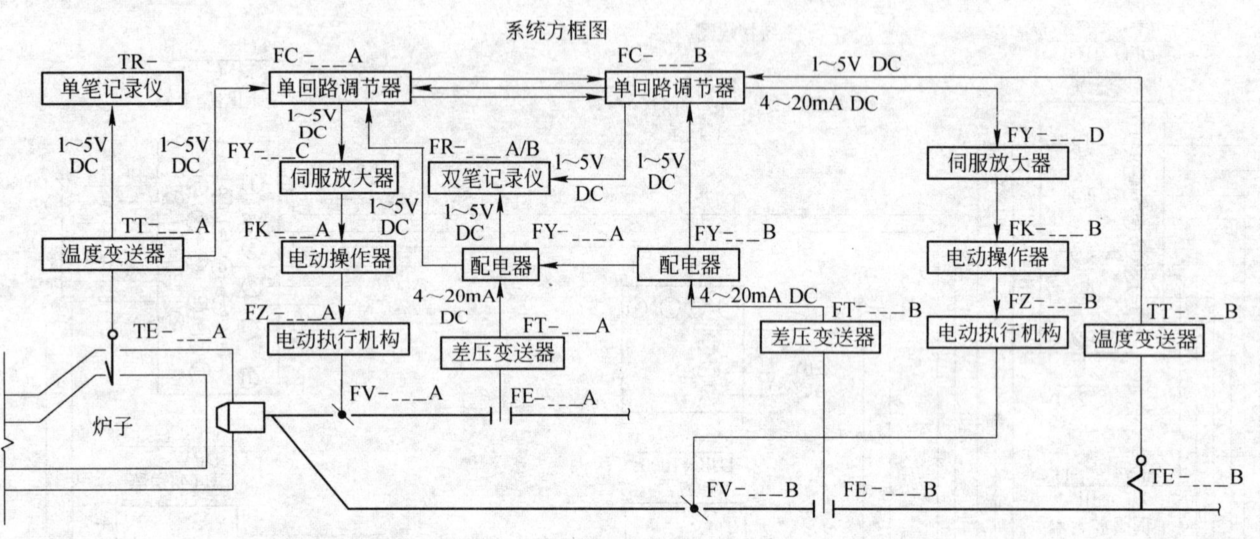

单回路调节器功能框图

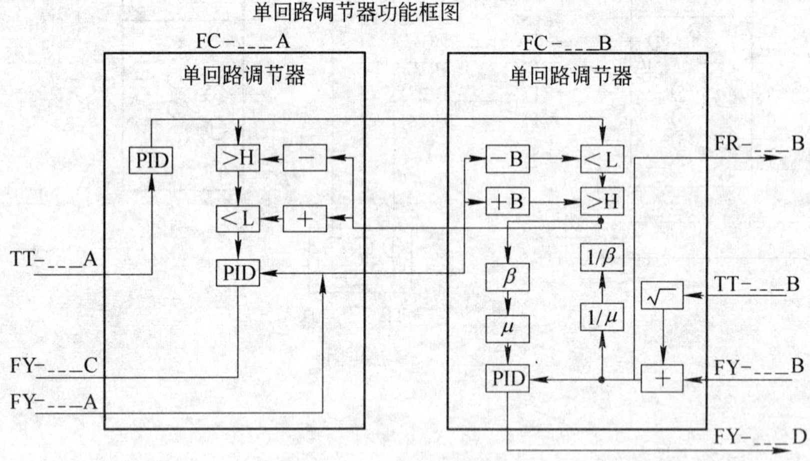

附注：

本图用于热空气不超过 500℃，如超过此温则 TE－__B 应改为热电偶。

冶金仪控 通用图	双交叉限幅并列串级燃烧调节系统接线图 （采用 YS-80 系列单回路调节器）	（2000）YK09-79	
		比例	页次 1/3

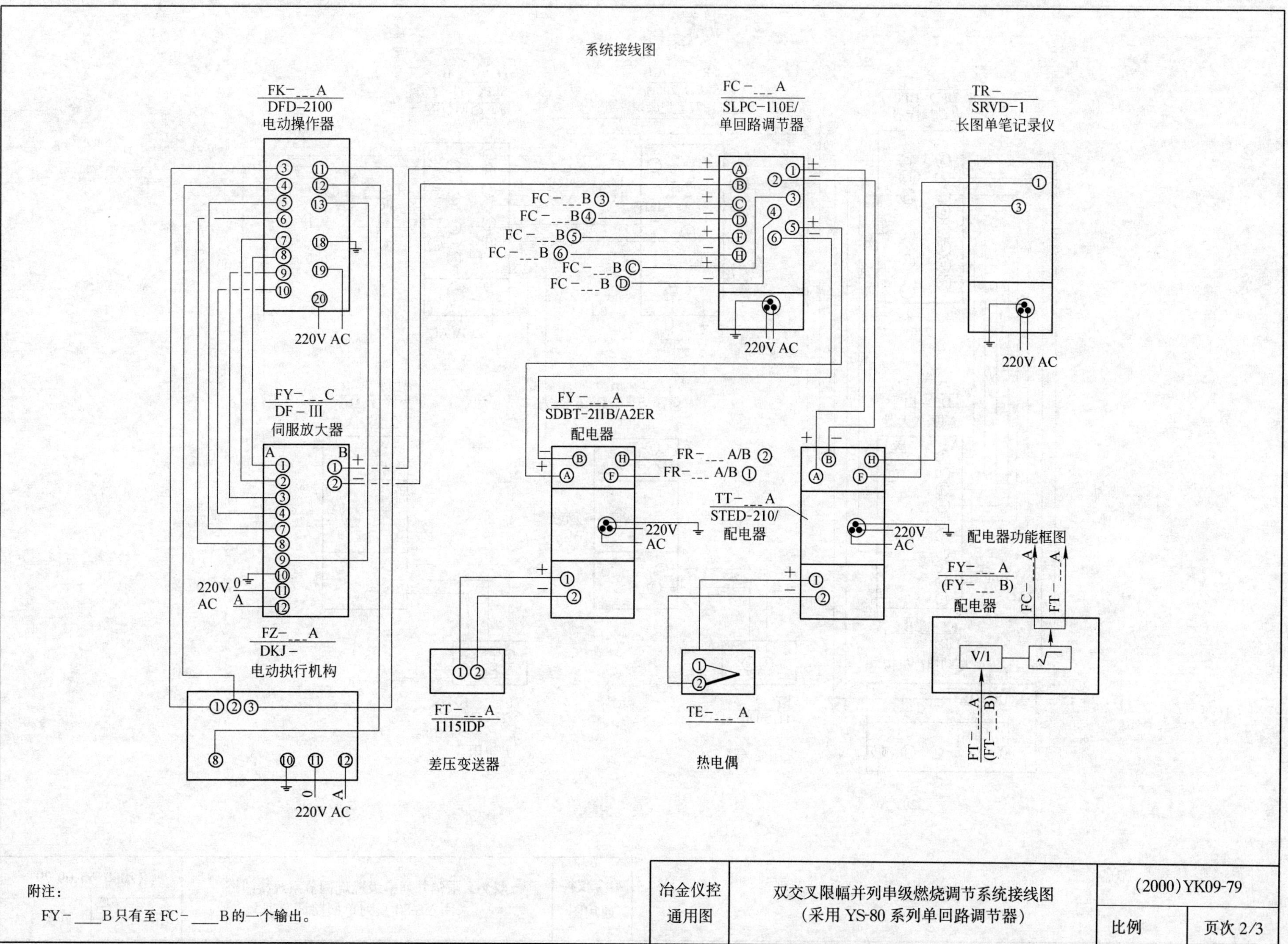

附注:

FY-___B只有至FC-___B的一个输出。

冶金仪控通用图	双交叉限幅并列串级燃烧调节系统接线图（采用YS-80系列单回路调节器）	(2000)YK09-79	
		比例	页次 2/3

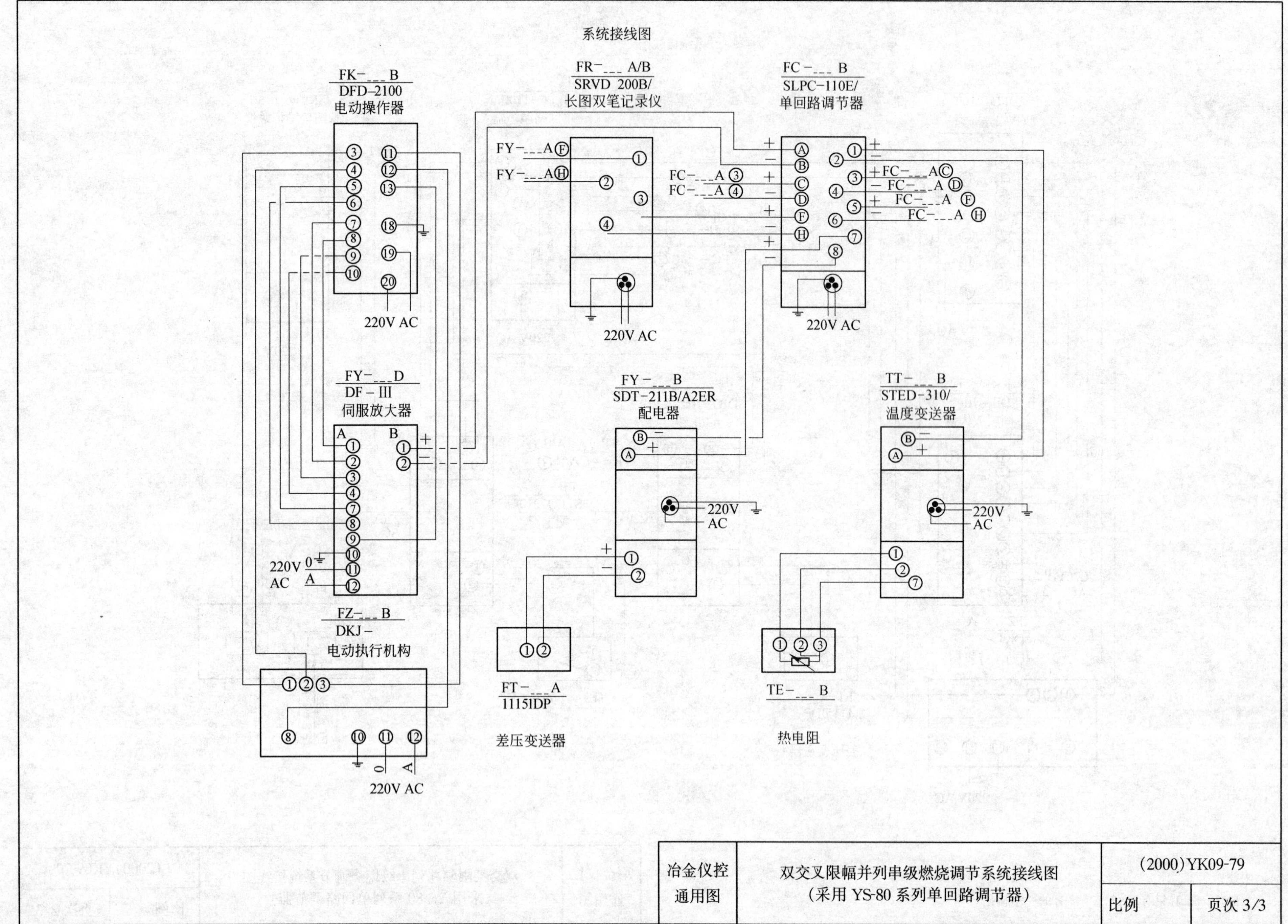

冶金仪控 通用图	双交叉限幅并列串级燃烧调节系统接线图 （采用 YS-80 系列单回路调节器）	（2000）YK09-79	
		比例	页次 3/3

系统方框图

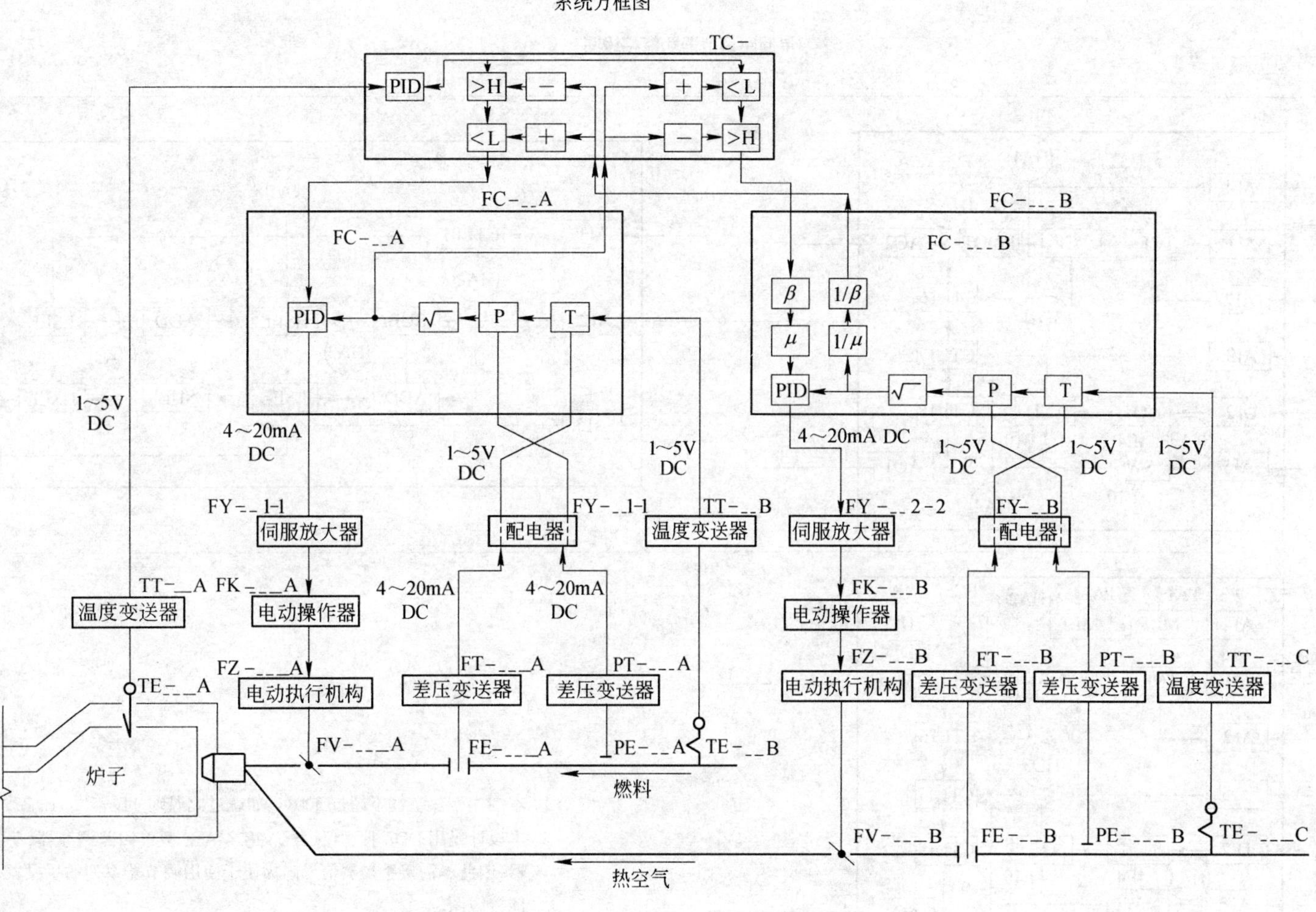

附注:

1. 本图用于热空气不超过500℃,如超过此温则TE－___B应改为热电偶。
2. 本设计是用DDZ-Ⅲ型仪表配VI87MA-E型单回路调节器,手操是采用DFD电动操作器,因此不需接手操器信号。为便于使用调节器系列的手操器,本图给出了手操器的功能接线图。

冶金仪控通用图	双交叉限幅并列串级燃烧调节系统接线图（采用VI87MA-E系列单回路调节器）	(2000)YK09-80	
		比例	页次 1/2

单回路调节器功能接线图

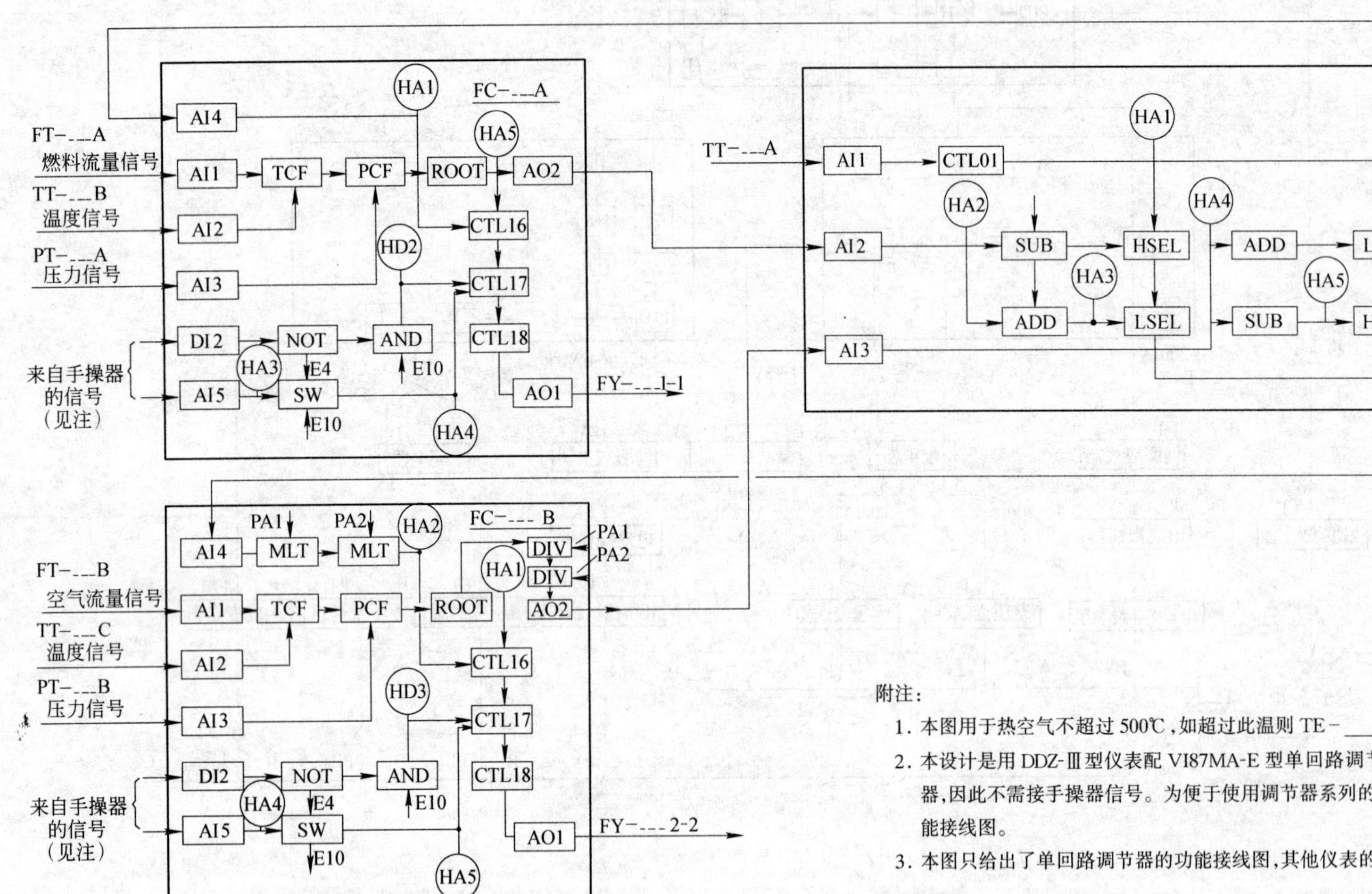

附注：

1. 本图用于热空气不超过 500℃，如超过此温则 TE－____B 应改为热电偶。
2. 本设计是用 DDZ-Ⅲ型仪表配 VI87MA-E 型单回路调节器，手操是采用 DFD 电动操作器，因此不需接手操器信号。为便于使用调节器系列的手操器，本图给出了手操器的功能接线图。
3. 本图只给出了单回路调节器的功能接线图，其他仪表的接线省略了。

冶金仪控 通用图	双交叉限幅并列串级燃烧调节系统接线图 （采用 VI87MA-E 系列单回路调节器）	（2000）YK09-80	
		比例	页次 2/2

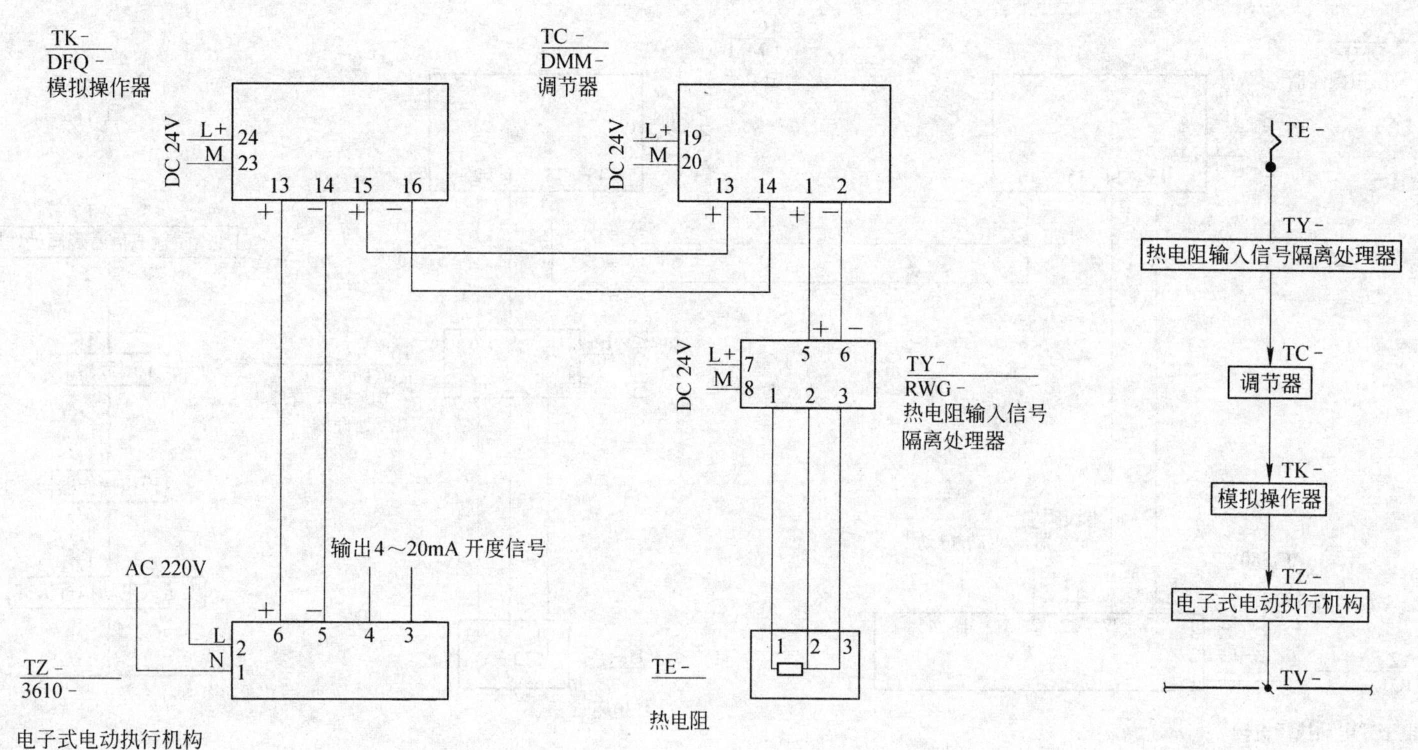

冶金仪控 通用图	温度调节系统接线图 （电子式电动执行器）	（2000）YK09-81	
		比例	页次

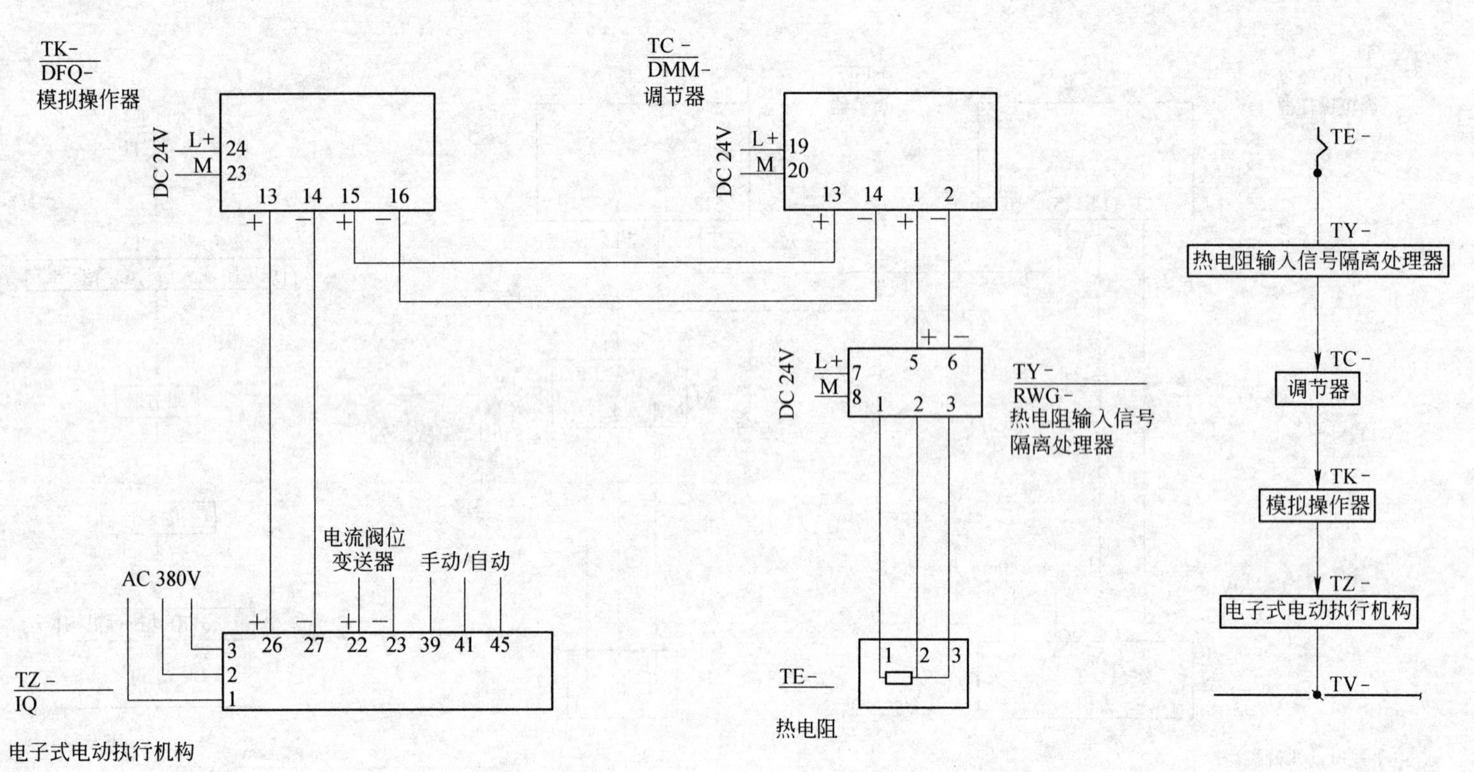

冶金仪控 通用图	温度调节系统接线图 （电子式电动执行器）	（2000）YK09-82	
		比例	页次

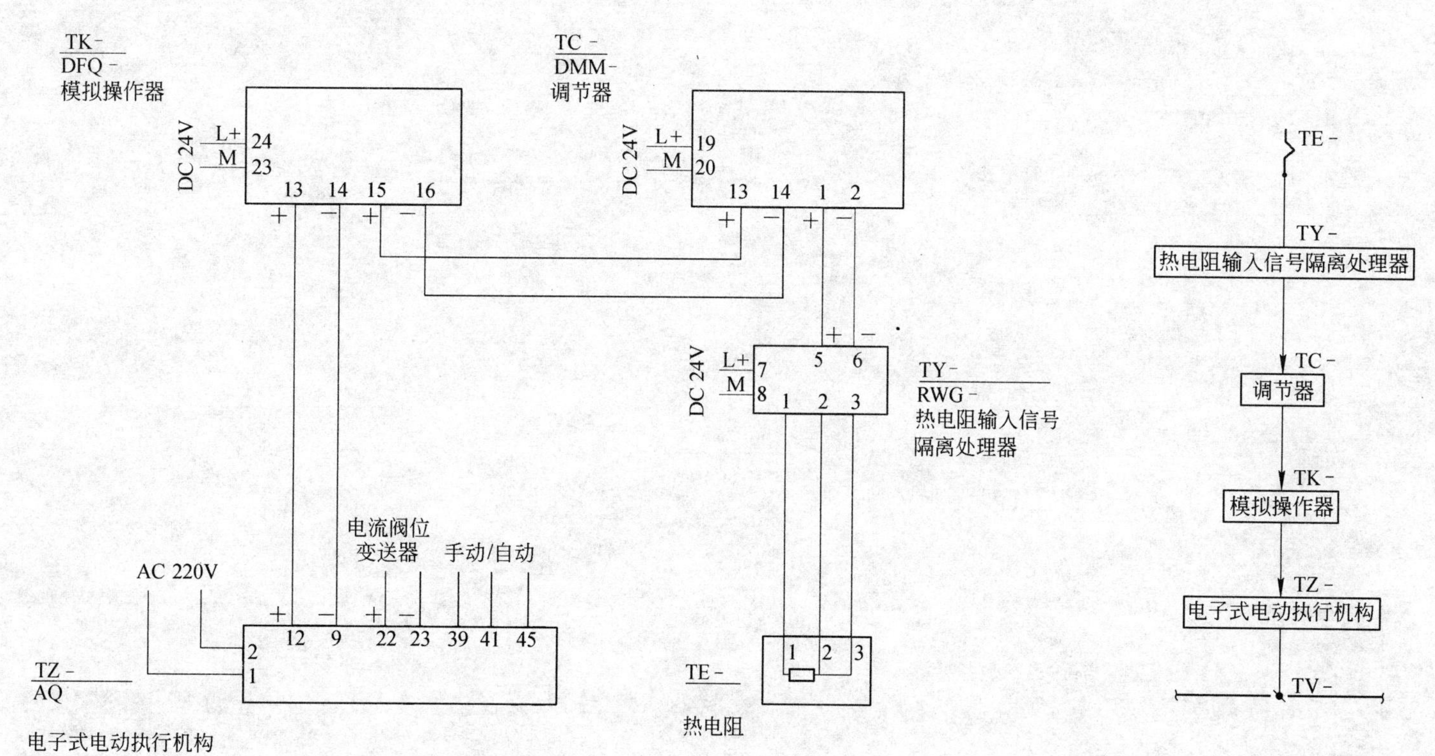

冶金仪控 通用图	温度调节系统接线图 (电子式电动执行器)	(2000)YK09-83	
		比例	页次

下

目　录

冶金仪控通用图	气动仪表检测、调节系统接管图图纸目录	(2000)YK10-1	
		比例	页次 1/2

三、遥控操作

四、其他

说　　明

1．适用范围

本图册适用于编制生产过程中常用气动检测和调节系统接管图。图纸是填充式的，需要设计者进行再加工后完成。

2．编制依据

本图册是在气动仪表检测、调节系统接管图((90)YK10)图册的基础上修改、补充而成。

3．内容提要

本图册主要应用QDZ-Ⅱ型系列气动单元组合仪表组成压力、流量和温度的检测和调节系统。调节系统都是单参数单回路的。系统中的变送器分在室内安装和现场安装的两种。

4．选用注意事项

(1) 图册中仪表接头代号的含义如下：

SP——给定(Setpoint)；IN——输入(Input)；OUT——输出(Output)；AS——空气源(Air Supply)；SW——开关(Switch)。

(2) 由于目前各仪表制造厂的产品不齐全，接管情况也不尽相同，因此本图册编制时是按某一特定厂家的产品来表示的，如二次显示仪表、记录仪、调节器、变送器、遥控板等以上海自动化仪表一厂的产品表示；阀门定位器、过滤减压阀以上海自动化仪表七厂的产品表示；气动浮筒液位变送器以上海自动化仪表五厂产品表示；气远传转子流量计以开封仪表厂产品表示；气动长行程执行机构以西安仪表机床厂和天津仪表专用设备厂产品表示；开方器、积算器以广东仪表厂产品表示。各制造厂家的仪表接管图附于图册后面供参考。工程设计中如选用其他厂家产品时，需核对其接管并对接管图作相应修改。

(3) 图册对检测、调节系统中所用到的弹簧压力表均一一作了表示，但某些弹簧压力表是作为主体设备的构成部分，或是随主体设备一起供货的，如变送器、阀门定位器、转子流量变送器、浮筒液位变送器、空气过滤减压阀等所带的Y-40和Y-60型弹簧压力表等即是。这些压力表在图上虽有表示，但在设备材料表中不再列出，设备订货表中也不需单另列出。

(4) 仪控室内仪表供气采用集中供气方式，变送器室内变送器较多时，也如此。现场仪表采用分散供气或设置分气包方式，变送器室内变送器较少时，也采取分散供气方式，这时室内的变送器就被视为是现场变送器，并按现场变送器选图。

(5) QFH-211，QFH-213型空气过滤减压阀上装有弹簧压力表，其相互连接的专用连接件由供应变送器的生产厂家提供，设备材料表中不予列入。

(6) 图中表示的穿板接头，或用于仪表盘后(连接盘内外配管)，或用于仪表箱(连接箱内外配管)上。处于现场的变送器按安装在仪表箱内考虑。因此有关管路上均表示有穿板接头，实际安装的变送器如不用仪表箱，则有关的穿板接头取消。

(7) 变送器等的输出端均有专用的连接件，此连接件使变送器输出端既与输出管线连接，又与配套的弹簧压力表相连接，此连接件由供应变送器的制造厂家配制，设备材料表中不予列入。

(8) 阀门定位器的气源、输入和输出端上均有专用的连接件，此连接件使有关端既与管路相连接又与配套的弹簧压力表相连接，此连接件由提供阀门定位器的生产厂家配制，设备材料表中不予列入。

(9) 气源球阀接铜管一端自带压紧螺母，图中虽有表示但在设备材料表中不予列入。

(10) 铜制卡套式管接头可与铜管相连接也可与尼龙管相连接，如与尼龙管连接时需要配用薄壁衬套，此衬套需要单独订货，应在工程设计的有关文件中加以说明。

(11) 图册中几种辅助设备的规格为：

1) 空气过滤减压阀(QFH-211型)：

气源压力：0.4～0.7MPa，最大输出压力：0.16MPa，最大输出流量：$40m^3/h$(标况)；

冶金仪控通用图	气动仪表检测、调节系统接管图说明	(2000)YK10-2	
		比例	页次 1/2

2) 空气过滤减压阀(QFH-213 型):

气源压力:0.4～0.7MPa,最大输出压力:0.16MPa,最大输出流量:40m^3/h(标况);

3) 空气安全阀(QFA-13 型):

工作压力范围:0.05～0.16MPa,开启压力:0.176MPa,额定流量:40m^3/h(标况);

4) 压力控制器(YTK-01 型):

压力控制范围:0～1MPa。

(12) 本图册中的“穿板接头”按原机械工业部标准称为“隔壁接头”,使用时请予注意。

一、检 测 系 统

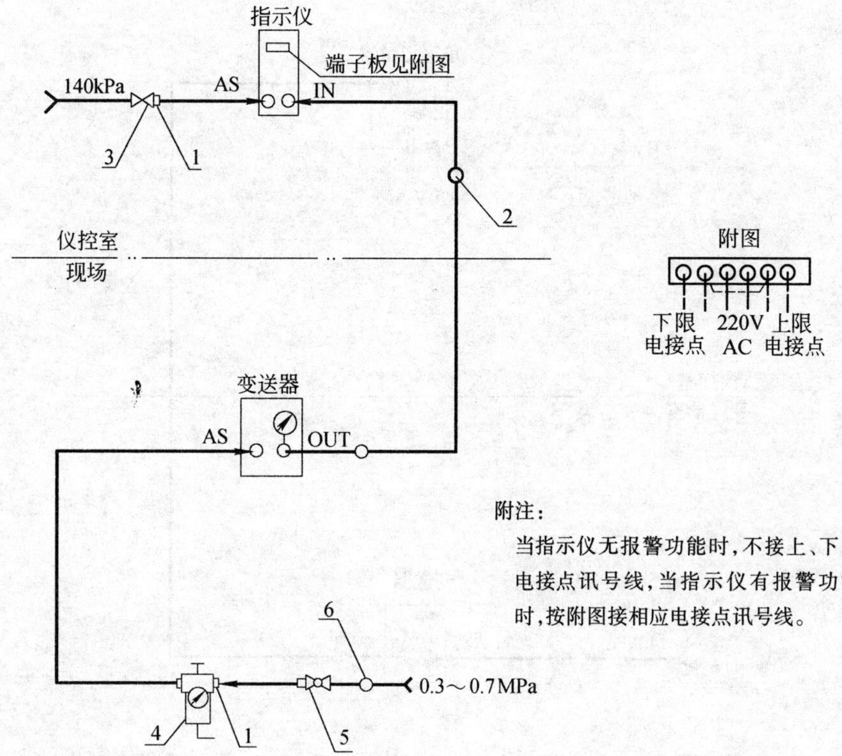

指示仪
端子板见附图
140kPa
AS
IN
3
1
2
仪控室
现场
附图
下限
电接点
220V
AC
上限
电接点
变送器
AS
OUT
6
0.3～0.7MPa
4
1
5

附注：

当指示仪无报警功能时，不接上、下限电接点讯号线，当指示仪有报警功能时，按附图接相应电接点讯号线。

件号	名　称	数量	材质 Ⅰ	材质 Ⅱ	质量(kg) 单重	质量(kg) 总重	图号或标准、规格号	备　注
6	直通穿板接头 *DN*15	1	不锈钢				YZG5-4-22	
5	气源球阀 *PN*1.0MPa，*DN*4	1	黄铜					QG.QY1
4	空气过滤减压阀	1						QFH-211
3	二通阀	1						QF-03
2	直通穿板接头 *DN*4，M10×1	2	黄铜				YZG2-3-ϕ 6	
1	直通终端接头 *DN*4，M10×1	6	黄铜				YZG2-1-M10×1-ϕ6	

设备材料表

冶金仪控通用图	压力(流量、液位)单针指示或单针指示报警系统接管图(变送器在现场)	(2000)YK10-3
		比例	页次

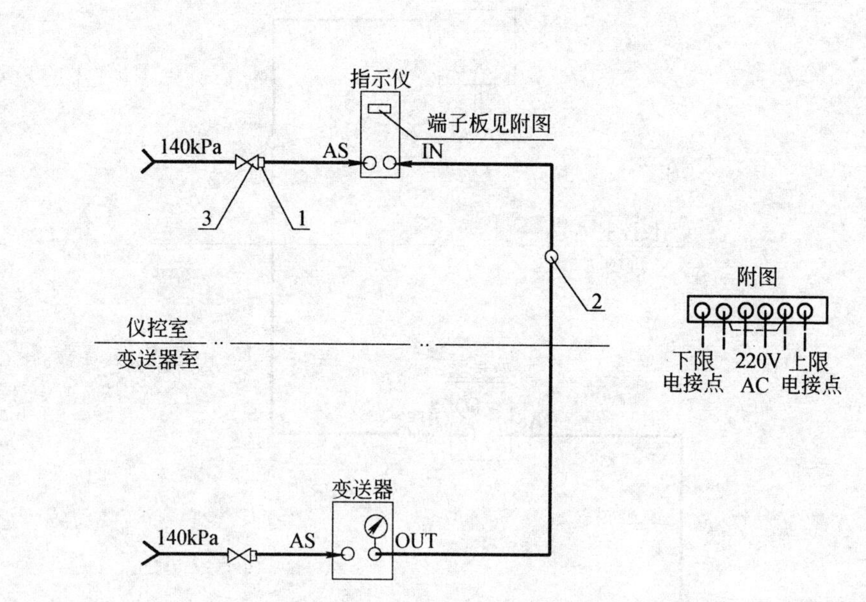

指示仪
端子板见附图
140kPa
AS
IN
3
1
2
附图
仪控室
变送器室
下限
电接点
220V
AC
上限
电接点
变送器
140kPa
AS
OUT

附注：

当指示仪无报警功能时，不接上、下限电接点讯号线，当指示仪有报警功能时，按附图接相应电接点讯号线。

件号	名　称	数量	材质 Ⅰ	材质 Ⅱ	质量(kg) 单重	质量(kg) 总重	图号或标准、规格号	备　注
3	二通阀	2						QF-03
2	直通穿板接头 *DN*4，M10×1	1	黄铜				YZG2-3-ϕ6	
1	直通终端接头 *DN*4，M10×1	5	黄铜				YZG2-1-M10×1-ϕ6	

设备材料表

冶金仪控通用图	压力(流量)单针指示或单针指示报警系统接管图(变送器在变送器室)	(2000)YK10-4
		比例	页次

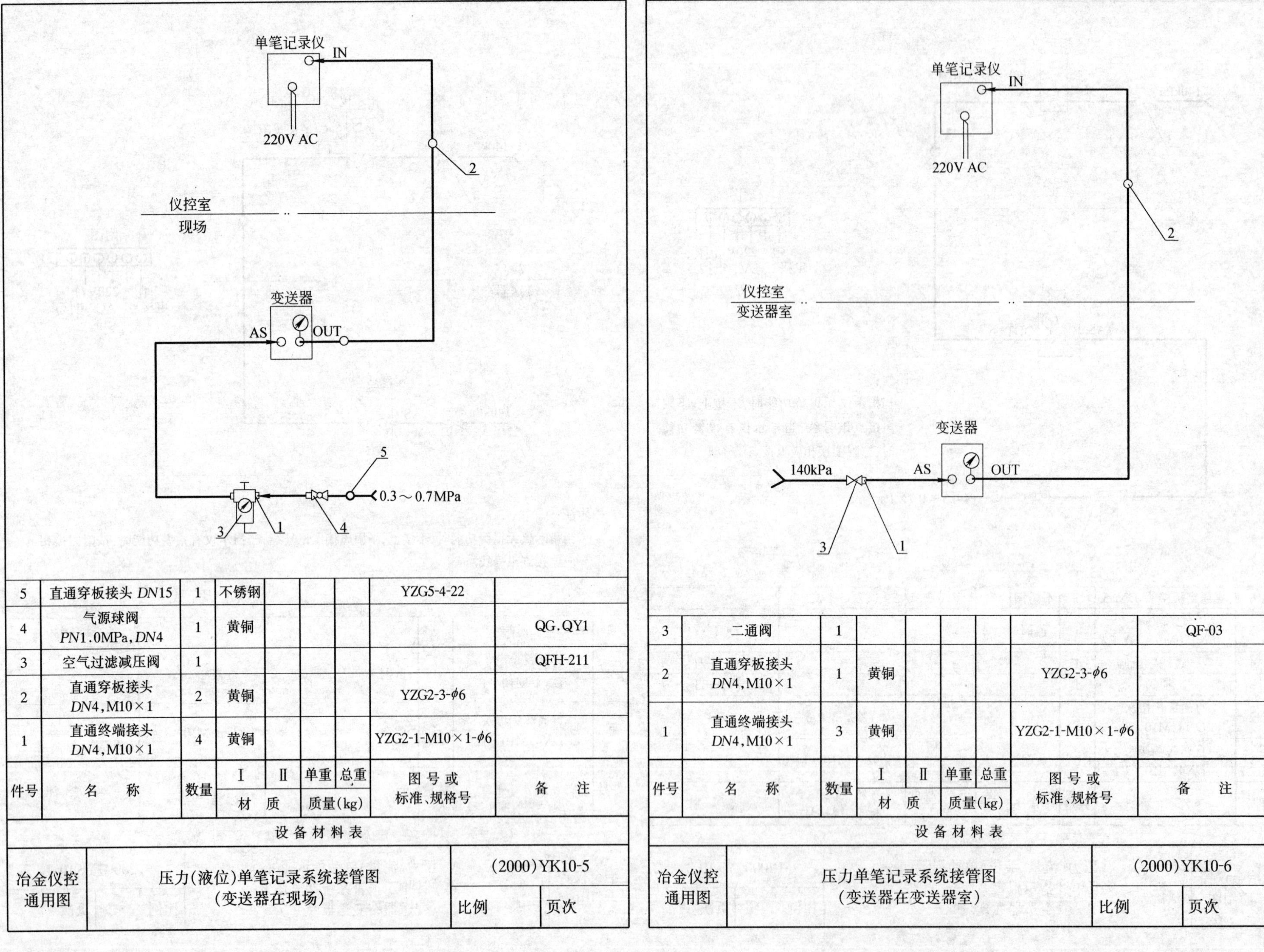

件号	名称	数量	材质 Ⅰ	材质 Ⅱ	质量(kg) 单重	质量(kg) 总重	图号或标准、规格号	备注
5	直通穿板接头 *DN*15	1	不锈钢				YZG5-4-22	
4	气源球阀 *PN*1.0MPa，*DN*4	1	黄铜					QG.QY1
3	空气过滤减压阀	1						QFH-211
2	直通穿板接头 *DN*4，M10×1	2	黄铜				YZG2-3-ϕ6	
1	直通终端接头 *DN*4，M10×1	4	黄铜				YZG2-1-M10×1-ϕ6	

设备材料表

冶金仪控通用图	压力(液位)单笔记录系统接管图（变送器在现场）	(2000)YK10-5	
		比例	页次

件号	名称	数量	材质 Ⅰ	材质 Ⅱ	质量(kg) 单重	质量(kg) 总重	图号或标准、规格号	备注
3	二通阀	1						QF-03
2	直通穿板接头 *DN*4，M10×1	1	黄铜				YZG2-3-ϕ6	
1	直通终端接头 *DN*4，M10×1	3	黄铜				YZG2-1-M10×1-ϕ6	

设备材料表

冶金仪控通用图	压力单笔记录系统接管图（变送器在变送器室）	(2000)YK10-6	
		比例	页次

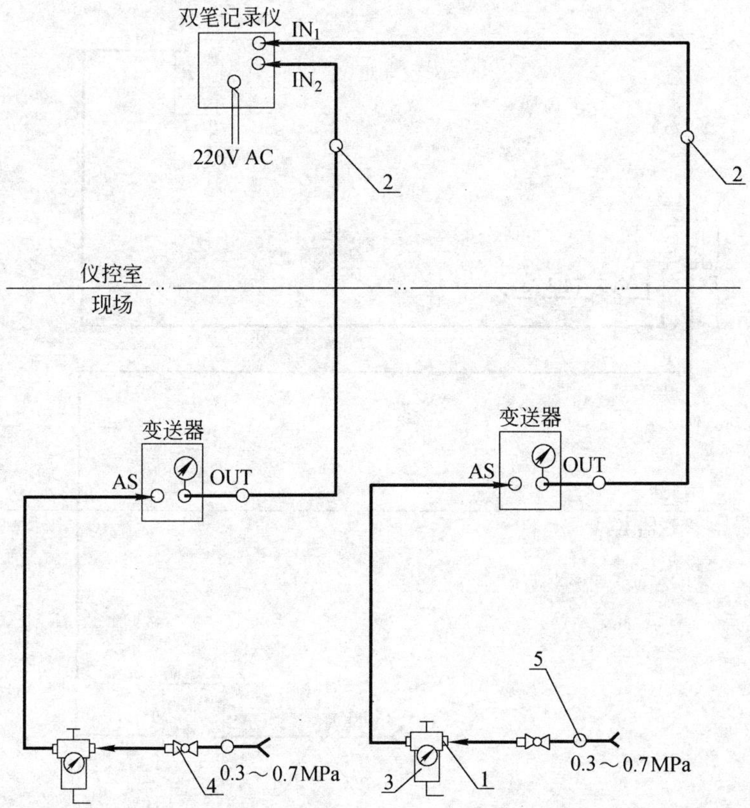

件号	名称及规格	数量	材质 Ⅰ	材质 Ⅱ	质量(kg) 单重	质量(kg) 总重	图号或标准、规格号	备注
5	直通穿板接头 *DN*15	2	不锈钢				YZG5-4-22	
4	气源球阀 *PN*1.0MPa，*DN*4	2	黄铜					QG.QY1
3	空气过滤减压阀	2						QFH-211
2	直通穿板接头 *DN*4，M10×1	4	黄铜				YZG2-3-ϕ6	
1	直通终端接头 *DN*4，M10×1	8	黄铜				YZG2-1-M10×1-ϕ6	

设备材料表

冶金仪控通用图	压力(液位)双笔记录系统接管图(变送器在现场)	(2000)YK10-7	
		比例	页次

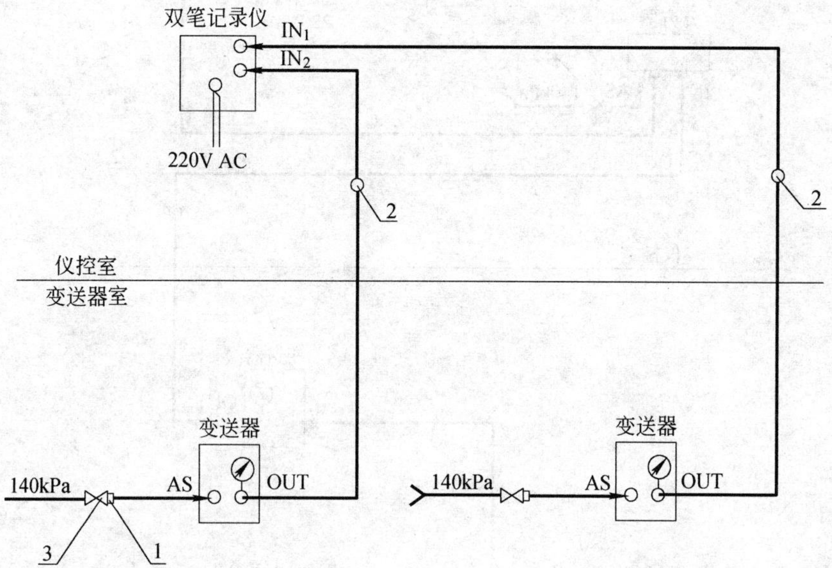

件号	名称及规格	数量	材质 Ⅰ	材质 Ⅱ	质量(kg) 单重	质量(kg) 总重	图号或标准、规格号	备注
3	二通阀	2						QF-03
2	直通穿板接头 *DN*4，M10×1	2	黄铜				YZG2-3-ϕ6	
1	直通终端接头 *DN*4，M10×1	6	黄铜				YZG2-1-M10×1-ϕ6	

设备材料表

冶金仪控通用图	压力双笔记录系统接管图(变送器在变送器室)	(2000)YK10-8	
		比例	页次

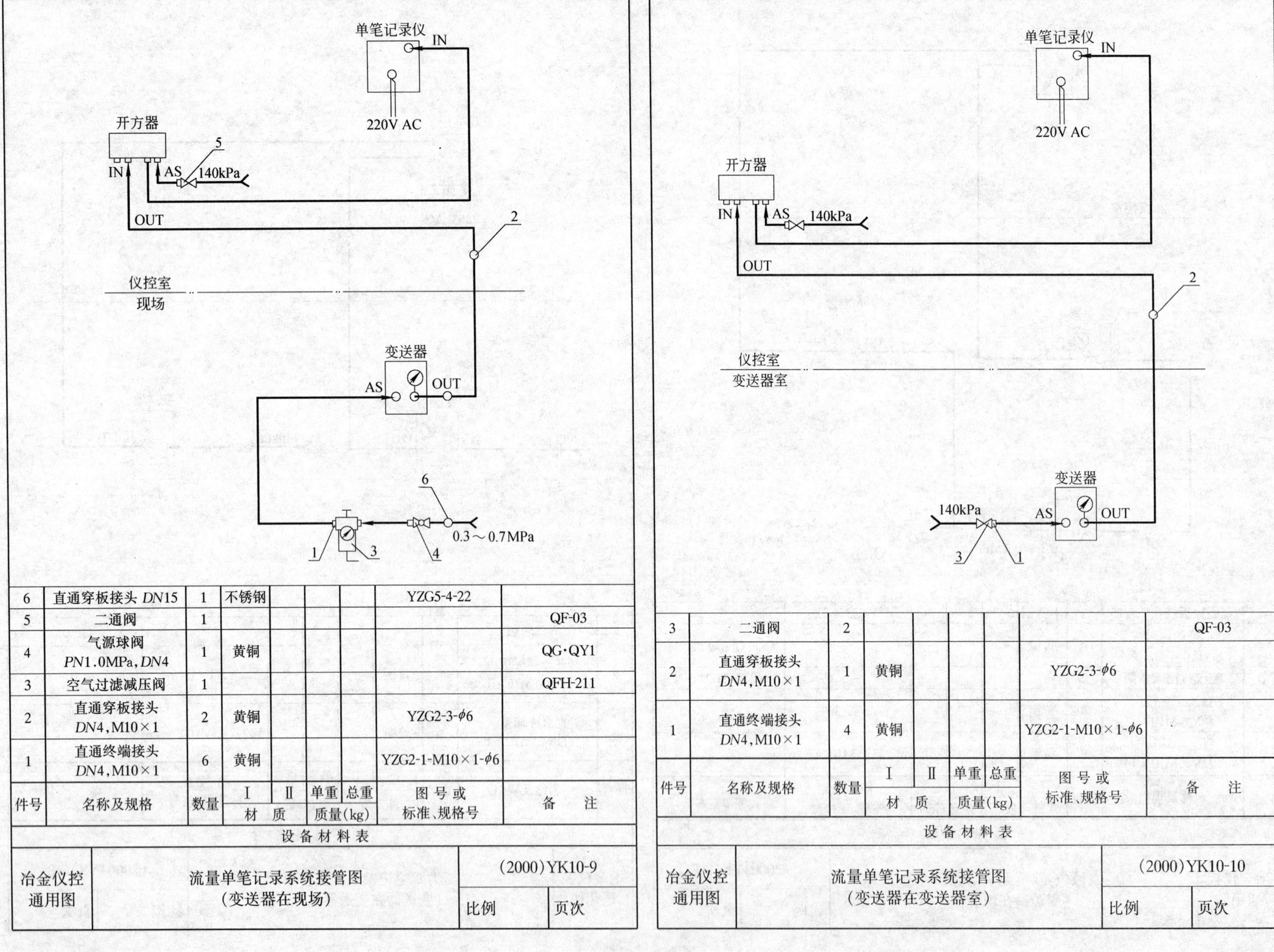

件号	名称及规格	数量	材质 Ⅰ	材质 Ⅱ	质量(kg) 单重	质量(kg) 总重	图号或标准、规格号	备注
6	直通穿板接头 *DN*15	1	不锈钢				YZG5-4-22	
5	二通阀	1						QF-03
4	气源球阀 *PN*1.0MPa, *DN*4	1	黄铜					QG·QY1
3	空气过滤减压阀	1						QFH-211
2	直通穿板接头 *DN*4, M10×1	2	黄铜				YZG2-3-ϕ6	
1	直通终端接头 *DN*4, M10×1	6	黄铜				YZG2-1-M10×1-ϕ6	

设备材料表

冶金仪控通用图	流量单笔记录系统接管图（变送器在现场）	(2000)YK10-9	
		比例	页次

件号	名称及规格	数量	材质 Ⅰ	材质 Ⅱ	质量(kg) 单重	质量(kg) 总重	图号或标准、规格号	备注
3	二通阀	2						QF-03
2	直通穿板接头 *DN*4, M10×1	1	黄铜				YZG2-3-ϕ6	
1	直通终端接头 *DN*4, M10×1	4	黄铜				YZG2-1-M10×1-ϕ6	

设备材料表

冶金仪控通用图	流量单笔记录系统接管图（变送器在变送器室）	(2000)YK10-10	
		比例	页次

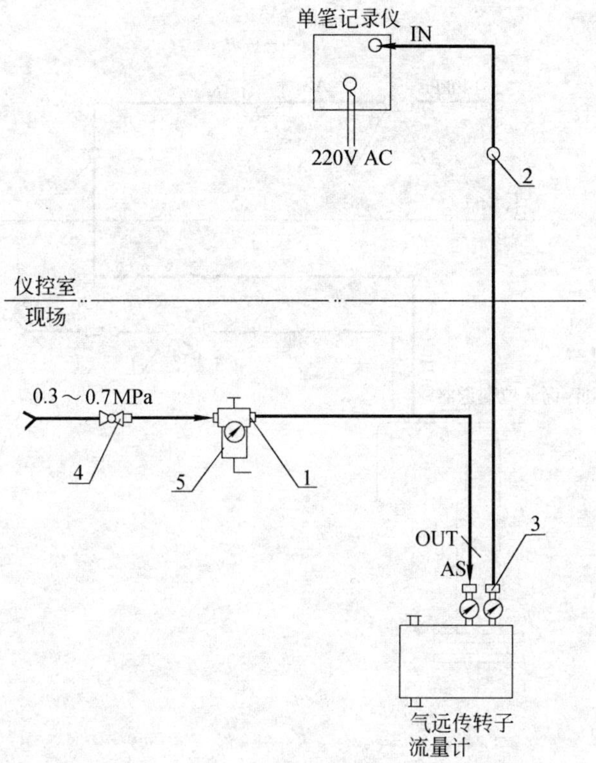

附注：

气远传转子流量计出厂时自身所带的管接头在安装时应去掉，改用设备材料表中序号3的零件。

件号	名称及规格	数量	材质 Ⅰ	材质 Ⅱ	质量(kg) 单重	质量(kg) 总重	图号或标准、规格号	备注
5	空气过滤减压阀	1						QFH-211
4	气源球阀 *PN*1.0MPa,*DN*4	1	黄铜					QG.QY1
3	直通终端接头 *DN*4,M12×1	2	黄铜				YZG2-1-M12×1-ϕ6	
2	直通穿板接头 *DN*4,M10×1	1	黄铜				YZG2-3-ϕ6	
1	直通终端接头 *DN*4,M10×1	3	黄铜				YZG2-1-M10×1-ϕ6	

设备材料表

冶金仪控通用图	流量单笔记录系统接管图（采用气远传转子流量计）	(2000)YK10-11	
		比例	页次

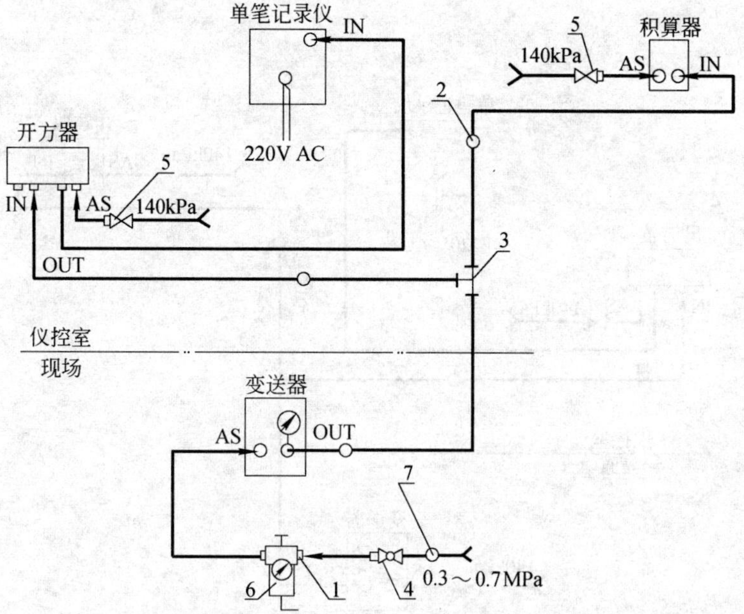

件号	名称及规格	数量	材质 Ⅰ	材质 Ⅱ	质量(kg) 单重	质量(kg) 总重	图号或标准、规格号	备注
7	直通穿板接头 *DN*15	1	不锈钢				YZG5-4-22	
6	空气过滤减压阀	1						QFH-211
5	二通阀	2						QF-03
4	气源球阀 *PN*1.0MPa,*DN*4	1	黄铜					QG.QY1
3	三通中间接头 *DN*4,M10×1	1	黄铜				YZG2-11-ϕ6	
2	直通穿板接头 *DN*4,M10×1	3	黄铜				YZG2-3-ϕ6	
1	直通终端接头 *DN*4,M10×1	8	黄铜				YZG2-1-M10×1-ϕ6	

设备材料表

冶金仪控通用图	流量记录、累积系统接管图（变送器在现场）	(2000)YK10-12	
		比例	页次

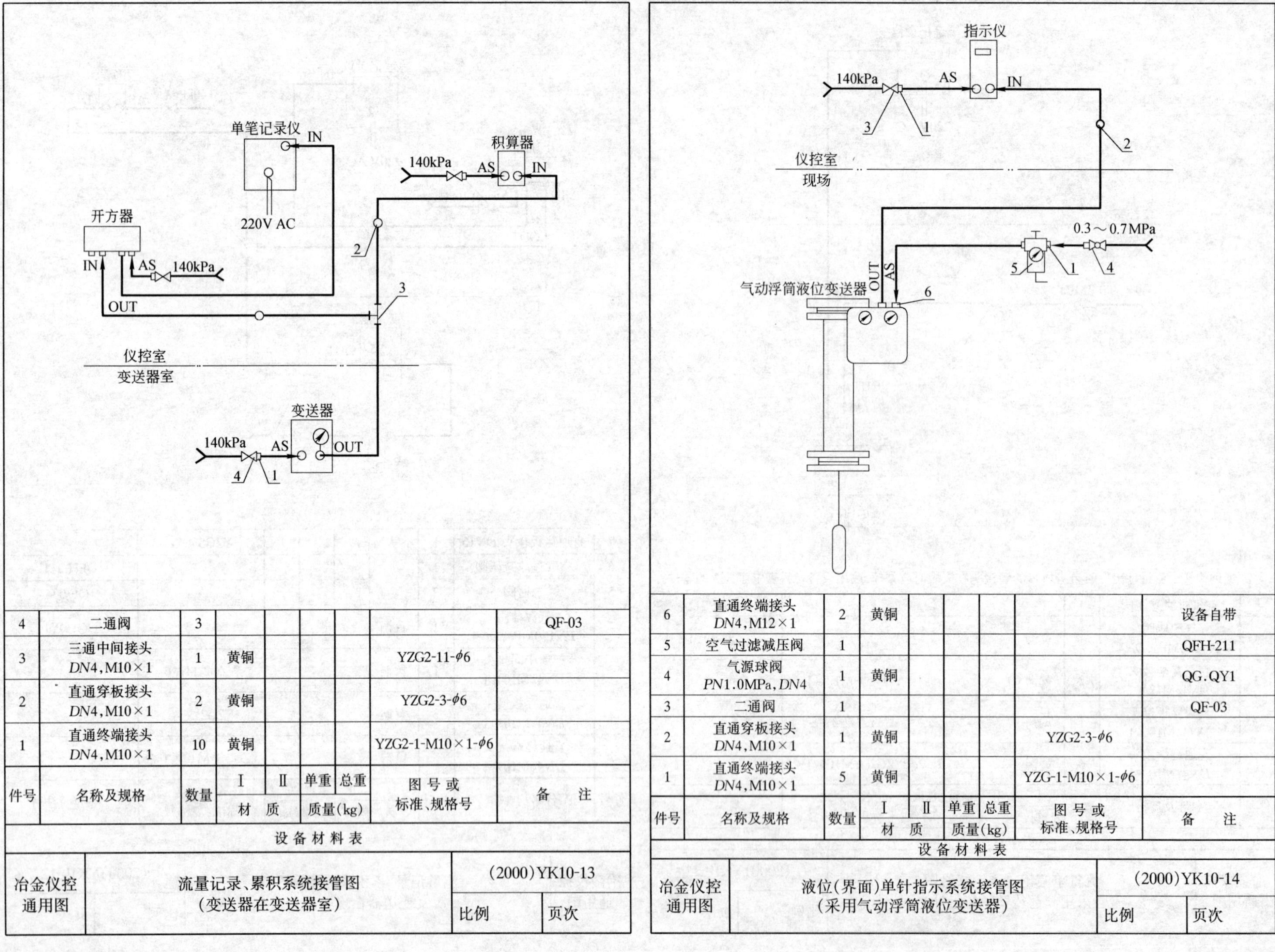

件号	名称及规格	数量	材质 Ⅰ	材质 Ⅱ	质量(kg) 单重	质量(kg) 总重	图号或标准、规格号	备注
4	二通阀	3						QF-03
3	三通中间接头 DN4,M10×1	1	黄铜				YZG2-11-φ6	
2	直通穿板接头 DN4,M10×1	2	黄铜				YZG2-3-φ6	
1	直通终端接头 DN4,M10×1	10	黄铜				YZG2-1-M10×1-φ6	

设备材料表

冶金仪控通用图	流量记录、累积系统接管图（变送器在变送器室）	(2000)YK10-13	
		比例	页次

件号	名称及规格	数量	材质 Ⅰ	材质 Ⅱ	质量(kg) 单重	质量(kg) 总重	图号或标准、规格号	备注
6	直通终端接头 DN4,M12×1	2	黄铜					设备自带
5	空气过滤减压阀	1						QFH-211
4	气源球阀 PN1.0MPa,DN4	1	黄铜					QG.QY1
3	二通阀	1						QF-03
2	直通穿板接头 DN4,M10×1	1	黄铜				YZG2-3-φ6	
1	直通终端接头 DN4,M10×1	5	黄铜				YZG-1-M10×1-φ6	

设备材料表

冶金仪控通用图	液位(界面)单针指示系统接管图（采用气动浮筒液位变送器）	(2000)YK10-14	
		比例	页次

二、调节系统

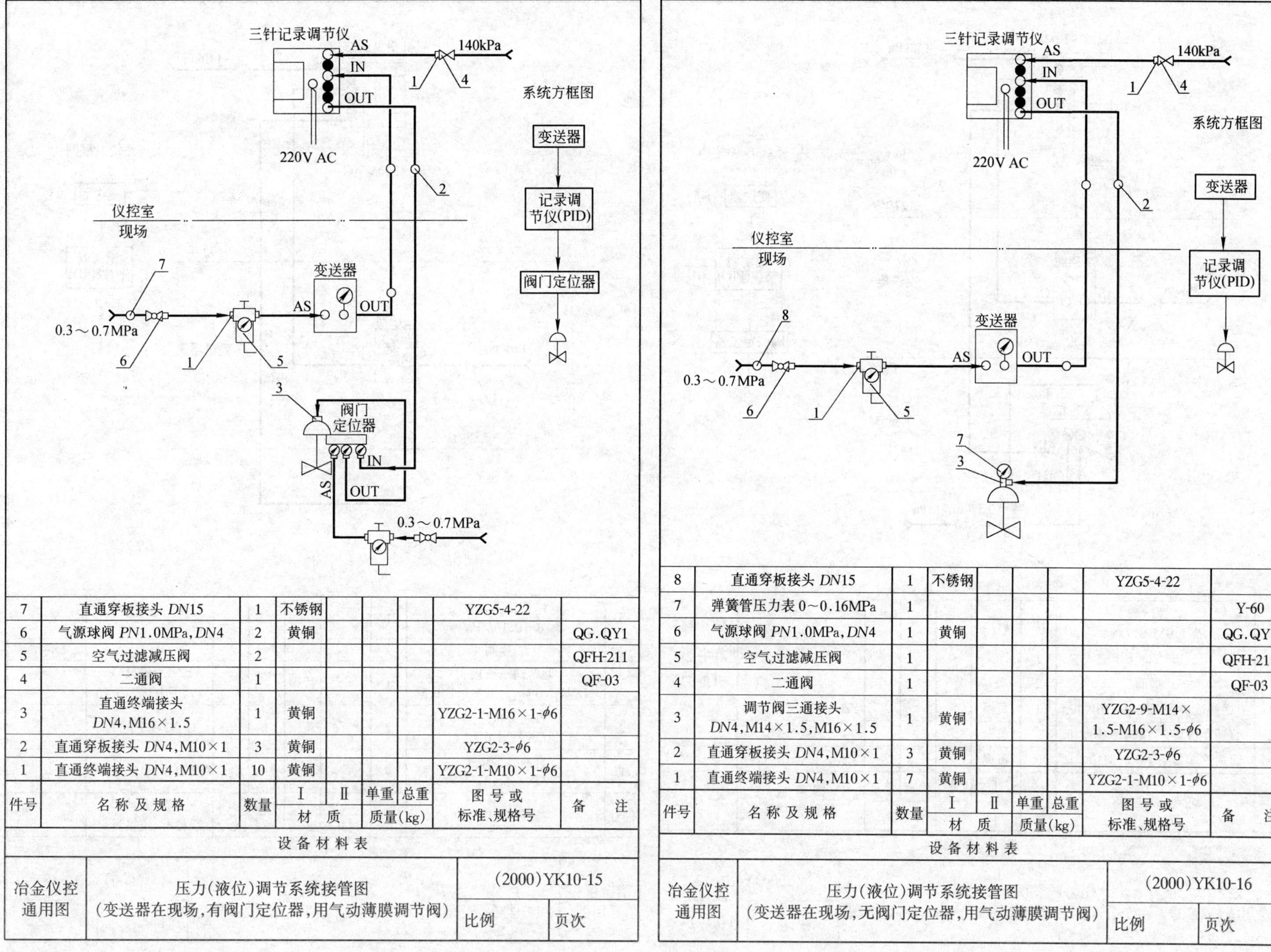

件号	名称及规格	数量	材质 Ⅰ	材质 Ⅱ	质量(kg) 单重	质量(kg) 总重	图号或标准、规格号	备注
7	直通穿板接头 DN15	1	不锈钢				YZG5-4-22	
6	气源球阀 PN1.0MPa,DN4	2	黄铜					QG.QY1
5	空气过滤减压阀	2						QFH-211
4	二通阀	1						QF-03
3	直通终端接头 DN4,M16×1.5	1	黄铜				YZG2-1-M16×1-φ6	
2	直通穿板接头 DN4,M10×1	3	黄铜				YZG2-3-φ6	
1	直通终端接头 DN4,M10×1	10	黄铜				YZG2-1-M10×1-φ6	

设备材料表

冶金仪控通用图	压力(液位)调节系统接管图 (变送器在现场,有阀门定位器,用气动薄膜调节阀)	(2000)YK10-15	
		比例	页次

件号	名称及规格	数量	材质 Ⅰ	材质 Ⅱ	质量(kg) 单重	质量(kg) 总重	图号或标准、规格号	备注
8	直通穿板接头 DN15	1	不锈钢				YZG5-4-22	
7	弹簧管压力表 0～0.16MPa	1						Y-60
6	气源球阀 PN1.0MPa,DN4	1	黄铜					QG.QY1
5	空气过滤减压阀	1						QFH-211
4	二通阀	1						QF-03
3	调节阀三通接头 DN4,M14×1.5,M16×1.5	1	黄铜				YZG2-9-M14×1.5-M16×1.5-φ6	
2	直通穿板接头 DN4,M10×1	3	黄铜				YZG2-3-φ6	
1	直通终端接头 DN4,M10×1	7	黄铜				YZG2-1-M10×1-φ6	

设备材料表

冶金仪控通用图	压力(液位)调节系统接管图 (变送器在现场,无阀门定位器,用气动薄膜调节阀)	(2000)YK10-16	
		比例	页次

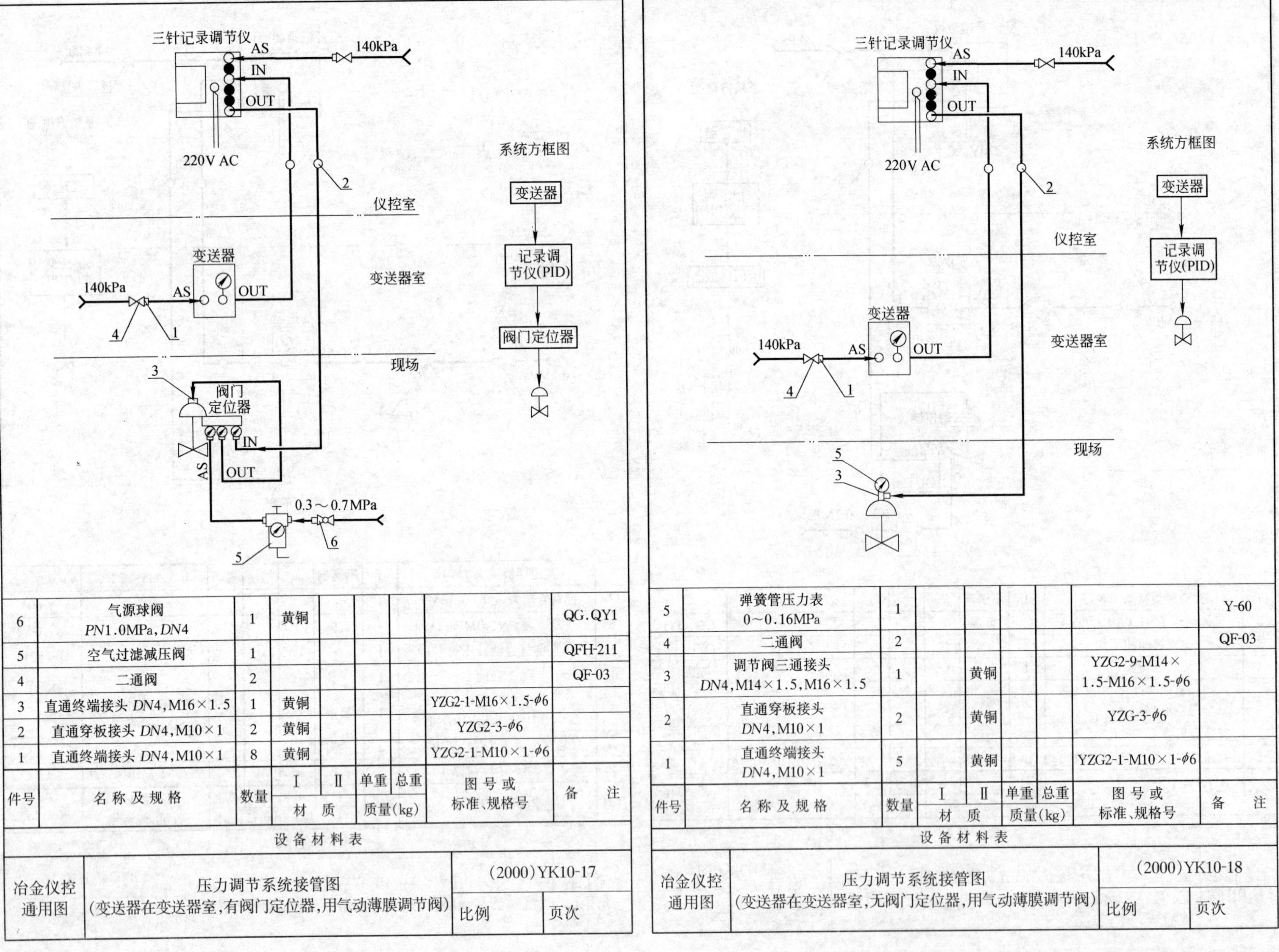

件号	名称及规格	数量	材质 Ⅰ	材质 Ⅱ	质量(kg) 单重	质量(kg) 总重	图号或标准、规格号	备注
6	气源球阀 *PN*1.0MPa, *DN*4	1	黄铜					QG.QY1
5	空气过滤减压阀	1						QFH-211
4	二通阀	2						QF-03
3	直通终端接头 *DN*4, M16×1.5	1	黄铜				YZG2-1-M16×1.5-φ6	
2	直通穿板接头 *DN*4, M10×1	2	黄铜				YZG2-3-φ6	
1	直通终端接头 *DN*4, M10×1	8	黄铜				YZG2-1-M10×1-φ6	

设备材料表

冶金仪控通用图	压力调节系统接管图 (变送器在变送器室，有阀门定位器，用气动薄膜调节阀)	(2000)YK10-17	
		比例	页次

件号	名称及规格	数量	材质 Ⅰ	材质 Ⅱ	质量(kg) 单重	质量(kg) 总重	图号或标准、规格号	备注
5	弹簧管压力表 0～0.16MPa	1						Y-60
4	二通阀	2						QF-03
3	调节阀三通接头 *DN*4, M14×1.5, M16×1.5	1		黄铜			YZG2-9-M14×1.5-M16×1.5-φ6	
2	直通穿板接头 *DN*4, M10×1	2		黄铜			YZG-3-φ6	
1	直通终端接头 *DN*4, M10×1	5		黄铜			YZG2-1-M10×1-φ6	

设备材料表

冶金仪控通用图	压力调节系统接管图 (变送器在变送器室，无阀门定位器，用气动薄膜调节阀)	(2000)YK10-18	
		比例	页次

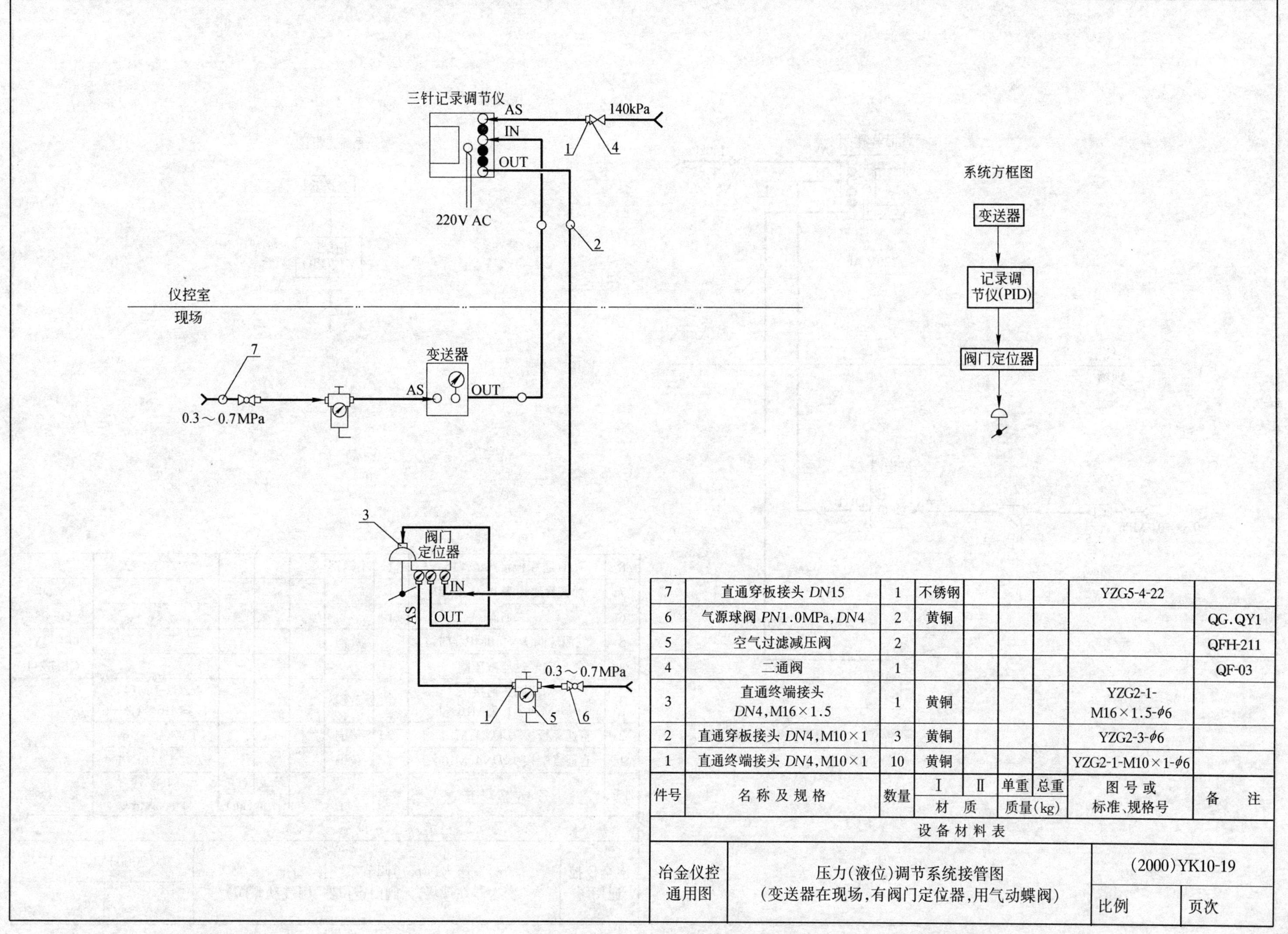

7	直通穿板接头 *DN*15	1	不锈钢				YZG5-4-22	
6	气源球阀 *PN*1.0MPa,*DN*4	2	黄铜					QG.QY1
5	空气过滤减压阀	2						QFH-211
4	二通阀	1						QF-03
3	直通终端接头 *DN*4,M16×1.5	1	黄铜				YZG2-1-M16×1.5-ϕ6	
2	直通穿板接头 *DN*4,M10×1	3	黄铜				YZG2-3-ϕ6	
1	直通终端接头 *DN*4,M10×1	10	黄铜				YZG2-1-M10×1-ϕ6	
件号	名称及规格	数量	Ⅰ	Ⅱ	单重	总重	图号或标准、规格号	备注
			材质		质量(kg)			

设备材料表

冶金仪控通用图	压力(液位)调节系统接管图 (变送器在现场,有阀门定位器,用气动蝶阀)	(2000)YK10-19	
		比例	页次

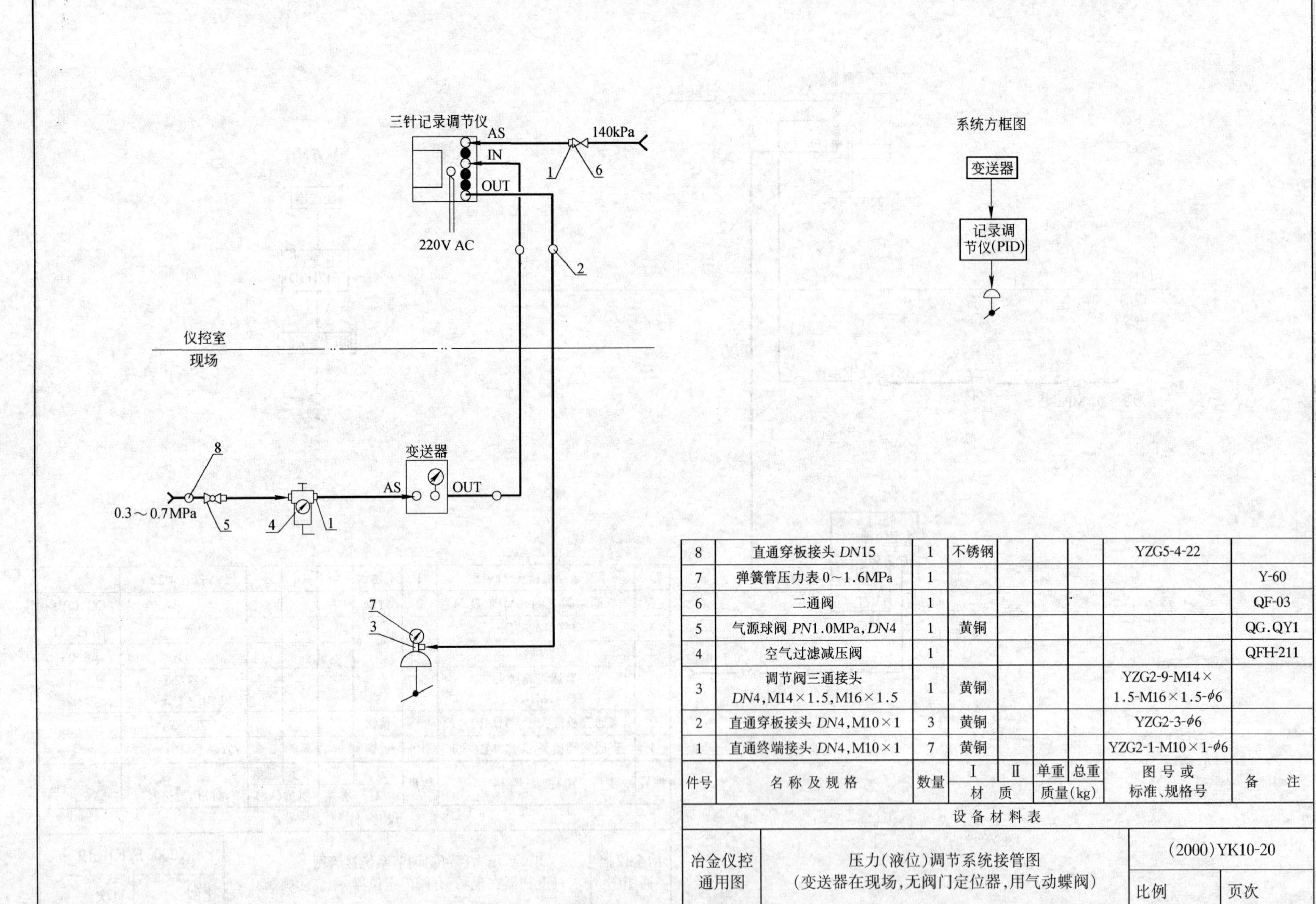

件号	名称及规格	数量	材质 Ⅰ	材质 Ⅱ	质量(kg) 单重	质量(kg) 总重	图号或标准、规格号	备注
8	直通穿板接头 *DN*15	1	不锈钢				YZG5-4-22	
7	弹簧管压力表 0～1.6MPa	1						Y-60
6	二通阀	1						QF-03
5	气源球阀 *PN*1.0MPa, *DN*4	1	黄铜					QG.QY1
4	空气过滤减压阀	1						QFH-211
3	调节阀三通接头 *DN*4, M14×1.5, M16×1.5	1	黄铜				YZG2-9-M14×1.5-M16×1.5-ϕ6	
2	直通穿板接头 *DN*4, M10×1	3	黄铜				YZG2-3-ϕ6	
1	直通终端接头 *DN*4, M10×1	7	黄铜				YZG2-1-M10×1-ϕ6	

设备材料表

冶金仪控通用图	压力(液位)调节系统接管图(变送器在现场,无阀门定位器,用气动蝶阀)	(2000)YK10-20
		比例 　 页次

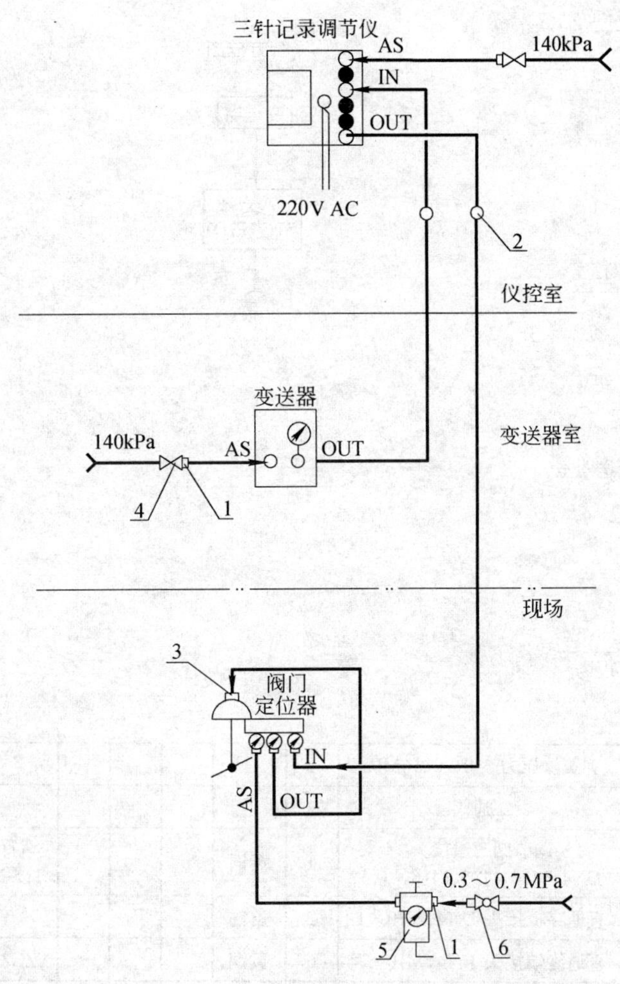

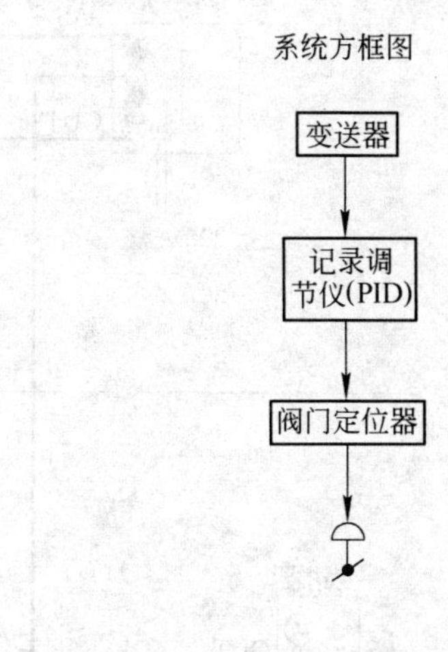

6	气源球阀 *PN*1.0MPa,*DN*4	1	黄铜					QG.QY1
5	空气过滤减压阀	1						QFH-211
4	二通阀	2						QF-03
3	直通终端接头 *DN*4,M16×1.5	1	黄铜				YZG2-1-M16×1.5-ϕ6	
2	直通穿板接头 *DN*4,M10×1	2	黄铜				YZG2-3-ϕ6	
1	直通终端接头 *DN*4,M10×1	8	黄铜				YZG2-1-M10×1-ϕ6	
件号	名称及规格	数量	Ⅰ	Ⅱ	单重	总重	图号或 标准、规格号	备注
			材质		质量(kg)			

设备材料表

冶金仪控 通用图	压力调节系统接管图 (变送器在变送器室,有阀门定位器,用气动蝶阀)	(2000)YK10-21	
		比例	页次

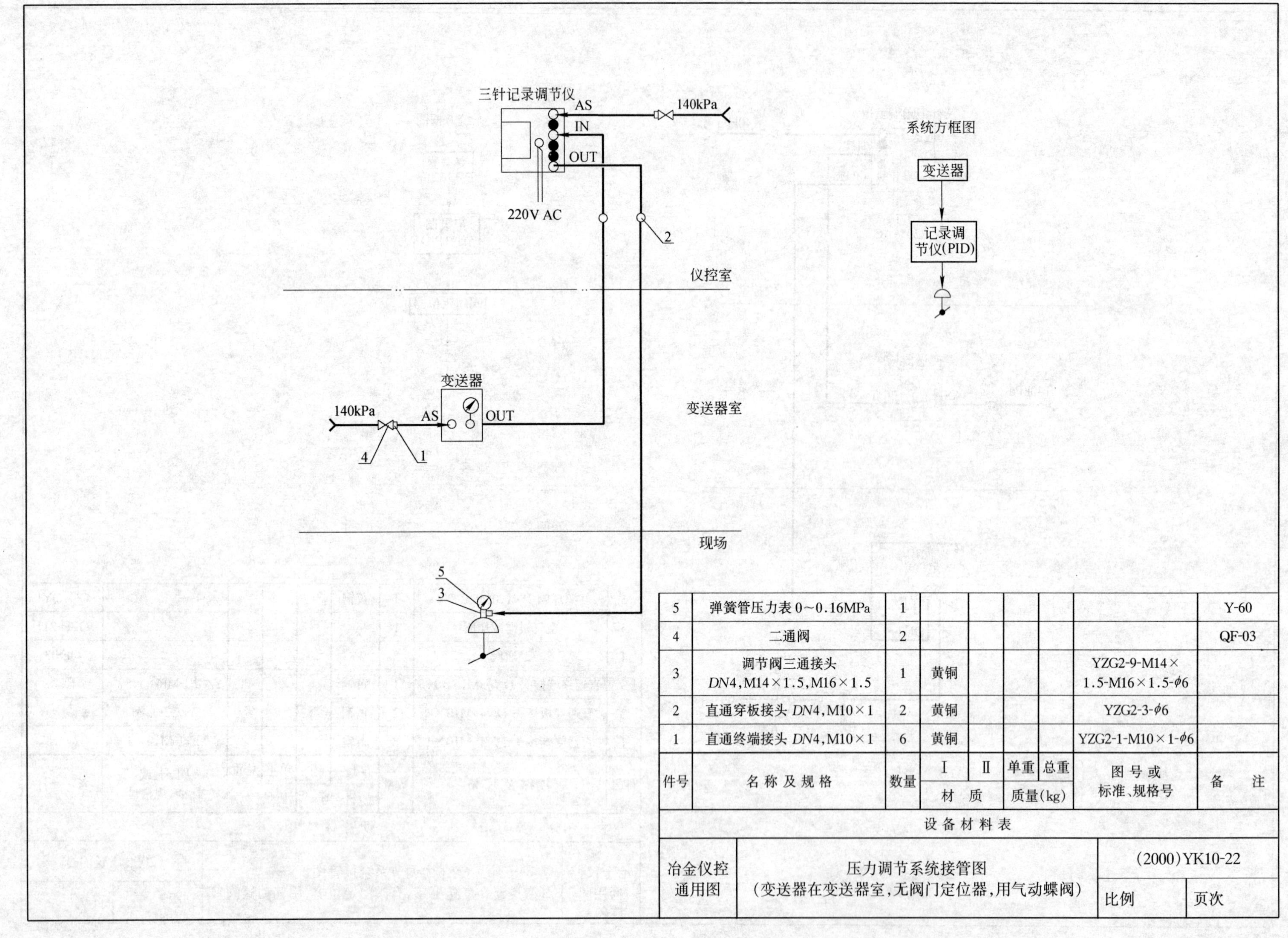

件号	名称及规格	数量	材质 Ⅰ	材质 Ⅱ	质量(kg) 单重	质量(kg) 总重	图号或标准、规格号	备注
5	弹簧管压力表0～0.16MPa	1						Y-60
4	二通阀	2						QF-03
3	调节阀三通接头 *DN*4,M14×1.5,M16×1.5	1	黄铜				YZG2-9-M14×1.5-M16×1.5-ϕ6	
2	直通穿板接头 *DN*4,M10×1	2	黄铜				YZG2-3-ϕ6	
1	直通终端接头 *DN*4,M10×1	6	黄铜				YZG2-1-M10×1-ϕ6	

设备材料表

冶金仪控通用图	压力调节系统接管图 (变送器在变送器室,无阀门定位器,用气动蝶阀)	(2000)YK10-22	
		比例	页次

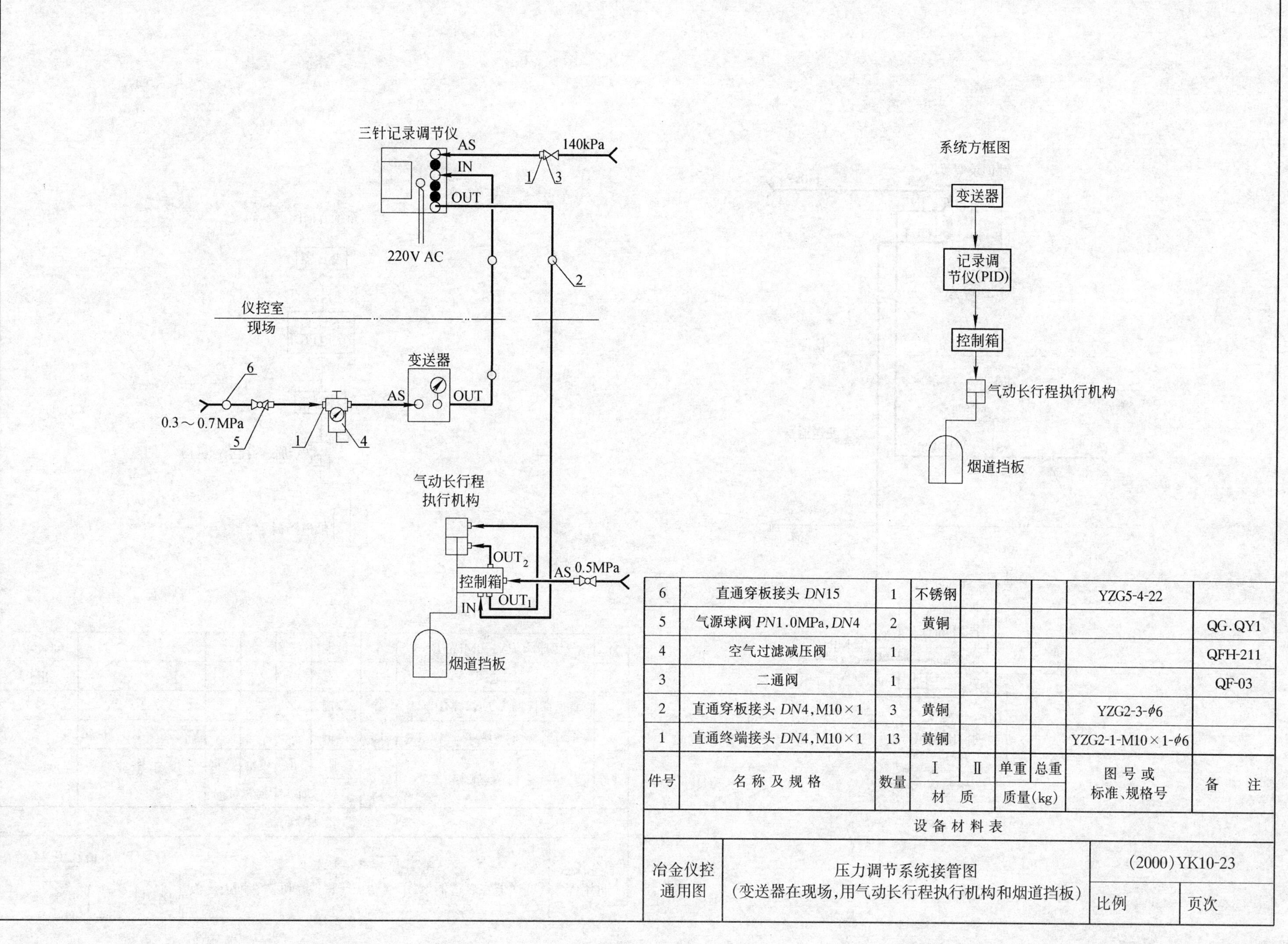

件号	名称及规格	数量	材质 Ⅰ	材质 Ⅱ	质量(kg) 单重	质量(kg) 总重	图号或标准、规格号	备注
6	直通穿板接头 DN15	1	不锈钢				YZG5-4-22	
5	气源球阀 PN1.0MPa, DN4	2	黄铜					QG.QY1
4	空气过滤减压阀	1						QFH-211
3	二通阀	1						QF-03
2	直通穿板接头 DN4, M10×1	3	黄铜				YZG2-3-ϕ6	
1	直通终端接头 DN4, M10×1	13	黄铜				YZG2-1-M10×1-ϕ6	

设备材料表

冶金仪控通用图	压力调节系统接管图（变送器在现场，用气动长行程执行机构和烟道挡板）	(2000)YK10-23	
		比例	页次

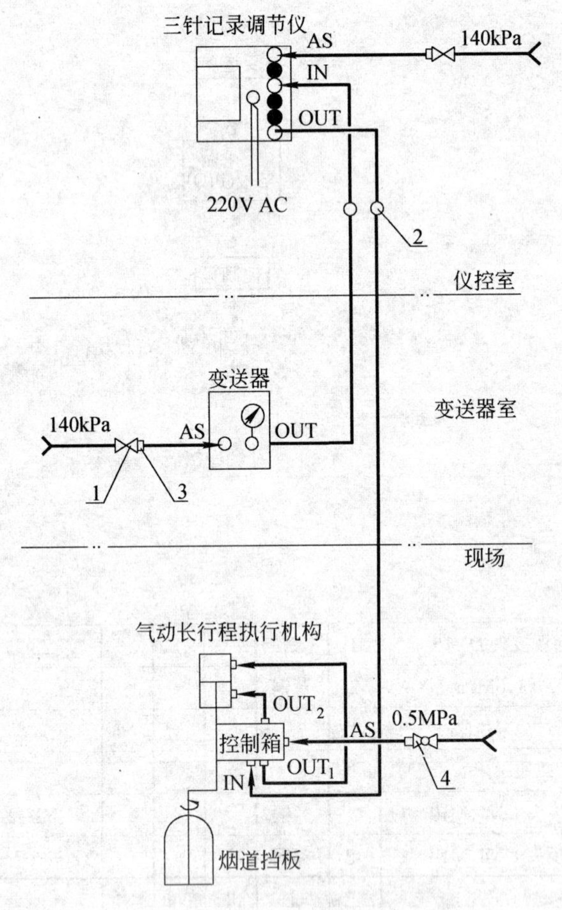

系统方框图

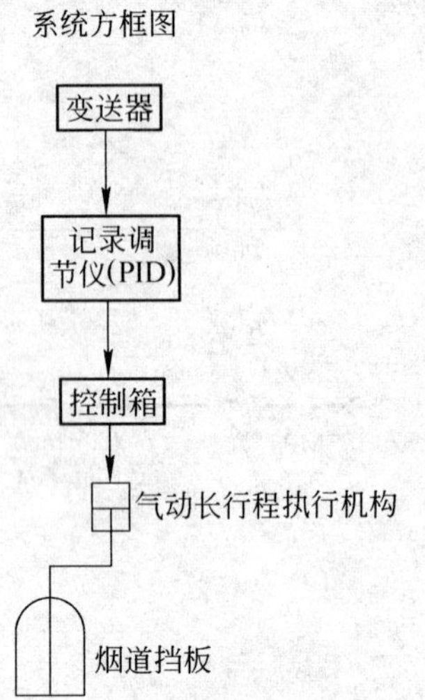

件号	名称及规格	数量	材质 Ⅰ	材质 Ⅱ	质量(kg) 单重	质量(kg) 总重	图号或标准、规格号	备注
4	气源球阀 *PN*1.0MPa, *DN*4	1	黄铜					QG.QY1
3	二通阀	2						QF-03
2	直通穿板接头 *DN*4, M10×1	2	黄铜				YZG2-3-ϕ6	
1	直通终端接头 *DN*4, M10×1	12	黄铜				YZG2-1-M10×1-ϕ6	

设备材料表

冶金仪控通用图	压力调节系统接管图 (变送器在变送器室,用气动长行程执行机构和烟道挡板)	(2000)YK10-24	
		比例	页次

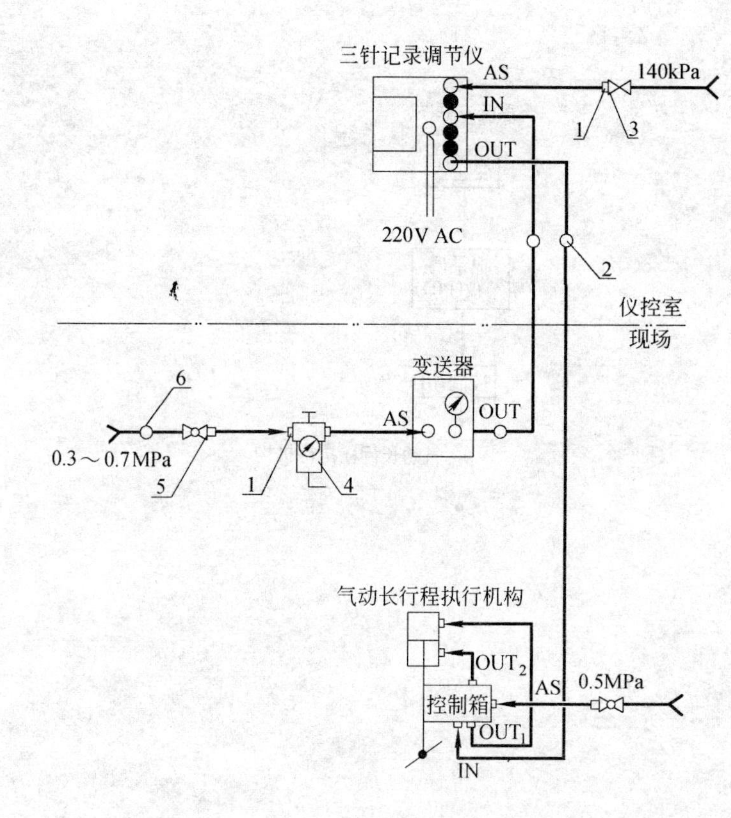

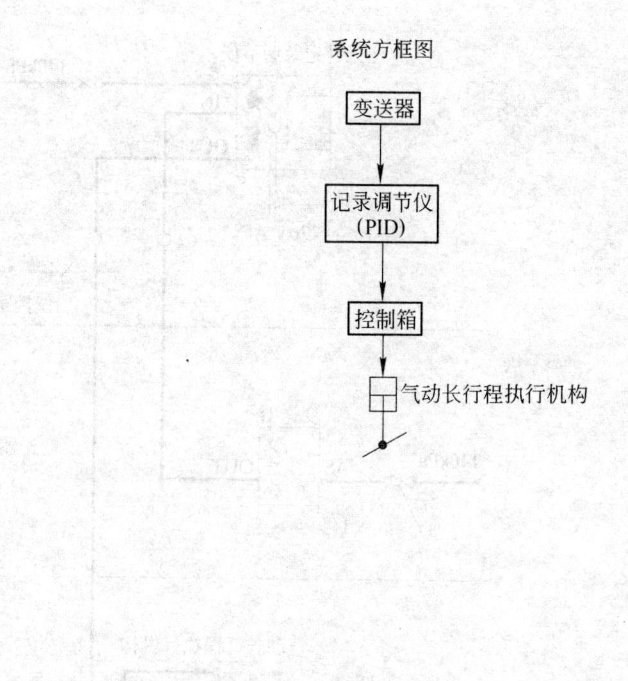

件号	名称及规格	数量	材质 Ⅰ	材质 Ⅱ	单重 质量(kg)	总重 质量(kg)	图号或标准、规格号	备注
6	直通穿板接头 *DN*15	1	不锈钢				YZG5-4-22	
5	气源球阀 *PN*1.0MPa，*DN*4	2	黄铜					QG.QY1
4	空气过滤减压阀	1						QFH-211
3	二通阀	1						QF-03
2	直通穿板接头 *DN*4，M10×1	3	黄铜				YZG2-3-ϕ6	
1	直通终端接头 *DN*4，M10×1	13	黄铜				YZG2-1-M10×1-ϕ6	

设备材料表

冶金仪控通用图	压力调节系统接管图（变送器在现场，用气动长行程执行机构和蝶阀）	(2000)YK10-25
		比例 页次

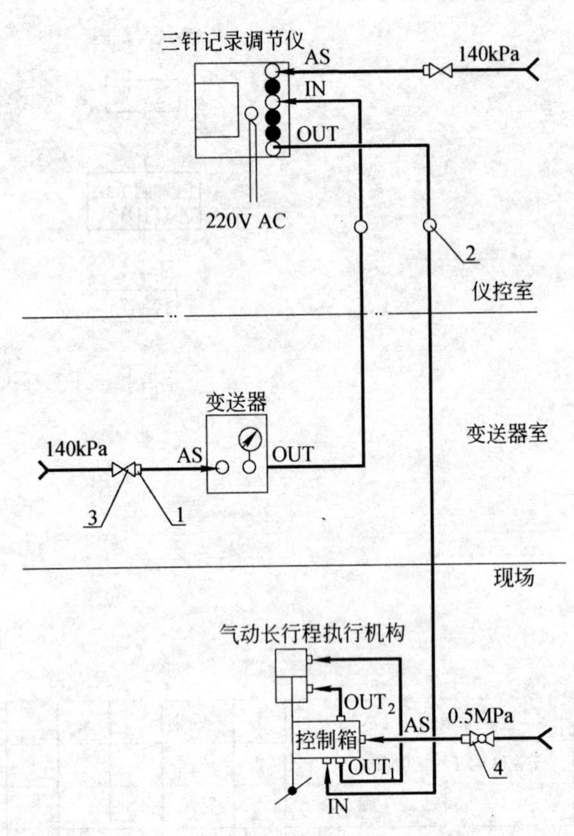

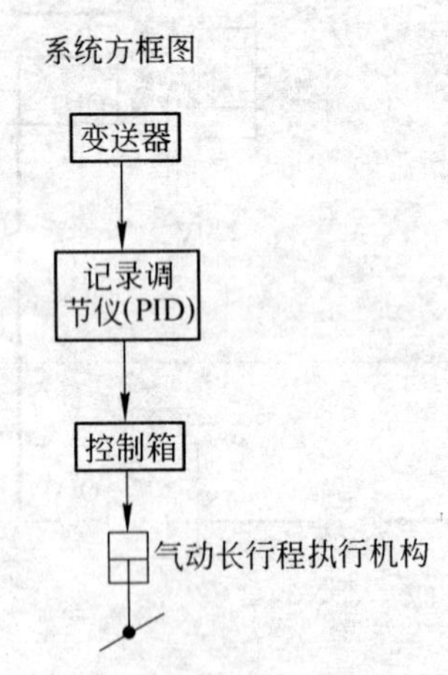

件号	名称及规格	数量	材质 I	材质 II	质量(kg) 单重	质量(kg) 总重	图号或标准、规格号	备注
4	气源球阀 *PN*1.0MPa, *DN*4	1	黄铜					QG.QY1
3	二通阀	2						QF-03
2	直通穿板接头 *DN*4, M10×1	2	黄铜				YZG2-3-ϕ6	
1	直通终端接头 *DN*4, M10×1	12	黄铜				YZG2-1-M10×1-ϕ6	

设备材料表

冶金仪控通用图	压力调节系统接管图 (变送器在变送器室,用气动长行程执行机构和蝶阀)	(2000)YK10-26
		比例 页次

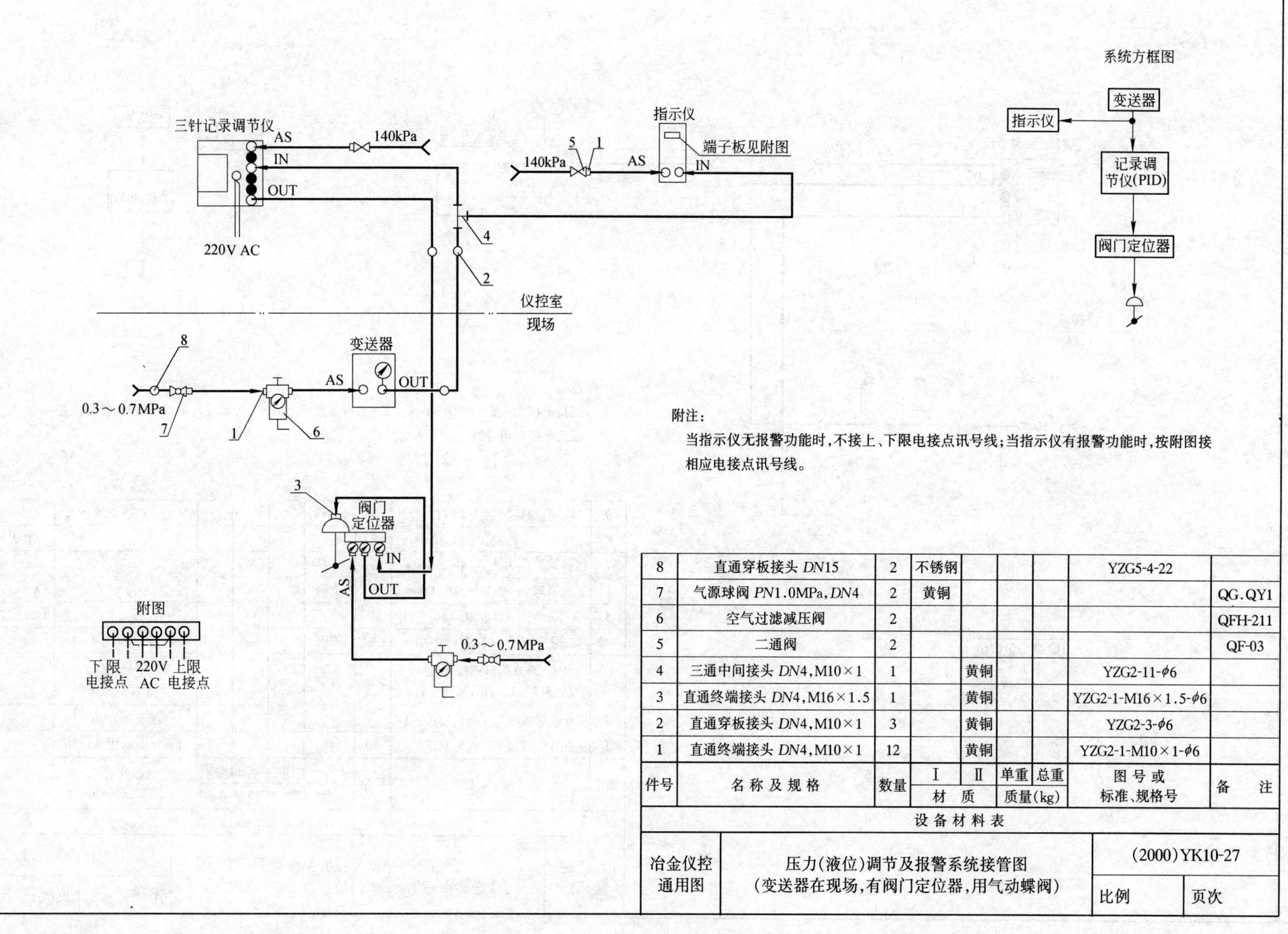

附注:

当指示仪无报警功能时,不接上、下限电接点讯号线;当指示仪有报警功能时,按附图接相应电接点讯号线。

件号	名称及规格	数量	材质 Ⅰ	材质 Ⅱ	质量(kg) 单重	质量(kg) 总重	图号或标准、规格号	备注
8	直通穿板接头 *DN*15	2	不锈钢				YZG5-4-22	
7	气源球阀 *PN*1.0MPa,*DN*4	2	黄铜					QG.QY1
6	空气过滤减压阀	2						QFH-211
5	二通阀	2						QF-03
4	三通中间接头 *DN*4,M10×1	1		黄铜			YZG2-11-ϕ6	
3	直通终端接头 *DN*4,M16×1.5	1		黄铜			YZG2-1-M16×1.5-ϕ6	
2	直通穿板接头 *DN*4,M10×1	3		黄铜			YZG2-3-ϕ6	
1	直通终端接头 *DN*4,M10×1	12		黄铜			YZG2-1-M10×1-ϕ6	

设备材料表

冶金仪控通用图	压力(液位)调节及报警系统接管图(变送器在现场,有阀门定位器,用气动蝶阀)	(2000)YK10-27
		比例	页次

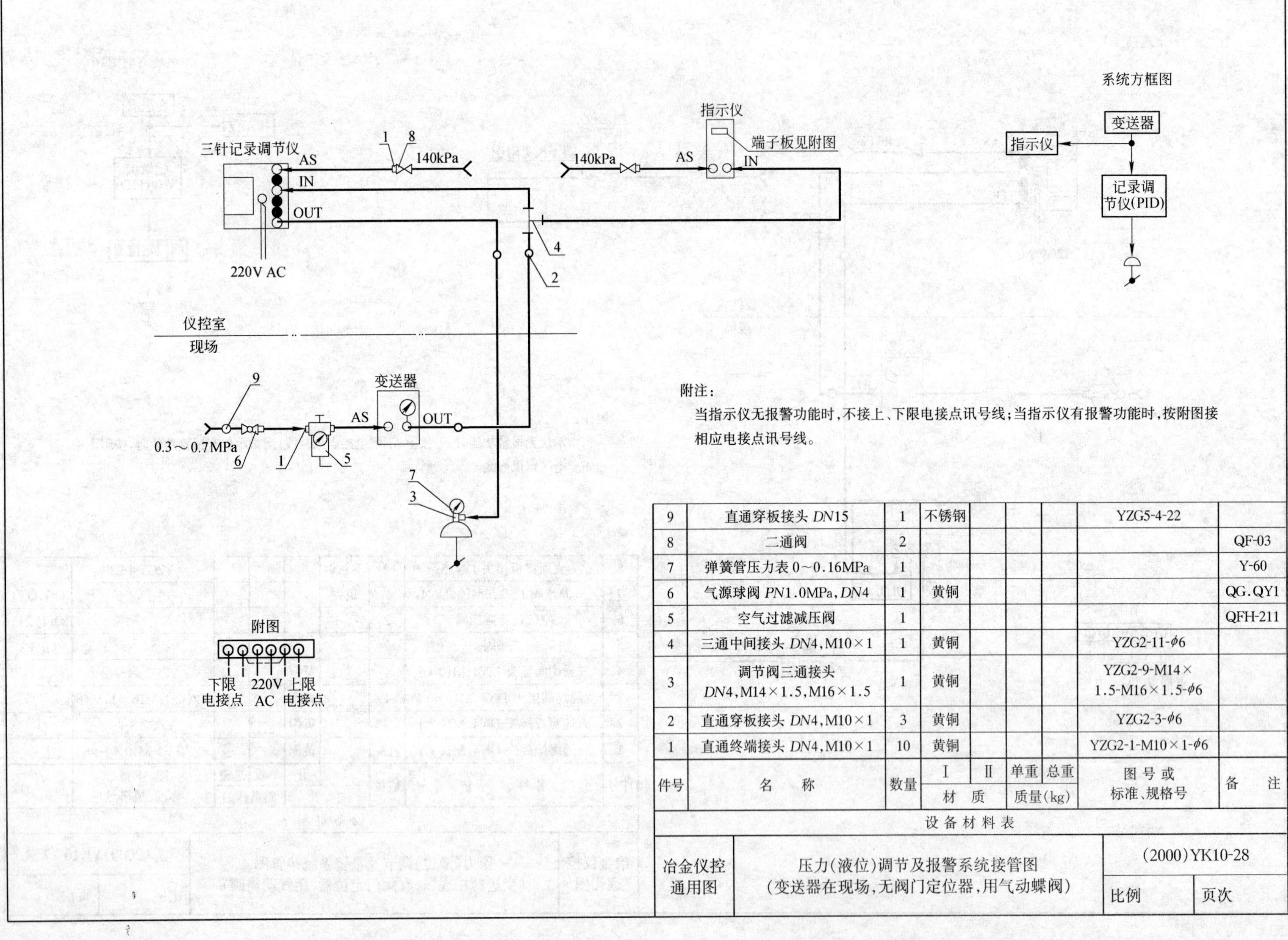

附注：

当指示仪无报警功能时，不接上、下限电接点讯号线；当指示仪有报警功能时，按附图接相应电接点讯号线。

件号	名称	数量	材质 Ⅰ	材质 Ⅱ	质量(kg) 单重	质量(kg) 总重	图号或标准、规格号	备注
9	直通穿板接头 *DN*15	1	不锈钢				YZG5-4-22	
8	二通阀	2						QF-03
7	弹簧管压力表 0～0.16MPa	1						Y-60
6	气源球阀 *PN*1.0MPa,*DN*4	1	黄铜					QG.QY1
5	空气过滤减压阀	1						QFH-211
4	三通中间接头 *DN*4,M10×1	1	黄铜				YZG2-11-ϕ6	
3	调节阀三通接头 *DN*4,M14×1.5,M16×1.5	1	黄铜				YZG2-9-M14×1.5-M16×1.5-ϕ6	
2	直通穿板接头 *DN*4,M10×1	3	黄铜				YZG2-3-ϕ6	
1	直通终端接头 *DN*4,M10×1	10	黄铜				YZG2-1-M10×1-ϕ6	

设备材料表

冶金仪控通用图	压力(液位)调节及报警系统接管图 (变送器在现场,无阀门定位器,用气动蝶阀)	(2000)YK10-28 比例 页次

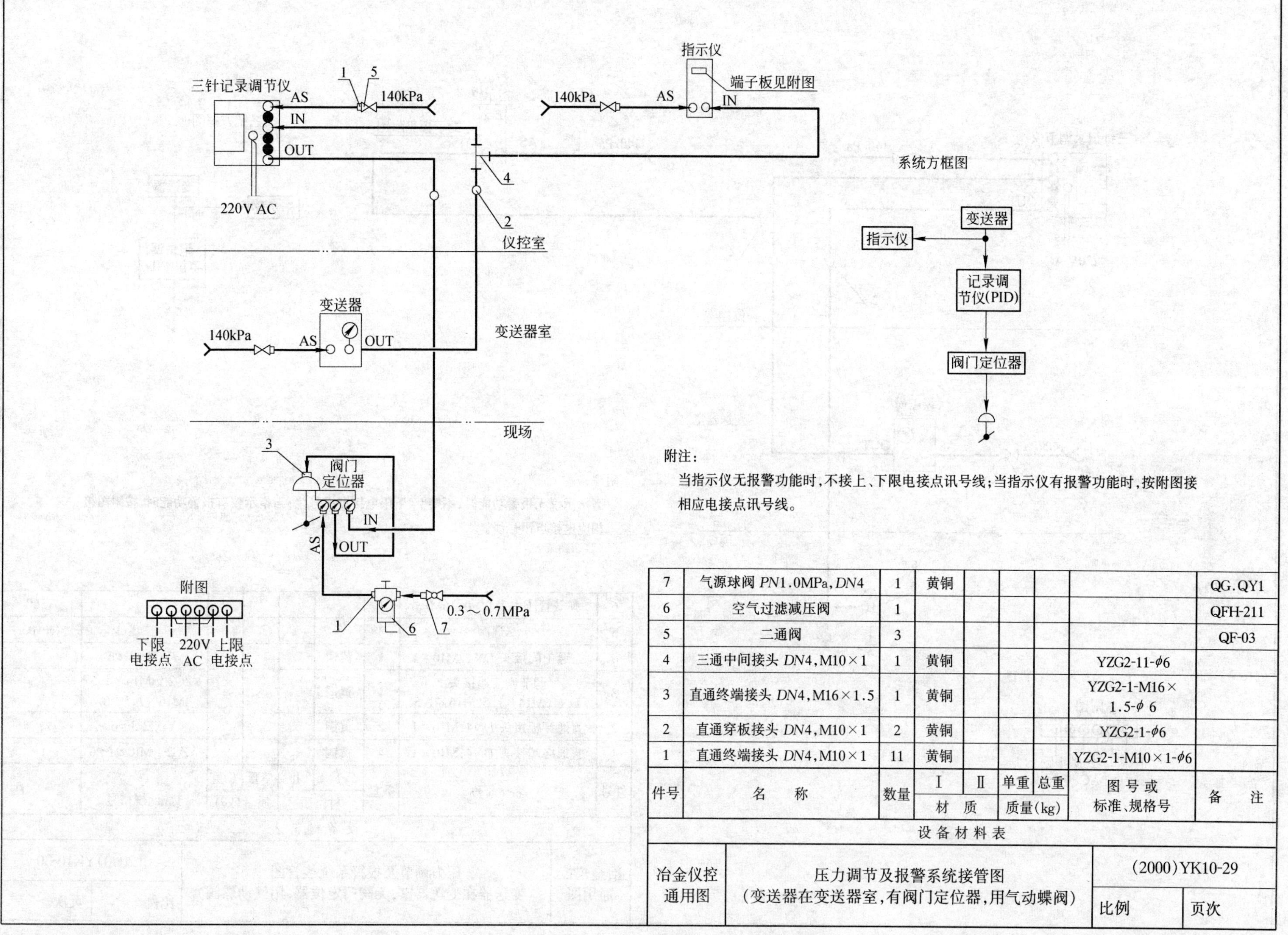

附注：

当指示仪无报警功能时，不接上、下限电接点讯号线；当指示仪有报警功能时，按附图接相应电接点讯号线。

件号	名称	数量	材质 Ⅰ	材质 Ⅱ	质量(kg) 单重	质量(kg) 总重	图号或标准、规格号	备注
7	气源球阀 *PN*1.0MPa，*DN*4	1	黄铜					QG.QY1
6	空气过滤减压阀	1						QFH-211
5	二通阀	3						QF-03
4	三通中间接头 *DN*4，M10×1	1	黄铜				YZG2-11-ϕ6	
3	直通终端接头 *DN*4，M16×1.5	1	黄铜				YZG2-1-M16×1.5-ϕ 6	
2	直通穿板接头 *DN*4，M10×1	2	黄铜				YZG2-1-ϕ6	
1	直通终端接头 *DN*4，M10×1	11	黄铜				YZG2-1-M10×1-ϕ6	

设备材料表

冶金仪控通用图	压力调节及报警系统接管图 （变送器在变送器室，有阀门定位器，用气动蝶阀）	(2000)YK10-29	
		比例	页次

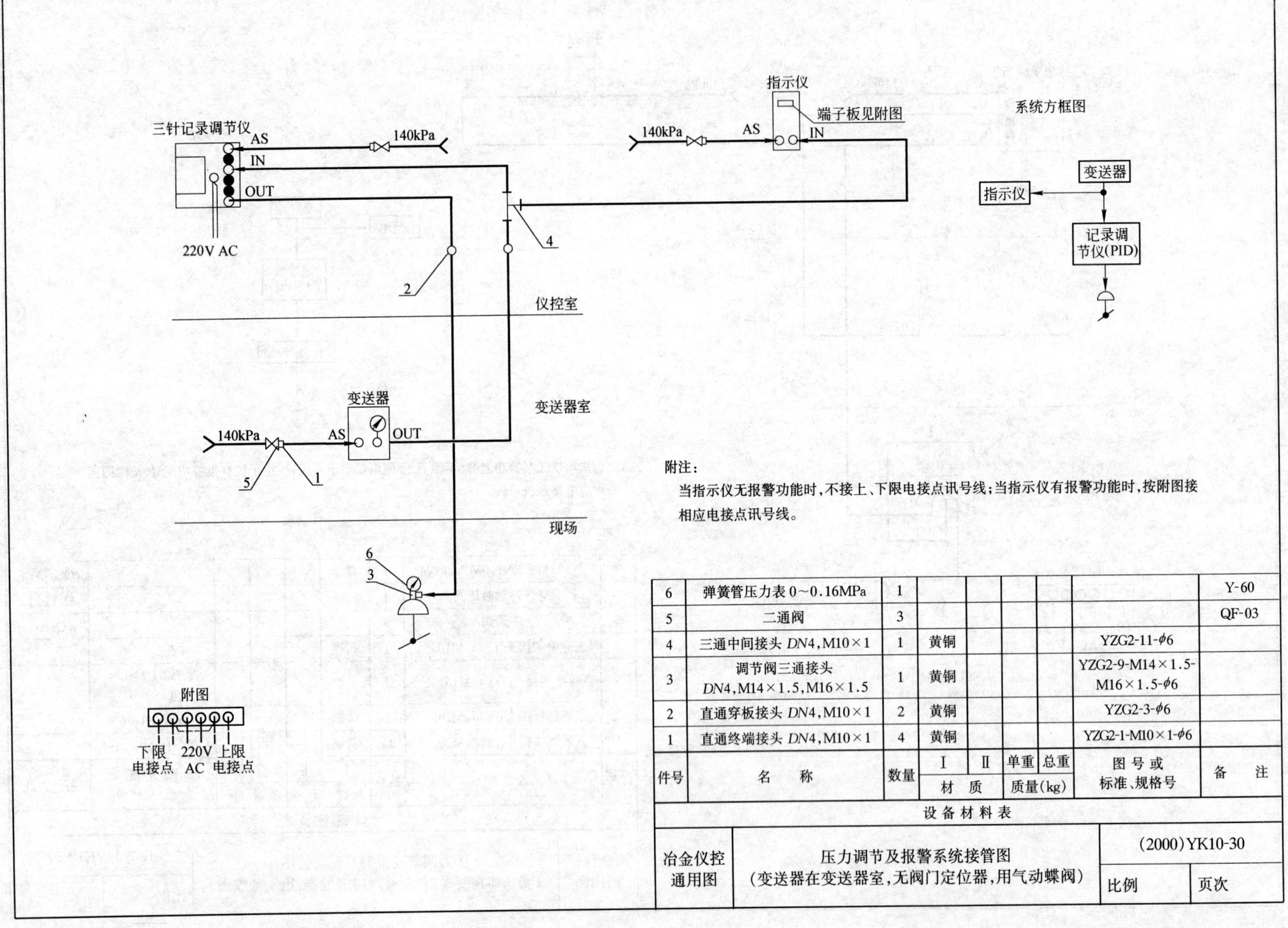

件号	名称	数量	材质 I	材质 II	质量(kg) 单重	质量(kg) 总重	图号或标准、规格号	备注
6	弹簧管压力表 0～0.16MPa	1						Y-60
5	二通阀	3						QF-03
4	三通中间接头 *DN*4，M10×1	1	黄铜				YZG2-11-ϕ6	
3	调节阀三通接头 *DN*4，M14×1.5，M16×1.5	1	黄铜				YZG2-9-M14×1.5-M16×1.5-ϕ6	
2	直通穿板接头 *DN*4，M10×1	2	黄铜				YZG2-3-ϕ6	
1	直通终端接头 *DN*4，M10×1	4	黄铜				YZG2-1-M10×1-ϕ6	

设备材料表

冶金仪控通用图	压力调节及报警系统接管图（变送器在变送器室，无阀门定位器，用气动蝶阀）	(2000)YK10-30	
		比例	页次

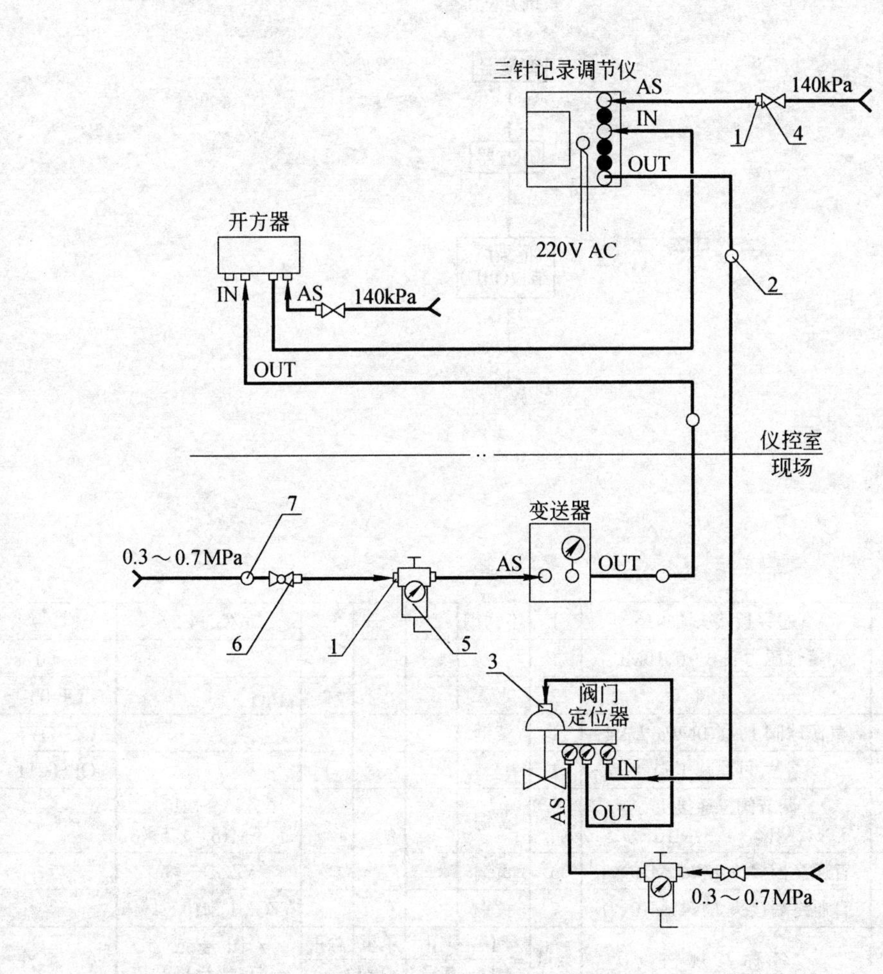

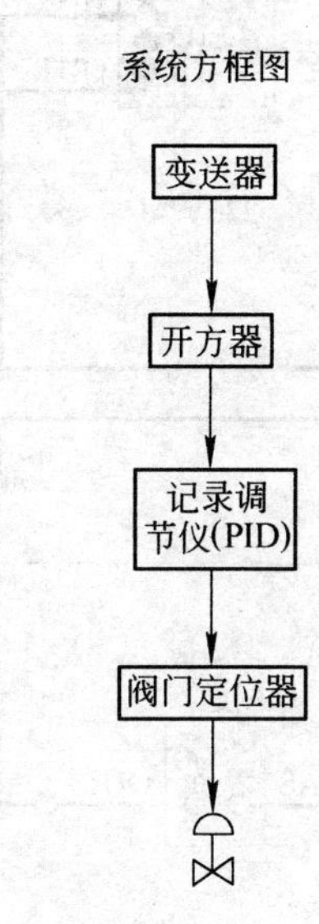

件号	名称及规格	数量	材质 Ⅰ	材质 Ⅱ	质量(kg) 单重	质量(kg) 总重	图号或标准、规格号	备注
7	直通穿板接头 $DN15$	1	不锈钢				YZG5-4-22	
6	气源球阀 $PN1.0$MPa，$DN4$	2	黄铜					QG.QY1
5	空气过滤减压阀	2						QFH-211
4	二通阀	2						QF-03
3	直通终端接头 $DN4$，M16×1.5	1	黄铜				YZG2-1-M16×1.5-ϕ6	
2	直通穿板接头 $DN4$，M10×1	3	黄铜				YZG2-3-ϕ6	
1	直通终端接头 $DN4$，M10×1	13	黄铜				YZG2-1-M10×1-ϕ6	

设备材料表

冶金仪控通用图	流量调节系统接管图（变送器在现场，有阀门定位器，用气动薄膜调节阀）	(2000)YK10-31	
		比例	页次

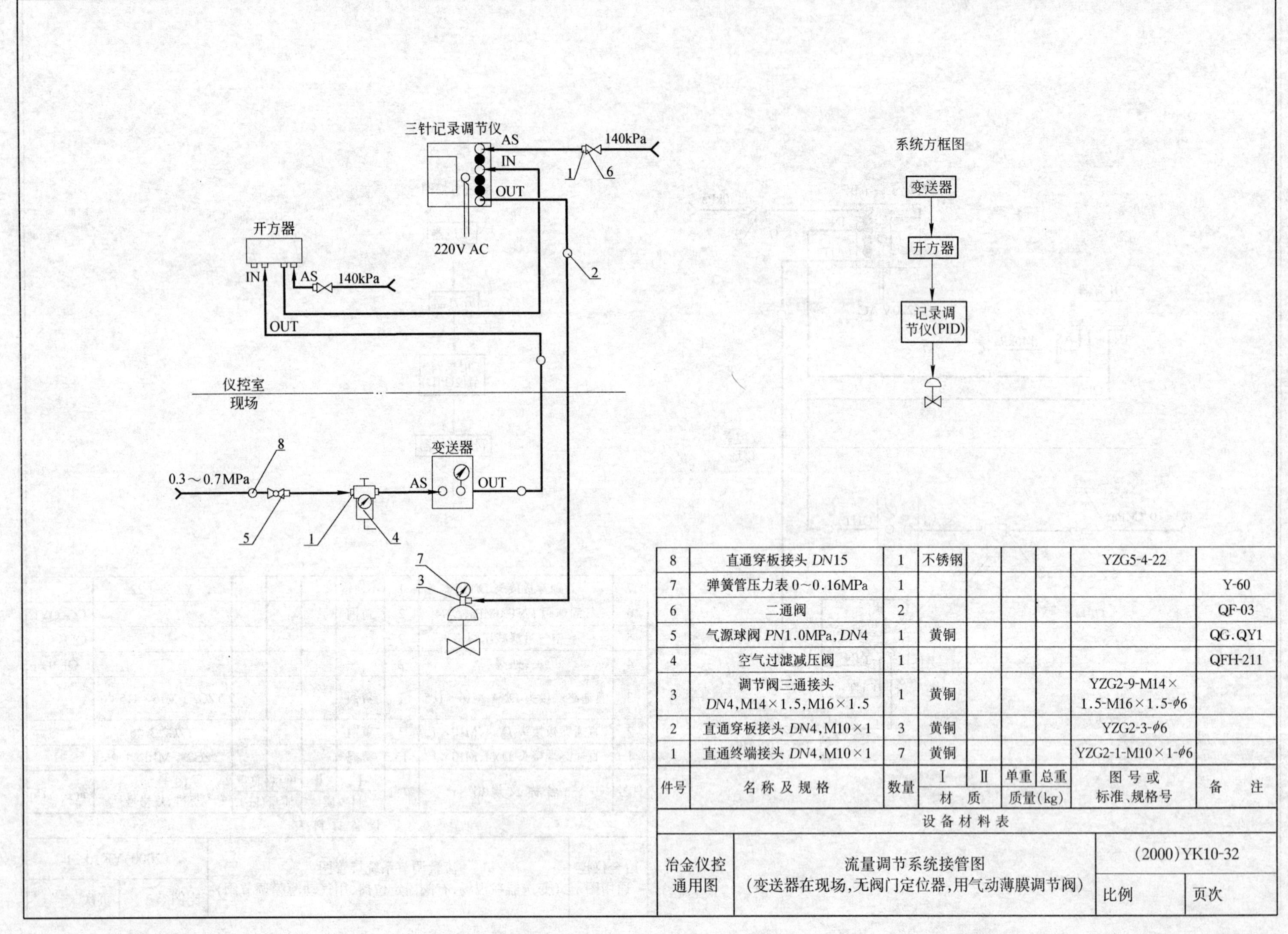

件号	名称及规格	数量	材质 I	材质 II	单重 质量(kg)	总重 质量(kg)	图号或标准、规格号	备注
8	直通穿板接头 *DN*15	1	不锈钢				YZG5-4-22	
7	弹簧管压力表 0～0.16MPa	1						Y-60
6	二通阀	2						QF-03
5	气源球阀 *PN*1.0MPa, *DN*4	1	黄铜					QG.QY1
4	空气过滤减压阀	1						QFH-211
3	调节阀三通接头 *DN*4, M14×1.5, M16×1.5	1	黄铜				YZG2-9-M14×1.5-M16×1.5-ϕ6	
2	直通穿板接头 *DN*4, M10×1	3	黄铜				YZG2-3-ϕ6	
1	直通终端接头 *DN*4, M10×1	7	黄铜				YZG2-1-M10×1-ϕ6	

设备材料表

冶金仪控通用图	流量调节系统接管图 (变送器在现场,无阀门定位器,用气动薄膜调节阀)	(2000)YK10-32	
		比例	页次

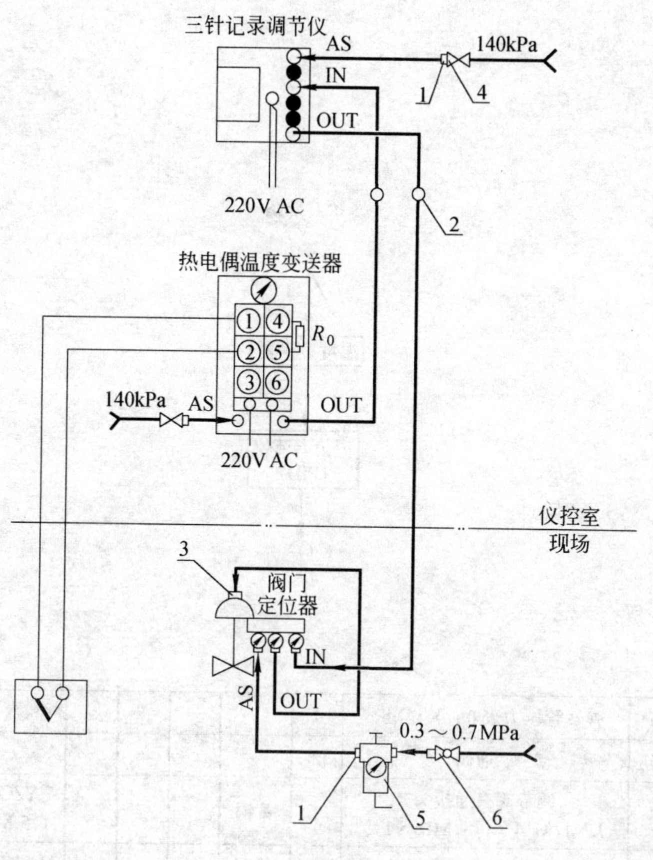

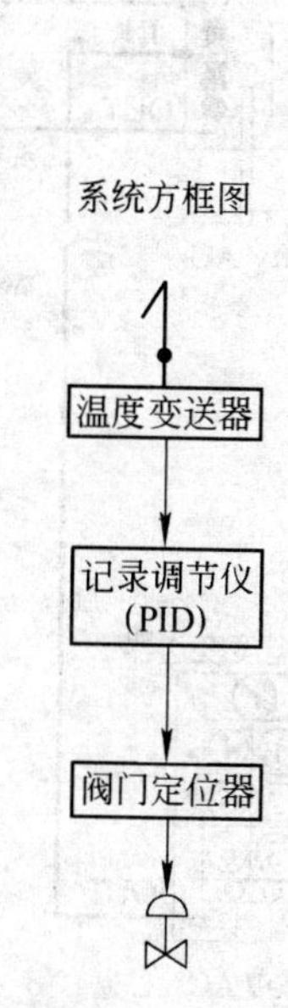

件号	名称及规格	数量	材质 I	材质 II	质量(kg) 单重	质量(kg) 总重	图号或标准、规格号	备注
6	气源球阀 *PN*1.0MPa,*DN*4	1	黄铜					QG.QY1
5	空气过滤减压阀	1						QFH-211
4	二通阀	2						QF-03
3	直通终端接头 *DN*4,M16×1.5	1	黄铜				YZG2-1-M16×1.5-φ6	
2	直通穿板接头 *DN*4,M10×1	2	黄铜				YZG2-3-φ6	
1	直通终端接头 *DN*4,M10×1	9	黄铜				YZG2-1-M10×1-φ6	

设备材料表

冶金仪控通用图	温度调节系统接管图（热电偶测量,有阀门定位器,用气动薄膜调节阀）	(2000)YK10-33	
		比例	页次

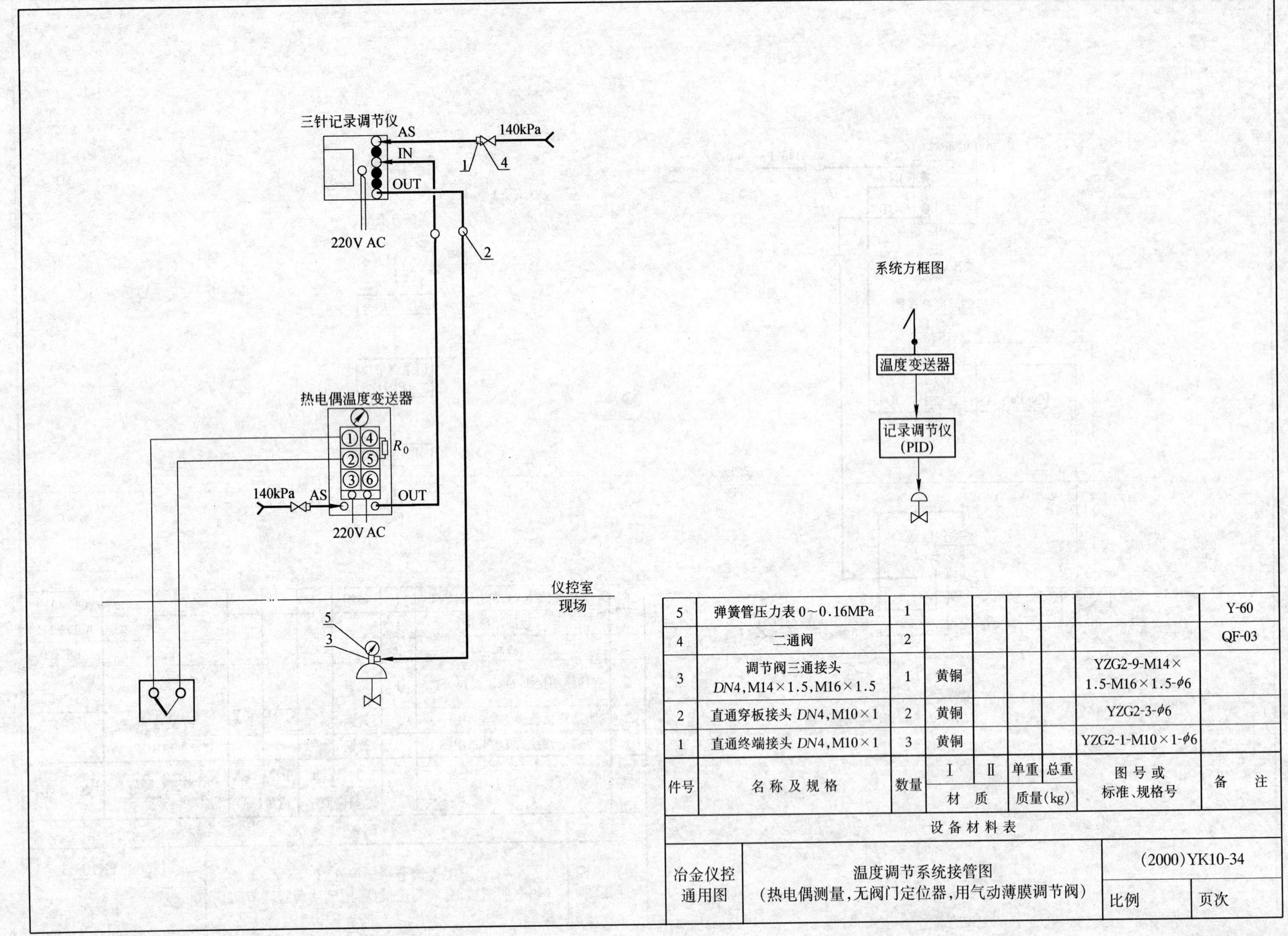

件号	名称及规格	数量	材质 Ⅰ	材质 Ⅱ	质量(kg) 单重	质量(kg) 总重	图号或标准、规格号	备注
5	弹簧管压力表 0～0.16MPa	1						Y-60
4	二通阀	2						QF-03
3	调节阀三通接头 *DN*4，M14×1.5，M16×1.5	1	黄铜				YZG2-9-M14×1.5-M16×1.5-ϕ6	
2	直通穿板接头 *DN*4，M10×1	2	黄铜				YZG2-3-ϕ6	
1	直通终端接头 *DN*4，M10×1	3	黄铜				YZG2-1-M10×1-ϕ6	

设备材料表

冶金仪控通用图	温度调节系统接管图（热电偶测量，无阀门定位器，用气动薄膜调节阀）	(2000)YK10-34	
		比例	页次

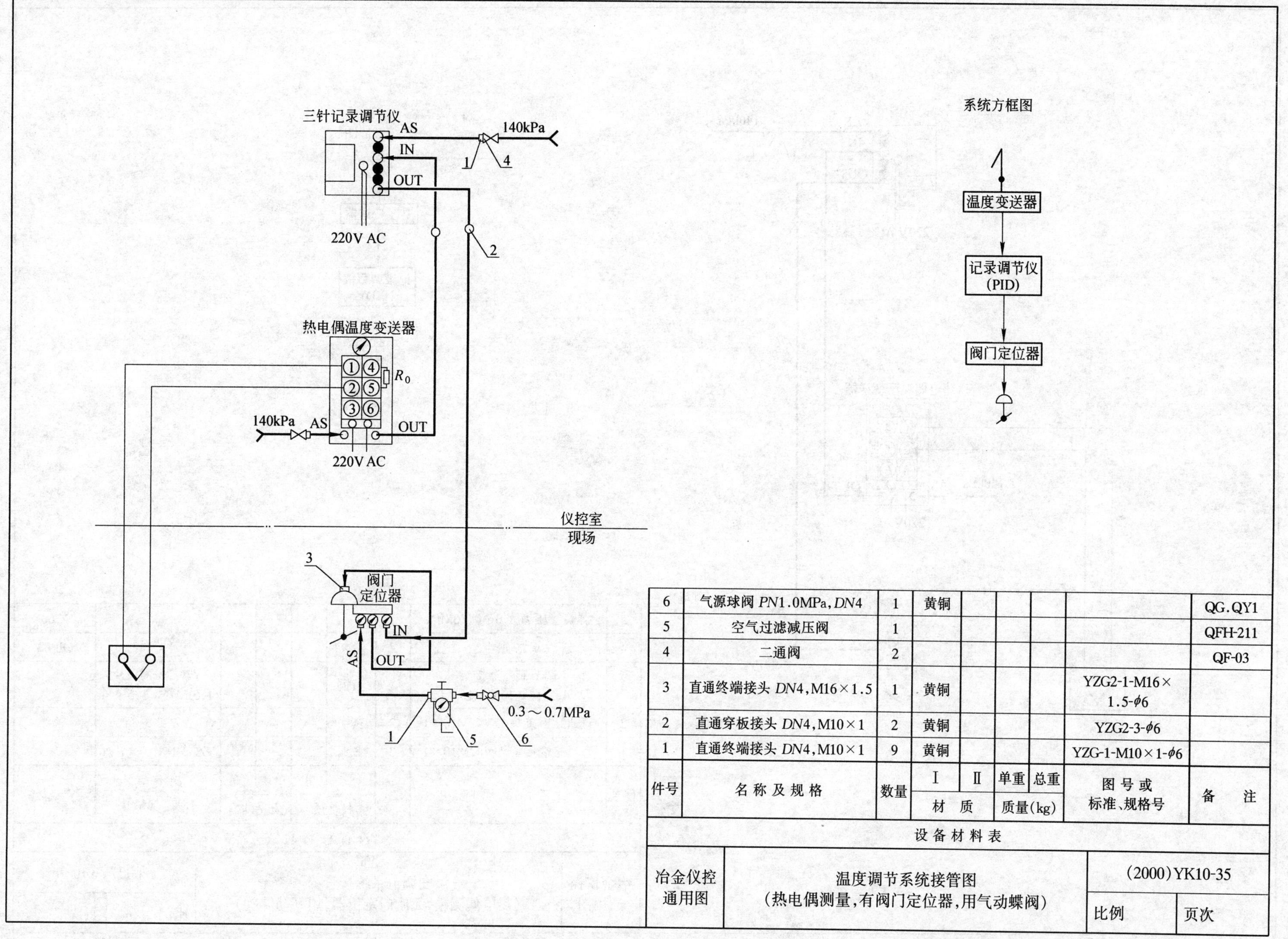

件号	名称及规格	数量	材质 Ⅰ	材质 Ⅱ	质量(kg) 单重	质量(kg) 总重	图号或标准、规格号	备注
6	气源球阀 *PN*1.0MPa, *DN*4	1	黄铜					QG.QY1
5	空气过滤减压阀	1						QFH-211
4	二通阀	2						QF-03
3	直通终端接头 *DN*4, M16×1.5	1	黄铜				YZG2-1-M16×1.5-ϕ6	
2	直通穿板接头 *DN*4, M10×1	2	黄铜				YZG2-3-ϕ6	
1	直通终端接头 *DN*4, M10×1	9	黄铜				YZG-1-M10×1-ϕ6	

设备材料表

冶金仪控通用图	温度调节系统接管图（热电偶测量，有阀门定位器，用气动蝶阀）	(2000)YK10-35
		比例 页次

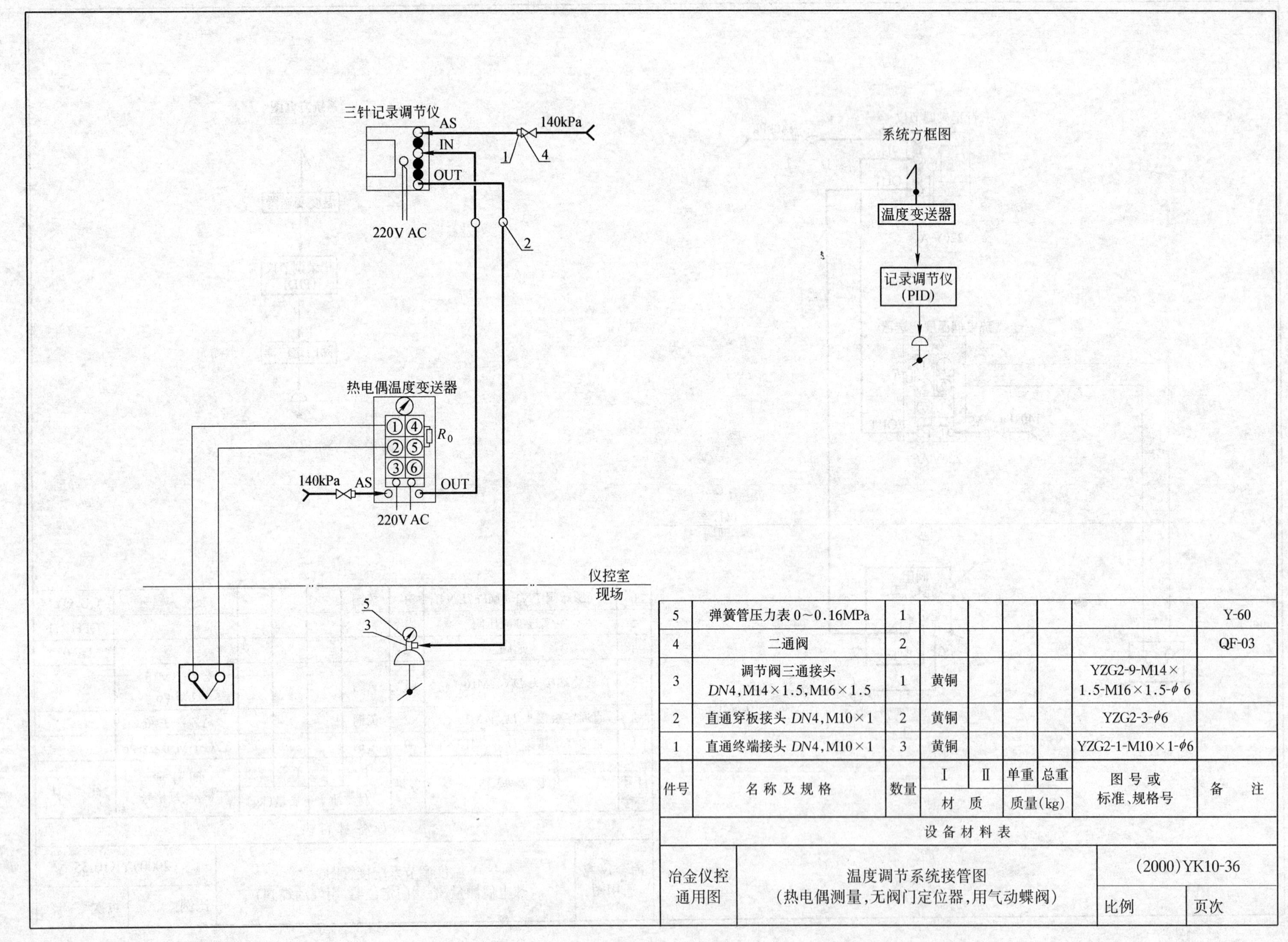

件号	名称及规格	数量	材质 Ⅰ	材质 Ⅱ	质量(kg) 单重	质量(kg) 总重	图号或标准、规格号	备注
5	弹簧管压力表 0~0.16MPa	1						Y-60
4	二通阀	2						QF-03
3	调节阀三通接头 *DN*4,M14×1.5,M16×1.5	1	黄铜				YZG2-9-M14×1.5-M16×1.5-ϕ 6	
2	直通穿板接头 *DN*4,M10×1	2	黄铜				YZG2-3-ϕ6	
1	直通终端接头 *DN*4,M10×1	3	黄铜				YZG2-1-M10×1-ϕ6	

设备材料表

冶金仪控通用图	温度调节系统接管图（热电偶测量,无阀门定位器,用气动蝶阀）	(2000)YK10-36
		比例 / 页次

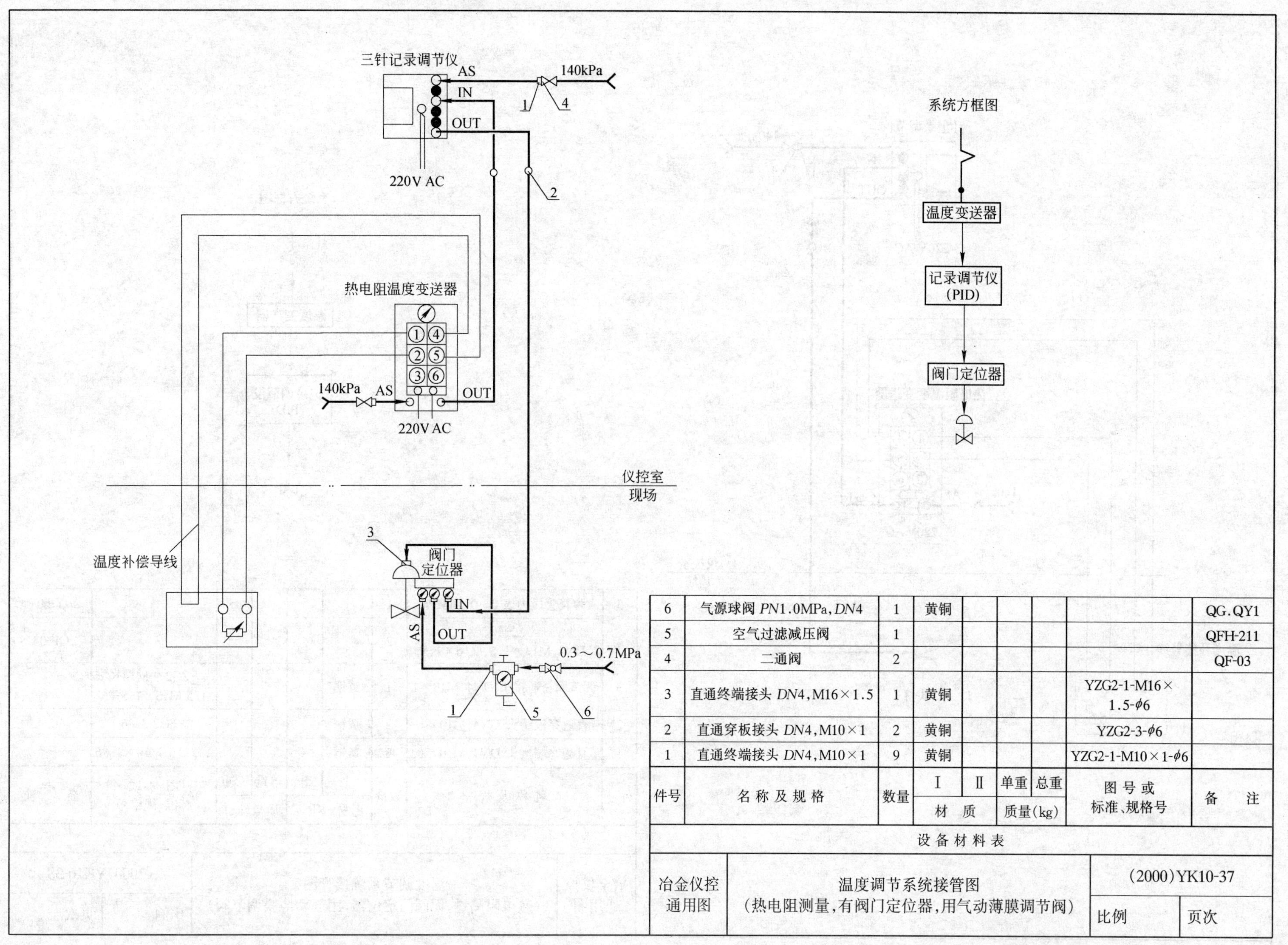

件号	名称及规格	数量	材质 Ⅰ	材质 Ⅱ	质量(kg) 单重	质量(kg) 总重	图号或标准、规格号	备注
6	气源球阀 *PN*1.0MPa, *DN*4	1	黄铜					QG.QY1
5	空气过滤减压阀	1						QFH-211
4	二通阀	2						QF-03
3	直通终端接头 *DN*4, M16×1.5	1	黄铜				YZG2-1-M16×1.5-ϕ6	
2	直通穿板接头 *DN*4, M10×1	2	黄铜				YZG2-3-ϕ6	
1	直通终端接头 *DN*4, M10×1	9	黄铜				YZG2-1-M10×1-ϕ6	

设备材料表

冶金仪控通用图	温度调节系统接管图（热电阻测量，有阀门定位器，用气动薄膜调节阀）	(2000)YK10-37
		比例 ｜ 页次

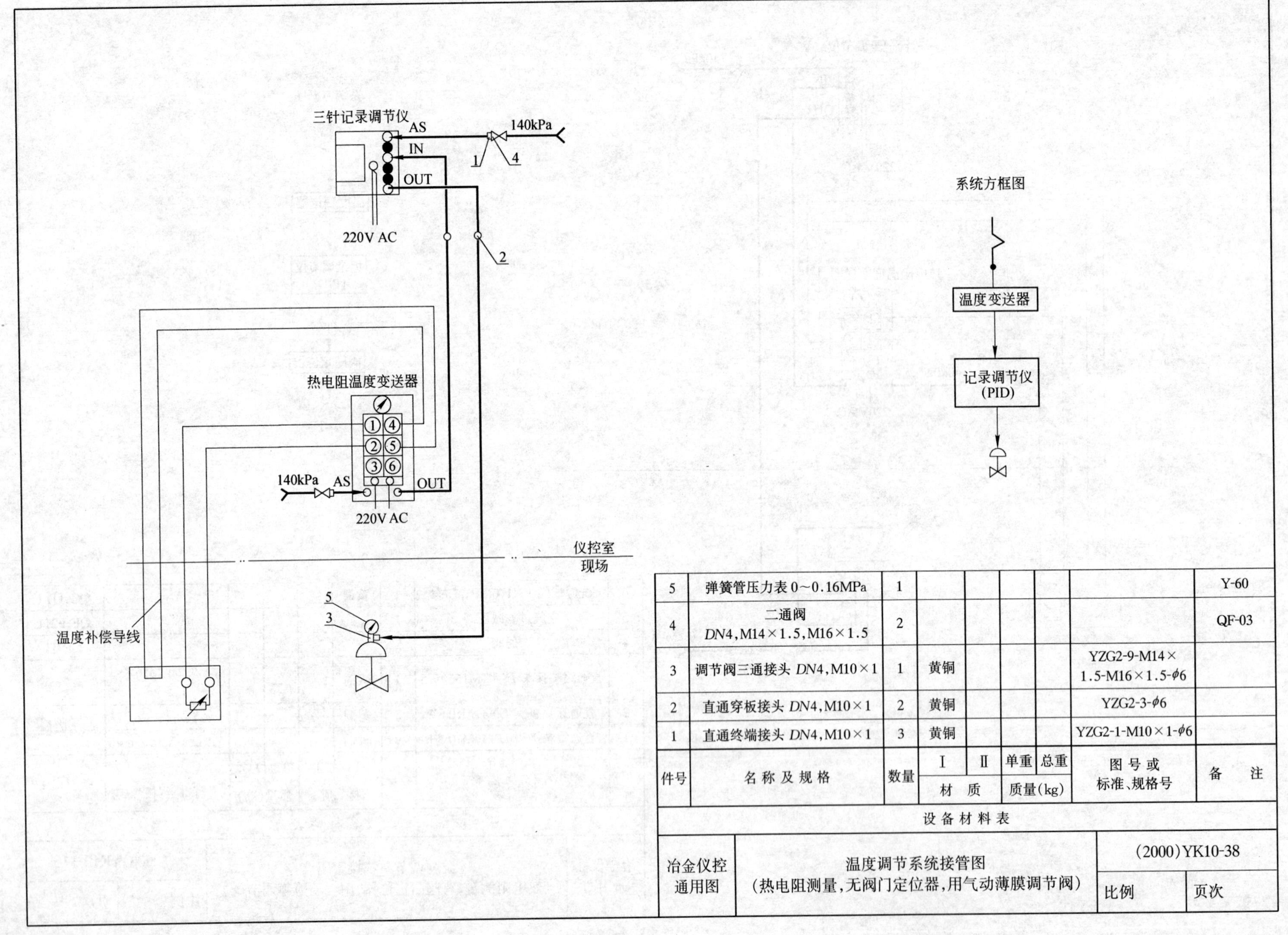

件号	名称及规格	数量	材质 Ⅰ	材质 Ⅱ	质量(kg) 单重	质量(kg) 总重	图号或标准、规格号	备注
5	弹簧管压力表 0～0.16MPa	1						Y-60
4	二通阀 *DN*4,M14×1.5,M16×1.5	2						QF-03
3	调节阀三通接头 *DN*4,M10×1	1	黄铜				YZG2-9-M14×1.5-M16×1.5-ϕ6	
2	直通穿板接头 *DN*4,M10×1	2	黄铜				YZG2-3-ϕ6	
1	直通终端接头 *DN*4,M10×1	3	黄铜				YZG2-1-M10×1-ϕ6	

设备材料表

冶金仪控通用图	温度调节系统接管图（热电阻测量，无阀门定位器，用气动薄膜调节阀）	(2000)YK10-38
		比例	页次

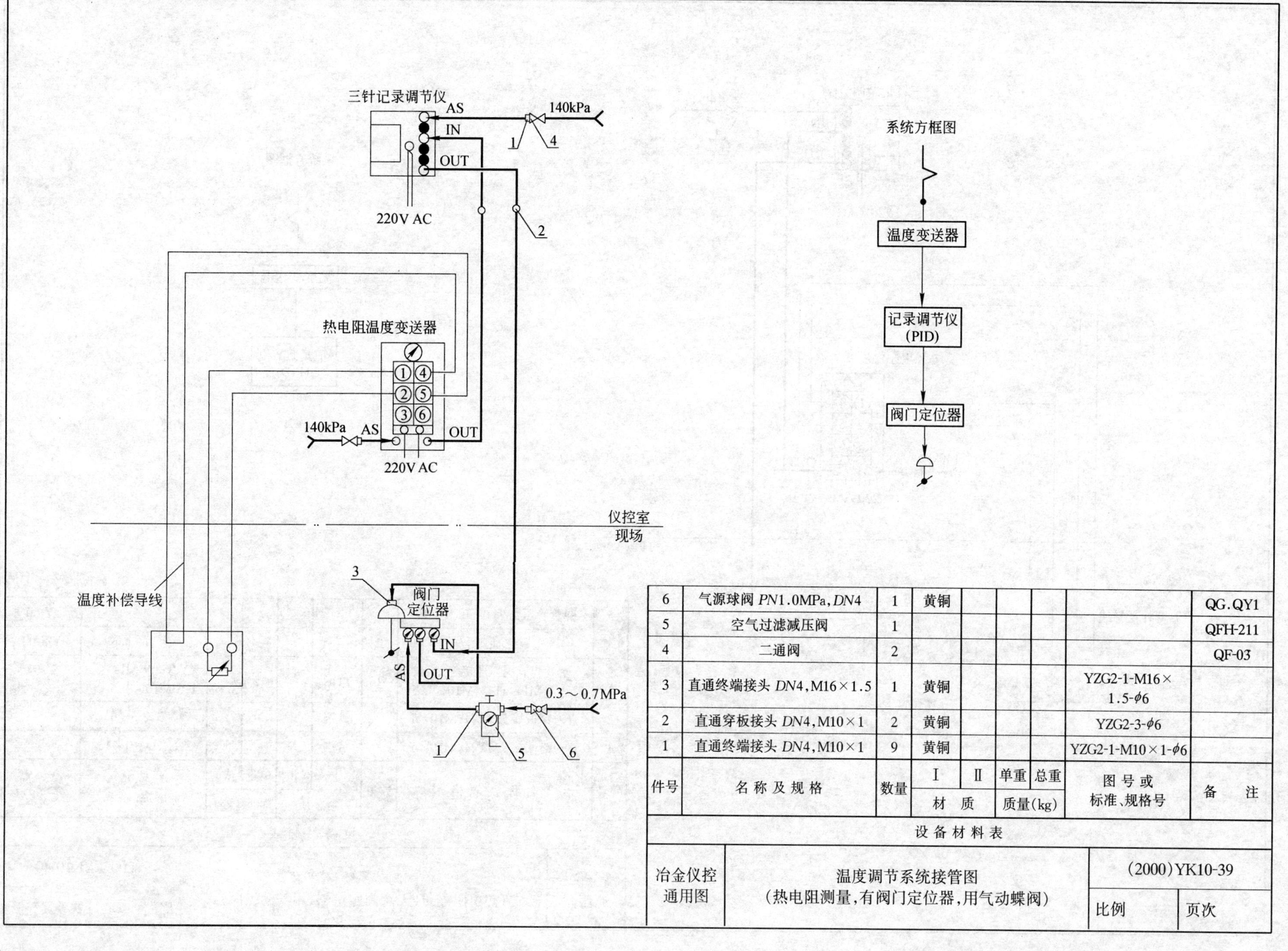

件号	名称及规格	数量	材质 Ⅰ	材质 Ⅱ	质量(kg) 单重	质量(kg) 总重	图号或标准、规格号	备注
6	气源球阀 *PN*1.0MPa, *DN*4	1	黄铜					QG.QY1
5	空气过滤减压阀	1						QFH-211
4	二通阀	2						QF-03
3	直通终端接头 *DN*4, M16×1.5	1	黄铜				YZG2-1-M16×1.5-ϕ6	
2	直通穿板接头 *DN*4, M10×1	2	黄铜				YZG2-3-ϕ6	
1	直通终端接头 *DN*4, M10×1	9	黄铜				YZG2-1-M10×1-ϕ6	

设备材料表

冶金仪控通用图	温度调节系统接管图（热电阻测量，有阀门定位器，用气动蝶阀）	(2000)YK10-39
		比例 页次

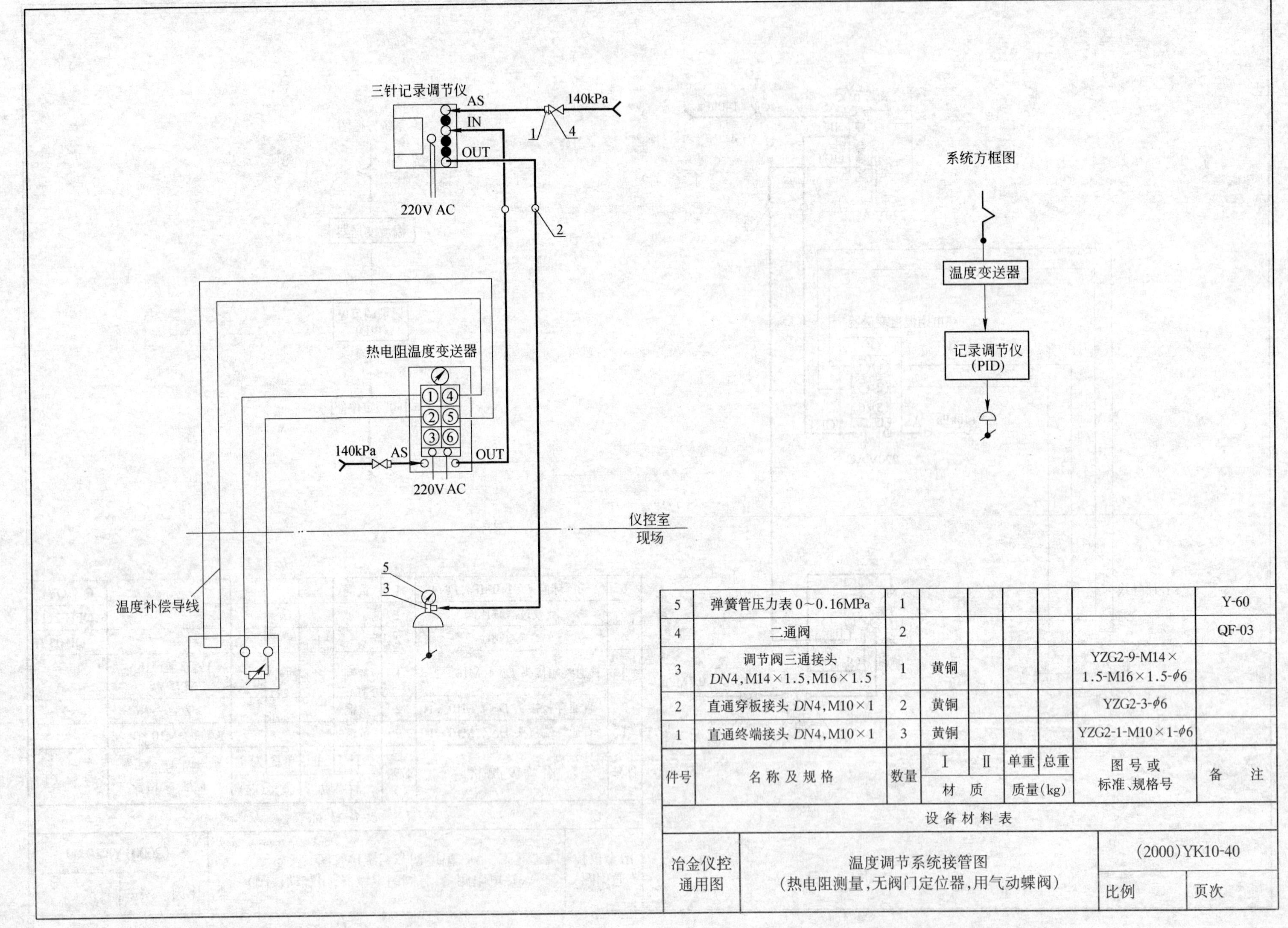

件号	名称及规格	数量	材质 Ⅰ	材质 Ⅱ	质量(kg) 单重	质量(kg) 总重	图号或标准、规格号	备注
5	弹簧管压力表 0～0.16MPa	1						Y-60
4	二通阀	2						QF-03
3	调节阀三通接头 *DN*4,M14×1.5,M16×1.5	1	黄铜				YZG2-9-M14×1.5-M16×1.5-ϕ6	
2	直通穿板接头 *DN*4,M10×1	2	黄铜				YZG2-3-ϕ6	
1	直通终端接头 *DN*4,M10×1	3	黄铜				YZG2-1-M10×1-ϕ6	

设备材料表

冶金仪控通用图	温度调节系统接管图 (热电阻测量,无阀门定位器,用气动蝶阀)	(2000)YK10-40	
		比例	页次

三、遥控操作

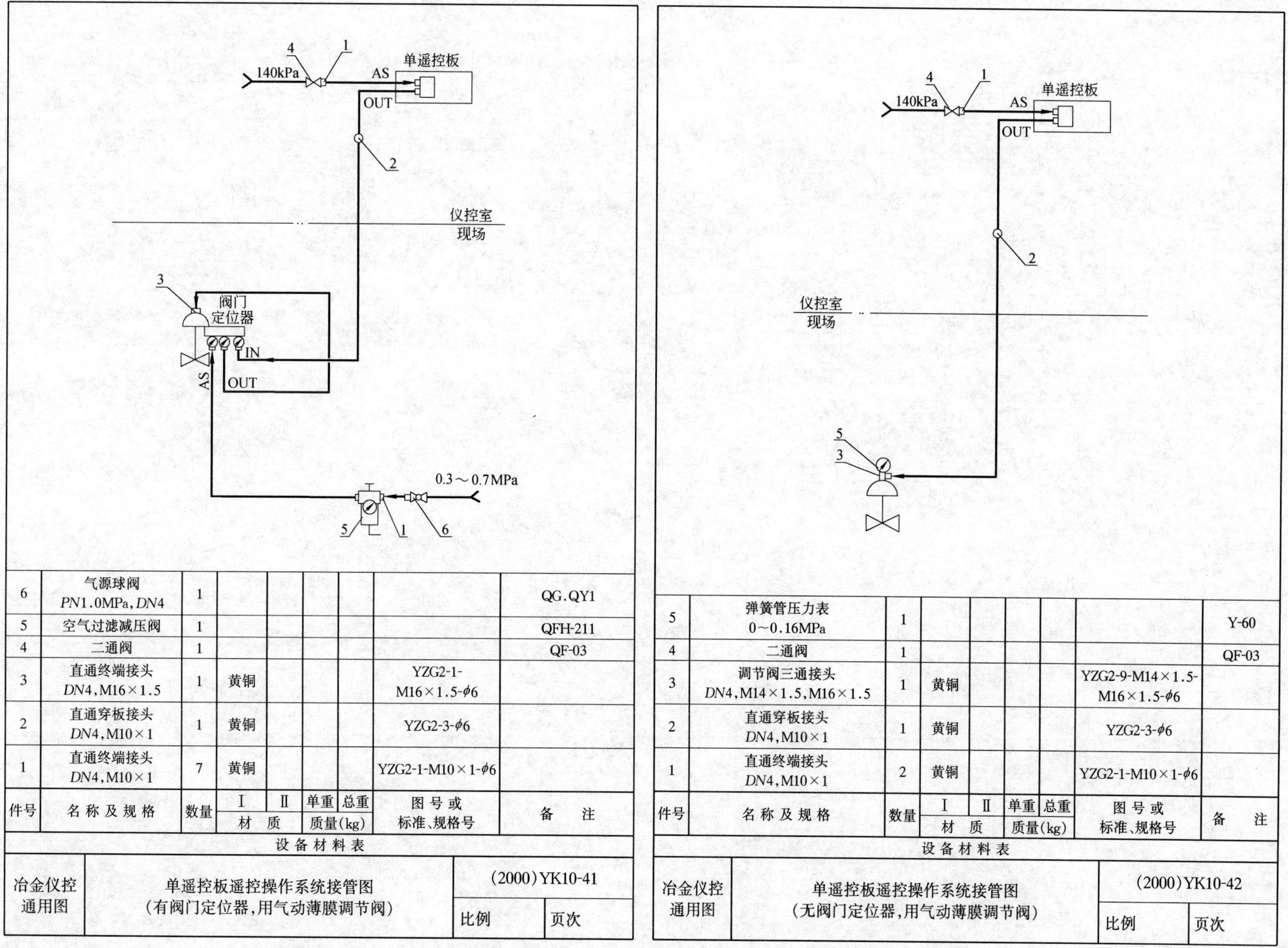

件号	名称及规格	数量	材质 Ⅰ	材质 Ⅱ	质量(kg) 单重	质量(kg) 总重	图号或标准、规格号	备注
6	气源球阀 *PN*1.0MPa,*DN*4	1						QG.QY1
5	空气过滤减压阀	1						QFH-211
4	二通阀	1						QF-03
3	直通终端接头 *DN*4,M16×1.5	1	黄铜				YZG2-1-M16×1.5-ϕ6	
2	直通穿板接头 *DN*4,M10×1	1	黄铜				YZG2-3-ϕ6	
1	直通终端接头 *DN*4,M10×1	7	黄铜				YZG2-1-M10×1-ϕ6	

设备材料表

冶金仪控通用图	单遥控板遥控操作系统接管图（有阀门定位器，用气动薄膜调节阀）	(2000)YK10-41
		比例 页次

件号	名称及规格	数量	材质 Ⅰ	材质 Ⅱ	质量(kg) 单重	质量(kg) 总重	图号或标准、规格号	备注
5	弹簧管压力表 0～0.16MPa	1						Y-60
4	二通阀	1						QF-03
3	调节阀三通接头 *DN*4,M14×1.5,M16×1.5	1	黄铜				YZG2-9-M14×1.5-M16×1.5-ϕ6	
2	直通穿板接头 *DN*4,M10×1	1	黄铜				YZG2-3-ϕ6	
1	直通终端接头 *DN*4,M10×1	2	黄铜				YZG2-1-M10×1-ϕ6	

设备材料表

冶金仪控通用图	单遥控板遥控操作系统接管图（无阀门定位器，用气动薄膜调节阀）	(2000)YK10-42
		比例 页次

四、其　他

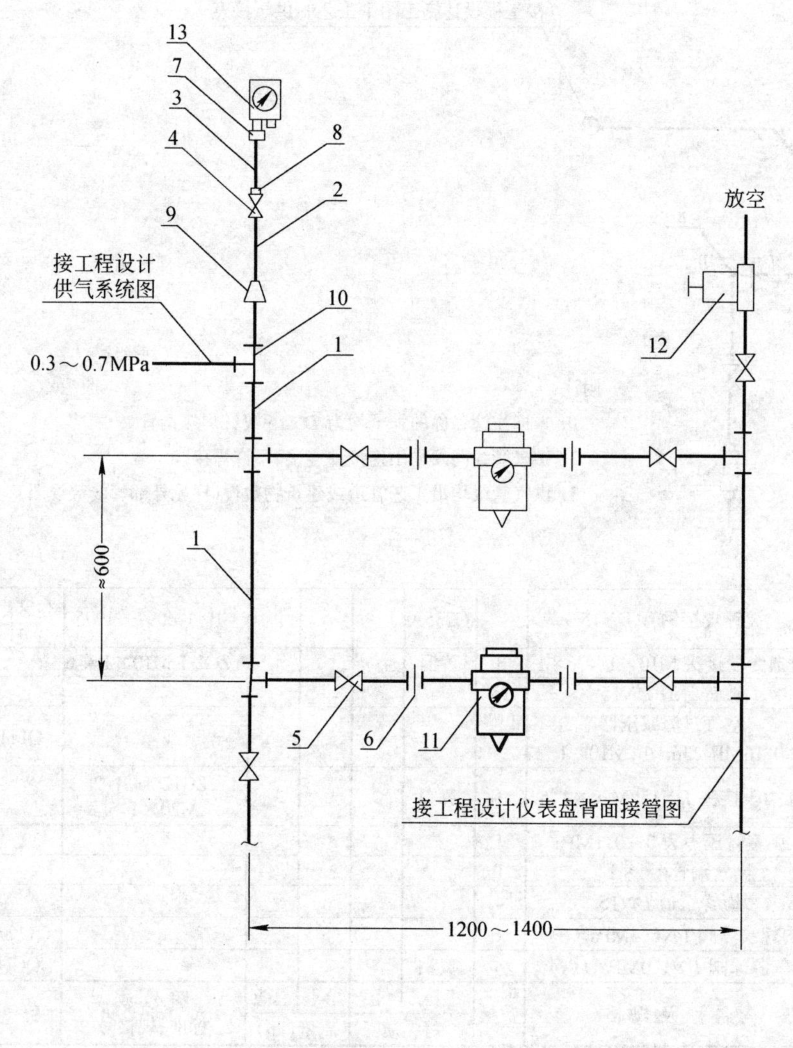

附注：

本图适用于供气量为 $40m^3/h$(标况)供气系统。

件号	名称及规格	数量	材质 Ⅰ	材质 Ⅱ	质量(kg) 单重	质量(kg) 总重	图号或标准、规格号	备注
13	压力控制器 0～1MPa	1						YTK-01
12	空气安全阀 0～0.16MPa	1						QFA-13
11	空气过滤减压阀输出 0～0.16MPa	2						QFH-213
10	三通 *DN*20	5	可锻铸铁				GB 3289·10—1982	
9	内螺纹异径管接头 *DN*20×15	1	可锻铸铁				GB 3289·24—1982	
8	直通终端终头 *DN*12/2 G½″	1	黄铜				YZG1-2-2G½″	
7	压力表直通接头 *DN*10，M20×1.5	1	黄铜				YZG1-6-M20×1.5	
6	活接头 *DN*20	4	可锻铸铁				GB 3289·38—1982	
5	内螺纹球阀 *PN*6.4MPa，*DN*20	6					Q11F-64C	
4	内螺纹球阀 *PN*6.4MPa，*DN*15	1					Q11F-64C	
3	无缝钢管 $\phi14\times2$，$l=100$	1	10				GB/T 8162—1987	
2	镀锌焊接钢管 *DN*15，$l=100$	1	Q235A				GB/T 3091—1995	
1	镀锌焊接钢管 *DN*20	4m	Q235A				GB/T 3091—1995	

设备材料表

冶金仪控通用图	仪控室(或变送器室)供气系统图	(2000)YK10-43	
		比例	页次

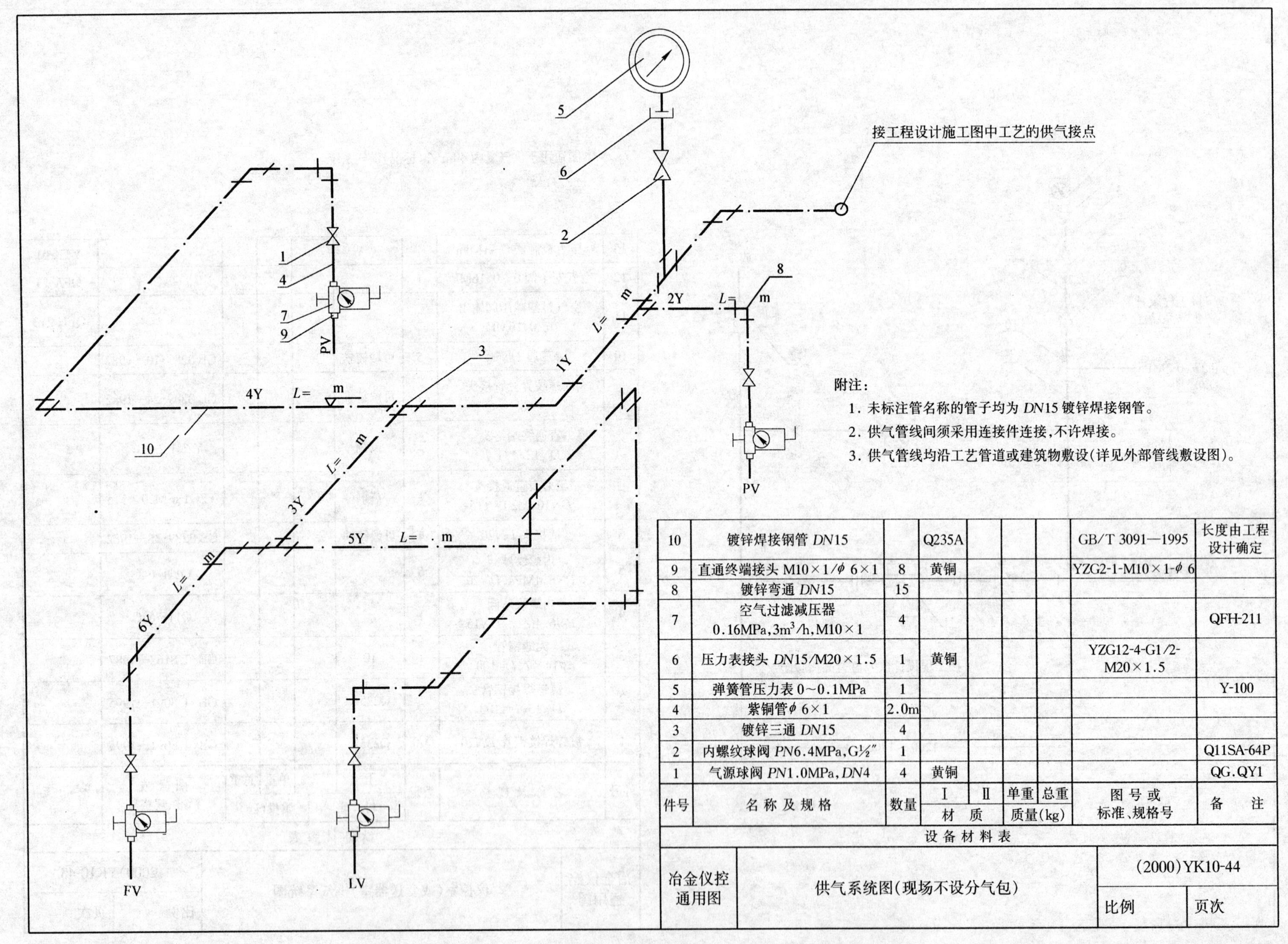

附注：

1. 未标注管名称的管子均为 *DN*15 镀锌焊接钢管。
2. 供气管线间须采用连接件连接，不许焊接。
3. 供气管线均沿工艺管道或建筑物敷设(详见外部管线敷设图)。

件号	名称及规格	数量	材质 Ⅰ	材质 Ⅱ	质量(kg) 单重	质量(kg) 总重	图号或标准、规格号	备注
10	镀锌焊接钢管 *DN*15		Q235A				GB/T 3091—1995	长度由工程设计确定
9	直通终端接头 M10×1/φ 6×1	8	黄铜				YZG2-1-M10×1-φ 6	
8	镀锌弯通 *DN*15	15						
7	空气过滤减压器 0.16MPa,$3m^3/h$,M10×1	4						QFH-211
6	压力表接头 *DN*15/M20×1.5	1	黄铜				YZG12-4-G1/2-M20×1.5	
5	弹簧管压力表 0~0.1MPa	1						Y-100
4	紫铜管φ 6×1	2.0m						
3	镀锌三通 *DN*15	4						
2	内螺纹球阀 *PN*6.4MPa,G½″	1						Q11SA-64P
1	气源球阀 *PN*1.0MPa,*DN*4	4	黄铜					QG.QY1

设备材料表

冶金仪控通用图	供气系统图(现场不设分气包)	(2000)YK10-44	
		比例	页次

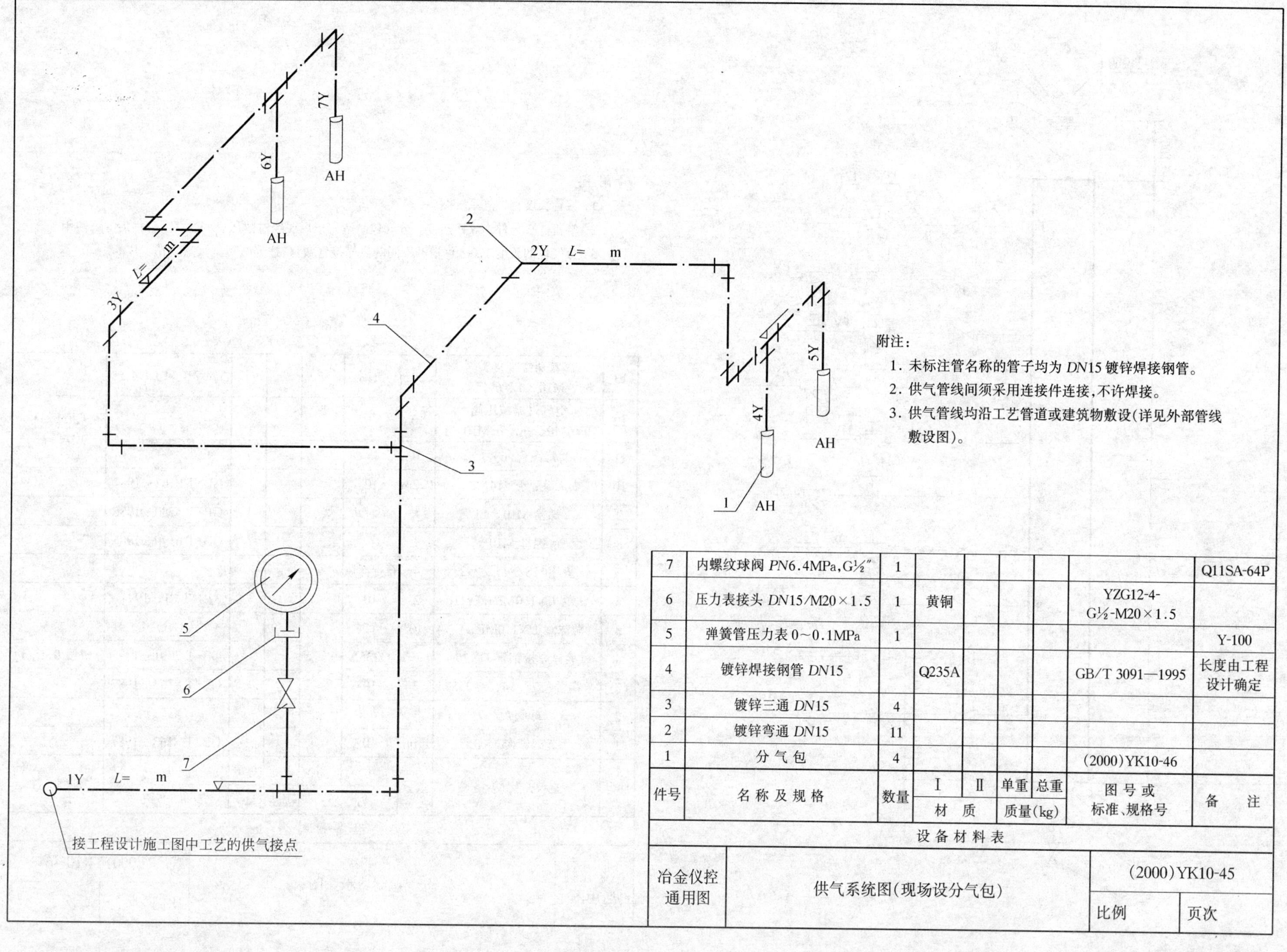

附注：

1. 未标注管名称的管子均为 *DN*15 镀锌焊接钢管。
2. 供气管线间须采用连接件连接，不许焊接。
3. 供气管线均沿工艺管道或建筑物敷设(详见外部管线敷设图)。

件号	名称及规格	数量	材质 Ⅰ	材质 Ⅱ	质量(kg) 单重	质量(kg) 总重	图号或标准、规格号	备注
7	内螺纹球阀 *PN*6.4MPa,G½″	1						Q11SA-64P
6	压力表接头 *DN*15/M20×1.5	1	黄铜				YZG12-4-G½-M20×1.5	
5	弹簧管压力表 0~0.1MPa	1						Y-100
4	镀锌焊接钢管 *DN*15		Q235A				GB/T 3091—1995	长度由工程设计确定
3	镀锌三通 *DN*15	4						
2	镀锌弯通 *DN*15	11						
1	分 气 包	4					(2000)YK10-46	

设备材料表

冶金仪控通用图	供气系统图(现场设分气包)	(2000)YK10-45	
		比例	页次

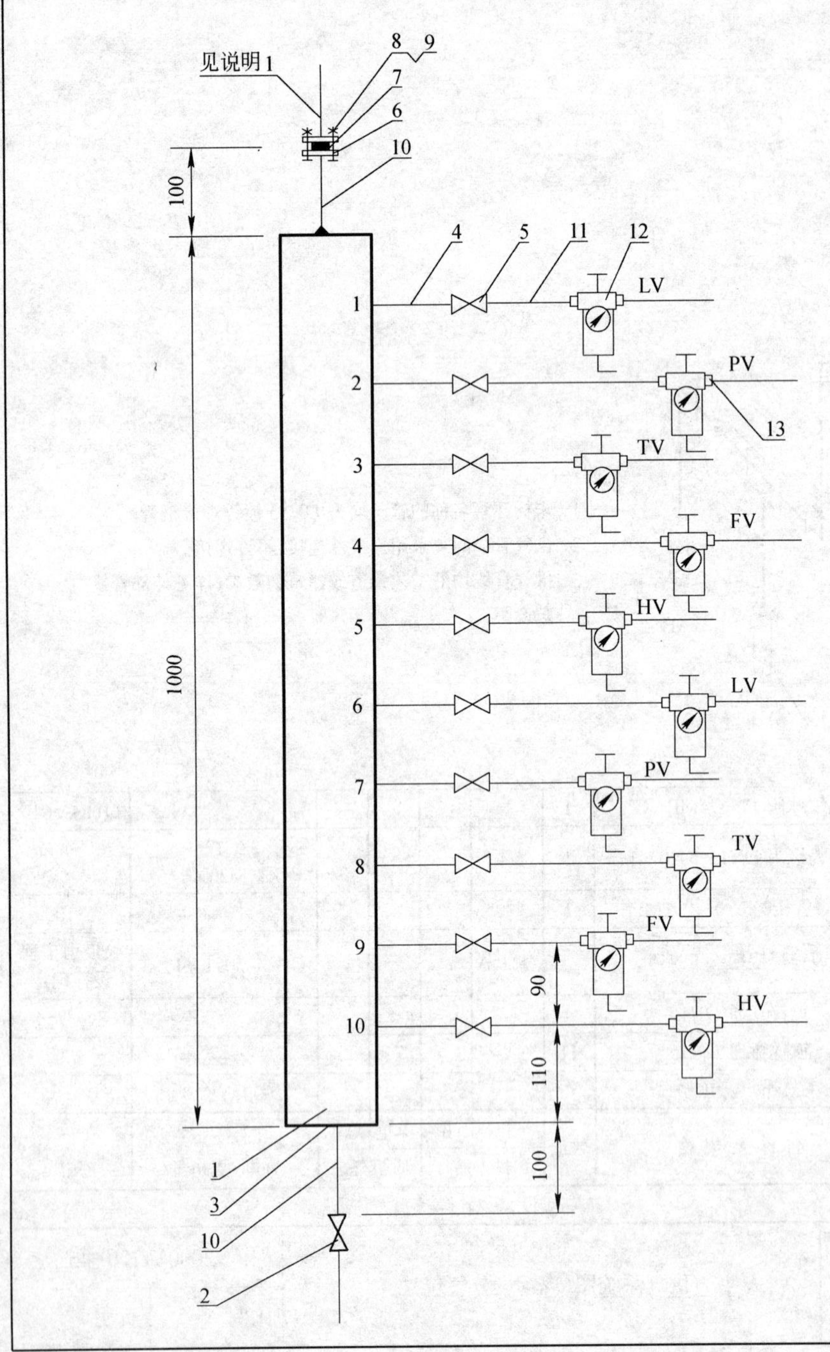

附注：

1. 接管长度见供气系统图。
2. 端盖件3与件1焊接连接。分气包制造完毕后要经过耐压、检漏试验，合格后方可使用。
3. 分气包的长度1.0m可根据不同的供气接管数量，适当减短。

件号	名称及规格	数量	材质 Ⅰ	材质 Ⅱ	质量(kg) 单重	质量(kg) 总重	图号或标准、规格号	备注
13	直通终端接头 M10×1/ϕ6×1	20	黄铜				YZG2-1-M10×1-ϕ6	
12	空气过滤减压阀 0.16MPa，3m^3/h，M10×1	10						QFH-211
11	紫铜管ϕ6×1	2.0m						
10	无缝钢管ϕ14×2	0.2m	10				GB/T 8163—1987	
9	螺栓 M10×40	4					GB/T 5780—1986	
8	螺母 M10	4					GB/T 6170—1986	
7	垫片ϕ18/ϕ45，$\delta=2$	4	石棉橡胶					
6	法兰 *PN*1.0MPa，*DN*10	2	10				JB/T 81—1994	
5	气源球阀 *PN*1.0MPa，*DN*4	10	黄铜				QG.QY1	
4	镀锌焊接钢管 *DN*15	1.5m	Q235A				GB/T 3091—1995	每段0.15m
3	端盖ϕ57/ϕ14，$\delta=3.5$	2	10				GB/T 8163—1987	
2	球阀ϕ14	1					QG.Y1	
1	无缝钢管ϕ57×3.5	1.0m	10				GB/T 8163—1987	

设备材料表

冶金仪控通用图	分气包制造示意图	(2000)YK10-46	
		比例	页次

上海自动仪表一厂、五厂、兰炼仪表厂

QBW,QBZ QBF,QBVF 变送器(一厂)

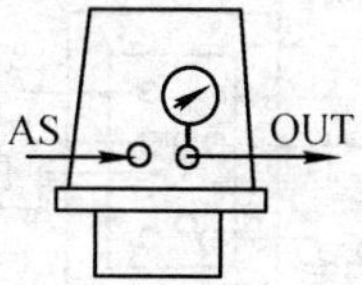

直通终端接头 M10×1　1 个
专用连接件　1 个

TYQⅡ气动液位调节变送器(五厂)

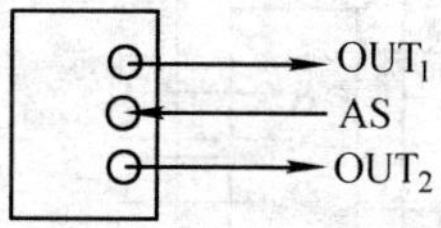

直通终端接头 M10×1　3 个

ZPQ-01 阀门定位器(一厂)

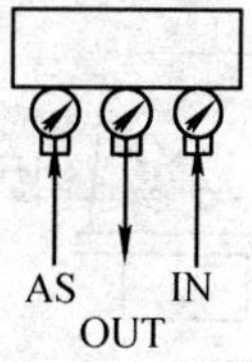

专用连接件　3 个

QBY 低压压力变送器 QBC 低中高差压变送器(兰炼仪表厂)

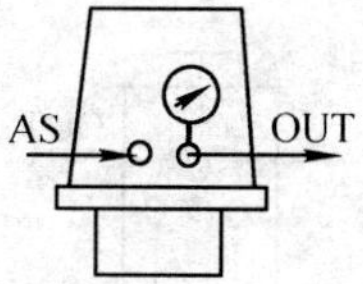

专用连接件　1 个
直通终端接头 M10×1　1 个

QBC 微差压变送器(兰炼仪表厂)

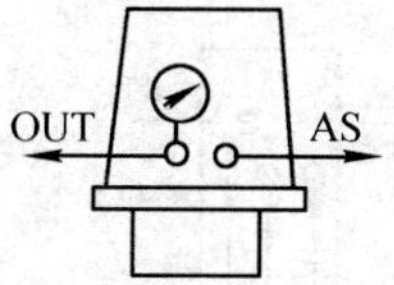

专用连接件　1 个
直通终端接头 M10×1　1 个

QXJ-21 二针一笔记录仪(兰炼仪表厂)

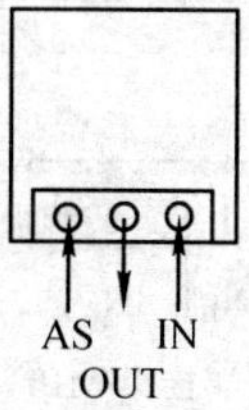

直通终端接头 M10×1　3 个

QXZ-10,20 单双针指示仪(兰炼仪表厂)

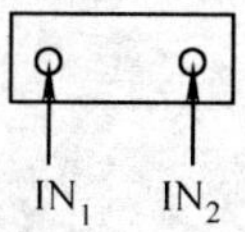

直通终端接头 M10×1　1 个或 2 个

QXE-10 遥控指示仪(兰炼仪表厂)

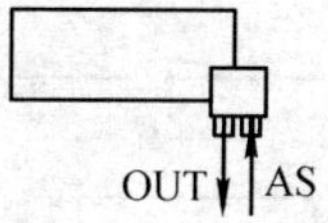

直通终端接头 M10×1　2 个

QXJ-01 单笔记录仪(兰炼仪表厂)

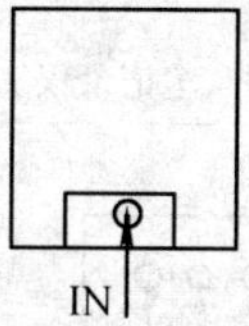

直通终端接头 M10×1　1 个

QXJ-02 双管记录仪(兰炼仪表厂)

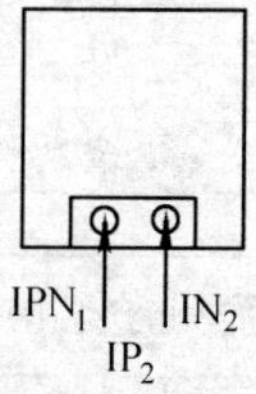

直通终端接头 M10×1　2 个

天津红旗仪器厂、天津调节器厂

QXJ-100-200 单双笔记录仪(红旗仪表厂)

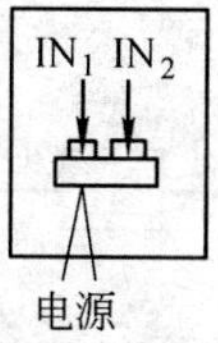

直通终端接头 M70×1　2 个

QXS-100 积算器(红旗仪表厂)

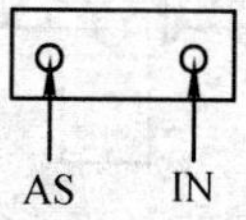

直通终端接头 M10×1　2 个

QF-03 二通阀(天调)

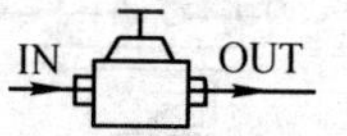

直通终端接头 M10×1　2 个

QXZ-131 条形指示仪(红旗仪表厂)

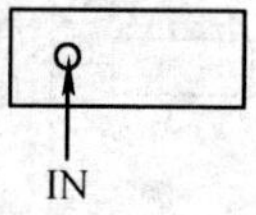

直通终端接头 M10×1　1 个

QxZ-111/121/101 条形指示仪(上/下限报警/上下)(天调)

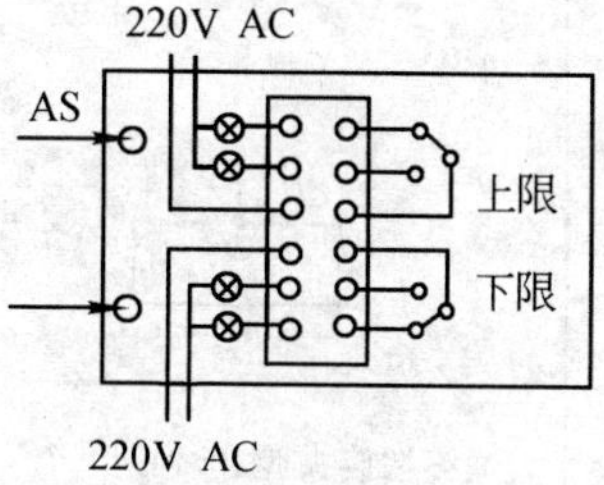

直通终端接头 M10×1　2 个

ZPQ-01 气动阀门定位器(天调)

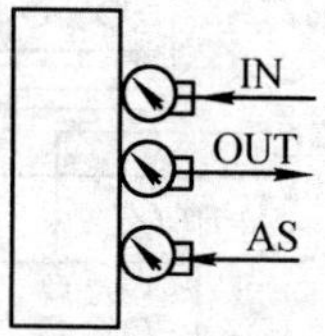

专用连接件　3 个

QBY 压力 QBC 差压变送器(红旗仪表厂)

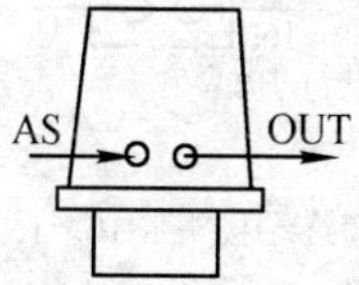

专用连接件　1 个
直通终端接头 M10×1　1 个

QTL-521(比例积分微分调节器) QTL-500、510 比例积分调节器(天调) QTB-400 比例调节器

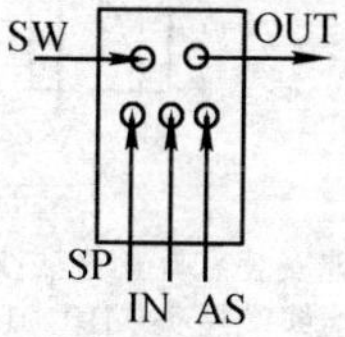

就地安装需五孔气插座　1 个
直通终端接头 M10×1　5 个

QXJ-310 单笔仪针记录仪(红旗仪表厂)

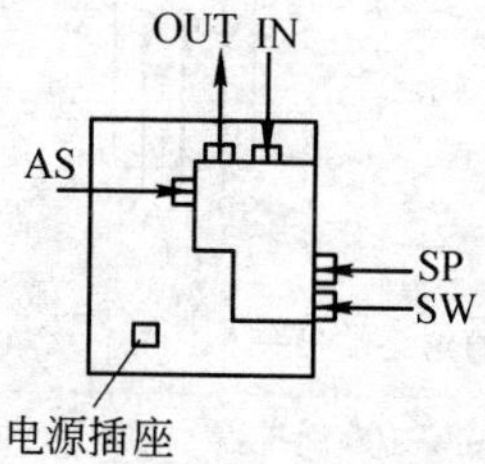

直通终端接头 M10×1　5 个

冶金仪控通用图	气动单元仪表接线接管方位图	(2000)YK10-47	
		比例	页次 1/2

西安仪表厂		
QBY,QBC 压力差压变送器	QFY-120,121 组合或过滤器减压阀	QF-03 二通阀
AS OUT	IN OUT	IN OUT
专用连接件 1个 直通终端接头 M10×1 1个	直通终端接头 M10×1 2个	直通终端接头 M10×1 2个
QXZ-100 上下限 QXZ-110 条形指示仪(上限报警) QXZ-120 下限	QXZ-130 条形指示仪	QXZ-113,223,333 一、二、三笔记录仪
AS IN AC 220V 上限 下限	IN	IN_2 IN_1 IN_3 电源插头座
直通终端接头 M10×1 2个	直通终端接头 M10×1 1个	直通终端接头 M10×1 1~3个
QTL-510 比例积分调节器(有托架)	QTL-500 比例积分调节器 QTB-400 比例调节器	QXS-100 积算器
SW OUT SP AS IN	SW OUT SP AS IN	IN AS
直通终端接头 M10×1 5个	就地安装需五孔气插座 1个 直通终端接头 M10×1 5个	直通终端接头 M10×1 2个
QFB-100 遥控器		
IN OUT AS		
直通终端接头 M10×1 3个		

广东仪表厂		
QBL, QBW, QBC, QBY (温包变送器)	QBW 型(热电偶)变送器	QBW 型(热电阻)变送器
AS OUT	AC 220V P R_{CM} (−) (+) OUT AS	AC 220V P R_{CM} OUT AS
专用连接件 1个 直通终端接头 M10×1 1个	直通终端接头 M10×1 2个	直通终端接头 M10×1 2个
QXZ-101,201 单双针指示仪	QTS,QTL,QTB 比例积分微分 比例积分调节器	QTS,QTL 比例积分微分 比例积分调节器
IN_1 IN_2	SW OUT SP AS IN	SP OUT IN AS
直通终端接头 M10×1 1或2个	就地安装需配五孔气插座 1个 直通终端接头 M10×1 5个	就地安装需配五孔气插座 1个 直通终端接头 M10×1 4个
QXJ-1111C QXJ-271C QXJ-331 一,二,三,笔记录仪	QXJ-312C 一笔二针记录仪(调节用)	QFH-111 组合式过滤器减压阀
电源插座 IN_1 IN_2 IN_3	OUT AS IN SW SP 电源插头座	作安装输出压力表用 AS OUT
直通终端接头 M10×1.1,2或3个	直通终端接头 M10×1 5个	直通终端接头 M10×1 2个

冶金仪控通用图	气动单元仪表接线接管方位图	(2000)YK10-47	
		比例	页次 2/2

下

目　录

冶金仪控通用图	变送器安装图图纸目录	(2000)YK11-1	
		比例	页次

说　明

1. 适用范围

本图册适用于冶金生产过程中各种变送器、转换器、仪表保护(温)箱的安装和支架制造。

2. 编制依据

本图册是在变送器安装图(90)YK11 图册的基础上修改、补充编制而成。

3. 内容提要

本图册包括下列仪表和设备的安装及支架的制作图:

(1) 变送器(包括 DDZ-Ⅲ型、1151 系列、扩散硅式、电容式等);

(2) 仪表保护(温)箱;

(3) 电磁流量计转换器;

(4) 分析仪表转换器。

安装分单台和多台仪表(或箱子)两类。

4. 选用注意事项

(1) DDZ-Ⅱ型变送器、双波纹管差压计,目前用的极少,所以,它们的安装未纳入本图册中,如果需要请查阅 1974 年编制的 YGK 图册。

(2) 与变送器相连接的压力导管、连接件、阀门等材料都包括在压力、流量、物位测量管路连接图内。

(3) 有些变送器成套带三阀组,也有不带的,为了适合不同情况本图册中分别列出两种安装方式,上部或下部有固定杆作固定阀门或固定压力导管的供设计者选择[见(2000)YK11-3 附表]。

(4) 本图册有部分安装图采用了多方案或多规格附表,设计人员选用时应详细阅读所选图纸的附注与附表。

(5) 由于变送器质量提高,有些变送器维护工作量很少,因此分散安装变送器日趋普遍,单台变送器安装可以在施工时选择合理的位置用电(气)动打孔机打孔并用膨胀螺栓固定支架;多个变送器占据位置大,设计时应考虑预埋件,尽量不采用膨胀螺栓固定的方式。

(6) 现场维修需要在支架上加 200mm 的宽边,检修时能放置电流表螺丝刀等物品,因此本图册中多个变送器安装支架增加了“加边”的方案,如不需要时,可加说明取消。

(7) 仪表保护箱、保温箱生产厂家很多,型式也各不相同,本图册按镇江化工仪表电器(集团)公司(原江苏扬中化工仪表配件厂)产品绘制。从箱体材质结构上可分为钢质保护(温)箱和玻璃钢保护(温)箱两大类,本图册按常用的形式作了两种方案,钢质保护(温)箱采用底座安装方式,玻璃钢保护(温)箱采用挂装方式,具体规格详见各安装图的附表及附注。但双变送器保护箱安装图仅列出钢质保护箱一种类型。

(8) 目前生产的保护(温)箱内部都带有安装变送器及阀门的附件,因此箱内不需要增加安装部件(双变送器保护箱除外)。

(9) 因为目前我国已经生产无机械杠杆的变送器(电容式变送器和扩散硅变送器)抗振能力比 DDZ-Ⅱ和 DDZ-Ⅲ型变送器好,因此本册不考虑减振的安装方式。

(10) 所有变送器的支架均应除锈上底漆刷两遍油漆,本图册附注中注明用苹果绿色油漆。在腐蚀性环境中安装的变送器支架需要用防腐油漆。

冶金仪控 通用图	变送器安装图说明	(2000)YK11-2	
		比例	页次

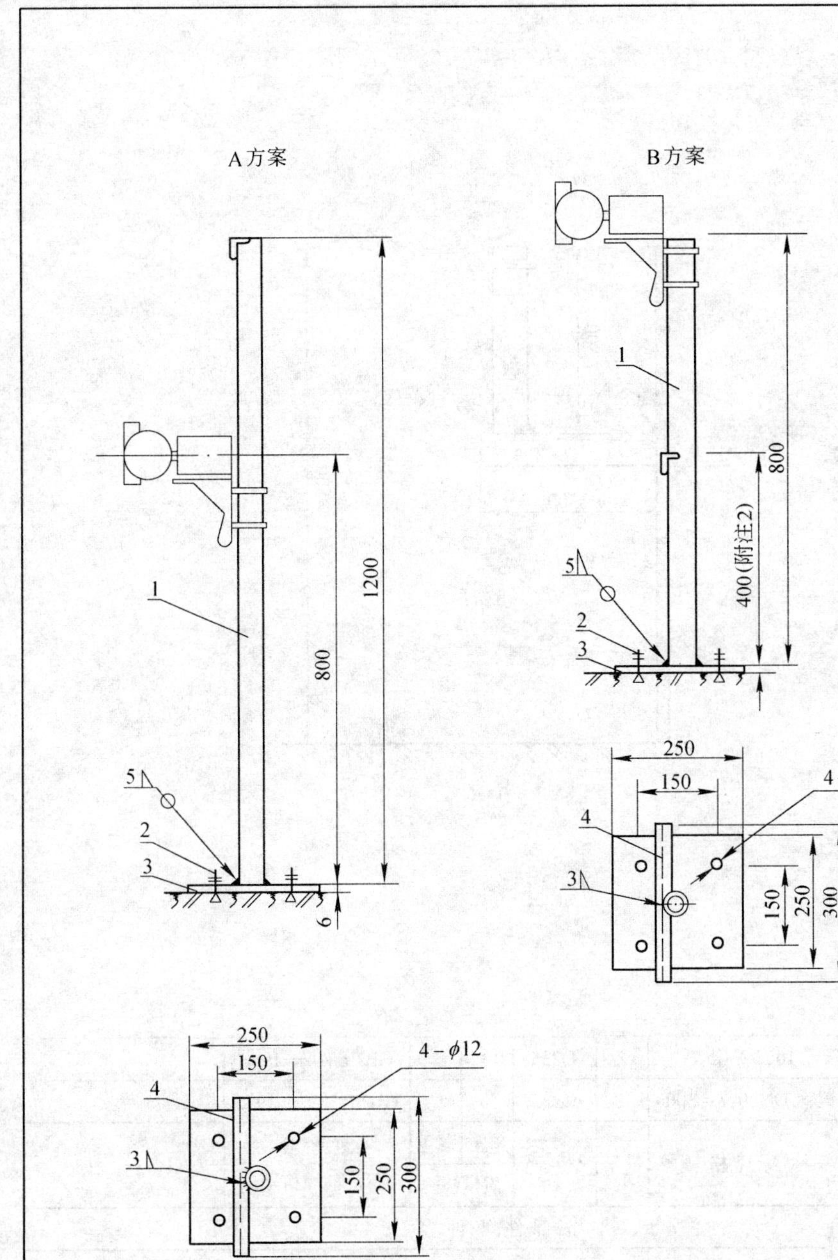

附注：

1. 有预埋件或在钢平台上安装时，钢管直接焊在钢板上，取消零件2和零件3。
2. 零件4(固定阀门或导管)安装高度及安装孔按需要决定。
3. 支架去锈上底漆后刷两遍苹果绿油漆。
4. 安装方案如下表所示：

方案号	安装方案	件1，l(mm)
A	上部固定阀门	1200
B	下部固定阀门	800

标记示例：单个变送器在地坪上安装用B方案，标记如下：变送器的安装B，图号(2000)YK11-3。

件号	名称及规格	数量	材质	单重 质量(kg)	总重 质量(kg)	图号或标准、规格号	备注
4	角钢固定件 ∟30×30×3，l＝800	1	Q235			GB/T 9787—1988	
3	钢板250×250，δ＝6	1	Q235			GB/T 709—1988	
2	膨胀螺栓M10×55	4	Q235			IS—06/10	
1	焊接钢管DN50，l见表	1	Q235			GB/T 3092—1993	

部件、零件表

冶金仪控通用图	单个变送器在地坪上的安装图	(2000)YK11-3	
		比例	页次

A 方案

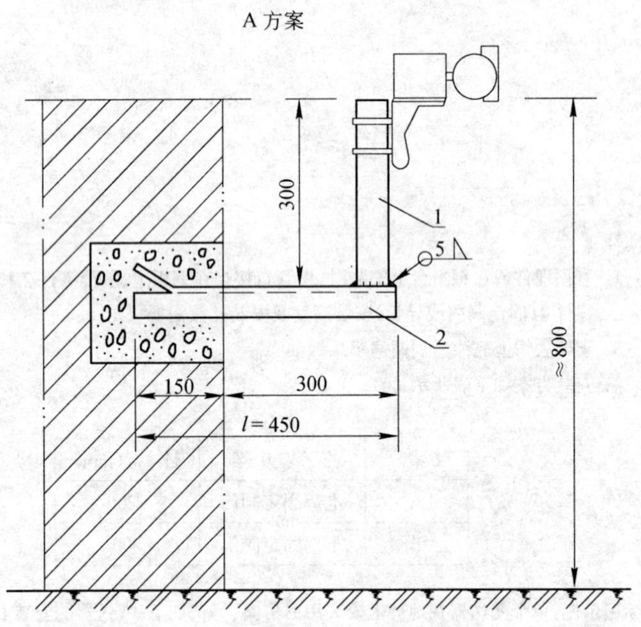

B 方案

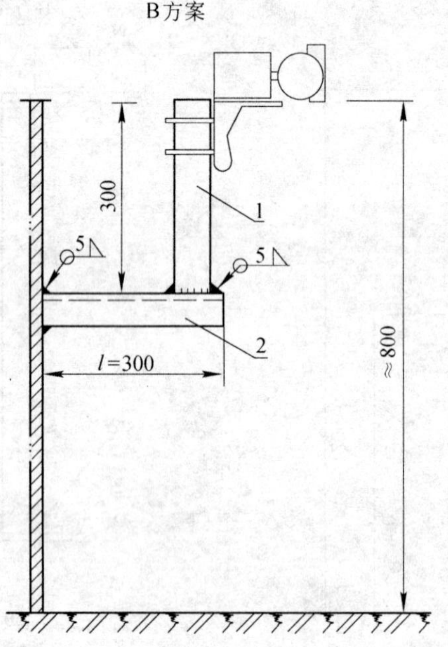

附注：

1. 支架去锈上底漆后刷两遍苹果绿色漆。

2. 安装方案如下表所示：

方案号	安装方案	件 2, l(mm)
A	砖墙上安装	450
B	钢壁上安装	300

标记示例：一个变送器在砖墙上的安装用方案 A，标记如下：变送器的安装 A，图号(2000)YK11-4。

件号	名称及规格	数量	材质	单重	总重	图号或标准、规格号	备注
2	支架[10, l 见附表	1	Q235			GB/T 707—1988	
1	焊接钢管 DN50, l=300	1	Q235			GB/T 3092—1993	
				质量(kg)			

部件、零件表

冶金仪控通用图	单个变送器在砖墙、钢壁上的安装图	(2000)YK11-4	
		比例	页次

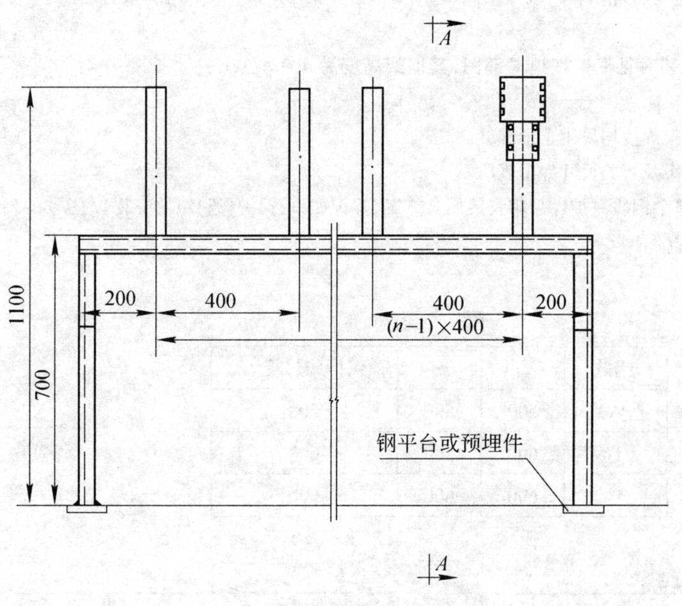

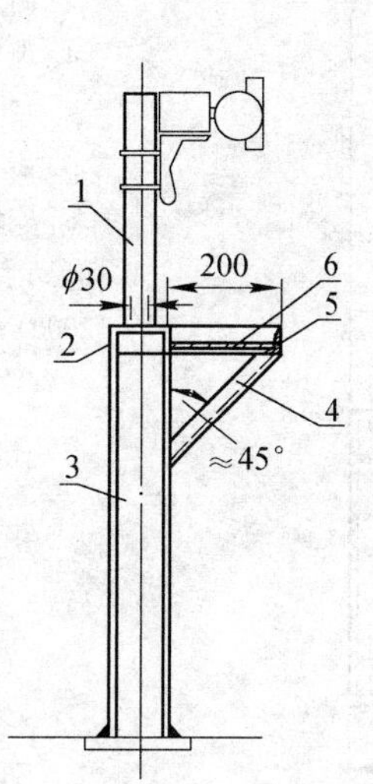

附注：

1. 支架去锈上底漆后刷两遍苹果绿色油漆。
2. 图中“n”为变送器数量。$n>4$ 时件 2 槽钢中间需加支撑。每增加 3 台变送器，件 3、件 4 相应增加一根。
3. $l_1=n\times400$，$l_2=n\times400-20$。
4. 所有未注焊缝均为周边焊缝其焊缝高度为 5mm。
5. 件 6 施工时可用间断焊缝。
6. 件 4、件 5、件 6 为带工具台方案，其目的为检修时放置检修用具。如不需要时，可以取消。
7. 标记示例：5 个变送器在带有边框支架上的安装其支架、边框长度 l_1，边框内钢板长度 l_2，标记如下：多台变送器的安装 $n=5$，图号(2000)YK11-5。

工具台平面图

45
6
5
190
200
$l_2=n\times400-20$
$l_1=n\times400$

件号	名称	数量	材质	单重	总重	图号或标准、规格号	备注
6	钢板 $l_2\times190$，$\delta=3$	1	Q235			GB/T 708—1988	见附注 3
5	边框 ∟45×45×5，$l=l_1+400$	1	Q235			GB/T 9787—1988	见附注 3
4	支架∟45×45×5，$l\approx300$	2	Q235			GB/T 9787—1988	
3	支撑[10，$l=650$	2	Q235			GB/T 707—1988	
2	支架[10，$l=l_1$	1	Q235			GB/T 707—1988	
1	焊接钢管 $DN50$，$l=400$	n	Q235			GB/T 3092—1993	
				质量(kg)			

部件、零件表

冶金仪控通用图	多台变送器安装图	(2000)YK11-5	
		比例	页次

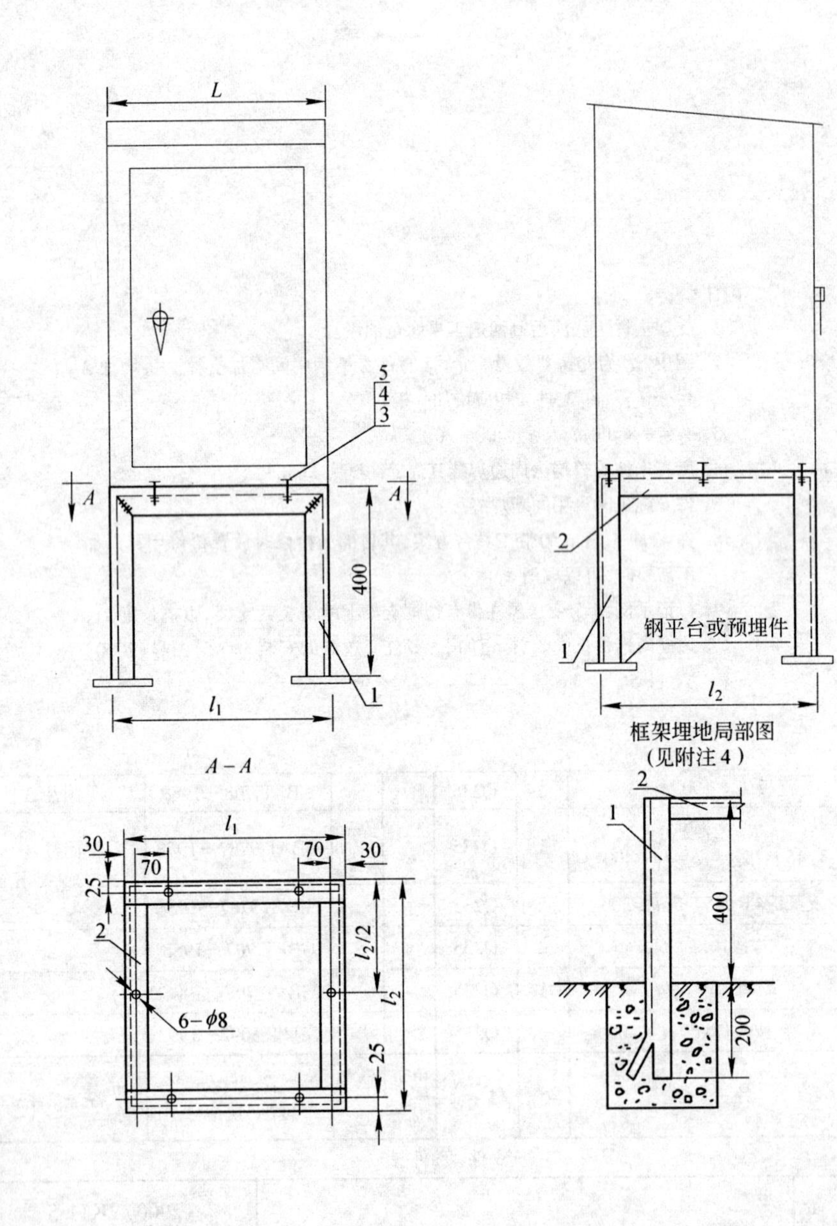

附注：

1. 安装支架表面去锈上底漆后刷两遍苹果绿色油漆。
2. 图中螺栓孔的位置应按保护箱实际需要适当调整。
3. 由于保护(温)箱 l_1, l_2 尺寸不同，选用时可按方案号对应不同尺寸安装，尺寸见附表。
4. 埋地安装时见框架埋地局部图，其框架高度为 400 + 200，件 1 长度 $l = l_1 + 1200$。
5. 所有框架焊接均采用 I 形焊缝。
6. 安装方案及有关尺寸如下表所示。

标记示例：单个钢质保护(温)箱安装用 B 方案，标记如下：保护(温)箱的安装 B，图号 (2000)YK11-6。

附　表

方案号	l_1	l_2	保护(温)箱 L
A	500	500	500
B	600	500	600
C	600	600	600

件号	名称	数量	材质	单重 质量(kg)	总重 质量(kg)	图号或标准、规格号	备注
5	垫圈 6	6	Q235			GB/T 95—1985	
4	螺母 M6	6	Q235			GB/T 41—1986	
3	螺栓 M6×50	Q235	Q235			GB/T 5781—1986	
2	角钢 ∟50×50×5, $l = l_2 - 100$	2	Q235			GB/T 9787—1988	
1	框架 ∟50×50×5, $l = l_1 + 800$	2	Q235			GB/T 9787—1988	

部件、零件表

冶金仪控通用图	单个钢质保护(温)箱安装图	(2000)YK11-6	
		比例	页次

A方案

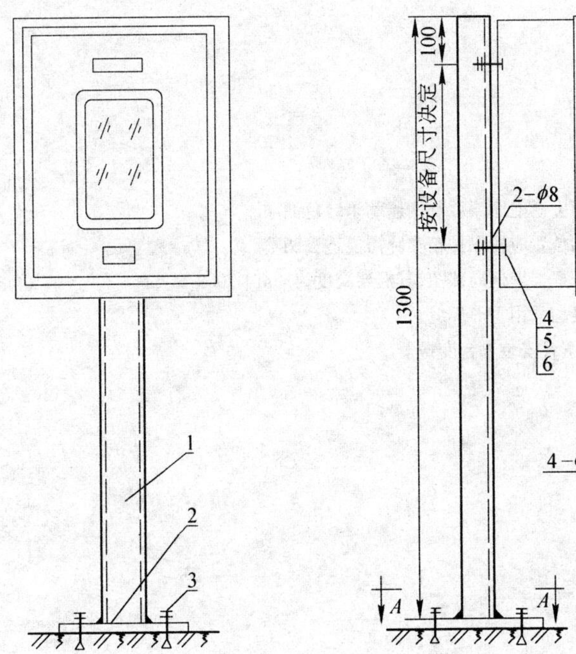

A—A

300

200

4—φ12

200

300

B方案

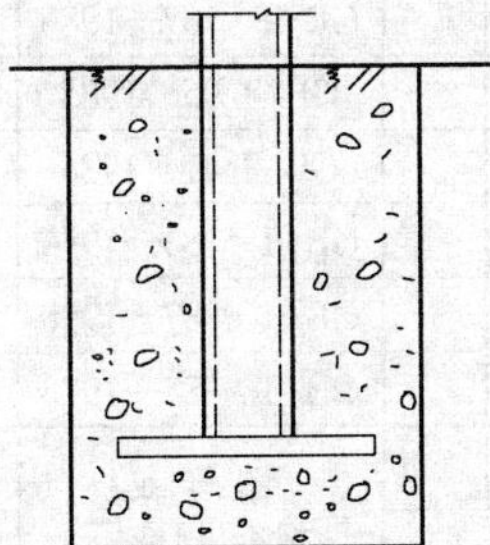

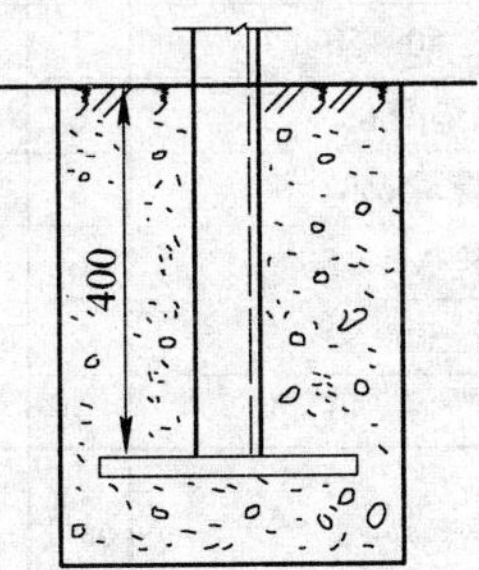

附注：

1. 本图有两种安装方式，件1的长度见附表。
2. 有预埋件或在钢平台上安装时A方案取消件2、件3，槽钢可直接焊在钢平台上，焊缝为周边焊缝，其高度为5mm。
3. 安装支架表面去锈上底漆之后刷两遍苹果绿色油漆。
4. 标记示例：一个保温箱，其支架安装基脚是埋入式安装，方案为B，标记如下：保温箱安装B，图号(2000)YK11-7。

附　表

方案号	件1，支架 l(mm)
A	1300
B	1700

件号	名　称	数量	材　质	单重	总重	图号或标准、规格号	备　注
				质量(kg)			
6	垫圈6	2	Q235			GB/T 95—1985	
5	螺母M6	2	Q235			GB/T 41—1986	
4	螺栓M6×50	2	Q235			GB/T 5781—1986	
3	膨胀螺栓M10×55	4	Q235			IS-06/10	A方案用
2	钢板300×300，$\delta=8$	1	Q235			GB/T 709—1988	
1	支架[10，l见附表	1	Q235			GB/T 707—1988	

部件、零件表

冶金仪控通用图	单个玻璃钢保护(温)箱安装图	(2000)YK11-7	
		比例	页次

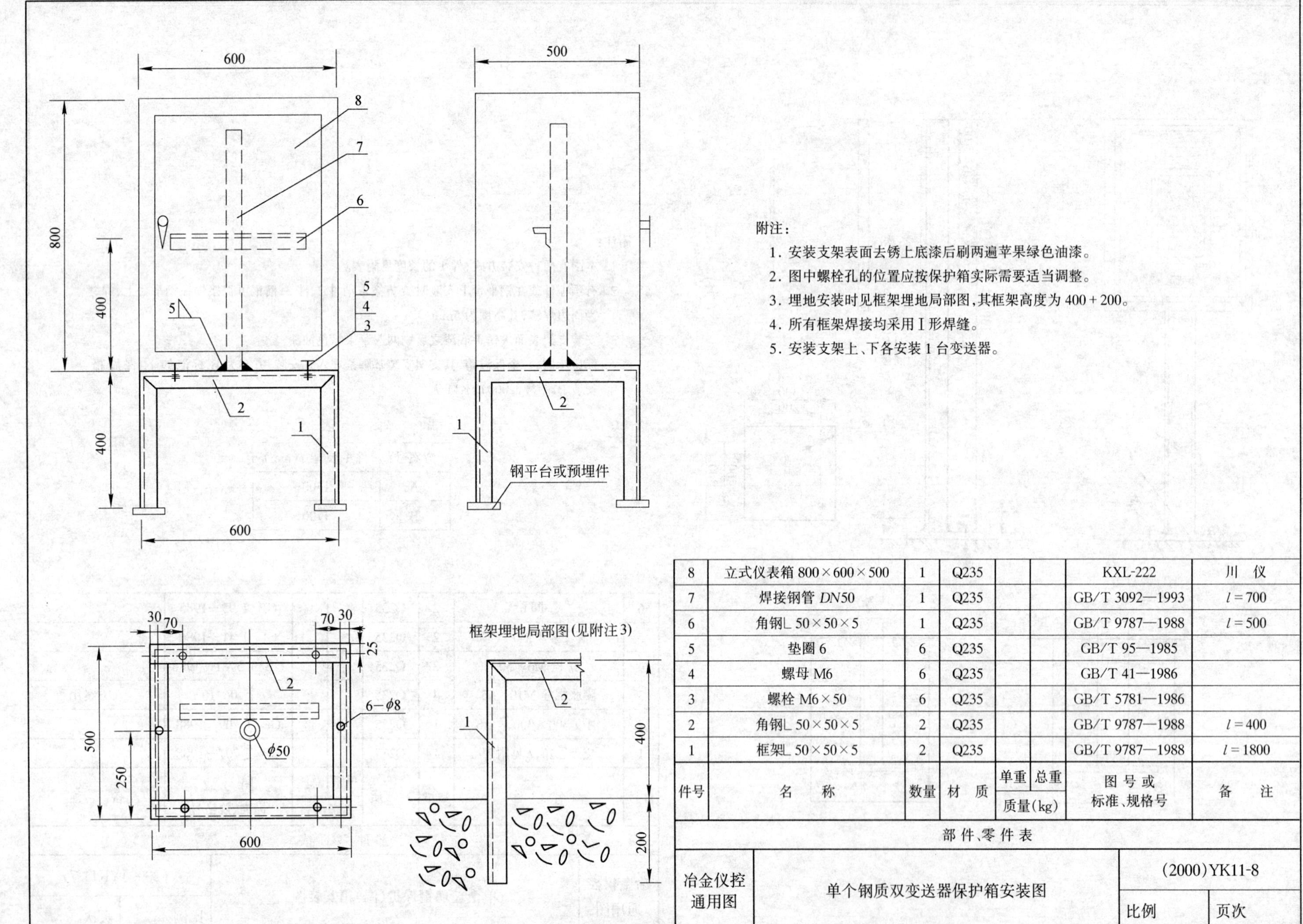

附注:

1. 安装支架表面去锈上底漆后刷两遍苹果绿色油漆。
2. 图中螺栓孔的位置应按保护箱实际需要适当调整。
3. 埋地安装时见框架埋地局部图,其框架高度为 400 + 200。
4. 所有框架焊接均采用 I 形焊缝。
5. 安装支架上、下各安装 1 台变送器。

件号	名称	数量	材质	单重	总重	图号或标准、规格号	备注
				质量(kg)			
8	立式仪表箱 800×600×500	1	Q235			KXL-222	川 仪
7	焊接钢管 *DN*50	1	Q235			GB/T 3092—1993	*l* = 700
6	角钢∟50×50×5	1	Q235			GB/T 9787—1988	*l* = 500
5	垫圈 6	6	Q235			GB/T 95—1985	
4	螺母 M6	6	Q235			GB/T 41—1986	
3	螺栓 M6×50	6	Q235			GB/T 5781—1986	
2	角钢∟50×50×5	2	Q235			GB/T 9787—1988	*l* = 400
1	框架∟50×50×5	2	Q235			GB/T 9787—1988	*l* = 1800

部件、零件表

冶金仪控通用图	单个钢质双变送器保护箱安装图	(2000)YK11-8	
		比例	页次

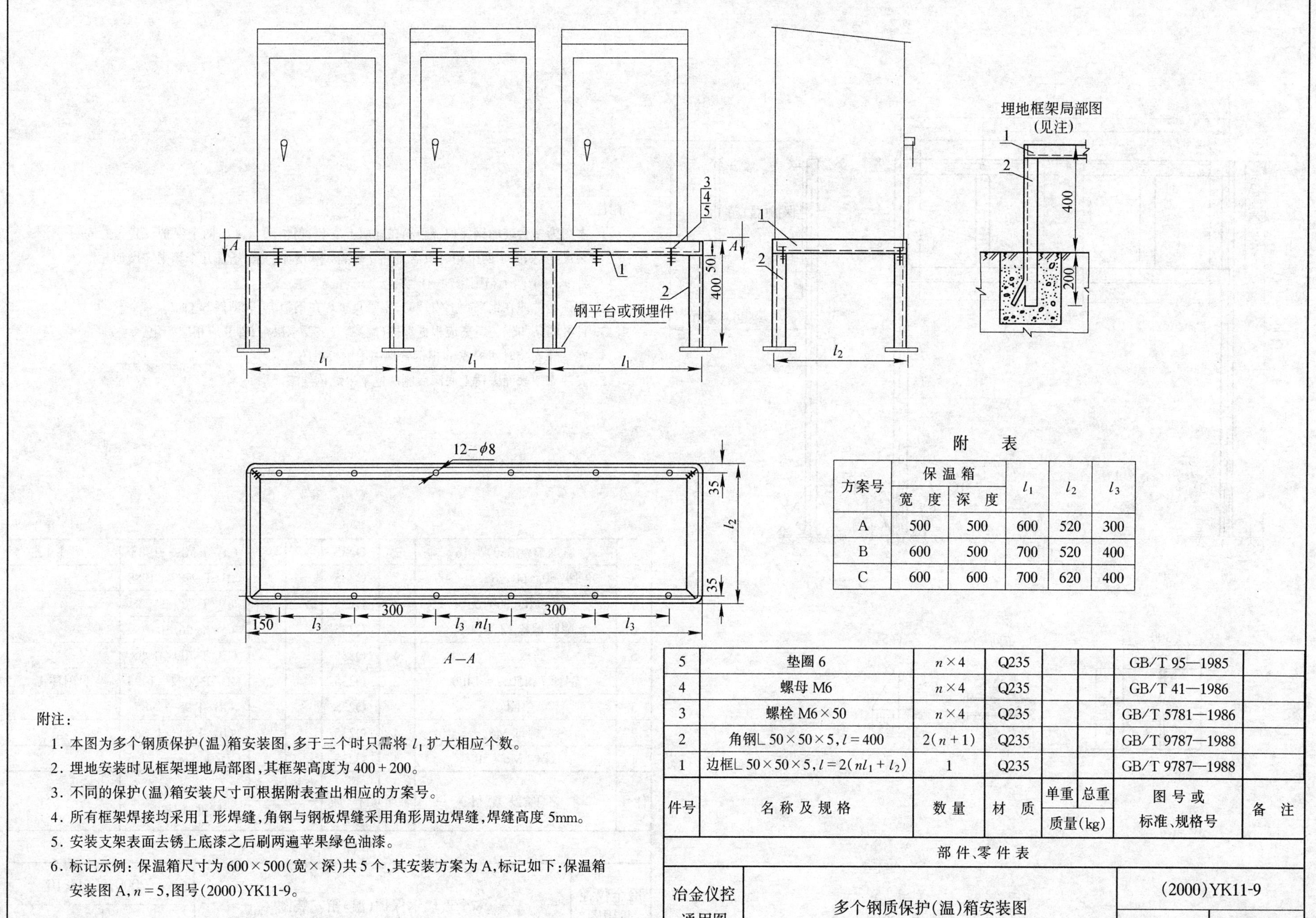

附　　表

方案号	保温箱		l_1	l_2	l_3
	宽　度	深　度			
A	500	500	600	520	300
B	600	500	700	520	400
C	600	600	700	620	400

件号	名称及规格	数量	材质	单重 质量(kg)	总重 质量(kg)	图号或标准、规格号	备注
5	垫圈 6	$n\times4$	Q235			GB/T 95—1985	
4	螺母 M6	$n\times4$	Q235			GB/T 41—1986	
3	螺栓 M6×50	$n\times4$	Q235			GB/T 5781—1986	
2	角钢∟50×50×5, $l=400$	$2(n+1)$	Q235			GB/T 9787—1988	
1	边框∟50×50×5, $l=2(nl_1+l_2)$	1	Q235			GB/T 9787—1988	

部件、零件表

冶金仪控通用图	多个钢质保护(温)箱安装图	(2000)YK11-9	
		比例	页次

附注:

1. 本图为多个钢质保护(温)箱安装图,多于三个时只需将 l_1 扩大相应个数。
2. 埋地安装时见框架埋地局部图,其框架高度为 400+200。
3. 不同的保护(温)箱安装尺寸可根据附表查出相应的方案号。
4. 所有框架焊接均采用Ⅰ形焊缝,角钢与钢板焊缝采用角形周边焊缝,焊缝高度 5mm。
5. 安装支架表面去锈上底漆之后刷两遍苹果绿色油漆。
6. 标记示例:保温箱尺寸为 600×500(宽×深)共 5 个,其安装方案为 A,标记如下:保温箱安装图 A, $n=5$,图号(2000)YK11-9。

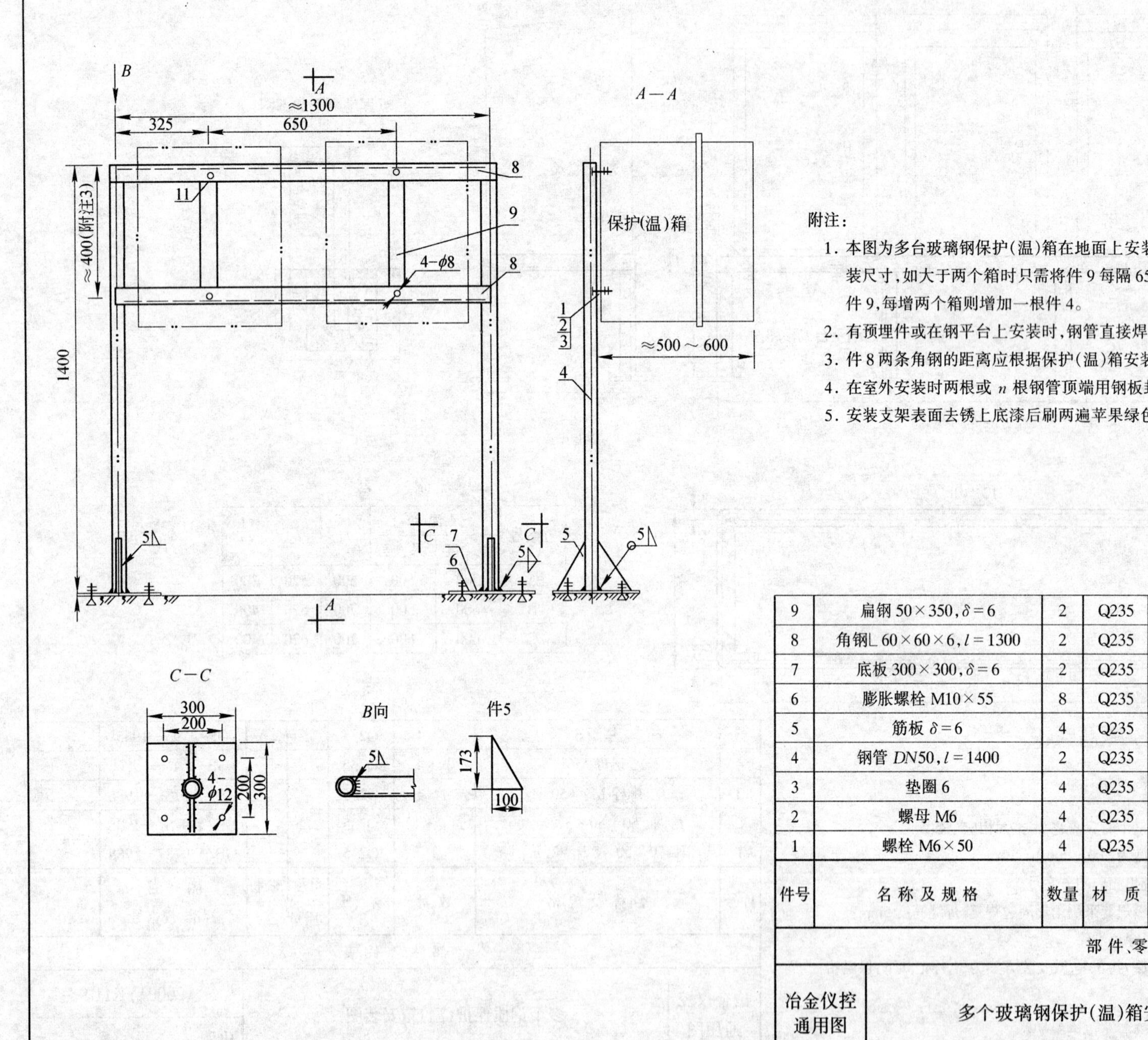

附注：

1. 本图为多台玻璃钢保护(温)箱在地面上安装，但本图只画出两个保护(温)箱的安装尺寸，如大于两个箱时只需将件9每隔650增加一根，增加几个箱则需增加几根件9，每增两个箱则增加一根件4。
2. 有预埋件或在钢平台上安装时，钢管直接焊在钢板上，取消件6、件7。
3. 件8两条角钢的距离应根据保护(温)箱安装要求决定，件9应相应变化。
4. 在室外安装时两根或 n 根钢管顶端用钢板封闭。
5. 安装支架表面去锈上底漆后刷两遍苹果绿色油漆。

件号	名称及规格	数量	材质	单重 质量(kg)	总重 质量(kg)	图号或标准、规格号	备注
9	扁钢 50×350，$\delta=6$	2	Q235			GB/T 709—1988	见附注1,3
8	角钢∟60×60×6，$l=1300$	2	Q235			GB/T 9787—1988	
7	底板 300×300，$\delta=6$	2	Q235			GB/T 709—1988	
6	膨胀螺栓 M10×55	8	Q235			IS-06/10	
5	筋板 $\delta=6$	4	Q235			GB/T 709—1988	
4	钢管 $DN50$，$l=1400$	2	Q235			GB/T 3092—1993	见附注1
3	垫圈 6	4	Q235			GB/T 95—1985	
2	螺母 M6	4	Q235			GB/T 41—1986	
1	螺栓 M6×50	4	Q235			GB/T 5781—1986	

部件、零件表

冶金仪控通用图	多个玻璃钢保护(温)箱安装图	(2000)YK11-10	
		比例	页次

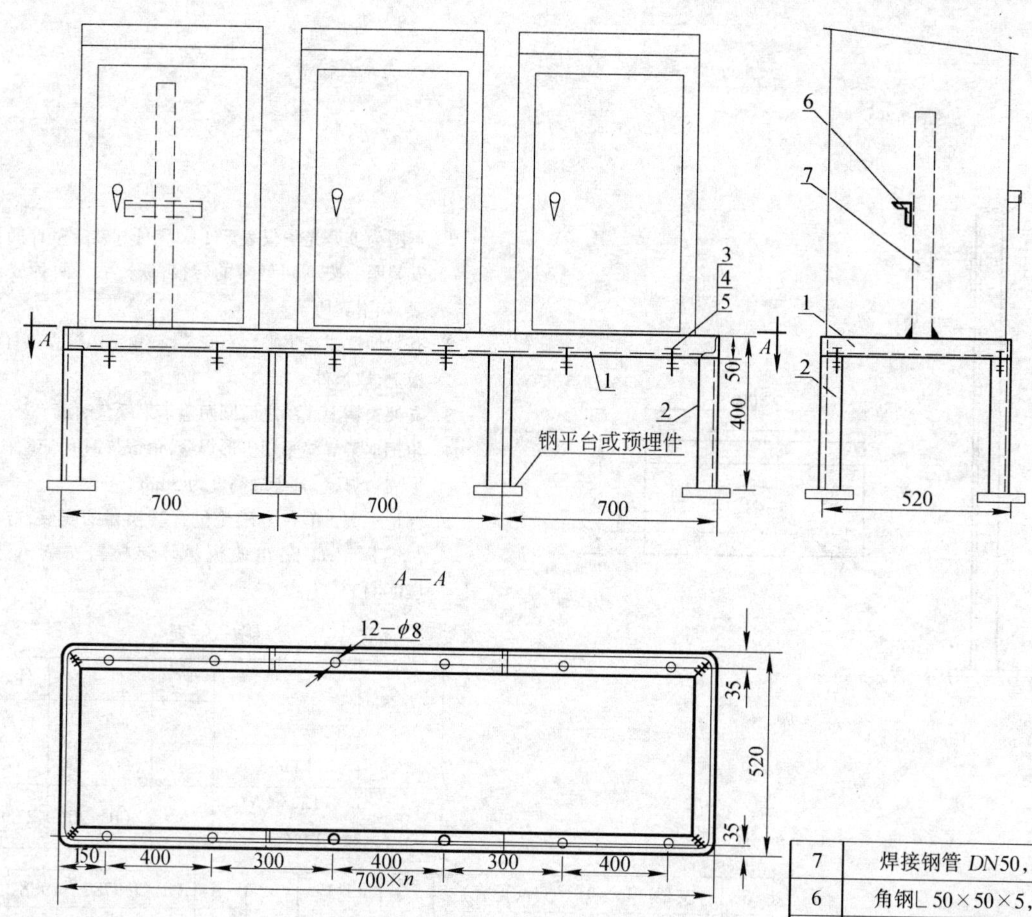

附注：

1. 本图为多个钢质双变送器保护箱安装图，多于三个时只需将700乘以扩大相应个数。
2. 埋地安装时见框架埋地局部图，其框架高度为400+200。
3. 所有框架焊接均采用Ⅰ形焊缝，角钢与钢板焊缝采用角形周边焊缝，焊缝高度5mm。
4. 安装支架表面去锈上底漆之后刷两遍苹果绿色油漆。
5. 标记示例：保护箱尺寸为600×500(宽×深)共5个，标记如下：多个钢质双变送器保护箱安装图，$n=5$，图号(2000)YK11-11。

件号	名称及规格	数量	材质	单重	总重	图号或标准、规格号	备注
7	焊接钢管 DN50，$l=700$	1	Q235			GB/T 3092—1993	
6	角钢∟50×50×5，$l=500$	1	Q235			GB/T 9787—1988	
5	垫圈 6	$n\times4$	Q235			GB/T 95—1985	
4	螺母 M6	$n\times4$	Q235			GB/T 41—1986	
3	螺栓 M6×50	$n\times4$	Q235			GB/T 5781—1986	
2	角钢∟50×50×5，$l=400$	$2(n+1)$	Q235			GB/T 9787—1988	
1	边框∟50×50×5，$l=2(nl_1+l_2)$	1	Q235			GB/T 9787—1988	
				质量(kg)			

部件、零件表

冶金仪控通用图	多个钢质双变送器保护箱安装图	(2000)YK11-11	
		比例	页次

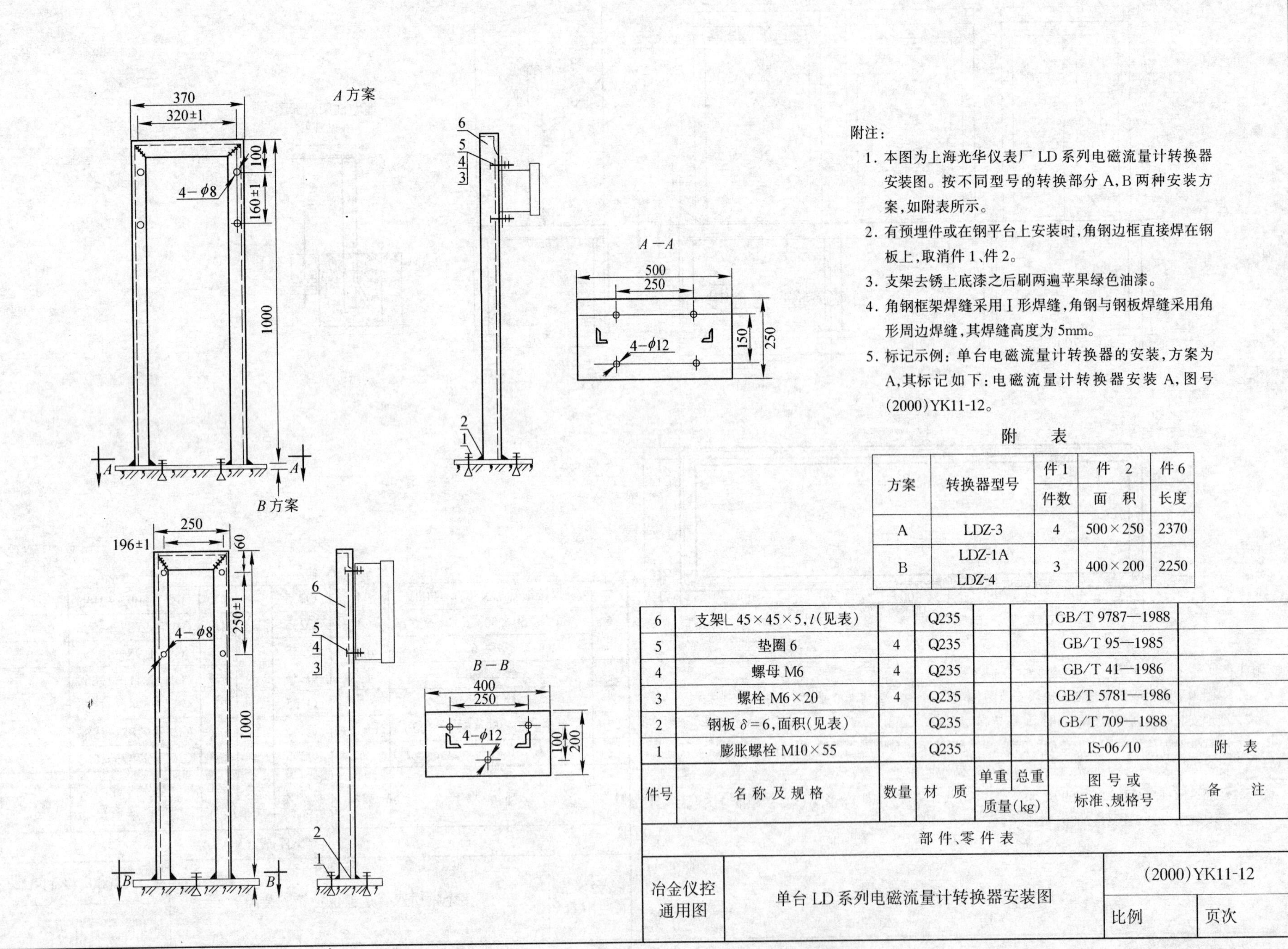

附注：

1. 本图为上海光华仪表厂 LD 系列电磁流量计转换器安装图。按不同型号的转换部分 A，B 两种安装方案，如附表所示。
2. 有预埋件或在钢平台上安装时，角钢边框直接焊在钢板上，取消件 1、件 2。
3. 支架去锈上底漆之后刷两遍苹果绿色油漆。
4. 角钢框架焊缝采用 I 形焊缝，角钢与钢板焊缝采用角形周边焊缝，其焊缝高度为 5mm。
5. 标记示例：单台电磁流量计转换器的安装，方案为 A，其标记如下：电磁流量计转换器安装 A，图号 (2000) YK11-12。

附　表

方案	转换器型号	件 1	件 2	件 6
		件数	面　积	长度
A	LDZ-3	4	500×250	2370
B	LDZ-1A LDZ-4	3	400×200	2250

件号	名称及规格	数量	材　质	单重 质量(kg)	总重 质量(kg)	图号或标准、规格号	备　注
6	支架∟45×45×5，l(见表)		Q235			GB/T 9787—1988	
5	垫圈 6	4	Q235			GB/T 95—1985	
4	螺母 M6	4	Q235			GB/T 41—1986	
3	螺栓 M6×20	4	Q235			GB/T 5781—1986	
2	钢板 δ=6，面积(见表)		Q235			GB/T 709—1988	
1	膨胀螺栓 M10×55		Q235			IS-06/10	附　表

部件、零件表

冶金仪控通用图	单台 LD 系列电磁流量计转换器安装图	(2000) YK11-12	
		比例	页次

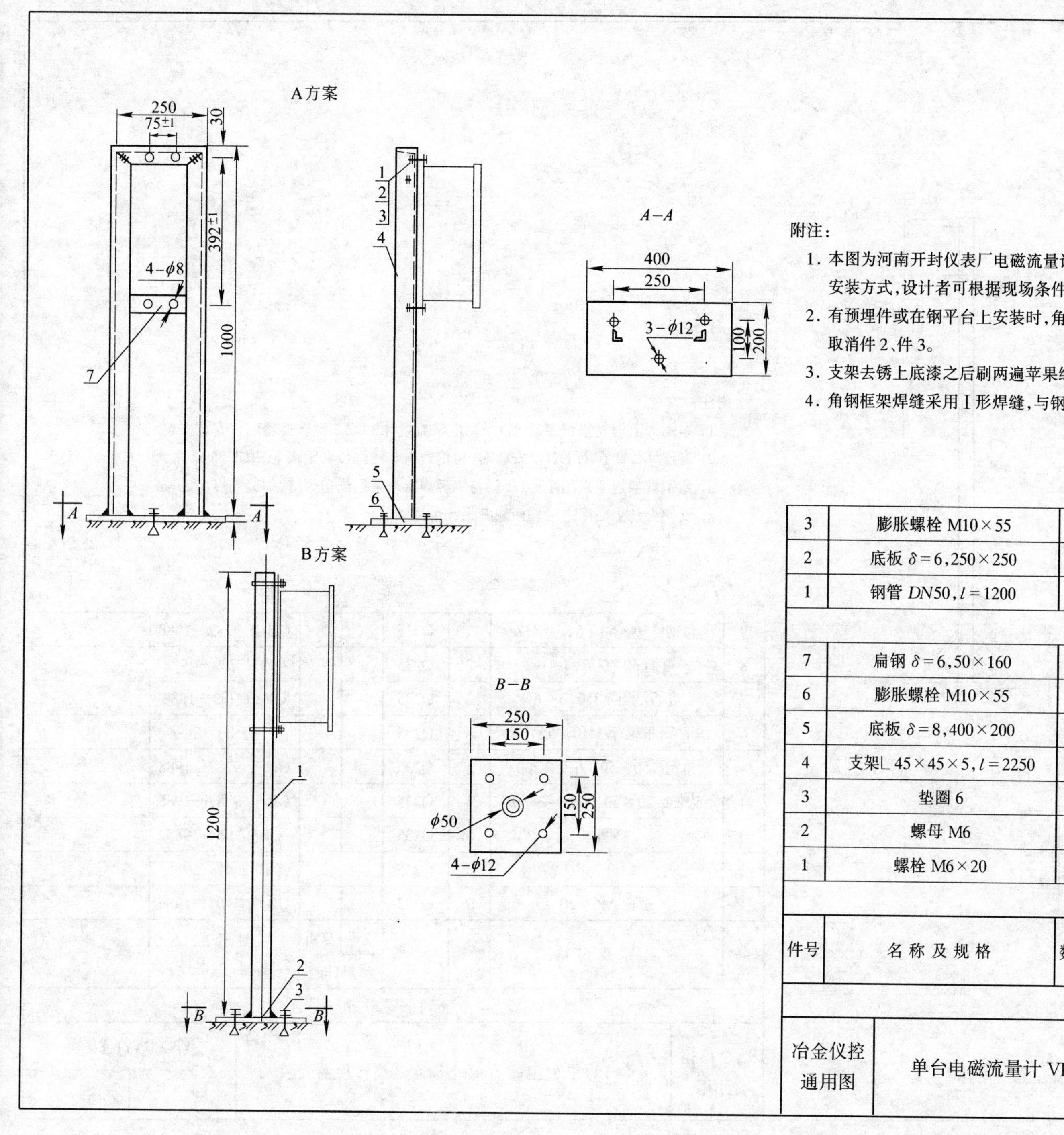

附注:

1. 本图为河南开封仪表厂电磁流量计 VKA,VKB 转换器所配套的安装支架。本图有两种安装方式,设计者可根据现场条件任选一种安装方式。
2. 有预埋件或在钢平台上安装时,角钢边框直接焊在钢板上,A 方案取消件 5、件 6,B 方案取消件 2、件 3。
3. 支架去锈上底漆之后刷两遍苹果绿色油漆。
4. 角钢框架焊缝采用Ⅰ形焊缝,与钢板焊接时采用周边焊缝,焊缝高度为 5mm。

件号	名称及规格	数量	材质	单重 质量(kg)	总重 质量(kg)	图号或标准、规格号	备注
3	膨胀螺栓 M10×55	4	Q235			IS-06/10	
2	底板 $\delta=6$,250×250	1	Q235				
1	钢管 $DN50$,$l=1200$	1	Q235			GB/T 3092—1993	
B 方案							
7	扁钢 $\delta=6$,50×160	1	Q235			GB/T 708—1988	
6	膨胀螺栓 M10×55	3	Q235			IS-06/10	
5	底板 $\delta=8$,400×200	1	Q235			GB/T 709—1988	
4	支架∟45×45×5,$l=2250$	1	Q235			GB/T 9787—1988	
3	垫圈 6	8	Q235			GB/T 95—1985	
2	螺母 M6	4	Q235			GB/T 41—1986	
1	螺栓 M6×20	4	Q235			GB/T 5781—1986	
A 方案							

部件、零件表

冶金仪控通用图	单台电磁流量计 VKA,VKB 型转换器安装图	(2000)YK11-13	
		比例	页次

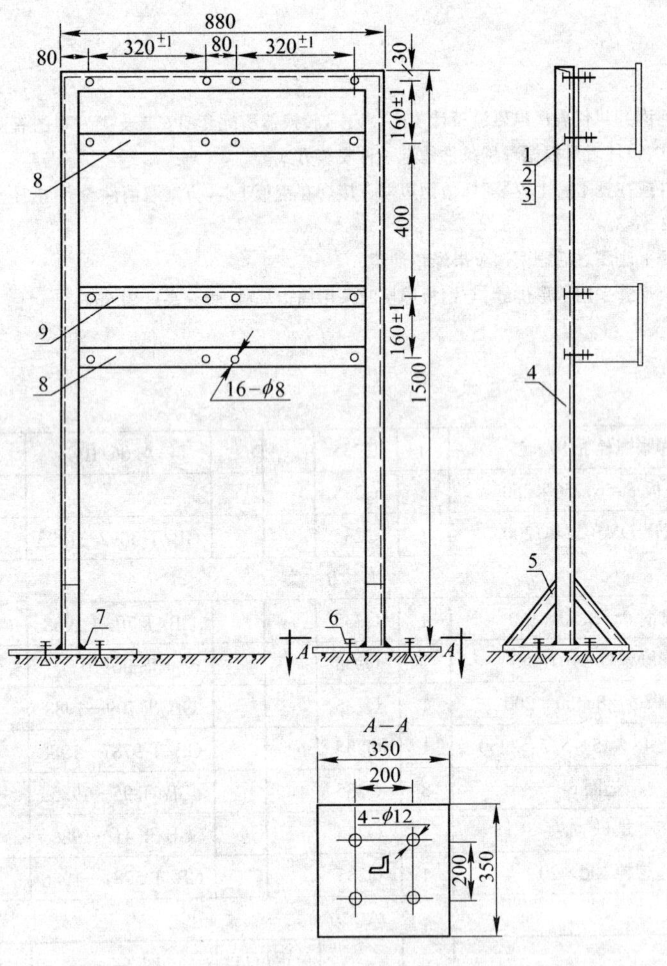

附注：

1. 本图为上海光华仪表厂 LD 系列电磁流量计 LDZ-3 型转换器四台安装支架。
2. 有预埋件或在钢平台上安装时，角钢边框直接焊接在钢板上，取消件 6、件 7。
3. 角钢框架焊缝采用Ⅰ形焊缝，与钢板焊接时采用周边焊缝，焊缝高度为 5mm。
4. 支架去锈上底漆之后刷两遍苹果绿色油漆。

件号	名 称 及 规 格	数量	材 质	单重 质量(kg)	总重 质量(kg)	图 号 或 标准、规格号	备 注
9	角钢∟ 50×50×6, l=777	1	Q235			GB/T 9787—1988	
8	角钢 50×777, δ=6	2	Q235			GB/T 709—1988	
7	底板 350×350, δ=6	2	Q235			GB/T 709—1988	
6	膨胀螺栓 M10×55	8	Q235			IS-06/10	
5	角钢∟ 50×50×6, l≈260	4	Q235			GB/T 9787—1988	
4	边框∟ 50×50×6, l=3880	1	Q235			GB/T 9787—1988	
3	垫圈 6	16	Q235			GB/T 95—1985	
2	螺母 M6	16	Q235			GB/T 41—1986	
1	螺栓 M6×20	16	Q235			GB/T 5781—1986	

部 件、零 件 表

冶金仪控通用图	4 台 LD 系列电磁流量计 LDZ-3 型转换器安装图	(2000)YK11-14	
		比例	页次

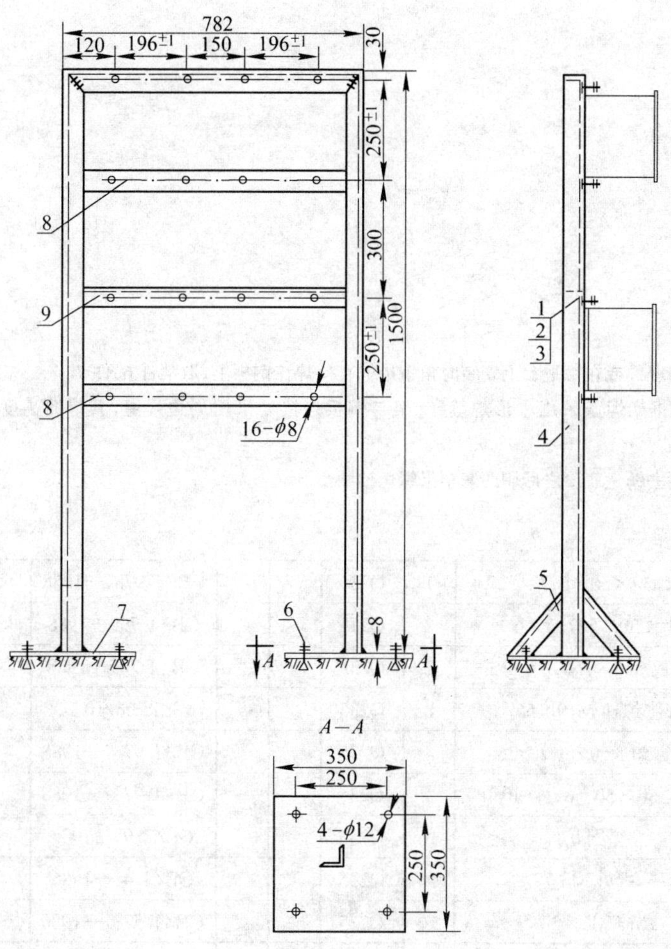

附注：

1. 本图为上海光华仪表厂 LD 系列电磁流量计 LDZ-1A，LDZ-4 型转换器四台的安装。
2. 有预埋件或在钢平台上安装时，角钢边框直接焊接在钢板上，取消件 6、件 7。
3. 角钢框架焊缝采用 I 形焊缝，与钢板焊接时采用周边焊缝，焊缝高度为 5mm。
4. 支架去锈上底漆之后刷两遍苹果绿色油漆。

件号	名称及规格	数量	材质	单重	总重	图号或标准、规格号	备注
9	角钢∟50×50×6，$l=679$	1	Q235			GB/T 9787—1988	
8	扁钢 50×679，$\delta=6$	2	Q235			GB/T 708—1988	
7	底板 350×350，$\delta=6$	2	Q235			GB/T 708—1988	
6	膨胀螺栓 M10×55	8	Q235			IS-06/10	
5	角钢∟50×50×6，$l\approx260$	4	Q235			GB/T 9787—1988	
4	边框∟50×50×6，$l\approx3782$	1	Q235			GB/T 9787—1988	
3	垫圈 6	16	Q235			GB/T 95—1985	
2	螺母 M6	16	Q235			GB/T 41—1986	
1	螺栓 M6×20	16	Q235			GB/T 5781—1986	
件号	名称及规格	数量	材质	单重	总重	图号或标准、规格号	备注
				质量(kg)			

部件、零件表

冶金仪控通用图	4 台 LD 系列电磁流量计 LDZ-1A，LDZ-4 型转换器安装图	(2000)YK11-15	
		比例	页次

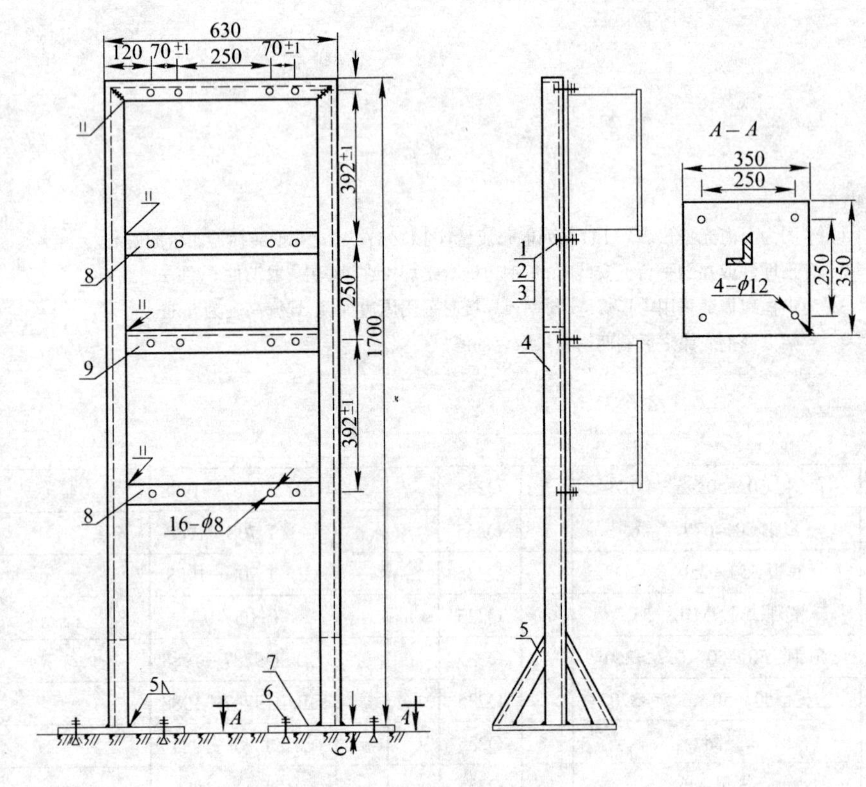

附注：

1. 有预埋件或在钢平台上安装时角钢边框直接焊在钢板上，取消件6、件7。
2. 角钢框架焊条采用Ⅰ形焊缝，支架与钢板连接处采用周边焊缝，其焊缝高度为5mm。
3. 支架去锈上底漆之后刷两遍苹果绿色油漆。

件号	名称及规格	数量	材质	单重 质量(kg)	总重 质量(kg)	图号或标准、规格号	备注
9	角钢∟50×50×6，$l=527$	1	Q235			GB/T 9787—1988	
8	扁钢50×527，$\delta=6$	2	Q235			GB/T 709—1988	
7	底板350×350，$\delta=6$	2	Q235			GB/T 709—1988	
6	膨胀螺栓M10×55	8	Q235			IS-06/10	
5	筋板∟50×50×6，$l\approx260$	4	Q235			GB/T 9787—1988	
4	边框∟50×50×6，$l=4030$	1	Q235			GB/T 9787—1988	
3	垫圈6	16	Q235			GB/T 95—1985	
2	螺母M6	16	Q235			GB/T 41—1986	
1	螺栓M6×20	16	Q235			GB/T 5781—1986	

部件、零件表

冶金仪控通用图	4台电磁流量计VKA，VKB型转换器安装图（架装）	(2000)YK11-16	
		比例	页次

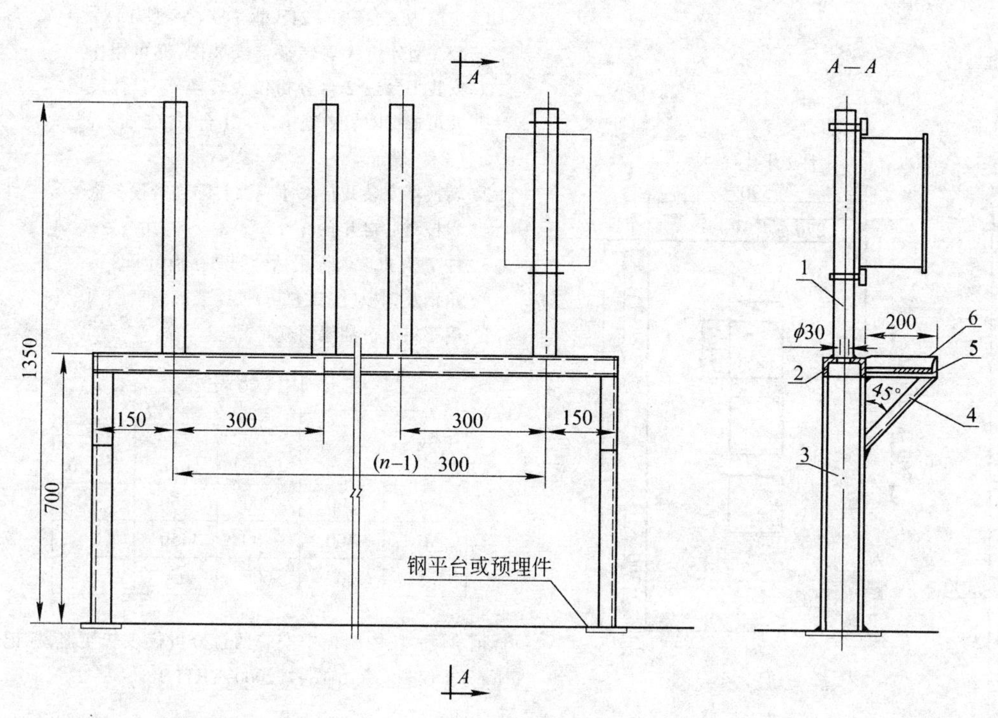

附注：

1. 支架去锈上底漆后刷两遍苹果绿色油漆。
2. 图中“n”为转换器数量。$n>4$ 时件 2 中间需加支撑（件 3），数量则改为 3。
3. $l_1 = n \times 300$，$l_2 = n \times 300 - 20$。
4. 所有未注焊缝均为周边角形，焊缝高度为 5mm。
5. 件 6 施工时可用间断焊缝。
6. 件 4、件 5、件 6 为带工具台方案，其目的为检修时放置检修用具用，不要时可取消。
7. 标记示例：5 个转换器在有边框的支架上的安装，标记如下：多台转换器安装 $n=5$，图号（2000）YK11-17。

工具台平面图

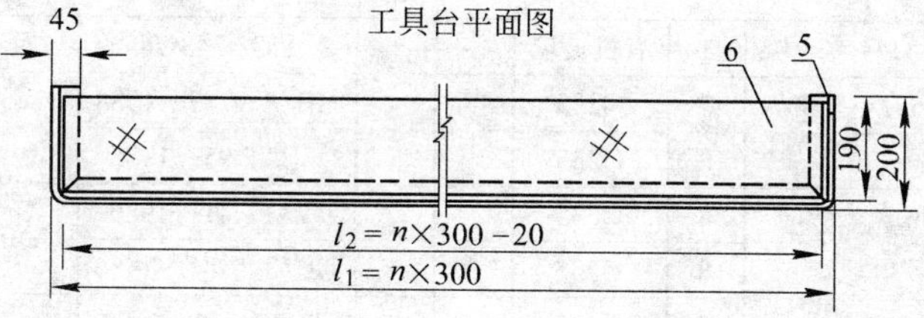

件号	名称及规格	数量	材质	质量(kg) 单重	总重	图号或标准、规格号	备注
6	钢板 $\delta=3$，$l_2 \times 190$	1	Q235			GB/T 708—1988	见附注 3
5	边框∟ 45×45×5，l_1+400	1	Q235			GB/T 9787—1988	见附注 3
4	支撑∟ 45×45×5，$l \approx 300$	2	Q235			GB/T 9787—1988	
3	支撑[10，$l=650$	2	Q235			GB/T 707—1988	
2	支架[10，$l=l_1$	1	Q235			GB/T 707—1988	
1	焊接钢管 $DN50$，$l=650$	n	Q235			GB/T 3092—1993	

部件、零件表

冶金仪控通用图	多台电磁流量计 VKA，VKB 型转换器安装图（管装）	（2000）YK11-17
		比例 页次

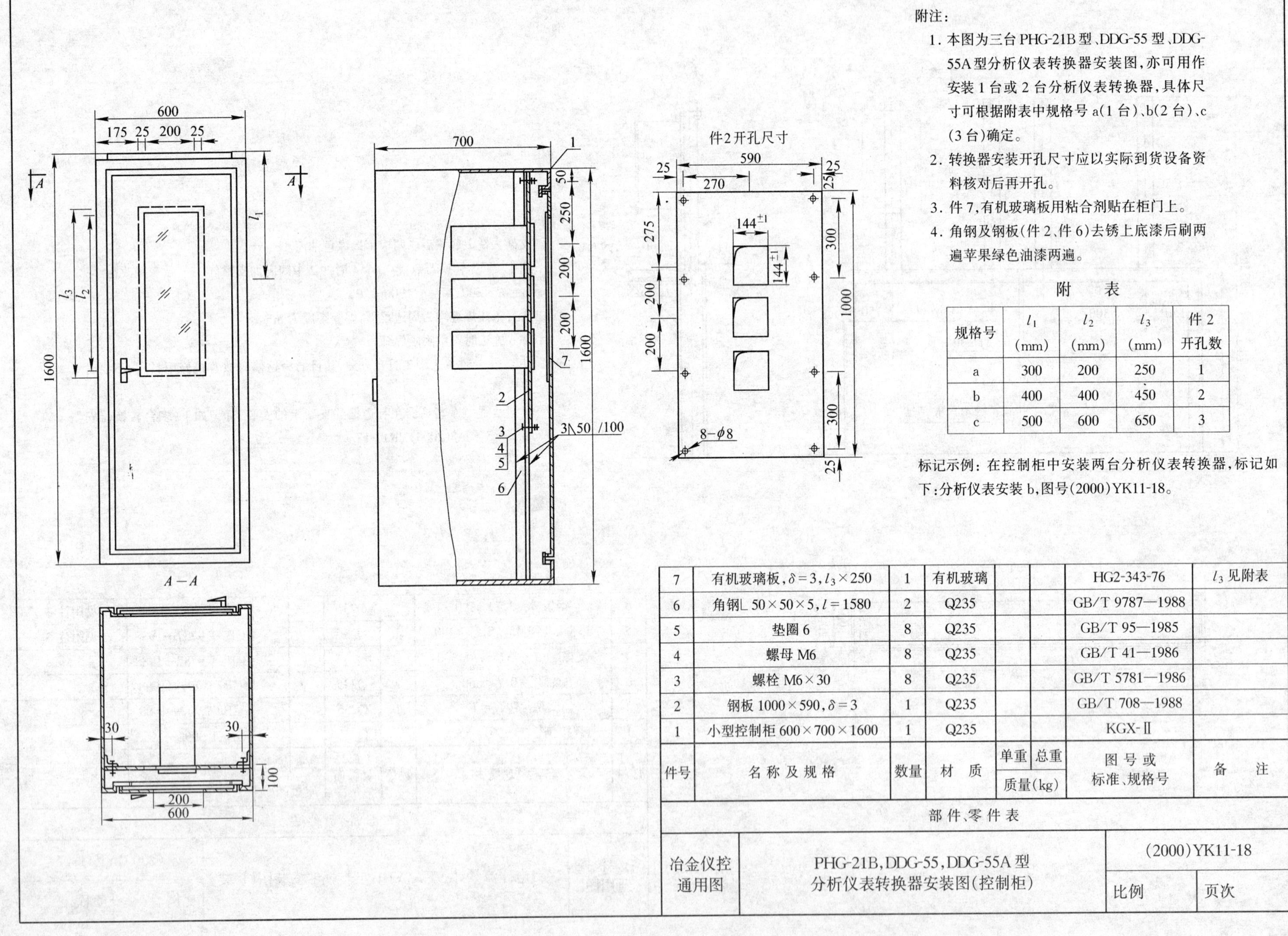

附注：

1. 本图为三台 PHG-21B 型、DDG-55 型、DDG-55A 型分析仪表转换器安装图，亦可用作安装 1 台或 2 台分析仪表转换器，具体尺寸可根据附表中规格号 a(1 台)、b(2 台)、c(3 台)确定。
2. 转换器安装开孔尺寸应以实际到货设备资料核对后再开孔。
3. 件 7，有机玻璃板用粘合剂贴在柜门上。
4. 角钢及钢板(件 2、件 6)去锈上底漆后刷两遍苹果绿色油漆两遍。

附　表

规格号	l_1（mm）	l_2（mm）	l_3（mm）	件 2 开孔数
a	300	200	250	1
b	400	400	450	2
c	500	600	650	3

标记示例：在控制柜中安装两台分析仪表转换器，标记如下：分析仪表安装 b，图号(2000)YK11-18。

件号	名称及规格	数量	材　质	单重	总重	图号或标准、规格号	备　注
7	有机玻璃板，$\delta=3$，$l_3\times250$	1	有机玻璃			HG2-343-76	l_3 见附表
6	角钢∟ 50×50×5，$l=1580$	2	Q235			GB/T 9787—1988	
5	垫圈 6	8	Q235			GB/T 95—1985	
4	螺母 M6	8	Q235			GB/T 41—1986	
3	螺栓 M6×30	8	Q235			GB/T 5781—1986	
2	钢板 1000×590，$\delta=3$	1	Q235			GB/T 708—1988	
1	小型控制柜 600×700×1600	1	Q235			KGX-Ⅱ	
件号	名称及规格	数量	材　质	质量(kg)		图号或标准、规格号	备　注

部件、零件表

冶金仪控通用图	PHG-21B，DDG-55，DDG-55A 型分析仪表转换器安装图(控制柜)	(2000)YK11-18
		比例 　页次

下

目　录

冶金仪控通用图	执行机构安装图图纸目录	(2000)YK12-1	
		比例	页次 1/2

冶金仪控通用图	执行机构安装图图纸目录	(2000)YK12-1	
		比例	页次 2/2

说　明

1. 适用范围

本图册适用于管道上蝶阀、风机调节门和转动式烟道闸板所配的电动或气动执行机构一般情况的安装。其中调节门的执行机构安装，适用于10、20、35、75(t/h)锅炉上的送风(引风)机调节门，也可用于与此相当的除尘的风机调节门。特殊情况的安装，可参考本图册的安装原则另行作图。

2. 编制依据

本图册是在《冶金工业自动化仪表与控制装置安装通用图册》中执行机构安装图((90)YK12)的基础上进行修改，补充编制而成的。

3. 内容提要

本图册包括：

(1) 水平(或垂直)管道上蝶阀与电动和气动执行机构的安装；

(2) 风机调节门和百叶窗式调节门与电动执行机构的安装；

(3) 转动式烟道闸板与电动和气动执行机构的安装。

其中百叶窗式调节门因未系列化，工程中已很少使用，本图册只作了一张安装图以便需用时作为参考。

电子式执行机构与蝶阀在管道上的安装可参考DKJ型电动执行机构与蝶阀在管道上的安装图。下面给出了参考安装时两种执行机构型号的对应关系。

电子式执行机构型号	可参考的电动执行机构型号
341,361RSA	DKJ-210
341,361RSB	DKJ-310
341,361RSC	DKJ-410
341,361RSD	DKJ-510

注：参考使用时应首先核对尺寸。

上述各种调节机构与其所配用的执行机构列于表(2000)YK12-2-1。

4. 安装和选用注意事项

(1) 本图册仅表示执行机构的安装，各种阀门的安装见工艺设计。

(2) 执行机构的轴与调节机构的轴旋转方向应当一致。调节机构由全开至全关两个极限位置时，执行机构的曲柄转动应为全行程。

表(2000)YK12-2-1　各种调节机构与所配用的执行机构一览表

调节机构			配用的执行机构	
种类	水平管道上安装	垂直管道上安装	电动	气动
蝶阀	DN100～500	DN100～500	DKJ-210,DKJ-310	
	DN600～800	DN600～800	DKJ-410	
	DN100～1600	DN100～1600	DKJ-510	
	DN300～500	DN300～500		ZSL-21,ZSL(D)-21
	DN600～1000	DN600～1000		ZSL-32,ZSL(D)-32
	DN1100～1200			ZSL-43,ZSL(D)-43
调节门	DN800～1200		DKJ-410,341,361RSC	
	DN1400～2000		DKJ-510,341,361RSD	
百叶窗式调节门			DKJ-510	
转动式烟道闸板			DKJ-410,DKJ-510 341,361RSD	ZSL-21,ZSL(D)-21 ZSL-22,ZSL(D)-22

(3)当调节机构处于全关的极限位置时，执行机构曲柄与拉杆之间的夹角β应在9°～15°范围内，调节机构曲柄与拉杆之间的角φ应在105°～130°之间为宜如图(2000)YK12-2-1所示。

(4) 当所用蝶阀直径小于管道直径时，应委托工艺专业做缩管，其结构形式如图(2000)YK12-2-2所示。图中α角在14°～35°以内为宜。

冶金仪控通用图	执行机构安装图说明	(2000)YK12-2	
		比例	页次 1/3

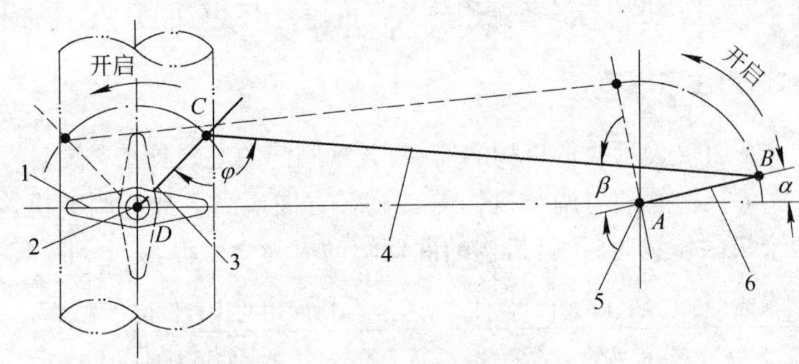

图(2000)YK12-2-1 执行机构和调节机构的曲柄与拉杆之间的连接关系图

1—蝶阀;2—蝶阀轴心点;3—曲柄;4—拉杆;5—执行机构轴心点;6—曲柄

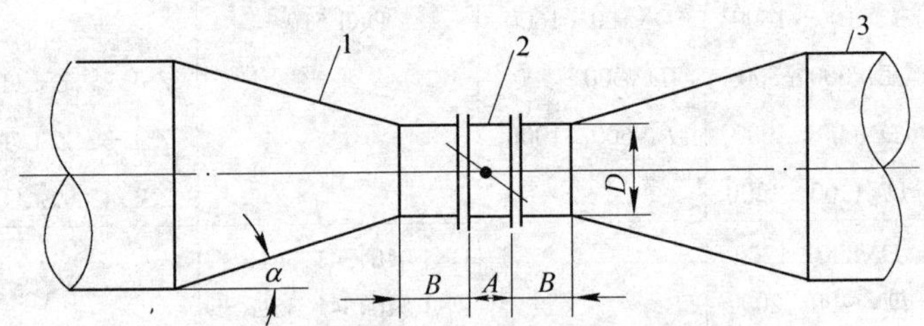

图(2000)YK12-2-2 缩管结构要求示意图

1—缩管;2—蝶阀;3—工艺管道;A—蝶阀厚;B—直管段,$B>0.5D$;D—蝶阀直径

(5) 为了能够快速确定执行机构的规格,特将不同规格的蝶阀在各个差压时的最大力矩列于表(2000)YK12-2-2 和表(2000)YK12-2-3 以便选配时参阅。

表中力矩的数据是根据下列公式计算得到:

$$M=0.641A\Delta PD$$

式中 M——蝶阀最大力矩,Nm;

A——安全系数,此处只按常用的 $A=2$ 和 $A=4$ 计算列表;

ΔP——最大力矩时阀前后压差,Pa;

D——蝶阀的直径,m。

$$0.641=0.0654\times 9.8066。$$

(6) 本图册的安装图是按不同型式和规格的执行机构配合不同直径的调节机构(蝶阀、调节门、闸板等)的安装方式以列表形式绘制而成,因各种配合的安装尺寸各异,特编制安装规格号以示区别,为简化表示,可按下例标志。

例:有 *DN*350 的蝶阀,配用 DKJ-310 型电动执行机构,在水平管道上安装,选用(2000)YK12-5 号图,其标志为:

安装规格号 D3/V350,安装图号(2000)YK12-5

(7) 执行机构在室外管道或支架上安装时应有防雨措施,在高架管道上安装时,应设置操作平台,具体做法由使用本图之工程设计确定。

(8) 由于资料所限及对生产厂家质量考察的结果,本图册所选用的蝶阀,*DN*100~500 是 B035W-1 型的,*DN*600~1600,是钢板焊接式阀,生产厂家有:无锡万力仪表阀门厂、石家庄市阀门一厂和浙江瑞安气动仪表厂,选用的电动执行机构以大连仪表三厂产品为主,气动长行程执行机构以西安仪表机床厂产品为主,所配用的球铰拉杆,选用了大连节流装置厂,浙江余杭澄清球型铰链厂和吉林市江南电力设备附件厂的产品。

配合的调节门,百叶窗式调节门是工艺专业的标准产品,转动式烟道闸板是工业炉专业的定型设备,参见《钢铁厂工业炉设计参考资料》上册。冶金工业出版社,1979 年版。

球型铰链应列入工程设计的设备表中订货。

冶金仪控通用图	执行机构安装图说明	(2000)YK12-2	
		比例	页次 2/3

表(2000)YK12-2-2　蝶阀力矩与适配的执行机构表,安全系数 $A=2$(Nm)

公称直径 DN(mm)	ΔP(Pa)											
	1000 (102)*	2000 (204)	3000 (306)	4000 (408)	5000 (501)	6000 (612)	8000 (816)	10000 (1020)	12000 (1224)	15000 (1530)	20000 (2039)	适配的执行机构
100	0.13	0.262	0.393	0.525	0.655	0.785	1.050	1.310	1.569	1.960	2.62	DKJ-210
200	1.04	2.09	3.14	4.18	5.25	6.30	8.35	10.40	12.56	15.70	20.9	
300	3.53	7.01	10.60	14.10	17.60	21.2	28.2	35.3	42.4	53.0	70.6	
400	8.35	16.8	25.1	33.5	41.8	50.0	67.0	83.5	100.4	126.0	168.0	DKJ-310
500	16.4	32.7	49.1	65.5	82.0	98.0	131.0	164.0	196.2	245	327	DKJ-410
600	28.3	56.5	85.0	113.0	141.0	170.0	22.6	288	339	424	565	DKJ-410
800	67.0	134.0	201	268	335	402	536	670	804	1004	1340	DKJ-510
1000	131.0	262	392	523	654	785	1050	1310	1570	1960	2620	
1200	226	452	678	904	1130	1360	1800	2260	2712	3390	4520	
1400	359	718	1077	1436	1794	2153	2871	3589	4307	5384	7178	
1600	536	1072	1600	2140	2680	3210	4290	5360	6429	8040	10720	

注：括号内数据的单位是 mmH_2O(或 kgf/m^2)。

表(2000)YK12-2-3　蝶阀力矩与适配的执行机构表,安全系数 $A=4$(Nm)

公称直径 DN(mm)	ΔP(Pa)											
	1000 (102)*	2000 (204)	3000 (306)	4000 (408)	5000 (501)	6000 (612)	8000 (816)	10000 (1020)	12000 (1221)	15000 (1530)	20000 (2039)	适配的执行机构
100	0.262	0.523	0.785	1.050	1.310	1.570	2.09	2.62	3.14	3.92	5.23	DKJ-210
200	2.09	4.18	6.28	8.37	10.50	12.60	16.70	20.9	25.1	31.4	41.8	
300	7.06	14.10	21.2	28.2	35.3	42.4	56.5	70.6	84.8	106.0	141.2	DKJ-310
400	16.7	33.5	50.2	67.0	83.7	100.0	134.0	167.0	201	251	335	DKJ-410
500	32.7	65.4	98.1	131.0	164.0	196.0	262	327	392.4	490	654	DKJ-510
600	56.5	113.0	170.0	226	282	339	452	565	678	848	1130	DKJ-510
800	134.0	268	402	536	670	804	1072	1340	1608	2009	2680	
1000	262	523	785	1046	1308	1570	2090	2616	3140	3924	5230	
1200	452	904	1356	1808	2260	2712	3616	4520	5424	6780	9040	
1400	718	1436	2154	2872	3590	4307	5743	7179	8614	10768	14360	
1600	1072	2143	3214	4286	5358	6429	8572	10720	12858	16080	21430	

注：括号内数据的单位是 mmH_2O(或 kgf/m^2)。

一、安 装 总 图

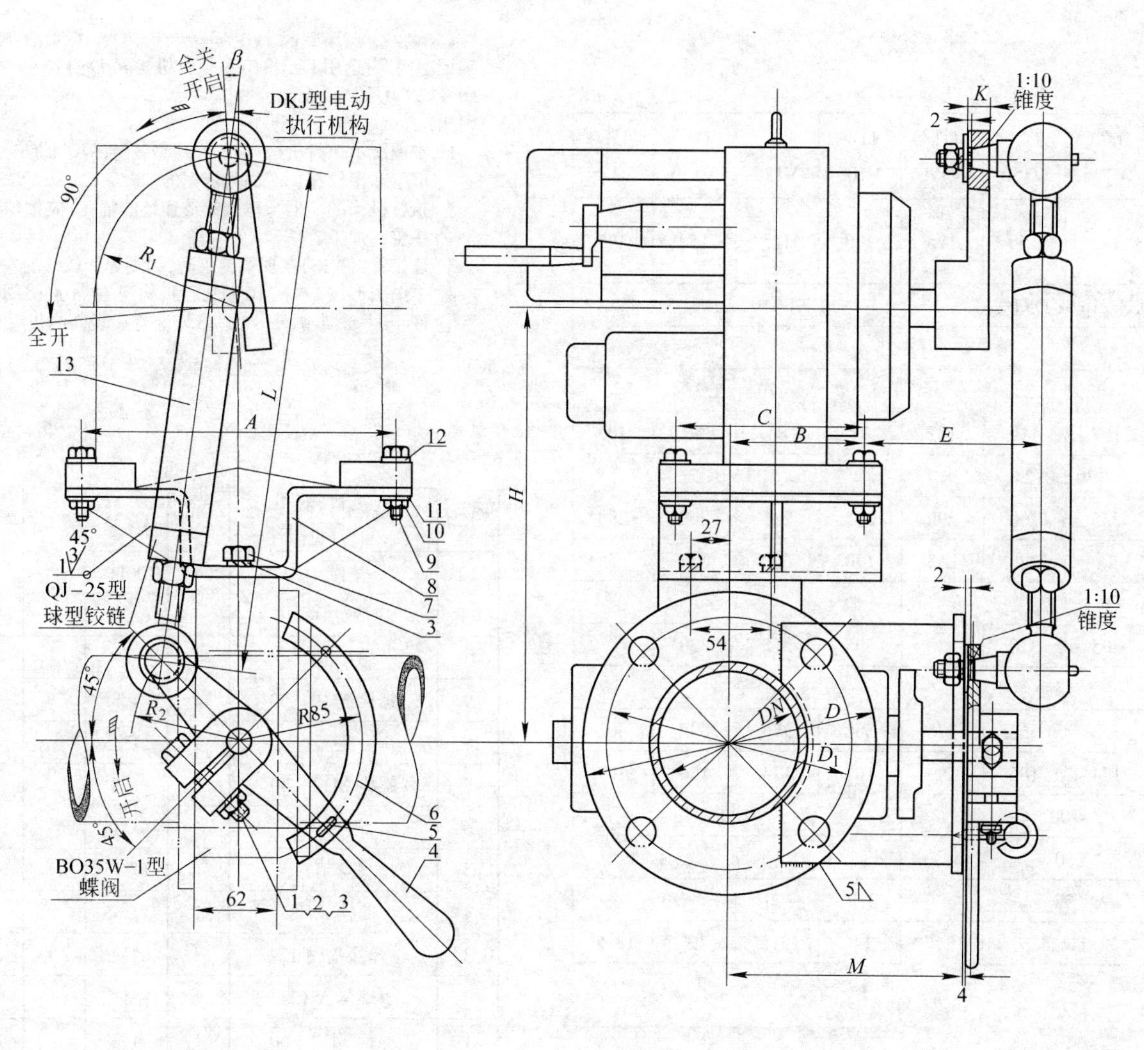

冶金仪控 通用图	DKJ-210,DKJ-310 型电动执行机构配 *DN*100～175 蝶阀在水平管道上的安装图	(2000)YK12-3	
		比例	页次 1/2

规格尺寸表

规格号		D2/V100	D2/V125	D2/V150	D2/V175	D3/V100	D3/V125	D3/V150	D3/V175
蝶阀通径 DN(mm)		100	125	150	175	100	125	150	175
执行机构型号		DKJ-210 或 DKJ-220				DKJ-310 或 DKJ-320			
球型铰链型号		QJ-25							
尺寸(mm)	A	220±0.2				260±0.2			
	B	94	107	119	132	71	84	96	109
	C	130±0.2				100±0.2			
	D	205	235	260	290	205	235	260	290
	D_1	170	200	225	255	170	200	225	255
	E	≈112				≈135			
	H	295	305	320	330	305	315	330	
	K	15				21			
	L	342	352	366	376	366	376	392	402
	M	161	174	186	199	161	174	186	199
	R_1	100				120			
	R_2	80				90			
	α	7°				3.5°	2.0°	3.5°	
	β	11°	11.5°		12.5°	14°	13.5°	13°	12.5°

标记示例：当选用 DKJ-210 型执行机构配 DN175 的蝶阀时，其标记如下：规格号，D2/V175，安装图号(2000)YK12-3。

附注：

1. 本图所示执行机构、蝶阀和球型铰链的尺寸是以大连仪表三厂、无锡万力仪表阀门厂和余杭澄清球型铰链厂产品为依据的。
2. 执行机构的曲柄与球型铰链连接的轴孔，应按球型铰链轴的尺寸和 1∶10 的锥度，在施工现场重新加工。
3. 连接管(件 13)在现场施工时，两端焊接铰链的左、右旋螺母，管长 $l \approx (L-150)$mm。
4. 本图图形按 DKJ-210 型执行机构配 DN100 蝶阀的尺寸绘成。
5. 件 4、件 5、件 6、件 8、件 13 安装好后表面涂灰漆，各转动部分应定期加干油润滑。

件号	名称及规格	数量	材质	单重 质量(kg)	总重 质量(kg)	图号或标准、规格号	备注
13	连接管、钢管 DN32，l(见附注)	1	Q235			GB/T 3092—1993	
12	垫圈 10	4	100HV			GB/T 95—1985	
11	弹簧、垫圈 10	4	65Mn			GB/T 93—1987	
10	螺母 M10	4	5			GB/T 41—1986	
9	螺栓 M10×50	4	4.8			GB/T 5781—1986	
8	支架	1	Q235			(2000)YK12-01	
7	螺栓 M12×40	2	4.8			GB/T 5781—1986	
6	扇形板	1	Q235			(2000)YK12-03	
5	穿钉	1	Q235			(2000)YK12-018	
4	曲柄 A 型	1	Q235			(2000)YK12-05	
3	弹簧垫圈 12	3	65Mn			GB/T 93—1987	
2	螺母 M12	1	5			GB/T 41—1986	
1	螺栓 M12×60	1	4.8			GB/T 5781—1986	

部件、零件表

冶金仪控通用图	DKJ-210，DKJ-310 型电动执行机构配 DN100～175 蝶阀在水平管道上的安装图	(2000)YK12-3	
		比例	页次 2/2

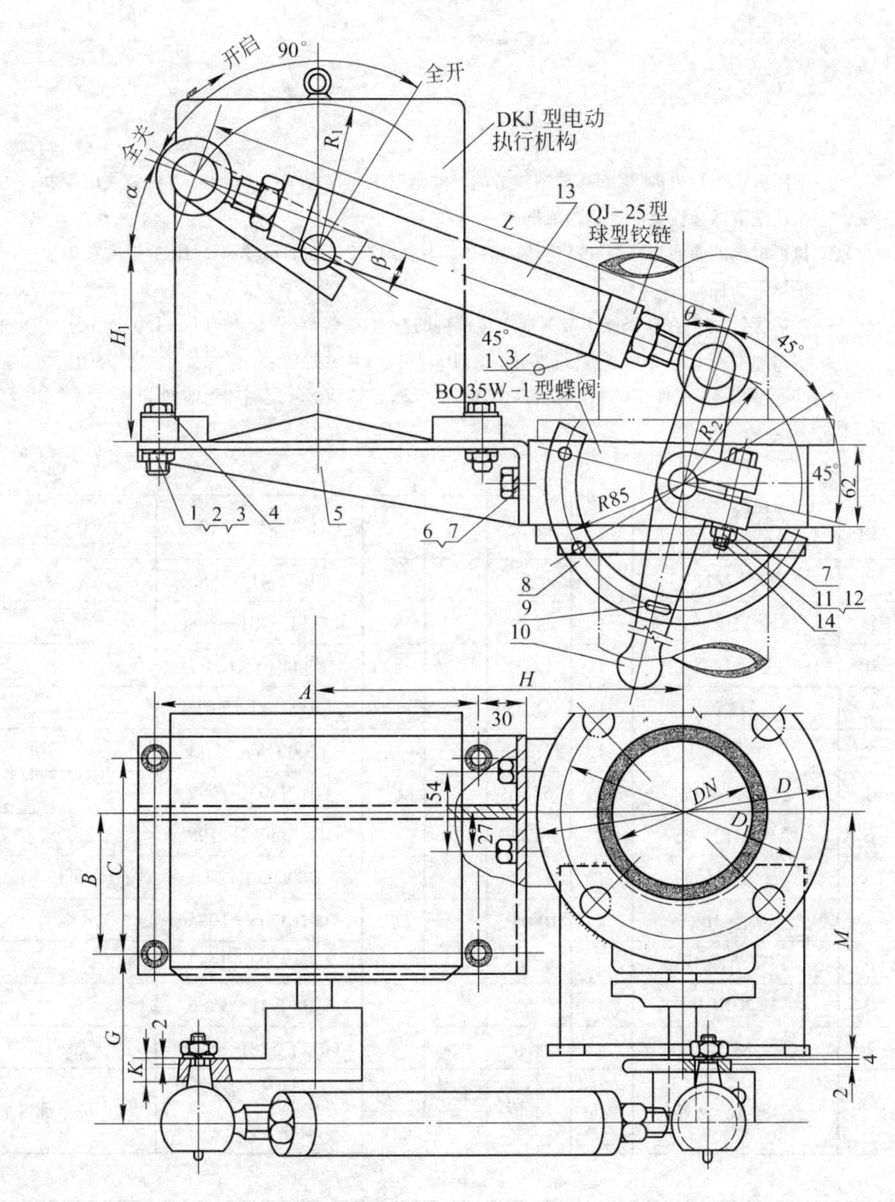

标记示例：当选用 DKJ-310 型执行机构配 DN150 蝶阀安装时，其标记如下：
规格号 D3/V150，安装图号(2000)YK12-4。

冶金仪控 通用图	DKJ-210，DKJ-310 型电动执行机构配 DN100～175 蝶阀在垂直管道上的安装图	(2000)YK12-4	
		比例	页次 1/2

规格尺寸表

规格号		D2/V100	D2/V125	D2/V150	D2/V175	D3/V100	D3/V125	D3/V150	D3/V175
蝶阀通径 *DN*(mm)		100	125	150	175	100	125	150	175
执行机构型号		DKJ-210 DKJ-220				DKJ-310 DKJ-320			
球型铰链型号		QJ-25							
尺寸(mm)	*A*	220±0.2				260±0.2			
	B	94	107	119	132	65	78	90	103
	C	130±0.2				100±0.2			
	D	205	235	260	290	205	235	260	290
	D_1	170	200	225	255	170	200	225	255
	G	≈113				≈142			
	H	250	260	275	280	270	280	295	300
	H_1	125				135			
	K	15				21			
	L	380	380	394	394	410	410	412	412
	M	161	174	186	199	161	174	186	199
	R_1	100±0.2				120±0.2			
	R_2	80				90			
	α	10.5°	11°	11.5°	11.5°	10.5°	10.5°	11°	11°
	β	13.5°	7°	8°	4°	9.5°	3°	7°	10°
	θ	30°				29°	29°	30°	30°

附注:

1. 本图所示执行机构、蝶阀和球型铰链的尺寸是以大连仪表三厂、无锡万力仪表阀门厂和余杭澄清球型铰链厂产品为依据的。
2. 执行机构的曲柄与球型铰链连接的轴孔,应按球型铰链轴的尺寸和1:10的锥度在施工现场重新加工。
3. 连接管(件13)在现场施工时两端焊接铰链的左、右旋螺母,管长 $l \approx (L-150)$mm。
4. 本图图形按DKJ-210型执行机构配 *DN*100 蝶阀的尺寸绘成。
5. 件5、件8、件9、件10、件13安装后表面涂灰漆,各转动部分定期加干油润滑。

件号	名称及规格	数量	材质	单重 质量(kg)	总重 质量(kg)	图号或标准、规格号	备注
13	连接管、钢管 *DN*32, *l*(见注)	1	Q235			GB/T 3092—1993	
12	螺母M12	1	5			GB/T 41—1986	
11	螺栓M12×55	1	4.8			GB/T 5781—1986	
10	曲柄B型	1	Q235			(2000)YK12-05	
9	穿钉	1	Q235			(2000)YK12-018	
8	扇形板	1	Q235			(2000)YK12-03	
7	弹簧垫圈12	3	65Mn			GB/T 93—1987	
6	螺栓M12×35	2	4.8			GB/T 5781—1986	
5	支架	1	Q235			(2000)YK12-04	
4	垫圈10	4	100HV			GB/T 95—1985	
3	弹簧垫圈10	4	65Mn			GB/T 93—1987	
2	螺母M10	4	5			GB/T 41—1986	
1	螺栓M10×50	4	4.8			GB/T 5781—1986	

部件、零件表

冶金仪控通用图	DKJ-210,DKJ-310型电动执行机构配 *DN*100~175蝶阀在垂直管道上的安装图	(2000)YK12-4	
		比例	页次 2/2

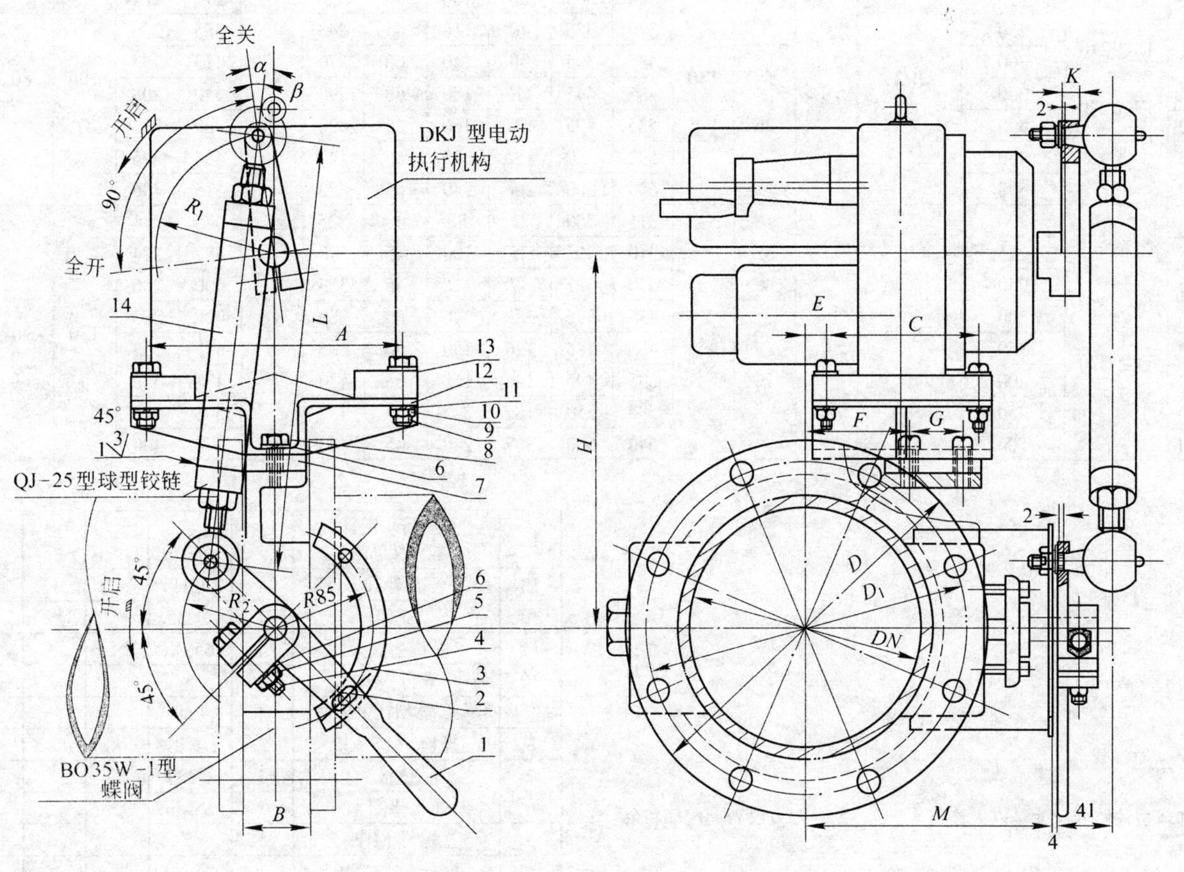

冶金仪控 通用图	DKJ-210,DKJ-310 型电动执行机构配 *DN*200～500 蝶阀在水平管道上的安装图	(2000)YK12-5	
		比例	页次 1/2

规格尺寸表

规格号	执行机构型号	蝶阀通径 DN(mm)	球型铰链型号	尺寸(mm)															
				A	B	C	D	D_1	E	F	G	H	K	L	M	R_1	R_2	α	β
D2/V200	DKJ-210 或 DKJ-220	200	QJ-25	220 ±0.2	62	130	315	280	15	88	45	315	15	362	211	100	80	7°	13.5°
D2/V225		225					340	305	28	100	45	330		373	224				13°
D2/V250		250					370	335	40	118	45	343		385	236				
D2/V300		300			76		435	395	90	140	60	370		413	283				12.5°
D2/V350		350					485	445	113	150	60	395		440	308				12°
D2/V400		400					535	495	137	160	65	420		460	333				
D2/V450		450					590	550	180	225	65	447		488	375				11.5°
D2/V500		500					640	600	200	240	65	473		515	406				
D3/V200	DKJ-310 或 DKJ-320	200	QJ-25	260 ±0.2	62	100	315	280	22	88	45	325	21	375	211	120	90	5°	13.5°
D3/V225		225					340	305	35	100	45	340		387	224				13°
D3/V250		250					370	335	47	118	45	353		400	236				12.5°
D3/V300		300			76		435	395	97	140	60	380		428	283				12°
D3/V350		350					485	445	120	150	60	405		453	308				
D3/V400		400					535	495	144	160	65	430		478	333				11°
D3/V450		450					590	550	187	225	65	457		503	375				10.5°
D3/V500		500					640	600	207	240	65	483		530	400				

附注：

1. 本图所示执行机构、蝶阀和球型铰链的尺寸是以大连仪表三厂、无锡万力仪表阀门厂和余杭澄清球型铰链厂产品为依据的。
2. 执行机构的曲柄与球型铰链连接的轴孔，应按球型铰链轴的尺寸和1∶10的锥度，在施工现场重新加工。
3. 连接管(件14)在现场施工时两端焊接铰链的左、右旋螺母，管长 $l=(L-150)$mm。
4. 本图图形按 DKJ-210 型执行机构配 DN100 蝶阀的尺寸绘成。
5. 件1、件2、件3、件7、件12、件14安装后表面涂灰漆，各转动部分应定期加干油润滑。

标记示例：当选用 DKJ-310 型执行机构配 DN400 蝶阀在水平管道上安装时，其标记为：规格号 D3/V400，安装图号(2000)YK12-5。

件号	名称及规格	数量	材质	单重	总重	图号或标准、规格号	备注
14	连接管、钢管 $DN32$，l(见附注)	1	Q235			GB/T 3092—1993	
13	垫圈 10	4	140HV			GB/T 97.2—1985	
12	支架	1	Q235			(2000)YK12-02	
11	弹簧垫圈 10	4	65Mn			GB/T 93—1987	
10	螺母 M10	4	5			GB/T 41—1986	
9	螺栓 M10×50	4	4.8			GB/T 5781—1986	
8	螺栓 M12×35	2	4.8			GB/T 5781—1986	
7	垫板	1	Q235			(2000)YK12-028	
6	弹簧垫圈 12	3	65Mn			GB/T 93—1987	
5	螺母 M12	1	5			GB/T 41—1986	
4	螺栓 M12×60	1	4.8			GB/T 5781—1986	
3	扇形板	1	Q235			(2000)YK12-03	
2	穿钉	1	Q235			(2000)YK12-018	
1	曲柄A型	1	Q235			(2000)YK12-05	
件号	名称及规格	数量	材质	单重 质量(kg)	总重	图号或标准、规格号	备注

部件、零件表

冶金仪控通用图	DKJ-210，DKJ-310 型电动执行机构配 DN200～500 蝶阀在水平管道上的安装图	(2000)YK12-5	
		比例	页次 2/2

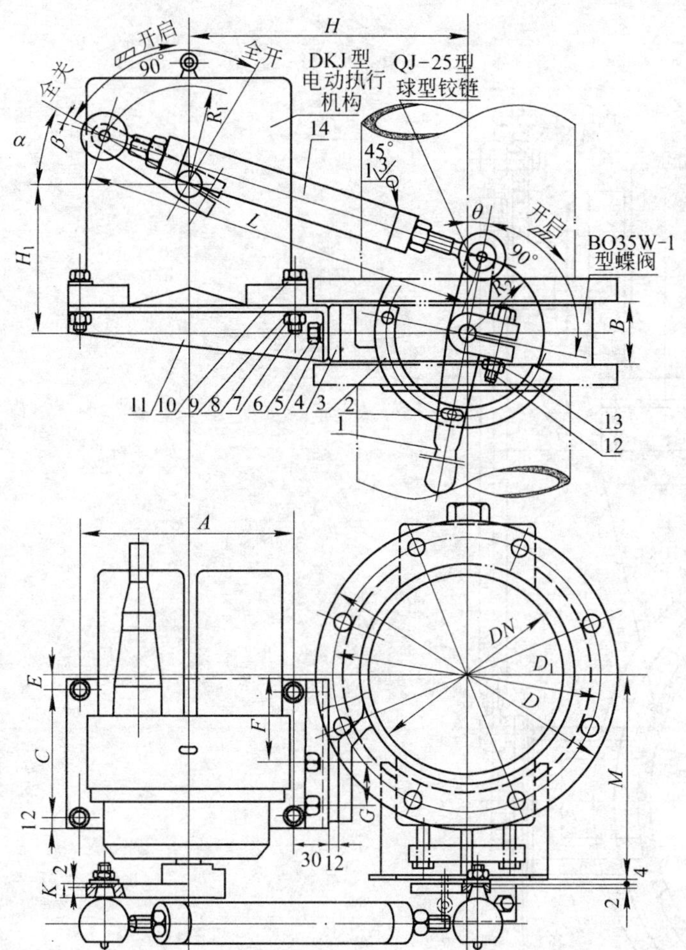

规格尺寸表

规格号	执行机构型号	蝶阀通径 DN(mm)	球型铰链型号	安装尺寸(mm)															夹角		
				A	B	C	D	D_1	E	F	G	H	H_1	K	L	M	R_1	R_2	α	β	θ
D2/V200	DKJ-210 或 DKJ-220	200	QJ-25	220 ±0.2	62	130	315	280	15	88	45	288	156	15	406	211	100	80	30°	12°	10°
D2/V225		225					340	305	28	100	45	300			418	224			27°	10.5°	9.5°
D2/V250		250					370	335	40	118	45	310			434	236			25°	9.5°	10°
D2/V300		300			76		435	395	90	140	60	340	163		458	283			27°	10.5°	6°
D2/V350		350					485	445	113	150	60	370			488	308			25°	9.5°	4°
D2/V400		400					535	495	137	160	65	400			510	333				10.5°	0°
D2/V450		450					590	550	180	225	65	420			530	375			23°	10°	
D2/V500		500					640	600	200	240	65	440			553	400					
D3/V200	DKJ-310 或 DKJ-320	200	QJ-25	260 ±0.2	62	100	315	280	22	88	45	308	166	21	456	211	120	90	25°	45°	14°
D3/V225		225					340	305	35	100	45	318			456	224					
D3/V250		250					370	335	47	118	45	327			484	236			27°	13°	7°
D3/V300		300			76		435	395	97	140	60	367	173		504	283			25°	9.5°	4°
D3/V350		350					485	445	120	150	60	397			527	308			23°	9.5°	0°
D3/V400		400					535	495	144	160	65	420			557	333			23°	7°	
D3/V450		450					590	550	187	225	65	440			578	375			27°	9°	
D3/V500		500					640	600	207	240	65	468			596	400		100	25°	10°	

件号	名称及规格	数量	材质	单重	总重	图号或标准、规格号	备注
				质量(kg)			
14	连接管、钢管 $DN32$,l(见注)	1	Q235			GB/T 3092—1993	
13	螺母 M12	1	5			GB/T 41—1986	
12	螺栓 M12×60	1	4.8			GB/T 5781—1986	
11	支架	1	Q235			(2000)YK12-016	
10	垫圈 10	4	140HV			GB/T 97.2—1985	
9	弹簧垫圈 10	4	65Mn			GB/T 93—1987	
8	螺母 M10	4	5			GB/T 41—1986	
7	螺栓 M10×50	4	4.8			GB/T 5781—1986	
6	螺栓 M12×35	2	4.8			GB/T 5781—1986	
5	弹簧垫圈 12	3	65Mn			GB/T 93—1987	
4	垫板 δ=12	1	Q235			(2000)YK12-028	
3	扇形板	1	Q235			(2000)YK12-03	
2	穿钉	1	Q235			(2000)YK12-018	
1	曲柄 B 型	1	Q235			(2000)YK12-05	

部件、零件表

标记示例：当选用 DKJ-210 执行机构配 $DN250$ 的蝶阀时，其标记如下：规格号 D2/V250，安装图号(2000)YK12-6。

附注：

1. 本图所示执行机构、蝶阀和球型铰链的尺寸是以大连仪表三厂、无锡万力仪表阀门厂和余杭澄清球型铰链厂的产品为依据的。
2. 执行机构的曲柄与球铰拉杆连接的轴孔，应按球型铰链轴的尺寸和 1∶10 的锥度在施工现场重新加工。
3. 连接管(件 14)在施工时两端分别焊接球型铰链的左、右旋螺母，管长 $l \approx (L-150)$ mm。
4. 件 1、件 2、件 3、件 4、件 11、件 14 安装后表面涂灰漆，各转动部分应定期加干油润滑。

冶金仪控通用图	DKJ-210,DKJ-310 型电动执行机构配 $DN200 \sim 500$ 蝶阀在垂直管道上的安装图	(2000)YK12-6	
		比例	页次

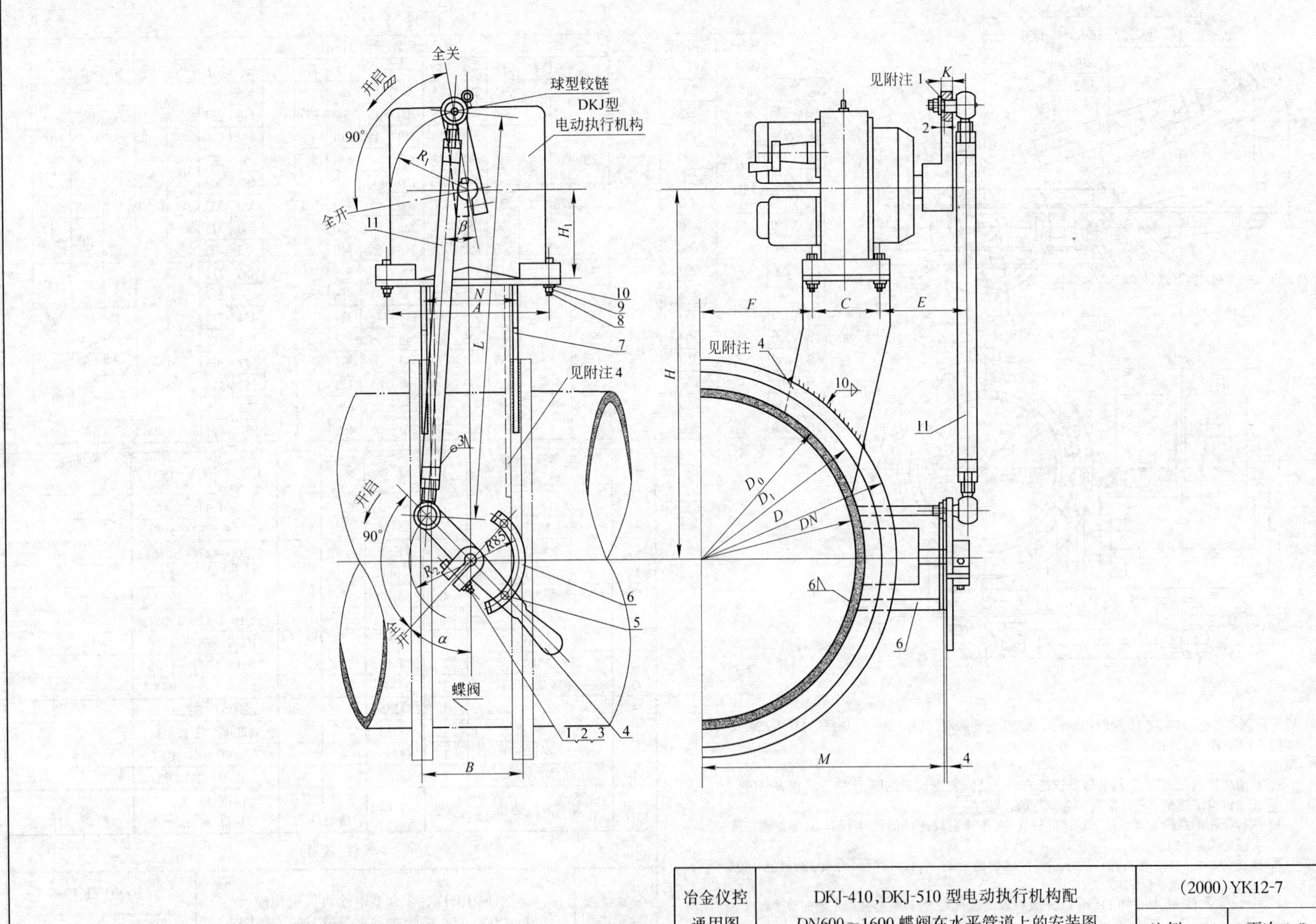

冶金仪控 通用图	DKJ-410，DKJ-510 型电动执行机构配 *DN*600～1600 蝶阀在水平管道上的安装图	(2000) YK12-7	
		比例	页次 1/2

标记示例：当选用DKJ-410型执行机构配*DN*700蝶阀时，其标记如下：规格号D4/V700，安装图号(2000)YK12-7。

附注：

1. 本图执行机构和球型铰链的尺寸是按大连仪表三厂和余杭澄清球型铰链厂产品绘制的。电动执行机构曲柄与球型铰链相连接的轴孔，应按所配球型铰链轴的尺寸及锥度1:10在现场重新加工。
2. 连接管(件11)采用焊接钢管，当配用QJ-60型铰链时，其直径为*DN*32；配用QJ-160型时，直径为*DN*40，在现场施工时，两端焊接铰链的左、右旋螺母，管长 $l \approx (L-150)$mm。
3. 件4、件5、件6、件7、件11安装后表面涂灰漆，各转动部分应定期加入干油润滑。
4. 对于D4/V600～V800蝶阀，支架安装在蝶阀法兰上，其余规格的支架安装在阀体上，虚线表示安装在阀体上的支架。

规格尺寸表

规格号 / 尺寸(mm)	D4/V600	D4/V700	D4/V800	D5/V900	D5/V1000	D5/V1100	D5/V1200	D5/V1300	D5/V1400	D5/V1500	D5/V1600
执行机构型号	DKJ-410			DKJ-510							
蝶阀通径*DN*	600	700	800	900	1000	1100	1200	1300	1400	1500	1600
球型铰链型号	QJ-60			QJ-160							
A	320			390							
B	200			350							
C	130			180							
D	755	860	975	1075	1175	1275	1375	1475	1575	1690	1790
D_0	630	720	820	920	1020	1120	1220	1320	1420	1520	1620
D_1	705	810	920	1020	1120	1220	1320	1420	1520	1630	1730
E	165			151							
F	231	281	329	375	425	475	525	575	625	675	725
H	700			900				1100			
H_1	170			196							
K	23			25							
L	765			930				1300			
M	477	527	575	642	692	742	792	842	892	942	992
N	190			250							
R_1	150			170							
R_2	120			150							
α	45°			63°				63°			
β	14°			14°				13.5°			

件号	名称及规格	数量	材质	单重 质量(kg)	总重	图号或标准、规格号	备注
11	连接管、钢管 *DN*，*l*(见注)	1	Q235			GB/T 3092—1993	
10	弹簧垫圈12	4	65Mn			GB/T 93—1987	
9	螺母M12	4	5			GB/T 41—1986	
8	螺栓M12×50	4	4.8			GB/T 5781—1986	
7	支架	1	Q235			(2000)YK12-013	见附注4
6	扇形板	1	Q235			(2000)YK12-027	
5	穿钉	1	Q235			(2000)YK12-018	
4	曲柄A型	1	Q235			(2000)YK12-05	
3	螺母M12	1	5			GB/T 41—1986	
2	螺栓M12×60	1	4.8			GB/T 5781—1986	
1	垫圈12	1	65Mn			GB/T 93—1987	

部件、零件表

冶金仪控通用图	DKJ-410，DKJ-510型电动执行机构配*DN*600～1600蝶阀在水平管道上的安装图	(2000)YK12-7	
		比例	页次 2/2

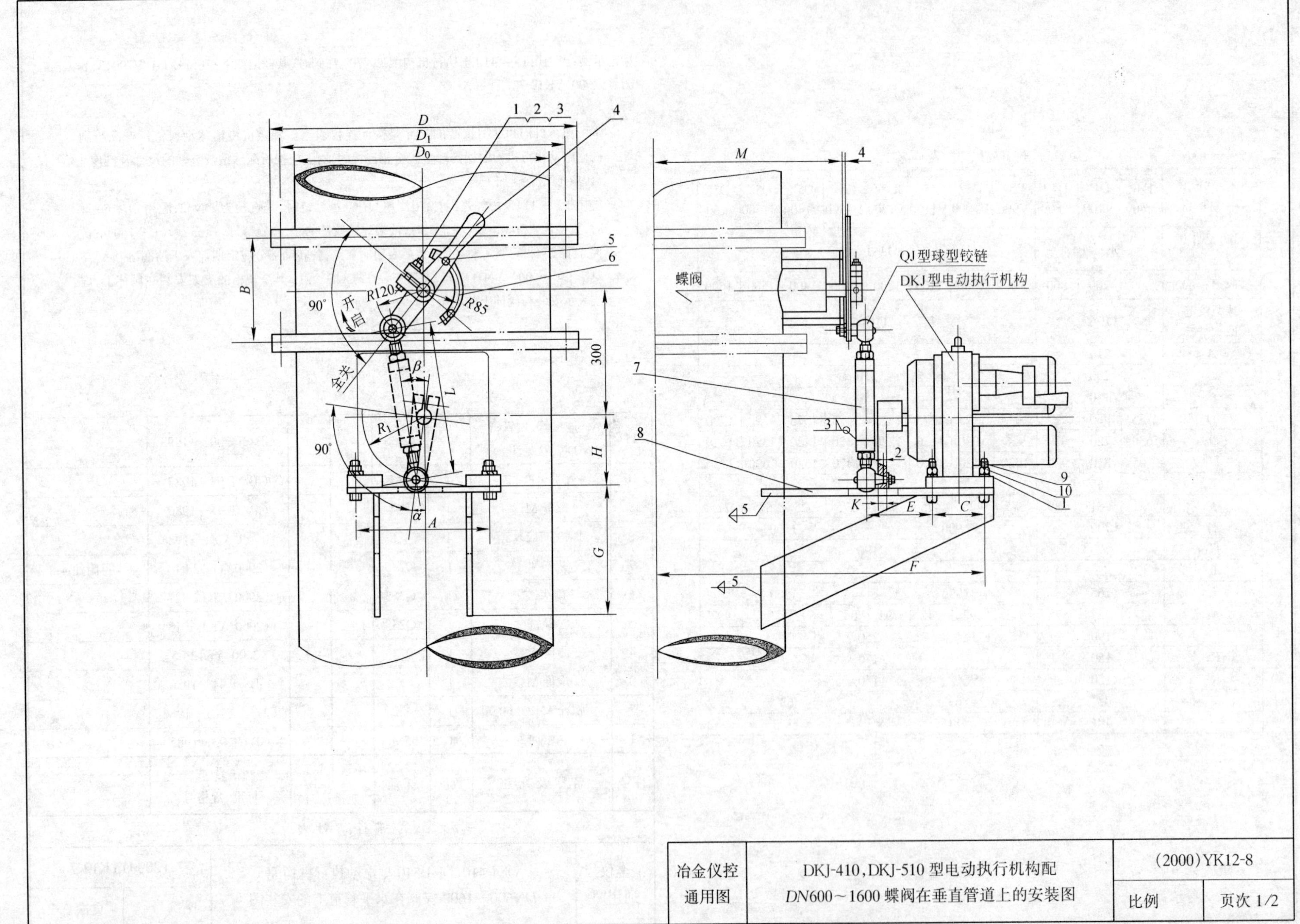
D
D_1
D_0
1 2 3
4
5
6
B
90°
开启
R120
R85
300
全关
β
L
R_1
90°
H
α
A
G
M
4
蝶阀
QJ型球型铰链
DKJ型电动执行机构
7
3
2
8
9
10
1
K
E
C
5
F
5
冶金仪控
通用图
DKJ-410，DKJ-510型电动执行机构配
DN600～1600蝶阀在垂直管道上的安装图
(2000)YK12-8
比例
页次 1/2

规格尺寸表

规格号	执行机构型号	蝶阀通径 DN(mm)	球型铰链型号	尺寸 (mm)															
				A	B	C	D	D_0	D_1	E	F	G	H	K	L	M	R_1	α	β
D4/V600	DKJ-410	600	QJ-60	320	200	130	755	630	705	165	821	300	170	23	360	477	150	6°	15°
D4/V700		700					860	720	810		871					527			
D4/V800		800					975	820	920		919					575			
D5/V900	DKJ-510	900	QJ-160	390	350	180	1075	920	1020	151	1037	342	196	25	395	642	170	0°	12°
D5/V1000		1000					1175	1020	1120		1087					692			
D5/V1100		1100					1275	1120	1220		1137					742			
D5/V1200		1200					1375	1220	1320		1187					792			
D5/V1300		1300					1475	1320	1420		1237					842			
D5/V1400		1400					1575	1420	1520		1287					892			
D5/V1500		1500					1690	1520	1630		1337					942			
D5/V1600		1600					1790	1620	1730		1387					992			

标记示例：当选用 DKJ-410 执行机构配 DN800 蝶阀时，其标记如下：规格号 D4/V800 安装图号(2000)YK12-8。

附注：

1. 本图执行机构和球型铰链的尺寸是按大连仪表三厂和余杭澄清球型铰链厂产品绘制的。执行机构曲柄与球型铰链相连接的轴孔，应按球型铰链轴的尺寸和 1∶10 的锥度在现场重新加工。
2. 连接管(件 7)用焊接钢管，当配用 QJ-60 型球型铰链时，钢管的 $DN=32$；配用 QJ-160 型时，$DN=40$。在现场施工时，两端焊接铰链的左、右旋螺母，管长 $l\approx(L-150)$mm。
3. 件 4、件 5、件 6、件 7、件 8 安装好后，表面涂灰漆，各转动部分定期加干油润滑。

件号	名称及规格	数量	材质	单重	总重	图号或标准、规格号	备注
10	螺母 M12	4	5			GB/T 41—1986	
9	螺栓 M12×50	4	4.8			GB/T 5781—1986	
8	支架	1	Q235			(2000)YK12-014	
7	连接管，钢管 DN，l(见附注)	1	Q235			GB/T 3092—1993	
6	扁形板	1	Q235			(2000)YK12-027	
5	穿钉	1	Q235			(2000)YK12-018	
4	曲柄(B 型)	1	Q235			(2000)YK12-05	
3	螺母 M12	1	5			GB/T 41—1986	
2	螺栓 M12×60	1	4.8			GB/T 5781—1986	
1	弹簧垫圈 12	5	65Mn			GB/T 93—1987	
件号	名称及规格	数量	材质	单重 质量(kg)	总重 质量(kg)	图号或标准、规格号	备注

部件、零件表

冶金仪控通用图	DKJ-410，DKJ-510 型电动执行机构配 DN600～1600 蝶阀在垂直管道上的安装图	(2000)YK12-8	
		比例	页次 2/2

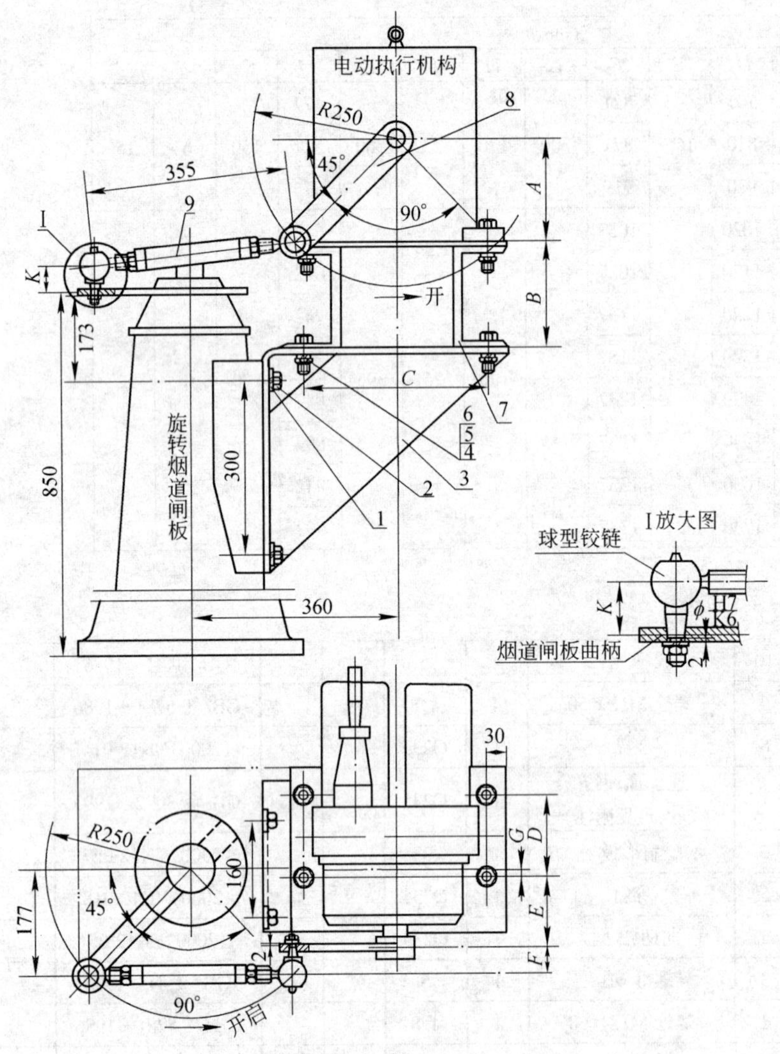

标记示例:当选用DKJ-510型执行机构配旋转烟道闸板阀时,其标记如下:规格号D5/YV,安装图号(2000)YK12-9。

附注:

1. 本图所示电动执行机构为大连仪表三厂产品,若选用其他产品需校对其尺寸。
2. 电动执行机构带来的曲柄卸下不用,用本图设计曲柄代替。
3. 件3、件7、件8、件9安装好后,表面涂以灰漆,转动部分定期加干油润滑。
4. 旋转烟道闸板曲柄轴孔,应按所配球型铰链轴的尺寸,并按1:10锥度由现场重新加工,详见Ⅰ放大图。
5. 连接管(件9)用焊接钢管,当配用QJ-60型球型铰链时,钢管 $DN=32$;当配用QJ-160型时,$DN=40$。在现场施工时,两端焊接铰链的左、右旋螺母,管长 $l\approx(L-150)$mm。
6. 本图是以DKJ-410型电动执行机构配旋转烟道闸板绘制的。

规 格 尺 寸 表

规格号	执行机构型号	球型铰链型号	安装尺寸(mm)							
			A	*B*	*C*	*D*	*E*	*F*	*G*	*K*
D4/YV	DKJ-410	QJ-60	170	180	320	130	122	38	17	40
D5/YV	DKJ-510	QJ-160	196	154	390	180	101	53	23	55

件号	名称及规格	数量	材质	单重 质量(kg)	总重 质量(kg)	图号或标准、规格号	备注
9	连接管,钢管 *DN*,*l*(见附注)	1	Q235			GB/T 3092—1993	
8	曲柄	1	Q235			(2000)YK12-023	
7	支座	1	Q235			(2000)YK12-022	
6	弹簧垫圈12	8	65Mn			GB/T 93—1987	
5	螺母M12	8	5			GB/T 41—1986	
4	螺栓M12×50	8	4.8			GB/T 5781—1986	
3	支架	1	Q235			(2000)YK12-021	
2	螺栓M20×30	4	4.8			GB/T 5781—1986	
1	弹簧垫圈20	4	65Mn			GB/T 93—1987	

部件、零件表

冶金仪控通用图	DKJ-410,DKJ-510型 电动执行机构与旋转烟道闸板的安装图	(2000)YK12-9	
		比例	页次

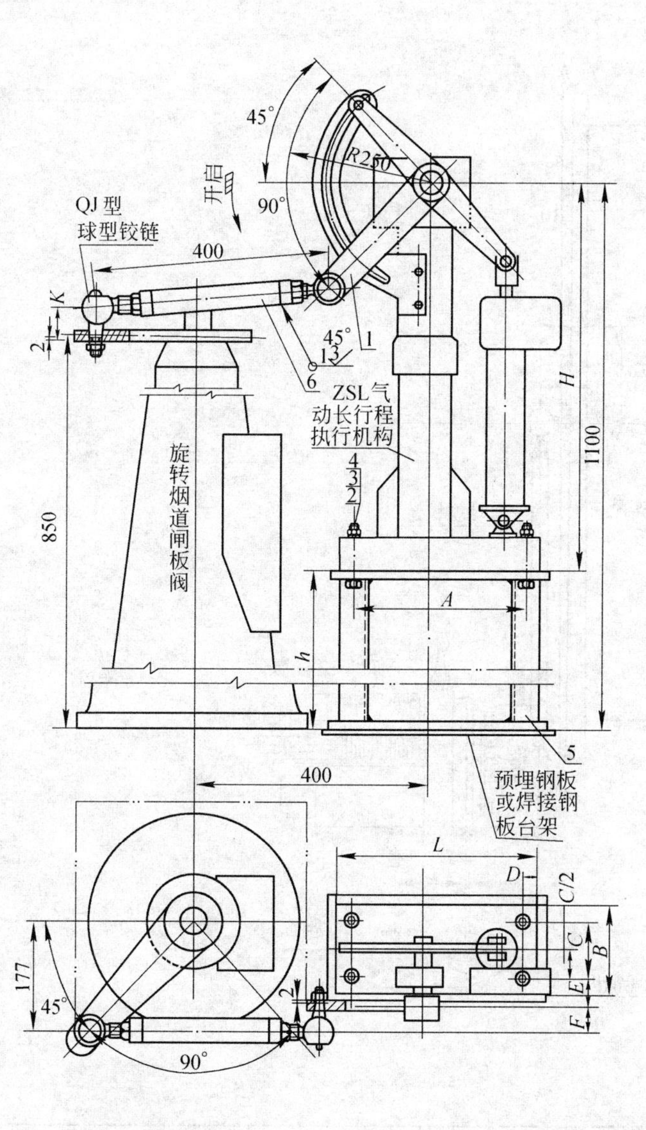

规格尺寸表

规格号	执行机构型号	球型铰链型号	尺寸(mm) A	B	C	D	E	F	H	h	K	L
Q1/YV	ZSL-11,ZSL-21 ZSL(D_2)-11,ZSL-21	QJ-60	300	140	90	20	54	38	648	452	40	340
Q2/YV	ZSL-22,ZSL-32 ZSL(D_2)-22,ZSL-32	QJ-160	400	160	110	25	49.5	53	850	250	55	450
QC1/YV	ZSL(AC)-11 ZSL(AC)-21	QJ-60	610	420	350	25	35	38	725	375	40	660
QC2/YV	ZSL(AC)-22 ZSL(AC)-32	QJ-160	730	360	300	20	30	53	900	200	55	770
QC3/YV	ZSL(AC)-33 ZSL(AC)-43	QJ-250	885	370	300	30	35	53	1100	0	55	920

标记示例：当选用 ZSL-22 型气动长行程执行机构配旋转烟道闸板安装时，其标记为：规格号 Q2/YV，安装图号(2000)YK 12-10。

附注：

1. 本图是按西安仪表机床厂生产的气动执行机构绘制的，如选其他厂家产品需核对尺寸。
2. 气动执行机构带的曲柄卸下不用，用本图设计的曲柄代替。
3. 旋转烟道闸板曲柄轴孔，应按所配球铰链杆轴的尺寸，以 1∶10 的锥度由现场重新加工。
4. 连接管(件 6)选用 QJ-60 时应配 *DN*32；选 QJ-160 时应配 *DN*40，在现场施工时两端焊接铰链的左右旋螺母。
5. 件 1、件 5、件 6 安装好后，表面涂灰漆，各转动部分定期加干油润滑。
6. 本图以 ZSL-21 气动长行程执行机构配旋转烟道闸板的尺寸为例绘制。

件号	名称及规格	数量	材质	单重 质量(kg)	总重	图号或标准、规格号	备注
6	连接管，钢管 *DN*(见注)，$l=250$	1	Q235			GB/T 3092—1993	
5	支　座	1	Q235			(2000)YK12-017	
4	弹簧垫圈 16	4	65Mn			GB/T 93—1987	
3	螺母 M16	4	5			GB/T 41—1986	
2	螺栓 M16×100	4	4.8			GB/T 5781—1986	
1	曲　柄	1	Q235			(2000)YK12-023	

部件、零件表

冶金仪控通用图	气动长行程执行机构与旋转烟道闸板阀的安装图	(2000)YK12-10	
		比例	页次

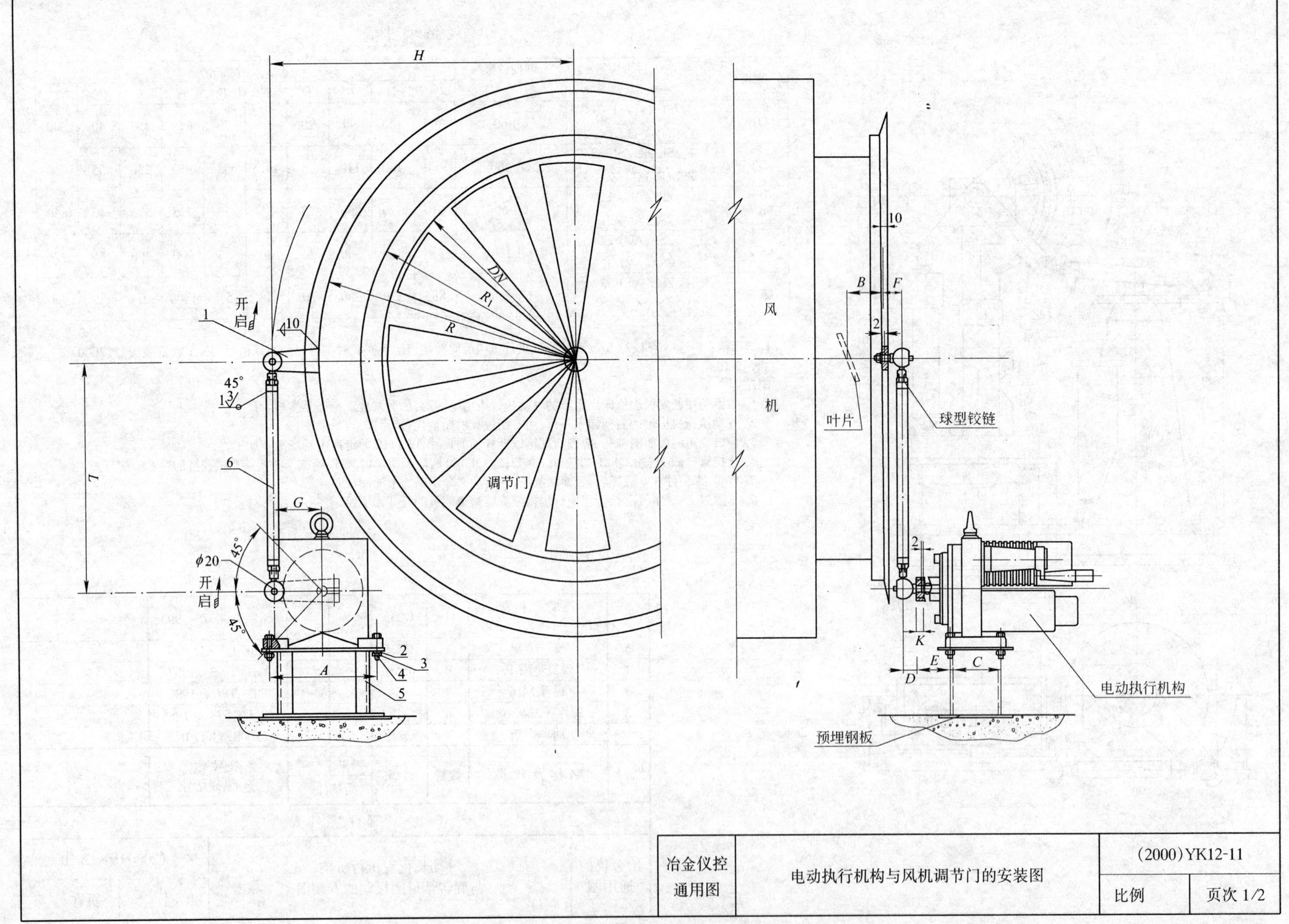

冶金仪控通用图	电动执行机构与风机调节门的安装图	(2000)YK12-11	
		比例	页次 1/2

规格尺寸表

规格号	执行机构型号	调节门 DN(mm)	球型铰链型号	安装尺寸(mm) A	B	C	D	E	F	G	L	H	K	R_1	R
D4/V800	DKJ-410	800	QJ-60	320 ±0.2	79	130 ±0.2	24	142	47	150	600	784.3	23	472.5	634.3
D4/V900		900										851.4		522.5	701.4
D4/V1000		1000										918.4		572.5	768.4
D4/V1100		1100										987.6		624	837.6
D4/V1200		1200										1062.8		680	912.8
D5/V1400	DKJ-510	1400	QJ-160	390 ±0.2	100	180 ±0.2	37	121	62	170 ±0.2	800	1100.3	25	774	930.3
D5/V1600		1600										1223		874	1053
D5/V1800		1800										1387		1012.5	1217
D5/V2000		2000										1507		1112.5	1337

标记示例：当选用DKJ-510执行机构与D1400风机调节门安装时，其标记为：规格号D5/V1400，安装图号(2000)YK12-11。

附注：

1. 本图是以大连仪表三厂、上海鼓风机厂和余杭澄清球型铰链厂的产品尺寸为依据，如选用其他厂产品需核对其尺寸。
2. 支架(件5)的高度，固定方式，由选用本图的设计决定。
3. 本图以DKJ-510执行机构与DN1400风机调节门尺寸绘制的。
4. 件1、件5、件6安装后，表面涂灰漆，各转动部分定期加干油润滑。
5. 球铰拉杆的连接管(件6)采用焊接钢管，当配用QJ-60型球铰链时，其管径为DN32；配用QJ-160型时，其管径为DN40，现场施工时，两端焊接铰链的左、右旋螺母，管长 $l \approx (L-150)$mm。
6. 根据实际情况，可将执行机构及曲柄的位置调换180°，使之置于拉杆的外侧，但必须使拉杆仍保持垂直。

件号	名称及规格	数量	材质	单重 质量(kg)	总重 质量(kg)	图号或标准、规格号	备注
6	连接管，钢管 DN，l(见附注)	1	Q235			GB/T 3092—1993	
5	支架	1	Q235			(2000)YK12-015	
4	螺栓 M12×60	4	4.8			GB/T 5871—1986	
3	螺母 M12	4	5			GB/T 41—1986	
2	弹簧垫圈 12	4	65Mn			GB/T 93—1987	
1	曲柄	1	Q235			(2000)YK12-026	

部件、零件表

冶金仪控通用图	电动执行机构与风机调节门的安装图	(2000)YK12-11	
		比例	页次 2/2

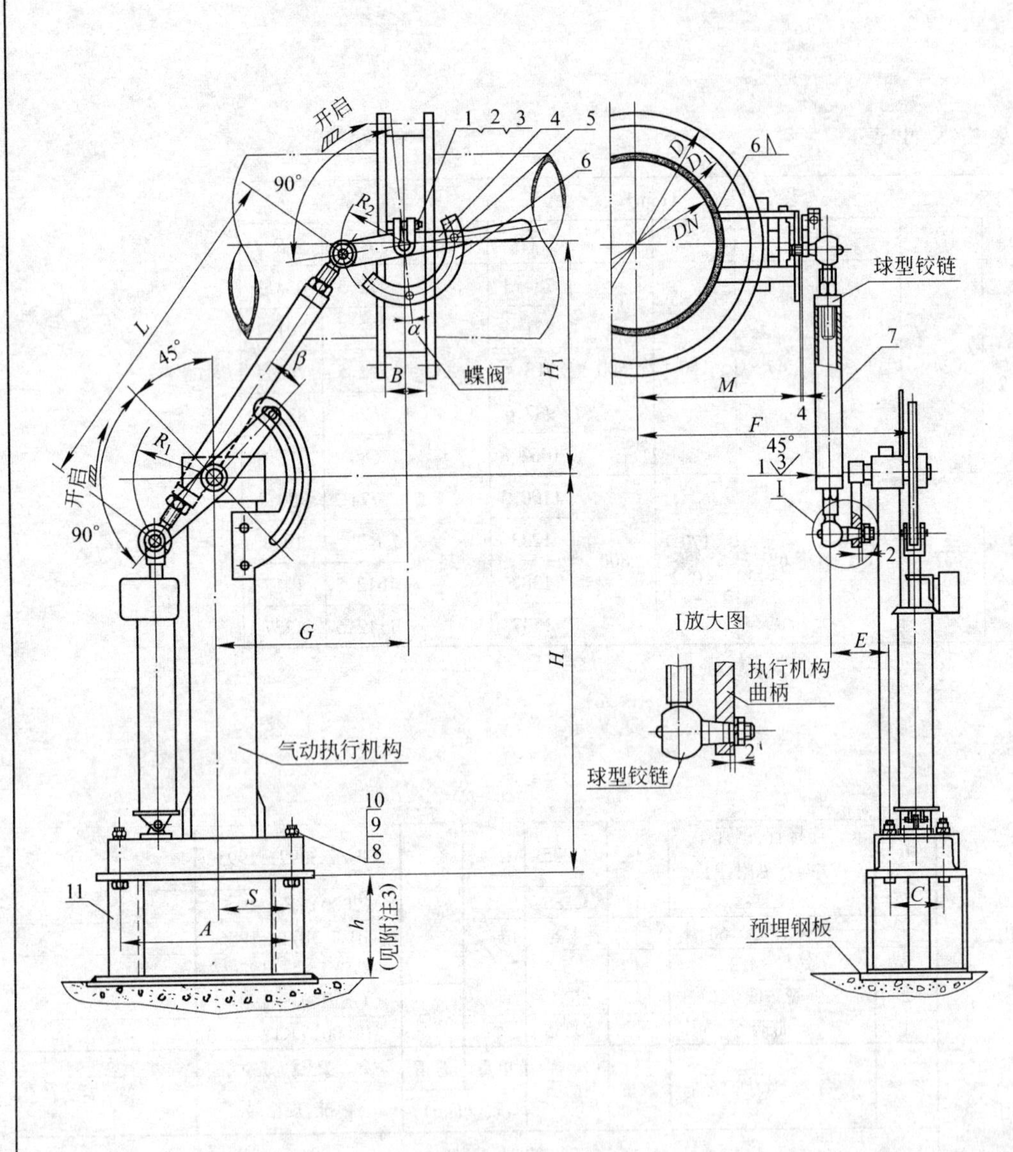

附注：

1. 本图是按西安仪表机床厂生产的 ZSL，ZSL(D_2)和 ZSL(AC)型气动执行机构绘制的。若采用其他厂产品时，需对尺寸进行核对、调整确定。执行机构的曲柄轴孔应按所配球型铰链轴的尺寸和锥度 1:10 由现场重新加工。
2. 件 4、件 5、件 6、件 7、件 11 安装好后，表面刷灰色漆防锈。各转动部分要定期加干油润滑。
3. 支架(件 11)的高度 *h*，应由选用本图的工程设计确定。
4. 本图也适用于垂直管道上安装的蝶阀，在其他条件不变的情况下，只需将管道与蝶阀一同旋转 90°即可。
5. 球型铰链的连接管(件 7)采用焊接钢管，当配用 QJ-60 型球型铰链时其管径为 *DN*32；当配用 QJ-160 型或QJ-250型铰链时，管径为 *DN*40。施工时，管两端焊接铰链的左、右旋螺母，管长 $l \approx L-150$mm。

件号	名称及规格	数量	材质	单重	总重	图号或标准、规格号	备注
				质量(kg)			
11	支　座	1	Q235			(2000)YK12-017	
10	垫圈 16	4	65Mn			GB/ T 93—1987	
9	螺母 M16	4	5			GB/ T 41—1986	
8	螺栓 M16×100	4	4.8			GB/ T 5781—1986	
7	连接管，钢管 *DN*，*l*(见附注)	1	Q235			GB/ T 3092—1993	见附注 5
6	扇形板	1	Q235			(2000)YK12-027	
5	穿钉	1	Q235			(2000)YK12-018	
4	曲柄	1	Q235			(2000)YK12-09	
3	螺母 M12	1	5			GB/T 41—1986	
2	螺栓 M12×60	1	4.8			GB/T 5781—1986	
1	垫圈 12	1	65Mn			GB/T 93—1987	

部件、零件表

冶金仪控通用图	气动长行程执行机构配 *DN*300～1200 蝶阀的安装图	(2000)YK12-12	
		比例	页次 1/2

规格、尺寸表

规格号	执行机构型号	蝶阀通径 *DN*	球型铰链型号	尺寸 (mm)															α	β
				A	*B*	*C*	*D*	D_1	*E*	*F*	*G*	*H*	H_1	*L*	*M*	R_1	R_2	*S*		
Q2/V300	ZSL-21 ZSL(D_2)-21	300	QJ-60	300	70	90	435	395	92	471	335	648	380	570	287	141.5	110	130	6	11
Q2/V350		350					485	445		494					310					
Q2/V400		400					535	495		518					334					
Q2/V450		450					590	550		551					377					
Q2/V500		500					640	600		581					397					
Q3/V600	ZSL-32 ZSL(D_2)-32	600	QJ-160	400	200	110	755	705	98.5	692	400	850	500	730	477	212	170	125	11	13
Q3/V700		700					860	810		742					527					
Q3/V800		800					975	920		790					575					
Q3/V900		900			350		1075	1020		857					642					
Q3/V1000		1000					1175	1120		907					692					
Q4/V1100	ZSL-43 ZSL(D_2)-43	1100	QJ-250	500	350	130	1275	1220	120	999	500	1015	500	860	742	383	200	155	0	9
Q4/V1200		1200					1375	1320		1049					792					
QC1/V300	ZSL(AC)11 ZSL(AC)21	300	QJ-60	610	70	350	435	395		619	335	725	380	570	287	141.5	110	175	6	11
QC1/V350		350					485	445		642					310					
QC1/V400		400					535	495		666					334					
QC1/V450		450					590	550		705					377					
QC1/V500		500					640	600		725					397					
QC2/V600	ZSL(AC)22 ZSL(AC)32	600	QJ-160	730	200	300	755	705		767	400	900	500	730	477	212	170	150	11	13
QC2/V700		700					860	810		817					527					
QC2/V800		800					975	920		865					575					
QC2/V900		900			350		1075	1020		932					642					
QC2/V1000		1000					1175	1120		982					692					
QC3/V1100	ZSL(AC)33 ZSL(AC)43	1100	QJ-250	885	350	300	1275	1220		1058	500	1100	500	860	742	283	200	150	0	9
QC3/V1200		1200					1375	1320		1108					792					

标记示例：当选用 ZSL-21 型执行机构配 *DN*400 蝶阀时，其标记如下：规格号 Q2/V400，安装图号(2000)YK12-12。

冶金仪控通用图	气动长行程执行机构配 *DN*300～1200 蝶阀的安装图	(2000)YK12-12	
		比例	页次 2/2

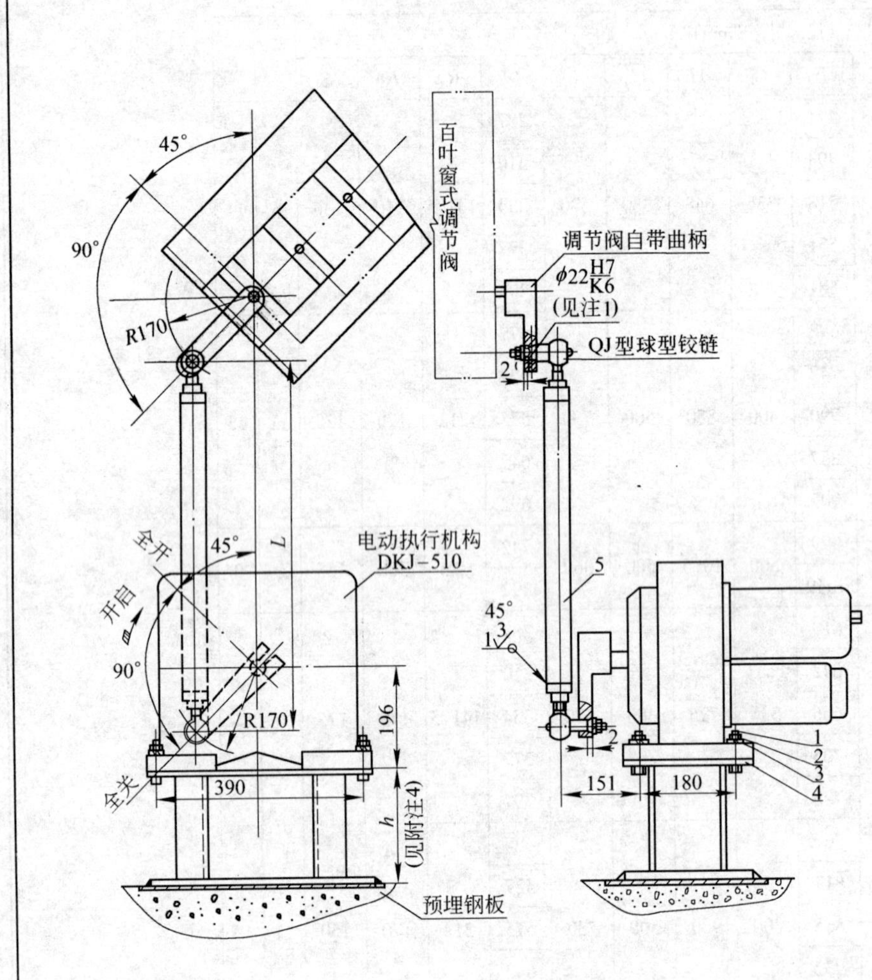

附注:

1. 调节门曲柄轴孔应按所配球型铰链轴的尺寸以1:10锥度在施工现场重新加工。
2. 连接管(件5)在现场施工时两端焊接铰链的左、右旋螺母,管长 $l \approx (L-150)$mm。L 由工程设计按实际情况确定。
3. 件4、件5安装好后表面涂灰漆,各转动部分应定期加干油润滑。
4. 支架(件4)的高度 h 及固定方式,由工程设计按实际需要决定。

5	连接管,钢管 DN, l(见附注)	1	Q235			GB/ T 3092—1993	
4	支架	1	Q235			(2000)YK12-015	
3	垫圈 12	4	65Mn			GB/ T 95—1985	
2	螺母 M12	4	5			GB/ T 41—1986	
1	螺栓 M12×50	4	4.8			GB/ T 5780—1986	
件号	名称及规格	数量	材质	单重 质量(kg)	总重 质量(kg)	图号或 标准、规格号	备注
部件、零件表							

冶金仪控 通用图	DKJ-510 型电动 执行机构与百叶窗式调节阀的安装图	(2000)YK12-13	
		比例	页次

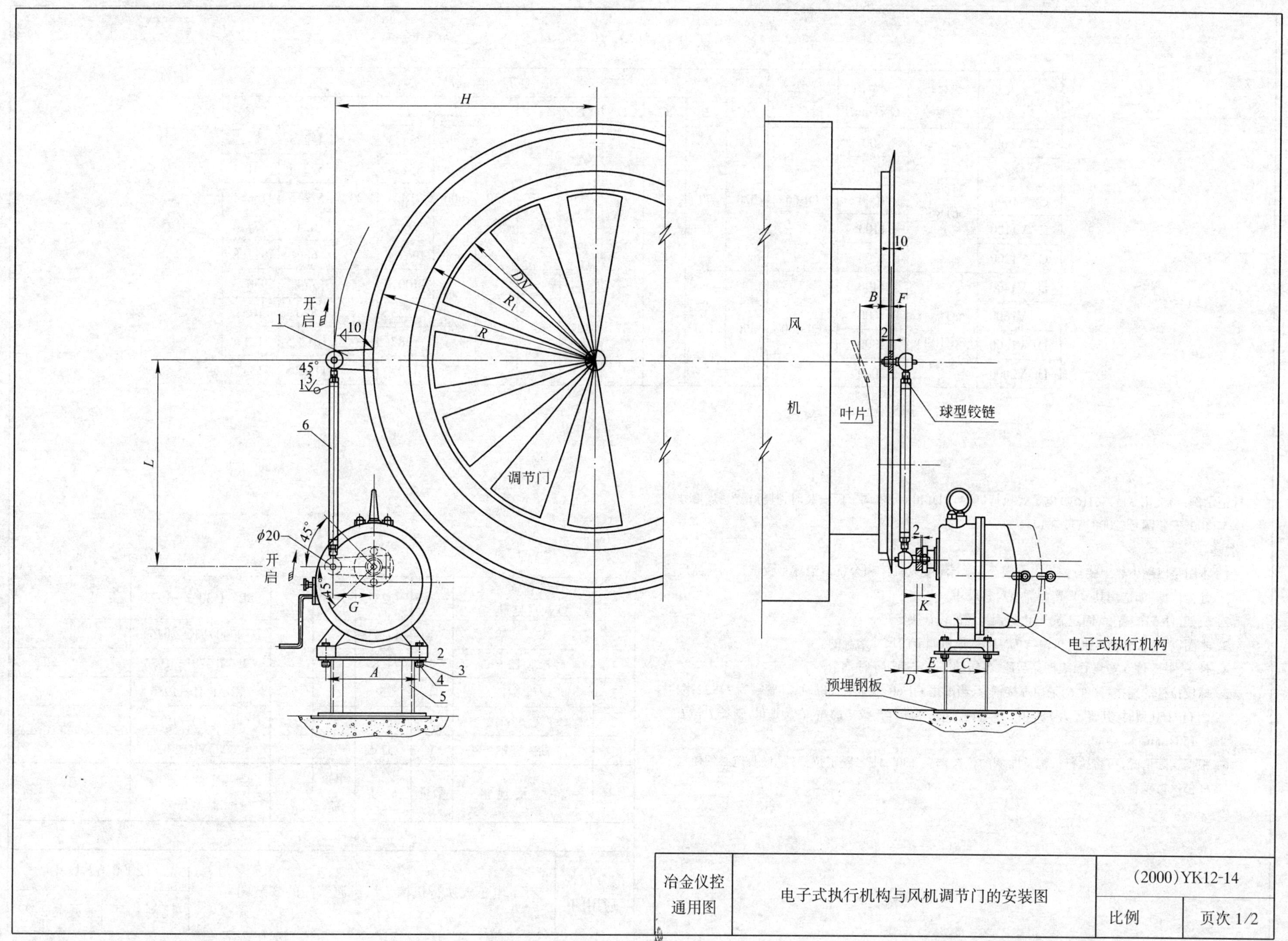

冶金仪控 通用图	电子式执行机构与风机调节门的安装图	(2000)YK12-14	
		比例	页次 1/2

规格尺寸表

规格号	执行机构型号	调节门 DN(mm)	球型铰链型号	安装尺寸(mm)											
				A	B	C	D	E	F	G	L	H	K	R_1	R
C/V800	341RSC 361RSC	800	QJ-60	320	79	180	24	35	47	150	600	784.3	23	472.5	634.3
C/V900		900										851.4		522.5	701.4
C/V1000		1000										918.4		572.5	768.4
C/V1100		1100										987.6		624	837.6
C/V1200		1200										1062.8		680	912.8
D/V1400	341RSD 361RSD	1400	QJ-160	390	100		37	121	62	170	800	1100.3	25	774	930.3
D/V1600		1600										1223		876	1053
D/V1800		1800										1387		1012.5	1217
D/V2000		2000										1507		1112.5	1337

标记示例：当选用341，361RSD电子式执行机构与D1400风机调节门安装时，其标记为：规格号D/V1400，安装图号(2000)YK12-14。

附注：

1. 本图是以鞍山热工装自控仪表有限公司，上海鼓风机厂和余杭澄清球型铰链厂的产品尺寸为依据，如选用其他厂产品需核对其尺寸。
2. 支架(件5)的高度，固定方式，由选用本图的设计决定。
3. 本图以RSD电子式执行机构与DN1400风机调节门尺寸绘制的。
4. 件1、件5、件6安装后，表面涂灰漆，各转动部分定期加干油润滑。
5. 球铰拉杆的连接管(件6)采用焊接钢管，当配用QJ-60型球型铰链时，其管径为DN32；配用QJ-160型时，其管径为DN40。现场施工时，两端焊接铰链的左，右旋螺母，管长$l \approx (L-150)$mm。
6. 根据实际情况，可将执行机构及曲柄的位置调换180°，使之置于拉杆的里侧，但必须使拉杆仍保持垂直。

件号	名称及规格	数量	材质	单重	总重	图号或标准、规格号	备注
6	连接管(钢管) DN，l(见附注)	1	Q235			GB/T 3092—1993	
5	支　架	1	Q235			(2000)YK12-015	
4	螺栓 M12×60	4	4.8			GB/T 5781—1986	
3	螺母 M12	4	5			GB/T 41—1986	
2	弹簧垫片 12	4	65Mn			GB/T 93—1987	
1	曲　柄	1	Q235			(2000)YK12-026	
件号	名称及规格	数量	材质	单重 质量(kg)	总重 质量(kg)	图号或标准、规格号	备注

部件、零件表

冶金仪控通用图	电子式执行机构与风机调节门的安装图	(2000)YK12-14	
		比例	页次 2/2

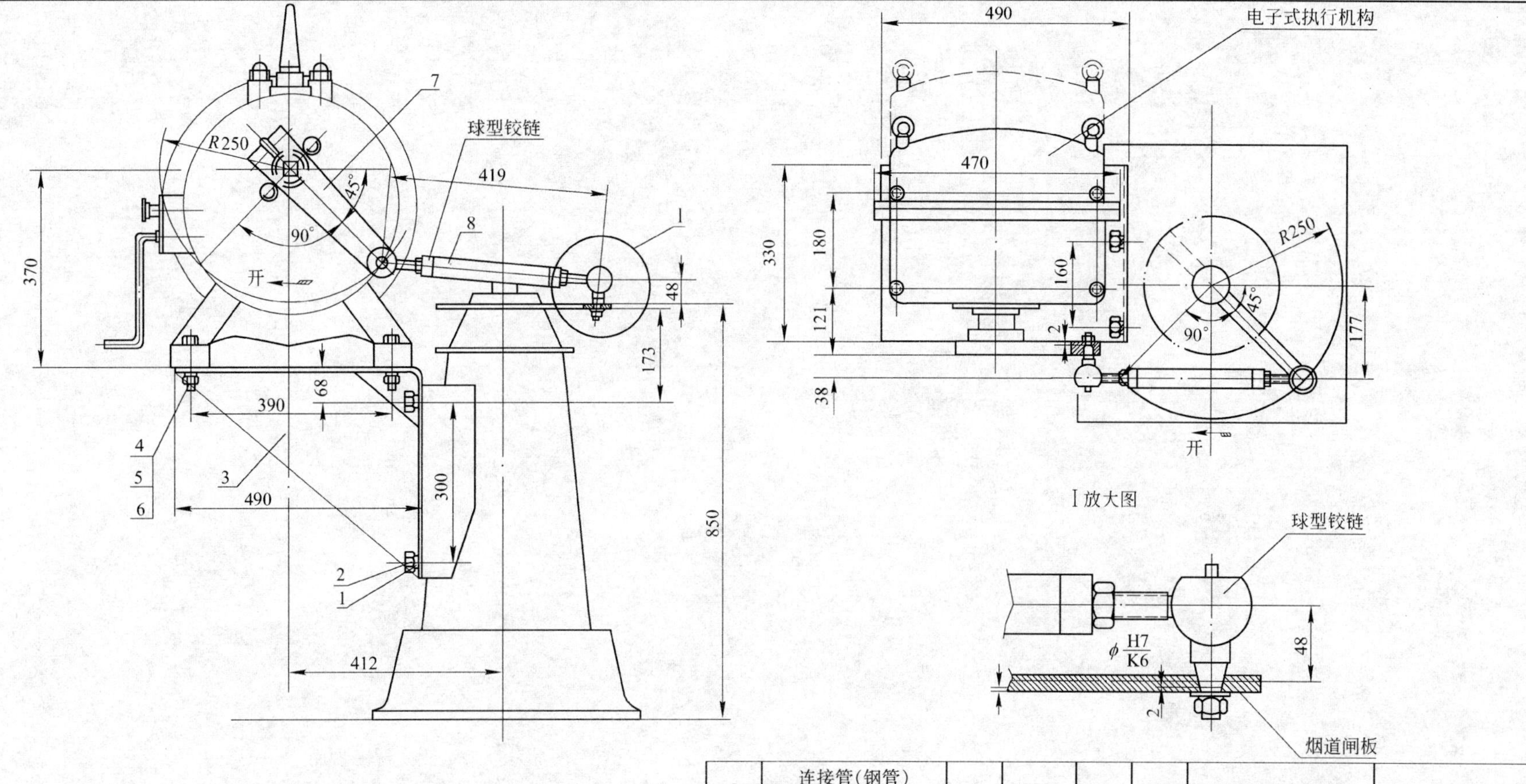

附注：

1. 本图所示为鞍山热工装自控仪表有限公司的 341，361RSD 型电子式电动执行机构，若选用其他产品需校对其尺寸。
2. 电动执行机构带来的曲柄在订货时注明需特殊制作，长度由 170mm 改为 250mm。
3. 件 3、件 7、件 8、件 9 安装好后，表面涂灰漆，各转动部分定期加干油润滑。
4. 旋转烟道闸板曲柄轴孔应按所配球型铰链轴的尺寸，并按 1∶10 锥度由现场重新加工，详见Ⅰ放大图。
5. 球铰拉杆的连接管（件 8）采用焊接钢管，配用 QJ-160 型球型铰链，其管径为 *DN*40，现场施工时，两端焊接铰链的左，右旋螺母，管长 $l \approx (L-150)$mm。

件号	名称及规格	数量	材质	单重 质量(kg)	总重 质量(kg)	图号或标准、规格号	备注
8	连接管（钢管）*DN*，*l*（见附注）	1	Q235			GB/T 3092—1993	
7	曲柄	1					见附注 2
6	弹簧垫圈 12	8	65Mn			GB/ T 93—1987	
5	螺母 M12	8	5			GB/ T 41—1986	
4	螺栓 M12×60	8	4.8			GB/ T 5781—1986	
3	支架	1	Q235			(2000)YK12-029	
2	螺栓 M20×30	4	4.8			GB/ T 5781—1986	
1	弹簧垫圈 20	4	65Mn			GB/ T 93—1987	

部件、零件表

冶金仪控通用图	电子式执行机构与旋转烟道闸板的安装图	(2000)YK12-15	
		比例	页次

二、部件、零件图

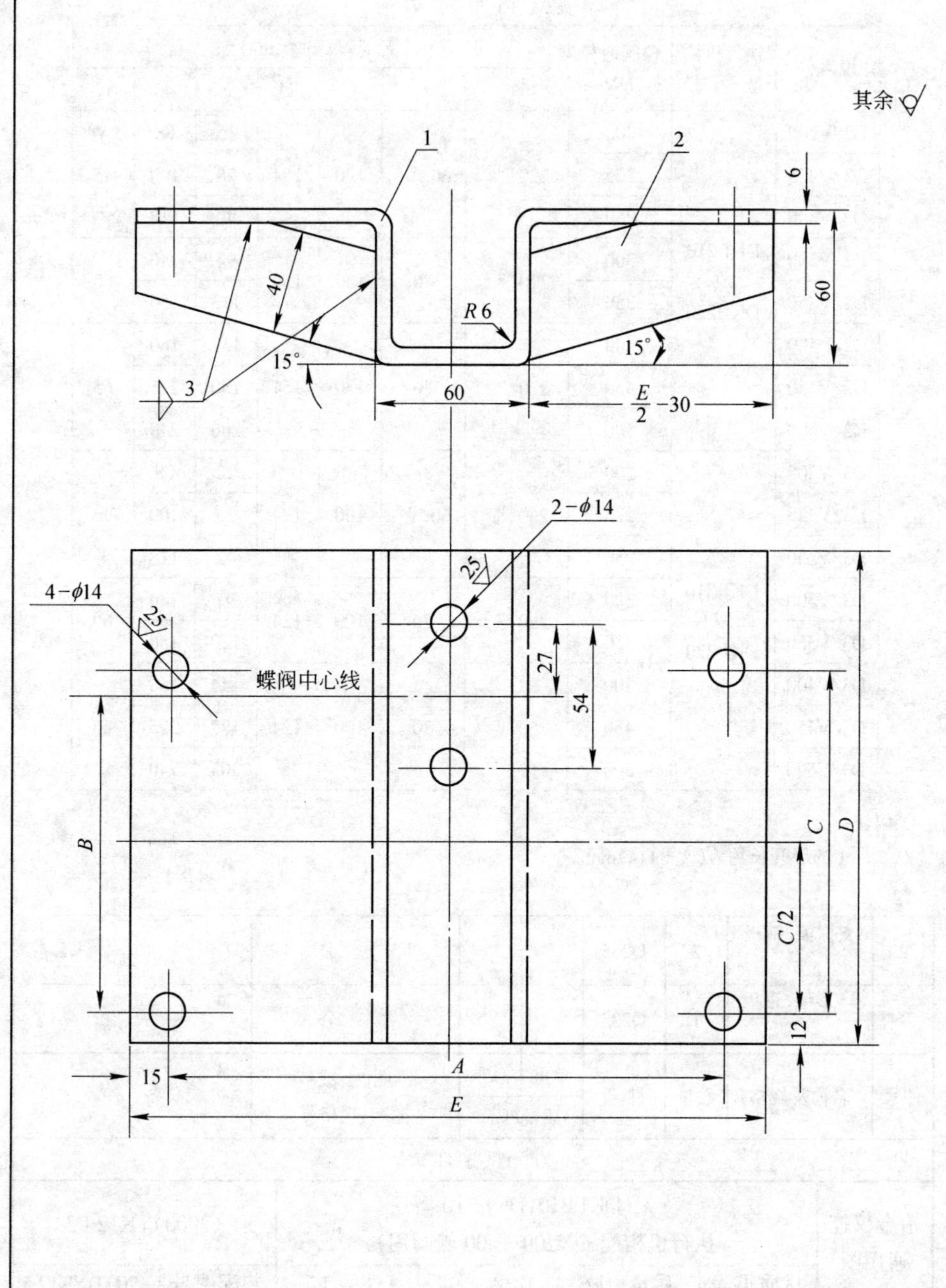

规格尺寸表

规格号	执行机构型号	蝶阀通径 DN	支架尺寸(mm)				
			A	B	C	D	E
D2/V100	DKJ-210 或 DKJ-220	100	$220^{\pm0.2}$	94	$130^{\pm0.2}$	154	250
D2/V125		125		107		173	
D2/V150		150		119		185	
D2/V175		175		132		198	
D3/V100	DKJ-310 或 DKJ-320	100	$260^{\pm0.2}$	71	$100^{\pm0.2}$	137	290
D3/V125		125		84		150	
D3/V150		150		96		162	
D3/V175		175		109		175	

附注：件 1 的展开长度约为($E+108$)mm。

件号	名称及规格	数量	材质	单重	总重	图号或标准、规格号	备注
2	支撑板、钢板 $\delta=6$	2	Q235			本图	
1	⅂⅃形架，钢板 $\delta=6$	1	Q235			本图	
件号	名称及规格	数量	材质	质量(kg)		图号或标准、规格号	备注

部件、零件表

冶金仪控通用图	支架(DKJ-210,DKJ-310 型电动执行机构配 DN100～175 蝶阀用)			(2000)YK12-01	
材质见表	质量 kg	比例	件号 8	装配图号	(2000)YK12-3

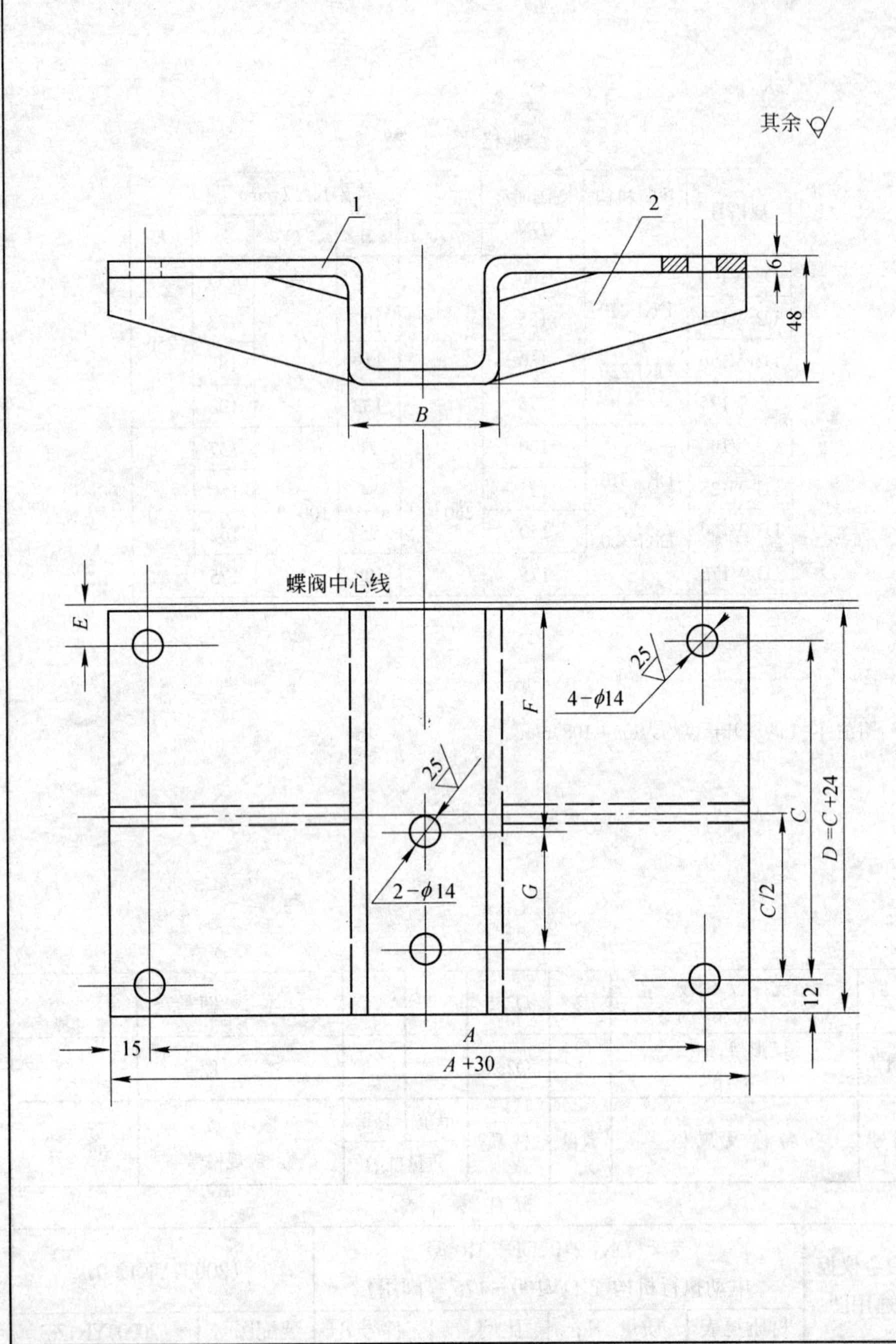

规格尺寸表

规格号	执行机构型号	蝶阀通径 DN	支架尺寸(mm) A	B	C	D	E	F	G
D2/V200		200					15	88	
D2/V225		225	$220^{\pm0.2}$	$60^{-0.5}$	130	154	28	100	45
D2/V250		250					40	118	
D2/V300	DKJ-210 或 DKJ-220	300	$220^{\pm0.2}$	70	130	154	90	140	60
D2/V350		350					113	150	
D2/V400		400					137	160	
D2/V450		450	$220^{\pm0.2}$	70	130	154	180	225	65
D2/V500		500					200	240	
D3/V200		200					22	88	
D3/V225		225	$260^{\pm0.2}$	$60^{-0.5}$	100	124	35	100	45
D3/V250		250					47	118	
D3/V300	DKJ-310 或 DKJ-320	300	$260^{\pm0.2}$	70	100	124	97	140	60
D3/V350		350					120	150	
D3/V400		400					144	160	
D3/V450		450	$260^{\pm0.2}$	70	100	124	187	225	65
D3/V500		500					207	240	

附注:

件 1 的展开长约为(A + 114)mm。

件号	名称及规格	数量	材质	单重 质量(kg)	总重	图号或标准、规格号	备注
2	支撑板,钢板 δ=6	2	Q235			本图	
1	⅂⅃形架,钢板 δ=6	1	Q235			本图	

部件、零件表

冶金仪控通用图	支架(DKJ-210,DKJ-310 型执行机构配 DN200～500 蝶阀用)			(2000)YK12-02	
	材质见表	质量 kg	比例	件号 12	装配图号 (2000)YK12-5

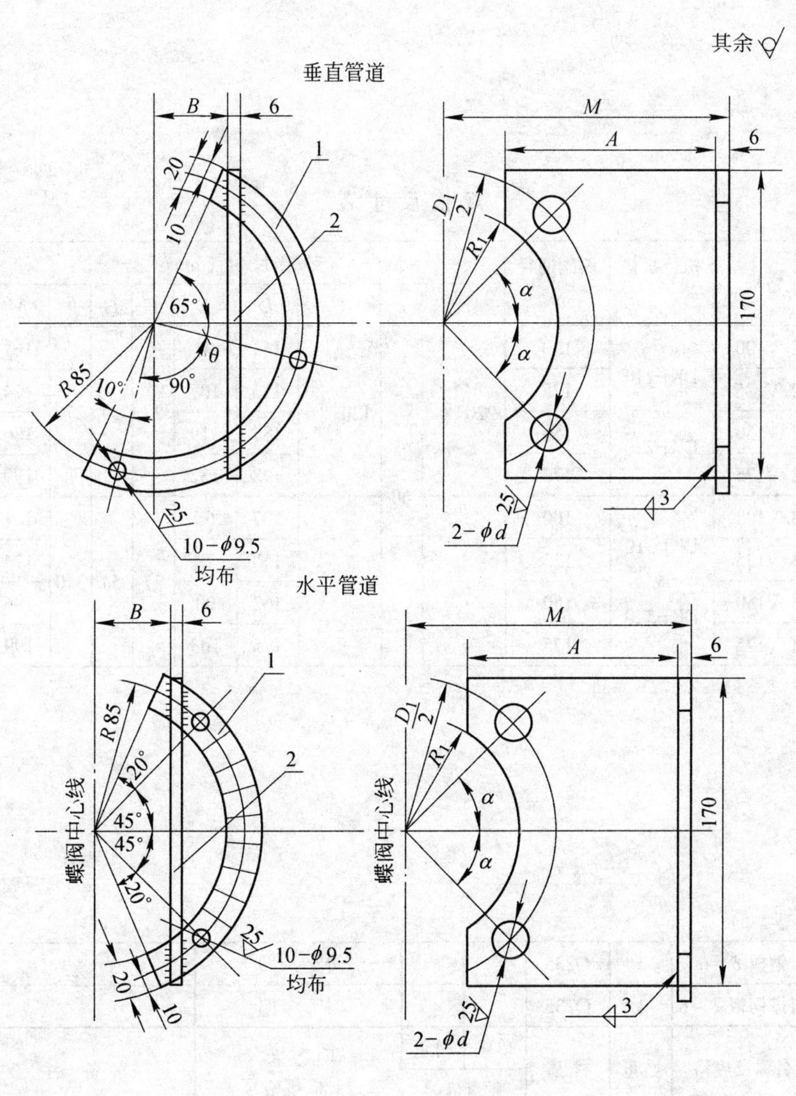

规格尺寸表

规格号	尺寸 (mm)						夹角
	A	B	$D_1/2$	d	R_1	M	α
D2/V100	120	49	85.0	18	64	161	45°
D3/V100							
D2/V125	110	51	100.0		77	174	22.5°
D3/V125							
D2/V150			112.5		90	186	
D3/V150							
D2/V175		53	127.5		107	199	
D3/V175							
D2/V200	110	60	140.0	18	120	211	22.5°
D3/V200							
D2/V225			152.5		133	224	
D3/V225							
D2/V250		62	167.5		147	236	15°
D3/V250							
D2/V300	120		197.5	23	173	283	
D3/V300							
D2/V350		64	222.5		199	308	
D3/V350							
D2/V400		66	247.5		223	333	11.25°
D3/V400							
D2/V450	130		275.0		249	375	
D3/V450							
D2/V500		68	300.0		275	400	
D3/V500							

附注：

扇形板用于垂直管道安装时，要根据安装总图 θ 角来确定扇形板的位置。

件号	名称及规格	数量	材质	单重	总重	图号或标准、规格号	备注
1	钢板 δ=6	1	Q235			本图	
2	扇形板(见表)	1	Q235			本图	
				质量(kg)			

部件、零件表

冶金仪控通用图	扇形板（用于电动执行机构）			(2000)YK12-03
	材质见表	质量 kg	比例	件号	装配图号

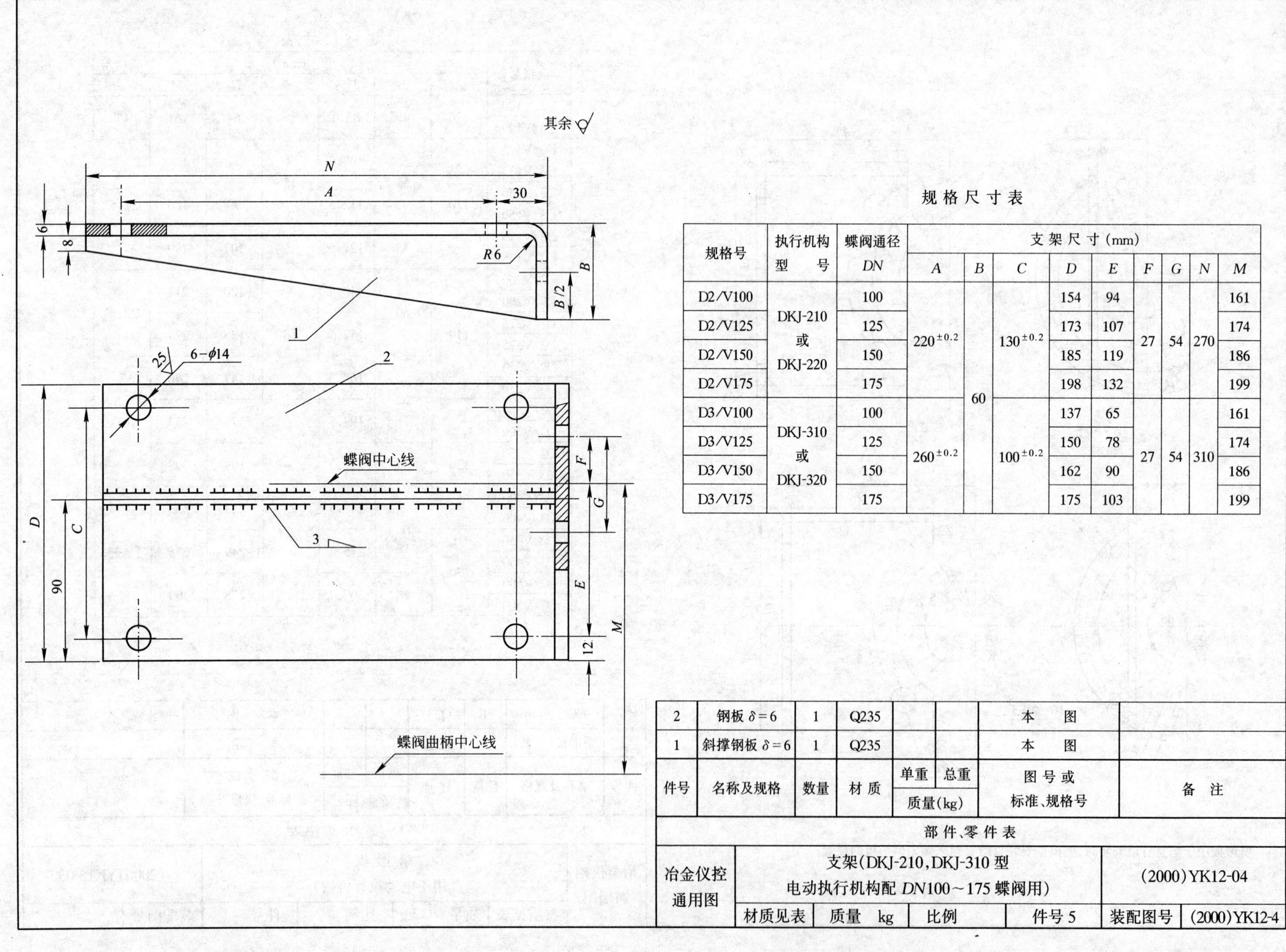

规格尺寸表

规格号	执行机构型号	蝶阀通径 DN	支架尺寸(mm) A	B	C	D	E	F	G	N	M
D2/V100	DKJ-210 或 DKJ-220	100	$220^{\pm0.2}$	60	$130^{\pm0.2}$	154	94	27	54	270	161
D2/V125		125				173	107				174
D2/V150		150				185	119				186
D2/V175		175				198	132				199
D3/V100	DKJ-310 或 DKJ-320	100	$260^{\pm0.2}$		$100^{\pm0.2}$	137	65	27	54	310	161
D3/V125		125				150	78				174
D3/V150		150				162	90				186
D3/V175		175				175	103				199

件号	名称及规格	数量	材质	单重	总重	图号或标准、规格号	备注
2	钢板 $\delta=6$	1	Q235			本图	
1	斜撑钢板 $\delta=6$	1	Q235			本图	
				质量(kg)			

部件、零件表

冶金仪控通用图	支架(DKJ-210,DKJ-310 型电动执行机构配 *DN*100~175 蝶阀用)				(2000)YK12-04	
	材质见表	质量 kg	比例	件号 5	装配图号	(2000)YK12-4

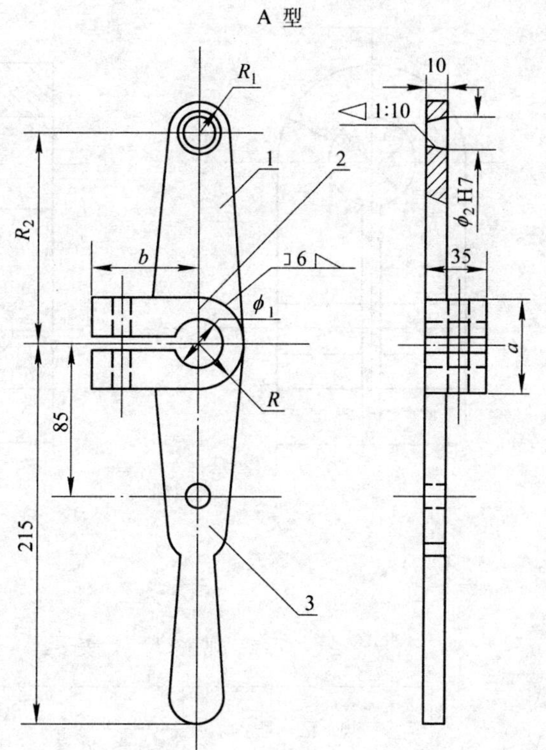

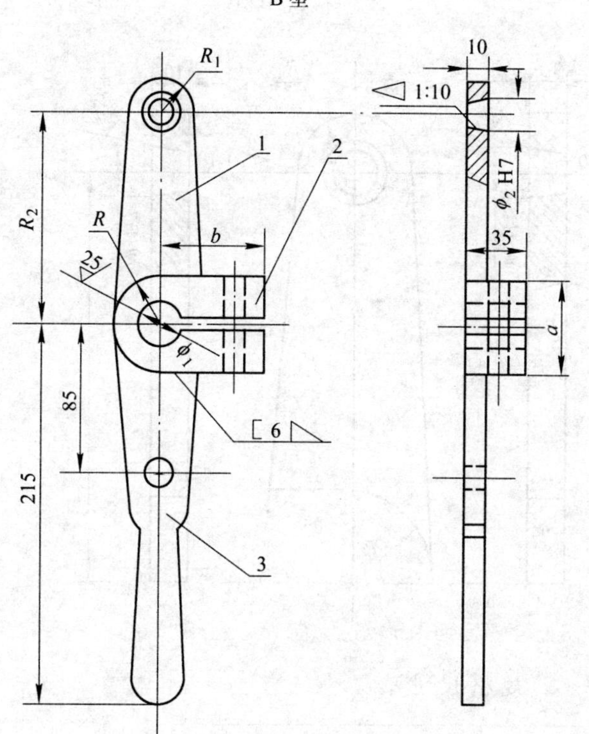

规格尺寸表

规格号	尺寸(mm)							
	a	b	R	R_1	R_2(A型)	R_2(B型)	ϕ_1	ϕ_2
D2/V100~D2/V500	36	50	18	16	80	80	18	16.8
D3/V100~D3/V400	36	50	18	16	90	90	18	16.8
D3/V500	36	50	18	16	90	100	18	16.8
D4/V600~D4/V800	52	60	26	18	120	120	26	18.5
D5/V900~D5/V1600	80	80	40	20	150	120	40	21.8

部件、零件表

件号	名称及规格	数量	材质	单重 质量(kg)	总重 质量(kg)	图号或标准、规格号	备注
3	手柄	1	Q235			(2000)YK12-08	
2	卡套	1	Q235			(2000)YK12-07	
1	曲柄头	1	Q235			(2000)YK12-06	

冶金仪控通用图	曲柄(用于电动执行机构)				(2000)YK12-05
	材质见表	质量 kg	比例	件号	装配图号

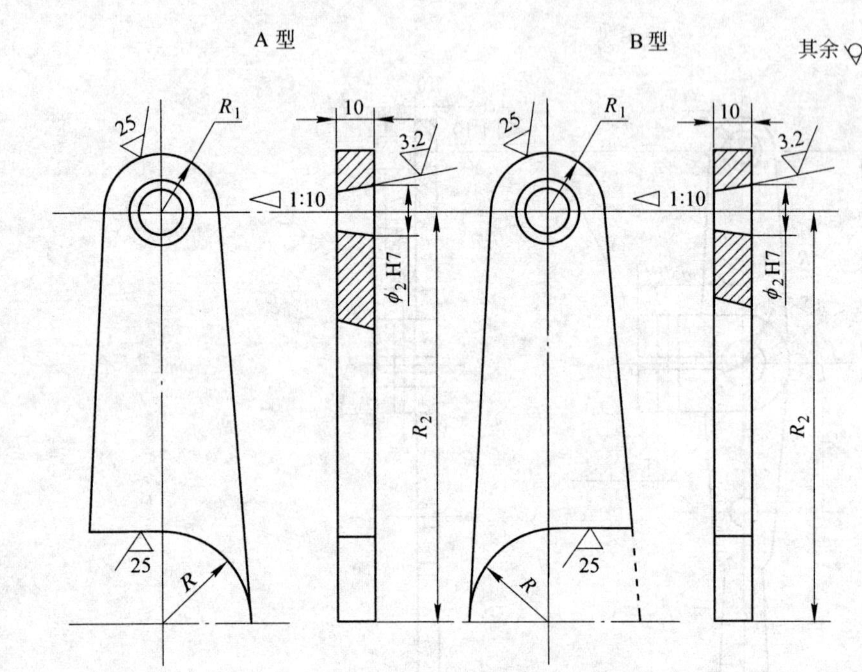

规格尺寸表

规 格 号	尺 寸(mm)				
	R	R_1	R_2 (A型)	R_2 (B型)	ϕ_2
D2/V100～D2/V500	18	16	80	80	16.8
D3/V100～D3/V400	18	16	90	90	16.8
D3/V500	18	16	90	100	16.8
D4/V600～D4/V800	26	18	120	120	18.5
D5/V900～D5/V1600	40	20	150	120	21.8

冶金仪控通用图	曲 柄 头				(2000)YK12-06	
	材质 Q235	质量 kg	比例	件号 1	装配图号	(2000)YK12-05

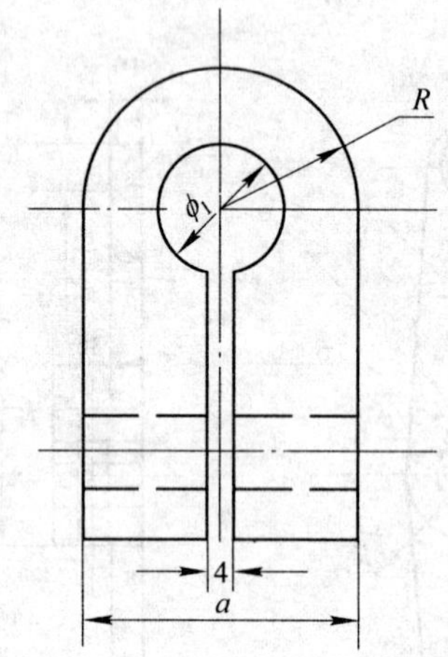

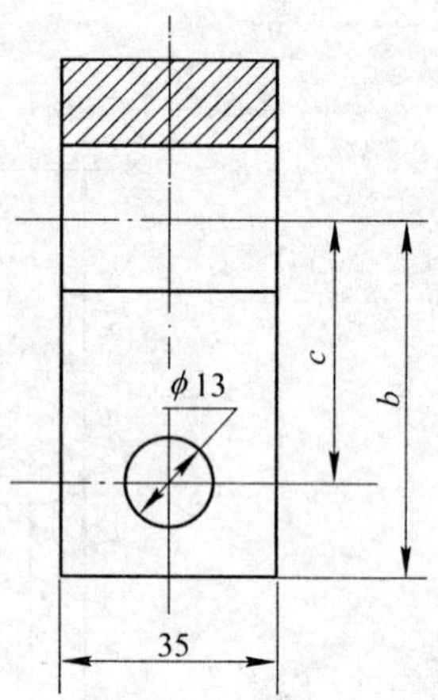

规格尺寸表

规 格 号	尺 寸(mm)				
	a	b	c	ϕ_1	R
D2/V100～D2/V500	36	50	35	18	18
D3/V100～D3/V500	36	50	35	18	18
D4/V600～D4/V800	52	60	45	26	26
D5/V900～D5/V1600	80	80	65	40	40

冶金仪控通用图	卡 套				(2000)YK12-07	
	材质 Q235	质量 kg	比例	件号 2	装配图号	(2000)YK12-05

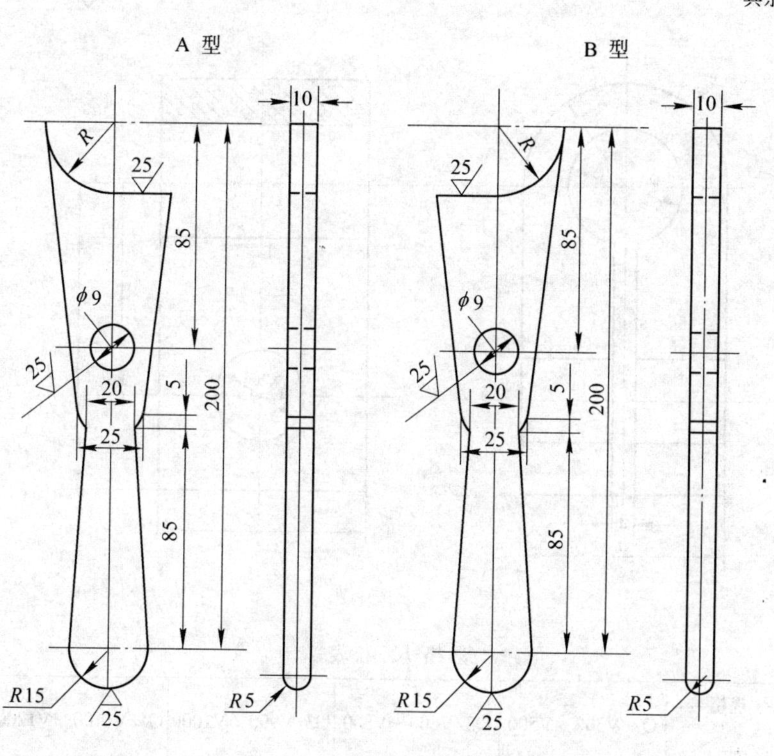

规格尺寸表

规格号	R(mm)
D2/V100～D2/V500	18
D3/V100～D3/V500	18
D4/V600～D4/V800	26
D5/V900～D5/V1600	40

冶金仪控通用图	手　柄			(2000)YK12-08	
	材质 Q235	质量　kg	比例	件号 3	装配图号	(2000)YK12-05

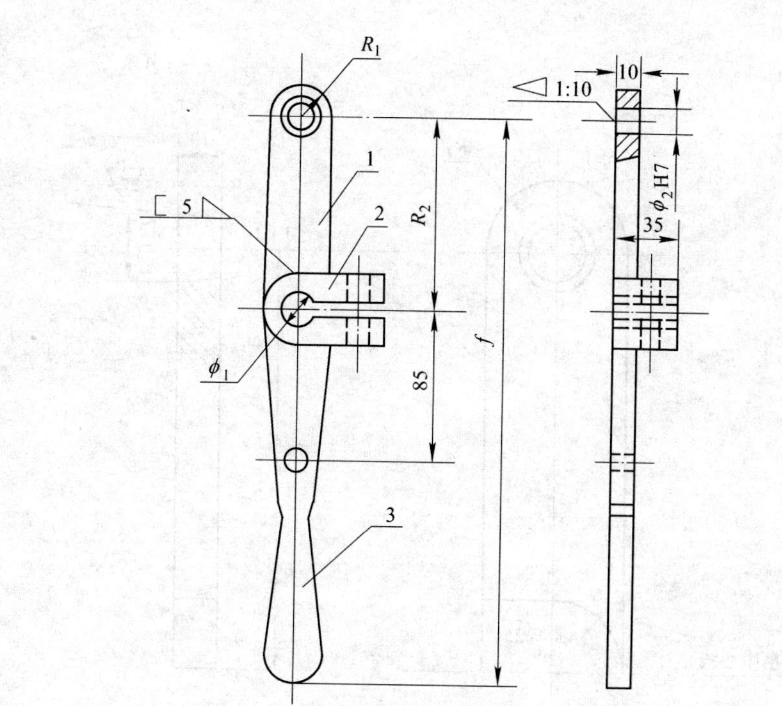

规格尺寸表

尺寸(mm) \ 规格号	Q2/V300～V500	Q3/V600～V800	Q3/V900～V1000	Q4/V1100～V1200
f	325	400	400	400
R_1	18	20	20	25
R_2	110	170	170	200
ϕ_1	18	26	40	40
ϕ_2	18.5	21.8	21.8	32.4

件号	名称及规格	数量	材质	单重 质量(kg)	总重 质量(kg)	图号或标准、规格号	备注
3	柄	1	Q235			(2000)YK12-012	
2	卡套	1	Q235			(2000)YK12-011	
1	曲柄头	1	Q235			(2000)YK12-010	

部件、零件表

冶金仪控通用图	曲柄(用于气动执行机构)			(2000)YK12-09		
	材质见表	质量　kg	比例	件号 4	装配图号	(2000)YK12-12

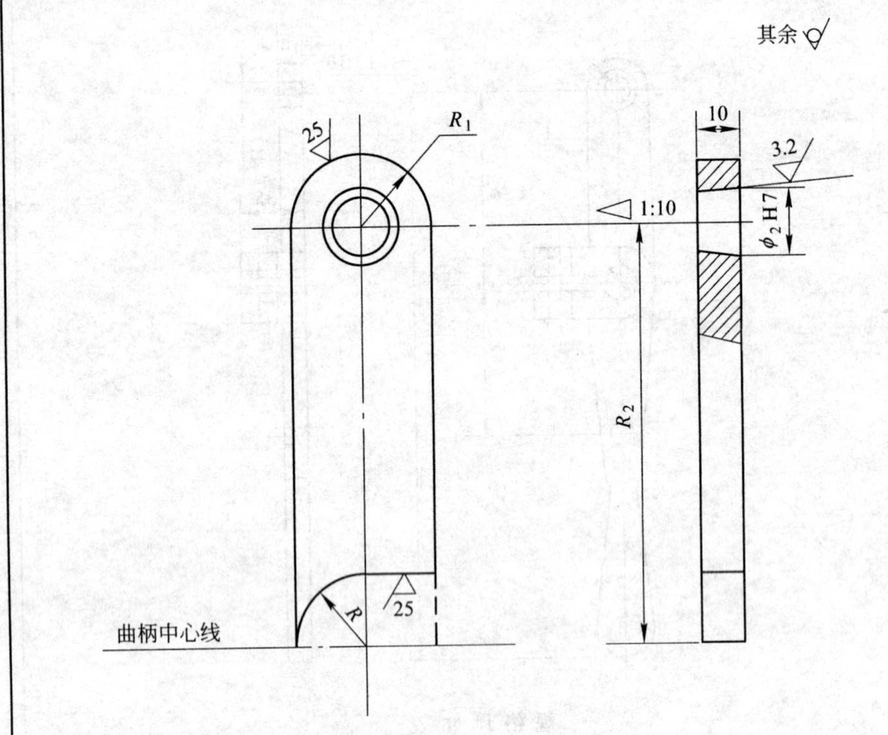

规格尺寸表

规格号 / 尺寸(mm)	Q2/V300～V500	Q3/V600～V1000	Q4/V1100～V1200
R	18	26	40
R_1	18	20	25
R_2	110	170	200
ϕ_2	18.5	21.8	32.4

冶金仪控通用图	曲　柄　头			(2000)YK12-010	
	材质 Q235	质量　kg	比例	件号 1	装配图号	(2000)YK12-09

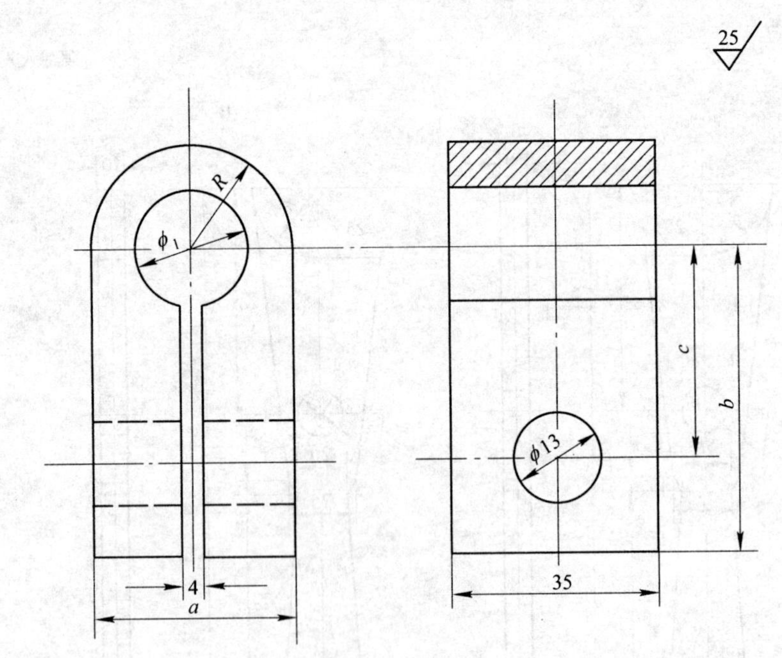

规格尺寸表

规格号 / 尺寸(mm)	Q2/V300～V500	Q3/V600～V800	Q3/V900～V1000	Q4/V1100～V1200
a	36	52	80	80
b	50	60	80	80
c	35	45	65	65
ϕ_1	18	26	40	40
R	18	26	40	40

冶金仪控通用图	卡　　套				(2000)YK12-011	
	材质 Q235	质量　kg	比例	件号 2	装配图号	(2000)YK12-09

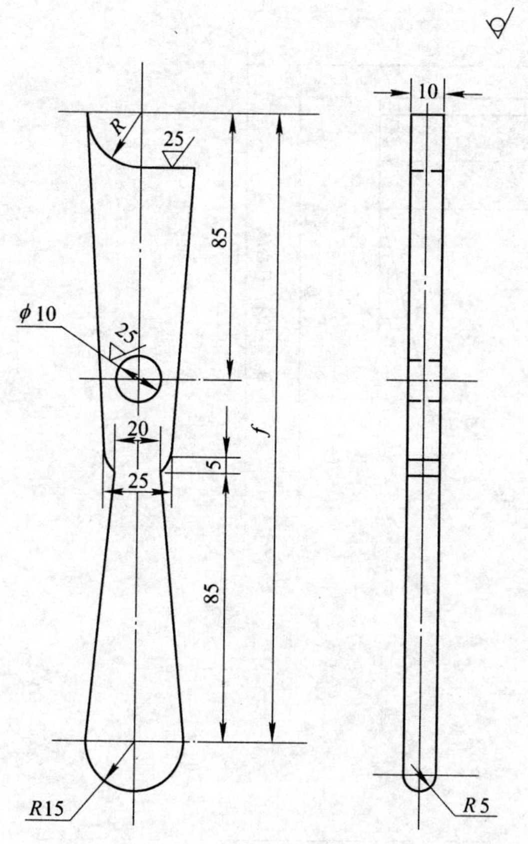

规格尺寸表

规格号 尺寸(mm)	Q2/V300～V500	Q3/V600～V1000	Q4/V1100～V1200
f	200	215	215
R	18	26	40

冶金仪控 通用图	柄				(2000)YK12-012	
	材质	质量 kg	比例	件号 3	装配图号	(2000)YK12-09

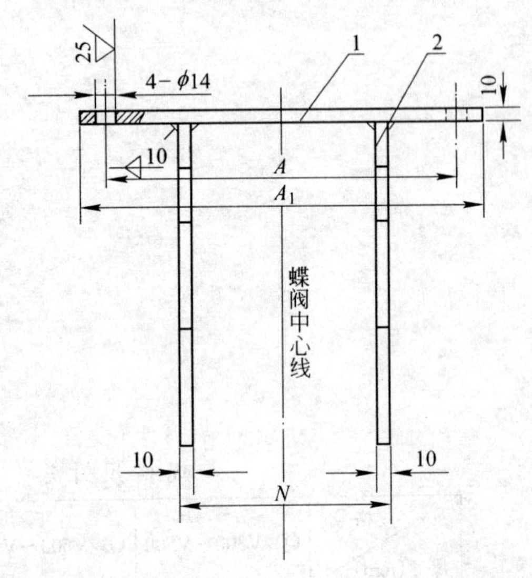

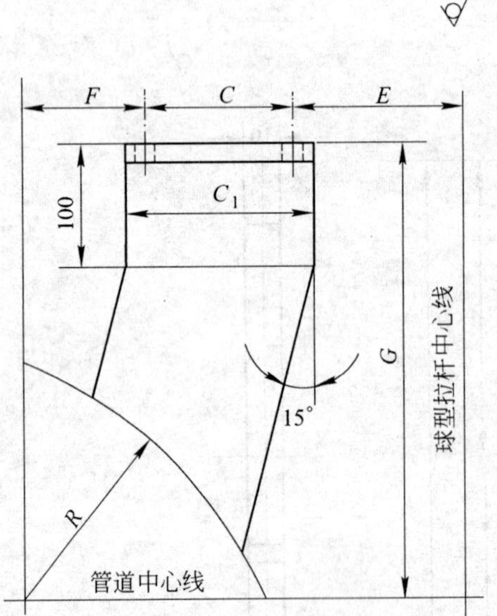

规格尺寸表

规格号	尺寸 (mm)								
	A	A_1	C	C_1	E	F	G	N	R
D4/V600	320	365	130	162	165	231	530	190	377.5
D4/V700						281			430
D4/V800						329			487.5
D5/V900	390	450	180	212	151	375	704	250	460
D5/V1000						425			510
D5/V1100						475			560
D5/V1200						525			610
D5/V1300						575	904		660
D5/V1400						625			710
D5/V1500						675			760
D5/V1600						725			810

件号	名称及规格	数量	材质	单重	总重	图号或标准、规格号	备注
2	斜撑,钢板 $\delta=10$	2	Q235			本图	
1	固定板,钢板 $\delta=10$	1	Q235			本图	
				质量(kg)			

部件、零件表

冶金仪控通用图	支架(用于 $DN \geqslant 600$ 蝶阀水平安装)				(2000)YK12-013
	材质见表	质量 kg	比例	件号 7	装配图号 (2000)YK12-7

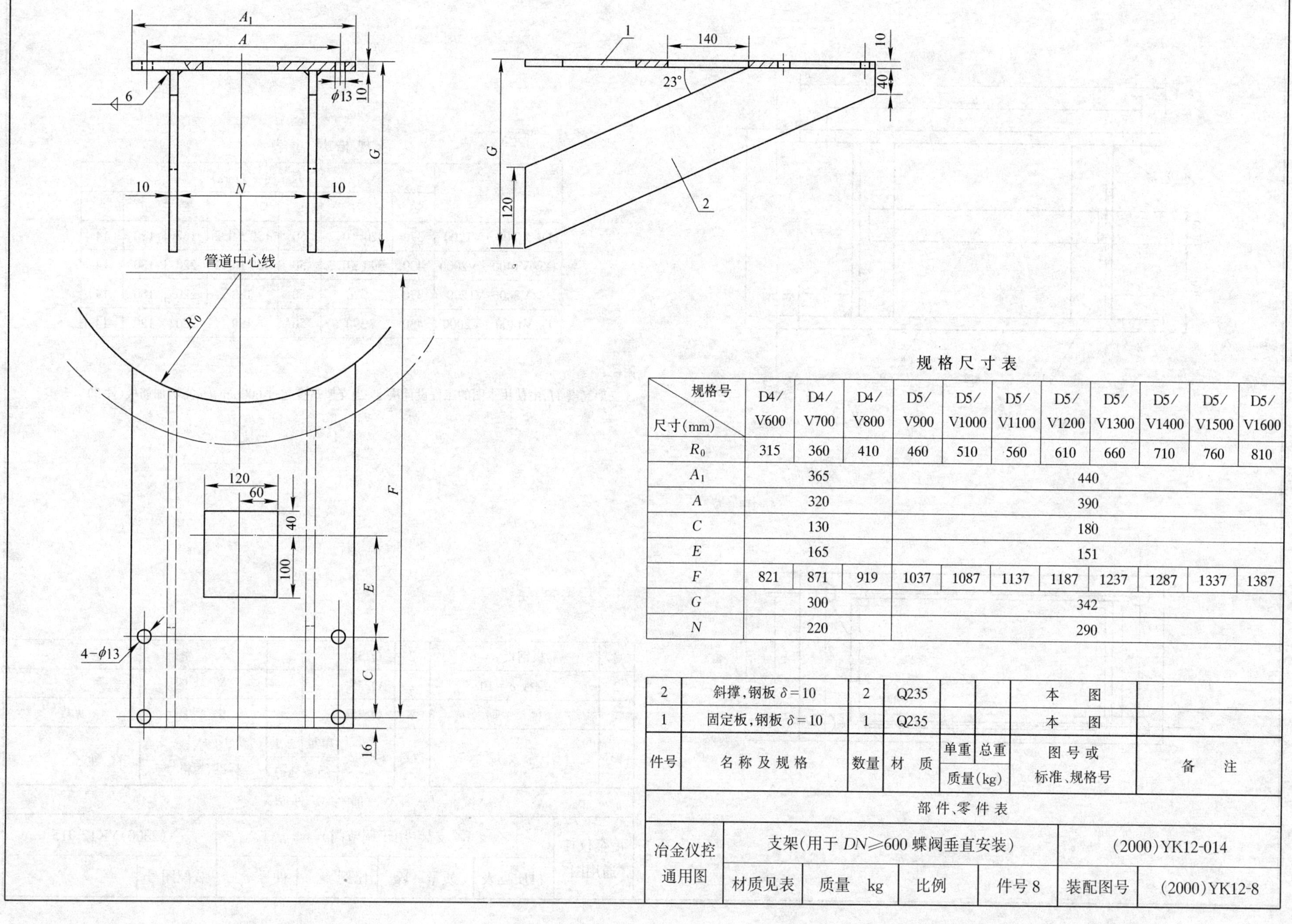

规格尺寸表

规格号 / 尺寸(mm)	D4/V600	D4/V700	D4/V800	D5/V900	D5/V1000	D5/V1100	D5/V1200	D5/V1300	D5/V1400	D5/V1500	D5/V1600
R_0	315	360	410	460	510	560	610	660	710	760	810
A_1	365			440							
A	320			390							
C	130			180							
E	165			151							
F	821	871	919	1037	1087	1137	1187	1237	1287	1337	1387
G	300			342							
N	220			290							

件号	名称及规格	数量	材质	单重 质量(kg)	总重 质量(kg)	图号或标准、规格号	备注
2	斜撑,钢板 $\delta=10$	2	Q235			本图	
1	固定板,钢板 $\delta=10$	1	Q235			本图	

部件、零件表

冶金仪控通用图	支架(用于 $DN\geqslant600$ 蝶阀垂直安装)				(2000)YK12-014
	材质见表	质量 kg	比例	件号 8	装配图号 (2000)YK12-8

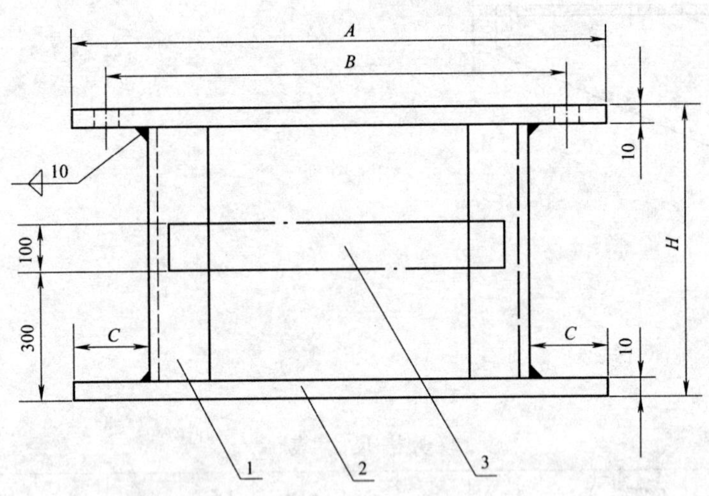

规格尺寸表

规格号	尺寸 (mm)						
	A	*B*	*C*	*D*	*E*	*F*	ϕ
D4/V800～V1200	370	320±0.2	50	130±0.2	162	120	14
D5/V1400～V2000	430	390±0.2	50	180±0.2	220	180	14
C/V800～V1200	370	320	50	180	220	180	14
D/V1400～V2000	430	390	50	180	220	180	14

附注：

支架高度 *H*,由使用本图的工程设计决定,当支架高度超过600mm时,需增加筋板(件3)。

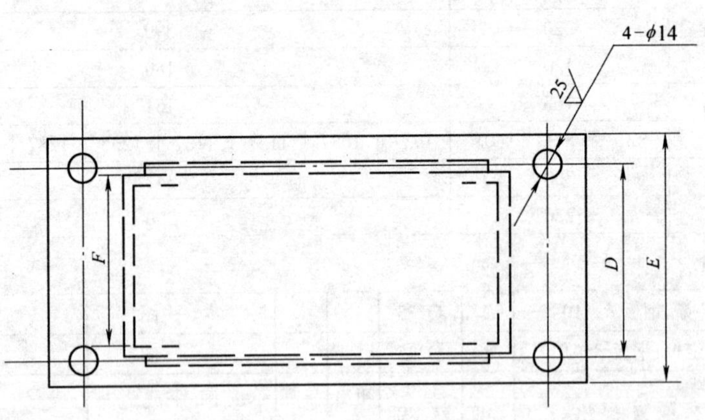

3	筋板钢板 $\delta=6$	2	Q235			本 图	
2	钢板 $\delta=10$	2	Q235			本 图	
1	槽 钢	2	Q235			本 图	见表
件号	名称及规格	数量	材 质	单重	总重	图号或标准、规格号	备 注
				质量(kg)			

部件、零件表

冶金仪控通用图	支架(用于调节门)				(2000)YK12-015	
	材质见表	质量 kg	比例	件号	装配图号	

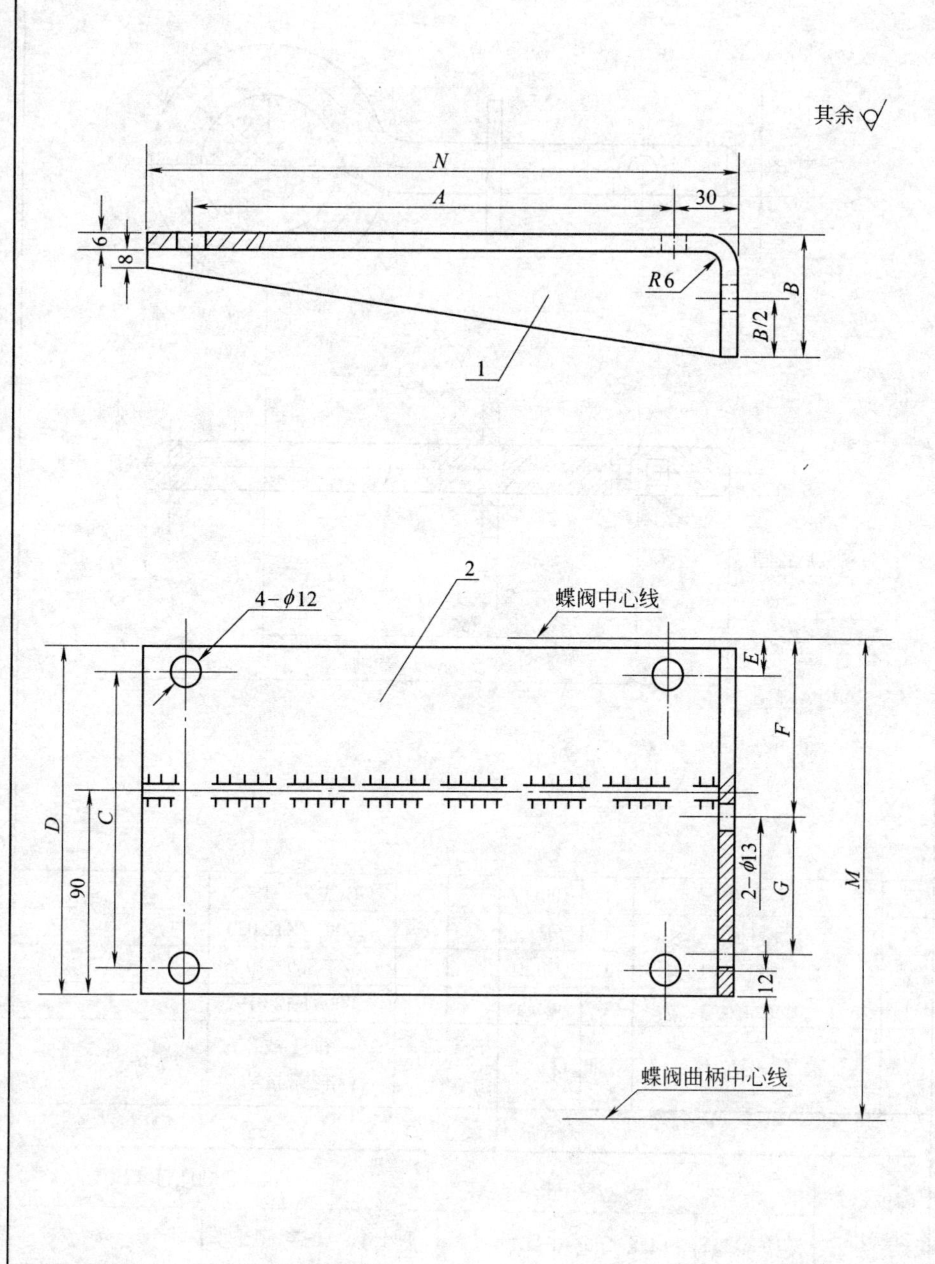

规格尺寸表

规格号	执行机构型号	蝶阀通径 DN	支架尺寸(mm) A	B	C	D	E	F	G	N	M
D2/V200	DKJ-210 或 DKJ-220	200	$220^{\pm 0.2}$	$60^{-0.5}$	$130^{\pm 0.2}$	154	15	88	45	270	211
D2/V225		225					28	100			224
D2/V250		250					40	118			236
D2/V300		300		70			90	140	60		283
D2/V350		350					113	150			308
D2/V400		400					137	160	65		333
D2/V450		450					180	225			375
D2/V500		500					200	240			400
D3/V200	DKJ-310 或 DKJ-320	200	$260^{\pm 0.2}$	$60^{-0.5}$	$100^{\pm 0.2}$	124	22	88	45	310	211
D3/V225		225					35	100			224
D3/V250		250					47	118			236
D3/V300		300		70			97	140	60		283
D3/V350		350					120	150			308
D3/V400		400					144	160	65		333
D3/V450		450					187	225			375
D3/V500		500					207	240			400

部件、零件表

件号	名称及规格	数量	材质	单重 质量(kg)	总重 质量(kg)	图号或标准、规格号	备注
2	钢板 $\delta=6$	1	Q235			本图	
1	斜撑,钢板 $\delta=6$	1	Q235			本图	

冶金仪控通用图	支架(DKJ-210,DKJ-310 型执行机构配 DN200~500 蝶阀用)			(2000)YK12-016	
	材质见表	质量 kg	比例	件号 11	装配图号 (2000)YK12-6

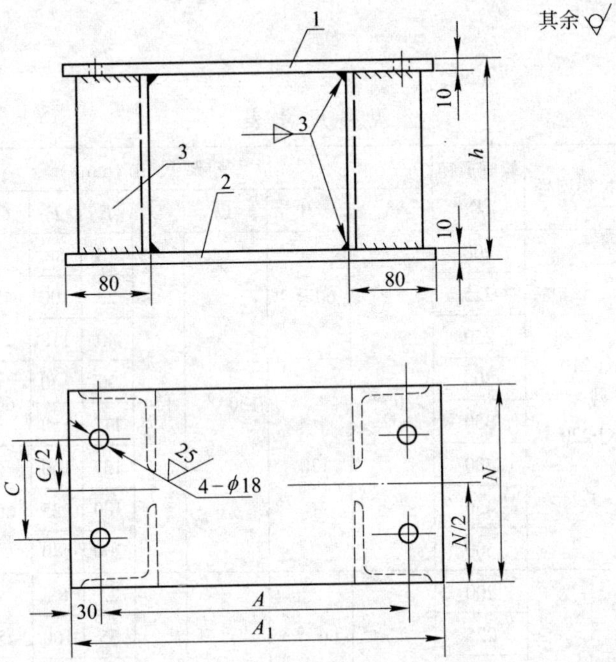

规格尺寸表

规格号		Q2/V300～Q2/V500 Q1/YV	Q3/V600～Q3/V1000 Q2/YV	Q4/V1100 Q4/V1200	QC1/YV	QC2/YV	QC3/V1100 QC3/V1200
尺寸(mm)	A	300	400	500	610	730	885
	A_1	360	460	560	670	790	945
	C	90	110	130	350	300	300
	N	160	180	200	440	380	380
	h	按工程设计需要确定			375	200	按工程设计

部件、零件表

件号	名称及规格	数量	材质	单重 质量(kg)	总重 质量(kg)	图号或标准、规格号	备注
3	角钢∟70×70×5	4	Q235			GB/T 9787—1988	
2	下钢板	1	Q235			本图	
1	上钢板	1	Q235			本图	

冶金仪控通用图	支座			(2000)YK12-017	
	材质见表	质量 kg	比例	件号	装配图号

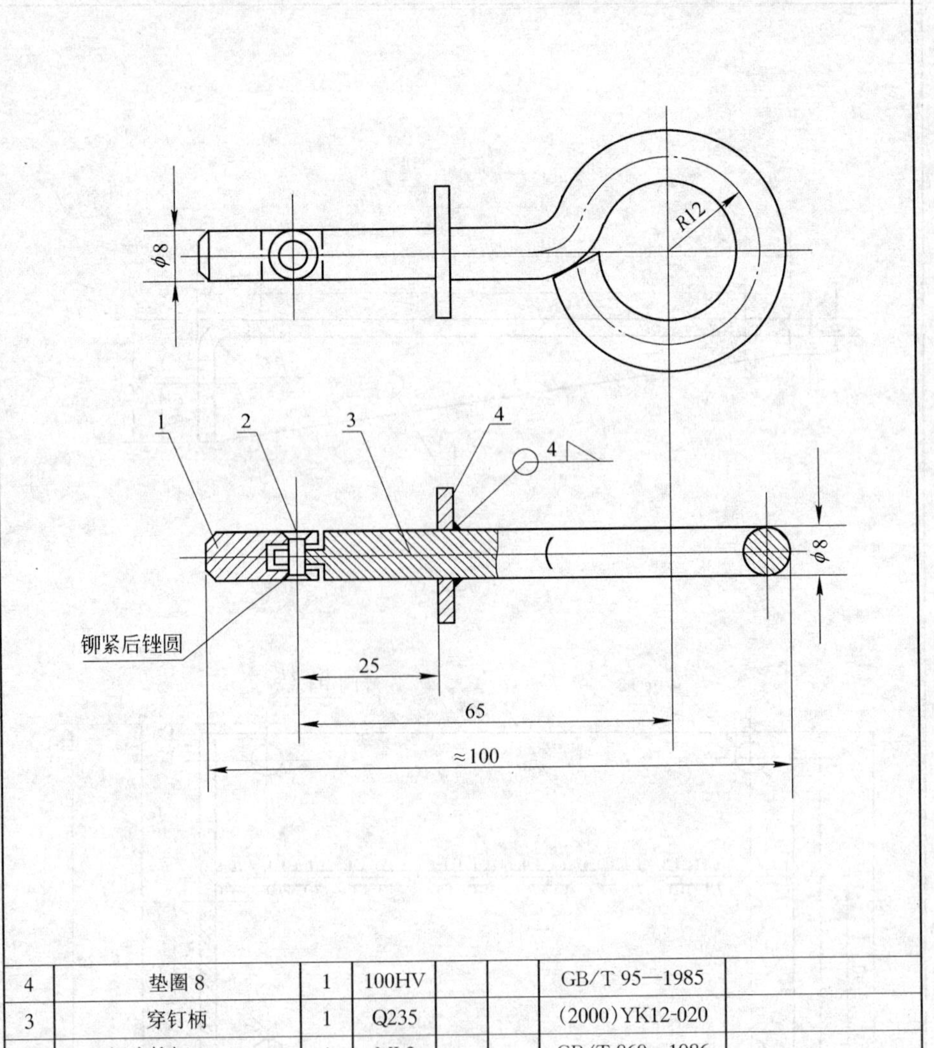

部件、零件表

件号	名称及规格	数量	材质	单重 质量(kg)	总重 质量(kg)	图号或标准、规格号	备注
4	垫圈 8	1	100HV			GB/T 95—1985	
3	穿钉柄	1	Q235			(2000)YK12-020	
2	沉头铆钉 3×10	1	ML2			GB/T 869—1986	
1	止销	1	Q235			2000YK12-019	

冶金仪控通用图	穿钉			(2000)YK12-018	
	材质 Q235	质量 kg	比例	件号	装配图号

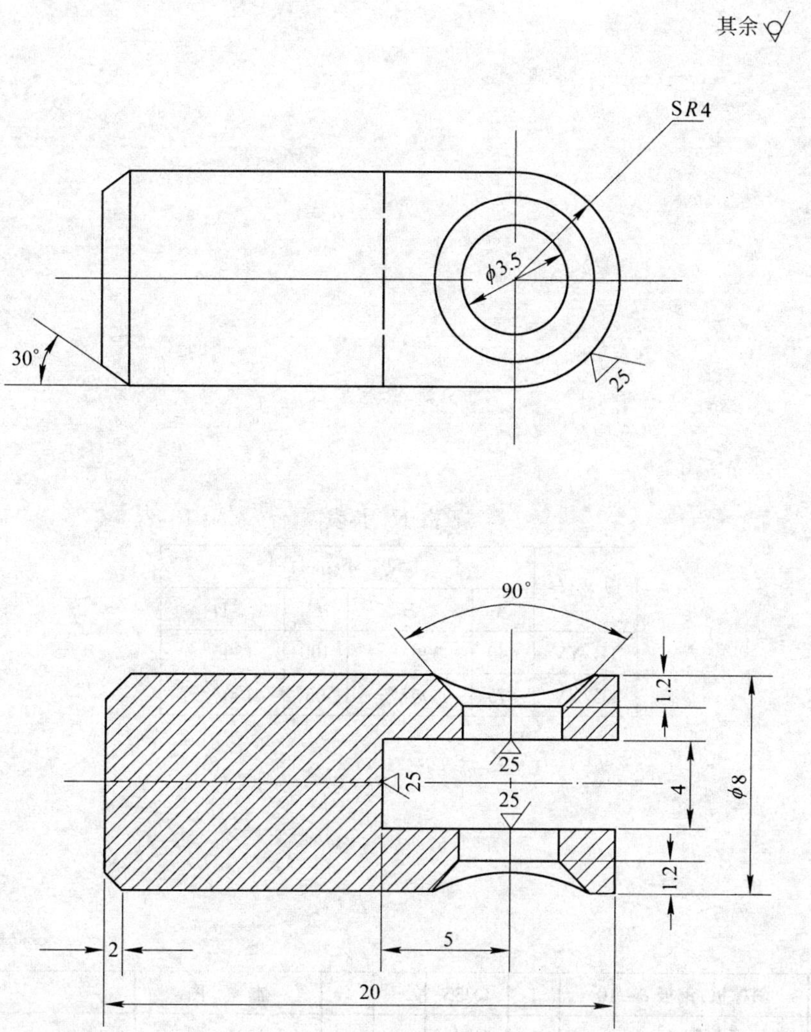

其余 25

SR4

φ3.5

30°

25

90°

1.2

25

25

25

4

φ8

1.2

2

5

20

冶金仪控通用图	止　销			(2000)YK12-019	
	材质 Q235	质量　kg	比例	件号 1	装配图号	(2000)YK12-018

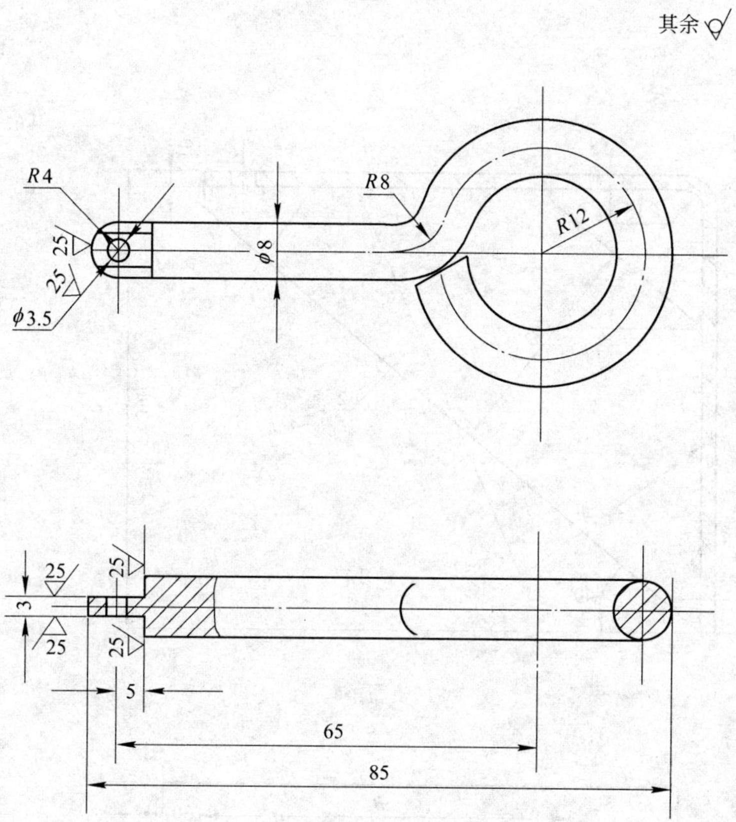

其余 25

R4

R8

R12

25

φ8

25

φ3.5

25

25

3

25

25

5

65

85

附注：

展开长度约 125mm。

冶金仪控通用图	穿　钉　柄			(2000)YK12-020	
	材质 Q235	质量　kg	比例	件号 3	装配图号	(2000)YK12-018

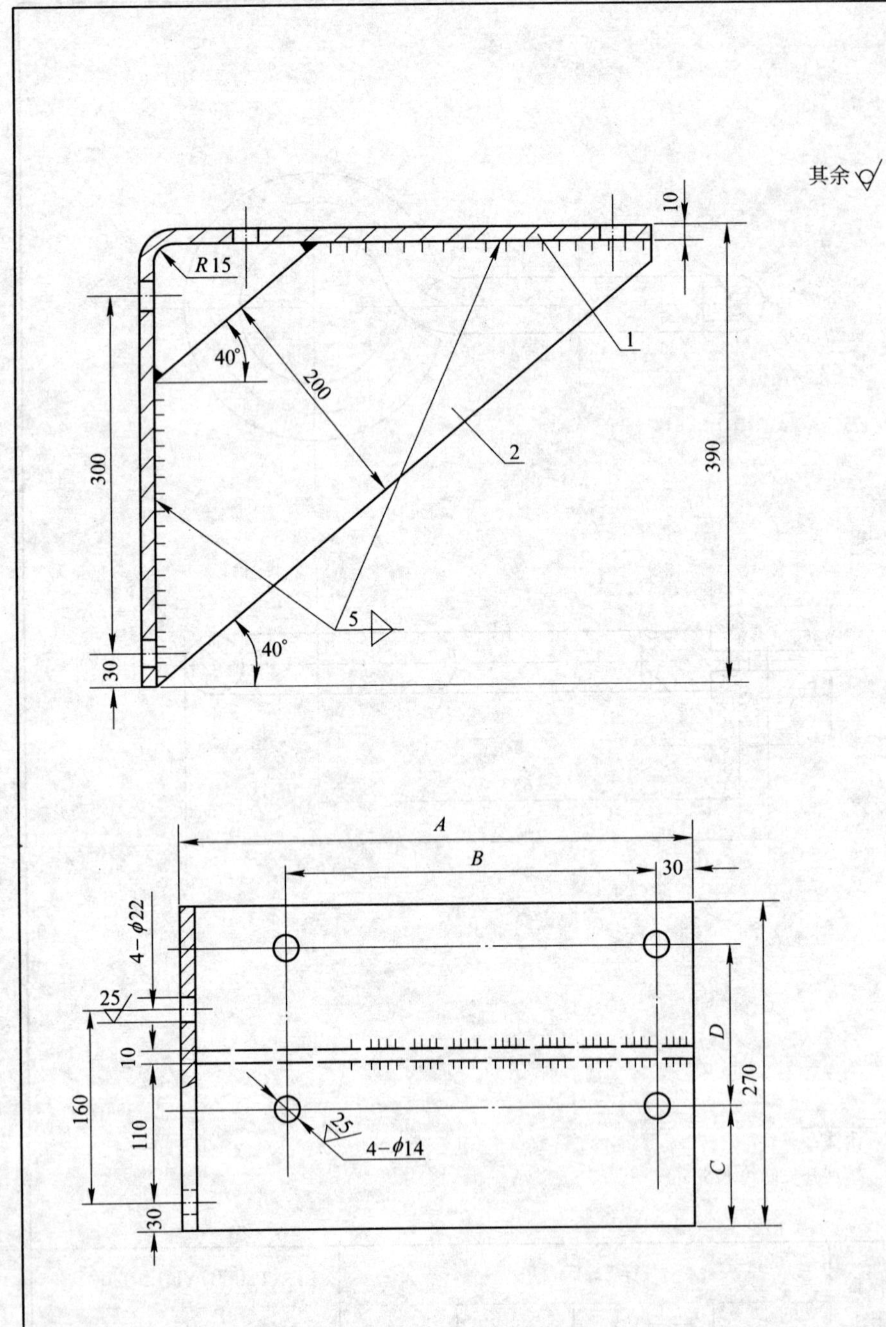

规格尺寸表

规格号	尺寸(mm)			
	A	*B*	*C*	*D*
D4/YV	440	$320^{+0.2}$	100	$130^{\pm0.2}$
D5/YV	475	$390^{\pm0.2}$	35	$180^{\pm0.2}$

件号	名称及规格	数量	材质	单重	总重	图号或标准、规格号	备注
2	斜撑板,钢板 $\delta=10$	1	Q235			本图	
1	角形架 $\delta=10$	1	Q235			本图	
件号	名称及规格	数量	材质	单重 质量(kg)	总重	图号或标准、规格号	备注

部件、零件表

冶金仪控通用图	支架(用于旋转烟道闸板)				(2000)YK12-021
	材质 Q235	质量 kg	比例	件号 3	装配图号 (2000)YK12-9

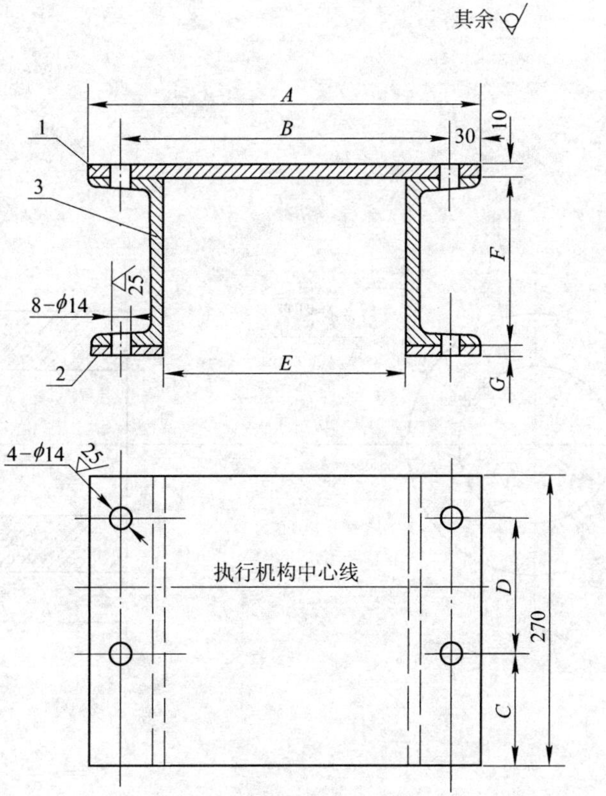

规格尺寸表

规格号	尺寸 (mm)						
	A	B	C	D	E	F	G
D4/YV	380	$320^{\pm0.2}$	100	$130^{\pm0.2}$	250	160	10
D5/YV	450	$390^{\pm0.2}$	35	$180^{\pm0.2}$	330	140	4

件号	名称及规格	数量	材质	单重 质量(kg)	总重 质量(kg)	图号或标准、规格号	备注
3	槽钢	2	Q235			本图	
2	钢板 60×270	2	Q235			本图	
1	钢板	1	Q235			本图	

部件、零件表

冶金仪控通用图	支座		(2000)YK12-022	
	材质 Q235	质量 kg	比例	件号 7
	装配图号	(2000)YK12-9		

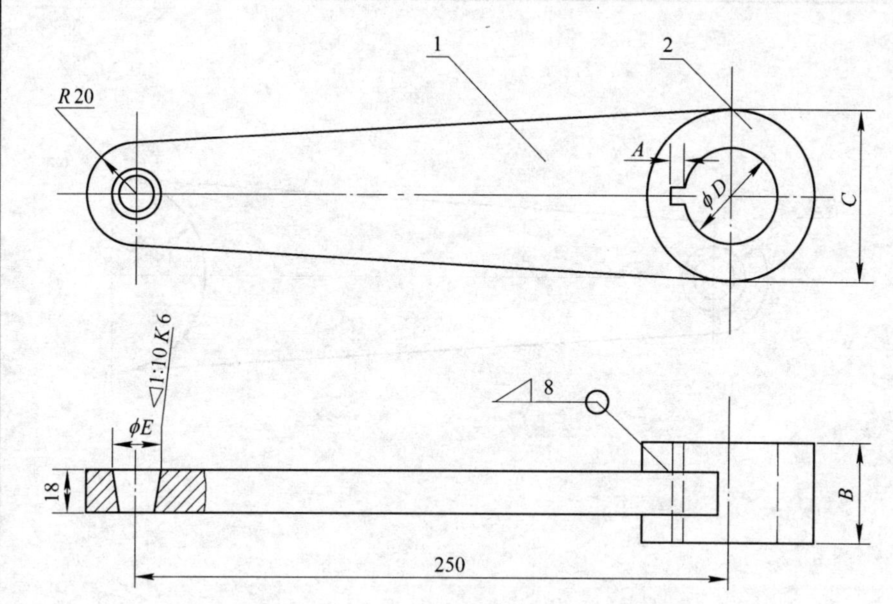

规格尺寸表

规格号	尺寸 (mm)						
	A	B	C	D	E	H	L
D4/YV	$3.3^{+0.2}_{-0}$	40	70	40	19.6	$12^{\pm0.0215}$	8
D5/YV	$4.4^{+0.2}_{-0}$		88	58	21.4	$18^{\pm0.0215}$	11
Q1/YV	$3.5^{+0.2}_{-0}$	50	65	32	19.6	$10^{\pm0.0215}$	8
Q2/YV	$3.3^{+0.2}_{-0}$		70	40	21.4	$12^{\pm0.0215}$	8

附注：

1. 件1、件2对准中心线焊好后，再开键槽。
2. 本图为平键所开的键槽，槽宽为 H 深为 L 具体尺寸见表。

件号	名称及规格	数量	材质	单重 质量(kg)	总重 质量(kg)	图号或标准、规格号	备注
2	轴套	1	Q235			(2000)YK12-025	
1	肘板	1	Q235			(2000)YK12-024	

部件、零件表

冶金仪控通用图	曲柄(用于旋转烟道闸板)		(2000)YK12-023	
	材质 Q235	质量 kg	比例	件号
	装配图号			

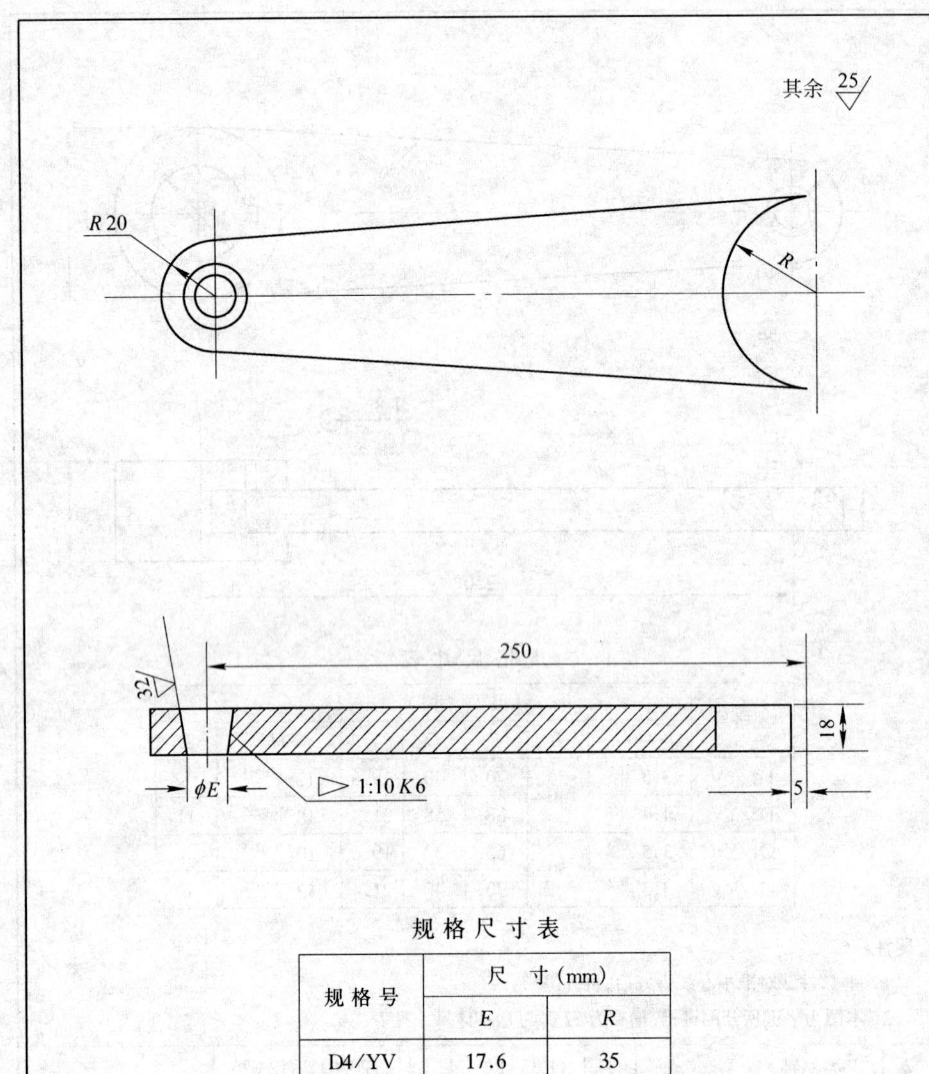

规格尺寸表

规格号	尺 寸(mm)	
	E	R
D4/YV	17.6	35
D5/YV	20.8	44
Q1/YV	17.6	32.5
Q2/YV	20.8	35

冶金仪控通用图	肘 板				(2000)YK12-024	
	材质 Q235	质量 kg	比例	件号 1	装配图号	(2000)YK12-023

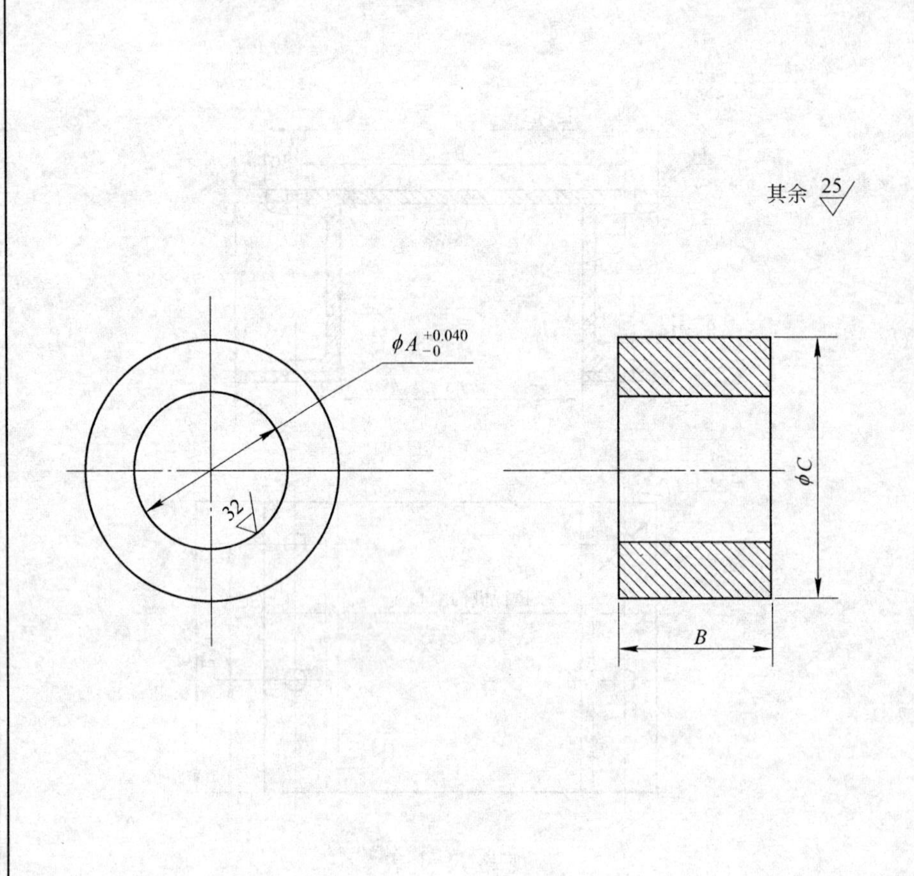

规格尺寸表

规格号	尺 寸(mm)		
	A	B	C
D4/YV	40	40	70
D5/YV	58	40	88
Q1/YV	32	40	65
Q2/YV	40	55	70

冶金仪控通用图	轴 套				(2000)YK12-025	
	材质 Q235	质量 kg	比例	件号 2	装配图号	(2000)YK12-023

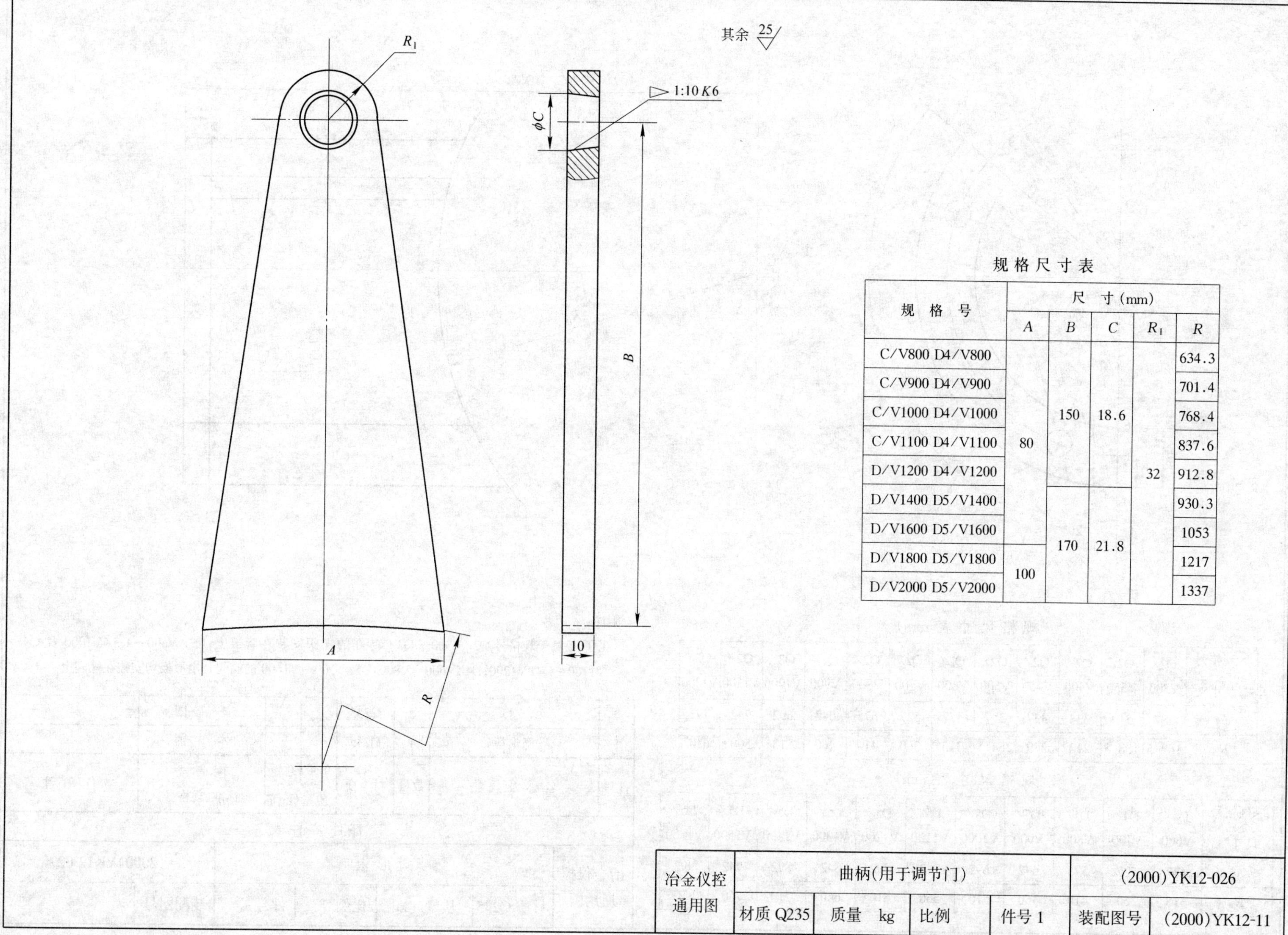

规格尺寸表

规 格 号	尺 寸(mm)				
	A	B	C	R_1	R
C/V800 D4/V800					634.3
C/V900 D4/V900					701.4
C/V1000 D4/V1000		150	18.6		768.4
C/V1100 D4/V1100	80				837.6
D/V1200 D4/V1200				32	912.8
D/V1400 D5/V1400					930.3
D/V1600 D5/V1600		170	21.8		1053
D/V1800 D5/V1800	100				1217
D/V2000 D5/V2000					1337

冶金仪控通用图	曲柄(用于调节门)				(2000)YK12-026	
	材质 Q235	质量 kg	比例	件号 1	装配图号	(2000)YK12-11

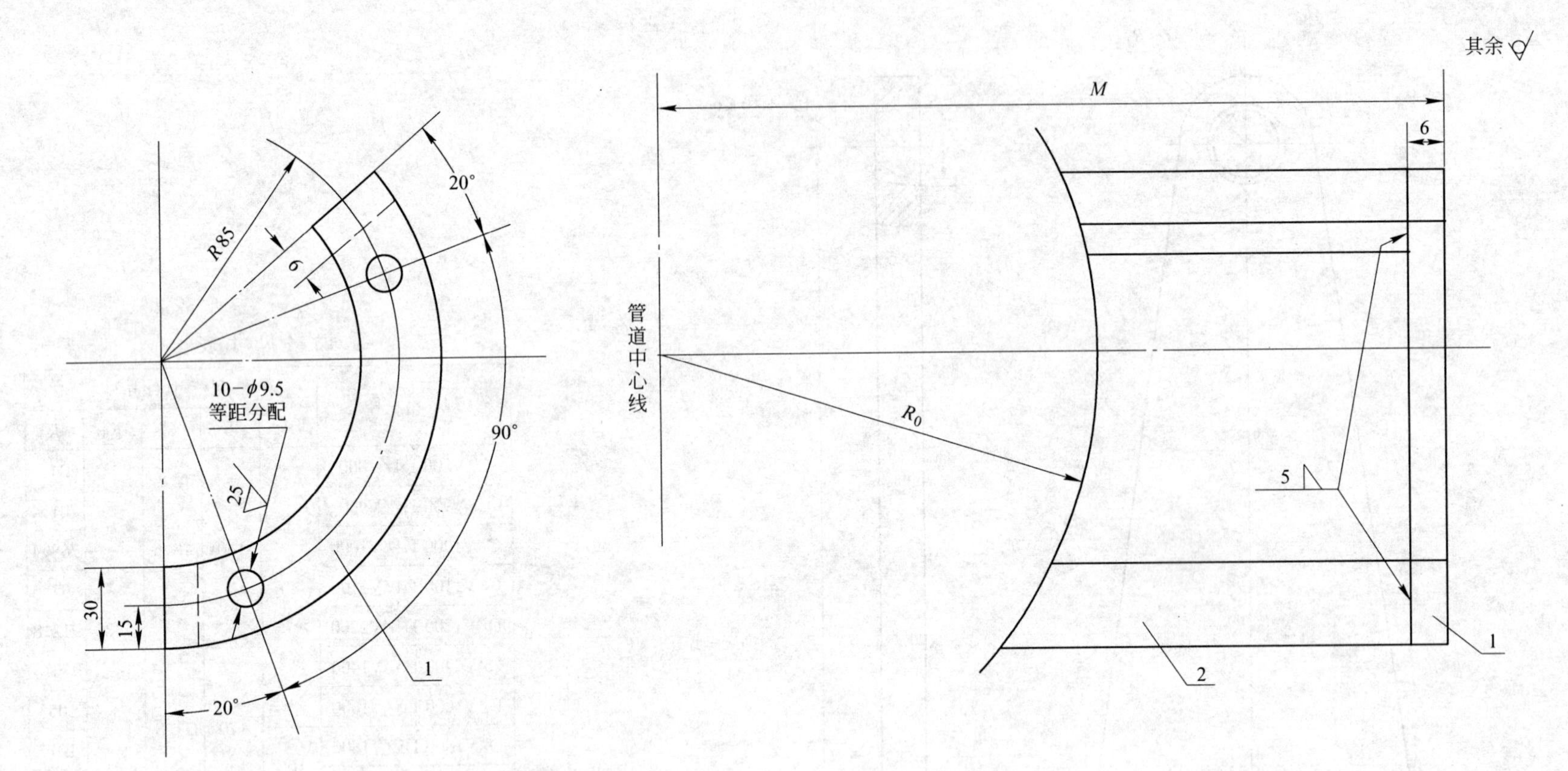

规格尺寸表(mm)

规格号 / 尺寸	Q2/V300	Q2/V350	Q2/V400	Q2/V450	Q2/V500	Q2/V600	Q2/V700	Q2/V800	Q2/V900	Q2/V1000	Q2/V1100	Q2/V1200
M	287	310	334	337	397	477	527	575	642	692	742	792
R_0	162.5	188.5	213	239	264.5	315	360	410	460	510	560	610

规格尺寸表(mm)

规格号 / 尺寸	D4/V600	D4/V700	D4/V800	D5/V900	D5/V1000	D5/V1100	D5/V1200	D5/V1300	D5/V1400	D5/V1500	D5/V1600
M	477	527	575	642	692	742	792	842	892	942	992
R_0	315	360	410	460	510	560	610	660	710	760	810

附注：

扇形板对于规格号Q2/V300～Q2/V500的蝶阀安装在管道上；Q3/V600～Q3/V1000及Q4/V1100～Q4/V1200；D4/V600～V800，D5/V900～V1600的蝶阀其扇形板均安装在蝶阀上。

件号	名称及规格	数量	材质	单重	总重	图号或标准、规格号	备注
2	支撑	2	Q235			本图	
1	扇形板	1	Q235			本图	
				质量(kg)			

部件、零件表

冶金仪控通用图	扇形板			(2000)YK12-027
	材质 Q235	质量 kg	比例	件号	装配图号

其余

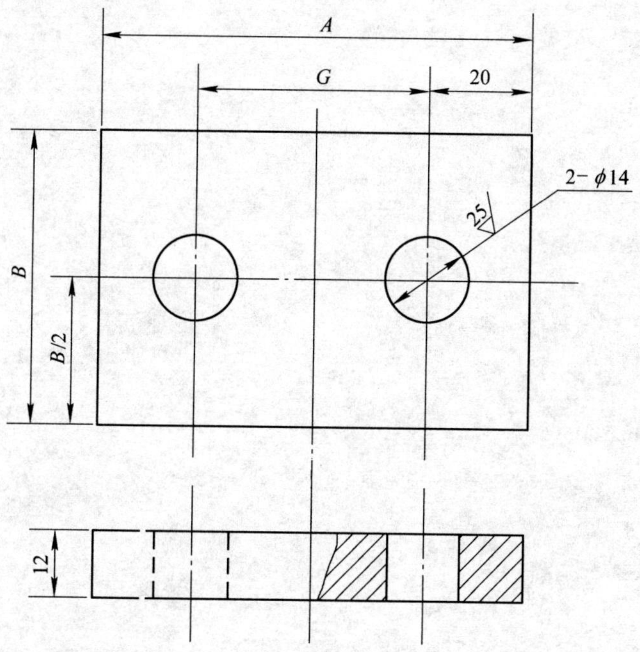

规格尺寸表

<table>
<tr><th rowspan="2">蝶阀
通径 DN</th><th colspan="3">垫板尺寸(mm)</th></tr>
<tr><th>A</th><th>B</th><th>G</th></tr>
<tr><td>200</td><td rowspan="3">85</td><td rowspan="3">54</td><td rowspan="3">45</td></tr>
<tr><td>225</td></tr>
<tr><td>250</td></tr>
<tr><td>300</td><td rowspan="2">100</td><td rowspan="5">68</td><td rowspan="2">60</td></tr>
<tr><td>350</td></tr>
<tr><td>400</td><td rowspan="3">110</td><td rowspan="3">65</td></tr>
<tr><td>450</td></tr>
<tr><td>500</td></tr>
</table>

<table>
<tr><td rowspan="2">冶金仪控
通用图</td><td colspan="3">垫板(配 DN200～500 蝶阀用)</td><td colspan="2">(2000)YK12-028</td></tr>
<tr><td>材质 Q235</td><td>质量 kg</td><td>比例</td><td>件号</td><td>装配图号</td></tr>
</table>

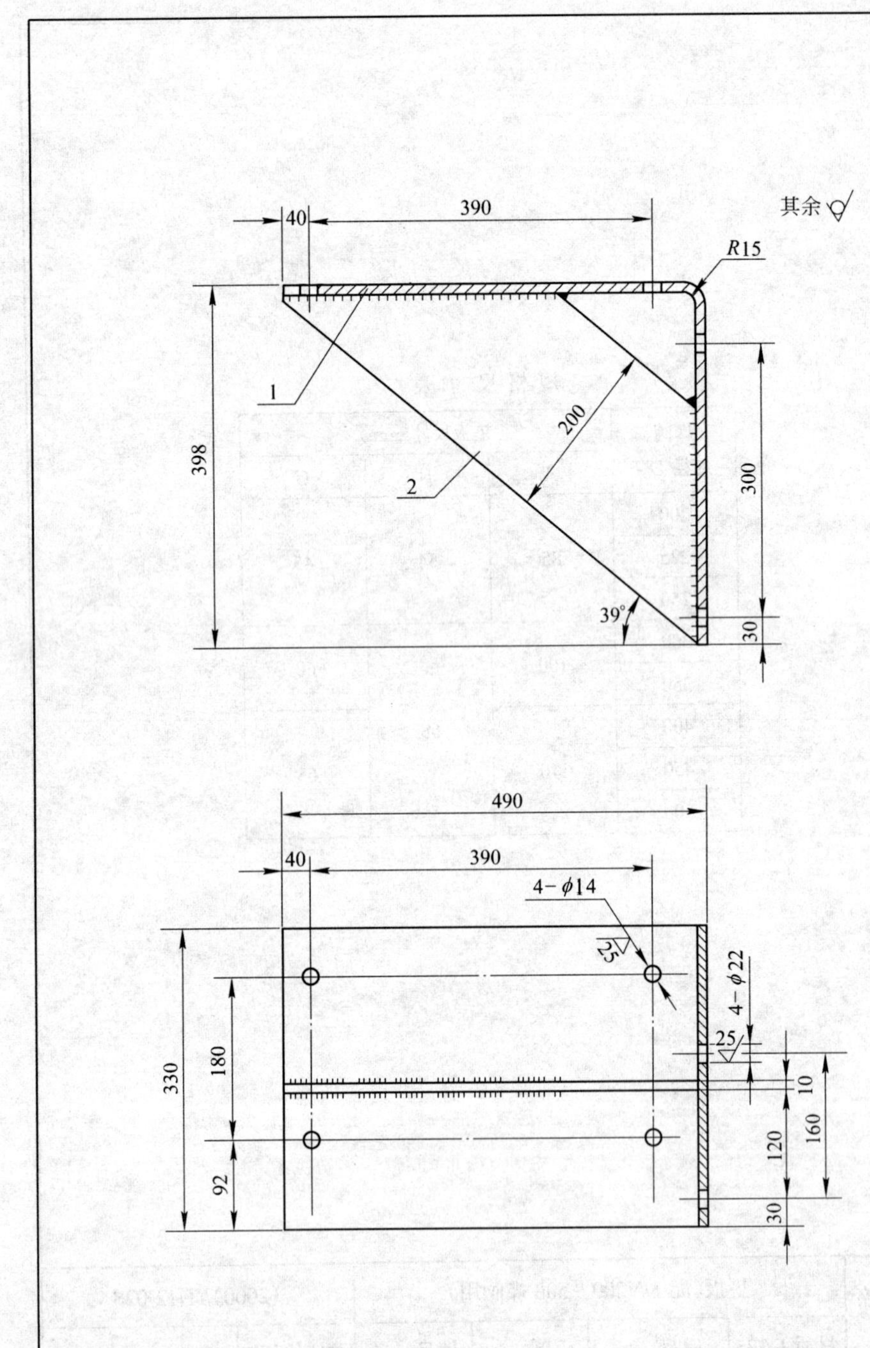

2	斜撑板，钢板 $d=10$	1	Q235			本　图	
1	角形架 $d=10$	1	Q235			本　图	
件号	名称及规格	数量	材　质	单重	总重	图号或标准、规格号	备　注
				质量(kg)			

部件、零件表

冶金仪控通用图	支　架				(2000)YK12-029	
	材质 Q235	质量　kg	比例	件号 3	安装图号	(2000)YK12-15

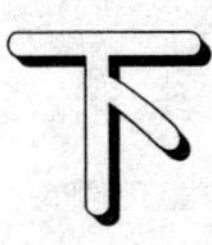

目　录

冶金仪控通用图	仪表管线伴热保温安装图图纸目录	(2000)YK13-1	
		比例	页次 1/3

冶金仪控通用图	仪表管线伴热保温安装图图纸目录	(2000)YK13-1	
		比例	页次 2/3

冶金仪控 通用图	仪表管线伴热保温安装图图纸目录	(2000)YK13-1	
		比例	页次 3/3

说　　明

1. 适用范围

本图册适用于冶金生产中压力(差压)、流量、液位等检测仪表和分析取样的各取源导管的伴热保温或无伴热保温。

2. 编制依据

本图册是在((90)YK13)图册的基础上修改、补充编制而成。

3. 内容提要

本图册包括各种测量管路的伴热管路的敷设及其保温、调节蝶阀的伴热和保温伴热用的蒸汽管、冷凝液回水管等的连接和绝热。

伴热方式在本图册中设计了用蒸汽和电热带两种方式。

4. 选用注意事项

(1) 本图册中有些图纸设计了 A、B 两种方案,附注中说明了选用的条件,设计者可酌情选用。

(2) 本图册各图是配合各种测量管路图绘制的,选用时要注意与管路连接图相配,在需要保温时本图应与管路连接图同时列入工程设计中。

(3) 选用蒸汽伴热或电伴热方式应根据被测介质的特点、施工安装条件及所在地区的实际情况酌情选用。

(4) 蒸汽伴热部分的供汽管路、回水管路的连接均采用焊接式连接。所用的连接件、阀门和疏水器等均采用江苏镇江化工仪表电器(集团)公司(原扬中化工仪表配件厂)的定型产品。

伴热管本图册采用ϕ14×2 规格的无缝钢管,也可酌情选用其他种类、规格的管子并在工程设计中予以说明。

(5) 电伴热采用当前较先进的自调节功率电热带为仪表的测量管路供热,推荐采用天津德塔控制系统工程有限公司的电热带产品,该产品可用于防爆场所。

(6) 本图册所用的绝热材料,推荐采用泡沫石棉、超细玻璃棉、微孔硅酸钙或聚苯乙烯泡沫塑料。其中泡沫塑料适用作仪表保温箱的绝热层;超细玻璃棉等是老产品,国内生产厂家较多,就不用介绍了;泡沫石棉近年来在国内建材业中异军突起,它具有较好的绝热和施工性能,为便于选用,推荐下列厂家的产品:昌图保温材料厂,咸阳非金属矿研究所,枣阳县节能材料厂,长兴泡沫石棉厂。

(7) 伴热蒸汽的压力建议采用 0.25,0.6 或 1.6MPa,保温层厚度与蒸汽压力和环境温度有关,可按表(2000)YK13-2-1 决定。

表(2000)YK13-2-1　环境温度、蒸汽压力和保温层厚度表

环境温度(℃)	饱和蒸汽压力(MPa)	保温层厚度(mm)
≤−30	1.0	30
−15～−30	0.6	20
0～15	0.25	20

(8) 蒸汽伴热设计与施工应遵循下列原则:

1) 应选用同一汽源作伴热用汽源,且不得停汽,以保证伴热系统正常工作。

2) 蒸汽伴热管应从汽源管顶部引出,并装设一次阀门。

3) 伴热管垂直敷设时,应从高处进汽,沿导压管路由高向低,以便在最低点排出冷凝水。伴热管路要尽可能避免造成 U 型弯,当不可避免时,U 型弯的允许高度按下式计算。

$$H=0.45\Delta p(\text{mm})$$

式中 Δp 为蒸汽进入疏水器和出疏水器的压力差,单位为 MPa。

伴热管和凝结水管敷设时应有一定坡度,其坡度以 1∶10 为宜。

4) 在伴热系统中,未进入伴热区的蒸汽伴管、回水管及其管件、阀门等均应进行绝热保温。

5) 尽可能采用水平安装的疏水器,并应尽可能的靠近凝结水汇集管安装,每根伴热管都应有独立的疏水器,压力降近似相等的伴热系统也可共用一个疏水器。

6) 在封闭式凝结水回水系统，无论系统有无背压，疏水器应安装在靠近凝结水汇集管上部；敞开式凝结水回水系统，疏水器应靠近排放点，以便于凝结水通畅地排放。

7) 为了保证仪表导压管线内的介质处于正常工作状态，可按图(2000)YK13-2-1 合理确定伴热保温结构。

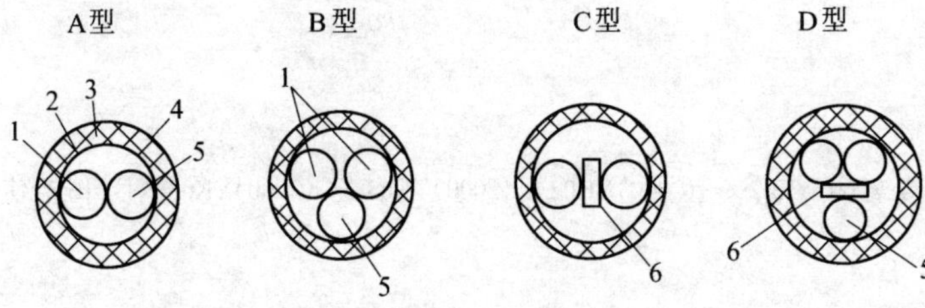

图(2000)YK13-2-1　仪表导压管伴热保温结构示意图

1—导压管；2—铁丝网；3—保温层；4—镀锌铁皮；5—伴热管；6—隔热板

(9) 电伴热设计与施工应遵循下列原则：

1) 电伴热系统应有可靠的供电电源，以保证系统不因断电而造成仪表管路内介质冻结。

2) 敷设电热带时，应按照产品有关要求进行尽量避免打结、扭曲。当成螺旋状缠绕时，要尽可能缠得均匀些。

3) 应定期作绝缘检查，其对地电阻不小于 5MΩ。

(10) 绝热层和保护层施工的注意事项：

1) 保温施工前必须将管道表面油污、铁锈及泥土等脏物清除掉，然后刷好防锈漆。

2) 绝热层厚度要相等、紧密均匀、外形规则。

3) 垂直管道上绝热材料应从下向上安装，水平管道上绝热材料应从底部向顶部安装。采用成品保温材料时，其接缝应相互错开。

4) 电伴热一般不宜采用硬质材料绝热。

5) 金属保护壳的接缝要避开雨水冲刷方向，纵向接缝要相互错开，水平管路顶部不应有纵向接缝。

(11) 由于电热带的起动电流比额定电流大 5～8 倍，起动后要经几秒钟才达到正常，因此，在设计时，其供电系统应注意留有足够的容量。

(12) 近年来已有保温伴热管缆生产供应，使用方便、可大为缩短施工周期。如扬中化工仪表配件管缆厂生产的 FWQ 系列伴热保温管缆和 FW 系列绝热保温管缆，还有电伴热保温管缆都是很适用的标准产品。本图册推荐采用这类产品，以加快施工进度，提高施工质量。

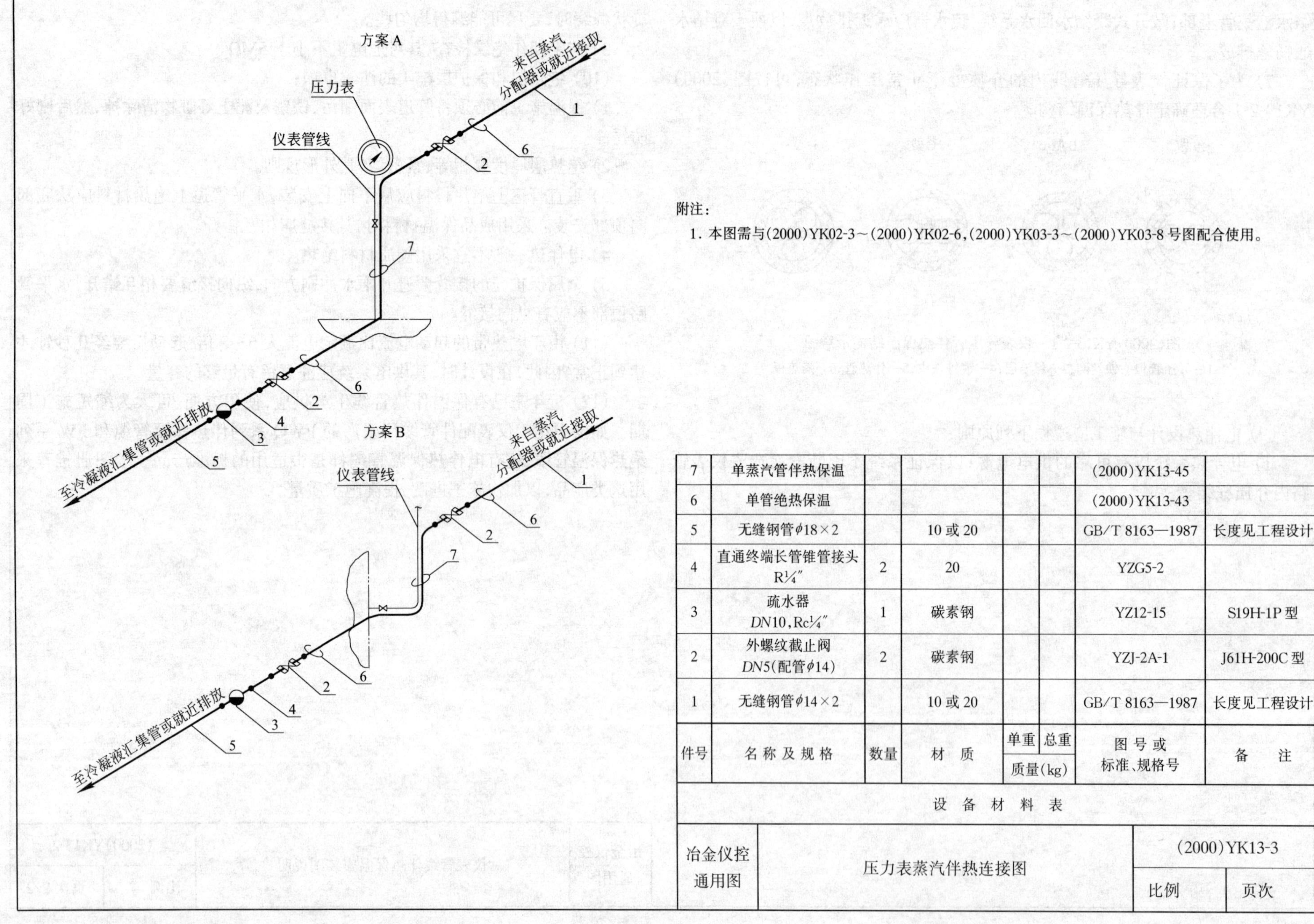

附注：

1. 本图需与(2000)YK02-3～(2000)YK02-6,(2000)YK03-3～(2000)YK03-8号图配合使用。

件号	名称及规格	数量	材质	单重	总重	图号或标准、规格号	备注
7	单蒸汽管伴热保温					(2000)YK13-45	
6	单管绝热保温					(2000)YK13-43	
5	无缝钢管$\phi18\times2$		10或20			GB/T 8163—1987	长度见工程设计
4	直通终端长管锥管接头R¼″	2	20			YZG5-2	
3	疏水器 *DN*10,Rc¼″	1	碳素钢			YZ12-15	S19H-1P型
2	外螺纹截止阀 *DN*5(配管$\phi14$)	2	碳素钢			YZJ-2A-1	J61H-200C型
1	无缝钢管$\phi14\times2$		10或20			GB/T 8163—1987	长度见工程设计
件号	名称及规格	数量	材质	单重 质量(kg)	总重 质量(kg)	图号或标准、规格号	备注

设备材料表

冶金仪控通用图	压力表蒸汽伴热连接图	(2000)YK13-3	
		比例	页次

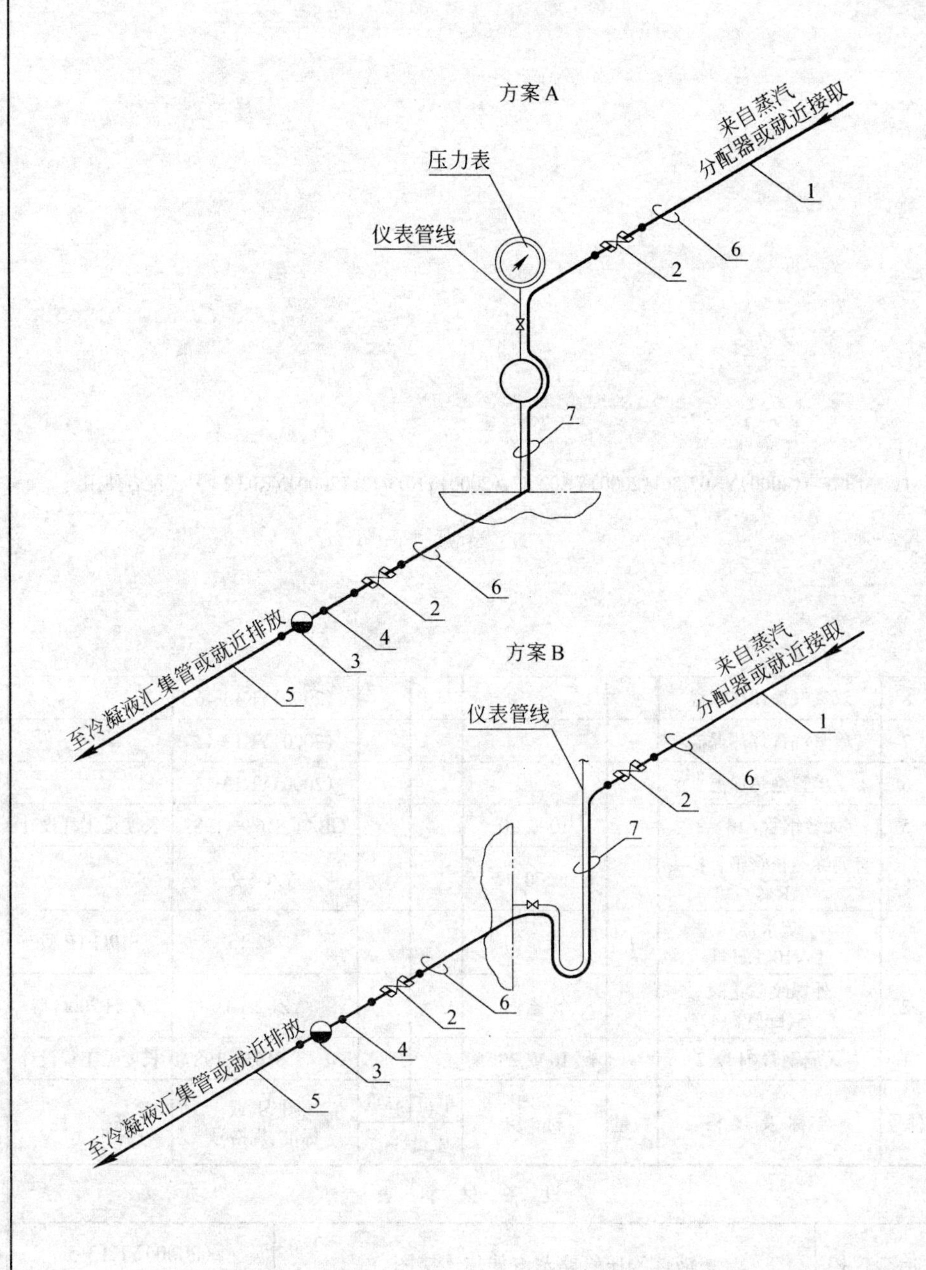

附注：

1. 本图需与(2000)YK02-7～(2000)YK02-12，(2000)YK03-9，(2000)YK03-10号图配合使用。

件号	名称及规格	数量	材质	单重	总重	图号或标准、规格号	备注
7	单蒸汽管伴热保温					(2000)YK13-45	
6	单管绝热保温					(2000)YK13-43	
5	无缝钢管$\phi18\times2$		10或20			GB/T 8163—1987	长度见工程设计
4	直通终端长管锥管接头 R¼″	2	20			YZG5-2	
3	疏水器 *DN*10，Rc¼″	1	碳素钢			YZ12-15	S19H-1P型
2	外螺纹截止阀 *DN*5(配管$\phi14$)	2	碳素钢			YZJ-2A-1	J61H-200C型
1	无缝钢管$\phi14\times2$		10或20			GB/T 8163—1987	长度见工程设计
				质量(kg)			

设备材料表

冶金仪控通用图	带冷凝管的压力表蒸汽伴热连接图	(2000)YK13-4	
		比例	页次

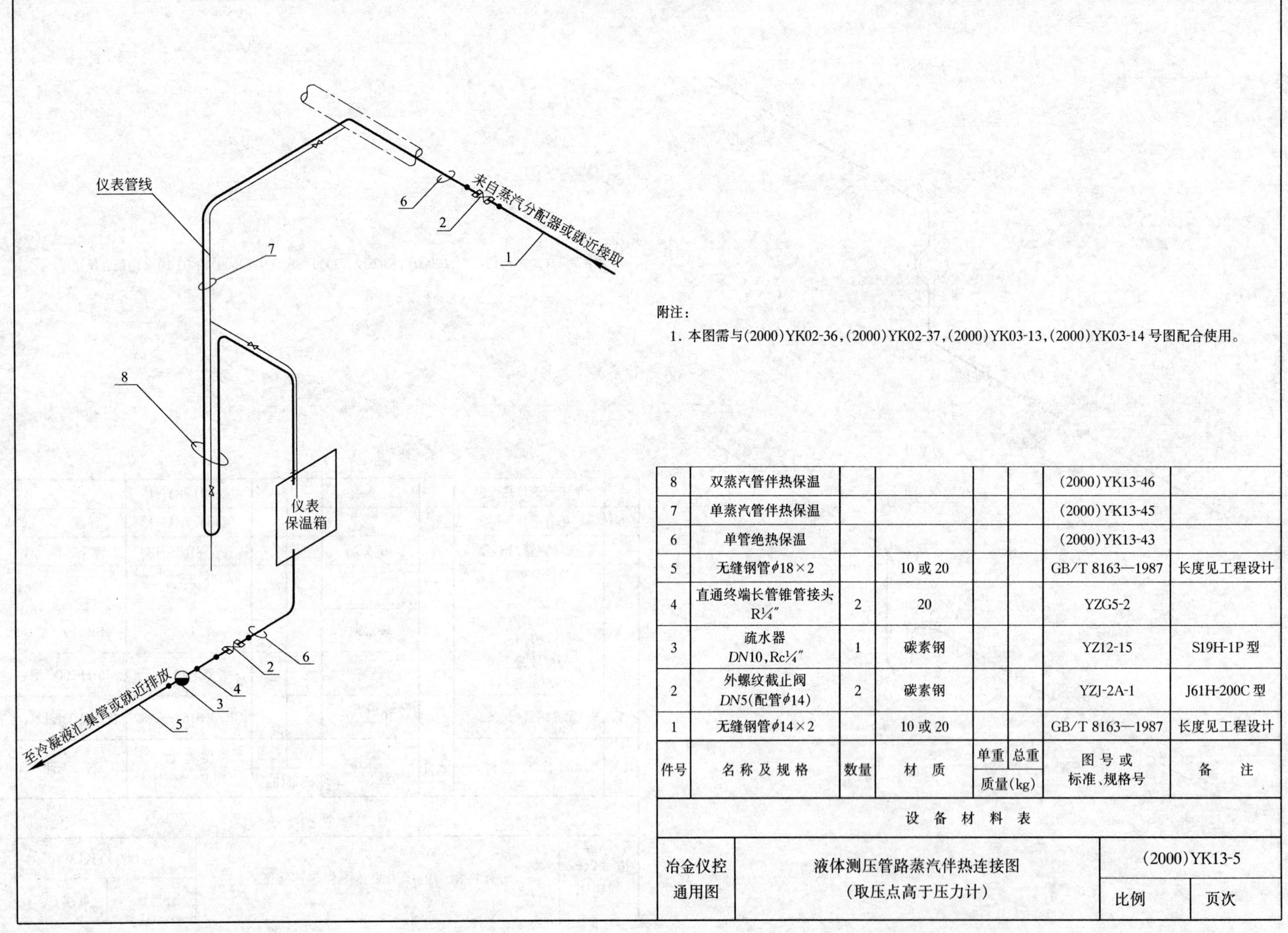

附注：

1. 本图需与(2000)YK02-36,(2000)YK02-37,(2000)YK03-13,(2000)YK03-14 号图配合使用。

件号	名称及规格	数量	材 质	单重	总重	图号或标准、规格号	备 注
				质量(kg)			
8	双蒸汽管伴热保温					(2000)YK13-46	
7	单蒸汽管伴热保温					(2000)YK13-45	
6	单管绝热保温					(2000)YK13-43	
5	无缝钢管$\phi18\times2$		10 或 20			GB/T 8163—1987	长度见工程设计
4	直通终端长管锥管接头 R¼″	2	20			YZG5-2	
3	疏水器 *DN*10,Rc¼″	1	碳素钢			YZ12-15	S19H-1P 型
2	外螺纹截止阀 *DN*5(配管$\phi14$)	2	碳素钢			YZJ-2A-1	J61H-200C 型
1	无缝钢管$\phi14\times2$		10 或 20			GB/T 8163—1987	长度见工程设计

设 备 材 料 表

冶金仪控通用图	液体测压管路蒸汽伴热连接图（取压点高于压力计）	(2000)YK13-5	
		比例	页次

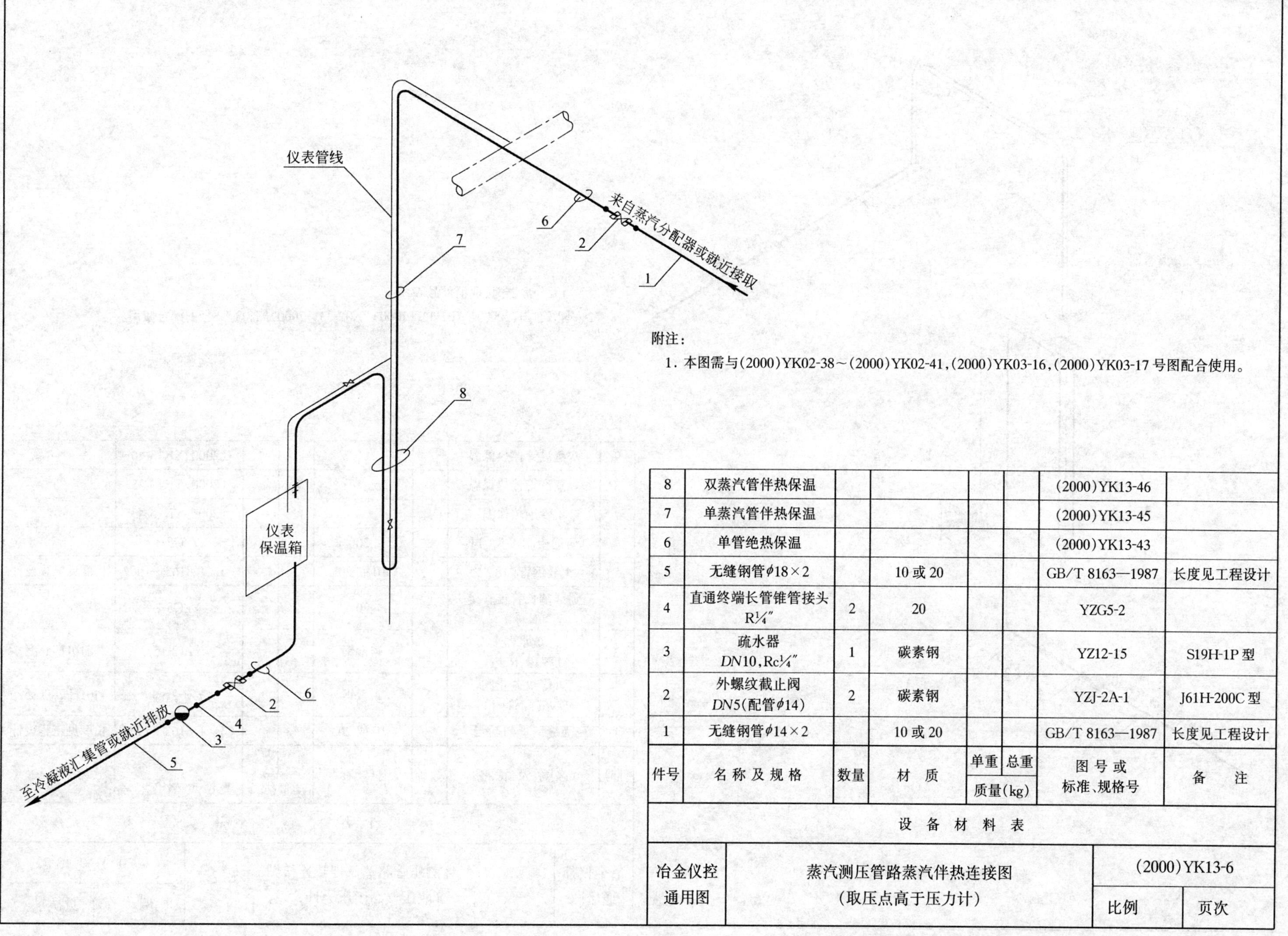

附注：

1. 本图需与(2000)YK02-38～(2000)YK02-41,(2000)YK03-16,(2000)YK03-17号图配合使用。

8	双蒸汽管伴热保温					(2000)YK13-46	
7	单蒸汽管伴热保温					(2000)YK13-45	
6	单管绝热保温					(2000)YK13-43	
5	无缝钢管$\phi 18\times 2$		10或20			GB/T 8163—1987	长度见工程设计
4	直通终端长管锥管接头 R¼″	2	20			YZG5-2	
3	疏水器 *DN*10,Rc¼″	1	碳素钢			YZ12-15	S19H-1P型
2	外螺纹截止阀 *DN*5(配管$\phi 14$)	2	碳素钢			YZJ-2A-1	J61H-200C型
1	无缝钢管$\phi 14\times 2$		10或20			GB/T 8163—1987	长度见工程设计
件号	名称及规格	数量	材质	单重	总重	图号或标准、规格号	备注
				质量(kg)			

设备材料表

冶金仪控通用图	蒸汽测压管路蒸汽伴热连接图(取压点高于压力计)	(2000)YK13-6	
		比例	页次

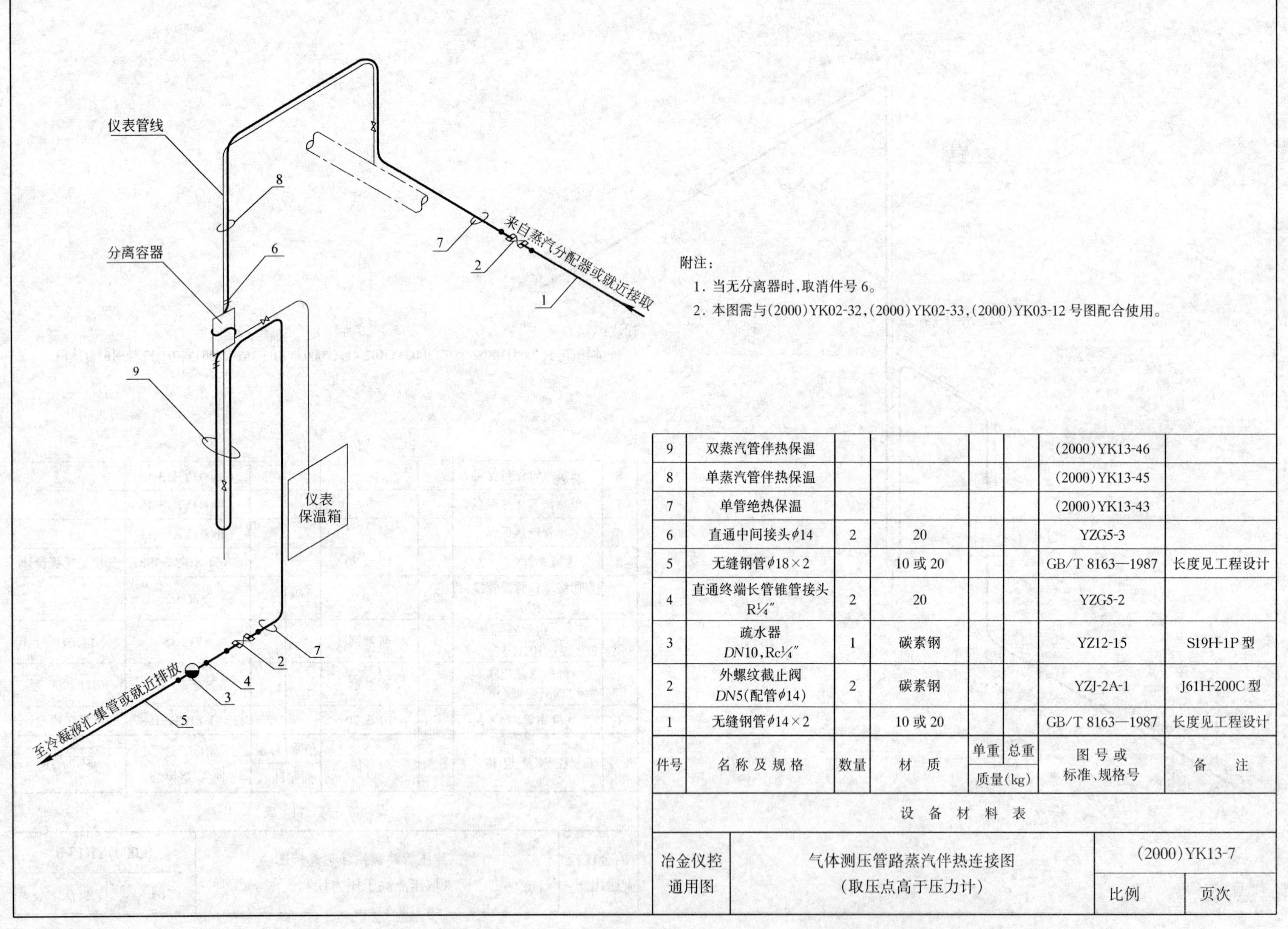

附注：

1. 当无分离器时，取消件号 6。
2. 本图需与(2000)YK02-32，(2000)YK02-33，(2000)YK03-12 号图配合使用。

件号	名称及规格	数量	材质	单重 质量(kg)	总重 质量(kg)	图号或标准、规格号	备注
9	双蒸汽管伴热保温					(2000)YK13-46	
8	单蒸汽管伴热保温					(2000)YK13-45	
7	单管绝热保温					(2000)YK13-43	
6	直通中间接头 ϕ14	2	20			YZG5-3	
5	无缝钢管 $\phi18\times2$		10 或 20			GB/T 8163—1987	长度见工程设计
4	直通终端长管锥管接头 R¼″	2	20			YZG5-2	
3	疏水器 *DN*10，Rc¼″	1	碳素钢			YZ12-15	S19H-1P 型
2	外螺纹截止阀 *DN*5(配管 ϕ14)	2	碳素钢			YZJ-2A-1	J61H-200C 型
1	无缝钢管 $\phi14\times2$		10 或 20			GB/T 8163—1987	长度见工程设计

设备材料表

冶金仪控通用图	气体测压管路蒸汽伴热连接图(取压点高于压力计)	(2000)YK13-7	
		比例	页次

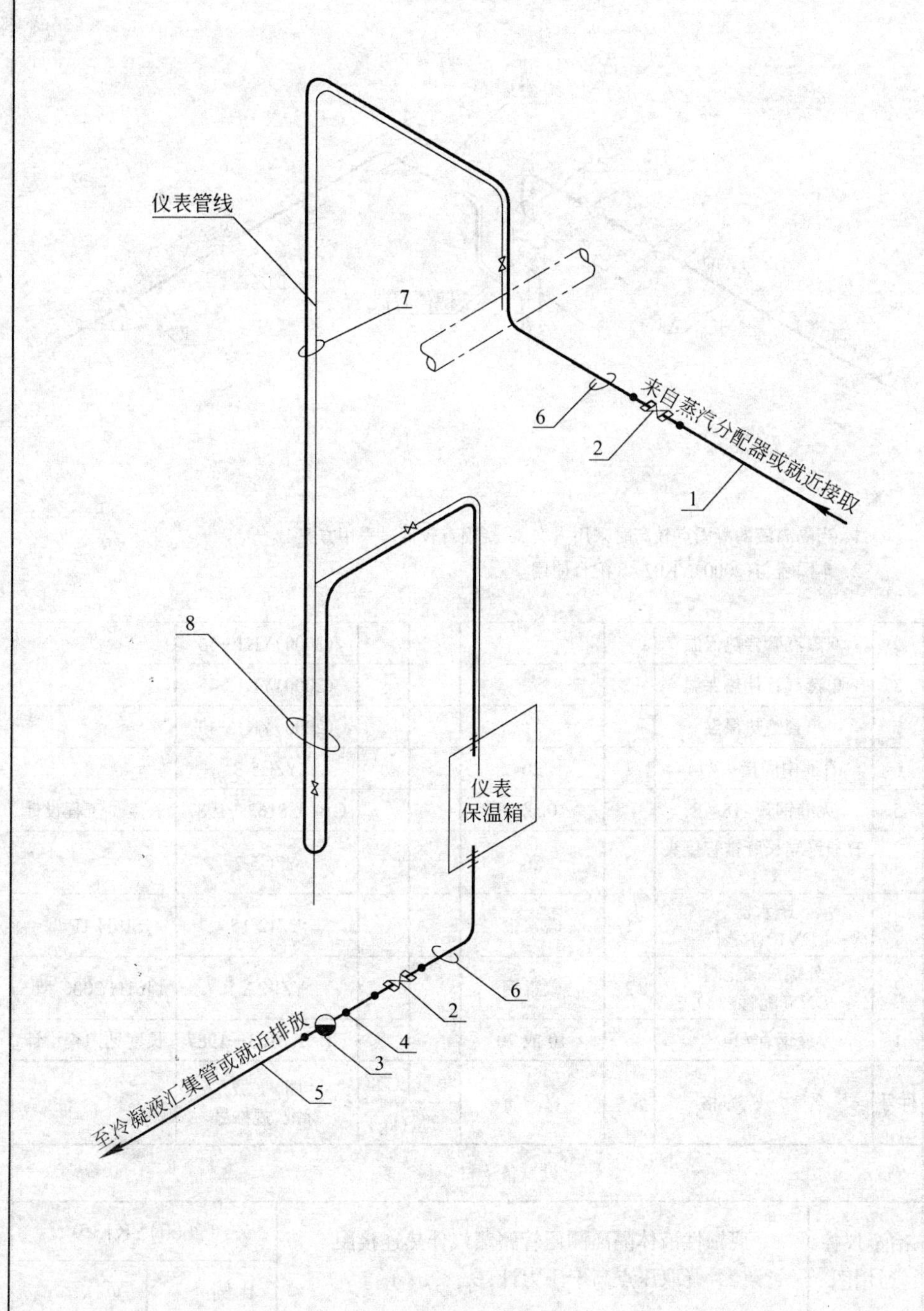

附注：

1. 本图只适应用于往复式压氧机（水冷式）制氧系统测量管路。
2. 本图需与（2000）YK02-52，（2000）YK02-53，（2000）YK03-22号图配合使用。

件号	名称及规格	数量	材质	单重	总重	图号或标准、规格号	备注
				质量(kg)			
8	双蒸汽管伴热保温					(2000)YK13-46	
7	单蒸汽管伴热保温					(2000)YK13-45	
6	单管绝热保温					(2000)YK13-43	
5	无缝钢管$\phi18\times2$		10或20			GB/T 8163—1987	长度见工程设计
4	直通终端长管锥管接头 R¼″	2	20			YZG5-2	
3	疏水器 *DN*10，Rc¼″	1	碳素钢			YZ12-15	S19H-1P型
2	外螺纹截止阀 *DN*5(配管$\phi14$)	2	碳素钢			YZJ-2A-1	J61H-200C型
1	无缝钢管$\phi14\times2$		10或20			GB/T 8163—1987	长度见工程设计

设备材料表

冶金仪控通用图	氧气测压管路蒸汽伴热连接图（取压点高于压力计）	(2000)YK13-8	
		比例	页次

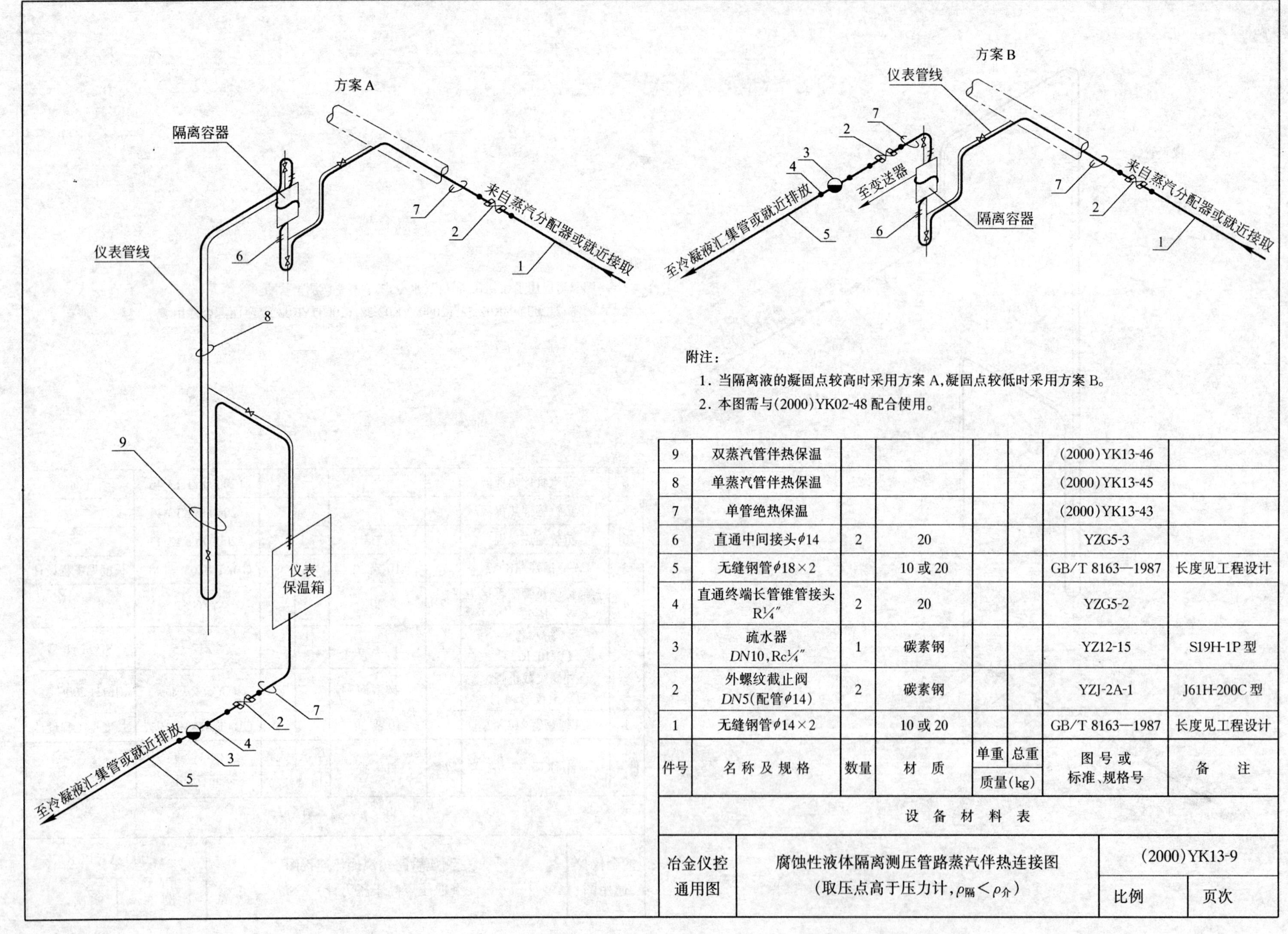

附注：

1. 当隔离液的凝固点较高时采用方案 A,凝固点较低时采用方案 B。
2. 本图需与(2000)YK02-48 配合使用。

件号	名称及规格	数量	材质	单重	总重	图号或标准、规格号	备注
9	双蒸汽管伴热保温					(2000)YK13-46	
8	单蒸汽管伴热保温					(2000)YK13-45	
7	单管绝热保温					(2000)YK13-43	
6	直通中间接头ϕ14	2	20			YZG5-3	
5	无缝钢管$\phi18\times2$		10 或 20			GB/T 8163—1987	长度见工程设计
4	直通终端长管锥管接头 R¼″	2	20			YZG5-2	
3	疏水器 *DN*10,Rc¼″	1	碳素钢			YZ12-15	S19H-1P 型
2	外螺纹截止阀 *DN*5(配管ϕ14)	2	碳素钢			YZJ-2A-1	J61H-200C 型
1	无缝钢管$\phi14\times2$		10 或 20			GB/T 8163—1987	长度见工程设计
				质量(kg)			

设 备 材 料 表

冶金仪控通用图	腐蚀性液体隔离测压管路蒸汽伴热连接图 (取压点高于压力计,$\rho_{隔}<\rho_{介}$)	(2000)YK13-9	
		比例	页次

方案A

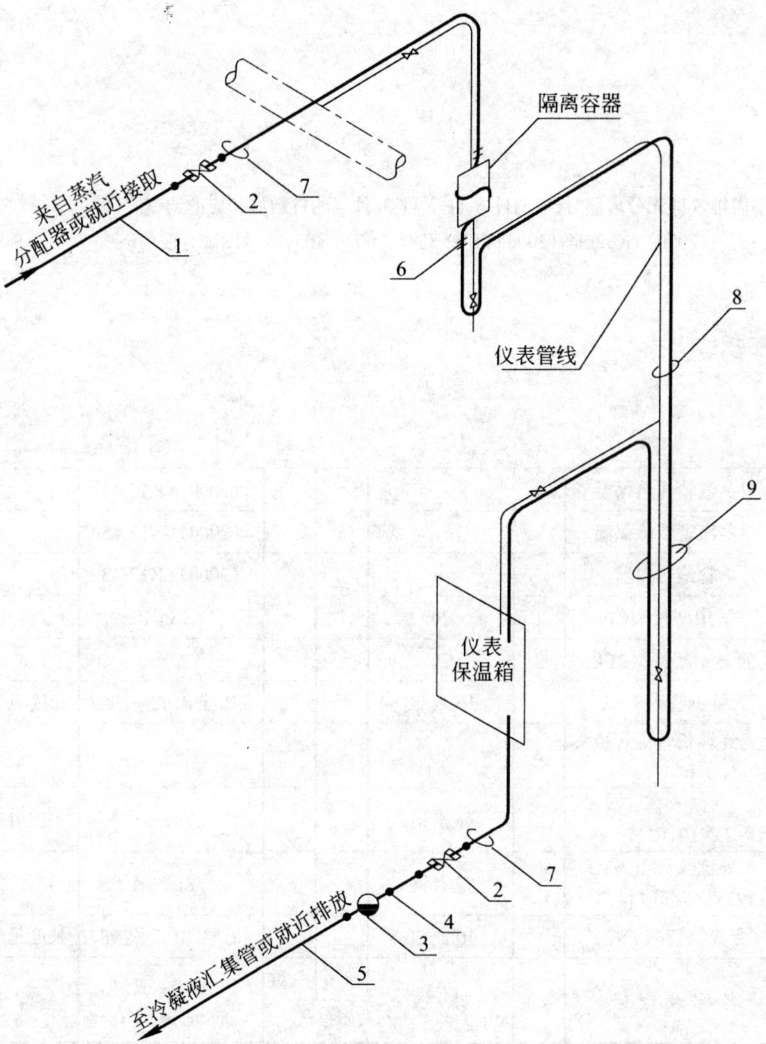

隔离容器
来自蒸汽
分配器或就近接取
1
2
7
6
仪表管线
8
9
仪表
保温箱
7
2
4
3
至冷凝液汇集管或就近排放
5

方案B

8
隔离容器
至冷凝液汇集管或就近排放
至变送器
来自蒸汽
分配器或就近接取
1
2
7
6
5
3
4
2
7

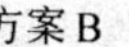

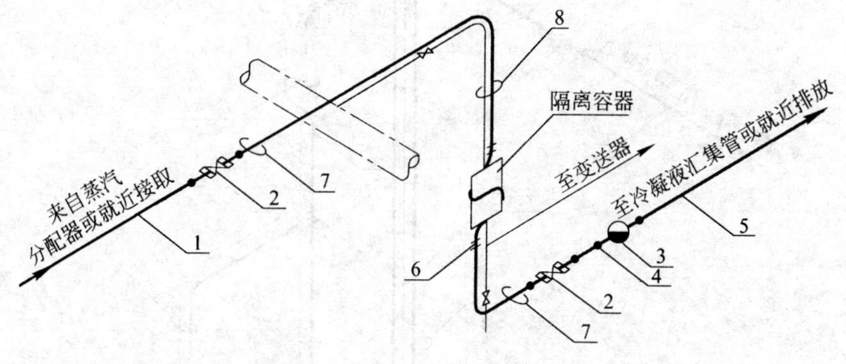

附注：

1. 当隔离液的凝固点较高时采用方案A，凝固点较低时采用方案B。
2. 本图需与(2000)YK02-49配合使用。

件号	名称及规格	数量	材质	质量(kg) 单重	总重	图号或标准、规格号	备注
9	双蒸汽管伴热保温					(2000)YK13-46	
8	单蒸汽管伴热保温					(2000)YK13-45	
7	单管绝热保温					(2000)YK13-43	
6	直通中间接头$\phi 14$	2	20			YZG5-3	
5	无缝钢管$\phi 18\times 2$		10或20			GB/T 8162—1987	长度见工程设计
4	直通终端长管锥管接头 R¼″	2	20			YZG5-2	
3	疏水器 *DN*10，Rc¼″	1	碳素钢			YZ12-15	S19H-1P型
2	外螺纹截止阀 *DN*5(配管$\phi 14$)	2	碳素钢			YZJ-2A-1	J61H-200C型
1	无缝钢管$\phi 14\times 2$		10或20			GB/T 8162—1987	长度见工程设计

设备材料表

冶金仪控通用图	腐蚀性液体隔离测压管路蒸汽伴热连接图（取压点高于压力计，$\rho_{隔} > \rho_{介}$）	(2000)YK13-10	
		比例	页次

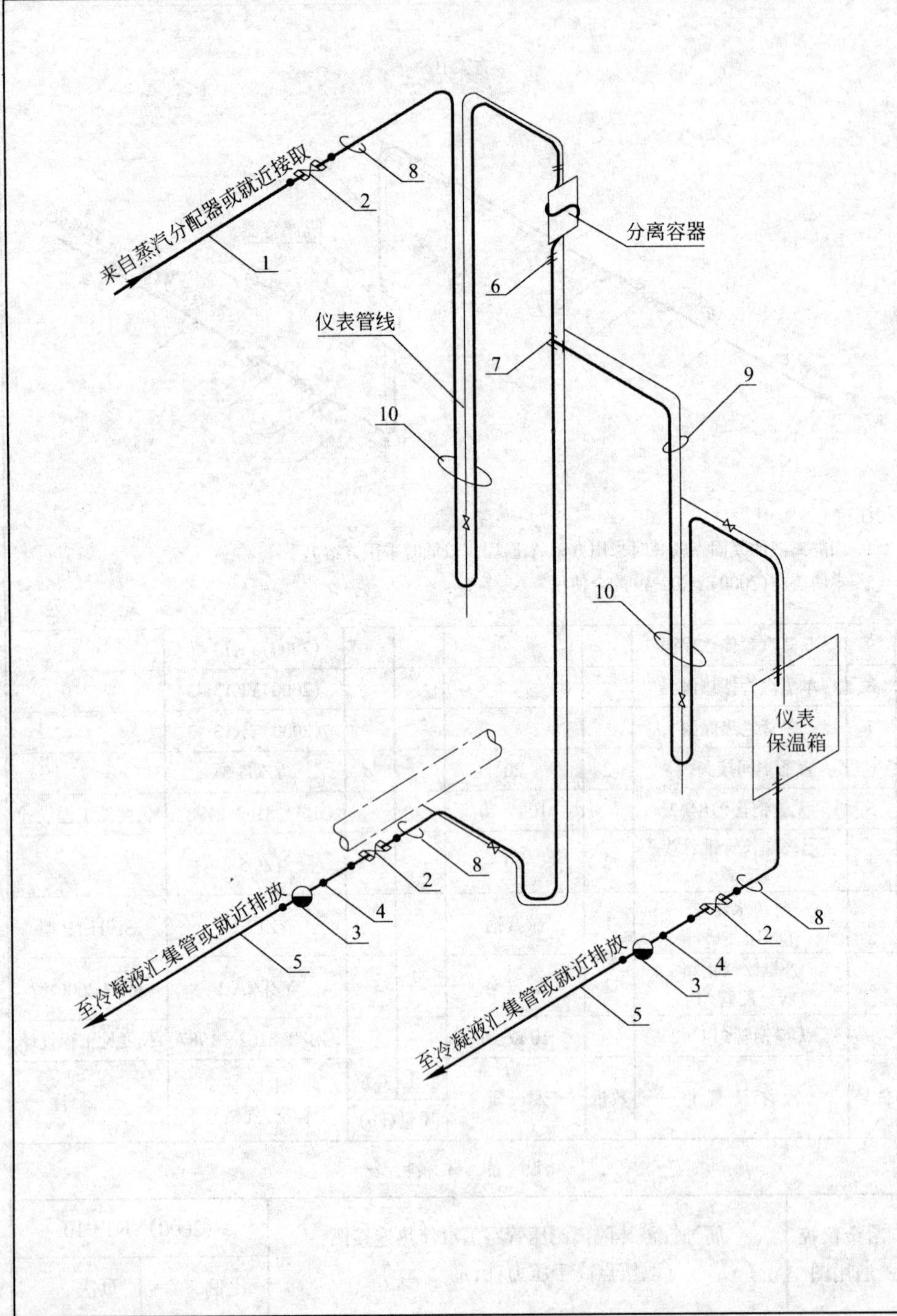

附注：

1. 当不需排气即无分离器时，取消件6、件7，件3、件4的件数做相应的调整。
2. 本图需与(2000)YK02-34，(2000)YK02-35，(2000)YK03-15号图配合使用。

件号	名称及规格	数量	材质	单重	总重	图号或标准、规格号	备注
				质量(kg)			
10	双蒸汽管伴热保温					(2000)YK13-46	
9	单蒸汽管伴热保温					(2000)YK13-45	
8	单管绝热保温					(2000)YK13-43	
7	三通中间接头$\phi 14$	1	20			YZG5-10	
6	直通中间接头$\phi 14$	2	20			YZG5-3	
5	无缝钢管$\phi 18\times 2$		10或20			GB/T 8162—1987	长度见工程设计
4	直通终端长管锥管接头 R¼″	4	20			YZG5-2	
3	疏水器 *DN*10，Rc¼″	2	碳素钢			YZ12-15	S19H-1P型
2	外螺纹截止阀 *DN*5(配管$\phi 14$)	3	碳素钢			YZJ-2A-1	J61H-200C型
1	无缝钢管$\phi 14\times 2$		10或20			GB/T 8162—1987	长度见工程设计

设备材料表

冶金仪控通用图	液体测压管路蒸汽伴热连接图(取压点低于压力计)	(2000)YK13-11	
		比例	页次

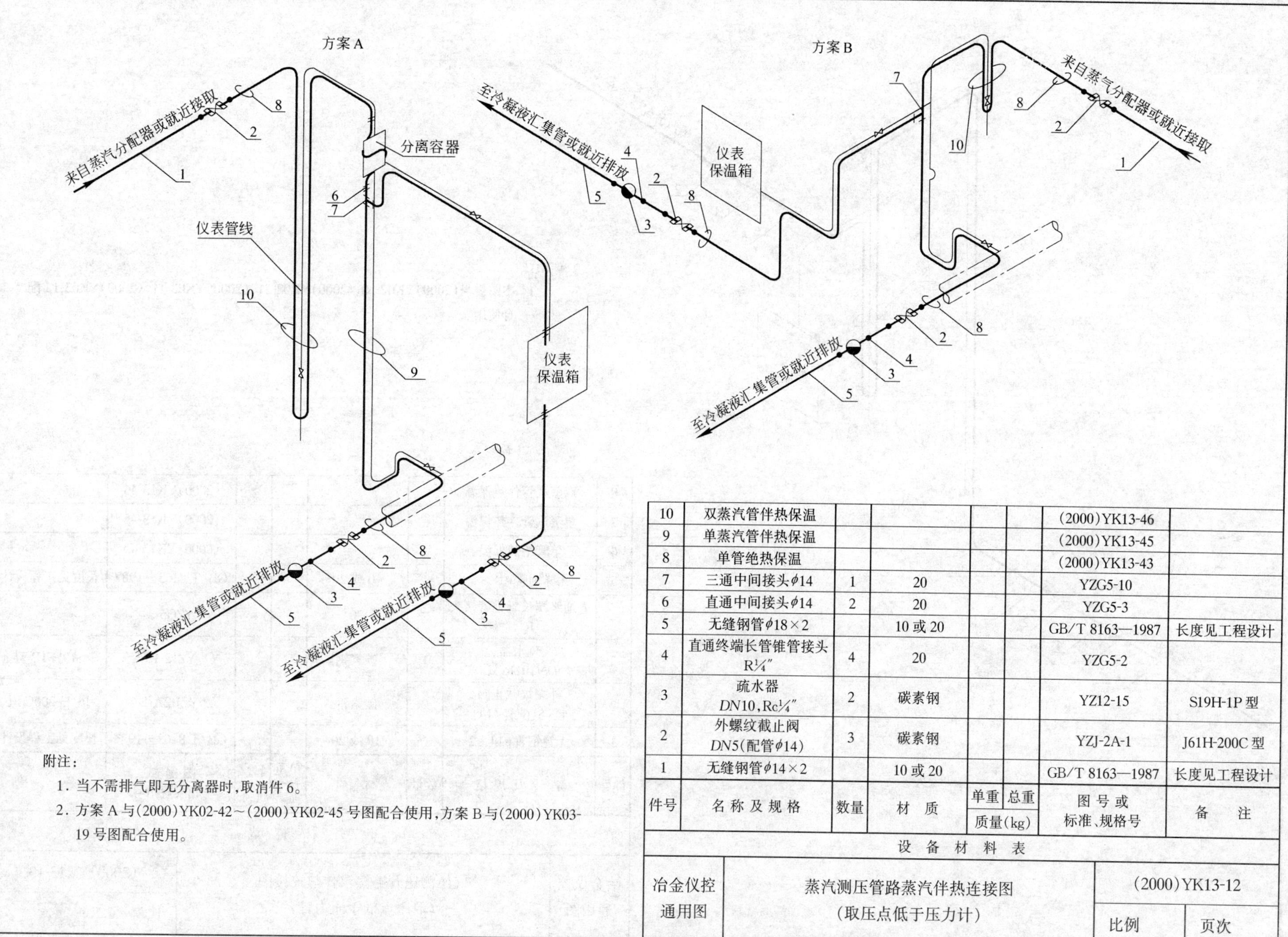

件号	名称及规格	数量	材质	单重	总重	图号或标准、规格号	备注
				质量(kg)			
10	双蒸汽管伴热保温					(2000)YK13-46	
9	单蒸汽管伴热保温					(2000)YK13-45	
8	单管绝热保温					(2000)YK13-43	
7	三通中间接头$\phi 14$	1	20			YZG5-10	
6	直通中间接头$\phi 14$	2	20			YZG5-3	
5	无缝钢管$\phi 18\times 2$		10或20			GB/T 8163—1987	长度见工程设计
4	直通终端长管锥管接头 R¼″	4	20			YZG5-2	
3	疏水器 *DN*10,Rc¼″	2	碳素钢			YZ12-15	S19H-1P型
2	外螺纹截止阀 *DN*5(配管$\phi 14$)	3	碳素钢			YZJ-2A-1	J61H-200C型
1	无缝钢管$\phi 14\times 2$		10或20			GB/T 8163—1987	长度见工程设计

设备材料表

附注:

1. 当不需排气即无分离器时,取消件6。
2. 方案A与(2000)YK02-42～(2000)YK02-45号图配合使用,方案B与(2000)YK03-19号图配合使用。

冶金仪控通用图	蒸汽测压管路蒸汽伴热连接图(取压点低于压力计)	(2000)YK13-12	
		比例	页次

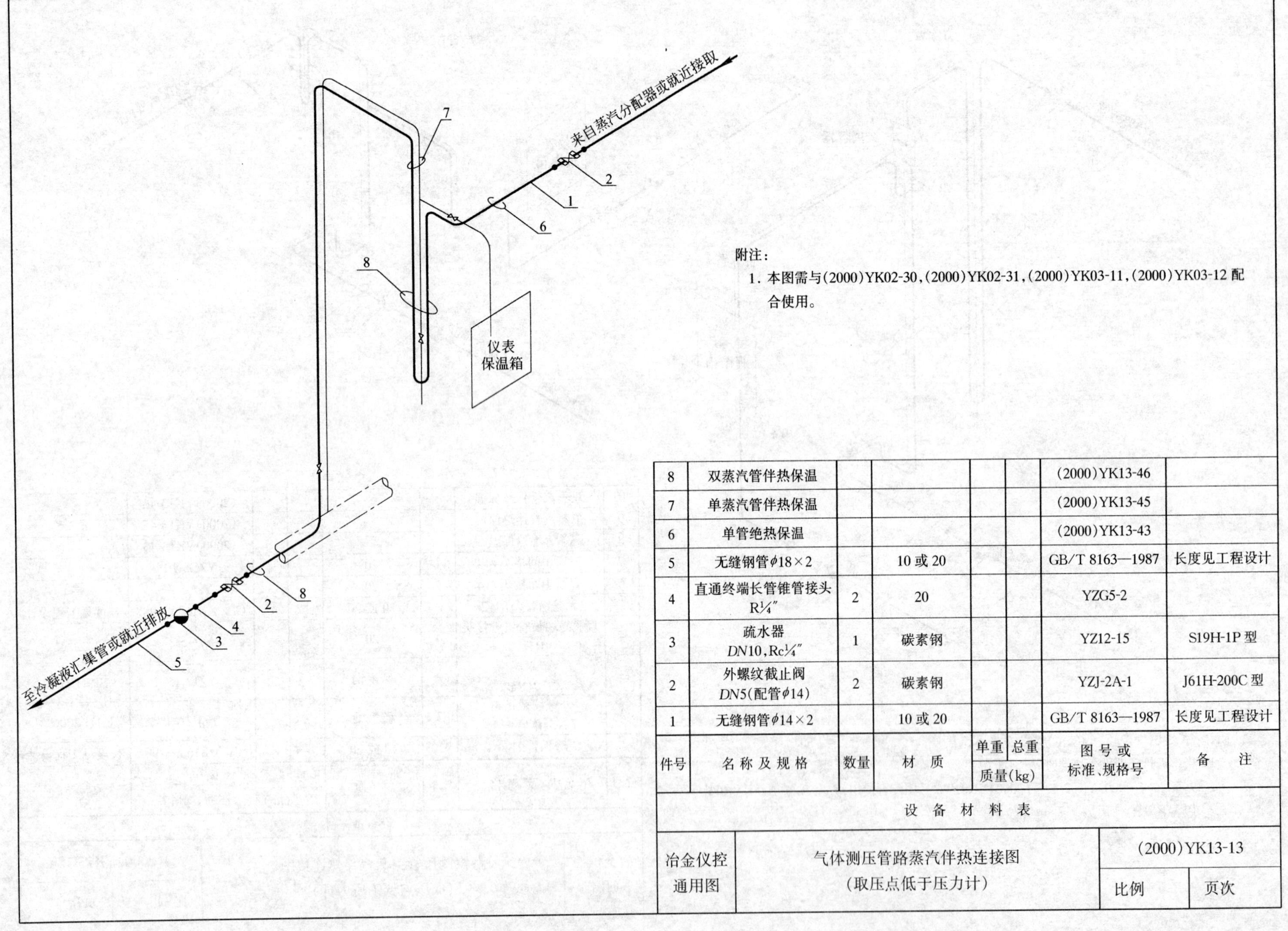

附注：

1. 本图需与(2000)YK02-30，(2000)YK02-31，(2000)YK03-11，(2000)YK03-12 配合使用。

件号	名称及规格	数量	材质	单重	总重	图号或标准、规格号	备注
8	双蒸汽管伴热保温					(2000)YK13-46	
7	单蒸汽管伴热保温					(2000)YK13-45	
6	单管绝热保温					(2000)YK13-43	
5	无缝钢管$\phi18\times2$		10 或 20			GB/T 8163—1987	长度见工程设计
4	直通终端长管锥管接头 R¼″	2	20			YZG5-2	
3	疏水器 *DN*10，Rc¼″	1	碳素钢			YZ12-15	S19H-1P 型
2	外螺纹截止阀 *DN*5(配管$\phi14$)	2	碳素钢			YZJ-2A-1	J61H-200C 型
1	无缝钢管$\phi14\times2$		10 或 20			GB/T 8163—1987	长度见工程设计
件号	名称及规格	数量	材质	质量(kg)		图号或标准、规格号	备注

设备材料表

冶金仪控通用图	气体测压管路蒸汽伴热连接图(取压点低于压力计)	(2000)YK13-13	
		比例	页次

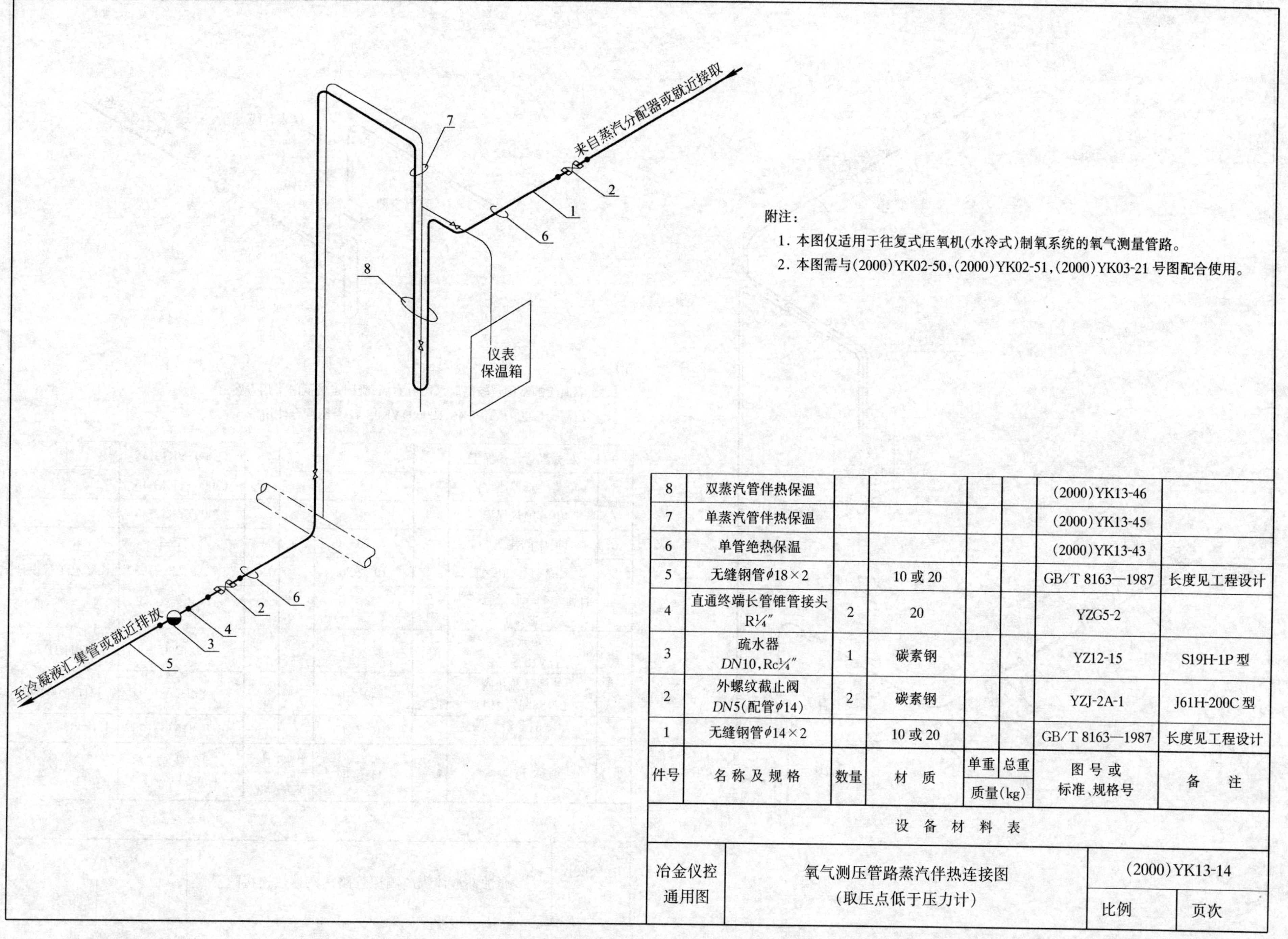

附注：

1. 本图仅适用于往复式压氧机(水冷式)制氧系统的氧气测量管路。
2. 本图需与(2000)YK02-50,(2000)YK02-51,(2000)YK03-21 号图配合使用。

件号	名称及规格	数量	材质	单重	总重	图号或标准、规格号	备注
				质量(kg)			
8	双蒸汽管伴热保温					(2000)YK13-46	
7	单蒸汽管伴热保温					(2000)YK13-45	
6	单管绝热保温					(2000)YK13-43	
5	无缝钢管$\phi 18\times 2$		10 或 20			GB/T 8163—1987	长度见工程设计
4	直通终端长管锥管接头 R¼″	2	20			YZG5-2	
3	疏水器 *DN*10,Rc¼″	1	碳素钢			YZ12-15	S19H-1P 型
2	外螺纹截止阀 *DN*5(配管$\phi 14$)	2	碳素钢			YZJ-2A-1	J61H-200C 型
1	无缝钢管$\phi 14\times 2$		10 或 20			GB/T 8163—1987	长度见工程设计

设备材料表

冶金仪控通用图	氧气测压管路蒸汽伴热连接图(取压点低于压力计)	(2000)YK13-14	
		比例	页次

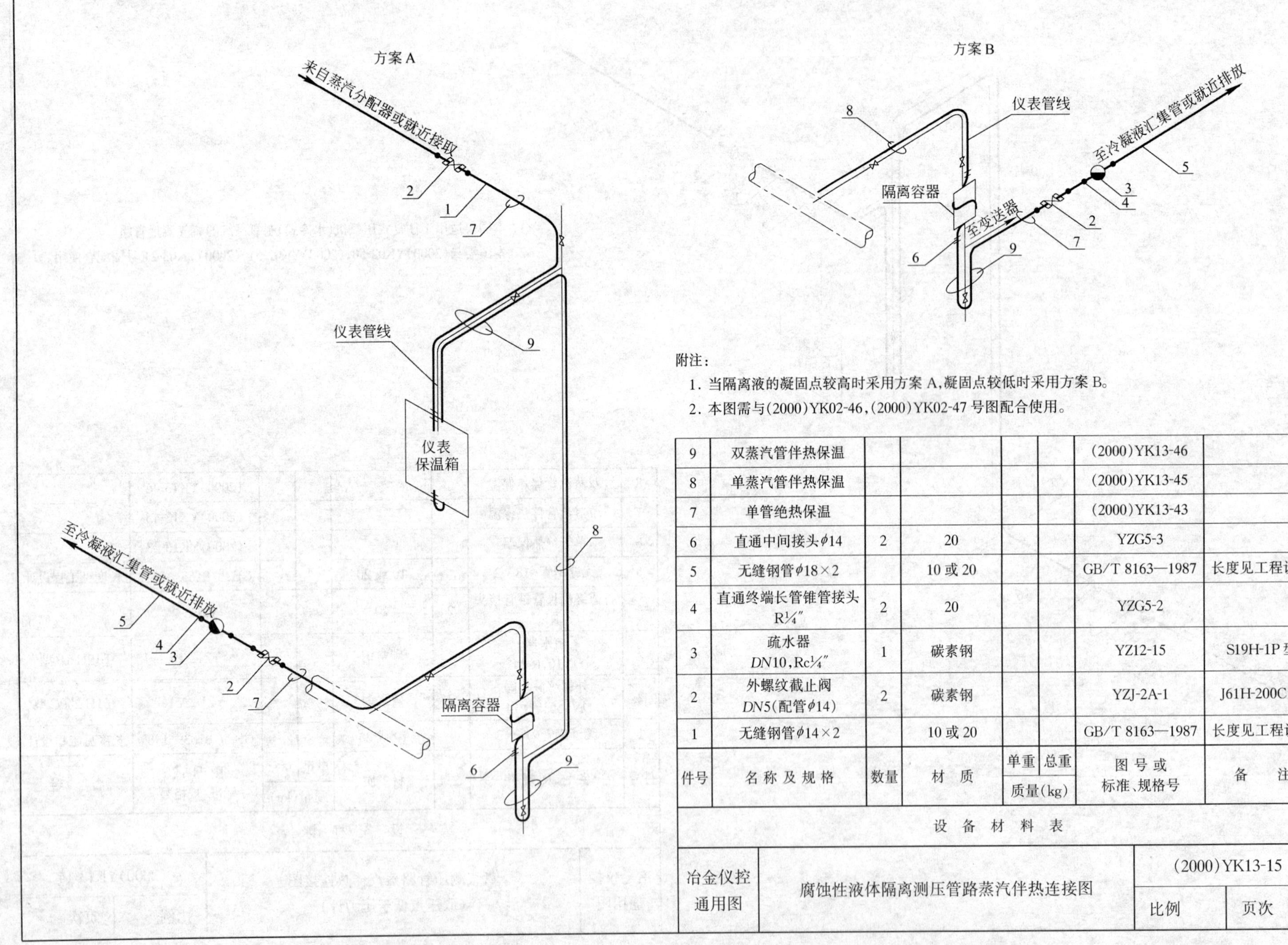

附注：

1. 当隔离液的凝固点较高时采用方案A，凝固点较低时采用方案B。
2. 本图需与(2000)YK02-46，(2000)YK02-47号图配合使用。

件号	名称及规格	数量	材质	单重	总重	图号或标准、规格号	备注
				质量(kg)			
9	双蒸汽管伴热保温					(2000)YK13-46	
8	单蒸汽管伴热保温					(2000)YK13-45	
7	单管绝热保温					(2000)YK13-43	
6	直通中间接头$\phi14$	2	20			YZG5-3	
5	无缝钢管$\phi18\times2$		10或20			GB/T 8163—1987	长度见工程设计
4	直通终端长管锥管接头 R¼″	2	20			YZG5-2	
3	疏水器 *DN*10，Rc¼″	1	碳素钢			YZ12-15	S19H-1P型
2	外螺纹截止阀 *DN*5(配管$\phi14$)	2	碳素钢			YZJ-2A-1	J61H-200C型
1	无缝钢管$\phi14\times2$		10或20			GB/T 8163—1987	长度见工程设计

设备材料表

冶金仪控通用图	腐蚀性液体隔离测压管路蒸汽伴热连接图	(2000)YK13-15	
		比例	页次

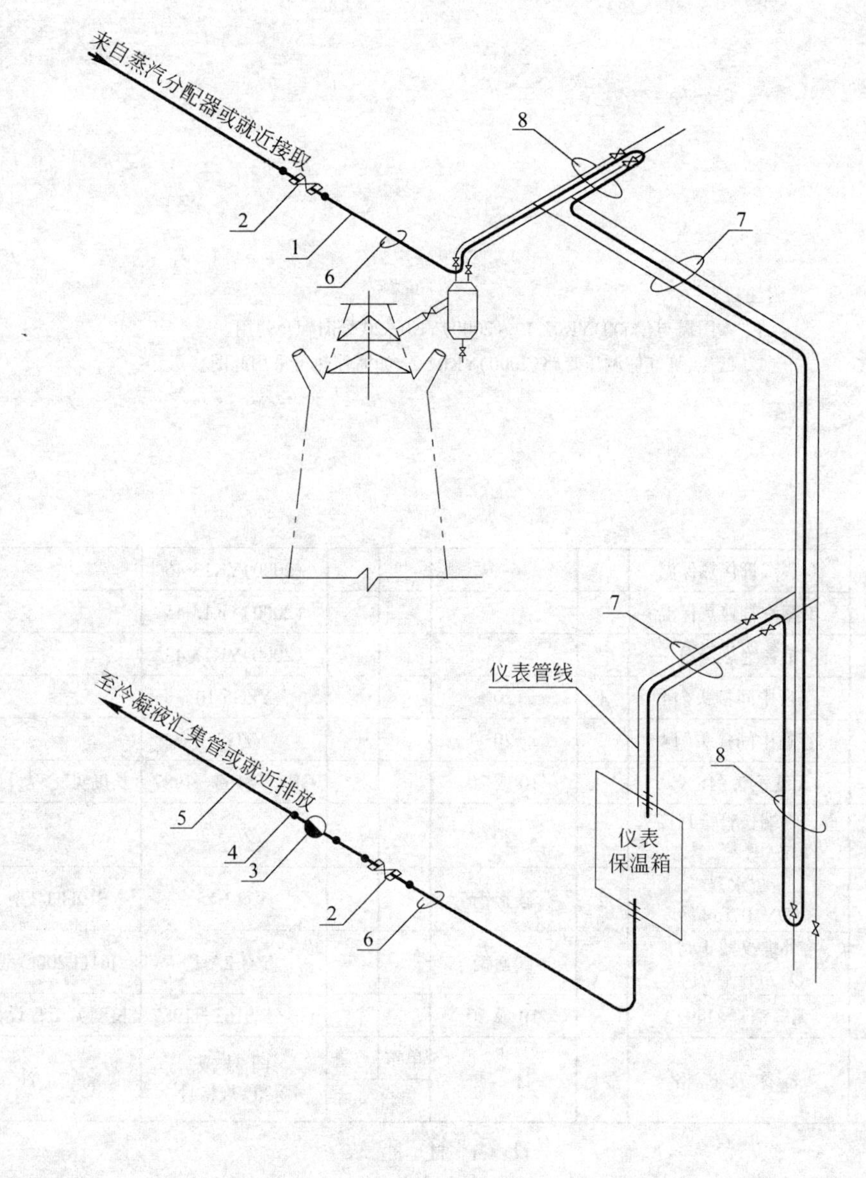

附注：

1. 本图需与(2000)YK02-26号图配合使用。

件号	名称及规格	数量	材质	单重	总重	图号或标准、规格号	备注
				质量(kg)			
8	双蒸汽管伴热保温					(2000)YK13-46	
7	单蒸汽管伴热保温					(2000)YK13-45	
6	单管绝热保温					(2000)YK13-43	
5	无缝钢管 ϕ18×2		10或20			GB/T 8163—1987	长度见工程设计
4	直通终端长管锥管接头 R¼″	2	20			YZG5-2	
3	疏水器 *DN*10，Rc¼″	1	碳素钢			YZ12-15	S19H-1P型
2	外螺纹截止阀 *DN*5(配管 ϕ14)	2	碳素钢			YZJ-2A-1	J61H-200C型
1	无缝钢管 ϕ14×2		10或20			GB/T 8163—1987	长度见工程设计

设备材料表

冶金仪控通用图	高炉大小钟间 压力测量管路蒸汽伴热连接图	(2000)YK13-16	
		比例	页次

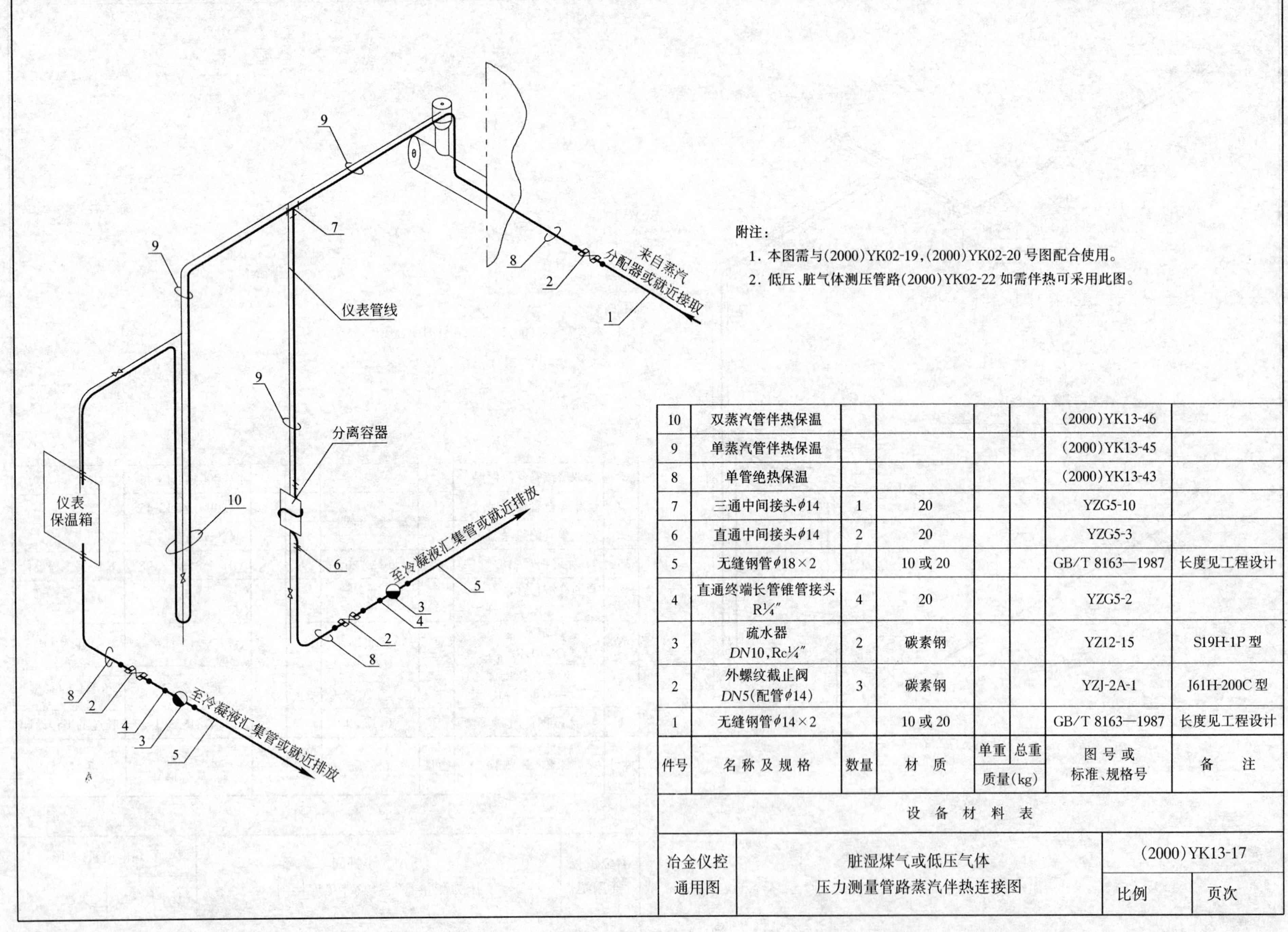

附注：

1. 本图需与(2000)YK02-19,(2000)YK02-20 号图配合使用。
2. 低压、脏气体测压管路(2000)YK02-22 如需伴热可采用此图。

件号	名称及规格	数量	材质	单重	总重	图号或标准、规格号	备注
				质量(kg)			
10	双蒸汽管伴热保温					(2000)YK13-46	
9	单蒸汽管伴热保温					(2000)YK13-45	
8	单管绝热保温					(2000)YK13-43	
7	三通中间接头ϕ14	1	20			YZG5-10	
6	直通中间接头ϕ14	2	20			YZG5-3	
5	无缝钢管$\phi18\times2$		10 或 20			GB/T 8163—1987	长度见工程设计
4	直通终端长管锥管接头 R¼″	4	20			YZG5-2	
3	疏水器 *DN*10,Rc¼″	2	碳素钢			YZ12-15	S19H-1P 型
2	外螺纹截止阀 *DN*5(配管ϕ14)	3	碳素钢			YZJ-2A-1	J61H-200C 型
1	无缝钢管$\phi14\times2$		10 或 20			GB/T 8163—1987	长度见工程设计

设备材料表

冶金仪控通用图	脏湿煤气或低压气体压力测量管路蒸汽伴热连接图	(2000)YK13-17	
		比例	页次

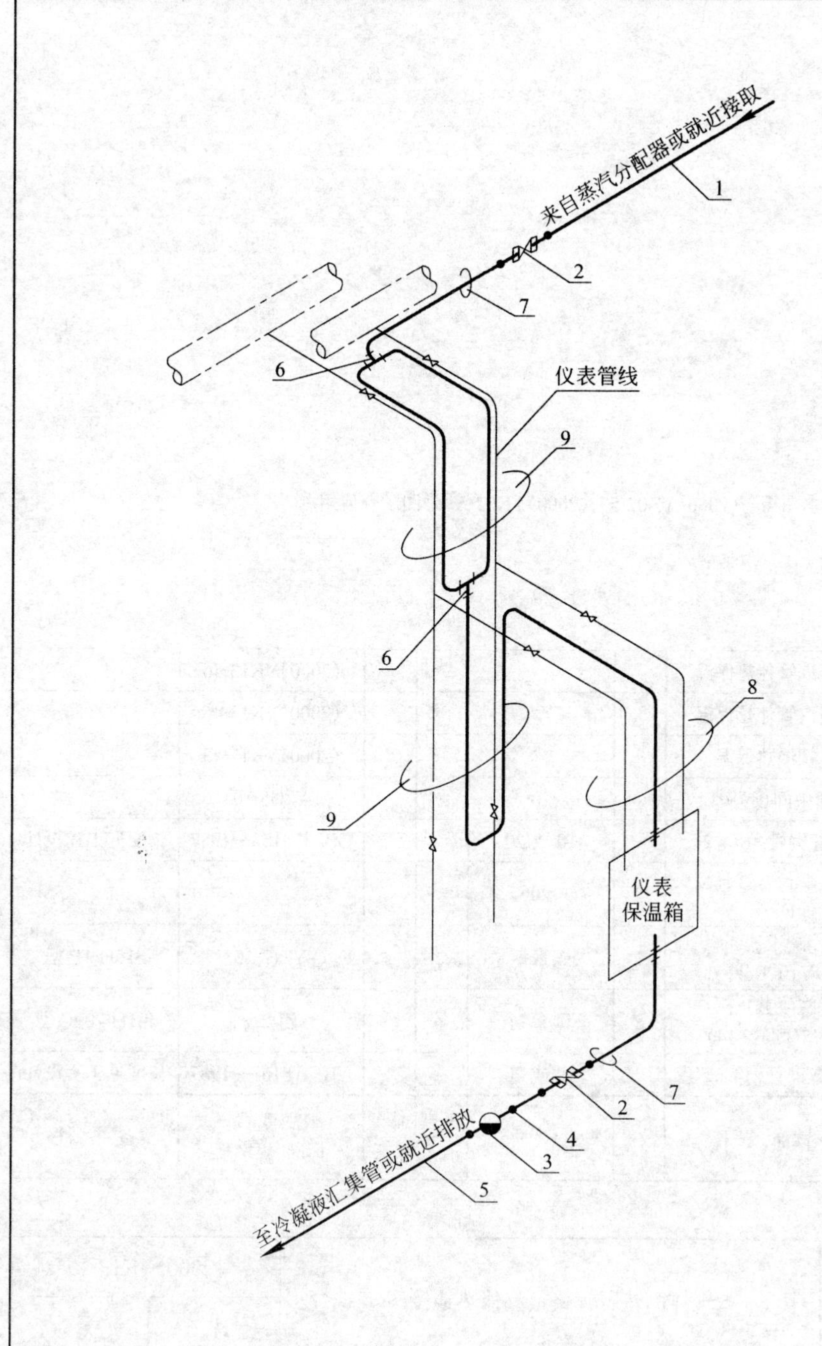

附注：

1. 本图需与(2000)YK02-54，(2000)YK02-55号图配合使用。

9	双蒸汽管伴热保温					(2000)YK13-46	
8	单蒸汽管伴热保温					(2000)YK13-45	
7	单管绝热保温					(2000)YK13-43	
6	三通中间接头ϕ14	2	20			YZG5-10	
5	无缝钢管$\phi 18\times 2$		10或20			GB/T 8163—1987	长度见工程设计
4	直通终端长管锥管接头R¼″	2	20			YZG5-2	
3	疏水器 *DN*10，Rc¼″	1	碳素钢			YZ12-15	S19H-1P型
2	外螺纹截止阀 *DN*5(配管ϕ 14)	2	碳素钢			YZJ-2A-1	J61H-200C型
1	无缝钢管$\phi 14\times 2$		10或20			GB/T 8163—1987	长度见工程设计
件号	名称及规格	数量	材质	单重	总重	图号或 标准、规格号	备注
				质量(kg)			

设备材料表

冶金仪控通用图	液体测差压管路蒸汽伴热连接图	(2000)YK13-18	
		比例	页次

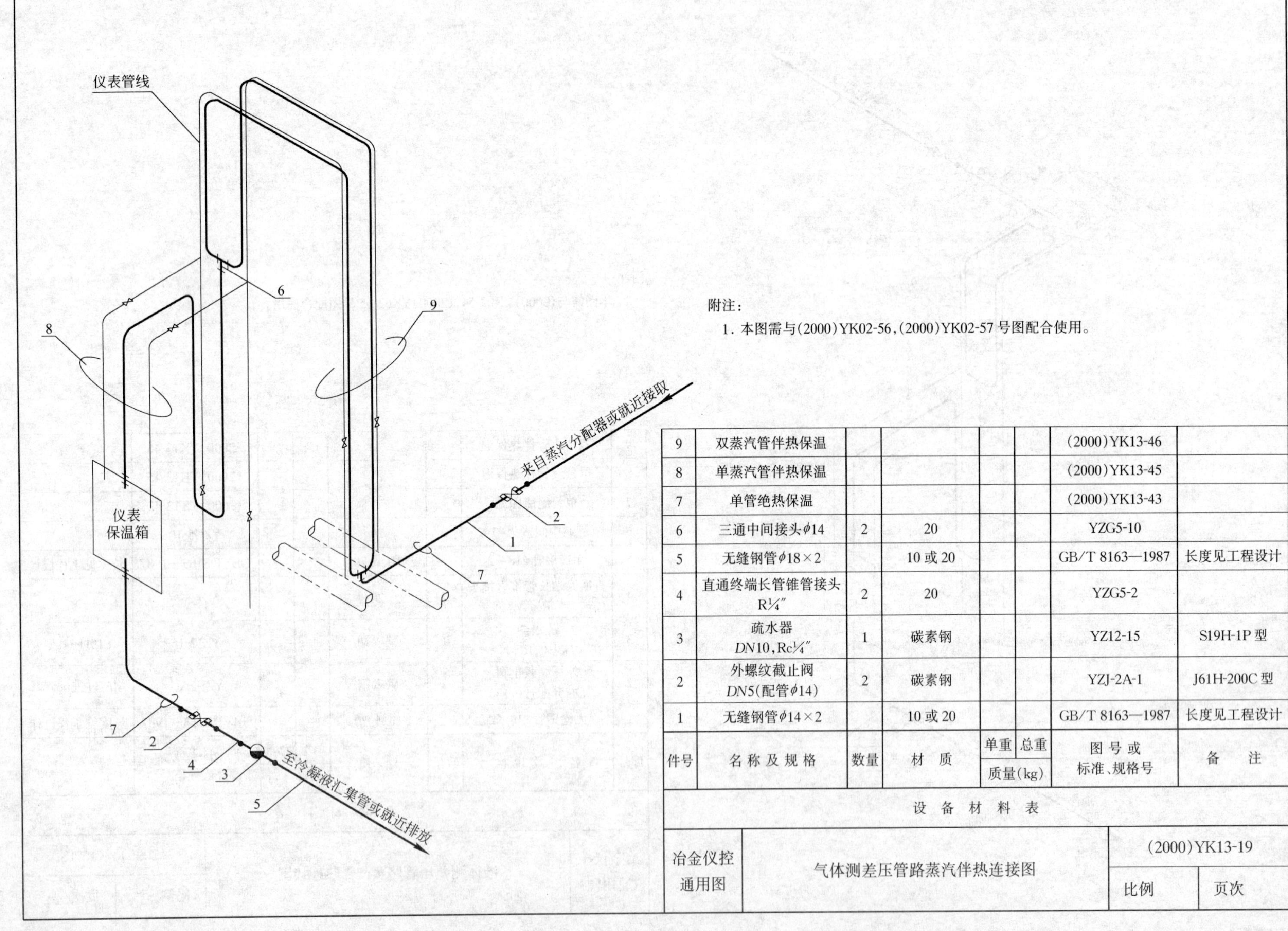

附注：

1. 本图需与(2000)YK02-56,(2000)YK02-57号图配合使用。

件号	名称及规格	数量	材质	质量(kg) 单重	质量(kg) 总重	图号或标准、规格号	备注
9	双蒸汽管伴热保温					(2000)YK13-46	
8	单蒸汽管伴热保温					(2000)YK13-45	
7	单管绝热保温					(2000)YK13-43	
6	三通中间接头$\phi 14$	2	20			YZG5-10	
5	无缝钢管$\phi 18\times 2$		10或20			GB/T 8163—1987	长度见工程设计
4	直通终端长管锥管接头R¼″	2	20			YZG5-2	
3	疏水器 *DN*10,Rc¼″	1	碳素钢			YZ12-15	S19H-1P型
2	外螺纹截止阀 *DN*5(配管$\phi 14$)	2	碳素钢			YZJ-2A-1	J61H-200C型
1	无缝钢管$\phi 14\times 2$		10或20			GB/T 8163—1987	长度见工程设计

设备材料表

冶金仪控通用图	气体测差压管路蒸汽伴热连接图	(2000)YK13-19	
		比例	页次

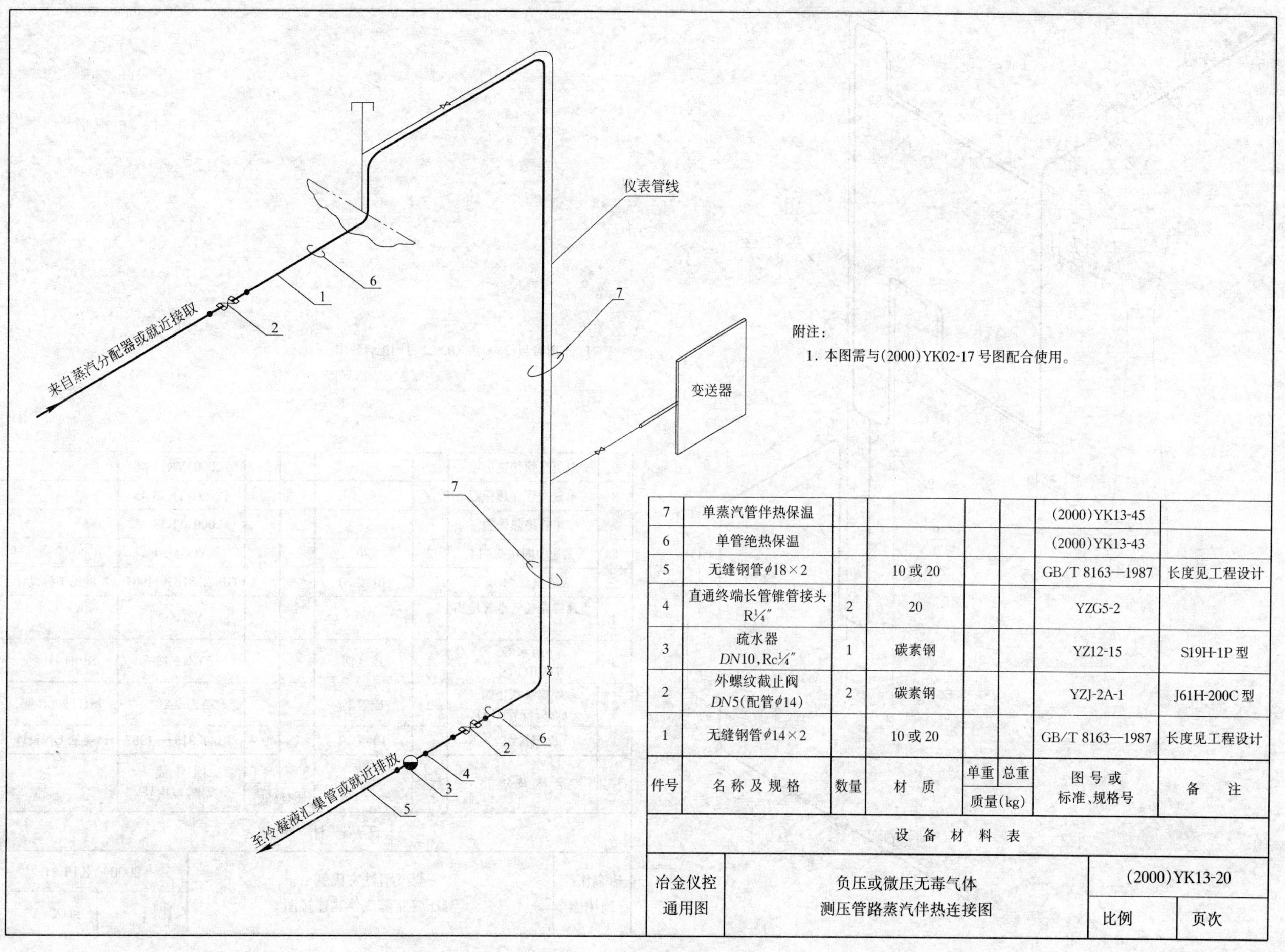

附注：

1. 本图需与(2000)YK02-17 号图配合使用。

件号	名称及规格	数量	材质	质量(kg) 单重	质量(kg) 总重	图号或标准、规格号	备注
7	单蒸汽管伴热保温					(2000)YK13-45	
6	单管绝热保温					(2000)YK13-43	
5	无缝钢管$\phi18\times2$		10 或 20			GB/T 8163—1987	长度见工程设计
4	直通终端长管锥管接头 R¼″	2	20			YZG5-2	
3	疏水器 *DN*10, Rc¼″	1	碳素钢			YZ12-15	S19H-1P 型
2	外螺纹截止阀 *DN*5(配管$\phi14$)	2	碳素钢			YZJ-2A-1	J61H-200C 型
1	无缝钢管$\phi14\times2$		10 或 20			GB/T 8163—1987	长度见工程设计

设备材料表

冶金仪控通用图	负压或微压无毒气体测压管路蒸汽伴热连接图	(2000)YK13-20	
		比例	页次

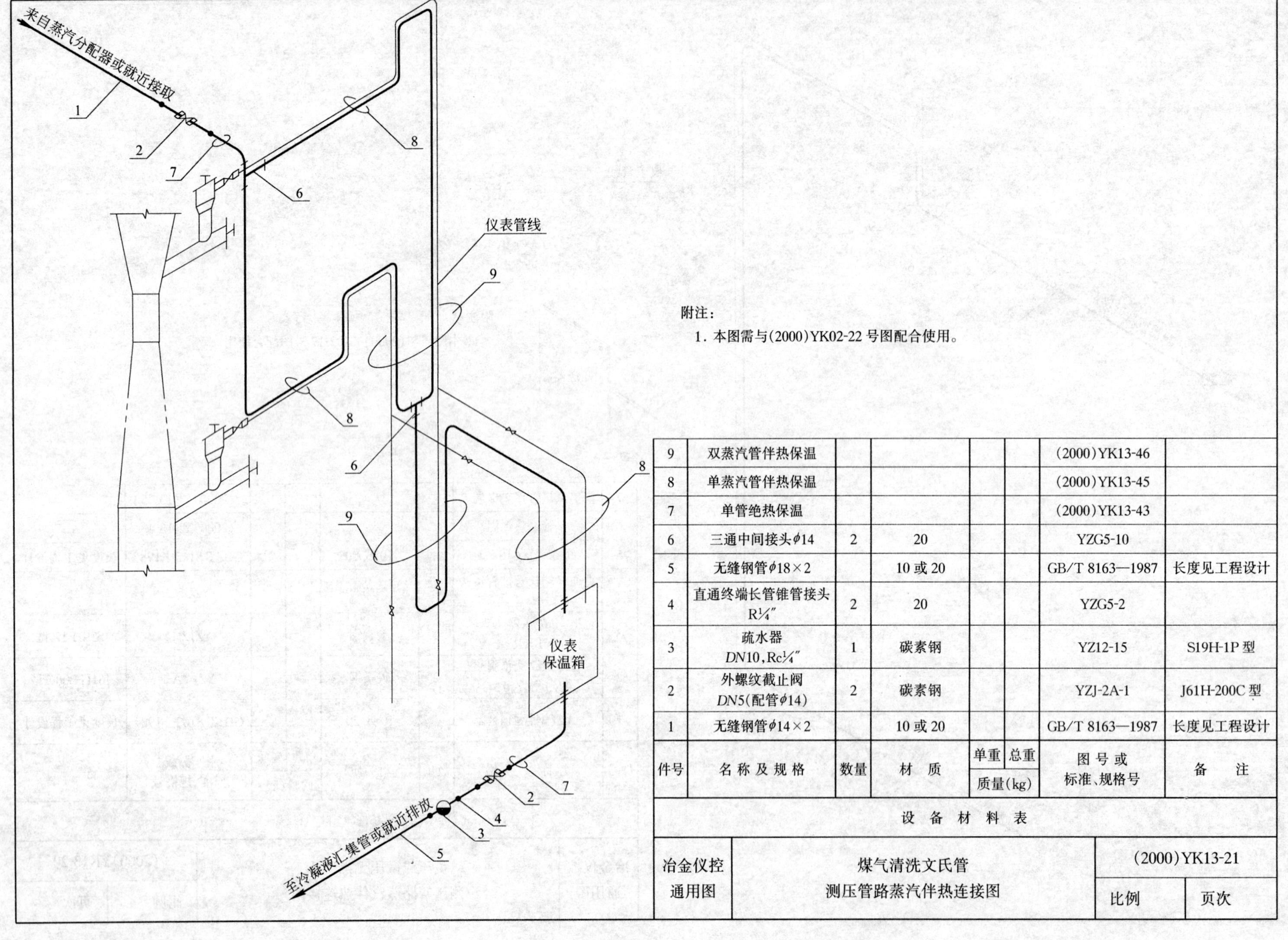

附注：

1. 本图需与(2000)YK02-22号图配合使用。

件号	名称及规格	数量	材质	单重	总重	图号或标准、规格号	备注
				质量(kg)			
9	双蒸汽管伴热保温					(2000)YK13-46	
8	单蒸汽管伴热保温					(2000)YK13-45	
7	单管绝热保温					(2000)YK13-43	
6	三通中间接头ϕ14	2	20			YZG5-10	
5	无缝钢管$\phi18\times2$		10或20			GB/T 8163—1987	长度见工程设计
4	直通终端长管锥管接头R¼″	2	20			YZG5-2	
3	疏水器 *DN*10,Rc¼″	1	碳素钢			YZ12-15	S19H-1P型
2	外螺纹截止阀 *DN*5(配管ϕ14)	2	碳素钢			YZJ-2A-1	J61H-200C型
1	无缝钢管$\phi14\times2$		10或20			GB/T 8163—1987	长度见工程设计

设备材料表

冶金仪控通用图	煤气清洗文氏管测压管路蒸汽伴热连接图	(2000)YK13-21	
		比例	页次

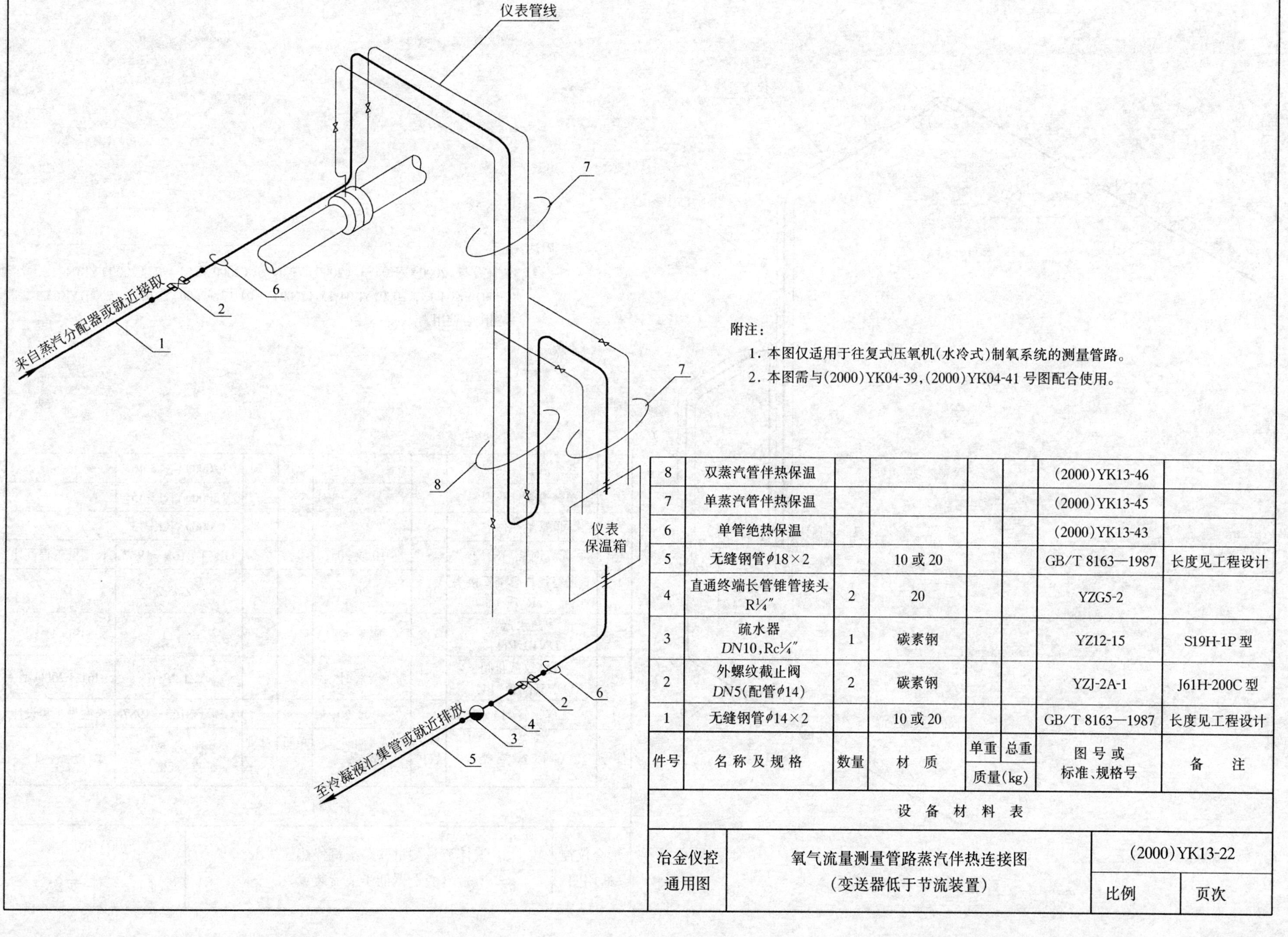

附注：

1. 本图仅适用于往复式压氧机（水冷式）制氧系统的测量管路。
2. 本图需与(2000)YK04-39，(2000)YK04-41 号图配合使用。

件号	名称及规格	数量	材　质	单重	总重	图号或 标准、规格号	备　注
				质量(kg)			
8	双蒸汽管伴热保温					(2000)YK13-46	
7	单蒸汽管伴热保温					(2000)YK13-45	
6	单管绝热保温					(2000)YK13-43	
5	无缝钢管$\phi18\times2$		10 或 20			GB/T 8163—1987	长度见工程设计
4	直通终端长管锥管接头 R¼″	2	20			YZG5-2	
3	疏水器 *DN*10，Rc¼″	1	碳素钢			YZ12-15	S19H-1P 型
2	外螺纹截止阀 *DN*5（配管$\phi14$）	2	碳素钢			YZJ-2A-1	J61H-200C 型
1	无缝钢管$\phi14\times2$		10 或 20			GB/T 8163—1987	长度见工程设计

设 备 材 料 表

冶金仪控 通用图	氧气流量测量管路蒸汽伴热连接图 （变送器低于节流装置）	(2000)YK13-22	
		比例	页次

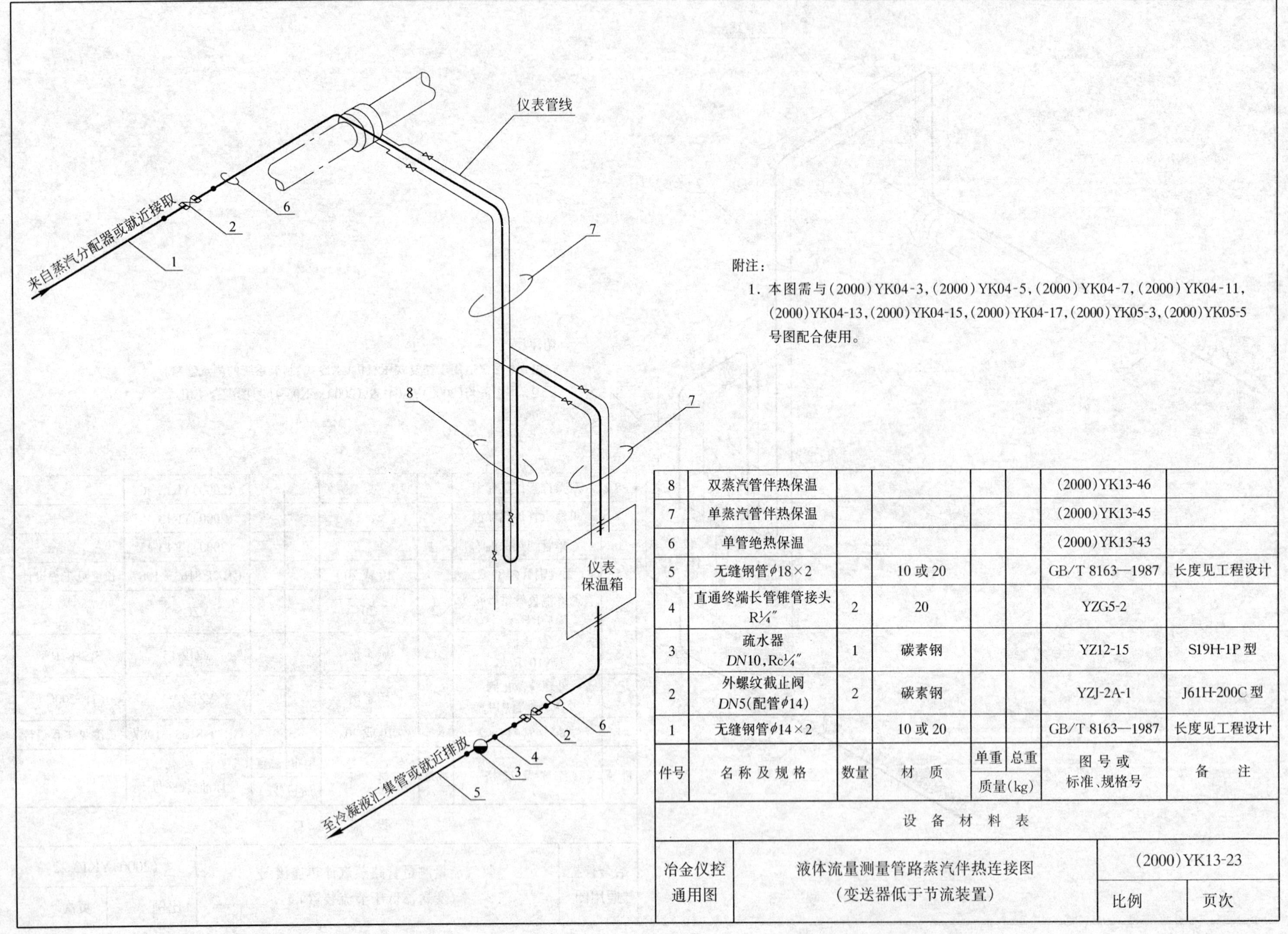

附注：

1. 本图需与（2000）YK04-3，（2000）YK04-5，（2000）YK04-7，（2000）YK04-11，（2000）YK04-13，（2000）YK04-15，（2000）YK04-17，（2000）YK05-3，（2000）YK05-5号图配合使用。

件号	名称及规格	数量	材质	单重	总重	图号或标准、规格号	备注
				质量(kg)			
8	双蒸汽管伴热保温					(2000)YK13-46	
7	单蒸汽管伴热保温					(2000)YK13-45	
6	单管绝热保温					(2000)YK13-43	
5	无缝钢管$\phi18\times2$		10或20			GB/T 8163—1987	长度见工程设计
4	直通终端长管锥管接头 R¼″	2	20			YZG5-2	
3	疏水器 *DN*10，Rc¼″	1	碳素钢			YZ12-15	S19H-1P型
2	外螺纹截止阀 *DN*5(配管$\phi14$)	2	碳素钢			YZJ-2A-1	J61H-200C型
1	无缝钢管$\phi14\times2$		10或20			GB/T 8163—1987	长度见工程设计

设备材料表

冶金仪控通用图	液体流量测量管路蒸汽伴热连接图（变送器低于节流装置）	(2000)YK13-23	
		比例	页次

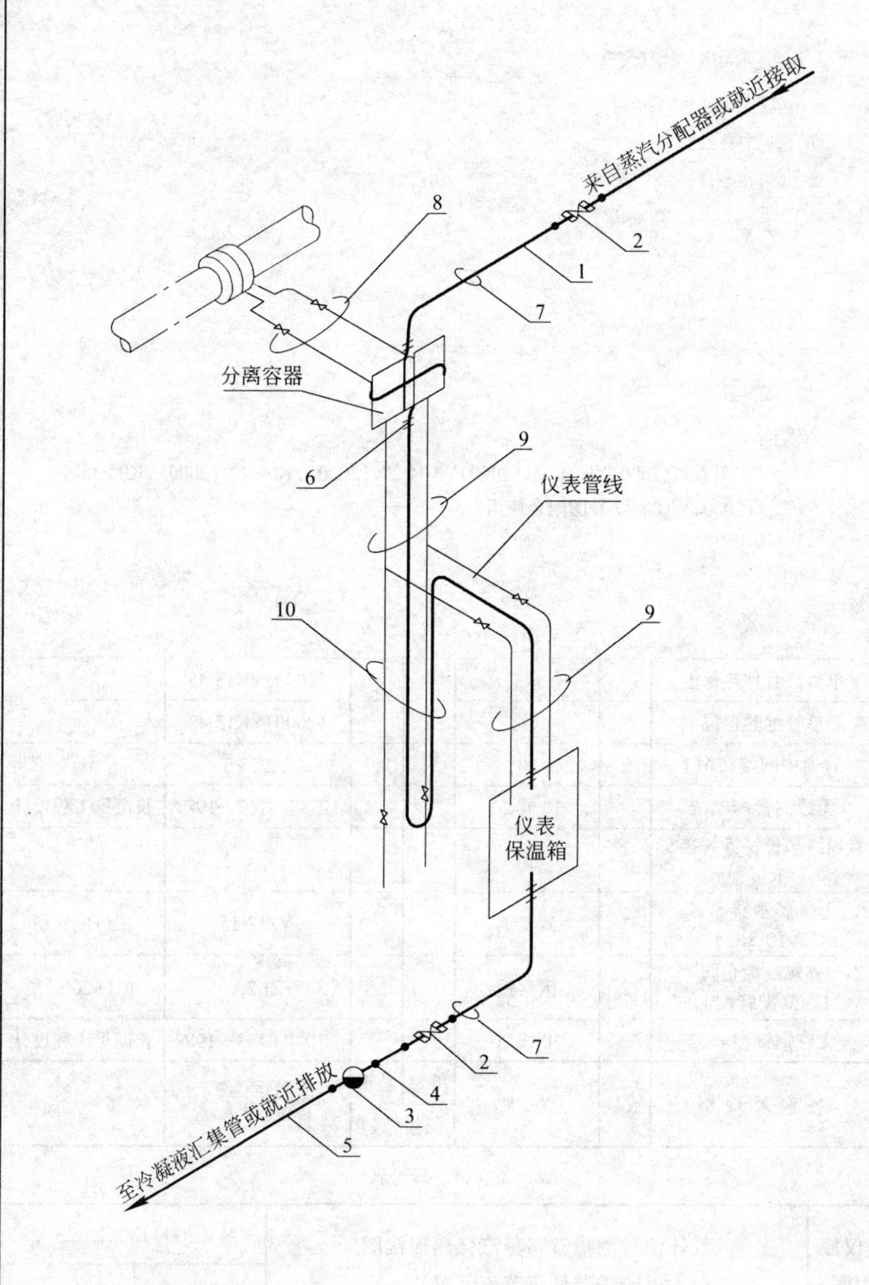

附注：

1. 本图需与(2000)YK04-19，(2000)YK04-21，(2000)YK04-23，或(2000)YK05-7，(2000)YK05-9号图配合使用。

件号	名称及规格	数量	材质	单重	总重	图号或标准、规格号	备注
				质量(kg)			
10	双蒸汽管伴热保温					(2000)YK13-46	
9	单蒸汽管伴热保温					(2000)YK13-45	
8	双管绝热保温					(2000)YK13-44	
7	单管绝热保温					(2000)YK13-43	
6	直通中间接头ϕ14	2	20			YZG5-3	
5	无缝钢管$\phi 18\times 2$		10或20			GB/T 8163—1987	长度见工程设计
4	直通终端长管锥管接头 R¼″	2	20			YZG5-2	
3	疏水器 *DN*10，Rc¼″	1	碳素钢			YZ12-15	S19H-1P型
2	外螺纹截止阀 *DN*5(配管ϕ14)	2	碳素钢			YZJ-2A-1	J61H-200C型
1	无缝钢管$\phi 14\times 2$		10或20			GB/T 8163—1987	长度见工程设计

设备材料表

冶金仪控通用图	蒸汽流量测量管路蒸汽伴热连接图（变送器低于节流装置）	(2000)YK13-24	
		比例	页次

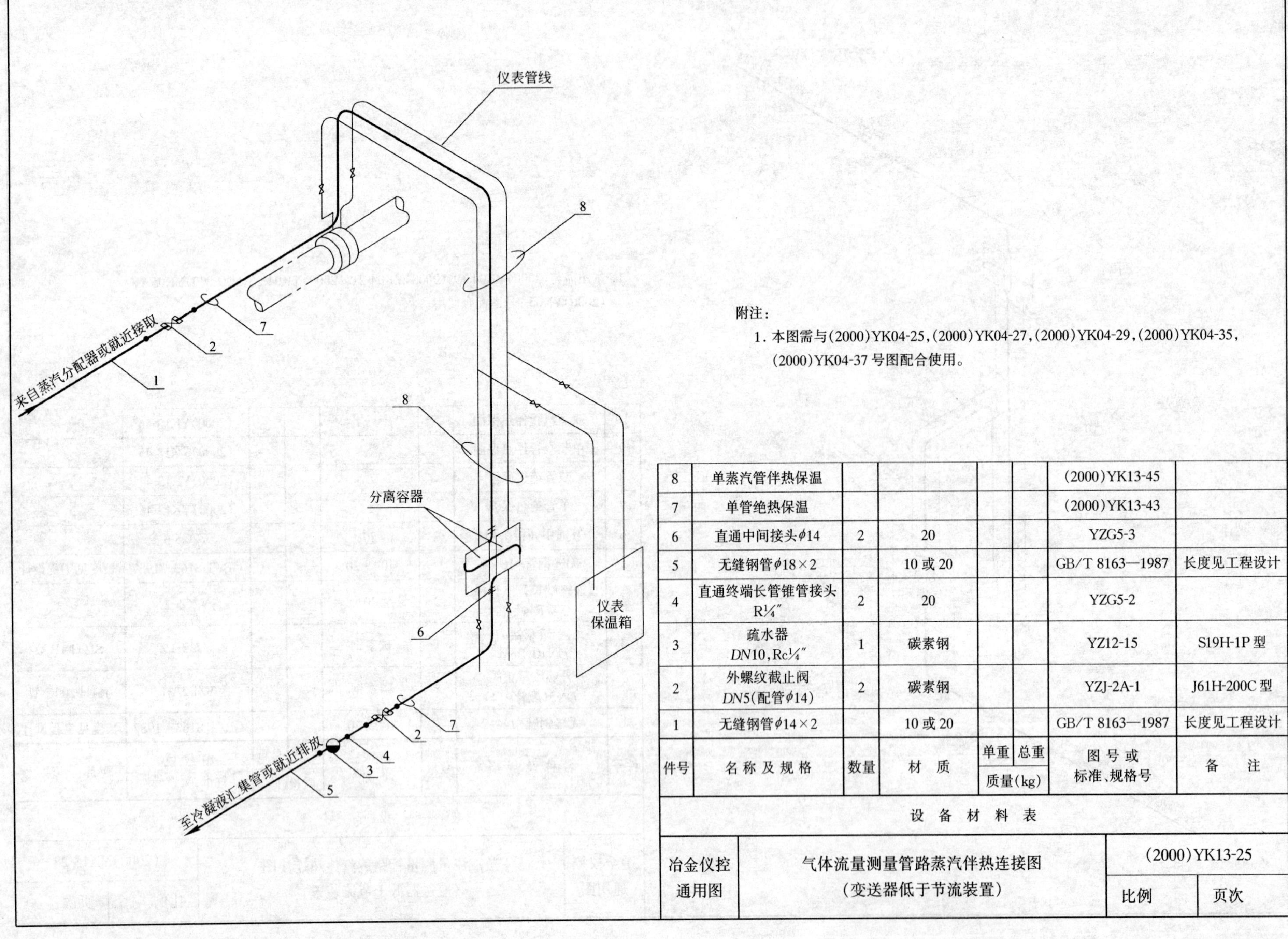

附注：

1. 本图需与(2000)YK04-25,(2000)YK04-27,(2000)YK04-29,(2000)YK04-35,(2000)YK04-37号图配合使用。

件号	名称及规格	数量	材 质	质量(kg) 单重	质量(kg) 总重	图号或标准、规格号	备 注
8	单蒸汽管伴热保温					(2000)YK13-45	
7	单管绝热保温					(2000)YK13-43	
6	直通中间接头$\phi14$	2	20			YZG5-3	
5	无缝钢管$\phi18\times2$		10或20			GB/T 8163—1987	长度见工程设计
4	直通终端长管锥管接头 R¼″	2	20			YZG5-2	
3	疏水器 *DN*10,Rc¼″	1	碳素钢			YZ12-15	S19H-1P型
2	外螺纹截止阀 *DN*5(配管$\phi14$)	2	碳素钢			YZJ-2A-1	J61H-200C型
1	无缝钢管$\phi14\times2$		10或20			GB/T 8163—1987	长度见工程设计

设 备 材 料 表

冶金仪控通用图	气体流量测量管路蒸汽伴热连接图（变送器低于节流装置）	(2000)YK13-25
		比例 / 页次

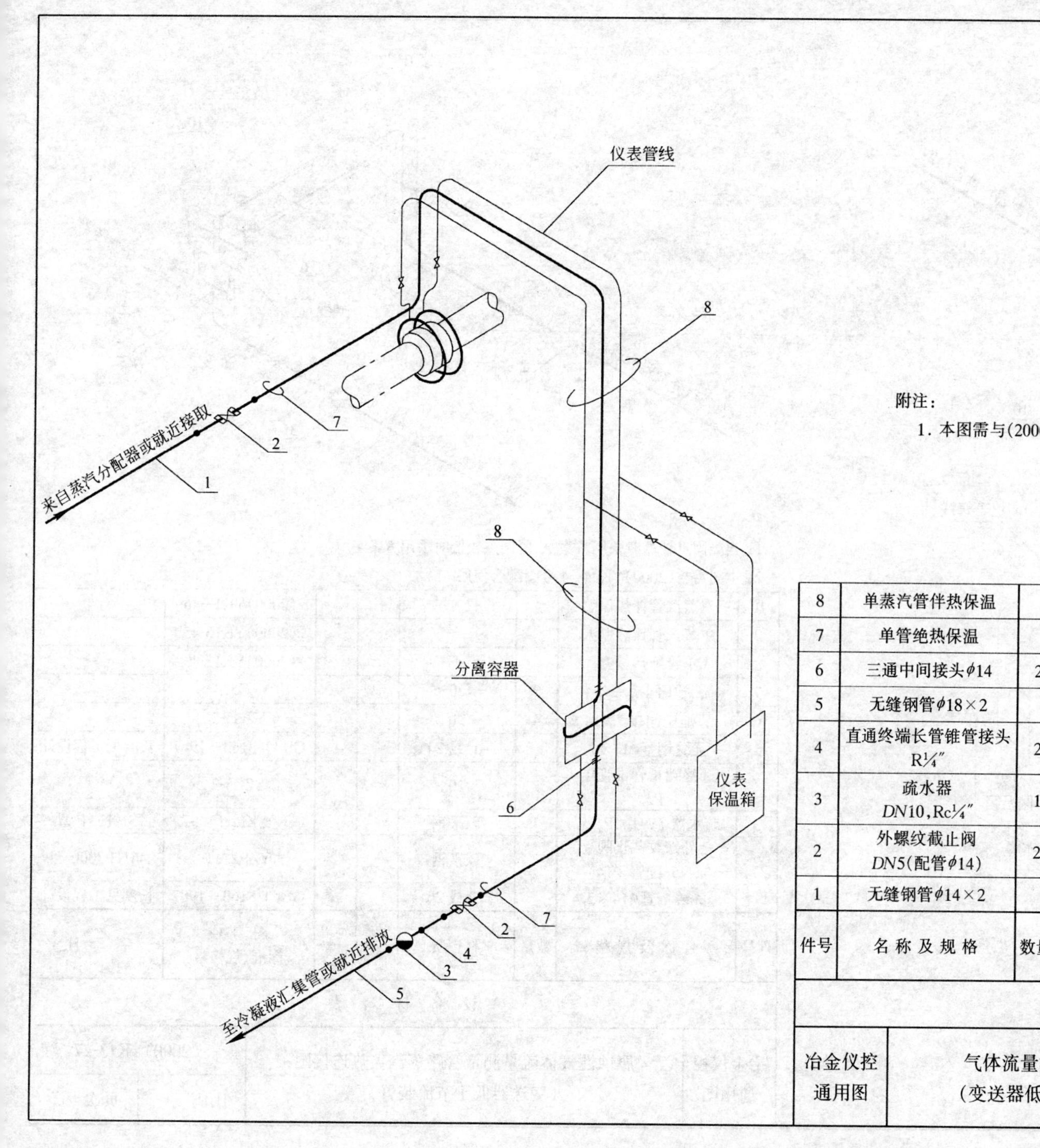

附注：

1. 本图需与(2000)YK04-31号图配合使用。

件号	名称及规格	数量	材 质	单重	总重	图号或标准、规格号	备 注
				质量(kg)			
8	单蒸汽管伴热保温					(2000)YK13-45	
7	单管绝热保温					(2000)YK13-43	
6	三通中间接头$\phi14$	2	20			YZG5-10	
5	无缝钢管$\phi18\times2$		10或20			GB/T 8163—1987	长度见工程设计
4	直通终端长管锥管接头R¼″	2	20			YZG5-2	
3	疏水器 *DN*10,Rc¼″	1	碳素钢			YZ12-15	S19H-1P型
2	外螺纹截止阀 *DN*5(配管$\phi14$)	2	碳素钢			YZJ-2A-1	J61H-200C型
1	无缝钢管$\phi14\times2$		10或20			GB/T 8163—1987	长度见工程设计

设 备 材 料 表

冶金仪控通用图	气体流量测量管路蒸汽伴热连接图（变送器低于节流装置，均压环取压）	(2000)YK13-26	
		比例	页次

方案 A

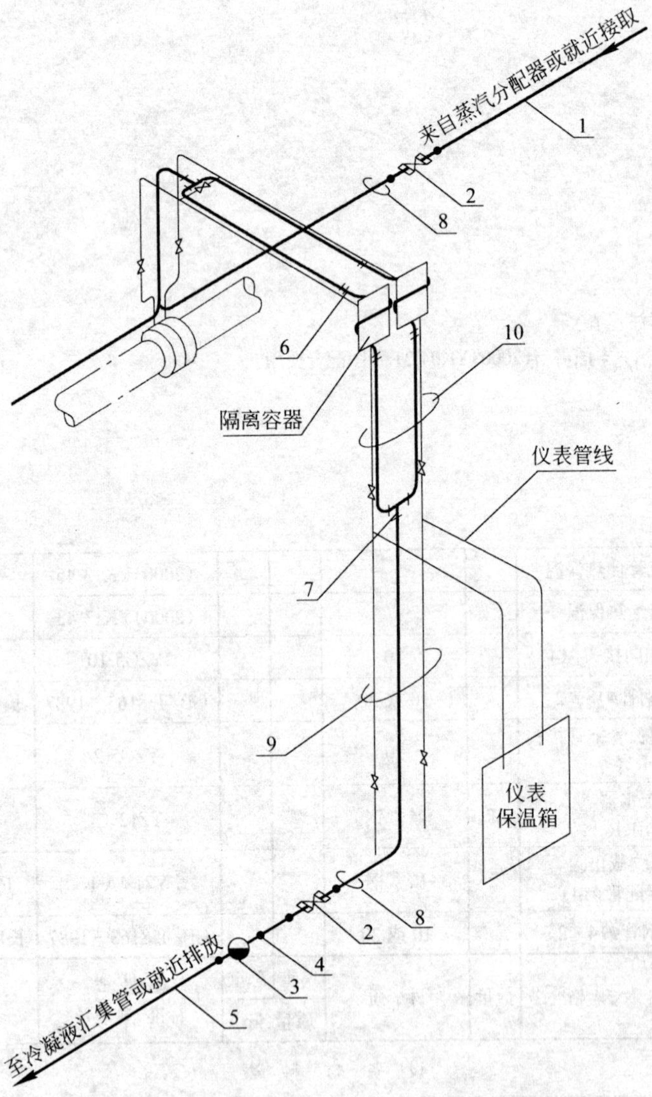

来自蒸汽分配器或就近接取

1

2

8

6

10

隔离容器

仪表管线

7

9

仪表
保温箱

2

8

4

3

5

至冷凝液汇集管或就近排放

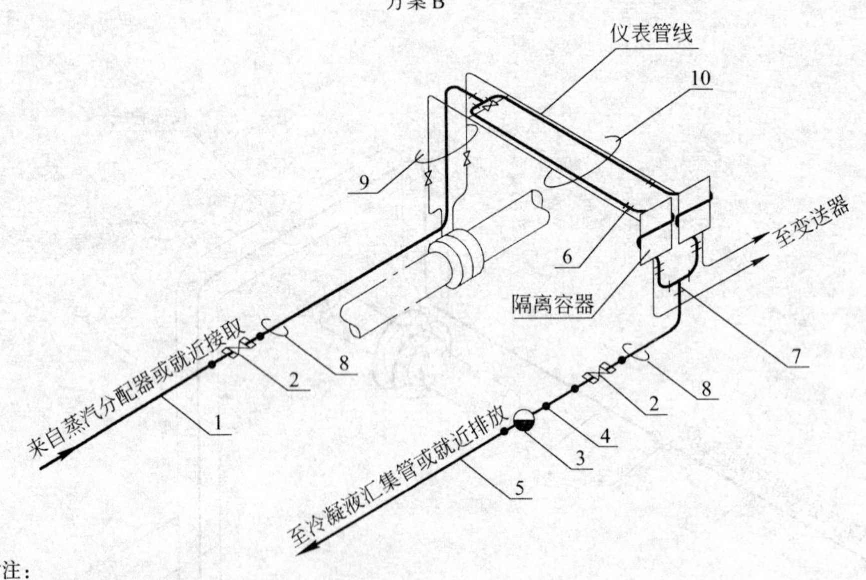

附注：

1．当凝固点较高时采用方案 A，凝固点较低时采用方案 B。

2．本图需与(2000)YK04-34 号图配合使用。

件号	名称及规格	数量	材质	单重	总重	图号或标准、规格号	备注
				质量(kg)			
10	双蒸汽管伴热保温					(2000)YK13-46	
9	单蒸汽管伴热保温					(2000)YK13-45	
8	单管绝热保温					(2000)YK13-43	
7	三通中间接头ϕ14	2	20			YZG5-10	
6	直通中间接头ϕ14	4	20			YZG5-3	
5	无缝钢管$\phi18\times2$		10 或 20			GB/T 8163—1987	长度见工程设计
4	直通终端长管锥管接头 R¼″	2	20			YZG5-2	
3	疏水器 *DN*10，Rc¼″	1	碳素钢			YZ12-15	S19H-1P 型
2	外螺纹截止阀 *DN*5(配管 ϕ14)	2	碳素钢			YZJ-2A-1	J61H-200C 型
1	无缝钢管$\phi14\times2$		10 或 20			GB/T 8163—1987	长度见工程设计

设备材料表

冶金仪控通用图	腐蚀性气体流量测量管路蒸汽伴热连接图（变送器低于节流装置）	(2000)YK13-27	
		比例	页次

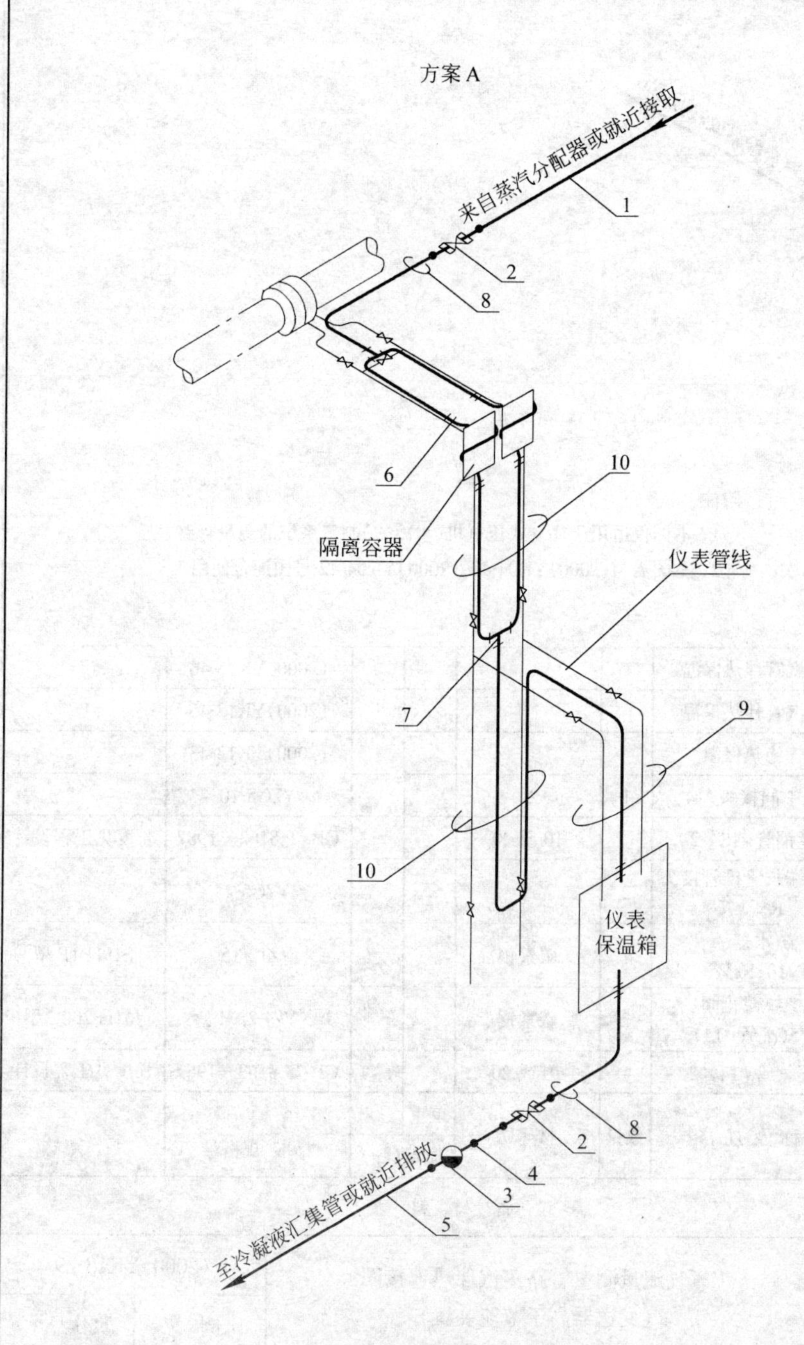

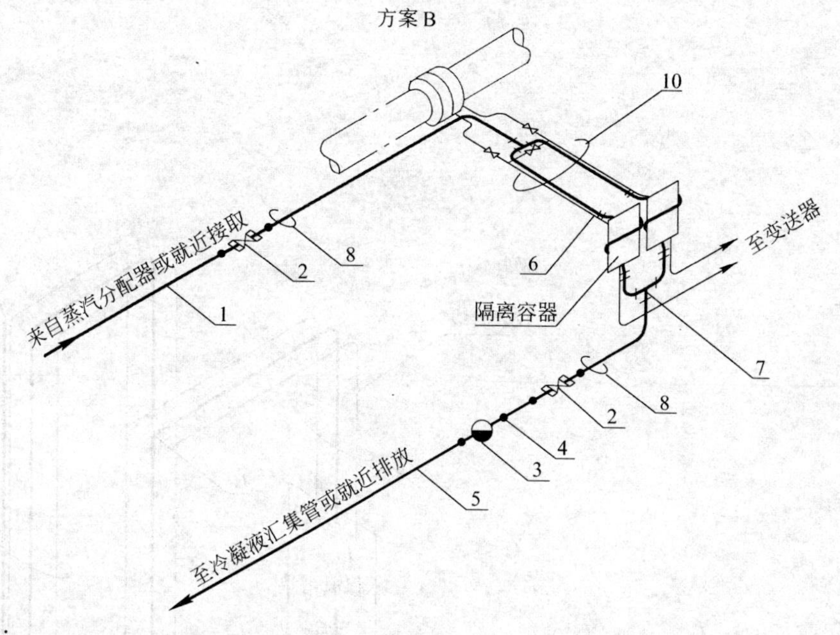

附注：

1. 当凝固点较高时采用方案 A，凝固点较低时采用方案 B。
2. 本图需与(2000)YK04-9，(2000)YK04-10 号图配合使用。

件号	名称及规格	数量	材质	单重	总重	图号或标准、规格号	备注
				质量(kg)			
10	双蒸汽管伴热保温					(2000)YK13-46	
9	单蒸汽管伴热保温					(2000)YK13-45	
8	单管绝热保温					(2000)YK13-43	
7	三通中间接头ϕ14	2	20			YZG5-10	
6	直通中间接头ϕ14	4	20			YZG5-3	
5	无缝钢管$\phi18\times2$		10 或 20			GB/T 8163—1987	长度见工程设计
4	直通终端长管锥管接头 R¼″	2	20			YZG5-2	
3	疏水器 *DN*10，Rc¼″	1	碳素钢			YZ12-15	S19H-1P 型
2	外螺纹截止阀 *DN*5(配管ϕ14)	2	碳素钢			YZJ-2A-1	J61H-200C 型
1	无缝钢管$\phi14\times2$		10 或 20			GB/T 8163—1987	长度见工程设计

设备材料表

冶金仪控通用图	腐蚀性液体流量测量管路蒸汽伴热连接图（变送器低于节流装置）	(2000)YK13-28	
		比例	页次

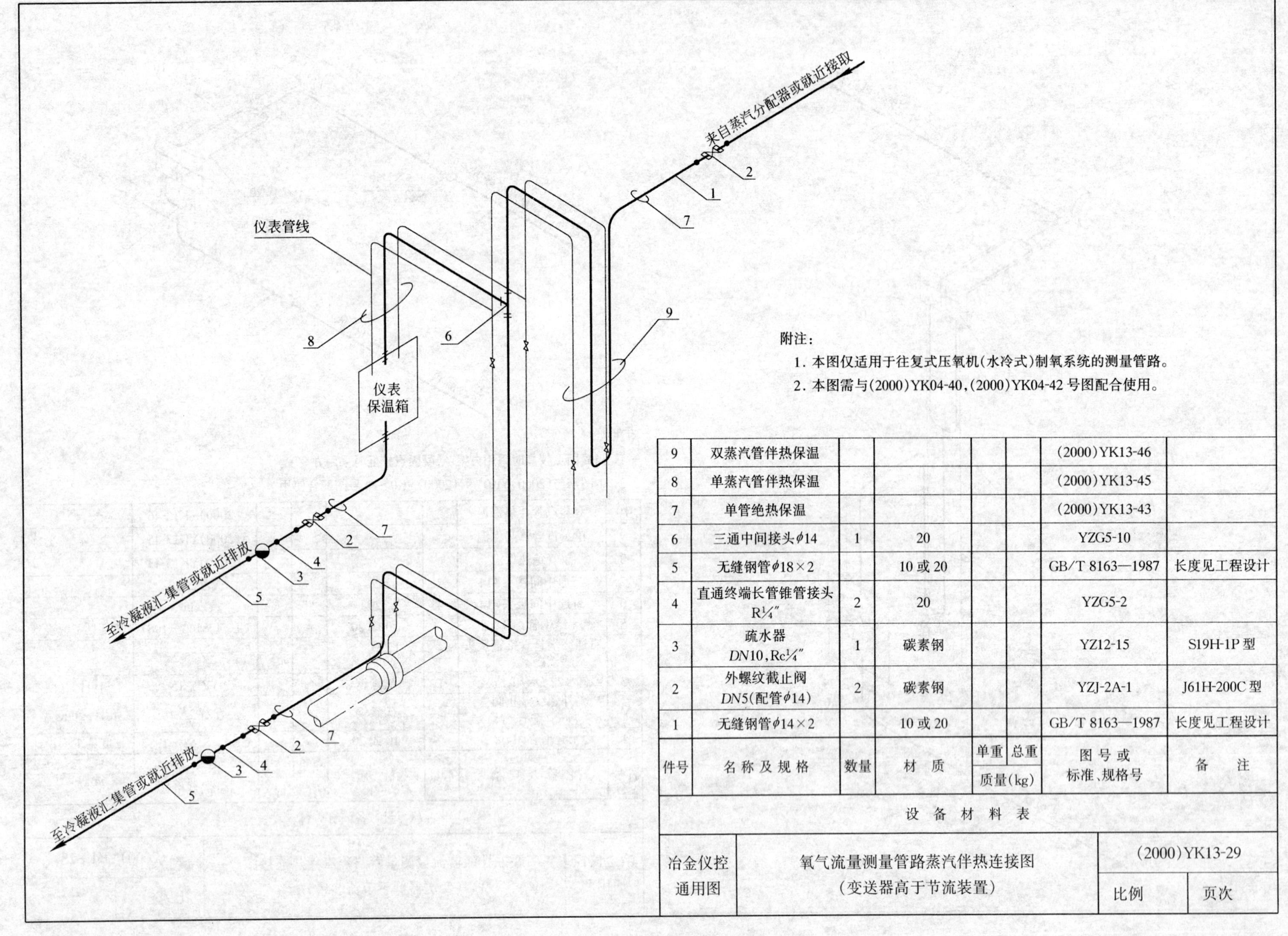

附注：

1. 本图仅适用于往复式压氧机(水冷式)制氧系统的测量管路。
2. 本图需与(2000)YK04-40,(2000)YK04-42号图配合使用。

件号	名称及规格	数量	材质	单重	总重	图号或标准、规格号	备注
				质量(kg)			
9	双蒸汽管伴热保温					(2000)YK13-46	
8	单蒸汽管伴热保温					(2000)YK13-45	
7	单管绝热保温					(2000)YK13-43	
6	三通中间接头ϕ14	1	20			YZG5-10	
5	无缝钢管$\phi 18\times 2$		10或20			GB/T 8163—1987	长度见工程设计
4	直通终端长管锥管接头R¼″	2	20			YZG5-2	
3	疏水器 *DN*10,Rc¼″	1	碳素钢			YZ12-15	S19H-1P型
2	外螺纹截止阀 *DN*5(配管ϕ14)	2	碳素钢			YZJ-2A-1	J61H-200C型
1	无缝钢管$\phi 14\times 2$		10或20			GB/T 8163—1987	长度见工程设计

设备材料表

冶金仪控通用图	氧气流量测量管路蒸汽伴热连接图 (变送器高于节流装置)	(2000)YK13-29	
		比例	页次

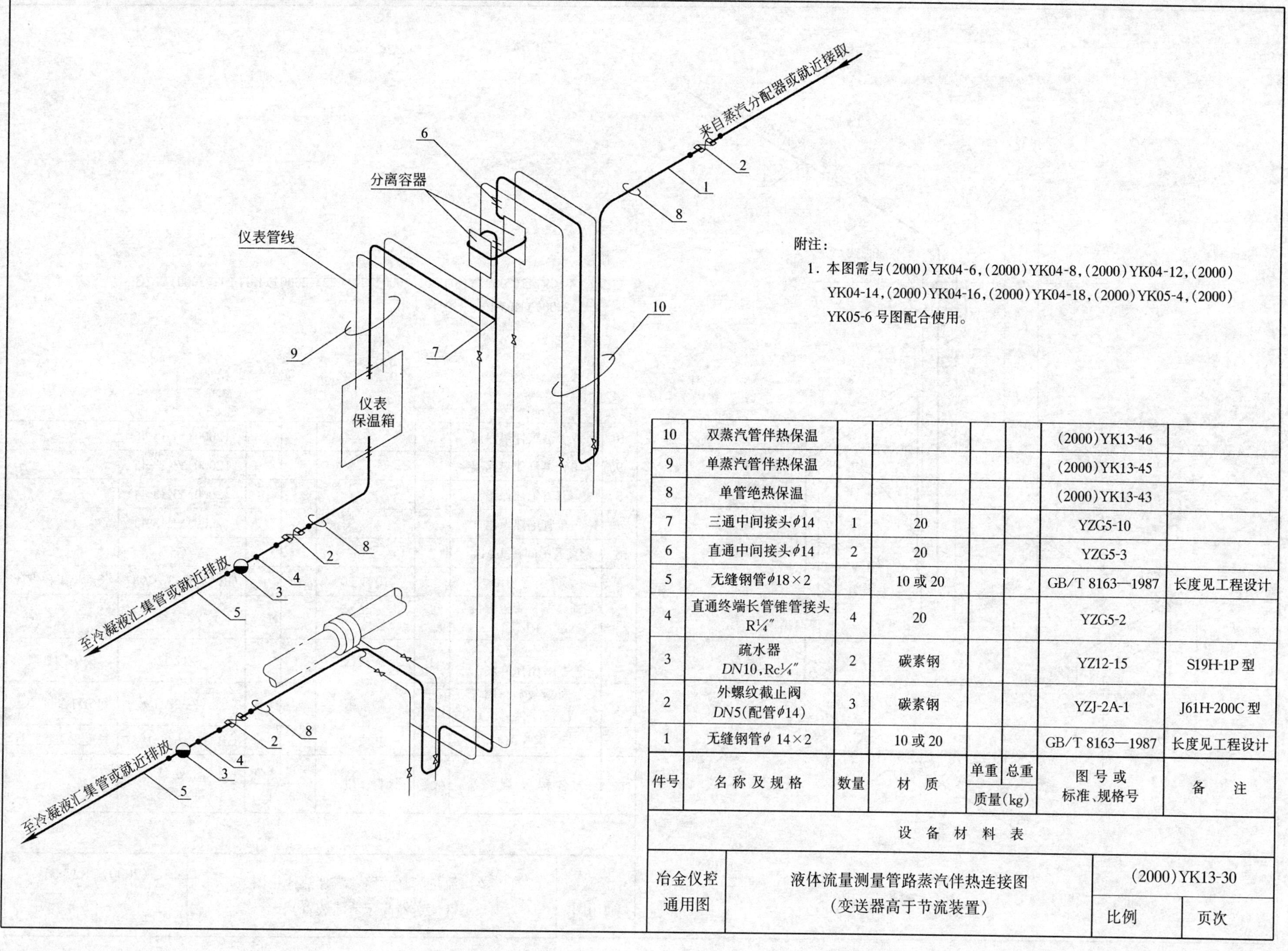

附注：

1. 本图需与(2000)YK04-6，(2000)YK04-8，(2000)YK04-12，(2000)YK04-14，(2000)YK04-16，(2000)YK04-18，(2000)YK05-4，(2000)YK05-6号图配合使用。

件号	名称及规格	数量	材质	单重	总重	图号或标准、规格号	备注
				质量(kg)			
10	双蒸汽管伴热保温					(2000)YK13-46	
9	单蒸汽管伴热保温					(2000)YK13-45	
8	单管绝热保温					(2000)YK13-43	
7	三通中间接头 $\phi 14$	1	20			YZG5-10	
6	直通中间接头 $\phi 14$	2	20			YZG5-3	
5	无缝钢管 $\phi 18\times 2$		10 或 20			GB/T 8163—1987	长度见工程设计
4	直通终端长管锥管接头 R¼″	4	20			YZG5-2	
3	疏水器 *DN*10，Rc¼″	2	碳素钢			YZ12-15	S19H-1P 型
2	外螺纹截止阀 *DN*5(配管 $\phi 14$)	3	碳素钢			YZJ-2A-1	J61H-200C 型
1	无缝钢管 $\phi 14\times 2$		10 或 20			GB/T 8163—1987	长度见工程设计

设备材料表

冶金仪控通用图	液体流量测量管路蒸汽伴热连接图(变送器高于节流装置)	(2000)YK13-30	
		比例	页次

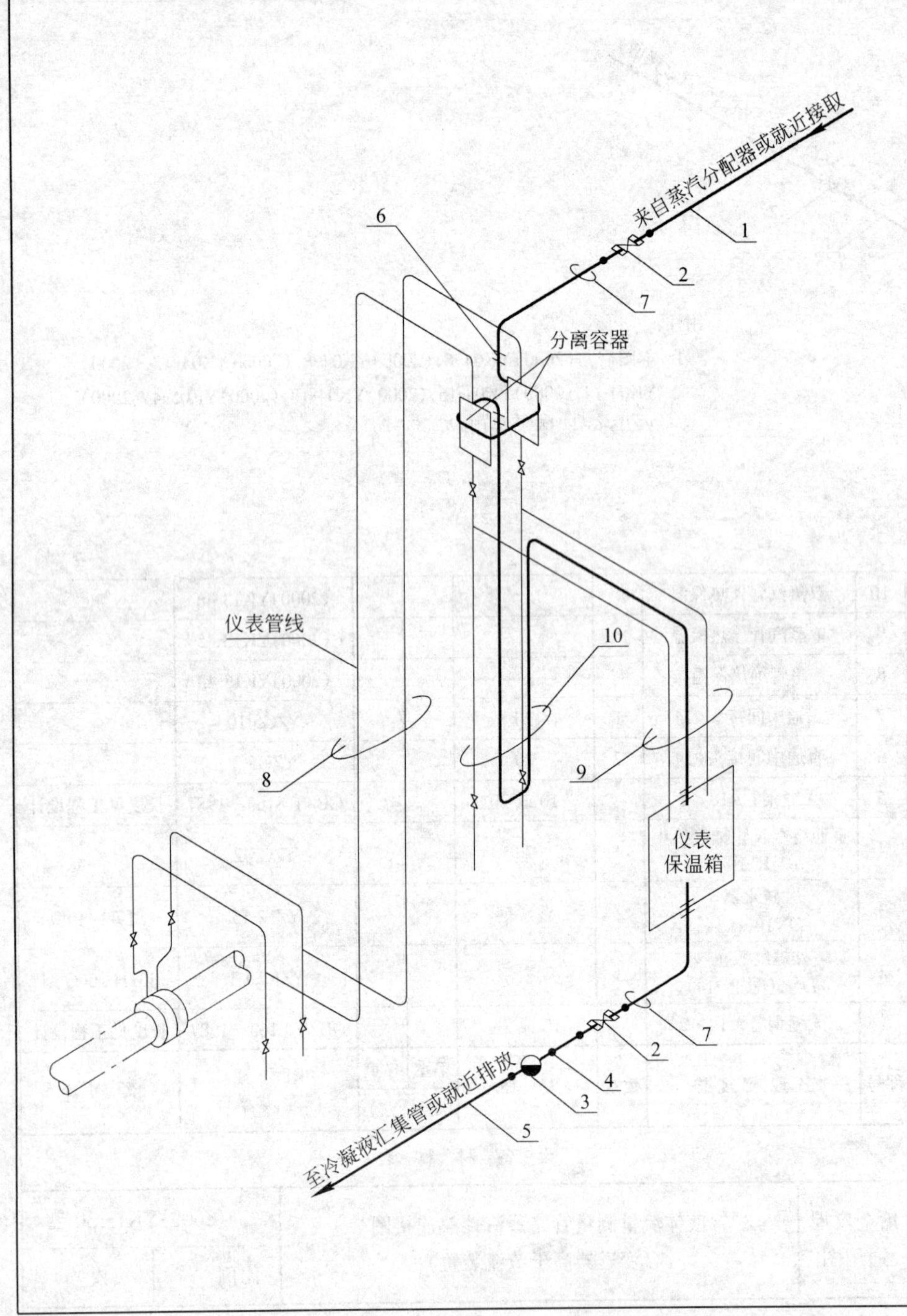

附注：

1. 本图需与(2000)YK04-20,(2000)YK04-22,(2000)YK04-24,(2000)YK05-8,(2000)YK05-10号图配合使用。

件号	名称及规格	数量	材质	单重	总重	图号或标准、规格号	备注
				质量(kg)			
10	双管蒸汽伴热保温					(2000)YK13-46	
9	单管蒸汽伴热保温					(2000)YK13-45	
8	双管绝热保温					(2000)YK13-44	
7	单管绝热保温					(2000)YK13-43	
6	直通中间接头ϕ14	2	20			YZG5-3	
5	无缝钢管$\phi 18\times 2$		10或20			GB/T 8163—1987	长度见工程设计
4	直通终端长管锥管接头R¼″	2	20			YZG5-2	
3	疏水器 *DN*10,Rc¼″	1	碳素钢			YZ12-15	S19H-1P型
2	外螺纹截止阀 *DN*5(配管ϕ14)	2	碳素钢			YZJ-2A-1	J61H-200C型
1	无缝钢管$\phi 14\times 2$		10或20			GB/T 8163—1987	长度见工程设计

设备材料表

冶金仪控通用图	蒸汽流量测量管路蒸汽伴热连接图（变送器高于节流装置）	(2000)YK13-31	
		比例	页次

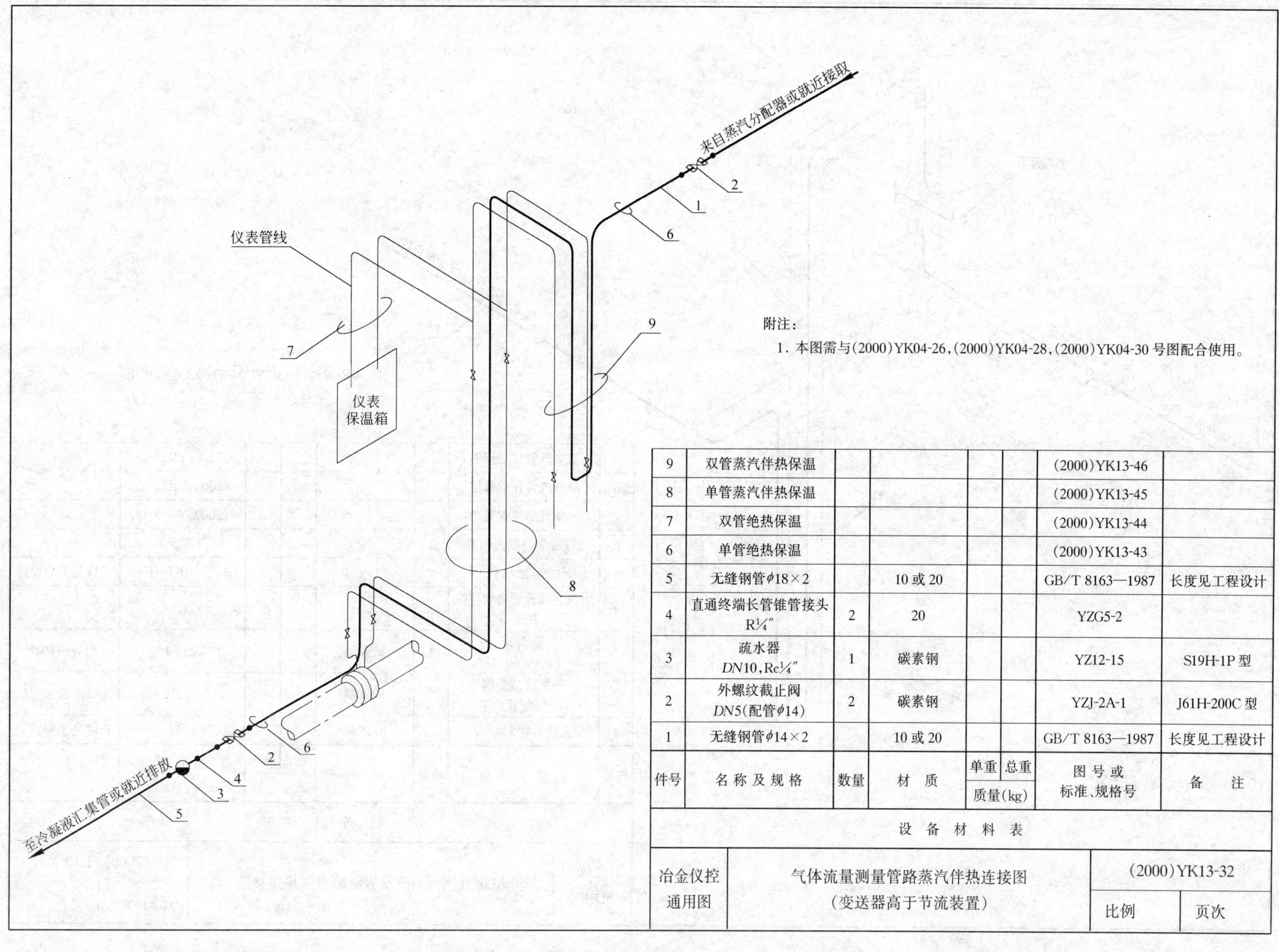

附注：

1. 本图需与(2000)YK04-26,(2000)YK04-28,(2000)YK04-30号图配合使用。

件号	名称及规格	数量	材质	单重	总重	图号或标准、规格号	备注
				质量(kg)			
9	双管蒸汽伴热保温					(2000)YK13-46	
8	单管蒸汽伴热保温					(2000)YK13-45	
7	双管绝热保温					(2000)YK13-44	
6	单管绝热保温					(2000)YK13-43	
5	无缝钢管 $\phi18\times2$		10或20			GB/T 8163—1987	长度见工程设计
4	直通终端长管锥管接头 R¼″	2	20			YZG5-2	
3	疏水器 *DN*10,Rc¼″	1	碳素钢			YZ12-15	S19H-1P型
2	外螺纹截止阀 *DN*5(配管$\phi14$)	2	碳素钢			YZJ-2A-1	J61H-200C型
1	无缝钢管 $\phi14\times2$		10或20			GB/T 8163—1987	长度见工程设计

设备材料表

冶金仪控通用图	气体流量测量管路蒸汽伴热连接图（变送器高于节流装置）	(2000)YK13-32	
		比例	页次

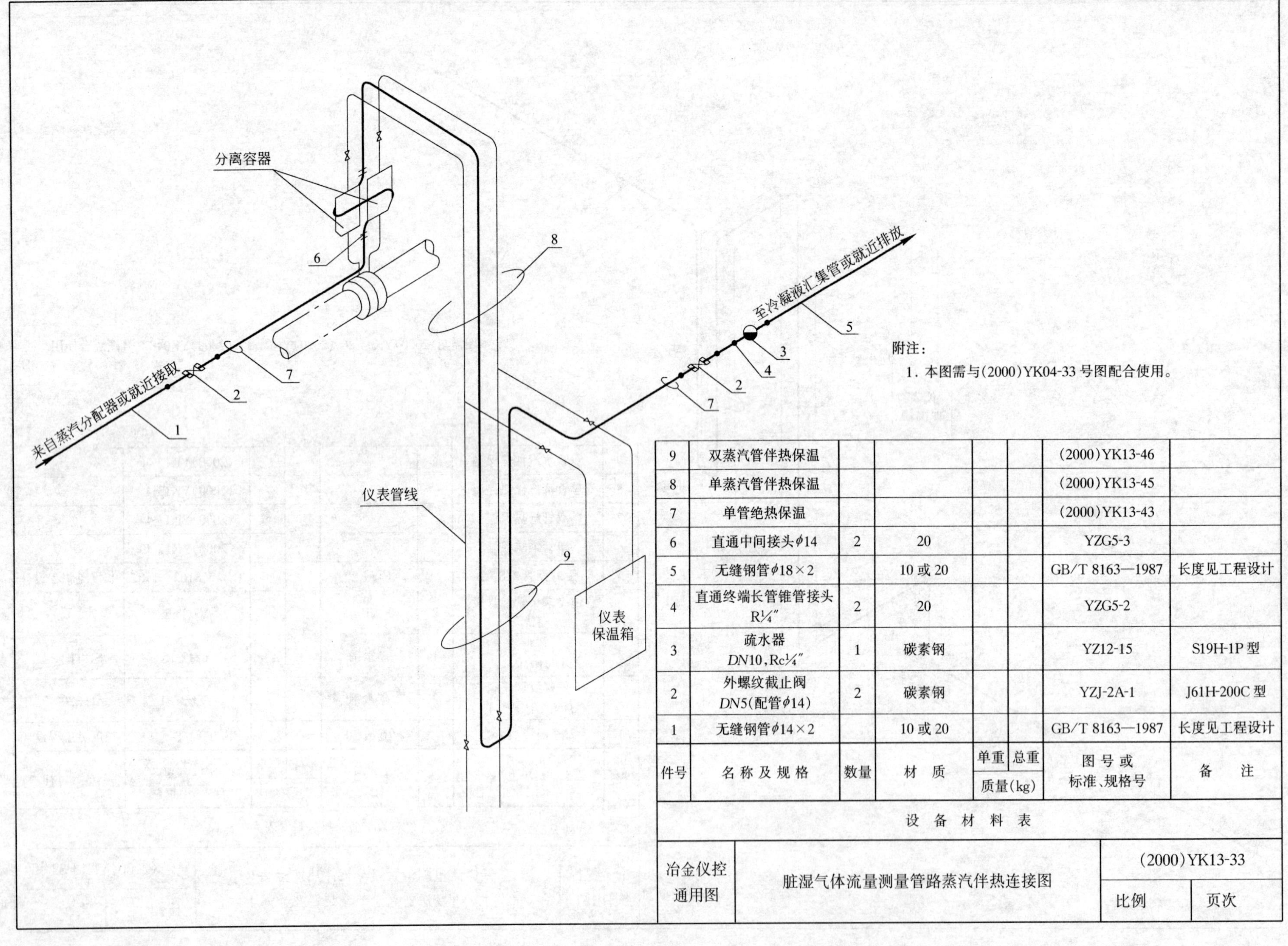

附注：

1. 本图需与(2000)YK04-33号图配合使用。

件号	名称及规格	数量	材 质	单重	总重	图号或标准、规格号	备 注
				质量(kg)			
9	双蒸汽管伴热保温					(2000)YK13-46	
8	单蒸汽管伴热保温					(2000)YK13-45	
7	单管绝热保温					(2000)YK13-43	
6	直通中间接头$\phi 14$	2	20			YZG5-3	
5	无缝钢管$\phi 18\times 2$		10或20			GB/T 8163—1987	长度见工程设计
4	直通终端长管锥管接头 R¼″	2	20			YZG5-2	
3	疏水器 *DN*10，Rc¼″	1	碳素钢			YZ12-15	S19H-1P型
2	外螺纹截止阀 *DN*5(配管$\phi 14$)	2	碳素钢			YZJ-2A-1	J61H-200C型
1	无缝钢管$\phi 14\times 2$		10或20			GB/T 8163—1987	长度见工程设计

设 备 材 料 表

冶金仪控通用图	脏湿气体流量测量管路蒸汽伴热连接图	(2000)YK13-33	
		比例	页次

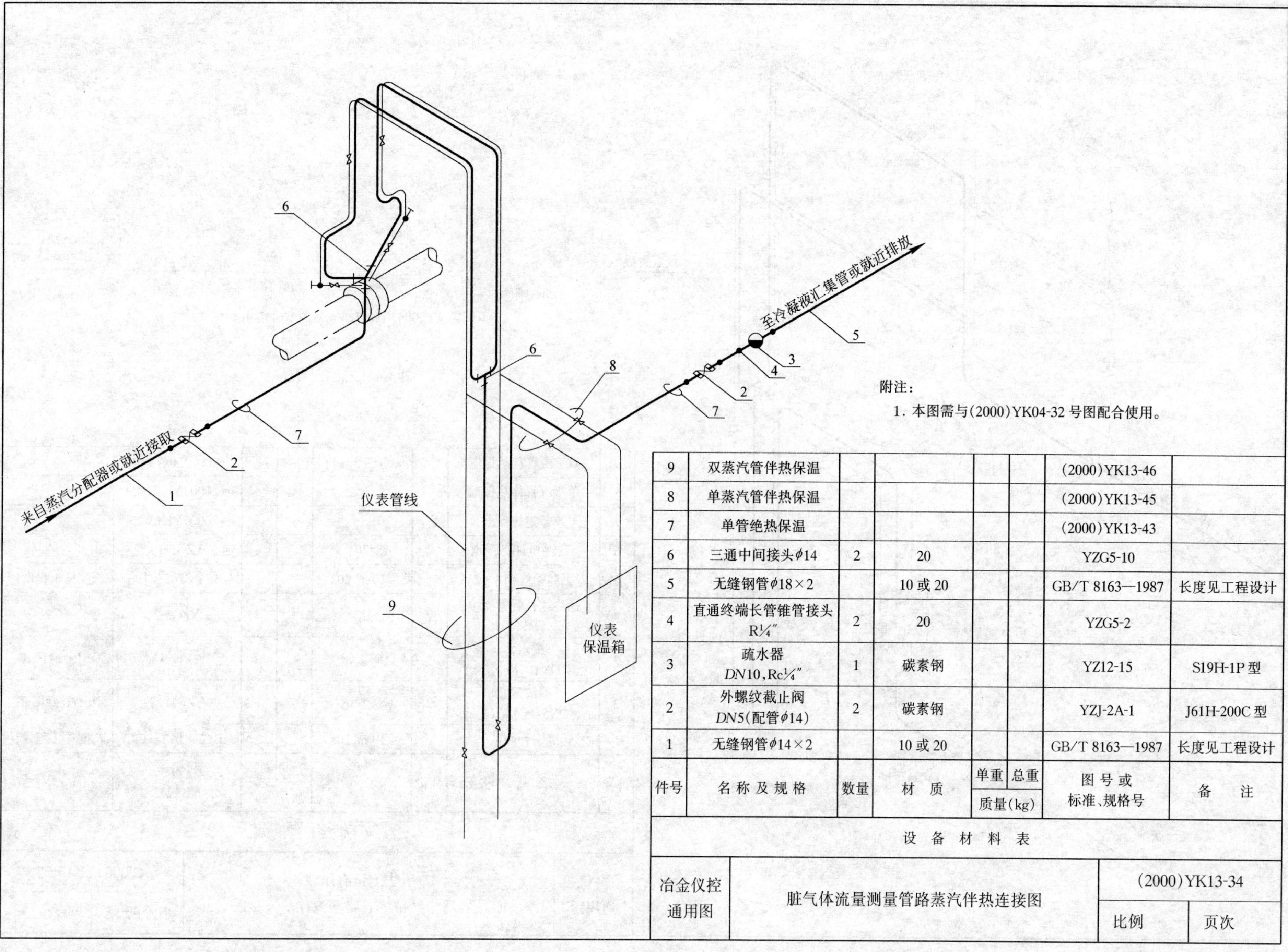

附注：

1. 本图需与(2000)YK04-32 号图配合使用。

件号	名称及规格	数量	材质	单重	总重	图号或标准、规格号	备注
9	双蒸汽管伴热保温					(2000)YK13-46	
8	单蒸汽管伴热保温					(2000)YK13-45	
7	单管绝热保温					(2000)YK13-43	
6	三通中间接头ϕ14	2	20			YZG5-10	
5	无缝钢管$\phi 18\times2$		10 或 20			GB/T 8163—1987	长度见工程设计
4	直通终端长管锥管接头 R¼″	2	20			YZG5-2	
3	疏水器 *DN*10，Rc¼″	1	碳素钢			YZ12-15	S19H-1P 型
2	外螺纹截止阀 *DN*5(配管ϕ14)	2	碳素钢			YZJ-2A-1	J61H-200C 型
1	无缝钢管$\phi 14\times2$		10 或 20			GB/T 8163—1987	长度见工程设计
				质量(kg)			

设备材料表

冶金仪控通用图	脏气体流量测量管路蒸汽伴热连接图	(2000)YK13-34	
		比例	页次

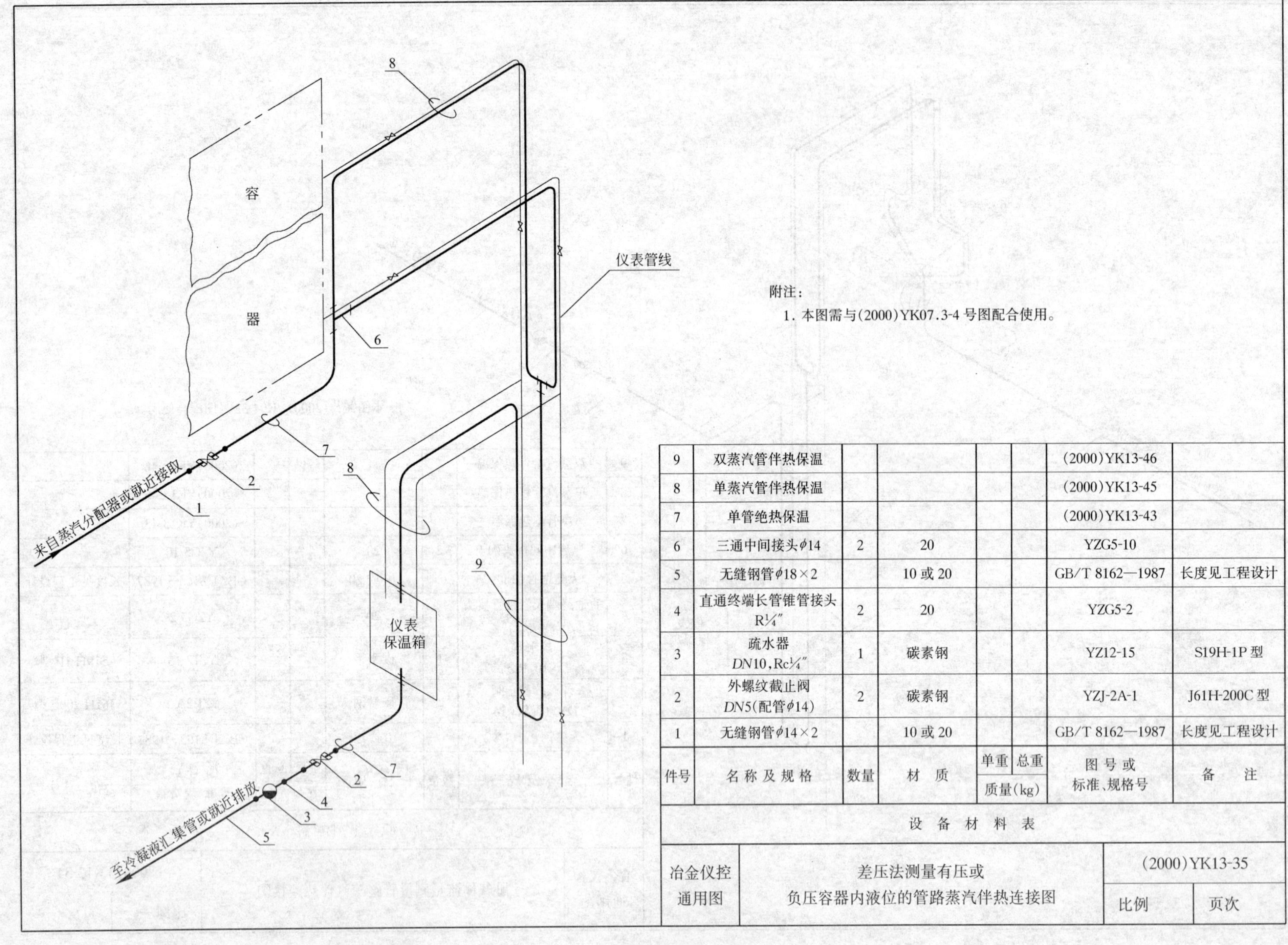

附注：

1. 本图需与(2000)YK07.3-4号图配合使用。

件号	名称及规格	数量	材质	单重	总重	图号或标准、规格号	备注
				质量(kg)			
9	双蒸汽管伴热保温					(2000)YK13-46	
8	单蒸汽管伴热保温					(2000)YK13-45	
7	单管绝热保温					(2000)YK13-43	
6	三通中间接头ϕ14	2	20			YZG5-10	
5	无缝钢管$\phi 18\times 2$		10或20			GB/T 8162—1987	长度见工程设计
4	直通终端长管锥管接头R¼″	2	20			YZG5-2	
3	疏水器 *DN*10，Rc¼″	1	碳素钢			YZ12-15	S19H-1P型
2	外螺纹截止阀 *DN*5(配管ϕ14)	2	碳素钢			YZJ-2A-1	J61H-200C型
1	无缝钢管$\phi 14\times 2$		10或20			GB/T 8162—1987	长度见工程设计

设备材料表

冶金仪控通用图	差压法测量有压或负压容器内液位的管路蒸汽伴热连接图	(2000)YK13-35	
		比例	页次

方案A

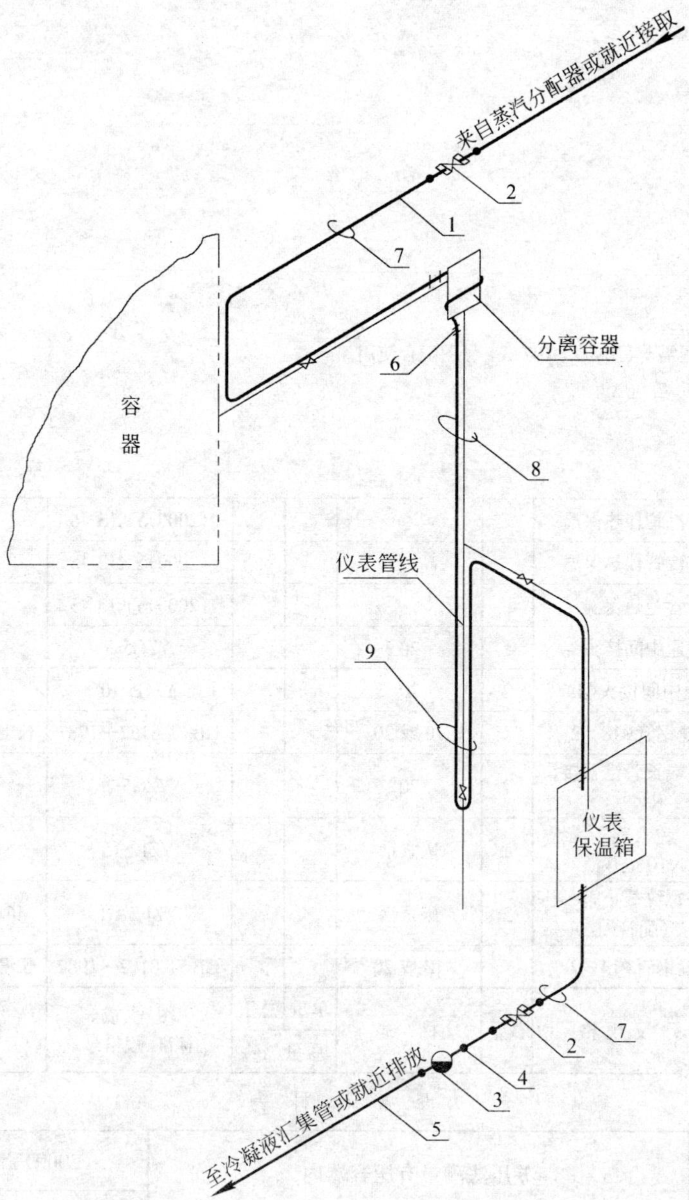

来自蒸汽分配器或就近接取
2
1
7
6
分离容器
容
器
8
仪表管线
9
仪表
保温箱
7
2
4
3
5
至冷凝液汇集管或就近排放

方案B

来自蒸汽分配器或就近接取
2
1
7
分离容器
7
2
4
3
6
5
容
器
至变送器
至冷凝液汇集管或就近排放

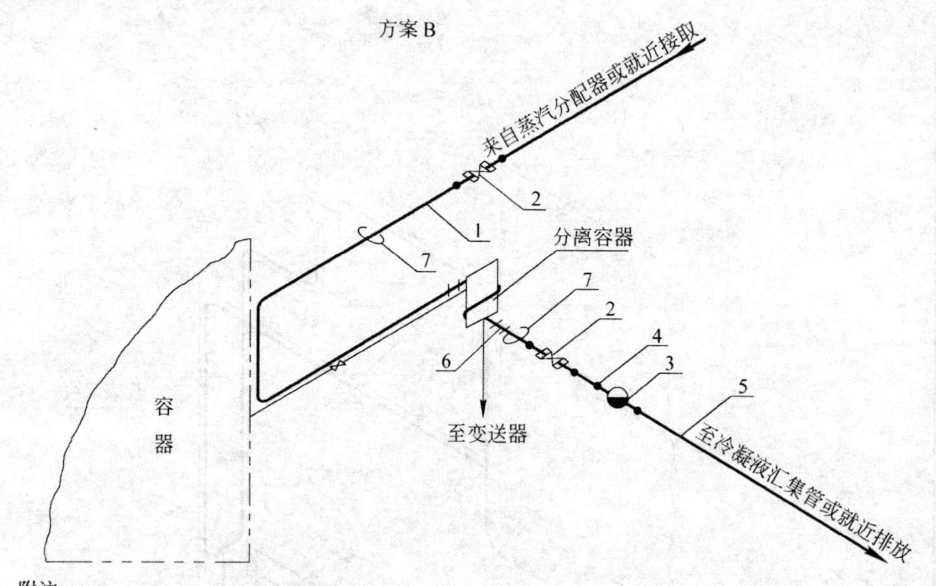

附注:

1. 当隔离液的凝固点较高时采用方案A,凝固点较低时采用方案B。
2. 本图需与(2000)YK07.3-3号图配合使用。

件号	名称及规格	数量	材质	单重	总重	图号或标准、规格号	备注
9	双蒸汽管伴热保温					(2000)YK13-46	
8	单蒸汽管伴热保温					(2000)YK13-45	
7	单管绝热保温					(2000)YK13-43	
6	直通中间接头ϕ14	2	20			YZG5-3	
5	无缝钢管$\phi 18\times 2$		10或20			GB/T 8162—1987	长度见工程设计
4	直通终端长管锥管接头R¼″	2	20			YZG5-2	
3	疏水器*DN*10,Rc¼″	1	碳素钢			YZ12-15	S19H-1P型
2	外螺纹截止阀*DN*5(配管ϕ14)	2	碳素钢			YZJ-2A-1	J61H-200C型
1	无缝钢管$\phi 14\times 2$		10或20			GB/T 8162—1987	长度见工程设计
				质量(kg)			

设备材料表

冶金仪控通用图	差压法测量常压容器内液位的管路蒸汽伴热连接图	(2000)YK13-36
		比例 | 页次

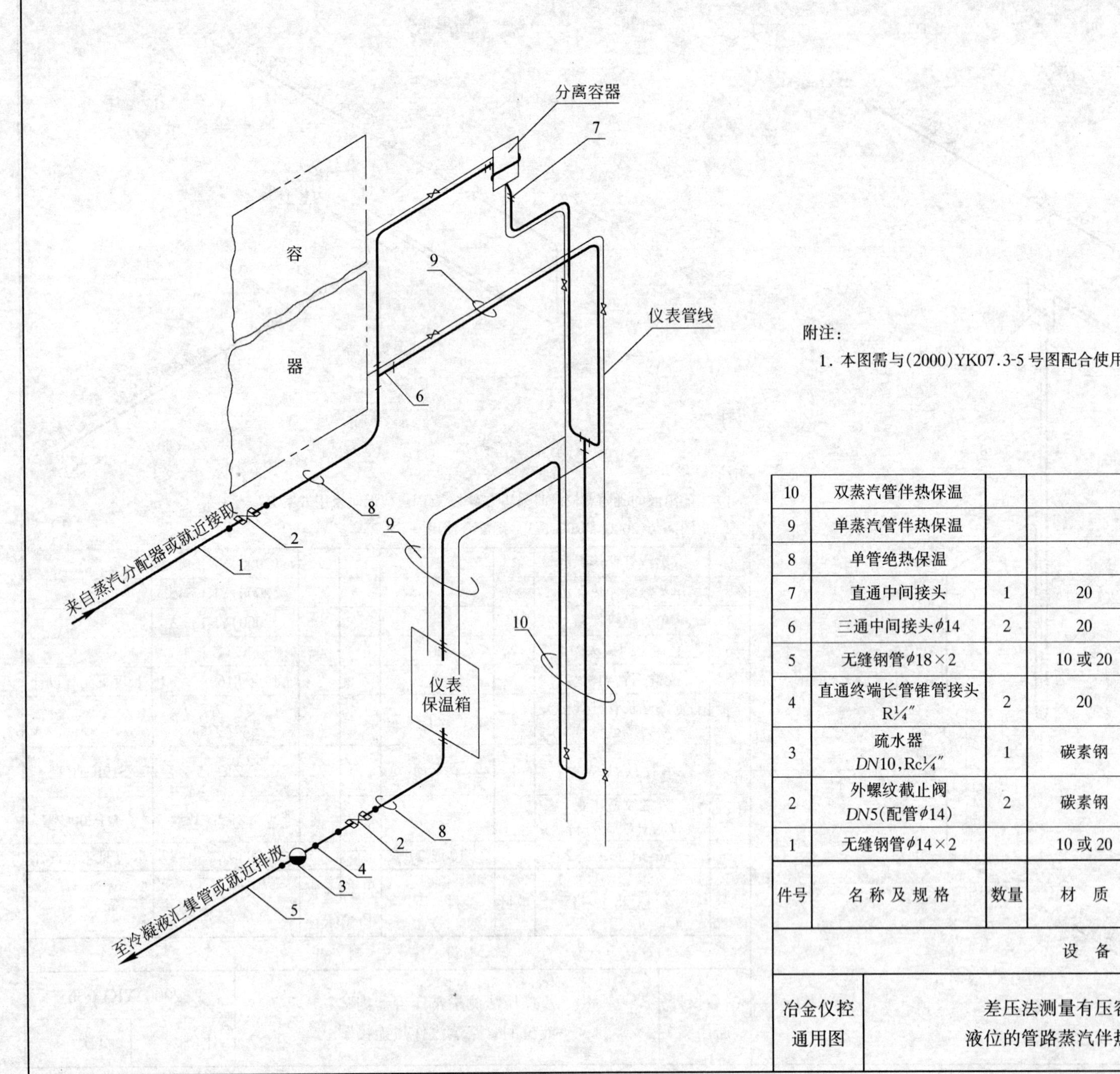

附注：

1．本图需与(2000)YK07.3-5号图配合使用。

件号	名称及规格	数量	材质	单重 质量(kg)	总重 质量(kg)	图号或标准、规格号	备注
10	双蒸汽管伴热保温					(2000)YK13-46	
9	单蒸汽管伴热保温					(2000)YK13-45	
8	单管绝热保温					(2000)YK13-43	
7	直通中间接头	1	20			YZG5-3	
6	三通中间接头ϕ14	2	20			YZG5-10	
5	无缝钢管ϕ18×2		10或20			GB/T 8162—1987	长度见工程设计
4	直通终端长管锥管接头 R¼″	2	20			YZG5-2	
3	疏水器 *DN*10，Rc¼″	1	碳素钢			YZ12-15	S19H-1P型
2	外螺纹截止阀 *DN*5(配管ϕ14)	2	碳素钢			YZJ-2A-1	J61H-200C型
1	无缝钢管ϕ14×2		10或20			GB/T 8162—1987	长度见工程设计

设备材料表

冶金仪控通用图	差压法测量有压容器内液位的管路蒸汽伴热连接图	(2000)YK13-37	
		比例	页次

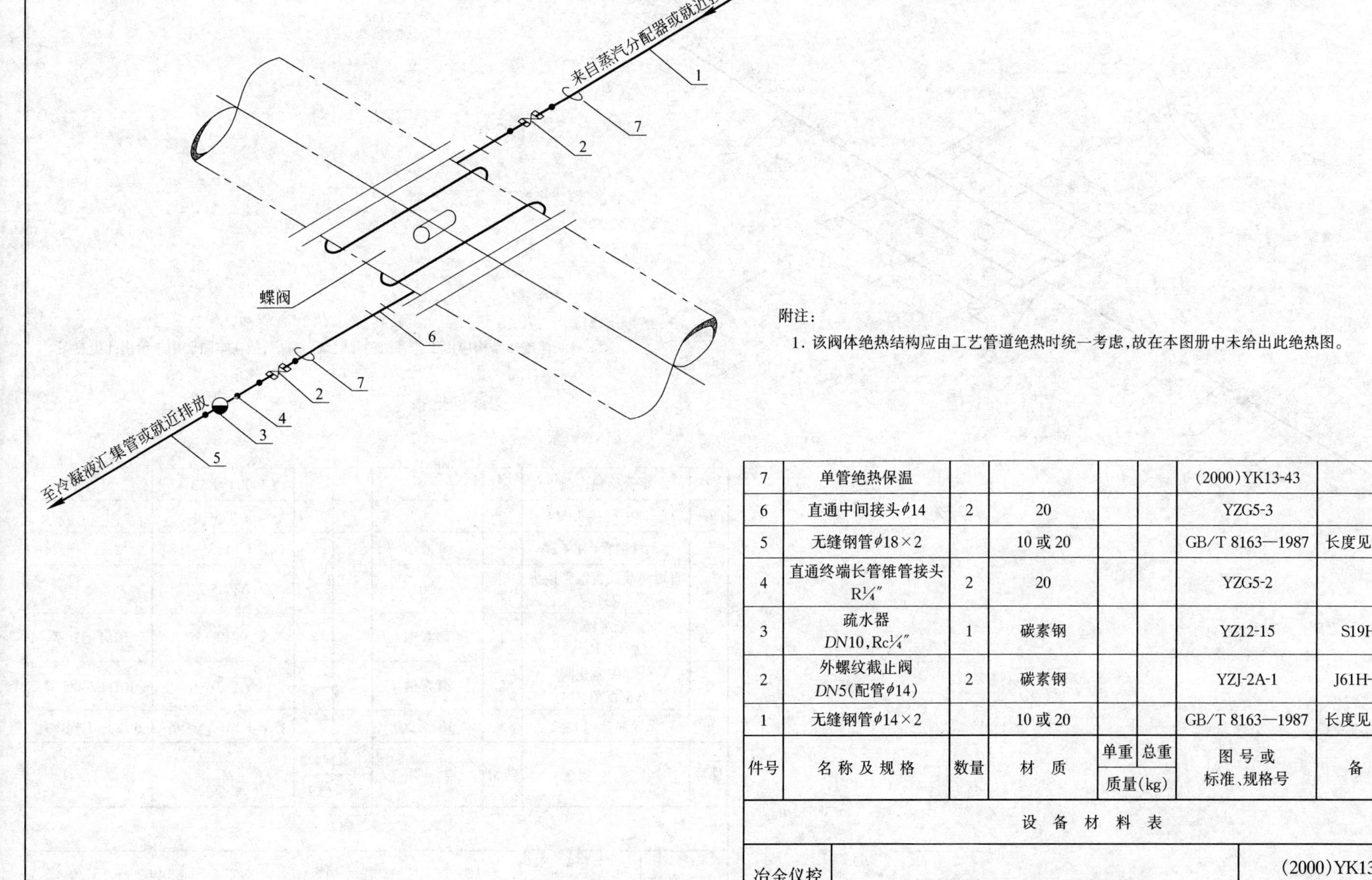

附注：

1. 该阀体绝热结构应由工艺管道绝热时统一考虑，故在本图册中未给出此绝热图。

件号	名称及规格	数量	材质	单重	总重	图号或标准、规格号	备注
				质量(kg)			
7	单管绝热保温					(2000)YK13-43	
6	直通中间接头ϕ14	2	20			YZG5-3	
5	无缝钢管$\phi 18\times 2$		10 或 20			GB/T 8163—1987	长度见工程设计
4	直通终端长管锥管接头 R¼″	2	20			YZG5-2	
3	疏水器 *DN*10，Rc¼″	1	碳素钢			YZ12-15	S19H-1P 型
2	外螺纹截止阀 *DN*5(配管ϕ14)	2	碳素钢			YZJ-2A-1	J61H-200C 型
1	无缝钢管$\phi 14\times 2$		10 或 20			GB/T 8163—1987	长度见工程设计

设 备 材 料 表

冶金仪控通用图	ϕ500 以下蝶阀蒸汽伴热连接图	(2000)YK13-38	
		比例	页次

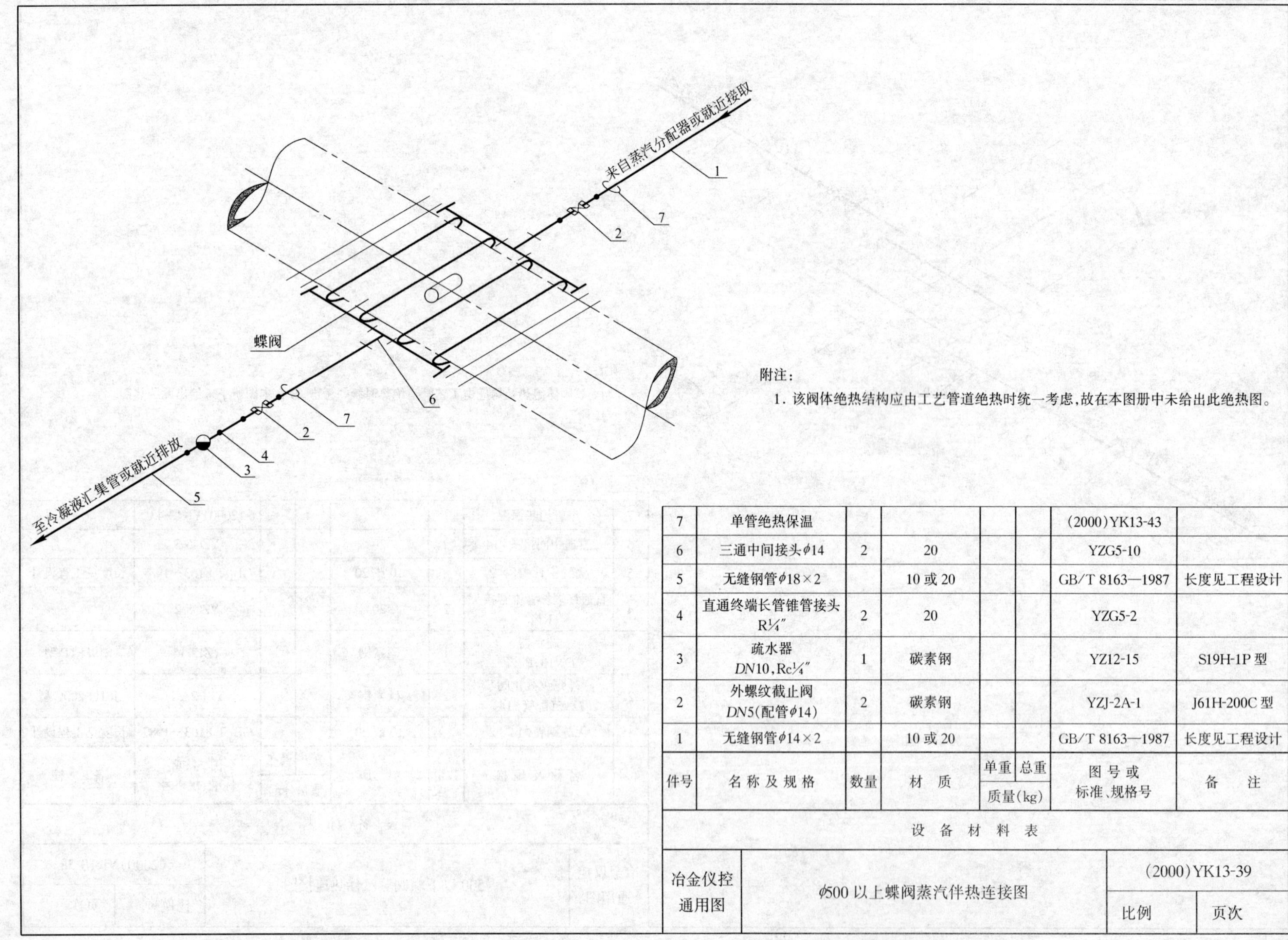

附注：

1. 该阀体绝热结构应由工艺管道绝热时统一考虑，故在本图册中未给出此绝热图。

件号	名称及规格	数量	材质	单重	总重	图号或标准、规格号	备注
				质量(kg)			
7	单管绝热保温					(2000)YK13-43	
6	三通中间接头ϕ14	2	20			YZG5-10	
5	无缝钢管ϕ18×2		10 或 20			GB/T 8163—1987	长度见工程设计
4	直通终端长管锥管接头 R¼″	2	20			YZG5-2	
3	疏水器 *DN*10，Rc¼″	1	碳素钢			YZ12-15	S19H-1P 型
2	外螺纹截止阀 *DN*5(配管ϕ14)	2	碳素钢			YZJ-2A-1	J61H-200C 型
1	无缝钢管ϕ14×2		10 或 20			GB/T 8163—1987	长度见工程设计

设备材料表

冶金仪控通用图	ϕ500 以上蝶阀蒸汽伴热连接图	(2000)YK13-39	
		比例	页次

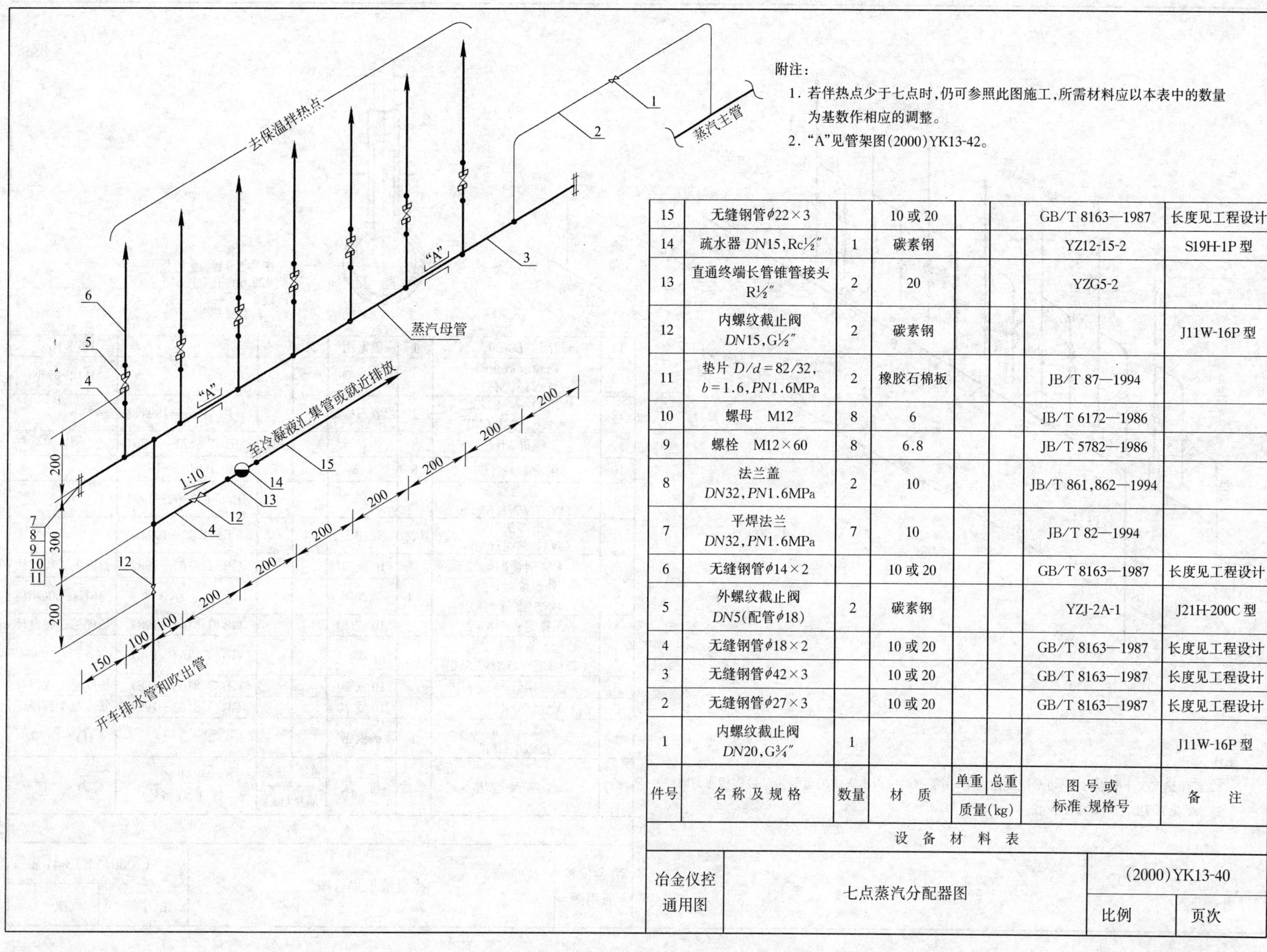

附注：

1. 若伴热点少于七点时，仍可参照此图施工，所需材料应以本表中的数量为基数作相应的调整。
2. "A"见管架图(2000)YK13-42。

件号	名称及规格	数量	材质	单重	总重	图号或标准、规格号	备注
				质量(kg)			
15	无缝钢管 $\phi22\times3$		10 或 20			GB/T 8163—1987	长度见工程设计
14	疏水器 *DN*15,Rc½″	1	碳素钢			YZ12-15-2	S19H-1P 型
13	直通终端长管锥管接头 R½″	2	20			YZG5-2	
12	内螺纹截止阀 *DN*15,G½″	2	碳素钢				J11W-16P 型
11	垫片 $D/d=82/32$, $b=1.6$, *PN*1.6MPa	2	橡胶石棉板			JB/T 87—1994	
10	螺母　M12	8	6			JB/T 6172—1986	
9	螺栓　M12×60	8	6.8			JB/T 5782—1986	
8	法兰盖 *DN*32,*PN*1.6MPa	2	10			JB/T 861,862—1994	
7	平焊法兰 *DN*32,*PN*1.6MPa	7	10			JB/T 82—1994	
6	无缝钢管 $\phi14\times2$		10 或 20			GB/T 8163—1987	长度见工程设计
5	外螺纹截止阀 *DN*5(配管 $\phi18$)	2	碳素钢			YZJ-2A-1	J21H-200C 型
4	无缝钢管 $\phi18\times2$		10 或 20			GB/T 8163—1987	长度见工程设计
3	无缝钢管 $\phi42\times3$		10 或 20			GB/T 8163—1987	长度见工程设计
2	无缝钢管 $\phi27\times3$		10 或 20			GB/T 8163—1987	长度见工程设计
1	内螺纹截止阀 *DN*20,G¾″	1					J11W-16P 型

设 备 材 料 表

冶金仪控通用图	七点蒸汽分配器图	(2000)YK13-40	
		比例	页次

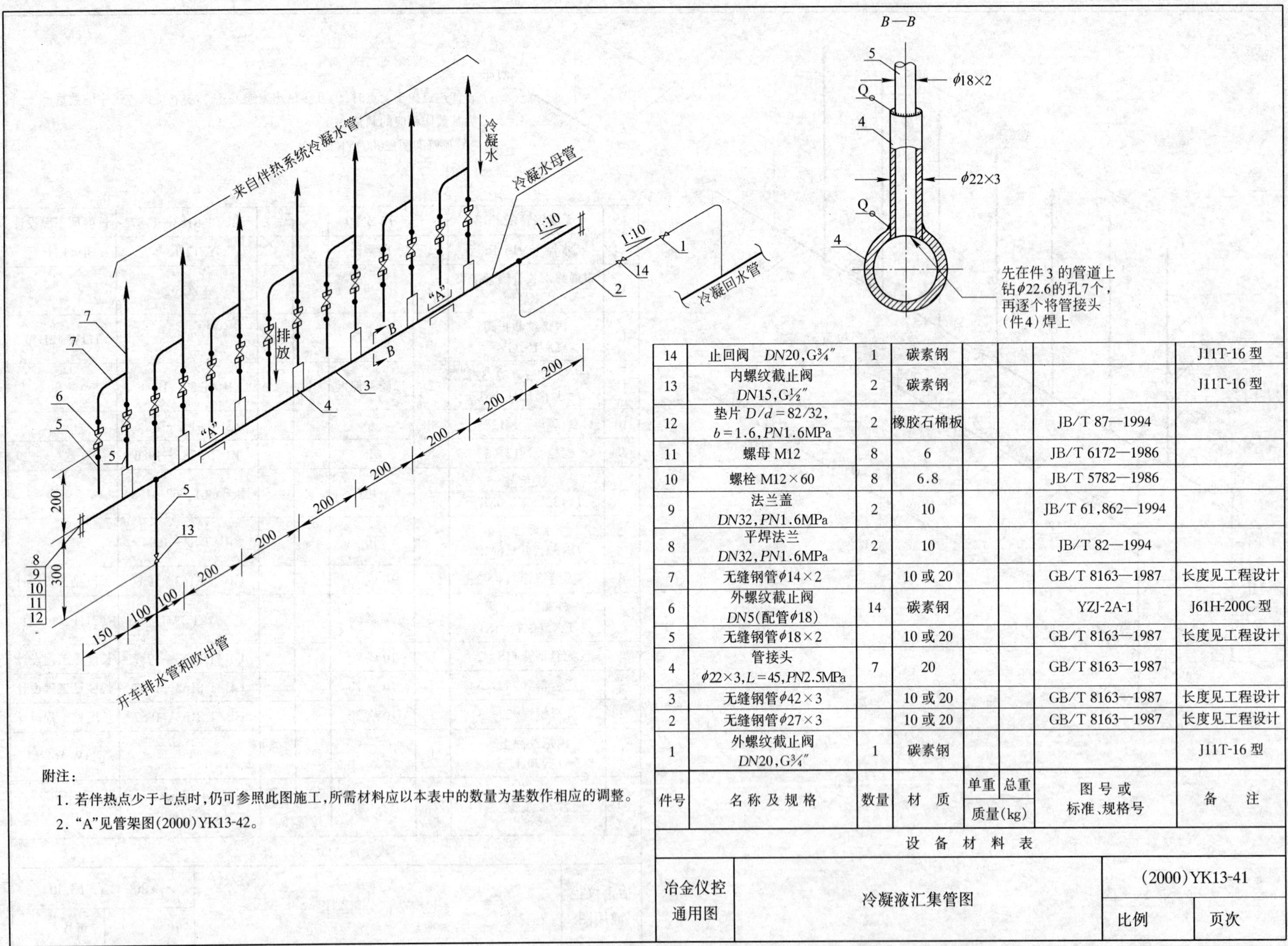

附注：

1. 若伴热点少于七点时，仍可参照此图施工，所需材料应以本表中的数量为基数作相应的调整。
2. "A"见管架图(2000)YK13-42。

件号	名称及规格	数量	材质	单重	总重	图号或标准、规格号	备注
14	止回阀 $DN20$,G¾″	1	碳素钢				J11T-16 型
13	内螺纹截止阀 $DN15$,G½″	2	碳素钢				J11T-16 型
12	垫片 $D/d=82/32$, $b=1.6$, $PN1.6$MPa	2	橡胶石棉板			JB/T 87—1994	
11	螺母 M12	8	6			JB/T 6172—1986	
10	螺栓 M12×60	8	6.8			JB/T 5782—1986	
9	法兰盖 $DN32$, $PN1.6$MPa	2	10			JB/T 61,862—1994	
8	平焊法兰 $DN32$, $PN1.6$MPa	2	10			JB/T 82—1994	
7	无缝钢管φ14×2		10 或 20			GB/T 8163—1987	长度见工程设计
6	外螺纹截止阀 $DN5$(配管φ18)	14	碳素钢			YZJ-2A-1	J61H-200C 型
5	无缝钢管φ18×2		10 或 20			GB/T 8163—1987	长度见工程设计
4	管接头 φ22×3, $L=45$, $PN2.5$MPa	7	20			GB/T 8163—1987	
3	无缝钢管φ42×3		10 或 20			GB/T 8163—1987	长度见工程设计
2	无缝钢管φ27×3		10 或 20			GB/T 8163—1987	长度见工程设计
1	外螺纹截止阀 $DN20$,G¾″	1	碳素钢				J11T-16 型
件号	名称及规格	数量	材质	单重 质量(kg)	总重	图号或标准、规格号	备注

设备材料表

冶金仪控通用图	冷凝液汇集管图	(2000)YK13-41	
		比例	页次

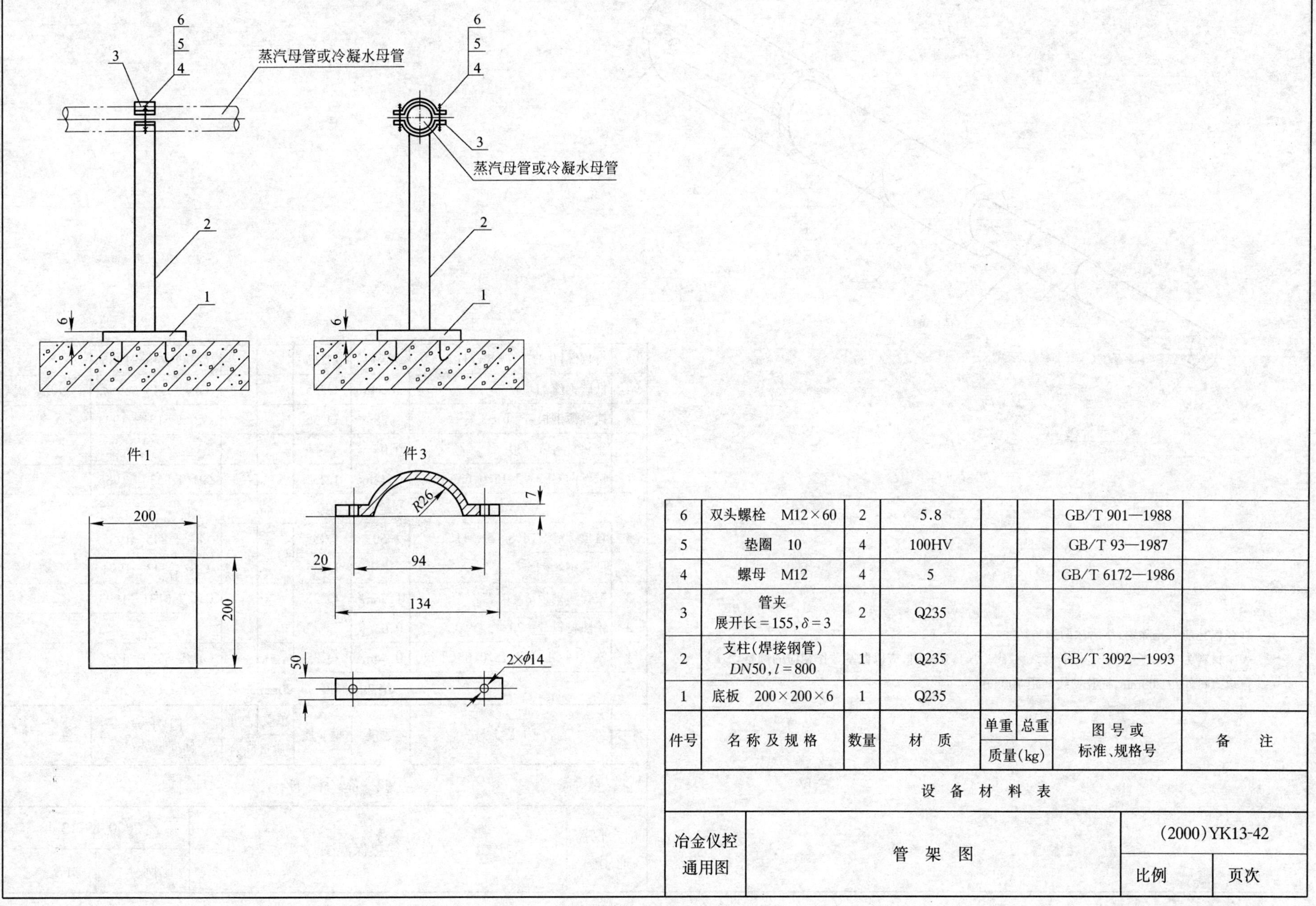

件号	名称及规格	数量	材质	单重（质量(kg)）	总重（质量(kg)）	图号或标准、规格号	备注
6	双头螺栓　M12×60	2	5.8			GB/T 901—1988	
5	垫圈　10	4	100HV			GB/T 93—1987	
4	螺母　M12	4	5			GB/T 6172—1986	
3	管夹 展开长 = 155, $\delta = 3$	2	Q235				
2	支柱(焊接钢管) $DN50, l = 800$	1	Q235			GB/T 3092—1993	
1	底板　200×200×6	1	Q235				

设备材料表

冶金仪控通用图	管架图	(2000)YK13-42
		比例 页次

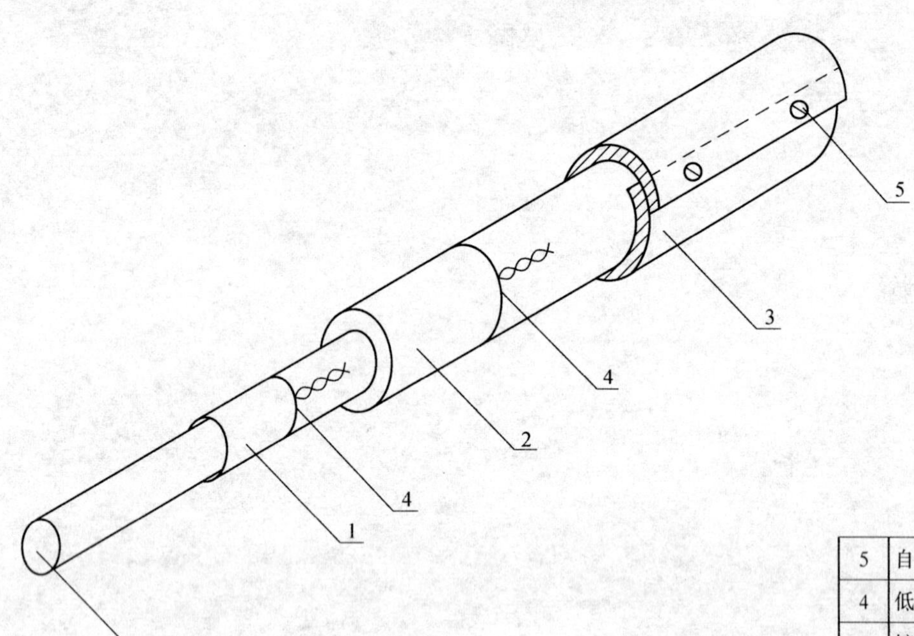

5	自攻螺钉 ST4.8×5-C-H	50	Q235			GB/T 845—1985	
4	低碳钢丝 $\phi 1$	3.34m	Q235			GB/T 343—1994	
3	镀锌薄钢板 $\delta=0.35$	$2.38m^2$	Q235			GB/T 5131—1993	
2	绝热材料 $\delta=30$	$0.05m^3$					
1	铁丝网 GF3W3.15/0.63(平纹)	$0.44m^2$	Q235			GB/T 5330—1985	
绝热层厚度 $\delta=30$mm							
5	自攻螺钉 ST4.8×5-C-H	50	Q235			GB/T 845—1985	
4	低碳钢丝 $\phi 1$	2.5m	Q235			GB/T 343—1994	
3	镀锌薄钢板 $\delta=0.35$	$1.76m^2$	Q235			GB/T 5131—1993	
2	绝热材料 $\delta=20$	$0.03m^3$					
1	铁丝网 GF3W3.15/0.63(平纹)	$0.44m^2$	Q235			GB/T 5330—1985	
绝热层厚度 $\delta=20$mm							
件号	名称及规格	数量	材质	单重	总重	图号或标准、规格号	备注
				质量(kg)			
设备材料表							

附注：

1. 管线包扎前应先除锈，然后涂两遍防锈漆。
2. 表中材料为10m长管线所需，若管线大于或小于10m时，应以此基数作相应的调整。
3. 自攻螺钉间距200mm，捆扎铁线间距700mm。

冶金仪控通用图	单管绝热保温图	(2000)YK13-43	
		比例	页次

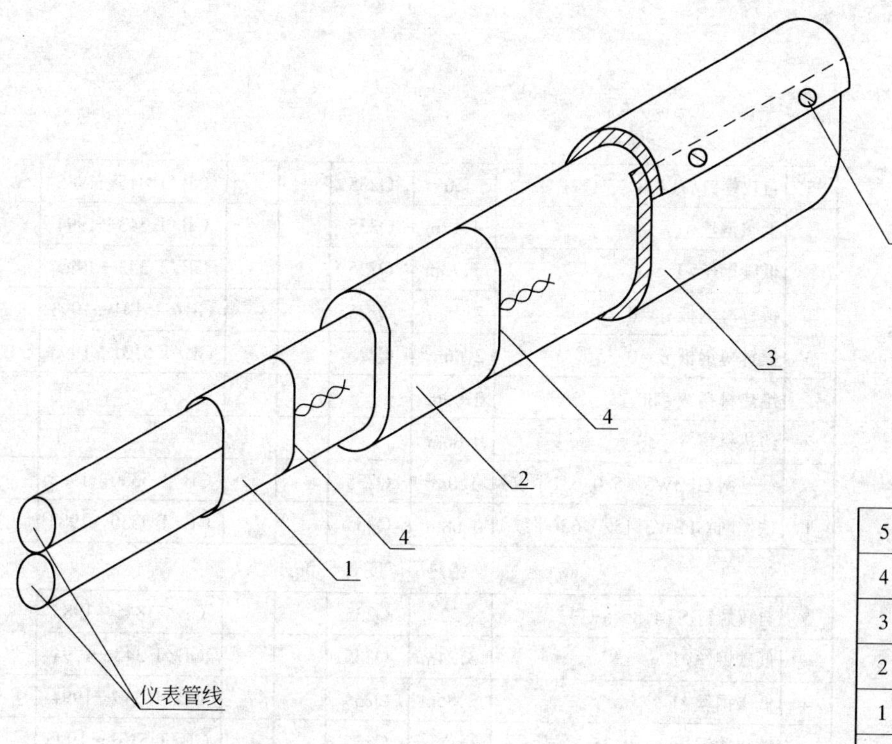

附注：

1. 管线包扎前应先除锈，然后涂两遍防锈漆。
2. 表中材料为10m长管线所需，若管线大于或小于10m时，应以此基数作相应的调整。
3. 自攻螺钉间距200mm，捆扎铁线间距700mm。

件号	名称及规格	数量	材质	单重	总重	图号或标准、规格号	备注
				质量(kg)			
5	自攻螺钉 ST4.8×5-C-H	50	Q235			GB/T 845—1985	
4	低碳钢丝ϕ1	3.73m	Q235			GB/T 343—1994	
3	镀锌薄钢板 $\delta=0.35$	2.66m^2	Q235			GB/T 5131—1993	
2	绝热材料 $\delta=30$	0.07m^3					
1	铁丝网 GF3W3.15/0.63(平纹)	0.68m^2	Q235			GB/T 5330—1985	
绝热层厚度 $\delta=30$mm							
5	自攻螺钉 ST4.8×5-C-H	50	Q235			GB/T 845—1985	
4	低碳钢丝ϕ1	2.85m	Q235			GB/T 343—1994	
3	镀锌薄钢板 $\delta=0.35$	2.04m^2	Q235			GB/T 5131—1993	
2	绝热材料 $\delta=20$	0.04m^3					
1	铁丝网 GF3W3.15/0.63(平纹)	0.68m^2	Q235			GB/T 5330—1985	
绝热层厚度 $\delta=20$mm							

设 备 材 料 表

冶金仪控通用图	双管绝热保温图	(2000)YK13-44	
		比例	页次

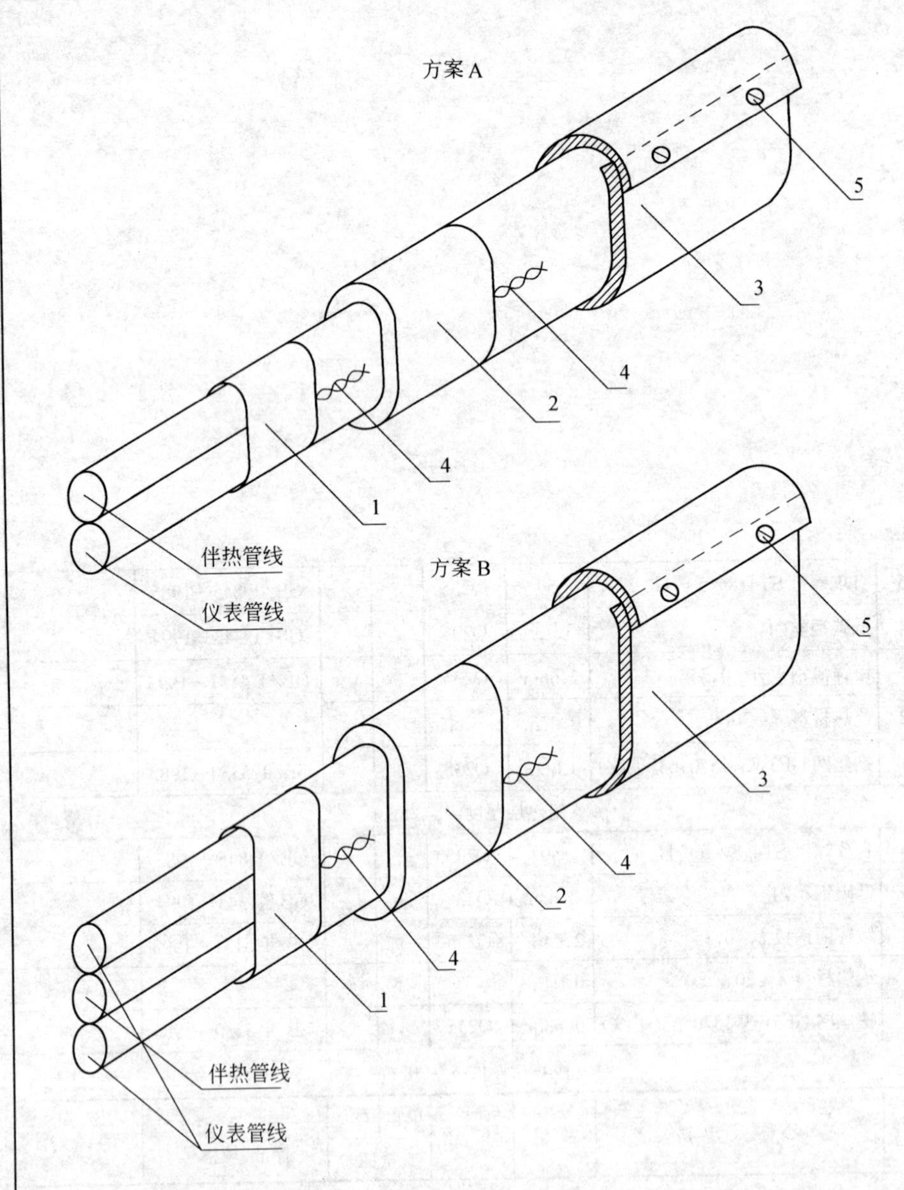

5	自攻螺钉 ST4.8×5-C-H	50	Q235			GB/T 845—1985	
	低碳钢丝ϕ1	4.12m	Q235			GB/T 343—1994	方案 B
4	低碳钢丝ϕ1	3.73m	Q235			GB/T 343—1994	方案 A
	镀锌薄钢板 $\delta=0.35$	2.95m^2	Q235			GB/T 5131—1993	方案 B
3	镀锌薄钢板 $\delta=0.35$	2.66m^2	Q235			GB/T 5131—1993	方案 A
	绝热材料 $\delta=30$	0.09m^3					方案 B
2	绝热材料 $\delta=30$	0.06m^3					方案 A
	铁丝网 GF3W3.15/0.63(平纹)	1.0m^2	Q235			GB/T 5330—1985	方案 B
1	铁丝网 GF3W3.15/0.63(平纹)	0.68m^2	Q235			GB/T 5330—1985	方案 A
绝热层厚度 $\delta=30$mm							
5	自攻螺钉 ST4.8×5-C-H	50	Q235			GB/T 845—1985	
	低碳钢丝ϕ1	3.24m	Q235			GB/T 343—1994	方案 B
4	低碳钢丝ϕ1	2.85m	Q235			GB/T 343—1994	方案 A
	镀锌薄钢板 $\delta=0.35$	2.32m^2	Q235			GB/T 5131—1993	方案 B
3	镀锌薄钢板 $\delta=0.35$	2.04m^2	Q235			GB/T 5131—1993	方案 A
	绝热材料 $\delta=20$	0.05m^3					方案 B
2	绝热材料 $\delta=20$	0.04m^3					方案 A
	铁丝网 GF3W3.15/0.63(平纹)	1.0m^2	Q235			GB/T 5330—1985	方案 B
1	铁丝网 GF3W3.15/0.63(平纹)	0.68m^2	Q235			GB/T 5330—1985	方案 A
绝热层厚度 $\delta=20$mm							
件号	名称及规格	数量	材质	单重	总重	图号或标准、规格号	备注
				质量(kg)			
设备材料表							

冶金仪控通用图	单蒸汽管伴热保温图	(2000)YK13-45	
		比例	页次

附注：

1. 管线包扎前应先除锈，然后涂两遍防锈漆。
2. 表中材料为10m长管线所需，若管线大于或小于10m时，应以此基数作相应的调整。
3. 自攻螺钉间距200mm，捆扎铁线间距700mm。

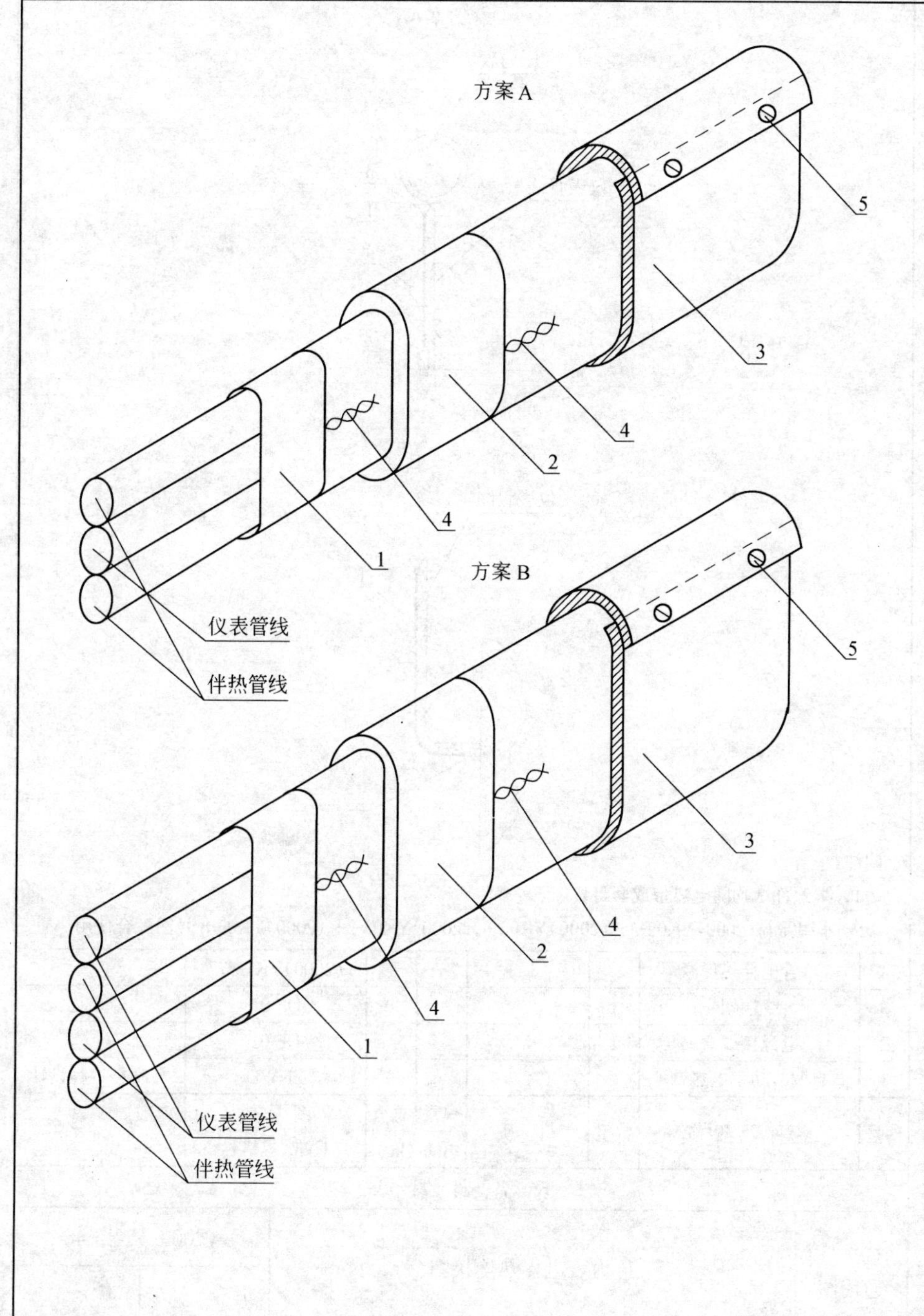

附注：

1. 管线包扎前应先除锈，然后涂两遍防锈漆。
2. 表中材料为 10m 长管线所需，若管线大于或小于 10m 时，应以此基数作相应的调整。
3. 自攻螺钉间距 200mm，捆扎铁线间距 700mm。

件号	名称及规格	数量	材质	单重 质量(kg)	总重 质量(kg)	图号或标准、规格号	备注
5	自攻螺钉 ST4.8×5-C-H	50	Q235			GB/T 845—1985	
	低碳钢丝 ϕ1	4.51m	Q235			GB/T 343—1994	方案 B
4	低碳钢丝 ϕ1	4.12m	Q235			GB/T 343—1994	方案 A
	镀锌薄钢板 $\delta=0.35$	3.22m^2	Q235			GB/T 5131—1993	方案 B
3	镀锌薄钢板 $\delta=0.35$	2.95m^2	Q235			GB/T 5131—1993	方案 A
	绝热材料 $\delta=30$	0.10m^3					方案 B
2	绝热材料 $\delta=30$	0.09m^3					方案 A
	铁丝网 GF3W3.15/0.63(平纹)	1.28m^2	Q235			GB/T 5330—1985	方案 B
1	铁丝网 GF3W3.15/0.63(平纹)	1.00m^2	Q235			GB/T 5330—1985	方案 A
	绝热层厚度 $\delta=30$mm						
5	自攻螺钉 ST4.8×5-C-H	50	Q235			GB/T 845—1985	
	低碳钢丝 ϕ1	3.63m	Q235			GB/T 343—1994	方案 B
4	低碳钢丝 ϕ1	3.24m	Q235			GB/T 343—1994	方案 A
	镀锌薄钢板 $\delta=0.35$	2.60m^2	Q235			GB/T 5131—1993	方案 B
3	镀锌薄钢板 $\delta=0.35$	2.32m^2	Q235			GB/T 5131—1993	方案 A
	绝热材料 $\delta=20$	0.05m^3					方案 B
2	绝热材料 $\delta=20$	0.05m^3					方案 A
	铁丝网 GF3W3.15/0.63(平纹)	1.28m^2	Q235			GB/T 5330—1985	方案 B
1	铁丝网 GF3W3.15/0.63(平纹)	1.00m^2	Q235			GB/T 5330—1985	方案 A
	绝热层厚度 $\delta=20$mm						

设备材料表

冶金仪控通用图	双蒸汽管伴热保温图	(2000)YK13-46	
		比例	页次

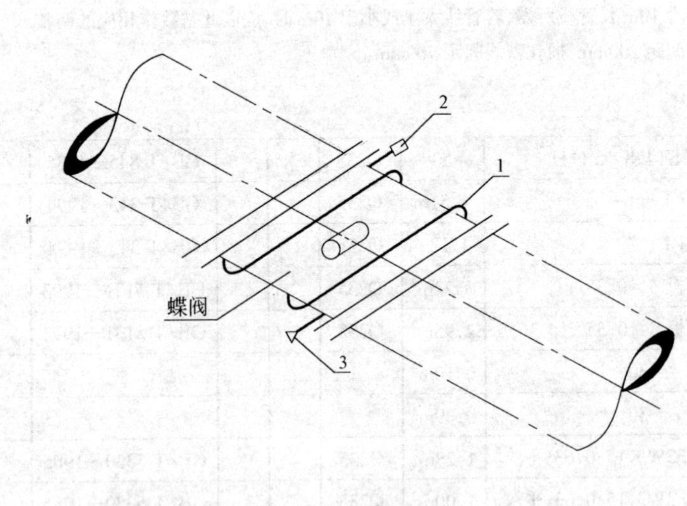

附注：

1. 该阀体绝热结构应由工艺管道绝热时统一考虑，故在本图册中未给出此图的绝热图。
2. 件 2、件 3 皆随电热带成套，由工程设计中提出订货。

件号	名称及规格	数量	材质	单重	总重	图号或标准、规格号	备注
				质量(kg)			
3	终端帽	1				DF-07	
2	电源接线盒	1				DF-01	
1	自调节功率电热带					ZKWD	长度见工程设计

设备材料表

冶金仪控通用图	蝶阀电伴热连接图	(2000)YK13-47	
		比例	页次

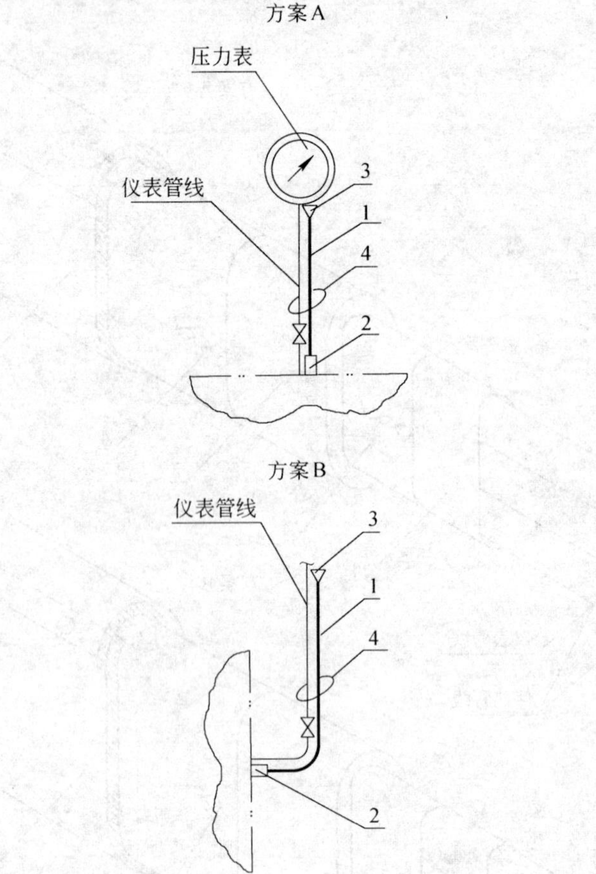

附注：

1. 件 2、件 3 均随电热带成套订货。
2. 本图需与(2000)YK02-3～(2000)YK02-6，(2000)YK03-3～(2000)YK03-8 号图配合使用。

件号	名称及规格	数量	材质	单重	总重	图号或标准、规格号	备注
				质量(kg)			
4	单管电伴热保温					(2000)YK13-77	
3	终端帽	1				DF-07	
2	电源接线盒	1				DF-01	
1	自调节功率电热带					ZKWD	长度见工程设计

设备材料表

冶金仪控通用图	压力表电伴热连接图	(2000)YK13-48	
		比例	页次

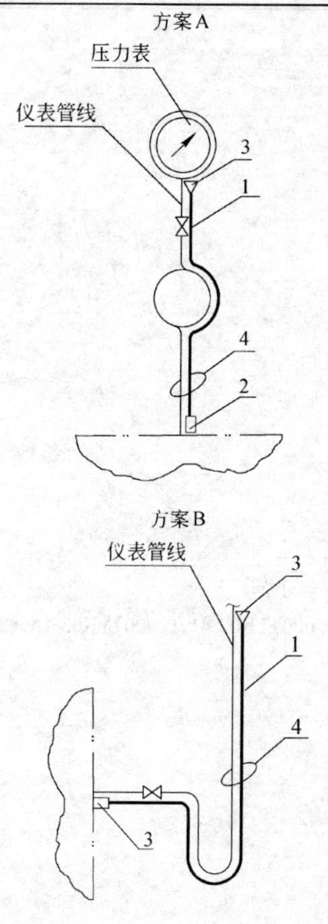

附注：

1. 件2、件3均随电热带成套订货。
2. 本图需与(2000)YK02-7～(2000)YK02-12,(2000)YK03-9,(2000)YK03-10号图配合使用。

件号	名称及规格	数量	材质	单重	总重	图号或标准、规格号	备注
4	单管电伴热保温					(2000)YK13-77	
3	终端帽	1				DF-07	
2	电源接线盒	1				DF-01	
1	自调节功率电热带					ZKWD	长度见工程设计
				质量(kg)			

设备材料表

冶金仪控通用图	带冷凝管的压力表电伴热连接图	(2000)YK13-49	
		比例	页次

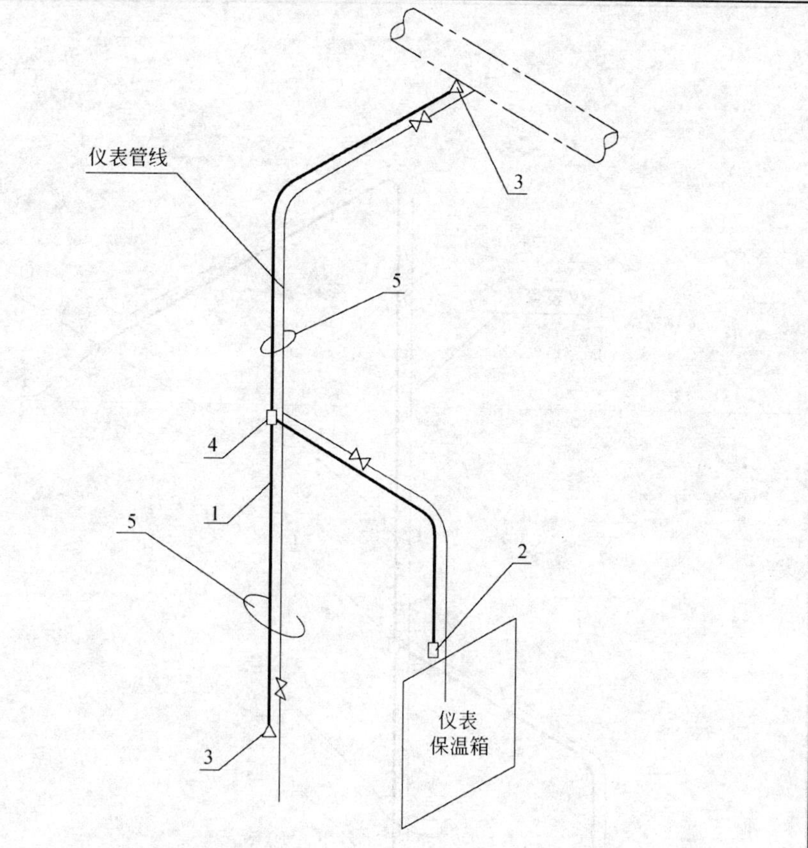

附注：

1. 件2、件3、件4均随电热带成套订货。
2. 本图需与(2000)YK02-36,(2000)YK02-37,(2000)YK03-13,(2000)YK03-14号图配合使用。

件号	名称及规格	数量	材质	单重	总重	图号或标准、规格号	备注
5	单管电伴热保温					(2000)YK13-77	
4	热缩管	1				DF-06	
3	终端帽	2				DF-07	
2	电源接线盒	1				DF-01	
1	自调节功率电热带					ZKWD	长度见工程设计
				质量(kg)			

设备材料表

冶金仪控通用图	液体测压管路电伴热连接图(取压点高于压力计)	(2000)YK13-50	
		比例	页次

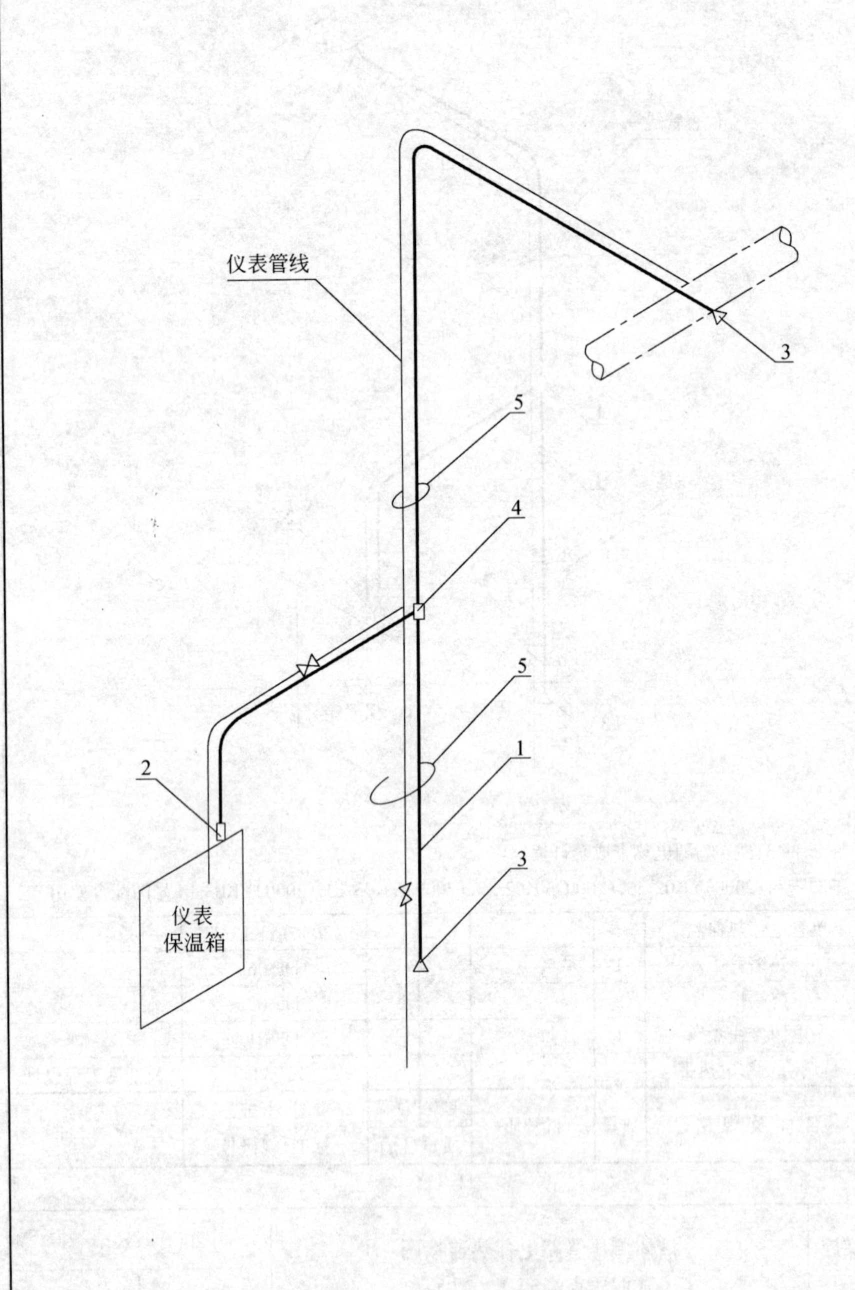

附注：

1. 件 2、件 3、件 4 均随电热带成套订货。
2. 本图需与(2000)YK02-38～(2000)YK02-41,(2000)YK03-16,(2000)YK03-17 号图配合使用。

件号	名称及规格	数量	材质	单重	总重	图号或标准、规格号	备注
				质量(kg)			
5	单管电伴热保温					(2000)YK13-77	
4	热缩管	1				DF-06	
3	终端帽	2				DF-07	
2	电源接线盒	1				DF-01	
1	自调节功率电热带					ZKWD	长度见工程设计

设备材料表

冶金仪控通用图	蒸汽测压管路电伴热连接图（取压点高于压力计）	(2000)YK13-51	
		比例	页次

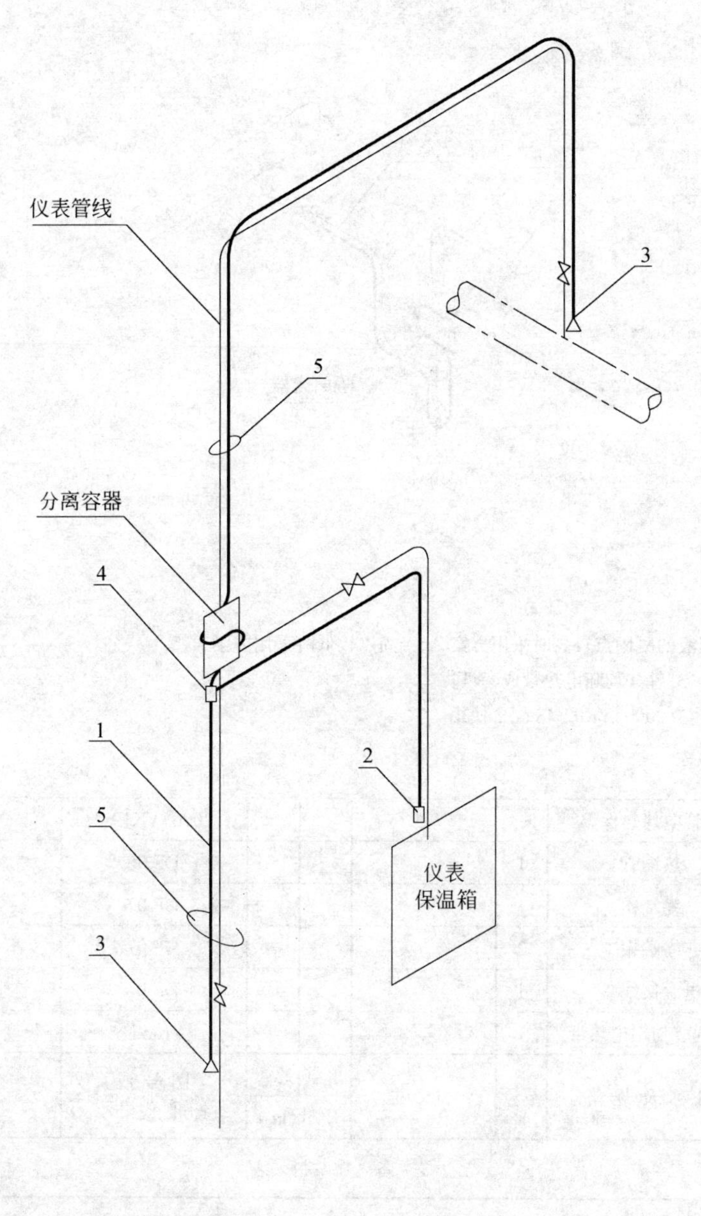

附注：

1. 件 2、件 3、件 4 均随电热带成套订货。
2. 本图需与(2000)YK02-32,(2000)YK02-33,(2000)YK03-12 号图配合使用。

件号	名称及规格	数量	材质	单重	总重	图号或标准、规格号	备注
				质量(kg)			
5	单管电伴热保温					(2000)YK13-77	
4	热缩管	1				DF-06	
3	终端帽	2				DF-07	
2	电源接线盒	1				DF-01	
1	自调节功率电热带					ZKWD	长度见工程设计

设备材料表

冶金仪控通用图	气体测压管路电伴热连接图（取压点高于压力计）	(2000)YK13-52	
		比例	页次

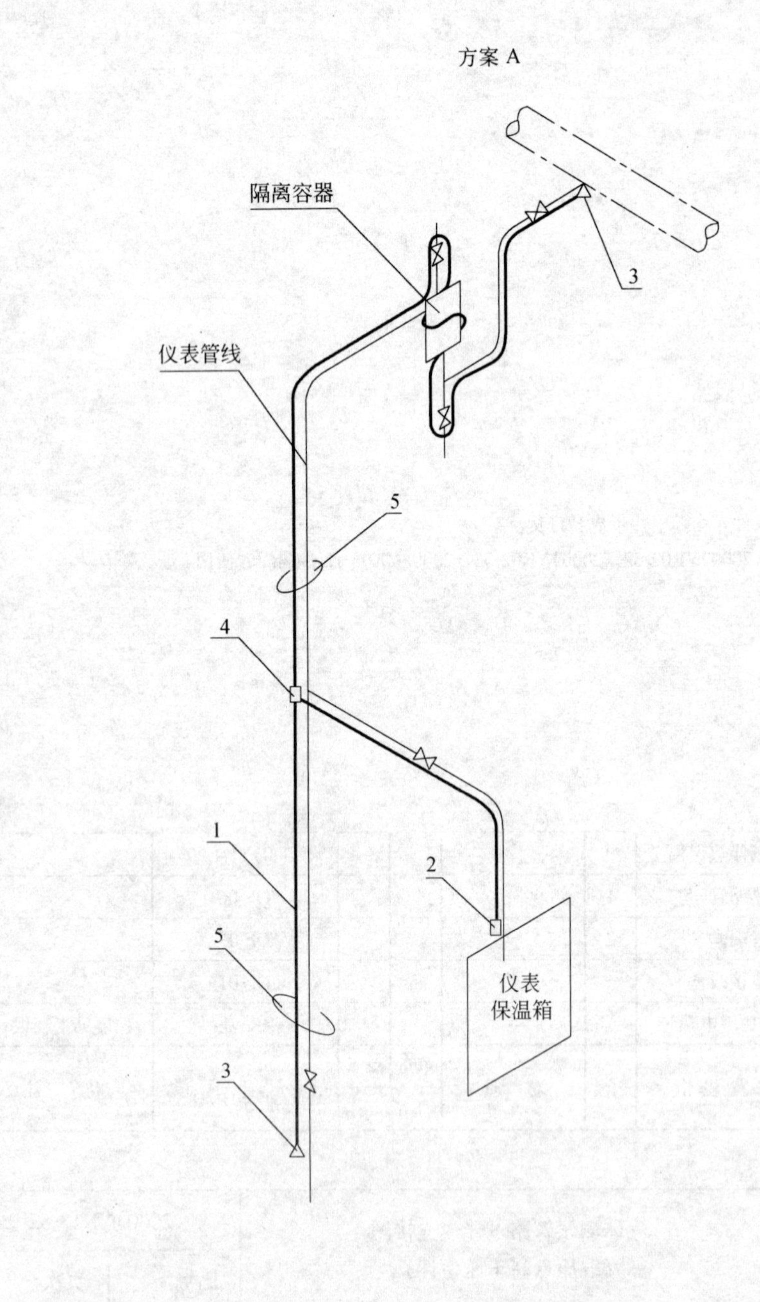

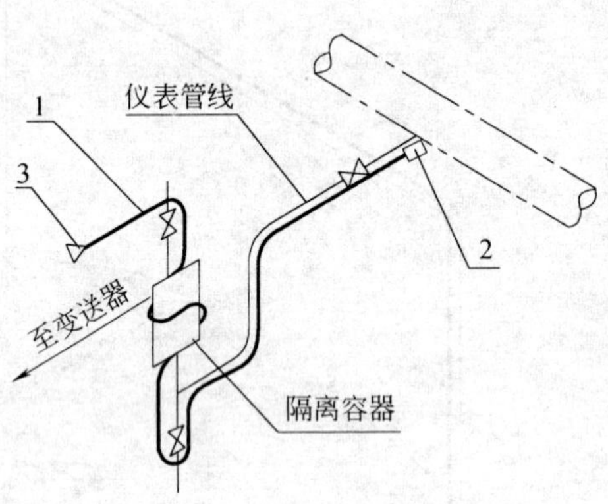

附注：

1. 当隔离液的凝固点较高时采用方案 A，凝固点较低时采用方案 B。
2. 件 2、件 3、件 4 均随电热带成套订货。
3. 本图需与(2000)YK02-48 配合使用。

件号	名称及规格	数量	材质	单重	总重	图号或标准、规格号	备注
				质量(kg)			
5	单管电伴热保温					(2000)YK13-77	
4	热缩管	1				DF-06	方案 A
	终端帽	1				DF-07	方案 B
3	终端帽	2				DF-07	方案 A
2	电源接线盒	1				DF-01	
1	自调节功率电热带					ZKWD	长度见工程设计

设备材料表

冶金仪控通用图	腐蚀性液体隔离测压管路电伴热连接图（取压点高于压力计，$\rho_{隔} < \rho_{介}$）	(2000)YK13-53	
		比例	页次

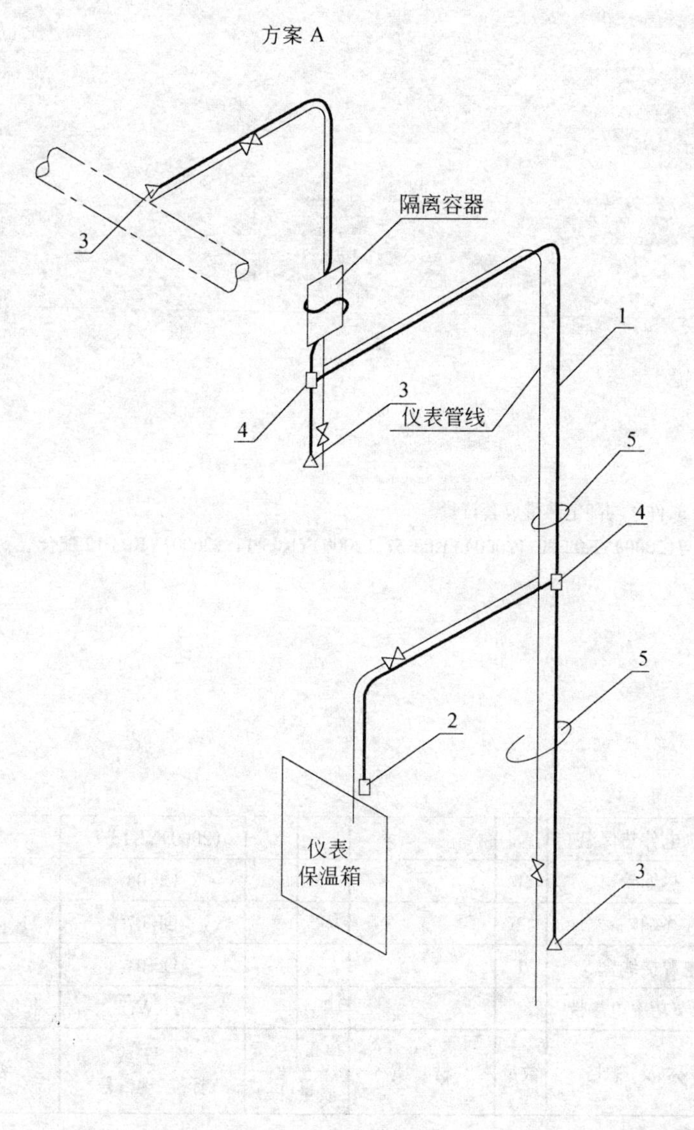

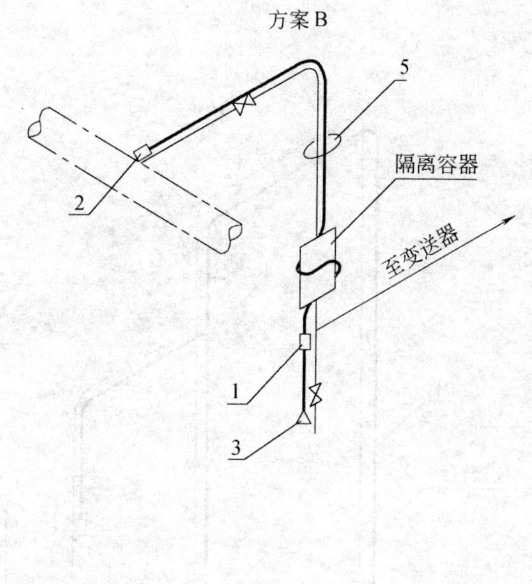

附注：

1．当隔离液的凝固点较高时采用方案 A，凝固点较低时采用方案 B。
2．件 2、件 3、件 4 均随电热带成套订货。
3．本图需与(2000)YK02-49 配合使用。

件号	名称及规格	数量	材质	单重	总重	图号或标准、规格号	备注
				质量(kg)			
5	单管电伴热保温					(2000)YK13-77	
4	热缩管	2				DF-06	方案 A
	终端帽	1				DF-07	方案 B
3	终端帽	3				DF-07	方案 A
2	电源接线盒	1				DF-01	
1	自调节功率电热带					ZKWD	长度见工程设计

设备材料表

冶金仪控通用图	腐蚀性液体隔离测压管路电伴热连接图（取压点高于压力计，$\rho_{隔} > \rho_{介}$）	(2000)YK13-54	
		比例	页次

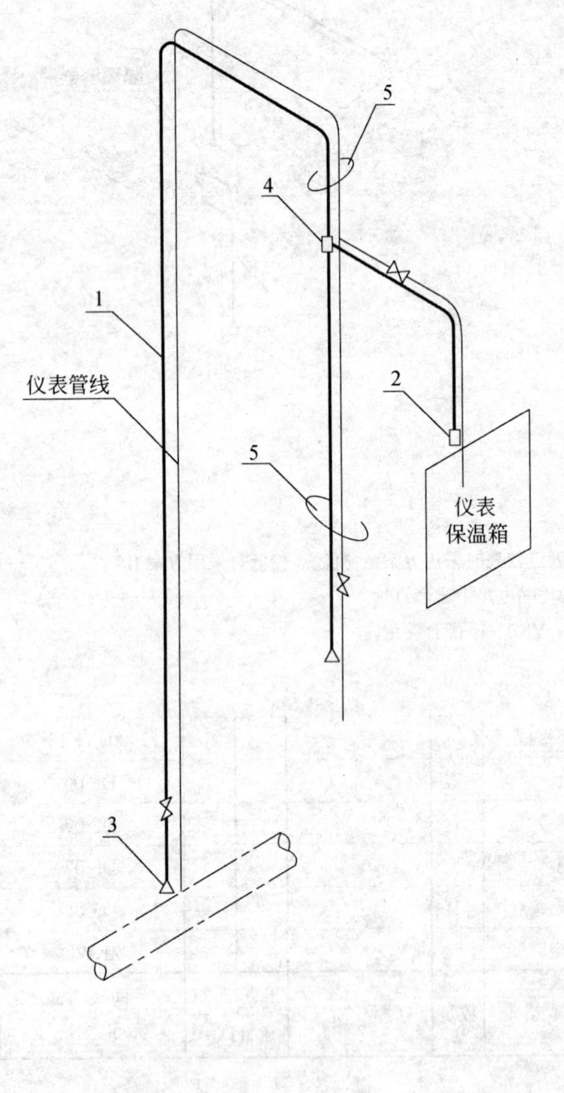

附注：

1. 件 2、件 3、件 4 均随电热带成套订货。
2. 本图需与(2000)YK02-30，(2000)YK02-31，(2000)YK03-11，(2000)YK03-12 配合使用。

件号	名称及规格	数量	材质	单重	总重	图号或标准、规格号	备注
				质量(kg)			
5	单管电伴热保温					(2000)YK13-77	
4	热缩管	1				DF-06	
3	终端帽	2				DF-07	
2	电源接线盒	1				DF-01	
1	自调节功率电热带					ZKWD	长度见工程设计

设备材料表

冶金仪控通用图	气体测压管路电伴热连接图（取压点低于压力计）	(2000)YK13-55	
		比例	页次

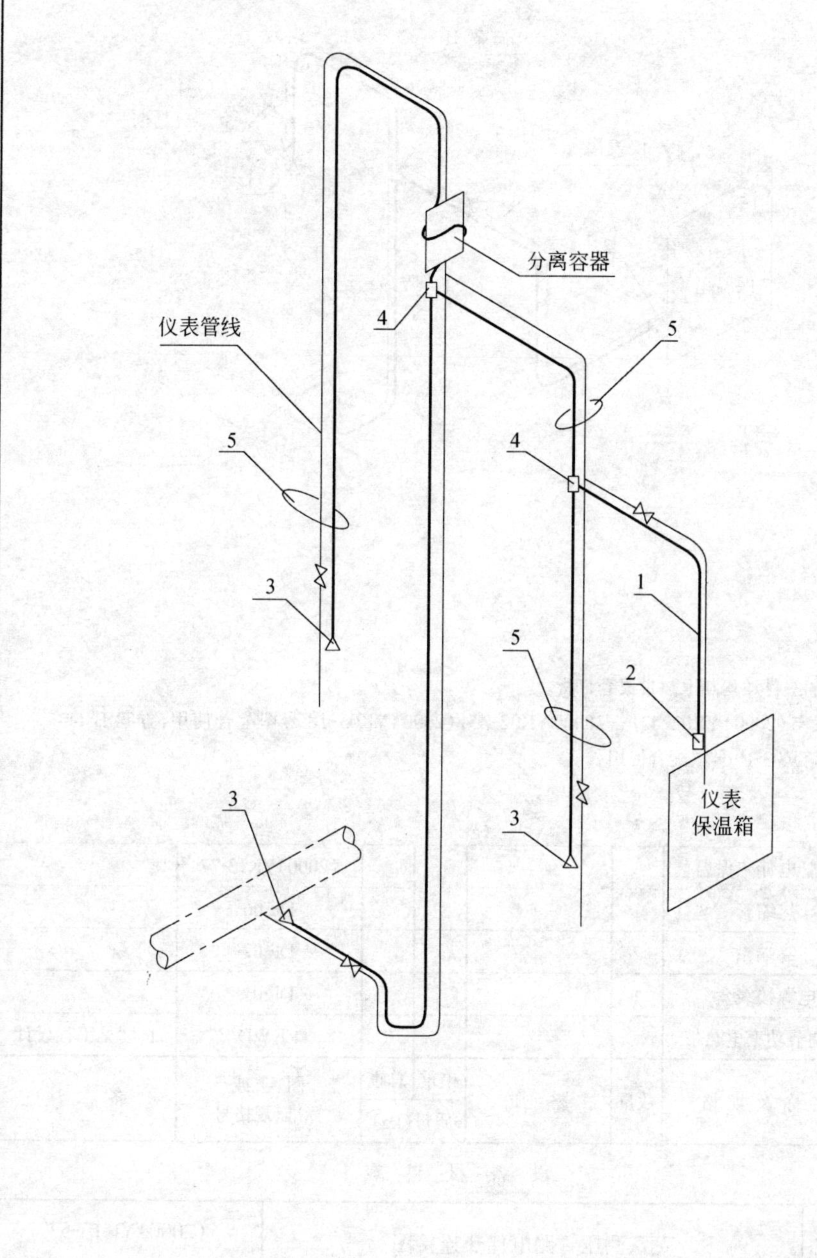

附注：

1. 当不需排气即无分离器时，件3、件4的件数做相应的调整。
2. 件2、件3、件4均随电热带成套订货。
3. 本图需与(2000)YK02-34，(2000)YK02-35，(2000)YK03-15配合使用。

件号	名称及规格	数量	材质	单重	总重	图号或标准、规格号	备注
				质量(kg)			
5	单管电伴热保温					(2000)YK13-77	
4	热缩管	2				DF-06	
3	终端帽	3				DF-07	
2	电源接线盒	1				DF-01	
1	自调节功率电热带					ZKWD	长度见工程设计

设 备 材 料 表

冶金仪控通用图	液体测压管路电伴热连接图（取压点低于压力计）	(2000)YK13-56	
		比例	页次

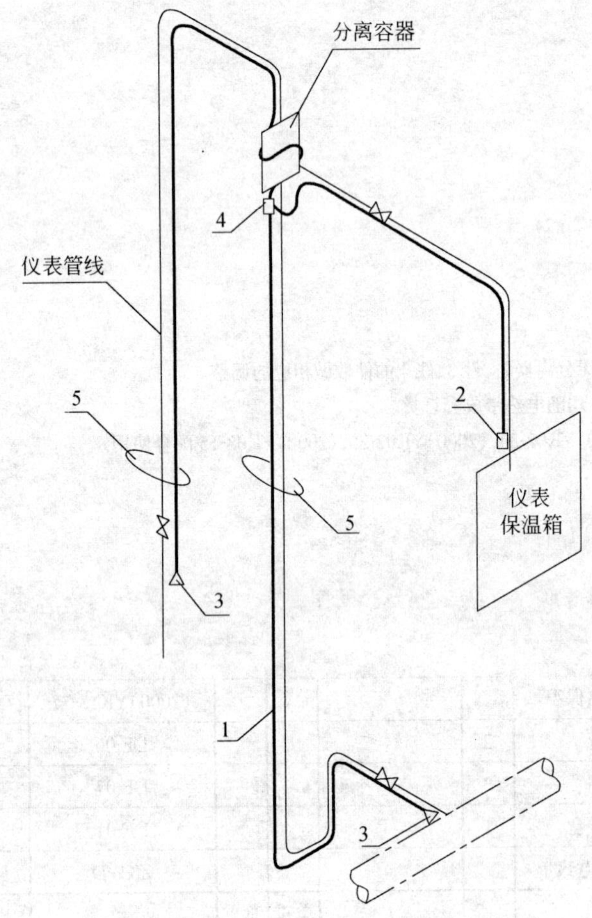

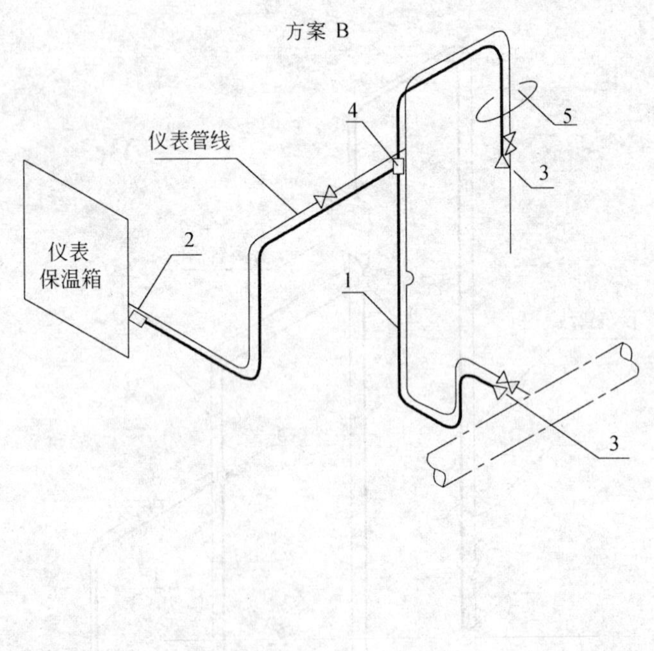

附注：

1. 件 2、件 3、件 4 均随电热带成套订货。
2. 方案 A 与(2000)YK02-42～(2000)YK02-45，(2000)YK03-18 号图配合使用，方案 B 与(2000)YK03-19 号图配合使用。

件号	名称及规格	数量	材质	单重	总重	图号或标准、规格号	备注
5	单管电伴热保温					(2000)YK13-77	
4	热缩管	1				DF-06	
3	终端帽	2				DF-07	
2	电源接线盒	1				DF-01	
1	自调节功率电热带					ZKWD	长度见工程设计
				质量(kg)			

设备材料表

冶金仪控通用图	蒸汽测压管路电伴热连接图（取压点低于压力计）	(2000)YK13-57	
		比例	页次

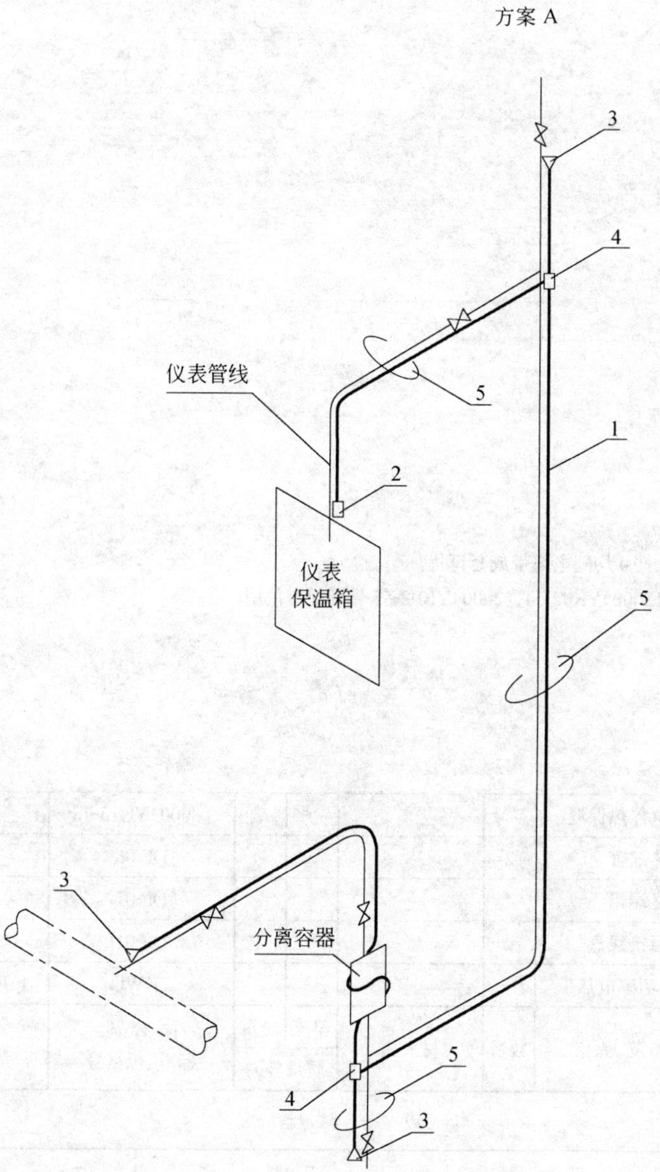

方案 A

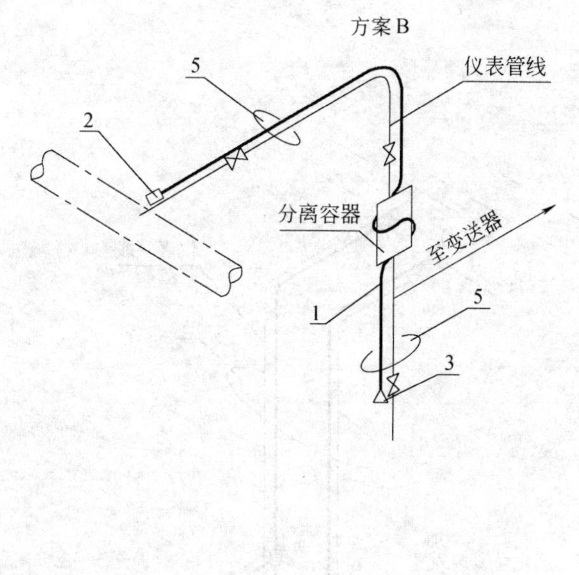

附注：

1. 当隔离液的凝固点较高时采用方案 A，凝固点较低时采用方案 B。
2. 件 2、件 3、件 4 随电热带成套订货。
3. 本图需与(2000)YK02-46，(2000)YK02-47 号图配合使用。

件号	名称及规格	数量	材质	单重	总重	图号或标准、规格号	备注
				质量(kg)			
5	单管电伴热保温					(2000)YK13-77	
4	热缩管	2				DF-06	方案 A
	终端帽	1				DF-07	方案 B
3	终端帽	3				DF-07	方案 A
2	电源接线盒	1				DF-01	
1	自调节功率电热带					ZKWD	长度见工程设计

设备材料表

冶金仪控通用图	腐蚀性液体隔离测压管路电伴热连接图	(2000)YK13-58	
		比例	页次

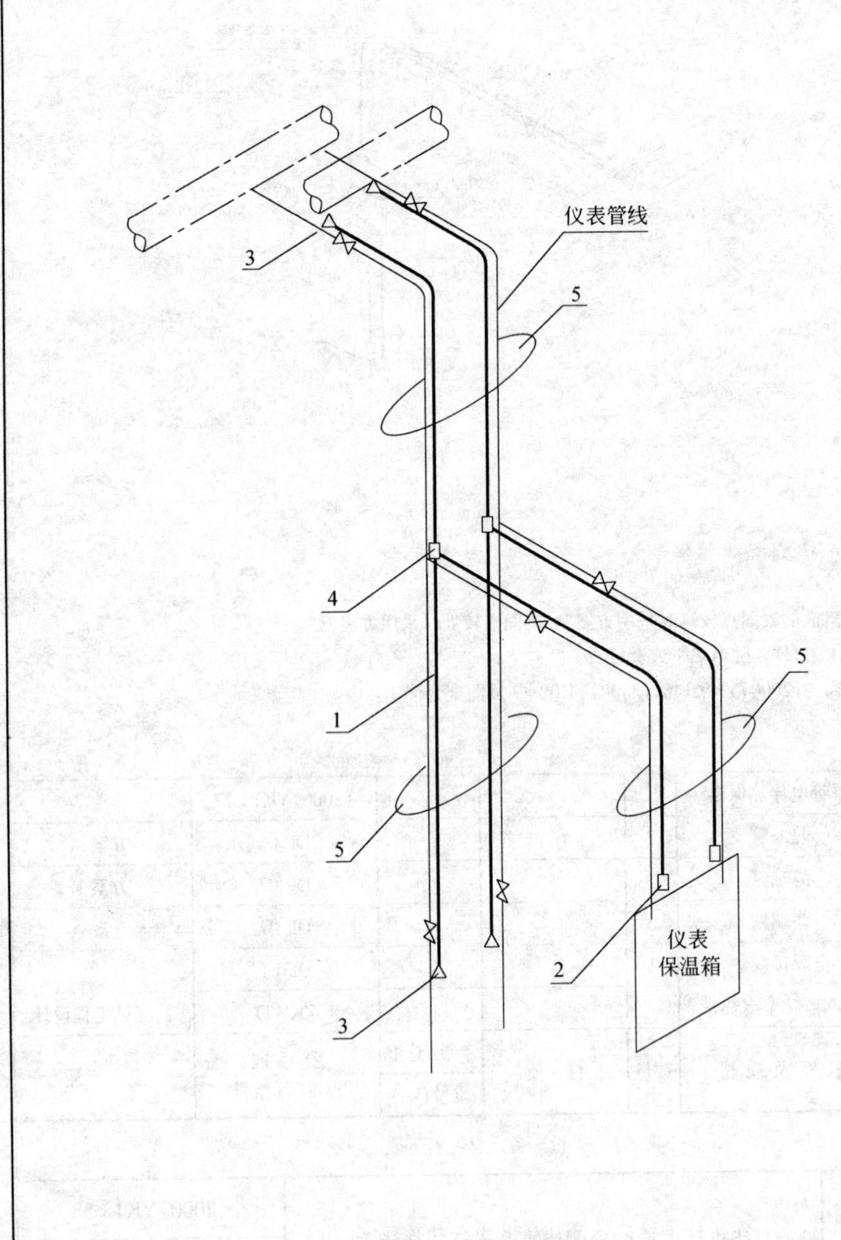

附注：

1. 件 2、件 3、件 4 均随电热带成套订货。
2. 本图需与(2000)YK02-54，(2000)YK02-55 号图配合使用。

件号	名称及规格	数量	材质	单重	总重	图号或标准、规格号	备注
				质量(kg)			
5	双管电伴热保温					(2000)YK13-78	
4	热缩管	2				DF-06	
3	终端帽	4				DF-07	
2	电源接线盒	2				DF-01	
1	自调节功率电热带					ZKWD	长度见工程设计

设 备 材 料 表

冶金仪控通用图	液体测差压管路电伴热连接图	(2000)YK13-59	
		比例	页次

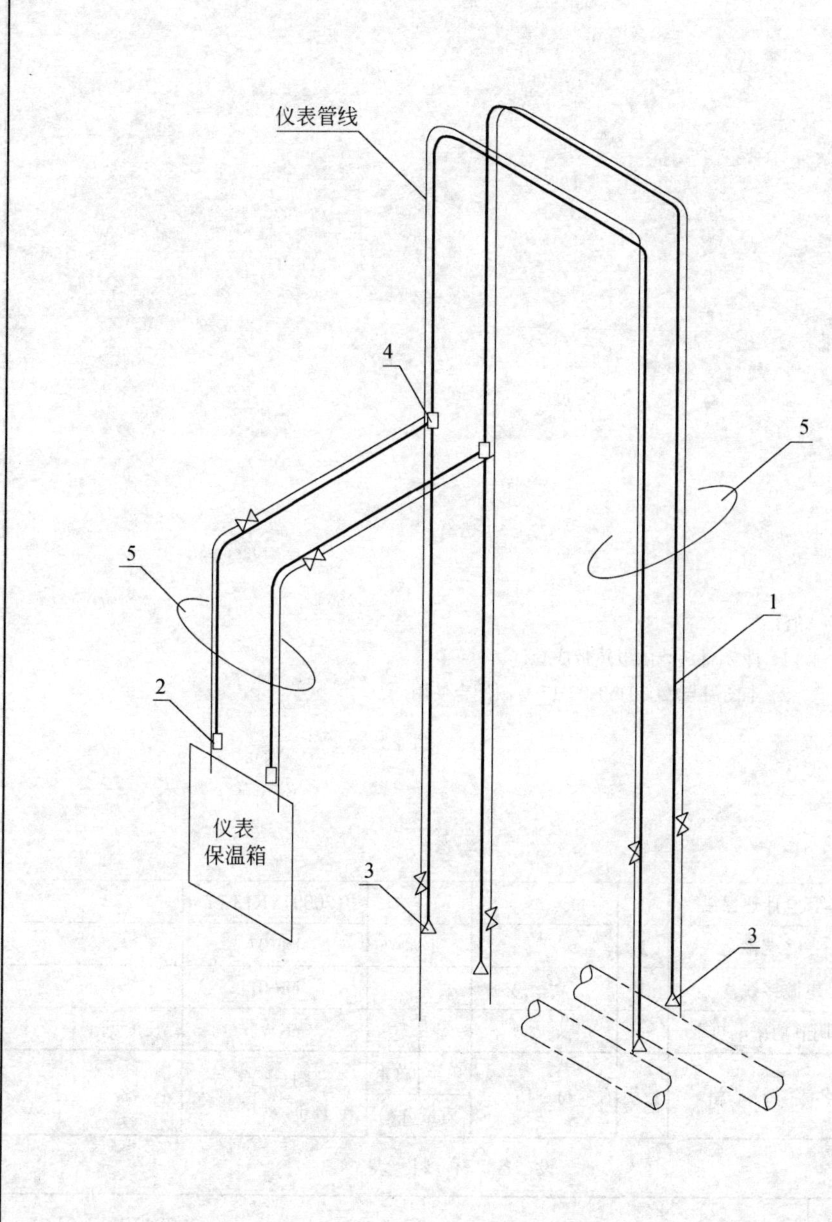

附注：

1. 件 2、件 3、件 4 均随电热带成套订货。
2. 本图需与(2000)YK02-56,(2000)YK02-57 号图配合使用。

件号	名称及规格	数量	材质	单重	总重	图号或标准、规格号	备注
				质量(kg)			
5	双管电伴热保温					(2000)YK13-78	
4	热缩管	2				DF-06	
3	终端帽	4				DF-07	
2	电源接线盒	2				DF-01	
1	自调节功率电热带					ZKWD	长度见工程设计

设备材料表

冶金仪控通用图	气体测差压管路电伴热连接图	(2000)YK13-60	
		比例	页次

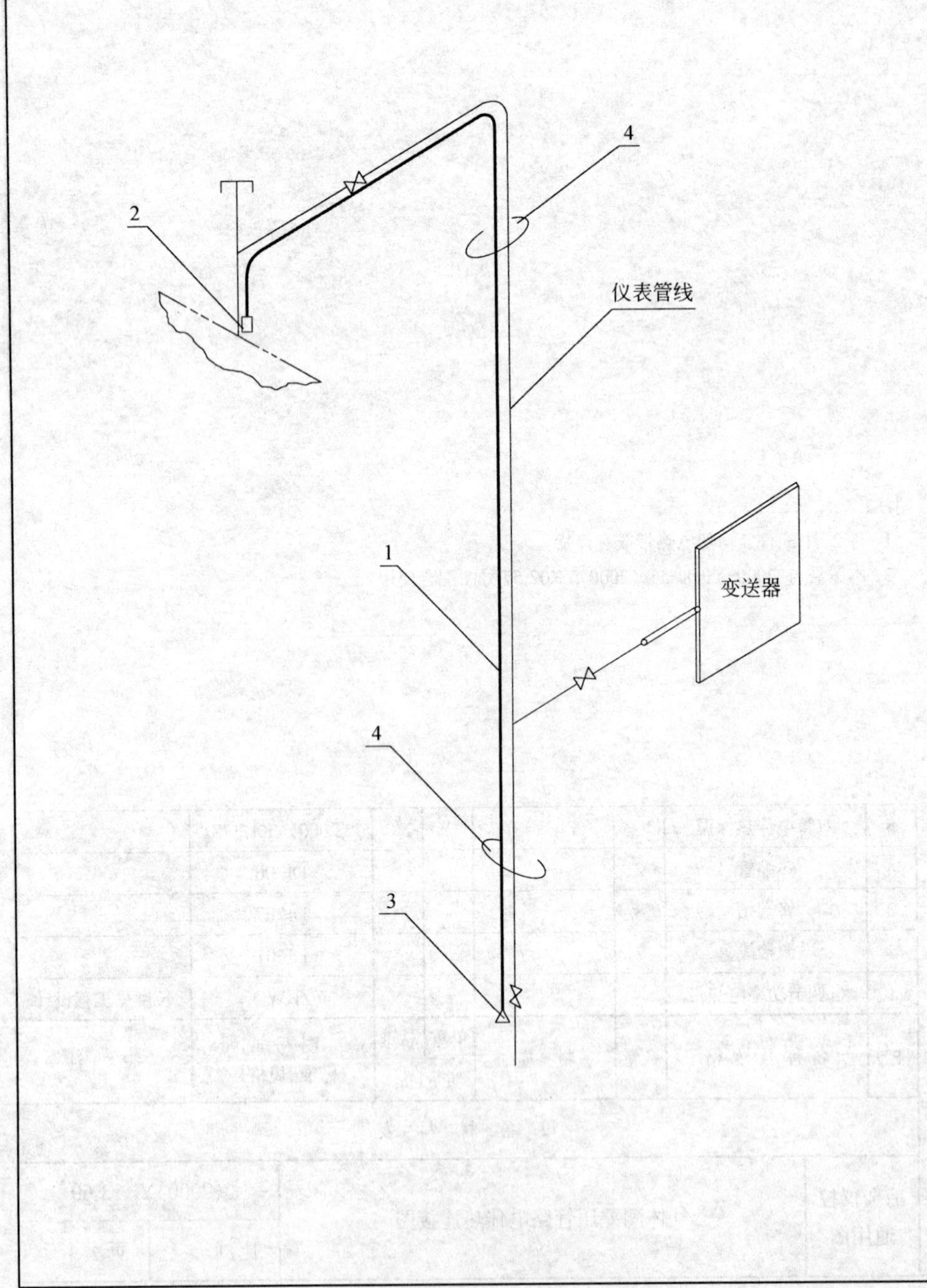

附注：

1. 件2、件3均随电热带成套订货。
2. 本图需与(2000)YK02-17号图配合使用。

件号	名称及规格	数量	材质	单重	总重	图号或标准、规格号	备注
				质量(kg)			
4	单管电伴热保温					(2000)YK13-77	
3	终端帽	1				DF-07	
2	电源接线盒	1				DF-01	
1	自调节功率电热带					ZKWD	长度见工程设计

设备材料表

冶金仪控通用图	负压或微压 无毒气体测压管路电伴热连接图	(2000)YK13-61	
		比例	页次

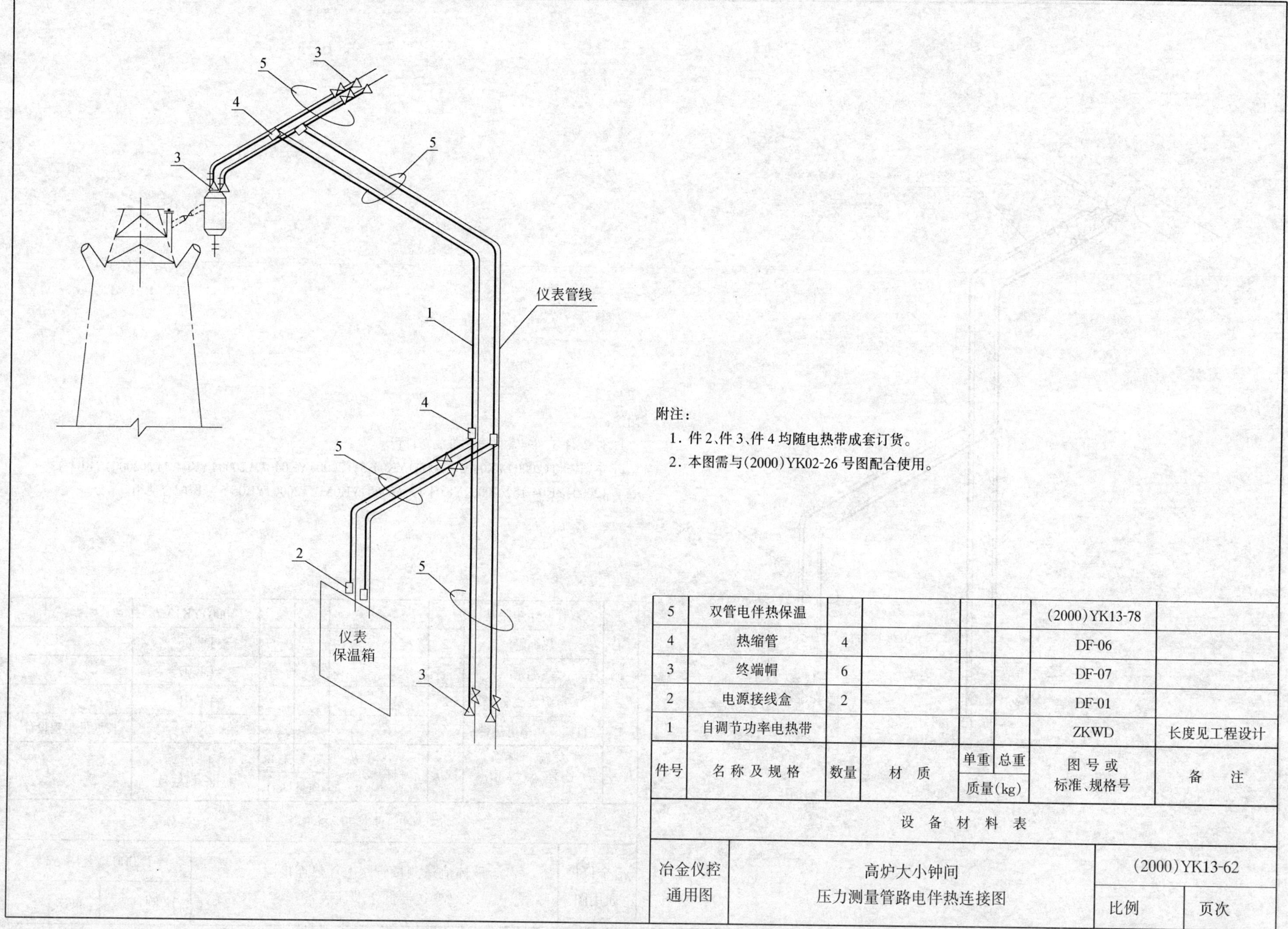

附注：

1. 件 2、件 3、件 4 均随电热带成套订货。
2. 本图需与(2000)YK02-26 号图配合使用。

件号	名称及规格	数量	材质	单重	总重	图号或标准、规格号	备注
				质量(kg)			
5	双管电伴热保温					(2000)YK13-78	
4	热缩管	4				DF-06	
3	终端帽	6				DF-07	
2	电源接线盒	2				DF-01	
1	自调节功率电热带					ZKWD	长度见工程设计

设备材料表

冶金仪控通用图	高炉大小钟间压力测量管路电伴热连接图	(2000)YK13-62	
		比例	页次

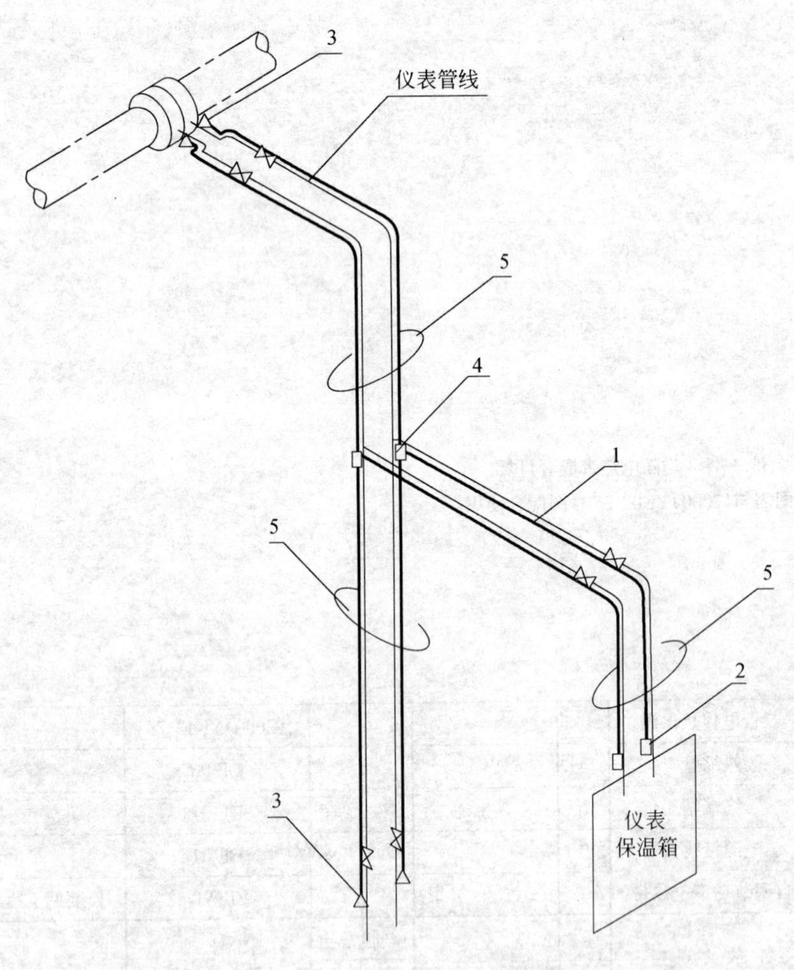

附注：

1. 件 2、件 3、件 4 均随电热带成套订货。
2. 本图需与(2000)YK04-3，(2000)YK04-5，(2000)YK04-7，(2000)YK04-11，(2000)YK04-13，(2000)YK04-15，(2000)YK04-17，(2000)YK05-3，(2000)YK05-5 号图配合使用。

件号	名称及规格	数量	材质	单重	总重	图号或标准、规格号	备注
				质量(kg)			
5	双管电伴热保温					(2000)YK13-78	
4	热缩管	2				DF-06	
3	终端帽	4				DF-07	
2	电源接线盒	2				DF-01	
1	自调节功率电热带					ZKWD	长度见工程设计

设备材料表

冶金仪控通用图	液体流量测量管路电伴热连接图（变送器低于节流装置）	(2000)YK13-63	
		比例	页次

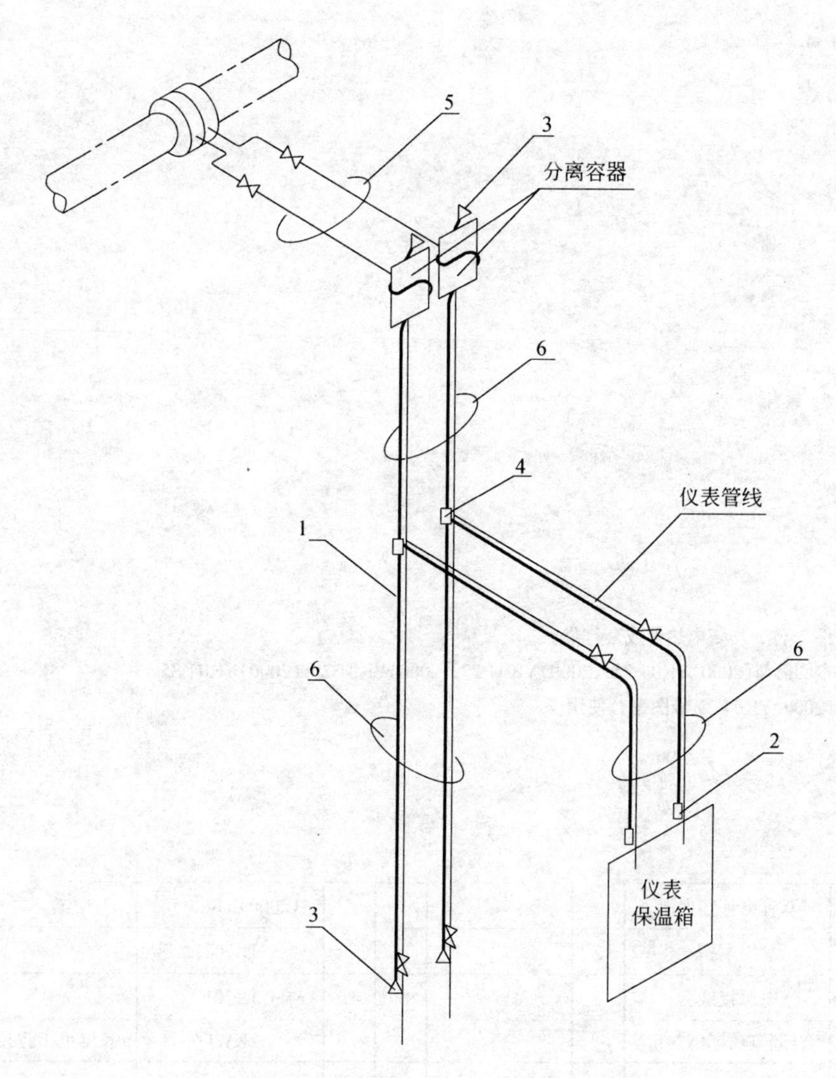

附注：

1. 件 2、件 3、件 4 均随电热带成套订货。
2. 本图需与(2000)YK04-19,(2000)YK04-21,(2000)YK04-23 或(2000)YK05-7,(2000)YK05-9 号图配合使用。

件号	名称及规格	数量	材质	单重	总重	图号或标准、规格号	备注
				质量(kg)			
6	双管电伴热保温					(2000)YK13-78	
5	双管绝热保温					(2000)YK13-44	
4	热缩管	2				DF-06	
3	终端帽	4				DF-07	
2	电源接线盒	2				DF-01	
1	自调节功率电热带					ZKWD	长度见工程设计

设备材料表

冶金仪控通用图	蒸汽流量测量管路电伴热连接图（变送器低于节流装置）	(2000)YK13-64	
		比例	页次

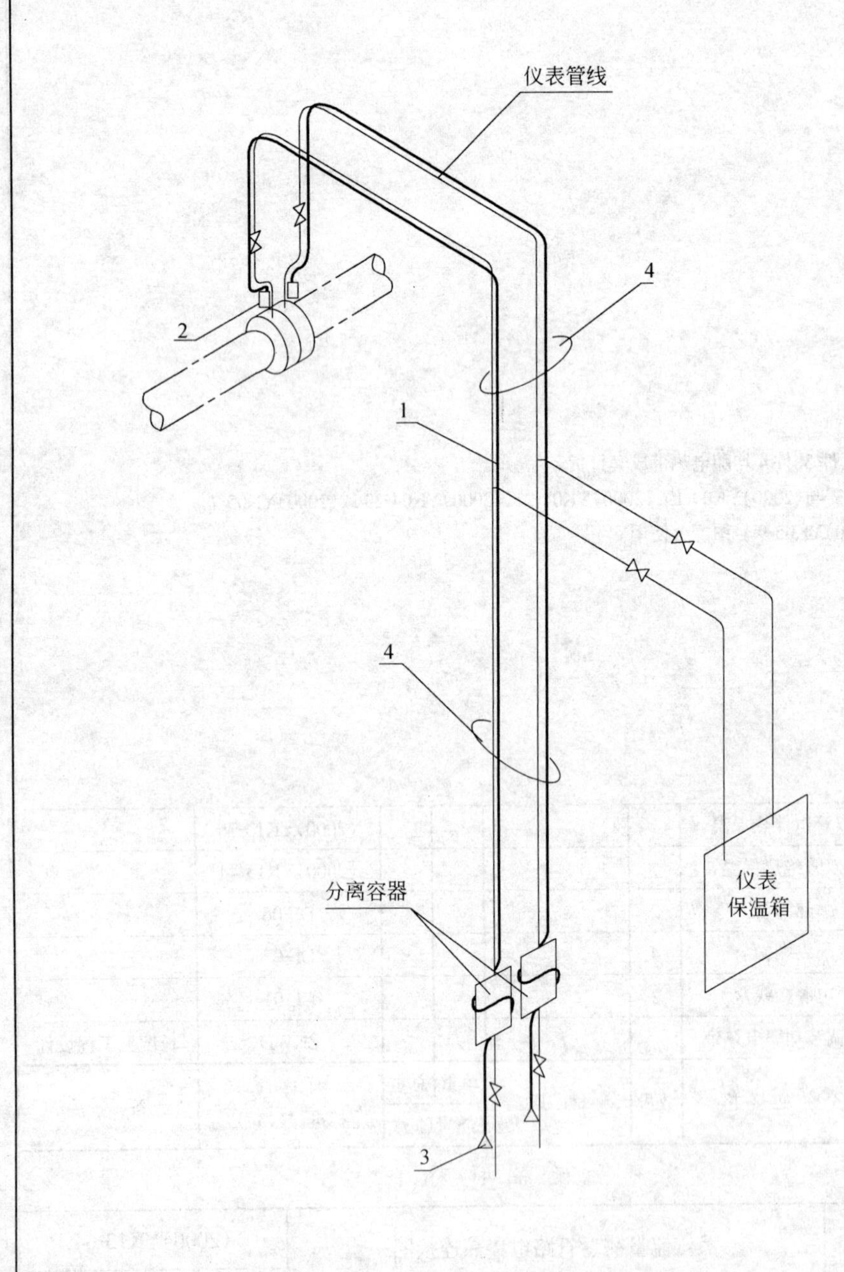

附注：

1. 件 2、件 3 均随电热带成套订货。
2. 本图需与(2000)YK04-25，(2000)YK04-27，(2000)YK04-29，(2000)YK04-35，(2000)YK04-37 号图配合使用。

4	双管电伴热保温					(2000)YK13-78	
3	终端帽	2				DF-07	
2	电源接线盒	2				DF-01	
1	自调节功率电热带					ZKWD	长度见工程设计
件号	名称及规格	数量	材　质	单重	总重	图号或 标准、规格号	备　注
				质量(kg)			
设　备　材　料　表							

冶金仪控 通用图	气体流量测量管路电伴热连接图 (变送器低于节流装置)	(2000)YK13-65	
		比例	页次

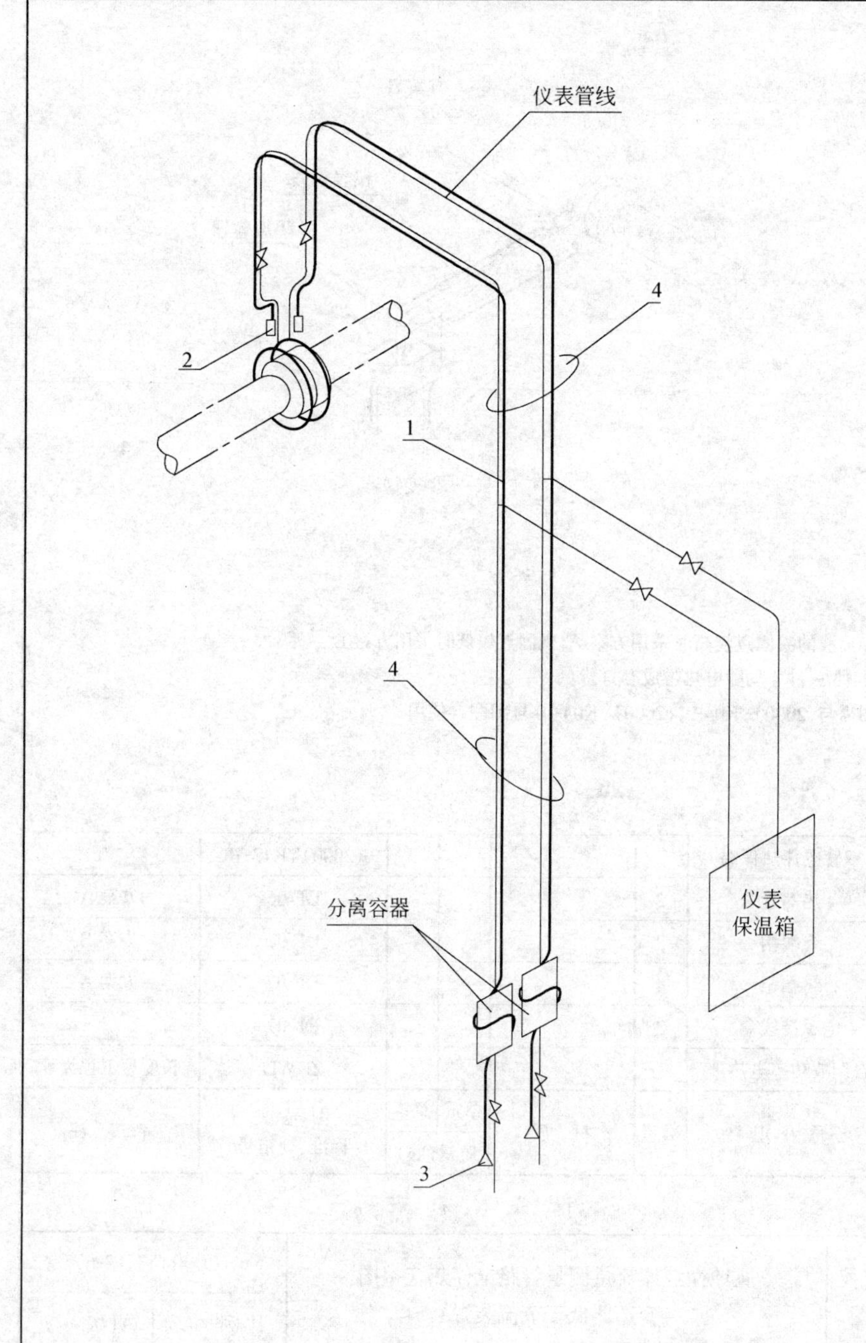

附注：

1. 件2、件3均随电热带成套订货。
2. 本图需与(2000)YK04-31号图配合使用。

件号	名称及规格	数量	材质	单重	总重	图号或标准、规格号	备注
4	双管电伴热保温					(2000)YK13-78	
3	终端帽	2				DF-07	
2	电源接线盒	2				DF-01	
1	自调节功率电热带					ZKWD	长度见工程设计
				质量(kg)			

设 备 材 料 表

冶金仪控通用图	气体流量测量管路电伴热连接图（变送器低于节流装置，均压环取压）	(2000)YK13-66	
		比例	页次

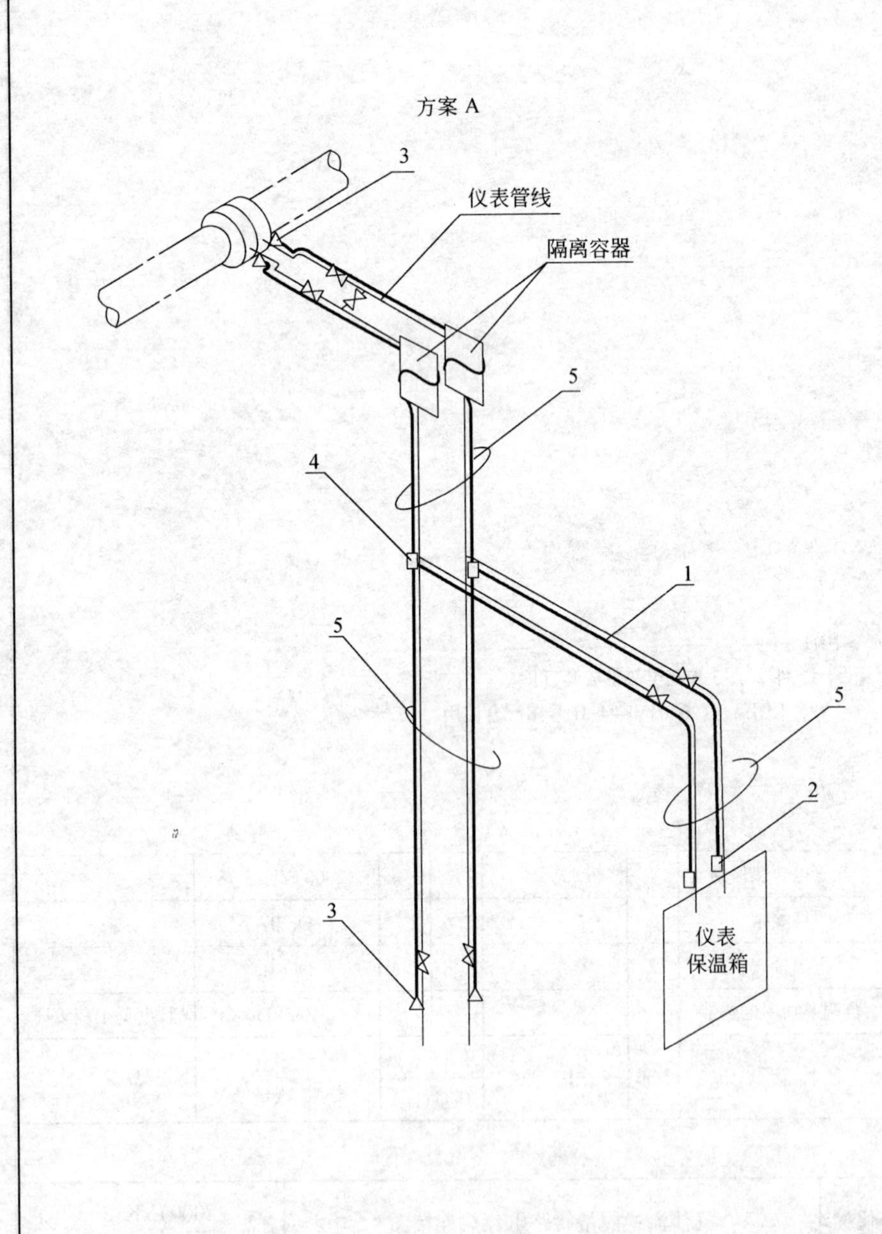

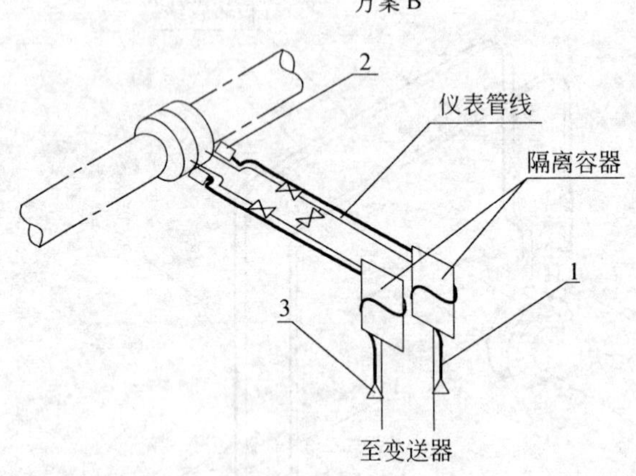

附注：

1. 当隔离液的凝固点较高时采用方案 A，凝固点较低时采用方案 B。
2. 件 2、件 3、件 4 均随电热带成套订货。
3. 本图需与(2000)YK04-9，(2000)YK04-10 号图配合使用。

件号	名称及规格	数量	材质	单重 质量(kg)	总重	图号或标准、规格号	备注
5	双管电伴热保温					(2000)YK13-78	
4	热缩管	2				DF-06	方案 A
	终端帽	2				DF-07	方案 B
3	终端帽	4				DF-07	方案 A
2	电源接线盒	2				DF-01	
1	自调节功率电热带					ZKWD	长度见工程设计

设 备 材 料 表

冶金仪控通用图	腐蚀性液体流量测量管路电伴热连接图（变送器低于节流装置）	(2000)YK13-67	
		比例	页次

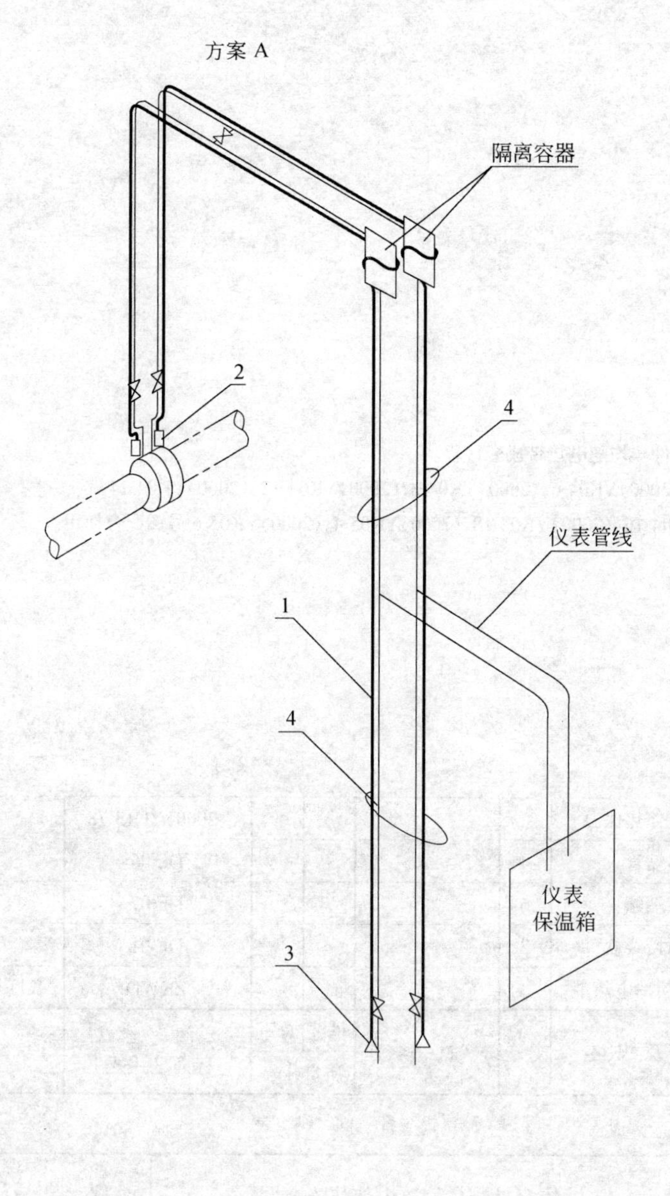

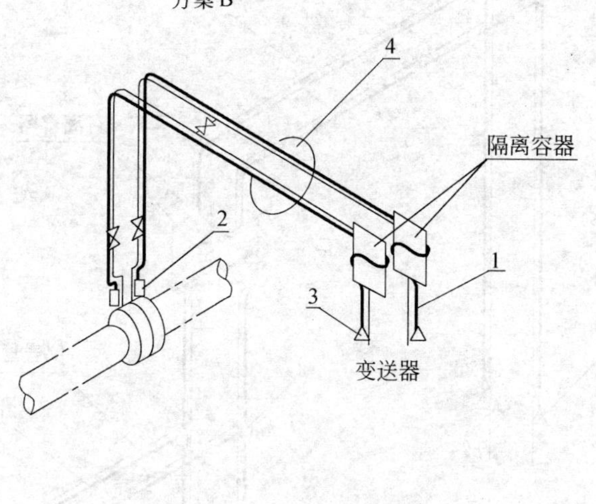

附注：

1. 当隔离液的凝固点较高时采用方案 A，凝固点较低时采用方案 B。
2. 件 2、件 3 均随电热带成套订货。
3. 本图需与(2000)YK04-34 号图配合使用。

件号	名称及规格	数量	材质	单重	总重	图号或标准、规格号	备注
4	双管电伴热保温					(2000)YK13-78	
3	终端帽	2				DF-07	
2	电源接线盒	2				DF-01	
1	自调节功率电热带					ZKWD	长度见工程设计
				质量(kg)			

设 备 材 料 表

冶金仪控通用图	腐蚀性气体流量测量管路电伴热连接图 （变送器低于节流装置）	(2000)YK13-68	
		比例	页次

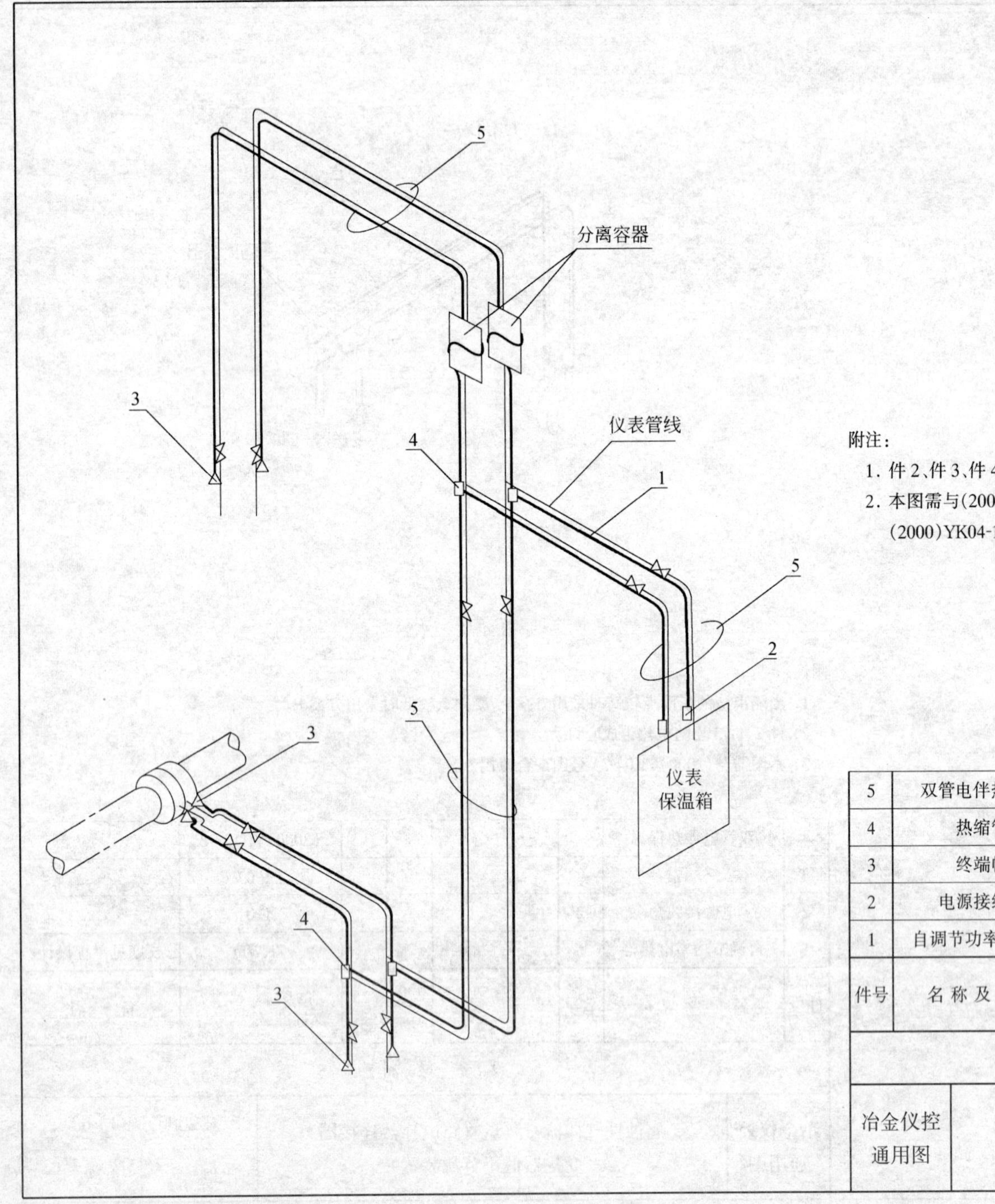

附注：

1. 件 2、件 3、件 4 均随电热带成套订货。
2. 本图需与(2000)YK04-6,(2000)YK04-8,(2000)YK04-12,(2000)YK04-14,(2000)YK04-16,(2000)YK04-18,(2000)YK05-4,(2000)YK05-6 号图配合使用。

件号	名称及规格	数量	材质	单重 质量(kg)	总重 质量(kg)	图号或标准、规格号	备注
5	双管电伴热保温					(2000)YK13-78	
4	热缩管	4				DF-06	
3	终端帽	6				DF-07	
2	电源接线盒	2				DF-01	
1	自调节功率电热带					ZKWD	长度见工程设计

设 备 材 料 表

冶金仪控通用图	液体流量测量管路电伴热连接图（变送器高于节流装置）	(2000)YK13-69	
		比例	页次

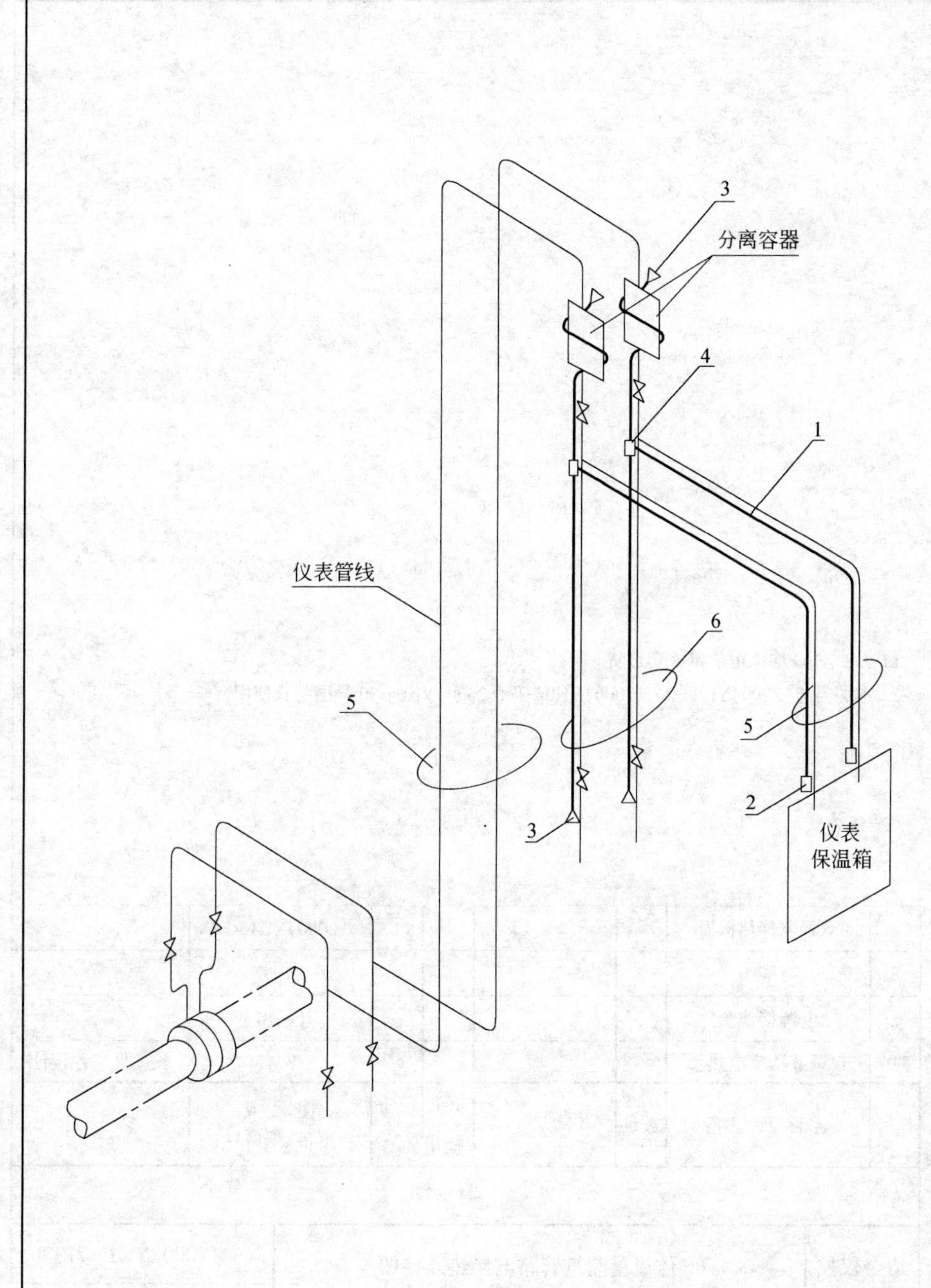

附注：

1. 件2、件3、件4均随电热带成套订货。
2. 本图需与(2000)YK04-20，(2000)YK04-22，(2000)YK04-24，(2000)YK05-8，(2000)YK05-10号图配合使用。

件号	名称及规格	数量	材质	单重	总重	图号或标准、规格号	备注
				质量(kg)			
6	双管电伴热保温					(2000)YK13-78	
5	双管绝热保温					(2000)YK13-44	
4	热缩管	2				DF-06	
3	终端帽	4				DF-07	
2	电源接线盒	2				DF-01	
1	自调节功率电热带					ZKWD	长度见工程设计

设备材料表

冶金仪控通用图	蒸汽流量测量管路电伴热连接图（变送器高于节流装置）	(2000)YK13-70	
		比例	页次

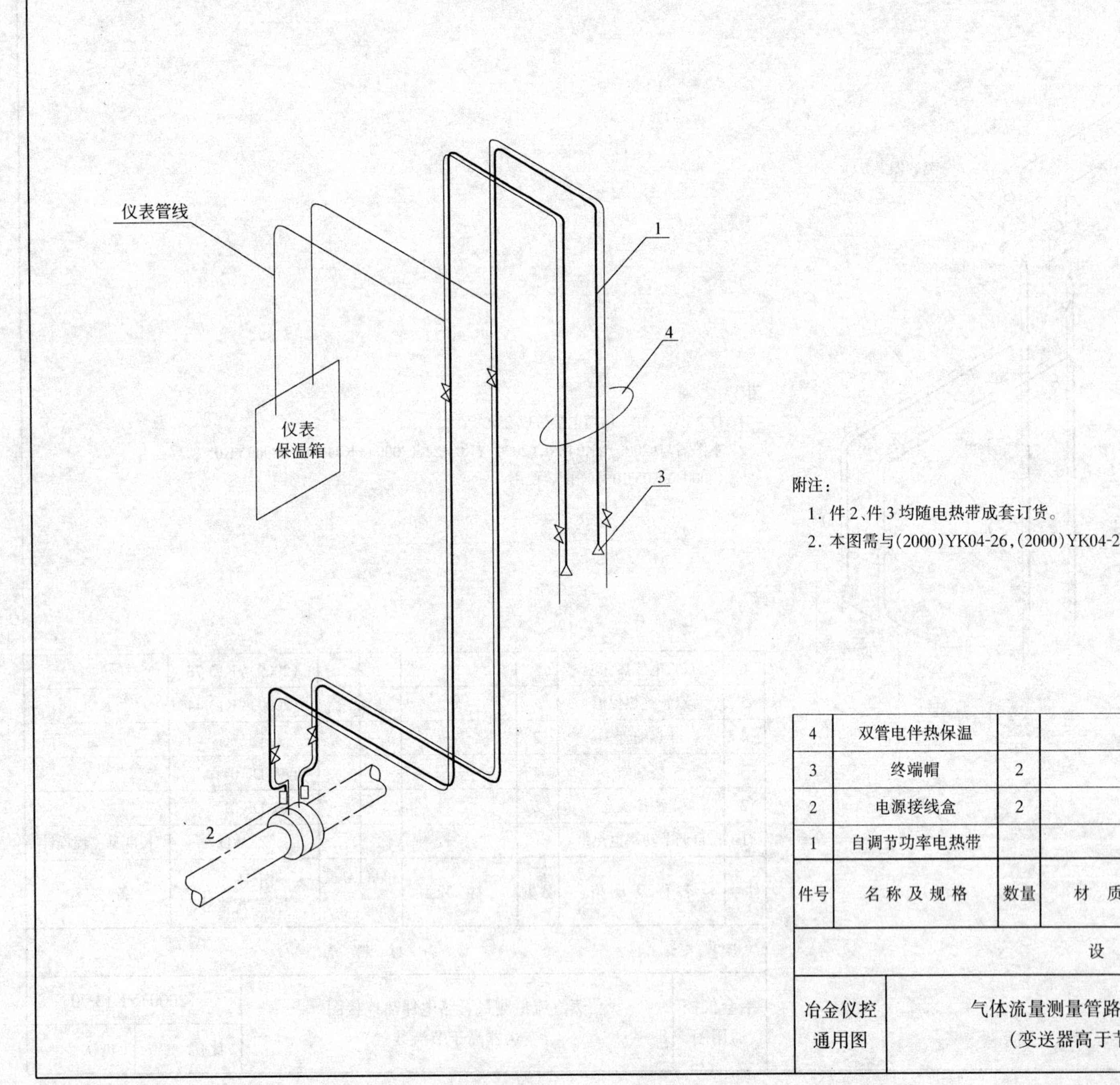

附注：

1. 件2、件3均随电热带成套订货。
2. 本图需与(2000)YK04-26,(2000)YK04-28,(2000)YK04-30号图配合使用。

件号	名称及规格	数量	材质	单重	总重	图号或标准、规格号	备注
				质量(kg)			
4	双管电伴热保温					(2000)YK13-78	
3	终端帽	2				DF-07	
2	电源接线盒	2				DF-01	
1	自调节功率电热带					ZKWD	长度见工程设计

设备材料表

冶金仪控通用图	气体流量测量管路电伴热连接图（变送器高于节流装置）	(2000)YK13-71	
		比例	页次

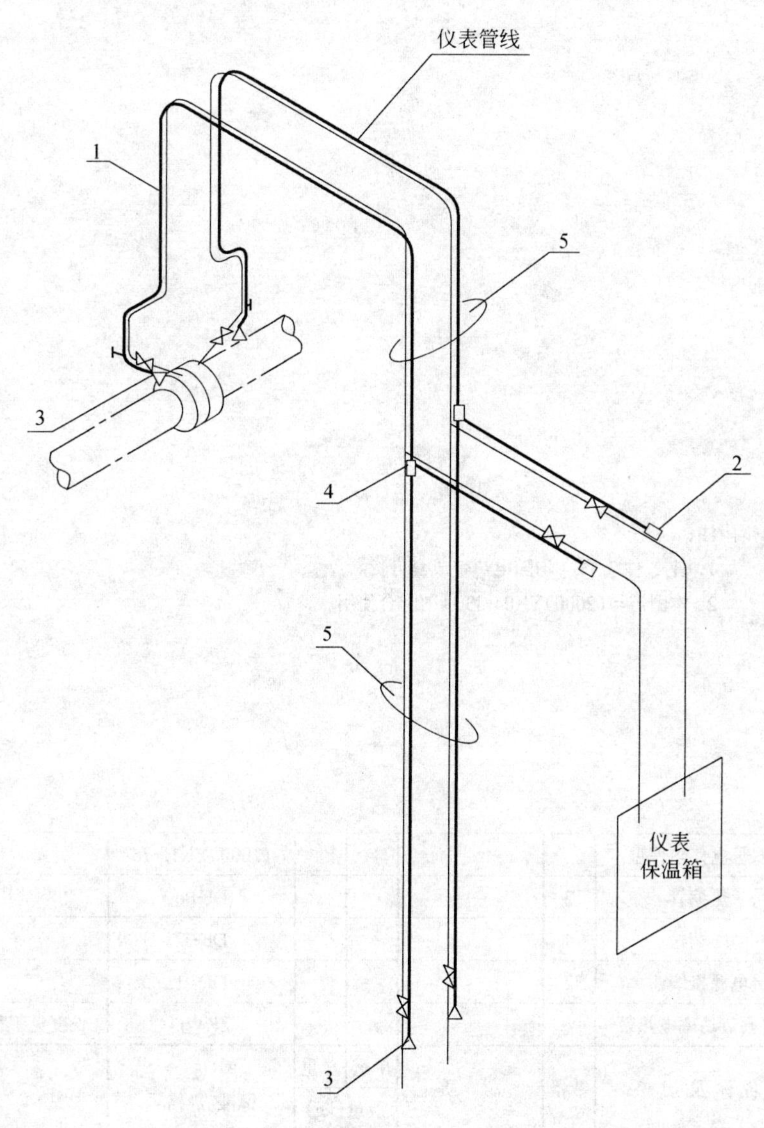

附注：

1．件 2、件 3、件 4 均随电热带成套订货。

2．本图需与(2000)YK04-32 号图配合使用。

件号	名称及规格	数量	材 质	单重	总重	图号或标准、规格号	备 注
				质量(kg)			
5	双管电伴热保温					(2000)YK13-78	
4	热缩管	2				DF-06	
3	终端帽	4				DF-07	
2	电源接线盒	2				DF-01	
1	自调节功率电热带					ZKWD	长度见工程设计

设 备 材 料 表

冶金仪控通用图	脏气体流量测量管路电伴热连接图	(2000)YK13-72	
		比例	页次

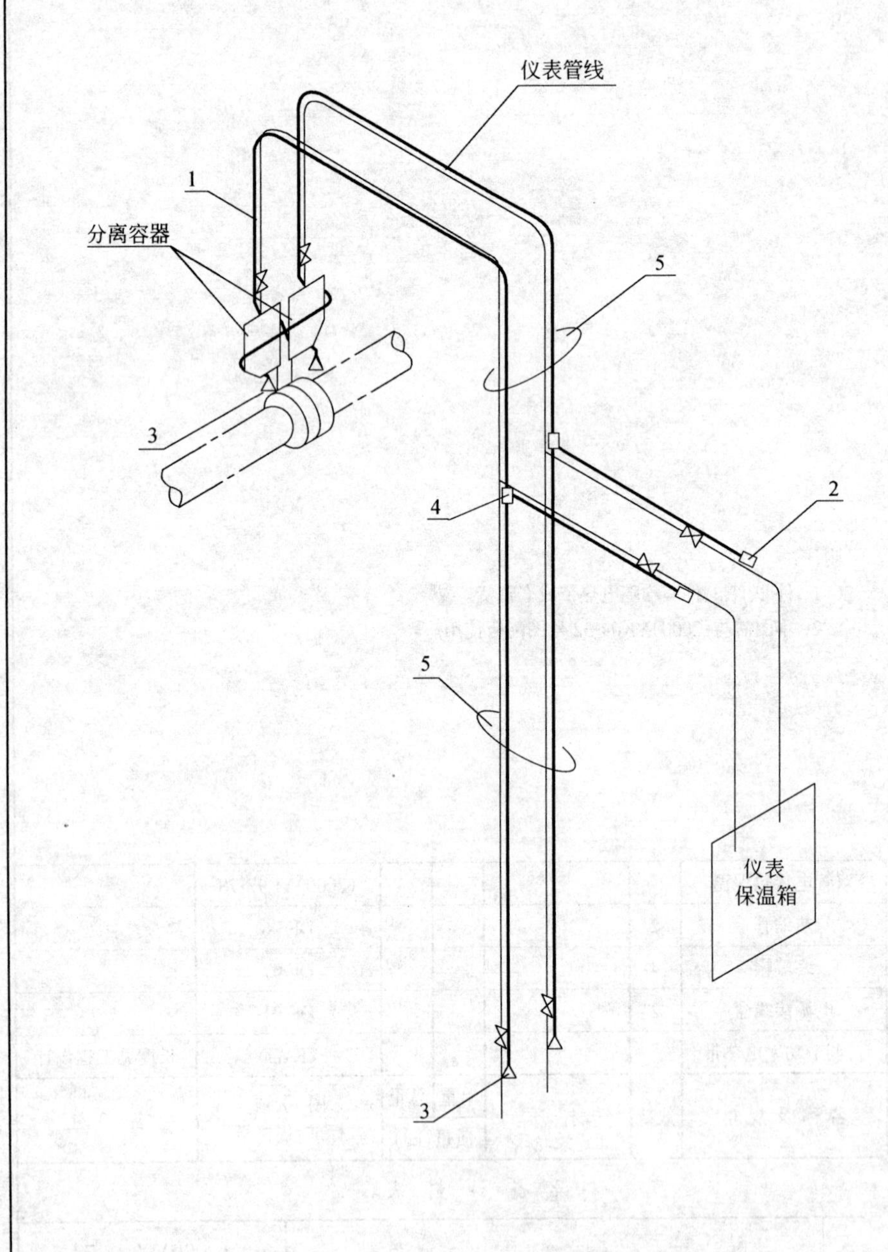

附注：

1. 件 2、件 3、件 4 均随电热带成套订货。
2. 本图需与(2000)YK04-33 号图配合使用。

件号	名称及规格	数量	材质	单重	总重	图号或标准、规格号	备注
				质量(kg)			
5	双管电伴热保温					(2000)YK13-78	
4	热缩管	2				DF-06	
3	终端帽	4				DF-07	
2	电源接线盒	2				DF-01	
1	自调节功率电热带					ZKWD	长度见工程设计

设备材料表

冶金仪控通用图	脏湿气体流量测量管路电伴热连接图	(2000)YK13-73	
		比例	页次

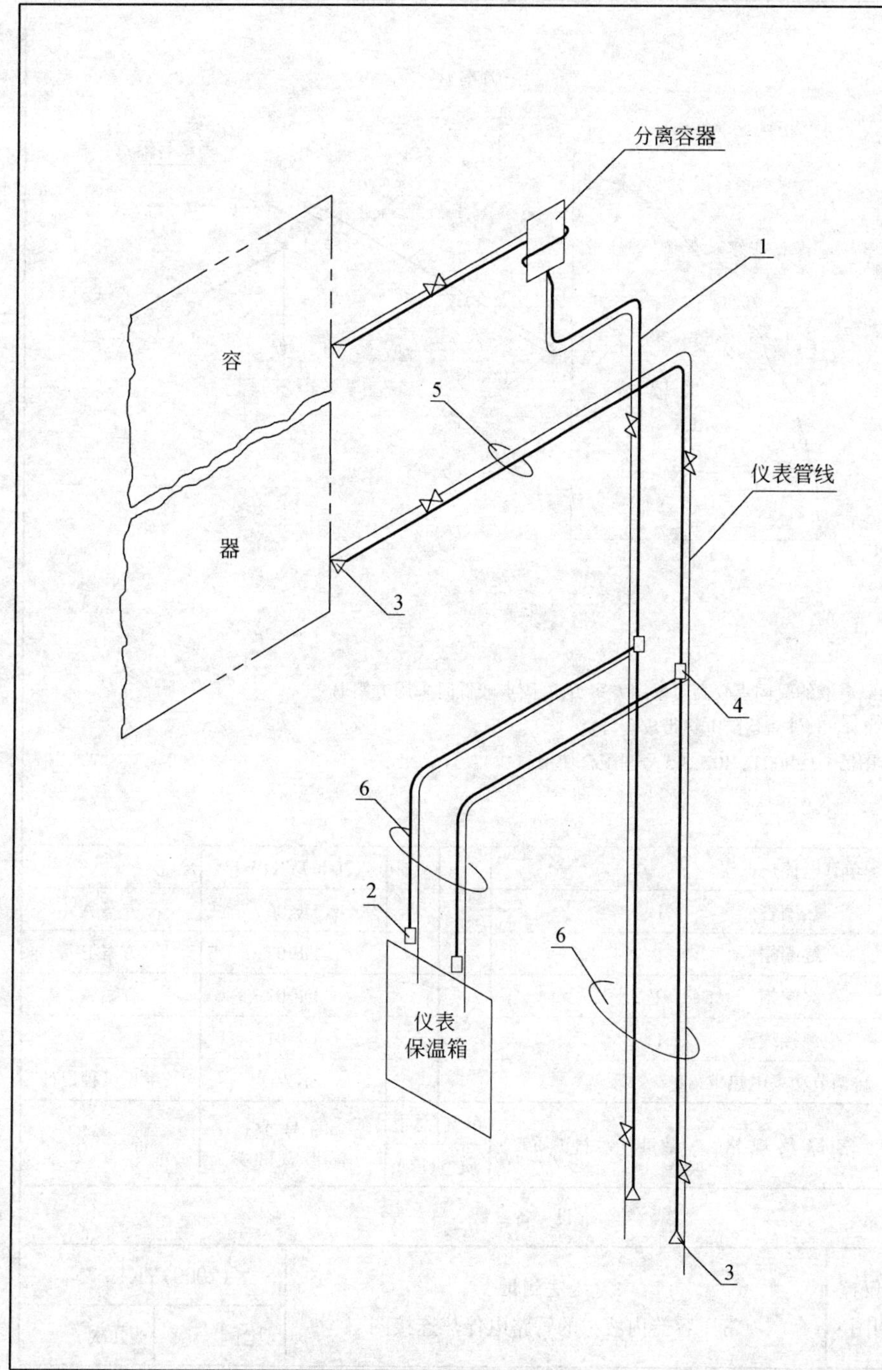

附注：

1. 件 2、件 3、件 4 均随电热带成套订货。
2. 本图需与(2000)YK07.3-5 号图配合使用。

件号	名称及规格	数量	材质	单重	总重	图号或标准、规格号	备注
				质量(kg)			
6	双管电伴热保温					(2000)YK13-78	
5	单管电伴热保温					(2000)YK13-77	
4	热缩管	2				DF-06	
3	终端帽	4				DF-07	
2	电源接线盒	2				DF-01	
1	自调节功率电热带					ZKWD	长度见工程设计

设备材料表

冶金仪控通用图	差压法测量 有压容器内液位的管路电伴热连接图	(2000)YK13-74	
		比例	页次

方案 A

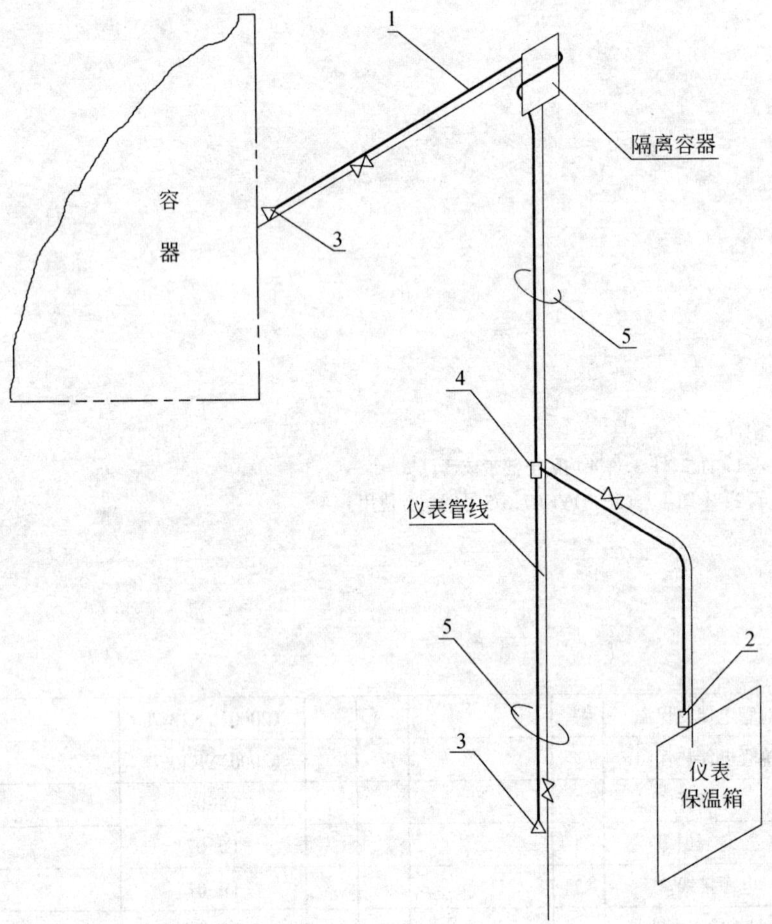

容器
1
3
隔离容器
5
4
仪表管线
5
3
2
仪表保温箱

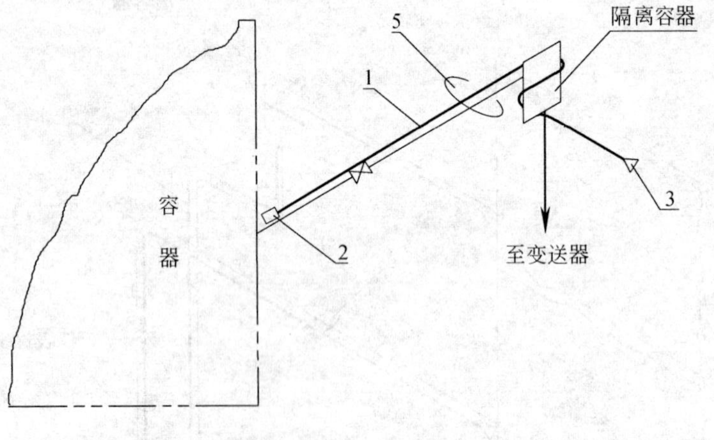

附注：

1. 当隔离液的凝固点较高时采用方案 A，凝固点较低时采用方案 B。
2. 件 2、件 3、件 4 均随电热带成套订货。
3. 本图需与(2000)YK07.3-3 号图配合使用。

件号	名称及规格	数量	材质	单重	总重	图号或标准、规格号	备注
5	单管电伴热保温					(2000)YK13-77	
4	热缩管	1				DF-06	方案 A
	终端帽	1				DF-07	方案 B
3	终端帽	2				DF-07	方案 A
2	电源接线盒	1				DF-01	
1	自调节功率电热带					ZKWD	长度见工程设计
件号	名称及规格	数量	材质	单重 质量(kg)	总重	图号或标准、规格号	备注

设备材料表

冶金仪控通用图	差压法测量 常压容器内液位的管路电伴热连接图	(2000)YK13-75	
		比例	页次

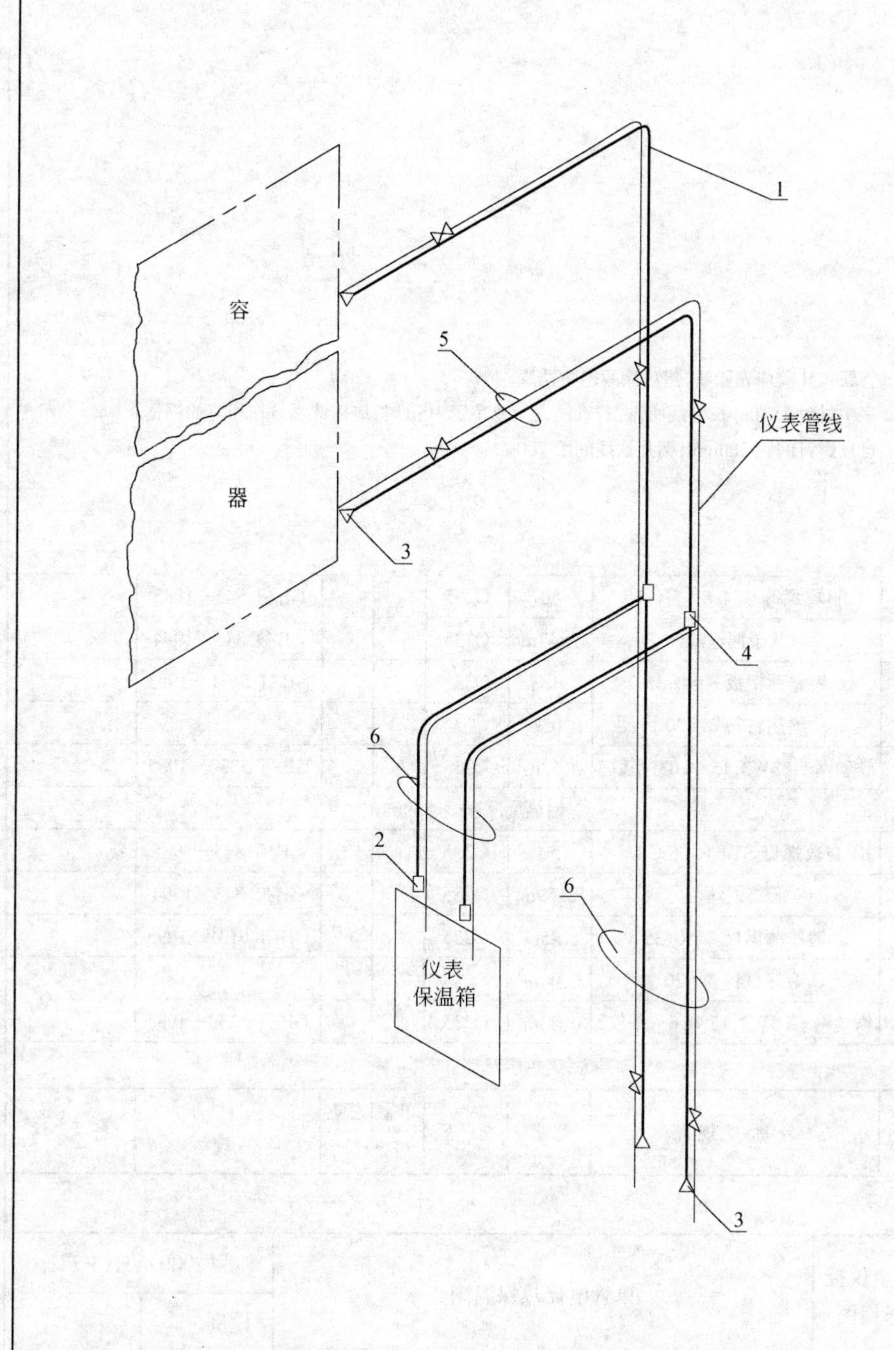

附注：

1. 件2、件3、件4均随电热带成套订货。
2. 本图需与(2000)YK07.3-4号图配合使用。

件号	名称及规格	数量	材质	单重	总重	图号或标准、规格号	备注
6	双管电伴热保温					(2000)YK13-78	
5	单管电伴热保温					(2000)YK13-77	
4	热缩管	2				DF-06	
3	终端帽	4				DF-07	
2	电源接线盒	2				DF-01	
1	自调节功率电热带					ZKWD	长度见工程设计
				质量(kg)			

设备材料表

冶金仪控通用图	差压法测量有压或负压容器内液位的管路电伴热连接图	(2000)YK13-76	
		比例	页次

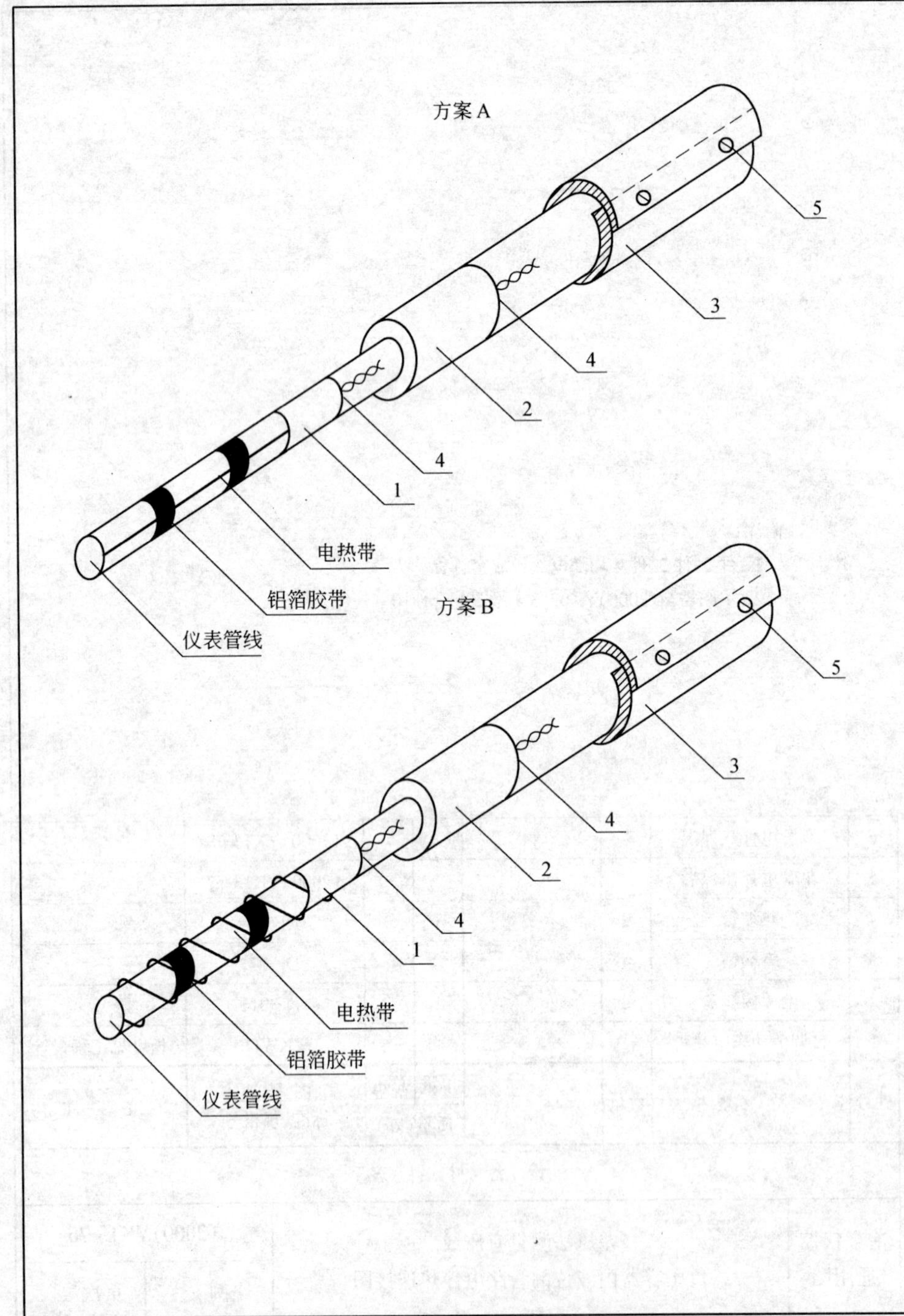

附注：

1. 管线包扎前应先除锈，然后涂两遍防锈漆。
2. 表中材料为10m长管线所需，若管线大于或小于10m时，应以此基数作相应的调整。
3. 自攻螺钉间距200mm，捆扎铁线间距700mm。

件号	名称及规格	数量	材质	单重 质量(kg)	总重 质量(kg)	图号或标准、规格号	备注
5	自攻螺钉 ST4.8×5-C-H	50	Q235			GB/T 845—1985	
4	低碳钢丝ϕ1	3.47m	Q235			GB/T 343—1994	
3	镀锌薄钢板 $\delta=0.35$	2.48m^2	Q235			GB/T 5131—1993	
2	绝热材料 $\delta=30$	0.05m^3					
1	铁丝网 GF3W3.15/0.63(平纹)	0.53m^2	Q235			GB/T 5330—1985	
绝热层厚度 $\delta=30$mm							
5	自攻螺钉 ST4.8×5-C-H	50	Q235			GB/T 845—1985	
4	低碳钢丝ϕ1	2.59m	Q235			GB/T 343—1994	
3	镀锌薄钢板 $\delta=0.35$	1.85m^2	Q235			GB/T 5131—1993	
2	绝热材料 $\delta=20$	0.04m^3					
1	铁丝网 GF3W3.15/0.63(平纹)	0.53m^2	Q235			GB/T 5330—1985	
绝热层厚度 $\delta=20$mm							

设备材料表

冶金仪控通用图	单管电伴热保温图	(2000)YK13-77	
		比例	页次

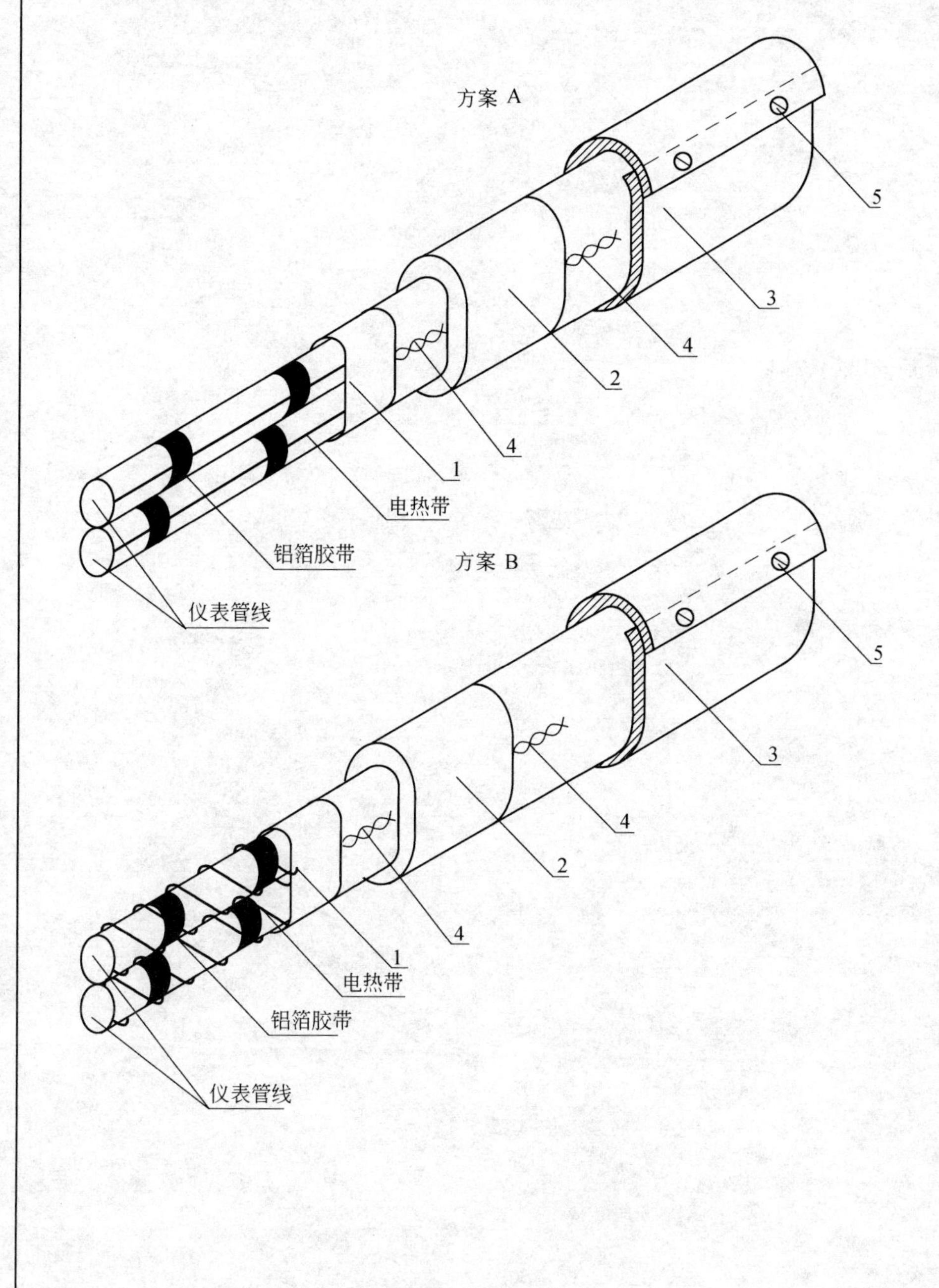

附注:

1. 管线包扎前应先除锈,然后涂两遍防锈漆。
2. 表中材料为10m长管线所需,若管线大于或小于10m时,应以此基数作相应的调整。
3. 自攻螺钉间距200mm,捆扎铁线间距700mm。

件号	名称及规格	数量	材质	单重 质量(kg)	总重 质量(kg)	图号或标准、规格号	备注
5	自攻螺钉 ST4.8×5-C-H	50	Q235			GB/T 845—1985	
	低碳钢丝 $\phi1$	3.99m	Q235			GB/T 343—1994	方案 B
4	低碳钢丝 $\phi1$	3.86m	Q235			GB/T 343—1994	方案 A
	镀锌薄钢板 $\delta=0.35$	2.85m^2	Q235			GB/T 5131—1993	方案 B
3	镀锌薄钢板 $\delta=0.35$	2.76m^2	Q235			GB/T 5131—1993	方案 A
	绝热材料 $\delta=30$	0.09m^3					方案 B
2	绝热材料 $\delta=30$	0.08m^3					方案 A
	铁丝网 GF3W3.15/0.63(平纹)	0.9m^2	Q235			GB/T 5330—1985	方案 B
1	铁丝网 GF3W3.15/0.63(平纹)	0.8m^2	Q235			GB/T 5330—1985	方案 A
	绝热层厚度 $\delta=30$mm						
5	自攻螺钉 ST4.8×5-C-H	50	Q235			GB/T 845—1985	
	低碳钢丝 $\phi1$	3.11m	Q235			GB/T 343—1994	方案 B
4	低碳钢丝 $\phi1$	2.98m	Q235			GB/T 343—1994	方案 A
	镀锌薄钢板 $\delta=0.35$	2.22m^2	Q235			GB/T 5131—1993	方案 B
3	镀锌薄钢板 $\delta=0.35$	2.13m^2	Q235			GB/T 5131—1993	方案 A
	绝热材料 $\delta=20$	0.04m^3					方案 B
2	绝热材料 $\delta=20$	0.04m^3					方案 A
	铁丝网 GF3W3.15/0.63(平纹)	0.91m^2	Q235			GB/T 5330—1985	方案 B
1	铁丝网 GF3W3.15/0.63(平纹)	0.81m^2	Q235			GB/T 5330—1985	方案 A
	绝热层厚度 $\delta=20$mm						

设备材料表

冶金仪控通用图	双管电伴热保温图	(2000)YK13-78	
		比例	页次

下

目　录

冶金仪控 通用图	信号系统图图纸目录	(2000)YK14-1	
		比例	页次

说　　明

1. 适用范围

本图册适用于冶金生产过程中发生事故或越限的监视信号和煤气低压自动切断煤气的控制。是一种原则性系统接线图，供设计者和施工人员参考。

2. 编制依据

本图册是在信号系统图(90)YK14的基础上修改、补充编制而成的。

3. 内容提要

(1) 保留了原图册中所有的信号系统图如1～4点报警信号系统和SSX系列闪光报警器系统以及煤气低压自动切断煤气控制系统，但信号与控制系统中的信号灯全部改用AD11系列半导体信号灯，电铃改用UC4-75和UCZ4-75新型电铃，同时更换了部分继电器，这样修改使系统更为先进和工作更可靠。这些系统都是冶金工厂常用的经过考验的信号系统，可供设计人员在工程中使用。

(2) 本次图册修订时，收集了一些新的报警器，根据其功能选用了部分设备编制了新的报警系统，供设计和施工人员参考。本次增加的信号报警系统有：

1) WZB系列单点闪光报警器组成的多点信号系统。

2) XDS-11系列单点闪光报警器组成的多点信号系统。

3) ALM系列单点闪光信号报警器组成的多点信号系统。

4) ALM系列8点闪光报警器单台或多台并联使用的信号报警系统。

5) DHFA6000型8点智能闪光报警器系统

以上五种闪光报警器各有特点：

WZB闪光报警器是通用型无附加功能的单点报警器，光源为白炽灯或半导体发光器件，具有常规闪光报警器所有功能。它是大连操作仪表有限公司生产的产品。

XDS-11系列单点闪光报警器，光源为白炽灯、发光二极管或发光管矩阵屏，有越限报警和第一事故报警状态(记忆)，以及闪光快或慢的功能。它有报警输出功能，该功能是可选的：a)接点输出(电流不大于1A/27V)；b)电平输出：XDS-11A为12V，11B型和11C型为5±10%V；c)分灯输出：0.5A/24V DC。该产品是中国自动控制系统总公司成套厂生产。

ALM系列单点闪光报警器，光源为LED发光矩阵器件，有带记忆功能和不带记忆功能的多个品种。带记忆功能有点记忆和连锁记忆两种，连锁记忆就是在一个多点信号系统中第一个事故出现后把相应的报警器记忆灯都点亮，另外第二、第三处发生事故情况时，相应的报警器只报警不记忆，因此可以方便地判定何处是“首发事故”，这对分析事故，尤其是有相关性联锁事故的分析是至关重要。另外ALM系列报警器的电源种类分五种：220V AC，127V AC，220V DC，110V DC和24V DC，为用户提供了多种应用电源的灵活性。

以上三种单点闪光报警器的共同特点有：

1) 信号输入接点可以是常开的，也可以用常闭的，在设计时任选一种。

2) 生产厂家可以根据用户要求组装成光字牌(点阵式或条列式或密集型)屏。

3) 外形尺寸为40(42)×80×127(101)(高×宽×深)。

ALM系列8点闪光报警器和DHFA6000型智能闪光报警器除了光源为发光半导体器件外，其他功能与老式SSX闪光报警功能基本相同，不同之处为：

1) ALM报警器有一副供用户做控制使用的报警接点。

2) DHFA6000型报警器本机上有“音响信号”和“确认”与“试验”按钮，另外还提供一套远程外接“音响信号”、“确认按钮”和“试验按钮”的接线端子供用户使用。不需要外接功能，这些端子可不接线。

3) ALM 8点闪光报警器外形尺寸为80×160×175(高×宽×深)。

4) DHFA6000型闪光报警器外形尺寸为80×160×90(高×宽×深)。

它们的尾长(深)都比SSX尾长短很多，为用户安装创造了方便条件。

冶金仪控通用图	信号系统图说明	(2000)YK14-2	
		比例	页次 1/2

ALM 系列报警器是无锡市科讯数据通信工程公司和无锡市康华电器仪表厂生产的产品。

DHFA6000 型智能报警器是北京德海东辉技术开发公司生产的产品。

4. 选用注意事项

(1) 由继电器组成的信号系统本图册只给出 1～4 点事故信号系统，5 点以上的事故信号可以采用闪光报警器来完成，或者参照前者组成所需点数的信号系统。

(2) 本图册所选用的中间继电器 JZ17 是上海华一电器厂产品，除具有 JZ7 的功能外，还有体小，带防尘罩的特点；JZG6 型继电器是无锡机床电器厂产品，有四组转换接点，体积小，触点容量大，带防尘罩，可盘前接线(插座式)，工作可靠，并有动作指示灯，可判断继电器是否在工作。以上继电器适合冶金工厂使用。

设计人员也可根据情况选更先进、功能更全的其他继电器替换。

(3) 工程设计中通常使用常开接点作为事故信号输入接点，因此本图册多数系统用常开接点，但也列入了少量的常闭接点做信号输入接点。

在本次修订收入图册的单点和多点闪光报警器的信号接点全部绘成常开接点，但他们也允许使用常闭接点，这要在设计时设置好。

(4) 本图册中所有闪光报警器都是根据厂家样本绘制的。不同厂家接线是不一样的。当采用本系统图时，一定要和订货实物核对，以免出错。

(5) 本图册所给出信号系统图均为充填式图纸，所有编号、接点用途说明均要设计者填写。

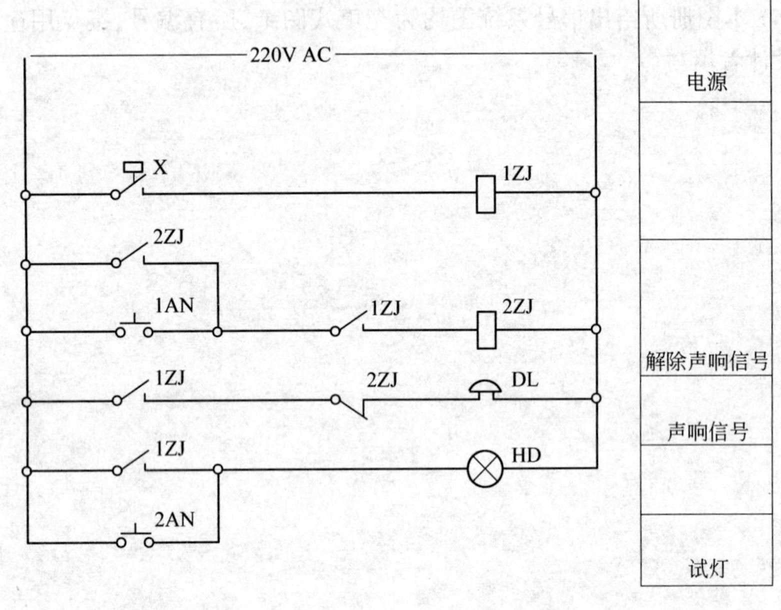

序号	位　号	名　称	型　号	规　格	数量	备注
6	DL	电铃	UC4-75	220V AC,8W,ϕ3	1	
5	2AN	按钮　绿色	LA19-11	220V AC,5A	1	
4	1AN	按钮　红色	LA19-11	220V AC,5A	1	
3	HD	信号灯　红色	AD 11-25/40	220V AC	1	
2	2ZJ	中间继电器	JZ17-44	220V AC	1	
1	1ZJ	中间继电器	JZ17-62	220V AC	1	

设　备　说　明　表

冶金仪控通用图	一点信号系统图(常开事故接点) 220V AC	(2000)YK14-3
		比例　页次

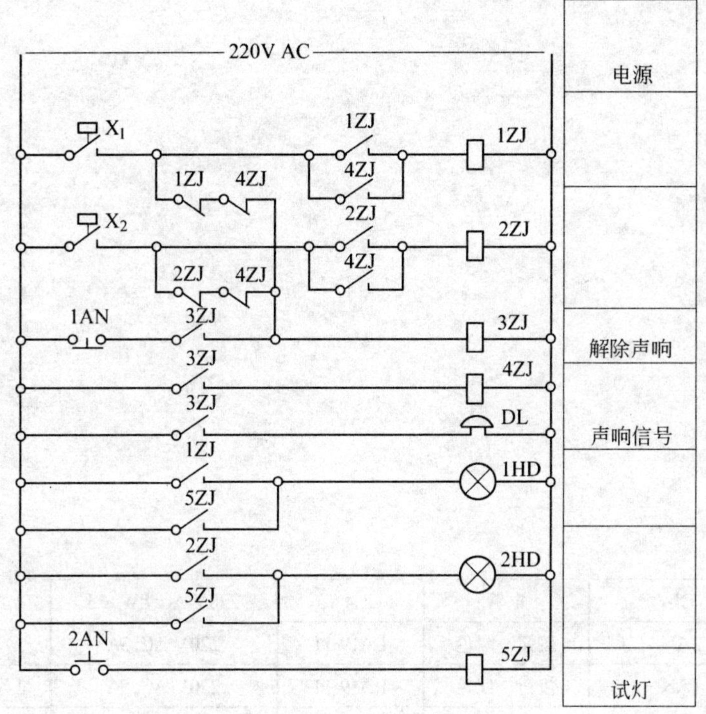

6	DL	电铃	UC4-75	220V AC,8W,ϕ3	1	
5	2AN	按钮　绿色	LA19-11	220V AC,5A	1	
4	1AN	按钮　红色	LA19-11	220V AC,5A	1	
3	1HD,2HD	信号灯　红色	AD 11-25/40	220V AC	2	
2	3ZJ,5ZJ	中间继电器	JZ17-80	220V AC	2	
1	1ZJ,2ZJ,4ZJ	中间继电器	JZ17-44	220V AC	2	
序号	位　号	名　称	型　号	规　格	数量	备注

设　备　说　明　表

冶金仪控通用图	两点信号系统图(常开事故接点) 220V AC	(2000)YK14-4	
		比例	页次

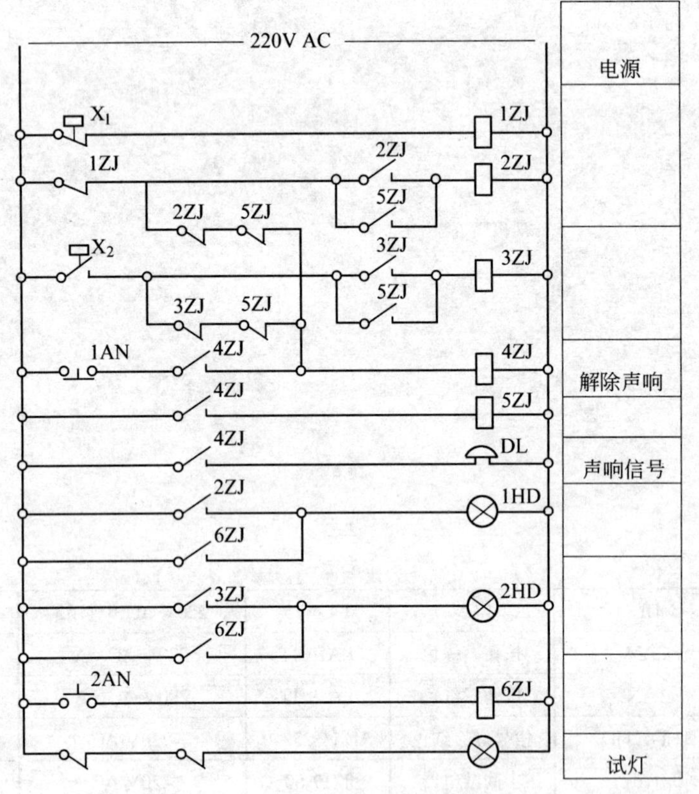

6	DL	电铃	UC4-75	220V AC,8W,ϕ3	1	
5	2AN	按钮　绿色	LA19-11	220V AC,5A	1	
4	1AN	按钮　红色	LA19-11	220V AC,5A	1	
3	1HD～2HD	信号灯　红色	AD 11-25/40	220V AC	2	
2	4ZJ,6ZJ	中间继电器	JZ17-80	220V AC	2	
1	1ZJ～3ZJ,5ZJ	中间继电器	JZ17-44	220V AC	4	
序号	位　号	名　称	型　号	规　格	数量	备注

设　备　说　明　表

冶金仪控通用图	两点信号系统图(事故接点一常开一常闭) 220V AC	(2000)YK14-5	
		比例	页次

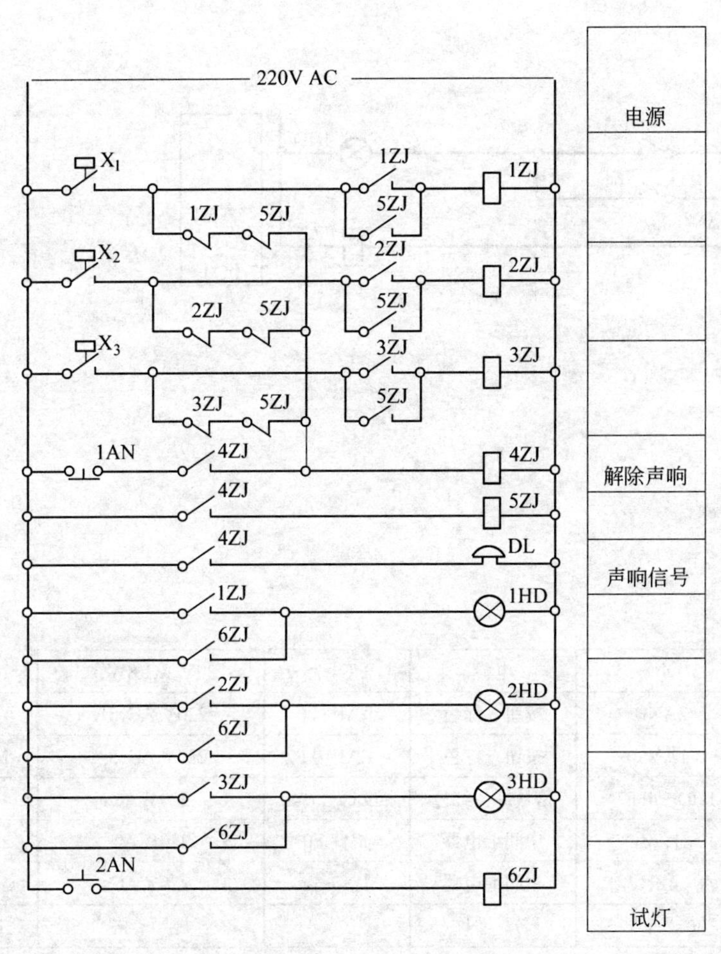

6	DL	电铃	UC4-75	220V AC,8W,ϕ3	1	
5	2AN	按钮　绿色	LA19-11	220V AC,5A	1	
4	1AN	按钮　红色	LA19-11	220V AC,5A	1	
3	1HD～3HD	信号灯　红色	AD 11-25/40	220V AC	3	
2	4ZJ,6ZJ	中间继电器	JZ17-80	220V AC	2	
1	1ZJ～3ZJ,5ZJ	中间继电器	JZ17-44	220V AC	4	
序号	位　号	名　称	型　号	规　格	数量	备注

设　备　说　明　表

冶金仪控通用图	三点信号系统图(常开事故接点) 220V AC	(2000)YK14-6	
		比例	页次

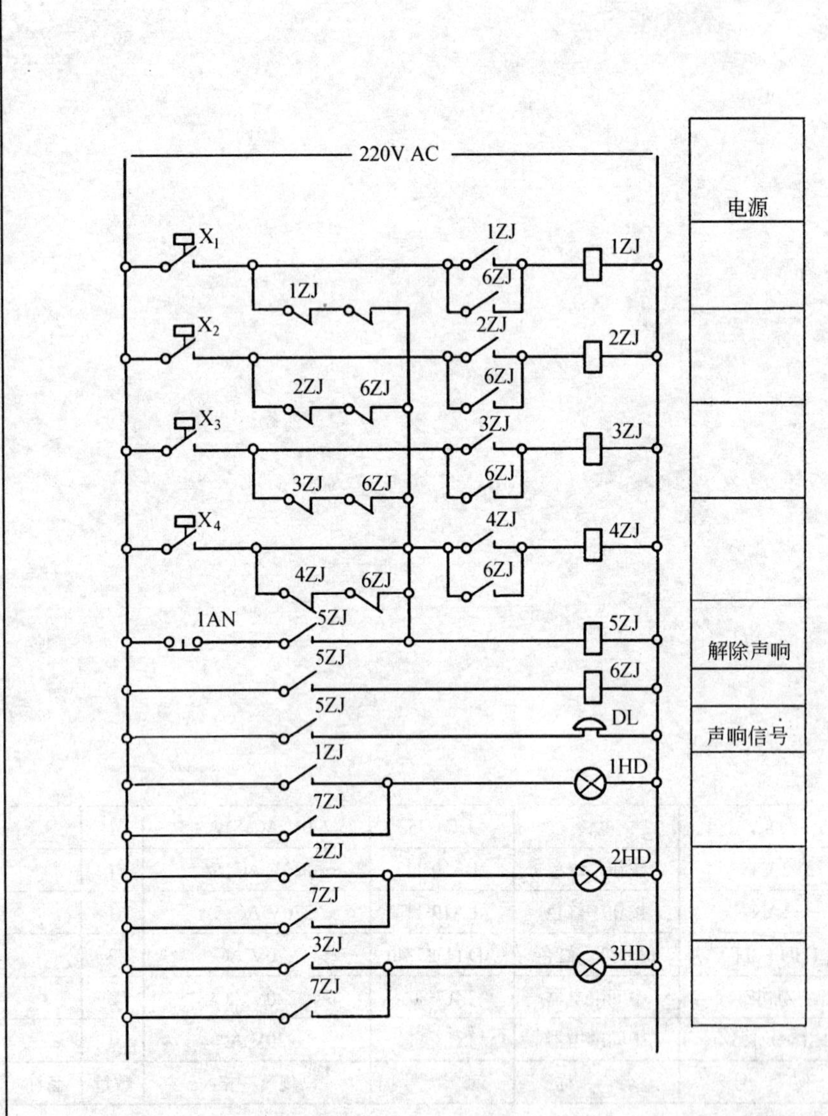

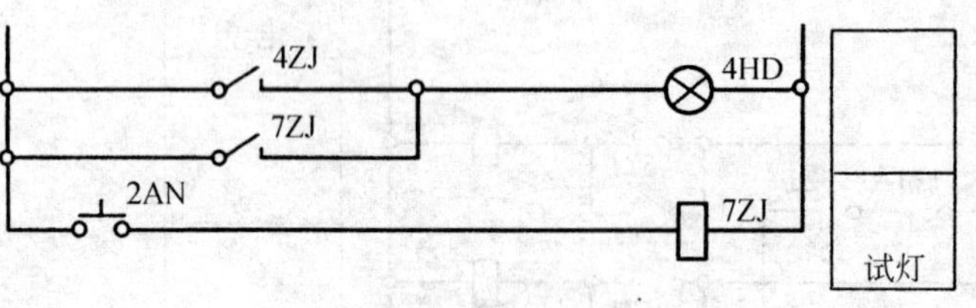

6	DL	电铃	UC4-75	220V AC,8W,ϕ3	1	
5	2AN	按钮 绿色	LA19-11	220V AC,5A	1	
4	1AN	按钮 红色	LA19-11	220V AC,5A	1	
3	1HD～4HD	信号灯 红色	AD 11-25/40	220V AC	4	
2	5ZJ,7ZJ	中间继电器	JZ17-80	220V AC	2	
1	1ZJ～4ZJ,6ZJ	中间继电器	JZ17-44	220V AC	5	
序号	位 号	名 称	型 号	规 格	数量	备注

设 备 说 明 表

冶金仪控通用图	四点信号系统图(常开事故接点) 220V AC	(2000)YK14-7
		比例 页次

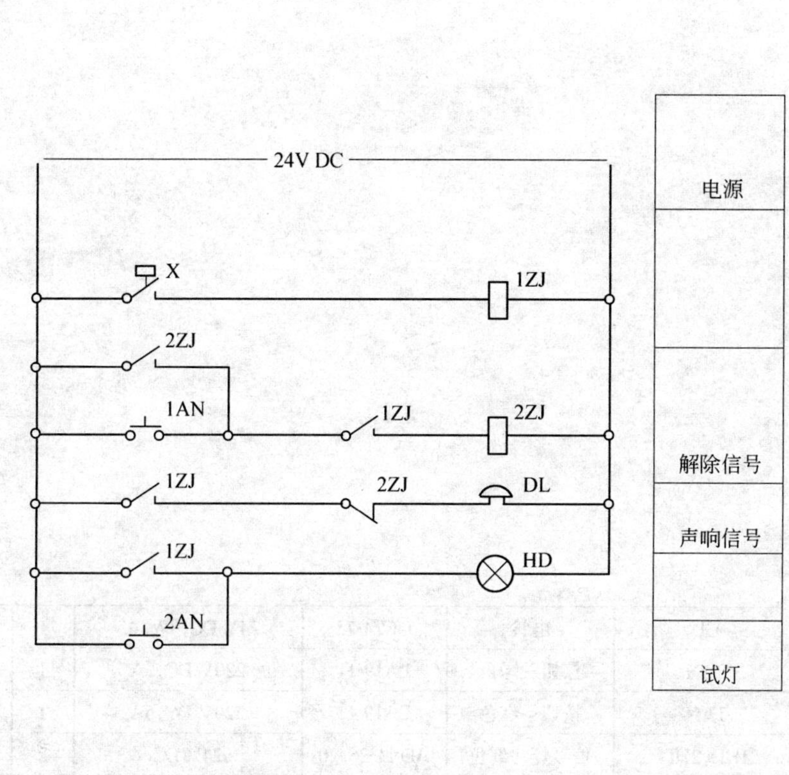

6	DL	电铃	UCZ4-75	24V DC,8W,ϕ3	1	
5	2AN	按钮　绿色	LA19-11	220V DC,5A	1	
4	1AN	按钮　红色	LA19-11	220V DC,5A	1	
3	HD	信号灯　红色	AD 11-25/20	24V DC,18W	1	
2	2ZJ	中间继电器	JZG6-4L/P	24V DC	1	带插座
1	1ZJ	中间继电器	JZG6-4L/P	24V DC	1	带插座
序号	位　号	名　称	型　号	规　格	数量	备注

设　备　说　明　表

冶金仪控 通用图	一点信号系统图(常开事故接点) 24V DC	(2000)YK14-8	
		比例	页次

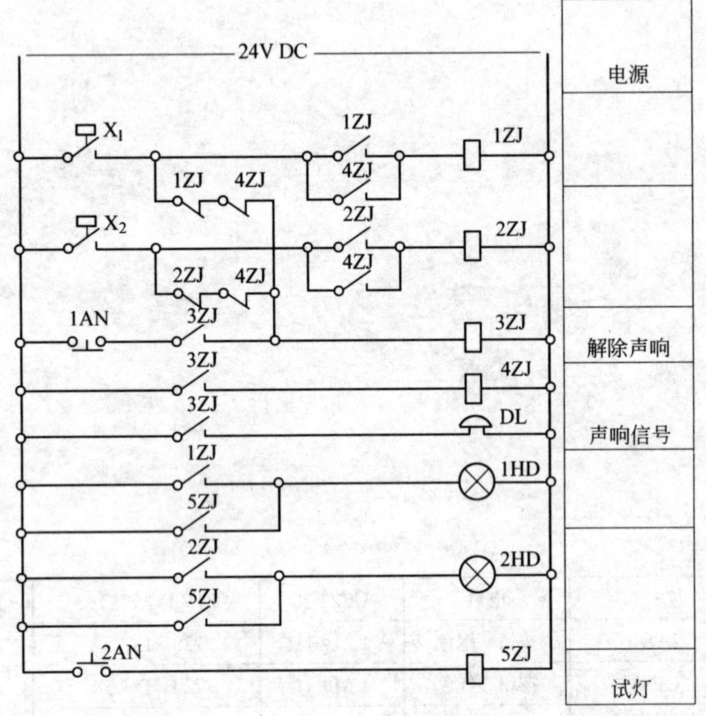

6	DL	电铃	UCZ4-75	24V DC,8W,ϕ3	1	
5	2AN	按钮　绿色	LA19-11	220V DC,5A	1	
4	1AN	按钮　红色	LA19-11	220V DC,5A	1	
3	1HD,2HD	信号灯　红色	AD 11-25/20	24V DC	2	
2	3ZJ,5ZJ	中间继电器	JZG6-4L/P	24V DC	2	带插座
1	1ZJ,2ZJ,4ZJ	中间继电器	JZG6-4L/P	24V DC	3	带插座
序号	位　号	名　称	型　号	规　格	数量	备注

设　备　说　明　表

冶金仪控通用图	两点信号系统图(常开事故接点) 24V DC	(2000)YK14-9	
		比例	页次

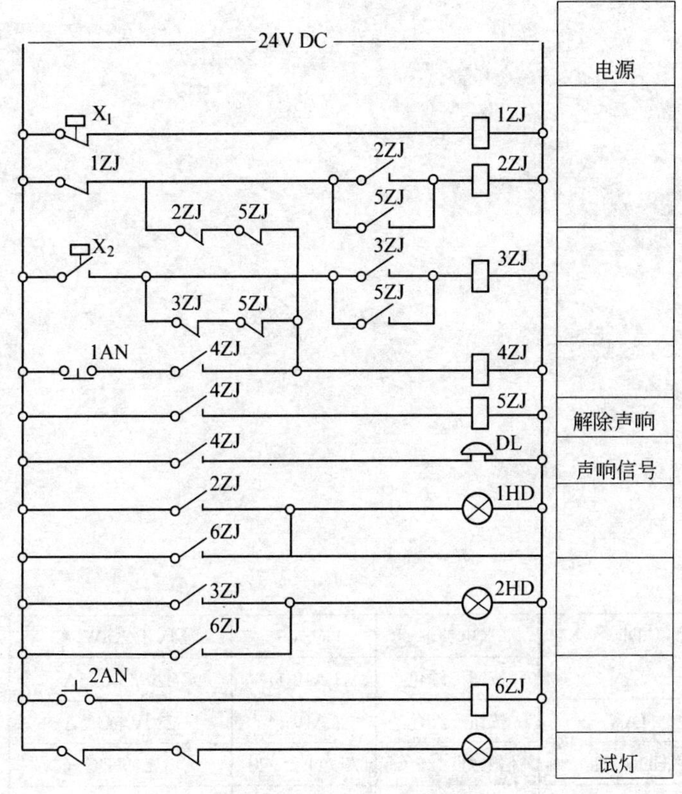

6	DL	电铃	UCZ4-75	24V DC,8W,$\phi 3$	1	
5	2AN	按钮　绿色	LA19-11	220V DC,5A	1	
4	1AN	按钮　红色	LA19-11	220V DC,5A	1	
3	1HD,2HD	信号灯　红色	AD 11-25/20	24V DC	2	
2	4ZJ,6ZJ	中间继电器	JZG6-4L/P	24V DC	2	
1	1ZJ～3ZJ,5ZJ	中间继电器	JZG6-4L/P	24V DC	4	
序号	位　号	名　称	型　号	规　格	数量	备注

设　备　说　明　表

冶金仪控通用图	两点信号系统图(事故接点一常开一常闭) 24V DC	(2000)YK14-10	
		比例	页次

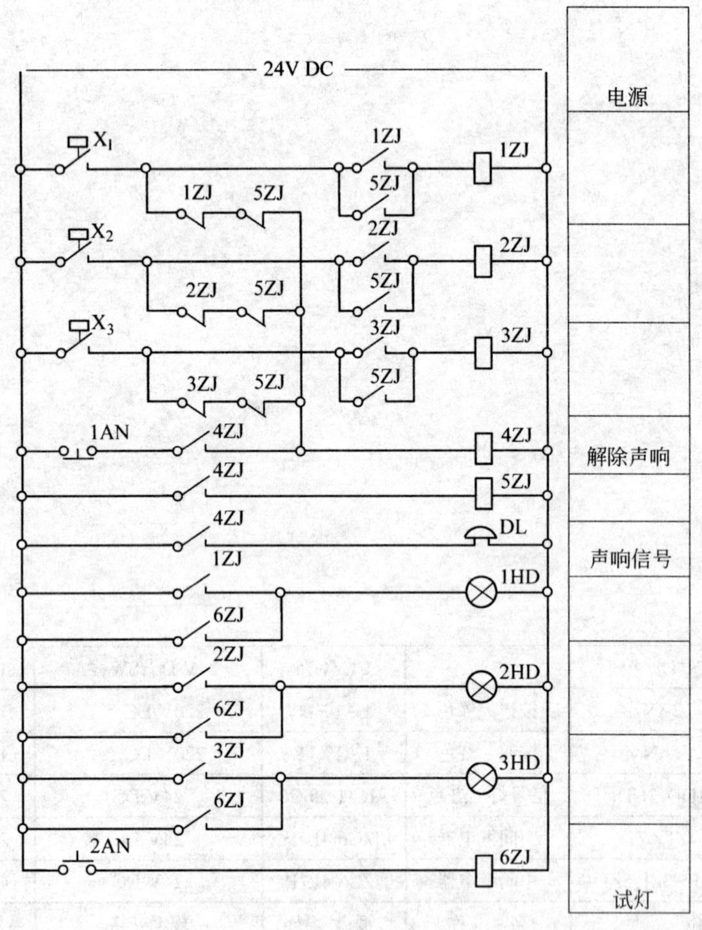

6	DL	电铃	UCZ4-75	24V DC,8W,ϕ3	1	
5	2AN	按钮　绿色	LA19-11	220V DC,5A	1	
4	1AN	按钮　红色	LA19-11	220V DC,5A	1	
3	1HD～3HD	信号灯　红色	AD11-25/20	24V DC	3	
2	4ZJ,6ZJ	中间继电器	JZG6-4L/P	24V DC	2	带插座
1	1ZJ～3ZJ,5ZJ	中间继电器	JZG6-4L/P	24V DC	4	带插座
序号	位　号	名　称	型　号	规　格	数量	备注

设　备　说　明　表

冶金仪控通用图	三点信号系统图(常开事故接点) 24V DC	(2000)YK14-11	
		比例	页次

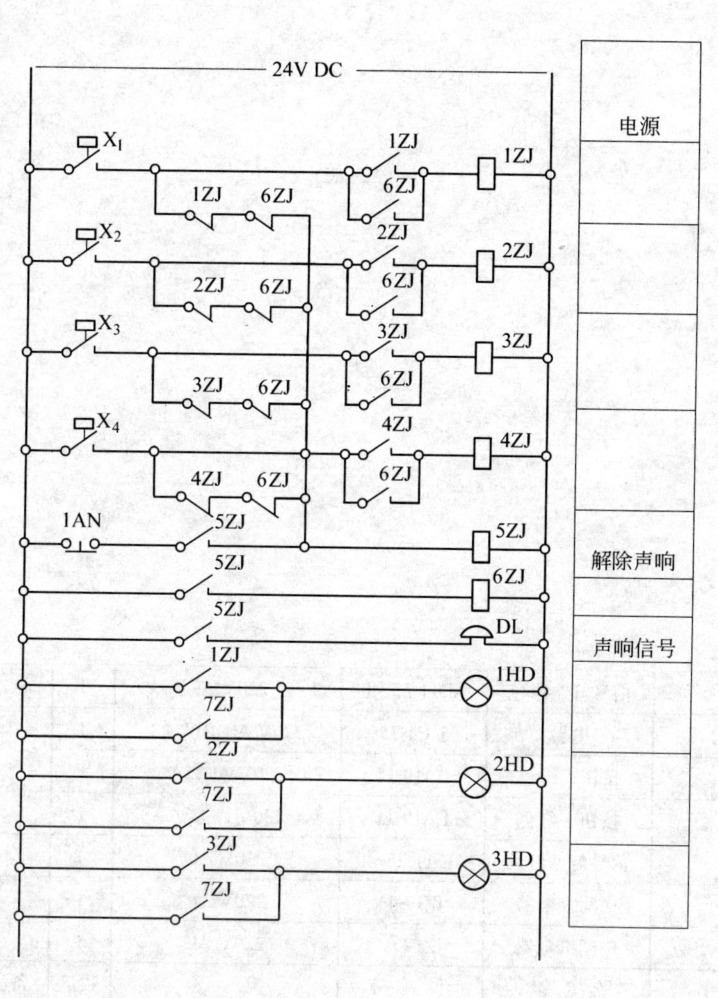

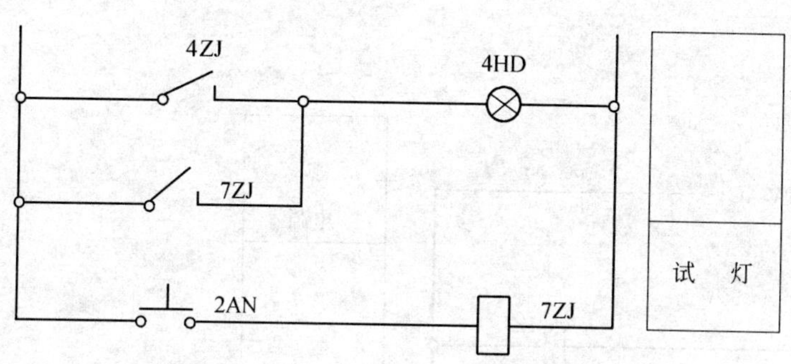

6	DL	电铃	UCZ4-75	24V DC,8W,$\phi 3$	1	
5	2AN	按钮　绿色	LA19-11	220V DC,5A	1	
4	1AN	按钮　红色	LA19-11	220V DC,5A	1	
3	1HD～4HD	信号灯　红色	AD 11-25/20	24V DC	4	
2	5ZJ,7ZJ	中间继电器	JZG6-4L/P	24V DC	2	带插座
1	1ZJ～4ZJ,6ZJ	中间继电器	JZG6-4L/P	24V DC	5	带插座
序号	位　号	名　称	型　号	规　格	数量	备注

设　备　说　明　表

冶金仪控通用图	四点信号系统图(常开事故接点) 24V DC	(2000)YK14-12	
		比例	页次

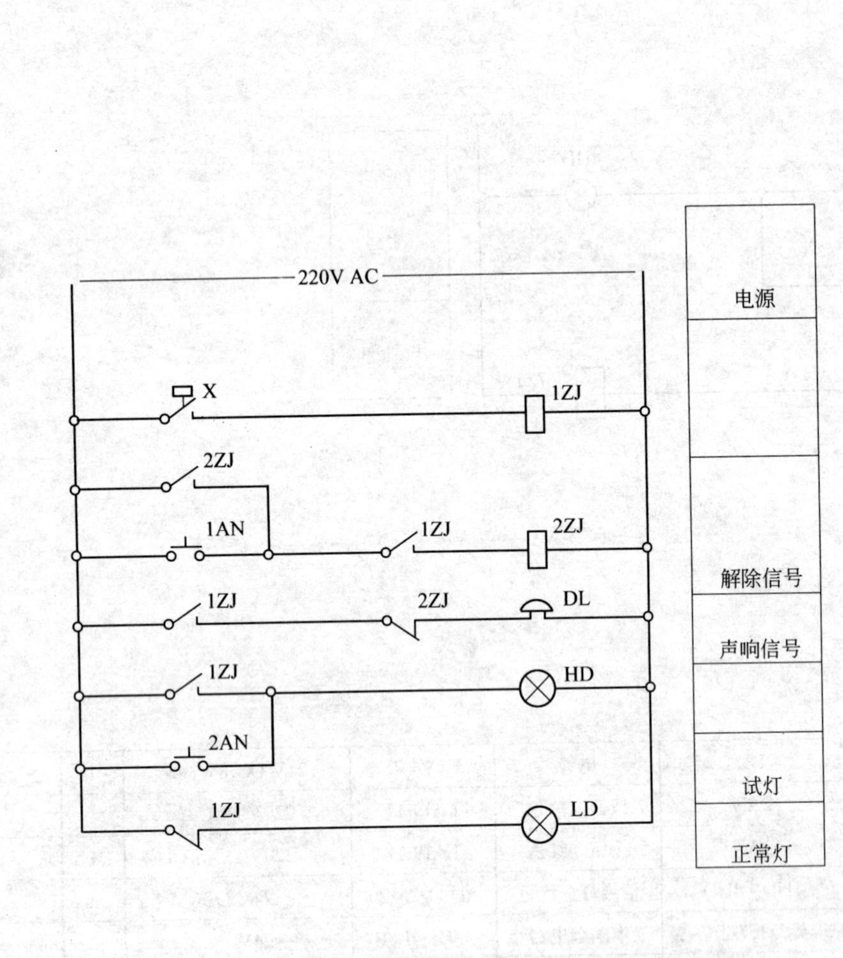

7	LD	信号灯　绿色	AD11-25/40	220V AC	1	
6	DL	电铃	UC4-75	220V AC,8W,ϕ3	1	
5	2AN	按钮　绿色	LA19-11	220V AC,5A	1	
4	1AN	按钮　红色	LA19-11	220V AC,5A	1	
3	HD	信号灯　红色	AD 11-25/40	220V AC	1	
2	2ZJ	中间继电器	JZ17-44	220V AC	1	
1	1ZJ	中间继电器	JZ17-62	220V AC	1	
序号	位　号	名　称	型　号	规　格	数量	备注

设　备　说　明　表

冶金仪控通用图	带正常灯一点信号系统图(常开事故接点) 220V AC	(2000)YK14-13	
		比例	页次

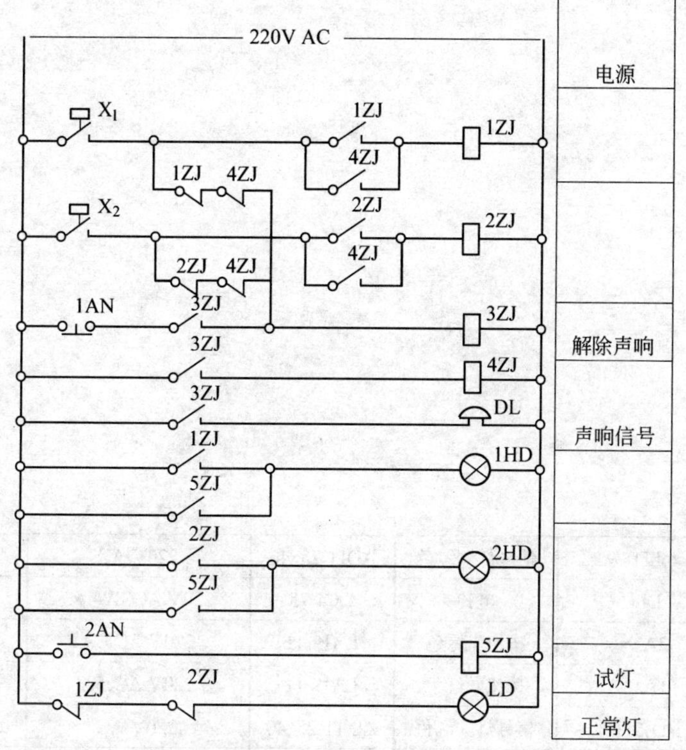

7	LD	信号灯　绿色	AD11-25/40	220V AC	1	
6	DL	电铃	UC4-75	220V AC, 8W, $\phi 3$	1	
5	2AN	按钮　绿色	LA19-11	220V AC, 5A	1	
4	1AN	按钮　红色	LA19-11	220V AC, 5A	1	
3	1HD, 2HD	信号灯　红色	AD 11-25/40	220V AC	2	
2	3ZJ, 5ZJ	中间继电器	JZ17-80	220V AC	2	
1	1ZJ, 2ZJ, 4ZJ	中间继电器	JZ17-44	220V AC	3	
序号	位　　号	名　　称	型　　号	规　　格	数量	备注

设　备　说　明　表

冶金仪控通用图	带正常灯两点信号系统图(常开事故接点) 220V AC	(2000)YK14-14	
		比例	页次

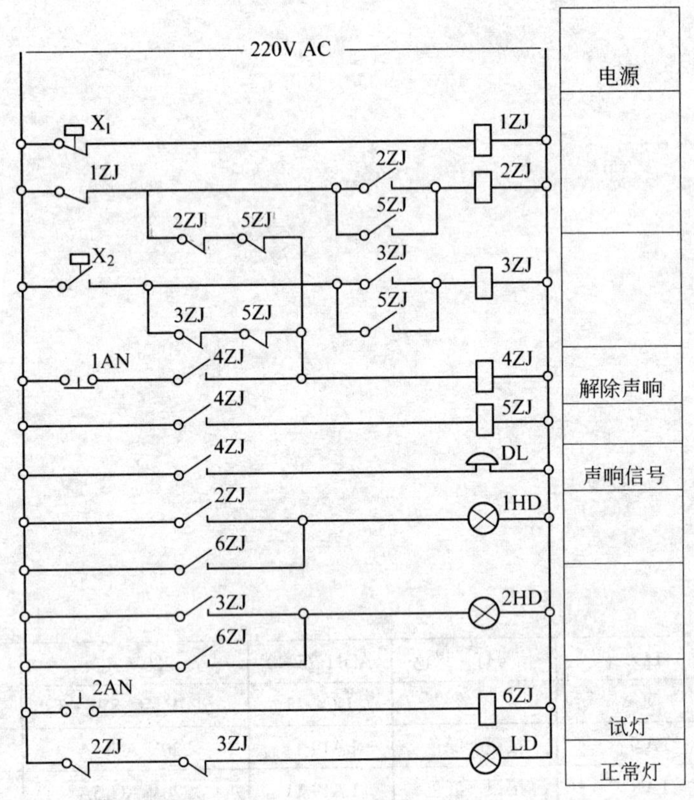

7	LD	信号灯　绿色	AD11-25/40	220V AC	1	
6	DL	电铃	UC4-75	220V AC,8W,ϕ3	1	
5	2AN	按钮　绿色	LA19-11	220V AC,5A	1	
4	1AN	按钮　红色	LA19-11	220V AC,5A	1	
3	1HD,2HD	信号灯　红色	AD 11-25/40	220V AC	2	
2	4ZJ,6ZJ	中间继电器	JZ17-80	220V AC	2	
1	1ZJ～3ZJ,5ZJ	中间继电器	JZ17-44	220V AC	4	
序号	位　号	名　称	型　号	规　格	数量	备注

设　备　说　明　表

冶金仪控通用图	带正常灯两点信号系统图(事故接点一常开一常闭) 220V AC	(2000)YK14-15	
		比例	页次

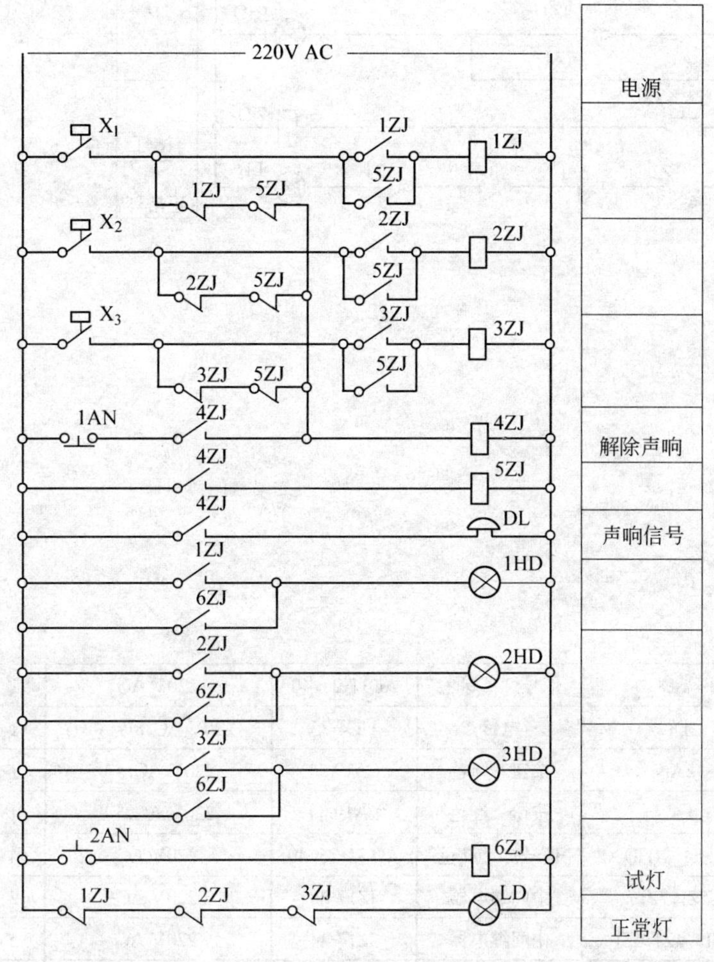

7	LD	信号灯	AD11-25/40	220V AC	1	
6	DL	电铃	UC4-75	220V AC,8W,ϕ3	1	
5	2AN	按钮　绿色	LA19-11	220V AC,5A	1	
4	1AN	按钮　红色	LA19-11	220V AC,5A	1	
3	1HD～3HD	信号灯　红色	AD 11-25/40	220V AC	3	
2	4ZJ,6ZJ	中间继电器	JZ17-80	220V AC	2	
1	1ZJ～3ZJ,5ZJ	中间继电器	JZ17-44	220V AC	4	
序号	位　号	名　称	型　号	规　格	数量	备注

设　备　说　明　表

冶金仪控 通用图	带正常灯三点信号系统图(常开事故接点) 220V AC	(2000)YK14-16	
		比例	页次

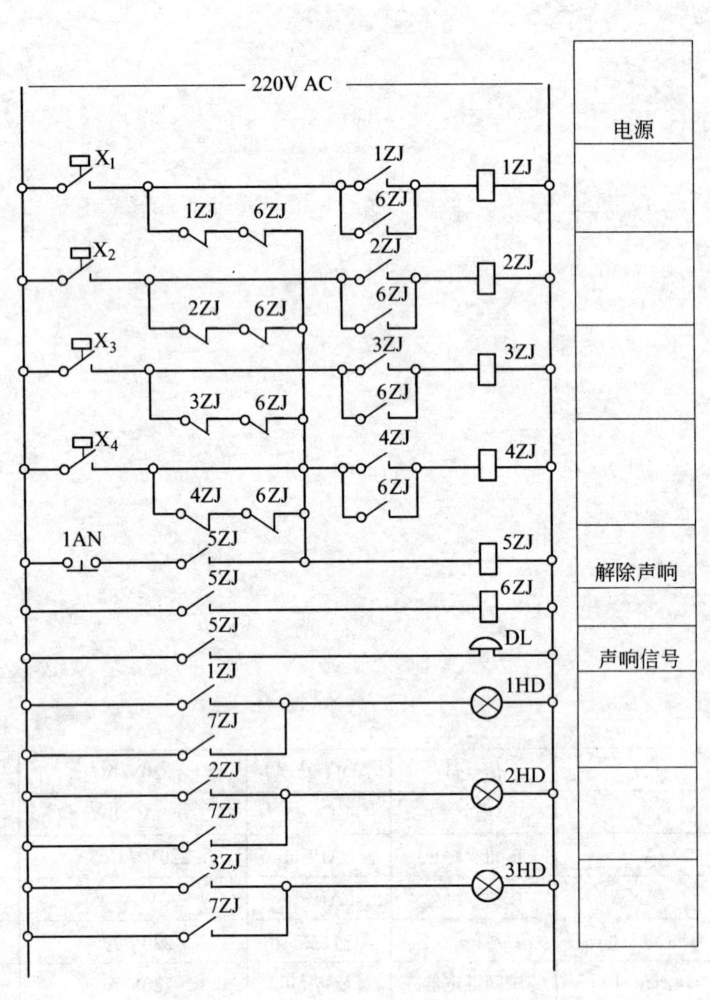

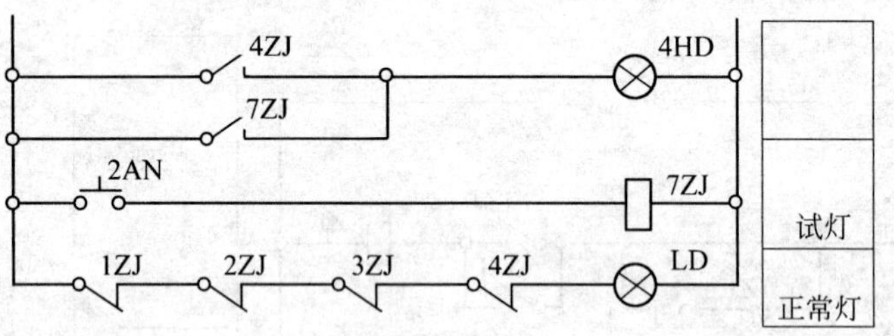

7	LD	信号灯　绿色	AD11-25/40	220V AC	1	
6	DL	电铃	UC4-75	220V AC,8W,ϕ3	1	
5	2AN	按钮　绿色	LA19-11	220V AC,5A	1	
4	1AN	按钮　红色	LA19-11	220V AC,5A	1	
3	1HD～4HD	信号灯　红色	AD 11-25/40	220V AC	4	
2	5ZJ,7ZJ	中间继电器	JZ17-80	220V AC	2	
1	1ZJ～4ZJ,6ZJ	中间继电器	JZ17-44	220V AC	5	
序号	位　号	名　称	型　号	规　格	数量	备注

设　备　说　明　表

冶金仪控通用图	带正常灯四点信号系统图(常开事故接点) 220V AC	(2000)YK14-17	
		比例	页次

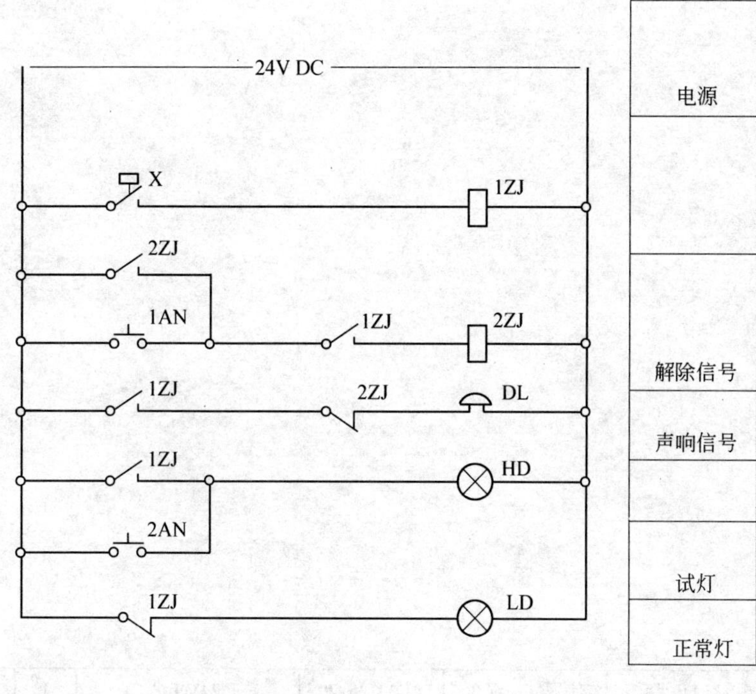

7	LD	信号灯　绿色	AD11-25/20	24V DC	1	
6	DL	电铃	UCZ4-75	24V DC,8W,ϕ3	1	
5	2AN	按钮　绿色	LA19-11	220V DC,5A	1	
4	1AN	按钮　红色	LA19-11	220V DC,5A	1	
3	HD	信号灯　红色	AD 11-25/20	24V DC	1	
2	2ZJ	中间继电器	JZG6-4L/P	24V DC	1	带插座
1	1ZJ	中间继电器	JZG6-4L/P	24V DC	1	带插座
序号	位　号	名　称	型　号	规　格	数量	备注

设　备　说　明　表

冶金仪控通用图	带正常灯一点信号系统图(常开事故接点) 24V DC	(2000)YK14-18	
		比例	页次

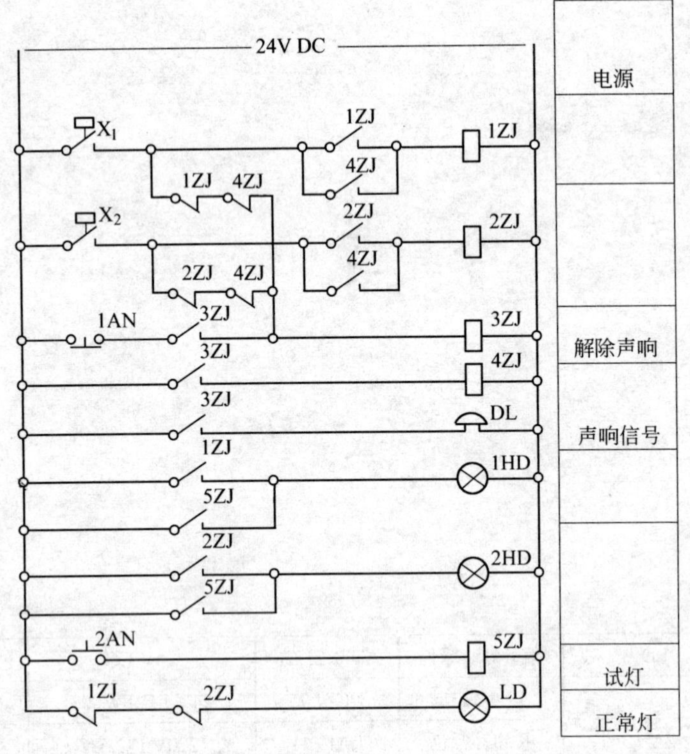

7	LD	信号灯　绿色	AD11-25/20	24V DC	1	
6	DL	电铃	UCZ4-75	24V DC,8W,ϕ3	1	
5	2AN	按钮　绿色	LA19-11	220V DC,5A	1	
4	1AN	按钮　红色	LA19-11	220V DC,5A	1	
3	1HD,2HD	信号灯　红色	AD 11-25/20	24V DC	2	
2	3ZJ,5ZJ	中间继电器	JZG6-4L/P	24V DC	2	带插座
1	1ZJ,2ZJ,4ZJ	中间继电器	JZG6-4L/P	24V DC	3	带插座
序号	位　号	名　称	型　号	规　格	数量	备注

设　备　说　明　表

冶金仪控 通用图	带正常灯两点信号系统图(常开事故接点) 24V DC	(2000)YK14-19	
		比例	页次

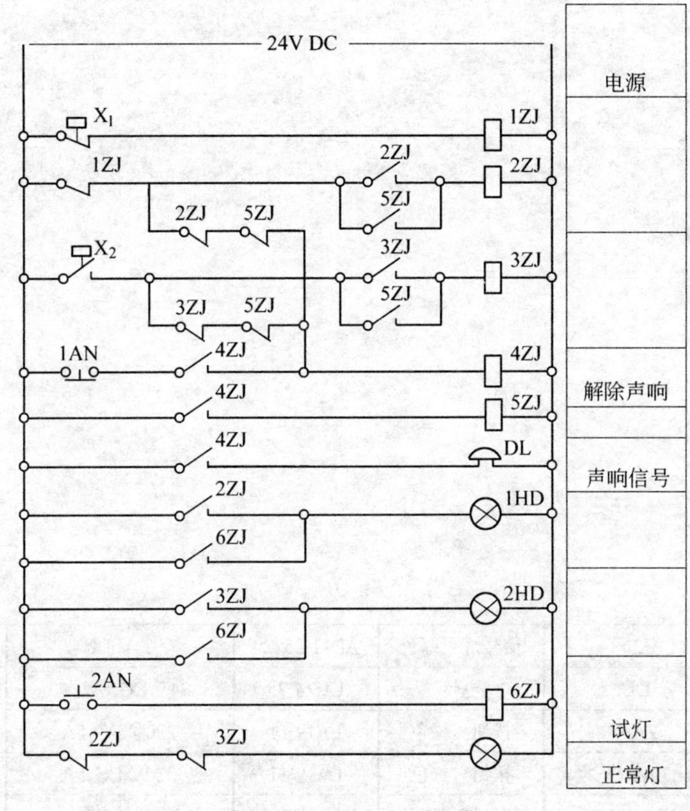

7	LD	信号灯 绿色	AD11-25/20	24V DC	1	
6	DL	电铃	UCZ4-75	24V DC,8W,ϕ3	1	
5	2AN	按钮 绿色	LA19-11	220V DC,5A	1	
4	1AN	按钮 红色	LA19-11	220V DC,5A	1	
3	1HD,2HD	信号灯 红色	AD 11-25/20	24V DC	2	
2	4ZJ,6ZJ	中间继电器	JZG6-4L/P	24V DC	2	带插座
1	1ZJ~3ZJ,5ZJ	中间继电器	JZG6-4L/P	24V DC	4	带插座
序号	位 号	名 称	型 号	规 格	数量	备注

设 备 说 明 表

冶金仪控通用图	带正常灯两点信号系统图(事故接点一常开一常闭) 24V DC	(2000)YK14-20	
		比例	页次

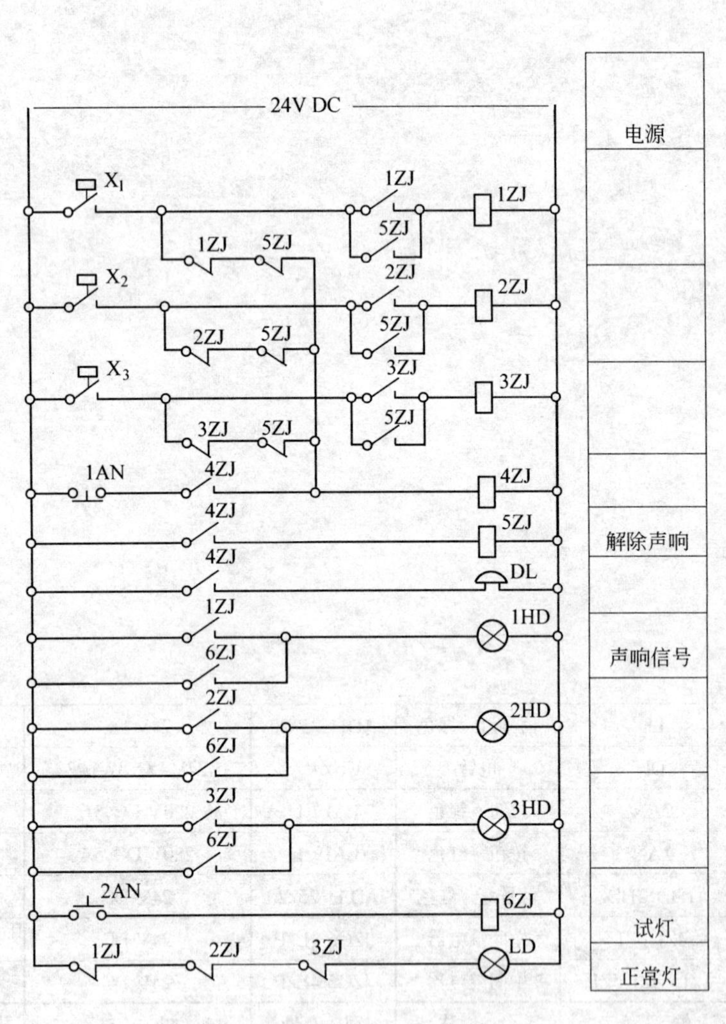

7	LD	信号灯　绿色	AD11-25/20	24V DC	1	
6	DL	电铃	UCZ4-75	24V DC, 8W, $\phi 3$	1	
5	2AN	按钮　绿色	LA19-11	220V DC, 5A	1	
4	1AN	按钮　红色	LA19-11	220V DC, 5A	1	
3	1HD～3HD	信号灯　红色	AD 11-25/20	24V DC	3	
2	4ZJ, 6ZJ	中间继电器	JZG6-4L/P	24V DC	2	带插座
1	1ZJ～3ZJ, 5ZJ	中间继电器	JZG6-4L/P	24V DC	4	带插座
序号	位　号	名　称	型　号	规　格	数量	备注

设　备　说　明　表

冶金仪控通用图	带正常灯三点信号系统图(常开事故接点) 24V DC	(2000)YK14-21	
		比例	页次

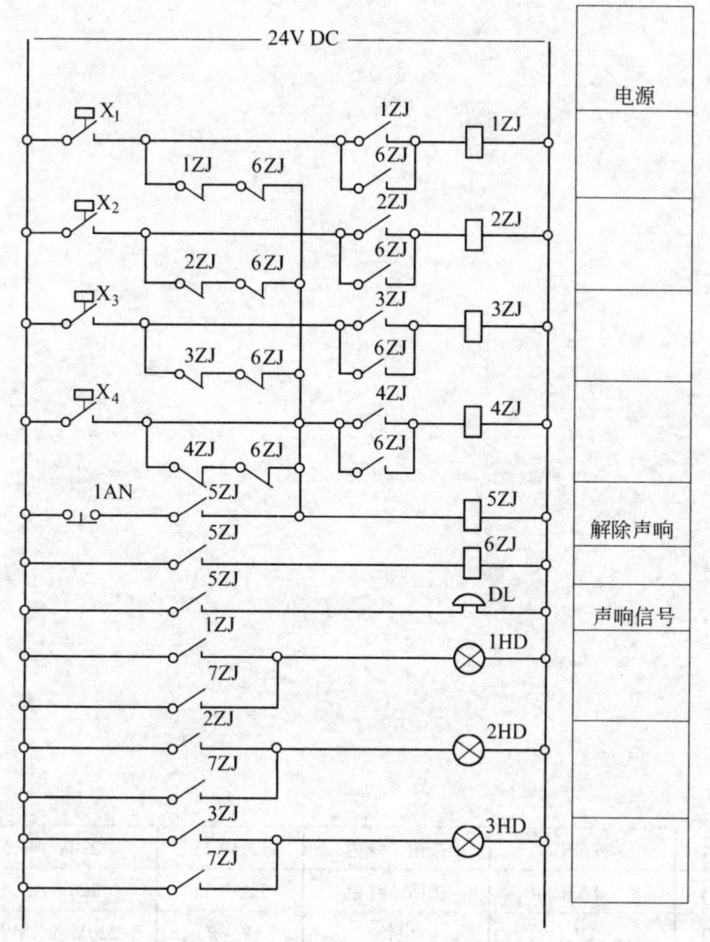

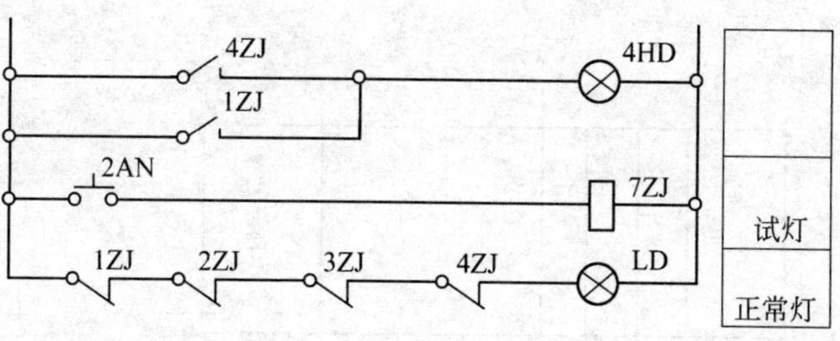

序号	位　　号	名　　称	型　　号	规　　格	数量	备注
7	LD	信号灯　绿色	AD11-25/20	24V DC	1	
6	DL	电铃	UCZ4-75	24V DC,8W,ϕ3	1	
5	2AN	按钮　绿色	LA19-11	220V AC,5A	1	
4	1AN	按钮　红色	LA19-11	220V AC,5A	1	
3	1HD～4HD	信号灯　红色	AD 11-25/20	24V DC	4	
2	5ZJ,7ZJ	中间继电器	JZG6-4L/P	24V DC	2	带插座
1	1ZJ～4ZJ,6ZJ	中间继电器	JZG6-4L/P	24V DC	5	带插座

设　备　说　明　表

冶金仪控通用图	带正常灯四点信号系统图(常开事故接点) 24V DC	(2000)YK14-22 比例　　页次

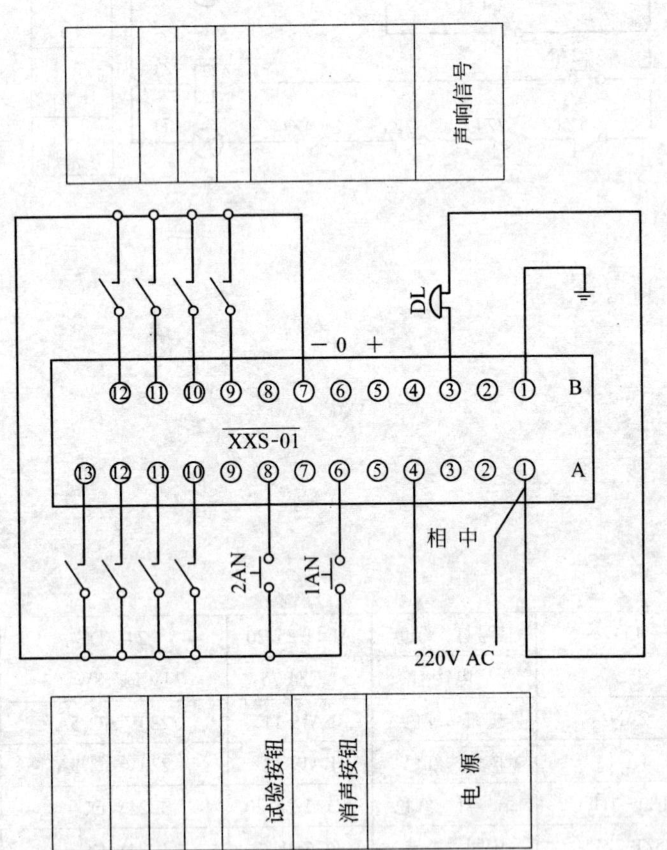

4	2AN	按钮 绿色	LA19-11	220V AC,5A	1	
3	1AN	按钮 红色	LA19-11	220V AC,5A	1	
2	DL	电铃	UC4-75	220V AC,8W,$\phi 3$	1	
1		闪光信号报警器	XXS-01	220V AC,8 点信号	1	
序号	位 号	名 称	型 号	规 格	数量	备注

设 备 说 明 表

冶金仪控 通用图	一台信号报警器接线系统图(常开事故接点) (XXS-01 型)	(2000)YK14-23	
		比例	页次

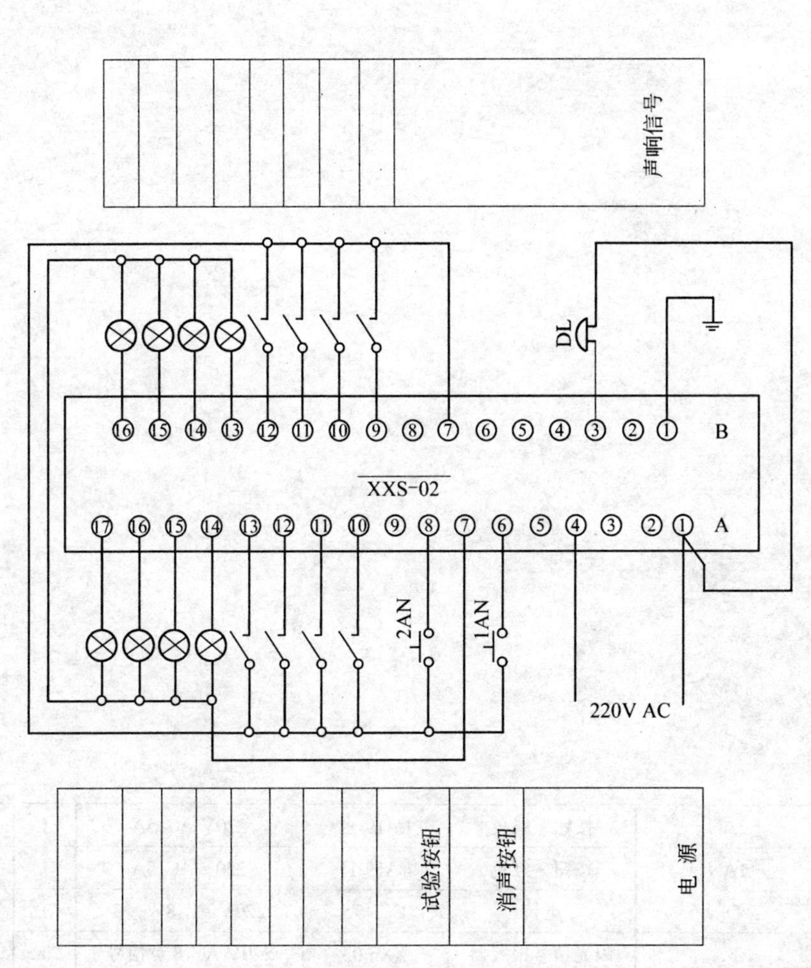

4	2AN	按钮 绿色	LA19-11	220V AC,5A	1	
3	1AN	按钮 红色	LA19-11	220V AC,5A	1	
2	DL	电铃	UC4-75	220V AC,8W,$\phi 3$	1	
1		闪光信号报警器	XXS-02	220V AC,8 点信号	1	
序号	位 号	名 称	型 号	规 格	数量	备注

设 备 说 明 表

冶金仪控通用图	一台信号报警器接线系统图(常开事故接点)(XXS-02 型)	(2000)YK14-24	
		比例	页次

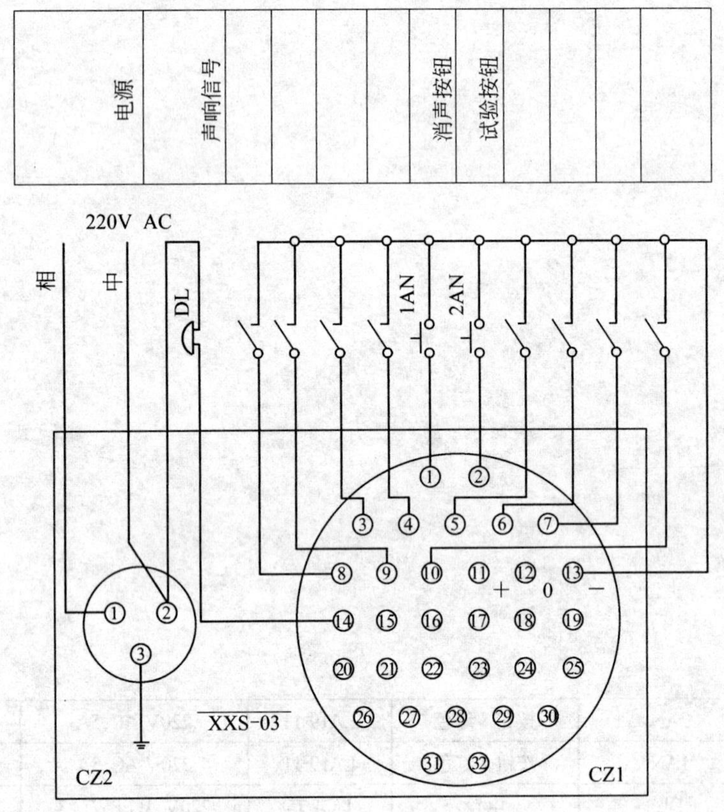

4	2AN	按钮　绿色	LA19-11	220V AC,5A	1	
3	1AN	按钮　红色	LA19-11	220V AC,5A	1	
2	DL	电铃	UC4-75	220V AC,8W,$\phi 3$	1	
1		闪光信号报警器	XXS-03	220V AC,8 点信号	1	
序号	位　号	名　称	型　号	规　格	数量	备注

设　备　说　明　表

冶金仪控 通用图	一台信号报警器接线系统图(常开事故接点) (XXS-03 型)	(2000)YK14-25	
		比例	页次

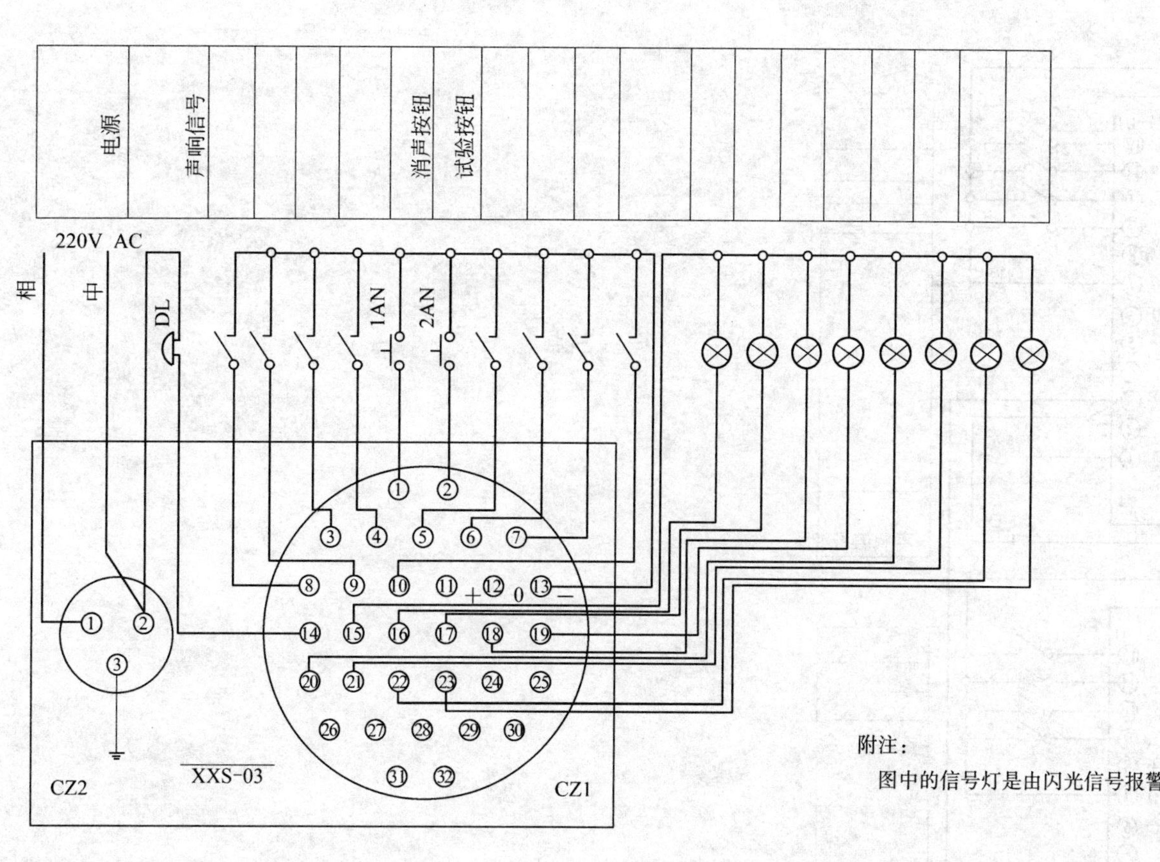

附注：

图中的信号灯是由闪光信号报警器带来的。

4	2AN	按钮　绿色	LA19-11	220V AC,5A	1	
3	1AN	按钮　红色	LA19-11	220V AC,5A	1	
2	DL	电铃	UC4-75	220V AC,8W,ϕ3	1	
1		闪光信号报警器	XXS-04	220V AC,8 点信号	1	
序号	位　号	名　称	型　号	规　格	数量	备注
设　备　说　明　表						

冶金仪控通用图	一台信号报警器接线系统图(常开事故接点)(XXS-04 型)	(2000)YK14-26	
		比例	页次

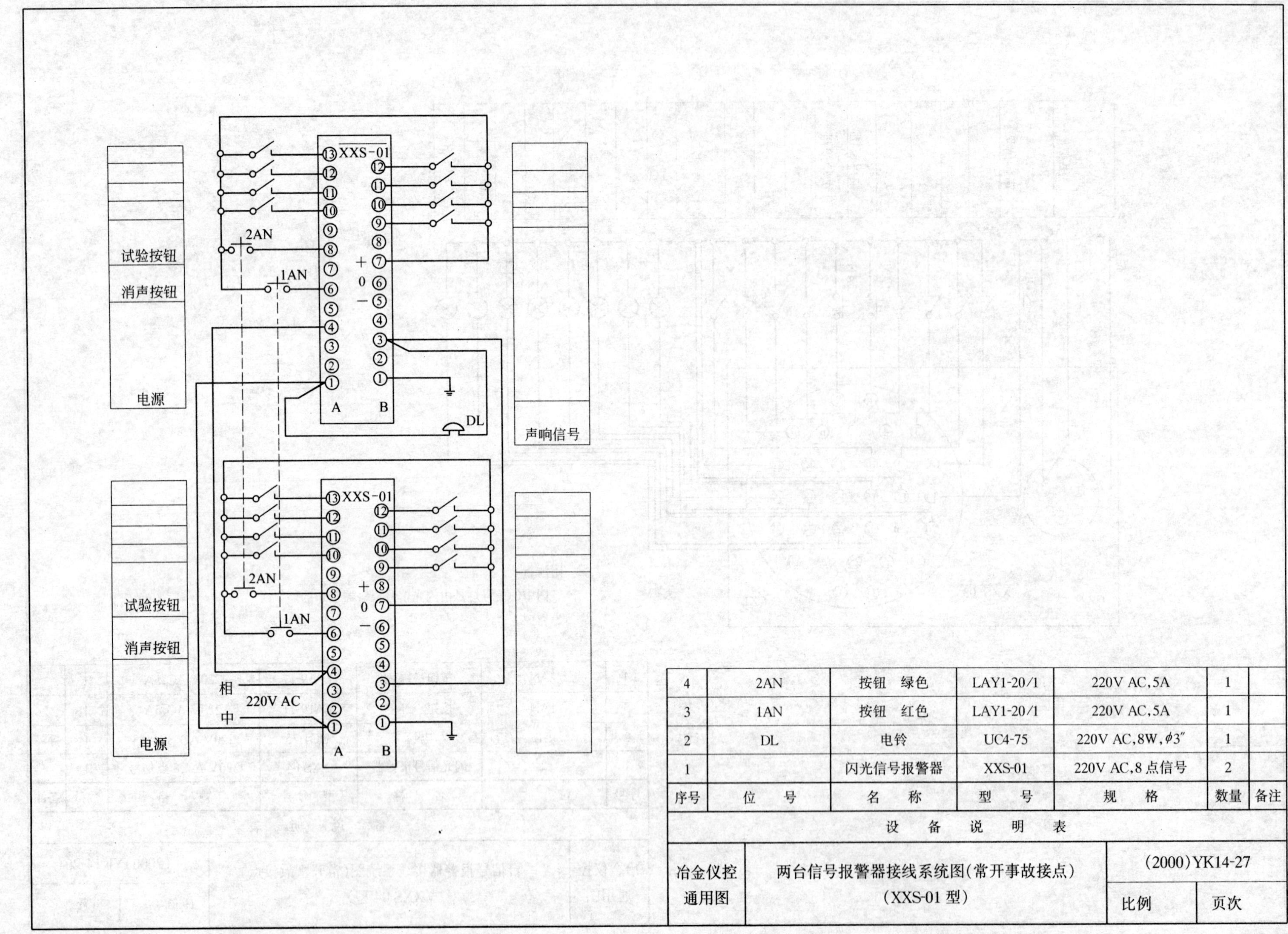

序号	位　号	名　称	型　号	规　格	数量	备注
4	2AN	按钮　绿色	LAY1-20/1	220V AC,5A	1	
3	1AN	按钮　红色	LAY1-20/1	220V AC,5A	1	
2	DL	电铃	UC4-75	220V AC,8W,$\phi 3''$	1	
1		闪光信号报警器	XXS-01	220V AC,8 点信号	2	

设　备　说　明　表

冶金仪控通用图	两台信号报警器接线系统图(常开事故接点)(XXS-01 型)	(2000)YK14-27	
		比例	页次

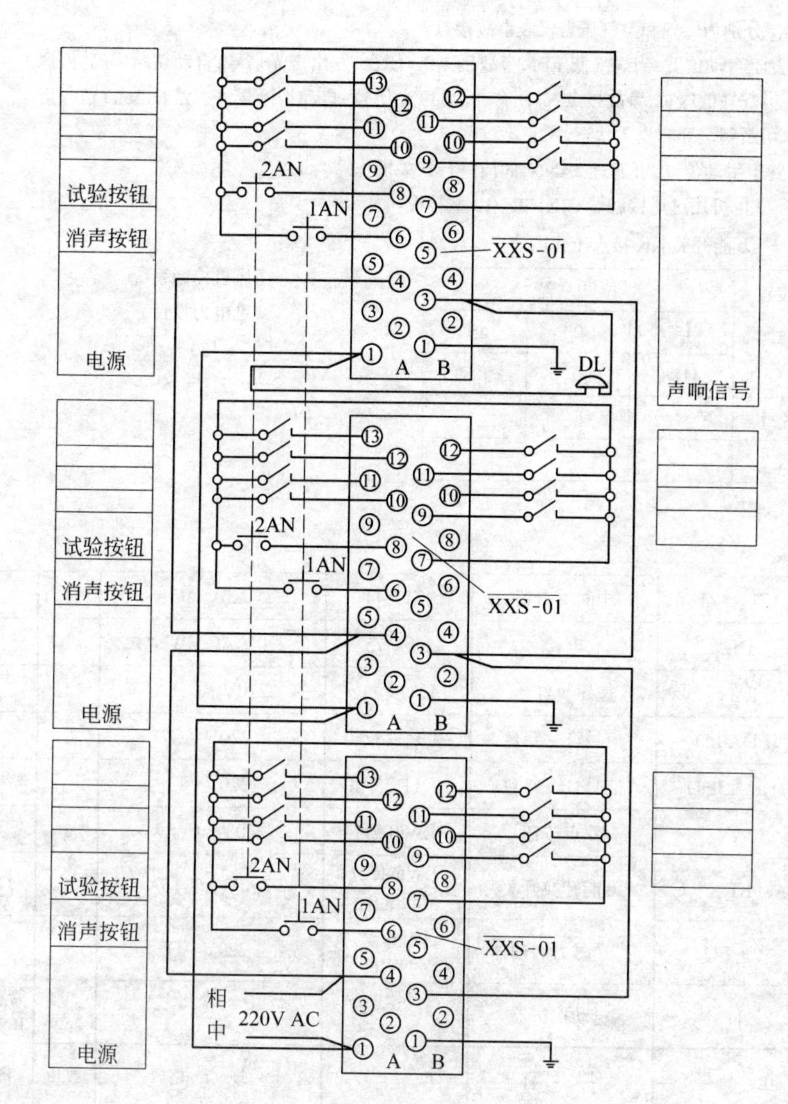

序号	位号	名称	型号	规格	数量	备注
4	2AN	按钮 绿色	LAY1-30/2	220V AC,5A	1	
3	1AN	按钮 红色	LAY1-30/2	220V AC,5A	1	
2	DL	电铃	UC4-75	220V AC,8W,ϕ3	1	
1		闪光信号报警器	XXS-01	220V AC,8点信号	3	

设备说明表

冶金仪控 通用图	三台信号报警器接线系统图(常开事故接点) (XXS-01型)	(2000)YK14-28	
		比例	页次

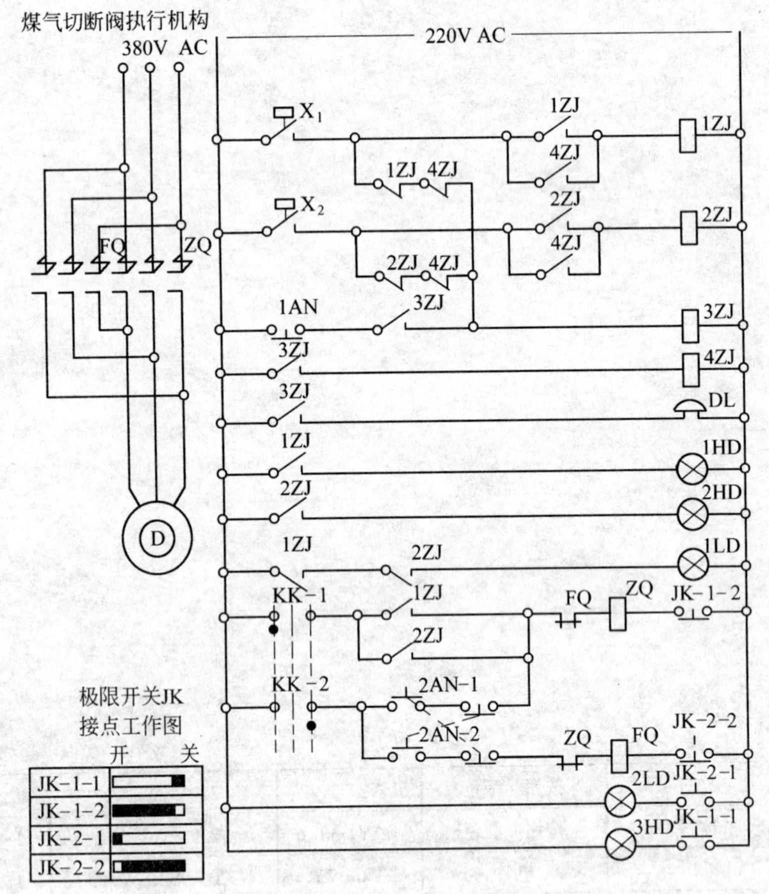

附注：

1. X_1，X_2 分别为煤气和空气压力仪表事故接点。
2. KK 置于自动位置：当煤气低压时，事故接点 X_1 闭合，发出声光信号，自动切断煤气，停风机。当空气低压时，事故接点 X_2 闭合，发出声光信号，自动切断煤气。2LD，3HD 信号灯表示切断阀全开和全关状态。
3. KK 置于手动位置：可通过 2AN 对阀门进行开关操作。
4. ZQ，FQ 也可用可逆接触器 CJX1-9N/12 型替换。

万能开关 KK 接点工作图表

位置 / 接点编号	位置 45° 自动	0	45° 手动
KK-1	×		
KK-2			×

至风机控制系统
（见电力设计）

1ZJ

序号	位号	名称	型号	规格	数量	备注
9	1ZJ～4ZJ	中间继电器	JZ17-44	220V AC	4	
8	DL	电铃	UC4-75	220V AC，8W，ϕ3	1	
7	1AN	按钮　红色	LA19-11	220V AC，5A	1	
6	1LD，2LD	信号灯　绿色	AD11-25/40	220V AC	2	
5	1HD～3HD	信号灯　红色	AD11-25/40	220V AC	3	
4	2AN	双点按钮	LA20-2H	220V AC，5A	1	
3	KK	万能转换开关	LW5-15D 0083/1	250V AC，15A	1	
2	ZQ，FQ	可逆磁力启动器	QC12-2/NWH	220V AC	1	
1	D	电动执行器			1	带极限开关 JK

设　备　说　明　表

冶金仪控通用图	空气和煤气低压信号及自动切断煤气操作系统图	(2000)YK14-29	
		比例	页次

附注：

1. 1ZJ，2ZJ 分别为煤气和空气低压报警信号系统接点。
2. KK 置于自动位置：当煤气(或空气)低压时，1ZJ(或 2ZJ)闭合，自动切断煤气。当煤气(或空气)压力恢复正常时，由操作人员将 KK 置于手动位置，通过 AN 重新开启煤气切断阀。LD，HD 信号灯表示切断阀全开和全闭状态。
3. KK 置于手动位置：可通过 AN 对阀门进行开关操作。
4. ZQ，FQ 也可用可逆接触器 CJX1-9N/12 型替换。

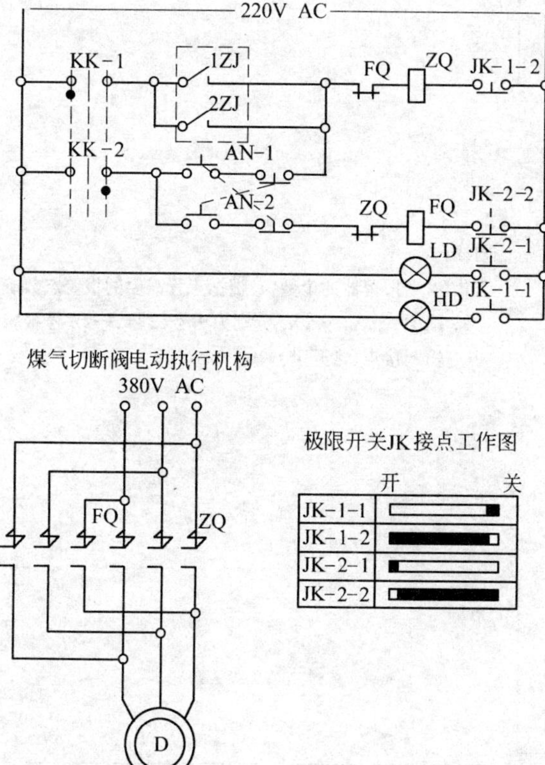

万能开关 KK 接点工作图表

位置 / 接点编号	位置		
	45° 自动	0	45° 手动
KK-1	×		
KK-2			×

序号	位号	名称	型号	规格	数量	备注
6	LD	信号灯　绿色	AD11-25/40	220V AC	1	
5	HD	信号灯　红色	AD11-25/40	220V AC	1	
4	AN	双点按钮	LA20-2H	220V AC，5A	1	
3	KK	万能转换开关	LW5-15D 0083/1	250V AC，15A	1	
2	ZQ，FQ	可逆磁力启动器	QC12-2K /NWH	220V AC	1	
1	D	电动执行器			1	带极限开关 JK

设备说明表

冶金仪控通用图	空气和煤气低压自动切断煤气操作系统图	(2000)YK14-30	
		比例	页次

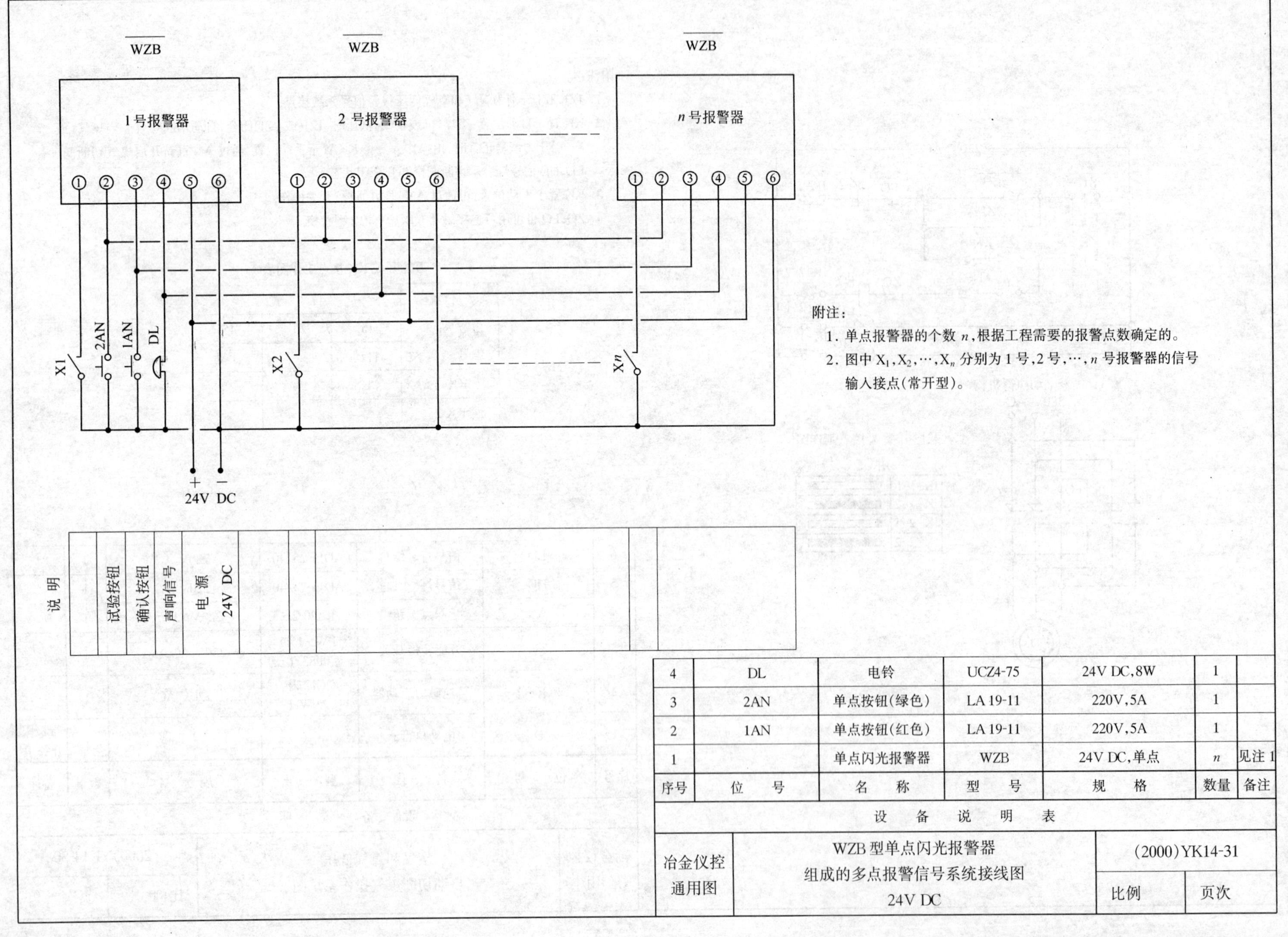

附注：

1. 单点报警器的个数 n，根据工程需要的报警点数确定的。
2. 图中 $X_1, X_2, \cdots, X_n$ 分别为 1 号，2 号，…，n 号报警器的信号输入接点(常开型)。

序号	位号	名称	型号	规格	数量	备注
4	DL	电铃	UCZ4-75	24V DC，8W	1	
3	2AN	单点按钮(绿色)	LA 19-11	220V，5A	1	
2	1AN	单点按钮(红色)	LA 19-11	220V，5A	1	
1		单点闪光报警器	WZB	24V DC，单点	n	见注 1

设 备 说 明 表

冶金仪控通用图	WZB 型单点闪光报警器组成的多点报警信号系统接线图 24V DC	(2000) YK14-31	
		比例	页次

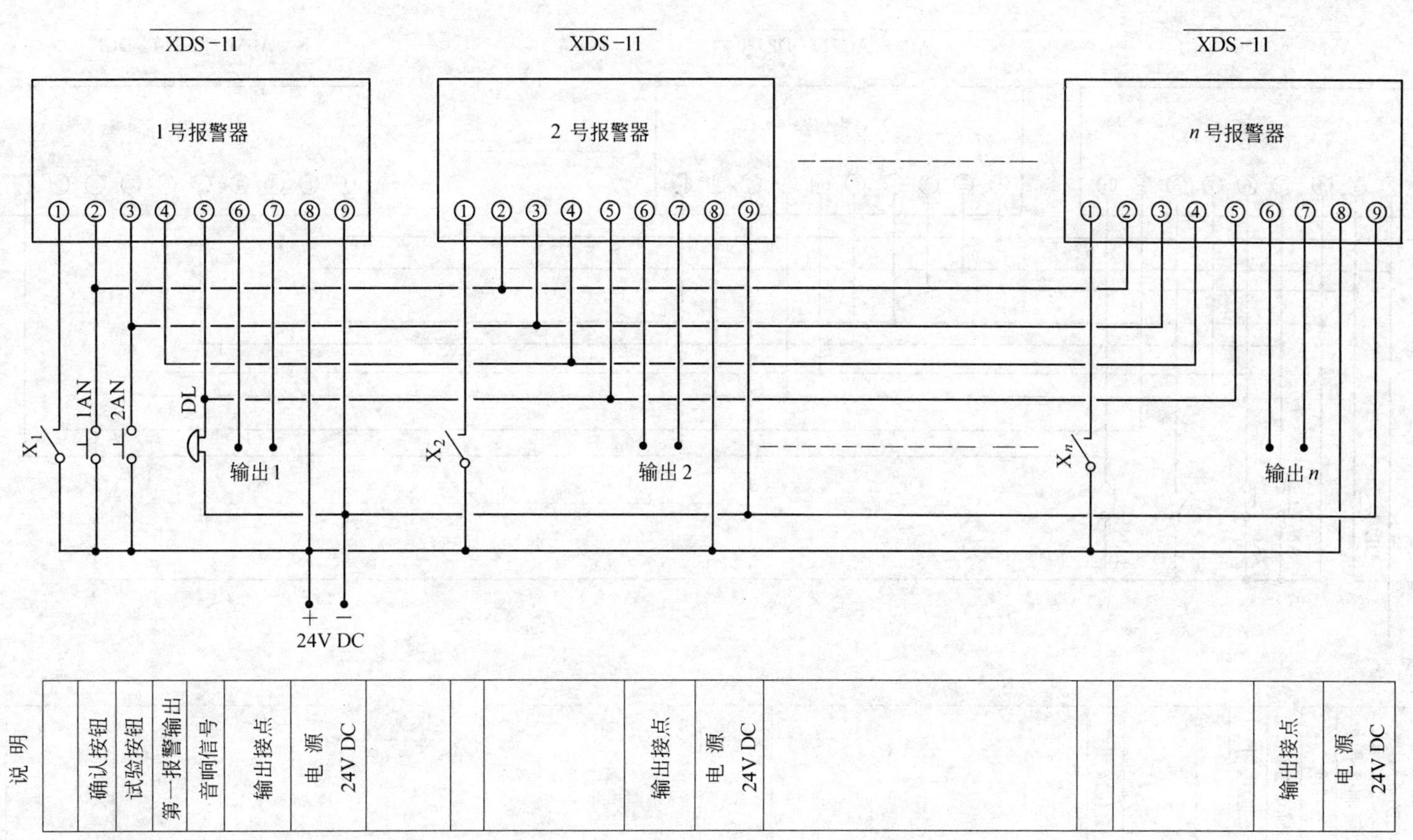

附注：

1. 单点报警器的个数 n，根据工程需要的报警点数确定的。
2. 报警输出形式由设计者根据需要进行选择。
3. 图中信号接点 $X_1, X_2, \cdots, X_n$ 分别为 1 号，2 号，…，n 号报警器常开输入接点，设计时也可改为常闭接点。

序号	位　号	名　称	型　号	规　格	数量	备注
4	DL	电铃	UCZ4-75	24V DC，8W	1	
3	2AN	单点按钮（绿色）	LA 19-11	220V，5A	1	
2	1AN	单点按钮（红色）	LA 19-11	220V，5A	1	
1		单点闪光报警器	XDS-11	24V DC，单点	n	见注 1

设　备　说　明　表

冶金仪控通用图	XDS-11 系列单点闪光报警器组成的多点报警信号系统接线图 24V DC	(2000) YK14-32	
		比例	页次

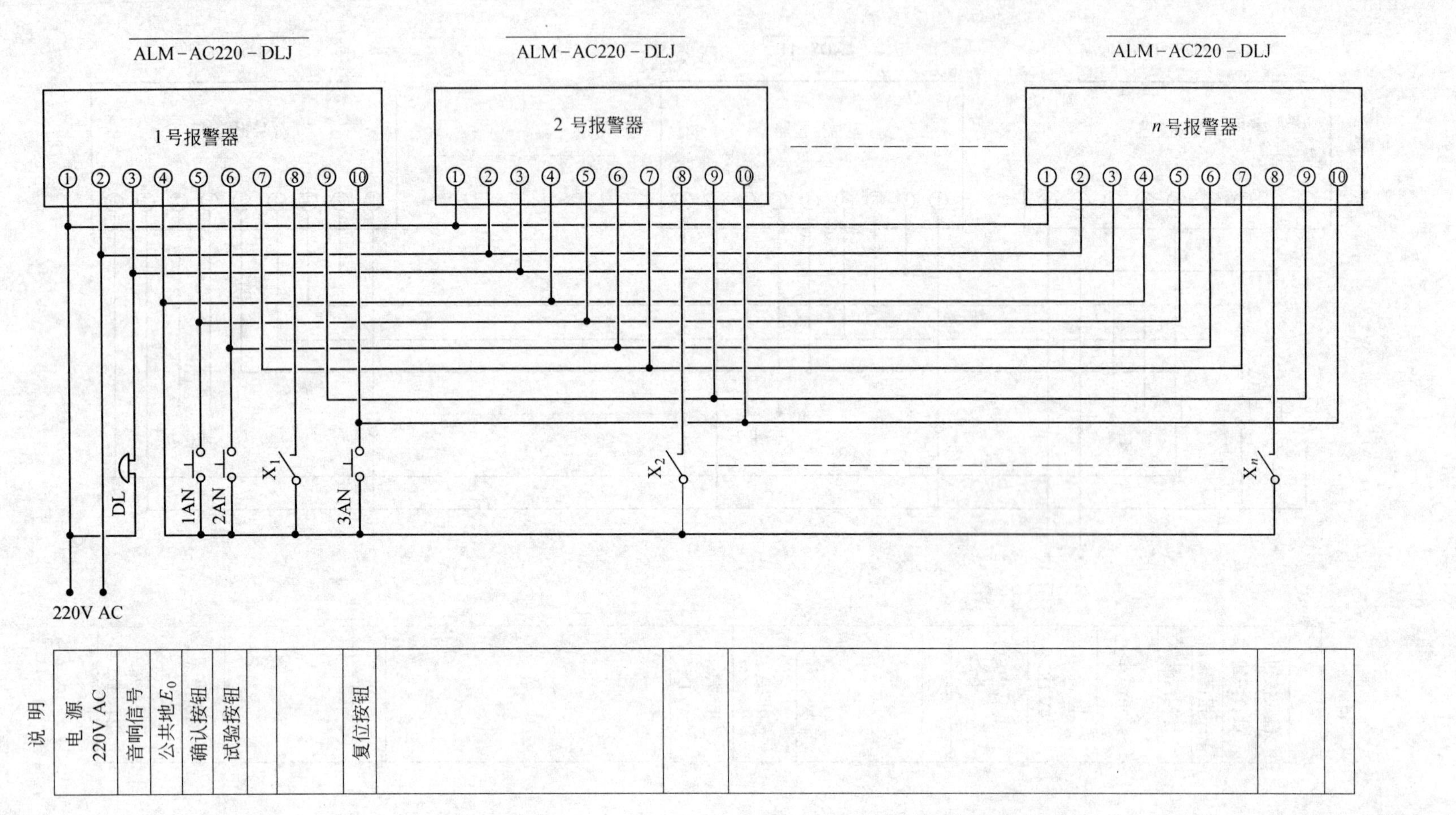

附注：

1. 单点报警器的个数 n，根据工程需要的报警点数确定的。
2. 图中的信号接点 $X_1, X_2, \cdots, X_n$ 分别为 1 号，2 号，…，n 号报警器的常开输入接点，也可以用常闭接点或混合形式。
3. 本图所示报警器接线为有记忆功能（DLJ 型）的，如选用其他型号报警器，⑨⑩两端子不接线，3AN"复位按钮"也取消。

序号	位　　号	名　　称	型　　号	规　　格	数量	备注
5	3AN	单点按钮（黄色）	LA 38-11	220V，5A	1	见注 3
4	2AN	单点按钮（绿色）	LA 38-11	220V，5A	1	
3	1AN	单点按钮（红色）	LA 38-11	220V，5A	1	
2	DL	电铃	UC4-75	220V，8W	1	
1		单点闪光报警器	ALM-AC220-DLJ	220V，单点	n	见注 1

设　备　说　明　表

冶金仪控通用图	ALM 系列单点闪光报警器组成的多点报警信号系统接线图 220V AC	(2000)YK14-33	
		比例	页次

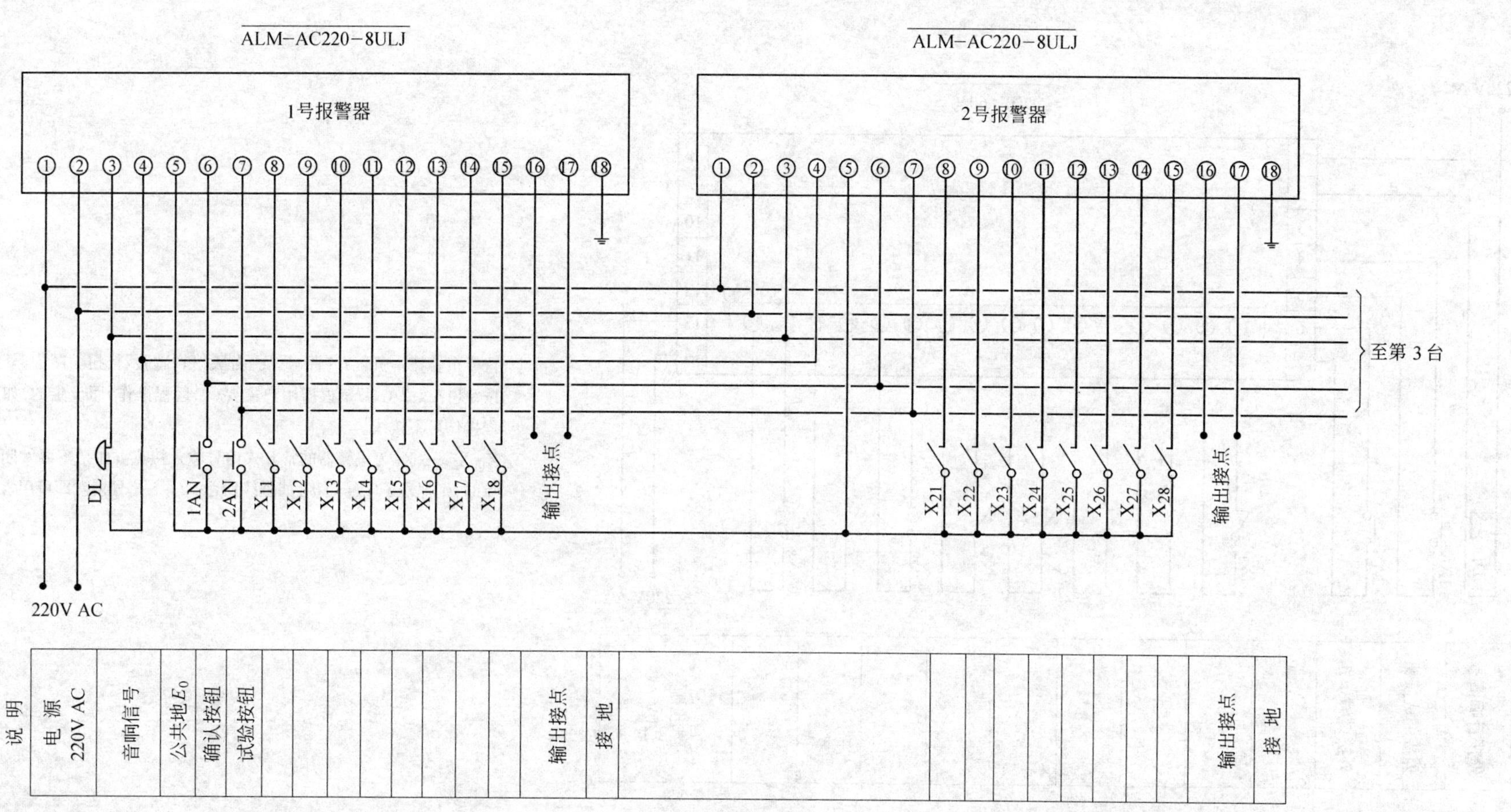

附注：

1. 本图表示两台8回路报警器并联使用的接线系统图。如只用1台报警器时，则把与2号报警器的连接线去掉；如果需要三台以上报警器时，其接线照2号报警器接线继续延下去即可。
2. "输出接点"是供用户做控制用的无源接点，接点为常开或常闭(任选)。
3. $X_{11}(X_{21})$，$X_{12}(X_{22})$，…，$X_{18}(X_{28})$为1号(2号)报警器常开输入接点，也可以选用常闭接点。

序号	位号	名称	型号	规格	数量	备注
4	2AN	单点按钮(绿色)	LA 38-11	220V,5A	1	
3	1AN	单点按钮(红色)	LA 38-11	220V,5A	1	
2	DL	电铃	UC4-75	220V,8W	1	
1		闪光报警器,8回路	ALM-AC220-8ULJ	220V,8点	2	见注1

设备说明表

冶金仪控通用图	ALM系列1台或多台8点闪光信号报警器组成的报警信号系统接线图 220V AC	(2000)YK14-34	
		比例	页次

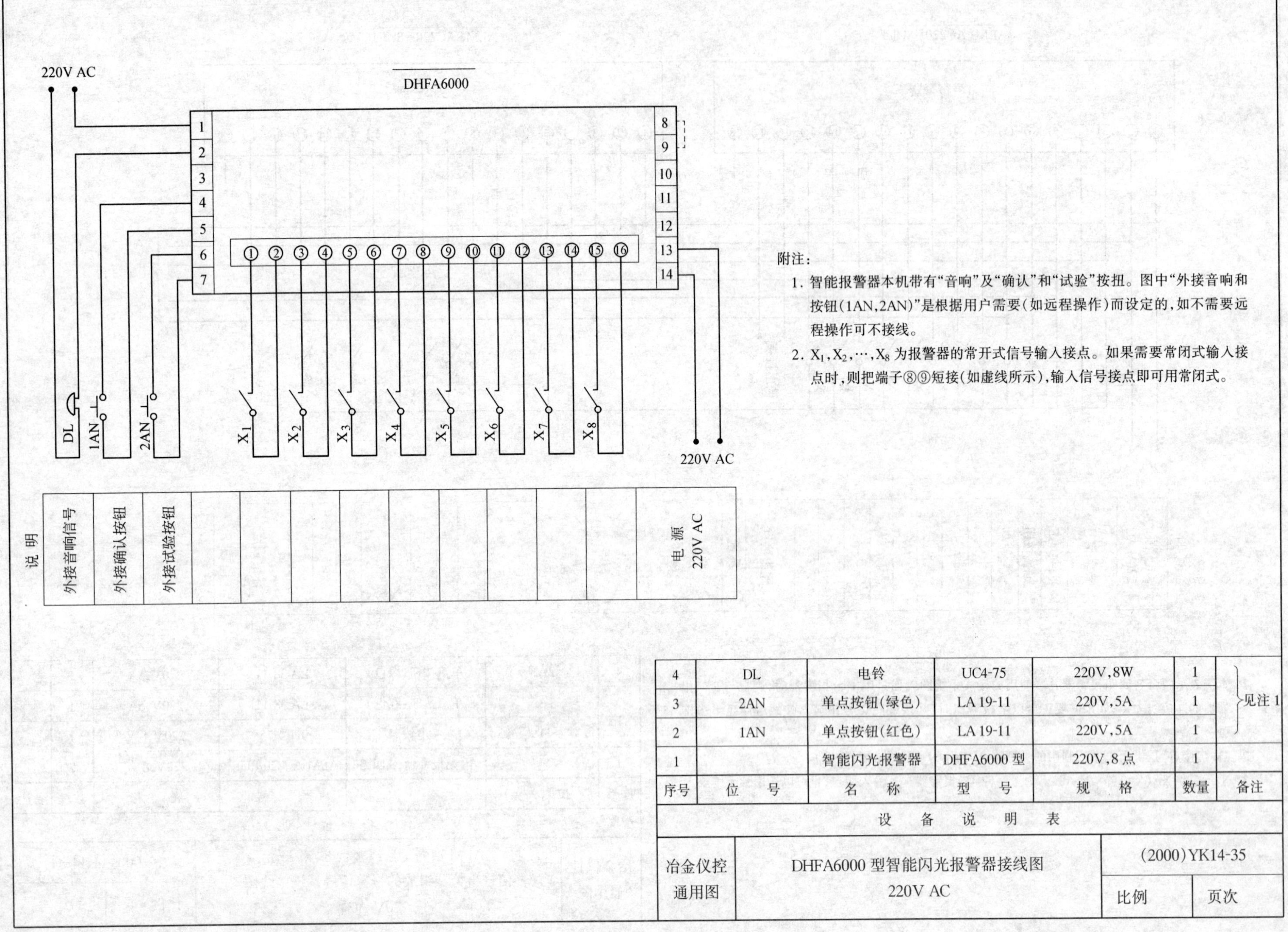

附注：

1. 智能报警器本机带有“音响”及“确认”和“试验”按扭。图中“外接音响和按钮(1AN,2AN)”是根据用户需要(如远程操作)而设定的，如不需要远程操作可不接线。
2. $X_1, X_2, \cdots, X_8$ 为报警器的常开式信号输入接点。如果需要常闭式输入接点时，则把端子⑧⑨短接(如虚线所示)，输入信号接点即可用常闭式。

序号	位号	名称	型号	规格	数量	备注
4	DL	电铃	UC4-75	220V,8W	1	见注 1
3	2AN	单点按钮(绿色)	LA 19-11	220V,5A	1	见注 1
2	1AN	单点按钮(红色)	LA 19-11	220V,5A	1	见注 1
1		智能闪光报警器	DHFA6000 型	220V,8 点	1	

设备说明表

冶金仪控通用图	DHFA6000 型智能闪光报警器接线图 220V AC	(2000)YK14-35	
		比例	页次

目　录

<table>
<tr><td rowspan="2">冶金仪控
通用图</td><td rowspan="2">管架安装及制造图图纸目录</td><td colspan="2">(2000)YK15-1</td></tr>
<tr><td>比例</td><td>页次</td></tr>
</table>

说　　明

1. 适用范围

本图册适用于冶金生产过程中常用管架的安装及制造。

2. 编制依据

本图册在管架安装及制造图 YGK15 的基础上修改、补充编制而成。

3. 选用注意事项

(1) 本图册中的管架主要是指冶金工厂常用的角钢、槽钢支架。图册中搜集了花槽角钢、花槽扁钢等图样。这些材料需由配件厂或加工厂预制，施工中常用于作各种管架和电缆架。

(2) 支架采用地脚螺栓或膨胀螺栓两种方式固定。支架在墙上或柱上一般用膨胀螺栓固定；若墙上或柱上已有预埋金属件，则直接焊接固定。

(3) 本图册所列管路间距、管架、管卡均按使用介质压力 $PN \leqslant 6.4$MPa 的压力等级考虑。

(4) 装配式轻型支架和线槽制造图因已有成型产品，本图册不再列出。

冶金仪控 通用图	管架安装及制造图说明	(2000) YK15-2	
		比例	页次

一、安装总图

管路间距(mm) 管径 \ 管径		铜铝管			无缝钢管			焊接钢管		
		$\phi6\times1$	$\phi8\times1$	$\phi10\times1$	$\phi14\times1.5$	$\phi18\times1.5$	$\phi22\times2$	$DN15$	$DN20$	$DN25$
铜铝管	ϕ 6	30	30	30	32	34	36	36	38	42
	$\phi8$	30	30	30	32	34	36	36	40	44
	$\phi10$	30	30	30	32	34	36	36	40	46
无缝钢管	$\phi14$	32	32	32	34	36	38	38	42	48
	$\phi18$	34	34	34	36	38	42	42	44	50
	$\phi22$	36	36	36	38	42	44	44	46	52

管路间距(mm) 管径 \ 管径		铜铝管			无缝钢管			焊接钢管		
		$\phi6\times1$	$\phi8\times1$	$\phi10\times1$	$\phi14\times1.5$	$\phi18\times1.5$	$\phi22\times2$	$DN15$	$DN20$	$DN25$
焊接钢管	$DN15$	36	36	36	38	42	44	44	46	52
	$DN20$	38	40	40	42	44	46	46	48	54
	$DN25$	42	44	46	48	50	52	52	54	56

附注:

1. 管路间距系指两管之间的中心距。管路中若有法兰连接或其他接头,管路间距应相应加大。铜铝管成排敷设时,可不留间隙。
2. 表中所列尺寸是按采用单面管卡、双面管卡固定管子时的管路间距,采用其他管卡时只作参考。
3. 敷设电缆、管缆时,可不留间隙。

冶金仪控通用图	管路之间距表	(2000)YK15-3	
		比例	页次

方案A

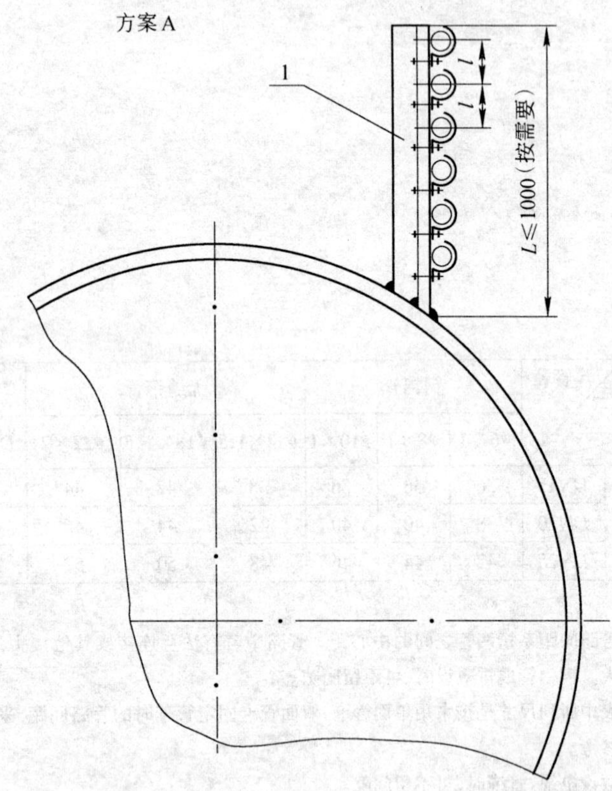

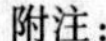

方案B

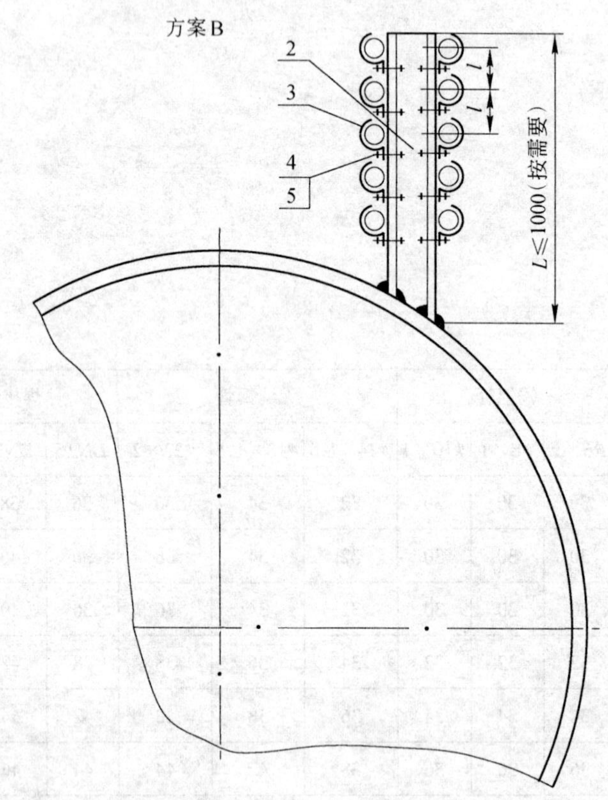

附注：

1．支架在大管道或大设备上固定应考虑设备和管道的强度能承受支架的负荷。

2．两管间距 l 参考管路之间距表。穿线管可点焊在支架上，不需要管卡固定。穿线管之间可不留间隙，穿线管在煤气管道上架设时应按规程保持安全距离。

件号	名称及规格	数量	材 质	单重 质量(kg)	总重 质量(kg)	图号或标准、规格号	备 注
5	螺母 M5	按需要	5级			GB/T 6170—1986	
4	螺钉 M5×25	按需要	4.8级			GB/T 67—1985	
3	管卡	按需要	Q235			(2000)YK15-08或09	
2	槽钢[8	按需要	Q235			GB/T 707—1988	
1	花槽角钢∟45×45×5	按需要	Q235			(2000)YK15-016	

部件、零件表

冶金仪控通用图	导管支架(一)（在大管道或大设备上固定）	(2000)YK15-4	
		比例	页次

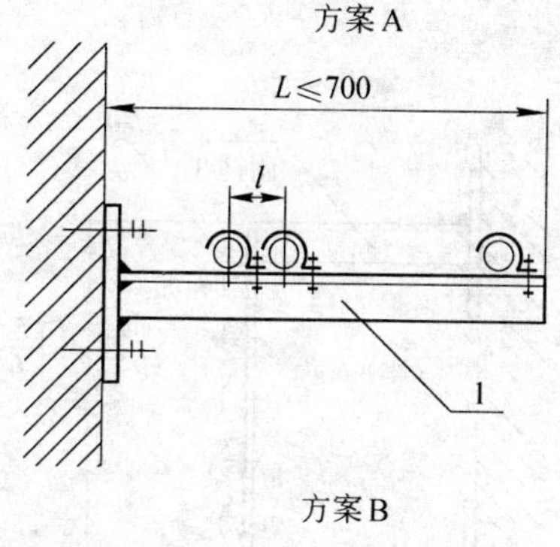

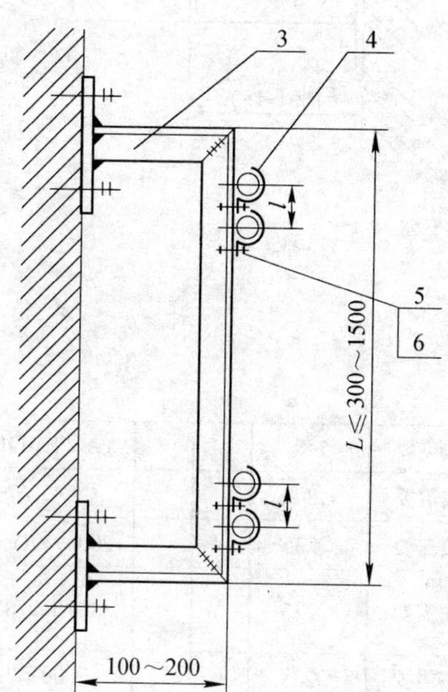

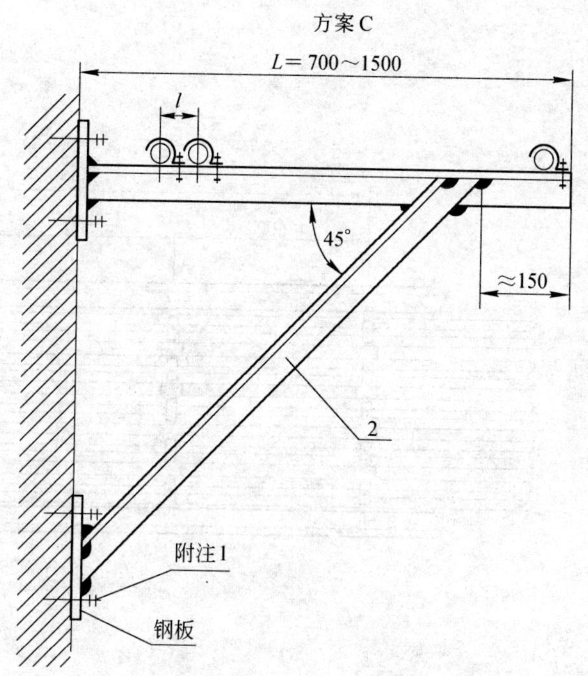

件号	名称及规格	数量	材质	单重	总重	图号或标准、规格号	备注
				质量(kg)			
6	螺母 M5	按需要	5级			GB/T 6170—1986	
5	螺钉 M5×25	按需要	4.8级			GB/T 67—1985	
4	管卡	按需要	Q235			(2000)YK15-08或09	
3	花槽角钢∟36×36×4	按需要	Q235			(2000)YK15-016	
2	角钢∟45×45×5	按需要	Q235			GB/T 9787—1988	
1	花槽角钢∟45×45×5	按需要	Q235			(2000)YK15-016	

部件、零件表

附注：

1. 无预埋件时加钢板用膨胀螺栓固定(见图)。
2. 两管间距 l 参考管路之间距表(2000)YK15-3。穿线管可点焊在支架上，不需要管卡固定。穿线管之间可不留间隙。

冶金仪控通用图	导管支架(二)（支架在墙上或柱上固定）	(2000)YK15-5	
		比例	页次

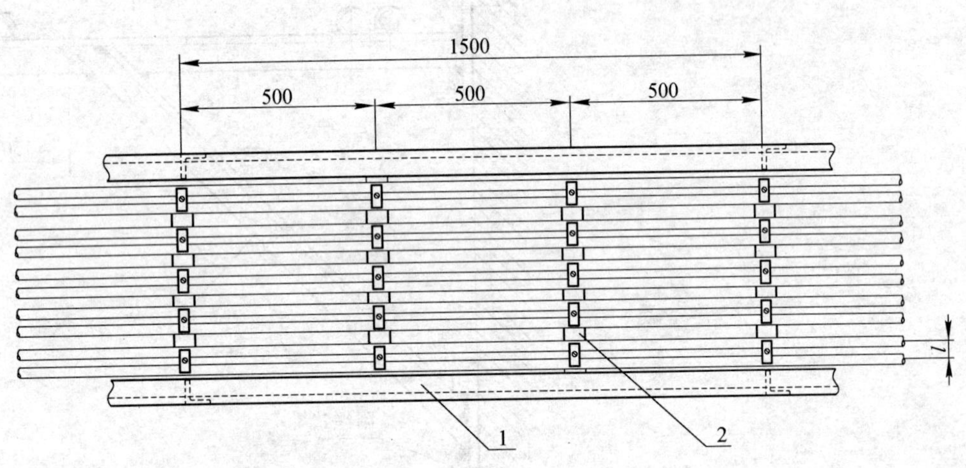

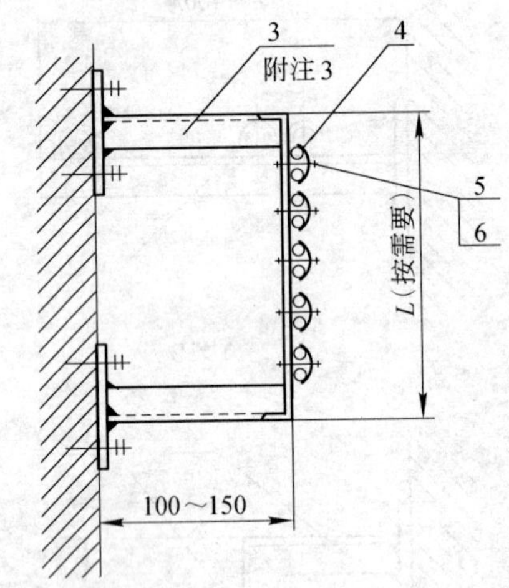

附注:

1. 管架宽度 $L \leqslant 500$ 时横臂采用扁钢, $L > 500$ 时横臂应改用花槽角钢(2000)YK15-016。
2. 两管间距 l 参考管路之间距表(2000)YK15-3。采用多根管卡成排敷设时,管子间可不留间隙。
3. 角钢支撑间距不大于1500。

件号	名称及规格	数量	材质	单重	总重	图号或标准、规格号	备注
6	螺母 M5	按需要	5级			GB/T 6170—1986	
5	螺钉 M5×25	按需要	4.8级			GB/T 67—1985	
4	管卡	按需要	Q235			(2000)YK15-08或09	
3	角钢∟45×45×5 长200～250	按需要	Q235			GB/T 9787—1988	
2	花槽扁钢20×4	按需要	Q235			(2000)YK15-017	
1	角钢∟40×40×4 长度按需要	按需要	Q235			GB/T 9787—1988	
件号	名称及规格	数量	材质	质量(kg)		图号或标准、规格号	备注

部件、零件表

冶金仪控通用图	导管支架(三)(铜铝管或电缆用支架)	(2000)YK15-6	
		比例	页次

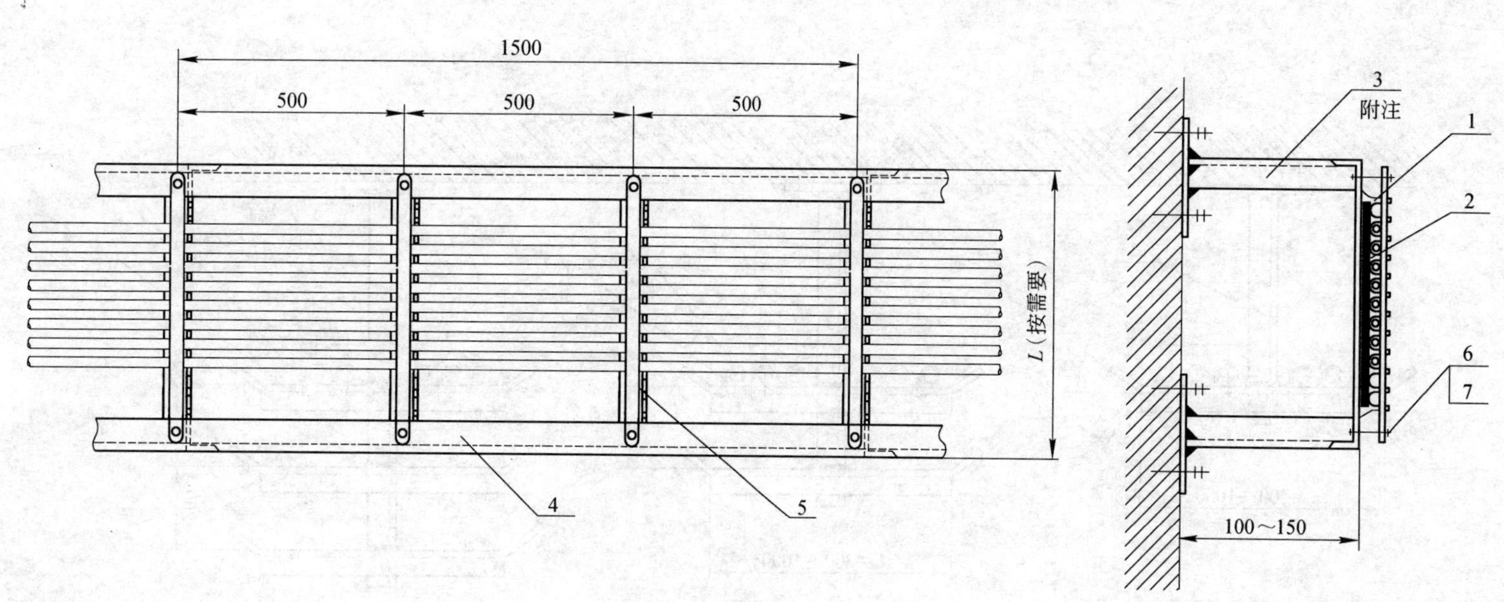

附注：

角钢支撑间距不大于1500。

零件5

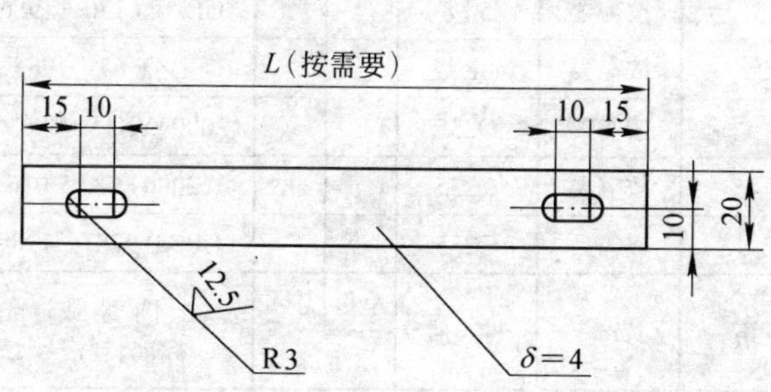

件号	名称及规格	数量	材质	单重	总重	图号或标准、规格号	备注
7	螺母 M5	按需要	5级			GB/T 6170—1986	
6	螺钉 M5×30	按需要	4.8级			GB/T 67—1985	
5	扁钢 20×4	按需要	Q235				
4	花槽角钢∟36×36×4	按需要	Q235			(2000)YK15-016	
3	角钢∟45×45×5 长 200～250	按需要	Q235			GB/T 9787—1988	
2	橡胶垫 20×3 长度按需要	按需要	橡胶				
1	齿槽角钢∟25×25×3	按需要	Q235			(2000)YK15-018	
件号	名称及规格	数量	材质	质量(kg) 单重	质量(kg) 总重	图号或标准、规格号	备注

部件、零件表

冶金仪控通用图	导管支架(四)（ϕ6 铜铝管用支架）	(2000)YK15-7	
		比例	页次

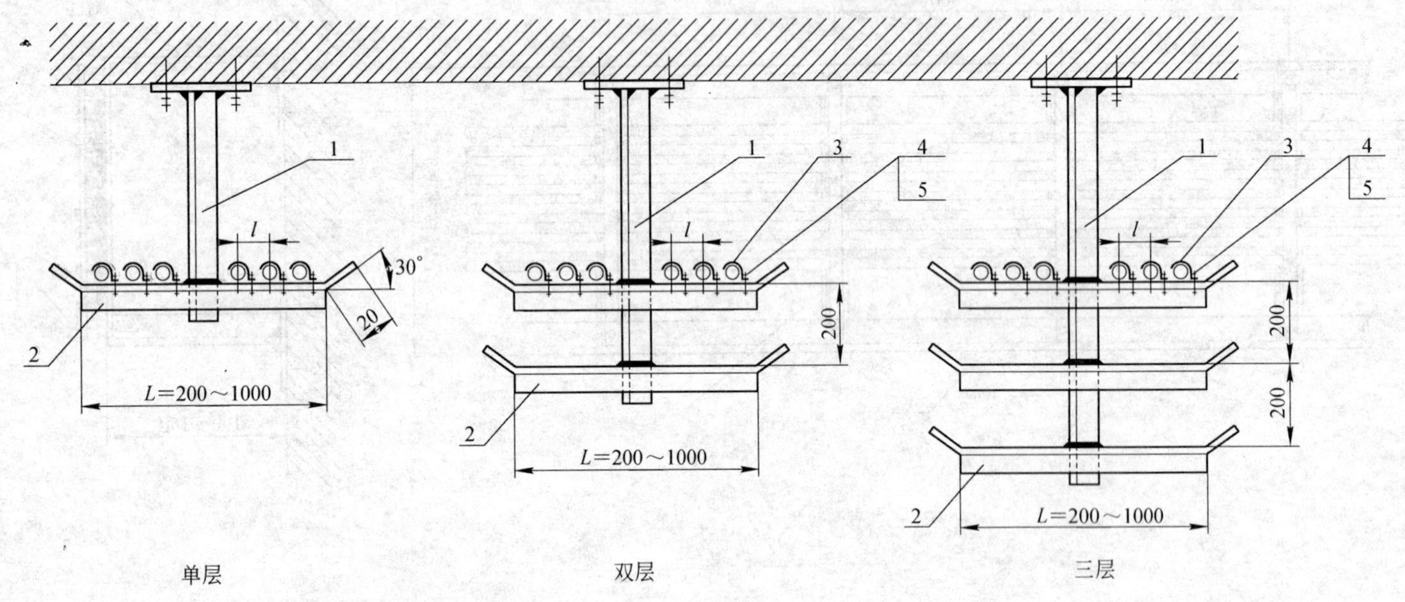

附注：

1. 两管间距 l 参考管路之间距表(2000)YK15-3。
2. 穿线管之间可不留间隙。穿线管可点焊在支架上，不需要管卡固定。

件号	名称及规格	数量	材质	单重 质量(kg)	总重 质量(kg)	图号或标准、规格号	备注
5	螺母 M5	按需要	5级			GB/T 6170—1986	
4	螺钉 M5×25	按需要	4.8级			GB/T 67—1985	
3	管卡	按需要	Q235			(2000)YK15-08或09	
2	花槽角钢∟45×45×5	按需要	Q235			(2000)YK15-016	
1	角钢∟45×45×5	按需要	Q235			GB/T 9787—1988	

部件、零件表

冶金仪控通用图	导管吊架(一) (角钢单层、双层、三层吊架)	(2000)YK15-8	
		比例	页次

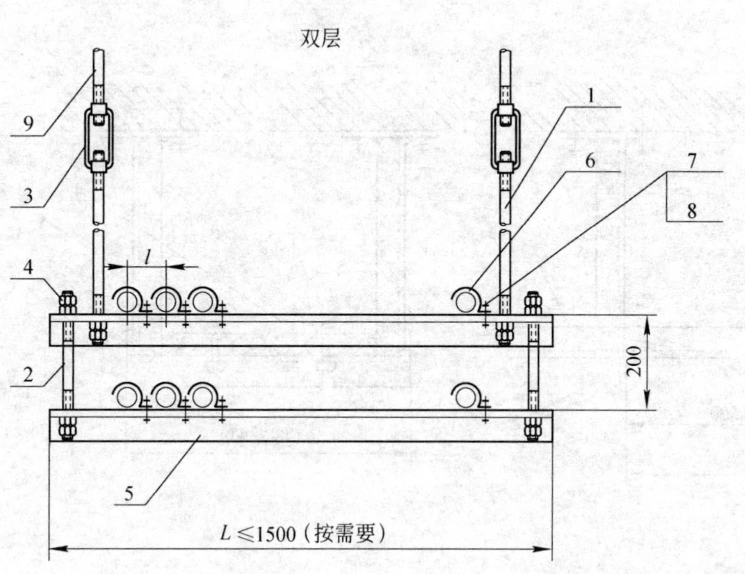

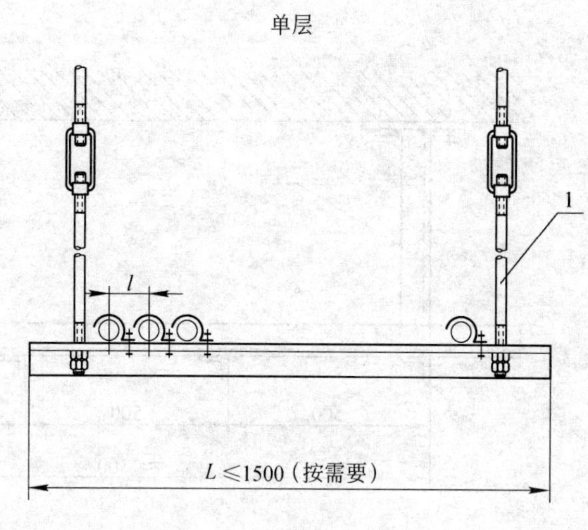

附注：

1. 两管间距 l 参考管路之间距表(2000)YK15-3。
2. 穿线管之间可不留间隙。穿线管可点焊在支架上，不需要管卡固定。

件号	名称及规格	数量	材质	单重	总重	图号或标准、规格号	备注
9	吊杆	按需要	Q235			(2000)YK15-013	
8	螺母 M5	按需要	5 级			GB/T 6170—1986	
7	螺钉 M5×25	按需要	4.8 级			GB/T 67—1985	
6	管卡	按需要	Q235			(2000)YK15-08 或 09	
5	花槽角钢∟45×45×5	按需要	Q235			(2000)YK15-016	
4	螺母 M10	按需要	Q235			GB/T 6170—1986	
3	松紧节	按需要	Q235			(2000)YK15-04	
2	连接杆 2	按需要	Q235			(2000)YK15-015	
1	连接杆 1	按需要	Q235			(2000)YK15-014	
件号	名称及规格	数量	材质	单重	总重	图号或标准、规格号	备注
				质量(kg)			

部件、零件表

冶金仪控通用图	导管吊架(二) (带松紧节的单层、双层吊架)	(2000)YK15-9	
		比例	页次

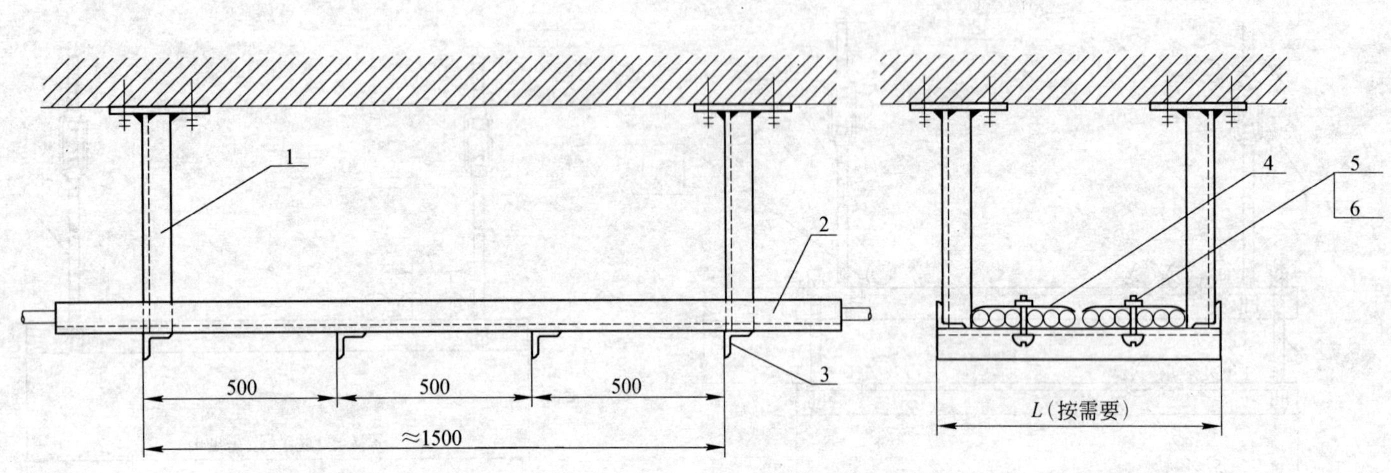

附注：

1. 本图用作电缆吊架时，零件 4 可以采用(2000)YK15-01 电缆固定卡。
2. 零件 1 角钢间距不小于 1500。

件号	名称及规格	数量	材质	单重	总重	图号或标准、规格号	备注
6	螺母 M5	按需要	5 级			GB/T 6170—1986	
5	螺钉 M5×25	按需要	4.8 级			GB/T 67—1985	
4	管卡	按需要	Q215			(2000)YK15-010 或 011、012	
3	花槽角钢∟25×25×3	按需要	Q235			(2000)YK15-016	
2	角钢∟40×40×4	按需要	Q235			GB/T 9787—1988	
1	角钢∟40×40×4	按需要	Q235			GB/T 9787—1988	
				质量(kg)			

部件、零件表

冶金仪控通用图	导管吊架(三)(铜铝管用吊架)	(2000)YK15-10	
		比例	页次

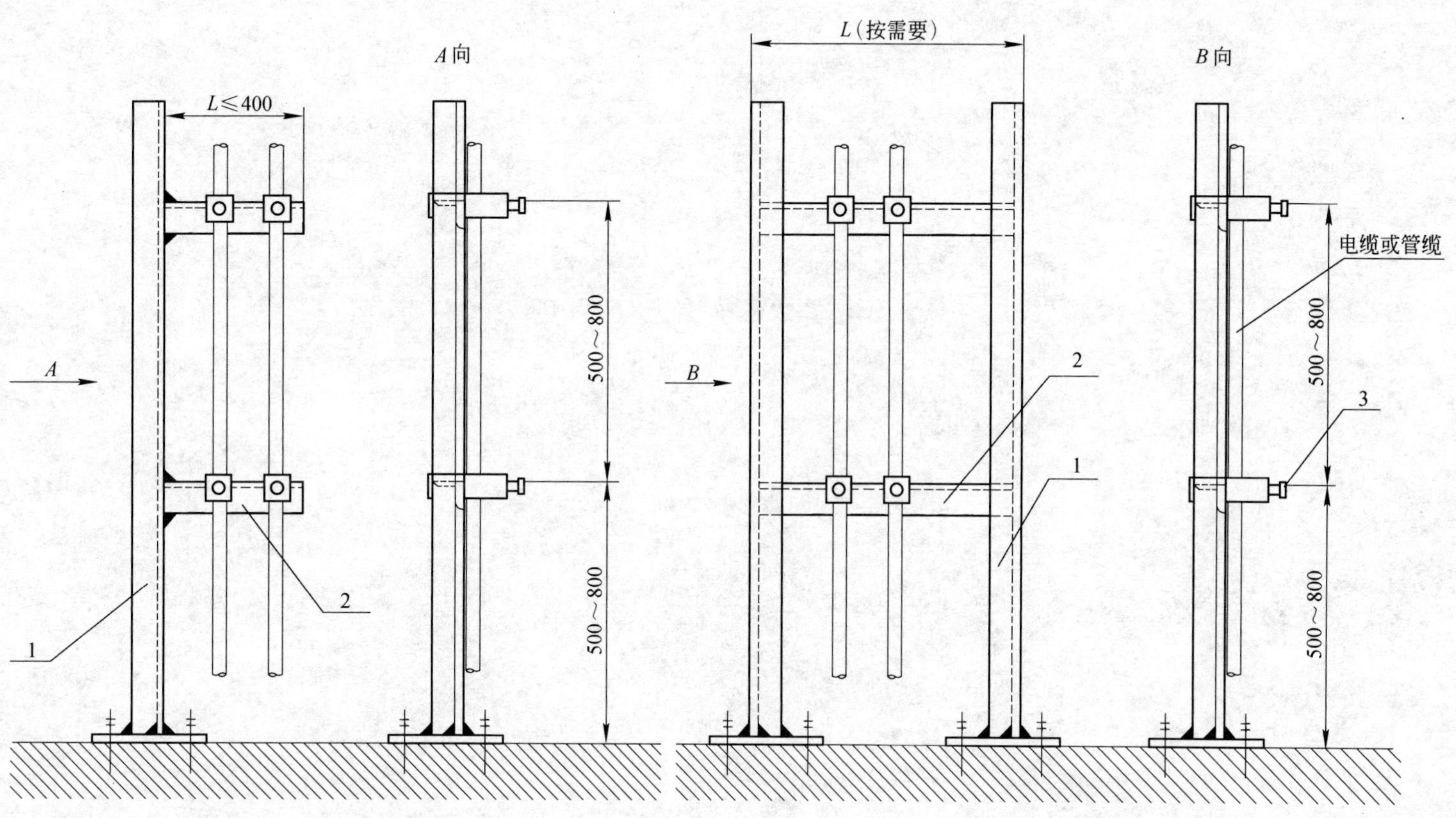

附注：

1. 立架用于电缆或管缆垂直敷设。根据安装高度不同，角钢（零件）规格可加大或改用槽钢。
2. 固定卡亦可采用(2000)YK15-08及(2000)YK15-09。

件号	名称及规格	数量	材质	单重	总重	图号或标准、规格号	备注
3	电缆固定卡	按需要	Q235			(2000)YK15-01	
2	角钢∟45×45×5	按需要	Q235			GB/T 9787—1988	
1	角钢∟45×45×5	按需要	Q235			GB/T 9787—1988	
				质量(kg)			

部件、零件表

冶金仪控通用图	梯形角钢立架	(2000)YK15-11	
		比例	页次

二、部件、零件图

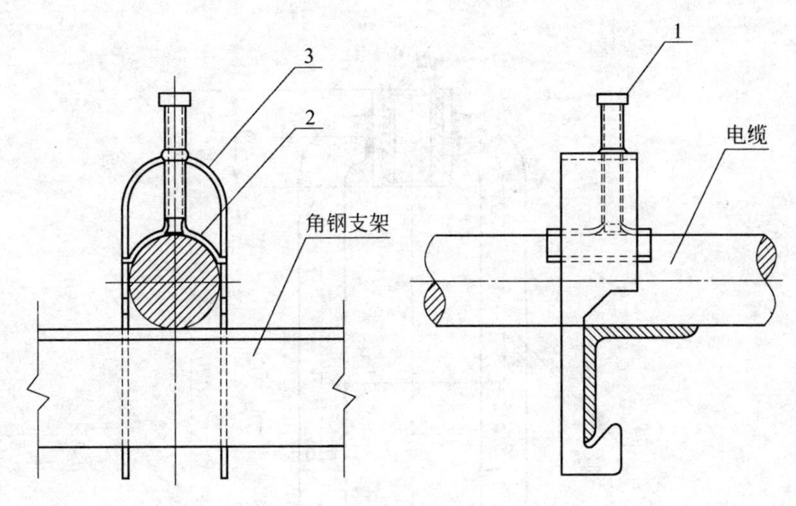

电缆卡规格	K1	K2	K3	K4
安装支架	∟45×45×4	∟45×45×4	∟25×25×3	∟25×25×3
电缆外径	ϕ30 以下	ϕ20 以下	ϕ30 以下	ϕ20 以下

附注：

1. 零件1与零件2采用铆接。
2. 所有零件表面镀锌。

件号	名称及规格	数量	材质	单重	总重	图号或标准、规格号	备注
3	U形板 −30×1.5	1	Q235			(2000)YK15-02	
2	压板 −40×1.5	1	Q215			(2000)YK15-03	
1	螺钉 M8×1×40	1	33H			GB/T 85—1988	
件号	名称及规格	数量	材质	质量(kg)		图号或标准、规格号	备注

部件、零件表

冶金仪控通用图	电缆固定卡	(2000)YK15-01	
		比例	页次

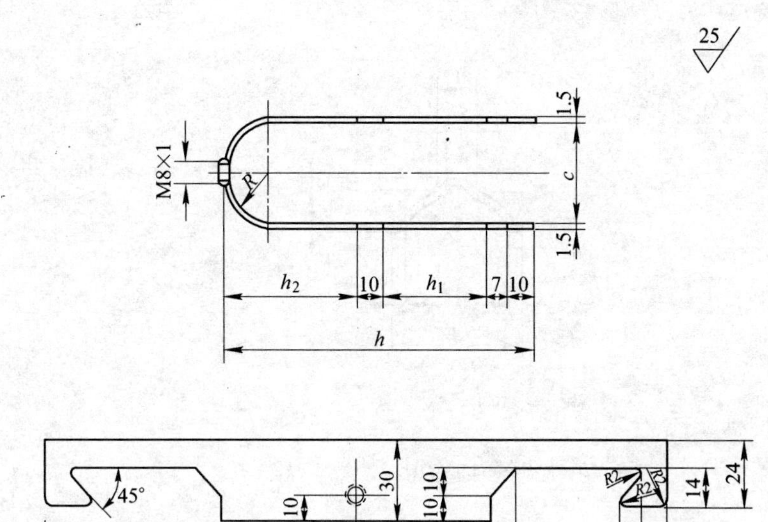

展开图

电缆卡规格	零件尺寸(mm)						
	a	b	c	h	h_1	h_2	R
K1	238	52	32	110	40	43	16
K2	212	39	22	100	40	33	11
K3	214	52	32	98	28	43	16
K4	188	39	22	88	28	33	11

附注：

零件表面镀锌。

冶金仪控通用图	U形板				(2000)YK15-02	
	材质 Q235	质量 kg	比例	件号 3	装配图号	(2000)YK15-01

压板

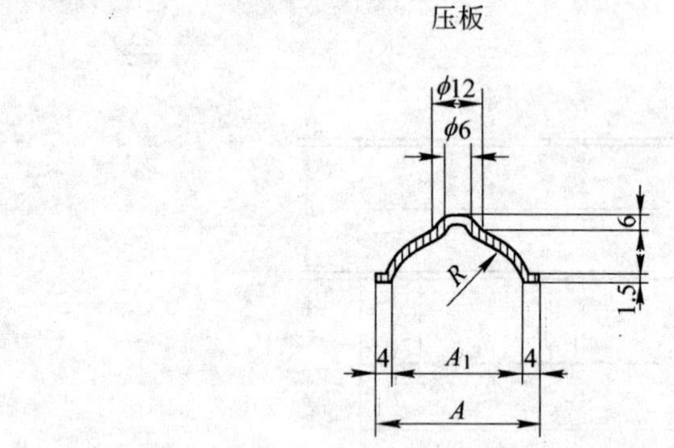

零件展开图

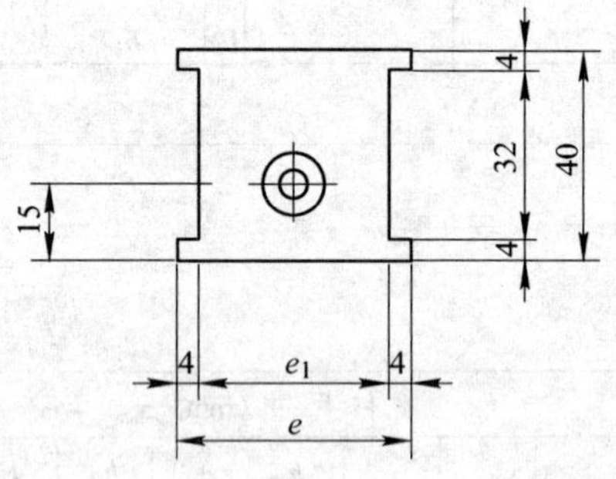

电缆卡规格	零件尺寸（mm）				
	e	e_1	A	A_1	R
K1,K3	46	38	38	30	16.5
K2,K4	32	24	28	20	12

附注：

零件表面镀锌。

冶金仪控通用图	压　　板				(2000) YK15-03	
	材质 Q235	质量　kg	比例	件号 2	装配图号	(2000) YK15-01

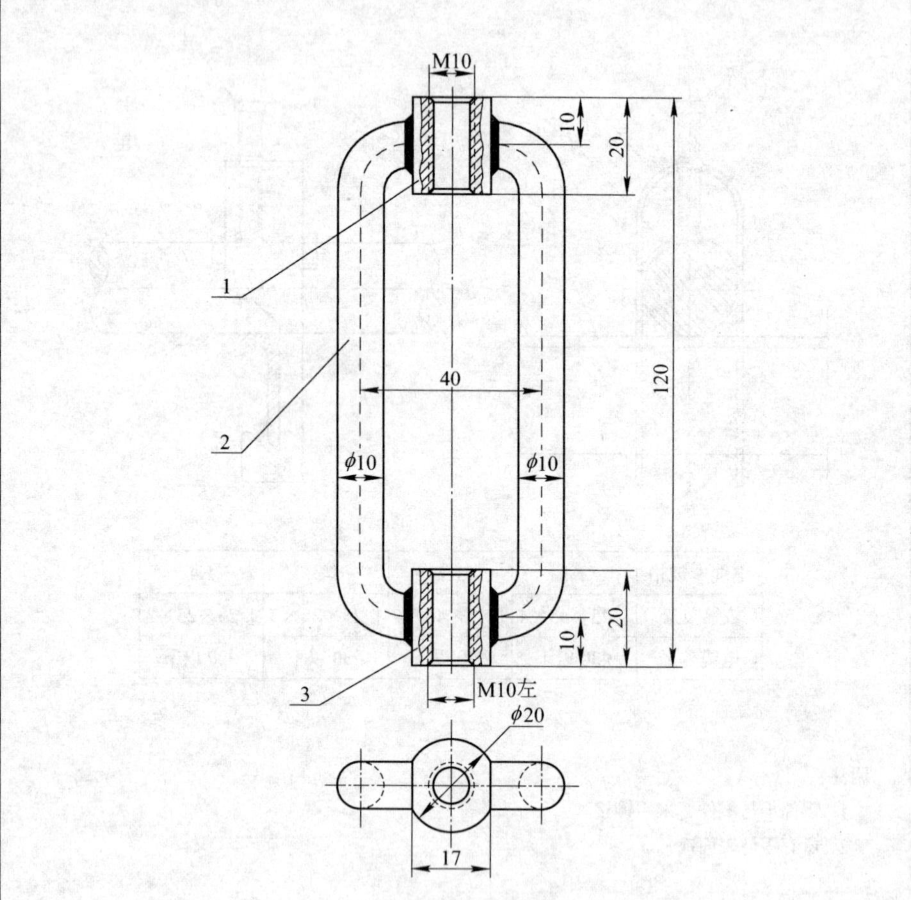

件号	名 称 及 规 格	数量	材　质	单重	总重	图 号 或 标准、规格号	备　注
3	圆螺母 M10 左	1	Q235			(2000) YK15-07	
2	连杆 φ10	2	Q235			(2000) YK15-06	
1	圆螺母 M10	1	Q235			(2000) YK15-05	
				质量(kg)			

部 件、零 件 表

冶金仪控通用图	松 紧 节	(2000) YK15-04	
		比例	页次

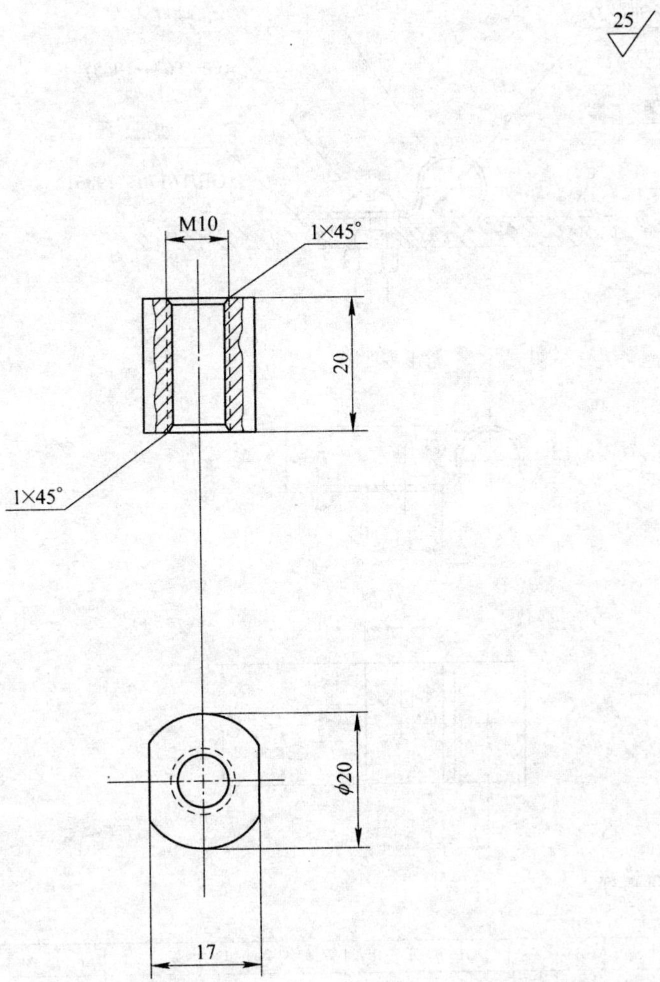

25

M10

1×45°

20

1×45°

$\phi 20$

17

冶金仪控通用图	圆螺母 M10				(2000) YK15-05	
	材质 Q235	质量 kg	比例	件号 1	装配图号	(2000) YK15-04

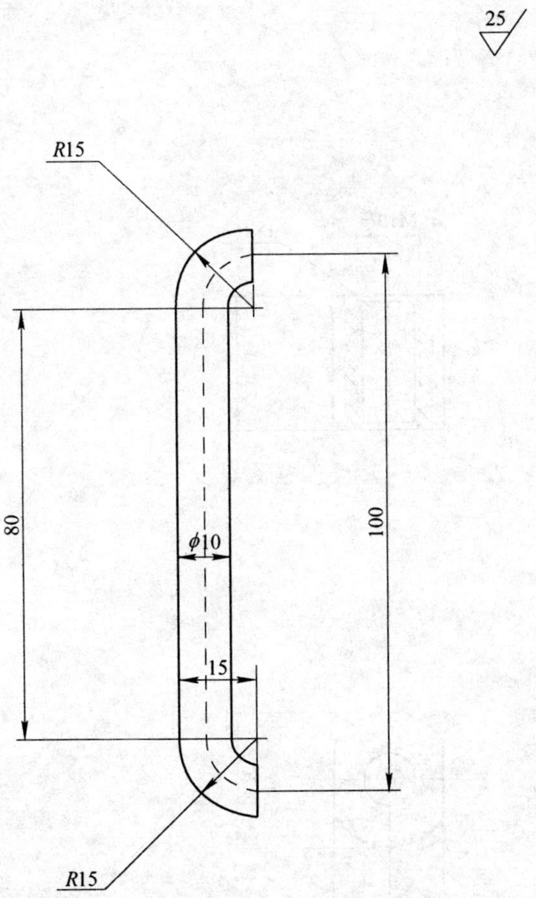

25

R15

80

$\phi 10$

100

15

R15

冶金仪控通用图	连 杆 $\phi 10$				(2000) YK15-06	
	材质 Q235	质量 kg	比例	件号 2	装配图号	(2000) YK15-04

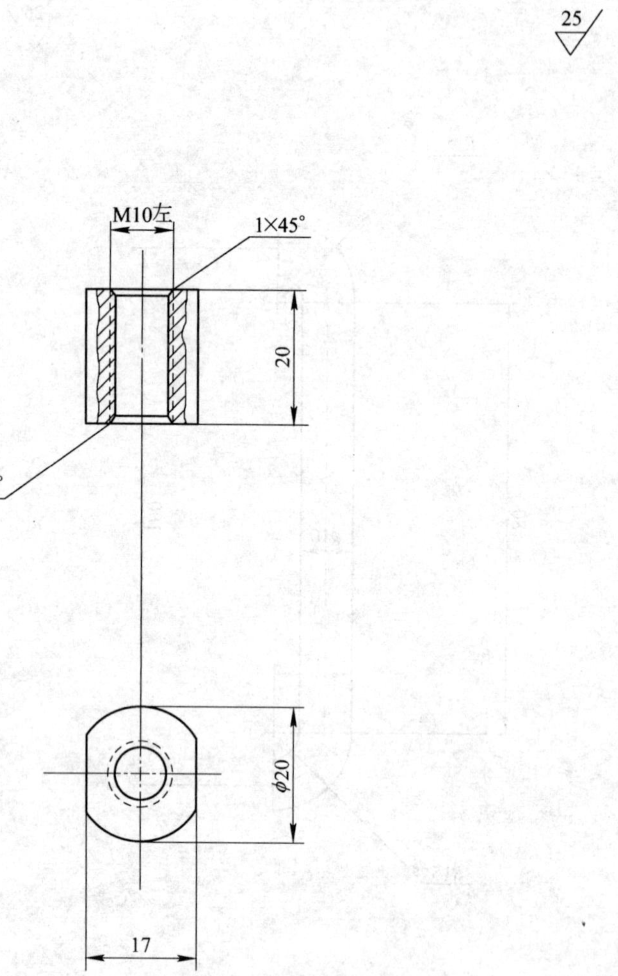

25

M10左

1×45°

20

1×45°

φ20

17

冶金仪控通用图	圆螺母 M10 左			(2000)YK15-07	
	材质 Q235	质量 kg	比例	件号 3	装配图号 (2000)YK15-04

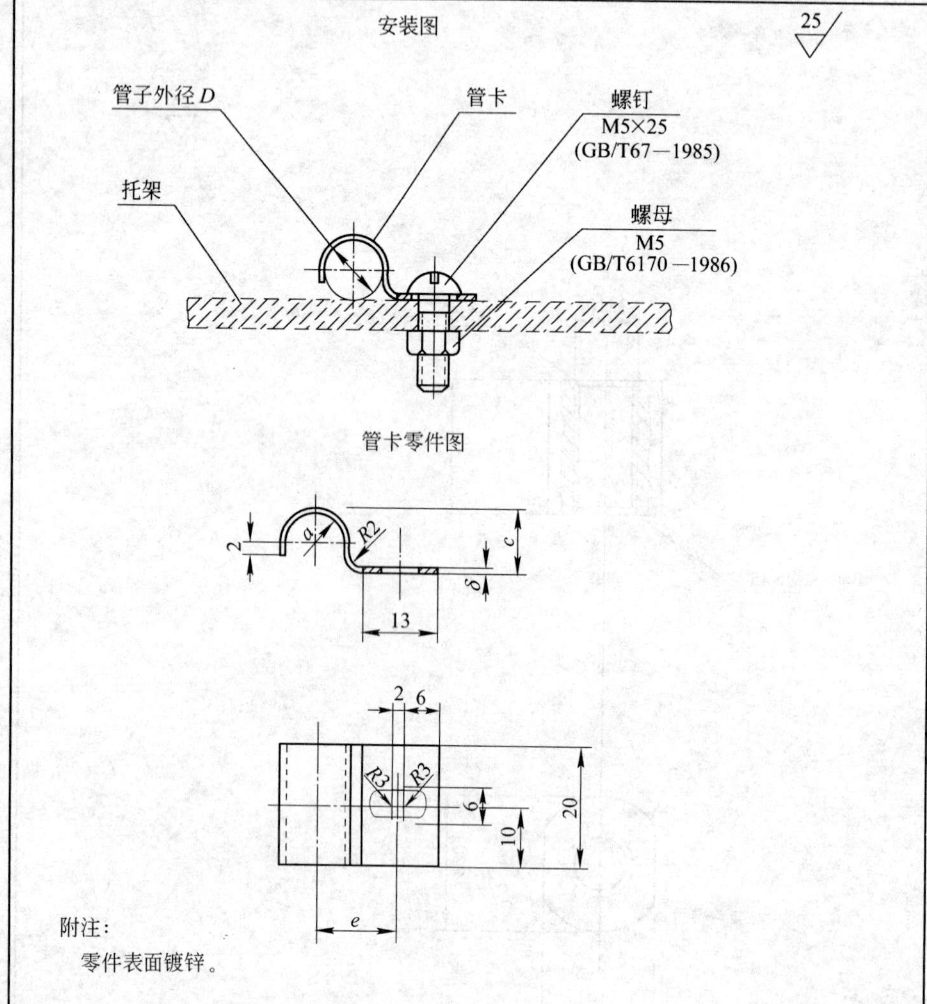

附注：

零件表面镀锌。

管卡编号	D	a	δ	c	e	展开长度	管卡编号	D	a	δ	c	e	展开长度
1	φ6	3	1	6	12	≈29	6	φ18	9	2	18	19	≈54
2	φ8	4	1	8	13	≈33	7	φ22	11	2	22	21	≈63
3	φ10	5	1	10	14	≈37	8	φ26	13	2	26	23	≈74
4	φ14	7	2	14	17	≈46	9	φ34	17	2	34	27	≈88
5	φ16	8	2	16	18	≈50							

冶金仪控通用图	单面管卡(φ6~34)			(2000)YK15-08	
	材质 Q235	质量 kg	比例	件号	装配图号

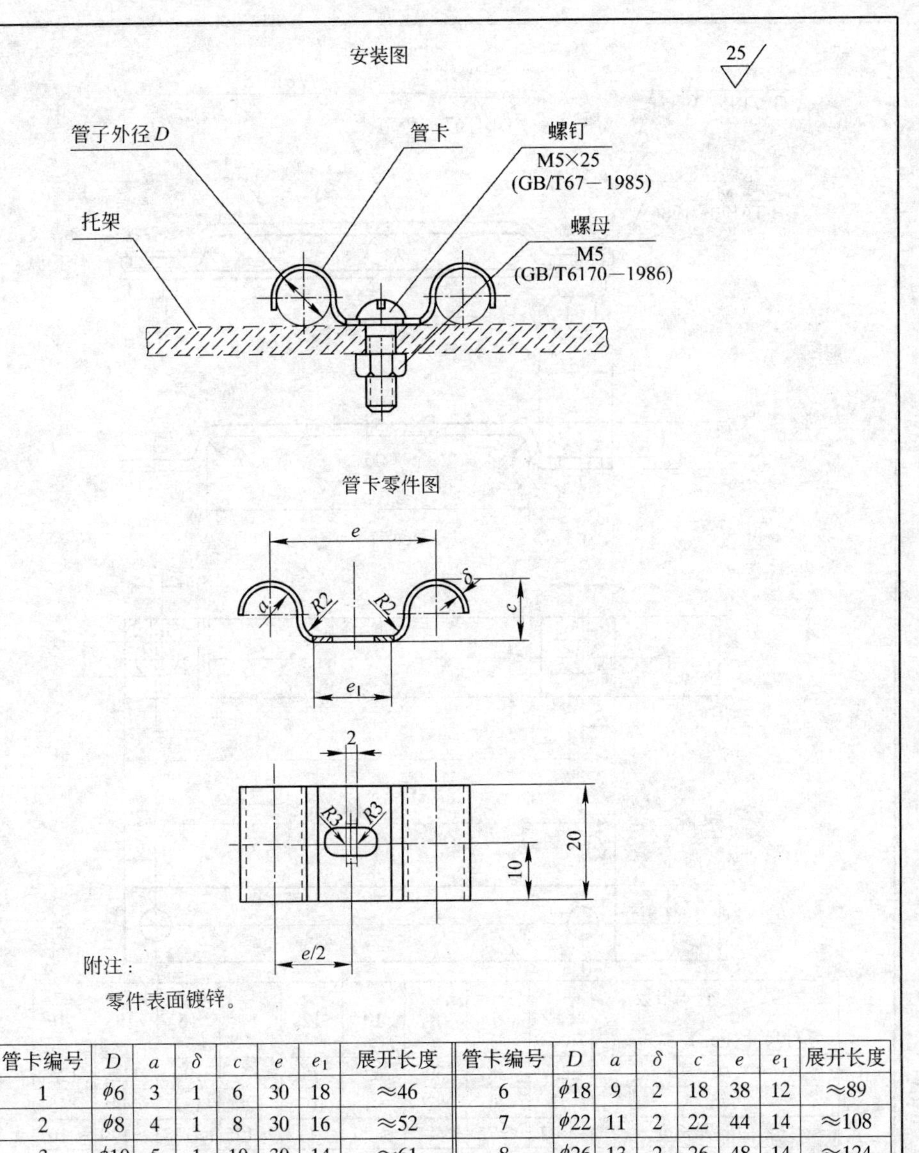

附注：

零件表面镀锌。

管卡编号	D	a	δ	c	e	e_1	展开长度	管卡编号	D	a	δ	c	e	e_1	展开长度
1	φ6	3	1	6	30	18	≈46	6	φ18	9	2	18	38	12	≈89
2	φ8	4	1	8	30	16	≈52	7	φ22	11	2	22	44	14	≈108
3	φ10	5	1	10	30	14	≈61	8	φ26	13	2	26	48	14	≈124
4	φ14	7	2	14	34	12	≈72	9	φ34	17	2	34	56	14	≈157
5	φ16	8	2	16	36	12	≈87								

冶金仪控通用图	双面管卡(φ6～34)			(2000)YK15-09	
	材质 Q235	质量 kg	比例	件号	装配图号

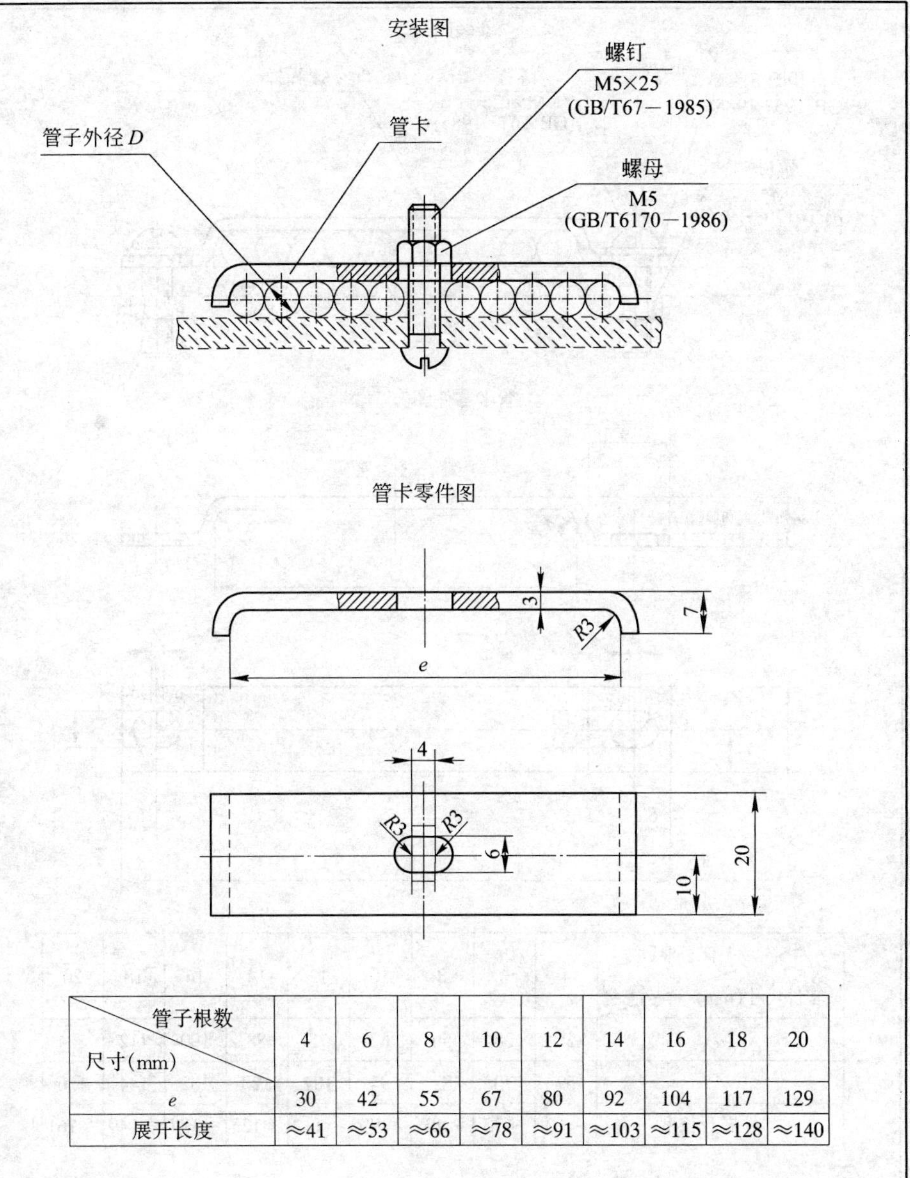

尺寸(mm) \ 管子根数	4	6	8	10	12	14	16	18	20
e	30	42	55	67	80	92	104	117	129
展开长度	≈41	≈53	≈66	≈78	≈91	≈103	≈115	≈128	≈140

附注：

零件表面镀锌。

冶金仪控通用图	4～20 根φ6 铜铝管用管卡(一)			(2000)YK15-010	
	材质	质量 kg	比例	件号	装配图号

安装图

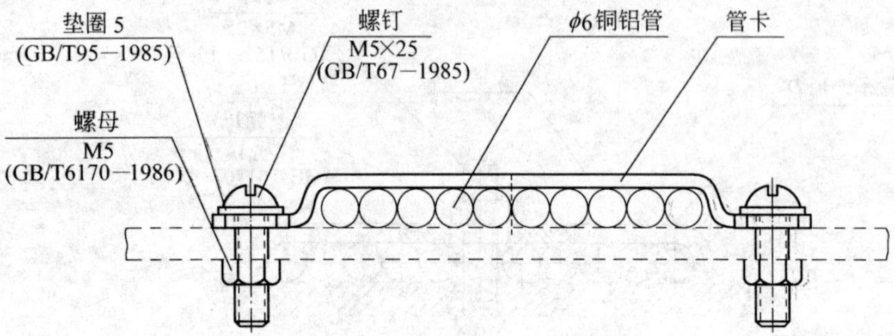

垫圈 5
(GB/T95—1985)
螺钉
M5×25
(GB/T67—1985)
ϕ6铜铝管
管卡
螺母
M5
(GB/T6170—1986)

管卡零件图

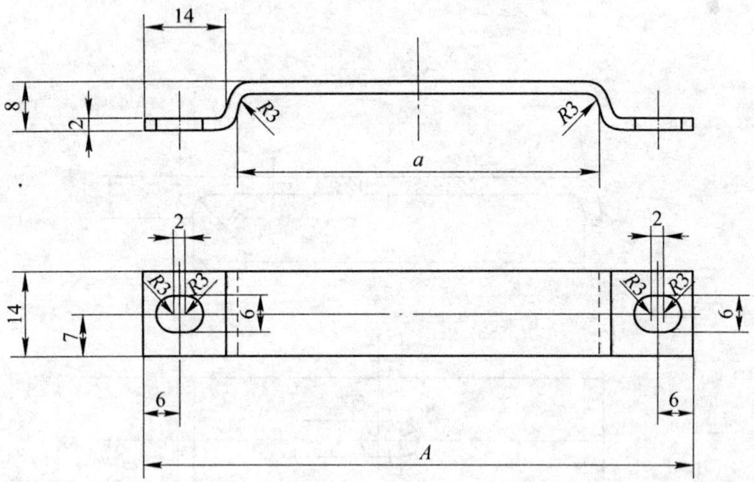

14
8
2
R3
R3
a
2
2
R3
R3
R3
R3
14
7
6
6
6
6
A

管子根数 / 零件尺寸(mm)	4	6	8	10	12	14	16	18	20
a	25	38	50	62	75	88	100	112	124
A	57	70	82	94	107	120	132	144	156
零件展开长度	≈62	≈75	≈87	≈99	≈112	≈125	≈137	≈149	≈161

附注：

零件表面镀锌。

冶金仪控通用图	4～20 根ϕ6 铜铝管用管卡(二)				(2000)YK15-011
	材质	质量 kg	比例	件号	装配图号

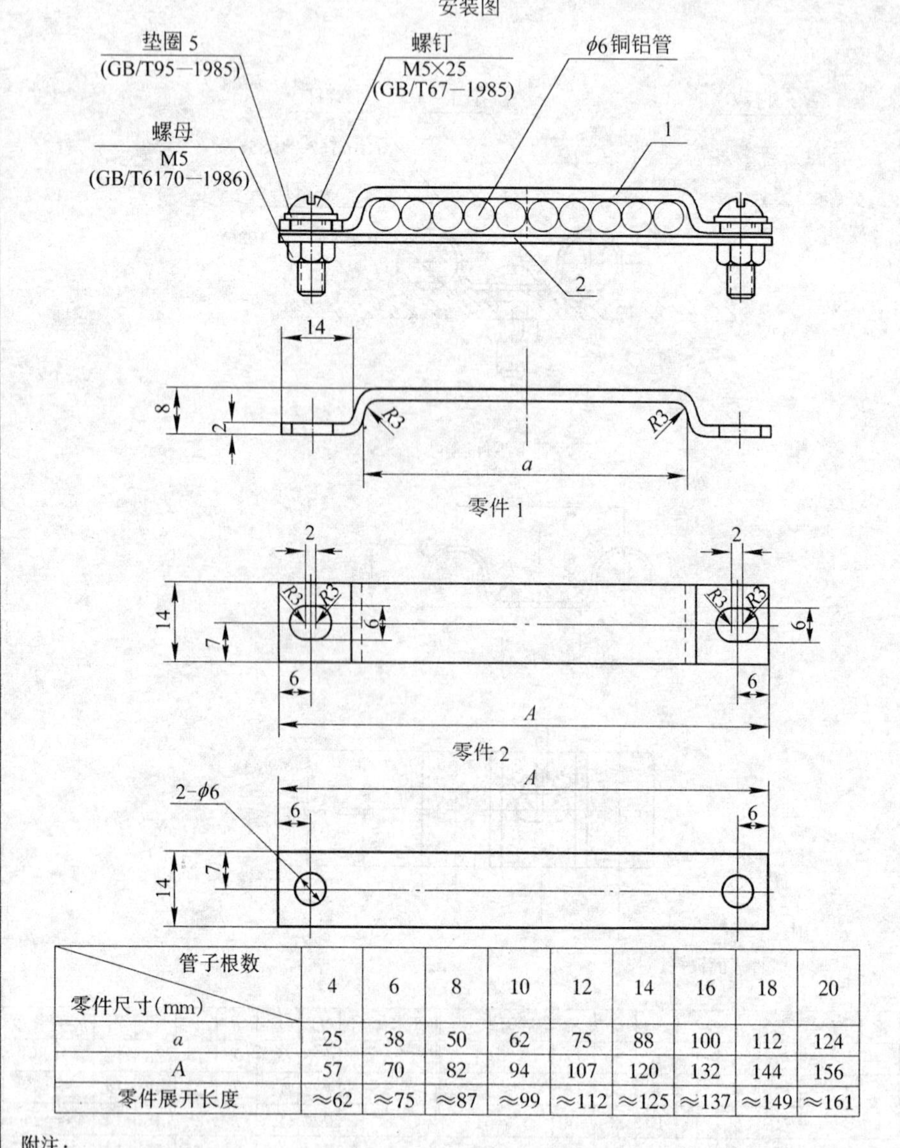

安装图

垫圈 5
(GB/T95—1985)
螺钉
M5×25
(GB/T67—1985)
ϕ6铜铝管
螺母
M5
(GB/T6170—1986)
1
2

14
8
2
R3
R3
a

零件 1

2
2
R3
R3
R3
R3
14
7
6
6
6
6
A

零件 2

A
2-ϕ6
6
6
7
14

管子根数 / 零件尺寸(mm)	4	6	8	10	12	14	16	18	20
a	25	38	50	62	75	88	100	112	124
A	57	70	82	94	107	120	132	144	156
零件展开长度	≈62	≈75	≈87	≈99	≈112	≈125	≈137	≈149	≈161

附注：

1. 管卡用于ϕ6 铜铝管固定用，零件表面镀锌。
2. 零件 2 的厚度 $\delta = 4$mm。

冶金仪控通用图	4～20 根ϕ6 铜铝管用管卡(三)				(2000)YK15-012
	材质	质量 kg	比例	件号	装配图号

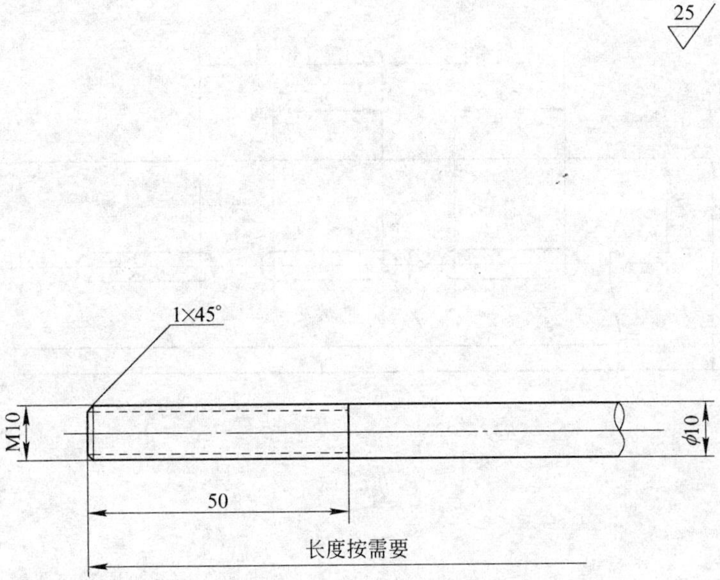

冶金仪控通用图	吊　杆			(2000)YK15-013	
	材质 Q235	质量　kg	比例	件号 9	装配图号	(2000)YK15-9

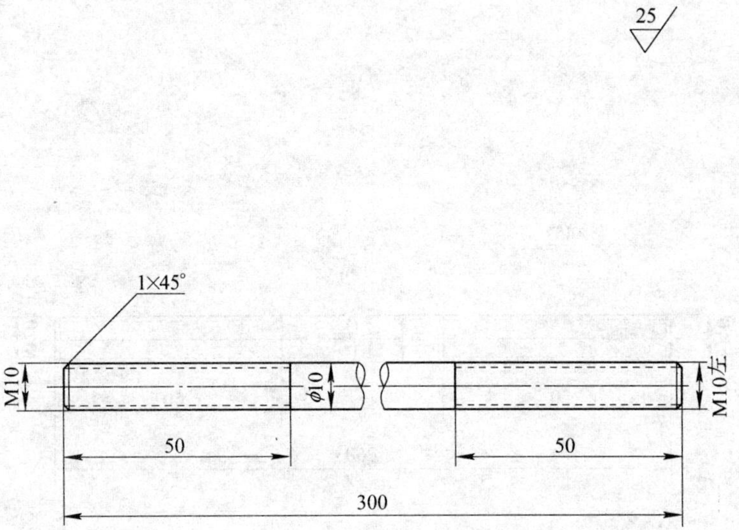

冶金仪控通用图	连　接　杆　1			(2000)YK15-014	
	材质 Q235	质量　kg	比例	件号 1	装配图号	(2000)YK15-9

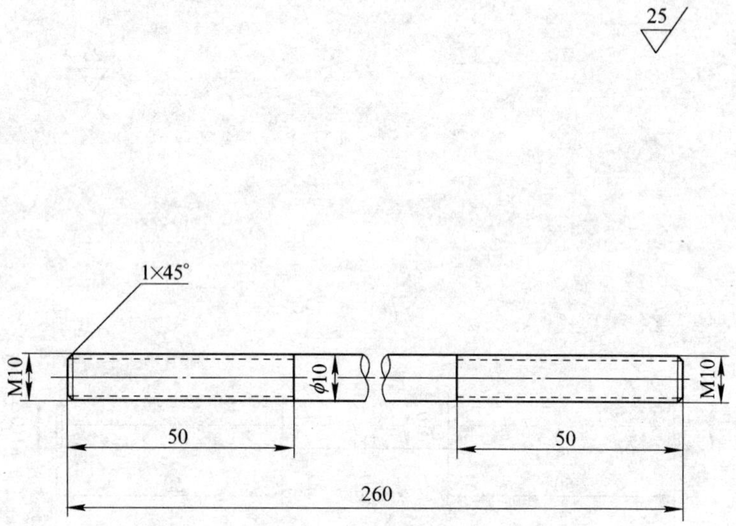

25
1×45°
M10
φ10
M10
50
50
260

冶金仪控通用图	连　接　杆　2				(2000)YK15-015		
	材质 Q235	质量　kg	比例	件号 2	装配图号	(2000)YK15-9	

40
40
24
24
1/2b
b
6
25
R3

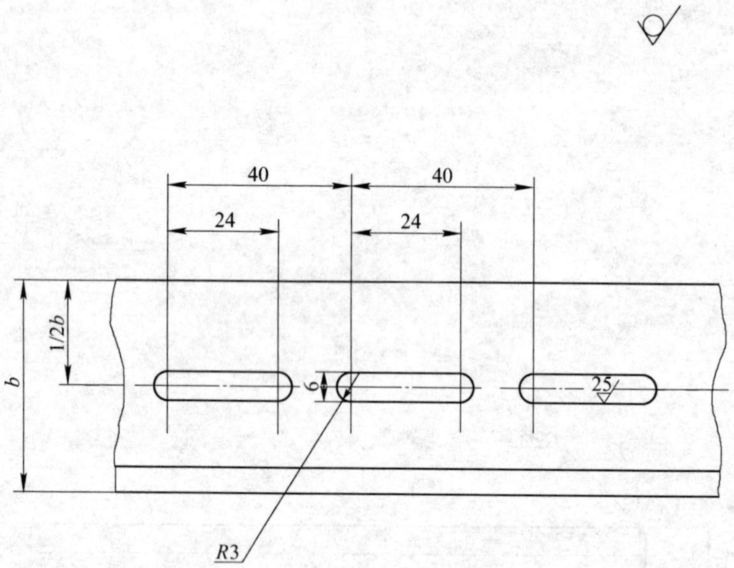

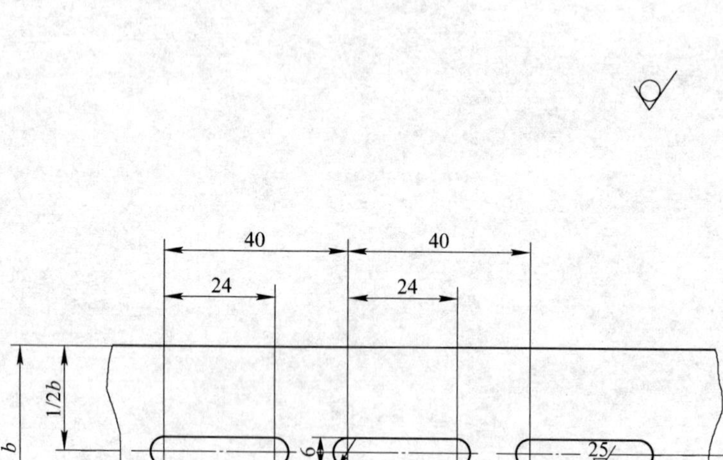

附注：

1. *b* 为角钢宽度，椭圆孔采用冲制。
2. 花槽角钢作管子或电缆的固定支架用，减少施工中的钻孔工作量。材料采用∟25×25×3，∟36×36×4，∟45×45×5，角钢长度不限。

冶金仪控通用图	花槽角钢				(2000)YK15-016		
	材质	质量　kg	比例	件号	装配图号		

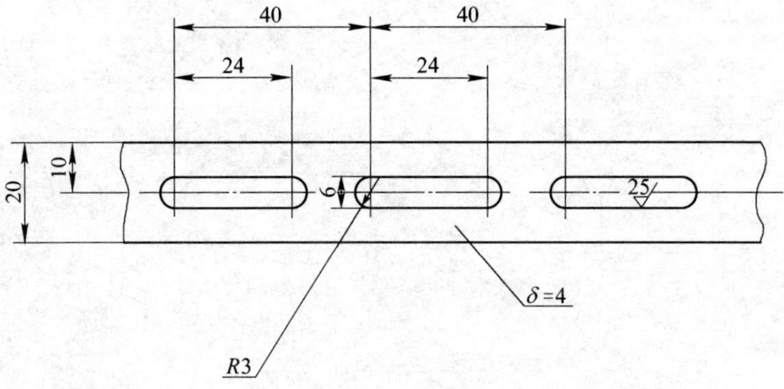

附注：

1. 材料采用 20×4 扁钢，长度不限。椭圆孔采用冲制。
2. 花槽扁钢作管子或电缆的固定支架用，减少施工中的钻孔工作量。

冶金仪控通用图	花槽扁钢				(2000)YK15-017	
	材质	质量 kg	比例	件号	装配图号	

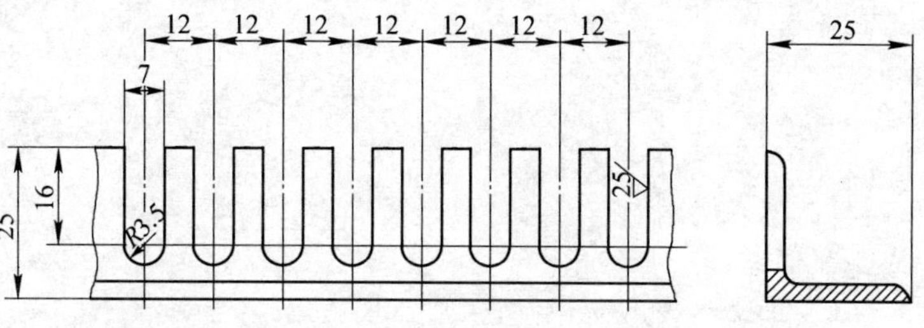

附注：

齿槽角钢作 $\phi 6$ 铜铝管固定支架用；齿槽采用冲制。

冶金仪控通用图	齿槽角钢				(2000)YK15-018	
	材质	质量 kg	比例	件号	装配图号	

下

附　录

部分仪表公司(厂)产品简介

为便于进行仪表选型和进一步了解图册中使用的仪表的技术性能与安装条件,刊载部分仪表公司(厂)产品简介,供设计人员使用。

1. 天津天威有限公司

天津天威有限公司是德国 VEGA 公司和中国天津自动化仪表厂共同投资建立的中德合资企业,总部在天津,并在上海、广州、西安设有办事处。公司全面负责德国 VEGA 公司产品在中国的销售、技术咨询、安装调试和技术服务。其产品在国内广泛应用于各行业重点工程及出口工程。如宝钢、天津钢管、三峡工程以及出口巴基斯坦、伊朗、马来西亚等。

主要产品有:

一、物位仪表类:雷达式、超声波式、导波雷达式、电容式、振动式(振棒、音叉)、静压式、导电式等。

二、差压、压力仪表类:压力变送器、差压变送器和其他压力仪表等。

公司本部地址:天津市河北区中山路 290 号万科大厦 1801 号。邮编:300141
电话:022-26273296　　传真:022-26273297
E-mail:Sale@tjvega.com.cn　　网址:http://www.tjvega.com.cn
上海办事处:上海市漕宝路 70 号光大会展中心 C 座 1202　　邮编:200233
电话:021-64326095　　传真:021-64326094
广州办事处:广州市先烈中路 76 号中侨大厦 29F/H 室　　邮编:510070
电话:020-87320199　　传真:020-87320843
西安办事处:西安市沣镐东路 4 号 102 楼 503 室　　邮编:710082
电话:029-4253889　　传真:029-4258589

2. 上海东和制电工程有限公司

上海东和制电工程有限公司成立于 1994 年,是日本东和制电工业株式会社(TOWA)和英国输力强-莫伯蕾公司(Solartron Mobrey)在中国的总代理。

日本东和制电工业株式会社生产的阻旋料位控制器品种规格多达 40 余种,适用于粉料、颗粒料和块料的料位控制。其在国内冶金行业广为应用,如在宝钢集团、武钢、连源钢厂、太原钢厂等都有应用。

英国输力强-莫伯蕾公司生产的雷达物位计,量程达 35m,不受飞灰、蒸汽等影响,是冶金行业中料位测量的重要手段。ZMSM400 超声波悬浮颗粒浓度计是水处理中先进的在线浓度测量控制仪表,测量范围为 0.2%~55%浓度。英国输力强-莫伯蕾公司还生产超声波液位计、浮筒液位变送器、高温高压浮球液位控制器、压力变送器、超声波流量计、阿牛巴流量计、金属转子流量计、数据采集模块及密度计、黏度计等产品。

公司地址:上海市江宁路 1415 弄 88 号 8 楼 805 室　　邮编:200060
电话:021-63535652,021-63535653　　传真:021-63535651

3. 恩德斯+豪思(集团)公司

Endress+Hauser(恩德斯+豪斯,简称 E+H)是一家世界著名的专业生产工业自动化仪表的跨国集团公司。公司总部位于瑞士,先后分别在瑞士、德国、法国、英国、美国、日本、意大利和中国等世界工业国成立了 19 个生产中心。

E+H 公司生产的产品覆盖了物位、流量、压力、温度、水分析、通讯、记录仪等工业测量仪表。大多数产品的市场份额在同类产品中名列前茅。

E+H 公司创建于 1953 年并在 1988 年进入中国,在中国直接投资 3 百万美金,分别成立了以生产物位仪表和压力仪表的合资企业和一个生产流量仪表的独资企业。

除了上述的 3 个生产企业,E+H 公司又分别在上海和北京成立了 2 个销售中心,设立了 8 个办事处和一些地区代理伙伴,竭诚就近为用户提供技术、商务、售后服务、备品备件等各项支持。

上海销售中心
地址:上海市徐汇区田林路 388 号新业大楼八楼　　邮编:200233
电话:021-54902300　　传真:021-54902302
E-mail:ehsh@public.sta.net.cn

北京销售中心
北京市朝阳区朝外大街 22 号泛利大厦 7 层 10 号　邮编:100020
电话:010-65882468　传真:010-65881725
E-mail:bjeh@public.netchina.com.cn

4．温州凯斯通仪表阀门制造有限公司

温州凯斯通仪表阀门制造有限公司是国内重点生产阀门的企业之一,是机电部定点生产气动、电动大口径阀门专业厂。目前生产阀门 30 多个系列,600 多种规格,广泛应用于冶金、水泥、化工、建材、石油、电力等部门。

主要产品有:

(1) ZSSW-6 气动高性能密封蝶阀,通径 $DN50\sim1600$mm;

(2) ZKJW-1G 电动高温蝶阀,通径 $DN100\sim3000$mm;

(3) ZKL_M^P-64 电子式调节阀,通径 $DN\frac{3}{4}''\sim300$mm;

(4) ZJHP-64 精小型调节阀,通径 $DN\frac{3}{4}''\sim300$mm;

(5) ZSPQ-64 气动活塞切断阀,通径 $DN25\sim400$mm;

(6) DMF-1 电磁式煤气安全阀,通径 $DN50\sim3000$mm,切断时间 0.5～3s;

(7) 国内总代理德国 SIPOS 5 系列电动执行器和日本光荣 Nucom 电子式执行器及美国 Benofram(柏勒夫)气动执行器、电磁阀、电气阀门定位器,力矩:100～42000N·m;

(8) 气动精小型球阀,ZSHT-16,通径 $DN25\sim400$mm。

地址:浙江省瑞安市塘下填岑头工业区　邮编:325204
电话:0577-5368298,0577-5368188　传真:0577-5368299
董事长兼总经理:李立升

5．天津德塔科技集团公司

天津德塔科技集团公司拥有七家子公司,总资产一亿五千万元,占地面积 53000m^2,共有员工七百余人,其中 13%的具有高中级技术职称,企业具有较强的科技研发实力。

中美合资天津德塔控制系统有限公司生产用于基础工业的通用控缆、10kV 以下电缆、特种电缆、通讯电缆、船用电缆、核电缆。有耐火、阻燃、交联、本安、耐高温、耐低温、耐辐射、防水、精细、低烟低卤、低烟无卤系列等十几个大类,万余种规格。产品还出口到美国、意大利、苏丹、伊朗等多国,出口额连年递增。公司早在 1994 年就通过 ISO9001 质量认证。

德塔控制系统工程公司与美国著名电热带生产厂家 FORON-DEKORON 公司合作,在中国代理销售低温型和高温型系列自调节功率电热带及附件。可提供高质量的电伴热带和附件,还可进行工程设计、技术咨询、现场安装调试和售后服务。近两年来公司先后为国内外数十家工矿企业提供了电热带及附件达数百公里,深得用户的好评。另外,公司自行研制开发的专利产品自控温保温箱,具有设计方便、寿命长、免维护、节约能源等突出优点,深受国内工矿企业的欢迎。

另外,集团还生产 PE 管、钛材过滤器、旋压轮、节能仪表、热电阻、热电偶。

地址:天津市南开区二马路 37 号　邮编:300100
电话:022-27356242　传真:022-27344417

6．北京市朝阳科海工业自动化仪器厂

北京市朝阳科海工业自动化仪器厂是国内生产钢水测温、定氧、定碳仪,红外线测温仪,燃气热值仪最主要生产厂家,具备设计、生产和检验能力。已推出的产品有十几类三百多个品种,可以满足各种工程配套要求,并可根据用户的具体要求对仪器仪表进行特殊设计、制造。

取得了制造计量器具许可证(京制量制 00000148 号)并以 GB/T 19001—1994 、ISO:9001:1994 的质量保证模式标准要求向顾客提供质量保证。

主要产品有:

(1) KZ-300B 系列微机钢水测温仪系列;

(2) KZ-300 系列微机定氧、测温、定碳仪;

(3) 红外测温仪系列,热金属检测器,活套位置检测器;

(4) 在线式燃气热值(指数)仪;

(5) LED 大屏幕数字显示系列;

(6) 定氧测头、快速微型热电偶、钢水快速取样器;

(7) 电动单元组合仪表 DDZ-Ⅲ/M 系列;

(8) 通用型数字显示仪 XMZ 系列、XMT 系列。

地址:北京市朝阳区东直门外南皋　　邮编:100015
电话:010-64385065　64368328　64373628　　传真:010-64368327
网址:http://www.cn-kehai.com　　E-mail:cn-kehai@263.net

7. 鞍热工装自控仪表有限公司

鞍热工装自控仪表有限公司是中日合资企业,由日本工装服务株式会社(英文:KOSO)提供专有技术,关键零部件和产品检测仪器,专业生产3610系列电子式执行器和3410系列电动执行器。

产品自1989年投入市场后,以其性能优越、结构简单、质量可靠、操作维护方便等特点,广泛应用冶金、电站、轻工、科研、市政工程等各领域,并有部分配套出口韩国、伊朗、巴基斯坦、印度、英国等国家,深受用户的好评。

目前公司,年生产电子式执行器3000多台。2000年经辽宁省科学技术厅批准为"高新技术企业",鞍山市人民政府批准为"外商投资企业先进单位"。

公司一贯以"一流的品质、上乘的服务、快捷的供货"为服务宗旨,向广大用户提供优质的服务。

地址:辽宁省鞍山市铁西区体育街20号　　邮编:114012
联系电话:0412-8829528　　传真:0412-8812686

8. 大连星火科技有限公司

大连星火科技有限公司是专业生产红外线测温仪和中央空调终端设备,以及环境噪声治理产品的高科技企业。始终恪守"质量第一、服务一流、信誉至上"的经营宗旨,公司年产值突破1200万元,连续被评为大连市"重合同,守信誉"先进单位,于1998年9月通过ISO9002质量体系认证。

星火公司以哈工大、大连理工大学的雄厚技术实力为依托,潜心开发红外测温仪表系列产品。主要产品——LBW系列红外测温仪,具有以下特点:棱镜分光,消除了干涉滤光片随环境温湿度变化造成的测量差异;比色测温抗烟雾、灰尘、水汽等干扰的能力强;距离系数大,可测微小目标;采用单片机技术进行数据处理,使运行更准确,操作更方便;电路采用光电隔离全浮空设计,抗工业现场中电源杂波干扰能力强,提高整机运行的稳定性;可与本公司生产的智能显示调节器,DUT系列采集模块,温度接口板以及微机进行数据通讯,组成温度自动控制系统。其主要技术指标:

温度范围:600～2500℃　　精　度:1.0级
距离系数:400:1　　响应时间:20ms
输　出:4～20mA,RS485　　电　源:±24V DC

目前公司生产的电子仪表类产品已广泛应用于鞍钢、太钢、广钢、马钢、梅钢、一汽等。

地址:大连开发区27号小区高科技企业中心1F-28号 邮编:116600
电话:0411-7349191　7349099　7349000　　传真:0411-7349800
网址:http://www.eastspark.com　　E-mail:infrared@eastspark.com